污染物微观致毒机制和环境生态风险早期诊断

Toxic Mechanism of Pollutants and Early Diagnosis of Ecological Risk

王晓蓉 等 著

科学出版社

北 京

内 容 简 介

环境中有毒污染日益加剧，导致生态安全和健康问题日趋突出，污染物低浓度长期暴露生态风险难以定量评估和早期识别。本书系统地介绍近20年来王晓蓉课题组在典型污染物形态与生物有效性、毒性效应和致毒机制、生态风险早期诊断等方面的研究成果，共13章。介绍了环境生态风险早期预警方法原理，环境中不同生物体生理、生化指标对污染物胁迫的响应及其机制，阐明生物体活性氧产生和抗氧化防御系统变化及氧化损伤之间的耦合关系，揭示生物体内活性氧积累水平是污染物导致氧化损伤并致毒的关键，筛选系列敏感分子生物标志物，获得部分典型污染物早期伤害的关键阈值，研发基于多种分子生物标志物、生物有效性的生态风险早期预警技术，给出了上述成果在区域环境生态风险早期诊断实践中的应用与展望。

本书可作为环境科学高年级本科生及研究生的教学参考书，也可供从事环境科学研究的科学家、工程技术人员、环境保护专业技术人员、生态风险管理和技术人员参考。

图书在版编目(CIP)数据

污染物微观致毒机制和环境生态风险早期诊断/王晓蓉等著．—北京：科学出版社，2013. 4

ISBN 978-7-03-037097-6

Ⅰ. 污…　Ⅱ. 王…　Ⅲ. 化学污染物-环境预测　Ⅳ. X5

中国版本图书馆 CIP 数据核字（2013）第 051073 号

责任编辑：张　震／责任校对：张小霞
责任印制：徐晓晨／封面设计：无极书装

科学出版社出版
北京东黄城根北街16号
邮政编码：100717
http://www.sciencep.com

北京京华虎彩印刷有限公司 印刷

科学出版社发行　各地新华书店经销

*

2013年4月第　一　版　开本：787×1092 1/16
2017年2月第四次印刷　印张：37 1/4
字数：880 000

定价：168.00 元

（如有印装质量问题，我社负责调换）

前　言

随着我国经济的高速发展，环境中化学品污染日益加剧，严重威胁人体和生态健康，成为影响我国社会经济可持续发展的重大问题之一。认识和揭示化学污染物在复杂环境介质中的变化过程及其毒性效应的内在规律，建立生态风险早期诊断技术，是预防和控制污染物生态风险的重要科学问题，也是我国环境保护重大战略需求。

在国家重点基础研究发展计划（“973”计划）、国家自然科学基金、江苏省自然科学基金、博士点基金、中国–加拿大国际合作项目、江苏海洋“908”项目、江苏省国土生态地球化学调查项目等的资助下，针对传统生态风险评价方法难以对污染物的毒性效应做出早期预警的现状，王晓蓉课题组以环境中典型有机污染物、重金属为对象，围绕污染物的环境化学行为、毒性效应、早期诊断开展了长期系统研究。本书系统地介绍了王晓蓉课题组多年来在生态风险早期诊断方面的研究成果。从微观角度系统阐释了水生生态系统生物体（藻、水蚤、鱼和沉水植物）和陆生生态系统生物体（农作物、蔬菜和蚯蚓）等的生理、生化指标对污染物胁迫的响应及响应机制，发现了多种污染物诱导不同生物体产生活性氧的直接证据，揭示了生物体内活性氧积累水平是化学污染物导致氧化损伤致毒的关键，系统阐明了其微观致毒机制，筛选出活性氧、还原型谷胱甘肽/氧化型谷胱甘肽比值、应激蛋白、植物络合素等系列敏感生物标志物，获得了部分典型污染物对生物产生早期伤害的关键阈值，创建了多种分子生物标志物综合的生态风险早期诊断指标体系与预测技术并应用于实践。

本专著是在总结近20年来课题组成员研究工作、发表的论文和申请的专利的基础上撰写的。这些成果凝聚了两代科研工作者的辛勤劳动与汗水，其最大特色是突破了环境污染物早期危害难以定量诊断的技术瓶颈，探索出在区域环境中有效的生态风险早期预警体系，为我国部分环境质量基准和标准的修订提供了科学依据及技术指导，并为有毒污染物的早期预防和控制提供了理论依据及技术支持。书中不乏一些创新的研究思路和方法，很多数据是首次发表。

全书共分13章。第1～3章介绍生态风险早期诊断的意义及典型污染物的环境行为和生物有效性研究；第4～11章详细介绍环境生态风险早期预警方法原理及各种生理、生化指标对污染物胁迫的响应和响应机制，阐明了生物体活性氧产生与抗氧化防御系统变化及氧化损伤之间的耦合关系，系统揭示了典型污染物毒性作用的微观机制；第12章介绍系列敏感生物标志物的筛选，创建了基于多种分子生物标志物的环境生态风险早期诊断指标体系与预测技术，并将其应用于区域土壤质量和水体生态风险诊断的实践；第13章介绍生态毒理组学技术研究、应用及展望。

书中各章作者分别为：第1章、第2章，王晓蓉；第3章，王晓蓉、顾雪元；第4章，罗义、汪承润、孙琴、王晓蓉；第5章，汪承润；第6章，罗义、汪承润、尹颖；第

7 章，张景飞、刘慧；第 8 章，尹大强、赵庆顺、朱含开；第 9 章，施华宏、尹大强、徐挺；第 10 章，汪承润；第 11 章，孙琴；第 12 章，王晓蓉、汪承润；第 13 章，姜锦林。最后由王晓蓉统审、定稿。

先后参加本课题研究的有孙媛媛、林仁漳、薛银刚、徐向华、王宁、田园、任磊、苏燕、陈燕燕、孟文娜、胡俊、谢显传、顾颖、吴兆毅、李延、于振洋等，本书同样涵盖了他们的一些研究结果，在此表示衷心感谢。

本书在写作过程中得到张全兴院士、污染控制与资源化研究国家重点实验室和南京大学环境学院领导的关心和支持，在此表示衷心的感谢。手稿完成后，汪承润、罗军帮助审阅部分书稿，张娟对全书的格式、文献的查实核对等编排工作给予了很大帮助，韩超、赵艳萍博士帮助绘制部分图表，在此一并致谢。

书中难免有疏漏和不妥之处，敬请读者批评指正。

作　者
2012 年 11 月 20 日

目　录

1 绪　　论

1.1　经济高速发展带来的环境问题

随着现代工农业的迅速发展以及城市化进程的不断加剧，大量的工业废水、生活污水和各种未经处理的固体废弃物排入环境，导致环境污染日趋严重。最近研究表明，江河湖库中均检测到持久性有毒有机污染物（persistent toxic substance，PTS）的存在，多数PTS具有内分泌干扰作用，在环境中尽管含量低，但毒性大且很难降解，并通过环境介质长距离迁移、长期滞留于环境中，严重威胁饮用水源的安全，由此引发的生态安全问题受到人们的高度重视。联合国预测，21世纪水危机将成为全球危机的首位。我国在环境保护“十二五”规划中指出，“当前，我国环境状况总体恶化的趋势尚未得到根本遏制，环境矛盾凸显，压力继续加大。一些重点流域、海域水污染严重，部分区域和城市大气灰霾现象突出，许多地区主要污染物排放量超过环境容量。农村环境污染加剧，重金属、化学品、持久性有机污染物以及土壤、地下水等污染显现。部分地区生态损害严重，生态系统功能退化，生态环境比较脆弱。核与辐射安全风险增加。突发环境事件的数量居高不下，环境问题已成为威胁人体健康、公共安全和社会稳定的重要因素之一”。土壤污染不仅导致土地质量退化，影响农产品安全，而且还可通过淋溶作用污染地表水和地下水。土壤污染具有隐蔽性、累积性、滞后性等特点，一旦发生严重污染，往往造成不可逆转的严重后果。而大量的污染物进入环境后，会对生态环境带来多大的危害？特别是环境中低浓度、复合污染的长期暴露究竟会对生态系统产生多大的影响？生态风险有多大？均不清楚。因此，迫切需要开展有毒、有害污染物在水体、土壤及生物体内的迁移、转化和生态毒性研究，评价其生态风险和生态安全。由于生态系统改变是不可逆的，一旦污染物对生物产生危害甚至导致死亡，就会对生态系统造成不可挽回的损失，因此，把污染物对生物体的毒性作用阻止在细胞、组织伤害之前就显得更为重要。

1.2　生态毒理学研究进展

一般的理化监测虽能对环境或生物体内的污染物进行定量描述，但无法反映污染物对生物体的毒性效应，更无法对代谢产物的毒性做出准确评估。生态毒理学就是随着生态学和毒理学的发展而形成的。

生态毒理学（ecotoxicology）是 20 世纪 70 年代发展起来的一门新兴的边缘学科，主要研究污染物、环境、机体三者之间的关系以及有毒物质对生物在个体、种群、群落和生态系统水平上的毒性响应。对生态毒理学的学科定义和内涵有几种不同的认识，目前，普遍的观点是，生态毒理学在个体或生态系统水平上的研究可较好地反映污染物在生态系统整体水平上的影响，比较接近自然状况，对污染物的评价和筛选起到了重要作用（徐立红等，1995）。早期的生态毒理学研究主要关注污染物在环境中的归趋、在生物体的富集和代谢、污染物对生物体产生的毒害效应及程度等。到了 80 年代，生态毒理学有了三个标志性的研究，即生态风险度评估、环境污染物的生态毒理学性质评估和生态系统生态毒理学的研究。近年来，对生物标志物（biomarker）的研究，提高了环境污染物慢性暴露危害作用评估的准确性（孟紫强，2009）。

生态毒理学的核心部分是生态毒理效应，即研究有毒、有害物质对生物体的危害程度、范围以及剂量-响应关系的确定（周启星等，2004）。生态毒理学的基本研究方法根据研究目的、规模和对研究对象处理方式大体可分为体内研究和体外研究（整体生物毒性实验以及器官、细胞和亚细胞水平实验）、室内实验和野外调查与验证以及在不同生物层次（分子水平、细胞水平、个体水平、种群水平和生态系统水平）的研究（孟紫强，2009）。常规的生物毒性实验包括急性毒性实验、亚慢性毒性实验、慢性毒性实验和蓄积毒性实验等（周启星等，2004）。

常用的毒性参数如下所述（孔繁翔等，2000）：

绝对致死剂量或浓度（absolute lethal dose，LD_{100}；absolute lethal concentration，LC_{100}）：是指能使一群动物全部死亡的最低剂量或浓度。

半数致死剂量或浓度（median lethal dose，LD_{50}；median lethal concentration，LC_{50}）：是指能引起一群动物的 50% 死亡的最低剂量或浓度。毒性的大小与半数致死剂量成反比。

最小致死剂量或浓度（minimum lethal dose，MLD；minimum lethal concentration，MLC）：是指能使一群动物中仅有个别死亡的最高剂量或浓度。

最大耐受剂量或浓度（maximum tolerance dose，LD_0；maximum tolerance concentration，LC_0）：是指能使一群动物发生中毒，但无一死亡的最高剂量或浓度。

最大无作用剂量（maximum no-effect level）：是指外来化合物在一定时间内，按一定的检测方法或观察指标，不能观察到任何损害作用的最高剂量。

最小有作用剂量（minimal effect level）：是指能使机体发生某种异常变化所需剂量，即能使机体开始出现毒性反应的最低剂量。

无作用浓度（no effect level）：是指在一定时间内，生态系统中暴露于环境毒物的生物种群还没有产生不良反应时该污染物的浓度范围。有时也称非可观察的效应水平（no observable effect level，NOEL），即不足以引起反应的污染物剂量水平。

半数效应浓度（median effect concentration，EC_{50}）：是指能引起 50% 受试生物的某种效应变化的浓度。通常指非死亡效应。

半数抑制浓度（median inhibition concentration，IC_{50}）：是指能引起受试生物的某种效应 50% 抑制的浓度。

急性毒性实验（acute toxicity test）：是指研究化学物质大剂量一次毒性染毒或 24h 内

多次染毒动物所引起的毒性实验。该实验的目的是在短期内了解该化学物质的毒性大小和特点。

亚慢性毒性实验（subchronic toxicity test）：是指在相当于动物生命周期的1/30～1/20时间内使动物每日或反复多次接触受试物的毒性实验。该实验的目的是为进一步对受试生物的主要毒作用、靶器官和最大无作用剂量或中毒阈剂量作出估计。

慢性毒性实验（chronic toxicity test）：是指将低剂量外来化合物长期与实验动物接触，观察其对实验动物所产生的生物学效应的实验。该实验可确定最大无作用剂量，为制订人体每日允许摄入量（allowable daily intake，ADI）和最高容许浓度（maximum allowable concentration，MAC）提供毒理学依据。

污染物在体内的蓄积作用，是引起亚慢性毒性和慢性毒性作用的基础。蓄积系数法是一种常用来评价环境污染物蓄积作用的方法。

蓄积系数（cumulative coefficient，K）：是指分次给受试生物后引起50%受试生物出现某种毒性响应的总剂量［以$\sum LD_{50}(n)$表示］与一次给受试生物后引起50%受试生物出现同一毒效应的剂量［以$\sum LD_{50}(1)$表示］的比值。$K=\sum LD_{50}(n)/\sum LD_{50}(1)$值越小表示蓄积作用越强。

但是，传统的生态毒理学在系统水平上的研究耗时长、影响因子多、花费大，并且生物体死亡、生长受阻或影响繁殖以至最终导致生态系统破坏已经是污染物造成不可逆转的晚期影响或结果，难以就污染物对生物体的损伤效应做出早期预警。因此，迫切需要有能反映污染物作用本质并能对污染物早期影响进行检测的指标，把污染物的生态毒性作用阻止在细胞或组织伤害之前，从而对污染物的环境早期影响做出更为准确的生态毒理学预测或早期预警（徐立红等，1995）。污染物对生态系统的影响如图1-1所示。由图1-1可以看出，污染物对生物最早的作用都是从生物体内的分子开始的，然后，逐步在细胞、器官、个体、种群、生态系统等各个水平上反映出来，这种早期作用对保护种群和生态系统具有最大的预测价值。因此，在分子水平上开展环境污染的早期诊断和生态风险评价研究成为生态毒理学研究的热点之一。

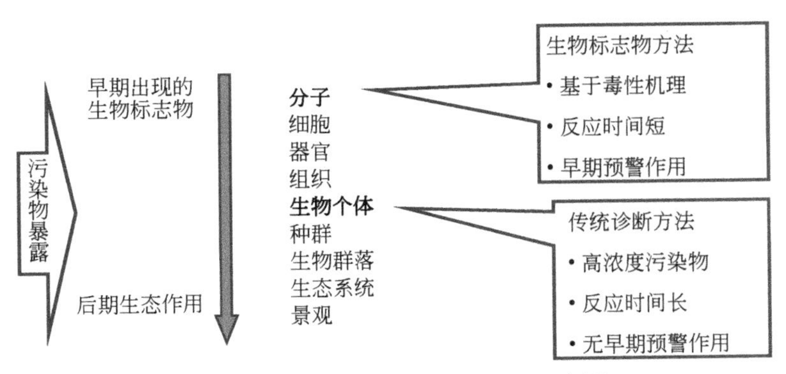

图1-1　污染物对生态系统影响的示意图

分子生态毒理学就是采用现代分子生物学方法与技术，研究污染物及其代谢产物与细胞内大分子（包括蛋白质、核酸、酶）的相互作用，找出作用的靶位或靶分子，揭示污染物剂量与生物体效应的关系，探索生物标志物，从而对污染物在个体、种群或生态系统水平上的影响做出预报。分子生态毒理学在国外发展很快，并已受到越来越多的重视，目前研究多集中在将有关酶的活性作为机体功能和器官损伤的标志；在 mRNA 及蛋白质水平上研究某些污染物引起生物体的基因活化，使 mRNA 表达水平或蛋白质含量升高；在 DNA 水平上研究污染物对 DNA 的化学修饰所形成的 DNA 加合物及损伤等方面（徐立红等，1995）。我国在这方面的研究起步较晚。生物化学和分子生物学技术的飞速发展，将有利于深入揭示污染物的微观致毒机制，推动分子生态毒理学研究深入开展。

1.3 生态风险评价及生态风险早期诊断研究

生态风险特指污染物对非人的生物体、种群和生态系统造成的风险，主要通过暴露表征、效应表征来评估和描述。生态风险评价的目的是使用生态学和毒理学信息，估计有害生态事件发生的可能性，它是一个预测人类活动对不同水平的生态系统产生有害影响可能性的过程，已成为生态毒理学研究的前沿领域之一（周启星等，2004）。

1.3.1 生态风险评价

美国环境保护局（USEPA）(1992 年）将生态风险评价（ecological risk assessment, ERA）定义为：研究一种或多种压力形成或可能形成的不利生态效应的可能性的过程。它主要研究人类活动带来的各种灾害对生态系统及其组分的可能影响。传统的生态风险评价研究多注重单一污染物的极端终点和直接效应的毒性测试，如致死和半致死效应等，这些测试对污染物的评价和筛选曾起到了重要作用，但由于污染物排放浓度的变化、暴露的变异性和物种暴露敏感的差异性导致生态风险评价存在着不确定性，实际水体的污染状况往往是低浓度多种污染物共存的复杂体系，尤其是随着对环境中 PTS 和内分泌干扰类物质生态学效应的揭示，接近于真实环境的污染物低剂量长期暴露问题近年来备受关注。目前，传统的生态毒理学分析方法对污染物低剂量长期暴露对生物体的伤害，缺乏科学的早期预警功能，且难以解决新出现的环境污染物引发的生态毒理学效应问题。

1.3.2 生态风险早期诊断研究

1.3.2.1 生物标志物在生态风险早期诊断中的作用

近年来，细胞或分子水平上的生物标志物作为污染物暴露和毒性效应的早期预警指标受到广泛关注，并成为国内外生态毒理学研究的热点之一（Aas et al. , 2000；van der Oost et al. , 2003）。生物标志物的广义定义为生物对一种或几种化学物质污染的响应，可用于检测污染物暴露的毒性效应。对其更精确的描述是，通过测定体液、组织或整个生物体，能够表征对一种或多种化学污染物的暴露和(或)其效应的生化、细胞、生理、行为或能量上的变化（王海黎和陶澍，1999）。生物对环境污染物产生效应的主要系统有细胞色素 P450 系统、金属硫蛋白、应激蛋白、抗氧化防御系统、解毒系统第一阶段酶和第二阶段酶、氧化损伤及血液学、免疫学、生殖毒性、神经毒性和基因毒性等。因此，开展生物体对低浓度污染物胁迫的响应，揭示污染物对生物产生伤害的微观致毒机制，寻找和获得对环境污染物敏感的生物标志物，为污染环境生态风险的早期诊断提供方法就显得格外重要。由于生物标志物具有特异性、预警性和广泛性等特点，且污染物与生物体之间所有的相互作用都始于分子水平，因此，分子生物标志物可成为污染物暴露和毒性效应的早期警报指示物。

1.3.2.2　主要生物标志物

(1) 抗氧化防御系统

抗氧化防御系统包括酶系统和非酶系统两大类，其在参与活性氧的清除以及机体的保护性防御反应中发挥巨大作用。超氧化物歧化酶（superoxide dismutase，SOD）是最先与活性氧自由基作用的酶，它可将超氧阴离子($O_2^{\cdot -}$)分解为 H_2O_2 和 O_2，过氧化氢酶（catalase，CAT）可继续分解 H_2O_2，从而降低体内 H_2O_2 浓度。除过氧化氢酶外，谷胱甘肽过氧化物酶(GPx)也可利用 H_2O_2，将还原型谷胱甘肽(GSH)氧化生成氧化型谷胱甘肽（GSSG）。生物体的抗氧化酶对污染物胁迫相当敏感，其活性变化可为污染物胁迫下的机体氧化应激提供敏感信息，因此抗氧化酶被用做环境污染早期预警的指标，从而成为分子生态毒理学生物标志物研究热点之一（Cossu et al.，2000；Niyogia et al.，2001；Almeidaa et al.，2002；Cheung et al.，2002；Pascual et al.，2003；Zhang et al.，2003；Oruc et al.，2004)。王晓蓉课题组早期在研究鱼体肝脏对有机污染物如20#柴油、2,4-二氯苯酚（2,4-DCP）和重金属（如 Cu）胁迫的响应中发现，20#柴油和2,4-二氯苯酚在低于现行渔业用水水质标准（0.005mg/L）以下浓度便可引起机体产生氧化应激和氧化损伤（Zhang et al.，2003，2004a，2004b，2004c)，SOD、GST 和 GSH 等对这两种污染物都很敏感，Cu 在低于我国现行渔业水质标准（0.01mg/L）时就能引起抗氧化酶活性的改变，暗示现行渔业用水标准对生物的安全性有待进一步研究（Liu et al.，2005；刘慧和王晓蓉，2004；刘慧等，2005)。然而，用抗氧化酶的活性变化来指示环境污染，不同的实验室和野外研究得到的结果存在差异，甚至相反。

除抗氧化酶外，非酶参与的小分子抗氧化物质在机体保护防御过程中也发挥不可替代的作用，这类物质包括 GSH、抗坏血酸（维生素 C)、α-生育酚（维生素 E）等。GSH 作为机体抵抗污染胁迫的第一道防线，在清除活性氧如 H_2O_2 和 $^{\cdot}OH$ 的过程中发挥重要作用。生物体遭受污染物胁迫时，GSH 含量降低（Zhang et al.，2005)，大量活性氧产生并积累，使机体处于氧化应激态，此时，体内正常的氧化还原电位平衡机制被扰乱，GSH 向 GSSG 转化，使 GSSG 含量升高。健康的生物体，GSH/GSSG 值一般维持恒定（Stegeman et al.，1992)，但当生物体遭受污染胁迫时，该值降低。因此 GSH/GSSG 值通常可作为指示环境污染物引起的生物体氧化应激（van der Oost et al.，2003）的生物标志物。

(2) 活性氧

在正常的生理条件下，生物体内活性氧（ROS）的产生与抗氧化防御系统之间存在动态平衡机制，当生物体遭受污染物胁迫时，导致体内活性氧的产生超出平衡机制，从而造成生物的氧化损伤，此时机体产生氧化应激（oxidative stress）。而在污染物胁迫下，无论抗氧化防御系统如何做出响应，推测污染物或其他氧化剂都会通过诱导活性氧的生成进而对生物体造成不同程度（个体、细胞、分子水平上）的氧化损伤（Cossu，2000；Roméo et al.，2000）。虽然大量研究表明，抗氧化防御系统能对环境污染胁迫做出快速响应，然而，由于污染物的组成成分复杂，被污染的环境往往是由多种污染物共存下的复杂体系，抗氧化系统酶活性的变化只能间接反映生物体受污染胁迫的程度，且其活性变化往往是一个动态过程，将其作为污染暴露的生物标志物时需考虑多种因素的影响。因此，以单一的某种酶的活性变化来反映机体在外来污染物胁迫下的氧化应激虽然具有特异性，但往往不能直接反映生物体受污染胁迫的程度，可见，弄清污染物与生物体活性氧和抗氧化防御系统之间的耦合关系，对于预测污染物对生物体早期伤害将更具意义。

目前，国内外针对生物体对 PTS 和备受关注的内分泌干扰物以及溴化阻燃剂胁迫引起生物体自由基产生和氧化损伤的研究几乎是空白，而污染物胁迫下生物体活性氧的产生及其氧化损伤可能是污染物致毒的重要路径。因此，开展污染物胁迫下生物体自由基的产生及其分子毒作用机制的研究，对生态系统的安全与健康意义重大。

由于生物体活性氧寿命极短，在组织中存在的浓度极低，对其检测极为困难。目前，提供活性氧在水生生物体内产生的直接证据鲜见报道，更多的是一种猜测，并未得到证实。相关研究多以活性氧毒性作用的终点，如脂质过氧化和 DNA 损伤等作为指标间接反映污染物胁迫下生物体内活性氧的生成。

近年来，电子顺磁共振（electron paramagnetic resonance，EPR）技术的广泛应用使直接测定生物体内产生的活性氧自由基成为可能，也为研究环境污染物对生物体的微观致毒机制提供了新的手段（Takeshita et al.，2004）。王晓蓉课题组建立了可测定环境样品的自由基捕获/EPR 技术，首次获得了非氧化还原污染物萘（NAP）、2,4-二氯苯酚（DCP）、2,4-二硝基苯酚(DNP)、镉(Cd)及菲 4 种污染物胁迫诱导鲫鱼肝脏产生活性氧的直接证据（Shi et al.，2005a，2005b；Luo et al.，2005；Sun et al.，2006）。表明这些结构多样的非氧化还原污染物能够诱导鲫鱼活性氧的产生并导致氧化损伤，氧化应激可能是这些非氧化还原特性污染物致毒的一种重要机制。同时发现，污染物浓度与生成羟自由基的强度存在剂量-效应关系，这种定量关系是使其能成为生物标志物的关键所在（Luo et al.，2005）。王晓蓉课题组对 2,4-二氯苯酚诱导鲫鱼产生活性氧的类型和机制做了深入研究，发现该物质诱导鲫鱼肝脏产生的自由基为羟自由基，羟自由基的生成与 2,4-二氯苯酚存在较好的剂量-效应关系。超氧阴离子可能是羟自由基的前体，经过 Fenton 反应生成羟自由基。活性氧对环境污染物的响应非常敏感，且比抗氧化防御系统更快速、更直接，有潜力成为指示环境污染的早期预警指标。研究污染物胁迫下活性氧的产生可为揭示污染物导致氧化损伤的微观致毒机制提供直接证据。因此，将活性氧作为分子生物标志物应用在污染环境早期诊断和生态风险评价上尤为重要。

（3）应激蛋白 HSP70

应激蛋白又称为热休克蛋白，是一切生物细胞（包括原核细胞及真核细胞）在受热、病原体、理化因素等应激原刺激后，发生热休克反应时产生的一类在生物进化中最保守并由热休克基因所编码的伴随细胞蛋白，是细胞保护机制的重要部分。根据 HSPs 相对分子质量的不同，分为 4 个主要家族，其中，HSP70 家族是序列最保守并且对污染物的应激反应最为显著的一类应激蛋白。已有报道，污染物在低浓度下就能对 HSP70 显著诱导 (Bierkens et al.，1998)。HSP70 作为生物标志物的研究在国内相对较少，尚属起步。王晓蓉课题组在研究鲫鱼在不同浓度重金属（Cu、EDAT-Cu、Zn、Pb、Cd）及染料橙（HC orange 1）胁迫下，观察到鲫鱼肝脏应激蛋白 HSP70 均不同程度地被诱导，并有明显的剂量-效应关系。研究发现，在低于国家渔业水质标准的浓度下，HSP70 仍然有显著的诱导表达，说明水体中污染物在低于现行渔业水质标准的浓度下，长期暴露仍然会对鱼类产生一定的损伤（沈骅等，2004，2005）。HSP70 比传统的生长、繁殖等生物指标更为敏感，可考虑将 HSP70 作为反映污染物对生物体早期伤害的毒理学指标。

(4) 植物络合素

植物络合素（phytochelatin，PCs）广泛分布于植物界，是重金属胁迫诱导下细胞质中响应的一类低相对分子质量巯基多肽，其合成随金属浓度增加而增加，一旦金属离子被形成的 PCs 螯合，PCs 的合成就会终止。目前国际上对重金属胁迫下 PCs 的响应及其发挥的生理功能仍存在较大质疑，尚无明确定论，国内对此尚未展开系统研究。PCs 作为金属胁迫下细胞内一项反应敏感的生化指标受到极大关注。目前多侧重于单一重金属胁迫下 PCs 的研究，重金属复合污染下对 PCs 的研究则相对较少。孙琴等（2005）建立了 mBBr-HPLC 柱前衍生荧光检测分析法，测定 PCs 并系统研究了 Cd、Pb、Zn 单一污染和复合（Cd/Pb 和 Cd/Zn）污染下小麦体内 PCs 的响应机制，M-PCs 复合物的分离、鉴定及其动力学形成过程，Cd 胁迫下不同环境因子对 PCs 合成的影响等，结果表明，重金属胁迫下小麦体内 PCs 的合成是一个快速的响应过程，且随胁迫浓度的增加 PCs 显著增加，与根系内重金属的积累量呈极显著正相关。PCs 的响应表现出明显的组织特异性，且其诱导量与重金属的种类、浓度、暴露时间相关。PCs 的合成与 Cd、Cd-Zn、Cd-Pb 复合暴露的生物毒性保持良好的线性关系，因此可以考虑将 PCs 作为植物对重金属污染胁迫的分子生物标志物（Sun et al.，2005a，2005b）。

1.4　生态风险早期诊断的意义及研究展望

环境中有毒化学品种类繁多，形态各异，一般都是以低剂量、多种污染物以不同形态长期共存，毒性效应复杂。传统的生态风险评价无法对低浓度暴露的生态风险进行科学评估，因而缺乏对污染环境的早期预警功能。此外，已发现在实验室急性毒性暴露基础上建立的许多环境标准，忽视了环境中低浓度长期暴露的生态效应，导致环境中污染物浓度低于环境标准时也不能保证这些污染物不会对生态系统产生伤害。为了保护生态系统免受伤害，防止污染物在生物体中不断地积累而对生物体产生伤害，导致生物生长受阻、繁殖缓慢、死亡及生态系统遭受破坏等不可逆转的后果，掌握污染物对生物危害发生前的生物标志物的状况，对制订预防性管理措施、避免或减轻环境污染对生态系统的伤害都具有重要意义。

对突发事件导致河流或土壤污染经过及时采取措施处置和修复后，这些处置方法的安全性如何、处理后的水环境和土壤环境对生态系统是否安全，都是人们关注和必须回答的问题。目前的关注点大多停留在对污染物浓度的削减上，缺少生态毒理学方面的工作，应用分子生物标志物可为判定处理和修复后的环境对生态系统是否安全提供技术及方法。

生态风险早期诊断不仅在识别、判定、评估和控制污染物对生态系统产生伤害及潜在危害中起着关键作用，同时也将在国家环境质量标准的修订、基准的制订等方面日益发挥重要作用。应用生物标志物方法，可以在分子水平上提供引起生物产生早期伤害的关键阈值，显示在污染物胁迫下生物体内产生响应的可能的最低浓度值。生物标志物之间存在着许多相关性，在实际环境中生物体内多种标志物的变化是对环境胁迫的综合反映，将会对污染环境的毒性评价、潜在生态风险提供更多信息和早期预警。

分子生物标志物的主要优势表现在：①在种群和群落受到损伤前，预警生物早期的生理变化；②生物标志物可提供化学残留物检测所不能获得的实际或潜在损伤效应的信息；③生物标志物的响应常常可在污染物已被降解和检测不到时持续存在，因此可追踪传统方法不能发现的间歇污染现象；④能够表现混合污染物之间毒性相互作用的累积效应，通过生物标志物的短期变化有可能预测污染物长期的生态效应；⑤生物标志物的检测，在许多情况下更易于实施并且比广谱的化学分析方法更为廉价（徐立红等，1995；王海黎和陶澍，1999；孙铁珩和宋玉芳，2002）。因此，加强分子生物标志物在生态风险早期诊断的研究十分重要。

当前，生态风险评价研究正朝着多重性和实际性的方向发展。作为受体的生物种或生态系统，往往暴露于来自多重途径的多种化合物的综合影响，而目前的研究多注重室内暴露和效应的关系，多集中在单一化合物和单一暴露途径的风险问题，尚未很好的同野外实际相结合，显然无法反映实际环境中生态系统的生态安全和生态风险。为了保护生态系统免受污染物的伤害，生物标志物作为联系污染物与生物效应的纽带，今后应重点开展：①污染物（如持久性有机污染物、重金属、新型污染物等）低浓度暴露的生态效应和微观致毒机制研究，筛选敏感的生物标志物；②污染物胁迫下诱导产生活性氧的水平–抗氧化防御系统–氧化损伤耦合关系、剂量–效应关系、时间–效应关系和影响因素研究；③环境中复合污染生态效应、污染物的交互作用和生态风险的早期诊断研究；④多种生物标志物在野外真实环境生态风险早期诊断的综合评估和潜在影响应用研究，以期为污染物的早期诊断、早期预防和控制提供基础理论及技术支持。

参考文献

孔繁翔，尹大强，严国安 . 2000. 环境生物学 . 北京：高等教育出版社：100-111.

刘慧，王晓蓉 . 2004. 铜及其 EDTA 配合物对彭泽鲫鱼肝脏抗氧化系统的影响 . 环境化学，23（3）：263-267.

刘慧，王晓蓉，王为木，等 . 2005. 低浓度锌及其 EDTA 配合物长期暴露对鲫鱼肝脏锌富集及抗氧化系统的影响 . 环境科学，26（1）：185-189.

罗义，施华宏，王晓蓉，等 . 2005. 2,4–二氯苯酚诱导鲫鱼肝脏自由基的产生和脂质过氧化 . 环境科学，26：29-32.

孟紫强 . 2009. 生态毒理学 . 北京：高等教育出版社 .

沈骅，孙媛媛，张景飞，等 . 2005. 以应激蛋白为生物标志物研究低浓度 2-硝基-4-羟基二苯胺对鲫鱼脑组织的动态暴露的影响，湖泊科学，17（2）：188-192.

沈骅，张景飞，王晓蓉，等 . 2004. Cu^{2+}、Cu-EDTA 对鲫鱼脑组织应激蛋白 HSP70 诱导的影响环境科学，

25 (3): 105-108.
孙琴, 王晓蓉, 袁信芳, 等. 2004. 有机酸存在下小麦体内 Cd 的生物毒性和植物络合素 (PCs) 合成的关系研究. 生态学报, 24 (12): 2804-2809.
孙琴, 叶志鸿, 王晓蓉, 等. 2005. 柱前衍生反相高效液相色谱法同时测定植物络合素 (PCn) 等羟基化合物. 南京大学学报, 41 (3): 66-72.
孙铁珩, 宋玉芳. 2002. 土壤污染的生态毒理诊断. 环境科学学报, 22 (6): 689-695.
王海黎, 陶澍. 1999. 生物标志物在水环境中的应用, 中国环境科学, 19 (5): 421-426.
徐立红, 张甬元, 陈宜瑜. 1995. 分子生态毒理学研究进展及其在水环境保护中的意义. 水生生物学报, 19: 171-184.
中华人民共和国国务院. 2011-12-15. 国家环境保护"十二五"规划. 国发〔2011〕42 号.
周启星, 孔繁翔, 朱琳. 2004. 生态毒理学, 北京: 科学出版社: 55.
Aas E, Baussant T, Balk L, et al. 2000. PAH metabolites in bile, cytochrome P4501A and DNA adducts as environmental risk parameters for chronic oil exposure: a laboratory experiment with Atlantic cod. Aquatic Toxicol, 51: 241-258.
Almeidaa J A, Dinizb Y S, Marquesa S F G, et al. 2002. The use of the oxidative stress, responses as biomarkers in *Nile tilapia* (*Oreochromis niloticus*) exposed to *in vivo* cadmium contamination. Environment International, 27: 673-679.
Bierkens J, Maes J, Vander Plaetse F. 1998. Dose-dependent induction of heat-shock protein 70 synthesis in *Raphidocelis subcapitata* following exposure to different classes of environmental pollutants. Environ Pollution, 101: 91-97.
Cheung C C C, Zheng G J, Lam P K S, et al. 2002. Relationships between tissue concentrations of chlorinated hydrocarbons (polychlorinated biphenyls and chlorinated pesticides) and antioxidative responses of marine mussels, *Perna viridis*. Marine Pollution Bulletin, 45: 181-191.
Cossu C, Doyotte A, Babut M, et al. 2000. An oxidant biomarkers in freshwater bivalves, *Unio tumidus*, in response to different contamination profiles of aquatic sediments. Ecotoxicology and Environmental Safty, 45: 106-121.
Halliwell B, Gutteridge J M C. 1999. Free Radicals in Biology and Medicine. 3rd. Oxford, UK: Oxford University Press.
Huggett R J, Kimerly R A, Mehrle P M, et al., Biomarkers: Biochemical, Physiological and Histological Markers of Anthropogenic Stress. Chelsea, MI, USA: Lewis Publishers: 235-335.
Kammenga J E, Arts M S, Oude-Breuil W J M. 1998. HSP60 as a potential biomarker of toxic stress in the nematode *Plectus acuminatus*. Arch Environ Contam Toxicol, 34: 253-258.
Liu H, Zhang J F, Shen H, et al. 2005. Impact of copper and its EDTA complex on the glutathione-dependent antioxidant system in freshwater fish (*Carassius auratus*). Bulletin of Environmental Contamination and Toxicology, 74 (6): 1111-1117.
Luo Y, Wang X R, Shi H H, et al. 2005. EPR investigation of in vivo free radical formation and oxidative stress induced by 2,4-dichlorophenol in the freshwater fish *Carassius auratus*. Environ Toxicol Chem, 24 (9): 2145-2153.
Niyogia S, Biswasa S, Sarkerb S, et al. 2001. Antioxidant enzymes in brackishwater oyster, *Saccostrea cucullata* as potential biomarkers of polyaromatic hydrocarbon pollution in Hooghly Estuary (India): Seasonality and its consequences. The Science of the Total Environment, 281: 237-246.
Oruc E O, Sevgiler Y, Uner N. 2004. Tissue-specific oxidative stress responses in fish exposed to 2,4-D and az-

inphosmethyl. Comparative Biochemistry and Physiology Part C, 137: 43-51.

Pascual P, Pedrajas J R, Toribio F, et al. 2003. Effect of food deprivation on oxidative stress biomarkers in fish (*Sparus aurata*). Chemico-Biological Interactions, 145: 191-199.

Roméo M, Bennani N, Gnassia-Barelli M, et al. 2000. Cadmium and copper display different responses towards oxidative stress in the kidney of the sea bass *Dicentrarchus labrax*. Aquatic toxicology, 48: 185-194.

Shi H H, Sui Y X, Wang X R, et al. 2005a. Hydroxyl radical production and oxidative damage induced by cadmium and naphthalene in liver of *Carassius auratus*. Comparative Biochemistry and Physiology, Part C, 140: 115-121.

Shi H H, Wang X R, Luo Y, et al. 2005b. Electron paramagnetic resonance evidence of hydroxyl radical generation and oxidative damage induced by tetrabromobisphenol A in *Carassius auratus*. Aquatic Toxicology, 74: 365-371.

Stegeman J J, Brouwer M, Richard T D G, et al. 1992. Molecular Responses to Environmental Contamination: Enzyme and Protein Systems as Indicators of Chemical Exposure and Effect. *In*: Huggett R J, Kimerly R A, Mehrle P M, et al. 1992. Biomarkers: Biochemical, Physiological and Histological Markers of Anthropogenic Stress. Chelsea, MI, USA: Lewis Publishers: 235-335.

Sun Q, Wang X R, Ding S M, et al. 2005a. Effects of exogenous organic chelators on phytochelatins production and its relationship with cadmium toxicity in wheat (*Triticum aestivum* L.) under Cadmium stress. Chemosphere, 60 (1): 22-31.

Sun Q, Wang X R, Ding S M, et al. 2005b. Effects of interactions between cadmium and zinc on phytochelatin and glutathione production in wheat (*Triticum aestivum* L.). Environmental Toxicology, 20 (2): 195-201.

Sun Y Y, Yu H X, Zhang J F, et al. 2006. Bioaccumulation, depuration and oxidative stress in fish *Carassius auratus* under phenanthrene exposure. Chemosphere, 63 (8): 1319-1327.

Takeshita K, Fujii K, Anzai K, et al. 2004. *In vivo* monitoring of hydroxyl radical generation caused by X-ray irradiation of rats using the spin trapping/EPR technique. Free Radic Biol Med, 36 (9): 1134-1143.

Van der Oost R, Beyer J, Vermeulen N P E. 2003. Fish bioaccumulation and biomarkers in environmental risk assessment: a review. Environmental Toxicology and Pharmacology, 13: 57-149.

Zhang J F, Liu H, Wang X R, et al. 2005. Reponses of the antioxidant defenses of the Goldfish *Carassius auratus*, exposed to 2,4-dichlorophenol. Environmental Toxicology and Pharmacology, 19: 185-190.

Zhang J F, Shen H, Xu T L, et al. 2003. Effects of long-term exposure of low-level diesel oil on the antioxidant defense system of fish. Bulletin of Environmental Contamination and Toxicology, 71 (2): 234-239.

Zhang J F, Shen H, Wang X R, et al. 2004a. Effects of chronic exposure of 2,4-dichlorophenol on the antioxidant system in liver of freshwater fish *Carasius auratus*. Chemosphere, 55: 167-174.

Zhang J F, Sun Y Y, Shen H, et al. 2004c. Antioxidant Response of *Daphnia magna* exposed to No. 20 diesel oil. Chemical Speciation and Bioavailability, 16 (4): 139-144.

Zhang J F, Wang X R, Guo H Y, et al. 2004b. Effects of water-soluble fractions of diesel oil on the antioxidant defenses of the goldfish, *Carassius auratus*. Ecotoxicology and Environmental Safety, 58: 110-116.

2

持久性有机污染物在环境中的分布特征、毒性效应及生态风险研究

持久性有机污染物（persistent organic pollutants，POPs）是一类毒性大、难降解、可远距离传输的有毒、有害污染物，它可随食物链在生物和人体中累积及生物放大，并可通过“蒸馏效应”迁移到地球的绝大多数地区，导致全球范围的污染，已成为影响人类生存的重要污染物，从而引起国内外广泛关注。全球环境中 POPs 的分布表明（Iwata et al.，1994），近 20 多年来，某些 POPs（如有机氯农药、多环芳烃等）的排放及污染源，已自北向南从北半球的工业化国家向热带-亚热带地区（如中国和印度）转移。2001 年，127 个国家和地区的代表在斯德哥尔摩签订协议，提出首批 12 种(类)POPs 控制名单，156 个国家加入了《关于持久性有机污染物的斯德哥尔摩公约》，一批新的污染物陆续被列入公约受控名单，2010 年增列了 9 种：林丹、α-六六六、β-六六六、开蓬、六溴联苯、商用五溴二苯醚、商用八溴二苯醚、全氟辛烷磺酸、五氯苯；2011 年又增列了硫丹，预计 2013 年六溴环十二烷能进增列清单。此外，短链氯化石蜡、氯化萘、五氯苯酚及其盐类和酯类、六氯丁二烯 4 种化学品正在审核中（http：//www. pesticide. com. cn）（刘征涛，2005；江桂斌，2005）。

POPs 的环境污染是否会对我国环境安全和人体健康产生危害已成为大家共同关心的问题。近年来，我国科学家在 POPs 检测方法、污染现状、演变趋势和控制原理等方面开展研究。已有结果表明，我国一些主要河流，如黄河、长江、松花江、珠江、辽河、海河、闽江、通惠河等和湖泊都不同程度受到 POPs 的污染，部分河流和港湾存在较高浓度的 POPs（Mai et al.，2002；Zhang et al.，2003，2004；Nie et al.，2005）。甚至在海南岛中部人类活动影响较小的山区饮用水源地中也能检测到 POPs 的存在（任磊等，2007）。尽管 POPs 含量低，但毒性大，严重威胁生态环境和饮用水的安全，而且一些新型有机污染物，如全氟类化合物（perfluoronic compound，PFCs）、多溴联苯醚（polybrominated diphenyl ethers，PBDEs）、药物和个人护理品（pharmaceuticals and personal care products，PPCPs）等已被发现对生物和人体健康存在严重威胁，引起人们的普遍关注，相关研究正在展开（Fu et al.，2003；Wang et al.，2005，2007；Shen et al.，2006；Meng et al.，2007；Xian et al.，2008；Fang et al.，2009）。

为了弄清楚 POPs 在我国近海污染状况，国家海洋局组织全国相关研究力量，开展我国沿海 POPs 在沉积物和海洋生物中的分布特征研究，这些污染物由于在水中含量低，主要被悬浮颗粒物吸附并迁移到沉积物中，沉积物作为有机污染物的蓄积库，有可能成为水体中新的污染源。已有研究表明，我国东海岸三个出海口的沉积物中也存在 POPs。在闽

江、九龙江和珠江的出海口沉积物中，多氯联苯（PCBs）和滴滴涕（DDTs）的总浓度都较高，其中DDTs的浓度可能已影响到深海生物。闽江河口水中PCBs浓度超过美国EPA的标准，部分沉积物PCBs浓度超过参考评价标准（谢武明等，2004）。因此，开展POPs在环境中的分布特征、污染源解析、生态效应及生态风险评估一直是国内外关注的热点。本章结合我们的研究重点介绍海南、江苏近海及太湖地区小环境中POPs的分布特征、来源识别和生态风险。

2.1 水环境中POPs的分布特征、来源识别和生态风险研究

2.1.1 海南五指山地区水环境中POPs的分布特征和来源识别

一般来说，热带、亚热带地区高温多雨的气候条件有助于POPs向大气快速扩散，并随大气环流向其他区域迁移，因此，热带南亚地区POPs分布及其在全球POPs再循环中的作用备受关注（Iwata et al.，1994；Chen et al.，2005）。处于亚热带的珠江三角洲以及广东附近的南海水域是目前研究较多的区域，由于人为排放和工业污染等原因，该区域内的大气、水体及沉积物中的POPs浓度较高（Mai et al.，2002）。海南岛是位于亚热带海洋地区的一个岛屿，地理位置十分独特。海南岛五指山地区主要以农业和旅游业为主，工业企业较少，是一个少数民族聚居区，目前尚无POPs在该地区水环境中分布和来源识别方面的研究报道。

2.1.1.1 海南五指山地区水环境中POPs的分布特征

在海南五指山地区采集了11个断面的水和沉积物样品，对五指山地区水和沉积物中4种六六六（HCHs）、4种DDTs、28种PCBs和16种多环芳烃（PAHs）的浓度进行了分析，获得了上述化合物在水环境中的分布特征，同时采用Kolmogorov-Smirnov和Shapiro-Wilk两种正态检验法对五指山地区水及沉积物中所获得的各项POPs数据进行检验。对于符合正态分布的数据以平均值代表该化合物的基线值，并给出标准偏差和80%置信区间。

（1）五指山地区水环境中HCHs与DDTs的分布

表2-1列出了HCHs和DDTs在五指山地区水及沉积物中的分布。从表2-1可以看出，五指山地区HCHs和DDTs在水中的浓度分别为7.55～18.0ng/L、7.38～44.1ng/L，在沉积物中的浓度分别为0.69～3.42ng/g、0.92～3.88ng/g。图2-1和图2-2表示每种HCH和DDT在不同采样点水中及沉积物中的浓度。HCHs和DDTs在沉积物及水之间的分配系数（K）分别为58～240L/kg和35～201L/kg，表明沉积物对HCHs和DDTs有一定的富集能力。表2-2列出了经统计分析获得的五指山地区水环境中HCHs和DDTs的基线值、标准偏差、置信区间和检出率。由表2-2可以看出，HCHs无论在水中还是在沉积物中均以β-HCH的基线值最高；DDTs在沉积物中以DDD的基线值最高，水中以p,p'-DDT在基线值最高。从表2-2中还可以看出，水体中γ-HCH检出率为55%，其余HCH检出率均在91%以上，DDTs检出率则为46%～91%。

表 2-1　海南五指山地区水体各采样点 HCHs 和 DDTs 的浓度及分配系数（*K*）

采样点	HCHs			DDTs		
	水/(ng/L)	沉积物/(ng/g)	*K*/(L/kg)	水/(ng/L)	沉积物/(ng/g)	*K*/(L/kg)
红毛镇	13.7	2.02	148	26.7	2.46	92
什运乡	10.2	1.46	143	44.1	3.88	88
570 桥	16.7	0.96	58	35.6	1.51	42
什益	12.0	1.10	92	9.96	1.37	138
番阳镇	7.55	0.69	91	10.4	1.04	100
毛道乡	11.3	1.48	131	21.6	2.95	137
畅好乡	7.82	0.87	111	36.2	1.28	35
太平水库	18.0	0.88	49	38.0	1.81	48
畅好农场	16.6	2.83	170	11.5	1.93	168
军民水坝	7.77	1.11	143	7.38	0.92	125
水满乡	14.3	3.42	240	8.81	1.77	201

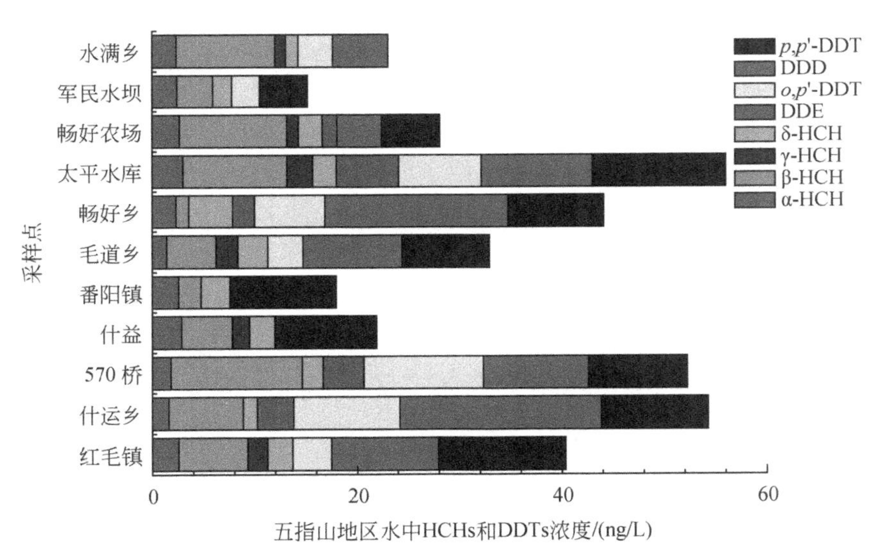

图 2-1　海南五指山地区各采样点水样中 HCHs 和 DDTs 的浓度

DDTs 污染主要来自人为施放农药导致的污染。已有研究表明，DDTs 进入沉积物和土壤后可以转化为 DDE 和 DDD（Yang et al.，2005），因此受 DDTs 污染的土壤经历长期的风化后，DDT 与 DDD 和 DDE 的浓度比值［DDT/(DDD +DDE)］往往小于 1（Guzzella et al.，2005）。本次检测中，五指山地区有一小半采样点（包括红毛镇、番阳镇、畅好乡、太平水库及水满乡）的 DDT 浓度小于 DDD+DDE 浓度，而其余站点的 DDT/(DDD +DDE) 略大于 1 或者远大于 1，表明海南五指山地区的 DDTs 进入环境的时间较短，降解不多。DDTs 下降趋缓的原因之一可能是 DDTs 在自然界中的降解速率小于 HCHs，HCHs 被分解

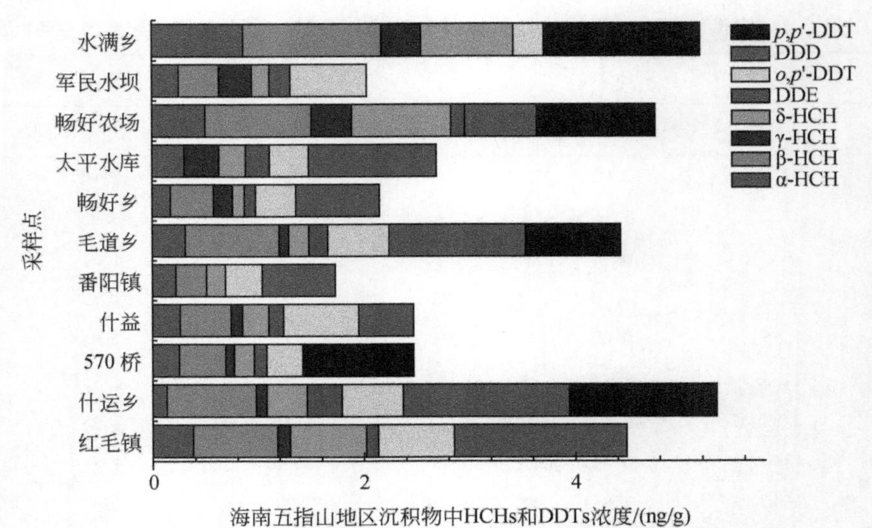

图 2-2　海南五指山地区各采样点沉积物样中 HCHs 和 DDTs 的浓度

95% 所需最长时间约 20 年，而 DDTs 分解 95% 则需 30 年之久（周幼魁等，1995）；也可能与农药三氯杀螨醇的使用有关。三氯杀螨醇是我国未被禁止的有机氯农药，一般用于棉花、苹果、玉米和蔬菜等作物的虫害防治，该农药中 DDTs 含量为 3.54% ~ 10.18%。1992 ~ 1993 年中国农业科学院茶叶研究所对四川、广东等 13 个省市抽样分析结果表明，茶叶中 DDTs 残留量超标的样品中，有 61.7% 是由喷施三氯杀螨醇农药引起的（冯海艳等，2006）。

表 2-2　HCHs 和 DDTs 在海南五指山地区水体中的基线值、置信区间和检出率

污染物	沉积物/(ng/g)				水/(ng/L)			
	基线值	标准偏差	80% 置信区间	检出率/%	基线值	标准偏差	80% 置信区间	检出率/%
α-HCH	0.32*	1.15	0.24 ~ 0.40	100	2.31	0.51	2.10 ~ 2.52	100
β-HCH	0.62	0.38	0.47 ~ 0.78	91	6.72	3.75	5.16 ~ 8.27	100
γ-HCH	0.19	0.14	0.13 ~ 0.25	91	0.72*	1.72	0.37 ~ 1.15	55
δ-HCH	0.36*	1.23	0.25 ~ 0.48	100	2.36	0.83	2.02 ~ 2.71	100
DDE	0.14	0.10	0.10 ~ 0.18	82	0.91*	2.20	0.38 ~ 1.65	46
o,p'-DDT	0.46	0.23	0.36 ~ 0.55	91	4.58	4.14	2.86 ~ 6.29	73
DDD	0.76	0.61	0.51 ~ 1.01	73	8.05	6.84	5.22 ~ 10.9	73
p,p'-DDT	0.42*	1.51	0.20 ~ 0.69	46	8.55	3.77	6.99 ~ 10.1	91
ΣHCHs	1.53	0.88	1.16 ~ 1.89		12.35	3.79	10.8 ~ 13.9	
ΣDDTs	1.90	0.89	1.53 ~ 2.27		22.75	13.87	17.0 ~ 28.5	

* 对应的数据为对数平均值、对数标准差以及 80% 对数置信区间

对于 HCHs 而言，其 4 种异构体中 β-HCH 在沉积物中的含量最高，γ-HCH 的含量最低，这可能与它们的结构有关。已有研究表明，γ-HCH 最容易降解，而 β-HCH 活性较弱，在环境中持留时间较长（刘相梅等，2001；Yang et al.，2005）。王晓蓉课题组在五指山地

区的研究也获得了相似的结果。

（2）五指山地区水环境中 PCBs 的分布特征

表 2-3 列出了 PCBs 在五指山地区水体中的分布和分配系数（K）。由表 2-3 可以看出，五指山地区 PCBs 在水中的浓度为 4.32 ~ 68.5ng/L，在沉积物中的浓度为 3.41 ~ 20.6ng/g。图 2-3 和图 2-4 显示水中和沉积物中每种 PCB 的浓度。PCBs 在沉积物和水之间的分配系数为 123 ~ 1836L/kg，显示五指山水体沉积物对 PCBs 有一定富集能力。

表 2-3　海南五指山地区各采样点 PCBs 的浓度和分配系数（K）

采样点	水/(ng/L)	沉积物/(ng/g)	K/(L/kg)
红毛镇	29.9	17.4	580
什运乡	16.2	11.6	718
570 桥	40.1	4.92	123
什益	8.17	6.61	809
番阳镇	4.97	3.41	686
毛道乡	10.6	5.56	527
畅好乡	36.3	9.62	265
太平水库	68.5	20.6	301
畅好农场	18.1	16.8	927
军民水坝	14.9	10.7	720
水满乡	4.32	7.93	1836

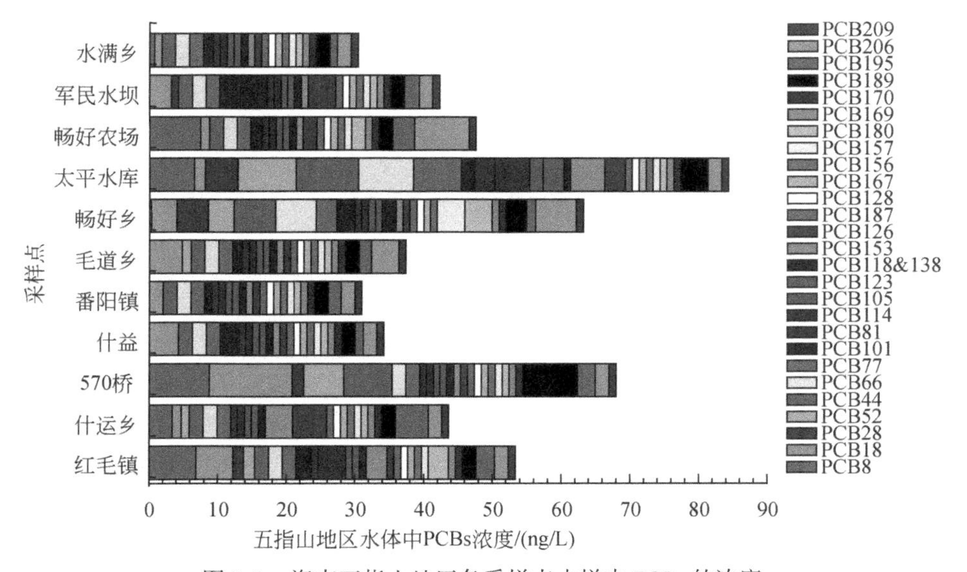

图 2-3　海南五指山地区各采样点水样中 PCBs 的浓度

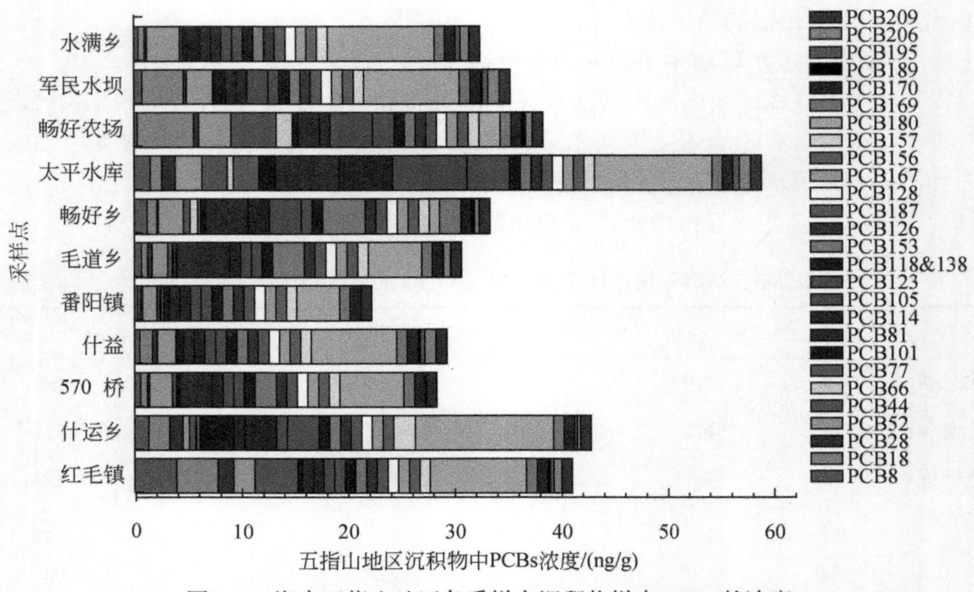

图 2-4　海南五指山地区各采样点沉积物样中 PCBs 的浓度

表 2-4 列出了 PCBs 在五指山地区水体中的基线值、置信区间和检出率。由表 2-4 可以看出，无论在水中还是沉积物中均有一些 PCBs 检出率较高，如 PCB8、PCB18、PCB28、PCB44、PCB52、PCB101、PCB180、PCB195、PCB206 等在沉积物中的检出率都达到了 80% 以上。而另外一些 PCBs，如 PCB187、PCB128、PCB167、PCB156 等则极少或者没有检测到其存在。从表 2-4 还可以看出，PCBs 在沉积物中只有 PCB18、PCB52 和 PCB101 的基线值较高，而在水中以 PCB8、PCB18、PCB52、PCB101、PCB195 等的基线值较高。

表 2-4　PCBs 在海南五指山地区水体中的基线值、置信区间和检出率

污染物	沉积物/(ng/g)				水/(ng/L)			
	基线值	标准偏差	80% 置信区间	检出率/%	基线值	标准偏差	80% 置信区间	检出率/%
PCB8	0.77*	1.51	0.49～1.10	100	1.67*	2.73	0.76～3.04	64
PCB18	1.46*	1.73	0.96～2.08	100	3.03*	1.76	2.19～4.08	100
PCB28	0.53*	1.33	0.36～0.72	100	0.74*	2.03	0.30～1.34	46
PCB52	2.07	0.76	1.76～2.39	100	1.13*	2.33	0.50～2.02	55
PCB44	0.84*	1.81	0.44～1.36	91	0.52*	2.16	0.11～1.10	27
PCB66	0.23*	1.36	0.09～0.40	64	0.38*	2.08	0.02～0.87	18
PCB77	0.24*	1.42	0.07～0.43	64	0.20*	1.70	-0.04～0.50	18
PCB101	0.93	0.91	0.56～1.31	100	1.57*	1.79	1.02～2.27	82
PCB81	0.12*	1.17	0.04～0.19	46	0.19*	1.80	-0.06～0.52	9
PCB114	0.13*	1.35	0.00～0.28	27	0.43*	2.22	0.03～0.99	18
PCB105	0.16*	1.45	0.00～0.36	36	0.12*	1.47	-0.04～0.32	9
PCB123	0.05*	1.11	0.01～0.10	27	0.12*	1.48	-0.04～0.32	9
PCB118&138	* *			0	0.13*	1.52	-0.05～0.35	9

续表

污染物	沉积物/(ng/g)				水/(ng/L)			
	基线值	标准偏差	80% 置信区间	检出率/%	基线值	标准偏差	80% 置信区间	检出率/%
PCB153	0.08*	1.17	0.02 ~ 0.15	27	0.43*	1.89	0.10 ~ 0.86	27
PCB126	**			0.0	0.43*	1.67	0.16 ~ 0.77	36
PCB187	**			0.0	**			0
PCB128	**			0.0	**			0
PCB167	**			0.0	**			0
PCB156	**			0.0	**			0
PCB157	0.01*	1.04	0.00 ~ 0.03	9	0.16*	1.64	-0.05 ~ 0.42	9
PCB180	0.38*	1.25	0.26 ~ 0.51	91	0.37*	1.76	0.08 ~ 0.72	27
PCB169	0.07*	1.25	-0.02 ~ 0.17	9	**			0
PCB170	**			0	**			0
PCB189	0.08*	1.09	0.04 ~ 0.11	46	0.41*	1.94	0.07 ~ 0.85	27
PCB195	0.28	0.22	0.19 ~ 0.37	82	2.04	1.26	1.52 ~ 2.60	91
PCB206	0.62	0.38	0.46 ~ 0.78	91	0.32*	1.63	0.08 ~ 0.62	27
PCB209	**			0	**			0
∑PCBs	10.47	5.65	8.13 ~ 12.80		22.90	19.42	1.87 ~ 30.94	

* 表示该数据为对数平均值、对数标准偏差以及 80% 置信区间差；

** 表示该有机物在各采样点均未检出

五指山地区沉积物中依次以含 4 个氯原子、3 个氯原子和 5 个氯原子的 PCBs 所占比例较大，2 个氯原子和 9 个氯原子的 PCBs 次之（图 2-5）。根据氯原子所占的比例（康惠跃等，2000），通常认为多氯联苯 1240 和多氯联苯 1242 所含的氯原子数平均在 3 左右，多氯联苯 1248 所含氯原子数平均在 4 左右，而多氯联苯 1254 所含氯原子数在 5 左右，五指山地区的 PCBs 很有可能就来源于这几种多氯联苯。由于当地的工业污染源较少，因此初步推断五指山地区沉积物中和水中的多氯联苯可能是由长距离输送而来。

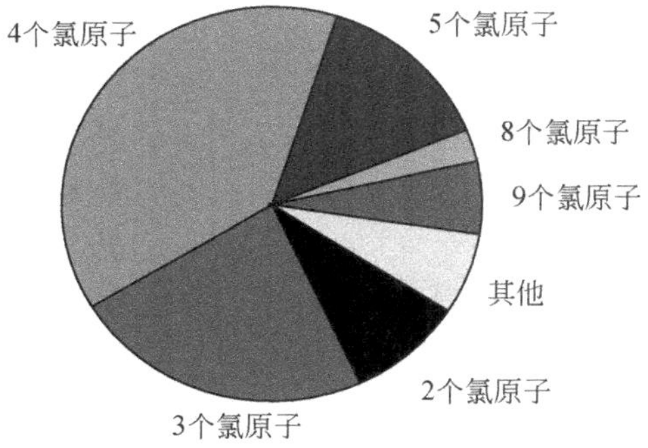

图 2-5　五指山地区沉积物样品中不同氯原子的 PCBs 所占比例

（3）五指山地区水环境中 PAHs 的分布特征

表 2-5 列出了 PAHs 在水环境中的分布和分配系数。由表 2-5 可以看出，五指山地区水体水样中 PAHs 的浓度为 414 ~ 723ng/L，沉积物中 PAHs 的浓度为 89.6 ~ 318ng/g。表 2-6 列出了 PAHs 在五指山地区水中的基线值、置信区间和检出率。由表 2-6 可以看出，Ace、Fl、Phe、An、Flu、Pyr、BaA、Chr、BbF、BkF 和 BaP 等在五指山地区水和沉积物中的检出率较高，达 64% ~ 100%。从基线值的结果来看，五指山地区所检测到的 PAHs 也是以这几种为主。图 2-6 和图 2-7 显示了不同环 PAHs 在水和沉积物中的分布。PAHs 在沉积物和水之间的分配系数为 164 ~ 659L/kg，显示五指山沉积物对 PAHs 有一定富集能力。由图 2-8 和图 2-9 可以看出，五指山水体的水样中，3

环与4环的PAHs所占的比例最高，分别为33%～59%和23%～45%，而5环的PAHs在沉积物中所占的比例最高，为28%～64%。

表2-5　海南五指山地区水体中各采样点PAHs的浓度和分配系数（*K*）

采样点	水中PAHs的浓度/(ng/L)	沉积物中PAHs的浓度/(ng/g)	*K*/(L/kg)
红毛镇	723	296	409
什运乡	414	157	378
570桥	598	238	398
什益	693	276	399
番阳镇	665	318	479
毛道乡	645	165	256
畅好乡	546	89.6	164
太平水库	623	189	303
畅好农场	619	206	332
军民水坝	633	256	404
水满乡	419	276	659

表2-6　PAHs在海南五指山地区水体中的基线值、置信区间和检出率

污染物	沉积物/(ng/g)				水/(ng/L)			
	基线值	标准偏差	80%置信区间	检出率/%	基线值	标准偏差	80%置信区间	检出率/%
Na	0.48*	2.42	0.03～1.13	18	**			0
Ac	1.28*	2.58	0.54～2.37	45	**			0
Ace	9.59	5.57	7.29～11.9	100	111	68.6	82.1～139	100
Fl	22.8	4.59	20.9～24.7	100	83.1	45.3	64.4～102	100
Phe	20.5	9.79	16.4～24.5	100	55.2	41.8	37.9～72.5	82
An	9.76	3.79	8.20～11.3	100	27.0	20.2	18.5～35.3	82
Flu	10.7	4.72	8.78～12.7	100	28.2	14.4	22.3～34.2	100
Pyr	9.69	4.27	7.93～11.5	100	61.1	27.0	50.0～72.3	100
BaA	10.6	7.24	7.60～13.6	91	43.9*	1.43	37.7～51.1	100
Chr	18.7	11.3	14.0～23.3	91	83.4	20.2	75.1～91.7	100
BbF	60.7	22.6	51.4～70.1	100	50.4	44.7	31.9～68.9	82
BkF	30.2	22.2	21.0～39.4	73	33.5	31.7	20.4～46.6	82
BaP	5.17*	4.25	2.39～10.2	64	13.5	11.1	8.85～18.1	82
DahA	0.51*	2.49	0.03～1.20	18	0.45*	3.40	-0.13～1.40	9
In	1.55*	3.05	0.61～3.05	45	**			0
BP	0.62*	2.38	0.13～1.32	27	**			0
∑PAHs	224	69.6	196～253		598	101	556～640	

*表示该数据为对数平均值、对数标准偏差以及80%量信区间差；

**表示该有机物在各采样点均未检出

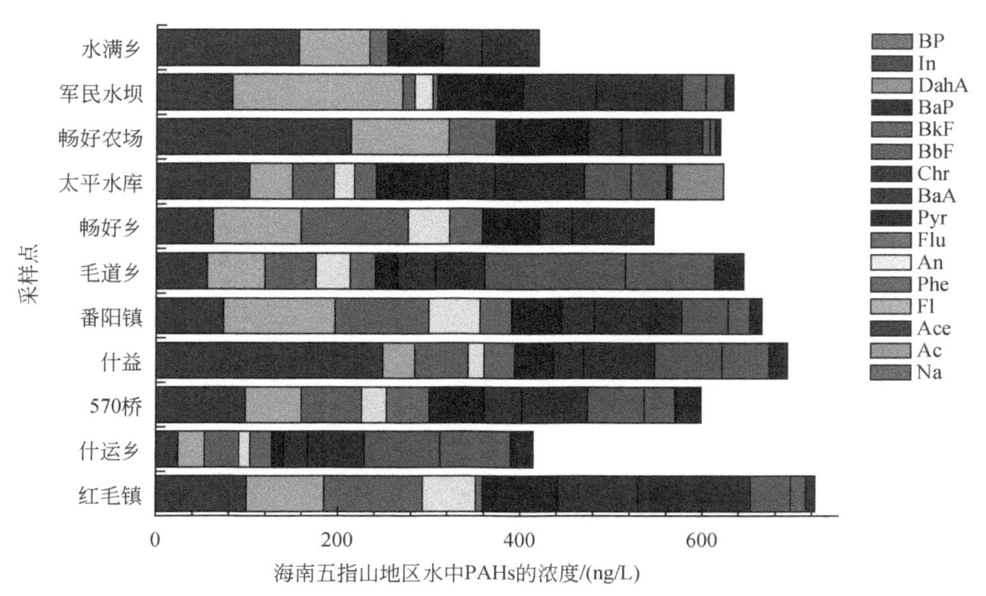

图 2-6 海南五指山地区各采样点水样中 PAHs 的浓度

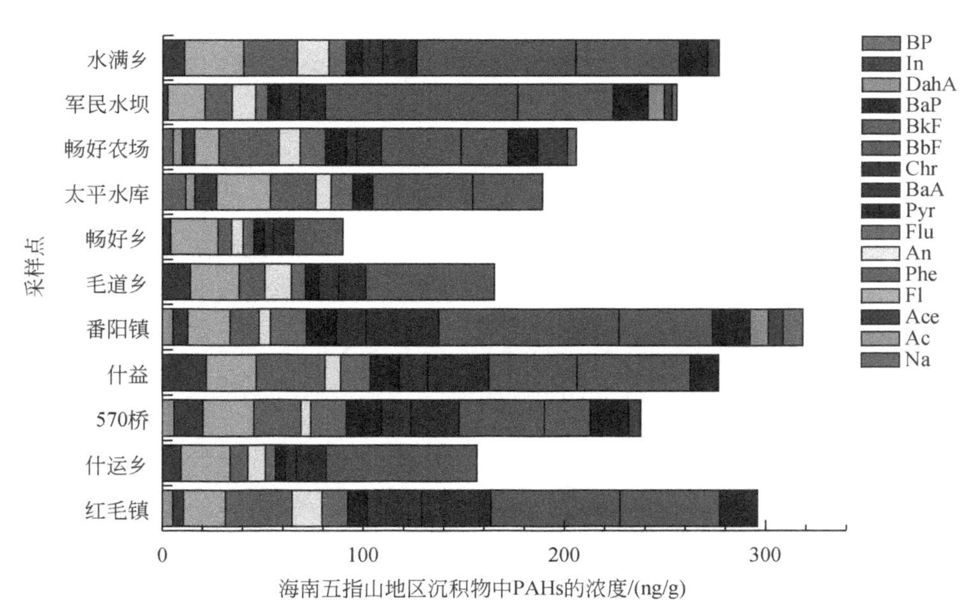

图 2-7 海南五指山地区各采样点沉积物样中 PAHs 的浓度

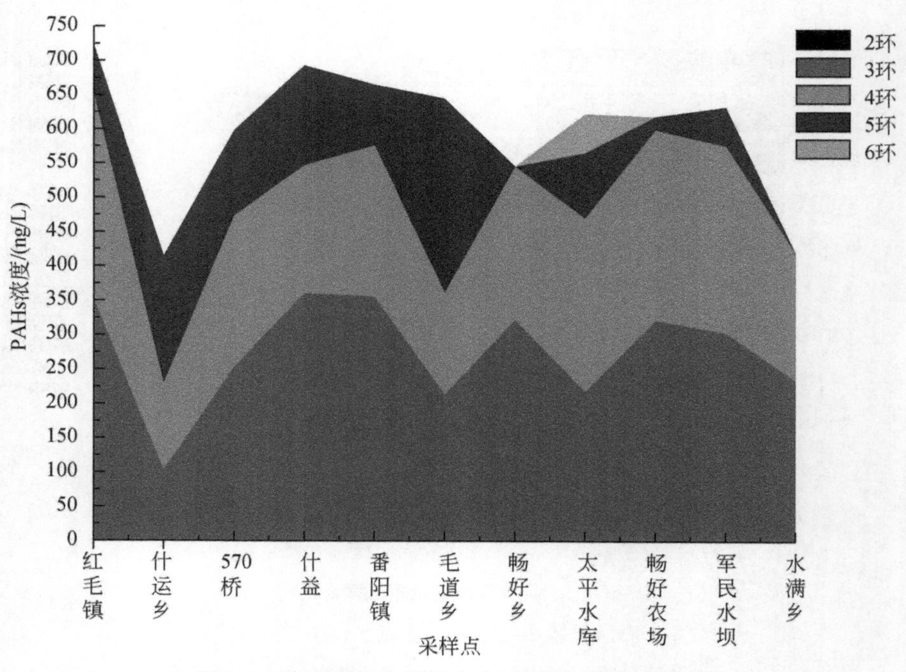

图 2-8　海南五指山地区水中不同环 PAHs 的浓度

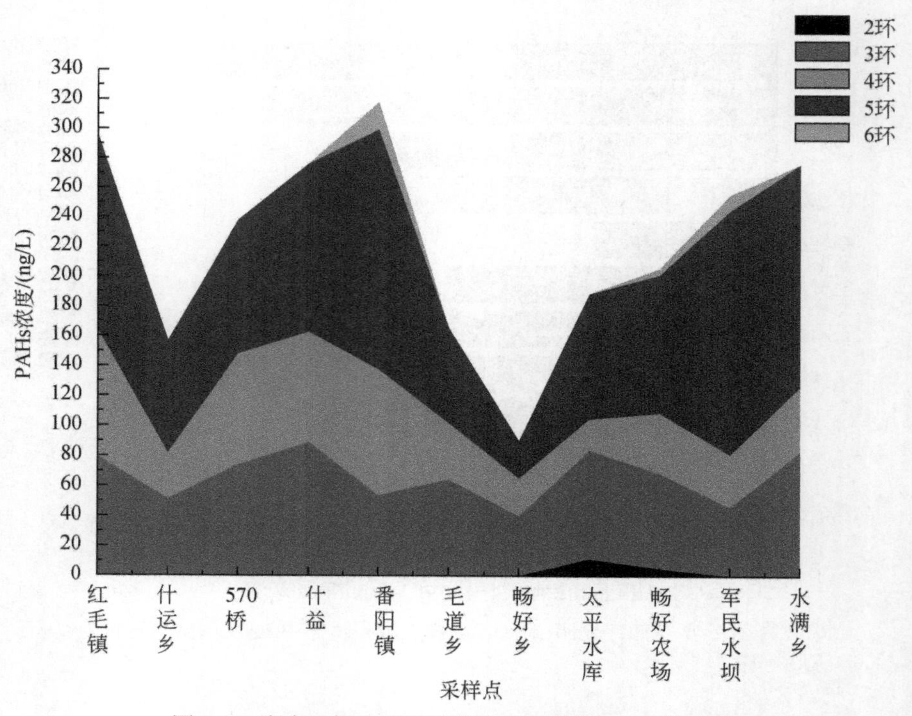

图 2-9　海南五指山地区沉积物中不同环 PAHs 的浓度

通常运用多环芳烃异构体 An/178 系列、BaA/228 系列、In/(In+BP) 进行 PAHs 源解析（Chen et al.，2005；Yunker et al.，2002；Krauss et al.，2000）。对于相对分子质量为 178 的 PAH，An 占 An 加 Phe 的比值（An/178）低于 0.10 时，通常认为 PAHs 主要是由石油类引起的污染，当 An/178 的值大于 0.10 时通常认为主要是由燃烧引起的污染（Chen et al.，2005；Yunker et al.，2002）。根据这些规则，计算五指山地区各种 PAHs 系列的比值。结果表明，五指山地区所有沉积物样品的 An/178 值均大于 0.10，表明该地区的 PAHs 污染可能主要来源于燃烧。对于相对分子质量为 228 的 PAH，BaA 占 BaA 加 Chr 的比值（BaA/228）低于 0.20 通常认为主要是石油类引起的污染，BaA/228 的值为 0.20～0.35 表示既可能是石油引起的污染也可能是燃烧引起的污染，BaA/228 的值大于 0.35 则主要是燃烧引起的污染（Chen et al.，2005；Yunker et al.，2002）。五指山地区除了太平水库有两种 PAHs 未检出外，红毛镇、570 桥、毛道乡、军民水坝和水满乡等采样点沉积物样品中的 BaA/228 值均大于 0.35，表明这些采样点的 PAHs 污染有可能主要来源于燃烧，而什运乡、什益、番阳镇、畅好乡、畅好农场等采样点沉积物样品中的 BaA/228 值为 0.20～0.35，表明这些采样点的 PAHs 污染既可能来源于石油污染，也可能来源于燃烧。对 In/(In+BP) 而言，In 占 In 加 BP 的比值［In/(In+BP)］低于 0.20 通常认为主要是石油类引起的污染，In/(In+BP) 值为 0.20～0.50 则认为是由液体化石类燃料（交通和原油）燃烧引起的污染，大于 0.50 则表明是由草、木或煤等燃烧引起的污染（Chen et al.，2005；Yunker et al.，2002）。五指山地区的大部分样品中检测不到 In 或 BP，在检测到的 5 个样品中，570 桥、畅好农场、军民水坝和水满乡等采样点沉积物样品中的 In/(In+BP) 值均大于 0.50，表明这些采样点的 PAHs 主要来源于草木或煤的燃烧，而只有番阳镇的 In/(In+BP) 值略低于 0.50，表明该镇 PAHs 主要来源于液体化石类燃料（交通和原油）燃烧。因此，总体来说，海南五指山地区的 PAHs 主要来源于燃烧。

(4) 松涛水库中 POPs 的分布特征

松涛水库是海南省主要饮用水源地之一，为此，我们也采集了该水源地若干水样和沉积物样品，探察 HCHs、DDTs、PCBs 和 PAHs 在水库中的存在状况，以便为今后的研究提供基础数据。结果表明，在松涛水库的水样和沉积物样中，均能检测到 HCHs、DDTs、PCBs 和 PAHs 的存在，其在水中的浓度分别为 7.99～21.9ng/L、0.00～42.2ng/L、41.2～81.3ng/L、323～1003ng/L；在沉积物中的浓度分别为 0.70～6.55ng/g、4.31～14.1ng/g、8.76～98.1ng/g、118.7～246.2ng/g。PCBs 和 PAHs 在松涛水库的浓度要略高于五指山地区，因此，今后应当继续加强对松涛水库 POPs 的检测和管理。

2.1.1.2 五指山地区 POPs 对饮用水安全影响的初探

通过对五指山地区及松涛水库水体中水和沉积物 POPs（HCHs、DDTs、PCBs 和 PAHs）的分析，获得了 POPs 在这些地区的分布特征，并运用数理统计方法获得了五指山地区水环境中 HCHs、DDTs、PCBs 和 PAHs 的基线值。与我国及世界其他地区报道数据相比（表 2-7），这两个地区的 POPs 浓度还处于一个较低的水平，远远低于其他一些已经受到严重污染的地区。下面对 POPs 可能产生的生态风险进行探讨。

表 2-7　五指山地区及松涛水库水体中的 POPs 浓度与部分地区报道数据比较

研究地点	水中的 HCHs 和 DDTs 浓度 /(ng/L)	沉积物中的 HCHs 和 DDTs 浓度/(ng/g)	水中的 PCBs 浓度 /(ng/L)	沉积物中的 PCBs 浓度 /(ng/g)	水中的 PAHs 浓度 /(ng/L)	沉积物中的 PAHs 浓度 /(ng/g)
闽江河口（Zhang et al., 2003）			204～2 473	15.1～57.9		
松花江（China）				25.4～70.3		
高山湖泊（欧洲）（Grimalt et al., 2004）		3.5～28.9		2.3～15		
珠江三角洲（Mai et al., 2002）		6～1 658		11～486		1 168～21 329
Cortiou（法国）（Wafo et al., 2006）		2.06～254.8	12.68～1 559			
北京通惠河（Zhang et al., 2004）	134.9～3 788	1.79～13.98	31.58～344.9	0.78～8.47	192.5～2 651	127～928
萨格莱克湾（Saglek Bay）（加拿大）（Hunga et al., 2005）				0.24～62 000		
厦门附近海域（Maskaoui et al., 2002）					6 960～26 900	59～1 177
杭州（Zhu et al., 2004）					34 400～67 700	224～4 222
沿海海洋沉积物（新加坡）（Wurl and Obbard, 2005）		5.5～58.1		1.4～329.6		
大亚湾（Zhou et al., 2003）					4 228～29 325	115～1 134
黄海（Ma et al., 2001）		0.37～1 417.08		0～14.85		20.4～5 534
萨罗尼可斯湾（Saronikos Gulf）（希腊）（Galanopoulou et al., 2005）		9.1～75.6		47.8～351.8		
中国南海（Yang, 2000）						24.7～275.4
马尔马拉海湾（Bay of Marmara Sea）（Telli-Karakoc et al., 2002）					1 160～13 680	30 000～1 670 000
五指山地区（本研究）	15.2～50.0	1.73～5.34	4.32～68.5	3.41～20.6	413.9～923.3	89.64～318.4
松涛水库（本研究）	7.99～61.4	4.01～20.3	41.2～81.3	8.76～98.1	323～1 003	119～246

根据我国和国际上有关饮用水中 HCHs、DDTs、PCBs 及 BaP 的标准（分别为 5000ng/L、1000ng/L、500ng/L 和 10ng/L），HCHs、DDTs、PCBs 等在五指山地区水中的浓度没有超过我国或者世界上其他国家的饮用水水质标准，属于安全的范畴。但是 570 桥、什益、番阳镇、毛道乡等采样点的水样中 BaP 的浓度超过了目前大多数国家制定的标准 10ng/L，这可能会对当地居民的健康有一定的影响，应引起重视。

2.1.2 海南铜鼓岭地区水环境中 POPs 的分布特征及生态风险初探

海南铜鼓岭自然保护区位于海南省文昌市东部，距海南省省会海口市约 110km，距文昌市文城镇直线距离约 30km。铜鼓岭自然保护区位于文昌市的龙楼镇，龙楼镇农村经济结构以瓜菜、胡椒等热带作物和渔业为主。铜鼓岭地区工业企业较少。目前尚无 POPs 在这个地区水环境中分布的研究报道。为了查明 POPs 在铜鼓岭地区的分布状况，本研究采集了铜鼓岭地区近岸海域以及主要河流的水样和沉积物样品，包括 10 个海域断面和 4 个河流断面，以 HCHs、DDTs、PCBs 和 PAHs 为对象，重点测定了 POPs 在铜鼓岭地区水体水和沉积物中的浓度，研究其在该地区水体中的分布特征，同时应用数理统计方法获得 POPs 的分布类型及基线值，并对 POPs 可能的来源及生态风险进行初步探讨，研究可为海南省环境保护部门的生态风险管理提供依据。

2.1.2.1 铜鼓岭地区水环境中 POPs 的分布特征

（1）铜鼓岭地区水环境中 HCHs 和 DDTs 的分布特征

表 2-8 列出了 HCHs 和 DDTs 在铜鼓岭地区水和沉积物中的分布及分配系数。从表 2-8 可以看出，铜鼓岭地区 HCHs 和 DDTs 在水中总的浓度分别为 2.12 ~ 11.0ng/L、0 ~ 20.5ng/L，在沉积物中的总浓度分别为 0.27 ~ 2.18ng/g、0.36 ~ 2.31ng/g，它们在沉积物和水之间的分配系数分别为 127 ~ 852L/kg 和 87 ~ 922L/kg，表明沉积物对有机氯农药(OCPs)有一定的富集能力。图 2-10 和图 2-11 表示每种 HCH 和 DDT 在水中及沉积物中的浓度。在大部分点位，DDTs 无论在水中还是在沉积物中的浓度都要大于 HCHs 的浓度。表 2-9 列出了经统计分析获得的铜鼓岭地区水环境中 HCHs 和 DDTs 的基线值、标准偏差、置信区间及检出率。由表 2-9 可以看出与五指山地区相似的规律，即 HCHs 无论在水中还是沉积物中均以 β-HCH 的基线值最高；DDTs 在沉积物中以 DDD 基线值最高，水中以 p,p'-DDT 基线值最高。从表 2-9 还可以看出，各 HCH 在沉积物中的检出率为33% ~92%，水中的检出率为 64% ~100%；各 DDT 在沉积物中的检出率为 25% ~100%，在水中的检出率为 36% ~93%。

铜鼓岭地区水和沉积物中 DDTs 浓度比 HCHs 要高。该地区除去 I 和 A′站点外，其余站点的 DDT/(DDD+DDE) 值略大于或等于 1，表明铜鼓岭地区的 DDTs 进入环境的时间较短，降解的不多。

DDTs 浓度减少趋缓可能是因为 DDTs 在自然界中降解速率小于 HCHs。此外，也可能与农药三氯杀螨醇的使用有关。铜鼓岭地区 β-HCH 在沉积物中的浓度最高，γ-HCH 的浓度最低，同样推测可能和它们的结构有关。

表 2-8　海南铜鼓岭地区水体各采样点 HCHs 和 DDTs 的浓度及分配系数（*K*）

采样点	HCHs			DDTs		
	水/(ng/L)	沉积物/(ng/g)	*K*/(L/kg)	水/(ng/L)	沉积物/(ng/g)	*K*/(L/kg)
Ⅰ	4.05	1.04	257	11.6	2.31	199
Ⅰ′	2.90	0.77	266	4.18	1.22	292
Ⅱ′	2.19	0.93	425	2.71	0.51	188
Ⅲ	11.0			20.5		
Ⅲ′	3.89	0.71	183	3.97	1.05	264
A	2.12	0.34	160	2.72	0.74	272
A′	2.12	0.27	127	0	0.36	
B′	4.41	0.84	190	1.41	1.3	922
C	2.30			5.10		
C′	7.00	1.16	166	15.1	1.31	87
R1	2.56	2.18	852	3.36	1.77	527
R2	2.77	1.88	679	5.51	2.03	368
R3	3.40	1.05	309	3.58	1.17	327
R4	5.42	1.21	223	5.94	1.38	232

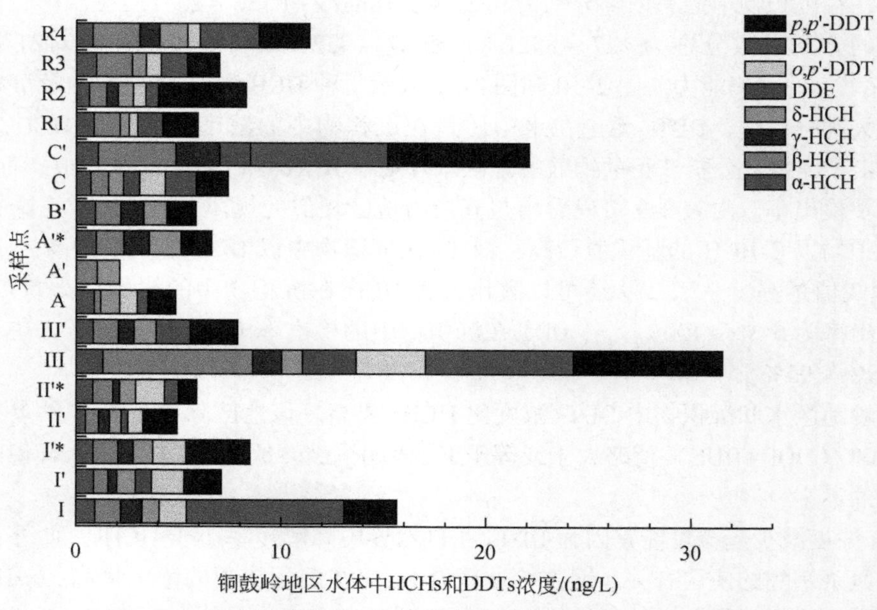

图 2-10　海南铜鼓岭地区各采样点水样中 HCHs 和 DDTs 的浓度

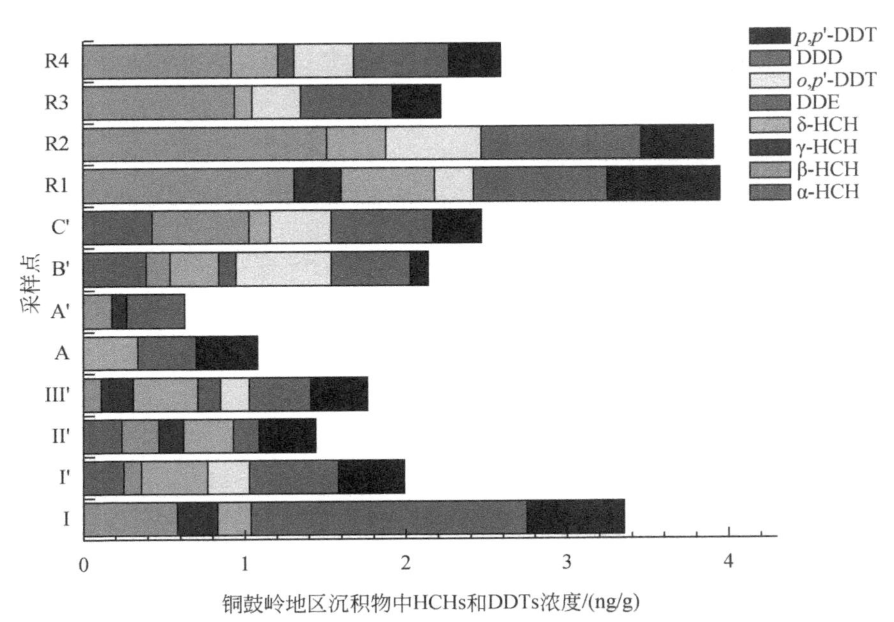

图 2-11　海南铜鼓岭地区各采样点沉积物中 HCHs 和 DDTs 的浓度

表 2-9　HCHs、DDTs 在海南铜鼓岭地区水体中的基线值、置信区间和检出率

污染物	沉积物/(ng/g)				水/(ng/L)			
	基线值	标准偏差	80% 置信区间	检出率/%	基线值	标准偏差	80% 置信区间	检出率/%
α-HCH	0.10*	0.15	0.04 ~ 0.16	33	0.80	0.30	0.69 ~ 0.91	93
β-HCH	0.55	0.51	0.35 ~ 0.75	92	1.42*	0.61	1.03 ~ 1.87	100
γ-HCH	0.08*	0.10	0.04 ~ 0.12	42	0.53*	0.47	0.33 ~ 0.76	64
δ-HCH	0.29	0.16	0.23 ~ 0.35	92	0.82	0.34	0.70 ~ 0.95	93
DDE	0.03*	0.05	0.01 ~ 0.05	25	0.30*	0.52	0.11 ~ 0.51	36
o,p'-DDT	0.24	0.22	0.16 ~ 0.33	67	0.82	0.90	0.50 ~ 1.14	71
DDD	0.60*	0.24	0.46 ~ 0.74	100	1.37*	1.21	0.78 ~ 2.15	71
p,p'-DDT	0.36	0.19	0.28 ~ 0.43	92	2.18*	0.70	1.62 ~ 2.85	93
∑HCHs	1.91	1.02	1.51 ~ 2.31		4.93*	0.36	4.30 ~ 5.63	
∑DDTs	0.38	0.34	0.25 ~ 0.51		2.91*	1.51	1.80 ~ 4.44	

* 对应的数据为对数平均值、对数标准偏差以及 80% 对数置信区间

(2) 铜鼓岭地区水环境中的 PCBs

表 2-10 列出了 PCBs 在铜鼓岭地区水体中的分布和分配系数。由表 2-10 可以看出，铜鼓岭地区 PCBs 在水中的浓度为 9.77 ~ 47.2ng/L，在沉积物中的浓度为 2.95 ~ 37.7ng/g。图 2-12 和图 2-13 显示水中和沉积物中每种 PCB 的浓度。PCBs 在沉积物和水之间的分配系数为 108 ~ 1709L/kg，显示铜鼓岭水体沉积物对 PCBs 有一定富集能力。由表 2-11 可以看出，无论在水中还是在沉积物中均有一些 PCBs 检出率较高，如 PCB18、PCB180、PCB195、

PCB206 等在沉积物中的检出率都达到 80% 以上，而另外一些 PCBs，如 PCB126、PCB128、PCB167、PCB156、PCB170、PCB209 等则极少或者没有检测到其存在。从表 2-11 还可以看出，PCBs 在沉积物中只有 PCB18、PCB28 和 PCB101 的基线值较高，而在水中以 PCB18、PCB52、PCB101、PCB180 等的基线值较高。

表 2-10　海南铜鼓岭地区水体各采样点 PCBs 的浓度和分配系数（*K*）

采样点	水/(ng/L)	沉积物/(ng/g)	*K*/(L/kg)
Ⅰ	14.4	12.5	867
Ⅰ′	22.2	13.0	585
Ⅱ′	17.2	13.7	797
Ⅲ	39.9		
Ⅲ′	13.1	5.68	433
A	9.78	7.39	756
A′	9.77	5.19	531
B′	27.2	2.95	108
C	18.9		
C′	36.1	37.7	1045
R1	17.3	29.6	1709
R2	26.2	33.5	1278
R3	17.3	8.38	484
R4	47.2	23.2	490

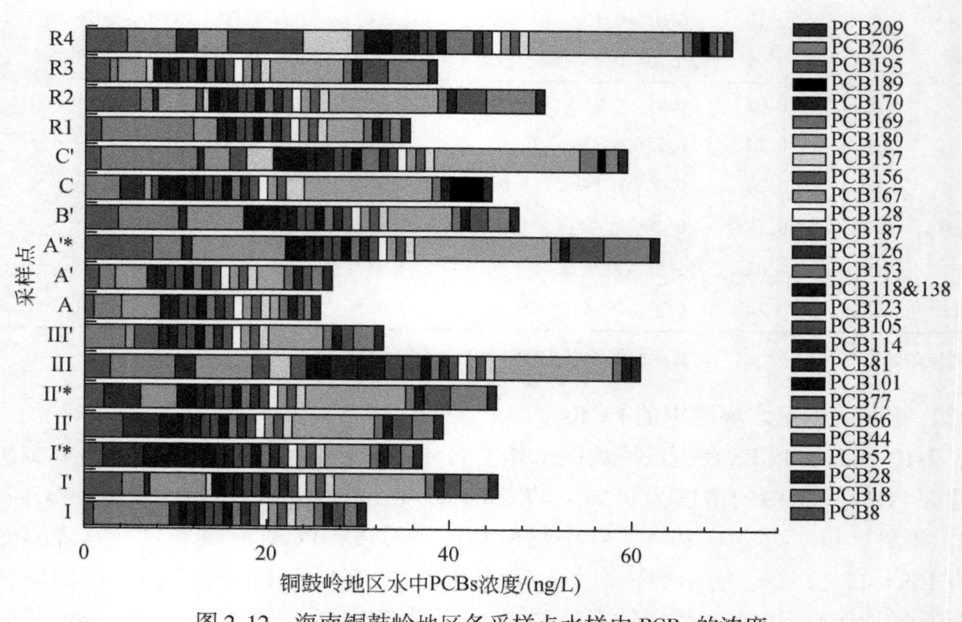

图 2-12　海南铜鼓岭地区各采样点水样中 PCBs 的浓度

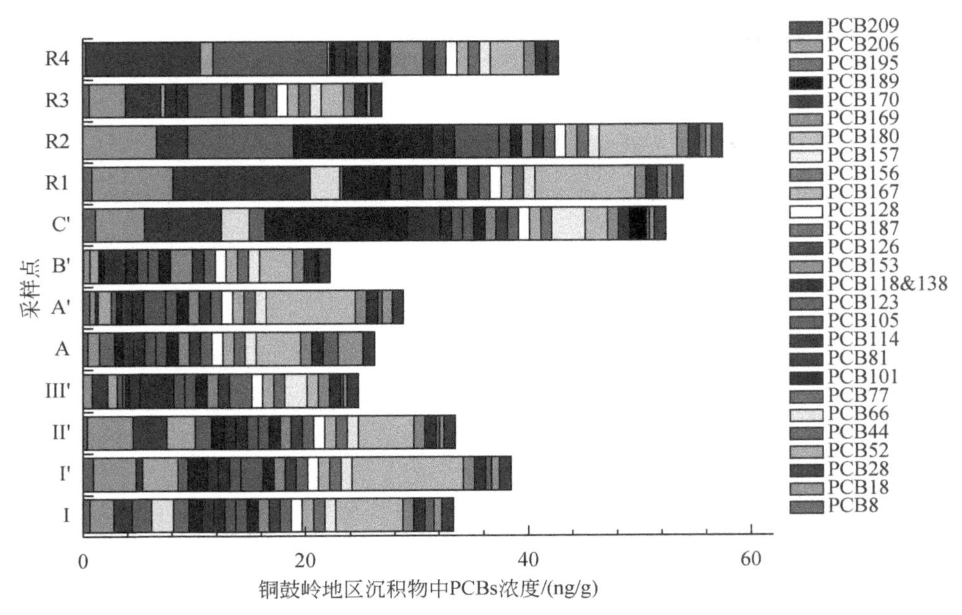

图 2-13　海南铜鼓岭地区各采样点沉积物样中 PCBs 的浓度

表 2-11　PCBs 在海南铜鼓岭地区水体中的基线值、置信区间和检出率

污染物	沉积物/(ng/g)				水/(ng/L)			
	基线值	标准偏差	80% 置信区间	检出率/%	基线值	标准偏差	80% 置信区间	检出率/%
PCB8	0.47	0.39	0.31 ~ 0.61	75	1.59	1.42	1.08 ~ 2.10	88
PCB18	2.92	2.43	1.97 ~ 3.88	100	4.71	3.42	3.48 ~ 5.95	82
PCB28	3.53 *	4.14	1.90 ~ 5.16	83	1.06	1.26	0.61 ~ 1.52	71
PCB52	0.85	1.06	0.43 ~ 1.27	58	3.17	2.18	2.38 ~ 3.95	82
PCB44	1.28 *	2.90	0.14 ~ 2.42	58	0.48 *	0.94	0.17 ~ 0.88	29
PCB66	0.62 *	1.07	0.20 ~ 1.05	42	0.54 *	0.87	0.23 ~ 0.93	35
PCB77	1.20 *	2.68	0.15 ~ 2.26	67	0.25 *	0.58	0.06 ~ 0.48	17
PCB101	2.96 *	4.64	1.13 ~ 4.78	91	2.47	1.81	1.81 ~ 3.12	76
PCB81	0.54 *	1.74	−0.15 ~ 1.22	17	0.21 *	0.63	0.15 ~ 0.44	12
PCB114	0.08 *	0.21	−0.00 ~ 0.16	17	0.15 *	0.50	−0.01 ~ 0.33	12
PCB105	0.11 *	0.24	0.01 ~ 0.20	25	0.09 *	0.40	−0.03 ~ 0.24	6
PCB123	0.01 *	0.03	0.00 ~ 0.02	8	0.03 *	0.12	−0.01 ~ 0.07	6
PCB118&138	* *			0	* *			0
PCB153	0.03 *	0.07	0.00 ~ 0.06	17	0.26 *	0.79	0.02 ~ 0.55	11
PCB126	* *			0	* *			0
PCB187	0.01 *	0.02	0.00 ~ 0.01	8	* *			0
PCB128	* *			0	* *			0

续表

污染物	沉积物/(ng/g)				水/(ng/L)			
	基线值	标准偏差	80%置信区间	检出率/%	基线值	标准偏差	80%置信区间	检出率/%
PCB167	**			0	**			0
PCB156	**			0	**			0
PCB157	0.02*	0.04	0.00~0.03	17	0.05*	0.20	-0.02~0.12	6
PCB180	0.24	0.11	0.20~0.29	100	2.14	1.51	1.59~2.68	94
PCB169	**			0	0.04	0.17	-0.02~0.10	6
PCB170	**			0	**			0
PCB189	0.12*	0.43	-0.04~0.29	8	0.21*	0.55	0.04~0.42	18
PCB195	0.48	0.37	0.33~0.63	100	1.30	1.03	0.93~1.67	82
PCB206	0.60*	0.58	0.37~0.83	100	1.91	1.58	1.34~2.48	88
PCB209	**			0	**			0
∑PCBs	16.1	11.9	11.4~20.8		22.6	11.5	18.5~26.8	

* 对应的数据为对数平均值、对数标准偏差以及80%对数置信区间；

** 该有机物在各采样点均未检出

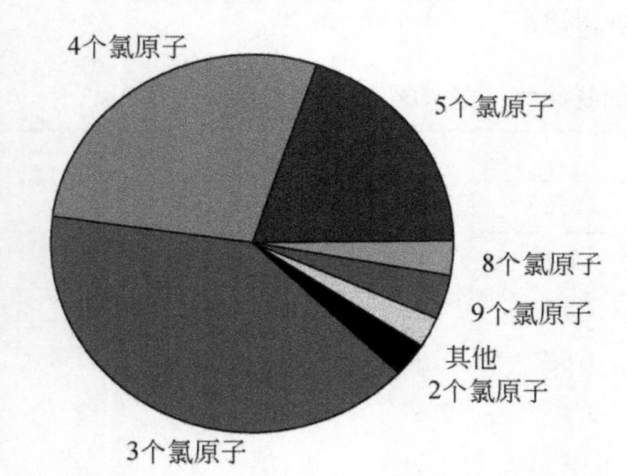

图2-14 铜鼓岭地区沉积物样品中不同氯原子PCBs所占的比例

图2-14显示铜鼓岭地区沉积物中所检测出的PCBs组成与五指山地区有所不同，铜鼓岭地区不同氯原子的PCBs所占比例的顺序为3个氯原子>4个氯原子>5个氯原子>9个氯原子>2个氯原子>8个氯原子>其他。根据氯原子所占的比例（康惠跃等，2000），通常认为铜鼓岭PCBs可能也是一些工业产品的残留，如含3个氯原子为主的多氯联苯1240和多氯联苯1242、含4个氯原子为主的多氯联苯1248以及含5个氯原子为主的多氯联苯1254。由于当地的工业少，污染源较少，同样可以推断沉积物和水中的PCBs可能是由长距离输送而来。

（3）铜鼓岭地区水环境中PAHs的分布特征

表2-12列出了PAHs在水环境中的分布。由表2-12可以看出，铜鼓岭水体的PAHs在水中的浓度为270~553ng/L，在沉积物中的浓度为33.1~277ng/g。图2-15和图2-16显示水中和沉积物中每种PAH的浓度。PAHs在沉积物和水之间分配系数为106~645L/kg，显示铜鼓岭沉积物对PAHs有一定富集能力。表2-13列出了PAHs在铜鼓岭地区水体中的基线值、置信区间和检出率。由表2-13可以看出，Ac、Fl、Phe、An、Pyr、BaA、Chr、BbF等在铜鼓岭地区水体中的检出率较高，达到80%以上，Ac、Ace、Phe、An、Pyr、BaA、Chr、BbF、BaP、In等在沉积物中的检出率较高，达到80%以上。从基线值的结果来看，铜鼓岭地区所检测到的PAHs也是以这几种为主，占了较大比例。图2-17和图2-18显示不同环PAHs在水及沉积物中的分布。由图2-17和图2-18可以看出，在铜鼓岭水体的水

中，3 环与 4 环的 PAHs 所占比例最高，分别为 21% ~84% 和 14% ~57%，而在沉积物中则以 5 环的 PAHs 所占比例最高，为 35% ~78%。

表 2-12　海南铜鼓岭地区水体各采样点 PAHs 的浓度和分配系数（*K*）

采样点	水/(ng/L)	沉积物/(ng/g)	*K*/(L/kg)
Ⅰ	313	33.1	106
Ⅰ′	336	96.2	286
Ⅱ′	311	112	359
Ⅲ	331		
Ⅲ′	325	105	322
A	553	107	193
A′	270	94.0	349
B′	309	100	324
C	459		
C′	485	74.1	153
R1	429	277	645
R2	517	275	532
R3	303	110	363
R4	482	141	293

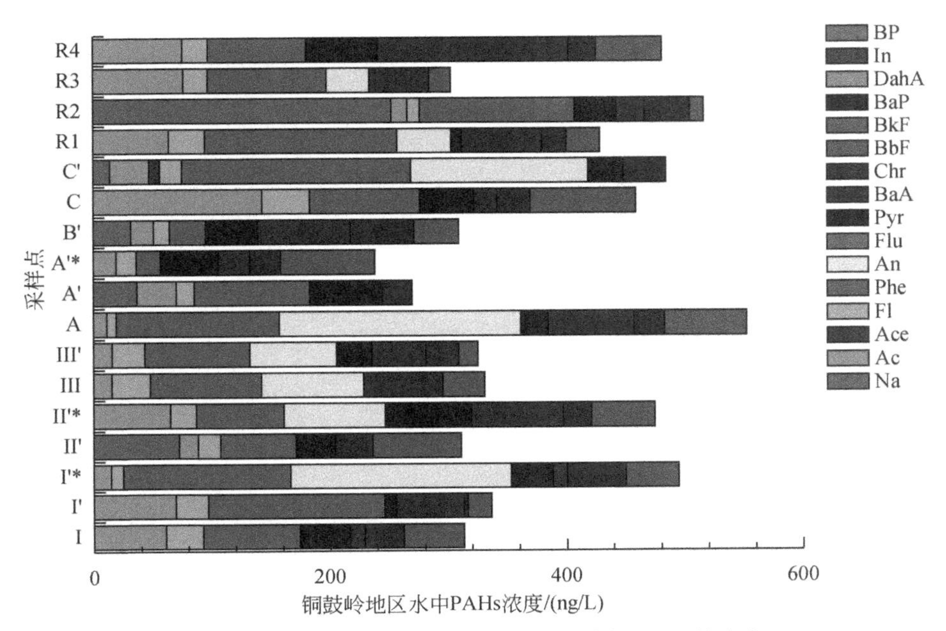

图 2-15　海南铜鼓岭地区各采样点水样中 PAHs 的浓度

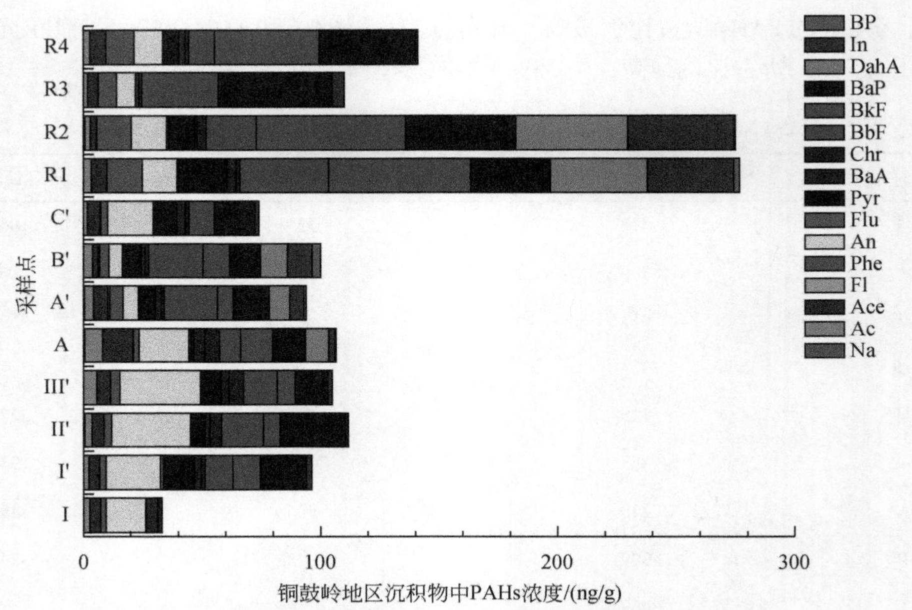

图 2-16　海南铜鼓岭地区各采样点沉积物样中 PAHs 的浓度

表 2-13　PAHs 在海南铜鼓岭地区水体中的基线值、置信区间和检出率

污染物	沉积物/(ng/g)				水/(ng/L)			
	基线值	标准偏差	80% 置信区间	检出率/%	基线值	标准偏差	80% 置信区间	检出率/%
Na	0.21 *	0.31	0.09 ~ 0.33	33	3.07 *	6.70	0.95 ~ 7.50	29
Ac	3.35	1.72	2.67 ~ 4.02	100	46.2	37.6	32.7 ~ 59.8	100
Ace	5.64	2.58	4.63 ~ 6.66	100	0.71	2.55	-0.25 ~ 1.66	6
Fl	0.19 *	0.30	0.07 ~ 0.31	33	22.6	9.32	19.3 ~ 26.0	100
Phe	6.38 *	4.84	4.47 ~ 8.28	100	108	42.6	92.3 ~ 123	100
An	17.4	9.34	13.7 ~ 21.0	100	6.73 *	9.36	2.21 ~ 17.6	47
Flu	0.38 *	0.43	0.21 ~ 0.55	50	* *			0
Pyr	7.64	5.80	5.35 ~ 9.92	83	30.3	20.2	23.0 ~ 37.6	88
BaA	2.83	1.15	2.38 ~ 3.28	100	50.5	43.2	34.3 ~ 66.8	82
Chr	2.78 *	1.99	2.00 ~ 3.56	100	24.6	15.2	19.2 ~ 30.2	88
BbF	17.5	10.4	13.4 ~ 21.6	100	36.4	28.1	26.3 ~ 46.6	88
BkF	18.7 *	23.2	9.62 ~ 27.9	75	* *			0
BaP	24.1	15.1	18.1 ~ 30.0	91	* *			0
DahA	9.78 *	16.6	3.26 ~ 16.3	41	* *			0
In	4.12 *	2.20	2.24 ~ 7.09	91	* *			0
BP	0.44 *	0.72	0.16 ~ 0.78	41	* *			0
∑PAH	127 *	74.0	97.8 ~ 156		387	95.0	353 ~ 422	

* 对应的数据为对数平均值、对数标准偏差以及 80% 对数置信区间;

* * 该有机物在各采样点均未检出

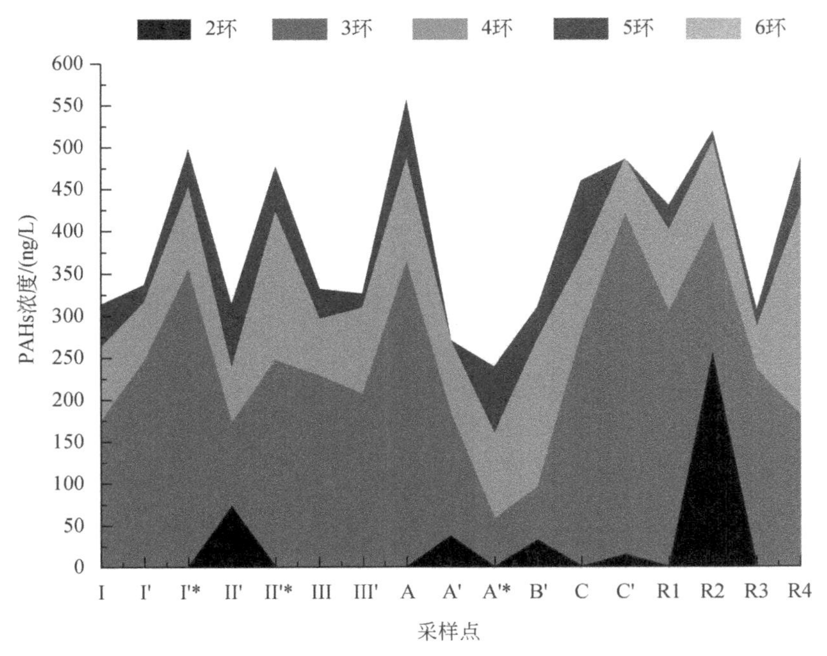

图 2-17　铜鼓岭水中不同环 PAHs 的浓度

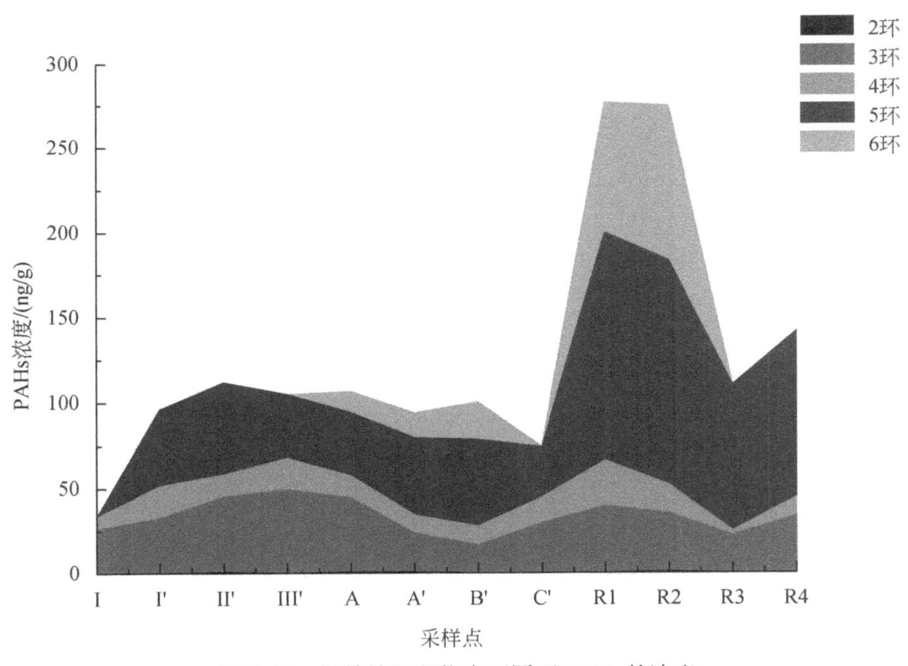

图 2-18　铜鼓岭沉积物中不同环 PAHs 的浓度

运用 PAHs 异构体 An/178 系列、BaA/228 系列、In/(In+BP) 进行 PAHs 来源判断的规则，计算了铜鼓岭地区各种 PAHs 系列的比值。计算结果表明，对于 An/178，铜鼓岭地区所有沉积物样品的 An/178 值均大于 0.10，表明该地区的 PAHs 污染可能主要来源于燃烧。对于 BaA/228，铜鼓岭地区大部分采样点沉积物样品的 BaA/228 值均大于 0.35，表明这些采样点的 PAHs 污染可能主要来源于燃烧，而Ⅱ′、Ⅲ′和 R2 等采样点沉积物样品的 BaA/228 值为 0.20～0.35，表明这些采样点的 PAHs 既可能来源于石油污染，也可能来源于燃烧。铜鼓岭地区的大部分沉积物样品中检测不到 BP 的存在，在检测到的几个样品中 In/(In+BP) 值均大于 0.50，表明这些采样点的 PAHs 主要来源于草木或煤的燃烧。总体来说，铜鼓岭地区的 PAHs 主要应该来源于燃烧。

2.1.2.2　铜鼓岭地区 POPs 生态风险评价初探

运用数理统计方法获得了这个地区水环境中 HCHs、DDTs、PCBs 和 PAHs 的基线值，并将已获得的结果与我国及世界其他地区报道的数据比较（表 2-7），铜鼓岭地区的 POPs 浓度还处于一个较低的水平，远远低于其他一些已经受到严重污染的地区。根据 Long 等（1995）报道的海洋和河口港湾沉积物中污染物的风险评价方法，用风险评价的低值（effect range low，ERL；生物负面效应概率<10%）表示无生态风险，风险评价的中值（effect range median，ERM；生物负面效应概率>50%）及 ERL-ERM 中间值分别表示有生态风险或偶尔存在生态风险来评估沉积物中有机污染物可能对生物产生的生态效应。表 2-14 列出了根据该方法评价海南铜鼓岭地区沉积物中 PCBs、PAHs 和有机氯农药的生态风险评价值。由表 2-14 可以看出，铜鼓岭地区大部分 POPs 处于极少对生物产生负效应的水平（<ERL），只有 PCBs 处于可能对生物产生负效应的水平（ERL-ERM）。总的来说，沉积物中的 POPs 对铜鼓岭地区的生态风险较低。

表 2-14　铜鼓岭地区沉积物中 POPs 的风险评价　　（单位：ng/g）

POPs	评价指标		本研究范围	评价结果
	ERL	ERM		
∑DDEs	2.22	27	0.16～1.71	无生态风险
∑DDTs	1.58	46.1	0.00～1.04	无生态风险
∑PCBs	22.7	180	2.95～37.7	有生态风险
Ace	16	500	2.59～12.6	无生态风险
Ac	44	640	1.67～7.59	无生态风险
An	85.3	1 100	5.70～34.0	无生态风险
BaA	261	1 600	1.03～4.60	无生态风险
BaP	430	1 600	0.00～48.0	无生态风险
Chr	384	2 800	1.07～6.37	无生态风险
DahA	63.4	260	0.00～47.0	无生态风险
Flu	600	5 100	0.00～1.16	无生态风险
Fl	19	540	0.00～0.86	无生态风险
Na	160	2 100	0.00～0.73	无生态风险
Phe	240	1 500	2.24～14.9	无生态风险
Pyr	665	2 600	0.00～20.4	无生态风险
∑PAHs	4 022	44 792	33.1～276.8	无生态风险

2.1.3 太湖沉积物 POPs 的分布特征和生态风险初探

太湖流域是我国人口最密集的区域，同时也是经济最发达的地区之一。由于工农业的快速发展和城市化进程加快以及治理措施的相对滞后，使太湖水质逐年恶化。虽然近年来已有太湖表层沉积物中 POPs 监测工作的相关报道（Qiao et al.，2006；Qu et al.，2002），但这些报道大多只关注对太湖某一区域、某一种类 POPs 的分析，对全太湖范围的 POPs 污染特征研究比较少见。而之前关于 PAHs 的源解析工作主要局限于定性解析（Qiao et al.，2006），定量评价太湖表层沉积物中 PAHs 来源的研究尚未见报道。

2.1.3.1 太湖沉积物中 POPs 的分布特征和源解析

（1）太湖沉积物中 PAHs 的分布特征

在全太湖采集 18 个表层沉积物样品，测定获得沉积物中 Σ_{28}PAHs 的浓度为 91.0 ~ 1.04×10^3ng/g 干重，Σ_{16}PAHs 的浓度为 63.1 ~ 884ng/g 干重，最高值出现在竺山湖区域（图 2-19），梅梁湾次之。竺山湖是太滆运河、殷村港及漕桥河的入湖口，由于近年来常州机械化工、纺织印染等工业迅猛发展，导致排入城区河道的污染物质相应增加。竺山湖地区高浓度的 PAHs 很可能是这些河流携带邻近地区排放的高浓度的污染物质所致。梅梁湾地区 PAHs 的浓度较高，可能与无锡城市化进程和工业快速发展有关。总体来看，太湖

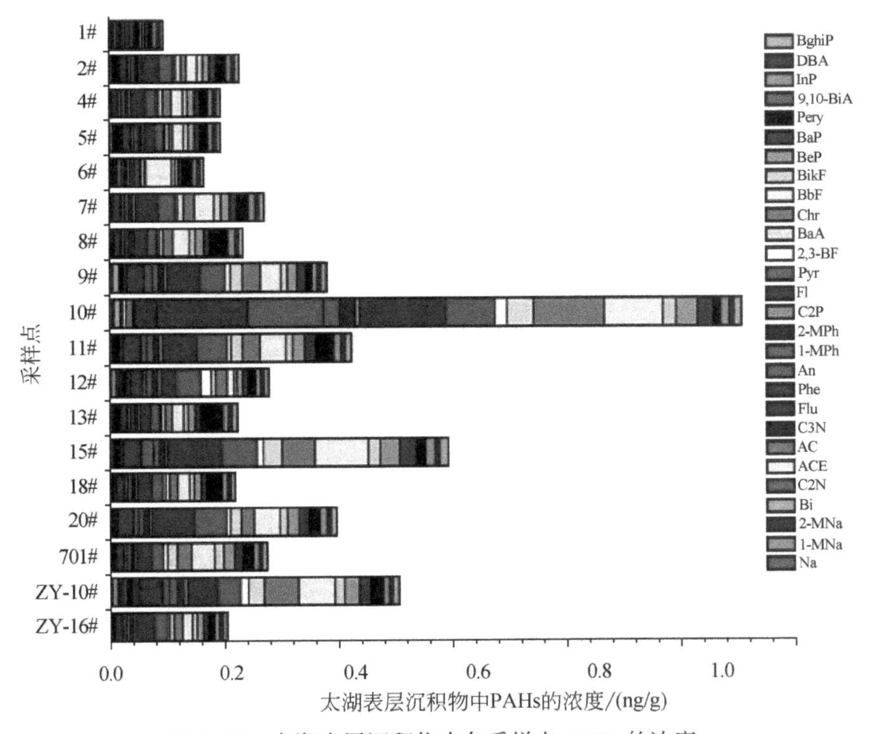

图 2-19 太湖表层沉积物中各采样点 PAHs 的浓度

表层沉积物中 PAHs 的浓度呈现“竺山湖>梅梁湾>太湖南部沿岸>太湖中部”的趋势。与其他地区报道的结果进行比较可以看出，太湖表层沉积物中 PAHs 的浓度高于江苏近海沉积物中 PAHs 的浓度，与北京通惠河及闽江等地相近，略高于西厦门海，但低于珠江三角洲、渤海、黄海以及长江三角洲等工业发达区域。从世界范围来看，太湖表层沉积物中的 PAHs 浓度略高于日本有明海中的 PAHs 浓度，与印度胡格利（Hugli）河口的浓度接近，但是远低于卡斯科（Casco）湾、纳拉干西特（Narragansett）海湾、古巴琴佩加（Guba Pechenga）和默西（Mersy）河口的 PAHs 浓度水平。

根据环数的不同，把 16 种 PAHs 分为三类，分别为 2+3 环、4 环和 5+6 环 PAHs。从图 2-20 可以看出，太湖表层沉积物中的 PAHs 以 4 环（占 21.2% ~53.5%）和 5+6 环（占 20.0% ~62.6%）为主。

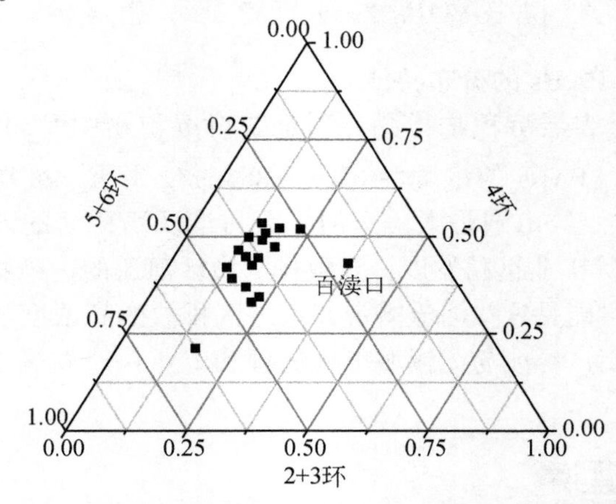

图 2-20　太湖表层沉积物中 16 种 PAHs 各组分相对浓度三角图

利用特征化合物指数法和因子分析/多元线性回归法定量解析法，对 PAHs 进行源解析，具体分析如下所述。

1）特征化合物指数法。表 2-15 列出了本研究中一些特征化合物指数的计算结果。从表 2-15 中可以看出，Phe/An 的值小于 10，初步判断为燃烧来源，Fl/(Fl+Pyr) 和 IP/(IP+BghiP) 的值均满足燃烧来源条件，LMW/HMW 的值较低，进一步说明太湖表层沉积物中的 PAHs 主要来自燃烧。

表 2-15　燃烧和石油来源 PAHs 的一些特征化合物指数

特征化合物	燃烧来源	石油来源	本研究	参考文献
Phe/An	<10	>15	0.72 ~3.50	Yunker et al.，2002
Fl/(Fl+Pyr)	>0.5	<0.4	0.51 ~0.63	Yunker et al.，2002
IP/(IP+BghiP)	>0.5	<0.2	0.51 ~0.55	Yunker et al.，2002
LMW/HMW	低	高	0.14 ~0.59	Budzinski et al.，1997

注：LMW，低相对分子质量 PAHs；HMW，高相对分子质量 PAHs

分析 BaP 与（$\sum_{16}$PAHs-BaP）之间的相关关系，结果显示，其相关关系极显著（$R=0.948$，$P<0.0001$）。BaP 被证明是燃烧来源 PAHs 的一种指示物（Qiao et al.，2006），所

以 BaP 与（$\sum_{16}$PAHs-BaP）间显著的正相关进一步证实太湖表层沉积物中的 PAHs 主要是燃烧来源。

2）因子分析/多元线性回归法定量解析法。对太湖表层沉积物中 16 种 PAHs 的浓度值进行因子分析并计算 PAHs 不同来源的贡献率。通过方差最大化旋转后得到因子负荷表（表 2-16）。

表 2-16　因子负荷表

化合物	主成分		
	1	2	3
Na	-0.055	0.320	0.991*
Acy	0.449	0.875*	0.022
Ace	0.284	0.955*	0.042
Flu	0.317	0.943*	0.077
Phe	0.399	0.914*	0.300
An	0.303	0.940*	-0.112
Fl	0.734*	0.643	0.007
Pyr	0.685	0.522	0.283
BaA	0.765*	0.600	0.100
Chr	0.618	0.754*	0.111
BbF	0.819*	0.457	-0.009
BkF	0.844*	0.407	-0.007
BaP	0.916*	0.360	0.045
IP	0.953*	0.209	-0.099
DBA	0.855*	0.357	-0.128
BghiP	0.958*	0.253	-0.021
方差贡献率/%	46.20	41.50	7.10

* 表示单一 PAH 在此主成分上有较大的载荷（>0.70）

表 2-16 中前三个主成分可以解释 94.8% 的方差变异。其中主成分 1 和主成分 2 分别在高相对分子质量的母体 PAHs 和低相对分子质量的母体 PAHs 上有较大的载荷，主成分 3 在挥发性较大的 Na 上有很高的载荷。主成分 1 代表汽油、柴油等燃烧释放的 PAHs，而主成分 2 则代表煤、木柴等燃烧产生的 PAHs。主成分 3 可能代表挥发性高、水溶解度大的 PAHs 的水-气交换来源。依据公式计算得到油料燃烧、木柴和煤燃烧以及水-气交换来源 PAHs 的贡献率分别为 45%、50% 和 5%。

（2）太湖沉积物中 PCBs 的分布特征

太湖沉积物中$\sum_{56}$PCBs 的浓度为 1.35 ~ 13.8ng/g 干重，最高浓度出现在长兴新塘港附近(7#)(图 2-21)。新塘港是合溪新港和长兴港两条河流的入湖口，导致入湖口处 PCBs 浓度较高。梅梁湾一带的 PCBs 浓度也较高，仅次于新塘港。

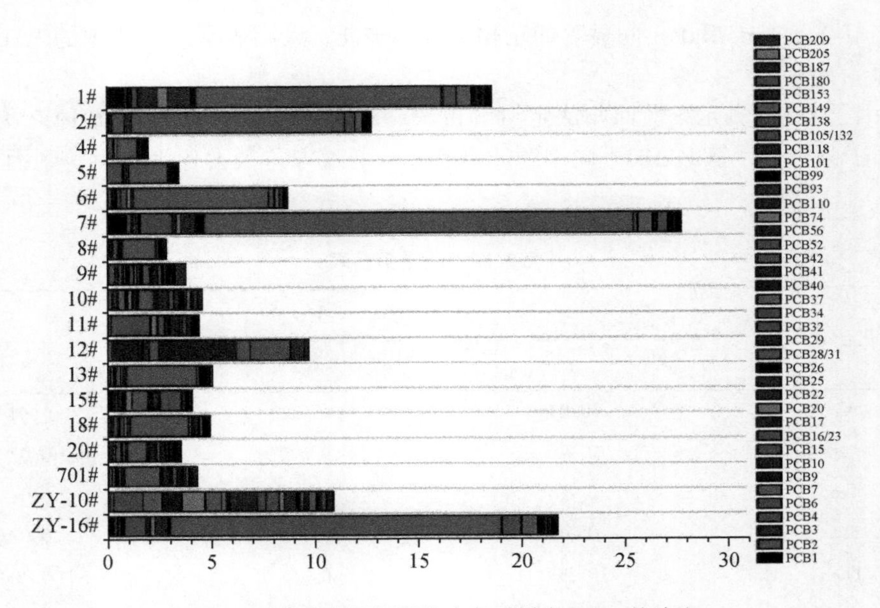

图 2-21　太湖表层沉积物中各采样点 PCBs 的浓度

图 2-22 表明，太湖表层沉积物中的 PCBs 以低氯代联苯为主，其中三氯联苯和四氯联苯分别占 PCBs 总量的 28% 和 37%，其次是二氯联苯和一氯联苯，高氯代联苯所占相对浓度很低［∑(5Cl～10Cl) 的总和为 11%］。太湖表层沉积物中 PCBs 的浓度与北京通惠河、长江三角洲和黄海、渤海等地的 PCBs 浓度接近，低于闽江和默西河口等地的报道结果。与国外研究对比，太湖表层沉积物中的 PCBs 浓度略高于胡格利河口的浓度，与日本有明 (Ariake) 海沉积物中 PCBs 浓度相当，低于安大略湖表层沉积物中的 PCBs 浓度。总的来说，太湖表层沉积物中 PAHs 和 PCBs 的浓度仍处于较低水平。

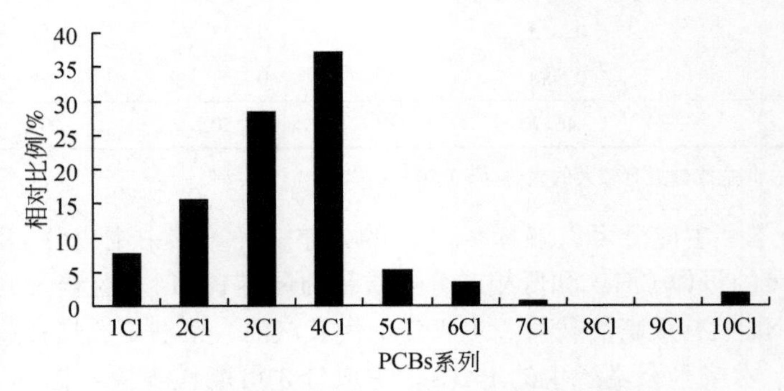

图 2-22　太湖沉积物中 PCBs 系列相对比例

太湖表层沉积物和多氯联苯 1242 及多氯联苯 1254 中 PCBs 同族体的相对比例与江苏近海表层沉积物相似，太湖表层沉积物中的 PCBs 也是以二氯联苯至四氯联苯为主。相对较高含量的六氯联苯，可能来自于与多氯联苯 1254 相对应的五氯联苯。另外，沉积物中有一定比例的十氯联苯，可能与大气干、湿沉降过程带来的 PCBs 污染有关。

综合分析，太湖表层沉积物中的 PCBs 与江苏近海表层沉积物中的 PCBs 来源相似，表现为三氯联苯和五氯联苯的混合污染特征。同时，大气干、湿沉降过程也是太湖表层沉积物中 PCBs 的来源之一。

2.1.3.2 太湖沉积物中 POPs 毒性和生态风险评价研究

(1) 太湖沉积物毒性评价

计算各采样点 PAHs 和 PCBs 的 2,3,7,8-TCDD 毒性当量(TEQs)(表 2-17)。

表 2-17 太湖表层沉积物中的 TEQs 值 (单位：pg TCDD/ g 干重)

采样点	TEQ_{PAH}	TEQ_{PCB}	t-TEQ
1#	0.63	0.01	0.64
2#	1.19	0.01	1.20
4#	1.07	0.01	1.08
5#	1.01	0.01	1.02
6#	0.88	0.01	0.89
7#	1.59	0.01	1.60
8#	1.30	0.01	1.31
9#	1.51	0.01	1.52
10#	3.32	0.02	3.34
11#	1.72	0.01	1.73
12#	0.77	0.00	0.77
13#	1.03	0.01	1.04
15#	3.00	0.01	3.01
18#	1.07	0.01	1.08
20#	1.72	0.01	1.73
701#	1.96	0.01	1.97
ZY-10#	2.37	0.03	2.40
ZY-16#	1.03	0.02	1.05

从表 2-17 可以看出，t-TEQ（TEQ_{PAH}与 TEQ_{PCB}之和）为 0.64 ~ 3.35pg TCDD/g 干重，最高值出现在竺山湖百渎口。PAHs 对 t-TEQ 的贡献占 98% 以上。在不同的 PAHs 组分中，BikF 贡献率最大，占 PAHs 总量的 66.4% ~ 81.4%，其次是 InP。总的来说，PCBs 对 t-TEQ 的贡献较小，但 PCB118 的贡献要高于其他 PCBs 同族体。

(2) 太湖沉积物生态风险评价

运用水晶球风险评价专业软件进行太湖表层沉积物 PAHs 和 PCBs 的生态风险评价。首先采用商值法筛选潜在的风险污染物，风险商大于 1 的认为存在潜在生态风险。然后用蒙特卡罗法模拟具有潜在风险的 PAHs 和 PCBs 暴露浓度分布曲线及物种敏感度分布曲线，最后由暴露浓度分布和物种敏感度分布在蒙特卡罗模拟中取 10 000 次随机分布，计算在 95% 置信区间下可能的商值分布。计算结果表明，PAHs 只有 Phe、An、Fl、Pyr、BaA 和

Chr 在部分采样点的风险商大于 1，具有潜在生态风险，而 PCBs 总量的生态基准值（Smith et al.，1996）为 34.1ng/g 干重，大于本文测得的太湖表层沉积物中 PCBs 的总量，因此认为 PCBs 不具有生态风险。

利用 Qiao 等（2006）根据梅梁湾水–沉积物建立的多介质平衡分配模型，获得太湖水相中污染物浓度，再参考乔敏等（2007）总结的 PAHs 对不同水生生物预测的无观察效应环境浓度数据和 EPA ECOTOX 数据库中的 PAHs 对水生生物的急性毒性数据，得到 6 种 PAHs 对不同水生生物再预测的无观察效应环境浓度（PNEC）。用蒙特卡罗法进行 10 000 次随机抽样，用环境暴露数据和毒性数据的分布来代替单值的分子及分母，得到的 Phe、An、Fl、Pyr、BaA 和 Chr 的商值分布的中值分别是 0.32、0.29、0.27、0.28、0.57 和 0.49。在 95% 的置信区间下，6 种 PAHs 都存在商值大于 1 的概率，但只有 An 和 BaA 商值大于 1 的概率大于 5%。在假设保护 95% 的物种前提下，6 种 PAHs 的风险排序从大到小依次为：An>BaA>Fl>Pyr>Chr>Phe（陈燕燕等，2009）。

总体来说，太湖表层沉积物中的 PAHs 和 PCBs 处于较安全水平。

2.1.4　江苏近海沉积物中 POPs 的分布特征和生态风险初探

2.1.4.1　表层沉积物中的 PAHs

（1）表层沉积物中 PAHs 的分布特征

对江苏近海沉积物中的 28 种 PAHs，包括萘（Na）、1-甲基萘（1-MNa）、2-甲基萘（2-MNa）、联苯（BP）、2,6-二甲基萘（2,6-DMNa）、苊烯（Acy）、苊（Ace）、2,3,5-三甲基萘（2,3,5-TMNa）、芴（Flu）、菲（Phe）、蒽（An）、1-甲基菲（1-MPhe）、2-甲基菲（2-MPhe）、3,6-二甲基菲（3,6-DMPhe）、荧蒽（Fl）、芘（Pyr）、2,3-苯并芴（2,3-BFlu）、苯并[*a*]蒽（BaA）、屈（Chr）、苯并[*b*]荧蒽（BbF）、苯并[*ik*]荧蒽（BikF）、苯并[*e*]芘（BeP）、苯并[*a*]芘（BaP）、苝（Per）、茚并[1,2,3-*cd*]芘（IP）、二苯并[*a*,*h*]蒽（DBA）、苯并[*g*,*h*,*i*]苝（BghiP）、9,10-二联苯蒽（Dpha）进行了分析。为了便于同其他文献进行比较，重点讨论美国 EPA 公布的 16 种优控 PAHs。

图 2-23 显示了 28 种 PAHs 的总浓度（$\sum_{28}$PAHs）和 16 种优控 PAHs 的总浓度（$\sum_{16}$PAHs）在江苏近海表层沉积物中各个采样点的分布情况。从图 2-23 中可以看出，江苏近海表层沉积物中$\sum_{28}$PAHs 浓度为 21.3 ~ 87.4ng/g 干重（2.19×10^3 ~ 2.53×10^4ng/g OC），最高点出现在 JS01 采取点，最低点是 JS21 采取点。其中，$\sum_{16}$PAHs 的浓度为 12.8 ~ 56.9ng/g 干重（1.20×10^3 ~ 1.05×10^4ng/g OC），分布特征和$\sum_{28}$PAHs 基本相同（R=0.943，P=0.000）。总体来看，PAHs 浓度呈现两头高中间低的趋势，即连云港和崇明岛一带的 PAHs 浓度要高于中部地区。

（2）表层沉积物中 PAHs 的组成特征

根据环数的不同，把 16 种 PAHs 分为 2+3 环、4 环和 5+6 环 PAHs 三类。从图 2-24 可以看出，江苏近海表层沉积物中的 PAHs 以 2+3 环（占 27.3% ~ 60.5%）和 4 环（占 28.7% ~ 54.6%）为主。

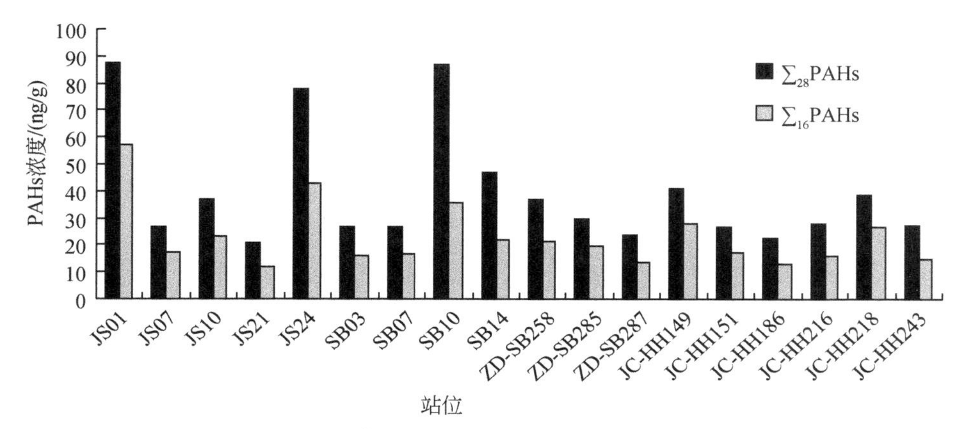

图 2-23　江苏近海表层沉积物 PAHs 浓度分布图

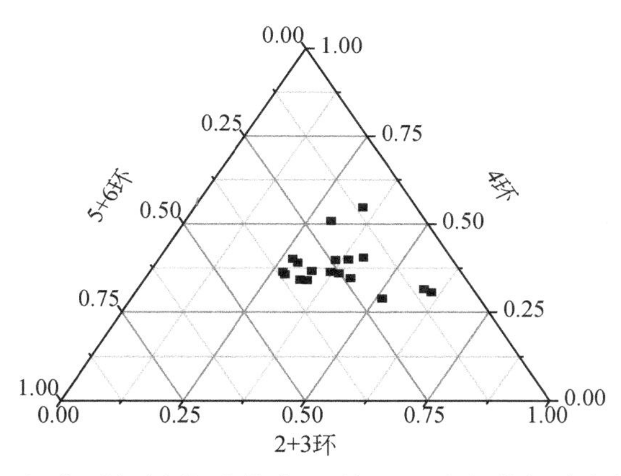

图 2-24　江苏近海表层沉积物中 16 种 PAHs 各组分相对浓度三角图

把本研究的结果同其他地区的报道值进行比较，结果见表 2-18。从表 2-18 中可以看出，与国内其他地区相比，江苏近海地区的 PAHs 浓度低于珠江三角洲、长江三角洲、渤海和黄海等地的报道值，属于较低水平。与其他国家相比，也低了 1 ~ 3 个数量级。总体来说，江苏近海表层沉积物中 PAHs 的污染浓度处于较低水平。

（3）表层沉积物中 PAHs 的来源初探

本研究分别利用两种方法对江苏近海表层沉积物中 PAHs 的来源做初步的探讨。

1）特征化合物指数法。从本研究中一些特征化合物指数的计算结果来看，MP/P 的值为 0. 93 ~ 2. 62，既显示燃烧来源，也说明具有石油来源；Phe/An 的值为 3. 07 ~ 41. 8，Fl/(Fl+Pyr) 和 IP/(IP+BghiP) 的值为 0. 360 ~ 0. 614 和 0. 325 ~ 0. 850，也均显示了燃烧来源及石油来源的混合，LMW/HMW 值为 11. 0 ~ 63. 7，远高于 1，显示了江苏近海表层沉积物中的 PAHs 有石油来源。

综合考虑，江苏近海表层沉积物中的 PAHs 既来源于石油污染，也来源于燃烧过程，属于石油和燃烧的混合来源。

表 2-18　江苏近海表层沉积物中 PAHs 的浓度与其他地区报道值的比较　（单位：ng/g 干重）

研究地点	PAHs 范围	PAHs 种类	参考文献
美洲			
卡斯科湾	530 ~ 10 630	25	Wade et al. , 2008
纳拉干西特海湾	569 ~ 216 000	40	Hartmann et al. , 2004
欧洲			
古巴佩琴加	428 ~ 3 257	26	Savinov et al. , 2003
默西河口	626 ~ 3 766	15	Vane et al. , 2007
亚洲			
有明海	340±23	24	Nakata et al. , 2003
胡格利河口	25 ~ 1081	119	Guzzella et al. , 2005
中国			
西厦门海	247 ~ 480	16	Maskaoui et al. , 2002
珠江三角洲	156 ~ 10 811	16	Mai et al. , 2002
渤海和黄海	20. 4 ~ 5 534	10	Ma et al. , 2001
长江三角洲	80 ~ 11 740	14	Liu et al. , 2000
闽江	112 ~ 877	16	Zhang et al. , 2003
通惠河	127. 1 ~ 927. 7	16	Zhang et al. , 2004
太湖梅梁湾	1 207 ~ 4 754	16	Qiao et al. , 2006
江苏近海	2. 13 ~ 87. 4	28	本研究

2）因子分析/多元线性回归模型。对江苏近海表层沉积物中 16 种 PAHs 的浓度值进行因子分析并计算 PAHs 各种来源的贡献率。通过方差最大化旋转后得到因子负荷表（表 2-19）。表 2-19 中前三个主成分可以解释 86. 7% 的方差变异。其中主成分 1 和主成分 2 分别在低相对分子质量的母体 PAHs 和高相对分子质量的母体 PAHs 上有较大的载荷；主成分 3 在 Acy 上有很高的载荷，同时在 Fl、Pyr、BaA、Chr、BbF、BkF、BaP 和 BghiP 上也有较高的载荷（0. 428 ~0. 572）。

表 2-19　因子负荷表

化合物	主成分		
	1	2	3
Na	0. 842 *	0. 341	0. 217
Acy	0. 154	0. 068	0. 874 *
Ace	0. 958 *	−0. 054	−0. 018
Flu	0. 956 *	0. 200	0. 096
Phe	0. 956 *	0. 080	0. 162
An	0. 634	0. 020	0. 293
Fl	0. 614	0. 494	0. 555

续表

化合物	主成分		
	1	2	3
Pyr	0.805 *	0.245	0.428
BaA	0.453	0.669	0.481
Chr	0.407	0.727 *	0.507
BbF	0.387	0.675	0.561
BkF	0.283	0.736 *	0.572
BaP	0.126	0.809 *	0.433
IP	0.115	0.900 *	-0.156
DBA	-0.229	0.801 *	-0.055
BghiP	0.324	0.785 *	0.490
方差贡献率/%	35.6	32.3	18.8

* 表示单一 PAH 在此主成分上有较大的载荷（>0.70）

主成分 1 代表煤、木柴等低温燃烧或石油来源的 PAHs，主成分 2 代表汽油、柴油等燃烧释放的 PAHs，主成分 3 在煤炭、木柴燃烧及油料燃烧标记物上均有一定的载荷，说明此主成分可能代表了木柴、煤炭燃烧及油料燃烧的混合来源。另外，因为它在挥发性较大的 Acy 上有很高的载荷，所以在一定程度上也代表了挥发性高、水溶解度大的 PAHs，它们通过水–气交换形式进入水体，而后通过水体与颗粒物间的分配最后进入沉积物。

以 PAHs 总和的标准化分数为因变量（Y），以各因子得分为自变量（X_1、X_2、X_3为各因子得分），采用逐步筛选法进行多元线性回归得

$$Y=9.27X_1+5.25X_2+4.78X_3 \quad (R^2=0.989) \tag{2-1}$$

根据平均贡献率 $i = \mathrm{Ai}/\sum \mathrm{Ai}\times100\%$（Ai 为多元回归各项回归系数），计算得到木柴和煤燃烧/石油来源（X_1）、油料燃烧（X_2）以及石油/燃烧/水–气交换混合来源（X_3）PAHs 的贡献率分别为 48%、27% 和 25%。

值得注意的是，由于本研究只对 16 种优控 PAHs 进行主成分分析，所得的结果并不能代表整体 PAHs 的贡献率分配情况。事实上，没有进行主成分分析的烷基化多环芳烃正是石油来源的标记物。所以上述得到的结果实际低估了石油来源的贡献率。

2.1.4.2 表层沉积物中的有机氯农药

(1) 有机氯农药的分布特征

江苏近海表层沉积物共检出 8 种有机氯农药(OCPs)：o,p'-DDE、p,p'-DDE、o,p'-DDD、p,p'-DDD、o,p'-DDT、p,p'-DDT、o,p'-DDMU 和异狄氏醛。OCPs 的浓度为 0.0884 ~ 23.6ng/g 干重（7.99 ~2618ng/g OC）。各采样点间的差别较大，其中，最高浓度点出现在 JS01 采样点，最低点出现在 JC-HH216 采样点（图 2-25）。与 PAHs 的分布趋势大致相同，江苏近海表层沉积物的 OCPs 浓度也呈现两端高中间低的分布特征。

(2) OCPs 的组成特征及来源初探

江苏近海表层沉积物中 HCHs 类农药的浓度均低于检测限，但是 DDTs 类农药的浓度

较高。因此重点讨论 DDTs 类农药的分布特征和来源。

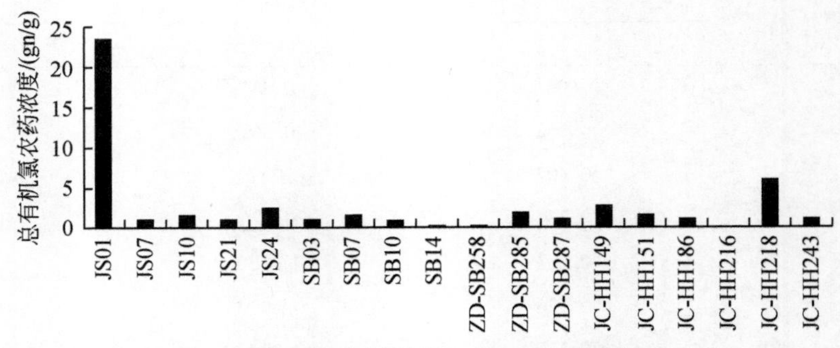

图 2-25　江苏近海表层沉积物中有机氯农药浓度分布

DDTs 类农药随着自然环境的不同而分别生成不同的产物。在厌氧条件下，DDTs 通过还原过程脱氯生成 DDD，在有氧条件下，DDTs 主要降解为 DDE。因此，如果存在着持续的 DDTs 输入，则 DDTs 的相对含量就会维持在一个较高的水平，如果没有新鲜的 DDTs 输入，则 DDTs 的相对含量就会不断降低，而相应的降解产物含量就会不断升高（Hong et al.，1995；Lee et al.，2001）。因此 DDD/DDE 和 DDT/(DDD+DDE) 这两个值可用以示踪 DDTs 类农药的降解环境及降解程度，并用于判定是否有新的 DDTs 类农药输入。

对江苏近海表层沉积物中 DDTs 类农药的组成特征进行分析，结果见图 2-26。由图 2-26 可知，JS01、JC-HH151 及 ZD-SB218 三个采样点处的 DDT/(DDD+DDE) 值大于 1，表明这三个采样点附近区域这类农药或含有这类化合物的其他物质（如三氯杀螨醇）仍被使用。DDD/DDE 值大多大于 1，表明在采样点处这类化合物所发生的多为厌氧性生物降解，沉积环境主要为还原环境。

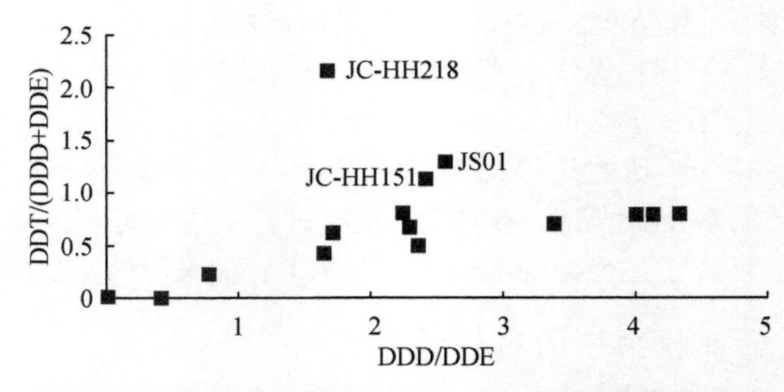

图 2-26　江苏近海表层沉积物中 DDTs 类农药的组成特征

本研究结果同其他地区相关值的比较如表 2-20 所示。从表 2-20 可以看出，江苏近海表层沉积物中的 OCPs 范围与大连湾和通惠河的接近，低于珠江三角洲、大亚湾和钱塘江等地的报道值。DDTs 的浓度范围低于厦门港、维多利亚港、渤海和黄海等地的测量值。同其他国家相比，江苏近海表层沉积物中 OCPs 的浓度低于俄罗斯的古巴佩琴加和新加坡等地，DDTs 浓度也较美国卡斯科湾、尼加拉瓜和坦桑尼亚等地低。综上所述，江苏近海表层沉积物中 OCPs 和 DDTs 的浓度属于中等偏低水平。

表 2-20　江苏近海表层沉积物中 OCPs 和 DDTs 的浓度与其他地区报道值的比较　（单位：ng/g 干重）

研究地点	OCPs 范围	DDTs 范围	参考文献
美洲			
卡斯科湾		0.9～18.6	Wade et al.，2008
尼加拉瓜		1.5～321	Carvalho et al.，2002
欧洲			
古巴佩琴加	0.35～37.4		
坦桑尼亚		12～48.8	Mwevura et al.，2002
亚洲			
新加坡海岸	5.6～58		Wurl and Obbard，2005
印度		8.0～450	Kannan et al.，1995
中国			
厦门港		4.45～311	Hong et al.，1995
维多利亚港		13.8～30.3	Hong et al.，1995
珠江三角洲	12～158		Mai et al.，2002
渤海和黄海		n.d. ～1417	Ma et al.，2001
大连湾	1.28～15.1		刘现明等，2001
大亚湾	18.2～579		丘耀文和周俊良，2002
钱塘江	23.1～317		Zhou et al.，2006
通惠河	1.79～14.0		Zhang et al.，2004
太湖		0.3～5.3	Feng et al.，2003
江苏近海	0.088～23.6	0.088～23.6	本研究

注：n.d. 为未检出，下同

（3）OCPs 的来源初探

江苏近海地区 DDTs 类农药的浓度比 HCHs 大。DDTs 下降趋缓的原因之一可能是 DDTs 在自然界中降解速率小于 HCHs。此外，可能有新的 DDTs 农药的输入，即可能是 DDTs 的生产和使用未受到有效控制或来自以 DDTs 为原料生产的三氯杀螨醇农药的使用。

2.1.4.3　表层沉积物中的 PCBs

（1）PCBs 的分布特征

共检出 26 种 PCB 单体，其总浓度为 0.246～1.50ng/g 干重（30.7～435ng/g OC）（图

2-27)，最高浓度出现在 SB10 采样点，最低浓度出现在 JS21 采样点。除 SB10 采样点外，其他采样点浓度相差不大。

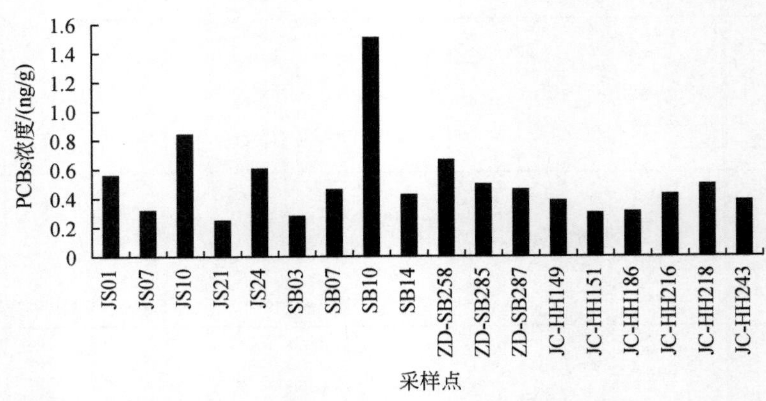

图 2-27　江苏近海表层沉积物中 PCBs 浓度分布

(2) PCBs 的组成特征

图 2-28 表明，江苏近海表层沉积物中的 PCBs 以低氯代联苯为主，其中三氯联苯占 PCBs 总量的 48%，其次是二氯联苯和五氯联苯，高氯代联苯所占相对浓度很低，没有检测到七氯联苯、八氯联苯和九氯联苯。

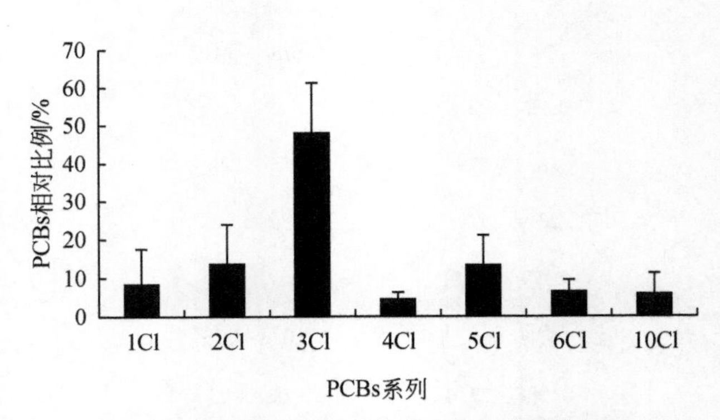

图 2-28　江苏近海表层沉积物中 PCBs 系列的相对比例

为了客观评价江苏近海表层沉积物中 PCBs 的污染程度，选择不同地区表层沉积物的报道值与本研究结果进行比较。从表 2-21 可以看出，江苏近海表层沉积物中 PCBs 的浓度略高于西厦门海的测量值，与通惠河的 PCBs 浓度基本相当，低于珠江三角洲、长江三角洲、大连湾、大亚湾和渤海的报道值。与国外报道值相比，与印度胡格利河口的 PCBs 浓度相近，低于安大略湖、加拿大中纬度和北极湖泊、俄罗斯的古巴佩琴加、英国的默西河口以及日本的有明海和新加坡近海沉积物中 PCBs 的浓度。总体而言，江苏近海表层沉积物中的 PCBs 处于较低水平。

表 2-21 不同地区表层沉积物中 PCBs 浓度的比较 (单位：ng/g)

研究地点	PCBs 浓度范围	PCBs 种类	参考文献
美洲			
安大略湖	570±240	89	Oliver and Niimi，1988
加拿大中纬度和北极湖泊	2.4～39	11	Muir et al.，1996
欧洲			
古巴佩琴加	1.11～37.9	11	Savinov et al.，2003
默西河口	36～1409	7	Vane et al.，2007
亚洲			
有明海	18±7.7	7	Nakata et al.，2003
胡格利河口	0.31～2.33	13	Guzzella et al.，2005
新加坡沿海沉积物	1.4～330	36	Wurl and obbard，2005
中国			
西厦门海	n.d. ～0.32	12	Maskaoui et al.，2002
珠江三角洲	11～486	86	Mai et al.，2005b
渤海和黄海	n.d. ～14.9	10	Ma et al.，2001
长江三角洲	0.92～9.69	23	Shen，et al. 2006
大连湾	0.45～6.69	9	刘现明等，2001
大亚湾	1.48～27.4	11	丘耀文和周俊良，2002
闽江	15.1～57.9	21	Zhang et al.，2003
通惠河	0.78～8.47	12	Zhang et al.，2004
江苏近海	0.246～1.50	26	本研究

（3）PCBs 的来源初探

将江苏近海表层沉积物中 PCBs 同族体的相对含量和多氯联苯 1242 及多氯联苯 1254 进行比较（图 2-29）。结果表明，江苏近海表层沉积物中 PCBs 的组成同多氯联苯 1242 的接近，以二氯联苯至四氯联苯为主。相对高含量的五氯联苯和六氯联苯可能来自于多氯联苯 1254。另外，沉积物中有一定比例的十氯联苯，这可能与大气干、湿沉降过程带来的 PCBs 污染有关，已有研究表明，大气颗粒物中有较高浓度的多氯联苯（熊幼幼等，2006）。

综合分析，江苏近海表层沉积物中的 PCBs 表现为三氯联苯和五氯联苯的混合污染特征。我国三氯联苯主要应用于电力电容器的浸渍剂，五氯联苯主要用做油漆等工业产品的添加剂，虽然很多含 PCBs 的电力电容器已废弃封存，但据报道，很多封存点存在 PCBs 泄漏现象。因此，江苏近海表层沉积物中的 PCBs 可能来自邻近地区的变压器油泄漏和造纸、采矿等企业的污水排放。同时大气干、湿沉降过程也是江苏近海表层沉积物中 PCBs 的来源之一。

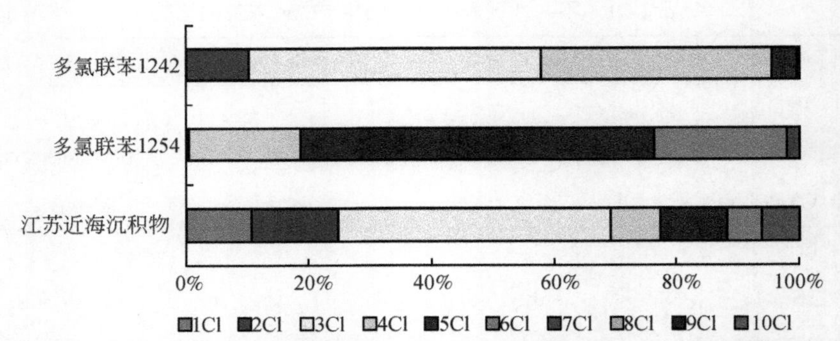

图 2-29　江苏近海表层沉积物中 PCBs 同族体相对含量同多氯联苯 1242 和多氯联苯 1254 的比较
多氯联苯 1242 和多氯联苯 1254 的数据来自文献 Wyrzykowska 等（2006）

2.1.4.4　江苏近海表层沉积物毒性和生态风险评价初探

(1) 江苏近海表层沉积物毒性评价

利用世界卫生组织建议的 12 种共面 PCBs 相对 2,3,7,8-TCDD 的毒性当量因子（TEF）(Van den Berg et al. , 1998）和 Villeneuve 等（2002）基于 H4IIE-luc 生物分析提出的 7 种潜在致癌 PAHs 的相对效力(REP)值，计算各采样点 PAHs 和 PCBs 的 2,3,7,8-TCDD 毒性当量（TEQs）。

PAHs 和 PCBs 的 TCDD 毒性当量计算公式分别为

$$TEQ_{PAH} = \sum TEF_i \times dose_i \tag{2-2}$$

$$TEQ_{PCB} = \sum REP_i \times dose_i \tag{2-3}$$

计算结果表明（表 2-22），t-TEQ（TEQ_{PAH}与 TEQ_{PCB}之和）为 0. 035 ~ 0. 265pg TCDD/g 干重，低于 Qiao 等（2006）关于太湖梅梁湾 t-TEQ 结果（19. 5 ~ 37. 9pg TCDD/g 干重）和 Koh 等（2004）关于韩国 Hyeongsan 河沉积物的报道（0. 06 ~ 91. 7pg TCDD/g 干重）。PAHs 对 t-TEQ 的贡献占 PAHs 总量的 99% 以上。在不同的 PAHs 组分中，BkF 的贡献率最大，占 PAHs 总量的 45. 3% ~ 78. 5%，与 Qiao 等（2006）报道的 62. 2% ~ 65. 5% 相近；其次是 InP，占 3. 85% ~ 31. 58%。由于江苏近海表层沉积物中共平面 PCBs 的浓度较低，故 PCBs 的贡献较小。

表 2-22　江苏近海表层沉积物中的 TEQs 值　（单位：pg TCDD/ g 干重）

采样点	TEQ_{PAH}	TEQ_{PCB}	t-TEQ
JS01	0. 259	0. 006	0. 265
JS07	0. 103	n. d.	0. 103
JS10	0. 118	0. 007	0. 125
JS21	0. 035	n. d.	0. 035
JS24	0. 211	n. d.	0. 211

续表

采样点	TEQ_{PAH}	TEQ_{PCB}	t-TEQ
SB03	0. 085	n. d.	0. 085
SB07	0. 071	n. d.	0. 071
SB10	0. 069	n. d.	0. 069
SB14	0. 056	n. d.	0. 056
ZD-SB258	0. 073	n. d.	0. 073
ZD-SB285	0. 054	n. d.	0. 054
ZD-SB287	0. 066	n. d.	0. 066
JC-HH149	0. 190	n. d.	0. 190
JC-HH151	0. 115	n. d.	0. 115
JC-HH186	0. 075	n. d.	0. 075
JC-HH216	0. 078	n. d.	0. 078
JC-HH218	0. 204	n. d.	0. 204
JC-HH243	0. 085	n. d.	0. 085

(2) 江苏近海表层沉积物生态风险评价

根据 Long 等（1995）报道的海洋和河口港湾沉积物中污染物的风险评价方法，评价江苏近海表层沉积物中有机污染物的生态风险。从表 2-23 中可以看出，PAHs 和 PCBs 均没有采样点超过风险评价低值。除有 3 个采样点的 DDTs 浓度超过了风险评价低值（分别为 JS01、JC-HH149 和 JC-HH218）、1 个采样点 DDDs 浓度超过了风险评价低值（JS01）、1 个采样点的 DDEs 浓度（JS01）和 2 个采样点的 ∑DDTs 浓度超过了风险评价低值（JS01 和 JCHH218）可能有生态风险外，其他均在安全范围内。总体来说，江苏近海表层沉积物中的 PAHs、PCBs 和 OCPs 处于较安全水平，但是，考虑到水文条件改变可能导致二次污染和食物链放大作用，因此，对江苏近海有机物污染尤其是 OCPs 污染需要密切关注。

表 2-23　江苏近海表层沉积物中的 POPs 风险评价

化合物	评价指标		本研究结果
	ERL	ERM	
Na	160	2 100	0. 813 ~ 1. 19
Acy	44	640	n. d. ~0. 488 (18/18)
Ace	16	500	0. 404 ~ 1. 27
Flu	19	540	1. 04 ~ 4. 37 (18/18)
Phe	240	1 500	1. 89 ~ 14. 1 (18/18)

续表

化合物	评价指标		本研究结果
	ERL	ERM	
An	85.3	1 100	n.d. ~1.12 (18/18)
Fl	600	5 100	1.15 ~9.24 (18/18)
Pyr	665	2 600	0.916 ~7.31
BaA	261	1 600	2.42 ~3.40 (18/18)
Chr	384	2 800	0.195 ~2.15
BaP	430	1 600	0.164 ~1.56
DBA	63.4	260	n.d. ~1.15 (18/18)
∑PAHs	4 022	44 792	20.9 ~87.4 (18/18)
∑PCBs	22.7	180	0.295 ~1.50
DDT	1	7	n.d. ~13.3 (15/18)
DDD	2	20	n.d. ~7.36 (17/18)
DDE	2	15	0.0884 ~2.88
∑DDTs	3	350	0.0884 ~23.6

注：括号内数值表示超过 EML 的采样点数/总采样点数

2.2 POPs 在生物体中的分布特征和健康风险研究

2.2.1 江苏近海地区 POPs 在生物体中的分布特征和健康风险

对江苏近海地区生物样品中 28 种 PAHs（包括 16 种优控 PAHs）、15 种 OCPs 和 26 种 PCBs 的浓度进行了分析，获得了上述化合物在该地区水生生物样品中的分布特征。

2.2.1.1 江苏近海地区 POPs 在生物体中的分布特征

（1）PAHs 在生物体中的分布特征

表 2-24 展示了不同物种中 $\sum_{28}$PAHs 和 $\sum_{16}$PAHs 的总浓度分布状况。脂肪归一化后，在所分析的生物样品中，紫菜和海带叶状体中的 PAHs 浓度最高，它们作为海洋的初级生产者，在整个海洋生态系统中对 PAHs 的迁移和转化起着非常重要的作用。其次是舌鳎、鮸鱼、梭子蟹、日本鲟、棘头梅童、贡氏红娘鱼、虾蛄等，浓度最低的是银鲳。

表 2-24　生物样品中 PAHs 的浓度分布　　　　（单位：ng/g 脂肪）

生物种类	样品数目	Σ_{28}PAHs			Σ_{16}PAHs		
		80%置信区间	平均值	中间值	80%置信区间	平均值	中间值
棘头梅童	4	4.90×10^3 ~ 8.21×10^3	6.56×10^3	6.30×10^3	3.58×10^3 ~ 5.35×10^3	4.46×10^3	4.49×10^3
贡氏红娘鱼	1		6.28×10^3			3.12×10^3	
鮸鱼	5	5.93×10^3 ~ 1.45×10^4	1.02×10^4	8.88×10^3	3.90×10^3 ~ 9.47×10^3	6.68×10^3	5.40×10^3
舌鳎	1		1.45×10^4			1.09×10^4	
银鲳	2	220 ~ 2.51×10^3	1.37×10^3	1.37×10^3	61.0 ~ 1.52×10^3	792	792
虾蛄	1		3.60×10^3			2.46×10^3	
梭子蟹	13	7.66×10^3 ~ 1.17×10^4	9.66×10^3	8.08×10^3	4.72×10^3 ~ 7.15×10^3	5.94×10^3	5.33×10^3
日本鲟	4	7.49×10^3 ~ 8.81×10^3	8.15×10^3	8.48×10^3	4.17×10^3 ~ 4.98×10^3	4.58×10^3	4.79×10^3
紫菜	9	3.62×10^4 ~ 5.97×10^4	4.80×10^4	4.87×10^4	2.42×10^4 ~ 4.13×10^4	3.28×10^4	3.82×10^4
海带	4	1.78×10^4 ~ 3.82×10^4	2.80×10^4	2.46×10^4	1.34×10^4 ~ 2.28×10^4	1.81×10^4	1.72×10^4

图 2-30 显示 PAHs 各组分相对浓度三角图，由图 2-30 可以看出，江苏近海水生生物体内的 PAHs 也是以 2+3 环（占 31.5% ~76.3%）和 4 环（占 14.2% ~51.2%）PAHs 为主。与研究区域沉积物中的 PAHs 组成相比，2+3 环 PAHs 的百分比含量相对有所增高。

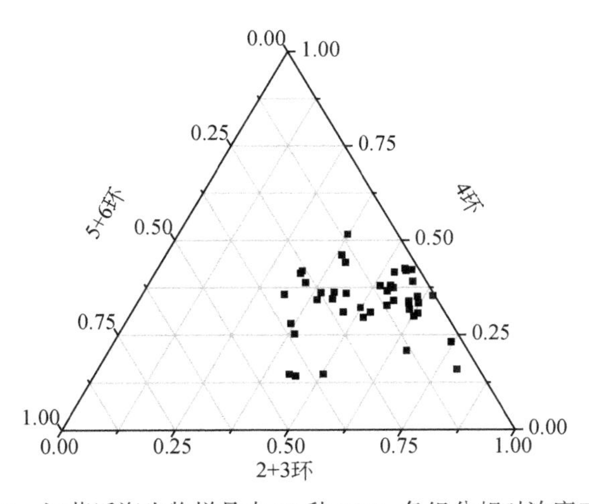

图 2-30　江苏近海生物样品中 16 种 PAHs 各组分相对浓度三角图

表 2-25 列出江苏近海生物样品中 PAHs 浓度与不同地区的相关报道的比较，可以看出，江苏近海鱼类体内的 PAHs 浓度略高于渤海鱼类体内的浓度，低于香港市场海鱼中的 PAHs

浓度水平；甲壳类（虾类和蟹类）中的PAHs浓度水平与珠江三角洲地区虾类的PAHs浓度水平相当，海带和紫菜的PAHs浓度水平高于渤海浮游植物的PAHs浓度水平。与国外相关报道相比，江苏近海鱼类中的PAHs浓度水平高于日本有明海鱼中的PAHs浓度水平，低于美国圣弗朗西斯科河口和阿根廷巴伊亚埃瓦河口中鱼类体内的PAHs浓度；江苏近海蟹类体内的PAHs浓度水平高于澳大利亚大堡礁湾蟹类体内的PAHs浓度水平。

综合上述数据，江苏近海生物体内的PAHs浓度属于中等偏低水平。

（2）OCPs在生物体中的分布特征

对所有的生物样品均进行OCPs分析，共检测出15种生物OCPs，其浓度分布特征见表2-26。由表2-26可以看出，紫菜和海带叶状体中的OCPs浓度最高，其次是贡氏红娘鱼、舌鳎、棘头梅童、鮸鱼、日本鲟、梭子蟹，银鲳和虾蛄的OCPs浓度最低。从表2-26可以看出，脂肪归一化后的DDTs浓度以海带和紫菜最高，其次是鮸鱼、贡氏红娘鱼、舌鳎、棘头梅童、日本鲟、梭子蟹，浓度最低的是银鲳和虾蛄。

在本研究中，DDTs是主要的OCPs残留物，在37个样品中均有检出。这表明DDTs在中国的污染非常普遍。然而，BHCs的检出率不高（图2-31），仅β-BHC和γ-BHC在生物样中有检出，α-BHC和δ-BHC在所有生物样中均低于检测限，这可能是因为研究区域附近BHCs农药的使用得到了有效控制。e氯、硫丹Ⅱ、硫丹硫酸盐、异狄氏剂、异狄氏剂醛和甲氧滴滴涕也均低于检出限。鱼体中各有机氯化合物检出率的高低与我国该农药的使用量和使用范围有关。

表2-25　不同地区水生生物体内中PAHs浓度的比较

研究地点		生物种类	PAHs浓度范围	参考文献
国外	西班牙偏远湖泊	鱼类	32～65b	Vives et al.，2005
	马尔马拉海伊斯坦布尔海峡(Istanbul Strait Marmara Sea)	贝类	43～601b	Karacik et al.，2009
	北欧海岸	贝类	40～11 670a	Skarpheoinsdottir et al.，2007
	加利西亚海岸（Galician Coasts）	贝类	17～7 780a	Soriano et al.，2006
	萨罗尼可斯湾（Saronikos Gulf）	贝类	1 300～1 800a	Valavanidis，2008
	美国圣弗朗西斯科河口	鱼类	184～6 899a	Oros et al.，2005
	巴西瓜纳巴拉湾（Guanabara Bay）	贝类	60～6 000a	Francioni et al.，2007
	阿根廷	贝类	348～1 597a	Arais et al .，2009
		鱼类	1 095a	Arais et al .，2009
	阿根廷巴伊亚埃瓦(Bahia Nueva）河口	鱼类	810～2 010c	Massara et al.，2009
	亚洲有明海	鱼类	110±76c	Nakata et al.，2003
	韩国木浦湾（Mokpo Bay）	贝类	96c	Namiesnik，2008
	澳大利亚大堡礁湾(Great Barrier Reef Bay)	蟹类	16～220c	Negri et al.，2009

续表

研究地点		生物种类	PAHs 浓度范围	参考文献
国内	香港维多利亚港口	河豚	1.05 ~ 4.26×10^3c	Lam et al., 2009
	香港市场	鱼类	15.5 ~ 57.0b	Cheung et al., 2007
	渤海	浮游植物	1 321c	Wan et al., 2007
		无脊椎动物	66 ~ 770c	
		鱼类	43 ~ 247c	
	珠江三角洲	贝类	365 ~ 783a	Wei et al., 2006
		牡蛎	306 ~ 1 041a	
		虾类	33.5 ~ 97.9a	
	江苏近海	鱼类	993 ~ 9 132c 30.9 ~ 110a 6.17 ~ 9.20b	本研究
		虾类	3 604c, 75.5a, 14.4b	
		蟹类	3 953 ~ 4 035c 50.1 ~ 109a 7.59 ~ 9.2b	
		紫菜	18 847 ~ 87 685c 31.4 ~ 171a 1.33 ~ 7.33b	
		海带	17 534 ~ 45 315c 23.5 ~ 70.0a 3.09 ~ 7.85	

注：a，单位为 ng/g 干重；b，单位为 ng/g 湿重；c，单位为 ng/g 脂肪

表 2-26　生物样品中 DDTs 和 OCPs 的浓度分布表　（单位：ng/g 脂肪）

生物种类	样品数目	DDTs			OCPs		
		80% 置信区间	平均值	中间值	80% 置信区间	平均值	中间值
棘头梅童	4	1.94×10^3 ~ 3.75×10^3	2.85×10^3	2.97×10^3	2.12×10^3 ~ 5.15×10^3	3.64×10^3	3.51×10^3
贡氏红娘鱼	1		3.22×10^3			5.78×10^3	
鮸鱼	5	1.06×10^3 ~ 5.69×10^3	3.38×10^3	2.04×10^3	1.17×10^3 ~ 6.14×10^3	3.56×10^3	2.24×10^3
舌鳎	1		3.02×10^3			3.71×10^3	
银鲳	2	220 ~ 2.86×10^3	1.20×10^3	1.20×10^3	61.0 ~ 3.8×10^3	1.59×10^3	1.59×10^3

续表

生物种类	样品数目	DDTs			OCPs		
		80% 置信区间	平均值	中间值	80% 置信区间	平均值	中间值
虾蛄	1		1.17×10^3			1.43×10^3	
梭子蟹	13	1.14×10^3 ~ 2.03×10^3	1.59×10^3	1.18×10^3	1.75×10^3 ~ 2.71×10^3	2.23×10^3	1.73×10^3
日本鲟	4	1.81×10^3 ~ 3.75×10^3	2.78×10^3	2.46×10^3	2.19×10^3 ~ 3.97×10^3	3.08×10^3	2.75×10^3
紫菜	9	2.46×10^3 ~ 1.18×10^4	7.14×10^3	3.96×10^3	2.89×10^3 ~ 1.28×10^4	7.84×10^3	4.25×10^3
海带	4	4.81×10^3 ~ 1.36×10^4	9.23×10^3	1.07×10^4	5.18×10^3 ~ 1.43×10^4	9.75×10^3	1.13×10^4

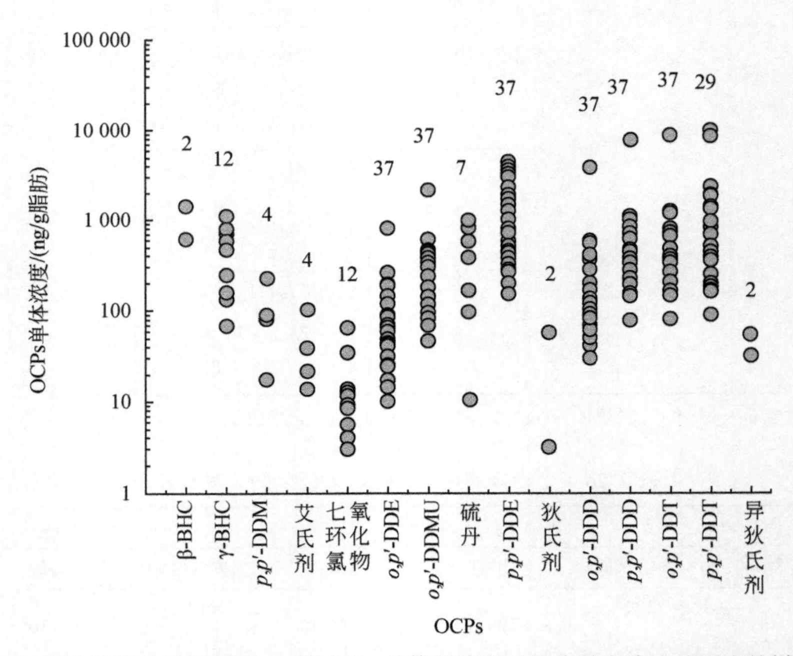

图 2-31　江苏近海生物样体内 15 种 OCPs 单体的浓度（图中数字代表检测出的样品数）

将本研究结果与国内相似报道进行比较可知（表 2-27），江苏近海鱼类体内的 DDTs 浓度高于珠江三角洲一鱼塘中的淡水鱼体内的 DDTs 浓度，低于北京怀柔水库、钱塘江、厦门港鱼类以及香港市场的市售鱼类体内的 DDTs 浓度；江苏近海鱼类的 OCPs 浓度和舟山市场的市售鱼类体内的 OCPs 浓度相当，比钱塘江中鱼类体内的 OCPs 浓度水平低了一个数量级；江苏近海虾类体内的 DDTs 浓度高于太湖虾类体内的 DDTs 浓度。

表 2-27 不同地区水生生物中 OCPs 浓度和 DDTs 浓度的比较

研究地点			生物种类	OCPs 浓度范围	DDTs 浓度范围	参考文献
国外	美洲	安大略湖	浮游植物		0. 5±0. 6a	Houde et al. , 2008
			甲壳类		46±1. 1a	Honde et al. , 2008
			虾类		50±4. 7a	Houde et al. , 2008
		索尔顿湖(Salton Sea)	鱼类		18±11a	Sapozhnikova et al. , 2004
	欧洲	伊奥尼亚海(Ionian Sea)	鱼类		289 ~ 702a	Storelli et al. , 2008
		波罗的海(Baltic Sea)	鱼类		170 ~ 1 300b	Szlinder-Richert et al. , 2008
	亚洲	韩国市场	鱼类		0. 84 ~ 27. 0a	Yim et al. , 2005
		泰国	鱼类		0. 48 ~ 19a	Kannan et al. , 1995
		印度	鱼类		0. 86 ~ 140a	Kannan et al. , 1995
国内	北京怀柔水库		鱼类		7. 54 ~ 88. 3a	Li et al. , 2008
	钱塘江		鱼类	8. 28 ~ 289. 2	2. 65 ~ 133. 51a	Zhou et al. , 2007
	舟山市场		鱼类	0. 67 ~ 13a		Jiang et al. , 2005
	太湖		虾类		600b	Nakata et al. , 2005
			鱼类		700 ~ 1 000b	Nakata et al. , 2005
	厦门		鱼类		400 ~ 2 200a	Klumpp et al. , 2002
	珠江三角洲鱼塘		鱼类	22. 3 ~ 389b	22. 3 ~ 381b	Zhou et al. , 2004
	香港市场		鱼类		3. 3 ~ 75. 6a	Chan et al. , 1999
	江苏近海		鱼类	1. 52 ~ 17. 2a 880 ~ 10 107b	1. 4 ~ 13. 2 a 664 ~ 9 388b	本研究
			虾类	5. 72a	4. 65a	
			蟹类	1. 5 ~ 6. 61a 622 ~ 5 413b	1. 21 ~ 6. 0a 467 ~ 4 912b	
			紫菜	0. 21 ~ 1. 07a 2 193 ~ 3 585	0. 16 ~ 0. 47a 2 009 ~ 33 690b	
			海带	0. 36 ~ 2. 51a 2 098 ~ 14 912	0. 32 ~ 2. 4a 1 865	

注：a，单位为 ng/g 湿重；b，单位为 ng/g 脂肪

与全球类似研究相比，江苏近海鱼类体内 DDTs 的浓度高于波罗的海中鱼类体内的 DDTs 浓度，与泰国海鱼以及索尔顿湖中鱼类体内的 DDTs 浓度水平接近，低于伊奥尼亚海、印度和韩国鱼类体内的 DDTs 浓度水平。紫菜中的 DDTs 浓度水平与安大略湖中的浮游植物体内的 DDTs 浓度相当。

综上所述，江苏近海水生生物体内的 DDTs 浓度处于中等偏低水平。

（3）PCBs 在生物体中的分布特征

在所有的生物样品中共检测出 35 种 PCBs，结果见表 2-28。生物样品中紫菜和海带的 PCBs 浓度最高，其次为棘头梅童、鮸鱼、贡氏红娘鱼、日本鲟、舌鳎、虾蛄，银鲳和梭子蟹中 PCBs 浓度最低。

表 2-28 生物样品中 PCBs 的浓度分布表 （单位：ng/g 脂肪）

生物种类	样品数目	80%置信区间	平均值	中间值
棘头梅童	4	301～439	370	387
贡氏红娘鱼	1		220	
鮸鱼	5	217～473	345	336
舌鳎	1		198	
银鲳	2	67～135	101	101
虾蛄	1		180	
梭子蟹	13	102～163	132	121
日本鲟	4	151～258	204	204
紫菜	9	1.18×10^3～1.74×10^3	1.46×10^3	1.51×10^3
海带	4	628～1.62×10^3	1.12×10^3	1.20×10^3

不同生物样中 PCBs 的同系物组成不同（图 2-32）。紫菜和海带样品以三氯联苯为主；而鱼类、蟹类和虾类样品则基本以四氯联苯至六氯联苯为主。PCBs 在生物体内的累积受其化学结构（Cl 原子数目及其取代位置）及生物在食物链的营养级别（脂肪含量、吸收代谢速率及食性等）影响，通常高氯 PCBs 倾向富集于高营养级别的生物体中。单个 PCBs 同系物的分布特征如图 2-33 所示。在所有生物样品中 PCBs 同系物主要以 PCB16(32)、PCB45 和 PCB118 为主，其次是 PCB151、PCB153、PCB158、PCB18、PCB19 和 PCB101。

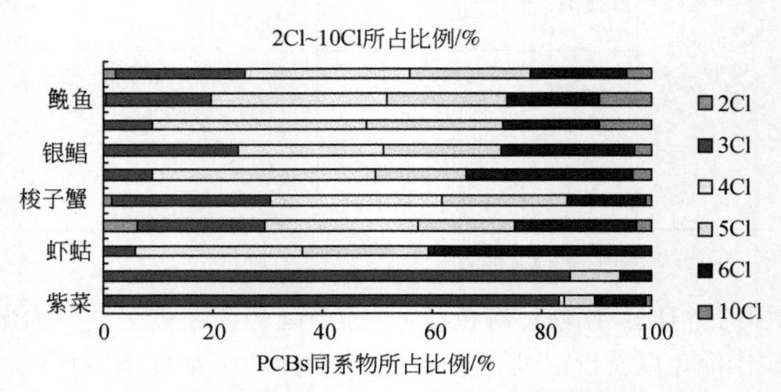

图 2-32 江苏近海各类生物样品中 PCBs 同系物所占比例

孟祥周（2007）报道了中国南方食用鱼体内的 PCBs 也以 PCB118、PCB153 为主，可能是在一个环或者两个环上 2,4,5 位取代的 PCBs 具有低的降解速率所致。

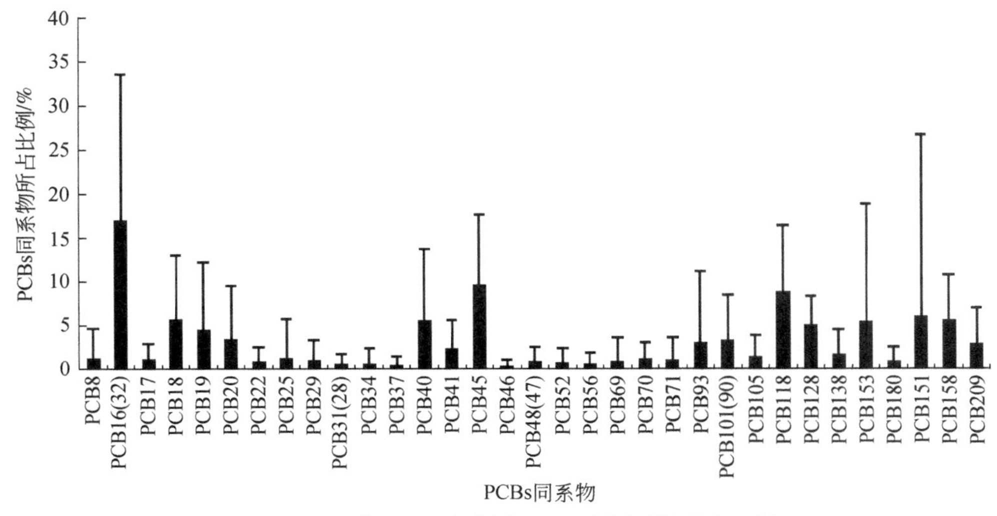

图 2-33　江苏近海生物样中 PCBs 各同系物所占比例

从表 2-29 可以看出，与我国其他地区生物样中的 PCBs 浓度相比，本研究中鱼类体内的 PCBs 浓度高于珠江三角洲某鱼塘鱼体中的 PCBs 浓度，与舟山市场鱼类体内的 PCBs 浓度相当，低于大连、天津、上海超市以及香港市场中的市售鱼体内的 PCBs 浓度水平。

表 2-29　不同地区水生生物样中 PCBs 浓度的比较

研究地点			生物种类	PCBs 浓度范围	参考文献
国外	美洲	安大略湖	浮游植物	50±12a	Oliver and Niimi，1988
			片脚类动物	790±480a	Oliver and Niimi，1988
			鱼类	4300±3200a	Oliver and Niimi，1988
		哥伦比亚河	鱼类	70. 3±41. 4a	Rayne et al. ，2003
	欧洲	西班牙市场	鱼类	0. 93 ~ 88. 1a	Bocio et al. ，2007
			虾类	0. 46a	Bocio et al. ，2007
	亚洲	有明海	蛤类	3. 6a	Nakata et al. ，2003
			蟹类	16±3. 8a	Nakata et al. ，2003
			鱼类	68±21a	Nakata et al. ，2003
		韩国市场	鱼类	2. 96 ~ 96. 6a	Yim et al. ，2005
		东南亚国家	鱼类	0. 38 ~ 110a	Kannan et al. ，1995

续表

研究地点		生物种类	PCBs 浓度范围	参考文献
国内	大连超市	鱼类	1.11 ~ 8.04a	Yang et al., 2006
	天津超市	鱼类	1.26 ~ 5.60a	Yang et al., 2006
	上海超市	鱼类	0.83 ~ 11.4a	Yang et al., 2006
	舟山市场	鱼类	0.24 ~ 1.4a	Jiang et al., 2005
	珠江三角洲鱼塘	鱼类	60 ~ 480b	Zhou et al., 2004
	香港市场	鱼类	0.1 ~ 94a	Chan et al., 1999
	江苏近海	鱼类	0.26 ~ 1.45a 91.3 ~ 702b	本研究
		虾类	0.977a 186b	
		蟹类	0.03 ~ 0.37a 19.4 ~ 256b	
		紫菜	1.37 ~ 4.23a 588 ~ 2699b	
		海带	0.489 ~ 2.67a 364 ~ 1731b	

注：a，单位为 ng/g 湿重；b，单位为 ng/g 脂肪

与全球相关研究相比，我国食用鱼类中 PCBs 的浓度也处于较低水平。虽然高于荷兰市场上鱼类中的 PCBs 浓度，但是低于 Kannan 等（1995）、Nakata 等（2003）和 Yim 等（2005）等在亚洲其他国家的报道结果以及 Bocio 等（2007）报道的西班牙市场中市售鱼类体内的 PCBs 浓度值，同样也远低于安大略湖和哥伦比亚河中鱼体内相应污染物的浓度。江苏近海虾类体内的 PCBs 浓度比西班牙市场中虾类的 PCBs 浓度略高；蟹类体内的 PCBs 浓度比日本有明海中蟹类的 PCBs 浓度低 2 个数量级；海带和紫菜体内的 PCBs 浓度与安大略湖中的浮游植物中的 PCBs 浓度低了 1 个数量级。综上所述，江苏近海水生生物体内的 PCBs 处于较低水平。

2.2.1.2 江苏海产品健康风险评价

（1）我国食用鱼类的污染水平

2005 年，我国重新规定了水产品中 DDTs、HCHs 和 PCBs 的允许最大残留量（maximum residue level，MRL）分别为 500ng/g 湿重、100ng/g 湿重和 2000ng/g 湿重，对照此标准，江苏近海水生生物（不包括紫菜和海带）中 DDTs 浓度平均值 4.13ng/g 湿重、HCHs 浓度平均值 0.69ng/g 湿重和 PCBs 浓度平均值 2.14ng/g 湿重均没有超标。同样，根据美国食品药品监督管理局（Food and Drug Administration，FDA）制定的水产品中的残留标准（DDTs 和 PCBs 浓度分别为 5000ng/g 湿重和 2000ng/g 湿重）（http://www.cfsan.fda.gov/~comm/haccp4x5.html）以及与欧洲联盟制定的相关标准（人类消费鱼体中 PAHs 和 DDTs 允许的最高残留浓度均为 50ng/g 湿重）（Bienlli et al., 2003），研究区域水生生物中 DDTs

和 PCBs 的残留浓度也没有超标。

(2) 江苏省居民的 POPs 摄入量

世界粮食及农业组织和世界卫生组织推荐的可接受的日摄入量（acceptable daily intake, ADI）或每日摄入量（provisional tolerable daily intakes, PTDI）可用于评估人体 POPs 的暴露水平（estimated daily intake, EDI）。按人均体重 60kg 计，我国城市居民每日食用鱼类 37.8g，虾类、蟹类 8.9g；农村人口每日食用鱼类为 25.2g，虾类、蟹类为 4.1g（江苏省统计局，http://www.jssb.gov.cn/jstj/jsnj/2008/nj04.htm）。居民每天通过海鲜类食物摄入 POPs 浓度可根据式（2-4）计算：

$$\mathrm{EDI}=C\times M/\mathrm{BW} \tag{2-4}$$

式中，C 为海鲜中 POPs 的浓度（ng/kg）；M 为每天海鲜的消耗量（kg）；BW 为体重（kg）。分别使用 POPs 的中间值和 90% 浓度值计算 EDI_{50} 和 EDI_{90}，代表江苏省居民摄入的平均水平和最高水平。

如表 2-30 所示，江苏省城镇居民和农村人口通过食用海鲜摄入 PAHs 的最高浓度水平分别为 4.29ng/(kg BW·d) 和 2.75ng/(kg BW·d)，DDTs 的最高浓度水平分别为 2.49ng/(kg BW·d) 和 1.15ng/(kg BW·d)，摄入 HCHs 的最高浓度水平分别为 0.51ng/(kg BW·d) 和 0.33ng/(kg BW·d)，摄入 PCBs 的最高浓度水平分别为 0.29ng/(kg BW·d) 和 0.19ng/(kg BW·d)，摄入 PBDE 的最高浓度水平分别为 0.11ng/(kg BW·d) 和 0.06ng/(kg BW·d)。

表 2-30　江苏省居民每天通过海产品的 POPs 摄入量　[单位：ng/(kg BW·d)]

居民类型	PAHs		DDTs		HCHs		PCBs		PBDEs	
	EDI_{50}	EDI_{90}	EDI_{50}	EDI_{90}	EDI_{50}	EDI_{90}	EDI_{50}	EDI_{90}	EDI_{50}	EDI_{90}
城镇居民	3.36	4.29	1.81	2.49	0.30	0.51	0.21	0.29	0.06	0.11
农村居民	2.10	2.75	1.00	1.15	0.19	0.33	0.14	0.19	0.03	0.06

本研究表明，江苏省居民通过海产品食物消费对 DDTs 和 HCHs 的摄入量远低于世界卫生组织和联合国粮食及农业组织提出的每日可接受摄入量的标准，居民对 DDTs 和 HCHs 的摄入量分别为 10 000ng/(kg BW·d) 和 5000ng/(kg BW·d)。

(3) 江苏省居民海产品（鱼、虾、蟹类）消费建议

本研究根据美国 EPA 建立的一套以风险为基础的评价致癌可能性的复合暴露效应的方法。计算了具有十万分之一致癌风险的中国海产品消费建议值，计算公式如式（2-5）、式（2-6）所示：

$$\mathrm{CR}_{\mathrm{lim}}=\mathrm{ARL}\times\mathrm{BW}/\left(\sum C_{\mathrm{m}}\times\mathrm{CSF}\right) \tag{2-5}$$

$$\mathrm{CR}_{\mathrm{mm}}=\mathrm{CR}_{\mathrm{lim}}\times\mathrm{Tap}/\mathrm{MS} \tag{2-6}$$

式中，$\mathrm{CR}_{\mathrm{lim}}$ 为每天最大可摄入量（kg/d）；$\mathrm{CR}_{\mathrm{mm}}$ 为每月最高摄入次数；ARL 为暴露风险因子（10^{-5}）；BW 为人的体重（取 60kg）；C_{m} 为海产品中持久性污染物浓度；CSF 为致癌斜率参数：DDTs 为 0.34mg/(kg·d)，HCHs 为 1.3 mg/(kg·d)，PCBs 为 2.0 mg/(kg·d)，PAHs 为 7.3mg/(kg·d)（数据来自美国 EPA）；MS 为每顿消耗量（取 227g）；Tap 为每月

的天数（30.44d）；用式（2-5）计算每种鱼类每天的可食用量，用式（2-6）计算每月食用鱼的次数。图 2-34 给出了海产品的消费建议值（用污染物 90% 置信上限的浓度计算获得）。PBDE 的数据没有包括在内，原因是目前缺乏 PBDE 毒性的数据。图 2-34 显示了江苏居民食用海产品梅童、鮸鱼、银鲳和贡氏红娘鱼的健康风险比其他的海产品要高。

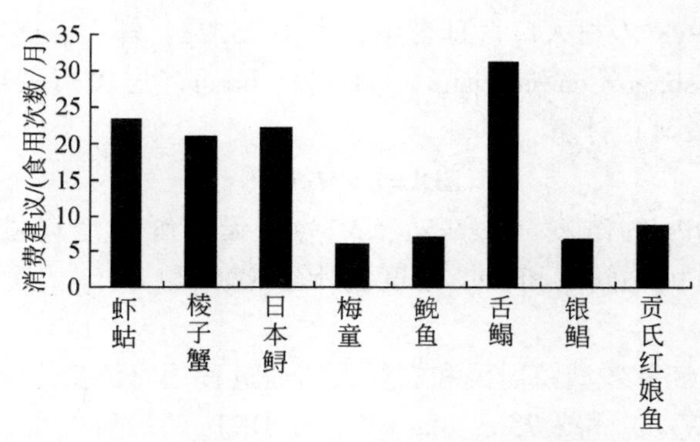

图 2-34　以风险为基础的江苏居民食用海产品消费建议

如果以每月食用 10 次海鲜（每次 0.227kg）为界限（即每月使用超过 10 次表示基本没有健康风险），对于体重 60kg 的食用者而言，食用虾蛄、日本鲟、梭子蟹和舌鳎不会带来健康问题；但其他种类的海鲜建议食用不要超过 10 次，其中食用梅童最好不要超过 6 次/月。

2.2.2　太湖地区 POPs 在生物体中的分布特征和健康风险

2008～2009 年课题组先后在太湖采集鱼类、虾类、蟹类、水生植物和底栖生物样品 70 份，研究 POPs 在生物体内的分布特征，探讨可能的健康风险。

2.2.2.1　太湖地区 POPs 在生物体中的分布特征

（1）PAHs 在太湖生物体中的分布特征

研究表明，太湖各种生物体内 PAHs 的浓度：鱼类为 4.42×10^3～88.6×10^3 ng/g 脂肪，69～537ng/g 干重；虾类为 21.6×10^3～90.9×10^3ng/g 脂肪，90～570ng/g 干重；蟹类为 27.8×10^3～53.9×10^3ng/g 脂肪，169～305ng/g 干重；水生植物类为 45.15×10^3～376.6×10^3ng/g 脂肪，153～669ng/g 干重。从表 2-31 中可以看出，生物样中 PAHs 的浓度经过脂肪归一化之后，其在水生植物中的含量相对较高，它们作为湖泊的初级生产者，对 PAHs 在整个生态系统中的迁移和转化起着非常重要的作用。其次是底栖生物、鱼类。生物样品中 PAHs 的浓度可能与生物生活习性以及所处环境有关。

图 2-35 显示了生物体内 PAHs 单体组成相对三角图，由图 2-35 可以看出，太湖水生生物体内的 PAHs 是以 4 环（占 39.9±10.8%）和 5+6 环（占 34.2±10.2%）为主。

表 2-31 太湖不同生物样品中 PAHs 的浓度分布 （单位：ng/g 脂肪）

生物种类	样品数目	$\sum_{28}$ PAHs			$\sum_{16}$ PAHs		
		80% 置信区间	平均值	中间值	80% 置信区间	平均值	中间值
马来眼子菜	3	57.7～498	278	377	33.4～383	208	275
苦草	2		254	254		147	147
轮叶黑藻	2		304	304		195	195
水生植物类	7	185～341	263	329	125～249	187	211
黄颡鱼	3	32.8～53.1	42.9	44.5	21.5～42.3	31.4	32.2
餐条鱼	2		48.5	48.5		39.3	39.3
鲤鱼	4	7.5～69.5	36.7	23.2	0.1～59.5	29.8	14.1
鲢鱼	4	23.8～36.0	29.9	27.7	8.8～23.2	16.0	15.4
麦穗鱼	2		8.39	8.39		4.2	4.2
鲫鱼	3	15.7～40.2	27.9	25.6	11.7～19.4	15.6	15.3
鲌鱼	2		6.2	6.2		3.7	3.7
银鱼	1		54.5			26.6	
鱼类	21	24.7～38.1	31.4	26.1	14.7～26.6	20.6	15.5
螃蟹	2		40.9	40.9		17.8	17.8
螺蛳	2		38.5	38.5		23.7	23.7
小龙虾	1		64.3			37.4	
青虾	3	16.2～91.0	54.1	49.8	13.8～79.5	32.8	13.6
虾类	4	32.9～80.3	56.7	57.1	2.5～27.9	15.2	10.8

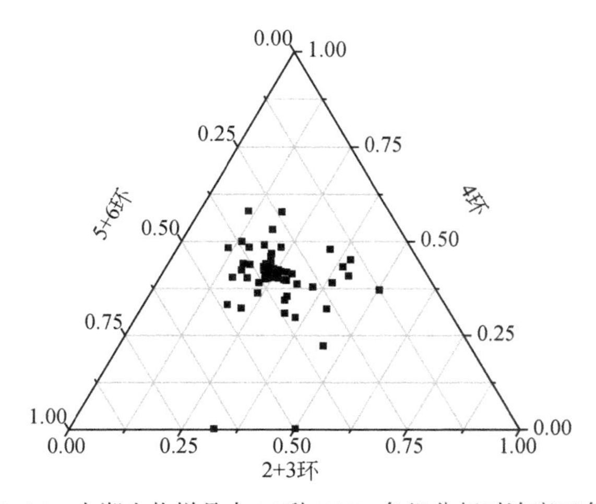

图 2-35 太湖生物样品中 16 种 PAHs 各组分相对浓度三角图

将太湖生物体中 PAHs 浓度与相关研究进行比较，发现太湖鱼类体内的 PAHs 浓度略高于香港和渤海鱼类体内的 PAHs 浓度，比江苏近海鱼类中 PAHs 的浓度高 2 个数量级；虾类和蟹类中的 PAHs 浓度水平比珠江三角洲地区、江苏近海地区虾类体内浓度水平高 1 个数量级，太湖水生植物中的 PAHs 浓度水平比渤海浮游植物和江苏近海紫菜及海带的

PAHs 浓度水平高 1 ~2 个数量级。与国外相关报道相比，太湖鱼类中的 PAHs 浓度水平低于欧洲和美洲各水域鱼类体内的 PAHs 浓度水平；太湖地区的蟹类体内的 PAHs 浓度高于澳大利亚大堡礁湾和韩国木浦湾的贝类及蟹类体内的浓度。综上所述，本研究中生物体内 PAHs 的浓度属于中等水平。

（2）OCPs 在生物体内的分布特征

太湖不同生物体内的 DDTs 浓度：鱼类为 0.14×10^3 ~ 4.78×10^3 ng/g 脂肪，6.76 ~ 581ng/g 干重；虾类为 0.29×10^3 ~ 1.01×10^3 ng/g 脂肪，1.26 ~ 50.1ng/g 干重；蟹类为 1.40×10^3 ~ 2.21×10^3 ng/g 脂肪，37.3 ~ 223ng/g 干重；河蚌和螺蛳类为 0.62×10^3 ~ 1.56×10^3 ng/g 脂肪，37.3 ~ 223ng/g 干重；水生植物类为 0.26×10^3 ~ 3.08×10^3 ng/g 脂肪，10.4 ~ 119ng/g 干重。表 2-32 显示的是经过归一化处理后的结果。

表 2-32　太湖生物样品中 OCPs 的浓度分布表　　（单位：ng/g 脂肪）

生物种类	样品数目	DDTs			OCPs		
		80% 置信区间 ($\times10^3$)	平均值 ($\times10^3$)	中间值 ($\times10^3$)	80% 置信区间 ($\times10^3$)	平均值 ($\times10^3$)	中间值 ($\times10^3$)
马来眼子菜	2		1.57	1.57		3.81	3.81
苦草	2		2.27	2.27		2.39	2.39
荇草	1		0.86			6.93	
轮叶黑藻	2		0.52	0.52		1.14	1.14
水生植物类	7	0.82 ~ 2.06	1.44	0.86	1.72 ~ 4.46	3.09	1.65
黄颡鱼	2		1.50	1.50		1.80	1.80
餐条鱼	2		1.49	1.49		3.17	3.17
鲤鱼	3		1.56	0.93		2.19	1.48
鲶鱼	1		1.21			1.45	
鲢鱼	4		2.13	0.86		2.58	1.26
鳑鲏鱼	2		0.63	0.63		0.87	0.87
麦穗鱼	2		1.64	1.64		1.77	1.77
鲫鱼	3		1.63	1.40		2.11	2.01
鲌鱼	1		3.63			3.70	
银鱼	1		0.65			1.02	
鱼类	21	1.22 ~ 1.89	1.56	1.16	1.63 ~ 2.47	2.05	1.48
螃蟹	2		1.81	1.81		2.06	2.06
螺蛳	2		0.73	0.73		0.96	0.96
河蚌	1		1.56			2.19	
小龙虾	1		1.01			1.14	
青虾	3		0.43	0.29		0.52	0.41
虾类	4	0.32 ~ 1.20	0.76	0.97	0.44 ~ 1.33	0.88	1.10

太湖不同生物体内 OCPs 的浓度：鱼类为 $0.29\times10^3 \sim 5.45\times10^3$ ng/g 脂肪，10.5 ~ 528ng/g 干重；虾类为 $0.41\times10^3 \sim 1.14\times10^3$ ng/g 脂肪，3.72 ~ 269ng/g 干重；蟹类为 $1.77\times10^3 \sim 2.34\times10^3$ ng/g 脂肪，47.2 ~ 237ng/g 干重；河蚌和螺蛳类为 $0.84\times10^3 \sim 2.19\times10^3$ ng/g 脂肪，70.8 ~ 136ng/g 干重；水生植物类为 $0.62\times10^3 \sim 6.93\times10^3$ ng/g 脂肪，24.4 ~ 652ng/g 干重。OCPs 总浓度分布与 PAHs 类似，在所分析的生物样品中，马来眼子菜、苦草和荇草等水生植物中的 OCPs 浓度较高，其次是鲌鱼、鲫鱼、螃蟹、河蚌。

研究表明，DDTs 和 HBCs 在 60 个样品中均有检出，表明 DDTs 和 HBCs 在太湖流域的污染非常普遍，其中 HBCs 以 α-HBC 和 β-HBC 为主。HCHs 的检出率不高，艾氏剂、异狄氏醛、狄氏剂、七氯环氧化物和甲氧滴滴涕均低于检出限。鱼体中各有机氯化合物检出率的高低可能与我国的使用量和使用范围有关。我国曾大量生产和使用过 DDTs、毒杀酚、六氯苯、氯丹和七氯 5 种农药。而异狄压剂、艾氏剂和狄氏剂均未在我国形成规模生产。

与国内不同地区水生生物中 OCPs 和 DDTs 浓度相比，太湖鱼类体内 OCPs 的浓度比长江和江苏近海中水生生物体内的浓度低约 1 个数量级；就 ∑DDTs 来说，太湖鱼类体内浓度略小于江苏近海中鱼类 ∑DDTs 的浓度，大于青海湖和珠江三角洲鱼体内的浓度。太湖蟹类与江苏近海中蟹类的 OCPs 的浓度水平相近，太湖水生植物中 OCPs 的浓度远低于江苏近海中的浓度。与国外报道相比，太湖鱼类体内 ∑DDTs 的浓度大于意大利和加拿大鱼体内的浓度，小于美国中部、泰国和印度鱼类中 ∑DDTs 的浓度。综上所述，太湖生物体内 OCPs 浓度处于中等偏上水平。

（3）PCBs 在生物体中的分布特征

太湖生物样品中 PCBs 的浓度：在鱼类中为 137 ~ 2.26×10^3 ng/g 脂肪，18.8 ~ 266ng/g 干重；虾类中为 31.3 ~ 247ng/g 脂肪，2.04 ~ 54.2ng/g 干重；蟹类中为 163 ~ 855ng/g 脂肪，16.5 ~ 22.8ng/g 干重；河蚌和螺蛳类中为 219 ~ 1.24×10^3 ng/g 脂肪，18.6 ~ 69.9ng/g 干重；水生植物类中为 869 ~ 7.76×10^3 ng/g 脂肪，27.2 ~ 266ng/g 干重。根据脂肪归一化后的数据（表 2-33），PCBs 总浓度最高的是马来眼子菜，其次是苦草、荇草和轮叶黑藻，鱼类浓度相对较低。在鱼类中，银鱼和鲢鱼是 PCBs 浓度较高的两类。

表 2-33　太湖生物样品中 PCBs 的浓度分布表　　（单位：ng/g 脂肪）

生物种类	样品数目	80% 置信区间	平均值	中间值
马来眼子菜	2		1.22×10^3	1.22×10^3
苦草	2		1.14×10^3	1.14×10^3
荇草	1		1.05×10^3	
轮叶黑藻	2		1.07×10^3	1.07×10^3
水生植物类	7	$1.00\times10^3 \sim 7.52\times10^3$	4.26×10^3	1.17×10^3
黄颡鱼	3		573	573
餐条鱼	2		827	827
鲤鱼	3		567	567

续表

生物种类	样品数目	80%置信区间	平均值	中间值
鲶鱼	1		404	
鲢鱼	4		1.26×10^3	1.01×10^3
鳑鲏鱼	2		279	279
麦穗鱼	2		230	230
鲫鱼	3		544	528
鲌鱼	2		465	465
银鱼	2		811	811
鱼类	24	536～787	661	555
螃蟹	2		509	509
螺蛳	2		332	332
河蚌	1		1.24×10^3	
小龙虾	1		222	
青虾	3		168	227
虾类	4	99.2～265	182	225

图2-36显示了单个PCBs同系物的分布特征。从图2-36中可以看出，生物样品中PCBs同系物主要以PCB22、PCB37和PCB157为主，其次是PCB20、PCB170、PCB190、PCB118、PCB158和PCB153，可能是由于在一个环或者两个环上2,4,5位取代的PCB具有低的降解速率。

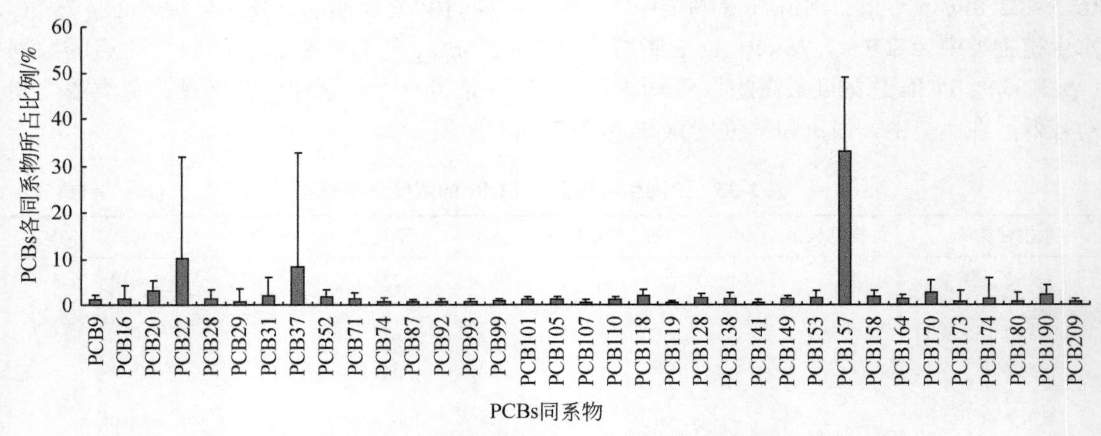

图2-36　太湖地区生物样中PCBs各同系物所占比例

研究还发现，不同生物样PCBs的同系物组成结构不同（图2-37）。在水生植物（轮叶黑藻、马来眼子菜、苦草和荇草）样品中以三氯联苯为主；而在鱼类、蟹类、虾类、河蚌和螺蛳样品中则基本以四氯至六氯联苯为主。通常含氯原子数量多的多氯联苯倾向于富集于高营养级别的生物体中。

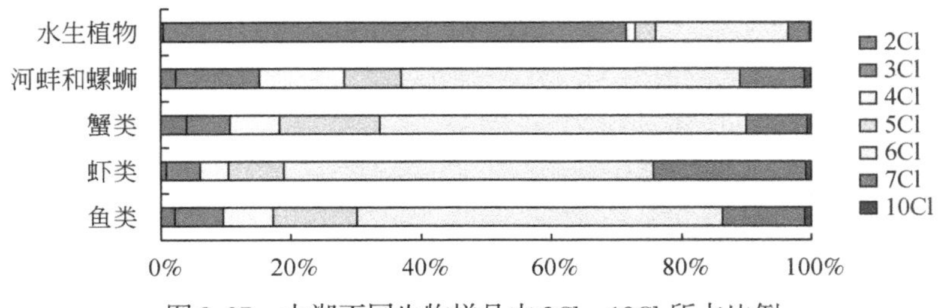

图 2-37　太湖不同生物样品中 2Cl ~ 10Cl 所占比例

太湖水生生物体内 PCBs 浓度普遍偏高，其浓度比香港维多利亚港、青海湖、珠江三角洲、广州市场及江苏近海生物样中 PCBs 的浓度高 1 ~2 个数量级。

太湖水生生物体内 PCBs 浓度与国际上的相关研究相比，太湖鱼类 PCBs 的浓度高于瑞士、加拿大的洛基和不列颠哥伦比亚，但是却低于美洲安大略湖和美国中部较大河流中鱼类体内的浓度；太湖蟹类中 PCBs 的浓度比日本有明海中蟹类的 PCBs 浓度低 1 ~2 个数量级，比澳大利亚大堡礁湾蟹类中 PCBs 的浓度略高；太湖水生植物中 PCBs 的浓度与安大略湖中浮游植物中 PCBs 的浓度在同一数量级上。

综上所述，我国太湖水生生物体内 PCBs 的污染浓度处于中等偏上的水平。

2.2.2.2　梅梁湾水生生物对 POPs 的生物富集

梅梁湾是太湖污染严重的区域之一，近年来蓝藻暴发频繁。本研究在梅梁湾采集水样和水生生物样品，采用生物富集双箱动力学模型研究 POPs 在水生生物体内的富集，获得了梅梁湾水体 POPs 的浓度中值和各种生物对 POPs 生物富集系数（BCF）的中值（表 2-34）。

表 2-34　梅梁湾水体 POPs 浓度及各种生物 BCF 的中值

化合物	浓度中值[a]	鱼类[b]	虾类[b]	蟹类[b]	河蚌和螺蛳类[b]	水生植物类[b]
Pyr	74.4	1.07×10^3	0.61×10^3	0.90×10^3	2.26×10^3	4.98×10^3
BaA	60.5	1.13×10^3	0.67×10^3	0.76×10^3	1.33×10^3	5.48×10^3
Fl	78.3	0.84×10^3	0.48×10^3	0.57×10^3	0.59×10^3	1.22×10^3
Flu	46.7	1.45×10^3	0.93×10^3	0.99×10^3	4.11×10^3	8.13×10^3
Acp	34.6	1.77×10^3	0.79×10^3	0.93×10^3	0.92×10^3	2.08×10^3
Nap	6.32	1.52×10^3	1.70×10^3	4.06×10^3	2.12×10^3	1.71×10^3
Ant	64.2	0.74×10^3	0.53×10^3	0.60×10^3	0.65×10^3	3.35×10^3
PA	58.2	1.31×10^3	1.23×10^3	1.30×10^3	2.01×10^3	5.87×10^3
Chr	45.6	0.87×10^3	1.41×10^3	0.70×10^3	1.54×10^3	6.18×10^3
BbF	51.6	1.17×10^3	0.67×10^3	0.77×10^3	1.70×10^3	6.52×10^3
BkF	39.8	1.33×10^3	0.93×10^3	1.03×10^3	1.29×10^3	8.33×10^3
BaP	37.4	1.72×10^3	0.67×10^3	1.29×10^3	1.65×10^3	5.22×10^3
IND	53.0	1.72×10^3	1.15×10^3	0.85×10^3	0.91×10^3	3.24×10^3

续表

化合物	浓度中值[a]	鱼类[b]	虾类[b]	蟹类[b]	河蚌和螺蛳类[b]	水生植物类[b]
DBAhA	13.6	1.69×10^3	0.77×10^3	1.07×10^3	1.16×10^3	6.74×10^3
Bghip	11.3	1.36×10^3	0.96×10^3	0.92×10^3	2.17×10^3	10.2×10^3
Σ_{28}PAHs	340	4.59×10^3	2.23×10^3	5.59×10^3	4.66×10^3	12.4×10^3
ΣDDTs	8.42	1.17×10^4	2.39×10^3	1.54×10^4	1.04×10^4	1.82×10^3
ΣOCPs	32.6	1.50×10^4	3.39×10^3	1.69×10^4	1.46×10^4	1.65×10^4
ΣPCBs	39.8	1.15×10^3	1.36×10^3	4.95×10^2	1.41×10^3	1.44×10^3
BDE-47	0.70	1.02×10^4	7.43×10^3	4.35×10^3	4.39×10^3	1.48×10^3
BDE-99	0.17	4.53×10^3	6.14×10^3	3.82×10^3	4.50×10^3	6.13×10^3
BDE-85	0.23	3.62×10^3	5.24×10^3	4.75×10^3	4.19×10^3	3.69×10^3
BDE-153	0.18	4.03×10^3	4.88×10^3	5.21×10^3	7.07×10^3	1.81×10^3
BDE-138	0.21	2.78×10^3	4.18×10^3	4.20×10^3	3.43×10^3	2.85×10^3
ΣPBDEs	1.50	1.24×10^4	9.01×10^3	4.39×10^3	8.88×10^3	3.40×10^3

a，浓度单位 ng/L；b，BCF，单位 L/kg

从表 2-34 中可以看出，水生植物对Σ_{28}PAHs 的富集系数明显高于其他生物种类，依次是蟹类、河蚌和螺蛳类、鱼类和虾类，这可能是 PAHs 在动物体内进行不同程度的新陈代谢所导致；蟹类、鱼类及河蚌、螺蛳类对ΣDDTs 的富集系数比虾类和水生植物类高 1 个数量级，而虾类对ΣOCPs 的富集系数比其他生物种类低 1 个数量级；水生植物类、河蚌和螺蛳类、鱼类及虾类对ΣPCBs 的富集是在同一个数量级上，其中水生植物类的富集系数略高于鱼类，蟹类比其他种类的富集系数约低 1 个数量级。对于ΣPBDEs 来说，鱼类的富集系数最高为 1.24×10^4，比其他生物种类高 1 个数量级，其中鱼类对 BDE-47 的富集系数高于其他生物对其单体的富集系数，这与众多研究发现 BDE-47 是生物体中浓度最高的多溴联苯醚单体的结论一致。

2.2.2.3 太湖水产品的健康风险评价

(1) 太湖水生生物的污染水平

2005 年我国规定了水产品中 DDTs 和 PCBs 最大残留量分别为 500ng/g 湿重和 2000ng/g 湿重。按照此标准，太湖水生生物中的 DDTs 浓度平均值 75.36ng/g 湿重和 PCBs 浓度平均值 41.47ng/g 湿重均没有超过相应的标准。同时，根据美国食品药品监督管理局制定的水产品中的残留标准（DDTs 和 PCBs 分别为 5000ng/g 湿重和 2000ng/g 湿重，http://www.cfsan.fda.gov/~comm/haccp4x5.html）以及与欧洲联盟制定的相关标准（人类消费鱼体中 PAHs 和 DDTs 允许的最高残留浓度均为 50ng/g 湿重，Bineelli et al.，2003），研究区域水生生物中 PAHs、DDTs 和 PCBs 的残留浓度也没有超标。

(2) 江苏省居民持久性卤代烃的摄入量

根据联合国粮食及农业组织和世界卫生组织推荐的可接受的 POPs 日摄入量或每日摄入

量来评估人体 POPs 的暴露水平。按人均体重 60kg 计，我国城市居民每日食用鱼类 37.8g，虾类、蟹类 8.9g；农村人口鱼类为 25.2g，虾类、蟹类为 4.1g 计算居民每天通过食用淡水生物摄入的 POPs 浓度。分别使用 POPs 的中间值和 90% 浓度值计算 EDI_{50} 和 EDI_{90}，代表江苏省居民摄入的平均水平和最高水平（表 2-35）。如表 2-35 所示，江苏省城镇居民和农村人口通过食用淡水水产品摄入 PAHs 的最高浓度水平分别为 12.3ng/(kg BW·d) 和 8.21ng/(kg BW·d)，DDTs 的最高水平浓度分别为 96.6ng/(kg BW·d) 和 64.4ng/(kg BW·d)，摄入 PCBs 的最高浓度水平分别为 60.0ng/(kg BW·d) 和 40.0ng/(kg BW·d)，摄入 PBDEs 的最高浓度水平分别为 3.38ng/(kg BW·d) 和 2.25ng/(kg BW·d)。

表 2-35　江苏省居民每天通过淡水产品的 POPs 摄入量　　[单位：ng/(kg BW·d)]

	PAHs		DDTs		PCBs		PBDEs	
	EDI_{50}	EDI_{90}	EDI_{50}	EDI_{90}	EDI_{50}	EDI_{90}	EDI_{50}	EDI_{90}
城镇居民	6.59	12.3	47.5	96.6	26.1	60.0	1.33	3.38
农村居民	4.39	8.21	31.7	64.4	17.4	40.0	0.89	2.25

根据联合国粮食及农业组织和世界卫生组织提出的每日可接受 DDTs 摄入量的标准 10 000ng/(kg BW·d)，江苏省居民通过水产品食用对 DDTs 的摄入量远低于标准。

但是与国内相关研究相比，江苏居民因食用太湖地区的水产品摄入的 POPs 总量高于江苏近海海产品中的 POPs 浓度，也高于孟祥周（2007）报道的中国南方典型食用鱼类中 POPs 的浓度。

2.3　新型有机污染物污染现状、毒性效应及进展

2.3.1　水环境中全氟化合物污染现状和研究进展

全氟化合物（perfluorinated compounds，PFCs）是一类新型的含氟的持久性有机污染物，主要包括全氟辛酸（PFOA）、全氟辛烷磺酸（PFOS）、全氟十烷酸（PFDA）和全氟十二烷酸（PFDO）等不同碳链长度的有机物。由于含有高能量的 C—F 共价键，因而具有优良的热稳定性、高表面活性及疏水疏油性能，被大量应用于聚合物添加剂、表面活性剂、电子工业、电镀等多种行业生产不粘锅、化妆品、表面活性剂、日用洗涤剂等民用产品中。全氟辛烷磺酸［CF3(CF2)7SO3H，PFOS］和全氟辛酸［CF3(CF2)6COOH，PFOA］是目前最受关注的两种典型全氟化合物。

据 Prevedouros 等（2006）统计，在 1951～2004 年，全球 PFOA 的总生产量为 3600～5700t，其中有 400～700t 的 PFOA 排放到环境中。目前已在世界各地甚至北极等边远地区和野生动物中都能检测到这些污染物的存在。已有研究表明，PFCs 可通过食物链传递而被生物累积。美国 EPA 在有关报告中将 PFCs 描述为“可能的（likely）致癌物”或者“提示性（suggestive）致癌物”。2001 年美国 EPA 将 PFOS 列入持久性有机污染物黑名单，随后《优先采取行动的化学品》和《远距离跨境空气污染公约持久性有机污染物议定书》也将

PFOS 添加到其中。2002 年经济合作与发展组织（OECD）编写了 PFOS 危害评估报告，认定它是一类新型的环境持久性污染物。2003 年英国环境保护署、2004 年加拿大环境部和卫生部对 PFOS 及其盐类和前体物进行了风险预警评估。2005 年 12 月 5 日欧洲联盟发布了限制 PFOS 销售和使用的法令。2006 年 11 月 6 日联合国环境规划署（UNEP）持续性有机污染物审查委员会将 PFOS 列入斯德哥尔摩公约。2007 年 1 月 25 日，在美国 EPA 倡导下，8 家美国生产公司同意分阶段停止使用 PFOA，并在 2015 年前在所有产品中全面禁用 PFOA 及相关化合物。

2. 3. 1. 1　PFCs 在水环境中污染现状

近年来，大量文献报道了不同环境介质中的 PFCs 浓度，其中报道最多的是水环境 PFCs 浓度（Loos et al.，2009；Houde et al.，2006a，2006b）。国外研究表明，沉积物可能不是 PFCs 的唯一归宿，水相可能也是其最主要的潜在归宿之一。表 2-39 列出了全球部分地区不同水体中 PFOA 和 PFOS 浓度。由表 2-36 可以看出，水环境中 PFOA 的浓度要高于 PFOS 的浓度（祝凌燕和林加华，2008）。

表 2-36　全球部分地区不同水体中 PFOA 和 PFOS 的浓度　（单位：ng/L）

水体	地区	PFOA	PFOS
河流或湖泊	莱茵河	<2 ~9	<2 ~6
	日本境内不同河流	0.1 ~456（3.92）	0.2 ~37.3（1.99）
	加拿大阿米特克湖（Amituk Lake）	1.9 ~8.4（4.1）	0.9 ~1.54（1.2）
	加拿大沙尔湖（Char Lake）	1.8 ~3.4（2.6）	1.1 ~2.3（1.8）
	加拿大雷索卢特湖（Resolute Lake）	5.6 ~10	23 ~69
	美国密歇根州和纽约水体	< 8 ~35.86	0.8 ~29.3
	吉林、辽宁、山东部分水体		0.41 ~4.2，受污染区可高达 44.6
饮用水	德国鲁尔地区	最高值达 519	最高值达 22
	上海、北京、大连、沈阳等城市		0.40 ~1.53
海域	中国香港沿海	0.73 ~5.5	0.09 ~3.1
	韩国沿海	0.24 ~320	0.04 ~730
	南中国海	0.24 ~16	0.023 ~12
	东京湾	1.8 ~192	0.338 ~58
	苏禄海（Sulu Sea）深海（1000 ~3000 m）	< 0.076 ~0.117	< 0.017 ~0.024
	苏禄海表层水	< 0.088 ~0.510	< 0.017 ~0.109
	西太平洋	0.100 ~0.439	0.0086 ~0.073
	太平洋中部至东部表层水	0.015 ~0.142	0.0011 ~0.078
	太平洋中部至东部深海（4000 ~4400 m）	0.045 ~0.056	0.0032 ~0.0034

资料来源：祝凌燕和林加华，2008

目前有关我国境内水环境中 PFCs 浓度的报道也陆续增多，调查数据表明 PFOS 普遍存在于水环境中。金一和等（2004）在国内部分城市自来水、地表水、地下水和海水中均检测到 PFOS，其污染程度与该地区的工业程度直接有关，污染严重的主要是生活污水和工业废水，PFOS 浓度为 1.50 ~44.60ng/L。长江三峡库区江水和武汉地区地表水的调查结果显示，该地区水体中广泛存在着 PFOS 和 PFOA 污染，局部地区水样品中 PFOS 浓度高于 10ng/L，PFOA 浓度甚至高达 111ng/L 和 298ng/L，说明长江三峡局部地区可能存在着 PFOS 或 PFOA 污染源。通过对上海地区地表水调查发现，长江入海口处水体中 PFOA 的平均浓度为 46.88ng/L；黄浦江段水体中 PFOA 及 PFOS 的平均浓度分别为 1595ng/L 和 20.46 ng/L，表明长江及黄浦江流域的 PFOA 及 PFOS 污染程度较严重（张倩等，2006）。

与水体污染检测数据相比，沉积物中 PFCs 污染浓度及分布的研究相对较少，但仍有很多数据表明 PFCs 在海洋、湖泊、河流等水体沉积物中有被检出。有研究表明，PFCs 可通过富集和吸附等作用迁移到沉积物或土壤中。Pan 等（2009）先后研究了沉积物的理化性质（总有机碳含量、粒度、阳离子交换容量、比表面积）、离子强度、pH 以及表面活性剂对 PFOS 在沉积物上的吸附-解吸行为的影响。

除了海洋、湖泊、河流等天然水体外，PFCs 广泛存在污水处理厂，几乎所有污水处理厂均能检出以 PFOS 和 PFOA 为主的 PFCs（Quinones and Snyder，2009）。Boulanger 等（2005）认为，PFCs 前体化合物在污水处理过程中只能产生少量 PFCs，并推测污水处理厂污水中的 PFCs 主要来源于自身残留。然而，Becker 等（2008）发现，污水经过处理后，PFOA 和 PFOS 的浓度可升高 20 倍和 3 倍，因此认为前体化合物降解是污水中 PFCs 的主要来源，同时指出污水中的 PFCs 排放是天然受纳水体重要污染源之一。

自 2001 年报道了野生生物中 PFCs 的污染状况后，已有相当数量关于水生生物体内 PFCs 污染负荷的监测数据及相关研究（Houde et al.，2006a，2006b）。表 2-37 列出的结果表明（祝凌燕和林加华，2008），尽管在水体中 PFOA 的浓度要远高于 PFOS 的浓度，但 PFOS 是水生生物体内主要的 PFCs 化合物，浓度远超过 PFOA，由此说明 PFOS 要比 PFOA 具有更强的生物蓄积和生物放大能力。Martin 等（2003）研究表明，PFOS 在鱼的可食用、不可食用和整个生物体的生物浓缩系数（BCF）分别为 484、1124、859，半衰期分别为 146d、133d、152d。由于化学稳定性极强，PFC 在水生生物体内不易被降解和代谢，表现出极强的生物富集作用，同时可通过食物链向包括人类在内的高位生物转移。通常，食鱼鸟类体内的 PFOS 浓度要远远高于非食鱼鸟类，而位于食物链顶端的食肉水生动物体内的 PFOS 浓度最高，如北极熊、海豹、鹰等。此外，水生生物体内的 PFCs 浓度受人类活动影响明显，如波罗的海的海豹样品中的 PFOS 浓度比来自偏远地区海豹样品中的 PFOS 浓度高 2 ~10 倍；五大湖的银鸥和鸿鹅血浆中 PFOS 浓度是北太平洋遥远海域的信天翁的 10 倍（Giesy and Kannan，2001）。

与一般持久性 POPs 不同，PFCs 由于具有疏水、疏油的特点，进入生物体内后一般不在脂肪组织中积蓄，将优先和蛋白质结合而产生蓄积。因此，PFCs 在生物体内大多存在于血液、肝脏、肌肉和脾脏等器官和肌肉组织中，其中以血液和肝脏中浓度最高（Luebker and Hansen，2002；Vandenheuvel et al.，1991）。此外，Tomy 等（2004）在虹鳟鱼毒理实验中发现，肝脏是 PFCs 的一个生物转化场所，可将前体物 *N*-EtPFOSA 转化为 PFOS 和 PFOSA。

表 2-37　部分地区哺乳动物、鱼类和鸟类肝中 PFOA 和 PFOS 的湿重浓度　（单位：ng/g）

地区	生物物种	PFOA	PFOS
北极东部海洋	鳕、鲑、海象、鲸等	< 0.2 ~ 2.8	< 0.06 ~ 33.2
	海鸥		101.6
挪威北极	鸟类	< 7.5	11 ~ 882
美国纽约州	鱼类	< 1.5 ~ 7.7	9 ~ 315
	信天翁	<0.6 ~ 7.84	< 0.5 ~ 20.7
印度洋、南大西洋、南太平洋、北太平洋	海豚	<72	<1.4 ~ 940
地中海意大利海岸	鱼类	< 2.5	4 ~ 52
	鸬鹚	29 ~ 450（95）	32 ~ 150（61）
撒丁岛	海豹	<19 ~ 39	130 ~ 1100（329）
波罗的海海岸	白尾鹰		3.9 ~ 127 或<3.9
德国东部和波兰	鲑鱼	<72	32 ~ 173（85）
美国密歇根州	秃鹰	<38	26.5 ~ 1740（400）
	北极熊	2.9 ~ 13（8.6）	17 ~ 4000 或>4000（3100）
加拿大北极	海豹	<2.0	8.6 ~ 37（17.6）
	北极狐	<2.0	6.1 ~ 1400（250）
	鸟类	<2.0	<0.5 ~ 20
	鲑鱼	<2.0	12 ~ 50（26.8）
波兰	海狸、鳕及鸟类	0.06 ~ 0.28	1.6 ~ 39

资料来源：祝凌燕和林加华，2008

2.3.1.2　PFCs 对水生生物的毒性效应

通过动物实验发现，PFCs 是一类可产生复合毒性的污染物，PFOS 和 PFOA 对实验动物及人类可能造成一般毒性、肝脏毒性、神经毒性、胚胎毒性、生殖毒性、遗传毒性及致癌性等多种毒性效应，可引起生物各个层次的毒性效应，包括动物繁殖与生育能力的降低、肝组织受损、甲状腺功能的改变、基因表达的改变，破坏细胞膜结构，影响线粒体功能等。近来，有一些关于 PFOS 对水生生物毒性的研究报道（表 2-38）（孙学志等，2007）。

表 2-38　PFOS 对部分水生生物的毒性　（单位：mg/L）

水生生物	半致死浓度（LC_{50}）	半数效应浓度（EC_{50}）	无可观察有害浓度（NOEC）
黑头呆鱼	4.7（96h）		0.3（NOCE 存活，42d）
虹鳟鱼	13.7（96h 盐水）		
水蚤		27（48h）	7（NOCE 生殖，28d）
糖虾	3.6（96h 盐水）		0.25（NOCE 生殖，35d 盐水）
月牙藻		126（96h）	44（96h）
骨条藻		> 3.2（96h 盐水）	> 3.2（96h 盐水）
浮萍			15.1（7d）

注：NOEC 存活表示保证可存活的最高浓度；NOEC 生殖表示保证可生殖的最高浓度

然而，到目前为止对 PFCs 的致毒机理还不清楚。有研究指出 PFOS 可以引起过氧化物酶活性增加，影响线粒体、微粒体、脂代谢相关蛋白的功能以及肝脏功能和甲状腺功能（Chinje et al.，1994；Kudo et al.，2001；Davis et al.，1991）。Newsted 等（2005）发现，PFOS 在野鸭和北美鹌鹑的累积量分别达到 293mg/kg 和 204mg/kg 时出现明显的中毒症状。一些研究表明，PFOS 和 PFOA 等可能会产生氧化胁迫和诱导细胞凋亡，对斑马鱼胚胎产生发育毒性，并改变其基因表达。经 PFOA 暴露后，鱼的肝蛋白质组有许多新蛋白质产生，这些蛋白质与细胞的脂肪酸运输、氧化胁迫、大分子分解代谢及线粒体维持钙离子浓度动态平衡有关（Liu et al.，2007a，2007b；Wei et al.，2008；Shi et al.，2008）。陈蔚丰等（2009）发现，PFOS 可以诱导斑马鱼胚胎 *p53* 基因外显子 7 的点突变。PFCs 在水环境中广泛存在，作为一种新型的 POPs，它在水环境的分布特征、环境行为、生态效应及对人体健康可能带来的潜在危害尚不清楚，必须在今后的研究中高度关注。

2.3.2 PBDEs 研究进展

2.3.2.1 PBDEs 在环境中的存在

（1）PBDEs 在水环境中的分布特征

近几十年来，PBDEs 已在全球范围内被大量使用。据统计，1990 年全球 PBDEs 的产量为 4 万 t，到 2001 年全球 PBDEs 的需求量已增加到 6.7 万 t，并通过多种途径进入环境，有关 PBDEs 在不同环境介质中被检测到的报道越来越多。Wang 等（2007）对亚洲和其他地区进行比较发现，亚洲地区沉积物中含有较高浓度的 BDE-209，而欧洲和北美等地区的生物体内含有较高的五溴联苯醚，这与亚洲使用大量的十溴联苯醚，而欧洲等地较多的是使用五溴联苯醚有关。水中溶解态 PBDEs 浓度较低，一般在 pg/L 的数量级。例如，密歇根湖泊水中溶解相 PBDEs 浓度为 0.2 ~ 10pg/L（Streets et al.，2006），2002 年旧金山河口水中 ∑PBDEs 的浓度为 3 ~ 513pg/L（Oros et al.，2005）。水生生物可以通过水体、沉积物和食物中摄取 PBDEs 进行富集浓缩。据报道，1980 ~ 2000 年，五大湖鱼体内的 ∑PBDEs 浓度呈指数增长，每 3 ~ 4 年翻一番（Zhu et al.，2004），沉积物中 PBDEs 的浓度也具有增加的趋势，1970 ~ 2002 年，劳伦斯大湖沉积物中 PBDEs 浓度也呈指数增长，翻倍的时间对于 ∑PBDEs 来说是 9 ~ 43 年，对于 BDE-209 来说是 7 ~ 70 年（Li et al.，2006）。也有报道发现，在欧洲联盟和其他国家禁止使用部分溴化阻燃剂之后，生物体内的 PBDEs 没有呈现指数增长的形式（Lam et al.，2009）。国内 Yu 等（2009）研究了 PBDEs 在珠江口生物体中的浓度，也发现 2009 年 PBDEs 在生物体的浓度明显低于 2004 年，呈下降趋势。Debruyn 等（2007）将 PBDEs 在生物体内的富集模式与 PCBs 进行比较，发现二者的生物-沉积物富集系数（BSAF）与辛醇-水分配系数（Kow）有关：当 Kow 小于 $10^{5.5}$ 时，BSAF 为 1 ~ 3，表明对于这些易溶于水的化合物基本达到生物和沉积物的平衡，随 Kow 增加到 10^7，BSAF 增加至 30 ~ 100，当 Kow 大于 10^7，BSAF 降至 1（如 BDE-209），相似的 Kow 值，PBDEs 比 PCBs 的 BSAF 要大 2 ~ 3 倍，表明二者虽然富集模式相似，但是 PBDEs 更易富集（Debruyn et al.，2009）。

国内陈社军等（2005）研究了珠江三角洲和南海北部海域表层沉积物中 PBDEs 的浓

度、分布、来源和在环境中的迁移。结果表明，东江和珠江是 PBDEs 的高污染区，浓度为 12.7 ~ 7361ng/g，其中 BDE209 平均浓度为 1199ng/g，是目前世界上已报道沉积物中浓度最高的区域之一。在几乎所有被分析的样品中 BDE209 都是最主要的同系物，东江和珠江的 PBDEs 主要来自东莞和广州的本地排放，而西江的 PBDEs 主要通过大气的传播输入。另一个高污染区澳门水域被验证是珠江三角洲水体环境中有机污染物的“汇”。西江、南海和珠江口沉积物中三、四溴联苯醚（BDE28、BDE47、BDE66）在 ∑PBDEs 中占有较高的比例，这些地区的 PBDEs 可能主要是经过一定距离大气或水体的迁移而来，因为较低溴组分具有较高的蒸汽压和溶解度，易于通过大气及水体输送，另外，在长距离的迁移过程中，高溴代 PBDEs 也可能产生脱溴作用形成低溴 PBDEs。

我们对江苏近海表层沉积物中的 PBDEs 进行分析，共检测到 11 种 PBDEs 单体，分别为 BDE28、BDE47、BDE66、BDE85、BDE99、BDE100、BDE138、BDE153、BDE154、BDE183 和 BDE209。∑PBDE 在江苏近海表层沉积物中的浓度为 0.259 ~ 3.99ng/g 干重（34.8 ~ 443ng/g OC），BDE209 为 0.212 ~ 3.85ng/g 干重（27.0 ~ 427ng/g OC）。∑PBDE 和 BDE209 浓度最高值均出现在 JS01 站点处，其次是 SB03 站点，最低点出现在 JCHH243 处。从图 2-38 中可以看出，除了 JS01 和 SB03 站点外，其他站点的浓度相差不大。这两个站点的高浓度推测可能是点源污染导致。

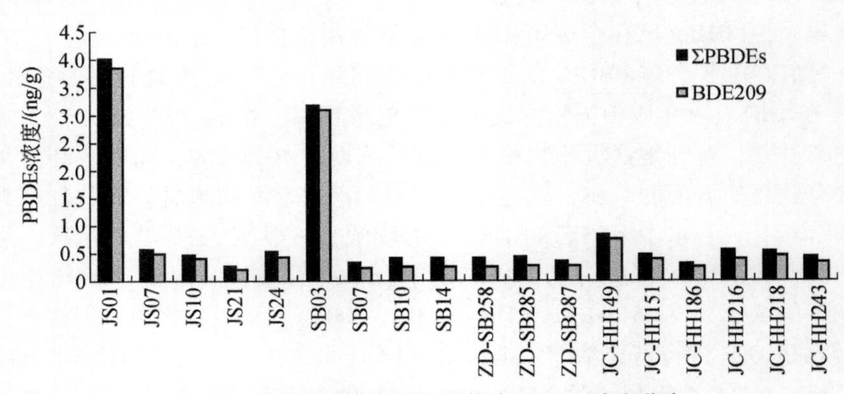

图 2-38　江苏近海表层沉积物中 PBDEs 浓度分布

BDE47、BDE66、BDE99、BDE154、BDE153、BDE138、BDE183 和 BDE209 在所有样品中都有检出。江苏近海表层沉积物中 PBDEs 系列的相对百分含量见图 2-39。BDE209 在 11 种 PBDEs 单体中的丰度最高，占 61.1% ~ 96.5%。BDE99 是低溴联苯醚中最丰富的单体，占除 BDE209 外所有单体总和的 16.3% ~ 43.3%。其次是 BDE47 和 BDE138，分别占 14.7% ~ 28.8% 和 12.3% ~ 22.9%。随后是 BDE153（7.70% ~ 13.3%）和 BDE154（3.33% ~ 9.52%），最后是 BDE183、BDE100、BDE85 和 BDE28。

沉积物中 BDE209 是最主要的 PBDEs 单体，这与我国 PBDEs 阻燃剂以十溴联苯醚占绝对主导地位一致。目前，全球 PBDEs 阻燃剂市场也是以十溴联苯醚阻燃剂为主，占 80% 以上（Renner，2000）。另外，可能由于 BDE209 的辛醇-水分配系数（log kow = 10）高（Sjodin et al.，2003），使其易于吸附于颗粒物上，在一定条件下沉积，不利于长距离迁移和进入其他环境介质。

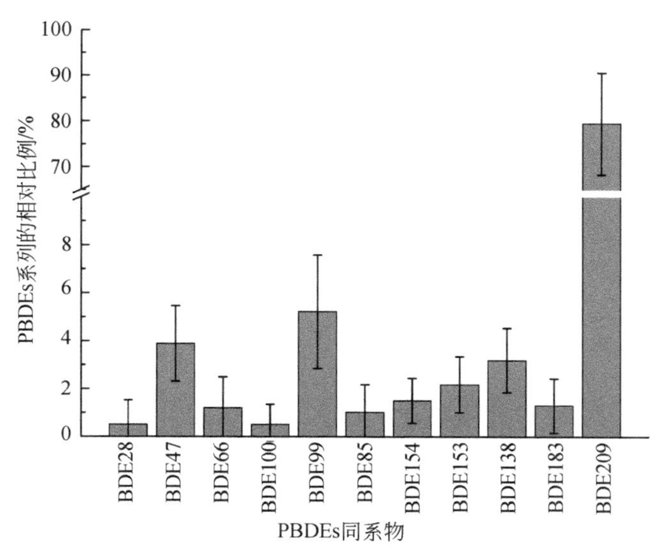

图 2-39　江苏近海表层沉积物中 PBDE 系列的相对百分含量

除 BDE209 外，沉积物中 BDE99 和 BDE138 的相对丰度最高。其次是 BDE47、BDE153、BDE154、BDE138、BDE66、BDE100 和 BDE28。五溴联苯醚阻燃剂中也是以 BDE99 和 BDE47 为主，且有一定浓度的 BDE154 和 BDE153（La-Guardia et al.，2006）。研究区域的 BDE 分布模式与五溴联苯醚的组成相似，说明这些化合物主要来自五溴联苯醚阻燃剂的使用。

为了检验各种 PBDEs 单体之间来源的相关性，运用 SPSS 对研究区域中的 PBDE 单体进行相关分析，相关矩阵如表 2-39 所示。可以看出，除 BDE28 外，三溴至六溴单体之间存在很好的相关性，说明它们可能来自同一阻燃剂产品。BDE183 和其他低溴代单体的相关性也很好，而 BDE183 被认为是八溴联苯醚阻燃剂的主要单体。这可能是因为我国五溴联苯醚中含有一定的 BDE183（孟祥周，2007）。Sjodin 等（1998）也报道过 BDE183 是五溴联苯醚 Bromkal 70-5DE 的成分之一。从表 2-39 中还可以看出，BDE209 和其他 BDE 单体相关性较差，说明它们在溴代阻燃剂来源上的差异，因为 BDE209 是十溴联苯醚的主要成分。

把本研究结果同其他报道值进行比较（表 2-40）。可以看出，江苏近海表层沉积物中 BDE209 的浓度稍高于 Liu 等（2005）关于香港海岸的报道值，低于珠江三角洲、渤海和莱州湾等地的分析结果。PBDEs 总浓度高于太湖梅梁湾的测量值，但是低于珠江三角洲、香港、渤海和莱州湾等地的研究结果。与国外报道比较，江苏近海表层沉积物中的 BDE209 浓度和 PBDEs 总浓度也低于新加坡海岸表层沉积物中的浓度，远低于美国的安大略湖和伊利湖沉积物以及西班牙、瑞典和韩国海岸中的相应化合物浓度。综合比较，江苏近海表层沉积物中的 PBDEs 处于较低浓度水平。

（2）PBDEs 在生物体中的分布特征

PBDEs 在江苏近海采集的生物样品中均检出有 BDE47、BDE66、BDE100、BDE99、BDE85、BDE154、BDE153 、BDE138 和 BDE183 等的存在。除了 SB10 站点处的鮸鱼样品外，BDE209 在其他生物样品中均有检出，BDE28 的检出率较低，为 37%。PBDEs 和 BDE209 在江苏近海生物体中的浓度分布如表 2-41 所示。与其他污染物相同，在所分析的生物样品中，紫菜和海带叶状体中 PBDEs 的浓度最高；其次是棘头梅童、日本鲟、舌鳎、鮸鱼、贡氏红娘鱼、梭子蟹；最低的是银鲳和虾蛄。对于 BDE209，也是紫菜和海带的浓度最高，其次为虾蛄、棘头梅童、梭子蟹、日本鲟、贡氏红娘鱼、舌鳎，最低的是鮸鱼和银鲳。

表 2-39　江苏近海表层沉积物中 PBDEs 单体之间的相关性

	BDE28	BDE47	BDE66	BDE100	BDE99	BDE85	BDE154	BDE153	BDE138	BDE183	BDE209
BDE28	1.00	0.25	0.49	0.39	0.51	−0.53	0.56	0.66	0.50	0.09	−0.37
BDE47		1.00	0.81**	0.66	0.88**	0.39	0.80**	0.87**	0.79**	0.77**	−0.17
BDE66			1.00	0.98**	0.96**	0.37	0.88**	0.96**	0.94**	0.93**	0.16
BDE100				1.00	0.99**	−0.36	0.98**	0.96**	0.97**	0.94**	−0.51
BDE99					1.00	0.26	0.96**	0.99**	0.89**	0.82**	−0.20
BDE85						1.00	0.02	0.27	0.34	0.52*	0.45
BDE154							1.00	0.95**	0.82**	0.71**	−0.37
BDE153								1.00	0.90**	0.83**	−0.18
BDE138									1.00	0.92**	0.09
BDE183										1.00	0.31
BDE209											1.00

注：* 表示 $P<0.05$；** 表示 $P<0.001$

表 2-40　不同地区表层沉积物中 PBDEs 浓度的比较　（单位：ng/g 干重）

研究地点	BDE209	PBDEs 浓度范围	参考文献
美洲			
安大略湖	50.2 ~ 55.4	58.3 ~ 63.6b	Song et al., 2005
伊利湖	86.7 ~ 242.0	23.0 ~ 28.3b	Song et al., 2005
圣弗朗西斯科湾	0.02 ~ 19.3	0.04 ~ 3.84a	Oram et al., 2008
欧洲			
西班牙	2.1 ~ 132	0.4 ~ 34.1b	Eljarrat et al., 2005
瑞典	68 ~ 7100	8 ~ 50b	Sellstxom et al., 2001
亚洲			
新加坡		3.4 ~ 13.8	Wurl and Obbard, 2005
珠江三角洲	0.41 ~ 7341	0.04 ~ 94.7b	Mai et al., 2005a
环渤海	0.3 ~ 2777	0.074 ~ 5.24b	林忠盛等，2008
莱州湾	n.d. ~ 1800	1.3 ~ 1800	Jin et al., 2008
青岛		0.12 ~ 5.5	Yang et al., 2003
香港	n.d. ~ 2.92	1.7 ~ 52.1	Liu et al., 2005
太湖梅梁湾		0.048 ~ 0.460	林海涛，2007
江苏近海	0.212 ~ 3.85	0.259 ~ 3.99	本研究

a，BDE47 的浓度；b，不包括 BDE209 的浓度

表 2-41　生物样品中 PBDEs 的浓度分布表　　（单位：ng/g 脂肪）

生物种类	样品数目	PBDEs			BDE209		
		80% 置信区间	平均值	中间值	80% 置信区间	平均值	中间值
棘头梅童	4	17.3 ~ 91.5	54.4	37.1	1.63 ~ 2.90	2.27	2.38
贡氏红娘鱼	1		18.6			1.21	
鮸鱼	5	18.5 ~ 23.8	21.1	21.3	0.288 ~ 0.972	0.630	0.621
舌鳎	1		27.6			0.990	
银鲳	2	6.96 ~ 27.1	10.1	10.1	0.335 ~ 1.99	0.576	0.576
虾蛄	1		15.9			2.87	
梭子蟹	13	14.3 ~ 19.5	16.9	16.2	1.18 ~ 2.00	1.51	1.33
日本蟳	4	26.9 ~ 47.5	37.2	37.4	0.748 ~ 1.84	1.29	1.09
紫菜	9	146 ~ 542	344	232	41.1 ~ 390	216	71.8
海带	4	85.0 ~ 143	114	116	20.1 ~ 63.8	41.9	34.8

BDE209 因其较高的相对分子质量和分子体积，较难通过生物的膜组织，曾一度被认为不能被生物所吸收。但近年来发表的文献频繁报道生物样品中 BDE209 的存在。本研究中较高的 BDE209 检出率也进一步表明了 BDE209 的生物有效性。

把鱼类、虾类、蟹类和藻类（包括紫菜和海带）中不同 PBDEs 单体的相对比例作图，并与沉积物中相应 PBDEs 单体的相对比例进行比较。如图 2-40 所示，在鱼类样品中，BDE47 所占比例最高，相对比例的平均值为 28%。BDE47 是五溴联苯醚的主要成分，在工业品 DE-71 和 Bromkal 70-5DE 中相对比例浓度分别为 38.2% 和 42.8%（La-Guardia et al.，2006）。BDE47 在本研究区域沉积物中所占的比例（BDE209 除外）为 20.8%，比鱼体中 BDE47 所占比例稍低。BDE99 是五溴联苯醚工业品中浓度最高的化合物，在 DE71 和 Bromkal 70-5DE 中相对比例浓度分别为 48.6% 和 44.8%（La-Guardia et al.，2006），但在鱼体中所占相对比例的平均值仅为 9.6%。其原因可能是，一方面 BDE99 可以在生物体内发生脱溴反应生成 BDE47（Stapleton et al.，2004b），另一方面鱼体肠胃对 BDE47 较 BDE99 和 BDE153 有更高的吸收速率（分别为 90%、60% 和 40%），所以鱼体中 BDE47 的浓度高于 BDE99。虾类呈现的 BDE47 和 BDE99 浓度的分布规律同鱼类的相似，均是生物体中的 BDE47 相对比例大于在沉积物中的，而 BDE99 相反。但是蟹类和藻类的 BDE47 相对比例与沉积物相比没有明显增加，推测这与蟹类和藻类的吸收及代谢污染物的机制有关，但是目前国内外对蟹类和藻类的相关研究还很缺乏，具体机制有待进一步研究。

此外，我们还研究了 BDE47/BDE99 和 BDE100/BDE99 在五溴联苯醚工业品 70-5DE 和 DE-71 中以及不同生物样中的值。从表 2-42 可以看出，鱼类样品中 BDE47/BDE99 和 BDE100/BDE99 的值均高于 70-5DE 和 DE-71 中 BDE47/BDE99 和 BDE100/BDE99 的值，虾类样品中的这两个比值也比工业品中的高；蟹类和藻类样品中的这两个比值同工业品中的相当。由此可见，BDE99 在鱼体内进行脱溴反应转化为 BDE47，BDE99 在蟹类和藻类体内这种代谢反应可能不发生或发生很慢，导致 BDE47/BDE99 和 BDE100/BDE99 值没有明显的变化。

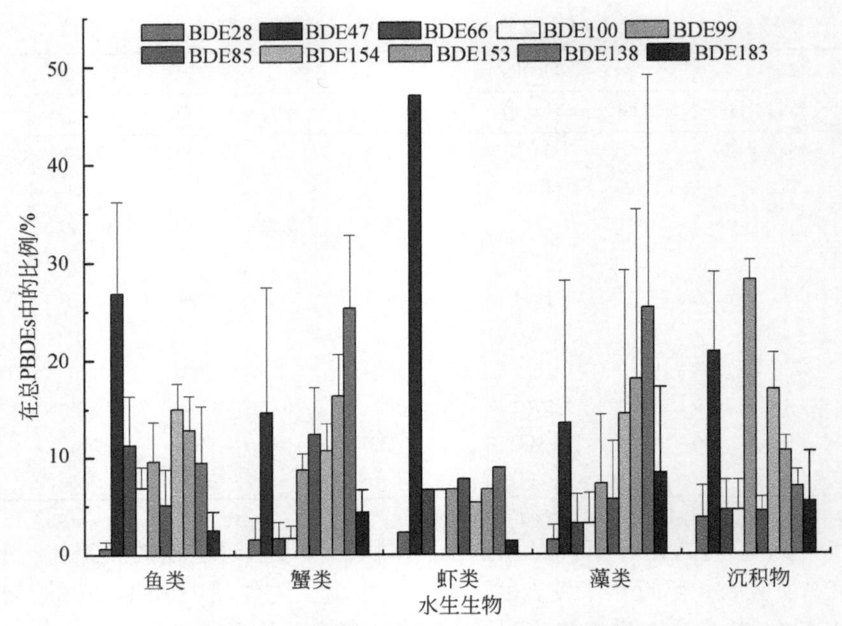

图 2-40　不同生物种类以及沉积物中 PBDEs 同系物模式的比较

表 2-42　BDE47/BDE99 和 BDE100/BDE99 值在不同生物体和工业品中的变化

化合物种类	鱼类	蟹类	虾类	藻类	70-5DE	DE-71
BDE47/BDE99	3.3±1.8	1.6±1.2	7.0	0.62±0.54	1	0.8
BDE100/BDE99	0.81±0.35	0.2±0.16	1.0	0.48±0.50	0.17	0.27

把江苏近海水生生物体内的 PBDEs 浓度同相关研究结果进行比较（表 2-43），可以发现，本研究中鱼类体内的 PBDEs 浓度在国内处于较低水平。珠江三角洲、渤海、莱州湾和长江等地的鱼类体内的 PBDEs 浓度均高于江苏近海鱼体体内 PBDEs 的浓度。紫菜和海带体内的 PBDEs 浓度高于渤海浮游植物体内的 PBDEs 浓度。与其他国家或地区报道的生物样品中的 PBDEs 浓度比较，江苏近海水生生物体内的 PBDEs 浓度的平均值同西班牙加泰罗尼亚地区、比利时以及瑞典市场上鱼类食品中 PBDEs 的平均浓度相当，低于美国、加拿大市场以及哥伦比亚河中鱼类体内 PBDEs 的平均浓度，也远低于日本海鱼体内的 PBDEs 浓度平均值；江苏近海虾类中 PBDEs 浓度和加拿大市场上虾类体内的 PBDEs 浓度水平相当，蟹类体内的 PBDEs 浓度水平低于加拿大市场上蟹类体内的 PBDEs 浓度水平。总体来说，江苏近海水生生物体内的 PBDEs 浓度仍处于较低水平。

（3）PBDEs 在太湖生物体中的分布特征

在太湖所采集的生物样品中共检测出 15 种 PBDEs，其中 BDE28、BDE47、BDE100、BDE85、BDE154、BDE153、BDE138 和 BDE209 在 90% 以上的生物样品中均有检出，BDE66、BDE99 的检出率超过 80%，而 BDE85 的检出率则较低（仅为 37%），BDE183 在所有样品中均未检测到。PBDEs 和 BDE209 在太湖生物体中的浓度分布如表 2-44 所示。与其他污染物基本相似，在所分析的生物样品中，苦草和马来眼子菜 PBDEs 的浓度最高；

其次是荇草、鲢鱼、餐条鱼、鲤鱼、鲫鱼等。BDE209 也是苦草和马来眼子菜的浓度最高；其次为河蚌、鲢鱼、螃蟹、鲫鱼等。

表 2-43 不同地区水生生物样中 PBDEs 浓度的比较

研究地点	生物种类	PBDEs 浓度范围	参考文献
美洲			
美国市场	鱼类	8. 5 ~ 3 078 (1725a)	Schecter et al. , 2004
美国中部较大河流	鱼类	8. 23 ~ 45. 3a	Blocksom et al. , 2010
五大湖	鱼类	6. 33 ~ 1 395±56 b	Zhu, 2004
加拿大市场	蟹类	46 ~ 2 000a (470a)	Tittlemier et al. , 2004
	虾类	1. 3 ~ 680a (48a)	
	鱼类	570 ~ 3 900a	
哥伦比亚河	鱼类	4. 5±1. 8b	Rayne et al. , 2003
欧洲			
西班牙	鱼类	16 ~ 2 015a (564a)	Domingo et al. , 2006
比利时	鱼类	29 ~ 2 360a (460a)	Voorspoels et al. , 2007
意大利马焦雷湖 (Maggiore Lake)	鱼类	40 ~ 447b	Binelli et al. , 2008
瑞典	鱼类	509 ~ 775a (643a)	Darnerud et al. , 2001
挪威米约萨湖 (Mjøsa Lake)	鱼类	2 348 ~ 16 753b	Mariussen et al. , 2008
亚洲			
日本	蛤类	10. 2 ~ 117b	Ashizuka et al. , 2005
日本	鱼类	n. d. ~ 1 161b	Ashizuka et al. , 2005
珠江三角洲	鱼类	n. d. ~ 4. 42b (226a)	孟祥周, 2007
香港	鱼类	0. 23 ~ 6 000b	Ramu et al. , 2005
渤海	浮游植物	18. 5a	Wan et al. , 2008
渤海	蛤类	13. 1±3. 5a	Wan et al. , 2008
渤海	虾类	78. 2±11. 5a	Wan et al. , 2008
渤海	鱼类	37. 8±1. 7a	Wan et al. , 2008
长江	鱼类	18 ~ 1 100c	Xian et al. , 2008
江苏近海	鱼类	104 ~ 1 470a (383a)	本研究
		5. 42 ~ 125c (30. 0c)	
	虾类	534a	本研究
		17. 8c	
	蟹类	89. 2 ~ 371a (166a)	本研究
		5. 62 ~ 41. 0c (22. 0c)	
	紫菜	373 ~ 917a (300a)	本研究
		28. 0 ~ 1 213c (235c)	
	海带	117 ~ 232a (169a)	本研究
		75. 6 ~ 150c (114c)	

a, pg/g 湿重; b, ng/g 湿重; c, ng/g 脂肪。括号内为几何平均值

表 2-44　生物样品中 PBDEs 的浓度分布表　　(单位：ng/g 脂肪)

生物种类	样品数目	ΣPBDEs			BDE209		
		80%置信区间	平均值	中间值	80%置信区间	平均值	中间值
马来眼子菜	2		72.4			239	
荇草	1		26.9			99.3	
苦草	2		90.2			540	
轮叶黑藻	2		23.4			69.9	
水生植物类	7	35.1~78.8	56.9	52.3	144~409	276	99.3
黄颡鱼	2		44.3			14.4	
餐条鱼	2		55.0			26.6	
鲤鱼	3		24.3			46.3	20.1
鳑鲏鱼	2		19.7			23.7	
鲢鱼	4		82.4	80.8		96.8	72.8
麦穗鱼	2		23.3			1.20	
鲫鱼	3		37.4	33.1		46.6	17.4
鲶鱼	1		26.4			20.7	
鲌鱼	2		63.1			4.78	
银鱼	2		46.3			25.7	
鱼类	23	37.7~53.1	45.4	33.1	25.9~50.6	38.2	20.1
螃蟹	2		23.1			48.6	
螺蛳	2		16.5			18.1	
河蚌	1		36.6			345	
小龙虾	1		9.96			3.32	
青虾	3		10.4	11.1		5.79	3.32
虾类	4	6.02~14.6	10.3	10.5	1.52~8.13	4.83	3.28

在讨论 PBDEs 同系物分布特征时未包括 BDE209。把鱼类、虾类、蟹类、螺蛳和河蚌类以及水生植物中不同 PBDEs 单体的相对百分比作图进行比较。从图 2-41 中可以看出，在所有样品中，BDE47 所占比例最高，平均值为 39.9%。BDE47 是五溴联苯醚的主要成分。BDE99 是五溴联苯醚工业品中浓度最高的化合物，但在本实验所有样品中其所占比例的平均值仅为 9.78%。其原因可能是 BDE99 可以在生物体内发生脱溴反应生成 BDE47 (Stapleton et al.，2004b) 和鱼体肠胃对 BDE47 有更高的吸收效率。BDE99 在螺蛳和河蚌类、蟹类和虾类中的浓度仅次于 BDE47，但是在鱼类和水生植物中的浓度相对较低。虽然工业品中 BDE100 的浓度较低，但是由于生物体对 BDE100 的吸收效率高于 BDE99 的吸收效率，所以在生物样中 BDE100 的浓度甚至会高于 BDE99 的浓度。

值得关注的是，BDE28 具有相对较高且稳定的浓度，平均占总 PBDEs 浓度的 13.49%。同时，我国报道的其他环境介质中 BDE28 的丰度也较高。例如，Guan 等（2009）报道，BDE28 在我国珠江三角洲地区的牛奶、海产品、淡水鱼类、水相和沉积物中都占有较大的比

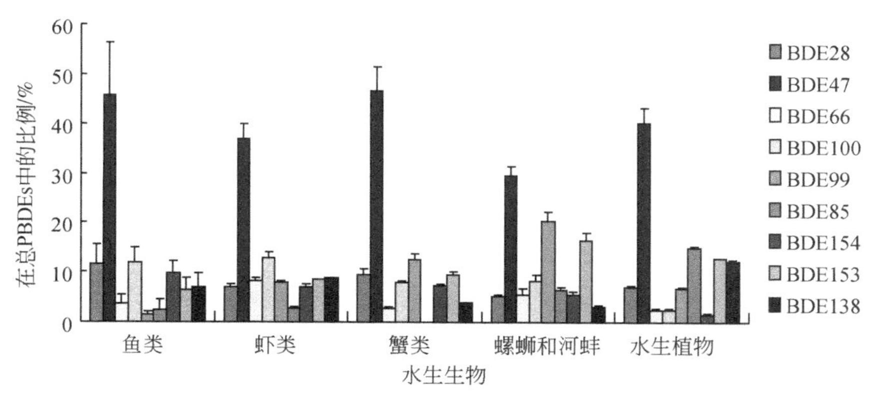

图 2-41　不同生物种类 PBDEs 同系物组成的比较

例，Chen 等（2006）研究发现，在我国南方某城市大气样品中 BDE28 占 PBDEs 10.7%，在西江采集的沉积物中，BDE28 的浓度达到 12.6%（Jin et al.，2008），可能与高溴联苯醚（如 BDE209）发生光降解或还原脱溴反应能够产生 BDE28（Bezares-Cruz et al.，2004）有关，也可能与我国所使用的多溴联苯醚的工业品的组成及电子垃圾简单处理方式有关，但仍需要进一步的研究。

此外，我们研究了 BDE47/BDE99 和 BDE100/BDE99 在五溴联苯醚工业品 70-5DE 和 DE-71 中以及在不同生物样中的值。从表 2-45 中可以看出，生物样品中 BDE47/BDE99 和 BDE100/BDE99 值均高于 70-5DE 和 DE-71 中相应的比值；其中螺蛳和河蚌、水生植物类的 BDE100/BDE99 值同工业品的比值相当。由此可见，BDE99 可能在鱼体内进行脱溴反应转化为 BDE47；生物体对 BDE100 比对 BDE99 具有更强的吸收富集能力。

表 2-45　BDE47/BDE99 和 BDE100/BDE99 值在不同生物体和工业品中的变化

化合物种类	鱼类	虾类	蟹类	螺蛳和河蚌	水生植物	70-5DE	DE-71
BDE47/BDE99	30.8	4.72	3.71	1.45	6.04	1	0.8
BDE100/BDE99	7.96	1.64	0.63	0.41	0.36	0.17	0.27

太湖水生生物体内的 PBDEs 浓度与类似研究报道相比，香港、莱州湾和长江等地的鱼类体内的 PBDEs 水平均高于太湖鱼体体内 PBDEs 的浓度（13.2～106ng/g 脂肪，0.65～13.9ng/g 干重）；太湖鱼类体内 PBDEs 的浓度与江苏近海鱼体中的 PBDEs 浓度相近。太湖水生植物中 PBDEs 的浓度（14.2～128ng/g 脂肪，0.56～4.22ng/g 干重）低于江苏近海紫菜中的浓度，与海带中的浓度相近。太湖蟹类（12.6～33.5ng/g 脂肪，0.89～1.27ng/g 干重）与江苏近海蟹类 PBDEs 的污染水平相当。太湖河蚌和螺蛳类 PBDEs 的浓度（9.53～36.6ng/g 脂肪，0.81～2.96ng/g 干重）比莱州湾贝类体内 PBDEs 的浓度低一个数量级。

与其他国家或地区报道的生物样 PBDEs 浓度比较可以看出，本研究地区鱼类体内 PBDE 的浓度处于较低水平，均远远低于挪威米约萨湖、密歇根湖、美国中部较大河流、美洲五大湖和旧金山河口中鱼体内的浓度。太湖地区河蚌和螺蛳体内 PBDE 的浓度比意大利马焦雷湖中贝类体内浓度低一个数量级。总体来说，太湖水生生物体内 PBDE 的浓度处于较低水平。

2.3.2.2 PBDEs 的迁移转化

PBDEs 在全球范围内的迁移转化研究受到高度关注。水体中 PBDEs 在光照下可能发生直接光解，这在其转化代谢过程中也可能起着很重要的作用。据估计，光解可以去除气相中 PBDEs（如 BDE47）的 90% 左右（Raff and Hites，2007）。模型研究表明，高溴代化合物的直接光解在 PBDEs 的降解机制中扮演着很重要的角色，十溴联苯醚可以看成是低溴化合物的释放源，大概有 13% 的五溴和 2% 的四溴是来自十溴的光解（Schenker et al.，2008）。在水体中，OH-PBDE/OH-PBCDE 光化学生成卤代二噁英的产率为 0.7% ~3.6%，其中 6-OH-BDE47 的产率较高，表明光解是产生 PBDD 和 PXDD 的一种可能途径（Steen et al.，2009）。进入生物体的 PBDEs 可以发生一些生物转化，如脱溴、羟基化和甲氧基化等，从而生成新的代谢产物。鳟鱼喂食 PBDE 56d 后，发现鱼体内出现了饲料里没有的 PBDEs，据此推断得出的富集系数和半衰期都需要谨慎对待（Tomy et al.，2004）。用 BDE99 和 BDE183 喂食鲤鱼持续 62d，检测此后 37d 的代谢，发现在鱼的肠道内 BDE99 约有（9.5±0.8）% 脱溴转化为 BDE47，而 BDE183 约有 17% 转化为 BDE154 和其他一种未能确定的六溴化合物（Stapleton et al.，2004a，2004b）。还有研究表明，鳟鱼和鲤鱼均可以代谢转化 BDE209 为六溴、八溴等同系物（Stapleton et al.，2004）。PBDEs 生物放大作用则表现出更大的差异性，如在加拿大北冰洋的北极熊观察到 BDE153 的生物放大因子达到 71，其他同系物 BDE47、BDE99、BDE153 和 BDE154 的放大因子皆大于 1，显示出它们的生物放大能力。而 Guo 等（2007）对珠江口水生食物链中 PBDEs 的研究则没有观察到 PBDEs 的生物放大作用，提出 PBDEs 在转化和代谢过程中掩盖了各同系物真正的生物可利用性、生物富集和放大作用。现有水生生物数据表明，生物中通常积累低溴的同系物，如 BDE47、BDE100 和 BDE99 等，而环境介质以高溴（特别是 BDE209）为主，研究者对这一矛盾提出了低溴同系物具有更高的生物可利用性、水生生物有选择性的富集低溴同系物而快速排泄或代谢高溴同系物、BDE209 等高溴同系物能降解为更易吸收和富集的低溴同系物等多种解释（罗孝俊等，2009）。

2.3.2.3 PBDEs 的毒性研究

PBDEs 在生物体内富集浓缩且含量不断增加引起了人们对其母体及代谢产物毒性效应的关注（吴江平等，2009）。通过活体和体外细胞培养研究发现，PBDEs 及其代谢产物具有干扰甲状腺激素（Tomy et al.，2004；Crump et al.，2008）和影响活性氧产生的作用，急性毒性实验发现，BDE47 对幼虾的 96h LC_{50} 为 23.60 μg/L，成年虾的 LC_{50} 是 78.07 μg/L；亚致死效应研究发现，GSH、LPx 和 AchE 都没有变化，在低浓度时发现胆固醇升高（Key et al.，2008）。我们在研究鲫鱼肝脏对 BDE47 胁迫响应时发现，BDE47 能诱导鲫鱼肝脏产生˙OH，在浓度为 10 ~500ng/L 时出现显著性诱导，产生氧化应激。BDE47 浓度在 50 ~500ng/L 时，MDA 含量出现显著性诱导，揭示 BDE47 暴露引起了鲫鱼肝脏的脂质过氧化，产生了氧化损伤。并观察到 BDE47 已经造成了甲状腺激素的紊乱，尤其是游离三碘甲腺氨酸 FT3 在不同浓度下均与对照组有显著性变化。

关于 PBDEs 代谢产物毒性效应的研究越来越多，研究发现野生动物体内 MeO-PBDEs 的浓度高于 PBDEs（大约是 10 倍），而人类摄入的 MeO-PBDEs 是 PBDEs 的 3 倍，所以 OH-PBDEs 的潜在毒性效应值得研究。研究表明，PBDEs 经过羟基化生成 OH-PBDEs，之后甲基化生成 MeO-PBDEs，并发现 MeO-PBDEs 可以脱甲基代谢生成 OH-PBDEs，这也是 OH-PBDEs 的一个重要来源（Yu et al.，2009），OH-PBDEs 的毒性可能会大于 PBDEs 和 MeO-PBDEs 的毒性。van Boxtel 等（2008）研究发现，6-OH-BDE-47 是 BDE-47 在体内代谢的重要产物之一，发现其在 nmol/L 浓度下即对发育中的成年斑马鱼具有急性毒性作用，用微列阵分析作为工具来研究其致毒机制，结果发现 6-OH-BDE-47 能改变基因表达，这将影响质子传递和碳水化合物的代谢，表明它能影响氧化磷酸化过程。该研究结果表明加强 OH-PBDEs 的存在和毒性研究的必要性。

2.3.3 药物和个人护理品研究进展

药物和个人护理品（pharmaceutical and personal care products，PPCPs）通过各种途径源源不断地进入环境，由于其能在生物体中累积且能引起内分泌紊乱（Buser et al.，2006），日益威胁生态安全和人体健康，已成为国际上继研究持久性有机污染物之后的另一个研究热点。美国 EPA 和《欧盟水框架指令》已将一部分 PPCPs 列入未来优先监测和控制污染物的候选名单（Pietrogrande and Basaglia，2007）。抗生素（主要包括四环素类、β-内酰胺类、大环内酯类及磺胺类等）的大量使用，导致其环境污染日趋严重，使其成为 PPCPs 中最为关注的一类物质。

我国是世界上最大的抗生素生产国，2003 年青霉素类药品的产量达 28 000t（占世界该类药品总产量的 60%）、土霉素为 10 000t（占世界总产量的 65%）。除了用于人类疾病治疗，目前全球每年至少有 50% 的抗生素还用于畜牧业和水产养殖业。在家畜饲养中，抗生素不仅用于治疗动物的传染病，而且常规用作饲料添加剂。美国有 1.04 亿~1.10 亿头牲畜、75 亿~86 亿只鸡、0.6 亿~0.92 亿只猪、2.75 亿~2.92 亿只火鸡的饲料中均添加不同程度的抗生素（罗义和周启星，2008）。全球许多地区的土壤和水体中都检测到抗生素药物污染，种类较多，浓度也呈上升趋势（Diaz-Cruz and Barcelo，2004）。

研究发现，抗生素可改变环境中微生物种类，破坏生态系统的平衡（Costanzo et al.，2005）；环境中抗生素残留的持续存在，将诱导出抗药菌株，通过食物等途径进入人体，对人类健康产生危害（Heberer，2002）；废水中残留的抗生素能杀灭废水生物处理过程中的功能微生物，从而降低废水处理效率。因此，抗生素类药物生态环境风险及其污染控制研究已成为 PPCPs 研究的热点。

2.3.3.1 环境中抗生素的来源和暴露途径

环境中的抗生素主要来源于医用药物和农用兽药（王冉等，2006）。据调查，2000 年美国消耗 16 200t 抗生素中有 70% 用于动物，30% 用于人类。1999 年欧洲联盟和瑞士消耗的 13 288t 抗生素中有 65% 用于医用，29% 作为动物养殖的兽药，6% 用于动物生长促进剂。医用抗生素主要来源于医院丢弃及由患者粪便和尿液排出的处方抗生素以及医药企业在生产过程中泄露的抗生素等进入环境。Hartmann 等（1998，1999）在医院附近的下水道检测到大量高浓度的医用抗生素，发现在医院废水中环丙沙星浓度为 0.7 ~ 1241.5g/L、阿莫西林的浓度为 20 ~ 80g/L（Kümmerer，2001）。在美国城市废水中也检测出 β-内酰胺类（如青霉素、阿莫西林、头孢氨苄、头孢氢氨苄等）、大环内酯类（如阿奇霉素、乙酰螺旋霉素和红霉素）、氟喹诺酮类、氨基糖苷类（如新霉素）、磺胺类及四环素类 6 类主要抗生素（Ching et al.，2002）。农用兽药主要来源于水产和动物养殖中兽药的使用以及用药动物粪、尿等排出和兽药生产过程的泄露等。美国每年用于动物的抗生素为 92.5 ~ 196.4t。在大型养殖场周围的粪便、土壤、水体中均检测到多种高浓度抗生素的存在，如红霉素、金霉素、青霉素、磺胺甲恶唑、磺胺塞唑、泰乐菌素、杆菌肽锌、林可霉素、罗红霉素等（王冉等，2006 ）。

2.3.3.2 抗生素在环境中的迁移和转化

抗生素一旦进入环境，经过吸附、水解、光解和微生物降解等一系列迁移转化过程，对生态环境产生影响。

不同结构类型抗生素的理化性质存在差异。例如，四环素类、大环内酯类、磺胺类、氨基糖苷类等抗生素的分子质量分别为 444.5 ~ 527.6g/mol、687.9 ~ 916.1g/mol、172.2 ~ 300.3g/mol、332.4 ~ 615.6g/mol，溶解度差异也很大，分别为 230 ~ 52 000mg/L、0.45 ~ 15mg/L、7.5 ~ 1500mg/L 和 10 ~ 500mg/L。四环素类中金霉素、土霉素和多西环素与表层土壤（Sithole and Guy，1987）、土壤和沉积物（Pouliquen and Lebris，1996）有较强的吸附力，而大环内酯类抗生素（如泰乐菌素和阿维菌素等）和氟喹诺酮类抗生素，表层土壤矿物质对其有一定的吸附能力，但在土壤中的移动能力有限，因此易在土壤中蓄积（Halling et al.，1998）。土壤对磺胺类抗生素的吸附能力较弱（Thiele，2000），因此可通过土壤淋洗进入地下水层，导致地下水污染，但其与泥浆吸附力强。土壤和沉积物主要通过离子交换、离子桥和表面张力、氢键等吸附水溶性抗生素（Hou and Poole，1969）。Tolls（2001）对抗生素吸附于土壤矿物及水体沉积物中的分配系数进行了检测，磺胺类为 0.6 ~ 4.9、四环素类为 290 ~ 1620。一种抗生素在不同的固相基质中的吸附系数差异很大，土霉素在沙壤和黏沙壤中的分配系数分别为 417 和 1026 。抗生素的吸附能力很大程度上取决于其 pH 和离子强度。

抗生素在环境中被光解、水解和生生物降解与其化学特性、环境条件和使用剂量有关（王冉等，2006）。光降解是影响能接受到阳光的水体中抗生素活性的一个重要降解途径（Torniainen et al.，1996）。喹诺酮类和四环素类抗生素对光降解作用较为敏感，因此这两类抗生素在天然水环境中存在的浓度呈现明显的地区和季节相关性。有研究表明，抗生素在水环境中的光解随水体深度和浊度的增加而减弱（Lunestad et al.，1995）。因此，可以推测光解作用对于土壤中的抗生素，尤其是在泥浆中存在的抗生素的浓度无重要影响。Halling-Scrensen 等（2003）通过研究土壤间隙水中兽药抗生素的非生物降解途径，发现多种兽药抗生素（四环素类、磺胺类和喹诺酮类）在液体中发生光解，同时在降解过程中并非所有的土霉素都会产生降解产物。光降解过程同样在土壤表层几厘米和液体粪肥表面发生作用。

水解是水环境中抗生素降解的重要途径，β-内酰胺类、大环内酯类、磺胺类抗生素都有不同程度的水解，β-内酰胺类在弱酸性至碱性条件下的降解速率都非常快，而后两类在中性 pH 条件下降解速率可忽略不计。

生物转化在水环境抗生素的降解中发挥着极为重要的作用，其影响因素主要有水温、有机和无机营养物、供氧状况、生物量、悬浮沉积物以及受转化有机物的浓度等。Ingerslev 和 Nyholm（2000）对模拟地表水环境中的 4 种畜用抗生素（甲硝唑、奥喹多司、泰乐星和土霉素）的生物降解行为研究发现，4 种抗生素都有不同程度的降解，有氧条件下降解迅速且无滞留期或仅有短暂滞留期，无氧条件下降解率低、滞留期长；添加活性污泥和底泥可增强降解效能，主要原因可能在于水中生物量得到提升。Samuelsen 等（1994）在严格控制实验条件下，研究了海底沉积物中的氟灭菌（FLU）、磺胺嘧啶（SDZ）、土霉素（OTC）、磺胺二甲氧嘧啶（SMX）、四环素（TMP）、欧美德普（OMP），结果表明 OTC、OXA、FLU 和 SDZ 不能被降解，具有长期且强烈的抑制微生物作用。Warman 和 Thomas（1981）在施用家禽粪肥的土壤中检测到四环素残留，证明受药牲畜排出的抗生素代谢物（如葡糖苷酸）在液体粪肥中被降解，并重新转化为活性药物。

总之，土壤吸附作用使原来易降解的抗生素持久留存并在土壤中蓄积，同时抗生素降解产物的活性与母体药物相比可能增加或降低，从而改变其环境行为。由于抗生素在水体中的环境行为十分复杂，其在水体中的浓度、分布特征、不同介质间的传输过程、迁移转化规律我们尚不清楚，对主要降解产物以及抗生素与降解产物间的相互转化和作用了解甚少，因此，弄清水环境抗生素污染的分布特征，阐明其迁移转化规律，为生态风险评估提供科学依据就显得更为重要。

2.3.3.3 水环境中抗生素的生态毒理效应研究

近年来，抗生素对水生生物的毒性效应和致毒机制也成为人们关注的热点。Isidori 等（2005）研究了 6 种抗生素对非靶生物（水生生物）的急性、慢性和遗传毒性，发现急性毒性在 mg/L 水平，慢性毒性在 μg/L 水平。Wollenberger 等（2000）研究了渔场中常用的几种抗生素对淡水甲壳动物大型蚤的急-慢性毒性实验，结果显示，土霉素的 EC_{50}（48h）约为 1000mg/L，而慢性毒性实验中 EC_{50}值只有 46.2mg/L。低于急性中毒剂量的奥林酸仍能严重干扰淡水中甲壳类生物水蚤的繁殖性能。目前抗生素毒性研究大多采用较高的暴露浓度（mg/L），这显然与水环境中抗生素的实际残留浓度之间存在很大差距，由此得出的数据能否解释野外真实环境中抗生素的毒性效应及其致毒机制还有待深入考察（Sarmah et al.，2006）。近年来，一种观点认为大多数抗生素是水溶性的（Snyder et al.，2003），可能通过膜蛋白转运到细胞质，破坏细胞膜的结构进而影响膜蛋白的功能，产生毒性效应。另一种观点认为抗生素进入细胞内，或作用于酶系统，影响溶酶体膜的稳定性和氧化还原能力的平衡，降低细胞内脂酶的活性，增加和减少细胞的黏附性以及诱导或抑制细胞的脂质过氧化反应（Canesi et al.，2007；Gagné et al.，2006）。我们在研究鲫鱼对土霉素胁迫的响应时发现，当鲫鱼暴露于 0.01～10mg/L 的土霉素水溶液 2 周后，发现在所有实验浓度中鲫鱼肝脏自由基信号强度均没有显著性增加，而且在 5mg/L 和 10mg/L 出现显著性减少；MDA 浓度在 0.1mg/L 和 5mg/L 下显著减少，虽然低浓度土霉素对鲫鱼肝脏抗氧化防御系统具有一定的干扰作用，但高浓度下可能并不具有明显的氧化应激毒性作用，甚至可能具有消除自由基的作用。土霉素是否存在其他致毒途径和致毒机制尚有待于进一步研究。

由于水环境中的抗生素存在复合暴露特征，Pomati 等（2006）研究了多种抗生素混合物模拟环境中检测到多种抗生素的联合作用与低剂量作用条件，发现在环境暴露水平上，混合物能够抑制人体胚胎细胞系 HEK293 的生长，与空白组相比，对细胞增殖最高抑制率达到 30%，激活了胁迫响应蛋白激酶（ERK1/2），并导致谷胱甘肽-*S*-转移酶（GST）的 *P1* 基因过度表达，揭示水环境中复合污染能够对水生生物产生潜在威胁。目前，对环境水平的抗生素仍然缺乏有效的生态毒理学研究方法和生物标志物。因此，加强典型抗生素环境毒性效应研究，寻找敏感的生物标志物，在分子水平上揭示其毒作用机制，为抗生素环境生态毒理风险性评估提供科学依据，是亟待解决的重要科学问题。

2.3.3.4 抗生素抗性基因——一种新型环境污染物

水产养殖和畜牧业抗生素长期滥用的直接后果，是很可能诱导动物体内的抗生素抗性基因（ARG），其排泄后将对养殖区域及其周边环境造成潜在基因污染，抗性基因还极有可能在环境中传播、扩散，对公共健康和食品、饮用水安全构成威胁。罗义和周启星（2008）提出使用兽药抗生素和医用抗生素诱导出的抗生素抗性基因在环境中的潜在传播方式，水、土壤环境将成为抗性基因的储库，但其在环境介质中的迁移和扩散机制尚不清楚。

由于基因污染物可以通过物种间遗传物质的交换无限制地传播，具有遗传性且很难控制和消除，一旦形成将对人类健康和生态系统安全造成长期、不可逆的危害。世界卫生组织（WHO）报道，将抗生素抗性基因列为 21 世纪威胁人类健康最重大的挑战，并宣布在全球范围开展抗性基因的污染调查战略部署（罗义和周启星，2008）。已有资料表明，动物体内抗性菌株能随粪便扩散进入环境，并将抗性基因传播给环境微生物（Chee-Sanford et al.，2001），抗生素对环境微生物耐药性的选择和诱导可能是其环境效应最重要的部分，由此造成的抗性基因对生态环境的污染成为当前关注的热点。我国是一个农业大国，也是生产抗生素的大国，由抗生素诱导产生的抗性基因对环境造成的污染可能会比世界其他各国更为严重。目前，我国抗生素抗性基因在环境中的来源、传播和扩散机制等研究数据仍是空白，还没有对抗生素抗性基因这一类新型污染物引起足够的重视。因此，开展抗生素抗性基因在环境中的来源分布、传播、扩散机制以及控制对策等研究十分必要，研究将为建立抗生素抗性基因的早期预警方法及环境安全基准理论体系奠定基础（罗义和周启星，2008）。

2.4 研究展望

2.4.1 开展精准的生态风险评价方法研究

随着有毒有害污染物大量进入环境，为了评估其对生态系统可能带来的不利后果，生态风险评价（ecological risk assessment，ERA）已成为当前环境领域研究热点。表征生态风险的方法很多，有传统的商值法、概率风险评价方法、统计分析法等。冯承莲等（2009）应用商值法和概率风险评价方法，评价了我国主要河流水相中 PAHs 对水生生物的生态风险。他们以现有中国主要河流中 16 种 PAHs 的浓度数据为基础，利用商值法筛选出菲、蒽、荧蒽、芘、苯并[*a*]蒽、屈和苯并[*a*]芘 7 种对水生生态具有潜在风险的 PAHs。以河流水相中 PAHs 浓度数据为依据，结合毒性数据库中 PAHs 水相浓度对水生生物的毒性数据，用概率风险评价法分析了这 7 种 PAHs 对水生生物的生态风险，风险大小依次为蒽>芘>苯并[*a*]蒽>荧蒽>苯并[*a*]芘>菲>屈。杨建丽和刘征涛（2009）应用商值法对长江口水体菲、蒽、萘、荧蒽 4 种 PAHs 进行生态风险评估，发现只有蒽存在一定生态风险。

对海洋和河口表层沉积物中多环芳烃的风险评价，大多采用 Long 等提出的风险评价标准进行评价。罗孝俊等（2006）采用 Long 等（1995）提出的方法对珠江三角洲沉积物 PAHs 进行了风险评价，结果表明，整个研究区域内 PAHs 对生物的潜在风险较低，但是在珠江及东江表层沉积物中都存在着至少一个化合物超过风险评价的低值。但该区域表层沉积物中有相当多样品中 DDTs 浓度已经超过了 ERL 值标准，它可能对该区域内的生物体造成潜在的危害。因此，有机氯农药对该区生物造成的生态风险是一个必须认真对待的问题（罗孝俊等，2006，2005）。由于水环境污染物成分复杂，各种有机质组成对有机污染的生物可利用性具有较大的影响，且不同化合物之间可能存在着拮抗作用或促进作用，甚至均低于水质标准值的几个化合物混合在一起也会对生物产生危害。因此，需继续研究更为精准的生态风险评价方法，特别是研究在低浓度复合污染条件下的生态风险评价方法。

2.4.2 关注新型 POPs 的环境行为和生态毒理效应研究

PFCs、PBDEs、PPCPs 在水环境中广泛存在，作为一类新型的 POPs，其在水环境的来源、存在形态、环境行为及对人体健康可能带来的潜在危害尚不清楚，低浓度长期暴露会对生态环境产生多大危害尚不得而知，必须在今后的研究中给予高度关注。

PFCs 是一类生物积累强、具有全身多脏器毒性的污染物，它在水中的溶解度大，可在水环境中长期存在，至今尚无适用于监测水环境 PFCs 污染简便易行的方法，影响了研究工作的开展。因此，研究并建立环境中 PFCs 监测的标准定量方法已经成为当务之急，并在此基础上系统研究 PFCs 在水环境中的分布、存在形态、迁移转化规律及生态效应，研究它的毒性效应和致毒机制，以及对生态环境和人体健康可能带来的潜在危害。

PBDEs 已被认为是一类在全球广泛存在的持久性有机污染物，其环境问题已成为国内外关注的热点。虽然已有大量研究报道，但主要集中在沉积物和大气方面，而在水体和土壤方面的研究非常有限。因此，今后应加强 PBDEs 及其代谢物在水、土环境中的环境行为和生态效应方面的研究，特别是在电子工业发达和电子垃圾回用地区污染现状、在生物和非生物介质中迁移转化和对生态环境、人体健康的潜在危害，关注不同溴取代阻燃剂的长距离迁移能力；PBDEs 在水环境和生物体内的代谢转化途径及 PBDEs 母体和代谢转化产物，尤其是羟基化及甲基化产物对低等水生生物的毒理效应及机制研究。

PPCPs 已成为国际上继持久性有机污染物之后的另一个研究热点，除了关注抗生素类药物，深入开展抗生素在水环境中的迁移转化、环境暴露水平下典型抗生素水生态毒性与机制研究、建立生态风险评估和预测方法体系，为使用抗生素环境安全标准的修订和水环境标准制定提供科学依据外，还应特别重视长期滥用抗生素产生的抗生素抗性基因对环境造成潜在基因污染，弄清抗生素抗性基因在环境中的来源、传播和扩散机制，以及可能对生态环境和人体健康长期的潜在危害，同时还应对个人防护品，如紫外线防护剂、香料、染发剂等合成化学品对生态环境和人体健康的潜在危害开展研究。

参 考 文 献

陈社军，麦碧娴，曾永平，等．2005. 珠江三角洲及南海北部海域表层沉积物中多溴联苯醚的分布特征．环境科学学报，25（9）：1265-1271.

陈蔚丰，赵庆顺，尹大强．2009. 全氟辛烷磺化物（PFOS）诱导斑马鱼胚胎 *p53* 基因的点突变．环境化学，28（2）：215-219.

陈燕燕，尹颖，王晓蓉，等．2009. 太湖表层沉积物中 PAHs 和 PCBs 的分布及风险评价．中国环境科学，29（2）：118-124.

冯承莲，雷炳莉，王子健．2009. 中国主要河流中多环芳烃生态风险的初步评价．中国环境科学，29（6）：583-588.

冯海艳，杨忠芳，陈岳龙，等．2006. 水稻及其根际土壤中六六六、滴滴涕残留量探析．中国生态农业学报，14：145-147.

贾成霞，潘纲，陈灏．2006. 全氟辛烷磺酸盐在天然水体沉积物中的吸附-解吸行为．环境科学学报，26（10）：1611-1617.

江桂斌．2005. 持久性有毒污染物的环境化学行为与毒理效应．毒理学杂志，19（3）：179.

金一和，刘晓，秦红梅，等．2004. 我国部分地区自来水和不同水体中的 PFOS 污染．中国环境科学，24（2）：166-169.

金一和，丁梅，翟成，等．2006. 长江三峡库区江水和武汉地区地面水中 PFOS 和 PFOA 污染现状调查．生态环境，15（3）：486-489.

康惠跃，盛国英，傅家谟，等．2000. 珠江三角洲一些表层沉积物中多氯联苯的初步研究．环境化学，19（3）：262-269.

林海涛．2007. 太湖梅梁湾和胥口湾多环芳烃、有机氯农药和多溴联苯醚的沉积记录研究．中国科学院研究生院（广州地球化学研究所）博士学位论文．

林忠胜，马新东，张庆华，等．2008. 环渤海沉积物中多溴联苯醚（PBDEs）的研究．海洋环境科学，27（2）：24-27.

刘现明，徐学仁，张笑天，等．2001. 大连湾沉积物中 PAHs 的初步研究．环境科学学报，21（4）：507-509.

刘相梅，彭平安，黄伟林，等．2001. 六六六在自然界中的环境行为及研究动向．农业环境与发展，68：38-40.

刘征涛．2005. 持久性有机污染物的主要特征和研究进展．环境科学研究，18（3）：93-102.

罗孝俊，陈社军，麦碧娴，等．2006. 珠江三角洲地区水体表层沉积物中多环芳烃的来源、迁移及生态风险评价．生态毒理学报，1（1）：17-24.

罗孝俊，陈社军，麦碧娴，等．2005. 珠江三角洲河流及南海近海区域表层沉积物中有机氯农药含量及分布．环境科学学报，25（9）：1272-127.

罗孝俊，麦碧娴，陈社军．2009. PBDEs 研究的最新进展．化学进展，21（0203）：359-368.

罗义，周启星．2008. 抗生素抗性基因（ARGs）——一种新型环境污染物．环境科学学报，28（8）：

1499-1505.

孟祥周. 2007. 中国南方典型食用鱼类中持久性卤代烃的浓度分布及人体暴露的初步研究. 中国科学院广州地球化学研究所博士学位论文.

乔敏，黄圣彪，朱永官，等，2007. 太湖梅梁湾沉积物中多环芳烃的生态和健康风险. 生态毒理学报，2（4）：456-463.

丘耀文，周俊良. 2002. 大亚湾海域多氯联苯即有机氯农药研究. 海洋环境科学，21（1）：46-51.

任磊，毕宇强，苏燕，等. 2007. 五指山地区水和沉积物中 HCHs、DDTs 和 PCBs 分布特征及生态风险. 农业环境科学学报，26（5）：1707-1713.

孙学志，金军，王英. 2007. 氟辛烷磺化物及其环境问题. 环境污染与防治，29（3）：216-220.

王冉，刘铁铮，王恬. 2006. 抗生素在环境中的转归及其生态毒性. 生态学报，26（1）：265-270.

吴江平，张荧，罗孝俊，等，2009. 多溴联苯醚的生物富集效应研究进展. 生态毒理学报，4（2）：153-163.

谢武明，胡勇有，刘焕彬，等. 2004. 持久性有机污染物（POPs）的环境问题与研究进展. 中国环境监测，20（2）：58-61.

熊幼幼，李欣年，徐殿斗，等. 2006. 上海嘉定地区大气颗粒物中有机卤素污染物的测定. 核化学与放射化学，28：139-145.

杨建丽，刘征涛. 2009. 长江口水体中 PAHs 的基本生态风险特征. 环境科学研究，22（7）：784-787.

张倩，张超杰，周琪，等. 2006. 固相萃取-高效液相色谱质谱联用法测定地表水中的全氟辛酸及全氟辛烷基磺酸. 四川环境，25（4）：10-12.

章涛，王翠苹，孙红文. 2008. 环境中全氟取代化合物的研究进展. 安全与环境学报，（3）：22-28.

周幼魁，雷一清，苏勇功，等. 1995. 甘肃省主要农产品中六六六和滴滴涕残留量监测报告. 甘肃农业科技，6：34-35.

祝凌燕，林加华. 2008. 全氟辛酸的污染状况及环境行为研究进展. 应用生态学报，19（5）：1149-1157.

Arias A H，Spetter C V，Marcovecchio J E，et al. 2009. Polycyclic aromatic hydrocarbons in water，mussels（*Brachidontes* sp.，*Tagelus* sp.）and fish（*Odontesthes* sp.）from Bah Blanca Estuary，Argentina. Estuarine，Coastal and Shelf Science，85：67-81

Ashizuka Y，Nakagawa R，Tobiishi K，et al. 2005. Determination of polybrominated diphenyl ethers and polybrominated dibenzo-p-dioxins/dibenzofurans in marine products. Journal of Agricultural and Food Chemistry，53：3807-3813.

Becker A M，Gerstmann S，Frank H. 2008. Perfluorooctane surfactants in waste waters，the major source of river pollution. Chemosphere，72：115-121.

Bezares-Cruz J，Jafvert C T，Hua I. 2004. Solar photodecomposition of decabromodiphenyl ether：Products and quantum yield. Environ Sci Technol，38：4149-4156.

Binelli A，Guzzella L，Roscioli C. 2008. Levels and congener profiles of polybrominated diphenyl ethers（PBDEs）in zebra mussels（d-polymorpha）from Lake Maggiore（Italy）. Environmental Pollution，153：610-617.

Binelli A，Provini A. 2003. Pops in edible clams from different italian and european markets and possible human health risk. Marine Pollution Bulletin，46：879-886.

Blocksom K A，Walears D M，James T M，et al. 2010. Persistent organic pollutants in fish tissue in the mid-continental great rivers of the United States. Science of the Total Environment，408：1180-1189

Bocio A，Domingo J L，Falco G，et al. 2007. Concentrations of PCDD/PCDFs and PCBS in fish and seafood from the Catalan（Spain）market：Estimated human intake. Environment International，33：170-175.

Boulanger B, Vargo J D, Schnoor J L, et al. 2005. Evaluation of perfluorooctane surfactants in a wastewater treatment system and in a commercial surface protection product. Environ Sci Technol, 39: 5524-5530.

Budzinski H, Jones I, Bellocq J, et al. 1997. Evaluation of sediment contamination by polycyclic aromatic hydrocarbons in the Gironde Estuary. Marine Chemistry, 58: 85-97.

Buser H R, Balmer M E, Schmid P, et al. 2006. Occurrence of uv filters 4-methylbenzylidene camphor and octocrylene in fish from various swiss rivers with inputs from wastewater treatment plants. Environ Sci Technol, 40: 1427-1431.

Canesi L, Ciacci C, Lorusso L C, et al. 2007. Effects of triclosan on mytilus galloprovincialis hemocyte function and digestive gland enzyme activities: Possible modes of action on non target organisms. Comparative Biochemistry and Physiology C-Toxicology & Pharmacology, 145: 464-472.

Carvalho F P, Villeneuve J P, Cattini C, et al. 2002. Ecological risk assessment of pesticide residues in coastal lagoons of Nicaragua. Journal of Environmental Monitoring, 4: 778-787.

Chan H M, Chan K M, Dickman M. 1999. Organochlorines in Hong Kong fish. Marine Pollution Bulletin, 39: 346-351.

Chee-Sanford J C, Aminov R I, Krapac I J, et al. 2001. Occurrence and diversity of tetracycline resistance genes in lagoons and groundwater underlying two swine production facilities. Applied and Environmental Microbiology, 67: 1494-1502.

Chen L G, Mai B X, Bi X H, et al. 2006. Concentration levels, compositional profiles, and gas-particle partitioning of polybrominated diphenyl ethers in the atmosphere of an urban City in South China. Environ Sci Technol, 40: 1190-1196.

Chen L G, Ran Y, Xing B S, et al. 2005. Contents and sources of polycyclic aromatic hydrocarbons and organochlorine pesticides in vegetable soils of Guangzhou, China. Chemosphere, 60: 879-890.

Cheung K C, Leung H M, Kong K Y, et al. 2007. Residual levels of DDTs and PAHs in freshwater and marine fish from Hong Kong markets and their health risk assessment. Chemosphere, 66: 460-468.

Ching H H, Jay E R, Kristen L S, et al. 2002. Assessment of potential antibiotics contaminants in water and preliminary occurrence analysis. Journal of Environmental Quality, 11: 675-678.

Chinje E, Kentish P, Jarnot B, et al. 1994. Induction of the *cyp4a* subfamily by perfluorodecanoic acid-the rat and the guinea-pig as susceptible and non-susceptible species. Toxicology Letters, 71: 69-75.

Costanzo S D, Murby J, Bates J. 2005. Ecosystem response to antibiotics entering the aquatic environment. Marine Pollution Bulletin, 51: 218-223.

Crump D, Jagla M M, Kehoe A, et al. 2008. Detection of polybrominated diphenyl ethers in herring gull (*Iiarus argentatus*) brains: Effects on mrna expression in cultured neuronal cells. Environ Sci Technol, 42: 7715-7721.

Darnerud P O, Eriksen G S, Johannesson T, et al. 2001. Polybrominated diphenyl ethers: Occurrence, dietary exposure, and toxicology. Environmental Health Perspectives, 109: 49-68.

Davis J W, Vanden Heuve J P, Peterson R E. 1991. Effects of perfluorodecanoic acid onde novo fatty acid and cholesterol synthesis in the rat. Lipids, 26: 857-859.

Debruyn A M H, Gobas F A P. 2007. The sorptive capacity of animal protein. Environmental Toxicology and Chemistry, 26: 1803-1808.

Debruyn A M H, Meloche L M, Lowe C J. 2009. Patterns of bioaccumulation of polybrominated diphenyl ether and polychlorinated biphenyl congeners in marine mussels. Environ Sci Technol, 43: 3700-3704.

Diaz-Cruz S, Barcelo D. 2004. Occurrence and Analysis of Selected Pharmaceuticals and Metabolites as

Contaminants Present in Waste Waters, Sludge and Sediments. *In*: Barceló, Damià, Kostianoy, et al. 2004. The Handbook of Environmental Chemistry. Belin: Springer.

Domingo J L, Bocio A, Falco G, et al. 2006. Exposure to PBDEs and PCDFs associated with the consumption of edible marine species. Environ Sci Technol, 40: 4349-4399.

Eljarrat E, DeLa Cal A, Larrazabal D, et al. 2005. Occurrence of polybrominated diphenylethers, polychlorinated dibenzo-p-dioxins, dibenzofurans and biphenyls in coastal sediments from Spain. Environ Pollut, 136: 493-501.

Fang J K, Wu R S, Zheng G J, et al. 2009. The use of muscle burden in rabbitfish *Siganus oramin* for monitoring polycyclic aromatic hydrocarbons and polychlorinated biphenyls in Victoria Harbour, Hong Kong and potential human health risk. Sci Total Environ, 407: 4327-4332.

Feng K, Yu B Y, Ge D M, et al. 2003. Organo-chlorine pesticide (DDT and HCH) residues in the Taihu Lake region and its movement in soil-water system: I. Field survey of DDT and HCH residues in ecosystem of the region. Chemosphere, 50: 683-687.

Francioni E, Wagener A D L R, Scofield A D L, et al. 2007. Polycyclic aromatic hydrocarbon in inter-tidal mussel *Perna perna*: Space-time observations, source investigation and genotoxicity. Science of the Total Environment, 372: 515-531.

Fu J M, Mai B X, Sheng G Y, et al. 2003. Persistent organic pollutants in environment of the Pearl River Delta, China: An overview. Chemosphere, 52: 1411-1422.

Gagné F, Blaise C, Fournier M, et al. 2006. Effects of selected pharmaceutical products on phagocytic activity in *Elliptio complanata* mussels. Comparative Biochemistry and Physiology C-Toxicology & Pharmacology, 143: 179-186.

Galanopoulou S, Vgenopoulos A, Conispoliatis N. 2005. DDTs and other chlorinated organic pesticides and polychlorinated biphenyls pollution in the surface sediments of Keratsini Harbour, Saronikos Gulf, Greece. Marine Pollution Bulletin, 50: 520-525.

Giesy J P, Kannan K. 2001. Global distribution of perfluorooctane sulfonate in wildlife. Environ Sci Technol, 35: 1339-1342.

Grimalt J O, van Drooge B L, Ribes A, et al. 2004. Persistent organochlorine compounds in soils and sediments of European high altitude mountain lakes. Chemosphere, 54: 1549-1561.

Guan Y F, Sojinu O S S, Li S M, et al. 2009. Fate of polybrominated diphenyl ethers in the environment of the Pearl River Estuary, South China. Environmental Pollution, 157: 2166-2172.

Guo L L, Qiu Y W, Zhang G, et al. 2007. Levels and bioaccumu-lation of organochlorinepesticides(OCPs) and polybromi-nated diphenyl ethers (PBDEs) in fishes from the Pearl River Estuary and Daya Bay, South China. Environmental Pollution, 152: 604-611.

Guzzella L, Roscioli C, Vigano L, et al. 2005. Evaluation of the concentration of HCH, DDT, HCB, PCB and PAH in the sediments along the lower stretch of Hugli Estuary, West Bengal, Northeast India. Environment International, 31: 523-534.

Halling-Sorensen B, Lykkeberg A, Ingerslev F, et al. 2003. Characterisation of the abiotic degradation pathways of oxytetracyclines in soil interstitial water using lc-ms-ms. Chemosphere, 50: 1331-1342.

Halling-Sorensen B, Nielsen S N, Lanzky P F, et al. 1998. Occurrence, fate and effects of pharmaceutical substances in the environment—A review. Chemosphere, 36: 357-394.

Hartmann A, Alder A C, Koller T, et al . 1998. Identification of fluoroquinolone antibiotics as the main source of human genotoxicity in native hospital wastewater. Environmental Toxicology and Chemistry, 17: 377-382.

Hartmann A, Golet E M, Gartiser S, et al. 1999. Primary DNA damage but not mutagenicity correlates with ciprofloxacin concentrations in German hospital wastewaters. Archives of Environmental Contamination and Toxicology, 36: 115-119.

Hartmann P C, Quinn J G, Cairns R W, et al. 2004. The distribution and sources of polycyclic aromatic hydrocarbons in Narragansett Bay surface sediments. Marine Pollution Bulletin, 48: 351-358.

Heberer T. 2002. Occurrence, fate, and removal of pharmaceutical residues in the aquatic environment: A review of recent research data. Toxicology Letters, 131: 5-17.

Hong H, Xu L, Zhang L, et al. 1995. Environmental fate and chemistry of organic pollutants in the sediment of Xiamen and Victoria Harbours. Marine Pollution Bulletin, 31: 229-236.

Hou J P, Poole J W. 1969. Kinetics and mechanism of degradation of ampicillin in solution. Journal of Pharmaceutical Sciences, 58: 447-454.

Houde M, Bujas T A D, Small J, et al. 2006a. Biomagnification of perfluoroalkyl compounds in the bottlenose dolphin (*Tursiops truncatus*) food web. Environ Sci Technol, 40: 4138-4144.

Houde M, Martin J W, Letcher R J, et al. 2006b. Biological monitoring of polyfluoroalkyl substances: A review. Environ Sci Technol, 40: 3463-3473.

Houde M, Muir D C G, Tomy G T, et al. 2008. Bioaccumulation and trophic magnification of short- and medium-chain chlorinated paraffins in food webs from Lake Ontario and Lake Michigan. Environ Sci Technol, 42: 3893-3899.

Hung H, Blanchard P, Halsall C J, et al. 2005. Temporal and spatial variabilities of atmospheric polychlorinated biphenyls (PCBs), organochlorine (OC) pesticides and polycyclic aromatic hydrocarbons (PAHs) in the Canadian Arctic: Results from a decade of monitoring. Science of the Total Environment, 342: 119-144.

Ingerslev F, Nyholm N. 2000. Shake-flask test for determination of biodegradation rates of c-14-labeled chemicals at low concentrations in surface water systems. Ecotoxicology and Environmental Safety, 45: 274-283.

Isidori M, Lavorgna M, Nardelli A, et al. 2005. Toxic and genotoxic evaluation of six antibiotics on non-target organisms. Science of the Total Environment, 346: 87-98.

Iwata H, Tanabe S, Sakai N, et al. 1994. Geographical-distribution of persistent organochlorines in air, water and sediments from Asia and Oceania, and their implications for global redistribution from lower latitudes. Environmental Pollution, 85: 15-33.

Jiang Q T, Lee T K M, Chen K, et al. 2005. Human health risk assessment of organochlorines associated with fish consumption in a coastal city in China. Environmental Pollution, 136: 155-165.

Jin J, Liu W, Wang Y, et al. 2008. Levels and distribution of polybrominated diphenyl ethers in plant, shellfish and sediment samples from Laizhou Bay in China. Chemosphere, 71: 1043-1050.

Kannan K, Tanabe S, Tatsukawa R. 1995. Geographical-distribution and accumulation features of organochlorine residues in fish in tropical Asia and Oceania. Environ Sci Technol, 29: 2673-2683.

Karacik B, Okay O S, Henkelmann B, et al. 2009. Polycyclic aromatic hydrocarbons and effects on marine organisms in The Istanbul Strait. Environment International, 35: 599-606.

Key P B, Chung K W, Hoguet J, et al. 2008. Toxicity and physiological effects of brominated flame retardant pbde-47 on two life stages of grass shrimp, *Palaemonetes pugio*. Science of the Total Environment, 399: 28-32.

Klumpp D W, Hong H S, Humphrey C, et al. 2002. Toxic contaminants and their biological effects in coastal waters of Xiamen, China: I. Organic pollutants in mussel and fish tissues. Marine Pollution Bulletin, 44: 752-760.

Koh C H, Khim J S, Kannan K, et al. 2004. Polychlorinated dibenzo-p-dioxins (PCDDs), dibenzofurans (PCDFs), biphenyls (PCBs), and polycyclic aromatic hydrocarbons (PAHs) and 2,3,7,8-tcdd equivalents (teqs) in sediment from the Hyeongsan River, Korea. Environmental Pollution, 132: 489-501.

Krauss M, Wilcke W, Zech W. 2000. Polycyclic aromatic hydrocarbons and polychlorinated biphenyls in forest soils: Depth distribution as indicator of different fate. Environmental Pollution, 110: 79-88.

Kudo N, Suzuki E, Katakura M, et al. 2001. Comparison of the elimination between perfluorinated fatty acids with different carbon chain length in rats. Chemico-Biological Interactions, 134: 203-216.

Kümmerer K. 2001. Drugs in the environment: Emission of drugs, diagnostic aids and disinfectants into wastewater by hospitals in relation to other sources: A review. Chemosphere, 45: 957-969.

La-Guardia M J, Hale R C, Harvey E. 2006. Detaild polybrominated diphenyl ether (PBDE) congener composition of the widely used penta-, octa-, and deca-PBDE technical flame-retardant mixtures. Environ Sci Technol, 40: 6247-6254.

Lam J C W, Lau R K F, Murphy M B, et al. 2009. Temporal trends of hexabromocyclododecanes (HBCDs) and polybrominated diphenyl ethers (PBDEs) and detection of two novel flame retardants in marine mammals from Hong Kong, South China. Environ Sci Technol, 43: 6944-6949.

Lee K T, Tanabe S, Koh C H. 2001. Distribution of organochlorine pesticides in sediments from Kyeonggi Bay and nearby areas, Korea. Environmental Pollution, 114: 207-213.

Li A, Rockne K J, Sturchio N, et al. 2006. Polybrominated diphenyl ethers in the sediments of the Great Lakes: 4. Influencing factors, trends, and implications. Environ Sci Technol, 40: 7528-7534.

Li X, Gan Y, Yang X, et al. 2008. Human health risk of organochlorine pesticides (OCPs) and polychlorinated biphenyls (PCBs) in edible fish from Huairou Reservoir and Gaobeidian Lake in Beijing, China. Food Chemistry, 109: 348-354.

Liu C, Du Y, Zhou B. 2007a. Evaluation of estrogenic activities and mechanism of action of perfluorinated chemicals determined by vitellogenin induction in primary cultured tilapia hepatocytes. Aquatic Toxicology, 85: 267-277.

Liu C, Yu K, Shi X, et al. 2007b. Induction of oxidative stress and apoptosis by pfos and pfoa in primary cultured hepatocytes of freshwater tilapia (*Oreochromis niloticus*) . Aquatic Toxicology, 82: 135-143.

Liu M, Baugh P J, Hutchinson S M, et al. 2000. Historical record and sources of polycyclic aromatic hydrocarbons in core sediments from the Yangtze Estuary, China. Environmental Pollution, 110: 357-365.

Liu Y, Zheng G J, Yu H X, et al. 2005. Polybrominated diphenyl ethers (PBDEs) in sediments and mussel tissues from Hong Kong marine waters. Marine Pollution Bulletin, 50: 1173-1184.

Long E R, Macdonald D D, Smith S L, et al. 1995. Incidence of adverse biological effects within ranges of chemical concentrations in marine and estuarine sediments. Environmental Management, 19: 81-97.

Loos R, Gawlik B M, Locoro G, et al. 2009. Eu-wide survey of polar organic persistent pollutants in European river waters. Environmental Pollution, 157: 561-568.

Luebker D J, Hansen K J. 2002. Interactions of fluorochemicals with rat liver fatty acid-binding protein. Toxicol, 176: 175-185.

Lunestad B T, Samuelsen O B, Fjelde S, et al. 1995. Photostability of 8 antibacterial agents in seawater. Aquaculture, 134: 217-225.

Mariussen E. Fjeld E, Breivik K, et al. 2008. Elevatecl levels of polybrominated diphenyl ethers (PBDEs) in Fish from Lake Mjøsa, Norway. Science of the Total Environment, 390: 132-141

Ma M, Feng Z, Guan C, et al. 2001. DDT, PAH and PCB in sediments from the intertidal zone of the Bohai Sea and the Yellow Sea. Mar Pollut Bull, 42: 132-136.

Mai B X, Chen S J, Luo X J, et al. 2005a. Distribution of polybrominated diphenyl ethers in sediments of the Pearl River Delta and adjacent South China Sea. Environ Sci Technol, 39: 3521-3527.

Mai B X, Fu H M, Sheng G Y, et al. 2002. Chlorinated and polycyclic aromatic hydrocarbons in riverine and estuarine sediments from Pearl River Delta, China. Environmental Pollution, 117: 457-474.

Mai B X, Zeng E Y, Luo X J, et al. 2005b. Abundances, depositional fluxes, and homologue patterns of polychlorinated biphenyls in dated sediment cores from the Pearl River Delta, China. Environ Sci Technol, 39: 49-56.

Martin J W, Mabury S A, Solomon K R, et al. 2003. Bioconcentration and tissue distribution of perfluorinated acids in rainbow trout (*Oncorhynchus mykiss*). Environmental Toxicology and Chemistry, 22: 196-204.

Maskaoui K, Zhou J L, Hong H S, et al. 2002. Contamination by polycyclic aromatic hydrocarbons in the Jiulong River Estuary and Western Xiamen Sea, China. Environmental Pollution, 118: 109-122.

Meng X Z, Zeng E Y, Yu L P, et al. 2007. Assessment of human exposure to polybrominated diphenyl ethers in China via fish consumption and inhalation. Environ Sci Technol, 41: 4882-4887.

Muir D C G, Omelchenko A, Grift N P, et al. 1996. Spatial trends and historical deposition of polychlorinated biphenyls in Canadian midlatitude and Arctic Lake sediments. Environ Sci Technol, 30: 3609-3617.

Mwevura H, Othman O C, Mhehe G L. 2002. Organochlorine pesticide residues in sediments and biota from the coastal area of Dar es Salaam City, Tanzania. Marine Pollution Bulletin, 45: 262-267.

Nakata H, Hirakawa Y, Kawazoe M, et al. 2005. Concentrations and compositions of organochlorine contaminants in sediments, soils, crustaceans, fishes and birds collected from Lake Tai, Hangzhou Bay and Shanghai City region, China. Environmental Pollution, 133: 415-429.

Nakata H, Sakai Y, Miyawaki T, et al. 2003. Bioaccumulation and toxic potencies of polychlorinated biphenyls and polycyclic aromatic hydrocarbons in tidal flat and coastal ecosystems of the Ariake Sea, Japan. Environ Sci Technol, 37: 3513-3521.

Namiesnik J, Moncheva S, Park Y S, et al. 2008. Concentration of bioactive compounds in mussels mytilus galloprovincialis as an indicator of pollution. Chemosphere, 73: 938-944.

Negri A P, Mortimer M, Carter S, et al. 2009. Persistent organochlorines and metals in estuarine mud crabs of the Great Barrier Reef. Marine Pollution Bulletin, 58: 769-773.

Newsted J L, Beach S A, Gallagher S, et al. 2006. Pharmacokinetics and acute lethality of perfluorooctanesulfonate (PFOS) to *Juvenile mallard* and northern bobwhite. Arch Environ Contam Toxicol, 50: 411-420.

Nie X P, Lan C Y, Wei T L, et al. 2005. Distribution of polychlorinated biphenyls in the water, sediment and fish from the Pearl River Estuary, China. Marine Pollution Bulletin, 50: 537-546.

Oliver B G, Niimi A J. 1988. Trophodynamic analysis of polychlorinated biphenyl congeners and other chlorinated hydrocarbons in the Lake Ontario ecosystem. Environ Sci Technol, 22: 388-397.

Oram J J, McKee L J, Werme C E, et al. 2008. A mass budget of polybrominated diphenyl ethers in San Francisco Bay, CA. Environment International, 34: 1137-1147.

Oros D R, Hoover D, Rodigari F, et al. 2005. Levels and distribution of polybrominated diphenyl ethers in water, surface sediments, and bivalves from the San Francisco Estuary. Environ Sci Technol, 39: 33-41.

Oros D R, Ross J R M. 2005. Polycyclic aromatic hydrocarbons in bivalves from the San Francisco Estuary: Spatial distributions, temporal trends, and sources (1993~2001). Marine Environmental Research, 60: 466-488.

Pan G, Jia C, Zhao D, et al. 2009. Effect of cationic and anionic surfactants on the sorption and desorption of perfluorooctane sulfonate (PFOS) on natural sediments. Environ Pollut, 157: 325-330.

Pietrogrande M C, Basaglia G. 2007. GC-MS analytical methods for the determination of personal-care products in water matrices. Trac-Trends in Analytical Chemistry, 26: 1086-1094.

Pomati F, Castiglioni S, Zuccato E, et al. 2006. Effects of a complex mixture of therapeutic drugs at environmental levels on human embryonic cells. Environ Sci Technol, 40: 2442-2447.

Pouliquen H, Lebris H. 1996. Sorption of oxolinic acid and oxytetracycline to marine sediments. Chemosphere, 33: 801-815.

Prevedouros K, Cousins I T, Buck R C, et al. 2006. Sources, fate and transport of perfluorocarboxylates. Environ Sci Technol, 40: 32-44.

Qiao M, Chen Y Y, Zhang Q G, et al. 2006. Identification of Ah receptor agonists in sediment of Meiliang Bay, Taihu Lake, China. Environ Sci Technol, 40: 1415-1419.

Qiao M, Wang C X, Huang S B, et al. 2006. Composition, sources, and potential toxicological significance of PAHs in the surface sediments of the Meiliang Bay, Taihu Lake, China. Environment International, 32: 28-33.

Qu W C, Dickman M, Fan C X, et al. 2002. Distribution, sources and potential toxicological significance of polycyclic aromatic hydrocarbons (PAHs) in Taihu Lake sediments, China. Hydrobiologia, 485: 163-171.

Quinones O, Snyder S A. 2009. Occurrence of perfluoroalkyl carboxylates and sulfonates in drinking water utilities and related waters from the United States. Environ Sci Technol, 43: 9089-9095.

Raff J D, Hites R A. 2007. Deposition versus photochemical removal of PBDEs from Lake Superior air. Environ Sci Technol, 41: 6725-6731.

Ramu K, Kajiwara N, Tanabe S, et al. 2005. Polybrominated diphenyl ethers (PBDEs) and organochlorines in small cetaceans from Hong Kong waters: Levels, profiles and distribution. Marine Pollution Bulletin, 51: 669-676.

Rayne S, Ikonomou M G, Antcliffe B. 2003. Rapidly increasing polybrominated diphenyl ether concentrations in the Columbia River system from 1992 to 2000. Environ Sci Technol, 37: 2847-2854.

Renner R. 2000. Increasing levels of flame retardants found in North American environment. Environ Sci Technol, 34: 452A-453A.

Samuelsen O B, Lunestad B T, Ervik A, et al. 1994. Stability of antibacterial agents in an artificial marine aquaculture sediment studied under laboratory conditions. Aquaculture, 126: 283-290.

Sapozhnikova Y, Bawardi O, Schlenk D. 2004. Pesticides and PCBs in sediments and fish from the Salton Sea, California, USA. Chemosphere, 55: 797-809.

Sarmah A K, Meyer M T, Boxall A B A. 2006. A global perspective on the use, sales, exposure pathways, occurrence, fate and effects of veterinary antibiotics (vas) in the environment. Chemosphere, 65: 725-759.

Savinov V M, Savinova T N, Matishov G G, et al. 2003. Polycyclic aromatic hydrocarbons (PAHs) and organochlorines (OCS) in bottom sediments of the Guba Pechenga, Barents Sea, Russia. Science of the Total Environment, 306: 39-56.

Schecter A, Papke O, Tung K C, et al. 2004. Polybrominated diphenyl ethers contamination of United States food. Environ Sci Technol, 38: 5306-5311.

Schenker U, Soltermann F, Scheringer M, et al. 2008. Modeling the environmental fate of polybrominated diphenyl ethers (PBDEs): The importance of photolysis for the formation of lighter PBDEs. Environ Sci Technol, 42: 9244-9249.

Sellstrom U, Lindberg P, Haggberg L, et al. 2001. Higher brominated PBDEs found in eggs of peregrine falcons (*Falco peregrinus*) *breeding in Sweden.* Proceedings of the Second International Workshop on Brominated Flame Retardamts. Sweden: Stochholm University, 14-16: 159-162.

Shen M, Yu Y J, Zheng G J, et al. 2006. Polychlorinated biphenyls and polybrominated diphenyl ethers in surface sediments from the Yangtze River Delta. Mar Pollut Bull, 52: 1299-1304.

Shi X, Du Y, Lam P K S, et al. 2008. Developmental toxicity and alteration of gene expression in zebrafish embryos exposed to PFOs. Toxicology and Applied Pharmacology, 230: 23-32.

Sithole B B, Guy R D. 1987. Models for tetracycline in aquatic environments: 1. Interaction with bentonite clay systems. Water Air and Soil Pollution, 32: 303-314.

Sjodin A, Jakobsson E, Kierkegaard A, et al. 1998. Gas chromatographic identification and quantification of polybrominated diphenyl ethers in a commercial product, bromkal 70-5de. Journal of Chromatography A, 822: 83-89.

Sjodin A, Patterson D G, Bergman A. 2003. A review on human exposure to brominated flame retardants-particularly polybrominated diphenyl ethers. Environment International, 29: 829-839.

Skarpheoinsdottir H, Ericson G, Svavarsson J, et al. 2007. DNA adducts and polycyclic aromatic hydrocarbon (PAH) tissue levels in blue mussels (*Mytilus* spp.) from Nordic Coastal Sites. Marine Environmental Research, 64: 479-491.

Smith S L, MacDonald D D, Keenleyside K A, et al. 1996. A preliminary evaluation of sediment quality assessment values for freshwater ecosystems. Journal of Great Lakes Research, 22: 624-638.

Snyder S A, Westerhoff P, Yoon Y, et al. 2003. Pharmaceuticals, personal care products, and endocrine disruptors in water: Implications for the water industry. Environmental Engineering Science, 20: 449-469.

Song W L, Ford J C, Sturchio N C, et al. 2005. Polybrominated diphenyl ethers in the sediments of the Great Lakes: 3. Lakes Ontario and Erie. Environ Sci Technol, 39: 5600-5605.

Soriano J A, Vinas L, Franco M A, et al. 2006. Spatial and temporal trends of petroleum hydrocarbons in wild mussels from the Galician Coast (NW Spain) affected by the prestige oil spill. Science of the Total Environment, 370: 80-90.

Stapleton H M, Letcher R J, Baker J E. 2004a. Debromination of polybrominated diphenyl ether congeners BDE 99 and BDE 183 in the intestinal tract of the common carp (*Cyprinus carpio*). Environ Sci Technol, 38: 1054-1061.

Stapleton H M, Letcher R J, Li J, et al. 2004b. Dietary accumulation and metabolism of polybrominated diphenyl ethers by juvenile carp (*Cyprinus carpio*). Environmental Toxicology and Chemistry, 23: 1939-1946.

Steen P O, Grandbois M, McNeill K, et al. 2009. Photochemical formation of halogenated dioxins from hydroxylated polybrominated diphenyl ethers (OH-PBDEs) and chlorinated derivatives (OH-PBCDEs). Environ Sci Technol, 43: 4405-4411.

Storelli M M, Casalino E, Barnoe G O, et al. 2008. Persistent organic pollutants (PCBs and DDTs) in small size specimens of bluefin tuna (*Thunnus thynnus*) from the Mediterranean Sea (Ionian Sea). Environ Int, 34: 509-513.

Streets S S, Henderson S A, Stoner A D, et al. 2006. Partitioning and bioaccumulation of PBDEs and PCBs in Lake Michigan. Environ Sci Technol, 40: 7263-7269.

Szlinder-Richert J, Barska I, Mazerski J, et al. 2008. Organochlorine pesticides in fish from the Southern Baltic Sea: Levels, bioaccumulation features and temporal trends during the 1995-2006 period. Marine Pollution Bulletin, 56: 927-940.

Telli-Karakoc F, Tolun L, Henkelmann B, et al. 2002. Polycyclic aromatic hydrocarbons (PAHs) and polychlorinated biphenyls (PCBs) distributions in the Bay of Marmara Sea: Izmit Bay. Environ Pollut, 119: 383-397.

Thiele S. 2000. Adsorption of the antibiotic pharmaceutical compound sulfapyridine by a long-term differently fertilized loess chernozem. Journal of Plant Nutrition and Soil Science-Zeitschrift Fur Pflanzenernahrung Und Bodenkunde, 163: 589-594.

Tittlemier S A, Forsyth D, Breakell K, et al. 2004. Polybrominated diphenyl ethers in retail fish and shellfish samples purchased from Canadian markets. Journal of Agricultural and Food Chemistry, 52: 7740-7745.

Tolls J. 2001. Sorption of veterinary pharmaceuticals in soils: A review. Environ Sci Technol, 35: 3397-3406.

Tomy G T, Tittlemier S A, Palace V P, et al. 2004. Biotransformation of N Ethyl Perfluorooctanesulfonamide by Rainbow Trout (*Onchorhynchus mykiss*) liver microsomes. Environ Sci Technol, 38: 758-762.

Torniainen K, Tammilehto S, Ulvi V. 1996. The effect of pH, buffer type and drug concentration on the photodegradation of ciprofloxacin. International Journal of Pharmaceutics, 132: 53-61.

Valavanidis A, Vlachogianni T, Triantafillaki S, et al. 2008. Polycyclic aromatic hydrocarbons in surface seawater and in indigenous mussels (*Mytilus galloprovincialis*) from coastal areas of the Saronikos Gulf (Greece). Estuarine Coastal and Shelf Science, 79: 733-739.

van Boxtel A L, Kamstra J H, Cenijn P H, et al. 2008. Microarray analysis reveals a mechanism of phenolic polybrominated diphenylether toxicity in zebrafish. Environ Sci Technol, 42: 1773-1779.

van den Berg M, Birnbaum L, Bosveld A T C, et al. 1998. Toxic equivalency factors (TEFs) for PCBs, PCDDs, PCDFs for humans and wildlife. Environ Health Perspect, 106: 775-792.

Vandenheuvel J P, Kuslikis B I, Vanrafelghem M J, et al. 1991. Tissue distribution, metabolism, and elimination of perfluorooctanoic acid in male and female rats. Journal of Biochemical Toxicology, 6: 83-92.

Vane C H, Harrison I, Kim A W, 2007. Polycyclic aromatic hydrocarbons (PAHs) and polychlorinated biphenyls (PCBs) in sediments from the Mersey Estuary, UK. Science of the Total Environment, 374: 112-126.

Villeneuve D L, Khim J S, Kannan K, et al. 2002. Relative potencies of individual polycyclic aromatic hydrocarbons to induce dioxinlike and estrogenic responses in three cell lines. Environmental Toxicology, 17: 128-137.

Vives I, Grimalt J Q, Ventura M, et al. 2005. Distribution of polycyclic aromatic hydrocarbons in the food web of a high mountain lake, Pyrenees, Catalonia, Spain. Environ Toxicol Chem, 24: 1344-1352.

Voorspoels S, Covaci A, Neels H, et al. 2007. Dietary PBDE intake: A market-basket study in Belgium. Environment International, 33: 93-97.

Wade T L, Sweet S T, Klein A G. 2008. Assessment of sediment contamination in Casco Bay, Maine, USA. Environmental Pollution, 152: 505-521.

Wafo E, Sarrazin L, Diana C, et al. 2006. Polychlorin, ated biphenyls and DDT residues distribution in sediments of Cortiou (Marseille, France) . Marine Pollution Bulletin, 52: 104-107.

Wan Y, Hu J, Zhang K, et al. 2008. Trophodynamics of polybrominated diphenyl ethers in the marine food web of Bohai Bay, North China. Environ Sci Technol, 42: 1078-1083.

Wan Y, Jin X, Hu J, et al. 2007. Trophic dilution of polycyclic aromatic hydrocarbons (PAHs) in a marine food web from Bohai Bay, North China. Environ Sci Technol, 41: 3109-3114.

Wang T Y, Lu Y L, Zhang H, et al. 2005. Contamination of persistent organic pollutants (POPs) and relevant management in China. Environment International, 31: 813-821.

Wang X M, Ding X, Mai B X, et al. 2005. Polybrominated diphenyl ethers in airborne particulates collected during a research expedition from the Bohai Sea to the Arctic. Environ Sci Technol, 39: 7803-7809.

Wang Y, Jiang G, Lam P K S, et al. 2007. Polybrominated diphenyl ether in the East Asian environment: A critical review. Environment International, 33: 963-973.

Warman P R, Thomas R L. 1981. Chlortetracycline in soil amended with poultry manure. Canadian Journal of Soil Science, 61: 161-163.

Wei S, Lau R K F, Fung C N, et al. 2006. Trace organic contamination in biota collected from the Pearl River Estuary, China: A preliminary risk assessment. Marine Pollution Bulletin, 52: 1682-1694.

Wei Y, Chan L L, Wang D, et al. 2008. Proteomic analysis of lepatic protein profiles in rare minnow (*Gobiocypris rarus*) exposed to perfluorooctanoic acid. Journal of Proteome Research, 7: 1729-1739.

Wollenberger L, Halling-Sorensen B, Kusk K O. 2000. Acute and chronic toxicity of veterinary antibiotics to *Daphnia magna*. Chemosphere, 40: 723-730.

Wurl O, Obbard J P. 2005. Organochlorine pesticides, polychlorinated biphenyls and polybrominated diphenyl ethers in Singapore's coastal marine sediments. Chemosphere, 58: 925-933.

Wyrzykowska B, Bochentin I, Hanari N, et al. 2006. Source determination of highly chlorinated biphenyl isomers in pine needles-comparison to several PCB preparations. Environmental Pollution, 143: 46-59.

Xian Q, Ramu K, Isobe T, et al. 2008. Levels and body distribution of polybrominated diphenyl ethers (PBDEs) and hexabromocyclododecanes (HBCDs) in freshwater fishes from the Yangtze River, China. Chemosphere, 71: 268-276.

Yang G P. 2000. Polycyclic aromatic hydrocarbons in the sediments of the South China Sea. Environmental Pollution, 108: 163-171.

Yang N Q, Matsuda M, Kawano M, et al. 2006. Pcbs and organochlorine pesticides (OCPs) in edible fish and shellfish from China. Chemosphere, 63: 1342-1352.

Yang R Q, Jiang G B, Zhou Q F, et al. 2005. Occurrence and distribution of organochlorine pesticides (HCH and DDT) in sediments collected from East China Sea. Environment International, 31: 799-804.

Yang Y L, Pan J, Li Y, et al. 2003. PCNs and PBDEs in near-shore sediments of Qingdao. Chinese Science Bulletin, 48: 2244-2250.

Yim U H, Hong S H, Shim W J, et al. 2005. Levels of persistent organichlorine contaminants in fish from Korea and their potential health risk. Archives of Environmental Contamination and Toxicology, 48: 358-366.

Yu M, Luo X J, Wu J P, et al. 2009. Bioaccumulation and trophic transfer of polybrominated diphenyl ethers (PBDEs) in biota from the Pearl River Estuary, South China. Environment International, 35: 1090-1095.

Yunker M B, Macdonald R W, Vingarzan R, et al. 2002. PAHs in the fraser river basin: A critical appraisal of PAH ratios as indicators of PAH source and composition. Organic Geochemistry, 33: 489-515.

Zhang Z L, Hong H S, Zhou J L, et al. 2003. Fate and assessment of persistent organic pollutants in water and sediment from Minjiang River Estuary, Southeast China. Chemosphere, 52: 1423-1430.

Zhang Z L, Huang J, Yu G, et al. 2004. Occurrence of PAHs, PCBs and organochlorine pesticides in the Tonghui River of Beijing, China. Environmental Pollution, 130: 249-261.

Zhou H Y, Wong M H. 2004. Screening of organochlorines in freshwater fish collected from the Pearl River Delta, People's Republic of China. Archives of Environmental Contamination and Toxicology, 46: 106-113.

Zhou J L, Maskaoui K. 2003. Distribution of polycyclic aromatic hydrocarbons in water and surface sediments from Daya Bay, China. Environmental Pollution, 121: 269-281.

Zhou R B, Zhu L Z, Kong Q X. 2007. Persistent chlorinated pesticides in fish species from Qiantang River in

East China. Chemosphere, 68: 838-847.

Zhou R B, Zhu L Z, Yang K, et al. 2006. Distribution of organochlorine pesticides in surface water and sediments from Qiantang River, East China. Journal of Hazardous Materials, 137: 68-75.

Zhu L Y, Hites R A. 2004. Temporal trends and spatial distributions of brominated flame retardants in archived fishes from the Great Lakes. Environ Sci Technol, 38: 2779-2784.

Zhu L Z, Chen B L, Wang J, et al. 2004. Pollution survey of polycyclic aromatic hydrocarbons in surface water of Hangzhou, China. Chemosphere, 56: 1085-1095.

3

土壤的重金属污染及其生物有效性研究

随着土壤重金属污染的日益严重，人们对农作物中重金属的累积及由此引起的农作物危害和食品安全问题格外关注（叶常明等，2004；国家环境保护局，1995；王晓蓉等，2006）。重金属一旦进入土壤环境就很难被微生物降解，其在土壤中的形态可分为生物有效态和不可利用态，其中生物有效态可以被生物富集并通过食物链最终在人体内积累，危害人体健康。长期以来，重金属污染物的生态风险评价都是基于环境中污染物的总量，可能过高估计了污染物的生态风险，因此相对较为保守（赵其国等，2007）。许多研究表明，重金属对于生物的毒性与重金属的生物有效态含量直接相关，而与该金属在土壤中的总含量并没有直接关系（Alexander，2000；Carmen et al.，2003；Tussea-Vuillemin et al.，2004；Sonmez and Pierzynski，2005；陈怀满等，2006；Cornu and Denaix，2006）。我们的研究同样证实，有些土壤重金属严重超过国家标准，但重金属在食品中的含量却很低，而有些土壤重金属污染并不严重，但作物中可食部分中重金属的含量反而超标，进一步表明不能应用土壤重金属总量来评价其生态风险。因此，迫切需要确立能够测量并预测不同性质土壤和金属浓度的金属生物有效性方法或模型，在此基础上才能有效地确立污染土壤的环境安全标准的限量值和进行风险评估。

从20世纪60年代起，人们已开始对金属在土壤中的形态与生物有效性进行了广泛的研究。基于不同的经验或理论，提出了多种方法，从传统的连续提取法、单一或分级萃取法到X射线吸收光谱法，从各种提取剂到自由离子活度模型。但是由于土壤性质和环境条件的复杂性以及暴露时间、暴露方式、暴露目标的不同，有时会得到相反的研究结论，各种方法均有其适用范围和局限性。到目前为止，还很难说有一种普适性的可用于测量土壤或沉积物中金属生物有效性的方法。近年来有研究认为，污染物自由溶解态浓度（freely dissolved concentration）比总浓度能更好地反映污染物的生物有效性，是评价污染物生物有效性的关键参数。目前已发展了很多测定自由溶解态浓度的方法，其中梯度扩散薄膜技术（diffusive gradients in thin-film，DGT）是迄今为止比较成功应用于测定金属离子的自由溶解态浓度或有效浓度的方法（胡霞林等，2009）。

本章重点介绍重金属在江苏沿江地区土壤和蔬菜中的分布特征、主要赋存形态及影响因素、植物对重金属的吸收过程与土壤中重金属生物有效性的研究方法和技术。

3.1 江苏沿江典型农业土壤和蔬菜中重金属的分布特征

3.1.1 南京沿江几个主要蔬菜产区土壤和蔬菜中重金属的分布特征

随着工业化、城市化、农业集约化的快速发展，人们对农业资源高强度的开发利用，使大量未经处理的固体废弃物向农田转移。同时，由于化肥与农药的大量施用，造成江苏省部分农田土壤环境发生显性或潜性污染，严重影响着农产品安全。有关资料表明（赵其国等，2002），重金属是江苏省农产品中最主要的污染物之一。2002 年抽检南京、苏州、常州和徐州 4 市 28 种 225 份蔬菜样品，均出现不合格产品，不合格率分别为 46%、42%、19% 和 45%；抽检全省 8 市 28 县（区）的粮食产品（大米、小麦和面粉）质量，铅超标率为 21%；南京、无锡粮食产品中的重金属铅（Pb）、汞（Hg）、镉（Cd）超标率分别达 667%、33%、25%；观察到部分城乡交错带土壤中部分重金属含量已超过国家的土壤质量标准，少数地区达到中、重污染水平。江苏省地质调查研究院的调查表明（廖启林等，2006），江苏省大面积农业土壤遭受重金属污染，特别是在长江沿江地带和苏南经济发达地区，污染趋势加剧。朱士鹏和吴新民（2005）的调查指出，长江沿江土壤呈现以镉为特征污染元素，面积达 2200 余平方千米的区域性污染带。由于重金属不能被生物降解，一旦进入环境就会造成永久性的潜在危害，它可在土壤–植物系统中累积，并通过食物链危及人体健康。土壤重金属污染已成为影响江苏省农业与社会经济可持续发展的严重问题。

蔬菜是人们生活中不可缺少的食品，是重金属进入人体的重要途径之一。大量研究表明，蔬菜的质量安全与产地土壤环境有密切关系。因此，我们课题组对江苏沿江典型农业土壤几个主要蔬菜产区蔬菜中重金属污染分布特征进行了研究，并依据原国家环境保护总局和原国家技术监督局颁布的《土壤环境质量标准》（GB 15618—1995）（表 3-1）及《食品中重金属限量标准》（表 3-2）对所获结果作了初步评价。本章中所有粮食中的金属含量以干重计，蔬菜中的金属含量以鲜重计。

表 3-1　土壤环境质量标准重金属限量值　（单位：mg/kg）

项目 \ 级别 / pH	一级	二级			三级
	自然背景	<6.5	6.5~7.5	>7.5	>6.5
Cu 农田≤	35	50	100	100	400
果园≤	—	150	200	200	400
Zn≤	100	200	250	300	500
Pb≤	35	250	300	350	500
Cd≤	0.20	0.30	0.30	0.60	1.0

表 3-2　食品中重金属限量标准　（单位：mg/kg）

项目	Cd	Pb
粮食（米）	0.2[a]	0.2[a]
豆类	0.2[a]	0.2[a]
蔬菜	0.05[b]	0.2[b]
水果	0.03[c]	0.2[c]

a，《食品中污染物限量》（GB2762—2005）；

b，《农产品安全质量无公害蔬菜安全要求》（GB18406.1—2001）；

c，《农产品安全质量无公害水果安全要求》（GB18406.2—2001）

3.1.1.1　南京某蔬菜基地土壤及蔬菜中重金属的分布

该蔬菜基地位于南京主城区以北，是长江中的一个冲击洲，由长江上游输移下来的泥沙淤积而成，是长江中仅次于崇明、扬中的第三大岛。全洲面积56km^2，有12个行政村，人口3.3万多，南与燕子矶风景区隔江相望，北与六合区大厂镇一江之隔，西与浦口区遥相呼应。

(1) 土壤中重金属含量与分布

该蔬菜基地土壤pH和重金属含量如表3-3所示，可以看出该基地土壤偏碱性，除了种植芦蒿的土壤平均酸度较低外，种植其他蔬菜的土壤平均pH较高。土壤中Cd含量为0.23～0.97mg/kg，均值为0.48mg/kg；Pb含量为22.4～48.6 mg/kg，均值为33.3 mg/kg；Cu含量为31.8～61.4mg/kg，均值为50.4mg/kg；Zn含量为124～354mg/kg，均值为225mg/kg。

表 3-3　南京某蔬菜基地各采样点土壤重金属含量　（单位：mg/kg）

蔬菜类型	n	土壤pH		Cd		Pb		Cu		Zn	
		范围	均值	范围	均值	范围	均值	范围	均值	范围	均值
芦蒿	6	4.56～7.61	5.66	0.35～0.52	0.42	26.6～48.6	34.8	44.6～53.3	49.6	127～271	167
菠菜	2	5.00～7.56	6.28	0.37～0.97	0.67	31.1～47.7	39.4	31.8～53.3	42.6	145～354	250
香菜	3	5.07～8.11	7.08	0.33～0.67	0.55	34.3～38.2	36.4	54.9～61.4	57.6	132～316	240
大蒜	5	5.48～8.00	7.20	0.23～0.54	0.43	25.9～35.0	30.8	41.4～60.0	52.4	136～299	214
芹菜	2	7.78～7.82	7.80	0.38～0.54	0.46	23.5～30.7	27.1	51.2～52.0	51.6	157～201	179
青菜	5	6.50～8.06	7.58	0.39～0.68	0.53	31.8～36.5	33.8	43.9～60.1	50.4	124～251	174
白菜	3	6.47～7.60	7.11	0.40～0.54	0.48	28.6～41.2	33.8	47.0～52.9	50.4	130～228	178
萝卜	3	6.10～8.05	7.30	0.35～0.54	0.43	22.4～45.1	31.4	42.9～56.4	49.2	134～179	150
莴苣	1	—	8.04	—	0.33	—	28.4	—	41.4	—	248

注：n为样本数，本章下同

应用土壤环境质量二级标准对此蔬菜基地土壤重金属污染进行比较，土壤中无一采样点Pb含量超标；Cu含量除1号采样点全部超标外，其余采样点只有个别样品超标，总超标率为30%，最大超标倍数23%；Zn含量总的超标率为20%，其中1号采样点超标率达80%，超标倍数为25%～50%，3号采样点有2个样品超标。Cd污染最严重，样品总超标率达57%，除了2号采样点情况稍佳外，其他采样点超标率均较高，最大超标倍数为80%。由此可见，Cd是该基地农业土壤污染较普遍的重金属污染物，但土壤Cd含量仍在土壤环境质量三级标准之内，属轻度污染。

对各采样点土壤重金属含量进行相关性矩阵分析表明，Pb与Zn呈极显著正相关，Cd与Pb之间的相关系数相对较大。初步认为该蔬菜基地各采样点土壤重金属中的Cd与Pb、Zn有一定的伴生关系，可能有共同的来源。由于该蔬菜基地附近化工企业很少，研究发现，长江灌溉水中的悬浮颗粒物重金属的含量较高，可能是该蔬菜基地农业土壤Cd污染的主要来源之一。此外，该蔬菜基地与大厂工业区仅一江之隔，紧邻南京钢铁厂，钢铁厂的烟尘通过大气扩散作用而降落到土壤中，从而造成该区域的土壤污染。吴德意和青长东（1990）、牟树森和唐书源（1992）研究发现，钢厂粉尘使附近土壤重金属富集，造成蔬菜产量下降，并且使蔬菜中重金属的含量显著提高，甚至超过食品卫生标准111～516倍。该蔬菜基地土壤重金属污染来源及各种重金属间伴生关系有待进一步深入研究。

（2）蔬菜重金属含量

表3-4列出了该蔬菜基地不同蔬菜对Cu、Zn、Pb、Cd的富集情况。从表3-4中可以看出，对重金属Cd而言，除芹菜、红萝卜（地下部分）两种蔬菜未见超标外，其余蔬菜均有样品超标，总超标率为50%，尤其是芦蒿超标最普遍，超标率达83%，最大超标倍数为400%；菠菜次之，1号、3号点超标倍数分别为328%和92%；香菜除1号点超标250%外，其他点均不超标；莴苣仅2号点超标60%。红萝卜地上部在2号点超标，但其可食用的地下部却未超标。

表3-4　南京某蔬菜基地中重金属含量　（单位：mg/kg）

蔬菜类型		n	Cd		Pb		Cu		Zn	
			范围	均值	范围	均值	范围	均值	范围	均值
芦蒿	根	6	0.033～0.229	0.095	0.01～0.06	0.03	0.96～3.34	2.40	1.47～3.87	2.96
	茎		0.046～0.369	0.199	0.01～0.07	0.03	1.30～3.47	2.52	2.59～7.3	3.89
	叶		0.048～0.272	0.171	0.04～0.14	0.06	1.30～2.80	2.06	2.68～5.98	4.33
菠菜	根	2	0.112～0.219	0.166	0.05～0.15	0.10	0.37～1.72	1.05	8.21～10.34	9.28
	地上部		0.096～0.214	0.155	0.07～0.09	0.08	1.43～1.92	1.68	6.38～9.14	7.76
香菜	根	3	0.034～0.202	0.098	0.02～0.08	0.05	0.79～2.23	1.45	1.23～4.22	3.04
	地上部		0.018～0.175	0.078	0.06～0.09	0.07	0.94～1.62	1.28	1.74～4.36	3.46
大蒜	根	5	0.01～0.117	0.043	0.02～0.07	0.04	0.92～1.47	1.13	2.77～5.13	4.14
	地上部		0.004～0.069	0.025	0.05～0.11	0.07	0.10～1.21	0.85	2.10～3.97	3.12
芹菜	根	2	0.028～0.036	0.032	0.06～0.13	0.10	0.71～3.16	1.94	5.64～5.85	5.75
	地上部		0.023～0.025	0.024	0.10～0.13	0.12	0.99～1.29	1.14	2.07～3.68	2.88
青菜	根	5	0.022～0.041	0.026	0.01～0.23	0.08	0.61～1.30	0.86	1.53～6.80	4.88
	地上部		0.029～0.068	0.042	0.02～0.04	0.03	0.33～0.51	0.42	1.65～2.78	2.14
大白菜	根	3	0.033～0.044	0.037	0.01～0.19	0.07	0.36～1.73	0.88	3.13～5.31	4.27
	地上部		0.034～0.055	0.042	0.01～0.01	0.01	0.20～0.34	0.27	1.43～2.92	1.94

续表

蔬菜类型		n	Cd		Pb		Cu		Zn	
			范围	均值	范围	均值	范围	均值	范围	均值
红萝卜	根	3	0.015 ~ 0.023	0.018	0.01 ~ 0.02	0.02	0.08 ~ 0.81	0.38	1.20 ~ 2.96	2.36
	地上部		0.026 ~ 0.057	0.042	0.07 ~ 0.20	0.15	0.28 ~ 1.36	0.75	3.37 ~ 3.63	3.51
莴苣	根	1		0.024		0.03		1.12		5.13
	地上部			0.088		0.04		0.99		2.17

注：除芦蒿分为根、茎、叶三部分外，其他蔬菜均分为地上部与地下部

比较不同采样点间的结果，1 号点蔬菜 Cd 污染较严重，所有蔬菜样品均超标，超标倍数为 100% ~400%，其他采样点除芦蒿外，污染并不严重，绝大多数蔬菜均达标或处于限量值附近。从土壤 Cd 含量来看，1 号点的土壤 Cd 含量为 0.33 ~0.41，但并不比其他采样点高，造成 1 号采样点蔬菜超标严重的原因可能是由于 1 号点的土壤 pH 普遍较低 (4.5 ~6.5)，导致土壤 Cd 的移动性较高，易被植物吸收。对 Pb 而言，所有蔬菜的可食部位均未超标，说明 Pb 尚未对基地蔬菜的食品安全构成威胁。

图 3-1 显示了不同种类蔬菜对土壤 Cd 的平均富集系数，由图 3-1 可知，不同蔬菜富集系数差别很大，其中芦蒿的富集系数最高，胡萝卜最低，二者相差近 10 倍。对于同种蔬菜来说，除莴苣和红萝卜外，其他蔬菜的地下、地上部分富集系数大致相同。对超标严重的蔬菜而言，富集系数的顺序为芦蒿 > 菠菜 > 香菜，而非超标蔬菜富集系数均较低，差别不大。

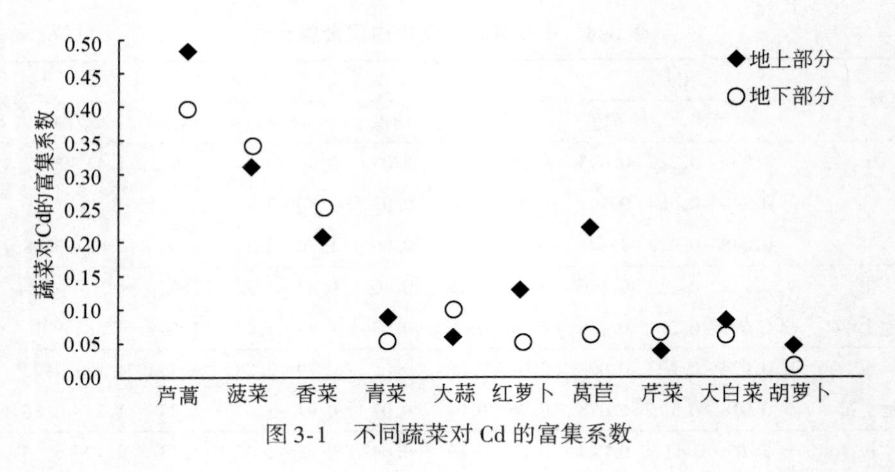

图 3-1　不同蔬菜对 Cd 的富集系数

3.1.1.2　南京无公害蔬菜基地土壤及蔬菜中重金属的分布

南京市千亩无公害蔬菜生产基地，年生产各种无公害蔬菜 300t。每天都有大批量“无公害蔬菜”送到南京各大蔬菜批发市场，继而上了市民的餐桌。因此，对该蔬菜基地蔬菜的重金属含量进行定量分析和评价，对维护食品安全、保证人民群众的身体健康具有十分重要的意义。

对该蔬菜基地土壤共设置了 8 个采样点，采集土壤样品计 18 个。蔬菜采样点 7 个，

共采集蔬菜样品计16个。

由表3-1和表3-5可知，在该蔬菜基地所采集的土壤样品中，Cu、Zn、Pb的含量几乎均未超标，但是，在7个采样点中，pH低于7.5的土壤样品中Cd含量均超标，超标率为38%。分析结果显示，该蔬菜基地土壤中重金属Cd含量普遍超出0.3mg/kg，当土壤pH低于7.5时超过国家土壤环境质量标准二级标准，但未超过国家土壤环境质量标准三级标准，双闸蔬菜基地土壤Cd中轻度污染的现状需要引起足够的重视。

表3-5　南京无公害蔬菜基地各采样点土壤重金属含量　（单位：mg/kg）

采样点	土壤pH	Cu	Zn	Pb	Cd
1	7.65	50.1	165	61.6	0.470
2	8.01	46.5	189	52.7	0.430
3	7.66	50.9	206	59.5	0.498
4	7.80	53.4	223	50.1	0.445
5	6.32	49.2	265	49.2	0.480
6	7.71	48.9	197	56.8	0.515
7	7.25	43.9	211	42.1	0.433
8	7.35	52.5	255	45.0	0.395

表3-6列出了该蔬菜基地各蔬菜中的重金属含量。研究发现，在蔬菜基地所采集的17个蔬菜样品中，有3个采样点的5个样品Cd含量超过食品重金属限量标准，占总样本数的31.3%。其中5号点青椒和7号点丝瓜超标情况较为严重，超标率分别为80%和140%，3号点的茄子和葱、5号点的青椒分别超标20%、40%、20%。除此以外，其他点的Cd、Pb含量均未超过国家标准。

表3-6　南京无公害蔬菜基地各种蔬菜重金属含量　（单位：mg/kg）

蔬菜类型	n	Cu		Zn		Pb		Cd	
		范围	均值	范围	均值	范围	均值	范围	均值
青椒	3	0.63~0.92	0.80	2.21~2.83	2.44	0.01~0.02	0.01	0.01~0.06	0.03
葱	4	0.46~0.65	0.51	2.59~3.88	2.99	0.01~0.01	0.01	0.01~0.07	0.04
茄子	3	1.11~1.36	1.26	2.09~3.20	2.49	0.01~0.02	0.01	0.02~0.06	0.04
丝瓜	2	1.45~2.45	1.95	3.83~4.32	4.08	0.01~0.02	0.02	0.01~0.12	0.07
生菜	2	0.72~0.95	0.84	3.87~5.14	4.51	0.01~0.02	0.02	0.05~0.09	0.07
豇豆	3	0.65~1.07	0.86	2.72~4.61	3.68	0.01~0.02	0.02	0.01~0.02	0.01

上述结果表明，Cd是该蔬菜基地蔬菜作物中的主要污染物。这个结果与蔬菜基地土壤中重金属Cd污染最严重的情况一致。因此，需要进一步分析环境中的Cd来源，采取切实有效的措施，防止重金属对蔬菜的污染，保障人民群众的食品安全。

3.1.1.3　南京江心洲土壤及蔬菜中重金属的分布

江心洲镇位于南京城西南长江之中，距市中心6.5km，隶属于南京市雨花台区。全洲基本呈南北走向的长条形，状若青梅，故又称梅子洲，面积15km^2，总人口近1.2万。1.2万亩①耕地中盛产各类果品和蔬菜，其中葡萄4000亩、韭菜3000亩、小品种蔬菜2000亩、各类杂果1000亩。江心洲蔬菜基地的土壤采样点6个，共采集土壤样品13个。蔬菜采样点7个，共采集蔬菜样品16个。

由表3-1和表3-7可知，在江心洲蔬菜基地所采集的13个土壤样品中，Pb的含量均未超标，但是，土壤样品中Cd的含量超标较为严重。在6个采样点所采集的13个样品中Cd的含量全部超标，超标率为100%，有些点的Cd含量甚至超标200%。表明江心洲蔬菜基地土壤Cd的污染情况比较严重，需进一步研究江心洲蔬菜基地土壤Cd超标的原因以及降低Cd生物可利用性的方法，从而降低Cd对食品造成的危害。

表3-7 江心洲各采样点土壤重金属含量 （单位：mg/kg）

蔬菜类型	n	土壤pH		Pb		Cd	
		范围	均值	范围	均值	范围	均值
葱	5	6.95～7.98	7.42	35.6～52.8	44.4	0.9～1.3	1.0
豇豆	2	7.01～7.48	7.25	41～42.6	41.8	0.9～0.9	0.9
茄子	2	6.98～7.23	7.11	30.9～45.2	38.1	0.8～0.9	0.90
萝卜	2	7.12～7.39	7.26	92.2～276	184	1.5～6.4	4.00
香菜	1		7.74		45.7		0.90
丝瓜	1		7.46		54.2		1.20

由表3-2和表3-8可知，虽然该基地土壤Cd污染较严重，但在江心洲蔬菜基地所采集的14个蔬菜样品中Cd、Pb的含量均未超标。

表3-8 江心洲各采样点蔬菜重金属含量 （单位：mg/kg）

蔬菜类型	n	Cu		Zn		Pb		Cd	
		范围	均值	范围	均值	范围	均值	范围	均值
葱	5	0.3～0.6	0.5	1.5～2.2	1.78	0.03～0.03	0.03	0.002～0.015	0.009
豇豆	2	0.2～0.6	0.5	2.1～2.8	2.50	0.02～0.03	0.02	0.005～0.009	0.007
茄子	2	0.7～0.7	0.7	1.3～1.5	1.40	0.02～0.02	0.02	0.032～0.061	0.047
萝卜	2	0.3～0.4	0.4	2.0～2.4	2.20	0.03～0.03	0.03	0.009～0.015	0.012
香菜	1	—	0.8	—	2.6	—	0.03	—	—
丝瓜	1	—	1.1	—	2.9	—	0.04	—	0.006

3.1.2 苏州主要农业土壤及农作物中重金属的分布

苏州市是江苏省经济较为发达的地区之一，作为工业化程度较高、城市化进程较快的

① 1亩≈666.7m^2，后同。

城市，其农业用地土壤不可避免地受到城市发展的巨大影响。对苏州主要农业土壤及农作物的重金属含量进行测定，分析其污染物水平，为食品安全提供基础数据具有重要的科学意义。

在苏州地区共采集了12个采样点的水稻土样及植物样，同时采集了1个采样点的4种蔬菜样。

表3-9列出了苏州农业土壤和作物中的重金属含量。研究表明，在苏州主要农作物基地所采集的13个土壤样品的pH为5.16~6.46，均低于6.5。土壤的Cu含量为30.5~75.8mg/kg，均值为50.1mg/kg，有6个点超过二级土壤标准50mg/kg，超标率为46%。土壤Zn含量为92.2~324mg/kg，均值为176mg/kg，有5个点超过二级土壤标准200mg/kg，超标率为38%。土壤样品中Pb含量为31.1~89.8mg/kg，均值为63.0 mg/kg，均没有超过国家二级土壤标准。Cd含量为0.214~0.725mg/kg，均值为0.342mg/kg，有7个点超过国家二级土壤标准0.30mg/kg，超标率为54%，但都没有超过三级标准1.0mg/kg。该数据说明，苏州主要农业土壤的主要重金属污染物为Cd，其次为Cu、Zn。其污染范围较广，但污染程度不重，属中轻度污染。

表3-9　苏州农业土壤和作物中的重金属含量　（单位：mg/kg）

类型	n	土壤pH		Cu		Zn		Pb		Cd	
		范围	均值	范围	均值	范围	均值	范围	均值	范围	均值
土壤	13	5.16~6.46	5.72	30.5~75.8	50.1	92.2~324	176	31.1~89.8	63.0	0.214~0.725	0.342
水稻根	12			33.6~164	70.5	57.3~148	94.4	1.34~16.3	5.75	0.232~1.08	0.561
水稻茎	12			7.18~25.7	12.6	45.7~256	106	0.020~4.73	0.94	0.133~0.989	0.301
水稻叶	12			5.39~21.8	10.3	37.9~71.6	54.0	0.646~4.98	2.21	0.021~0.466	0.109
稻米	12			2.61~6.47	4.26	17.3~29.8	22.5	0.040~3.66	0.62	0.002~0.239	0.039
蔬菜根	4			0.92~2.00	1.49	6.30~16.6	9.20	0.013~0.350	0.180	0.050~0.116	0.071
蔬菜茎	4			0.31~0.88	0.70	4.50~11.1	6.20	0.004~0.029	0.018	0.006~0.049	0.030

由表3-2和表3-9可知，在苏州农业土壤所采集的12个水稻样品中，只有一个采样点位的Cd有轻微超标现象，因此，水稻稻米中的Cd含量还是安全的。值得注意的是，稻米的Pb含量超标现象较为严重，有6个采样点的样品超过安全标准0.2mg/kg，超标率达到50%，其中10号、11号点的超标现象最为严重，分别超标18倍和10倍，需引起注意。

从蔬菜情况来看，除菠菜和茼蒿中的Cd含量接近安全标准外，其他均未发现重金属超标现象。

总的来看，苏州土壤的pH平均低于6.5，土壤中Cu、Zn和Cd均发现超标现象，所栽种的农作物中，Cu、Zn、Pb和Cd在蔬菜可食部分中的含量是相对安全的，水稻稻米中Pb含量超标严重，其他三种重金属在稻米中的含量相对安全。

3.1.3　扬中市主要农业土壤及蔬菜中重金属的分布

扬中市位于长江下游，是长江中的一个岛市，为江中沙洲，属冲积平原，全市无山岳，地势低平，地域狭小。扬中市在1995年被列为江苏省生态农业建设试点县（市），其在现代农业发展实践中，以生态为龙头，初步实现了一条集自然生态、农业开发、乡村旅游为一体的“绿色农庄”和“生态走廊”。

在本次土壤和农产品重金属含量调查中，共采集了八桥、油坊桥、长旺、兴隆、三跃、丰裕6个点的土壤样品，以及这6个点上种植的33个蔬菜样品，共12个蔬菜品种，分别包括蔬菜样品的地下部分和地上部分。

由表3-1和表3-10可以看出，扬中市6个点土壤的pH均大于7.5，土壤中的Cu、Zn和Pb含量均未超过国家土壤环境质量标准二级标准，但土壤中Cd含量较高，有4个点Cd含量超过二级标准0.60mg/kg，超标率为67%，其中1号点Cd含量最高，达到0.997mg/kg，但未超过国家土壤环境质量标准三级标准。

表3-10　扬中市各采样点土壤中的重金属含量　（单位：mg/kg）

采样点	土壤 pH	Cu	Zn	Pb	Cd
1	7.9	41.8	51.8	48.4	0.997
2	7.83	48.7	59.3	31.1	0.677
3	7.97	31.8	43.7	30.0	0.24
4	7.91	36.2	52.4	31.2	0.239
5	7.77	25.4	45.7	31.4	0.673
6	7.74	34.9	54.2	39.7	0.622
均值	7.85	36.5	51.2	35.3	0.575

由表3-11可以看出，扬中市采集的蔬菜样品中，各种蔬菜地上部分Cu、Zn含量分别为0.03～1.14mg/kg和0.92～9.15mg/kg，均值分别为0.437mg/kg和2.01mg/kg。而各种蔬菜地下部分Cu、Zn含量分别为0.03～5.14mg/kg和0.44～13.3mg/kg，均值分别为1.23mg/kg和3.89mg/kg。蔬菜地下部分对重金属的富集作用明显强于地上部分。

表3-11　扬中市各采样点蔬菜中的重金属含量　（单位：mg/kg）

蔬菜类型		n	Cu		Zn	
			范围	均值	范围	均值
茼蒿	地下部	3	0.91～2.03	1.56	1.53～4.65	2.81
	地上部		0.41～0.74	0.54	1.26～1.69	1.52
萝卜	地下部	12	0.03～1.25	0.63	2.78～5.30	3.77
	地上部		0.03～0.71	0.28	1.37～2.58	1.82
金花菜	地下部	5	0.87～2.49	1.76	0.44～4.04	2.86
	地上部		0.28～0.61	0.49	0.92～1.83	1.43
韭菜	地下部	2	1.75～1.84	1.80	3.61～2.31	2.96
	地上部		0.50～0.64	0.57	1.99～1.64	1.82
菠菜	地下部	4	0.93～1.31	1.06	2.87～5.16	3.91
	地上部		0.38～1.14	0.73	1.13～9.15	3.74

续表

蔬菜类型		n	Cu		Zn	
			范围	均值	范围	均值
油菜	地下部	2	0.68～2.47	1.58	2.30～5.55	3.93
	地上部		0.30～0.63	0.46	2.32～2.50	2.41
生菜	地下部	2	1.44～5.14	3.29	3.88～7.52	5.70
	地上部		0.57～0.66	0.61	2.15～2.36	2.26
包心菜	地下部	1	—	0.40	—	3.21
	地上部		—	0.43	—	1.46
圆葱	地下部	1	—	1.16	—	3.29
	地上部		—	0.16	—	1.10
芹菜	地下部	1	—	0.29	—	13.3
	地上部		—	0.27	—	1.79

3.1.4 邗江主要农业土壤及蔬菜中重金属的分布

邗江位于江苏省中部，长江三角洲腹部，长江与运河交汇处，东依上海，西连南京，南临长江，北接淮水，中贯京杭大运河，是历史文化名城——扬州市的重要组成部分。享有“鱼米之乡”的美誉。近年来，作为扬州市城郊的邗江区已日益成为市区蔬菜重要的生产和供应基地，尤其是邗江区的沙头、杭集、蒋王3个蔬菜基地无公害蔬菜得到了快速发展。

本次共采集邗江5个蔬菜基地的土壤样品，以及在这5个蔬菜基地上的12个蔬菜品种，共21个蔬菜样品，包括蔬菜的地下部分和地上部分。

从表3-12可以看出，邗江各采样点的土壤pH均大于7.5，属偏碱性土壤。土壤中Cu、Zn、Pb的含量均远低于国家土壤环境质量二级标准。值得注意的是，邗江土壤中Cd含量较高，尤其是其中2号点的Cd含量达到16.4mg/kg，高出国家二级标准27倍，也高出其他3个点的样品2个数量级，考虑到该点附近并没有Cd污染源，推测该样品可能受到了污染。其余3个点的土壤Cd含量为0.383～0.607mg/kg，均值为0.483mg/kg，但当土壤pH低于7.5后，将全部超过国家二级土壤标准0.30mg/kg，值得引起注意。考虑到当地建立的是大面积无公害农产品基地，应建立长期有效的对土壤pH和Cd含量的监测，以确保农产品安全。

表3-12　邗江各采样点土壤中的重金属含量　　（单位：mg/kg）

采样点	土壤pH	Cu	Zn	Pb	Cd
1	7.64	23.8	46.1	27.5	0.459
2	7.78	33.1	89.8	48.8	16.4
3	7.99	25.9	45.3	34.8	0.383
4	8.08	30.0	44.1	31.6	0.607
均值	7.87	28.2	56.3	35.7	4.46

在4个采样点上又采集了多个蔬菜样品，分别测定了蔬菜地下部分和地上部分的重金属含量（表3-13）。

表3-13　邗江各采样点蔬菜中的重金属含量　（单位：mg/kg）

蔬菜类型		n	Cu		Zn		Pb		Cd	
			范围	均值	范围	均值	范围	均值	范围	均值
叶菜类	地下部	15	0.560~3.30	1.16	2.74~31.8	7.87	0.017~0.322	0.112	0.037~0.175	0.071
	地上部		0.220~0.640	0.419	1.56~5.64	3.54	0.011~0.061	0.034	0.013~0.048	0.033
豌豆	地下部	2	0.510~1.31	0.910	10.4~24.8	17.6	0.083	0.083	0.117	0.117
	地上部		0.870~0.515	0.693	4.14~6.26	5.20	0.031~0.039	0.035	0.009~0.024	0.017
根茎类	地下部	4	0.500~1.50	0.960	2.38~16.2	7.12	0.009~0.135	0.065	0.029~0.083	0.059
	地上部		0.155~0.470	0.289	1.70~6.64	3.30	0.006~0.093	0.038	0.006~0.042	0.025
所有品种	地下部	21	0.500~3.30	1.01	2.3831.8	10.8	0.009~0.322	0.087	0.029~0.175	0.082
	地上部		0.155~0.870	0.467	1.56~6.64	4.01	0.006~0.093	0.035	0.006~0.048	0.025

从表3-13中可以看出，蔬菜中Cu含量为0.500~3.30mg/kg(地下)、0.155~0.870mg/kg(地上)，均值为1.0mg/kg(地下)、0.42mg/kg（地上)。蔬菜中Zn含量为2.38~31.8mg/kg(地下)、1.56~6.64mg/kg(地上)，均值为10.8mg/kg(地下)、4.01mg/kg(地上)。蔬菜地下部分对重金属Cu、Zn的富集作用明显强于地上部分。

蔬菜中Pb含量为0.037~0.200mg/kg(地下)、0.006~0.093mg/kg(地上)，均值为0.087mg/kg(地下)、0.035mg/kg(地上)。结果显示所有蔬菜的地上部分Pb含量均未超过无公害蔬菜的安全标准0.2mg/kg，但有些蔬菜的地下部分，如3号点的青菜和芹菜有轻微超标现象，但由于不是蔬菜的可食部分，因此尚不影响蔬菜的食用安全。

Cd含量为0.029~0.175mg/kg(地下)、0.006~0.048mg/kg(地上)，均值为0.082mg/kg(地下)、0.025mg/kg(地上)。与Pb一样，所有蔬菜的地上部分Cd含量均未超过无公害蔬菜的安全标准0.05mg/kg。但地下部分超标较普遍，如2号点的香菜、大蒜和菠菜，3号点的芦蒿、莴苣、豌豆、芹菜和萝卜，4号点的青菜，5号点的菠菜和萝卜。由于有的蔬菜的地下部分可食，如大蒜和萝卜，因此邗江蔬菜中Cd超标的现象应引起重视，并建议当地主要发展以地上部分可食的蔬菜品种，限制或不发展以地下部分食用为主的蔬菜品种。

上述结果表明，在江苏沿江农业土壤中，Cd是最主要的重金属污染物。尤其在蔬菜基地，土壤Cd的含量为0.33~0.97mg/kg，均值为0.48mg/kg，属轻度污染。在蔬菜基地调查的所有蔬菜中，Cd超标较普遍，其中以芦蒿的Cd含量和富集系数最高，因此，在蔬菜基地种植芦蒿有较大的风险。由于植物对重金属的吸收与土壤重金属的赋存形态有关，因此有必要探讨土壤重金属的存在形态与生物有效性的关系。

3.2　重金属的生物有效性和影响因素

土壤重金属存在形态不同，其生物可利用性差异很大，但至今对土壤重金属形态的划分主要还停留在操作定义上的重金属形态。例如，单一提取方法广泛地用来评价重金属植物可利用性，常用的提取剂包括 DTPA、EDTA、乙酸、硝酸和盐酸。然而，对不同性质的土壤，不同的金属浓度，不是所有的提取剂都能够成功预测金属的生物可利用性。Tessier 等（1979）提出连续提取法，该法应用不同化学试剂对沉积物/土壤连续提取，然后根据不同提取剂，将土壤中金属形态分别定义为可交换态、碳酸盐结合态、铁锰氧化物结合态、有机结合态和残渣态。原欧洲共同体（现欧盟）标准物质局组织(BCR)了 35 个欧洲实验室开展土壤/沉积物金属元素的形态分析方法研究，提出了三步提取法，分别为 B1 水溶态、交换态及碳酸盐结合态；B2 铁锰氧化物结合态；B3 有机物及硫化物结合态；Residue 为残渣态(Res)(Quevauviller et al.，1993)。上述这些方法已被广泛应用于土壤和沉积物的形态分析。

3.2.1 土壤重金属的赋存形态的生物有效性

采用欧盟的 BCR 连续提取法研究了八卦洲土壤重金属 Cd、Cu、Pb、Zn 在土壤中的赋存形态分布（图 3-2）。由图 3-2 可知，Cd 以 B1 态、B2 态为主，生物可利用性高，其中 B1 态占总量的 14.6%~41.2%，B2 态占 26% ~43%，两个形态之和占 53% ~83%。进一步的分析表明，pH<7.0 时，B1 态多于 B2，且 B1+ B2 两态之和大于 65%；pH>7.0 时，B1 态少于 B2，且 B1+ B2 两态之和小于 65%。pH 较低的 1 号点，交换态和碳酸盐结合态等活性高的形态比例明显比其他采样点高，说明 pH 是控制重金属赋存形态分布的重要因素之一。八卦洲农业土壤中其余三种重金属 Pb、Cu、Zn 的 B1 态、B2 态所占比例极少，主要以残渣态和有机结合态为主。Pb 残渣态和有机结合态分别占总量的 74.4% ~90.3 和 7.6% ~16.5%；Cu 则几乎完全以有机结合态和残渣态存在；Zn 残渣态占全部总量的 67.5% ~96.5%。与 Cd 相比，Pb、Cu、Zn 三种重金属主要以生物可利用性低的有机结合态和残渣态形态存在，因此向作物迁移的风险较低，这也是为什么在有些土壤中重金属总量超标，而蔬菜样品中重金属含量却是安全的主要原因。而 Cd 是以生物可利用性高的形态存在，因此易被作物吸收，造成农产品超标，这就是八卦洲土壤 Cd 比其他重金属生态风险性高的最主要原因。

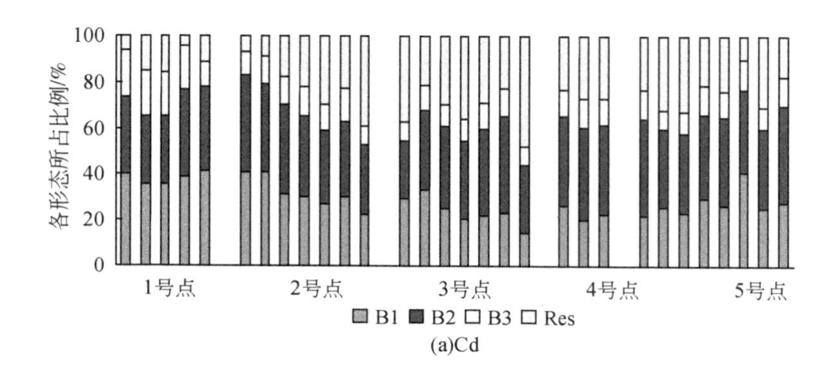

(a)Cd

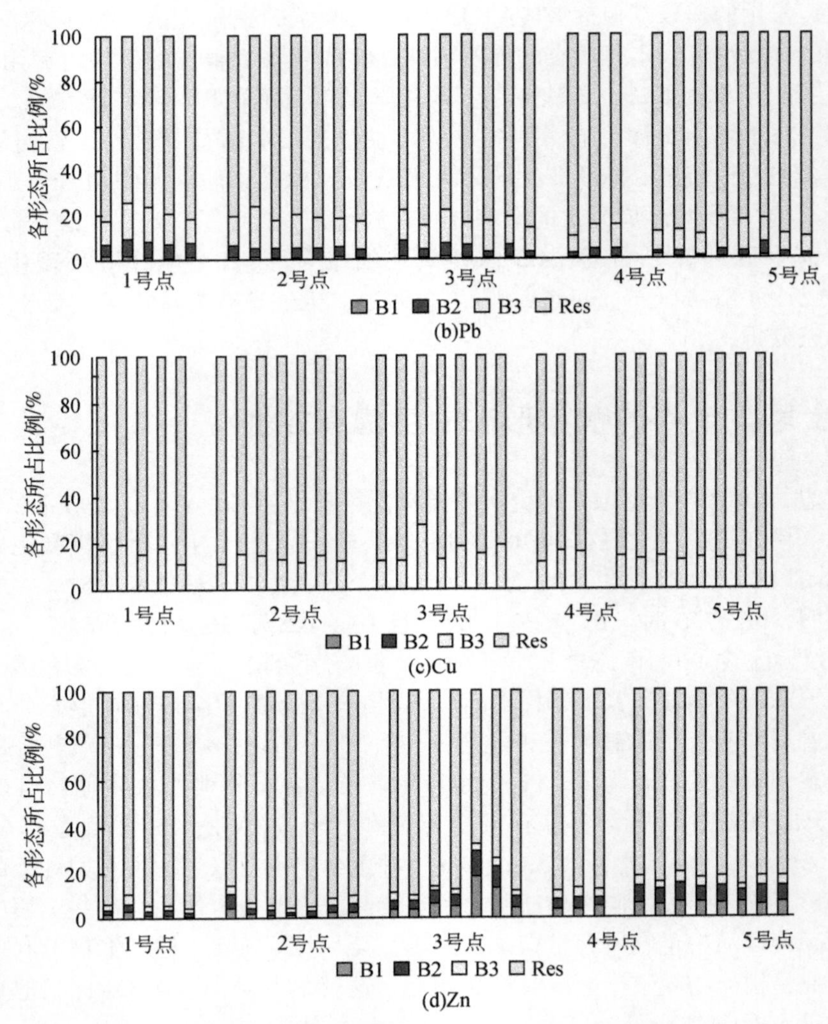

图 3-2　八卦洲农业土壤中 Cd、Pb、Cu、Zn 的形态分布

3.2.2　pH 对土壤 Cd 赋存形态及其生物有效性的影响

表 3-14 显示了土壤 pH 与土壤各形态 Cd 之间的相关系数，从表 3-14 可以看出，B1 态的 Cd 与土壤 pH 之间存在着极显著负相关，残渣态与 pH 之间呈显著正相关，表明 pH 控制着土壤重金属 Cd 形态的转化。当土壤 pH 升高时，土壤表面负电荷增加，对溶液中阳离子的吸附增加，并且通过螯合、配位结合等作用，使土壤与重金属的结合强度增加从而降低土壤中 Cd 的生物可利用性。在土壤 Cd 的各形态中，水溶态的自由离子是植物吸收的直接来源，交换态 Cd 由于很容易被土壤溶液中的其他阳离子交换进入溶液中因此也有很高的活性，碳酸盐结合态 Cd 在植物根系分泌物溶解下或土壤 pH 降低时也会进入溶液中而被植物吸收，因此 B1 态包含的这几个形态 Cd 含量的大小将直接关系到植物对重金属

的吸收量。而铁锰氧化物结合态 Cd 属专性吸附的形态，通过离子交换一般不会被解吸下来，但在酸度较高或氧化还原电位较低时，铁锰氧化物会溶解而释放出 Cd。有机结合态 Cd 是指土壤有机质螯合的或有机–黏粒复合体结合的形态，属于生物难于直接利用的形态，通常情况下，pH 升高，交换态减少，有机态和残渣态增加，但本研究调查的有机结合态 Cd 却与 pH 呈负相关，可能是 pH 升高促使有机结合态的 Cd 进一步向活性更低的残渣态转化的缘故。其他形态 Cd 与残渣态之间存在显著或极显著负相关，说明这些形态的 Cd 与残渣态之间相互转化，互为消长，共同影响着 Cd 的生物有效性。

表 3-14　土壤 pH 与各形态 Cd 分布系数间的相关关系（R^2）

项目	pH	B1	B2	B3	Res
pH	1. 000				
B1	−0. 597 * *	1. 000			
B2	0. 224	0. 071	1. 000		
B3	−0. 454 *	0. 534 *	−0. 028	1. 000	
Res	0. 457 *	−0. 881 * *	−0. 456 *	−0. 664 * *	1. 000

注：此为 30 个样本的统计结果。

* 、* * 分别表示存在显著相关（$P<0.05$）和极显著相关（$P<0.01$）

从 $CaCl_2$ 及混合有机酸提取土壤 Cd 浓度的变化来看（图 3-3），随着土壤 pH 升高，这两种提取剂提取的 Cd 占总量的比例显著降低，进一步说明 Cd 的生物有效性下降。

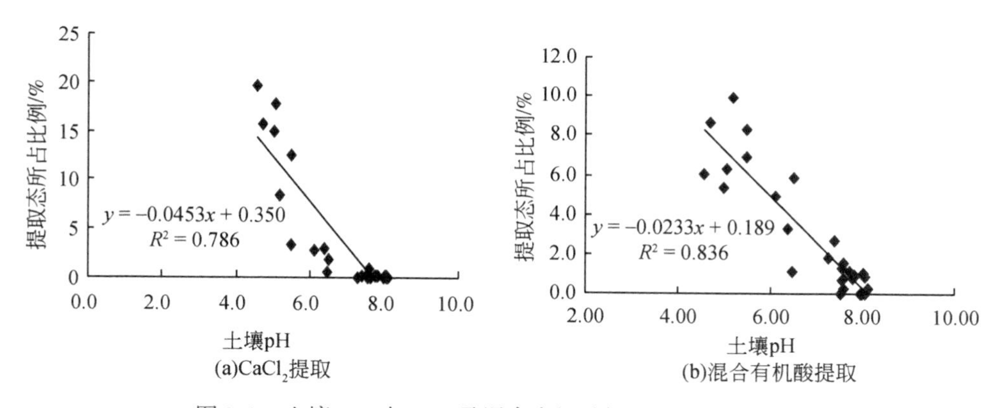

图 3-3　土壤 pH 对 $CaCl_2$ 及混合有机酸提取 Cd 形态的影响

pH 对重金属的赋存形态产生重要影响，必然会反映在植物对重金属吸收的变化上。由图 3-4 可知，芦蒿、大蒜、青菜三种蔬菜地下部分和地上部分 Cd 生物富集系数（BCF）与土壤 pH 呈负相关，表明土壤 pH 越低，植物吸收的 Cd 越多，这与形态分析的结果吻合。因此，农业土壤酸化诱导 Cd 的活化是引起农产品 Cd 超标的重要因素之一，也是江苏农业土壤面临的潜在风险。大量研究表明，江苏省农业土壤酸化趋势加剧（刘付程等，2006；周生路等，2005）。据江苏省地质调查研究院“国土生态地球化学项目”调查（廖启林提供，未发表），全省耕作层土壤平均酸碱度为 7. 3，最低酸度已经低于 4. 0，pH 低于 5. 0 的强酸性土壤累计超过 500km²，其中大部分都集中在太湖流域。最近 20 年土壤酸碱度变化趋势表明，全省耕作层土壤有 11% 酸碱度下降了 1.0 以上，有 15% 酸碱度下降了 0.5～1.0，局部土壤的酸化趋势严重，应该引起人们的高度重视。综上所述，我们建议通过调控土壤 pH 来降低土壤 Cd 的生物可利用性，是保障农业安全生产的重要途径。

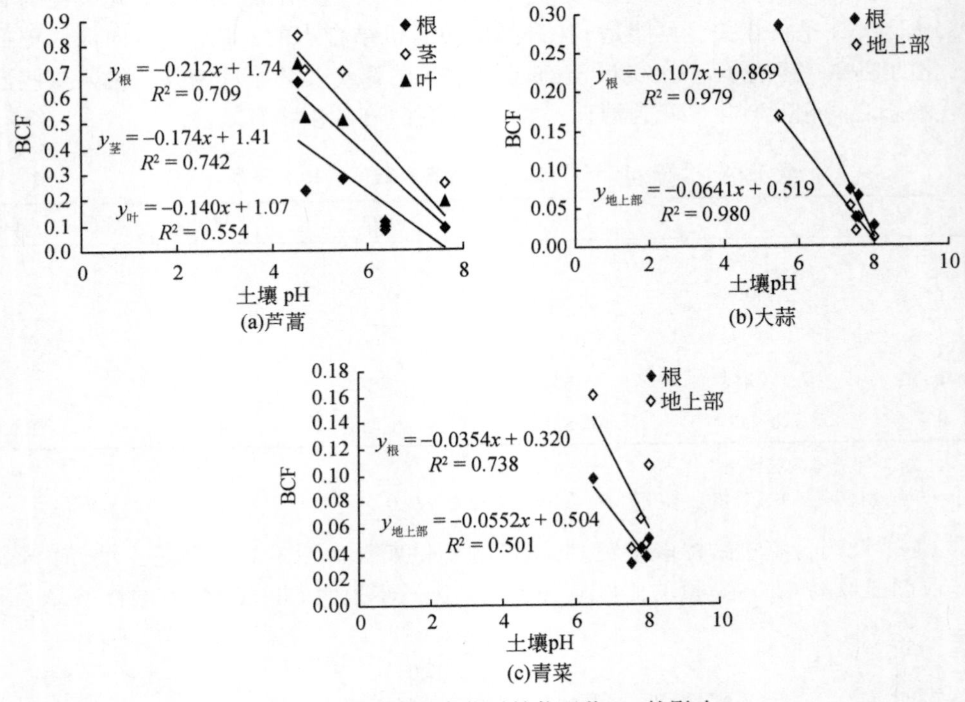

图 3-4　土壤 pH 变化对植物吸收 Cd 的影响

3.2.3　老化效应对土壤重金属形态及其生物有效性的影响

重金属进入土壤之后，其形态因一系列物理变化和化学反应而改变。重金属与土壤溶液中的无机和有机离子配合，与土壤固相发生吸附和沉淀。无论是土壤溶液中的金属配合物，还是吸附在土壤固相上的金属，或是与土壤溶液中的离子沉淀而形成的新的土壤固相成分，都难以被植物吸收和利用。上述的变化和反应使重金属的形态由不稳定的形态向稳定形态转变，因而降低了土壤中重金属的生物有效性。已有的研究表明，土壤 pH 升高会导致重金属的吸附和沉淀，有机质含量高的土壤比含量低的土壤更容易吸附重金属，适宜的温度有利于重金属与有机离子的螯合（Peijnenburg and Jager，2003）。时间效应对重金属形态的影响不容忽视。随着时间的推移，重金属有向稳定形态转变的趋势，即老化效应（Alexander，2000）。虽然老化效应的现象已经被证实，但是老化时间对土壤重金属形态、不同重金属之间的影响等尚未研究清楚。

本研究采用实验室模拟的方法，把重金属 Cd、Pb、Zn 的盐溶液加入从南京市八卦洲水稻种植地采集的土壤中，在一年内不同时期分析土壤中这三种重金属有效态的变化，对人为污染土壤的重金属老化效应进行研究，探讨重金属单一和复合条件下的老化效应。

3.2.3.1 单一老化效应

应用0.01mol/L $CaCl_2$溶液提取法来测定重金属对植物的有效态（Houba et al.，2000），结果见图3-5至图3-7。从Cd、Pb、Zn单一老化曲线的结果可以看出：有效态浓度在开始的7d内迅速减小，7～30d内缓慢减小，而30d以后有效态浓度趋于稳定，达到动态平衡。有效态重金属浓度与老化时间的相关关系按一阶指数衰减函数［$y=A\times\exp(-x/t)+y_0$］拟合，该拟合方法用于描述变量先显著减小后趋于稳定的动力学过程。在显著水平0.05

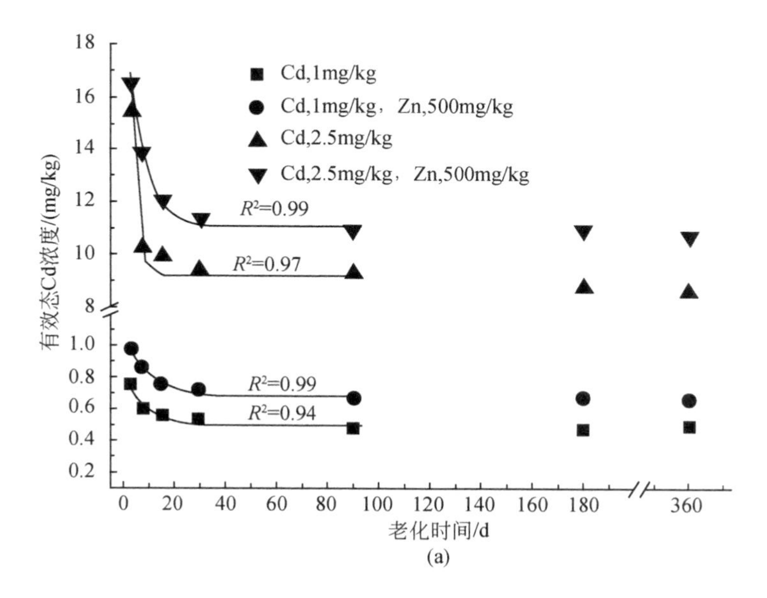

(a)

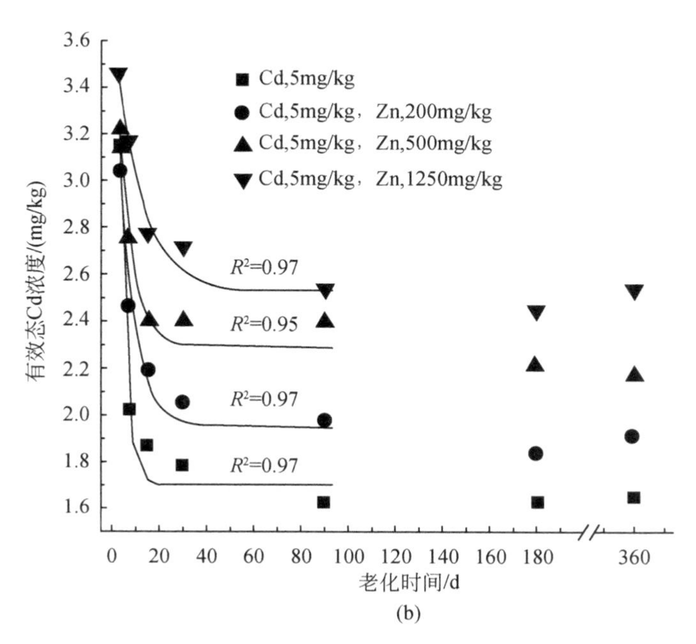

(b)

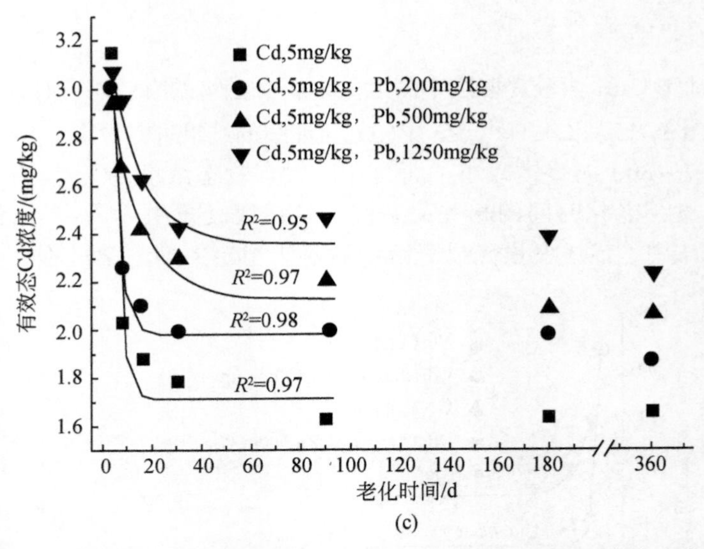

(c)

图 3-5 Cd 的单一老化效应以及 Zn、Pb 存在下 Cd-Zn、Cd-Pb 复合老化效应

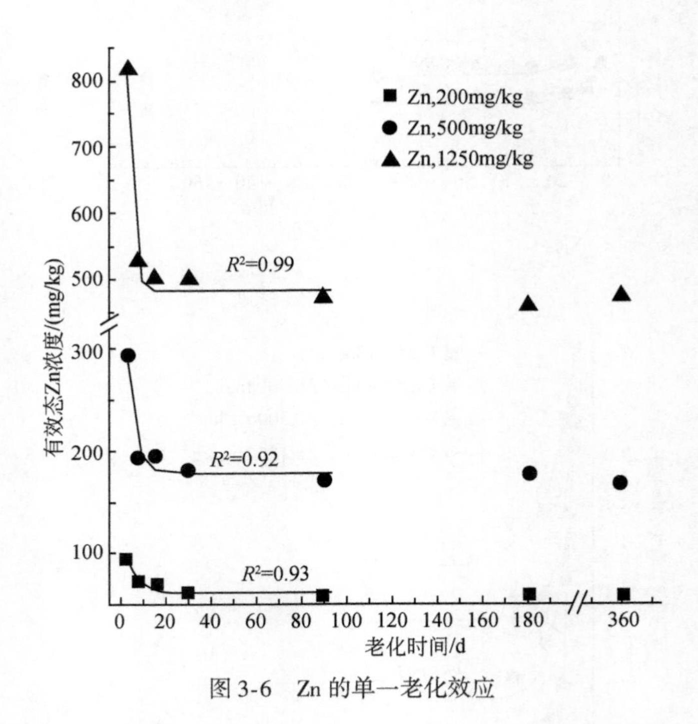

图 3-6 Zn 的单一老化效应

下，拟合曲线均有显著的统计学意义。从第 3 天的有效态浓度来看，Pb 是三种重金属中在前 3d 浓度减少最多的重金属。这可能是因为 Pb 相对于 Cd 和 Zn 更易吸附在 Fe、Mn 等矿物表面（Martinez and McBride，1999），而不易被 $CaCl_2$ 提取出来，即 Pb 生物有效性显著降低。这对评价 Pb 对环境产生的危害有着重要的意义。忽略老化效应的影响，可能会高估其危害，从而在污染控制和治理上造成严重的浪费。到第 7 天，三个浓度组的有效态

Cd 为加入的重金属总量的 41% ~60%、Zn 为 36% ~42%，而 Pb 仅仅为 20% ~45%，Cd 的有效态浓度减小得最慢。Tang 等（2006）发现在 120d 老化之后，Cd 主要以可交换态存在。这可能是因为 Cd 的有效态主要是以水合 Cd^{2+} 存在，它被土壤表层的配合物吸附（Lim et al.，2002），从而无法进一步转化为更稳定的形态。

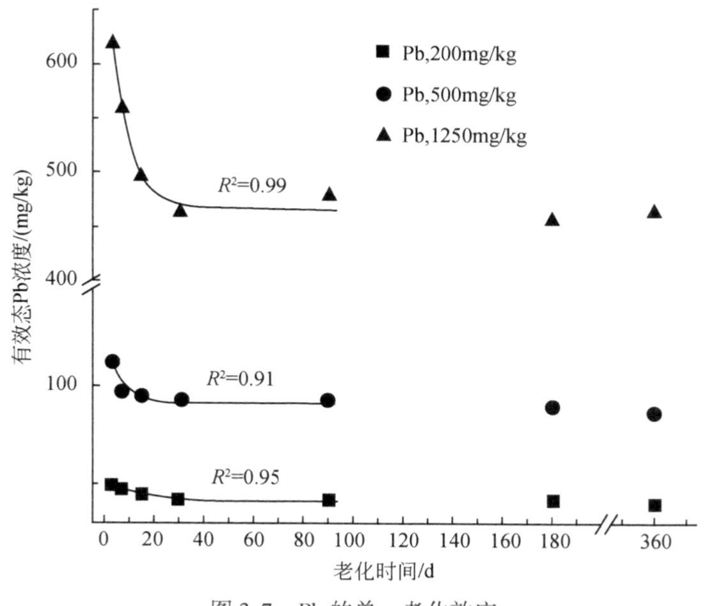

图 3-7　Pb 的单一老化效应

3.2.3.2　复合老化效应

在 Zn 存在的条件下，Cd 三个浓度组的 Cd-Zn 复合老化效应与 Cd 单一老化效应存在显著差异。具体表现为：复合老化效应的稳态浓度显著高于单一老化效应，并且达到稳态的时间延长。从图 3-5（b）可以看出，随着复合加入的 Zn 浓度的增加，Cd 的有效态浓度相对显著增加，未加入 Zn 时，Cd 的平衡浓度为 1.7mg/kg，而加入 1250mg/kg Zn 时，Cd 的平衡浓度约为 2.5mg/kg，同时，可以观察到开始的 30d 内 Cd 平衡浓度迅速减小，30 ~60d 缓慢减小，而 60d 以后浓度才趋于稳定，其达到稳态的时间相对于 Cd 的单一老化效应的时间延长。说明 Zn 与 Cd 在固相上的吸附发生显著的竞争，这种竞争使得能被 $CaCl_2$ 提取的 Cd 显著增加，即有效态的 Cd 显著增加。van Gestel 和 Hensbergen（1997）在研究人为污染土壤 6 周老化效应时发现，Zn 的存在增加水溶态 Cd 的含量。Kuo 等（2004）发现，Zn 的存在增加莴苣体内 Cd 的蓄积，表明外源的 Zn 使生物可利用态的 Cd 含量增加。

类似的现象也出现于 Pb 存在下 Pb-Cd 的复合老化效应中，Pb 的存在对有效态 Cd 浓度的增加较之 Zn 更为显著。显著性检验的结果表明：在 200mg/kg 浓度水平时，Pb 与 Zn 的存在对有效态 Cd 含量的增加没有显著性差异（$P=0.258$），而在 500mg/kg 和 1250mg/kg 浓度水平时，二者差异显著（$P=0.014$，$P=0.004$）。说明当外源 Pb 增加时，土壤中的有效态 Cd 含量显著增加，并且增加量比外源 Zn 存在时更为显著。Lin 等（2003）发现，土壤中加入的 Pb 影响 Cd 的形态，使 Cd 可交换态含量增加。由于 Pb 在矿物表面的吸附能力比 Zn 强（Xu，et al.，1997），所以相对于 Zn 来说，Pb 的竞争更为显著的减小了 Cd 的吸附量，从而使 Cd 的交换态和水溶态等形态的含量更为显著的增加。在 Zn 或 Pb 存在的条件下，Cd-Zn、Cd-Pb 复合老化效应与 Cd 单一老化效应存在显著差异，其稳态浓度显著高于单一老化效应，并且达到稳态的时间延长。

3.2.4 土壤有机质和配体对重金属生物有效性的影响

3.2.4.1 土壤腐殖酸对稀土元素形态及其生物有效性影响

Gu 等（2001）研究了腐殖酸（HA）对土壤中稀土元素（REE）生物可利用性的影响；从图 3-8 中可以看出，La、Ce、Nd、Pr 均主要在根部积累，叶中的稀土元素浓度较低，这与相关研究报道结果一致。同时发现，腐殖酸浓度较低时小麦根部的稀土元素浓度均有所上升，在腐殖酸浓度为 0.02% 时达到最高值，随着腐殖酸浓度增加，稀土元素浓度迅速降低。这一现象在小麦根部尤其明显，这可能与稀土元素主要在根部富集有关。

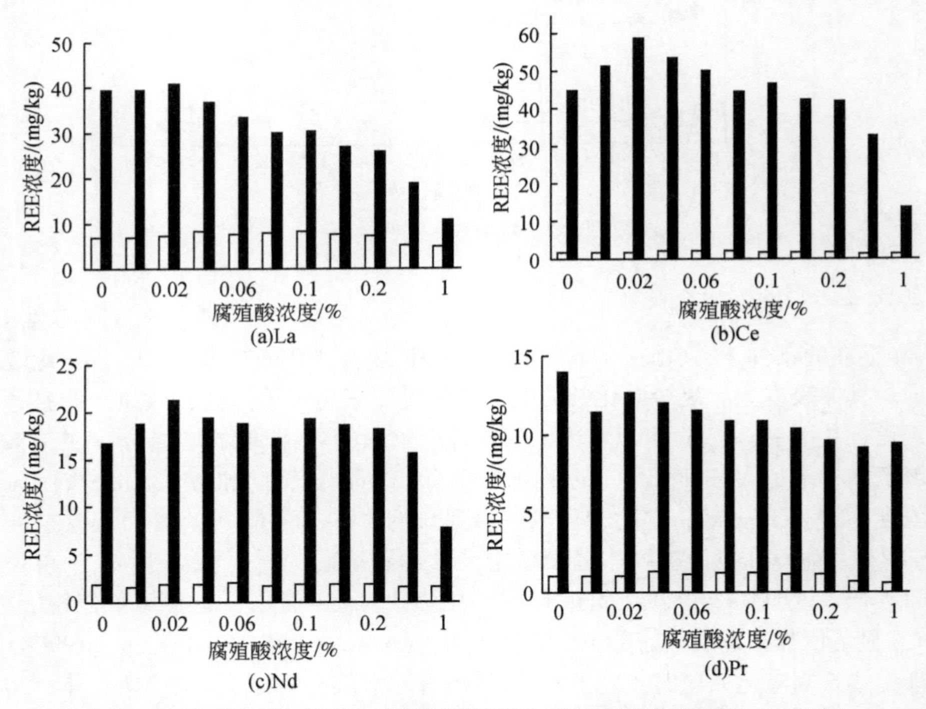

图 3-8 腐殖酸对红壤中小麦植株富集稀土元素的影响（■根；□茎叶）

腐殖酸对小麦幼苗茎叶中稀土元素浓度的影响则未表现出明显的关系，可能是稀土元素主要在小麦根部富集，输送到茎叶中的稀土元素较少，使得腐殖酸对小麦茎叶中稀土元素的影响未表现出来。综上所述，腐殖酸对小麦富集稀土元素的影响与其浓度有关，低浓度的腐殖酸可以促进小麦根部对稀土元素的积累，高浓度的腐殖酸则抑制其吸收，说明土壤中腐殖酸浓度较大时，可以降低稀土元素的生物有效性。这对含有高浓度稀土元素的土壤，腐殖酸增加稀土元素在土壤中的固定性、减轻稀土元素对生物的毒害作用具有一定的意义。

3.2.4.2 添加配体对稀土元素生物可利用性的影响

(1) 硫酸盐对稀土元素生物有效性的影响

Gu 等（2000）应用 MINTEQA 程序计算了 SO_4^{2-} 在水培条件下的存在形态，并研究了其对小麦幼苗稀土元素生物可利用性的影响。结果表明，SO_4^{2-} 的存在对小麦植株富集稀土元素有一定的影响。但对不同的部位、不同的稀土元素，其影响各不相同。Gu 等还观察到小麦在加入 0.1mol/L Na_2SO_4 培养 15d 后枯萎死亡。动力学实验表明，SO_4^{2-} 的加入对小麦植株富集稀土元素随时间变化无明显影响。

(2) 磷酸盐和碳酸盐对稀土元素和生物有效性的影响

顾志忙等（Gu et al., 2000）研究了不同浓度磷酸根对小麦幼苗富集三种稀土元素的影响。结果表明，添加磷酸根后，磷酸根离子可明显抑制稀土元素在小麦植株中的富集。动力学实验表明，小麦幼苗根部对稀土元素的富集量（Y）随时间（t）增加而增加，其富集值符合线性递增函数方程 $Y=at+b$，相关系数大于 0.90；而茎叶部最初富集能力较强，随着时间增加，小麦茎叶对稀土的富集受到抑制。与对照组相比，无论是小麦的根部或茎叶部，磷酸根离子的加入均抑制其生物可利用性。

Xu 等（1997）采用 pH 为 8.2 的 NaAc 作为交换态 Nd 的提取剂，测定在碳酸盐存在下交换态 Nd 形态的变化。结果表明，可溶性外源 Nd 进入土壤后，99% 以上 Nd^{3+} 被土壤吸附。加入碳酸盐可抑制 Nd 在小麦苗中的富集作用。这可能是由于碳酸盐与 Nd^{3+} 的沉积作用，使土壤中交换态 Nd 浓度降低。

(3) 有机配体对稀土元素生物有效性的影响

Sun 等（1997）运用 MINTEQA 程序计算出土壤溶液中稀土-有机配合物占总稀土元素的 98% 以上，然后研究有机配体对植物可利用性的影响。结果表明，三种形态稀土元素主要在根部富集，其富集顺序为稀土离子>稀土-NTA 配合物>稀土-EDTA 配合物。加入有机配体将减小稀土元素在植物根部的富集，且富集量与稀土配合物的稳定常数呈负相关（图 3-9）。稀土元素在茎叶中富集的顺序为稀土-EDTA 的配合物>稀土-NTA 配合物>稀土离子，表现出其富集量与稀土配合物稳定常数呈正相关（图 3-10），表明配体存在有助于稀土元素向植物茎叶输送。

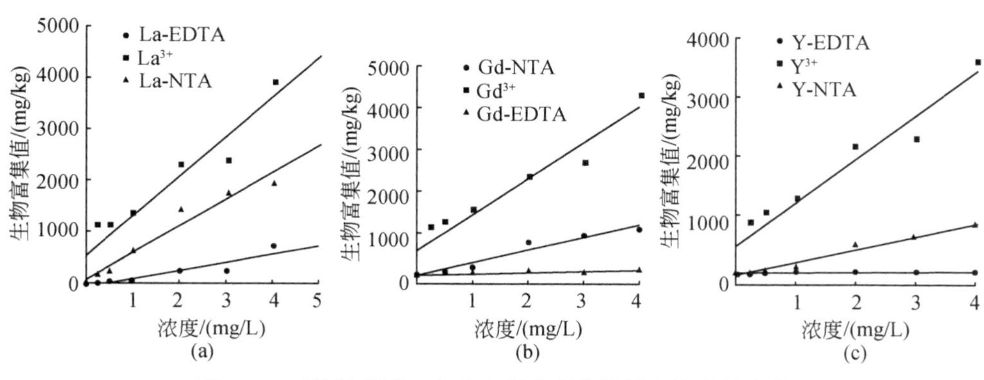

图 3-9 三种形态稀土在小麦根中富集随稀土浓度的变化

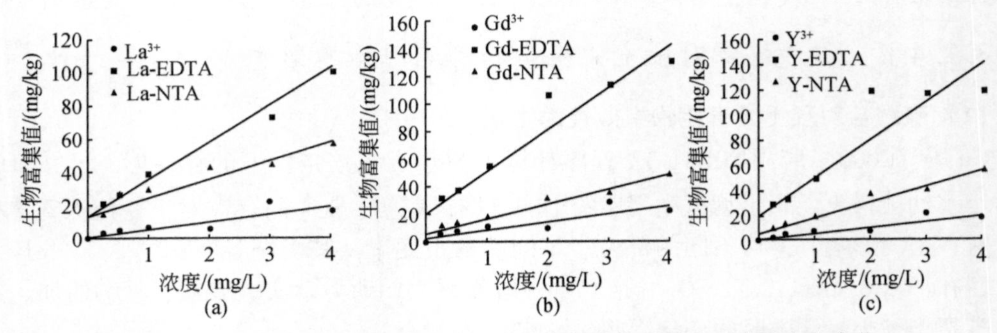

图 3-10　三种形态稀土元素在小麦茎叶中的富集随稀土元素浓度的变化

3.3　土壤重金属生物有效性的测定和预测模型研究

3.3.1　重金属生物有效性研究方法进展

土壤中重金属生物有效态含量的确定一直是一个难题，因为其受到土壤许多性质的影响（Cornu and Denaix，2006）。许多研究者（Rieuwerts et al.，1998；Barber，1995）利用不同的分析方法和技术手段来预测生物中的金属含量，但这些元素形态的生物有效性分析方法往往都是操作定义。例如，Tessier 等（1979）提出的连续提取法和欧共体（现欧盟）标准物质局提出的三步提取法（BCR）（Pueyo et al.，2008）已被广泛应用于土壤和沉积物的形态分析。但是这些方法仍存在着化学提取剂缺乏选择性、提取过程中痕量金属的再吸附及再分配等问题，如何能得到反映土壤/沉积物重金属存在的真实形态，至今仍在不断探索基于不同原理的各种新方法。例如，根据金属的化学性质提出的自由离子活性模型，根据金属在土壤表面和液相之间的分配提出的同位素稀释交换等，这些方法主要关注金属在固液两态间的静态平衡，而对于在生物存在下重金属在环境中不断变化的过程则重视不够。这些方法均忽略了植物根际微环境对生物有效性的影响，因为植物根系分泌的低相对分子质量有机酸极大地改变了植物对污染物的生物可利用性。单孝全等（Feng et al.，2005a，2005b；Fang et al.，2007）为了建立能普遍适用的预测生物可利用性的方法，在充分考虑土壤/植物系统复杂反应对生物可利用性的影响基础上，提出基于根际过程的生物可利用性方法。该方法的关键是应用根际湿土壤的低相对分子质量有机酸作萃取剂获得土壤溶液组分，然后再与植物中金属的积累作相关性分析。植物根际湿土壤可以将与植物根紧密黏结在一起的土壤用水洗下来，或用手轻轻地剥落获得。根据中国常见的植物和土壤中有机酸的组成，提出以 10μmol/L 有机酸混合酸（乙酸：乳酸：柠檬酸：苹果酸：蚁酸=4：2：1：1：1）作为萃取剂。研究表明，基于根际过程的生物可利用性能较好地预测土壤中 Cu、Zn、Cr 和 Cd 的生物有效性，但不能评估 Pb 和 Ni 的生物有效性。但是，植物根部对重金属的吸收作用导致根部附近土壤溶液中的重金属浓度下降，由此促使土壤颗粒态重金属补充给土壤溶液，这个动态反应过程不可忽略（Lehto et al.，2006a），而这种动态反应过程对重金属的生物有效性有着重要影响。此外，化学提取方法只考虑了植物摄取重金属的热力学平衡过程，并没有考虑根系从周边环境吸收重金属实际上是一个动力学和热力学相辅相成的过程，这很可能会造成在预测其生物有效性上的误差。随着原位监测要求的出现，传统的化学提取法已经不能够满足其要求，迫切要求一种准确可靠、普遍适用、使用方便且价格较低廉的提取新技术来替代传统的化学提取技术。

1994 年，Davison 和 Zhang 等（1994）共同开发了梯度扩散薄膜（diffusive gradient in thin film，DGT）的膜技术，用于测定环境中重金属有效形态。这项技术的核心主要由三层膜组成，最外层为 0.45μm 的滤膜，第 2 层膜为聚丙烯酰胺扩散膜，第 3 层膜为树脂膜。这项技术被开发后，首先被运用于水环境中重金属的有效形态的提取。Zhang 等（1998）于 1998 年首先采用 DGT 技术对土壤中重金属的生物有效态进行了原位的提取，发现 DGT 技术提取的重金属有效形态和土壤溶液中重金属浓度具有良好的相关性。2001 年 Zhang 等定义 DGT 技术提取的重金属浓度为有效浓度（effective concentration，CE）。近些年来，越来越多的研究者采用 DGT 技术研究土壤环境中重金属的生物有效形态（Hooda et al.，1999；Tusseau-Vuillemin et al. 2004；Sonmez and Pierzynski，2005；Cornu and Denaix，2006）。研究均表明，对于不同理化性质的土壤和不同的重金属，DGT 技术测得的 CE 值和该金属的生物有效形态的相关程度总是高于传统的化学提取方法。Hooda 等（1999）比较了 DGT 技术应用于不同湿度下土壤重金属有效态的研究，结果显示，在相当宽的湿度范围内，DGT 依然可以准确定量的描述重金属生物有效形态。

DGT 技术之所以可以准确地反映重金属的生物有效形态，其主要原因是它的膜结构可以较好地模拟根系从根际土壤环境中摄取重金属的动力学和热力学过程，其中模拟动力学过程是传统化学提取手段所无法比拟的。DGT 技术局部降低了其表面附近土壤溶液的重金属浓度，使 DGT 装置附近的土壤固相上的重金属离子释放到土壤溶液中，被释放出来的重金属离子通过扩散被 DGT 吸收，这一过程很好地模拟了根系摄取重金属的过程。Zhang 等（2001）在定义 CE 时指出，CE 值不仅包括土壤溶液中的重金属浓度，还包括代表重金属从土壤固相向溶液中释放的那部分浓度。显然 DGT 技术考虑了热力学平衡和动力学扩散两个方面，因此，不难理解为什么其在预测重金属生物有效性上相对于传统化学提取方法具有优势。

尽管 DGT 技术在土壤重金属生物有效性方面的预测已经得到了越来越广泛的应用，但关于这项技术的适用性仍然存在一些争议。有些研究表明（Song et al.，2004；Koster et al.，2005），DGT 技术在预测重金属生物有效性方面并没有显示出高于其他化学提取方法的优势。更有研究反映，在某些情况下 DGT 技术完全不能预测重金属生物有效性，所以 Nolan 等（2005）得出结论，DGT 技术是否可以成功预测重金属生物有效性主要取决于土壤中重金属的结合形态、其在土壤中的浓度跨度、被研究植物的种类等。重金属污染的源头和土壤本身的基本性质也会成为影响因素。

因此，对 DGT 技术的应用，研究者应该采取谨慎的乐观态度。对于每一种金属，每一种植物，DGT 技术的适用性都要被检验，若评价食物链效应对于人类健康的影响，则应该对各种可食用农作物作更为细致的研究（Cornu and Denaix，2006）。

3.3.2 应用 DGT 技术预测田间农作物的生物有效性

从目前发展趋势来看，相对于传统化学提取方法，尽管 DGT 技术不是非常完善，但已经受到越来越多研究者的认可。但目前多数使用 DGT 技术的研究均是以实验室种植植物为研究对象，能否应用 DGT 技术来预测实际环境中的生物有效性尚不得而知。为此，Tian 等（2008）分别在邗江、苏州、太仓、扬中等地选取 18 个采样点收集整株水稻植株，同时采集每株植株的根际土壤，研究 DGT 技术预测田间农作物的生物有效性，并同其他三种化学提取方法进行比较。这是一次完全基于真实种植条件将 DGT 技术真正运用于野外的尝试。

3.3.2.1 不同提取技术对重金属生物有效性预测能力的比较

根部吸收或吸附溶解在土壤溶液中的重金属离子，然后转运至植物的其他组织中，并在其他组织中累积，由于转运以及后来的累积过程本身会受到很多植物生理因素的影响，因此可直接选取根部重金属的含量来代表其生物有效性。

水稻中重金属的浓度和不同提取方法测得的土壤样品重金属浓度的关系如图 3-11 至图 3-14 所示。所有的数据均采用原始数据，没有进行对数变换。有些研究者（Zhao et al.，2006）倾向使用对数变换来缩小数据的范围，但是考虑到这种数据的变换往往会掩盖数据间真实的关系。在本次实验处理数据的过程中，遇到数据过于分散时，我们用内嵌的子图来表示低浓度时的情况。

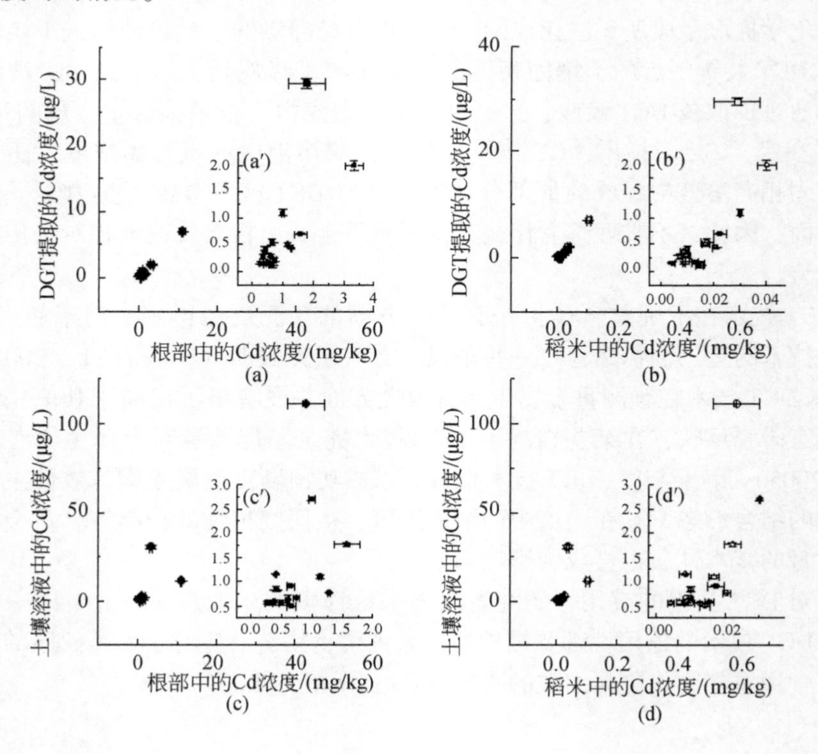

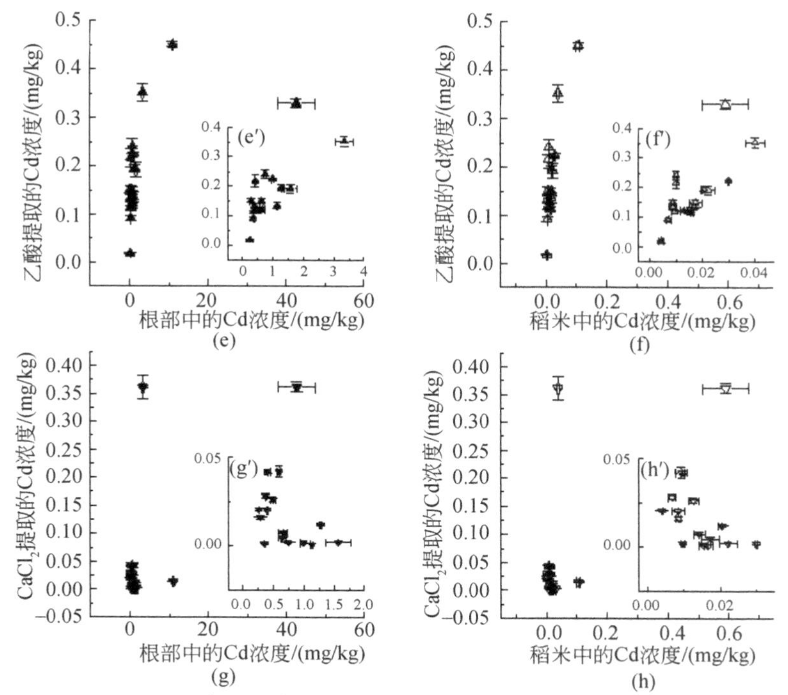

图 3-11 水稻根中的 Cd 浓度与 DGT 技术提取的 Cd 浓度

图中显示水稻根中的 Cd 浓度与 DGT 技术提取的 Cd 浓度（a）、土壤溶液中的 Cd 浓度（c）、乙酸提取的 Cd 浓度（e）和 $CaCl_2$ 提取的 Cd 浓度（g）的相关性比较，以及水稻米中的 Cd 浓度与 DGT 技术提取的 Cd 浓度（b）、土壤溶液中的 Cd 浓度（d）、乙酸提取的 Cd 浓度（f）和 $CaCl_2$ 提取的 Cd 浓度（h）的相关性比较。低浓度范围分别由内嵌的小图（a′）、（c′）、（e′）、（g′）、（b′）、（d′）、（f′）、（h′）表示

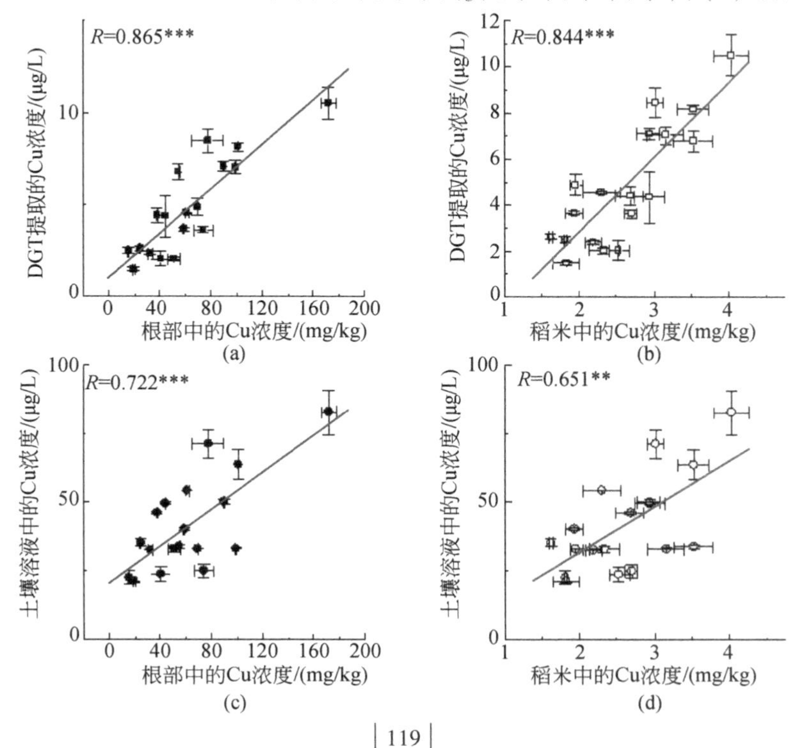

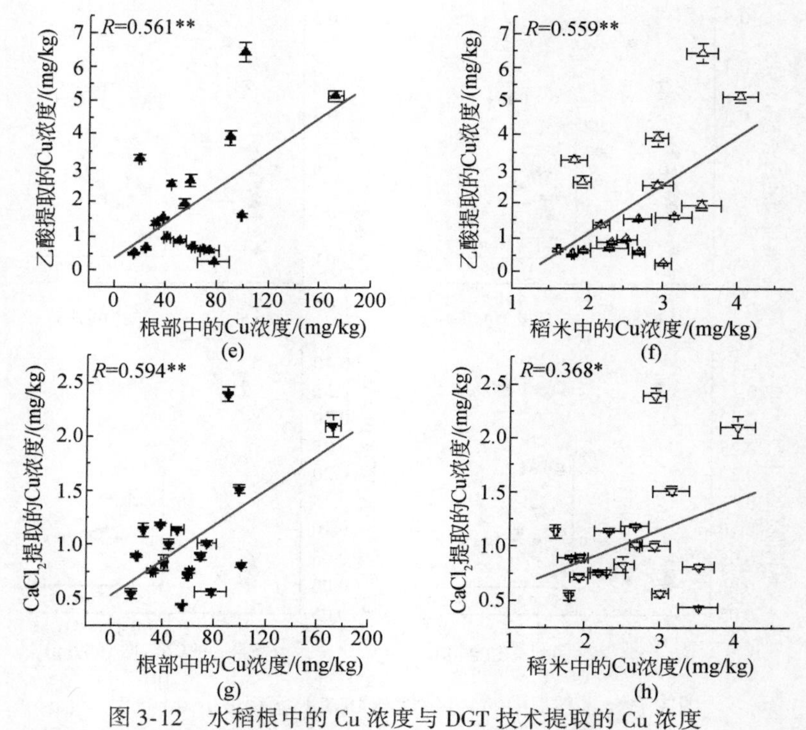

图 3-12　水稻根中的 Cu 浓度与 DGT 技术提取的 Cu 浓度

图中显示水稻根中 Cu 浓度与 DGT 技术提取的 Cu 浓度（a）、土壤溶液中的 Cu 浓度（c）、乙酸提取的 Cu 浓度（e）和 $CaCl_2$ 提取的 Cu 浓度（g）的相关性比较，以及水稻米中的 Cu 浓度与 DGT 技术提取的 Cu 浓度（b）、土壤溶液中的 Cu 浓度（d）、乙酸提取的 Cu 浓度（f）和 $CaCl_2$ 提取的 Cu 浓度（h）的相关性比较。图中列出了相关系数 R 及显著性水平 P。*，$P< 0.05$；**，$P< 0.01$；***，$P< 0.001$

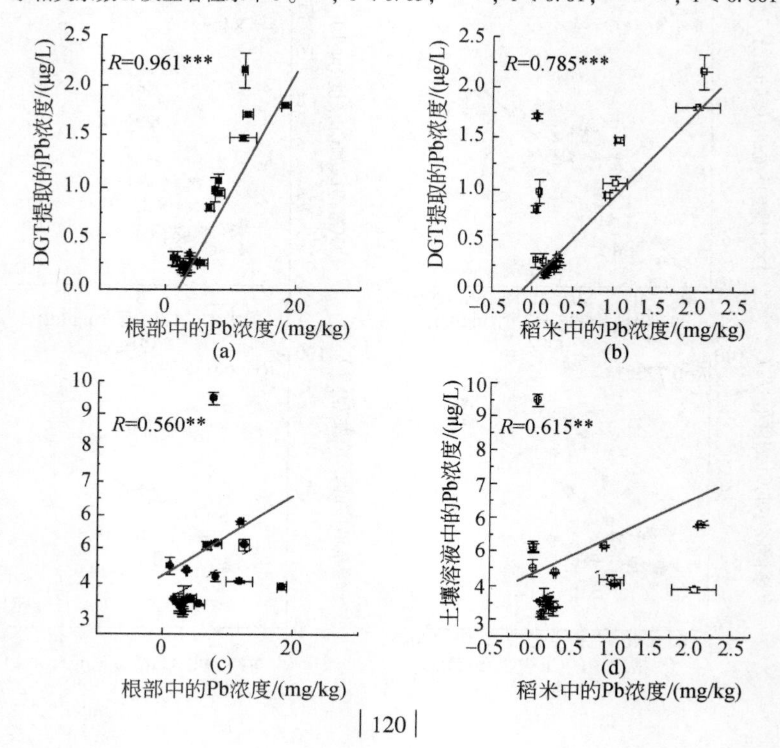

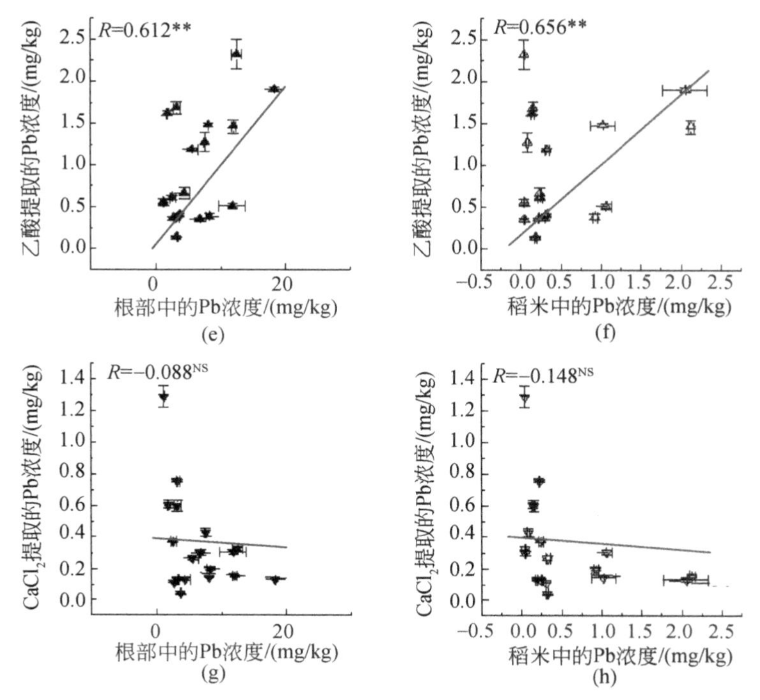

图 3-13　水稻根中的 Pb 浓度与 DGT 技术提取的 Pb 浓度

图中显示水稻根中 Pb 浓度与 DGT 技术提取的 Pb 浓度（a）、土壤溶液中的 Pb 浓度（c）、乙酸提取的 Pb 浓度（e）和 $CaCl_2$ 提取的 Pb 浓度（g）的相关性比较，以及水稻米中的 Pb 浓度与 DGT 技术提取的 Pb 浓度（b）、土壤溶液中的 Pb 浓度（d）、乙酸提取的 Pb 浓度（f）和 $CaCl_2$ 提取的 Pb 浓度（h）的相关性比较。图中列出了相关系数 R 及显著性水平 P。*，$P<0.05$；**，$P<0.01$；***，$P<0.001$

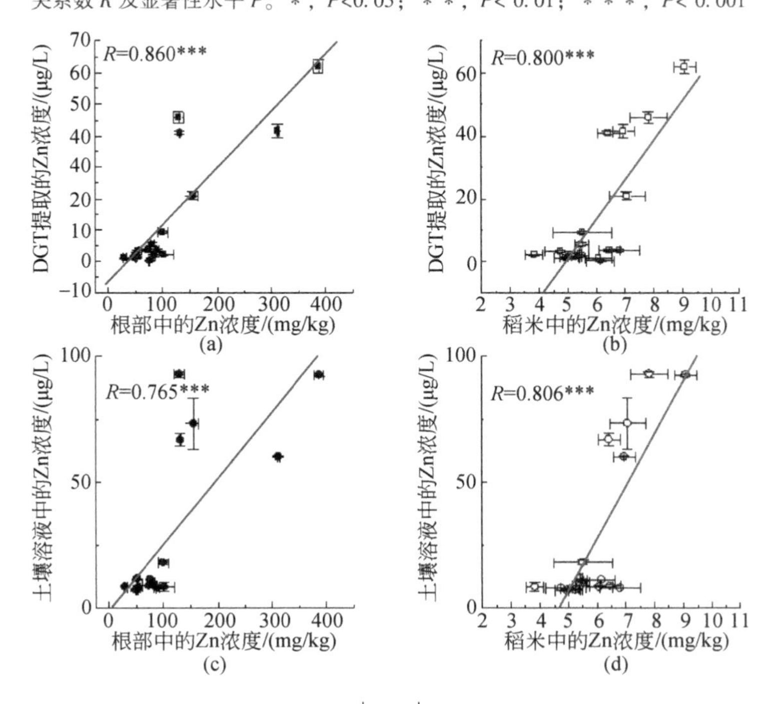

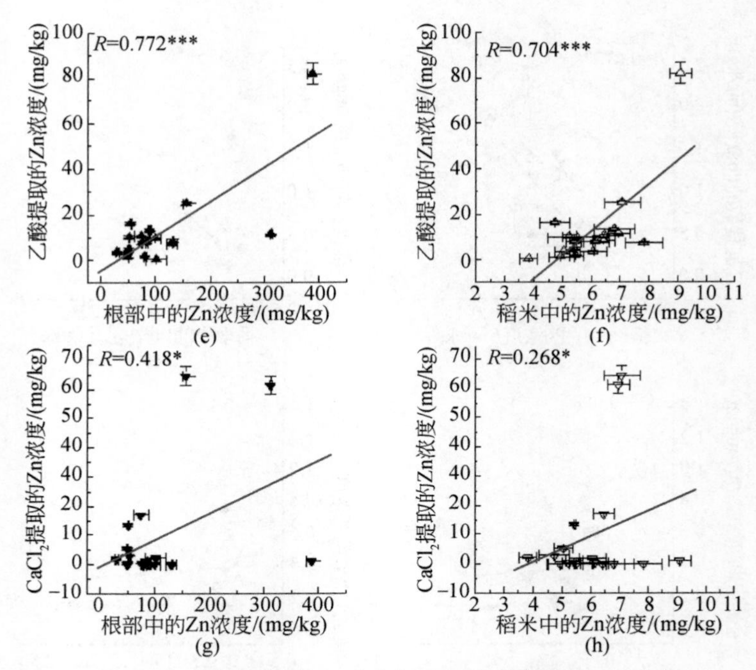

图 3-14　水稻根中的 Zn 浓度与 DGT 技术提取的 Zn 浓度

图中显示水稻根中 Zn 浓度与 DGT 技术提取的 Zn 浓度（a）、土壤溶液中的 Zn 浓度（c）、乙酸提取的 Zn 浓度（e）和 $CaCl_2$ 提取的 Zn 浓度（g）的相关性比较，以及水稻米中的 Zn 浓度与 DGT 技术提取的 Zn 浓度（b）、土壤溶液中的 Zn 浓度（d）、乙酸提取的 Zn 浓度（f）和 $CaCl_2$ 提取的 Zn 浓度（h）的相关性比较。图中列出了相关系数 R 及显著性水平 P。*，$P<0.05$；**，$P<0.01$；***，$P<0.001$

在对整个浓度范围内进行曲线拟合时，$CaCl_2$ 提取的 Cd 的浓度和根部及谷粒中的 Cd 浓度具有较好的相关性（回归系数 R 分别为 0.694 和 0.695）。但是当仅在低浓度范围内进行曲线拟合时，$CaCl_2$ 提取法并不能很好地预测根部以及谷粒中 Cd 的浓度（P 值分别为 0.06 和 0.10）。乙酸提取法对低浓度拟合比较合适而土壤溶液法对整个浓度范围内曲线拟合比较合适（表 3-15）。值得注意的是，DGT 技术提取法测得的 Cd 浓度无论在低浓度曲线拟合时还是在整个浓度曲线拟合，与根部和谷粒中的 Cd 浓度表现出了非常好的相关性，显示出了非常好的预测能力。而这点是其他三种传统化学方法所不能比拟的。

表 3-15　Cd 的全面相关性及局部相关性

相关性		全面		局部	
		N	R	N	R
水稻根 Cd	DGT 提取 Cd	18	0.999***	16	0.902***
水稻根 Cd	土壤溶液 Cd	18	0.739***	15	0.557*
水稻根 Cd	乙酸提取 Cd	18	0.551**	16	0.805***
水稻根 Cd	$CaCl_2$ 提取 Cd	18	0.694***	15	−0.496^NS

续表

相关性		全面		局部	
		N	*R*	*N*	*R*
水稻米 Cd	DGT 提取 Cd	18	0.985***	16	0.825***
水稻米 Cd	土壤溶液 Cd	18	0.795***	15	0.594*
水稻米 Cd	乙酸提取 Cd	18	0.471*	16	0.763***
水稻米 Cd	$CaCl_2$提取 Cd	18	0.695***	15	-0.590[NS]

注：全面相关性是指相关性分析包括所有数据，局部相关性指相关性分析中剔除了异常值。*N* 指样本数，*R* 指相关系数。显著性水平：NS，不显著；*，$P<0.05$；**，$P<0.01$；***，$P<0.001$

同样，对于不同的重金属，传统的三种化学提取手段也有区别。对于根部的 Cu，若按照回归系数大小排序为：DGT 提取 Cu>土壤溶液 Cu>$CaCl_2$提取 Cu>乙酸提取 Cu（图 3-13）。而对于根部的 Zn，顺序则为：DGT 提取 Zn>土壤溶液 Zn>乙酸提取 Zn>$CaCl_2$提取 Zn（图 3-15）。根部 Pb 的顺序是：DGT 提取 Pb>乙酸提取 Pb>土壤溶液 Pb>$CaCl_2$提取 Pb。而且对于 Pb，$CaCl_2$提取法回归并不显著（$P=0.727$，对于水稻根部 Pb；$P=0.558$，对于水稻谷粒 Pb）（图 3-14）。同样值得关注的是，DGT 技术提取在所有四种重金属中相关系数都是最高，对重金属生物有效性的预测能力均要好于其他三种传统的化学提取方法。可能的原因是 DGT 技术很好地模拟了根系从根际环境中摄取重金属离子的动态过程，DGT 技术会降低其附近土壤溶液中的重金属离子的浓度，然后在 DGT 装置、表面溶液、本体溶液和土壤固相之间形成一个稳定连续的浓度梯度直至达到平衡，最终重金属离子被 DGT 装置中的树脂膜固定下来。这一过程很好地模拟了植物根系从外界摄取重金属的过程。植物根系可以摄取的自由重金属离子、无机配合形态和部分有机配合形态都可以被 DGT 技术提取。

与 DGT 技术相比，其他三种化学提取法完全不能模拟这一动态过程，虽然不排除有时它们也可以做出很好的预测结果。但人为引进的化学试剂和所采取的化学方法已经完全干扰了土壤样品的本来形态和性质，不符合现在原位观测的要求。因此无论是从能力还是可靠性来说，在预测重金属水稻的生物可有效性上，DGT 技术具有明显的优势（Lehto et al.，2006b）。

土壤溶液提取法也可以较好地预测重金属对水稻的生物有效性。很可能是因为土壤溶液中的重金属是植物根系摄取重金属的主要来源。一些研究者（Crommentuijn et al.，1997）指出，采用土壤溶液法对重金属生物有效性进行预测存在着问题，主要集中在土壤溶液的获取方面，他们认为，提取土壤溶液时，1h 或 2h 的平衡时间不足以达到平衡。除此之外，提取方法也并没有考虑土壤持水力的影响，并且也忽略了植物实际的生长状况，这往往会导致不准确的预测。在本次实验中，我们采用了 72h 的平衡时间以保证平衡时间足够长。此外，前 48h 为 40% 最大含水率，后 24h 添加至 80% 最大含水率。这样就尽最大可能考虑了平衡时间和含水率的问题。

$CaCl_2$提取可以较好地预测 Cu，但却不能预测其他三种重金属。作为一种弱的盐提取剂，Ca^{2+}与吸附在土壤吸附位点上的重金属竞争，通过交换吸附取代它们的位置，从而将它们交换至土壤溶液中。本次实验结果却表明，根部富集的 Cd、Pb 和 Zn 与 $CaCl_2$提取的 Cd、Pb 及 Zn 相关性并不好，很可能由于 $CaCl_2$并不能完全提取被根吸收的这三种金属。而与这三种金属相比，Cu 与溶解性有机质有着很高的亲和力（Houba et al.，2000），这意味着将促使 Cu 从土壤固相向土壤溶液转移。Ca^{2+}与溶解性有机质配合的 Cu 交换相对于同固相有机质配合的重金属交换要容易很多。

与 $CaCl_2$不同，乙酸往往被认为是根系分泌物的主要成分（Cieslinski et al.，1998），重金属与其配合意味着金属由可交换态向有机结合态转变，而有机结合态是不能够被 $CaCl_2$提取的（Collins，2004）。乙酸提取对 Cd、Pb 和 Zn 有较好的预测性，但对 Cu 却不能很好地预测，理由同样归结为 Cu 对 DOC 有极高的亲和力，不同的是该亲和力在乙酸提取时起到了负面的作用。根系分泌物含有大量低相对分子质量的有机弱酸，同时根际微生物的活动也会产生部分有机弱酸（Lai and Chen，2006）。而根并不能摄取这么多与有机质配合的 Cu，也就是说乙酸提取把很多不能被植物所吸收的部分 Cu 也提取了出来。

3.3.2.2 土壤理化性质对 DGT 技术预测田间作物生物有效性的影响

主要成分分析（PCA）能将多维的土壤性质转换为维度较低的参数。土壤固相和土壤溶液的 pH、土壤有机碳（SOC）、溶解性有机碳（DOC）、阳离子交换总量（CEC）和土壤颗粒的粒径大小均可能对植物摄取外界重金属的过程产生重大地影响。对土壤颗粒的粒径，我们只考虑了黏土颗粒，因为金属与黏土颗粒的结合要比同沙的结合紧密的多。PCA 可以将很多相关的变量用一个独立的自变量表示，称为主要成分（PC），如果以特征值大于 1 作为选取标准，则 2 个主要成分被选出，它们能够解释测定土壤基本性质数据中 85% 的变化。其中 PC1 和 PC2 分别占到 60% 和 25%，正交旋转（varimax with kaiser normalization）后，PC1 对 pH、SOC、DOC、CEC 和黏土颗粒比例的因子分别为 0.184、0.868、0.876、-0.203、0.878；PC2 的因子分别为 0.931、0.283、0.176、-0.941、0.112。很明显，PC1 和 SOC、DOC 相关性很好，因此可以看成是有机质部分。而 PC2 和 pH 正相关却与 CEC 负相关，可以被看成是“无机离子”。重金属倾向于有机质配合，通常要与无机离子产生竞争。这些过程和重金属的生物有效性紧密相关。因此 PC1 和 PC2 可以对实验数据的变化做出合理的解释。

采用多元线形回归的方法来研究 PC 如何影响提取手段和根摄取重金属之间的关系。两种 PC 和一种提取手段作为输入变量，根部重金属浓度作为输出变量。对 4 种提取方法分别回归分析。结果显示，化学提取和 DGT 提取的 Cu 显著的被 PC2 所影响[式(3-1)至式(3-4)]，乙酸提取的 Pb 显著被 PC2 影响[式(3-5)] 而土壤溶液提取的 Pb 则被 PC1 和 PC2 共同显著影响[式(3-6)]。

根 Cu=6.12 DGT Cu-20.4 PC2+32.8 （R=0.922，P<0.05） (3-1)

根 Cu=0.64 土壤溶液 Cu-24.7 PC2+34.4 （R=0.928，P<0.05） (3-2)

根 Cu=3.26 乙酸提取 Cu-30.6 PC2+55.9 （R=0.896，P<0.05） (3-3)

根 Cu=15.9 $CaCl_2$提取 Cu-29.5 PC2+45.8 （R=0.907，P<0.05） (3-4)

根 Pb=2.21 乙酸提取 Pb-2.18 PC2+4.40 （R=0.664，P<0.05） (3-5)

根 Pb=1.22 土壤溶液 Pb-1.69 PC1-2.23 PC2+0.90　（$R=0.854$，$P<0.05$）（3-6）

可以看出，无机离子（PC2）较有机质（PC1）可能对水稻根部摄取重金属产生更大的影响。一方面，以上 6 个等式中，PC2 产生显著性影响多于 PC1；另一方面，当 PC1 和 PC2 均产生显著性影响时，PC2 的系数要大于 PC1 的系数。对于 PC2 来说，降低 pH 可以增加生物有效的形态（如自由离子或和低相对分子质量有机酸的配合形态），增大的 CEC 会与重金属产生竞争，减少重金属和有机质结合的可能性及能力从而增加了它们的可交换态。对于 PC1 来说，无论是土壤固相中的有机质还是土壤溶液中的溶解性有机质，由于重金属会与其结合而不能被根摄取，因此 PC1 对重金属的生物有效性均是负面影响。不论是 DGT 技术还是化学提取的 Cu，PC1 均没有产生显著影响。这可能是由于本身土壤固相中的有机质和土壤溶液中的有机质对 Cu 的生物有效性作用完全相反。前者将 Cu 固定在土壤固相上（Ma et al.，2006），从而减少了其生物可利用性，而后者则促使 Cu 从固相转移至液相，从而为其被根吸收铺平了道路。在这种情况下，PC1 本身内部存在的矛盾性导致了其并不显著的影响。

多元回归比简单线形回归考虑了更多对过程产生影响的变量，更多土壤本身的性质。当我们将这些因素考虑进去后，提取方法和水稻根部摄取重金属量之间的关系也更加清晰。例如，对 Cu 进行多元回归分析，土壤溶液、乙酸提取和 $CaCl_2$ 提取的回归系数分别升高至 0.928、0.896 和 0.907，而简单线形回归的回归系数则分别只有 0.722、0.561 和 0.594。我们同样也注意到，并不是对所有金属都需要将土壤性质的因素考虑进去，如对 Cd 和 Zn，两种 PC 对四种提取手段均没有产生显著影响，可能是由于它们本身和有机质的弱亲和力以及极易被根吸收有关。

多变量分析清晰揭示了土壤基本性质和不同提取方法测得的重金属生物有效性之间的关系。结果显示，相对于传统化学提取方法，DGT 技术几乎不受土壤基本性质的影响，因此其适用范围较广（Tian et al.，2008）。土壤中的无机离子组分要比有机质组分更加明显的影响四种提取方法对于重金属的提取。Cu 和 Pb 相对于 Cd 及 Zn 受到的影响更大。

3.3.3　金属的生物有效性模型

金属的生物有效性模型在某种程度上可以弥补实验方法或技术的不足，帮助人们更好的理解植物的吸收过程。例如，模型可以用从水培实验中测得的吸收速率来描述植物吸收过程，模型还可以预测当环境或土壤条件改变时如何影响植物对金属的吸收。

3.3.3.1　自由离子活度模型

最有代表性的是 Morel 于 1983 年提出的自由离子活度模型（free ion activity model，FIAM），模型基于经验观察到自由离子活度在决定痕量金属元素的吸收、营养及毒性时的重要性，认为只有自由金属离子才能与细胞表面的活性点位结合，穿过细胞膜而为生物所吸收。

长期以来，FIAM 模型被广泛应用于水环境的毒理学研究（Campell，1995）。Playle 等（1992，1993）和 MacRae 等（1999）在 H^+、Ca^{2+} 及有机质配合物对鱼吸收痕量金属和金属对鱼的毒性影响方面做了深入研究。进一步的研究使这个模型更加深入和合理，它能够预测在不同环境条件下重金属对水生生物的毒性（Di Toro et al.，2001）。Hamelink 等（1994）和 Allen 等（1999）认为可以将其作为常规监测手段。

活度模型的概念被应用到土壤中，但是至今没有定论（Minnich and McBride，1987；Sauvé et al.，1996，1999；Dumestre et al.，1999）。与水环境的研究相比，固相性质和固相-液相表面反应动力学在土壤溶液化学中起主导作用。土壤系统中 FIAM 的应用更加困难，因为土壤固相和液相之间的物质交换更加复杂，包括吸附-解吸、沉淀-溶解、吸收-释放，这些过程可能对生物吸收重金属产生显著的影响（Peijnenburg et al.，1997）。此外，不同环境条件下，各种不同过程差异十分显著，包括化学（无机的或有机的）和生物两个方面，气相、液相和固相的物质交换，因而测定自由离子浓度显得更为困难。

FIAM 在土壤环境中也有所推广。例如，Sauvé 等（1998）检测了 Cd^{2+} 和 Pb^{2+} 对多种作物、土壤生物和微生物的毒性效应，结果发现，土壤溶液中的自由离子活度比土壤中金属总量更能解释其毒性效应。但也有研究表明，一些金属-配体络合物有时可以作为一个整体被植物吸收（McLaughlin et al.，1998；Smolders and McLaughlin，1996；Parker and Fedler，2001），或金属自由离子态活度相同时，植物吸收却不同，因此 FIAM 模型在许多情况下也不完全有效。

需要注意的是，FIAM 模型应用于土壤系统有一定的局限性。水环境中金属离子的自由活度可直接测定或通过化学平衡模型（如 MINTEQ 等）计算得到。但在土壤环境中，土壤溶液中金属离子的自由离子活度很难原位直接测定，多数采用稀释的方法来获得土壤溶液，而这种方法取得的土壤溶液与真实情况存在差异，如果再考虑到根际环境，情况将更加复杂。因此这可能是限制 FIAM 模型在土壤环境中广泛使用的一个主要原因。

3.3.3.2 生物配体模型 BLM

在 FIAM 的基础上，国际铜业协会将金属的化学形态用于水体金属生物有效性和毒性的预测，于 1999 年提出了生物配体模型（biotic ligand model，BLM）（Paquin et al.，2000；Di Toro et al.，2001），BLM 将生物视为一种生物配体（biotic ligand，BL），生物对金属的吸收相当于金属与生物配体的络合反应，当 BL 上富集的金属达到临界极限时将导致急性毒性。因此 BLM 将水体中生物对金属的吸收及毒性扩展到水体中的化学平衡框架，使一些现存的水体形态模型，如 MINTEQ、WHAM 等，可以将水体生物对金属的积累兼容进来，从而使应用模型来预测金属对生物的有效性成为可能。尽管 BLM 仍基于自由金属离子活度与毒性的相关性，但因为还包括了其他环境条件，如 pH、络合反应、浓度以及其他阴阳离子对金属生物有效性的影响，因此比 FIAM 更能够反映真实情况。基于水体环境的水生生物配体模型（a-BLM）已得到广泛应用，并且正呈现向土壤环境拓展的趋势，如陆生生物配体模型（t-BLM）成为目前国际的研究热点（Antunes et al.，2006；Lock et al.，2007）。但目前主要的研究方式仍以水培为主，因为金属在土壤中的存在形态目前尚很难用模型来预测，这也是限制 t-BLM 反映真实土壤环境的主要原因之一。

3.3.3.3 模型的局限性

上述模型在一定程度上可正确预测生物有效性，但由于这些模型是建立在大量理想的假设基础上的，致使许多预测结果和实际情况相差甚远。化学平衡模型不是形态分析技术，只能用来计算已知成分溶液的化学形态而不是测定。在某些情况下，模型应考虑DOM的配合作用，但是通常为了简化计算而不予考虑。化学形态的计算依赖于化学模型反应式、常量以及输入数据的准确度。对溶液中的水解产物和无机离子对，常量已经研究的很透彻，并且模型是相当准确的。例如，Cd主要的无机离子对是$CdCl^+$和$CdSO_4^0$；Cu主要的无机离子对在较高pH时是$CuSO_4^0$和$Cu(OH)_2^0$；Pb主要的无机离子对是$PbSO_4^0$和$PbCl^+$。对于Zn来说，氢氧化物在pH 7.5以上才是主要离子对。对于二价金属来说，可溶性金属浓度在较高pH时仍然较高，表明DOM的配合作用。区别土壤溶液和占主导作用的固相是很重要的，土壤溶液中的重金属形态也需要考虑离子在固相上的交换过程和化学吸附，考虑重要无机阴离子（如氯离子、硝酸根和硫酸根）的影响也是很重要的（Sparks，2003）。

化学平衡模型能较好的预测溶液中与纯矿物达到化学平衡时痕量金属溶解度。但是土壤不是由纯矿物组成的，而且它们很难达到平衡。化学平衡模型无法考虑固相沉淀-溶解作用的动力学、特定痕量金属的配位反应的速率。显然，纯矿物的溶解度能很容易地用化学平衡模型来考虑。在不同pH下，金属与各种不同纯矿物达到平衡时，对金属的自由离子活度都有报道（Stumm and Morgan，1996）。但是在真实土壤环境中，固相种类很复杂，影响痕量金属溶解度的过程又是复杂的和可变的，不能够仅仅用矿物溶解度来描述该过程。

DOM与金属发生配合过程的建模比矿物均衡的建模更复杂。一些模型采用不连续的多结合位点，另一些模型采用连续的结合位点。通过对大多数模型的比较，可以得出结论：位点连续分配的模型理论上更合理。这种模型较为简单，与现有的实验数据较为吻合，而且与现有的形态模型相符合。然而，当实验条件与已知模型的条件不同时，就不能采用这种经验模型。

更复杂的计算模型考虑了高分子电解质性质和官能团的差异性。进一步的修正应该考虑静电的引力和斥力，非特异性离子吸附等（Tipping，1994）。必须提醒的是这些模型是为水体而设计，对提取后的土壤溶液也非常有用。然而，对于复杂的土壤体系，需要考虑土壤组分的不同性质、伴随的缓冲能力以及固相和液相化学反应动力学等更多因素。

参考文献

陈怀满，郑春荣，周东美，等．2006．土壤环境质量研究回顾与讨论．农业环境科学学报，25：821-827.

戴书桂．2005．环境化学进展．北京：化学工业出版社：203-206.

国家环境保护局．1995．中国环境保护21世纪议程．北京：中国环境科学出版社．

胡霞林，刘景富，卢士燕，等．2009．环境污染物的自由溶解浓度与生物有效性．化学进展，21（2/3）：514-523.

廖启林，范迪富，金洋，等．2006．江苏农田土壤生态环境调查与评价．江苏地质，30：32-40.

刘付程，史学正，于东升．2006．近20年来太湖流域典型地区土壤酸度的时空变异特征．长江流域资源与环境，15（6）：740-744.

牟树森，唐书源．1992．酸沉降地区土壤-蔬菜系统中汞污染问题．农业环境保护，11（2）：57-60.

万红友，周生路，赵其国．2006．苏南典型区土壤基本性质的时空变化——以昆山市为例．地理研究，2（25）：303-310.

王晓蓉，郭红岩，林仁漳，等．2006．污染土壤修复中应关注的几个问题．农业环境科学学报，25：

277-280.
吴德意，青长乐．1990. 钢厂粉尘对土壤-蔬菜系统的影响研究．农业环境保护，9（1）：13-16.
叶常明，王春霞，金龙珠．2004. 21世纪的环境化学．北京：科学出版社：90-106.
赵其国，黄国勤，钱海燕．2007. 生态农业与食品安全．土壤学报，44：1127-1134.
赵其国，周炳中，杨浩．2002. 江苏省环境质量与农业安全问题研究．土壤，34（1）：1-8.
周生路，陆春锋，万红友．2005. 苏南菜地土壤酸化特点及成因分析．河南师范大学学报（自然科学版），33（1）：69-72.
朱士鹏，吴新民．2005. 南京周边地区土壤地球化学特征及农业地质环境评价．江苏国土资源网，http：//jsmlr. gov. cn/gb/jsmlr/gtzy/zygl/ywzj/zywz/userobject1ai9161. html［2005-12-05］.
Alexander M A. 2000. Bioavailability and overestimation of risk from environmental pollutants. Environmental Science and Technology，34：4259-4265.
Allen H E，Bell H E，Berry W J，et al. 1999. Integrated approach to assessing the bioavailability and toxicity of metals in surface waters and sediments. Washington DC：USEPA，Office of Water and Office of Research and Development，EPA-822-E-99-001.
Antunes P M，Berkelaar E J，Boyle D，et al. 2006. The biotic ligand model for plants and metals：technical challenges for field application. Environ Toxicol Chem，25（3）：875-882.
Barber S A. 1995. Soil Nutrient Bioavailability：a Mechanistic Approach. New York：Wiley.
Campell P G C. 1995. Interactions Between Trace Elements and Aquatic Organisms：Acritique of the Free-ion Activity Model. *In*：Tessier A，Turner D R. 1995. Metal Speciation and Bioavailability in Aquatic Systems. New York：J Wiley：45-102.
Cieslinski G，Van Rees K C J，Szmigielska A M，et al. 1998. Low-molecular-weight organic acids in rhizosphere soils of durum wheat and their effect on cadmium bioaccumulation. Plant And Soil，203：109-117.
Collins R N. 2004. Separation of low-molecular mass organic acid-metal complexes by high-performance liquid chromatography. Journal of Chromatography A，1059：1-12.
Cornu J Y，Denaix L. 2006. Prediction of zinc and cadmium phytoavailability within a contaminated agricultural site using DGT. Environ Chem，3（1）：61-64.
Crommentuijn T，Doornekamp C J A M，Van der Pol J J C，et al. 1997. Bioavailability and ecological effects of cadmium on *Folsomia candida*（Willem）in an artificial soil substrate as influenced by pH and organic matter. Applied Soil Ecology，5：261-271.
Davison W，Zhang H. 1994. *In Situ* Speciation measurements of trace components in natural-waters using thin-film gels. Nature，367（6463）：546-548.
Di Toro D M，Allen H E，Bergman H L，et al. 2001. Biotic ligand model of the acute toicity of metals：I. Technical basis. Environ Toxicol Chem，20：2383-2396.
Dumestre A，Sauve S，McBride M，et al. 1999. Copper speciation and microbial activity in long-term contaminated soils. Arch Environ Contam Toxicol，36：124-131.
Fang J，Wen B，Shan X Q，et al. 2007. Is an adjusted rhizosphere-based method valid for field assessment of metal phytoavailability? Application to non-contaminated soils. Environ Pollut，150：209-217.
Feng M H，Shan X Q，Zhang S Z，et al. 2005a. Comparison of a rhizosphere-based method with other one-step extraction methods for assessing the bioavailability of soil metals to wheat. Chemosphere，59：939-949.
Feng M H，Shan X Q，Zhang S. 2005b. A comparison of the rhizosphere-based method with DTPA，EDTA，$CaCl_2$，and $NaNO_3$ extraction methods for prediction of bioavilability of metals in soil to barley. Environ Pollut，137：231.

Gu X Y, Wang X R, Gu Z M, et al. 2001. Effects of humic acid on speciation and bioavailability to wheat of rare earth elements in soil. Chemical Speciation and Bioavailability, 13 (3): 83-88.

Gu Z M, Wang X R, Cheng J, et al. 2000. Effects of sulfate on speciation and bioavailability of rare earth elements in nutrient solution. Chemical Speciation and Bioavailability, 12 (2): 53-58.

Hamelink J L, Landrum P F, Bergman H L, et al. 1994. Bioavailability: Physical, chemical, and biological interactions. Boca Raton FL: CRC.

Hooda P S, Zhang H, Davison W, et al. 1999. Measuring bioavailable trace metals by diffusive gradients in thin films (DGT): Soil moisture effects on its performance in soils. European Journal of Soil Science, 50 (2): 285-294.

Houba V J G, Temminghoff E J M, Gaikhorst G A, et al. 2000. Soil analysis procedures using 0. 01M calcium chloride as extraction reagent. Communications in Soil Science and Plant Analysis, 31: 1299-1396.

Koster M, Reijnders L, van Oost N R, et al. 2005. Comparison of the method of diffusive gels in thin films with conventional extraction techniques for evaluating zinc accumulation in plants and isopods. Environmental Pollution, 133: 103-116.

Kuo S, Huang B, Bembenek R. 2004. The availability to lettuce of zinc and cadmium in a zinc fertilizer. Soil Science, 169 (5): 363-373.

Lai H Y, Chen Z S. 2006. The influence of EDTA application on the interactions of cadmium, zinc, and lead and their uptake of rainbow pink (*Dianthus chinensis*) . Journal of Hazardous Materials, 137: 1710-1718.

Lehto N J, Davison W, Zhang H, et al. 2006a. Analysis of micro-nutrient behaviour in the rhizosphere using a DGT parameterised dynamic plant uptake model. Plant and Soil, 282 (1-2): 227-238.

Lehto N J, Davison W, Zhang H, et al. 2006b. Theoretical comparison of how soil processes affect uptake of metals by diffusive gradients in thinfilms and plants. Journal of Environmental Quality, 35 (5): 1903-1913.

Lim T T, Tay J H, Teh C I. 2002. Contamination time effect on lead and cadmium fractionation in a tropical coastal clay. Journal of Environmental Quality, 31 (3): 806-812.

Lin Q, Chen Y X, Chen H M, et al. 2003. Chemical behavior of Cd in rice rhizosphere. Chemosphere, 50 (6): 755-761.

Lock K, van Eeckhout H, De Schamphelaere K A C, et al. 2007. Development of a biotic ligand model (BLM) predicting nickel toicity to barley (*Hordeum vulgare*) . Chemosphere, 66: 1346-1352.

Ma Y, Lombi E, Nolan A L, et al. 2006. Short-term natural attenuation of copper in soils: Effects of time, temperature, and soil characteristics. Environmental Toxicology And Chemistry, 25: 652-658.

MacRae R K, Smith D E, Swoboda-Colberg N, et al. 1999. Copper binding affinity of rainbow trout (*Oncor hynchus mykiss*) and brook trout (*Salvelinus fontinalis*) gills: Implications for assessing bioavailable metal. Environ Toxicol Chem, 18: 1180-1189.

Martínez C E, McBride M B. 1999. Dissolved and labile concentrations of Cd, Cu, Pb, and Zn in aged ferrihydrite-organic matter systems. Environmental Science & Technology, 33 (5): 745-750.

Martínez C E, Jacobson A R, Mcbride M B. 2003. Aging and temperature effects on DOC and elemental release from a metal contaminated soil. Environmental Pollution, 122: 135-143.

McLaughlin M J, Smolders E, Merckx R. 1998. Soil-Root Interface: Physicochemical Processes. *In*: Huang P M. 1998. Soil Chemistry and Ecosystem Health. Soil Science Society of America, Madison WI: 233-277.

Minnich M M, McBride M B. 1987. Copper activity in soil solution: I. Measurement by ion-selective electrode and Donnan dialysis. Soil Sci Soc Am J, 51: 568-572.

Morel F M M. 1983. Principles of Aquatic Chemistry. New York: Wiley: 300-309.

Nolan A L, Zhang H, McLaughlin M J, et al. 2005. Prediction of zinc, cadmium, lead, and copper availability to wheat in contaminated soils using chemical speciation, diffusive gradients in thin films, extraction, and isotopic dilution techniques. Journal of Environmental Quality, 34: 496-507.

Paquin P, Santore R C, Wu K B, et al. 2000. The biotic ligand model: a model of the acute toxicity of metals to aquatic life. Environmental Science and Policy, 3 (suppl. 1): 175-182.

Parker D R, Fedler J F, Ahnstrom Z A S, et al. 2001. Reevaluating the free-ion activity model of trace metal toxicity toward higher plants: Experimental evidence with copper and zinc. Environmental Toxicology and Chemistry, 20 (4): 899-906.

Peijnenburg W, Jager T. 2003. Monitoring approaches to assess bioaccessibility and bioavailability of metals: Matrix issues. Ecotoxicology and Environmental Safety, 56 (1): 63-77.

Peijnenburg W, Posthuma L, Eijsackers H, et al. 1997. A conceptual framework for implementation of bioavailability of metals for environmental management purposes. Ecotoxicol Environ Saf, 37: 163-172.

Playle R C, Dixon D G, Burnison K. 1993. Copper and cadmium binding to fish gills: Estimates of metal-gill stability constants and modeling of metal accumulation. Can J Fish Aquat Sci, 51: 2678-2687.

Playle R C, Gensemer R W, Dixon D G. 1992. Copper accumulation on gills of fathead minnows: Influence of water hardness, complexation, and pH of the gill microenvironment. Environ Toxicol Chem, 11: 381-391.

Pueyo M, Mateu J, Rigol A, et al. 2008. Use of the modified BCR three-step sequential extraction procedure for the study of trace element dynamics in contaminated soils. Environmental Pollution, 152 (2): 330-341.

Quevauviller P, Rauret G, Griepink B. 1993. Single and sequential extraction in sediments and soils. International Journal of Environmental Analytical Chemistry, 51: 231-235.

Rieuwerts J S, Thornton I, Farago M E, et al. 1998. Factors influencing metal bioavailability in soils: Preliminary investigations for the development of a critical loads approach for metals. Chemical Speciation and Bioavailability, 10 (2): 61-75.

Sauvé S, Cook N, Hendershot W H, et al. 1996. Linking plant tissue concentration and soil copper pools in urban contaminated soils. Environ Pollut, 94: 154-157.

Sauvé S, Dumestre A, McBride M B, et al. 1998. Derivation of soil quality criteria using predicted chmical specation of Pb and Cu. Environ Toxicol Chem, 17: 1481-1489.

Sauvé S, Dumestre A, McBride M B, et al. 1999. Nitrification potential in field-collected soils contaminated with Pb and Cu. Appl Soil Ecol, 12: 29-39.

Smolders E, McLaughlin M J. 1996. Chloride increases cadmium uptake in Swiss chard in a resin-buffered nutrient solution. J Soil Sci Soc Am, 60: 1443-1447.

Song J, Zhao F J, Luo Y M, et al. 2004. Copper uptake by *Elsholtzia splendens* and *Silene vulgaris* and assessment of copper phytoavailability in contaminated soils. Environmental Pollution, 128: 307-315.

Sonmez O, Pierzynski G M. 2005. Assessment of zinc phytoavailability by diffusive gradients in thin films. Environ Toxicol Chem, 24 (4): 934-941.

Sparks D L. 2003. Environmental Soil Chemistry. 2nd. San Diego, CA: Academic Press: 118.

Stumm W, Morgan J J. 1996. Aquatic Chemistry: Chemical Equilibria and Rates in Natural Waters. New York: Wiley-Interscience: 1000.

Sun H, Wang X R, Wang Q, et al. 1997. The effects of chemical species on bioaccumulation of rare earth elements in wheat grown in nutrient solution. Chemosphere, 35 (8): 1699-1707.

Tang X Y, Zhu Y G, Cui Y S, et al. 2006. The effect of ageing on the bioaccessibility and fractionation of cadmium in some typical soils of China. Environment International, 32 (5): 682-689.

Tessier A, Campbell P G C, Bisson M. 1979. Sequential extraction procedure for the speciation of paniculate trace metals. Anal Chem, 51: 844-851.

Tian Y, Wang X, Luo J, et al. 2008. Evaluation of holistic approaches to predicting the concentrations of metals in field-cultivated rice. Environmental Science & Technology, 42 (20): 7649-7654.

Tipping E. 1994. WHAM-A chemical equilibrium model and computer code for waters, sediments, and soils incorporating a discrete site/electrostatic model of ion-binding by humic substances. Comput Geosci, 21: 973-1023.

Tussea-Vuillemin M H, Gilbin R, Bakkaus E, et al. 2004. Performance of diffusion gradient in thin films to evaluate the toxic fraction of copper to *Daphnia magna*. Environ Toxicol Chem, 23 (9): 2154-2161.

van Gestel C A M, Hensbergen P J. 1997. Interaction of Cd and Zn toxicity for *Folsomia candida* Willem (Collembola: Isotomidae) in relation to bioavailability in soil. Environmental Toxicology and Chemistry, 16 (6): 1177-1186.

Xu C Y, Schwartz F W, Traina S J. 1997. Treatment of acid-mine water with calcite and quartz sand. Environmental Engineering Science, 14 (3): 141-152.

Xu Z J, Li D H, Yang J H, et al. 2001. Effect of carbonate on exchangeability and bioavailability of exogenous neodymium in soil. Jour of Rare Earth, 19 (3): 233-237.

Zhang H, Davison W, Knight B, et al. 1998. *In situ* measurements of solution concentrations and fluxes of trace metals in soils using DGT . Environmental Science & Technology, 32 (5): 704-710.

Zhang H, Zhao F J, Sun B, et al. 2001. A new method to measure effective soil solution concentration predicts copper availability to plants. Environmental Science & Technology, 35 (12): 2602-2607.

Zhao F J, Rooney C P, Zhang H, et al. 2006. Comparison of soil solution speciation and diffusive gradients in thin-films measurement as an indicator of copper bioavailability to plants. Environmental Toxicology and Chemistry, 25: 733-742.

4 环境生态风险早期预警方法原理

随着科学技术的发展和工业的进步，进入环境中的污染物无论是种类还是数量都在持续不断地增加，这些污染物统称为异生物质或外源性物质（xenobiotics），主要包括重金属、农药、杀虫剂、除草剂、多环芳烃、多氯联苯、石油烃类等典型环境有机污染物。目前，这些污染物对人类健康和生态系统的危害越来越被人们所认识。其中，POPs由于在全球环境的各个环境介质中广泛存在，能远距离传输，并通过生物富集作用在动物、植物和人体内生物放大，浓度比环境中高出许多倍，因此，POPs大多具有“致癌、致畸和致突变”的“三致效应”，甚至干扰人和动物的内分泌系统，对人和动物健康构成极大危害（余刚等，2001）。持久性有机污染物作为一个新的全球性环境问题，被认为是21世纪影响人类生存与健康的重要环境问题，成为人们关注的焦点。

环境中这些污染物通常以低浓度甚至痕量含量存在，但对动物和人体的健康却具有潜在的毒害效应。因此，必须建立一种可靠的方法有效表征环境中这些微量污染物的存在。由于污染物的种类繁多，如何建立行之有效的分析方法将环境中低浓度痕量污染物一一检出，给环境分析工作带来了巨大的挑战。就环境中有机污染物的检测而言，由于环境污染实际上是多种污染物的复合污染，依靠化学分析将所有的污染物一一检测，不仅耗资大、时间长，而且不能对污染物的毒性效应做出准确的定量和评估，且监测的结果常常由于灵敏度不够而难以取得令人满意的效果。因此，迫切需要寻找敏感和准确反映对生物毒性的方法及手段。生态毒理学方法不仅能够反映污染物的环境暴露效应，还有助于揭示污染物进入动物和人体后的致毒途径及分子作用机制。因此，生态毒理学方法在对污染物毒性的诊断和生态风险评价方面，都是对化学分析方法必要的补充，而且越来越显示出比化学分析方法更强大的优势。

4.1 生态毒理学研究进展

早期的生态毒理学研究大多集中于个体、种群、群落和生态系统水平上。这些研究主要包括：急性毒性实验、生长速率和耗氧量等生理指标的变化以及应用微宇宙、受控野外生态系统和实验生态系统研究污染物对各种生物种群及群落的影响。这些在个体或系统水平上的研究可较好地反映污染物对生态系统整体水平上的影响，比较接近自然状况，对污染物的评价和筛选起到了重要作用。但是，依然存在诸多问题。例如，研究耗时长、受影响的因子多、花费大，而且生物体死亡、生长受阻或繁殖干扰，最终导致生态系统破坏已经是污染物造成的不可逆转的晚期效应或后果，因而难以就污染物对生物体的损伤效应及时作出早期预警作用。

因此，现代生态毒理学研究迫切需要既能反映污染物的作用本质，又能指示污染物的早期作用效应，这样就有可能对污染物的生态风险作出更为准确的早期预警作用。由于无论污染物对生态系统的影响多么复杂或最终的后果多么严重，其最早的作用必然是从个体内的分子水平作用开始，然后逐步在细胞—器官—个体—种群—群落—生态系统各个水平上反映出来的。因此，在分子水平上开展环境污染物的早期诊断和生态风险的早期预警研究已成为生态毒理学研究的热点之一，分子生态毒理学也因此应运而生。

分子生态毒理学即采用现代分子生物学方法与技术研究污染物及其代谢产物与细胞内大分子，包括蛋白质、核酸、酶的相互作用，揭示污染物的剂量与效应之间的关系。分子生态毒理学在国外发展较快，已经受到越来越多的重视，从污染物的作用方式及靶位来看，目前的研究多集中于以下三个方面：①将有关酶的活性作为机体功能和器官损伤的标志；②在 mRNA 及蛋白质水平上研究某些污染物引起生物体的基因活化，引起 mRNA 表达水平或蛋白质含量的升高；③研究污染物对 DNA 分子的化学修饰或断裂作用，如 DNA 加合物的形成、DNA-蛋白质交联作用以及 DNA 分子的断裂等。

生态毒理学作为一门独立的学科，在我国起步较晚，是一门处于形成和发展中的新学科。我国政府相继实施了污染物总量的控制、工业废水达标的安全排放等政策，关闭了一些污染严重的企业，并加大了环境污染的治理力度。但是，环境污染形势依然严峻，并正在发生新的变化，工业点源污染比重下降，而农业、生活污染等面源污染开始上升，并具有污染面积大、范围广等特点，比工业点源污染更难治理。同时，导致环境污染物对生物体的毒性效应也发生了新的变化：①多种污染物相互作用，并出现新老叠加的现象；②污染物产生的次生污染问题日益突出；③呈现低剂量慢性暴露甚至终生接触的趋势；④不同污染物作用于同一生物体以及同种污染物作用不同生物个体，其致毒机制都可能存在较大差异。这就要求分子生态毒理学研究要从客观上结合我国目前的环境污染现状，特别是针对新出现的环境污染问题，开展针对性的研究（周启星，2003；周启星等，2004）。

与国外相比，我国在分子生态毒理学领域的研究工作在广度和深度上还相对薄弱，已形成的监测评价体系未能与生态效应相结合（涂强，1997）。相关研究多集中在将有关生化酶，如乙酰胆碱酯酶、ATP 氧化酶、抗氧化酶以及 DNA 加合物等作为评价污染物的胁迫指标来指示环境中的有机污染，如苯并芘、PAHs 和家用洗涤剂等的污染（陈加平等，2001；蔡德雷和徐立宏，2002）。近年来，HSP70 对重金属及有机污染物胁迫的响应作为生物标志物的研究也有报道（胡炜等，2001；沈骅等，2005）。今后的研究应结合我国环境污染的实际特点，深入加强分子水平上的生态毒理过程的研究，以期从更早期阶段做到对环境污染物的生态风险的早期预警。

随着生态毒理学研究的不断发展和日益完善，现代毒理学迫切需要深入揭示污染物的作用本质并能对污染物的早期影响发挥预警作用。而生物标志物尤其是分子生物标志物无疑将在解决以上问题中发挥重要作用。因此，生物标志物逐渐发展成为生态毒理学研究的前沿领域之一。

4.1.1 生物标志物的定义和发展

随着分子生态毒理学的发展生物标志物的概念被赋予了更丰富的内涵。美国国家科学院国家研究委员会1987年对生物标志物进行了系统的论述，将生物标志物定义为“化学品暴露下的生物学体系或样品的信息指示剂”(indicators signaling events in biological systems or samples following chemical exposure) (CBMNC，1987)。生物标志物可简单地理解为生物体受到严重损害之前，在分子、细胞、个体或种群水平上因受环境污染物影响而产生异常变化的信号指标。国内许多学者对生物标志物也进行了系统的论述（王海黎和陶澍，1999；万斌，2000；丁竹红等，2002；戎志毅等，2002；王美娥和周启星，2004)。生物标志物的敏感响应可为生物体的后期损伤提供早期预警作用，因此也越来越受到国内外学者的普遍关注。

根据外源化合物与生物体的关系及其表现形式，将生物标志物分为三大类。第一类指示污染物的暴露，称为暴露标志物（biomarker of exposure)，指生物体内某组织中检测到外源性化合物及其代谢产物(内剂量)与某些靶分子或靶细胞相互作用的产物(生物有效剂量)。暴露标志物将污染物在环境中的暴露剂量与进入生物体内发挥作用的有效剂量有机地结合起来。此类标志物不能指示污染物的毒性效应，但有助于研究水环境中不稳定化合物对生物体的暴露。由于这种暴露效应用化学分析方法很难检测到，因此这类生物标志物在指示外源性污染物暴露时可发挥化学分析所无法替代的作用。第二类指示污染物的效应对生物体健康的危害，称为效应标志物（biomarker of effect)。在一定的环境污染物暴露下，生物体产生相应的、可测定的生理生化效应或其他病理改变，这些变化主要发生在细胞的特定部位，尤其在基因的某些特定序列，它可反映结合到靶细胞的污染物及其代谢产物的毒性作用机制，在此前提下才能确定污染物与其在生物体内的作用点之间的相互影响。效应标志物主要反映污染物被生物体吸收而进入体内后对其健康所产生的毒性效应。在环境毒理学研究中，这类生物标志物具有更重要的意义，它可用于解释污染物毒性效应的分子机制，而这正是将生物标志物运用到环境毒理学研究的核心意义所在。第三类是易感性生物标志物（biomarker of susceptibility)，指生物体暴露于某种特定的外源性化合物时，由于其先天遗传性或后天获得性缺陷而反映出其反应能力的一类生物标志物。易感性生物标志物致力于研究不同种生物个体之间对污染物暴露所做出的特异性反应的差异。

图4-1列举了主要指示生物体暴露和效应的生物标志物，由于机体从接触到外源性污染物的暴露，再到在体内产生毒害效应，最后到疾病的发生是一个连续的渐进过程，尽管将生物标志物在形式上分为暴露、效应、易感性标志物几种，但在本质上各生物标志物之间并无明确区别，难以截然分开。例如，第一、二阶段解毒酶和指示生物体氧化应激的抗氧化防御系统（包括超氧化物歧化酶、过氧化氢酶、谷胱甘肽过氧化物酶和小分子谷胱甘肽等）及应激蛋白（HSP70)、多药物抗性蛋白（mitoxantrone resistance protein，MXR)，可以指示污染物在环境中的暴露，属于暴露标志物的范畴。同时，这些生物体酶系统在机体内也发挥着重要作用，调节自身的生理、生化功能及自稳态的平衡，在污染物长期胁迫下造成这些生物酶活性的功能性损伤，必然会影响整个生物体的生理、代谢机能，以至出现病变反应。这时，这些酶活性指标也属于效应标志物的范畴。其他血液学、免疫学、生

殖毒性、神经毒性及基因毒性等标志物指标主要反映的是生物体的早期分子损伤，同样属于效应标志物的范畴。

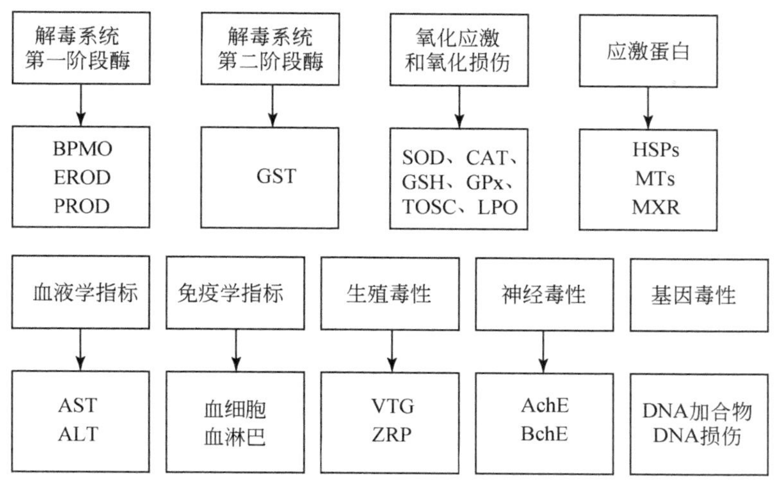

图 4-1　指示生物体暴露和效应的主要生物标志物

图 4-2 反映了污染物暴露下，暴露、效应和易感标志物之间的内在联系。当生物体暴露于有一定剂量污染物的环境中，污染物可通过各种方式进入生物体内，这时的剂量称为内暴露剂量或内剂量（internal dose）。由于生物个体间的差异，不同种生物个体对污染物的吸收利用效率不同，与其他个体相比，有些易感生物个体极易吸收某种污染物进入体内成为内剂量，这类生物个体属于易感生物标志物的范畴（susceptibility biomarker）。进入生物体内的污染物，在与靶分子相互作用后成为生物有效剂量（biological effective dose），在产生生物毒性效应之前这类标志物用于指示污染物在环境中的暴露，称为暴露标志物。污染物与生物体靶分子（这些靶分子可以是酶蛋白、DNA、脂质体等大分子）结合后，在分

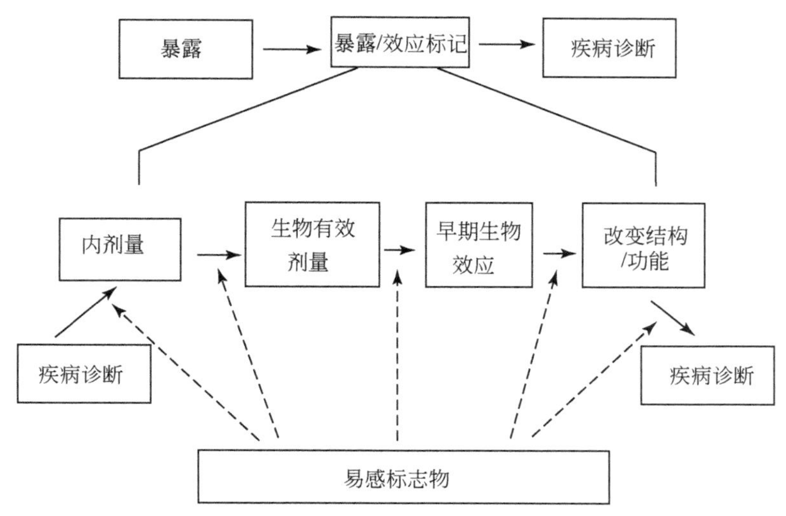

图 4-2　暴露、效应和易感标志物之间的内在联系（引自 Schlenk，1999）

子水平上产生早期毒害效应（early biological effect），这时的标志物称效应标志物。如果这种毒害效应不能逆转，长期作用后会改变这些大分子结构与功能（altered structure/function），造成损伤变异，影响整个生物体生理机能的正常发挥，最终导致病变（clinical disease）。因此，效应标志物可用于早期指示污染物对生物体某些疾病的诱导。

从污染物体外暴露、进入生物体成为内剂量、产生早期生物毒害效应、改变生物体生理机能直到病变发生的整个过程中，不同生物个体具有特异性反应的差异。与其他个体比较，有些易感生物个体属于易感生物标志物。由此可见，从暴露标志物到效应标志物指示了污染物对生物体暴露到进入体内直至发挥毒性效应的整个渐进过程，如果污染物对生物体的毒性效应而造成机体损伤不可逆转，导致生物体生理机能的改变，甚至引起疾病。而易感性标志物可以指示不同生物个体对污染物暴露敏感性不同所做出的特异性反应的差异。

4.1.2　生物体敏感指标相互作用的分子机制

生物体内的第一、二阶段解毒酶以及抗氧化防御系统和 HSP70 用做分子标志物对污染物胁迫的响应并不是孤立的，而是在相互协作、相互制约的过程中共同发挥作用，图 4-3

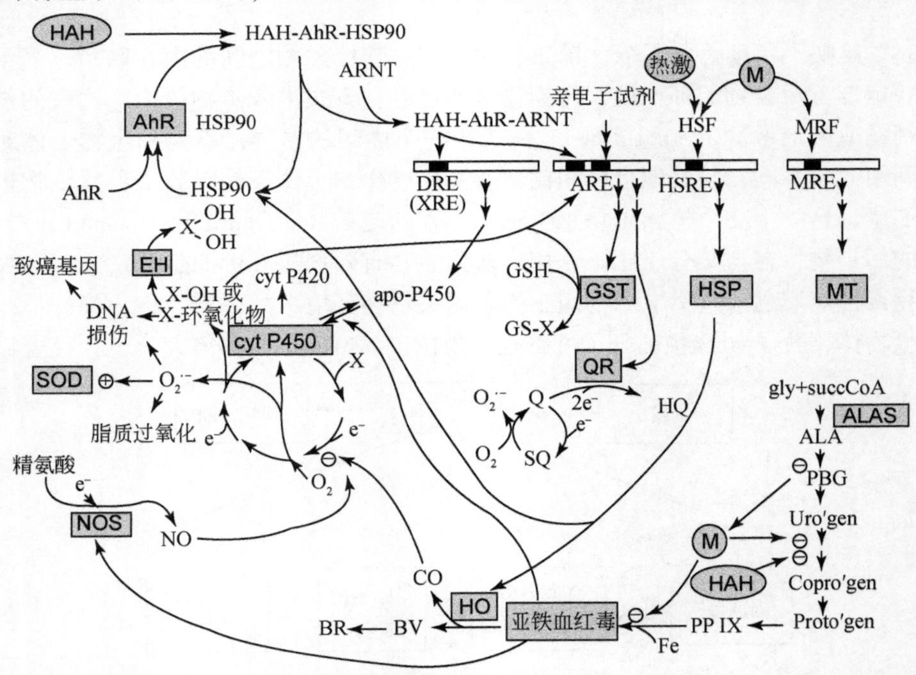

图 4-3　污染物胁迫生物体各生化指标之间相互作用机制（van der Oost et al.，2003）

AhR 代表芳香烃受体；ALAS 代表 δ-氨基乙酰丙酸合酶；ARE 代表抗氧化相应系统；ARNT 代表芳香烃受体核转位子蛋白；BR 代表胆红素；BV 代表胆绿素；CO 代表一氧化碳；DRE 代表二噁英类响应元件；EH 代表环氧化物水解酶；GSH 代表谷胱甘肽；GST 代表谷胱甘肽-*S*-转移酶；HAH 代表卤代芳香烃；HO 代表血红素加氧酶；HQ 代表对苯二酚；HSF 代表热休克因子；HSP90 代表热休克蛋白 90；HSRE 代表热休克响应元件；M 代表金属元素；MRE 代表金属响应元件；MRF 代表金属响应因子；MT 代表金属硫蛋白；NO 代表一氧化氮；NOS 代表一氧化氮合成酶；cyt P450 代表细胞色素 P450；PP 代表原卟啉；Q 代表苯醌；QR 代表苯醌还原酶；SOD 代表超氧化物歧化酶；SQ 代表半醌自由基；XRE 代表异型生物质响应元件

显示了上述各个生化指标间复杂的相互作用关系。污染物进入生物体内，在第一阶段解毒酶系统细胞色素 P450 酶系的作用下进行生物转化，在此过程中产生大量的活性氧，如超氧阴离子（$O_2^{\cdot -}$）和羟基自由基（$\cdot OH$）等，这些活性基团的暴露直接对生物大分子产生攻击导致大分子损伤，如攻击 DNA 分子形成 DNA 加合物、攻击蛋白质分子造成蛋白质过氧化、攻击脂类分子形成脂质过氧化。第二阶段解毒系统抗氧化酶在清除活性氧中发挥重要作用，超氧化物歧化酶（SOD）是清除 $O_2^{\cdot -}$特异性酶，在此过程中 SOD 的活性可能受到诱导，第二阶段解毒酶 GST 利用 GSH 在将污染物形成小分子的极性物质中发挥重大作用，可催化污染物与小分子 GSH 结合，从而降低其生物毒性。而金属硫蛋白（MT）在重金属的解毒中发挥重大作用，可催化金属与 MT 的结合，从而降低生物毒性。

4.2 主要生物标志物的研究与应用

MT 用做暴露标志物，指示环境中重金属污染物的暴露已经进行了相当广泛的研究。多种重金属，如 Cd、Cu、Zn、Co、Ni 等均能激活 MT 基因的转录，诱导 MT 蛋白合成水平升高，因而 MT 可作为重金属暴露的生物标志物。MT 的研究目前主要集中于 MT 蛋白的合成及其 mRNA 转录水平。相关研究结果表明，在受污染的水体中，鱼的肝脏、肾脏等部位的 MT 含量较高，而且鱼体内的 MT 含量水平与水中以及生物组织内的重金属含量之间有显著的相关性。因此，将 MT 作为对重金属暴露的生物标志物，在水生生物体内开展了相当广泛的研究（Hogstrand and Haux，1990；Overnell and Abdullah，1998）。许多研究结果还表明，对 MT 的诱导过程发生在转录阶段（Stegeman et al.，1992；Viarengo et al.，2000）。

DNA 加合物作为污染物基因毒性的生物标志物，属效应标志物的范畴。一些实验证明，鱼对苯并芘和芳香胺的暴露所形成的 DNA 加合物能够很好地指示有机物的污染状况（Harvey et al.，1997；Myer et al.，1998）。受到原油污染的潮间带鱼体内 DNA 加合物含量明显高于未受到油污染地区鱼体内的水平（Lyons et al.，1997）。类似的研究结果在软体动物中也得到证实。有关水环境的多项野外研究表明，水生动物肝脏的 DNA 加合物与污染物之间存在一定的剂量-效应关系（Oost et al.，2003）。

性逆转是水体中内分泌干扰物对鱼类影响最好的生物标志物。暴露于污水处理厂下游水体中的鳟鱼体内卵黄蛋白原（VTG）明显升高；暴露于三丁基锡中的雌鱼 VTG 有所下降，且卵巢中有精巢发生；暴露于雌激素效应物质中的鲭鲦、虹鳟、黑口软头鲦、斑马鱼均在雄性体内检出 VTG，并且精巢有卵巢发生。目前，VTG 的检测已经成为环境内分泌干扰物研究的一个重要手段。国内学者在这方面开展了大量研究。例如，廖涛等（2005）利用 VTG 作为类雌激素污染的生物标志物，比较研究了不同浓度的 17α-乙炔基雌二醇（EE2）对斑马鱼（*Brachydanio rerio*）和稀有鮈鲫（*Gobiocypris rarus*）幼鱼体内 VTG 的诱导。赵兵等（2005）采用金鱼（*Carassius auratus*）幼鱼的 VTG 作为雌激素污染的生物标志物，评价了几种酚类化合物的雌激素效应。另外，近 20 年来重金属污染胁迫下植物体内植物络合素（phytochelatin，PCs）的响应及其对环境重金属的污染水平的指示作用也受到了众多学者的重视。

以下分别就细胞色素 P450 系统、应激蛋白、抗氧化防御系统、活性氧等用做生态安全早期预警的作用原理及应用进行系统阐述。

4.2.1 细胞色素 P450 系统作为生物标志物的研究

4.2.1.1 细胞色素 P450 的分类

细胞色素 P450（CYP450）酶系属于第一阶段代谢转化酶，是一种血红素-硫铁蛋白（heme-thiolate protein）酶类，是微粒体混合功能氧化酶中最重要的一族氧化酶。它是由结构和功能相关的超家族（superfamily）基因编码的含铁血红素同工酶组成。根据酶的氨基酸序列相似性，分为多个基因/亚基因家族（*CYP1*、*CYP2*、*CYP3*）。细胞色素 P450 已被发现广泛分布于动物、植物和微生物等不同生物体内，催化多种有机异生物质，如 PAHs、PCBs、硝基芳烃化合物等发生生物转化的第 I 相反应。不仅能催化降低外源性化合物的毒性，在某些情况下，还可能起到毒性活化的作用，即生成比母体化合物毒性更强的代谢产物。对同工酶的研究表明，CYP1 ~ CYP4 是参与外源性化合物的主要酶系，环境污染物能诱导细胞色素 P450 同工酶，使其活性增加。由于外源性物质对细胞色素 P450 及其同工酶具有诱导机制，因此，近年来在环境科学研究领域，污染物暴露对生物体细胞色素 P450 诱导作用的研究相当广泛，而且已经形成热点。

4.2.1.2 细胞色素 P450 在代谢转化中的作用

外源性污染物进入生物体后，在代谢系统的作用下，发生生物转化（biotransformation）或代谢，即污染物在特定生物酶的催化下转化成水溶性的小分子化合物从而利于机体将其排出体外（Lech and Vodicnik，1985）。生物体对污染物的代谢转化主要包括两个阶段的反应。首先，亲脂性底物在第一阶段解毒酶，又称混合功能氧化酶（mixed fountion oxidase，MFO）的作用下，在异生物质分子上发生羟化、环氧化、杂原子氧化等第 I 相反应，这一过程中引入羟基、硝基和羧基等官能团；其次，在第二阶段解毒酶的作用下，使官能团与生物内源性的水溶性分子结合（如谷胱甘肽、葡萄糖醛酸等）发生第 II 相反应，形成低毒且易于排出体外的产物，即形成终代谢物。生物体参与污染物代谢作用最主要的器官是肝脏，代谢转运酶在污染物代谢过程中发挥重要作用。

4.2.1.3 细胞色素 P450 在污染诊断中的应用

以特定生理、生化反应中关键酶活性的变化作为生物标志物来指示水环境污染物及其代谢产物的早期预警已经有了相当广泛的研究（陈加平等，2001；蔡德雷和徐立宏，2002；Zhang et al.，2004a，2004b）。van der Oost 等（2003）研究发现，内陆水环境污染物胁迫下笼养鲤鱼体内细胞色素 P450 酶系活性发生显著变化，认为可将细胞色素 P450 酶系作为指示水环境质量的生物标志物。

第一阶段解毒系统酶对特定的污染物，如 PAHs、PCBs、TCDDs、PCDFs、BaP 暴露反应敏感，乙氧基异酚唑酮（EROD）、细胞色素 P450 是很有价值的分子生物标志物，已受到广泛关注。已有研究表明（Safe，2001），具有共平面结构的 PAHs、PCBs、TCDDs 与芳香烃受体（AhR）结合后诱导相应基因表达，因此能诱导鱼体内 EROD 的活性并使细胞色素

P4501A1（CYP1A）表达升高（Bucheli and Fent，1995；Hugla and Thome，1999；Cormier et al.，2000；Padros et al.，2000；Agradi et al.，2000；Rotchell，1999，2000）。充分的证据表明，CYP1A的诱导与环境中的PAHs之间具有很好的剂量-效应关系（Stegeman and Lech，1991；Stegeman Hahn，1994）。在几乎所有不同种的鱼体内，发现肝脏中CYP1A对PAHs污染指示敏感，在贻贝（*Mytilus* sp.）和软体动物体内，CYP1A也不同程度地受到PCBs和PAHs的诱导（Livingstone，1996；Livingstone and Goldfarb，1998；Peters et al.，1998a，1998b）。许多野外研究也表明，石油污染的海湾水域中都发现水生生物，如日本鳉鳉（*Oryzias latipes*）、牡蛎（*Mytilus* sp.）体内细胞色素P450酶活性显著高于对照地区。

细胞色素P450含量的变化，可作为评价环境化学污染物对野生动物影响的生物标志物。因此，测定细胞色素P450可作为对污染区域进行化学分析之前的预测方法。Fujita等（2001）研究表明，野生动物细胞色素P450可作为评价环境污染的生物标志物。野生动物肝脏细胞色素P450含量升高，表明野生动物生活区域已受到污染。与森林动物比较，实验室饲养的动物体内CYP1A1含量和相应酶活性均明显升高，表明城市燃料燃烧时产生PAHs污染。该地区使用农药处理的大鼠CYP1A1、CYP2B、CYP2E1的含量明显升高，表明在农业区此类酶含量的升高可能与使用DDTs有关。

对污染物胁迫下对细胞色素P450系统的诱导，除在酶表观活性基础上研究外，也有在mRNA转录水平上的研究。Jones等（2001）在体外细胞培养实验中发现，造纸厂周围水体沉积物中两种非类化合物诱导CYP1A，使其在受体基因转录水平上表达量升高，并发现CYP1A受体基因转录水平上的毒性当量（TEQ）与该两种非类化合物的实际浓度呈正相关。Ben-David等（2001）以免疫组织化学（immunohistochemistry）和定量基因扩增（RTQ-PCR）的方法研究了海湾石油污染环境生存的水獭体内CYP1A在mRNA转录水平上表达量升高。

国内关于生物标志物的实验室研究较多，而在环境化学中的应用较少。将细胞色素P450用做生态安全早期预警，国内许多学者做了大量的研究工作（王子健等，2001；王咏等，2001；王军等，2005；柯润辉等，2006；禹果等，2006；杨蕾等，2008），提出将EROD酶活性的诱导作为检测水中PAHs、TCDDs等含AhR的有机污染物的理想生化指标，并将其应用于污水处理厂的水处理工艺效果、纳污水体以及水厂饮用水的AhR“三致”效应化合物的生态安全性评估，如对PAHs、PCBs、TCDDs等的检测，结果令人满意。这是将生物标记技术应用于实际污染监测工艺的成功典范。以细胞色素P450酶系用做生物标志物指示土壤有机污染也有报道，张微等（2007a，2007b）发现，在以荧蒽、菲、芘低剂量暴露的土壤中，蚯蚓体内细胞色素P450酶活性与未受污染物暴露蚯蚓之间具有显著性差异。

目前，研究细胞色素P450经常采用的方法是乙氧基异酚唑酮反应测定7-羟乙基试卤灵正脱乙基酶（7-ethoxyresorufin-*O*-deethylase，EROD）和苯并芘羟化酶（benzopyrene hydroxylase，BPH）、Western blotting、酶联免疫分析（ELISA）、直接免疫荧光反应、单克隆抗体等技术。目前细胞色素P450酶系统及其活性的诱导已成为指示PAHs、PCBs、TCDDs等有机污染物理想的生物标志物。

4.2.2 应激蛋白的研究和应用

4.2.2.1 应激蛋白的概念和分类

1962 年，Ritossa 发现高温会引起果蝇（*Drosophila melanogaster*）唾液腺染色体疏松，推测可能合成了新的蛋白质，即热应激蛋白（heat shock proteins，HSPs）。后来，Laskey 等（1993）在描述核质蛋白在核质组装过程中的作用时提出“分子伴侣”(molecular chaperone）的概念。Ellis 和 Hemmingsen（1989）在阐述叶绿体二磷酸核酮糖羧化酶 Rubisco 的组装过程时推广了这一术语。从此，HSPs 功能及其调控机制的研究上升到一个新的高度。后来研究发现，水、盐、渗透、冷、有机污染物、缺氧、紫外线辐射等多种环境胁迫因子均能诱导 HSPs 表达的增加，应激蛋白的概念也应运而生（Schlesinger et al.，1982；Miller，1989）。

有些学者将 HSPs、细胞色素 P450、金属硫蛋白、亚铁血红素(加)氧酶、亚铁血红素合成途径以及基因 *p53*、致癌基因 *Jun* 和 *Fos* 等都纳入应激蛋白的范畴。本节主要介绍应激蛋白 HSPs 的相关研究和应用。

HSPs 是包括原核生物和真核生物在内的一切生命体中由热休克基因编码的、在进化中高度保守的辅助蛋白分子/分子伴侣。HSPs 的数量和类型具有一定的组织、物种和诱导因子特异性。按照相对分子质量大小、氨基酸序列同源性及其功能作用，应激蛋白可分为 HSP100（100 ~ 104kDa）、HSP90（82 ~ 90kDa）、HSP70（68 ~ 75kDa）、HSP60（58 ~ 65kDa）和一系列小分子 HSPs（sHSPs，15 ~ 42kDa）及泛素（分子质量为 7000 ~ 8000Da）等蛋白质家族。其中序列最为保守、研究最多的是 HSP70（Tavaria et al.，1996）。这些应激蛋白的表达通常受到生物体自身的发育状况或外界胁迫因素的双重调节作用。在非胁迫条件下，正常生长的细胞表达的应激蛋白称为组成型应激蛋白（HSCs）；在环境因子胁迫下表达产生的应激蛋白，称为诱导型应激蛋白（HSPs）。在结构和功能上都难以区分的 HSCs 和诱导型 HSPs 统称为 HSPs。在植物体中，环境污染胁迫可诱导一系列 sHSPs 蛋白质家簇显著性表达（Krishna，2003），但其序列保守性较差。泛素（ubiquitin）是真核生物中一种依赖 ATP 的序列高度保守的小相对分子质量应激蛋白。泛素与靶蛋白通过共价键结合，促进靶蛋白的降解（Belknap and Garbarino，1996）。

4.2.2.2 HSPs 的生理作用及其诱导表达的机制

HSP60 是最早被称为分子伴侣的一种应激蛋白，后来发现 HSP100、HSP90、HSP70 和 sHSPs 可能都具有分子伴侣作用。这些分子伴侣存在于细胞质和细胞器中（如细胞核、线粒体、叶绿体和内质网），主要参与生物体内新生肽链的运输、折叠、组装、定位以及变性蛋白质的复性和降解；通过控制目标蛋白与底物的结合与释放，协助其折叠、组装并向亚细胞器内的转运，或结合目标蛋白并稳定其不稳定构型，但其自身并不参与目标蛋白的最终结构组分（Hightower，1991；Wang et al.，2004）。在环境胁迫下，HSPs 不仅能够阻止损伤或阻止变性蛋白的堆积，而且能够防止生物膜的损伤（Török et al.，2001）。

在正常情况下，应激蛋白参与蛋白质的折叠和组装等过程。在环境污染物或其他胁迫因子作用下，细胞发生氧化损伤，导致细胞质中未折叠、错误折叠或堆积蛋白的积累，进一步诱导热休克转录因子（HSF）的增强表达（主要合成 HSF-1）。HSF-1 发生磷酸化，再以三聚合体形式进入细胞核，结合并激活了热休克元件（HSE），从而诱导了 HSP 基因表达合成 HSPs。HSPs 与变性的、堆积的或新生的多肽链结合，参与损伤蛋白质的修复和折叠，从而减少氧化胁迫产生的蛋白质毒性，增强了细胞抗胁迫的能力。同时，细胞质中积累的 HSPs 又与 HSF-1 结合形成复合体，通过负反馈调节方式抑制 HSF 基因的进一步表达，从而控制了 HSP 基因的表达水平和 HSPs 的含量（图 4-4）。

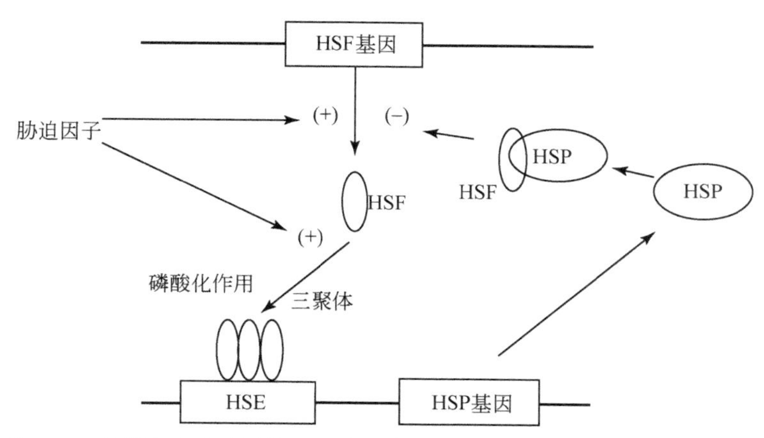

图 4-4　环境胁迫因子诱导 HSP 表达与调控的机制（Otaka et al.，2006）
HSF，热休克转录因子；HSE，热休克元件；HSP，热休克蛋白

在氧化胁迫过程中，许多酶和蛋白质的结构与功能因损伤而发生改变。因此，维持蛋白质的功能构象，阻止新生蛋白质的凝集，重新折叠变性蛋白获得相应的空间构象，并清除有害蛋白质对维持细胞的生存至关重要。在促进细胞抵御外来胁迫作用时，不同的 HSPs/分子伴侣家簇表现出相互配合和相互补充作用，有些功能甚至出现重叠现象（图 4-5）。体外实验结果证明，sHSPs 能够结合到新生蛋白质分子上，阻止它们凝聚，为后来 HSP60、HSP70、HSP90 和 HSP100 家簇对新生蛋白质的重新折叠和空间构象的形成提供了蛋白质资源。有研究结果表明，蛋白凝聚体可被 HSP100/Clp 家簇分解开，并在 HSP70 家簇协助下重新折叠或被蛋白酶促进降解。分解开的蛋白质分子最终被 HSP60（GroEL GroES）家簇重新折叠成为细胞自身的蛋白质形式（Peres and Goloubinoff，2001）。在植物分子伴侣研究中也有类似的报道，如豌豆（*Pisum sativum*）的 HSP18.1 能够结合到热变性的蛋白质分子上，维持可折叠状态，便于 HSP70/HSP100 复合体的进一步折叠（Lee and Vierling，2000）。另外，一些分子伴侣（如 HSP70 和 HSP90）可伴随着细胞信号传导和转录激活过程，引导其他分子伴侣（如被 HSF 控制的成员）以及其他应激响应蛋白（如抗氧化酶和抗氧化剂）的合成。

4.2.2.3　HSP70 的研究和应用

应激蛋白又称为热休克蛋白，是一切生物细胞（包括原核细胞及真核细胞）在受热、病原体、理化因素等应激源刺激后，发生热休克反应时所产生的一类在生物进化中最保守并由热休克基因所编码的伴随细胞蛋白，又称为分子伴侣。应激蛋白是环境压力促使特定

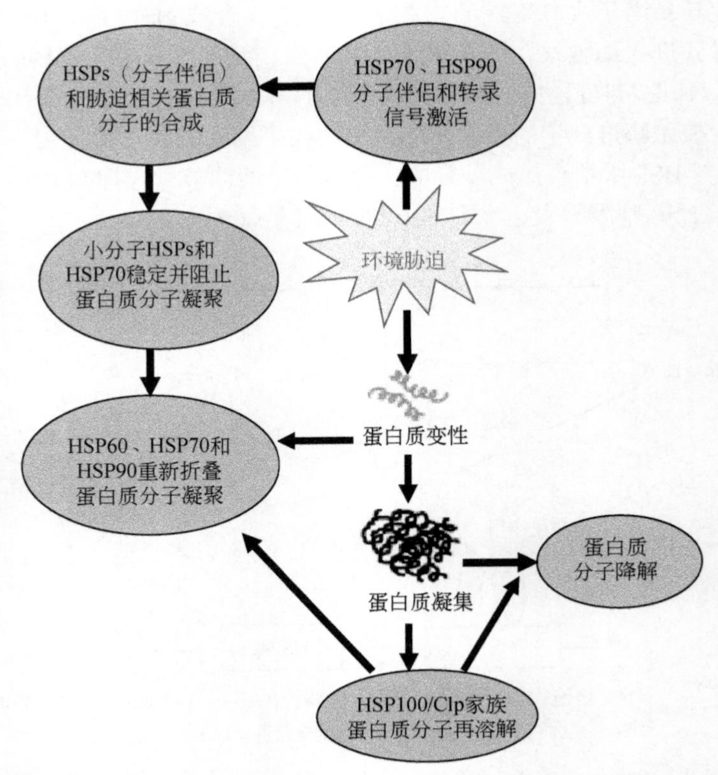

图 4-5　在非生物胁迫过程中应激蛋白/分子伴侣之间的相互作用（引自 Wang et al.，2004）

基因表达的产物，根据 HSPs 相对分子质量的不同，通常分为 4 个主要家族：HSP90（83 ~ 90kDa）家族、HSP70（66 ~ 78kDa）家族、HSP60（58 ~ 65kDa）家族、小分子 HSPs（15 ~ 30kDa）家族。其中，HSP70 家族是序列最保守并且对污染物的应激反应最为显著的一类应激蛋白，是细胞保护机制的重要部分，比传统的生长繁殖指标更为敏感，可作为水环境中污染物对生物毒性作用的分子标志物，近年来，被广泛地低为指示污染物胁迫的早期预警指标（de Pomerai，1996）。

HSP70 性质稳定且表达显著，国际上对其已经展开了相当广泛的研究，国内尚属起步。应激蛋白受到生物体种类、年龄及外界环境影响，其产生是一种低剂量效应，对污染物和环境因子诱导的 HSP70 蛋白水平的检测可用 HSP70 广谱抗体通过 Western blotting 进行。此外，还可用 cDNA 探针、代谢标记、蛋白质染色等技术来检测生物体内应激蛋白的表达水平（Goering，1995）。已有研究表明，亚砷酸、铬酸盐、Cd^{2+}、Cu^{2+}、五氯酚和林丹等污染物胁迫下，都能引起水生生物体内 HSP70 显著诱导（Kammenga et al.，1998；Bierkens et al.，1996，1998），这些污染物在接近于环境真实值甚至更低浓度下就能对 HSP70 显著诱导，显示其具有作为水环境生态风险早期预警指标的巨大潜力。HSP70 作为生物标志物的研究在国内相对较少，尚属起步。胡炜等（2001）发现，Cu^{2+} 浓度低达 10μg/L，5d 暴露对稀有鮈鲫 54kDa 的应激蛋白显著诱导，100μg/L 的 Zn^{2+} 5d 暴露后分别诱导出 94kDa、67kDa、40kDa 的应激蛋白。沈骅等（2004，2005）以鲫鱼为实验动物，研究了 Cu、EDAT-Cu、Zn、Pb、Cd、染料橙（HC Orange 1）及两种金属同时进行长期低浓度暴露，在不同浓度下，应激蛋白 HSP70 被不同程度地诱导，并有明显的剂量–效应关系。研究发现，在低于国家渔业水质标准的浓度下，HSP70 仍然有显著的诱导表达，说明水体中污染物在低于现行渔业水质标准的浓度下，长期暴露仍然会对鱼类产生一定的损伤。HSP70 比传统的生长、繁殖等生物指标更为敏感，可考虑将 HSP70 作为反映污染物对生物体早期伤害的毒理学指标。

目前有关应激蛋白在机体氧化应激中的保护机制还没有完全清楚，特别是污染物胁迫下的应激保护机制方面还需要做更深入的研究。

4.2.3 抗氧化防御系统用做生物标志物的研究

4.2.3.1 抗氧化防御系统的分类及其作用原理

抗氧化防御系统作为活性氧的清道夫，在参与活性氧的清除以及机体的保护性防御反应中发挥着巨大作用，包括酶和非酶系统两大类。其中超氧化物歧化酶（SOD）、过氧化氢酶（CAT）、谷胱甘肽过氧化物酶（GSH-Px）、谷胱甘肽还原酶（GR）等属于抗氧化酶系统。

SOD 是含有 Cu、Zn、Mn 或 Fe 的金属酶，广泛存在于生物体内。按其金属辅基成分不同分为三类：第一类含 Cu 和 Zn（Cu，Zn-SOD），相对分子质量 32 000，由两个亚基组成，每个亚基结合着一个 Cu 或 Zn 原子，主要存在于真核细胞的胞浆中；第二类含 Mn（Mn-SOD），相对分子质量 84 000，由 4 个亚基组成，每个亚基各含一个 Mn 原子，存在于真核细胞的线粒体及原核细胞中；第三类含 Fe（Fe-SOD），相对分子质量 42 000，由两个亚基组成，每个亚基结合着一个原子 Fe，Fe-SOD 主要见于细菌，在动物细胞内尚未发现。这三类 SOD 都能催化 $O_2^{\cdot -}$ 发生歧化反应。

SOD 是生物体内唯一一种以自由基作为底物的抗氧化物酶，可通过歧化反应消除 $O_2^{\cdot -}$ 并生成 H_2O_2，后者在 CAT 和 GSH-Px 作用下分解生成 H_2O 和 O_2。SOD 与 $O_2^{\cdot -}$ 相互作用的反应式如下：

$$O_2^{\cdot -}+O_2^{\cdot -}+2H^+ \rightarrow H_2O_2+O_2$$

$O_2^{\cdot -}$ 与 H_2O_2 可通过 Haber-Weiss 反应（$M^+ + O_2^{\cdot -} + H_2O_2 \rightarrow M^{2+} + {}^{\cdot}OH + OH^- + O_2$，$M^+$ 为金属离子）进一步转化为羟自由基（$^{\cdot}OH$）。$^{\cdot}OH$ 活性很高，具有更大的危害性。因此 SOD、CAT 和 GSH-Px 对 $O_2^{\cdot -}$ 和 H_2O_2 的及时清除就显得尤为必要。这三种酶对于阻断 $^{\cdot}OH$ 的生成和防御氧毒性起着重要的作用，是活性氧防御系统中的主要成分。

SOD 活力测定方法很多，常见的有化学法、免疫法和等电聚焦法，其中化学法的应用最为普遍，其主要原理是利用有些化合物在自氧化过程中产生有色中间体和 $O_2^{\cdot -}$，利用 SOD 分解 $O_2^{\cdot -}$ 而间接推算酶活力。化学法中常用的有黄嘌呤氧化酶法、邻苯三酚法、化学发光法、肾上腺素法、NBT-还原法、Cyte 还原法等。其中改良的邻苯三酚法简单易行，较为实用，目前应用广泛。其测定原理：邻苯三酚在碱性条件下能迅速自氧化，生成一系列在 325 nm 处有强烈光吸收的中间产物，并同时释放出 $O_2^{\cdot -}$，SOD 是专以 $O_2^{\cdot -}$ 为底物的金属酶，在有质子的介质中，它能迅速将 $O_2^{\cdot -}$ 歧化为 O_2 和 H_2O_2，从而阻止了中间产物的积累，即 $O_2^{\cdot -}+O_2^{\cdot -}+2H^+ \rightarrow H_2O_2+O_2$。据此可测定 SOD 的活性。

CAT 存在于动物各种主要器官中，特别是在肝脏及红细胞（RBC）中最多。除乳酸菌等含有以 Mn 为辅基的 Mn-过氧化氢酶以外，其他生物体内的 CAT 均属血红素过氧化氢酶，相对分子质量22 万 ~24 万。大多数纯化的 CAT 都由 4 个蛋白质亚单元组成。每个亚单元含有一个血红素分子（Fe^{3+}-protoporphyrin）基团，结合至其活性位点上。细胞内的 CAT 主要集中于过氧化物酶体内。线粒体及内质网中也含有一定量的 CAT，从而消除在这些细胞器中产生的 H_2O_2。目前，CAT 酶的测定方法大多是根据该酶对 H_2O_2 的分解能力而间接推算的。

GSH-Px 也可利用 H_2O_2 作为底物，将还原型谷胱甘肽（GSH）氧化生成氧化型谷胱甘型（GSSG）。GSH-Px 可分为含 Se 和不含 Se 两大类。通常是指 SeGSH-Px，它是以 GSH 作为电子供体，在清除 H_2O_2 过程中起着重要作用。GSH 与邻苯二甲醛（OPA）反应生成荧光复合物，已知含量的 GSH 在 GPx 作用下生成 GSSG，反应一定时间后加入的 OPA 与反应剩下的 GSH 反应生成特异的荧光复合物，通过测定荧光强度可计算 GSH 的含量，从而间接求出 GSH-Px 的酶活性。

谷胱甘肽硫转移酶（GST）作为第二阶段解毒酶，可催化污染物与 GSH 结合，生成极性的小分子物质，从而减轻其毒性。测定原理：GST 具有催化 GSH 与底物 1-氯-2,4-二硝基苯（CDNB）结合的能力，在一定反应时间内，其活性高低与反应前后底物浓度的变化呈线性关系。

除抗氧化酶外，小分子抗氧化物质在机体保护防御过程中也发挥着不可替代的作用。这类物质包括 GSH、抗坏血酸（维生素 C）、α-生育酚（维生素 E）等。GSH 作为有机体抵抗污染胁迫的第一道防线：其一，在 GST 酶的催化作用下，作为外源性污染物及其体内代谢产物所产生的亲电中间体的结合靶点，降低其生物毒性；其二，在清除活性氧，如 H_2O_2 和 $^{\cdot}OH$ 过程中发挥重要作用。

4.2.3.2 抗氧化防御系统用于生物标志物的研究

生物体的抗氧化防御系统对污染物胁迫相当敏感，在低浓度污染物暴露下或短时间内，由于酶合成增加，其活性往往出现诱导以此清除体内多余的活性氧（Halliwell and Gutteridge，1999），当活性氧的产生超出抗氧化防御系统的防御能力，抗氧化酶活性受到抑制，其活性变化可为污染物胁迫下的机体氧化应激提供敏感信息，因此抗氧化防御系统被用做指示环境污染的早期预警，从而成为分子生态毒理学生物标志物研究热点之一（Cossu et al.，2000；Niyogia et al.，2001；Almeidaa et al.，2002；Cheung et al.，2002，2004；Pascual et al.，2003；Oruc et al.，2004）。

李响等（2004）研究了卤代酚急性毒性对抗氧化酶活性的影响及构效分析。有机污染物，如 20#柴油和 2,4-二氯苯酚（2,4-DCP）在较低的浓度下便可引起机体的氧化应激及氧化损伤（Zhang et al.，2004a，2004b，2005），SOD、GST 和 GSH 等对这两种污染物的反应都很敏感，观察到在低于现行渔业用水标准标准以下（0.005mg/L），都能引起抗氧化防御系统酶活性的改变，提示现行渔业用水标准对生物的安全性有待进一步研究。研究发现（刘慧和王晓蓉，2004；刘慧等，2005），Cu 在低于我国现行渔业水质标准时（0.01mg/L），就能对 GST 产生显著诱导，表明 GST 对 Cu 反应敏感，有潜力成为指示 Cu 污染的生物标志物。

然而，用抗氧化防御系统对污染物的响应来指示环境污染，在不同的实验室和野外研究中得到的结果并不相同，甚至相反。有些研究未发现污染物胁迫下 GST 活性发生显著变化（Sole et al.，2000；Bello et al.，2001；van Schanke et al.，2002），相反，在多氯代二噁英（PCDD）、PAH 或一些杀虫剂胁迫下虹鳟鱼、鲈科鱼及翻车鱼（sunfish）GST 活性降低（van der Oost et al.，2003）。因此，GST 能否作为理想的生物标志物指示环境污染还值得进一步研究，还需要更多地研究数据加以考证。将 SOD 作为生物标志物研究时也遇到类似的问题，van der Oost 等（2003）将污染物胁迫下 SOD 的响应做了系统的总结，发现高于 60% 的实验室研究未发现 SOD 活性的显著变化，20% 的实验室研究发现 SOD 产生诱导，而近 70% 的野外研究表明 SOD 产生诱导。污染物胁迫下 CAT 的响应研究，发现超过 50% 的实验室研究未发现 CAT 活性的显著变化，大于 20% 实验室研究表明 CAT 活性受到抑制，而小于 20% 实验室研究表明 CAT 活性产生诱导。以上结果表明，抗氧化酶用做环境污染的早期预警指标，必须考虑其他环境因素，如温度、溶解氧等的影响。除了环境条件的微小差异都可能导致酶活性产生变化外，生物种属间的个体差异以及年龄、性别、不同生长发育阶段等也可能影响酶活性的检测结果。总之，将抗氧化酶如 SOD、CAT 和 GST 用作生物标志物指示环境污染的早期预警，需考虑多种因素的综合影响，在实验条件的操作上应严格控制，尽量减少环境条件的变化对酶活性可能产生的影响。

生物体遭受污染物胁迫时，GSH 含量降低（Zhang et al.，2005），大量活性氧产生并积累，使机体处于氧化应激态，体内正常的氧化还原电位平衡机制被扰乱，GSH 由还原型向氧化型（GSSG）转化，GSSG 含量升高，导致 GSH/GSSG 值降低，因此 GSH/GSSG 值可考虑作为潜在的生物标志物指示环境污染所引起的生物体氧化应激（Van der Oost et al.，2003）。健康的未受到污染胁迫的生物体，GSH/GSSG 值一般维持恒定且大于 10∶1（Stegeman et al.，1992）。在 GST 催化下，GSH 可与污染物结合并参与机体第二阶段解毒，从而降低其生物毒性，在此过程中 GSH 被消耗。正常生理条件下，GSSG 可被谷胱甘肽还原酶（GR）还原成 GSH，以保持细胞内 GSH 含量的相对稳定。此外，GSH 也可以自身合成。GSH/GSSG 和 GSH/GSSG 值对污染物胁迫较为敏感，需要进一步研究证明其能否成为指示水环境污染的早期预警指标。

4.2.4 活性氧及其用于生态风险早期预警的潜力

4.2.4.1 活性氧的定义与类型

通常我们所说的活性氧（reactive oxygen species，ROS）包括自由基和非自由基两大类。自由基是指任何包含一个未成对电子的基团。生物体内的自由基通常包括 $O_2^{\cdot -}$、$^{\cdot}OH$、烷氧基（$RO^{\cdot}$）等；非自由基种类的活性氧包括单线性氧（$^1O_2$）、H_2O_2等。生物体活性氧在正常生理条件下产生，这些化学性质异常活泼的基团，可氧化生物体的许多大分子，包括不饱和脂肪酸、蛋白质及 DNA 等，造成这些大分子的损伤从而影响其发挥正常的生理功能。在正常的生理条件下，活性氧的产生与抗氧化防御系统之间存在动态平衡机制，当活性氧的产生超出平衡机制时机体产生氧化应激（Halliwell and Gutteridge，1999）。

长期以来，生物体活性氧被认为主要是参与生物体大分子的氧化损伤。因此，过量的活性氧一直被认为是有害物质。研究表明，活性氧对细胞的毒性包括对脂类和细胞膜的损伤，引发脂质过氧化，导致细胞坏死；对蛋白质和酶的损伤作用，引起蛋白质过氧化和一些功能酶的失活及变性；对遗传物质核酸和染色体的损伤，包括引起染色体畸变，导致 DNA 断裂或形成加合物等。近年来的研究结果还发现，活性氧还通过与靶分子非共价结合而引起靶分子空间结构和活性的变化，参与细胞的信号传导等过程，是一类新的信号分子。

目前，在自由基生物学领域中形成了几个重点研究方向：①氧化应激效应（oxidative stress）及金属离子的作用，铁离子的定域化及铁离子库的生物学意义；②自由基与疾病的关系；③抗氧化剂特别是某些中药及其有效成分清除自由基的研究；④SOD 及其模拟物结构和功能的研究；⑤体内一氧化氮（NO）行为的研究。

4.2.4.2 活性氧用于指示生物体早期氧化胁迫的潜力

正常生理条件下，机体抗氧化防御系统作为活性氧的清道夫，在活性氧的清除过程中发挥巨大作用，可以保护机体免遭活性氧的攻击而造成的各种损伤。因此，抗氧化酶活性的诱导反映了污染物对生物体的氧化胁迫从而作为指示机体氧化应激的生物标志物（Doyotte et al.，1997；Regoli and Winston，1998）。然而，当污染物胁迫下生物体活性氧的产生超出抗氧化防御系统的清除能力，机体就会产生氧化应激和严重的氧化损伤（Halliwell and Gutteridge，1999）。

已有资料表明，生物体遭受污染物胁迫时，体内产生的活性氧将大大增加，当超出机体抗氧化防御能力时，会在机体内积累并导致细胞的解毒机制受到损伤，从而造成生物的氧化损伤，使机体处于氧化应激状态（oxidative stress）（Abele and Puntarulo，2004；Luo et al.，2005，2006，2008，2009）。自发现生物体自由基引起生物大分子的氧化损伤等毒性效应后，有关生物体氧化和抗氧化的研究就方兴未艾（Halliwell and Gutteridge，1999）。污染物胁迫下，无论抗氧化防御系统如何做出响应，污染物或其他氧化剂都会通过诱导活性氧的生成进而对生物体造成不同程度（个体、细胞、分子水平上）的氧化损伤（Abele et al.，1998；Canova et al.，1998；Ringwood et al.，1999；Cossu et al.，2000；Roméo et al.，2000）。越来越多的证据表明（Di Giulio et al.，1989；Livingstone et al.，1990，1994；Di Giulio et al.，1995；Livingstone，1991，2001），污染物胁迫下，生物体活性氧的产生及其氧化损伤可能是污染物致毒的重要路径。

由于生物体活性氧寿命极短，并且在组织中存在的浓度极低，对其检测极为困难。目前，除少数化合物诱导生物体产生的活性氧自由基被直接证实外，污染物胁迫下，提供 ROS 在生物体内产生的直接证据鲜见报道，而相关研究多以 ROS 毒性作用的终点作为指标间接反映污染物胁迫下生物体内活性氧的生成，通常用来指示活性氧生成的终点指标有抗氧化防御系统（Cheung et al.，2002，2004；Zhang et al.，2004）、丙二醛（MDA）（Cossu et al.，2000）、脂质过氧化（LPO）、蛋白质过氧化及 DNA 损伤等（Mitchelmore et al.，1998a，1998b；Canova et al.，1998；Potts et al.，2001；Labieniec et al.，2003）。

在环境污染物的作用下，以 DNA 双链的断裂以及 DNA 加合物的生成作为间接手段证明活性氧的生成屡见报道。例如，Mitchelmore 等（1998a，1998b）以单细胞凝胶电泳技术研究了污染物胁迫下，牡蛎（*Mytilus deulis*）消化腺细胞 DNA 双螺旋的断裂损伤情况，间接证明了活性氧的生成。研究发现（Livingstone et al.，1997），自由基捕获剂（α-phenyl-*N*-tert-butylnitrone，PBN）可抑制由苯并芘、硝基吡啶和硝基呋喃引起的 *Mytilus edulis* 体内 DNA 链断裂，抑制率为 75% ~88%。羟自由基与 DNA 形成的加合物 8-羟基-2′-脱氧鸟苷也是常用的反应终点来间接指示羟自由基的生成（Canova et al.，1998；Potts et al.，2001）。Stohs 和 Bagchi（1995）以小鼠为实验动物，对几种典型污染物，包括 TCDD、异狄氏剂（endrin）、林丹（lindane）、萘（naphthalene）及重金属镉等的氧化应激和损伤进行了深入研究，以 DNA 损伤和荧光法间接证明了活性氧的生成。

除少数化合物诱导生物体活性氧产生而引起的机体氧化应激在哺乳动物体内被直接证实外，更多环境污染物引起水生生物体活性氧的产生从而导致机体氧化应激则是停留在一种猜测的基础上，尚未得到证实。污染物胁迫下水生生物体内活性氧的产生被认为（Livingstone，2001）是污染物重要的致毒机制，然而现有的研究也仅限于以脂质体损伤、蛋白质氧化及 DNA 加合物等活性氧的毒作用终点来间接指示活性氧的生成。

目前，由于测试手段相对困难，在整体动物水平上研究污染物胁迫下水生生物体活性氧的产生鲜见报道。虽然，不能提供直接证据证明污染物胁迫下活性氧的生成，但实验室模拟和野外研究中，Livingston 等（2000）以化学方法证实了污染物胁迫下鱼肝脏亚细胞组分中活性氧产生增加的证据，并发现活性氧是通过 NAD(P)H 路径生成的。Moore（1992）以荧光探针检测分离的肝细胞技术，发现在污染严重的区域比目鱼（*Limanda limanda*）的肝细胞内活性氧的产生比相对清洁区域显著升高。

近年来，电子顺磁共振（electron paramagnetic resonance，EPR）技术的广泛应用使得直接测定生物体内产生的活性氧自由基成为可能，也为研究环境污染物对生物体的致毒机制提供了新的手段（Selote et al.，2004）。

Mason 课题组（Mason et al.，1994；Ghio et al.，1998；Kadiiska and Mason，2000）利用电子顺磁共振技术提供了大量有关重金属 Cd、Cu 和甲醇、乙醇、工业石棉以及有机物染物百草枯等化学品诱导和物理辐照情况下老鼠体内羟自由基的生成的直接证据。研究表明，一些具氧化还原电位活性的化合物，如变价态金属 Fe^{2+}、Cu^{2+} 在生物体内参与 Fenton 反应，诱导小鼠体内羟自由基的生成。至今，未有研究提供污染物胁迫下水生生物活体体内活性氧产生的直接证据。

南京大学王晓蓉课题组研究建立环境中生物体内自由基捕获/EPR 技术，首次获得了 2,4-二氯苯酚、菲等有机污染物胁迫诱导鲫鱼肝脏产生活性氧的直接证据。同时发现，污染物浓度与生成羟自由基的强度存在剂量-效应关系，这种定量关系是使其能成为生物标志物的关键所在（Luo et al.，2005）。该课题组的研究结果表明（Luo et al.，2006），2-氯酚（2-CP）在 50mg/kg 时，就显著诱导 $^{\cdot}OH$ 产生，且 2-CP 注射剂量与 $^{\cdot}OH$ 信号强度存在剂量-效应关系，表明 $^{\cdot}OH$很有潜力成为指示 2-CP 污染的敏感生化指标。2,4,6-TCP、五氯苯酚（PCPs）在渔业水质标准的安全浓度（0.005mg/L）甚至更低浓度（0.001mg/L）都能引起鲫鱼体内·OH 的显著诱导，且暴露剂量与·OH 的诱导存在剂量-效应关系，表明·OH很有潜力成为指示水环境氯酚类污染的敏感生化指标。同时，观察到四溴双酚 A（TBBPA）在浓度低达 0.0025mg/L 就显著诱导鲫鱼体内·OH 生成，且存在剂量-效应关系，提示·OH 对 TBBPA 响应敏感，有望成为指示 TBBPA 污染的生物标志物。

影响生物体活性氧产生的因素很多，在氧浓度分配高的组织里和生物转化活跃的器官产生的活性氧大大增强，抗氧化酶活性以及其他小分子解毒系统（如谷胱甘肽的含量）也随之相应增强，以清除体内更多的活性氧（Livingstone，1991；Lemaire and Livingstone，1993；Lemaire et al.，1993）。此外，季节变化、生物体的繁殖周期以及温度条件等的变化都可能是影响活性氧产生的重要因素（Buchner et al.，1996；Power and Sheehan，1996；Regoli and Winston，1998；Orbea et al.，1999）。至少，作为 ROS 毒性的解毒机制，抗氧化防御系统在清除活性氧与其相互作用过程中发挥重要作用，并在调节污染环境、环境因子和机体自稳态三者平衡中发挥不可替代的作用。因此，如果能够直接测定生物体内的活性氧，弄清污染物与生物体活性氧和抗氧化防御系统之间的耦合关系，对于生态风险早期预警将更具意义。唯因如此，迫切需要筛选更为敏感的生物标志物来直接反映污染物对生物体的早期胁迫。

目前，污染物胁迫下诱导生物体活性氧的产生过程以及抗氧化防御系统与其之间的相互作用机制至今还不清楚（Livingstone，2001）。但生物体因病理原因产生的内源性自由基所引起的健康问题已经在生物医学领域已引起足够重视，并展开了相当广泛的研究（Burdon，1995；Lenaz，1998；Rahman and MacNee，2000；St-Pierre et al.，2002；Takeshita et al.，2004）。自由基造成的线粒体损伤以及由此而引发的一系列机体健康问题成为生物医学领域研究的前沿。随着环境污染的日趋加剧，许多疾病的发生都不可避免地与环境中的污染物有着密切的联系。目前，国内外针对环境污染物特别是持久性有毒有机污染物和近年来备受关注的内分泌干扰物以及最新出现的溴化阻燃剂胁迫下引起水生生物体活性氧的产生及其氧化损伤的研究还少见报道。而 Livingstone（2001）指出污染物胁迫下生物体活性氧的产生及其氧化损伤可能是污染物致毒的重要路径。因此，加强污染物胁迫下生物体活性氧的产生和氧化应激及其分子毒作用机制的研究，对生态风险早期预警研究意义重大。

4.2.4.3 活性氧的检测方法

生物体内活性氧化学性质极为活泼，浓度低且存在寿命极短。例如，$O_2^{\cdot -}$在水溶液中的存活时间为 1s，·OH 自由基的寿命则更短，仅为 10^{-6}s。与·OH 相比，超氧阴离子的化学性质不很活泼，由于它是生物体中最初生成的自由基，又是氧自由基的前体，可以转化成其他种类的氧自由基，因此对超氧阴离子的研究意义至关重要。羟自由基作为化学性质最为活泼的一类活性氧自由基，能以极快的反应速率与许多种物质发生反应［反应速率常数为 $10^8 \sim 10^{10}(mol \cdot s)^{-1}$］，因此，几乎存在于生物体内的任何物质都可作为羟基的猝灭剂。此外，生物体内不同种类的自由基之间也可以发生相互反应，最终生成羟基。典型的 Haber-Weiss 反应，即 $O_2^{\cdot -}$在 Fe^{2+}的催化下，与体内的 H_2O_2反应生成·OH。而在生物体内的活性氧的研究中，目前受到最多关注的是 $O_2^{\cdot -}$、H_2O_2和·OH 三大类。羟基含一个未成对电子，属于自由基的范畴。

由于自由基都含有一个未成对电子，这就决定了它具有顺磁性和很高的反应活性，所有检测自由基的方法都是根据这两个特性发展而来的。对自由基的检测，目前比较常用的有间接法和直接法两大类。间接法主要包括化学发光法、脉冲辅解法、化学诱导动态核极化（CIDNP）方法、氧消耗测定法、高效液相色谱法、荧光法等。电子顺磁共振法是近年来发展起来的最直接、最有效的检测自由基的方法。所有检测自由基的方法原则上都可以检测氧自由基，但氧自由基有其自己的特性，所以对氧自由基的检测还有特殊的方法。下面简要介绍几种测定方法。

（1）化学发光法

分析自由基反应的产物，化学发光是经常使用的技术。在活性氧、氧自由基反应过程中，释放能量，产生化学发光，利用高灵敏度的发光仪就可直接观察。通常用鲁米诺（Luminol）作为发光增效剂，以此来提高观察的灵敏度，因为活性氧可使 Luminol 氧化激发，产生化学发光。超氧阴离子、羟自由基、单线态氧、过氧化氢和脂质过氧化产生的脂自由基都可以产生化学发光。但要确定是哪种活性氧自由基，就必须用其特异性的抑制剂来确定。化学发光法检测活性氧，灵、快速、操作简单，目前被广泛地用在活性氧的检测和研究中。该方法的局限性是特异性不强，几乎所有的氧化剂，如次氯酸、高锰酸钾等都可以氧化 Luminol，产生化学发光，干扰活性氧的检测。

（2）氧消耗法

因为氧自由基在生成过程中伴有氧气的消耗，因此可通过间接测量氧的消耗量来测定氧自由基的生成，通常用氧电极法来测定氧的消耗，但该方法需要的样品量比较大，在某些生物实验中受到一定的限制。

（3）高效液相色谱法

高效液相色谱（HPLC）法是用来检测羟自由基常用的方法，其基本原理是利用˙OH 进攻芳香族化合物的特性，使用羟自由基的检测探针与羟基反应形成的羟化终产物来检测羟基的生成。最常用的探针是水杨酸和苯丙氨酸，也有用二甲基亚砜（DMSO）作为捕获剂，使之与˙OH 反应生成甲基亚磺酸，最终以高效液相色谱检测终产物并实现分离。羟基在生物体内与水杨酸反应生成2,3-二羟基苯甲酸和2,5-二羟基苯甲酸（2,5-DHBA）的反应速率常数是 $5\times10^{10}(\mathrm{mol}\cdot\mathrm{s})^{-1}$，用荧光检测器替代紫外检测器，结果大大提高了该方法的灵敏度。Floyd 等（1984）将高效液相色谱法进行了改进，将色谱技术与电化学方法联用，创建了 HPLC-ED 法，结果电化学方法比光学方法的灵敏度提高了1000倍（Floyd et al.，1986，1989）。HPLC-ED 技术很快成为检测羟基最重要的方法，该方法后来被广泛用在由羟基引起的氧化应激的研究中（Coudray et al.，1995），即以羟基攻击 DNA 形成的 DNA 加合物——8-羟基-脱氧鸟苷（8-OH-dG）作为终产物进行分离和检测（Floyd et al.，1986，1989）。

高效液相色谱分离与高度灵敏的电化学检测相结合的方法已广泛应用于测定˙OH 进攻芳香类化合物所形成的产物。这是分析细胞、细胞器和灌流器官所产生˙OH 的十分灵敏的方法。最常用的˙OH 检测探针是水杨酸和苯丙氨酸，它们与˙OH 反应形成多种产物。在体液或组织提取液中，如一芳香化合物与˙OH 反应生成一种可以精确检测的特殊的羟化产物，而且这种产物不同于酶反应所产生的羟化产物，即可用这种方法分析体内羟基的生成。当然所生成的特殊的羟化产物的浓度要足够大，而且不会被立即代谢掉，˙OH进攻水杨酸所形成的2,3-二羟基苯甲酸作为在人体内水杨酸酶反应的代谢物尚未见报道，因此，水杨酸和苯丙氨酸都可作为体内羟基自由基产生的探针。

（4）气相色谱法

羟基与甲硫基丙醛（methional）反应产生乙烯，与二甲基亚砜反应产生甲烷，因此可将甲硫基丙醛或二甲基亚砜加到特定的反应体系，并用气相色谱（GC）仪检测所产生的乙烯或甲烷，从而检测该反应体系中的羟自由基。

（5）荧光法

荧光法是测量氧自由基同某种物质化学反应生成具荧光吸收的产物，通过测量荧光强度来间接测定氧自由基。其缺点是特异性不强，需要用自由基的特异性抑制剂来辅助验证。

（6）电子顺磁共振法

利用近代物理方法对自由基直接进行分析和鉴定，当然应首推电子顺磁共振法。电子自旋共振（electron spin resonance，ESR）又称电子顺磁共振（electron paramagneticresonance，EPR），是研究电子自旋能级跃迁的一门学科，是检测自由基最直接、最有效的方法。生物医学系统所涉及的自由基多为短寿命自由基，用常规 EPR 直接检测这类自由基很困难。20世纪60年代末，Janzen 等（1994）首先报道了对抗磁性硝酮（nitrone）化合物 α-phenyl-*N*-tert-butylnitrone（PBN）与短寿命自由基˙R 形成加合物的 EPR 检测，并引入了“自旋捕集”（spin trapping）这个概念（张建中和杜泽涵，2003）。电子顺磁共振自旋捕集技术手段的发展为检测生物体内的自由基在方法学上提供了质的飞跃。最初多采用亚硝基做捕获剂，特别是 tNB。随着活性氧研究在生物医学研究领域中受到广泛的关注后，自旋捕获剂多采用硝酮类化合物，目前比较常用的自旋捕获剂有 PBN、4-POBN、DMPO。根据自由基被特异性捕获剂捕获形成稳定的自旋加合物而在 EPR 波谱上表现出特征 EPR 谱线，从而鉴定自由基。g 因子和超精细分裂常数是在 EPR 谱图上作自由基定性常用的物理参数。

1）g 因子。g 因子作为 EPR 波谱的一个特征常数，它物理学意义的本质反映了未成对电子自旋角动量和轨道角动量之间的耦合。g 因子是表征自由基的一个重要特征参数，每个自由基都有一个特定的 g 因子，对它的测量有助于了解自由基的来源，确定自由基的结构和性质，它是自由基 EPR 波谱必需的一个参数，可由下列公式计算：

$$g = \frac{hv}{\beta H} \tag{4-1}$$

式中，h 为普朗克（Plank）常数；β 为磁矩最小单位，称为玻尔磁子。因此，只要知道频率 v 和磁场 H，就可以算出一个自由基的 g 值。

2）超精细分裂常数。如果自由基的未成对电子只和磁场相互作用，就只能得到一条谱线，这样就只能从 g 因子和 EPR 谱线的形状来研究自由基，得不到关于自由基结构的更多信息。在实际体系的自由基中，除未成对电子外，往往还存在磁性原子核，这些核自旋不为零的核自旋磁矩和未成对电子的自旋磁矩的相互作用称为超精细相互作用。由超精细相互作用产生的 EPR 波谱的分裂称为超精细分裂，由超精细分裂组成的 EPR 波谱称为超精细结构。超精细结构的出现大大提高了 EPR 波谱的应用价值，这些超精细结构图谱不仅可以用来鉴别不同自由基类型，而且可以用来分析和研究自由基结构。

根据固定的频率，仪器分成若干个型号，最常用的是 X 波段，其次是 Q 波段。Q 波段比 X 波段灵敏度高，分辨率也好，但样品腔比 X 波段小，使其使用受到限制。由于高频微波热效应很大，特别对含水样品，水对微波吸收很强，所以，一般高频 EPR 波谱仪不能测量活体中的自由基。最近发展起来的低频 L 波段 EPR 波谱仪解决了这一问题，其具有热效应低、样品腔大的特点，可容纳大体积样品，甚至活体动物，EPR 成像就是在这种仪器上实现的。

3）自由基的浓度。自由基的浓度是研究自由基经常要测量的一个重要物理量，通常用每克、每毫克或每毫升样品中所含自旋数或摩尔质量自由基来表征，它与该样品 EPR 信号吸收峰的面积呈正比，微分信号需要积分两次才能得到。但自由基浓度的绝对测量比较困难，一般采用比较法，作相对浓度测量。将已知和未知浓度样品 EPR 信号的积分同时求出来，进行比较，就可以计算出未知样品自由基的浓度。如果未知和已知样品 EPR 信号的线形相同，线宽也相同，自由基浓度的测量就会大大简化。只要测量已知和未知样品 EPR 信号的峰高 h，然后进行计算就可知未知样品浓度。

测量生物样本时，由于自由基的浓度一般都很低，EPR 信号很弱，噪声很大，很难得到满意的结果，甚至无法分析。如何提高 EPR 信号的信噪比便是个大问题。解决这个问题可以在 EPR 波谱仪的工作站上对信号进行累加或平均，即重复扫描，将每次扫描的结果累加或平均。因为信号是重复出现的，而噪声是无规律的，在同步合适时，信号就相干地增加，而噪声则非相干地增加。累加 n 次，相干信号将增加 n 倍，而非相干信号只增加 n 的平方根倍，因此信号的信噪比将增加 n 的平方根倍。

4）自旋捕集技术。EPR 是目前研究自由基最直接最有效的方法和技术，但是这些自由基必须是相对稳定的，而且要达到一定浓度才能用 EPR 技术进行检测和研究。而生物体系中产生的自由基大多数化学性质极不稳定，寿命极短。因此，用常规的 EPR 波谱仪根本无法检测这些短寿命的自由基。为了克服 EPR 技术的这一局限性，一方面在仪器上作了很大改进，发展了时间阈的 EPR 波谱仪，可以测量毫秒或更短寿命的自由基；另一方面在样品的测量上改进，发展了低温技术和快速流动技术研究短寿命自由基。

最近发展起来的自旋捕集技术作为里程碑式的进步，将特异性的自旋捕获剂运用于自由基的捕获中，形成化学性质更加稳定的自旋加合物，从而可以在 EPR 谱仪上检测出来，根据 EPR 谱图的形状和特征参数的计算，从而对自由基种类进行鉴定。将自旋捕集技术与电子顺磁共振/EPR 结合，科学地解决了如何在生物体内捕获短寿命自由基这一难题，在生物医学领域得到了迅速的发展和应用，同时也为氧自由基的研究做出了卓越的贡献。自旋捕集技术的基本原理是将一种不饱和的抗磁性物质（称自旋捕获剂，一般为氮酮和亚硝基化合物）加入反应体系，与自由基结合生成寿命较长的自旋加合物，可在 EPR 谱仪上检测出来。目前已经合成上百种自旋捕集剂，最常用的有 DMPO（5,5-dimethylpyrroline-*N*-oxide）、PBN（α-phenyl-*N*-tert-butylnitrone）。近年来，为了解决超氧阴离子的特异性捕获问题，新一代的、更有效的自由基捕获剂的研究层出不穷，在 DMPO 的基础上，又出现了三甲基氧膦（TMPO）、二甲基氧膦（BMPO）及 5-(diethoxyphosphoryl)-5-methyl-1-pyrroline-*N*-oxide（DEPMPO）等新一代产品，在捕获不同形态的氧自由基中发挥了重要的作用。

4.3 活性氧引起的氧化应激与损伤

4.3.1 氧化应激的概念与产生机制

机体的调节机制使其处于相对自稳态（homeostasis），此时尽管自由基也产生，但抗氧化防御系统作为自由基的猝灭剂，在清除自由基过程中发挥重要作用。由于内源性（或外源性）刺激使机体代谢异常而骤然产生大量自由基（包括氧自由基、一氧化氮），而此时过量的自由基数量超过抗氧化体系的还原能力，使机体处于氧化应激态，结果导致机体损伤。Sies（1986）将活性氧造成的氧化损伤称之为氧化应激态，也可将体内氧化增强剂与抗氧化剂的平衡向氧化增强方向变化时称之为氧化应激态。氧化应激通过其氧化过程调节很多生理过程和生化反应，同时也造成细胞、亚细胞结构、生物大分子的氧化损伤。

氧化还原态是与氧化应激偶联在一起的生命过程，二者之间的平衡是机体是否处于自稳态的重要因素之一。目前对氧化应激的认识已经不仅仅停留在氧化损伤的层面上，通过氧化还原反应对机体进行应激性调节和信号传导也是氧化应激的一个重要方面。最近，随着 NO 研究的进展，发现 NO 作为一种诱导剂可启动巨噬细胞和单核细胞凋亡。

细胞代谢过程中产生氧化应激的因素可归结为：氧自由基突然剧增；NO 大量产生和氧自由基反应产生过氧亚硝酸盐；细胞内生化“分陷”状态的破坏，使大量金属离子和酶泄漏，启动和加速脂质过氧化；机体抗氧化防御系统功能的减弱。机体内源性氧自由基的猛增主要来源于：①免疫细胞吞噬活动产生的氧自由基；②激活氧化酶系统，如黄嘌呤氧化酶；③线粒体内电子传递的紊乱，电子漏引起超氧阴离子大量产生；④微粒体上细胞色素 P450 产生过量的超氧阴离子；环加氧酶或花生四烯酸脂氧合酶代谢改变引起氢过氧化物增加。

细胞内生化“分隔”的破坏可以导致大量金属离子从储藏点释放，氧化剂使血色素蛋白从“分隔”系统移出；具有“分隔”功能的蛋白酶引起金属蛋白的脱离，使这两种蛋白质在氧化过程中产生氧自由基；活性氧会造成抗氧化酶的氧化修饰，使酶失活。

机体自稳态是正常生理功能的标志，也是机体健康的必需条件。细胞内氧化应激水平升高，会破坏机体的平衡，降低机体的适应性反应，导致细胞正常功能的丧失，甚至使细胞死亡。氧化应激水平的升高标志着自由基从参与机体正常代谢过程转为对机体损伤造成病理状态，意味着机体组织和细胞受到损伤，并加重损伤的程度，从而导致机体自稳态的破坏，其后果是疾病的发生。实践证明，氧化应激是帕金森病、心血管疾病、神经系统疾病以及很多老年病的总根源。同时，氧化应激的产生、调节、损伤和修复又涉及广泛的生命科学的理论问题，在自由基生物学和医学中占重要地位，也是当代自由基生物学研究的前沿课题之一。

生物体氧化应激水平可以用抗氧化剂和氧化增强剂的比值来衡量，也就是细胞内还原剂与氧化剂的比值。Stegeman 等（1992）提出将 GSH/GSSG 的值作为衡量和评价细胞内氧化应激水平的重要生物标记，近年来已引起关注。也有研究用 EPR 测量血清中的抗坏血酸自由基的 EPR 信号，以其振幅大小来衡量机体内环境的氧化应激水平。

4.3.2 污染物胁迫下活性氧的产生与氧化损伤

4.3.2.1 污染物胁迫下生物体内活性氧的产生

自从生物体内的自由基反应以及外源性环境污染物的致毒机制被揭示后，有关抗氧化和过氧化的研究课题就方兴未艾。越来越多的证据表明，污染物胁迫下生物体的应激对其整体健康水平关系重大，而污染物胁迫下活性氧的生成可能是许多污染物引起机体损伤的重要机制（Pedrajas et al.，1995；Livingstone，2001）。研究表明（Winston and Di Giulio，1991；Stohs and Bagchi，1995），一些化学污染物，如醌类、硝基苯、PCBs、百草枯以及过渡态金属等能诱导生物体内活性氧的生成。

在正常生理条件下，生物体内产生的活性氧被抗氧化防御系统清除，两者之间存在一种动态平衡机制。当生物体遭受外界刺激（如污染物胁迫）时，产生的活性氧将大大增加，当超出抗氧化防御系统的防御机制，就会导致机体的氧化损伤。而在水生生物体内，无论抗氧化防御系统如何做出响应，污染物胁迫后生物体内都会发生氧化损伤。表 4-1 总结了单一污染条件下对水生无脊椎动物和鱼在动物整体或细胞水平上引起的氧化损伤。表 4-2 总结了混合污染条件下对水生无脊椎动物和鱼在动物整体水平上引起的氧化损伤。

表 4-1 单一污染条件下对水生无脊椎动物在动物整体或细胞水平上引起的氧化损伤

参数	化学品	种	变化	参考文献
脂质过氧化（一般用 MDA 代替）	沉积物（PAHs、PCBs）	黄盖鲽（*L. limanda*）liver	升高	Livingstone et al.，1993
	沉积物（PAHs、PCBs）	鲶鱼（*I. Punctatus*）肝脏	升高	Di Giulio et al.，1993
	野外（底泥 PAHs、PCBs，其他）	*U. tumidus* 消化腺和腮	升高、不变	Cossu et al.，1997；2000
	野外（底泥 PAHs、金属）	美国牡蛎（*Crassostrea virginica*）	在污染区升高	Ringwood et al.，1999
8-OH-脱氧鸟 8-OH-鸟苷	野外（N、Sea）	黄盖鲽（*L. limanda*）	无区域性变化	Chipman et al.，1992
	野外（组织、金属）	岩石牡蛎（*Saccostrea commercialis*）腮	无区域性变化	Avery et al.，1996
2,6-二氨基-4-羟基-5-甲酰胺嘧啶（FapyGua）	野外（皮吉特湾、USA-PAH、PCBs）	鲽鱼（*P. vetulus*）	存在恶化前、癌症肝脏	Malins et al.，1990；Malins et al.，1994
2,6-二氨基-4-羟基-5-甲酰胺嘧啶和 4,6-二氨基-5-甲酰胺嘧啶	野外（湖泊、高铁-尾矿加载）	鳟鱼（*S. namaycush*）	在污染区升高	Payne et al.，1998
氧化蛋白（非肽羰基形成）	野外（荷兰）	比目鱼（*P. flesus*）	在污染区升高	Fessard and Livingstone，1998

资料来源：Livingstone，2001

表 4-2　混合污染条件下对水生无脊椎动物在动物整体或细胞水平上引起的氧化损伤

参数	化学品	种和组织	变化	参考文献
脂质过氧化（一般用 MDA 代替）	镉、铜	黑鲈（*D. labrax*）肾	升高（Cu > Cd）	Roméo et al., 2000
	铁	非洲鲶鱼（*C. gariepinus*）肝脏和心脏	升高	Baker et al., 1997
	砷（As^{3+}和As^{5+}）、甲基砷	海峡鲶鱼（*I. Punctatus*）肝脏	不变	Schlenk et al., 1997
	苯并芘	牡蛎（*M. edulis*）消化腺	升高	Livingstone et al., 1990
	铜	牡蛎（M. *edulis*）消化腺和腮	升高	Canesi, 1988
	百草枯	棱纹牡蛎（*G. demissa*）消化腺	升高	Dofre, 2004
	铜	地中海蛤蜊（*R. decussatus*）消化腺和腮	升高（消化腺）、不变（腮）	Roméo and Gnassia-Barelli, 1997
	铜、双硫胺甲酰	牡蛎（*U. timidus*）消化腺和腮	升高	Doyotte et al., 1997
脂溶性色质	H_2O_2	帽贝（*N. concinna*）消化腺	升高	Abele et al., 1998
	菲、荧蒽、苯并芘	牡蛎（*M. edulis*）消化腺	升高	Krishnakumar et al., 1997
	菲	玉黍螺（L. littorea）消化腺	升高	Moore et al., 1985
氧化蛋白（非肽羰基形成）8-OH-脱氧鸟苷	铜	牡蛎（*M. edulis*）消化腺	升高	Kirehin et al., 1992
	甲萘醌、呋喃咀啶	牡蛎（*M. edulis*）消化腺	不变	Marsh et al., 1993
	苯并芘	牡蛎（*M. galloprovincialis*）消化腺和腮	升高	Canova et al., 1998
	呋喃咀啶	黄盖鲽（*P. vetulus*）	升高	Nishimoto et al., 1991
	过氧化氢	鳟鱼（*O. mykiss*）肝脏	升高	Kelly et al., 1992
	呋喃咀啶	*S. maximus*、dab（*L. limanda*）、黄盖鲽（*S. solea*）肝脏	不变	Mitchelmore et al., 1996

资料来源：Livingstone，2001

近年来，内分泌干扰物质因其扰乱激素平衡、影响人或动物的正常生殖功能，成为生态毒理学研究的热点。内分泌干扰物在鱼体内浓度有逐年升高的趋势，它可以改变鱼体内脂类的组成（Mercure et al.，2001）。活性氧自由基可以引起脂类，尤其是多不饱和脂肪酸发生过氧化反应，导致氧化损伤。内分泌干扰物可能会通过诱导生物体产生活性氧的路径使其产生氧化应激（Liehr and Roy，1990）。因此，对于能引起生物体大量产生自由基的有机污染物的筛选及定量分析在生态毒理学研究中尤为重要。

污染物引起生物活体内活性氧的产生及其与生物体健康之间的关系研究，对疾病的预防以及保护人类和动物生态系统的健康意义重大。今后应加强以下几个方面的研究：①具有诱导自由基大量产生潜力的化学品污染物的筛选，尤其加强持久性有机污染物、内分泌干扰物以及溴化阻燃剂等诱导生物体产生活性氧的研究；②环境污染物诱导生物体产生活性氧的剂量-效应关系，以及由活性氧引起的氧化应激和生物大分子的氧化损伤及其机制的探讨；③污染物胁迫下，产生不同类型活性氧的检测方法的建立及其路径的研究。

4.3.2.2 氧化损伤的类型

在氧化应激过程中，由于受到自由基的氧化胁迫，构成细胞组织的各种物质，如脂质、糖类、蛋白质、DNA 等所有的大分子物质都会发生各种程度的氧化反应，引起变性、交联、断裂等氧化损伤，进而导致细胞结构和功能的破坏以及机体组织的损伤和器官的病变，甚至癌变等。

(1) 脂质过氧化损伤

不饱和脂肪酸已经成为现代化学和生物化学进行氧化反应研究的最有兴趣的领域。在氧化反应袭击含有大量不饱和脂肪酸的磷脂之前或之后，磷酸脂酶 A2 可催化磷脂使其中大量脂肪酸释放、游离。由于氧在非极性溶剂中的溶解度比在水中的大 7 倍，故在细胞膜中氧浓度较高，是造成脂质过氧化的有利条件。氧化应激过程中产生过量的活性氧可引起细胞膜多聚不饱和脂肪酸发生脂质过氧化，影响细胞功能的正常发挥。目前有关脂质过氧化的研究多集中在医学领域由疾病造成的脂类分子损伤，新型环境污染物邻苯二甲酸酯引起小鼠肝脏脂质过氧化也有报道（陈文婕等，2012）。

(2) 氨基酸和蛋白质的氧化损伤

蛋白质侧链氨基酸的氧化是生命系统的一个重要信号。巯基可逆性的氧化和还原作用在很多方面与氧化应激态有内在联系。另外，一种类型的活性基团和分子的氧化作用也是可逆的。例如，甲硫氨酸氧化成亚砜基甲硫氨酸，尚可在甲硫氨酸硫氧还原酶（methionine sulphoxide reductase）催化作用下将硫氧甲硫氨酸还原成甲硫氨酸。然而，不可逆的氧化则造成对蛋白质的损伤。在蛋白质氧化的各项指标中，蛋白质的羰基化被广泛用于评价生物机体氧化损伤程度（Cederberg et al.，2001），因此，蛋白质羰基含量也可作为蛋白质氧化损伤的敏感指标（Zhang and Omaye，2000；刘晓旭等，2011）。

(3) 核酸和染色体的损伤

染色体是遗传物质的主要载体，DNA 是染色体的主要成分之一。故自由基对 DNA 的破坏必然使染色体发生变异。活性氧可引起 DNA 氧化损伤，自由基直接损伤核酸，可发生很多类型的反应，如修饰碱基、DNA 断裂和染色体破坏等。碱基是核酸的重要组成成分，碱基的改变可导致基因控制下进行的很多生命过程受到破坏，核酸分子的断链可使核酸分子的完整性和构型受到破坏，最终导致细胞死亡。例如，PMA（中药巴豆中提纯的一种既是有丝分裂原又是促癌剂的有效成分）能使人淋巴细胞产生一系列免疫应答的同时还能使淋巴细胞染色体发生畸变。抗氧化型二叔-丁基对甲酚（BHT）、叔丁基对甲氧酚（BHA）、甘露醇、SOD、谷胱甘肽过氧化物酶均有抗核酸断裂的作用。Fidelus（1998）曾指出，PMA 激活 EL-4 淋巴母细胞诱导鸟氨酸脱羧酶（ODC 酶）改变之前先产生氧自由基，自由基在淋巴细胞活动中起积极作用。目前 8-羟基脱氧鸟苷（8-OH-dG）是用于指示核酸分子损伤的生物标志物，可以通过高效液相色谱的手段检测 8-OH-dG 的含量用以评价机体核酸的损伤程度。

脂质过氧化及 DNA 的氧化损伤常被用做活性氧毒作用的终点来间接指示活性氧的生成，因此，这些脂类、蛋白质及 DNA 损伤指标常被用来指示机体在污染物胁迫下氧化应激及氧化损伤的重要分子标志物。

4.4 植物络合素作为生物标志物的研究

最近几年对水环境污染的生物标志物研究中已取得了一些成就，但对土壤环境污染的生物标记物研究无论在数量与质量、广度与深度上均相当滞后。目前用于指示土壤重金属污染的生物标志物主要有：①抗氧化酶系统（antioxidant enzyme system）、溶酶体（lysosome）；②胁迫蛋白（stress protein）；③金属硫蛋白（metallothionein，MT）；④植物络合素（phytochelatins，PCs）；⑤DNA 指纹技术（DNA fingerprinting）；⑥细胞色素 P450 酶系。

PCs 是重金属胁迫诱导下植物体内细胞质液中产生的一类低相对分子质量非蛋白质态富含巯基的多肽化合物，广泛存在于植物界、藻类、真菌和部分动物体内。多种金属（如 Ni、Cd、Zn、Ag、Sn、Te、W、Au、Hg、Pb、As、Se 等）能够诱导 PCs 的产生，其中 Cd 是最强的诱导因子，且发挥诱导作用的是细胞质中游离的金属离子。研究表明，生物体内 PCs 的合成与金属的暴露几乎同步出现，并随金属浓度的增加而增大，一旦金属离子被形成的 PCs 螯合，PCs 的合成就会终止。PCs 的响应合成是一个快速的过程，如番茄的细胞悬液中加入 Cd 5~15min 即可检测到 PC 的存在（Scheller et al.，1987）。Keltjens 等（1998）和 Harley-Whitaker 等（2002）研究发现，Cu 或 Cd 处理后的很短时间内，玉米特别是根系中便有 PCs 的产生。因此，PCs 作为金属胁迫下细胞内一项反应敏感的生化指标受到国际上众多学者的极大关注，并建议用 PC 标记重金属的毒害效应。

王晓蓉课题组自 2005 年以来，以我国典型的农作物小麦为研究对象，采用溶液培养方式，分别对 Cd、Zn、Pb 单一胁迫以及 Cd-Zn 和 Cd-Pb 复合胁迫下植物体内 PCs 响应的动力学过程作了深入探讨。结果表明，小麦体内 PCs 对 Cd 的暴露表现敏感，而对 Zn 和 Pb 的暴露几乎没有响应，PCs 的合成是一个快速的响应过程，Cd 胁迫 1d 即可检测出小麦根系 PCs 的大量合成，且具有明显的组织特异性，表现为根系>茎>叶片，与重金属在植物体内的积累和分布表现出一致趋势，其诱导水平与重金属的供应浓度、暴露时间紧密相关。可见，细胞内分子水平上 PCs 的响应合成规律满足了生物标记物应具有的基本特征。以我国首次发现的超积累植物东南景天为供试材料，探索 PCs 对重金属的解毒作用，结果显示，PCs 的响应与重金属的解毒和忍耐无关，相反地，PCs 的响应水平与重金属 Cd 的毒害程度紧密相关，可用于指示环境中 Cd 的毒害评价（Sun et al.，2005，2007）。事实上，早在 1995 年 Rauser（1995）曾提出以胞内 PCs 含量作为环境中重金属污染的定量标准的设想。Keltjens 等（1998a，1998b）将 PCs 的激增作为植物遭受重金属胁迫的早期警告标志。后来有人逐渐将 PC 作为生物标记物用来检测实际环境重金属的污染状况。例如，Gawel 等（1996）为了证明美国东北地区的森林衰萎与重金属有关，采用胞内 PCs 含量作为金属胁迫的特异标志，结果发现，衰萎树木体内 PCs 水平明显高于正常树木。Bruns 等（1997）从河水中采集大量的水生苔藓 Fontinalis *antipyretical* L. ex Hedw 进行生化检测，发现 PCs 水平与 Cd 水平呈现依赖性剂量诱导表达的动力学关系，因此认为 PCs 可以作为环境中重金属含量的生物指示剂。Hu 和 Wu（1998）及 Skowronski 等（1998）分别测定了长心卡帕藻和一种无隔藻中的 PCs 含量，发现体内 PCs 的含量随 Cd 暴露时间的延长而增加，并与外界的 Cd 浓度直接相关，因此认为细胞内是否存在 PC 可以作为重金属污染的定性指标，但未证明 PCs 能否作为定量指标。Gawel 等（2001）通过检测加拿大安大略湖边树木叶片内 PCs 含量来衡量空气重金属的污染状况，结果发现，暴露于重金属污染空气树木叶片中 PCs 的水平与空气重金属的污染状况保持一致趋势。Gawel 和 Hemond（2004）进一步通过检测树木体内 PCs 的水平来评价地下水的重金属污染情况，结果表明，重金属污染严重的水域伴随高水平的 PCs 合成量。可见，PCs 作为生物标记物在重金属污染环境（土壤、水、空气）中的确具有较大的应用前景。

4.5 生态风险早期预警的研究方法

4.5.1 生物标志物的筛选

生物标志物是生物暴露于污染物中所表现出的与正常状态不同的可以度量的生理、生理反应，是预测污染物对生物产生早期伤害的重要工具，因此，敏感生物标志物的筛选十分重要。筛选生物标志物应该考虑的原则是：①生物标志物对污染物暴露或效应敏感，可以作为早期预警的参数；②明确生物标志物效应和污染物暴露的剂量-效应、时间-效应关系及毒作用机制；③生物标志物的测定方法应可靠、相对便宜和具有定量评价功能；④明确生物标志物对污染物的响应和对生物的影响之间的相关关系；⑤明确生物标志物的基线水平，区分正常生理变化等和污染物胁迫诱导生物标志物的响应之间的差别（van der Oost et al.，2003）。

4.5.2 生态风险早期预警的研究方法

应用生态毒理学的方法对污染环境对生态系统的危害作出诊断和评价，常采用浮游生物（浮游植物和浮游动物）、大型蚤、鱼、沉水植物（如金鱼藻、苦草、黑藻）等作为污染水体的实验生物；采用高等植物（叶片、茎、根或种子）、动物（蚯蚓、线 虫、小白鼠等）和微生物作为污染土壤毒理诊断的实验生物，通过室内模拟和野外实验相结合，研究不同生物对不同污染物低浓度长期暴露下在分子水平上的响应，测定污染物在生物体内的积累量及各种生理、生化指标，揭示生物标志物效应和污染物暴露之间的剂量-效应、时间-效应关系，并阐明其微观致毒机制，从中筛选出敏感的生物标志物。为了保证数据的正确和完整，应该按照国家规定的标准实验、分析方法以及质量保证和质量控制的要求进行实验设计及实验。

4.5.3 应用多种生物标志物综合诊断污染环境的早期生态风险

生物体内的第一、二阶段解毒酶、活性氧及抗氧化防御系统、氧化损伤和应激蛋白等分子生物标志物对污染物胁迫的响应不是孤立的，而是在相互协作、相互限制的过程中共同发挥作用，是在限定时间范围内生物体内重要生物学过程对污染物胁迫的综合反映。因此，应用多种生物标志物综合诊断污染物对生物的早期伤害和各种可能的影响更为准确、可靠。

王晓蓉课题组在研究外源 Cd 对小麦幼苗产生伤害的阈值时，通过研究 Cd 胁迫下小麦幼苗生长、活性氧积累水平、抗氧化防御系统酶活性（如 SOD、CAT、APx、GPx、GR 等）、谷胱甘肽库以及脂质过氧化等生理生化指标的变化，以及各指标响应所对应的浓度范围，可以初步确定外源 Cd 对小麦幼苗的毒性阈值为 3. 3~10mg/kg（Lin et al.，2007）。同样，如果选用蚯蚓生物标志物，它对 Cd 胁迫的响应更为敏感，其对蚯蚓的毒性阈值就明显低于小麦幼苗的毒性阈值，显示出不同物种对污染物胁迫的响应存在差异。应用生物标志物诊断老化效应时，发现重金属污染土壤老化时间长的生物有效态浓度低，毒性也小。因此，我们提出基于污染物形态生物有效性的分子生态毒理学早期诊断技术。对于水生生态系统，无论是室内模拟和野外实验都证实应用多种生物标志物可以有效地判断污染物对生物体产生的早期伤害以及产生伤害的关键阈值。因此，可以应用本研究提供的研究方法和技术进行环境生态风险早期诊断，为我国污染的早期预防、早期控制和污染削减提供科学依据和技术支撑。

参考文献

蔡德雷，徐立宏 . 2002. 用多项生物标志物评价家用洗涤剂对小鼠的早期影响 . 中国环境科学，22（3）：254-257.

陈加平，徐立宏，吴振斌 . 2001. 家用洗涤剂对鱼生物标志物的影响 . 中国环境科学，21（3）：248-251.

陈文婕，戴红，陈敏，等 . 2012. 邻苯二甲酸二乙基己酯（DEHP）对小白鼠肝脏毒性及脂质过氧化损伤 . 生态毒理学报，7（1）：93-98.

丁竹红，谢标，王晓蓉 . 2002. 生物标志物及其在环境中的应用 . 农业环境保护，21（5）：465-467.

胡炜，汪亚平，周永欣 . 2001. Cu^{2+}、Zn^{2+}诱导稀有鮈鲫应激蛋白的研究 . 水生生物学报，25（1）：50-53.

柯润辉，李剑，许宜平，等 . 2006. 被动式采样器与原位鱼体暴露用于监测水体 Ah 受体效应的比较研究 . 环境科学，27（11）：2309-2313.

李响，刘征涛，沈平平，等 . 2004. 卤代酚类物质对抗氧化酶活性的影响及构效分析 . 环境科学学报，24（5）：900-904.

廖涛，徐盈，钟雪萍，等 . 2005. EE2 对稀有鮈鲫和斑马鱼幼鱼体内卵黄蛋白原诱导的比较 . 水生生物学报，29（5）：513-517.

刘慧，王晓蓉，王为木，等 . 2005. 低浓度锌及其 EDTA 配合物长期暴露对鲫鱼肝脏锌富集及抗氧化系统的影响 . 环境科学，26（1）：185-189.

刘慧，王晓蓉 . 2004. 铜及其 EDTA 配合物对彭泽鲫鱼肝脏抗氧化系统的影响 . 环境化学，23（3）：263-267.

刘晓旭，曹慧，贾秀英 . 2011. 镉对瓯江彩鲤脏器组织蛋白质的氧化损伤作用 . 生态毒理学报，6（6）：595-599.

戎志毅，殷浩文，吴满平 . 2002. 环境遗传毒性研究中的生物标记 . 上海环境科学，21（3）：172-176.

沈骅，孙媛媛，张景飞，等 . 2005. 以应激蛋白为生物标志物研究低浓度 2-硝基-4′羟基二苯胺对鲫鱼肝脏和脑组织的动态暴露的影响 . 湖泊科学，17（2）：188-192.

沈骅，张景飞，王晓蓉，等.2004. Cu^{2+}、Cu-EDTA 对鲫鱼脑组织应激蛋白 HSP70 诱导的影响. 环境科学，25（3）：105-108.

涂强.1997. 从自然科学基金资助项目看我国环境化学进展和趋势. 化学进展，9（4）：431-438.

万斌.2000. 生态毒理学中生物标志物研究进展. 国外医学卫生学分册，27（2）：110-114.

王海黎，陶澍.1999. 生物标志物在水环境中的应用. 中国环境科学，19（5）：421-426.

王军，何文杰，马梅，等.2005. 原代培养细胞法测试水中类二噁英物质. 中国给水排水，21（7）：92-94.

王美娥，周启星.2004. DNA 加合物的形成、诊断与污染暴露指示研究进展. 应用生态学报，15（10）：1983-1987.

王晓蓉，罗义，施华宏，等.2006. 分子生物标志物在污染环境早期诊断和生态风险评价中的应用. 环境化学，25（3）：320-325.

王咏，王春霞，王子健，等.2001. 硝基芳烃对鲤鱼肝 EROD 活性影响的体外研究. 环境科学，22（4）：120-122.

王子健，王毅，马梅.2001. 淮河信阳和淮南段沉积物中 PCBs 的生态风险评估. 中国环境科学，21（3）：262-265.

杨蕾，骆坚平，王春霞，等.2008. 电子垃圾处理地土壤中芳烃受体效应物质的分布规律. 环境科学学报，28（6）：1131-1135.

余刚，黄俊，张彭义.2001. 持久性有机污染物：备受关注的全球环境问题. 环境保护，4：37-39.

禹果，吴文勇，刘洪禄，等.2006. 利用化学分析和生物测试方法比较研究污染土壤中芳烃受体效应物质的积累. 环境科学，27（9）：1820-1824.

张建中，杜泽涵.2003. 生物医学中的磁共振. 北京：科学出版社.

张薇，宋玉芳，孙铁珩，等.2007a. 土壤低剂量荧蒽胁迫下蚯蚓的抗氧化防御反应. 土壤学报，6：1049-1057.

张薇，宋玉芳，孙铁珩，等.2007b. 菲和芘对蚯蚓（*Eisenia fetida*）细胞色素 P450 和抗氧化酶系的影响. 环境化学，26（2）：202-206.

赵兵，刘征涛，徐章法，等.2005. 酚类化合物对金鱼幼鱼的雌激素效应研究. 环境科学学报，25（9）：1259-1264.

周启星，孔繁翔，朱琳.2004. 生态毒理学. 北京：科学出版社.

周启星.2003. 污染生态化学研究与展望. 中国科学院院刊，5：338-342.

Abele D, Burlando B, Viarengo A, et al. 1998. Exposure to elevated temperatures and gydrogen peroxide elicits oxidative stress and antioxidant response in the Antarctic intertidal limpet *Nacella concinna*. Comp Biochem Phys C, 117: 123-129.

Abele D, Puntarulo S. 2004. Formation of reactive species and induction of antioxidant defence systems in polar and temperate marine invertebrates and fish. Comp Biochem Phys A, 138: 405-415.

Agradi E, Baga R, Cillo F, et al. 2000. Environmental contaminants and biochemical response in eel exposed to Po river water. Chemosphere, 41: 1555-1562.

Almeidaa J A, Dinizb Y S, Marquesa S F G, et al. 2002. The use of the oxidative stress responses as biomarkers in Nile tilapia (*Oreochromis niloticus*) exposed to *in vivo* cadmium contamination. Environ Int, 27: 673-679.

Avery E L, Dunstan R H, Nell J A. 1996. The detection of pollutant impact in marine environments: Condition index, oxidative DNA damage, and their associations with metal bioaccumulation in the Sydney rock oyster *Saccostrea commercialis*. Arch Environ Contam Toxicol, 31 (2): 192-198.

Baker R T M, Martin P, Davies S J. 1997. Ingestion of sub-lethal levels of iron sulphate by African catfish affects growth and tissue lipid peroxidation. Aquat Toxicol, 40 (1): 51-61.

Behnisch P A, Hosoe K, Sakai S. 2001. Combinatorial bio/chemical analysis of dioxin and dioxin and dioxin-like compounds in waste recycling, feed/food, humans/wildwife and the environment. Environ Int, 27: 441-442.

Belknap W R, Garbarino J E. 1996. The role of ubiquitin in plant senescence and stress responses. Trends Plant Sci, 1: 331-335.

Bello S M, Franks D G, Stegeman J J, et al. 2001. Acquired resistance to Ah receptor agonists in a population of Atlantic killifish (*Fundulus heteroclitus*) inhabiting a marine superfund site: *in vivo* and *in vitro* studies on the inducibility of xenobiotic metabolizing enzymes. Toxicol Sci, 60: 77-91.

Ben-David M, Kondratyuk T, Woodin B R, et al. 2001. Induction of cytochrome P450 1A1 expression in captive river otters fed Prudhoe Bay crude oil: Valuation by immunohistochemistry and quantitative RT-PCR. Biomarkers, 6: 218-235.

Bierkens J, Maes J, Vander P F. 1996. Induction of Heat-Shock Protein 70 in Raphidocelis Subcapitata as a Monitoring Tool for Environmental Pollution. *In*: Invitox 96. 9th International Workshop on *in Vitro* Toxicology, Papendael.

Bierkens J, Maes J, Vander P F. 1998. Dose-dependent induction of heat-shock protein 70 synthesis in *Raphi docelis* subcapitata following exposure to different classes of environmental pollutants. Environ Pollut, 101: 91-97.

Bruns I, Friese K, Markert B, et al. 1997. The use of *Fontinalis antipyretica* L. ex. Hedw. as a bioindicator for heavy metals: Ⅰ. Heavy metal accumulation and physiological reaction of *Fontinalis antipyretica* L. ex. Hedw inactive biomonitoring in the river. Sci Total Environ, 204: 161-176.

Bucheli T D, Fent K. 1995. Induction of cytochrome P450 as a biomarker for environmental contamination in aquatic ecosystems. Crit Rev Environ Sci Technol, 25: 201-268.

Buchner T, Abele-Oeschger D, Theede H. 1996. Aspects of antioxidant status in the polychaete *Arenicola marina*: Tissue and subcellular distribution, and reaction to environmental hydrogen peroxide and elevated temperatures. Mar Ecol-Prog Ser, 143: 141-150.

Burdon R H. 1995. Superoxide and hydrogen peroxide in relation to mammalian cell proliferation. Free Radic Biol Med, 18: 775-779.

Canova S, Degan P, Peters L D, et al. 1998. Tissue dose, DNA adducts oxidative DNA damage and CYP1A-immunopositive proteins in mussels exposed to waterborne benzo [a] pyrene. Muta Res, 399: 17-30.

Cederberg J, Basu S, Eriksson U J. 2001. Increased rate of lipid peroxidation and protein carbonylation in experimental dia-betic pregnancy. Diabetologia, 44 (6): 766-774.

Cheung C C C, Siu W H L, Richardson B J, et al. 2004. Antioxidant responses to benzo [a] pyrene and Aroclor 1254 exposure in the green-lipped mussel, *Perna viridis*. Environ Pollut, 128: 393-403.

Cheung C C C, Zheng G J, Lam P K S, et al. 2002. Relationships between tissue concentrations of chlorinated hydrocarbons (polychlorinated biphenyls and chlorinated pesticides) and antioxidative responses of marine mussels, *Perna viridis*. Mar Pollut Bul., 45: 181-191.

Chipman J K, Davies J E, Parsons J L. 1998. DNA oxidation by potassium bromate, a direct mechanism or linked to lipid peroxidation? Toxicol, 126 (2): 93-102.

Cormier S M, Millward M R, Mueller C, et al. 2000. Temporal trends in ethoxyresorufin-*O*-deethylase activity of brook trout (*Salvelinus fontinalis*) fed 2, 3, 7, 8-tetrachlorodibenzo-p-dioxin. Environ Toxicol Chem, 19: 462-471.

Cossu C, Doyotte A, Babut M, et al. 2000. Antioxidant biomarkers in freshwater bivalves, *Unio tumidus*, in response to different contamination profiles of aquatic sediments. Ecotox Environ Safe, 45: 106-121.

Cossu C, Doyotte A, Jacquin M C. 1997. Glutathione reductase, selenium- dependent glutathione peroxidase, glutathione levels, and lipid peroxidation in freshwater bivalves, *Unio tumidus*, as biomarkers of aquatic contamination in field studies. Ecotoxicol Environ Safe, 38 (2) : 122-131.

Cossu C, Doyotte A, Jacquin M C. 2000. Antioxidant biomarkers in freshwater bivalves, *Unio tumidus*, in response to different contamination profiles of aquatic sediments. Ecotoxicol Environ Safe, 45 (2): 106-121.

Coudray C, Talla M, Martin S, et al. 1995. High-performance liquid chromatography-electrochemical determination of salicylate hydroxylation products as an *in vivo* marker of oxidative stress. Anal Biochem, 227: 101-111.

De Pomerai D I. 1996. Heat-shock proteins as biomarkers of pollution. Hum Exp Toxicol, 15: 279-285.

Di Giulio R T, Benson W H, Sanders B M. 1995. Biochemical Mechanisms: Metabolism, Adaptation, and Toxicity. *In*: Rand G M. 1995. Fundamentals of Aquatic Toxicity: Effects, Environmental Fate, and Risk Assessment. London: Taylor and Francis.

Di Giulio R T, Washburn P C, Aenning R J, et al. 1989. Biochemical responses in aquatic animal: a review of oxidative stress. Environ Toxicol Chem, 8: 1103-1123.

Di Giulio R T, Habig C, Gallagher E P. 1993. Effects of Black Rock harbor sediments on indexes of biotransformation, oxidative stress, and DNA integrity in Channel Catfish. Aquat Toxicol, 26 (1-2): 1-22.

Doyotte A, Cossu C, Jacquin M C, et al. 1997. Antioxidant enzymes, glutathione and lipid peroxidation as relevant biomarkers of experimental or field exposure in the gills and digestive gland of the freshwater bivalve *Unio tumidus*. Aquat Toxicol, 39: 93-110.

Ellis R J, Hemmingsen S M. 1989. Molecular chaperones: Proteins essential for the biogenesis of some macromolecular structures. Trends Biochem Sci, 14: 339-342.

Fessard V, Livingstone D R. 1998. Development of western analysis of oxidised proteins as a biomarker of oxidative damage in liver of fish. Mar Environ Res, 46 (1-5) : 407-410.

Fidelus R K. 1998. The generation of oxygen radicals: a positive signal for lymphocyte activation. Cellular Immunology, 113 (1): 175-182.

Floyd R A, Watson J J, Wong P K, et al. 1986. Hydroxyl free radical adducts of deoxyguanosine: Sensitive detection and mechanisms of formation. Free Radic Res Commun, 1: 163-172.

Floyd R A, Watson J J, Wong P K. 1984. Sensitive assay of hydroxyl free radical formation utilizing high pressure liquid chromatography with electrochemical detection of phenol and salicylate hydroxylation products. J Biochem Bioph Meth, 10: 221-235.

Floyd R A, West M S, Hogsett W E, et al. 1989. Increased 8-hydroxyguanine content of chloroplast DNA from ozone-treated plants. Plant Physiol, 91: 644-647.

Fujita S, Chiba I, Ishizuka M, et al. 2001. P450 in wild animals as a biomarker of environmental impact. Biomarkers, 6: 19-25.

Gawel J E, Ahner B A, Friedland A J, et al. 1996. Role for heavy metal in forests decline indicated by phytochelatin measurements. Nature, 381: 64-65.

Gawel J E, Hemond F. 2004. Biomonitoring for metal contamination near two superfund sites in Woburn, Massachusetts, using phytochelatins. Environ Pollut, 131: 125-135.

Gawel J E, Trick C G, Morel F M M. 2001. Phytochelatins are bioindicators of atmospheric metal exposure via direct foliar uptake in trees near Sudbury, Ontario, Canada. Environ Sci Technol, 35: 2108-2113.

Ghio A J, Kadiiska M B, Xiang Q H, et al. 1998. *In vivo* evidence of free radical formation after asbestos instillation: an ESR spin trapping investigation. Free Radical Bio Med, 24: 11-17.

Goering P L. 1995. Stress proteins: Molecular biomarkers of chemical exposure and toxicity. *In*: Butterworth F M, Corkum L D, e Guzman-Rinco J. 1995. Biomonitors and Biomarkers as Indicators of Environmental Change. New York: Plenum Press: 217-226.

Gunawickrama S H N P, Aarsaether N, Orbea A. 2008. PCB77 (3, 3′, 4, 4′-tetrachlorobiphenyl) co-exposure prolongs CYP1A induction, and sustains oxidative stress in B(a)p-exposed turbot, *Scophthalmus maximus*, in a long-term study. Aquat Toxicol, 89 (2): 65-74.

Halliwell B, Gutteridge J M C. 1999. Free Radicals in Biology and Medicine. 3rd. Oxford, UK: Oxford University Press.

Hartley-Whitaker J, Woods C, Meharg A A. 2002. Is differential phytochelatin production related to decreased arsenate influx in arsenate tolerant *Holcus lanatus*. New Phytol, 155: 219-225.

Harvey J S, Lyons B P, Waldock M, et al. 1997. The application of 32P-postlabelling to aquatic biomonitoring. Mutat Res, 378: 77-88.

Hightower L E. 1991. Heat shock, stress proteins, chaperones and proteotoxicity. Cell, 66: 191-194.

Hogstrand C, Haux C. 1990. Metallothionein as a biomarker of heavy metal exposure in two subtropical fish species. J Exp Mar Bio Ecol, 138: 68-84.

Hu S, Wu M. 1998. Cadmium sequestration in the marine marcoalga *Kappaphycus alvarezii*. Mol Mar Biol Biotech, 7: 97-104.

Hugla J L, Thome J P. 1999. Effects of polychlorinated biphenyls on liver ultrastructure, hepatic monooxygenases and reproductive success in the barbel. Ecotox Environ Safe, 42: 265-273.

Janzen E G, Poyer J L, West M S. 1994. Study of reproducibility of spin trapping results in the use of C-phenyl-N-tert-butyl nitrone (PBN) for trichloromethyl radical detection in CCl4 metabolism by rat liver microsomal dispersions. Biological spin trapping I. Journal of Biochemical and Biophysical Methods, 29: 3-4.

Jones J M, Anderson J W, Wiegel J V, et al. 2001. Application of P450 reporter gene system (RGS) in the analysis of sediments near pulp and paper mills. Biomarkers, 6: 406-416.

Kadiiska M B, Mason R P. 2000. Acute Methanol intoxication generates free radicals in rats: an ESR spin trapping investigation. Free Radical Biol Med, 28: 1106-1114.

Kammenga J E, Arts M S J, Oude-Breuil W J M. 1998. HSP60 as a potential biomarker of toxic stress in the nematode plectus acuminatus. Arch Environ Con Toxicol, 34: 253-258.

Kelly J D, Orner G A, Hendrichs J D. 1992. Dietary hydrogen-peroxide enhances hepatocarcinogenesis in trout-correlation with 8-hydroxy-2′-edoxyguanosine levels in liver DNA. Carcinogenesis, 13 (9): 1639-1642.

Keltjens W G, van Beusichem M L. 1998a. Phytochelatins as biomarkers for heavy metal toxicity in maize: Single metal effects of copper and cadmium. J Plant Nutr, 21: 635-648.

Keltjens W G, van Beusichem M L. 1998b. Phytochelatins as a biomarker for heavy metal stress in maize (*Zea mays* L.) and wheat (*Triticum aestivum* L.): Combined effects of copper and cadmium. Plant Soil, 203: 119-126.

Kille P, Sturzenbaum S R, Galay M. 1999. Molecular diagnosis of pollution impact in earthworms: Toward integrated biomonitoring. Pedobiologia, 43: 602-607.

Kirchin M A, Moore M N, Dean R T. 1992. The role of oxyradicals in intracellular proteolysis and toxicity in mussels. Mar Environ Res, 34 (1-4): 315-320.

Krishna P. 2003. Plant response to heat stress. Topics in Current Genetics, 4: 73-101.

Krishnakumar P K, Casillas E, Varanasi U. 1997. Cytochemical responses in the digestive tissue of *Mytilus edulis* complex exposed to microencapsulated PAHs or PCBs. Comp Biochem Phys C-Pharmacology Toxicol Endocrinology,

118 (1): 11-18.

Labieniec M, Gabryelak T, Falcioni G. 2003. Antioxidant and prooxidant effects of tannins in digestive cells of the freshwater mussel *Unio tumidus*. Mutat Res, 539: 19-28.

Laskey R A, Mills D, Philpott A, et al. 1993. The role of nucleoplasmin in chromatin assembly and disassembly. Philosophical Transactions: Biological Sciences, 339 (1289): 263-269.

Lech J J, Vodicnik M J. 1985. Biotransformation. *In*: Rand G M, Petrocelli S R. 1985. Fundamentals of Aquatic Toxicology: Methods and Applications. New York, USA: Hemisphere Publishing Corporation: 526-557.

Lee G J, Vierling E. 2000. A small heat shock protein cooperates with heat shock protein 70 systems to reactivate a heat-denatured protein. Plant Physiol, 122: 189-198.

Lemaire P, Livingstone D R. 1993. Prooxidant/antioxidant processes and organic xenobiotics interactions in marine organisms, in particular the flounder *Platichthys flesus* and mussel *Mytilus edulis*. Trends Comp Biochem Phys, 1: 1119-1150.

Lemaire P, Viarengo A, Canesi L, et al. 1993. Pro-oxidant and antioxidant processes in gas gland and other tissues of cod (*Gadus morhua*). J Comp Phys, 163: 477-486.

Lenaz G. 1998. Role of mitochondria in oxidative stress and ageing. Biochim Biophys Acta, 1366: 53-67.

Liehr J G, Roy D. 1990. Free radical generation by redox cycling of estrogens. Free Radical Bio Med, 8: 415-423.

Lin R Z, Wang X R, Luo Y, et al. 2007. Effects of soil cadmium on growth, oxidative stress and antioxidant system in wheat seedlings (*Triticum aestivum* L.). Chemosphere, 69 (1): 89-98.

Livingstone D R. 1991. Organic Xenobiotic Metabolism in Marine Invertebrates. *In*: Gilles R. 1991. Advances in Comparative and Environmental Physiology, Vol. 7. Berlin: Springer: 45-185.

Livingstone D R. 1996. Cytochrome P450 in Pollution Monitoring. Use of Cytochrome P4501A (CYP1A) as a Biomarker of Organic Pollution in Aquatic and Other Organisms. *In*: Richardson M. 1996. Environmental Xenobiotics. London: Taylor & Francis: 143-160.

Livingstone D R, Förlin L, George S. 1994. Molecular Biomarkers and Toxic Consequences of Impact by Organic Pollution in Aquatic Organisms. *In*: Sutcliffe D W. 1994. Water Quality and Stress Indicators in Marine and Freshwater Systems: Linking Levels of Organization. Ambleside, UK: Freshwater Biological Association: 154-171.

Livingstone D R, Garcia M P, Michel X, et al. 1990. Oxyradical generation as a pollution-mediated mechanism of toxicity in the common mussel, *Mytilus edulis* L., and other mollusks. Fountional Ecology, 4: 415-424.

Livingstone D R, Goldfarb P S. 1998. Aquatic Environmental Biomonitoring: Use of Cytochrome P450 1A and Other Molecular Biomarkers in Fish and Mussels. *In*: Lynch J, Wiseman A. 1998. Biotechnology Research Series, Environmental Biomonitoring. The Biotechnology Ecotoxicology Interface, Vol. 6. Cambridge: Cambridge University Press: 101-129.

Livingstone D R, Lemaire P, Matthews A. 1993. Prooidant, antioxidant and 7-ethoxyresorufin o-deethylase (EROD) activity responses in liver of Dab (Limanda-Limanda) exposed to sediment contaminated with hydrocarbons and other chemicals. Mar Pollu Bull, 26 (11): 602-606.

Livingstone D R, Mitchelmore C L, O'Hara S C M, et al. 2000. Increased potential for NAD(P)H-dependent reactive oxygen species production of hepatic subcellular fractions of fish species with *in vivo* exposure to contaminants. Mar Environ Res, 50: 57-60.

Livingstone D R, Nasci C, Solé M, et al. 1997. Apparent induction of a cytochrome P450 with immunochemical similarities to CYP1A in digestive gland of the mussel (*Mytilus galloprovincialis* L.) with exposure to 2,2′,3,4,

4′,5′-hexachlorobiphenyl and Arochlor 1254. Aquat Toxicol, 38: 205-224.

Livingstone D R. 2001. Contaminant-stimulated reactive oxygen species production and oxidative damage in aquatic organisms. Mar Pollut Bull, 42: 656-666.

Luo Y, Su Y, Lin R Z, et al. 2006. 2-chlorophenol induced ROS generation in freshwater fish *Carassius auratus* based on the EPR method. Chemosphere, 65: 1064-1073.

Luo Y, Sui Y X, Wang X R, et al. 2008. 2-chlorophenol induced hydroxyl radical production in mitochondria in-*Carassius auratus* and oxidative stress—an electron paramagnetic resonance study. Chemosphere, 71: 260-268.

Luo Y, Wang X R, Shi H H, et al. 2005. EPR investigation of *in vivo* free radical formation and oxidative stress induced by 2,4-dichlorophenol in the freshwater fish *Carassius auratus*. Environ Toxicol Chem, 24: 2145-2153.

Luo Y, Wang, X R, Ji L L, et al. 2009. EPR detection of hydroxyl radical generation and its interaction with antioxidant system in *Carassius auratus* exposed to pentachlorophenol. J Hazard Mater, 171: 1096-1102.

Lyons B P, Harvey J S, Parry M. 1997. An initial assessment of the genotoxic impact of the Sea Empress oil spill by the measurement of DNA adduct levels in the intertidal teleost *Lipophrys pholis*. Mutat Res Genet Toxicol Environ Mutag, 390: 263-268.

Malins D C, Gunselman S J. 1994. Fourier-transform infrared spectroscopy and gas chromatography-mass spectrometry reveal a remarkable degree of structural damage in the DNA of wild fish exposed to toxic chemicals. Proc Natl Acad Sci USA, 91 (26): 13038-13041.

Malins D C, Ostrander G K, Haimanot R. 1990. A novel DNA lesion in neoplastic livers of feral fish 2,6-diamino-4-hydroxy-5-formamidopyrimidine. Carcinogenesis. 11 (6): 1045-1047.

Marsh J W, Chipman J K, Livingstone D R. 1993. Formation of DNA adducts following laboratory exposure of the mussel, *Mytilus edulis*, to xenobiotics. Science of the Total Environment, Supplement 1: 567-572.

Mason R P, Hanna P M, Burkitt M J, et al. 1994. Detection of oxygen-derived radicals in biological systems using electron spin resonance. Environ Health Perspect, 102: 33-36.

Mercure F, Holloway A C, Tocher D R, et al. 2001. Influence of plasma lipid changes in response to 17-estradiol stimulation on plasma growth hormone, somatostatin, and thyroid hormone levels in immature rainbow trout. J Fish Biol, 59: 605-615.

Meyer J N, Smith J D, Winston G W, et al. 2003. Antioxidant defenses in killifish (*Fundulus heteroclitus*) exposed to contaminated sediments and model prooxidants: Short-term and heritable responses. Aquat Toxicol, 65: 377-395.

Miller D. 1989. Heat-shock proteins to the rescue. New Sci, 1: 47-52.

Mitchelmore C L, Birmelin C, Chipman J K, et al. 1998a. Evidence for cytochrome P450 catalysis and free radical involvement in the production of DNA strand breaks by benzo[a]pyrene and nitroaromatics in mussel (*Mytilus edulis* L.) digestive gland cells. Aquat Toxicol, 41: 193-212.

Mitchelmore C L, Birmelin C, Livingstone D R, et al. 1998b. Detection of DNA strand breaks in isolated mussel (*Mytilus edulis* L.) digestive gland cells using the 'comet assay'. Ecotox Environ Safe, 41: 51-58.

Mitchelmore C L, Birmelin C, Livingstone D R. 1996. Detection of DNA strand breaks in isolated mussel (*Mytilus edulis* L.) digestive gland cells using the 'comet' assay. 4th European Conference on Ecotoxicology and Environmental Safety, METZ, FRANCE, UG.

Moore M N. 1992. Molecular cell pathology of pollutant-induced liver injury in flatfish: Use of fluorescent probes. Mar Ecol-Prog Ser, 91: 127-133.

Moore M N, Mayernik J A, Giam C S. 1985. Lysosomal responses to a polynuclear aromatic hydrocarbon in a marien snail-effects of exposure to phenanthrene and recovery. Mar Environ Res, 17 (2-4): 230-233.

Myer M S, Johnson L L, Hom T, et al. 1998. Toxicological hepatic lesions in subadult English sole (*Pleuronectes vetulus*) *from Puget Sound, Washington, USA: Relations which other biomarkers of contaminant exposure*. Mar Environ Res, 45: 47-67.

Nishinoto M, Roubal W T, Stein J E. 1991. Oxidative DNA Damage in tissues of English sole (*Parophrys vetulus*) exposed to nitrofurantoin. Chem-Bio Inter, 80(3): 317-326.

Niyogia S, Biswasa S, Sarkerb S, et al. 2001. Antioxidant enzymes in brackishwater oyster, *Saccostrea cucullata* as potential biomarkers of polyaromatic hydrocarbon pollution in Hooghly Estuary (India): Seasonality and its consequences. Sci Total Environ, 281: 237-246.

Oost R V D, Beyer J, Vermeulen N P E. 2003. Fish bioaccumulation and biomarker in environment risk aseessment: a review. Environ Toxicol Pharmacol, 13: 57-149.

Orbea A, MarigÓmez I, Fernández C, et al. 1999. Structure of peroxisomes and activity of the marker enzyme catalase in digestive gland epithelial cells in relation to PAH content of mussels from two Basque Estuaries (Bay of Biscay): Seasonal and site-specific variations. Arch Environ Contam Toxicol, 36: 158-166.

Oruc E O, Sevgiler Y, Uner N. 2004. Tissue-specific oxidative stress responses in fish exposed to 2,4-D and azinphosmethyl. Comp Biochem Phys C, 137: 43-51.

Otaka M, Odashima M, Watanabe S. 2006. Role of heat shock proteins (*Molecular chaperones*) in intestinal mucosal protection. Biochem Bioph Res Co, 348: 1-5.

Overnell J, Abdullah M I. 1998. Metallothionein and metal levels in flounder platichthys flesus from field site and in flounder does with water brone copper. Mar Ecol Prog Ser, 46: 71-74.

Padros J, Pelletier E, Reader S, et al. 2000. Mutual *in vivo* interactions between benzo [a] pyrene and tributyltin in brook trout (*Salvelinus fontinalis*). Environ Toxicol Chem, 19: 1019-1027.

Pascual P, Pedrajas J R, Toribio F, et al. 2003. Effect of food deprivation on oxidative stress biomarkers in fish (*Sparus aurata*). Chem-Biol Interact, 145: 191-199.

Payne C M, Crowley C, Washo S D, et al. 1998. The stress-response proteins poly (ADP-ribose) polymerase and NF-Kappa B pratect against bile salt induced apoptosis. Cell Death Differentiation, 5 (7): 623-636.

Payne J F, Malins D C, Gunselman S. 1998. DNA oxidative damage and vitamin a reduction in fish from a large lake system in Labrador, Newfoundland, contaminated with iron-ore mine tailings. Mar Environ Res, 46 (1-5): 289-294.

Pedrajas J R, Peinado J, Lopez-Barea J. 1995. Oxidative stress in fish exposed to model xenobiotics: Oxidatively modi ed forms of Cu,Zn-superoxide dismutase as potential biomarkers. Chem-Biol Interact, 98: 267-282.

Peres Ben-Zvi A, Goloubinoff P. 2001. Mechanisms of disaggregation and refolding of stable protein aggregates by molecular chaperones. J Biol Chem, 135: 84-93.

Peters L D, Nasci C, Livingstone D R. 1998a. Variation in levels of cytochrome P450 1A, 2B, 2E, and 4A-immunopositive protein in digestive gland of indigenous and transplanted mussel, *Mytilus galloprovincialis* in Venice Lagoon, Italy. Mar Environ Res, 46: 295-299.

Peters L D, Nasci C, Livingstone D R. 1998b. Immunochemical investigations of cytochrome P450 forms/epitopes (CYP1A, 2B, 3A & 4A) in digestive gland of *Mytilus* sp. Comp Biochem Physiol C, 121: 361-390.

Potts R J, Bespalov I A, Wallace S S, et al. 2001. Inhibition of oxidative DNA repair in cadmium-adapted alveolar epithelial cells and the potential involvement of metallothionein. Toxicol, 161: 25-38.

Power A, Sheehan D. 1996. Seasonal variation in the antioxidant defense systems of gill and digestive gland of the blue mussel, *Mytilus edulis*. Comp Biochem Physiol C, 114: 99-103.

Rahman L, MacNee W. 2000. Lung glutathione and oxidative stress: implications in cigarette smoke-induced airwats disease. Free Radic Biol Med, 28: 1405-1420.

Rauser W E. 1995. Phytochelatins and related peptides. Plant Physiol, 109: 1141-1149.

Regoli F, Principato G. 1995. Glutathione, glutathione-dependent and antioxidant enzymes in mussel *Mytilus galloprovincialis* exposed to metals in different field and laboratory conditions: Implications for a proper use of biochemical biomarkers. Aquat Toxicol, 31: 143-164.

Regoli F, Winston G W, Gorbi S, et al. 2003. Integrating enzymatic responses to organic chemical exposure with total oxyradical absorbing capacity and DNA damage in the European eel *Anguilla anguilla*. Environ Toxicol Chem, 22: 2120-2129.

Regoli F, Winston G W. 1998. Applications of a new method for measuring the total oxyradical scavenging capacity in marine invertebrates. Mar Environ Res, 46 (1-5): 439-442.

Ringwood A H, Conners D E, Keppler C J, et al. 1999. Biomarker studies with juvenile oysters (*Crassostrea virginica*) deployed *in situ*. Biomarkers, 4: 400-414.

Ritossa F A. 1962. New puffing pattern induced by temperature shock and DNP in Drosophila. Experientia, 18: 571-573.

Roméo M, GnassiaBarelli M. 1997. Effect of heavy metals on lipid peroxidation in the Mediterranean clam *Ruditapes decussatus*. Comp Biochem Phys C-Pharmacology Toxicol Endocrinology, 118 (1): 33-37.

Roméo M, Bennani N, Gnassia-Barelli M, et al. 2000. Cadmium and copper display different responses towards oxidative stress in the kidney of the sea bass *Dicentrarchus labrax*. Aquat Toxicol, 48: 185-194.

Rotchell J M, Bird D J, Newton L C. 1999. Seasonal variation in ethoxyresorufin O-deethylase (EROD) activity in European eels *Anguilla anguilla* and flounders *Pleuronectes flesus* from the Severn Estuary and Bristol Channel. Mar Ecol Prog Ser, 190: 263-270.

Rotchell J M, Steventon G B, Bird D J. 2000. Catalytic properties of CYP1A isoforms in the liver of an agnathan (*Lampetra Fluviatilis*) and two species of teleost (*Pleuronectus flesus*, *Anguilla Anguilla*). Comp Biochem Physiol C, 125: 203-214.

Safe S. 2001. Molecular biology of the Ah receptor and its role in carcinogenesis. Toxicol Lett, 120: 1-7.

Scheller H V, Huang B, Hatch E, et al. 1987. Phytochelatins synthesis and glutathione levels in response to heavy metals in tomato cells. Plant Physiol, 85: 1031-1035.

Schlenk D. 1999. Necessity of defining biomarkers for use in ecological risk assessments. Mar Pollut Bull, 39 (1-12): 48-53.

Schlenk D, Wolford L, Chelius M. 1997. Effect of arsenite, arsenate, and the herbicide monosodium methyl arsonate (MSMA) on hepatic metallothionein expression and lipid peroxidation in channel catfish. Comp Biochem Phys C-Pharmacology Toxicol Endocrinology, 118 (2): 177-183.

Schlesinger M J, Ashburner M, Tissiéres A. 1982. Heat Shock: from Bacteria to Man. Cold Spring Harbor, NY: Cold Spring Harbor Laboratory Press.

Selote D S, Bharti S, Khanna-Chopra R. 2004. Drought acclimation reduces $O_2^{\cdot -}$ accumulation and lipid peroxidation in wheat seedlings. Biochem Bioph Res Co, 314: 724-729.

Sies H. 1986. Biochemistry of oxidative stress. Angew Chem, 1058: 1071.

Skowronski T, Deknecht J A, Simons J, et al. 1998. Phytochelatin synthesis in response to cadmium uptake in Vacucheria (Xanthophyceae). Eur J Physiol, 33: 87-91.

Sole M, Porte C, Barcelo D. 2000. Vitellogenin induction and other biochemical responses in carp, *Cyprinus carpio*, after experimental injection with 17 alpha-ethynylestradiol. Arch Environ Toxicol, 38: 494-500.

Stegeman J J, Brouwer M, Richard T D G, et al. 1992. Molecular Responses to Environmental Contamination:

Enzyme and Protein Systems as Indicators of Chemical Exposure and Effect. *In*: Huggett R J, Kimerly R A, Mehrle P M, et al. 1992. Biomarkers: Biochemical, Physiological and Histological Markers of Anthropogenic Stress. Chelsea, MI, USA: Lewis Publishers: 235-335.

Stegeman J J, Hahn M E. 1994. Biochemistry and Molecular Biology of Monooxygenase: Current Perspective on Forms, Functions, and Regulation of Cytochrome P450 in Aquatic Species. *In*: Malins D C, Ostrander G K. 1994. Aquatic Toxicology: Molecular, Biochemical and Cellular Perspectives. Chelsea, MI, USA: Lewis Publishers.

Stegeman J J, Lech J J. 1991. Cytochrome P450 monooxygenase systems in aquatic species: Carcinogen metabolism and biomarkers for carcinogen and pollutant exposure. Environ Health Persp, 90: 101-109.

Stohs S J, Bagchi D. 1995. Oxidative mechanisms in the toxicity of metal ions. Free Radical Biol Med, 18: 321-336.

St-Pierre J, Buckingham J A, Roebuck S J, et al. 2002. Topology of superoxide production from different sites in the mitochondrial electron transport chain. J Biol Chem, 277: 44784-44790.

Sun Q, Ye Z H, Wang X R, et al. 2005. Increase of glutathione in mine population of *Sedum alfredii* exposed to Zn and Pb. Phytochemistry, 66: 2549-2556.

Sun Q, Ye Z H, Wang X R, et al. 2007. Cadmium hyperaccumulation leads to an increase of glutathione rather than phytochelatins in the cadmium hyperaccumulator *Sedum alfredii*. J Plant Physiol, 164: 1489-1498.

Takeshita K, Fujii K, Anzai K, et al. 2004. *In vivo* monitoring of hydroxyl radical generation caused by X-ray irradiation of rats using the spin trapping/EPR technique. Free Radical Biol Med, 36: 1134-1143.

Tavaria M, Gabriele T, Kola I, et al. 1996. A hitchhiker's guide to the human Hsp70 family. Cell Stress Chaperon, 1: 23-28.

Török Z, Goloubinoff P, Horváth I, et al. 2001. Synechocystis HSP17 is an amphitropic protein that stabilizes heat-stressed membranes and binds denatured proteins for subsequent chaperone-mediated refolding. PNAS, 98: 3098-3103.

van der Oost R, Beyer J, Vermeulen N P E. 2003. Fish bioaccumulation and biomarkers in environmental risk assessment: a review. Environ Toxicol Pharmacol, 13: 57-149.

van Schanke A, Boon J P, Aardoom Y, et al. 2002. Effect of a dioxin- like PCB (CB 126) on the biotransformation and genotoxicity of benzo[a]pyrene in the marine flatfish dab (*Limanda limanda*). Aquat Toxicol, 50: 403-415.

Viarengo A, Canesi L, Pertica M, 1990. Heavy metal effects on lipid-peroxidation in the tissues of *Mytilus Galloprovincialis Lam*. Comp Biochem Phys C-Pharmacology Toxicol Endocrinology, 97 (1): 37-42.

Viarengo A, Burlando B, Ceratto N, et al. 2000. Antioxidant role of metallothioneins: a comparative overview. Cell Mol Biol, 46: 407-417.

Wang W X, Vinocur B, Shoseyov O, et al. 2004. Role of plant heat shock proteins and molecular chaperones in the abiotic stress response. Trends Plant Sci, 9: 244-252.

Wenning R J, Degiulio R T. 1988. Microsomal-enzyme activities, superoxide production, and antioxidant defenses in Ribbed mussels (*Geukensia-Demissa*) and Wedge clarms (*Rangia-Cuneata*). Comp Biochem Phys C-Pharmacology Toxicol Endocrinology, 90 (1): 21-28.

Winston G W, Di Giulio R T. 1991. Prooxidant and antioxidant mechanisms in aquatic organisms. Aquat Toxicol, 19: 137-161.

Winston G W, Livingstone D R, Lips F. 1990. Oxygen reduction metabolism by the digestive gland of the common marine mussel, *Mytilus edulis* L. J Environ Zool, 255: 296-308.

Zhang J F, Liu H, Wang X R. 2005. Reponses of the antioxidant defenses of the Goldfish *Carassius auratus*, exposed to 2,4-dichlorophenol. Environ Toxicol Pharmacol, 19: 185-190.

Zhang J F, Shen H, Wang X R, et al. 2004a. Effects of chronic exposure of 2,4-dichlorophenol on the antioxidant system in liver of freshwater fish *Carasius auratus*. Chemosphere, 55: 167-174.

Zhang J F, Wang X R, Guo H Y, et al. 2004b. Effects of water-soluble fractions of diesel oil on the antioxidant defenses of the goldfish, *Carassius auratus*. Ecotox Environ Safe, 58: 110-116.

Zhang P, Omaye S T. 2000. Carotene and protein oxidation: Effect of ascorbic acid and tocopherol. Toxicology, 146 (1): 37-47.

5

生物体内 P450 酶系对污染物胁迫的响应

5.1 P450 的组成、功能及其多样性

几乎所有生物体都具有生物转化酶和解毒酶，这些酶能够将脂溶性有机异生物质转化为水溶性且易被生物体排泄的代谢产物。这类酶属于细胞色素 P450 酶系，是生物体的主要 I 相代谢酶，几乎存在于所有生物体中，参与多种内、外源化合物的代谢和转化过程。P450 的种类超过 3000 种（Anzenbacher and Dawson，2004），相关的研究也已经有 30 余年的历史（Honeychurch，2003）。

5.1.1 P450 的组成和功能

细胞色素 P450（cytochrome P450，cytochrome CYP，P450）是一组在结构和功能上相关的超家族基因编码的含铁血红素同工酶系列，分子质量 40 ~ 60kDa，是微粒体混合功能氧化酶系中最重要的一族，1958 年首次在大鼠肝微粒体中发现，曾被冠以多种名称，如多功能氧化酶、细胞色素 P450 单加氧酶、芳香烃羟化酶等。因其还原型 P450 与一氧化碳的复合物在 450nm 处有一吸收峰，故命名为 P450。P450 酶系由多种成分组成，目前已知的成分有 P450、细胞色素 b_5、NADPH 细胞色素 P450 还原酶、NADH 细胞色素 b_5 还原酶及磷脂，其中 P450 和 P450 还原酶起中心作用。P450 是生物体的主要 I 相代谢酶，对许多内源性和外源性化学物质，尤其对环境有毒、有害化合物具有氧化代谢作用，其种类和催化反应类型的多样性及其作用底物的广谱性使其成为自然界中最具催化多样性的生物催化剂（Coon et al.，1996）。在动物中，P450 主要参与大部分药物和杀虫剂等外源化合物的生物氧化作用，以及固醇类的生物合成、脂肪酸和类固醇激素等内源性底物的氧化代谢作用。它使进入机体的外源物经代谢后向两个方向转化：解毒和代谢活化。代谢活化后的产物毒性增强，甚至产生致癌致畸效应。在植物中，P450 介导的反应范围更广，包括植物激素、信号分子、防御相关化合物以及次级代谢产物的合成，还参与除草剂、杀虫剂和工业污染物的解毒过程等（Schuler，1996；赵剑等，1999；Werck-Reichhart et al.，2000；Basson and Dubery，2007）。

在这些代谢反应中，普遍需要分子氧和还原型烟酰胺腺嘌呤二核苷酸磷酸（NADPH），有效地插入一个氧原子到底物分子的不活泼碳氢键中，其催化的总反应可表示为

$$RH+NADPH+O_2+H^+ \rightarrow ROH+NADP^+ +H_2O$$

式中，RH 代表底物，ROH 代表氧化产物。代谢过程可描述为：外源化合物与氧化型 P450 形成一种复合物，在还原型辅酶Ⅱ-P450 还原酶作用下，形成还原型 P450 与外源化合物的复合物。在 O_2作用下，形成氧化复合物，接受电子后被活化脱水，成为氧化性外源化合物与氧化型 P450 的复合物，再释放出其中的氧化产物。P450 参与的代谢反应和其中的电子传递途径如图 5-1 所示。除了单加氧功能以外，P450 还具有环氧化作用、C—C 键断裂以及烷基位移等作用。因此，它在生物合成和生物降解中起着重要作用。

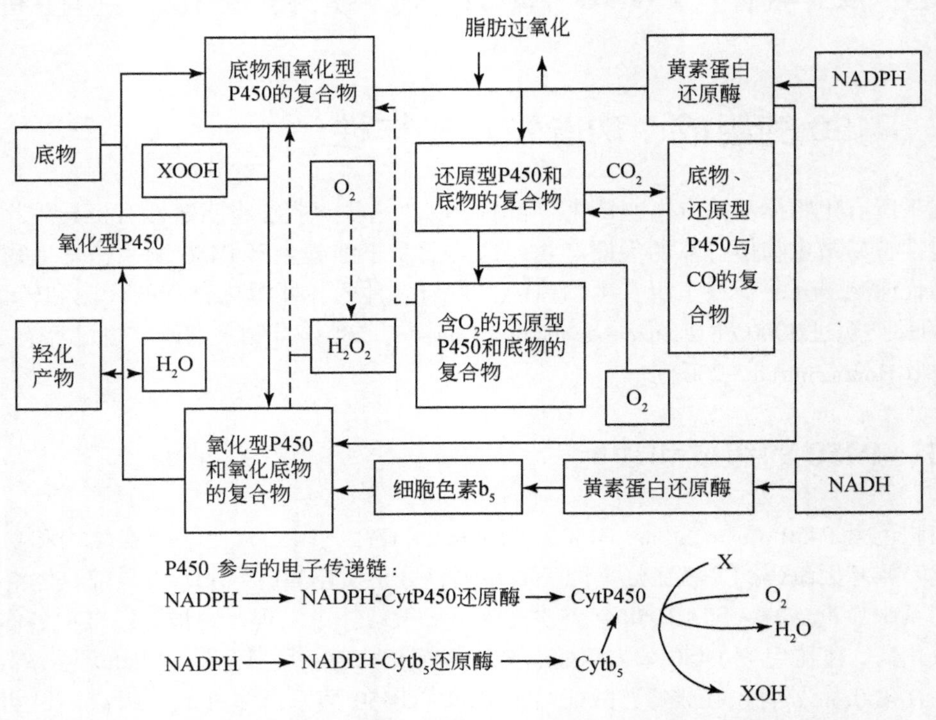

图 5-1　P450 的催化代谢途径和参与的电子传递途径（引自朱琳等，2001）

事实上，细胞内 P450 酶系的功能或调节作用与其他分子的生化过程之间构成了一个相互作用的网络，明确该网络中各成员之间的联系和作用过程就能够充分揭示 P450 酶系的解毒机制（Stegeman and Lech，1991；Stegeman and Hahn，1994；van der Oost et al.，2003）。它们之间相互作用的过程涉及亚铁血红素的合成与降解、HSPs、类固醇受体、抗氧化酶、金属硫蛋白、致癌基因、肿瘤抑制基因等（图 5-1）。如此复杂的作用过程也提示，在生物体内污染物是处于动态转化过程中，正确评价污染物诱导的毒性效应是有一定难度的（van der Oost et al.，2003）。

5.1.2　P450 的多样性

P450 广泛存在于动物、植物、真菌和细菌中，具有明显的物种差异性和功能多样性。

通常按照P450基因所编码的氨基酸序列，如家族、亚家族和亚型等的相似程度进行分类。同一家族P450的氨基酸序列同源性大于40%，以CYP后加一位阿拉伯数字表示，如CYP1；P450的氨基酸序列同源性大于55%，则它们属于同一个亚家族，在家族表达式后面加一个大写字母表示，如CYP1A；氨基酸序列同源性大于40%而小于55%的则归为同一家族的两个不同亚家族，在亚家族表达式后面再加上阿拉伯数字表示，如CYP1A1。另外，等位基因的氨基酸序列同源性不小于97%（Nelson et al.，1996；Chapple，1998）。自发现P450至今，在GenBank中登录的P450核酸序列或氨基酸序列已有1200多个，其中细菌*P450*基因的家族有75个（CYP101～CYP174、CYP51）、低等真核生物有72个（CYP51～CYP69、CYP501～CYP526）、植物有54个（CYP71～CYP99、CYP701～CYP726、CYP51）、动物有69个（Anzenbacher and Anzenbacherova，2001；http：//drnelson.utmem.edu/cytochromeP450html）。

人类的P450酶系共有18个基因家族和43个亚家族。在这些家族中，一些亚家族及其同工酶对外源化合物的代谢起着实质性的作用。CYP1、CYP2和CYP3三大家族涉及大多数药物的代谢。其中CYP3A的含量最多，作用的底物范围广，是药物代谢过程中最主要的限速酶。CYP3A亚家族的4个成员CYP3A4、CYP3A5、CYP3A7和CYP3A43，串联排列于染色体7q22.1位点上，长约231kb（Gellner et al.，2001）。这些亚型占肝脏内P450酶总量的30%以上，在内源性类固醇、许多前致癌物以及至少一半药物的氧化、过氧化和还原代谢中均发挥重要作用。CYP3A4是成人肝脏表达的主要CYP蛋白，参与代谢大部分临床用药；CYP3A5则主要在一些肝外组织，如肠壁、肾、前列腺和肺中表达。目前已知大多数化学致癌物均为CYP1A作用的底物。CYP2家族是目前已知的P450同工酶中最大和最复杂的家族，包括CYP2A、CYP2B、CYP2C、CYP2D、CYP2E、CYP2F等亚族。CYP2C亚族至少由5个同工酶蛋白组成，其中CYP2C9在药物代谢中发挥重要作用。CYP3A在人体肝脏中含量最丰富，主要有CYP3A4、CYP3A5和CYP3A7三种同工酶，其底物覆盖面极广，参与某些致癌物如黄曲霉毒素和大多数临床口服用药的生物转化，一般认为它是参与口服药物首过效应的主要酶系和造成药物间相互作用的重要原因。人类P450等位基因的存在是P450引起药物氧化代谢个体差异和种族差异的生化基础（Magnus，2004）。

进一步研究发现，人体的CYP家族主要存在于肝脏组织，但在特异性肝外组织中也发现了CYP的同工酶形式（Murray and Burke，1995）。例如，CYP1B1就是一种对雌激素和环境致癌物代谢十分重要的肝外代谢酶。有研究报道，CYP1B1存在6种多态性等位基因，其中有4种发生氨基酸的替换，包括发生在第48位密码子上的Arg→Gly、在第119位密码子上的Ala→Ser、在第432位密码子上的Leu→Val以及第453位密码子上的Asn→Ser。这些多态性突变子的产生导致机体CYP的催化活性比正常机体高2.4～3.4倍（Shimada et al.，1999；Hanna et al.，2000；Mitrunen and Hirvonen，2003）。人体CYP1B1涉及激活某些前致癌物，包括PAHs、芳香胺及内源激素17-β-雌二醇。在CYP1B1催化作用下，17-β-雌二醇可代谢产生4-羟雌二醇，在雌激素诱导的致癌中发挥重要作用（Kristensen and Borresen-Dale，2000）。另外，CYP1B1可在成人和胎儿的肝外器官中组成型表达（Vadlamuri et al.，1998；Tang et al.，1999）。Muskhelishvili等（2001）应用非放射性原位杂交和免疫组织化学技术首次证明，CYP1B1 mRNA和蛋白质不仅存在于某些器官的细胞质中，也存在于细胞核内。

CYP1B1 mRNA 和蛋白质组成型表达及其在人体分布的普遍性提示，CYP1B1 在外源前致癌物和内源激素的活化中发挥着功能性作用。

1969 年，Frear 等首次报道了植物体 P450 的存在。之后在小麦、蓖麻等植物中也发现了 P450。1989 年公布的第一个植物 P450 基因序列来源于鳄梨的 CYP71A1，它编码一个与成熟相关的酶。截至 2007 年 9 月，已发布 866 个家族、1677 个亚家族，共 7703 条单一 P450 基因。已公布的植物 P450 基因序列主要来源于少数几种植物，如黑三叶杨（*Populus trichocarpa*）占 29%、水稻（*Oryza sativa*）占 25%、拟南芥（*Arabidopsis thaliana*）占 14%、烟草（*Nicotiana tabacum*）占 5%、苔藓（*Physcomitrella patens*）占 5%。而自然界中已被命名的被子植物约有 275 000 种，植物 P450 基因占植物基因组的 1% 左右（贺丽虹等，2008）。

在植物体中，P450 是最大的酶蛋白家族，参与完成许多重要的生化过程和生理功能。目前，只有数百个植物 P450 酶的功能在分子水平上得到了确认，主要归纳为两大类：①参与生物合成途径；②参与生物解毒途径。植物 P450 催化许多初级和次级代谢反应，作用的底物包括脂类、苯丙烷类、黄酮类、萜类、生物碱类、生氰糖苷等内源性化合物以及包括农药、除草剂等在内的外源物质。外源化合物在 P450 酶系作用下可以转化为非毒性或低毒性产物，也可能催化某些无毒物质（如前除草剂）转化为有毒性的除草剂（Nomura and Bishop，2006）。从植物中克隆的与解毒有关的 P450 酶基因有 7 种，可以催化磺酰脲类和苯基脲类除草剂代谢转化为低毒或无毒产物。例如，小麦幼苗 P450 基因 *CYP71C6v1* 在酵母细胞中表达后出现绿磺隆和醚苯磺隆-5-羟化酶活性，并能催化甲磺隆、苄密磺隆和苯磺隆的代谢（Xiang et al.，2006）。

早期对植物 P450 的反应多数是根据光逆转 CO 的抑制作用以及诱导剂与抑制剂的辅助实验来进行的，只有少数植物 P450 的活性在分子水平上得到了确认。随着分子生物学的飞速发展，P450 基因的克隆及其生物化学功能的测定已成为植物细胞 P450 研究的核心。由于大多数 P450 结合在生物膜上，而且在植物体内的含量很低，直接分离和纯化非常困难。因此，通过 P450 基因的克隆，研究 P450 基因的表达与调控，并进一步结合 P450 基因的异源表达、缺失突变和突变体互补等途径研究 P450 的功能就成为一条重要的研究方向（Chapple，1998）。自 1990 年第一个植物 P450 基因被成功克隆以来，到 2002 年年底，已有 600 多个 P450 基因被克隆，有 100 多个基因在细菌、酵母、杆状病毒昆虫细胞等异源表达系统中被成功的表达并完成了功能鉴定，这使得对 P450 基因调控的分析成为可能，并且有望用于揭示植物 P450 基因的进化途径。这项技术大大加快了人类对 P450 代谢途径的认识，并且在不久的将来使人们对它们的操作成为可能（Chapple，1998；涂郡等，2003）。

在生物体中，P450 具有多种催化活性，其催化的底物也具有一定的广谱性。它参与的化学反应类型主要有烯基的环氧化反应，烷基、脂肪族及芳香族的羟化作用，氮、硫、氧位的脱烷基作用，烃基的氧化作用，过氧化作用，脱硫作用，氧化性碳—碳键断裂，氧化性脱氨、脱卤和脱氢等 10 余种（夏世钧和吴中亮，2001）。研究结果表明，P450 酶系可代谢大约 25 万种外源性物质，包括药物、植物体内合成的产物及环境污染物等（Lewis et al.，1998）。P450 酶系的代谢作用也有不利的一面，因为它既可降低某些外源性化合物的毒性，也可催化某些化合物生成毒性更强的代谢产物，从而诱导肿瘤、胎儿出生缺陷和其他不良反应等现象。P450 基因的突变可以导致酶活性的降低、失活或增强。其中，失活主要发生于基因被删除或由于基因突变造成的基因剪接、转录启动子的终止、密码子的失活等情况。此外，底物识别位点的突变也可以导致 P450 酶专一性的改变（Magnus，2002）。

P450 酶系对药物活性物质的代谢以及 P450 基因多态性与致癌作用之间的关系一直备受关注。已有研究表明，进入人体的药物大约 60% 是通过 P450 的代谢途径被清除的。许多科学家从进化、药理、毒理等多种角度开展研究。目前对 P450 的研究已经从最初的结构、功能、基因定位和突变深入到它的分子机制、等位基因功能多态性以及基因突变导致的酶学变化等领域，而且还逐步渗透到农业、医药及环境科学等领域。对 P450 的深入研究不仅有助于人类加深对目标生物体内的各种生理、生化过程的认识程度，也有助于人类在诸多领域对 P450 的开发和应用。

5.2 P450 基因的诱导表达和抑制效应

5.2.1 P450 基因的诱导表达

多种内、外源物对 P450 有诱导或抑制作用，导致酶的数量和活性的改变，并由此引起 P450 自身或其代谢动力学的改变。根据诱导途径是否通过核受体的介导以及核受体类型的不同，目前已确定 P450 的诱导方式可划分成 5 类，即芳香烃受体（AhR）介导型、乙醇型、过氧化物酶体增殖剂激活受体介导型、组成型雄甾烷受体介导型和孕烷 X 受体介导型。除乙醇型诱导方式是通过稳定酶蛋白的表达方式以外，其余均通过核受体的介导途径，主要基于转录水平的激活，即关键受体转录因子的配位激活导致转录加强，从而增强 P450 的表达水平。

诱导 P450 基因的外源化合物至少可分为三类，即 3-甲基胆蒽型、苯巴比妥型和二者的混合型（Stien，1997；Winston et al.，1998），主要包括亲脂性药物、杀虫剂、多环芳烃和有机氯类等化合物。不同生物对同一诱导物的敏感性不同，即使是在同一亚族，诱导物对 P450 不同同工酶的调节作用也有所不同，这可能与诱导物受体的种类差异有关。

在众多受体的诱导机制研究中，对多环芳烃的诱导机制了解得最为清楚。AhR 主要介导 CYP1A1 和 CYP1A2 的诱导表达。*CYP1A1* 基因由编码区及编码区上游的启动子和增强子组成，增强子含有外源化合物的反应元件（XRE），直接参与 AhR 结合。当诱导剂进入细胞质并与 AhR 结合后，AhR 构象发生改变并与 HSP90 或 AhR 相互作用蛋白解离，结合配体后的 AhR 再与芳香烃受体核转运因子（ARNT）形成异二聚体。异二聚体进入细胞核后与 CYP1A1 增强子结合，AhR 羧基端的转录激活域与其他转录因子形成转录起始复合物，从而启动 CYP1A1 mRNA 的表达（Whitlock，1999）。

以体外培养的人角化细胞 、原代人淋巴细胞和小鼠 Hepa-1 细胞为研究对象，发现色氨酸存在时，UV 诱导的 CYP1A1 mRNA 水平明显高于无色氨酸时的水平。Wei 等（1999）应用 Hepa-1 野生型和 AhR 受体缺陷型 c12 细胞系证明，哺乳动物细胞中 UV 诱导的 *CYP1A1* 基因表达是由色氨酸形成的 AhR 受体的配体介导的。对 Hepa-1 细胞核的提取物进行电泳分析，结果表明色氨酸的氧化产物既诱导了 AhR 的改变，又诱导了 AhR-配体复合物与 DNA 的特异性识别位点的结合，从而启动了 *CYP1A1* 基因的转录，并伴随着 CYP1A1 蛋白和 7-乙氧基-3-异吩噁唑酮-O-脱乙基酶（EROD）活性的增加。另有报道，O_3 的氧化产物色氨酸也能显著诱导 CYP1A1 mRNA 和蛋白质表达水平并使 CYP1A1 依赖的 EROD 活性升高（Sindhu et al.，1999；庞莉萍和崔景荣，2005）。薄军等（2010）通过水体暴露方式对海水养殖真鲷进行苯并[a]芘（BaP）持续染毒，利用实时定量 PCR 技术研究了真鲷 P450 基因（*CYP1A1*）和芳香烃受体基因（*AhR2*）随 BaP 暴露剂量、时间的动力学变化。结果发现，0.1～1.5μg/L 环境浓度的 BaP 能够显著性诱导 *CYP1A1* 基因和 *AhR2* 基因的表达，且 AhR2 mRNA 早于 CYP1A1 mRNA 被诱导表达；BaP 持续暴露 48h，*CYP1A1* 和 *AhR2* 基因的表达水平均随暴露时间的延长而显著升高，染毒 72h 后又回复到本底水平。结果表明，这两个基因的表达与 BaP 的暴露剂量和暴露时间之间具有显著性的剂量–效应和时间–效应关系。

Iba 等（2002）用 HepG2 细胞作为实验系统，发现嘧啶诱导的 CYP1A1 很大程度上是由其代谢物介导的，而代谢物的形成可能是由 CYP2E1 催化进行的。另有报道，2-羟基嘧啶是比嘧啶更好的 CYP1A1 的诱导剂，对 CYP1A1 的诱导是通过原化合物的代谢产物介导的（Wei et al.，2002）。现已发现的 CYP1A1 诱导剂主要有 β-萘黄酮、TCDD、3-甲基胆蒽、2-甲氧基-4-硝基苯胺、杂环胺、烟碱、奥美拉唑和甲氧沙林等。其中 TCDD 是最典型的 CYP1A1 诱导剂，也是普遍存在的污染物和致癌作用的促进剂。TCDD 能够以时间和剂量依赖的方式诱导 EROD 酶活性和 CYP1A1 蛋白合成。据报道，在大鼠肝细胞中主要被诱导的是 CYP1A1，在人肝细胞中主要诱导的是 CYP1A2（Xu et al.，2000）。CYP1A2 与 CYP1A1 具有极大的同源性，CYP1A1 的许多诱导剂同样能够诱导 CYP1A2 mRNA 转录和酶蛋白合成水平的提高及相应酶活性的升高。由此可见，CYP1A2 的诱导机制可能与 CYP1A1 类似。

P450 的存在形式和表达水平受多种因素的影响，往往存在多种同工酶形式。不同调控机制所起的作用与 P450 同工酶的种类和外源物的性质有关。DNA、RNA、蛋白质合成水平以及 AhR 对基因的调控均能影响 P450 的表达。正常条件下，只有少数基因被持续地转录和翻译；而在外源化合物作用下，很大一部分基因被激活而增强表达。一般来说，外源化合物进入体内后，可通过调控某些 P450 同工酶的表达水平来调节 P450 对相应化合物的代谢和转化水平。另外，P450 酶系的催化活性不仅取决于蛋白质合成水平，还受到 P450 蛋白合成过程中血红素与蛋白质结合成全酶及其翻译修饰过程的影响。

5.2.2 P450 基因的抑制效应

P450 酶活性往往受到外源化合物的抑制。抑制剂对 P450 的抑制途径可概括为：首先作用于 P450 的辅酶，减少或破坏 NADPH/NADH；其次作为竞争电子的物质或抑制性抗体作用于 P450 还原酶。另外，抑制剂还可直接作用于 P450 本身，干扰 P450 的正常功能，如一氧化碳通过与 P450 不可逆的结合、底物结构类似物的竞争性抑制等（Johnson et al.，1986）。P450 的抑制作用可分为可逆性抑制和不可逆性抑制两种类型。可逆性抑制是指受抑制的 P450 酶在一定条件下又可以重新恢复活性，酶蛋白分子的结构没有遭到破坏。例如，当某些药物与 P450 发生可逆性相互作用时酶活性受到抑制，而且这种抑制作用与药物浓度有关，浓度越高，抑制作用越强。不可逆性抑制可通过蛋白质分子的变性作用使 P450 酶失去活性。例如，P450 酶作用后的某些代谢产物反过来结合到酶的活性部位而使 P450 酶变性失活，乙酰萘与 P450 酶共价结合后而使其变性等。

多种内、外源化合物（包括药物）对人体 P450 酶系具有诱导或抑制作用，引起酶数量和活性的改变。有些化合物或药物通过 P450 的代谢活化后，毒性明显增强（如前致癌物的激活、烷化剂的活化）。例如，对 CYP1A 这类能够活化某些代谢物并增加其毒性的 P450 同工酶家族，抑制其活性就意味着抑制某些化合物在肝脏中的活化，并降低其致癌性和对肝脏的损伤。实验中发现，α-萘黄酮、玫瑰树碱、1-乙炔基芘对 CYP1A1 具有抑制作用；α-萘黄酮、红霉素、诺氟沙星、异烟肼、环丙沙星、呋拉茶碱、氟伏沙明、维拉帕米、克拉霉素、伊诺沙星、西咪替丁及口服避孕药等对 CYP1A2 产生一定的抑制作用。另外，NO、CCl_4、Cd^{2+}、Cu^{2+}、吲哚-3-甲醇衍生物等也能对 CYP1A 产生抑制作用。因此，研究 P450 的诱导或抑制机制对临床合理用药、提高药物疗效和降低药物的毒副作用具有重要意义。

5.3 P450 在污染物降解和环境污染诊断中的应用研究

P450 的蛋白质含量通常代表 P450 蛋白的总体水平。尽管多数 P450 蛋白的合成不能被外源化合物所诱导，但是 P450 同工酶的选择性表达能够诱导 P450 酶活性的显著性升高，这为 P450 作为污染物早期暴露诊断的潜在的生物标志物奠定了理论基础。已有报道指出，P450 能够对某些化合物可能引起的毒理学效应提供早期预警信号（朱琳等，2001）。因此，应用 P450 酶系的诱导作用，不仅可用于揭示和阐明污染物的作用机制、污染物的生物可利用性、污染物之间的相互作用方式以及生物体的防御反应，还可以作为敏感的分子生物标记物，用于监测污染物对生态系统的早期影响（刘宛等，2001）。加之，P450 酶的有关指标的检测方法简便易行，短时间内就能够提供定性和定量的数据，因此 P450 在毒理学的研究、污染物的诊断和评价中受到广泛关注。

5.3.1 动物 P450 在环境污染诊断中的应用研究

P450 酶系，几乎存在于生物体内的所有组织。就水生脊椎动物而言，肝脏中 P450 含量最高。研究结果发现，许多环境污染物，如多环芳烃、多氯联苯、二噁英等都是鱼类 P450 的诱导剂，而且鱼类和贝类的 P450 对环境污染物的诱导具有一定的敏感性及很好的剂量-效应关系（周驰和李纯厚，2007；董璐玺等，2010）。因此，动物（主要指鱼类）肝细胞 P450 酶系的诱导被认为是监测环境污染胁迫的最灵敏的生物标志物之一（Thibaut and Porte，2008）。蚯蚓 P450 含量也是诊断土壤低剂量污染物毒性的重要生理指标（Zhang et al.，2006；张薇等，2007a，2007b；王磊等，2009）。因此，动物 P450 可作为生物标志物指示多种外源污染物的毒性效应和生态安全性。

有关 P450 研究最常用的检测指标一般包括：总 P450 的蛋白质含量，特异性同工酶活性，如 EROD（ethoxyresorufin-*O*-deethylase）、BROD（benzoxyresorufin-*O*-dealklase）和 ECOD（ethoxycoumarin-*O*-dealkylase）以及 CYP1A 的蛋白质合成水平，涉及的实验方法包括紫外分光光度法、免疫印迹、酶联免疫和直接免疫荧光反应等技术。其中，EROD 反应是通过测定 7-乙氧基-3-异酚噁唑酮在 P450 中的 7-乙氧基-3-异酚噁唑酮脱乙基酶和还原型辅酶Ⅱ（NADPH）催化下的反应产物异酚唑的荧光强度来指示 P450 酶活性的变化。EROD 反应属于 P450 催化反应的第一阶段的生物代谢酶，是暴露于污染环境的生物体的真实反应参数，在指示有机污染物暴露方面报道较多，是一个被广泛使用的生物标志物。

20 多年来，研究人员在应用 P450 酶系作为暴露生物标志物方面已经开展了大量野外实地调查和研究，如北海特遣部队监测计划、美国国家现状和趋势研究计划、地中海生物监测计划（Burgeot et al.，1996）。沿着地中海海岸，许多生物监测研究选择羊鱼（*Mullus barbatus*）作为受试鱼类。在巴塞罗那（Barcelona）城市污染区捕获的鱼样本中发现，EROD 酶活性和 CYP1A 的蛋白质水平均被相应地诱导（UNEP，1997）。在许多实验中还发现，鱼体中的 EROD 酶活性或 CYP1A 的蛋白质表达水平与其环境中的诱导物，如 PAHs 或 PCBs 的含量相关。然而，在自然环境中某些污染物与 CYP1A 的蛋白质或酶活性水平之间，人们并非都能够找到一种线性的剂量-效应关系，因为 CYP1A 的诱导物和抑制因子之间可能同时发挥作用（Pluta，1993）。而温度、季节或性别激素等因素也可能对鱼体 CYP1A 系统的响应产生调节作用（Stegeman and Hahn，1994）。因此，在研究单一的生物标志物时要考虑其他因素的影响。

CYP1A1 和 CYP1A2 是生物体内的 I 相代谢酶，它们的表达受许多外源化合物的影响。从文献报道看，目前对鱼体 P450 酶系的研究大多都集中在 CYP1A 上。有研究报道，哺乳动物和鱼体内的 CYP1A1 均是由异生物质键联芳烃受体诱导的，二者的性状和可诱导性都十分相似（Stegeman and Lech，1991）。另有研究表明，CYP1A1 与污染物含量之间存在较明显的剂量-效应关系（刘宛等，2001）。这种诱导机制是 CYP1A1 可作为有机污染物暴露的生物标志物的理论依据。因此，通过测定 CYP1A 酶的活性，就可以对环境污染物的暴露提供早期预警信息。许多动物体 CYP1 的诱导水平被作为 PAHs 和 PCBs 等污染物暴露的分子效应标志物。Marohn 等（2008）给欧洲鳗鲡的幼鳗腹腔注射不同剂量的 PCB77（3，3′，4，4′-tetrachlorobiyphenyl），并应用 RT-PCR 技术检测共面 PCBs 对幼鳗肝脏和腮部 *CYP1A1* 基因表达的影响。结果表明，腮部 *CYP1A1* 的基因表达水平呈现出显著的剂量-效应关系，而肝脏组织只在最高的污染剂量下才显著性升高。据此指出，欧洲鳗鲡幼鳗腮部组织 *CYP1A1* 基因的差异性表达水平可作为鳗鲡 PCBs 污染监测的生物标志物。

CYP1A 作为 PHAHs（polyhalogenated aromatic hydrocarbons）和 PAHs 暴露的生物标志物已经广泛应用于脊椎动物，如哺乳动物（Qualls et al.，1998）、鱼类（Woodin et al.，1997）、鸟类（Sanderson et al.，1994）、爬行类（Rie et al.，2000）和两栖类（Huang et al.，2001）等。已有研究证实，鲸皮肤和内脏器官的 *CYP1A1* 表达水平与鲸脂肪中的污染物（如 PCBs 和有机氯化合物）含量之间显著性相关（Miller et al.，2004）。Godard 等（2004）的研究结果也表明，鲸类 CYP1 的诱导表达水平可作为海洋污染监测的生物标志物。不断增加的实验研究结果显示，鱼体 CYP1A 可作为指示 PAHs、PCBs、多氯代二噁英

（PCDDs）和多氯代苯并呋喃（PCDFs）等环境污染物暴露的生物标志物，已广泛应用于野外污染现场的调查和评价（Curtis et al.，1993）。

实验室和野外调查结果都发现，贻贝暴露于某些 PAHs 和 PCBs 后，其消化腺微粒体的 CYP1A 免疫阳性蛋白和/或苯并[a]芘羟化酶（BPH）活性明显升高。为进一步验证上述因果关系，自“Sea Empress”号油轮在英国威尔士南方泄露石油（1996 年 2 月 15 日）的第 25 天和第 130 天后，Peters 等（1999）从该海域收集紫贻贝（*M. Edulis*）进行检验，结果表明，贻贝 CYP1A 免疫阳性蛋白表达较高的区域，其 BPH 酶活性也相应较高，二者之间正相关（$R=0.65$）并符合线性回归模型（$P<0.05$）。在地中海调查时还发现，贻贝体内 PAHs 含量最高时，其体内 CYP1A 免疫阳性蛋白和 BPH 酶活性也最高。据此认为，要把 CYP1A 这类蛋白质的表达水平发展成为监测有机污染物暴露的富有前景的生物标志物，需依靠 *CYP1A* 基因和对应蛋白质的测序，以及后来对贻贝特异性 cDNA 和蛋白质抗体的开发，有了这种抗体就能够对 CYP1A 酶的特性及其基因调控方式展开深入的研究和探索。

有研究结果表明，0.2mg/kg Aroclor 1254（PCBs 混合物）就能够诱导虹鳟鱼和鲤鱼肝微粒体 EROD 活性的增加；同时还发现，鱼类暴露于 PCBs 污染区域足以诱导肝脏 P450 酶活性的升高（Melancon and Lech，1983）。另有研究报道，河道鲶鱼的 P450 具有哺乳动物 P450 的多种同工酶形式。其中，*CYP1A1* 基因已经被克隆和测序，其基因序列类似于小鼠的 *CYP1A1* 序列。Ronis 等（1992）给河道鲶鱼每天注射 50mg/kg Aroclor 1254，连续注射 3d，或从 PCBs 污染区域直接取样，再应用抗-小鼠和抗-鲑鱼 *CYP1A1* 的多克隆抗体来研究河道鲶鱼（*Ictalurus punctatus*）CYP1A1 的蛋白质表达，同时还检测了 EROD 酶活性。结果表明，像哺乳动物那样，鲶鱼 CYP1A1 也可被芳香烃、PCBs 和二噁英诱导增长几百倍以上。CYP1A1 可以作为生物标志物来指示这些污染物的复合污染程度。Viarengo 等（1997）研究发现，7,8-苯并黄酮（50mg/kg）或苯并[a]芘（20mg/kg）能够诱导鱼（*Dicentrarchus labrax*）肝脏微粒体 EROD 活性升高 4～15 倍。添加纳摩尔的 Cu^{2+}、Hg^{2+} 和 CH_3Hg^+ 混合物后则显著降低了 EROD 活性，微摩尔则完全抑制了该酶活性。由此可见，鱼肝脏 EROD 活性对极低浓度的重金属胁迫高度敏感。因此，鱼肝脏 EROD 活性的变化也能够为环境重金属污染暴露的早期诊断提供预警信息。

王咏等（2001）在体外实验条件下，研究了 9 种硝基芳烃化合物对鲤鱼肝脏 EROD 酶活性的影响。结果表明，9 种硝基芳烃化合物对 EROD 均有激活作用，在实验浓度范围内，EROD 活性与硝基芳烃化合物浓度之间存在剂量-效应关系。同时发现，苯环上同一位置的取代基不同或同一取代基在苯环上的位置不同，对 EROD 的激活程度的影响也不同。

边文杰等（2011）以毒死蜱、对硫磷及马拉硫磷作为供试农药，以斑马鱼、剑尾鱼、麦穗鱼及太阳鱼作为供试生物，研究了 3 种农药对 4 种鱼的急性毒性、4 种鱼肝 P450 对 3 种农药的脱硫代谢作用以及两者之间的相关性。结果表明，毒死蜱对于上述 4 种鱼的 96h LC_{50} 分别为 1.94mg/L、0.171mg/L、0.027mg/L、0.068mg/L；对硫磷为 2.6mg/L、0.06mg/L、1.78mg/L、1.02mg/L；马拉硫磷为 7.07mg/L、0.907mg/L、6.03mg/L、0.172mg/L。4 种鱼肝脏 P450 对毒死蜱代谢的 V_{max}/K_m 值分别为 $1.67\times10^4 min^{-1}$、$2\times10^4 min^{-1}$、$5\times10^4 min^{-1}$、$2\times10^4 min^{-1}$；对硫磷代谢的 V_{max}/K_m 值分别为 $2\times10^4 min^{-1}$、$5\times10^5 min^{-1}$、$1.11\times10^5 min^{-1}$、$1.43\times10^5 min^{-1}$；

对马拉硫磷的 V_{max}/K_m 值分别为 $5×10^3min^{-1}$、$5×10^4min^{-1}$、$2.5×10^3min^{-1}$、$1.67×10^4min^{-1}$。96h LC_{50} 值与 V_{max}/K_m 值大体呈负相关，其中毒死蜱的相关性较弱，对硫磷及马拉硫磷的相关性较强（R^2 值分别为 0.218、0.849 和 0.510）。研究结果表明，P450 在鱼类耐药性形成过程中发挥了阻碍作用。

Oppen-Berntsen 等（1995）按照 7 ~ 11d 的间隔给大西洋鲑鱼幼苗分别注射 α,β,γ,δ-六氯环己烷，6 周后应用 EROD 反应、CYP1A1 的酶联免疫及免疫组织化学定位法研究了这些六氯环己烷对大西洋鲑鱼生理的影响。Flammarion 等（2002）通过测定白鲑（*Leuciscus Cephalus*）肝脏中 EROD 酶活性，发现下游鱼类 EROD 酶活性比上游鱼类高出 10 倍，可作为评价摩泽尔河（Moselle river）水质的生物标志物。Sturm 和 Hansen（1999）将 *Chironomus* 暴露于 50μg/L 3,4-氯苯胺，4d 后检测发现，EROD、MROD 和 ECOD 活性显著性下降到对照组的 30% 左右，而 0.5μg/L 对硫磷未能引起该酶的变化。同时还发现，50mg/L 萘诱导使单加氧酶活性升高了大约 1.3 倍。据此认为，水生动物 P450 依赖的单加氧酶活性变化水平可作为水环境污染监测的生物标志物，可用于对水环境安全性的评价。Stien 等（1997）通过体外实验发现，氯化铜可显著降低 EROD 活性。腹腔同时注射了氯化铜和 BaP 的鱼肝脏 EROD 活性低于单独注射 BaP 后的 EROD 活性。免疫印迹实验结果也发现，注射了 BaP 的鱼体内的 CYP1A 蛋白含量显著高于对照组（表现于 55 ~ 60kDa 蛋白带光密度增强）；而同时注射了氯化铜和 BaP 的鱼体内的 CYP1A 蛋白带的光密度则变化不显著，但伴随着一种小相对分子质量蛋白质带的出现。因此认为，铜诱导 P450 催化活性的降低源于 P450 蛋白的丢失而非铜对 EROD 活性的直接抑制作用。

P450 也被应用于抗生素的生态安全性研究。Thibaut 和 Porte（2008）将青鳉鱼暴露于 1μg/L 的双氯高灭酸，4d 后发现其肝、腮和肠内的细胞色素芳香化酶（CYP450A）活性被显著性诱导，暴露于 10μg/L 甲氧萘丙酸也诱导了 CYP450 家族酶系 CYP1A 活性的升高。同时发现，青鳉鱼暴露于 1μg/L 苯扎贝特等抗生素就会诱导 CYP1A 活性的明显升高。Laville 等（2004）研究发现，磺胺甲二唑等 8 种抗生素能够明显诱导或抑制虹鳟鱼肝内的 CYP1A 活性。

柯润辉等（2006）采用被动式 SPMD 采样器结合 H4ⅡE 鼠肝癌细胞离体 EROD 测试的方法来评价水体中 Ah 受体效应物质的污染水平。以 PAHs 为目标化合物，在太湖梅梁湾地区选取了 5 个站点，同时放置 SPMD 采样器和笼养鲫鱼进行 32d 的现场原位暴露实验，然后对 SPMD 样品提取液进行化学分析和离体 EROD 测试，对鱼肌肉样进行化学分析和对肝胰脏样进行活体 EROD 测试。结果表明，随着暴露时间的延长，SPMD 样品提取液诱导 EROD 酶的能力逐渐增强，经过 32d 暴露的 SPMD 样品提取液诱导的 EROD 酶活相当于 TCDDs 的毒性当量值（TEQ）3.8 ~ 6.2pg/g，而且根据化学分析结果计算的 PAHs 相当于 TCDDs 的毒性当量值并且与离体生物测试结果之间有很好的相关性（$R^2=0.88$）[图 5-2(a)]，说明 PAHs 是引起该地区水体 EROD 效应的一个重要诱导因子。根据化学分析结果配制的模拟样品的离体 EROD 测试结果表明，PAHs 对梅梁湾地区水体 Ah 受体效应的贡献为 40% ~ 50%。研究还发现，SPMD 提取液离体 EROD 测试结果与同时暴露的鱼体肝胰脏的活体 EROD 测定结果之间也存在较好的相关性（$R^2=0.62$）[图 5-2(b)]，表明 SPMD 结合 H4ⅡE 鼠肝癌细胞离体 EROD 测试的方法与鱼体活体 EROD 方法具有很好的可比性。

与活体 EROD 方法一样，SPMD 结合离体 EROD 方法也可作为评价水环境 Ah 受体效应的有效方法。通过比较鲫鱼活体 EROD 分析结果与其肌肉化学分析结果的相关性，发现活体 EROD 分析结果与根据化学分析结果所计算的 TEQ 之间也存在很好的相关性（$R^2=0.58$）[图 5-2(c)]，说明暴露在野外条件下的鱼肝 EROD 酶活力能很好地反映水体的 Ah 受体效应化合物的毒性效应，同时也证明 PAHs 是引起该地区水体 EROD 效应的重要因子。

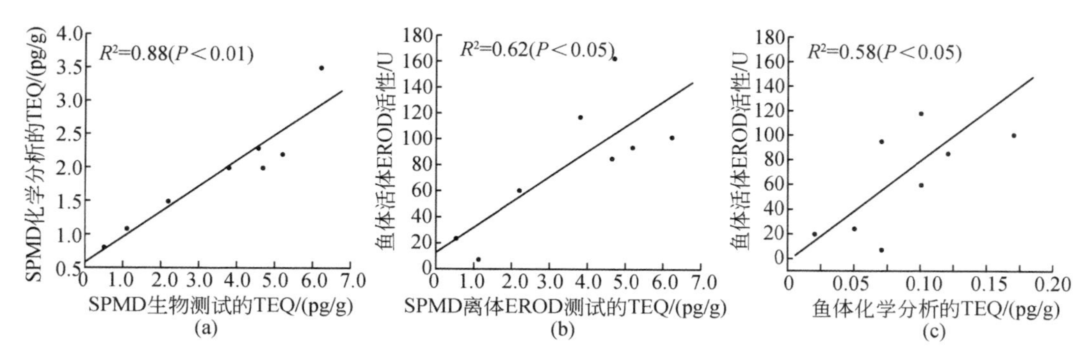

图 5-2　SPMD 和鱼体样品化学分析结果及生物测试结果之间的线性关系（引自柯润辉等，2006）

李剑等（2006）选取 5 种具有较强芳烃受体效应的 PAH，通过大鼠肝癌细胞株 H4ⅡE 体外 EROD 酶诱导实验，得到相应的剂量-效应关系曲线，并计算出单个 PAH 的毒性当量因子（EROD-TEF）。研究表明，不同的 PAH 对 EROD 响应的 EC_{50}值差别较大。利用所得到的 EROD-TEF 值和 GC-MS 联用方法测定的太湖梅梁湾地区表层沉积物中 16 种 PAH 的浓度，计算得到 5 种 PAH 的 2,3,7,8-TCDD 毒性当量 TEQ_{PAH}，并与体外 EROD 酶诱导生物测试方法测定的表层沉积物毒性当量 EROD-TEQ 进行比较，结果显示，二者之间存在良好的线性关系（$R^2=0.65$，$P<0.05$）(图 5-3)，证明实验测得的 EROD-TEF 值能够用于实际样品的分析。

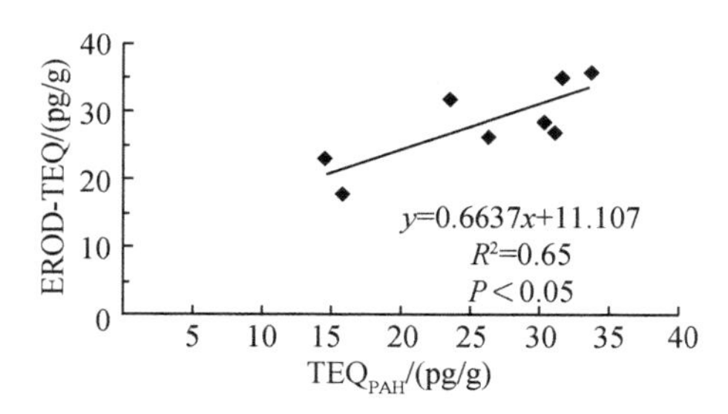

图 5-3　PAHs化合物诱导的 TCDDs 毒性当量 TEQ_{PAH}与样品总毒性当量 EROD-TEQ 之间的关系（引自李剑等，2006）

长期使用污水或再生水灌溉的潜在生态风险已经引起普遍关注。禹果等（2006）采用 EROD 方法测试了北京郊区某再生水灌溉土壤中的芳烃受体效应物质，并用 2,3,7,8-TCDD 标定出相应的二噁英毒性当量（TEQ_{bio}）；同时利用化学分析得到的土壤中 16 种 PAH 的含量，根据文献报道毒性当量因子（TEF）换算成二噁英的毒性当量（TEQ_{PAH}）。分析生物测试的结果，发现灌溉土壤中芳烃受体效应物质的毒性当量浓度最高达 97.4ng/kg，明显高于地下水灌溉背景土壤（56.0ng/kg）（图 5-4）。通过化学分析和计算得到的 TEQ_{PAH} 占 TEQ_{bio} 的比例则由背景土壤的 10.3% 增加到 78.6%。因此，再生水灌溉导致芳烃受体效应物质在土壤中累积，其中相当一部分是由于 16 种优先控制 PAH 在土壤中累积引起的。

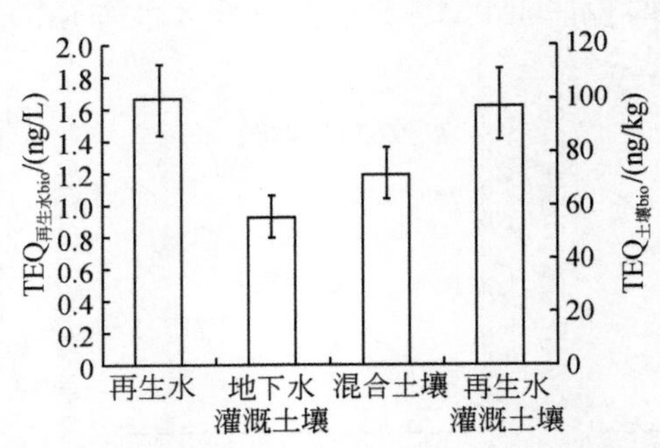

图 5-4　再生水及土壤 EROD 测试结果（引自禹果等，2006）

杨蕾等（2008）应用大鼠肝癌细胞 H4ⅡE 和 EROD 测试法评估了位于我国南方的典型电子垃圾处理地（某镇）三个自然村共 23 个土壤样品有机提取物的芳烃受体效应，并研究了这些地区土壤中芳烃受体效应物质的污染水平和空间分布规律。结果表明，在所研究地区中，塑料回收村芳烃受体效应最高，其次是电路板回收村和电器拆解村。与文献数据相比，该镇土壤有机组分的芳烃受体效应较传统工业城市天津的污染土壤高，且空间分布规律与该镇电子垃圾处理业的区域分工在某种程度上有密切关系。研究结果表明，粗放型的电子垃圾处理手段导致芳烃受体效应物质在该镇土壤环境中的积累，离体生物效应标记方法可用来快速筛选和甄别芳烃受体效应物质污染的高风险区。

尹灵灵等（2010）研究发现，2,2′,4,4′-四溴联苯醚（BDE-47）的两种代谢物 5-羟基-四溴联苯醚（5-OH-BDE-47）和 5-甲氧基-四溴联苯醚（5-MeO-BDE-47）不仅能够抑制人体肝癌细胞 HepG2 的生长，降低 GSH 产物水平，而且能够诱导 EROD 和 PROD 活性的升高。

Matsuo 等（2006）应用免疫印迹和免疫组织化学等方法研究了生长于富含腐质酸的亚马孙河以及急性暴露于原油后的亚马孙河鱼类（tambaqui；*Colossoma macropomum*）体内 CYP1A 的蛋白质表达水平。结果发现，暴露于腐殖酸和原油复合污染后，鱼体 CYP1A 的蛋白质水平要高于石油的单一暴露。有趣的是，腐殖酸的单一暴露也能够诱导 CYP1A 的蛋白质合成随着腐殖酸剂量的增加而升高。同时还发现，商业来源的腐殖酸诱导的 P450 酶活性（EROD 和 BROD）要高于天然腐殖酸。据此认为，以 CYP1A 作为石油污染暴露的生物标志物时应该考虑腐殖酸自身对 CYP1A 的诱导水平。

蚯蚓是实验室和野外调查土壤环境污染重要的代表生物（龚鹏博等，2007）。张薇等（2007a）通过人工污染土壤的方法，设计芘（Py）的暴露浓度分别为 0μg/kg、60μg/kg、120μg/kg、240μg/kg、480μg/kg 和 960μg/kg，暴露实验进行 1d、3d、7d 和 14d 后，分别检测蚯蚓内脏中 P450、丙二醛（MDA）含量以及谷胱甘肽转移酶（GST）、超氧化物歧化酶（SOD）、过氧化物酶（POD）、过氧化氢酶（CAT）活性。结果表明，在供试浓度范围内，蚯蚓内脏中各生化指标对污染物暴露指示的敏感性存在差异，其中P450含量、GST和SOD酶活性最为敏感，POD和CAT活性次之，而MDA含量未对低剂量芘暴露起到明显的指示作用。同时发现，低剂量污染物暴露的时间效应要强于剂量效应的影响。因此，在进行生态毒性诊断时，采用多指标和多时段的检测对增强指示的灵敏性和有效性尤为重要。该研究结果后来又得到了进一步证实（张薇等，2007b）。

王磊等（2009）以赤子爱胜蚓（*Eisenia fetida*）为供试生物，草甸棕壤为供试土壤，以蚯蚓微粒体P450含量、抗氧化酶系以及谷胱甘肽转移酶活性为指标，进行土壤中BaP暴露与酶活性的剂量-效应关系研究。结果表明，在接近沈抚灌区实地污染状况BaP（0.1～2.0mg/kg）暴露下，第1、3、7天以及第14天取样时，P450和SOD有较好的响应：SOD活性在第1、3天显著升高，而在第7、14天时降低；P450总体表现为低浓度BaP诱导下活性降低、高浓度下升高的趋势。CAT、POD及GST的敏感性相对较差，P450与其他4个指标比较，指标敏感性总体表现为P450>SOD>CAT/POD>GST。因此，蚯蚓P450在诊断土壤污染中具有较好的应用前景。

Zhang等（2006）提出一种新的纯化微粒体酶的方法，并应用于测定蚯蚓微粒体P450的总体水平。他们发现，蚯蚓分别暴露于Py和BaP 48h后，蚯蚓体内的Py或BaP浓度与其总P450含量之间呈现一定的剂量-效应关系。结果证明，蚯蚓体内总P450水平的变化很有希望作为诊断PAHs亚致死暴露的生物标志物。Fujita等（2001）通过检测动物肝脏P450蛋白含量和P450酶活性的变化来监测环境污染对受试动物的影响，发现在北海道岛屿中以鱼为生的鱼鹰（*Haliaeetus pelagicus*）尸体内积累了大量的PCBs、DDTs及其代谢产物，其中部分鱼鹰体内还富集了大量铅，而在北海道海岸线捕捉到的海豹（*Phoca largha*）体内的脂肪组织中积累了比海水表面高1亿倍的PCBs，其肝脏CYP1A1的蛋白质表达以及相关P450酶的活性水平与脂肪组织积累的PCBs含量之间呈现良好的相关性。从不同污染程度的河流中捕捉到的淡水蟹（*Eriocheir japonicus*）中也发现，根据淡水蟹中PCBs和PCDDs浓度推测而来的TEQ值与淡水蟹体内的P450含量及其相关酶活性之间也显示良好的相关性。另外还发现，从北海道森林中捕捉到的野生齿动物（*Clethrionomys rufocanus*）体内显示最低的细胞色素P450（CYP）水平和相关酶活性，与实验室养殖的动物基本一致。从北海道区捕捉到的棕背鼠平（*Clethrionomys rufocanus*）可能受到来自矿物燃料释放的PAHs的污染，CYP1A1含量和相关酶活性升高；而从农村捕捉到的*Clethrionomys rufocanus*体内，CYP1A1、CYP12B和CYP12E1的蛋白质表达水平也相应地升高。将施加于这些区域的农用化学品处理小鼠后也同样诱导出类似的现象。因此，P450是评价化学污染物对野生动物影响的有用的生物标志物。

Oyama等（2001）根据有毒化合物对啤酒酵母P450 mRNA的诱导合成水平建立了一种新型传感器，结合DNA和PNA（peptide nucleic acid）探针可成功检测到10ng/L（10ppt）的阿特拉津。除此之外，这种传感器还能够检测到双酚A类化合物。进一步对P450 mRNA进行扩增，可以提高检测的敏感性。该研究结果表明，应用这种方法能够对一些有毒化合物进行快捷、灵敏和方便的检测。Bargar等（2003）应用来亨鸡（*Gallus domesticus*）胚尿囊膜中的PCBs和硫丹浓度来评价鸡肝脏中P450同工酶活性以及鸡蛋和母鸡体内有毒物质的浓度。分析结果表明，鸡胚尿囊膜中总PCBs浓度与成年鸡（$R^2=0.91$，$P=0.0001$）

和鸡蛋（$R^2=0.87$，$P=0.0001$）中总 PCBs 浓度之间显著性相关。鸡胚尿囊膜中总 PCBs 含量与稚鸡（$R^2=0.49$，$P=0.0001$）和母鸡（$R^2=0.45$，$P=0.014$）肝脏 P450 同工酶活性之间呈正相关，但不非常显著。该项研究显示，鸡胚尿囊膜可用于评价鸟类暴露于 PCBs 及其导致的生理响应的生物标志物。

Kang 等（2007）给小鼠经口单独饲喂 BaP[150μg/(kg·d)]，或者混合饲喂 Phe[4300μg/(kg·d)] 和 Pyr[2700μg/(kg·d)]，30d 后检测肝脏微粒体中的 EROD 活性，结果发现，只有 BaP 染毒组的 EROD 活性升高。同时也发现，小鼠尿液中 1-羟基芘可作为小鼠体内 PAHs 暴露的敏感的生物标志物，而且是 BaP、Phe、Pyr 及其代谢物中最容易检测到的标志物。Paolini 等（1997）给瑞士白化变种 CD1 雌、雄小鼠单次注射 3.0mg/kg 或6mg/kg二氰蒽醌，或每天注射 3mg/kg 二氰蒽醌，连续注射 3d，检测小鼠肝脏、肾脏和肺部微粒体 CYP 相关反应的变化。结果表明，单次注射二氰蒽醌显著诱导了 PROD、EROD 及 ECOD 活性升高，重复注射则显著降低肝脏 CYP3A、CYP2E1 和 ECOD 的活性分别达 30%、30% 和 54%，而肾脏和肺部组织中的 CYP 指标未出现显著性变化。总之，二氰蒽醌对雌、雄小鼠各组织 CYP 的活性具有诱导或抑制效应，表现出 CYP 同工酶的复杂变化。该实验结果为二氰蒽醌人类暴露的生态风险性研究和评价提供了重要的理论参考。

Roos 等（1996）将含有 PAHs 的土壤掺入小鼠膳食，应用酶学和免疫印迹技术检测相关生理指标的变化。检测结果表明，肝脏 CYP1A1 活性与土壤样品中五环和六环 PAH 含量呈正相关，且 CYP1A1 的诱导活性（EROD）最高可达 360 倍。半对数作图分析结果表明，土壤中五环和六环 PAH 含量与微粒体 CYP1A1 蛋白含量呈线性相关，而 EROD 不与 PAHs 总量相关。同时，P450 的其他家族受土壤 PAHs 的影响也不明显。由此可见，小鼠肝脏微粒体 CYP1A1 的诱导可用于污染土壤的生态评价。Roose 等（2002）还将 PAHs 污染的工业区土壤掺入小鼠膳食，剂量为 60 ~ 4700mg PAH/kg 土壤，小鼠摄食一周后，取小鼠十二指肠、肝脏和肾脏，应用酶学和免疫印迹技术分别检测微粒体中 CYP1A1 活性和蛋白质含量的变化。结果表明，上述污染土壤均诱导了十二指肠黏膜细胞 CYP1A1 活性的升高。肝脏 CYP1A1 活性与土壤 PAHs 浓度之间存在 S 形剂量-效应关系，而十二指肠中的 CYP1A1 活性与土壤 PAHs 总含量之间存在双曲线剂量-效应关系。高浓度 PAHs 污染土壤诱导了十二指肠 CYP1A1 活性的增加，而肝脏 CYP1A1 活性变化较小，肾脏 CYP1A1 活性只有肝脏水平的 1/20。同时也发现，小鼠经口摄食 PAHs 后还诱导了十二指肠、肝脏和肾脏中 CYP1A1 同工酶的变化。该研究结果表明，小鼠十二指肠的 CYP1A1 活性可作为有机污染响应的敏感的生物标志物。Roos 等（2002）的研究结果还表明，小猪每日摄食 0.38 ~ 1.90mg PAH/kg 体重后，各器官 CYP1A1 的蛋白质表达均被不同程度的诱导，从高到低水平依次为肝脏、十二指肠>肺部>肾脏、脾，而十二指肠的 EROD 活性却明显高于肝脏。实验中还发现，PAHs 诱导了不同器官 CYP1A1 同工酶活性的变化。因此，小猪十二指肠的 EROD 活性也可作为土壤 PAHs 等有机污染物诊断的敏感的生物标志物，这与上述小鼠实验结果一致。Takano 等（2002）研究发现，来自柴油废气物的 PAHs 及其诱导的 ROS 参与呼吸道疾病的生理诱导，而且 CYP1A1 可被几种类型的 PAHs 诱导并产生 ROS。给小鼠内呼吸道灌输柴油废气物，肺部 CYP1A1 的 mRNA 和蛋白质含量随着剂量的增加而升高，而芳烃受体的表达却随着剂量的增加而呈现下降趋势。该实验结果进一步表明，小鼠肺部

CYP1A1 的表达水平可作为柴油废气物急性吸入毒性实验的生物标志物。

人体的 CYP1A1 和 CYP1B1 易受二噁英及其类似物的影响。CYP1A1 和 CYP1A2 在前致癌物的代谢活化上发挥着重要作用。有研究报道，90% 的前致癌物是由 CYP1A1 和 CYP1A2 活化的，CYP1A1 和 CYP1A2 的诱导可能会增加肺癌和膀胱癌的发生率（Carrier et al.，1994）。因此，人们越来越倾向于把 CYP1A 的诱导能力作为评价化学物质致癌性的重要指标。

人外周血淋巴细胞 CYP1A1 和 CYP1B1 的诱导表达水平常常被作为这些化合物暴露诊断的生物标志物。van Duursen 等（2005）抽取 10 名不吸烟女性的血液，调查淋巴细胞中 CYP1A1 组成型和诱导型催化的 EROD 活性以及 *CYP1A1* 和 *CYP1B1* 的基因表达水平。结果表明，毒性最强的二噁英 TCDD（2,3,7,8-tetrachlorodibenzo-*p*-dioxin）诱导所有受试细胞 EROD 活性随着 TCDD 剂量的增加而升高，与 *CYP1A1* 的基因表达水平显著性相关，但不与 *CYP1B1* 的基因表达相关。同时还发现，个体之间被 TCDD 诱导的 EROD 的最高活性之间的差异很大。毒性最小的二噁英 PCB126（polychlorinated biphenyl 126）也诱导了 EROD 活性的增加，但比 TCDD 诱导的效应小 100 ~ 1000 倍。该研究结果表明，不同女性的淋巴细胞之间在组成型和诱导型 EROD 活性以及 *CYP1A1* 和 *CYP1B1* 基因表达水平上存在很大差异。另外，在体外观察到毒性效应的二噁英浓度大约比体内高 10 倍，指示人淋巴细胞的 EROD 活性以及 *CYP1A1* 和 *CYP1B1* 的基因表达水平可能不适合作为二噁英及其类似物暴露的生物标志物。众所周知，PCBs、二苯并 - 对 - 二噁英（PCDDs）和二苯并呋喃（PCDFs）一直是世界关注的与人类健康密切相关的污染物。Lambert 和 Needham（2006）发现，CYP1A2 的诱导表达水平可作为监测 PCBs 和 PCDFs 的混合暴露及其引起的有损人体健康安全的生物标志物。Rumsby 等（1996）应用 RT- PCR 技术比较了吸烟者和非吸烟者外周血淋巴细胞内源 CYP1A1 mRNA 合成水平的差异。结果发现，CYP1A1 mRNA 的合成水平普遍较低，个体之间变化较大，而且吸烟者的 CYP1A1 mRNA 合成水平高于非吸烟者，但不存在显著性差异。甲苯是印刷厂工人职业暴露的主要有机溶剂之一。CYP2E1 参与甲苯和其他前致癌物的代谢或活化，其表达水平能够被甲苯所诱导。Mendoza- Cantú 等（2006）通过外周血淋巴细胞中 CYP2E1 mRNA 的表达水平，研究了印刷厂工人血液中甲苯的暴露水平与 CYP2E1 合成水平之间的关系。结果表明，血液淋巴细胞中 CYP2E1 mRNA 的含量可以作为甲苯暴露人群连续监测的一种敏感性生物标志物。

另有研究报道，动物体内的 P450 酶系还可用于污染物的降解和污染环境的生态修复。Korytko 等（2000）应用荧光技术和 ^{14}C 标记法研究了菲的代谢机制，发现家蝇体内的 CYP6D1 是参与菲代谢的主要 P450 类型，多数菲的代谢受到 CYP6D1 特异性抗体的抑制，并确定了 PAHs 是 CYP6D1 代谢的潜在底物。因此，CYP6D1 还可用于生态修复。

P450 作为生物体早期警报的信号，反映生物体从健康到疾病这一连续谱上所处的确切位置，指示环境所受污染物危害的程度，从而为生态环境的调整提供有力证据。一般认为，哺乳动物和人体 P450 酶系对外源污染物的代谢作用机制是一致的。因此，动物 P450 的毒理学指标更有把握外推到人体。

450 酶系除了作为生物标志物应用于环境科学和毒理学领域外，还可通过异源表达系统应用于药物开发和相关的生物技术。例如，哺乳动物 P450 细胞表达系统可作为生物反应器应用于外源化合物和药物的毒理学研究及毒性评价。P450 还用于探讨低剂量环境污染物对机体有关代谢酶系的长期影响及可能的潜在危害，从而为防治慢性中毒提供早期信息。显然，掌握污染物危害发生前 P450 的状况，对于制订预防性的管理措施，及时避免或减轻环境污染的损害都具有重要的理论意义（生秀梅等，2005）。然而，P450 作为生物标志物也有其自身的局限性，如高浓度污染物诱导的抑制作用。因此，必须将 P450 与化学分析和其他生物标志物结合起来，构成一个综合的检测体系。

5.3.2 植物 P450 在环境污染早期诊断中的研究

人们对植物组织 P450 酶系在环境污染物的降解和代谢中的作用也开展了大量研究。然而，在应用植物体 P450 监测和评价外源化合物毒性或生态安全性等方面，就现有文献资料来看，报道较少。例如，李昕馨等（2006）以小麦（*Triticum aestivum*）为供试植物，建立了小麦 P450 含量的测定方法。在此基础上，以草甸棕壤为供试土壤，菲为外源污染物，进行了菲污染暴露与 P450 含量的污染诱导剂量-效应关系的研究，比较了 P450 含量与 SOD 活性对污染诱导的敏感性。结果表明，当土壤菲浓度为 1～8mg/kg 时，P450 总量表现为诱导刺激效应，且 P450 含量与菲含量之间存在明显的剂量-效应关系（$R^2=0.9901$，$P=0.000$）[图 5-5(a)]；而在与 P450 实验相同的菲处理下，小麦 SOD 活性没有出现明显的响应趋势。在菲浓度为 0mg/kg、1mg/kg、2mg/kg、4mg/kg 和 8mg/kg 条件下，SOD 活性为 26.037U/mg Pr、26.012U/mg Pr、26.204U/mg Pr、25.983U/mg Pr 和 26.152U/mg Pr，单因素方差分析表明，各处理组 SOD 活性与对照组相比无显著差别（$P>0.05$，$R^2=0.334$）。实验结果表明，在供试浓度范围内，菲在小麦体内的代谢过程中未有大量的超氧阴离子自由基作为副产物生成，SOD 活性与菲之间没有显著诱导-响应关系，因而无法应用 SOD 活性作为此浓度域值内菲污染的生物标记物 [图 5-5(b)]。因此，P450 作为生物标志物在土壤低剂量多环芳烃菲污染指示中具有优越性（李昕馨和宋玉芳，2005；李昕馨等，2006）。

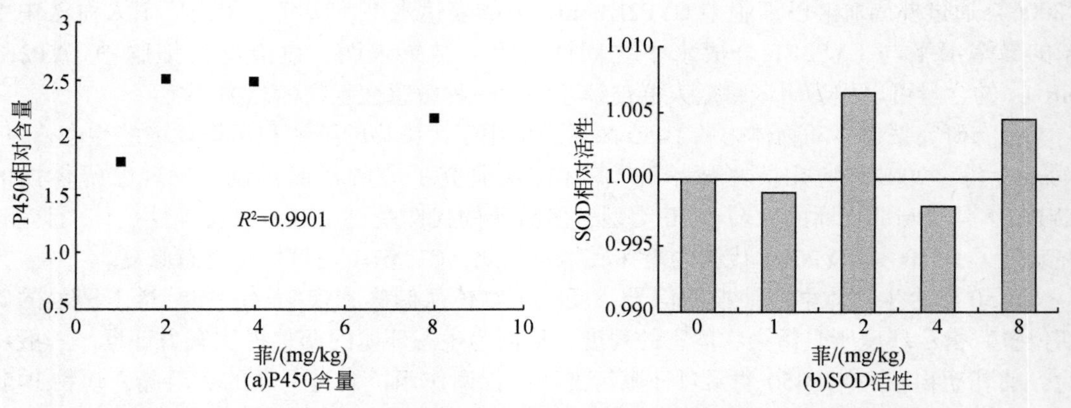

图 5-5　不同浓度菲作用下小麦的 P450 含量和 SOD 活性（引自李昕馨等，2006）

在植物体中，有关 P450 参与激素、脂类物质以及次生代谢物合成的研究报道要多于 P450 参与外源化合物的解毒方面的研究（Schuler，1996）。由于植物体 P450 能够解决杀虫剂的抗性和选择性问题（Werck-Reichhart et al.，2000），能够去除或降解工业废水中有毒和持久性有机污染物的能力，因此具有生态修复的潜力。Robineau 等（1998）从洋姜（*Helianthus tuberosus*）中分离出一种 CYP76B1，能够使一种典型的外源化合物 7-乙氧基香豆素脱烷基化。外源化合物对 CYP76B1 的诱导水平高于其他类型的 P450，而且 CYP76B1 能够高效率地催化广谱的异源化合物，如烷氧基香豆素、溴氰菊酯（alkoxyresorufins）以及几种苯基尿类杀虫剂转化为无毒物质。因此，CYP76B1 具有解决杀虫剂的抗性和选择性的潜力，可用于修复污染的土壤和地下水。

Pflugmacher 和 Sandermann（1998）研究了海洋不同大型藻类绿藻（*Chlorophyta*）、杂色藻（*Chromophyta*）和红藻（*Rhodophyta phylum*）中宾主共栖生物的代谢机制，发现藻类微粒体中含有对 P450 的底物（脂肪酸、苯乙烯酸、3-氯联苯、4-氯联苯、2,3-二氯联苯等）具有催化和代谢作用的酶活性。应用 CO 微分吸收光谱技术证明这三类大型藻的微粒体中 P450 浓度约为 50pmol/mg 蛋白质。完整的大型藻组织能够把 3-氯联苯转化成一羟基代谢物，与微粒体的体外代谢产物相同。这种转化作用在添加镇静安眠药后增长 5 倍，却能够被 P450 抑制剂氨基苯并三唑清除。因此认为，海洋大型藻含有 P450 的活性成分，可作为海洋污染物的代谢库。

参考文献

边文杰，徐燕，李少南，等. 2011. 4 种鱼类肝脏细胞色素 P450 对毒死蜱、对硫磷及马拉硫磷的脱硫代谢. 农业环境科学学报，30（7）：1282-1288.

薄军，吴世军，李裕红，等. 2010. 苯并[a]芘（BaP）对真鲷细胞色素 P450 和芳香烃受体基因表达的影响. 中山大学学报，49（3）：93-97.

董璐玺，谢秀杰，周启星，等. 2010. 新型环境污染物抗生素的分子生态毒理研究进展. 生态学杂志，29（10）：2042-2048.

龚鹏博，李健雄，郭明昉，等. 2007. 蚯蚓生态毒理试验现状与发展趋势. 生态学杂志，26（8）：1297-1302.

贺丽虹，赵淑娟，胡之璧. 2008. 植物细胞色素 P450 基因与功能研究进展. 药物生物技术，15（2）：142-147.

柯润辉，李剑，许宜平，等. 2006. 被动式采样器与原位鱼体暴露用于监测水体 Ah 受体效应的比较研究. 环境科学，27（11）：2309-2313.

李剑，乔敏，崔青，等. 2006. 测定 5 种高环多环芳烃毒性当量因子并应用于太湖梅梁湾表层沉积物分析. 生态毒理学报，1（1）：12-16.

李昕馨，宋玉芳. 2005. 低剂量菲污染对小麦细胞色素 P450 和过氧化物酶的毒性效应. 毒理学杂志，19（增刊 3）：305.

李昕馨，宋玉芳，杨道丽，等. 2006. 小麦细胞色素 P450 作为土壤污染生物标记物的研究. 环境化学，25（3）：283-287.

刘宛，李培军，周启星，等. 2001. 植物细胞色素 P450 酶系的研究进展及其与外来物质的关系. 环境污染治理技术与设备，2（5）：1-9.

庞莉萍，崔景荣. 2005. 细胞色素的研究进展. 国外医学遗传学分册，28（2）：80-84.

生秀梅，熊丽，唐红枫，等. 2005. 细胞色素 P450 酶系作为生物标志物在毒理学上的应用. 四川环境，24（3）：74-78.

涂郡，朱平，程克棣. 2003. 植物细胞色素 P450 基因的异源表达系统研究进展. 中国生物工程杂志，23（7）：32-37.

王磊，宋玉芳，张薇，等.2009. 蚯蚓（*Eisenia fetida*）细胞色素 P450 及抗氧化酶系对环境浓度苯并（a）芘的响应. 农业环境科学学报，28（2）：337-342.

王咏，王春霞，王子健，等.2001. 硝基芳烃对鲤鱼肝 EROD 活性影响的体外研究. 环境科学学报，22（4）：120-122.

夏世钧，吴中亮.2001. 分子毒理学基础理论. 武汉：湖北科学技术出版社.

杨蕾，骆坚平，王春霞，等.2008. 电子垃圾处理地土壤中芳烃受体效应物质的分布规律. 环境科学学报，28（6）：1131-1135.

尹灵灵，王流林，钟玉芳，等.2010. BDE~47 的两种代谢产物对 HepG2 细胞中谷胱甘肽含量和 P450 酶活性的影响. 上海大学学报（自然科学版），16（6）：587-591.

禹果，吴文勇，刘洪禄，等.2006. 利用化学分析和生物测试方法比较研究污染土壤中芳烃受体效应物质的积累. 环境科学，27（9）：1820-1824.

张薇，宋玉芳，孙铁珩，等.2007a. 土壤低剂量芘污染对蚯蚓若干生化指标的影响. 应用生态学报，18（9）：2097-2103.

张薇，宋玉芳，孙铁珩，等.2007b. 菲和芘对蚯蚓（*Eisenia fetida*）细胞色素 P450 和抗氧化酶系的影响. 环境化学，26（2）：202-206.

赵剑，杨文杰，朱蔚华.1999. 胞色素 P450 与植物的次生代谢. 生命科学，11（3）：127-131.

周驰，李纯厚.2007. 生物大分子标记物检测在环境监测中的应用. 中国水产科学，14（5）：864-871.

朱琳，钱芸，刘广良，等.2001. 细胞色素 P450 酶系及其在毒理学上的应用. 上海环境科学，20（2）：88-91.

Anzenbacher P, Anzenbacherova E. 2001. Cytochromes P450 and metabolism of xenobiotics. Cell Mol Life Sci, 58: 737-747.

Anzenbacher P, Dawson J H. 2004. Advances in the inorganic biochemistry of cytochrome P450, nitric oxide synthase and related systems. Journal of Inorganic Biochemistry, 98 (7): 5.

Bargar T A, Scott G I, Cobb G P. 2003. Chorioallantoic membranes indicate avian exposure and biomarker responses to environmental contaminants: A laboratory study with white leghorn chickens (*Gallus domesticus*). Environ Sci Technol, 37: 256-260.

Basson A E, Dubery I A. 2007. Identification of a cytochrome P450 cDNA (CYP98A5) from *Phaseolus vulgaris*, inducible by 3,5-dichlorosalicylic acid and 2,6-dichloro isonicotinic acid. Journal of Plant Physiology, 164: 421-428.

Burgeot T, Bocquené G, Porte C, et al. 1996. Bioindicators of pollutant exposure in the northwestern Mediterranean Sea. Mar Ecol Prog Ser, 131: 125-141.

Carrier F, Chang C Y, Duh J L, et al. 1994. Interaction of the regulatory domains of murine Cyp1A1 gene with two DNA-binding proteins in addition to the Ah receptor and the Ah receptor nuclear translocator (ARNT). Biochem Pharmacol, 48 (9): 1767-1778.

Chapple C. 1998. Molecular-genetic analysis of plant cytochrome P450-dependent monooxygenases. Annu Rev Plant Physiol Plant Mol Biol, 49: 311-343.

Coon M J, Vaz A D, Bestervelt L L. 1996. Cytochrome P450 2: peroxidative reactions of diversozymes. The FASEB Journal, 10: 428-434.

Curtis L R, Carpenter H M, Donohoe R M, et al. 1993. Sensitivity of Cytochrome *P450-1A1* induction in fish as a biomarker for distribution of TCDD and TCDF in the Willamette River, Oregon. Environ Sci Technol, 27: 2149-2157.

Flammarion P, Devaux A, Nehls S, et al. 2002. Multibiomarker responses in fish from the Moselle River

(France) . Ecotoxicology and Environmental Safety, 51: 145-153.

Frear D S, Swanson H R, Tanaka F S. 1969. N-demethylation of substituted 3-(phenyl)-1-methylureas: isolation and characterization of a microsomal mixed function oxidase from cotton. Phytochemistry, 8: 2157-2169.

Fujita S, Chiba I, Ishizuka M, et al. 2001. P450 in wild animals as a biomarker of environmental impact. Biomarkers, 6 (1): 19-25.

Gellner K, Eiselt R, Hustert E, et al. 2001. Genomic organization of the human CYP3A locus: Identification of a new, inducible CYP3A gene. Pharmacogenetics, 11 (2): 111-121.

Godard C A J, Smolowitz R M, Wilson J Y, et al. 2004. Induction of cetacean cytochrome P4501A1 by β-naphthoflavone exposure of skin biopsy slices. Toxicological Sciences, 80: 268-275.

Hanna I H, Dawling S, Roodi N, et al. 2000. Cytochrome *P450-1B1* (CYP1B1) pharmacogenetics: Association of polymorphisms with functional differences in estrogen hydroxylation activity. Cancer Res, 60: 3440-3444.

Honeychurch M J. 2003. The electrochemistry of cytochrome P450: What are we actually measuring. Inorg Biochem, 96 (1): 151-151.

Huang Y W, Stegeman J J, Woodin B R, et al. 2001. Immunohistochemical localization of cytochrome P4501A induced by 3,3′,4,4′,5-pentachlorobiphenyl (PCB 126) in multiple organs of northern leopard frogs, Rana pipiens. Environmental Toxicology and Chemistry, 20: 191-197.

Iba M M, Nguyen T, Fung J. 2002. CYP1A1 induction by pyridine and its metabolites in HepG2 cells. Archives of Biochemistry and Biophysics, 404 (2): 326-334.

Johnson E F, Schwab G E, Singh J, et al. 1986. Active site-directed inhibition of rabbit cytochrome P-450 1 by amino-substituted steroids. J Biol Chem, 261 (22): 10204-10209.

Kang H G, Jeong S H, Cho M H, et al. 2007. Changes of biomarkers with oral exposure to benzo(a)pyrene, phenanthrene and pyrene in rats. Journal of Veterinary Science, 8 (4): 361-368.

Korytko P J, Quimby F W, Scott J G. 2000. Metabolism of phenanthrene by house fly CYP6D1 and dog liver cytochrome P450. J Biochem Molecular Toxicology, 14: 20-25.

Kristensen V N, Borresen-Dale A L. 2000. Molecular epidemiology of breast cancer: genetic variation in steroid hormone metabolism. Mutat Res, 462: 323-333.

Lambert G H, Needham L L, Turner W, et al. 2006. Induced CYP1A2 activity as a phenotypic biomarker in humans highly exposed to certain PCBs/PCDFs. Environ Sci Technol, 40: 6176-6180.

LavilleN, Aït-Aïssa S, Gomez E, et al. 2004. Effects of human pharmaceuticals on cytotoxicity, EROD activity and ROS production in fish hepatocytes. Toxicology, 196: 41-55.

Lewis D F V, Watson E, Lake B G. 1998. Evolution of the cytochrome P450 superfamily: sequence alignments and pharmacokinetics. Mutat Res, 410: 245-270.

Magnus I S. 2002. Polymorphism of cytochrome P450 and xenobiotic toxicity. Toxicology, 181-182: 447-452.

Magnus I S. 2004. Pharmacogenetics of cytochrome P450 and its applications in drug therapy: the past, present and future. Trends Pharmacol Sci, 2 (54): 193-200.

Marohn L, Rehbein H, Kündiger R, et al. 2008. The suitability of cytochrome-p4501A1 as a biomarker for PCB contamination in European eel (*Anguilla*) . Journal of Biotechnology, 136: 135-139.

Matsuo A Y O, Woodin B R, Reddy C M, et al. 2006. Humic substances and crude oil induce cytochrome P450 1A expression in the Amazonian fish species Colossoma macropomum (*Tambaqui*) . Environ Sci Technol, 40: 2851-2858.

Melancon M J, Lech J J. 1983. Dose-effect relationship for induction of hepatic monooxygenase activity in rainbow trout and carp by Aroclor1254. Aquatic Toxicology, 4: 51-61.

Mendoza-Cantú A, Castorena-Torres F, de León M B, et al. 2006. Occupational toluene exposure induces cytochrome P450 2E1 mRNA expression in peripheral lymphocytes. Environmental Health Perspectives, 114 (4): 494-499.

Miller C A, Wilson J Y, Moore M J, et al. 2004. Cytochrome P450 1A1 expression in cetacean integument: Implications for detecting contaminant exposure and effects. Marine Mammal Science, 20 (3): 554-566.

Mitrunen K, Hirvonen A. 2003. Molecular epidemiology of sporadic breast cancer: The role of polymorphic genes involved in oestrogen biosynthesis and metabolism. Mutat Res, 544: 9-41.

Murray G I, Burke M D. 1995. Immunihistochemistry of drug metabolizing enzymes. Biochem Pharmacol, 50: 895-903.

Muskhelishvili L, Thompson P A, Kusewitt D F, et al. 2001. *In situ* hybridization and immunohistochemical analysis of cytochrome P450 1B1 expression in human normal tissues. The Journal of Histochemistry and Cytochemistry, 49 (2): 229-236.

Nelson D R, Koymans L, Kamataki T, et al. 1996. P450 superfamily: update on new sequences gene mapping, accession numbers and nomenclature. Pharamacogenetics, 6 (1): 1-42.

Nomura T, Bishop G J. 2006. Cytochrome P450s in plant steroid hormone synthesis and metabolism. Phytochem Rev, 5 (2-3): 421-432.

Oppen-Berntsen D O, Olsen S O, Husoy A M, et al. 1995. Reproductive toxicology of hexachlorocyclohexane isomers: Induction of eggshell protein synthesis in Atlantic salmon. Marine Environmental Research, 39: 1-4.

Oyama M, Ikeda T, Lim T K, et al. 2001. Detection of toxic chemicals with high sensitivity by measuring the quantity of induced P450 mRNAs based on surface plasmon resonance. Biotechnology and Bioengineering, 71 (3): 217-222.

Paolini M, Mesirca R, Pozzetti L, et al. 1997. Biomarkers of effect in evaluating dithianon cocarcinogenesis: selective induction and suppression of murine CYP3A isoform. Cancer Letters, 113: 221-228.

Peters L D, Shaw J P, Nott M, et al. 1999. Development of cytochrome P450 as a biomarker of organic pollution in *Mytilus* sp.: field studies in United Kingdom (*Sea Empress*' oil spill) and the Mediterranean Sea. Biomarkers, 4 (6): 425-441.

Pflugmacher S, Sandermann Jr H. 1998. Cytochrome P450 monooxygenases for fatty acids and xenobiotics in marine macroalgae. Plant Physiol, 117: 123-128.

Pluta H J. 1993. Investigations on Biotransformation (Mixed Function Oxygenase Activities) in Fish Liver. *In*: Braunbeck T, Hanke W, Segner H. 1993. Fish Ecotoxicology and Ecophysiology. Preceedings of an International Symposium, Heidelberg, Germany, 1991. New York: VCH Publishers: 13-28.

Qualls C W Jr, Lubet R A, Lochmiller R L, et al. 1998. Cytochrome P450 induction in feral Cricetid rodents: a review of field and laboratory investigations. Comp Biochem Physiol C Pharmacol Toxicol Endocrinol, 121: 55-63.

Rie M T, Lendas K A, Woodin B R, et al. 2000. Hepatic biotransformation of enzymes in a sentinel species, the painted turtle (*Chrysemys picta*) from Cape Cod, Massachusetts: seasonal-, sex- and location related differences. Biomarkers, 5: 382-394.

Robineau T, Batard Y, Nedelkina S, et al. 1998. The chemically inducible plant cytochrome P450 CYP76B1 actively metabolizes phenylureas and other xenobiotics. Plant Physiol, 118: 1049-1056.

Ronis M J J, Celander M, Förlin L, et al. 1992. The use of polyclonal antibodies raised against rat and trout cytochrome P450 CYP1A1 orthologues to monitor environmental induction in the channel catfish (*Ictalurus punctatus*). Marine Environmental Research, 34: 181-188.

Roos P H, Tschirbs S, Welge P, et al. 2002. Induction of cytochrome P450 1A1 in multiple organs of minipigs after oral exposure to soils contaminated with polycyclic aromatic hydrocarbons (PAH). Archives of Toxicology, 76 (5-6): 326-334.

Roos P H, van Afferden M, Strotkamp D, et al. 1996. Liver microsomal levels of cytochrome P450 IA1 as biomarker for exposure and bioavailability of soil-bound polycyclic aromatic hydrocarbons. Archives of Environmental Contamination and Toxicology, 30 (1): 107-113.

Roos P H. 2002. Differential induction of CYP1A1 in duodenum, liver and kidney of rats after oral intake of soil containing polycyclic aromatic hydrocarbons. Archives of Toxicology, 76 (2): 75-82.

Rumsby P C, Yardley-Jones A, Anderson D, et al. 1996. Detection of CYP1A1 mRNA levels and CYP1A1 Msp 1 polymorphisms as possible biomarkers of exposure and susceptibility in smokers and non-smokers. Teratogenesis, Carcinogenesis, and Mutagenesis, 16: 65-74.

Sanderson J T, Norstrom R J, Elliott J E, et al. 1994. Biological effects of polychlorinated dibenzo-p-dioxins, dibenzofurans, and biphenyls in double-crested cormorant chicks (*Phalacrocorax auritus*). Journal of Toxicology and Environmental Health, 41 (2): 247-265.

Schuler M. 1996. Plant cytochrome P450 monooxygenases. Crit Rev Plant Sci, 15: 235-284.

Shimada T, Watanabe J, Kawajiri K, et al. 1999. Catalytic properties of polymorphic human cytochrome P450 1B1 variants. Carcinogenesis, 20: 1607-1613.

Sindhu R K, Rasmussen R E, Kikkawa Y. 1999. Induction of cytochrome P4501 A1 by ozone-oxidized tryptophan in Hepa lclc7 cells. Adv Exp Med Biol, 467: 409-418.

Stegeman J J, Hahn M E. 1994. Biochemistry and Molecular Biology of Monooxygenase: Current Perspective on Forms, Functions, and Regulation of Cytochrome P450 in Aquatic Species. *In*: Malins D C, Ostrander G K. Aquatic Toxicology: Molecular, Biochemical and Cellular Perspectives. Boca Raton: Lewis Publishers: CRC Press: 87-206.

Stegeman J J, Lech J J. 1991. Cytochrome P450 momooxygenase systems in aquatic species: carcinogen metabolism and biomarkers for carcinogen and pollutant exposure. Environ Health Perspect, 90: 101-109.

Stien X, Risso C, Gnassia-Barelli M, et al. 1997. Effect of copper chloride in vitro and in vivo on the hepatic EROD activity in the fish *Dicentrarchus labrax*. Toxicol Chem, 16 (2): 214-219.

Sturm A, Hansen P D. 1999. Altered cholinesterase and monooxygenase levels in *Daphnia magna* and *Chironomus riparius* exposed to environmental pollutants. Ecotoxicology and Environmental Safety, 42: 9-15.

Takano H, Yanagisawa R, Ichinose T, et al. 2002. Lung expression of cytochrome P450 1A1 as a possible biomarker of exposure to diesel exhaust particles. Arch Toxicol, 76: 146-151.

Tang Y M, Chen G F, Thompson P A, et al. 1999. Development of an antipeptide antibody that binds to the cterminal region of human CYP1B1. Drug Metab Dispos, 27: 274-280.

Thibaut R, Porte C. 2008. Effects of fibrates, anti-inflammatorydrugs and antidepressants in the fish hepatoma cell line PL-HC-1: Cytotoxicity and interactions with cytochrome P4501A. Toxicology *in Vitro*, 22: 1128-1135.

UNEP. 1997. Report of the meeting of experts to review the MED POL biomonitoring programme. Athens, Greece, UNEP-(OCA)/MED WG, 132-137.

Vadlamuri S V, Glover D D, Turner T, et al. 1998. Regiospecific expression of cytochrome P450 1A1 and 1B1 in human uterine tissue. Cancer Lett, 122: 143-150.

van der Oost R, Beyer J, Vermeulen NPE. 2003. Fish bioaccumulation and biomarkers in environmental risk assessment: a review. Environmental Toxicology and Pharmacology, 13: 57-149.

van Duursen M B M, Sanderson J, van den Berg M. 2005. Cytochrome P450 1A1 and 1B1 in human blood lymphocytes are not suitable as biomarkers of exposure to dioxin-like compounds: polymorphisms and interindividual variation in expression and inducibility. Toxicological Sciences, 85: 703-712.

Viarengo A, Bettella E, Fabbri R, et al. 1997. Heavy metal inhibition of EROD activity in liver microsomes from the bass *Dicentrarchus labrax* exposed to organic xenobiotics: role of GSH in the reduction of heavy metal effects. Marine Environmental Research, 44 (1): 1-11.

Wei C, Caccavale R J, Weyand E H, et al. 2002. Induction of CYP1A1 and CYP1A2 expressions by prototypic and atypical inducers in the human lung . Cancer Lett, 178 (1): 25-36.

Wei Y D, Rannug U, Rannug A. 1999. UV-induced CYP1A1 gene expression in human cells is mediated by tryptophan. Chem Biol Interact, 118 (2): 127-140.

Werck-Reichhart D, Hehn A, Didierjean L. 2000. Cytochromes P450 for engineering herbicide tolerance. Trends in Plant Science, 5 (3): 116-123.

Whitlock J P Jr. 1999. Induction of cytochrome P4501A1. Annu Rev Pharmocol Toxicol, 39: 103-125.

Winston G W, Mayeaux M H, Heffernan L M. 1998. Benzo[a]pyrene metabolism by the intertidal Sea Anemone, Bunodosoma cavernata. Marine Environmental Research, 45 (1): 89-100.

Woodin B R, Smolowitz R M, Stegeman J J. 1997. Induction of cytochrome P450 1A in the intertidal fish anoplarchus purpurescens by Prudhoe Bay crude oil and environmental induction in fish from Prince William Sound. Environ Sci Technol, 31 (4): 1198-1205.

Xiang W S, Wang X J, Ren T R, et al. 2006. Expression of a wheat cytochrome P450 monooxygenase cDNA in yeast catalyzes the metabolism of sulfonylurea herbicides. Pestic Biochem Physiol, 85: 1-6.

Xu L, Li A P, Kaminski D L, et al. 2000. 2,3,7,8-tetrachlorodibenzo-*p*-dioxin induction of cytochrome P450 1A in cultured rat and human hepatocytes. Chem Biol Interact, 124 (3): 173-189.

Zhang W, Song Y F, Gong P, et al. 2006. Earthworm cytochrome P450 determination and application as a biomarker for diagnosing PAH exposure . J Environ Monit, 8: 963-967.

6 污染物的氧化胁迫及氧化损伤机制研究

6.1 鱼体内活性氧捕获方法的建立、鉴定和定量

生物体内活性氧浓度低且寿命极短，检测极为困难。随着 EPR 在生物医学领域的发展，使得检测生物体短寿命活性氧成为可能。特别是自旋捕集技术的出现，为活泼自由基的捕获提供了技术上的极大支持。化学性质极为活泼（寿命一般小于 1s）的活性氧自由基可以被电子捕获剂捕获形成性质相对稳定的自旋加合物（寿命在几小时到几天），从而在电子顺磁共振仪上检测出来，从 EPR 特征波谱谱线的形状和相关参数的计算，就可以推测自由基的种类，这种方法检测到的活性氧自由基精确度高，自由基的种类鉴定可信度好、专一性强，是目前被认为检测生物体活性氧自由基最直接、最有效的手段（Mason et al.，1994；Timmins and Davies，1998；Rosen et al.，1999；Davies and Timmins，2000）。常用的自旋捕获剂有 *N*-叔丁基-α-苯基硝酮（*o*-phenyl-*N*-tert-butylnitrone，PBN）、A-(4-吡啶基-1-氧）-*N*-叔丁基硝基酮［α-(4-pyridyl-1-oxide)-*N*-tert-butylnitrone，4-POBN］、5，5-二甲基-1-吡咯啉-*N*-氧化物（5,5-dimethylpyrroline-*N*-oxide，DMPO）等。PBN 脂溶性好，对光、热较为稳定，且易于保存，是用来捕获生物组织内自由基理想的捕获剂，与之相比 DMPO 的水溶性好，对光、热敏感，常用来作为体外实验（如细胞培养物）中自由基的捕获剂。目前用 EPR 方法已经检测到具有变价态金属 Cu、Fe 以及有机污染物百草枯等诱导小鼠体内活性氧生成的直接证据（Kadiiska and Mason，2002）。而提供水生生物体内活性氧产生的直接证据鲜见报道。

我们已经了解到，活性氧的产生是生物体对外源性污染物胁迫响应的一个共同路径，污染物可能通过活性氧进一步诱导生物体发生氧化应激和氧化损伤。活性氧作为信号分子可能是污染物致毒的重要路径和作用机制。因此，建立生物体活性氧检测方法十分必要。

经过长时间的摸索，王晓蓉课题组以 EPR 技术首次在水生动物鲫鱼体内建立了活性氧的直接捕获技术。并在不同水平上建立了活性氧的一系列活体异位（*ex vivo*）捕获技术、活体原位（*in vivo*）捕获技术以及线粒体中活性氧的体外（*in vitro*）捕获技术。这些研究手段的建立，为我们更加深入研究污染物胁迫后生物体的氧化应激与氧化损伤机制提供了有效的技术手段。以下对所建立的研究方法分别进行描述。

6.1.1 活体异位捕获技术的建立

6.1.1.1 PBN 溶于环己烷

将污染物染毒后的鲫鱼活体解剖，取出肝脏，用冰冷的生理盐水冲洗，迅速称取 0.1g 肝脏置于玻璃匀浆器内，加入 1mL 50mmol/L PBN 溶液（环己烷为溶剂），冰浴条件下匀浆 30s 后，静置 2min，待组织匀浆液出现有机相与水相的两相分层后，取适量上清液注入内径为 3mm 的石英管中，迅速放入液氮中保存，准备进行 EPR 测定，整个过程避免渗入水分。

样品在液氮中最多可保存 4h。EPR 测定使用 Bruker 公司的 EMX 10/12 型电子顺磁共振仪。以上操作均在 4℃下进行。

EPR 参数：测试温度（TE）130K，微波功率（SP）20mW，微波频率（SF）9.751GHz，调制频率(MF)100kHz，调制幅度(MA)0.5G①，中心磁场(CF)3470G，扫场时间(TI)84s，时间常数(TC)41ms，扫场宽度（SW）200G，信号为 5 次叠加，以下不同捕获方法的 EPR 操作参数均与此相同。鲫鱼肝脏活性氧的 EPR 图谱如图 6-1 所示。

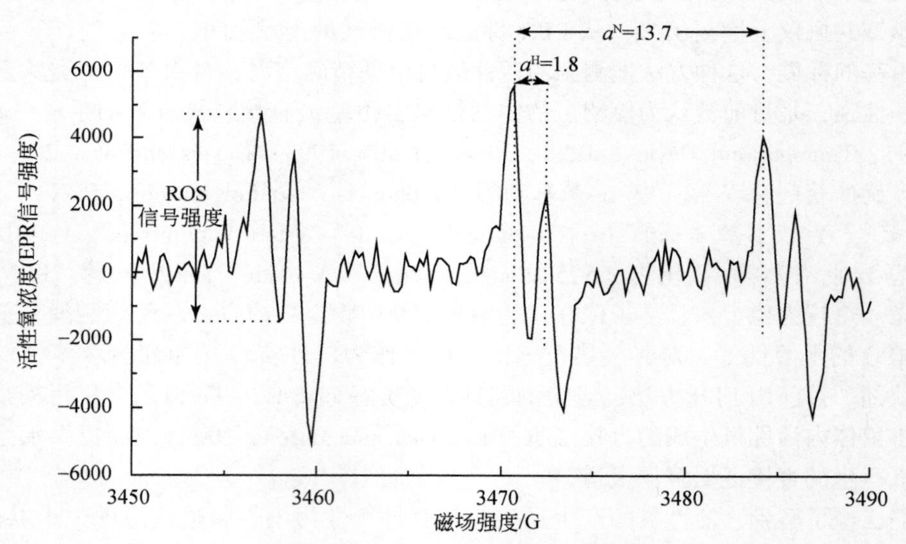

图 6-1 PBN 溶于环己烷捕获鲫鱼肝脏中活性氧的 EPR 图谱

注：a^H、a^N 定义见 6.1.4.1 节

但在研究中发现，选取环己烷作为 PBN 的溶剂存在以下不足：①形成的自旋加合物稳定性较差；②得到的 EPR 谱图简单，提供自由基详细的信息较少，不利于 EPR 谱图解析和自由基的种类鉴定。

① $1G=10^{-4}T$，后同。

6.1.1.2 PBN 溶于二甲基亚砜

为避免自由基加合物的快速衰减，以二甲基亚砜（DMSO）代替环己烷作为 PBN 的溶剂进行自由基捕获。其他操作同上。取样时，以 1mL 的注射器（带 7 号针头）吸取 100μL 加入 DMSO 的组织匀浆液注入内径为 1mm 的毛细管中，迅速放入液氮中保存，准备进行 EPR 测定。试剂的配制、样品的制备过程最好在连续吹氮气的环境中进行。EPR 参数同上。结果得到了结构更为精细的 EPR 图谱，为 EPR 谱图解析和自由基种类鉴定提供了更有利的信息。

(1) 空气环境捕获活性氧

将 PBN 溶于 DMSO，空气条件下捕获鲫鱼肝脏中活性氧，得到的 EPR 图谱如图 6-2 所示。

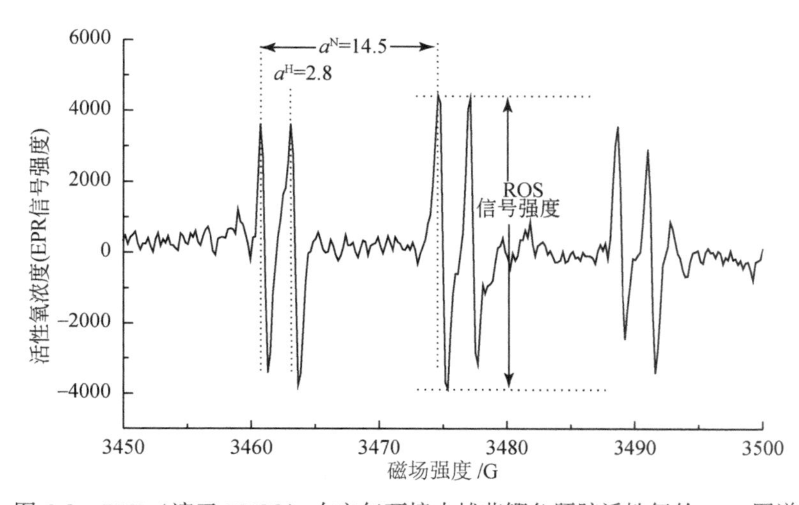

图 6-2　PBN（溶于 DMSO）在空气环境中捕获鲫鱼肝脏活性氧的 EPR 图谱

(2) 氮气环境捕获活性氧

将 PBN 溶于 DMSO，氮气条件下捕获鲫鱼肝脏中的活性氧，得到的 EPR 图谱如图 6-3 所示。

在空气和氮气两种不同操作环境下进行自由基捕获、样品制备，所得到的 EPR 谱图大不相同。空气环境中得到三组具有双重超精细分裂谱线组成的 6 个峰，而在氮气环境中得到的 EPR 谱图具有更精细的谱图结构信息。经计算机拟合分析结果表明（图 6-10），空气中得到的 EPR 波谱为 PBN/˙OCH_3的 EPR 特征谱线，而氮气中得到的是 PBN/˙OCH_3和 PBN/˙CH_3两种自由基加合物组成的混合图谱，甲基自由基（˙CH_3）很不稳定，在有氧的环境中，容易被氧化生成甲氧基自由基（˙OCH_3），结果被 PBN 捕获形成 PBN/˙OCH_3加合物的 EPR 波谱。氮气环境下混有甲氧基自由基的原因在于，虽然自由基的体外捕获环境被严格充氮气，但是 PBN 捕获的是生物体组织（肝脏）中的自由基，有氧生物就不可避免地在其肝脏组织中混有氧气，所以，在检测到˙CH_3自由基的同时，也混有˙OCH_3自由基。所以，氮气环境下捕获活性氧得到了更为详细的 EPR 谱图信息，为该活性氧的解谱鉴定提供了更有力的证据。

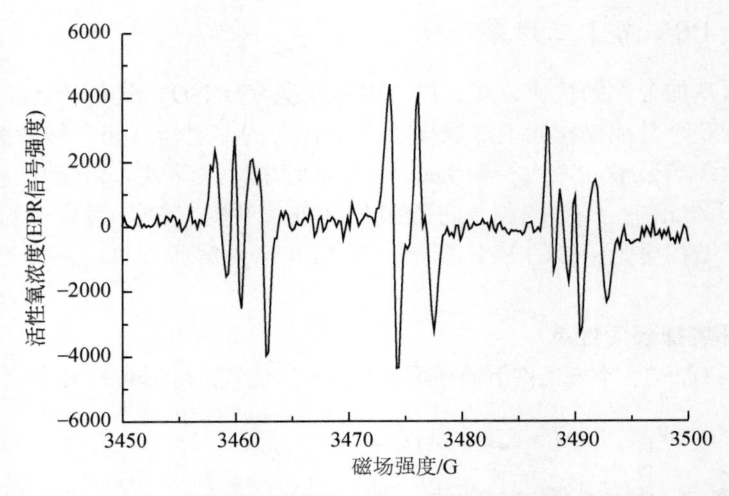

图 6-3　PBN（溶于 DMSO）在氮气环境中捕获鲫鱼肝脏活性氧的 EPR 图谱

6. 1. 2　活体原位捕获技术的建立

我们以活体异位捕获技术有效地证明了鲫鱼肝脏内活性氧的生成，在此基础上，我们试图探索生物体内活性氧产生的瞬时捕获技术。污染物胁迫下活性氧在鲫鱼体内持续不断地产生，如果能将 PBN 直接注射到鲫鱼体内，从而实现 PBN 对活性氧在鲫鱼体内的瞬时捕获将更具意义。尤其是随着 EPR 技术的发展，自由基的活体捕获技术以及 EPR 成像技术的应用，更显示了 EPR 技术在生物医学领域用来捕获生物体短寿命自由基的优势。

EPR 的活体原位捕获技术在小鼠体内已有报道，具体操作是：取样前 20min，小鼠腹腔注射 PBN(溶于 DMSO)，20min 后将内径为 2mm 的导管插入小鼠胆管，负压法在收集器内收集胆汁，胆汁中的自由基可以迅速与 PBN 反应形成加合物，在 EPR 谱仪上检测出来。这种方法的优点是无需将动物处死，就可以观察到其体内因各种胁迫（生理胁迫和污染物胁迫）瞬时产生的自由基状况，并做到即时检测。

因鱼的胆囊较小，胆汁很难收集，因此我们将以上小鼠体内活性氧的活体原位捕获方法作了改进，具体如下：鲫鱼染毒后，取样前 1h，鲫鱼腹腔注射 200mg/kg PBN 的 DMSO 溶液，1h 后，鲫鱼活体解剖，取出肝脏，置于玻璃匀浆器内，加入 5mL 甲苯，匀浆 30s，将匀浆液放在 4℃离心机中离心（5000r/min）后，取上清液，吹氮气浓缩至 0. 5mL，取 400μL 注入内径为 3mm 的石英管中，迅速放入液氮中保存，准备进行 EPR 测定。

活体原位捕获鲫鱼肝脏活性氧，得到的 EPR 谱图如图 6-4 所示。

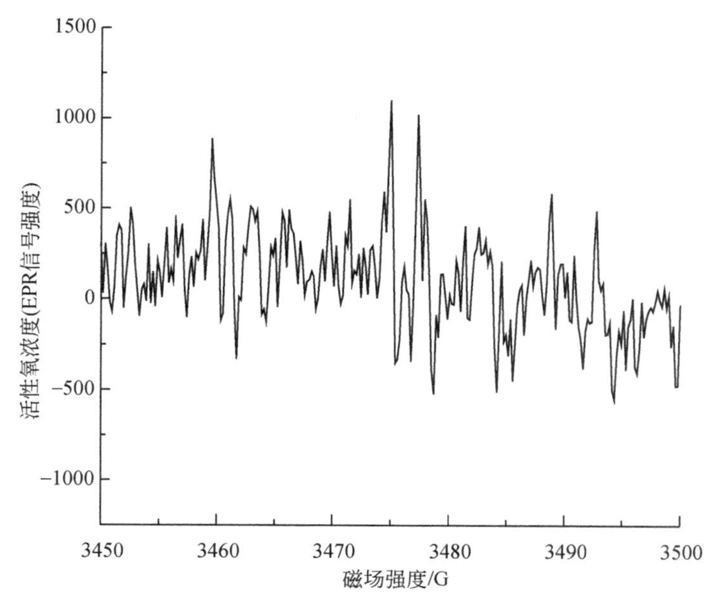

图 6-4　污染物胁迫后 PBN 的活体原位捕获鲫鱼肝脏活性氧的 EPR 图谱

6.1.3　体外捕获技术的建立

6.1.3.1　粗酶液中捕获活性氧

将鲫鱼肝脏制成粗酶液用于体外实验活性氧的捕获，在 250μL 粗酶液中分别加入 50μL 污染物［Cu^{2+}、Fe^{2+}或邻氯苯酚（2-CP）］，200μL 200mmol/L PBN(溶于 DMSO)，PBN 在反应体系中的终浓度为 80mmol/L，使 Cu^{2+}或 Fe^{2+}的终浓度为 10mmol/L，使 2-CP 终浓度为 30mmol/L。整个反应体系密闭并连续吹氮气，避光，反应过程需 25℃水浴 30min。反应结束后，以注射器（带 7 号针头）吸取 100μL 组织匀浆液注入内径为 1mm 的毛细管中，迅速放入液氮中保存，准备进行 EPR 测定。

在粗酶液中单独加入 Cu^{2+}或 2-CP 都不能在 EPR 谱图上检测到活性氧信号［图 6-5(a),(b)］。Fe^{2+}的加入明显使活性氧的 EPR 信号强度增加（图 6-6），说明 Fe^{2+}参与氧化还原循环的能力大大强于 Cu^{2+}及 2-CP，是典型的氧化还原型化合物。2-CP 与 Cu^{2+}共存条件下［图 6-5(c)］，协同产生羟自由基能力远大于其单独存在。这提示环境中多种污染物共存的复合污染情况下产生协同效应诱导活性氧生成的潜力大大增加，从而产生对生物体的毒害作用，这是否污染物的协同作用对生物体毒性效应更大的原因之一，还有待在动物的整体水平上做进一步研究验证。

6.1.3.2　线粒体中捕获活性氧

鲫鱼肝脏线粒体的制备步骤如下所述。

将鲫鱼活体解剖，取出肝脏，在冰浴条件下用生理盐水清洗，去除血液、结缔组织和

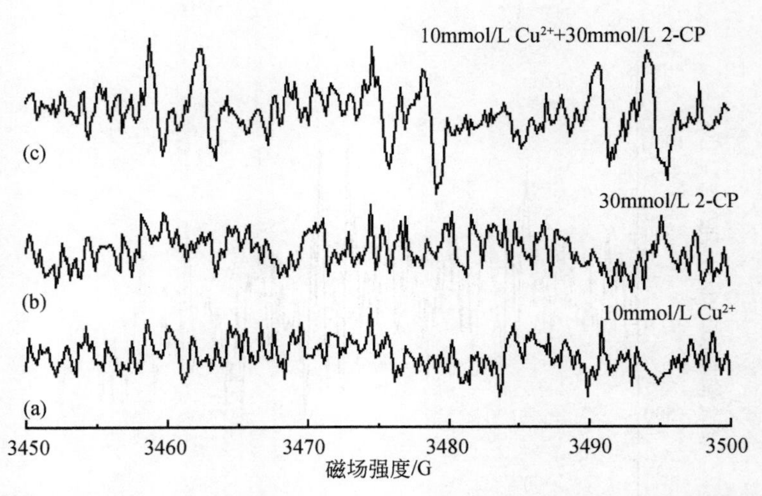

图 6-5 粗酶液中单独加入 Cu^{2+}（10mmol/L）或 2-CP（30mmol/L）及其混合物得到的 EPR 波谱

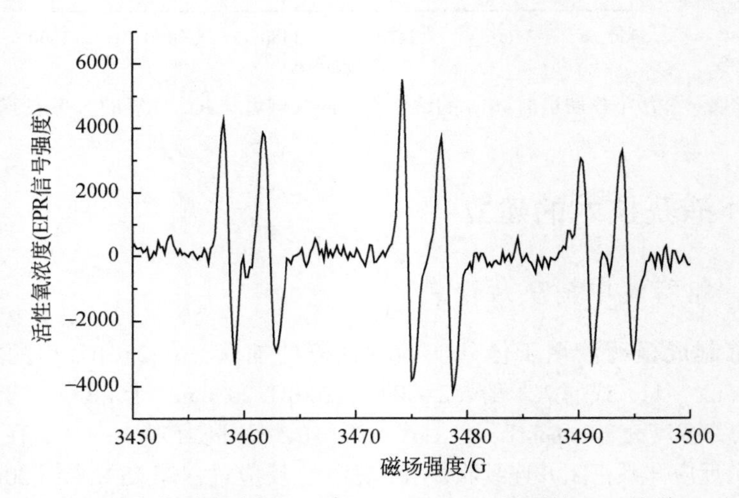

图 6-6 粗酶液中加入 Fe^{2+}（10mmol/L）得到的 EPR 波谱

脂肪组织，迅速称取肝脏适量置于冰浴中，按 1g∶10mL（肝脏质量/缓冲液体积）的比例加入预冷的 Tris-HCl 缓冲液（0.01mol/L Tris、0.25mol/L 蔗糖，0.1mmol/L EDTA，pH 7.5），在玻璃匀浆器中匀浆，匀浆液于 4℃，700g 离心 10min（Beckman J2-HS，离心机），取上清液于 4℃，10 000g 离心，沉淀即为线粒体，将线粒体悬浮于 Tris-HCl 缓冲液中，4℃保存，一周内使用。线粒体蛋白含量以 Bradford 方法测定，以牛血清白蛋白（BSA）为标准蛋白。

将分离出的鲫鱼肝脏线粒体代替粗酶液，有关活性氧的捕获技术详细操作同上所述。与粗酶液相比，1mmol/L 2-CP 单独暴露于线粒体时，观察到线粒体中有活性氧产生，并随 2-CP 暴露浓度的增加，线粒体中产生活性氧的强度随之增大（图 6-7）。

与 30mmol/L 的 2-CP 暴露于粗酶液不能诱导活性氧的产生［图 6-5(b)］相比，浓度更低的 2-CP 就能诱导线粒体内活性氧的生成，表明线粒体很可能是鲫鱼活性氧产生的重

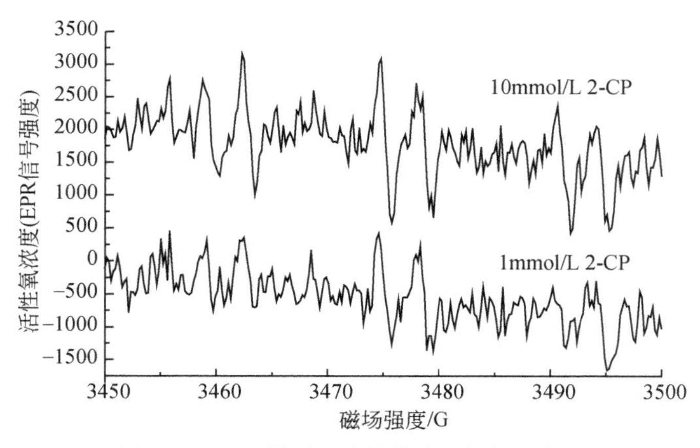

图 6-7　2-CP 暴露后线粒体内活性氧的产生

要靶位点。

我们分别在 *ex vivo*、*in vivo* 不同水平上建立了生物活体活性氧的活体异位和原位捕获技术以及活性氧的线粒体体外捕获技术。这些方法的建立具有重要意义：①为鲫鱼活体内活性氧生成提供了直接证据，为进一步研究由活性氧造成的分子毒性机制提供了基础；②通过线粒体活体原位实验，在分子水平上对活性氧生成的靶位点做了有价值的探索，并对活性氧的生成路径进行了分析和讨论，为活性氧产生机制的探索提供了可能。

虽然活性氧的活体原位捕获技术最能反映鲫鱼体内活性氧的瞬时产生状况，但是，以活性氧的原位捕获方法获得的 EPR 图谱表明，活性氧信号强度明显减小（与活性氧异位捕获结果比较）。有的样本甚至检测不到活性氧信号，而且平行样本的重现性很低。分析原因有三：①PBN 注射到鲫鱼体内，其在鱼体内各组织中的分布以及代谢可能使其最后存留在肝脏中的 PBN 含量很少。基于这种推测，我们在实验方法上做出了改进，以更高浓度的 PBN（或更大体积的 PBN）注射鲫鱼，结果发现 PBN 的毒性超出了鲫鱼的耐受阈值，鲫鱼开始出现各种中毒症状，如侧翻或死亡。②PBN-自由基加合物在萃取过程中没有萃取完全或损失较大，也可能是造成自由基信号微弱的一个原因。③根据 Novakov 和 Stoyanovsky（2002）的研究，PBN/$^{\cdot}CH_3$被 P450 单加氧酶降解，这很可能是难以检测到 PBN 加合物的一个重要原因。

6.1.4　活性氧的鉴定和定量

6.1.4.1　活性氧的鉴定

（1）PBN 溶于环己烷的 EPR 图谱

将图 6-8 EPR 谱图进行解析，其超精细分裂常数的计算方法如下：三组具双重超精细分裂谱线的 EPR 图谱，其中，两个大峰之间的距离为 N 原子的分裂造成的，被定义为参数 a^N；每一组超精细分裂的小峰之间的距离为 H 原子的超精细分裂造成的，被定义为 a^H。

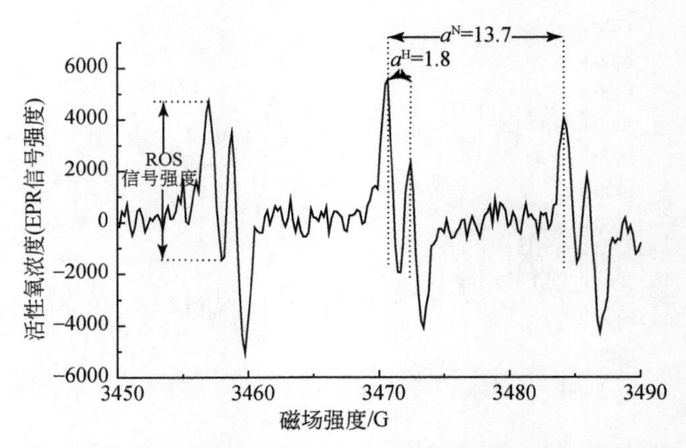

图 6-8　PBN 溶于环己烷捕获鲫鱼肝脏中活性氧获得的 EPR 谱图解析

g 因子是表征自由基的一个重要特征参数，每个自由基都有一个特定的 *g* 因子，对它的测量有助于了解自由基的来源，确定自由基的结构和性质，可由式（4-1）计算获得。

只要知道频率 v 和磁场 H，代入式（4-1）就可以算出该自由基的 *g* 值。

图 6-8 中自由基加合物的超精细分裂常数 $a^N = 13.7G$、$a^H = 1.8G$，*g* 因子为 2.0058，与文献报道的 PBN 捕获羟自由基的特征参数一致（Rousseau and Nastuk，1984；Tortolani et al.，1993；Ashton et al.，1998；Ma et al.，1999；Cheng et al.，2003）。产生的三组双重峰分裂谱线为典型的 PBN 捕获羟自由基形成 PBN/˙OH 的 EPR 波谱，因此该自由基被鉴定为˙OH。

（2）PBN 溶于 DMSO 的 EPR 图谱

将 PBN 溶于 DMSO，空气中捕获污染物染毒后鲫鱼肝脏中的活性氧结果见图 6-9。对图 6-9 进行 EPR 谱图分析，其超精细分裂常数计算方法如下：三组具双重超精细分裂谱线的 EPR 图谱，两个大峰之间距离为 a^N，小峰间距为 a^H。经计算，$a^N = 14.5G$；$a^H = 2.8G$；*g* 因子为 2.0058，与文献报道的 PBN/˙OCH_3 的特征参数一致（Mason et al.，1994；Kadiiska and Mason，2002；Liu et al.，2002；Takeshita et al.，2004）。

将 PBN 溶于 DMSO，氮气环境中捕获污染物染毒后的鲫鱼肝脏中的活性氧（体外），在三组具双重超精细分裂谱线的基础上，获得更精细的 EPR 谱图结构，如图 6-10(a) 所示。

（3）活性氧的计算机拟合分析及种类鉴定

为了更好地鉴定氮气环境下 PBN 捕获的活性氧的种类，我们分别将空气和氮气环境下 PBN 捕获鲫鱼肝脏活性氧得到的 EPR 实验谱图进行计算机拟合分析，结果如图 6-10(d)、(c) 所示。经计算，谱图（d）的超精细分裂常数与甲氧基自由基（PBN/˙OCH_3）一致，谱图 6-10(c) ~ (d) 得到的另一个 EPR 谱图［图 6-10(e)］的特征参数与甲基自由基（PBN/˙CH_3）一致。以上结果表明，氮气环境下 PBN 捕获的活性氧自由基为甲氧基自由基（˙OCH_3）和甲基自由基（˙CH_3）被 PBN 捕获的混合图谱。

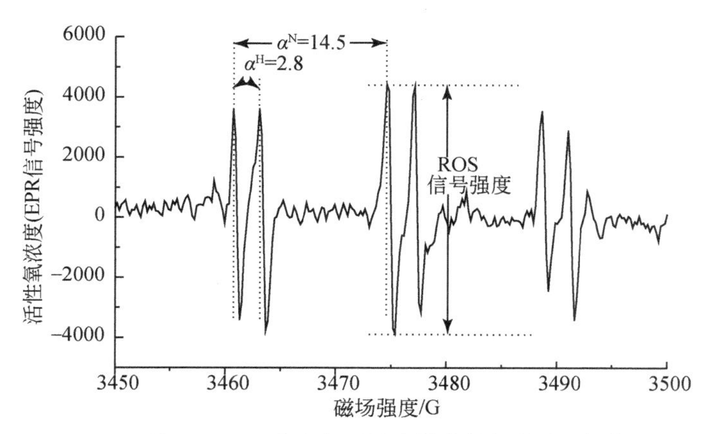

图 6-9 50mmol/L PBN 溶于 DMSO 在空气环境中捕获鲫鱼肝脏活性氧的 EPR 谱图解析

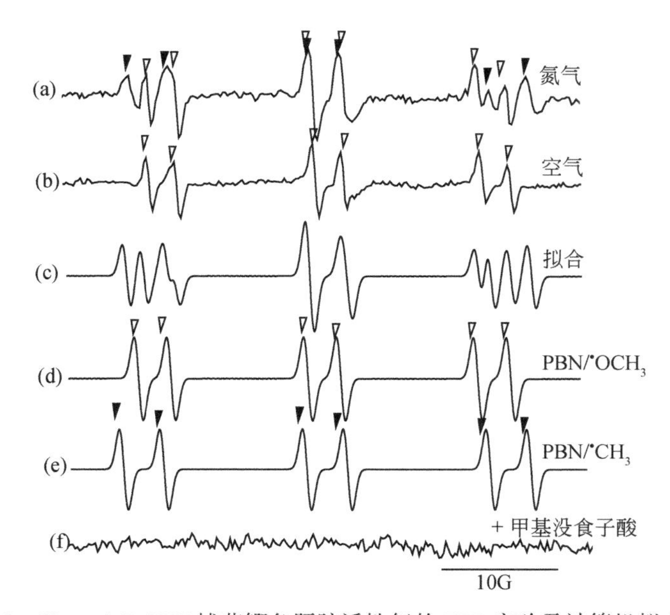

图 6-10 50mmol/L PBN 捕获鲫鱼肝脏活性氧的 EPR 实验及计算机拟合图谱

氮气（a）、空气环境（b）中捕获鲫鱼肝脏中活性氧（c）以甲氧基自由基 PBN/·OCH_3（a^N = 15.8G；a^H = 3.5G；g = 2.0059）和甲基自由基 PBN/·CH_3（a^N = 14.5G；a^H = 2.8G；g=2.0059）将谱图（a）进行计算机拟合分析（d），仅以甲氧基自由基 PBN/·OCH_3（a^N = 15.8G；a^H = 3.5G；g=2.0059）将谱图（b）进行计算机拟和分析（e）；（c）～（d）得到的计算机拟合谱图，与甲基自由基 PBN/·CH_3的特征参数一致（a^N = 14.5G；a^H = 2.8G；g=2.0059）；（f）PBN 加入前，在组织匀浆中预先加入羟自由基的特异性猝灭剂甲基没食子酸盐（methyl gallate）所得到的 EPR 图谱。实心箭头代表 PBN/·CH_3信号，空心箭头代表 PBN/·OCH_3信号

甲基没食子酸盐是羟自由基的特异性猝灭剂，但不猝灭甲基(·CH_3)，如果它加入后抑制 EPR 自由基信号的产生，说明鲫鱼肝脏内最初生成的是·OH，而不是·CH_3。本研究发现，甲基没食子酸盐完全抑制肝脏中产生自由基的 EPR 信号，表明最初在肝脏中产生

的自由基为 $\cdot OH$。$\cdot OH$ 可与 DMSO 反应生成甲基（$\cdot CH_3$），在有氧条件下，$\cdot CH_3$ 被氧化生成甲氧基（$\cdot OCH_3$）。由羟自由基生成甲氧基的具体反应如式（6-1）所示：

$$\cdot OH+DMSO \longrightarrow \cdot CH_3+PBN \longrightarrow PBN/\cdot CH_3+O_2 \longrightarrow PBN/\cdot OCH_3 \tag{6-1}$$

6.1.4.2 活性氧的定量表征

为了更深入地研究污染物胁迫下活性氧的产生及其分子致毒机制，对活性氧进行定量十分必要，即测定活性氧在生物体内的浓度。为了方便起见，最常用的定量方法是表征自由基的相对浓度而不是其绝对浓度。因为，无论在病理条件下还是污染物胁迫下，生物体自由基的增加往往是胁迫反应后机体氧化应激的结果。我们所关注的是污染物引起活性氧的相对浓度的增加（与对照组相比）及其与机体氧化损伤之间的关系，即在污染物胁迫下活性氧增加到怎样的程度（与对照组比较）才会引起机体的一系列氧化损伤，所以，通过对比实验组与对照组活性氧之间的差异以及相应的机体损伤，就可以将活性氧与氧化应激及机体损伤很好地联系起来。而值得我们更关注的是污染物在环境中的实际浓度，因此又可将污染物的浓度与诱导活性氧的增加之间建立一种联系。而活性氧作为污染物与生物体氧化损伤之间的联系纽带，通过研究它的相对浓度就能很好地解决生物体受到氧化应激以及程度如何，因此，本研究采用活性氧的相对浓度定量方法，具体如下所述。

在图 6-8 和图 6-9 中，第二组超精细分裂峰的第一个小峰的信号强度作为我们定量研究活性氧浓度的依据，具体计算方法为第一个小峰的峰高与峰谷之间信号强度的差值的绝对值即为活性氧的相对浓度值，每个处理取三个平行样本，取平均值作为该处理下活性氧产生的浓度，对照组（未加污染物处理的样本）也取三个平行样本的平均值作为活性氧的浓度。

6.2 活性氧用做生物标志物对污染物的早期预警研究

6.2.1 鲫鱼对酚类污染物胁迫的响应

氯酚类被广泛地应用于化学合成、印染工业以及农业中的杀虫剂、杀菌剂等，有些是制造 PCDDs、PCDFs 等持久性有机污染物的前体物（Muller and Caillard，1987）。根据苯酚环上取代氯原子数的不同，可分为一氯酚、二氯酚、三氯酚和五氯酚。农田广谱除草剂“除草醚”就是由 2,4-二氯代苯酚（2,4-dichlorophenol，2,4-DCP）与对硝基氯代苯酚为原料合成的酚类，主要来自炼油、煤气洗涤、炼焦、造纸、合成氨、木材防腐和化工等废水。邻氯苯酚（2-chlorophenol，2-CP）主要在造纸、杀虫剂和除草剂等的加工过程中产生，是水环境中氯酚类污染物质的主要组分，与 2,4-DCP、五氯酚一起被列入美国 EPA 以及我国优先控制污染物的黑名单中（Dec et al.，2003）。其中 2,4-DCP 是水生生态系统中含量最为丰富的氯代苯酚类化合物（House et al.，1997），具有强烈的刺激性气味，严重影响水质外观和食用水产品的味觉感，因此对水生生态系统造成严重的危害，被我国列入“中国环境优先控制污染物黑名单”中的重要污染物之一（金相灿，1990）。2,4,6-TCP、

2-CP 和 2,4-DCP 在地表水排放中占整个氯酚的 85%（Scow et al.，1982）。

自 20 世纪 30 年代以来，五氯酚及其钠盐作为一种高效、廉价的杀虫剂、抗菌剂、防腐剂、除草剂，在世界范围内被广泛生产和使用已达数十年。五氯酚钠是我国血吸虫流行地区常用的杀灭血吸虫中间宿主钉螺的药物，该药物的大量使用使大面积的土壤、水体遭到了严重的污染，并能通过多种途径在动植物体内积累，并通过生物富集而进入食物链，它在生物体中富集的浓度远远超过它在水中的浓度，对生态系统的生态安全与健康构成极大的潜在威胁。80 年代，五氯酚作为一种广谱杀虫剂、除草剂和木材防腐剂被广泛地应用于工农业生产中。目前，已经被美国国家环保局列为优先控制污染物黑名单以及联合国的 UNEP 持久性有毒化学污染物（PTS）清单中 27 种有毒化学污染物之一，同时也被列入美国 EPA 和我国优先控制污染物的黑名单中。当前，国内外已经严格禁止该种物质的生产和使用，但仍在地表水和地下水中检测到其广泛存在（Campbell et al.，2003；Hoekstra et al.，2003），这主要是由于其在环境中的持久性和难降解性等特点（Chen，2004；Hanna，2004），吸附在沉积物中的五氯酚会长期蓄积并在合适条件下向水体中释放，造成水体的二次污染，并在水生生物贝类、鱼体中长期富集，然后通过食物链对动物及人类健康构成严重危害。

不同氯原子数取代的氯酚毒性差异很大。例如，五氯酚是氯酚类中毒性最强的物质，五氯酚对鲫鱼（*Carassius auratus*）96h 的 LC_{50} 为 0.2mg/L 左右，它的毒性远大于其他氯原子取代的酚类化合物，如 2-CP（96h LC_{50} 为 12mg/L）、2,4-DCP（8d LC_{50} 为 1.24mg/L）、2,4,6-TCP（24h LC_{50} 为 10mg/L）。即使取代氯原子数相同，也因取代基的位置不同导致其毒性差别很大。因此，系统、深入地研究环境中广泛存在的氯酚类的微观致毒机制以及毒性效应与其结构（包括氯原子取代数量）之间的定量关系，对揭示氯酚类污染物的微观致毒机制有重要的意义。

6.2.1.1 2-CP 诱导鲫鱼氧化胁迫与氧化损伤

选取 2-CP 作为代表，以鲫鱼腹腔注射的染毒方式，研究 2-CP 作为一类水环境广泛存在的污染物，诱导活性氧生成的潜力。同时，筛选对 2-CP 污染胁迫反应敏感、更直接的分子生物标志物，探讨活性氧用做生物标志物研究的潜力。采用王晓蓉课题组建立的 EPR 二次捕获技术（secondary spin trapping technique）研究 2-CP 胁迫下鲫鱼肝脏内活性氧的产生，探讨活性氧与抗氧化防御系统（如 SOD、CAT、GSH、GSSG 等）及脂质过氧化（LPO）之间的相互作用，筛选敏感的生物标志物，探讨氧化损伤及机制。第二阶段解毒酶 GST 的活性也作为该研究的内容之一。

结果发现，2-CP 在 50mg/kg 时就显著诱导 ·OH 产生（图 6-11），且 2-CP 注射剂量与 ·OH 信号强度存在剂量-效应关系，表明 ·OH 很有潜力成为指示 2-CP 污染的敏感生化指标。

生物体内的抗氧化防御系统作为活性氧的清道夫，能直接与活性氧相互作用，以减轻其对机体造成的损伤。一旦活性氧的生成超出抗氧化防御系统的清除能力，就会对机体造成氧化应激和机体氧化损伤（Halliwell and Gutteridge，1999；Matés et al.，2000）。因此，抗氧化酶活性的诱导在一定程度上反映了污染物的氧化胁迫，常被用做生物标志物来间接

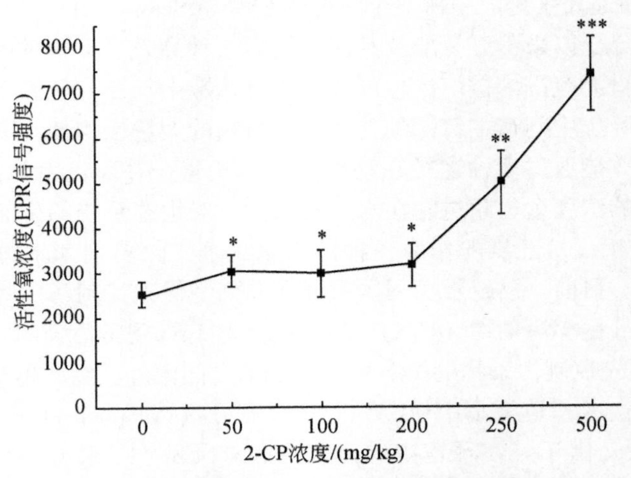

图 6-11　活性氧产生随 2-CP 剂量增加的剂量-效应关系

腹腔注射不同剂量（50mg/kg、100mg/kg、200mg/kg、250mg/kg、500mg/kg）的 2-CP，剂量-效应关系回归方程为：$Y = 3211 - 793.6X + 232.3X^2$（$R^2 = 0.8923$，$P < 0.05$）；*，$P < 0.05$；**，$P < 0.01$；***，$P < 0.001$

指示污染物的生态毒性。无论是实验室模拟还是野外研究，将抗氧化防御系统用做生物标志物来指示环境污染的研究十分广泛（Ahmad et al.，2000；Cossu et al.，2000；Meyer et al.，2003；Zhang et al.，2004）。尽管已经取得了一些重要的研究成果，然而，抗氧化防御系统只能间接反映污染物的氧化胁迫，而且污染物胁迫下诱导生物体活性氧的产生过程以及抗氧化防御系统与其之间的相互作用机制至今还不得而知（Livingstone，2001）。更重要的是，在污染物的氧化胁迫下，抗氧化防御系统清除生物体的活性氧往往是一个动态过程，在胁迫的起始阶段抗氧化酶活性比较敏感，可能被诱导，之后则可能由于适应性机制表现为酶活性不变，在严重的氧化胁迫下其活性还可能降低（Regoli and Principato，1995）。因此，仅凭抗氧化防御系统单个酶活性的变化往往很难对污染物暴露浓度做出准确预测，况且影响酶活性的因素很多，包括污染物的种类、生物个体的敏感性以及许多环境因素的变化等（Winston and Di Giulio，1991）。因此，将抗氧化防御系统用做生物标志物还存在许多弊端，尚值得深入探讨。唯因如此，迫切需要筛选更为敏感的生物标志物来直接反映污染物对生物体的早期胁迫。

本研究提供了 2-CP 胁迫下鲫鱼体内活性氧产生的直接证据（Luo et al.，2006，2008），为研究污染物胁迫下机体氧化应激提供了方法和技术手段。研究发现，在所有的暴露浓度范围内，随着 2-CP 暴露浓度的增加，活性氧的产生也随之增加。活性氧对 2-CP 胁迫的响应敏感，50mg/kg 的 2-CP 就显著诱导活性氧生成，活性氧产生浓度与 2-CP 剂量之间存在较好的剂量-效应关系，这是使活性氧成为指示 2-CP 污染的潜在生物标志物的关键所在。

2-CP 在低剂量时也能诱导 SOD 酶活性，当 2-CP 剂量超过 200mg/kg 时 SOD 酶活性开始受到抑制，这时其他抗氧化酶，如 CAT（过氧化氢酶）和 GST（谷胱甘肽-S-转移酶）开始发挥作用。CAT、GST 在 2-CP 剂量为 50mg/kg 时呈极显著诱导，表明 CAT 和 GST 对 2-CP 响应敏感（图 6-12、图 6-13）。第二阶段解毒酶 GST 在 2-CP 的代谢转化中发挥重要作用，可降低活性氧生成，减轻机体损伤。

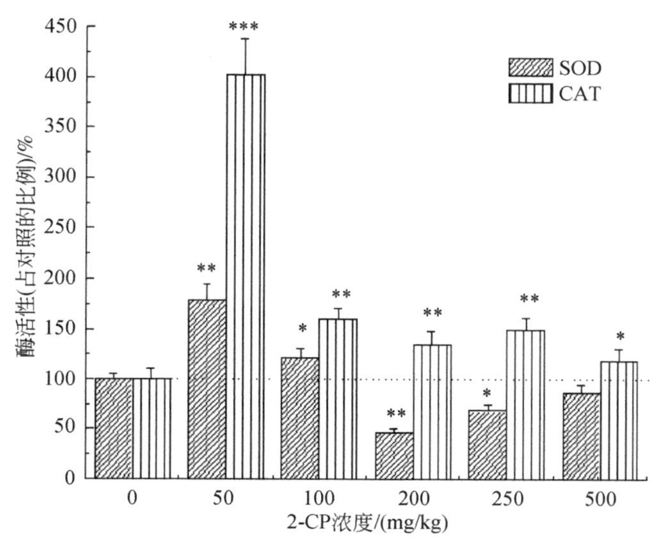

图 6-12　SOD 和 CAT 活性随 2-CP 注射剂量的变化

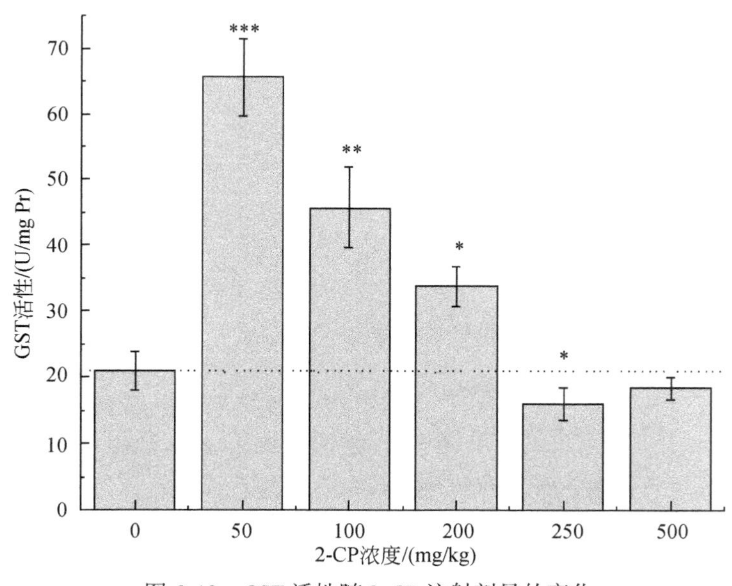

图 6-13　GST 活性随 2-CP 注射剂量的变化

˙OH 与 GSH 之间随时间变化呈显著负相关（R=−0. 9278，P<0. 01），表明˙OH 削弱机体抗氧化防御能力，导致机体氧化应激；˙OH 与脂质过氧化产物（LPO）之间呈显著正相关（R=0. 966，P<0. 005），表明˙OH 可诱导脂质体氧化损伤（图 6-14）。

从线粒体内活性氧的捕获中发现，反应体系中未加入线粒体或 PBN，结果都没有 EPR 自由基信号产生［图 6-15(a),(b)］。未加入 2-CP，结果也没有 EPR 自由基信号产生［图

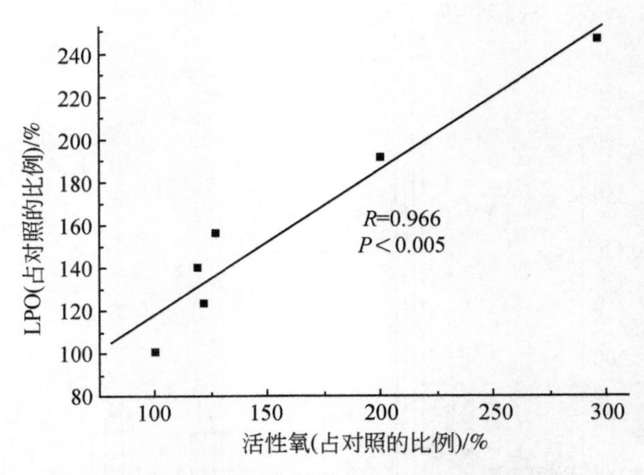

图 6-14　脂质过氧化与˙OH之间的相关性

6-15(e)]。1mmol/L 2-CP暴露就能诱导EPR自由基信号的产生 [图6-15(f)]。如图6-15所示，2-CP浓度增加到10mmol/L，发现EPR自由基信号也随之增强 [图6-15(g)]，当继续向反应体系加入10μmol/L Fe^{2+}后，活性氧EPR自由基信号强度大大增强 [图6-15(h)]。3000U/mL SOD或CAT，分别作为$O_2^{\cdot -}$或H_2O_2的抑制剂，分别加入含有1mmol/L 2-CP的反应体系中，结果自由基信号被完全抑制 [图6-15(c),(d)]。由此证明，线粒体是2-CP诱导鲫鱼˙OH产生的重要靶位点之一。SOD和CAT对线粒体中产生˙OH的抑制作用表明，$O_2^{\cdot -}$和H_2O_2很可能是˙OH产生过程的中间体自由基。推测氯酚类经单电子氧化反应，通过线粒体NADH途径首先诱导超氧阴离子$O_2^{\cdot -}$的生成，然后通过Harber-Weiss反应生成˙OH。

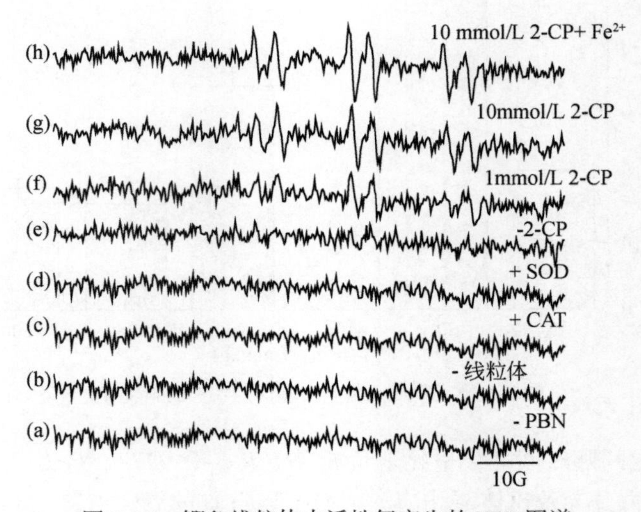

图 6-15　鲫鱼线粒体中活性氧产生的EPR图谱

6.2.1.2 2,4-DCP 诱导鲫鱼氧化胁迫与氧化损伤的分子机制

选取2,4-DCP作为代表，以鲫鱼腹腔注射的染毒方式，研究2,4-DCP作为一类水环境广泛存在的污染物对水生鲫鱼的微观致毒机制。采用我们实验室建立的以PBN捕获-EPR技术测定活性氧的方法，实验室模拟条件下研究2,4-DCP对淡水鲫鱼（*Carassius auratus*）幼体动态和静态染毒后鲫鱼肝脏内活性氧的产生及其动力学并与氧化防御系统之间的相互作用关系等，以期探讨：① 2,4-DCP是否能诱导鲫鱼体内活性氧的产生；②活性氧的产生与抗氧化防御系统以及脂质过氧化等氧化损伤指标之间的关系；③揭示环境中广泛存在的污染物2,4-DCP对水生生态系统鲫鱼的微观致毒机制。

Luo等（2005）研究获得2,4-DCP注射后不同时间引起鲫鱼肝脏自由基产生的EPR图谱（图6-16）。未加入鲫鱼肝脏样品的PBN基线未检测到活性氧自由基信号［图6-16(a)］，未用2,4-DCP染毒的对照组［图6-16(b)］检测到微弱的自由基信号，而2,4-DCP注射后不同时间的各个实验组，PBN捕获的自由基信号与对照组相比显著增强，表明经2,4-DCP诱导在鲫鱼肝脏内产生了自由基。

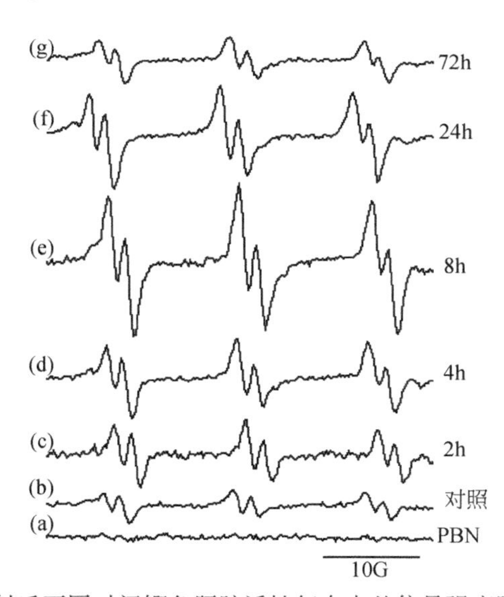

图6-16 2,4-DCP注射后不同时间鲫鱼肝脏活性氧自由基信号强度随时间变化的EPR谱图

图6-17显示2,4-DCP诱导鲫鱼肝脏活性氧自由基信号强度与SOD活性随时间变化的动力学。

从图6-17可以看出，2,4-DCP腹腔注射2h后，肝脏中活性氧信号强度就显著增加（$P<0.05$），且活性氧信号强度随时间增加而增强，8h达到最大（$P<0.01$），之后逐渐降低，直至72h降至对照水平。SOD活性与活性氧信号强度随时间变化的动力学极其类似：2,4-DCP腹腔注射后2h，SOD活性即表现为显著性诱导（$P<0.05$）；随自由基信号强度的增强，SOD活性逐渐增大，在8h达到最大诱导（$P<0.01$），之后随自由基信号强度逐渐减弱，SOD活性也随之降低，直至72h降至对照水平。SOD活性被诱导，表明机体中产生了大量的$O_2^{\cdot-}$。经相关性统计分析表明，SOD活性与自由基（以与对照的比例表示）随时

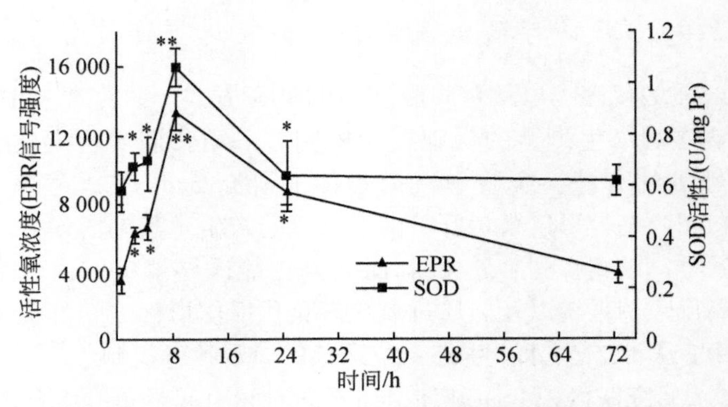

图 6-17　自由基产生与 SOD 活性随时间变化的动力学

间变化呈显著性正相关（R =0.9078，P<0.05），如图 6-18 所示。

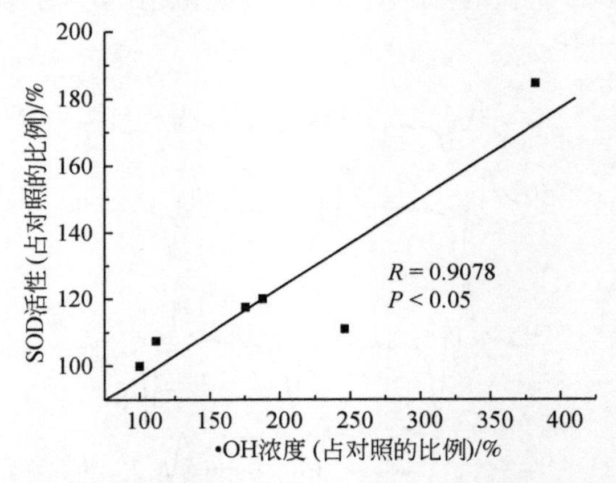

图 6-18　SOD 活性与˙OH 浓度随时间变化的相关性分析（n=6）

2,4-DCP 引起鲫鱼肝脏产生脂质过氧化如图 6-19 所示。2,4-DCP 腹腔注射后，可引起鲫鱼肝脏 MDA 含量的升高，并随着时间表现出一定的变化趋势，MDA 含量在 24h 达到最大，比自由基信号强度最高点滞后 16h。经统计分析表明，2,4-DCP 各浓度组与对照组相比差异具有显著性（P<0.05）。

羟自由基是生物体内对细胞和组织损害最大的一类活性氧自由基，可攻击蛋白质、不饱和脂肪酸和 DNA 等大分子，引起蛋白质过氧化、脂质过氧化以及遗传物质 DNA 的氧化损伤等（Matés et al.，1999）。˙OH 在 2,4-DCP 注射 2h 便出现诱导，随着时间增加，˙OH 信号强度逐渐增强，˙OH 的生成可能会造成机体的氧化应激，抗氧化酶 SOD 和 CAT 的活性在˙OH 浓度增加的过程中随之也被诱导，表明此时鲫鱼处于氧化应激态，而引起氧化应激的直接原因是 2,4-DCP 胁迫下鲫鱼体内活性氧的生成。SOD 是最先与 $O_2^{\cdot -}$ 作用的酶，且在歧化 $O_2^{\cdot -}$ 生成 H_2O_2 和 O_2 的过程中发挥重要的作用。因此，SOD 的诱导表明鲫鱼肝脏内产生大量 $O_2^{\cdot -}$。3d 后，SOD 酶活性和˙OH 的诱导降至对照组水平，分析有三个原因：①3d 后，2,4-DCP 在体内可能被代谢掉，使其在体内浓度降低，这可能是˙OH浓度降低的

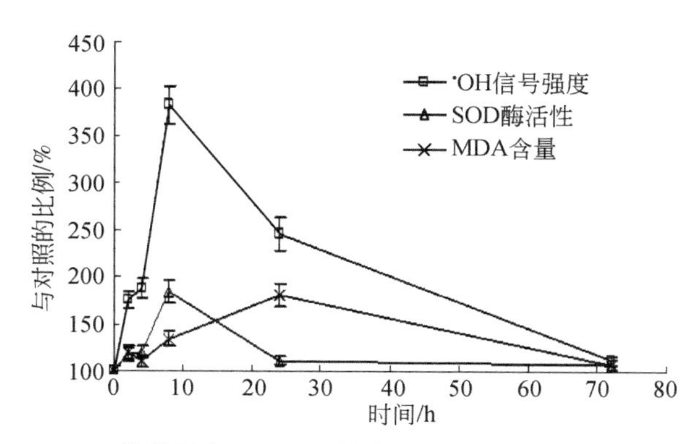

图 6-19 ·OH 信号强度、SOD 活性与 MDA 含量随时间变化的动力学

重要原因之一，从而减轻机体损伤；②由于抗氧化防御系统的启动，如 SOD、GSH 和 GPx 将羟基清除，因此 3d 后，羟基浓度降至最低，此时鲫鱼从氧化应激态恢复到正常水平。

研究表明，在 P450 及其同工酶的作用下，2,4-DCP 可以被快速代谢分解。当 2,4-DCP 剂量高于 5mg/kg 时，SOD 活性受到抑制，从 SOD 活性与羟自由基的负相关表明，一方面是羟自由基的攻击，使酶受到不同程度的损伤，导致其活性降低；另一方面，在高剂量 2,4-DCP 作用下，污染物可能直接与酶结合使其发生构象的变化从而使其失活（Somani and Khalique，1982；Mehmood et al.，1997）。

SOD 酶活性的诱导表明鲫鱼肝脏内产生大量 $O_2^{\cdot -}$，SOD 活性随时间变化的动力学与 ·OH产生的动力学呈正相关（$R=0.9078$，$P<0.05$），暗示 ·OH 的产生与 $O_2^{\cdot -}$ 直接相关，$O_2^{\cdot -}$ 可能是 ·OH 产生的前体自由基。众所周知，在 Fe^{2+} 和 Cu^{2+} 的参与下，$O_2^{\cdot -}$ 在 H_2O_2 存在下在生物体内可发生 Haber-Weiss 反应生成 ·OH。因此，我们推断 $O_2^{\cdot -}$ 可能是 ·OH 的前体活性氧自由基。

近年来，有关苯酚类物质引起机体发生氧化反应的研究已有一些报道，研究表明，在 H_2O_2 存在下，CAT 可催化酚类物质生成自由基（Martin et al.，2002；Siraki and O'Brien，2002）。一些体外研究发现（O'Brien，1988；Sakurada et al.，1990；Dunford，1995；Goldman et al.，1999；Siraki and O'Brien，2002；Dec et al.，2003；Luo et al.，2005），具有苯酚环结构的化合物能产生自由基，在 CAT 的催化下，苯酚首先与 H_2O_2 反应生成苯氧基自由基（ArO·），在 NADH 存在下，进而继续氧化细胞 NADH 生成 NAD·，NAD· 与氧分子发生反应生成 $O_2^{\cdot -}$，在 SOD 催化下 $O_2^{\cdot -}$ 被歧化生成 H_2O_2 和 O_2。H_2O_2 又回到起始反应步骤，参与循环反应，直到细胞 NADH 被逐渐消耗。根据该体外反应机制，我们提出在生物体内可能发生的反应路径从而最终导致羟基生成为以下反应式（图 6-20）：①在 CAT 的催化下，2,4-DCP 与 H_2O_2 反应生成 2,4-二氯苯氧基自由基；②2,4-二氯苯氧基自由基将 NADH 氧化成 NAD·；③在氧气条件下，NAD· 进一步被氧化成 $O_2^{\cdot -}$；④$O_2^{\cdot -}$ 被 SOD 酶歧化成 H_2O_2 和 O_2，H_2O_2 继续参与起始反应使该反应循环不断进行下去；⑤反应③生成的 $O_2^{\cdot -}$ 还可以与体内的 H_2O_2 发生 Haber-Weiss 反应最终生成 ·OH，在 Fe^{2+} 参与下，该反应速率可以大大提高，因此 Fe^{2+} 可作为反应⑤的催化剂。该链式反应需要 H_2O_2 的参与，而在生物体内很多生化反应

可以生成 H_2O_2。例如，葡萄糖氧化酶可以氧化葡萄糖生成 H_2O_2，SOD 也可将 $O_2^{\cdot -}$歧化生成 H_2O_2。0.5mg/kg 的 2,4-DCP 腹腔注射使 CAT 活性在0 ~72h都受到不同程度的诱导，表明在这个过程中有 H_2O_2的生成，从而诱导 CAT 活性。

2,4-DCP 作为诱导$^{\cdot}$OH 生成的重要底物，其浓度大小将决定$^{\cdot}$OH 生成水平的高低。谷胱甘肽硫转移酶（GST）是生物体内的第二阶段解毒酶，可以催化进入体内的外源性污染物代谢转化成极性小分子物质的过程，GST 活性在 8h 达到最大，表明 2,4-DCP 在肝脏内的代谢及生物转化，24h 后 GST 活性趋于正常，暗示大部分 2,4-DCP 在 24h 内在鲫鱼肝脏内代谢，因此而导致$^{\cdot}$OH 浓度在 24h 后基本浓度趋于正常。2,4-DCP 的代谢，一方面，降低了活性氧的产生，由此可能会减轻由其造成的氧化损伤；另一方面，减轻了 2,4-DCP 对其他生物大分子造成的损伤。

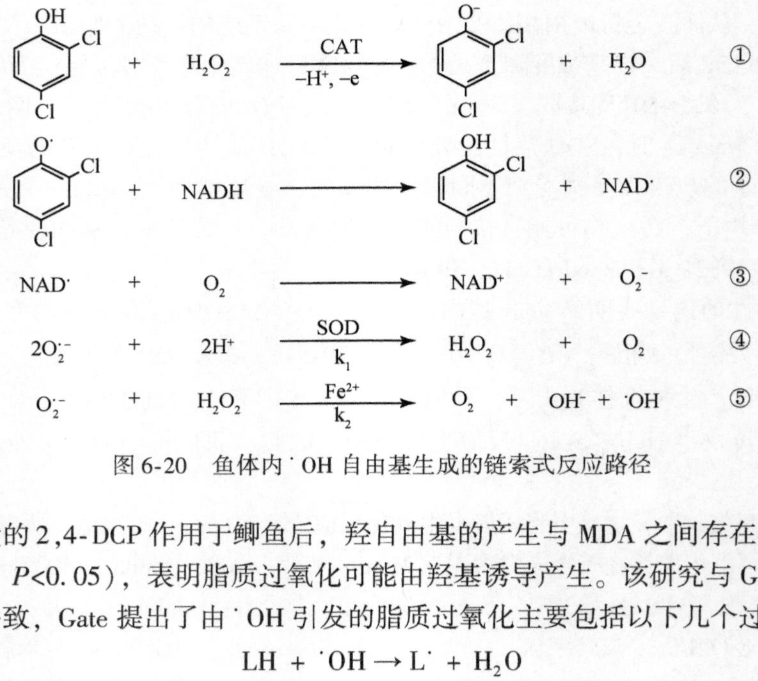

图 6-20　鱼体内$^{\cdot}$OH 自由基生成的链索式反应路径

不同剂量的 2,4-DCP 作用于鲫鱼后，羟自由基的产生与 MDA 之间存在很好的正相关（R =0.9090，P<0.05），表明脂质过氧化可能由羟基诱导产生。该研究与 Gate 等（1999）得出的结论一致，Gate 提出了由$^{\cdot}$OH 引发的脂质过氧化主要包括以下几个过程：

$$LH + {}^{\cdot}OH \rightarrow L^{\cdot} + H_2O \quad ①$$

$$L^{\cdot} + O_2 \rightarrow LOO^{\cdot} \quad ②$$

$$LOO^{\cdot} + LH \rightarrow LOOH + L^{\cdot} \quad ③$$

①$^{\cdot}$OH 攻击多不饱和脂肪酸形成脂自由基（$L^{\cdot}$）；②$L^{\cdot}$被氧化生成 $LOO^{\cdot}$，这是脂质过氧化的初始阶段；③$LOO^{\cdot}$继续与其他多不饱和脂肪酸反应生成脂自由基，重复以上反应步骤。这个过程是链伸长的过程。MDA 数据表明，鲫鱼已经处于氧化应激态，根据 Dotan 等（2004）的研究指出，MDA 与 ROS 之间很强的正相关是机体处于氧化应激态的标志。

不同浓度的 2,4-DCP 引起的$^{\cdot}$OH 生成与 MDA 之间有显著的正相关，表明脂质过氧化由$^{\cdot}$OH 诱导产生。而在 2,4-DCP 注射后不同时间的动力学中，发现 MDA 与$^{\cdot}$OH 随时间变化的动力学并不同步，MDA 比$^{\cdot}$OH 强度达到最高点的时间滞后 16h，表明在$^{\cdot}$OH 攻击下，脂质过氧化的发生需要一个时间迟滞的过程。然而，˙OH 在 8h 达到最大，是对照组的 382.4%，SOD 的最大诱导是对照组的 184.5%，远低于活性氧的生成量。因此，此时活性氧的生成超出抗氧化防御能力，机体出现氧化应激，因此表现出接踵而至（16h 后）的脂质过氧化等氧化损伤。鲫鱼在 2,4-DCP 胁迫产生响应后，通过启动自身抗氧化防御系统而保护由氧化应激导致的损伤，从而保护其免受更大程度的氧化损伤，72h 后，抗氧化防御系统及 MDA 指标都趋于正常，说明该剂量下（0.5mg/kg）2,4-DCP 对鲫鱼的氧化损伤是可逆的，高于该剂量的 2,4-DCP 腹腔注射是否会引起鲫鱼发生不可逆的氧化损伤，以及接近环境真实浓度的 2,4-DCP 慢性暴露是否引起鲫鱼的氧化应激及其氧化损伤，值得进一步研究。该研究为揭示环境中广泛存在的 2,4-DCP 对太湖区域最重要的经济养殖鱼类——鲫鱼致毒的微观机制提供了重要启示。由于本研究采用体内注射的染毒方式，与模拟实际环境中污染物存在的低浓度长期暴露的染毒方式所得到的结果是否具有可比较性，还需要进一步研究证实。

综上所述，本研究揭示了 2,4-DCP 诱导鲫鱼活性氧的生成路径，2,4-DCP 很可能与 2-CP 存在相同的活性氧诱导路径，即在过氧化物酶催化作用下，酚类化合物在鲫鱼体内发生一系列单电子氧化反应首先生成苯氧基自由基（PhO˙），线粒体 NADH 参与电子传递生成 $O_2^{\cdot-}$，最终生成˙OH。尽管不同氯酚类化合物氯原子取代数不同，由于都具有共同的酚羟基结构，因此，可能都通过酚羟基单电子氧化反应生成活性氧。

随着氯酚类氯原子取代数的增加，化合物的脂溶性增强，因此生物有效利用性也随之增大，虽然 2-CP、2,4-DCP 诱导活性氧的产生机制相同，但由于生物可利用性存在差异，造成生物体内对这两种污染物的蓄积浓度差异，因此，产生活性氧的强度也随之不同，这就合理解释了两者对水生生物毒性差异的原因。

6.2.1.3 2,4,6-TCP 与 PCP 生物毒性差异的微观分子机制

上述研究揭示了 2-CP、2,4-DCP 都通过相同的路径在生物体内诱导活性氧生成的机制。水环境中的 2,4,6-TCP 以低浓度存在，而且长时间作用于生物体，对水生生物的毒性效应还不得而知。五氯酚对水生生物体的毒性作用很强（Farah et al.，2004；Freire et al.，2005），五氯酚在氯酚类化合物中毒性最强，具有内分泌干扰作用（Proudfoot，2003），并在啮齿类动物中发现有致癌潜力（IRIS and US EPA，2003）。与其他氯酚类化合物相比，除了较高的正辛醇-水分配系数（Kow）外是否存在其他机制使五氯酚毒性比其他氯酚类更强？为了揭示这一问题，我们开展了以下研究。

（1）2,4,6-TCP 诱导鲫鱼氧化胁迫与氧化损伤的分子

模拟自然水环境中氯酚类污染物的实际浓度，据国家渔业水水质标准（0.005mg/L），以低浓度的 2,4,6-TCP 暴露鲫鱼，甚至更低浓度的 PCP（0.001mg/L）对鲫鱼进行体外暴露，研究 2,4,6-TCP、PCP 动、静态暴露下，鲫鱼体内活性氧产生的动力学和热力学以及活性氧对 2,4,6-TCP、PCP 响应的敏感浓度。

1mg/L 的 2,4,6-TCP 不同时间动态暴露后，鲫鱼肝脏中产生活性氧的动力学如图6-21 所示。暴露时间仅为 1d 时，活性氧的诱导与对照组相比没有显著性差异。从 2d 开始，活性氧的诱导呈显著增加（$P<0.05$），直到 4d 时活性氧的诱导达到最大（$P<0.001$）。之

后，随着暴露时间的增加（7d），活性氧的诱导从最高点开始下降（$P<0.01$），7d 后直到暴露后的第 14 天，活性氧的产生迅速降低（$P<0.05$）。

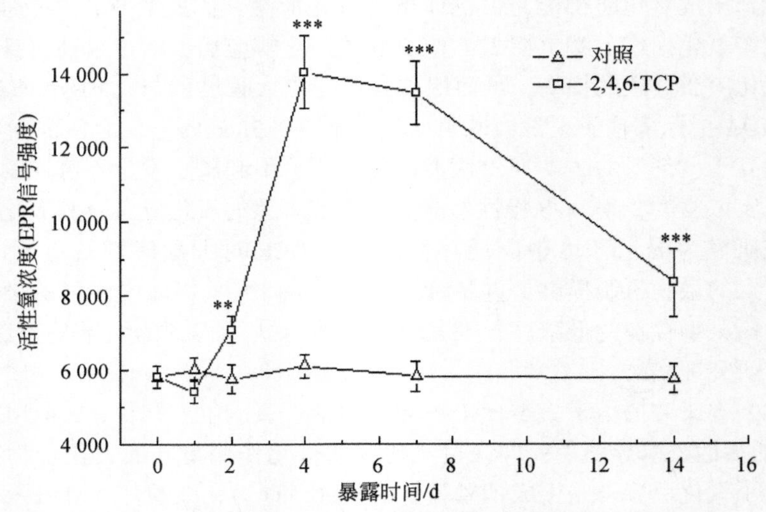

图 6-21　2,4,6-TCP（1mg/L）动态暴露后活性氧产生的时间动力学

经 1mg/L 的 2,4,6-TCP 不同时间动态暴露后，2,4,6-TCP 在鲫鱼肝脏中的富集如图 6-22所示。对照组体内检测不到 2,4,6-TCP，经暴露后的各个实验组，1d 内 2,4,6-TCP 就已经开始在肝脏内富集，随着暴露时间的增加，2,4,6-TCP 在肝脏内富集的浓度也随之增大，暴露 4d 时 2,4,6-TCP 在肝脏中的浓度达到最大，4d 后，2,4,6-TCP 浓度迅速下降，这种下降趋势一直保持到实验结束。

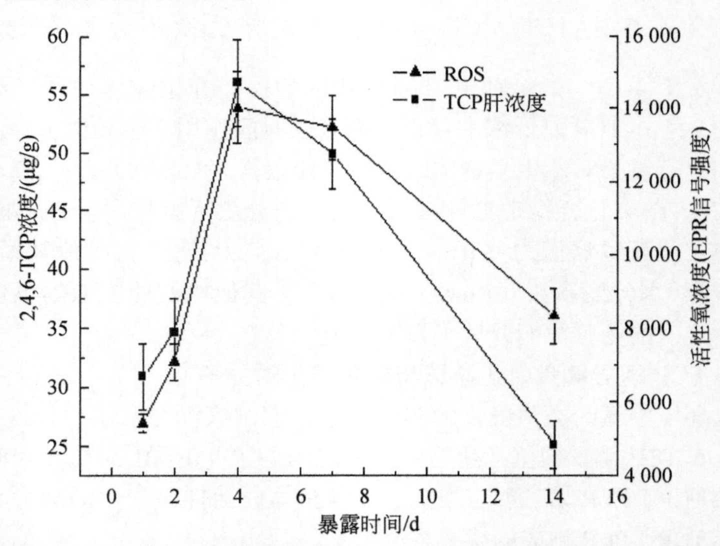

图 6-22　2,4,6-TCP 动态暴露后在鲫鱼肝脏中富集与活性氧产生的时间动力学

比较 2,4,6-TCP 在肝脏中的富集浓度与活性氧产生的定量关系（图 6-22）发现，两者随时间变化的动力学趋势非常相似，即都随时间增加而增加，4d 达到最大，然后开始降低。

经统计学软件 Origin 7.0 进行相关性分析后，发现 2,4,6-TCP 在肝脏中的富集浓度与活性氧的生成呈显著性正相关（R =0.8869，P<0.05），如图 6-23 所示。该结果表明，活性氧的产生与 2,4,6-TCP 的生物有效利用浓度（即富集到肝组织中的浓度）密切相关，该结果进一步证实了 2,4,6-TCP 首先进入鲫鱼体内富集，然后通过一系列单电子氧化反应诱导活性氧生成。

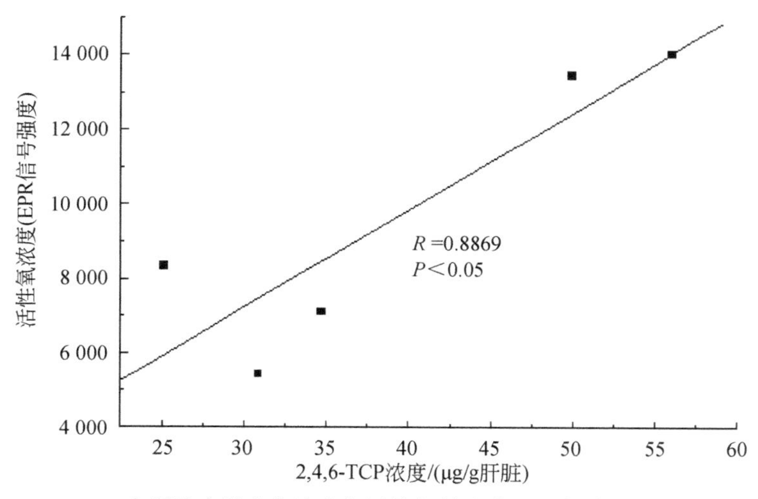

图 6-23 2,4,6-TCP 在肝脏中的富集浓度与活性氧的生成呈正相关（R=0.8869，P<0.05）

0.05mg/L 的 PCP 不同时间动态暴露后，鲫鱼肝脏中产生活性氧的动力学如图 6-24 所示。PCP 暴露 1d 时，活性氧的诱导与对照组相比没有显著性差异，从 2d 开始，活性氧的诱导呈显著增加（P<0.05），达到对照组的 167%，并随着时间而逐渐增大，直到 7d 活性氧的诱导达到最大（P<0.001），达到对照组的 350%。之后，随着暴露时间的增加，活性氧的诱导从最高点开始缓慢下降（P<0.01），这种趋势一直保持到暴露的第 21 天（P<0.01），此时活性氧的信号强度仍然是对照组的 334%。活性氧的产生随 PCP 暴露时间呈较好的时间-效应关系，回归方程（6-2）为

$$y = 3.46 \times 10^3 + 1.56 \times 10^3 t - 5.34 \times 10 t^2 (R^2 = 0.9134,\ P < 0.01) \qquad (6\text{-}2)$$

式中，t 为暴露时间；y 为活性氧水平。

（2）PCP 诱导鲫鱼肝脏活性氧产生机制探讨

Luo 等（2009）研究了 0.05mg/L 的 PCP 在鲫鱼肝脏中的富集随暴露时间的变化（图 6-25）。从图 6-25 可以看出，经 PCP 暴露后的各个实验组，1d 内 PCP 就已经开始在鲫鱼肝脏内富集，并随着暴露时间的增加，PCP 在肝脏内富集的浓度也随之增大，暴露 7d 时 PCP 在肝脏中的浓度达到最大，7d 后，肝脏中 PCP 浓度开始迅速下降，一直持续到实验结束（第 21 天）。

比较 PCP 在肝脏中富集的浓度与活性氧产生的动力学，PCP 暴露的 7d 内，两者随时间变化的动力学表现为相似的趋势，即都随时间增加而增加，7d 达到最大，经 Origin 7.0 统计学相关性分析表明，两者呈显著性正相关（R = 0.981，P< 0.05），如图 6-26 所示。

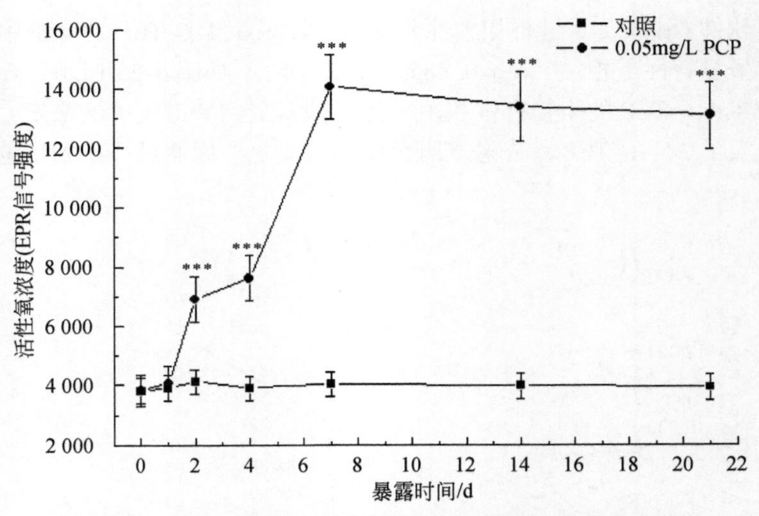

图 6-24　0. 05 mg/L PCP 动态暴露后活性氧产生的时间动力学

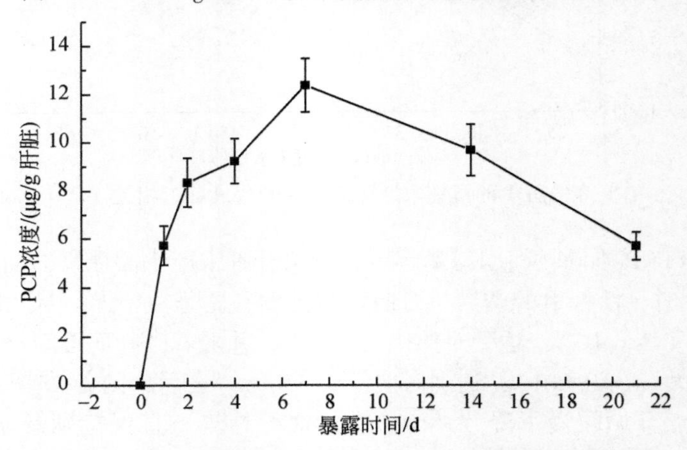

图 6-25　PCP 动态暴露后在鲫鱼肝脏中富集的时间动力学

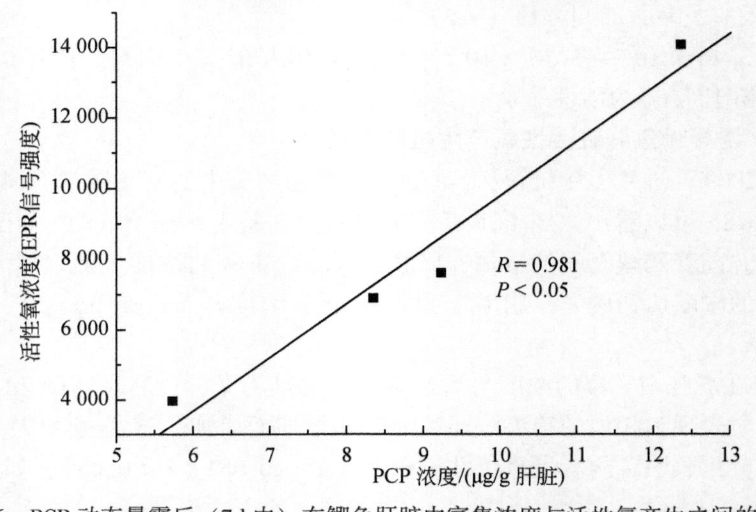

图 6-26　PCP 动态暴露后（7d 内）在鲫鱼肝脏中富集浓度与活性氧产生之间的相关性

7d 后，PCP 在肝脏中的浓度显著降低，然而，活性氧水平与 PCP 富集浓度相比降低并不显著，而是表现为缓慢的下降趋势，经相关性分析表明，两者不具备相关性。表明 7d 后，活性氧并不主要由肝脏中富集的 PCP 诱导而产生的，暗示在 PCP 暴露 7d 后，除了 PCP 母体化合物外，很可能存在其他机制诱导活性氧的生成。

已有研究表明（Renner and Hopfer，1990；Copley，2000；Jeffrey，2001；Tsai et al.，2001），PCP 进入生物体后在 P450 酶的作用下发生氧化脱氯反应，生成四氯氢醌（TCHQ），再进一步被氧化生成苯醌（TCBQ）和半醌（TCSQ）。在生理条件和氧气参与下，四氯氢醌和半醌被继续氧化生成 $O_2^{\cdot-}$ 自由基（Carstens et al.，1990）。近年来，体外实验表明（Zhu et al.，2000，2002），TCHQ 在 H_2O_2 存在的条件下发生有机 Fenton 反应，生成 $^{\cdot}OH$。已经发现，葡（萄）糖苷酸（glucuronide）和五氯酚的硫酸盐（sulfate conjugate）是鲫鱼经五氯酚暴露后在鲫鱼体内的主要代谢产物（Copley，2000），而 TCHQ 是硫酸盐的前体物质（Jeffrey，2001），因此，极有可能是五氯酚在鲫鱼体内经代谢生成了 TCHQ，在体内在 H_2O_2 的参与下，生成了 $^{\cdot}OH$。因此，PCP 在代谢过程中也具有诱导活性氧生成的巨大潜能，其代谢产物 TCHQ 对 $^{\cdot}OH$ 产生具有重要贡献。这就很好地解释了 7d 后，当 PCP 在肝脏中的浓度迅速降低时，活性氧却没有表现为同步下降，而是保持在较高的水平。

研究表明，TCHQ 比 PCP 的毒性更大，体外研究表明，PCP 似乎并不能造成 DNA 的损伤，相反，TCHQ 却能引起 DNA 双链的断裂（Wang et al.，1997，2001）。因此，PCP 富集到鲫鱼肝脏内后，在其代谢过程中生成的代谢产物在体内可能会造成比母体化合物更大的毒性效应，而该毒性效应有可能是通过 $^{\cdot}OH$ 的诱导生成。然而，在鲫鱼体内，TCHQ 毕竟是 PCP 的代谢产物，相对其母体化合物，TCHQ 在肝脏内浓度较低，因此，暴露 7d 后肝脏内产生活性氧的浓度也降低。

比较 PCP 与 2,4,6-TCP 诱导鲫鱼活性氧产生的机制，我们发现，在氯酚母体化合物进入鲫鱼体内后，在其发生代谢前，活性氧的产生都表现为与母体化合物浓度正相关的变化趋势，一旦发生代谢，就开始遵循不同的作用机制，2,4,6-TCP 在肝脏内发生代谢后，随着肝脏中母体化合物的浓度迅速降低，活性氧的产生也随之迅速降低，表明其代谢产物与活性氧产生率之间没有相关性；相比之下，PCP 在肝脏内发生代谢后，其在母体化合物的浓度迅速降低，活性氧的产生却保持在相对较高水平。因此，PCP 及其在鲫鱼体内的代谢产物 TCHQ 都有可能对活性氧的生成做出重要贡献。这也解释了 PCP 比其他氯酚类毒性更大的一个重要原因，而活性氧的诱导产生对其发挥毒性效应是一个重要环节。

6.2.2 鲫鱼对多环芳烃类污染物胁迫的响应

多环芳烃（PAHs）是一类具有多个苯环的芳香族有机化合物，是最早被发现具有“三致”作用且广泛存在的环境污染物（Swartz et al.，1990；Kanaly and Harayama，2000；Zhang et al.，2004）。在我国，大量的文献报道了在河口、内湾及沿岸海域的水体、生物体和沉积物中都检测出 PAHs 的存在（Yang，2000；Yuan et al.，2001；Mai et al.，2002；Maskaoui et al.，2002；Wu et al.，2003；Chen et al.，2004；Zhang et al.，2004）。PAHs 尤其是 2 ~7环 PAHs 多数具有致癌、致畸和致突变等生物活性，对生活在水环境中的各种水生生物产生各种危害。在美国五大湖中就发现鲑鱼甲状腺癌变增加，个体数减少，佛罗里达州鳄鱼和密歇根湖美国燕鸥卵的孵化率下降，个体数减少，曾怀疑是 PAHs、PCBs 等污染物造成的。因此，研究 PAHs 在水生生物体内的归趋和生物效应，对其生态风险评价非常重要，已引起全球越来越多的关注和重视（Ferguson and Chandler，1998；Aas et al.，2000）。然而，到目前为止，对于 PAHs 在水生生物体内的归趋、毒性机制和安全评价方面的研究仍然不是非常清晰。

有研究认为，对于暴露在有机污染环境中的生物来说，环境风险评价理想的方法是根据生物体内实际蓄积有机污染物量来预测慢性毒性生物效应（Landrum et al.，1992；Mc Carty and Mackay，1993）。此外，在研究污染物的致毒机制中，人们发现许多外源性化学物是通过产生大量活性氧对机体诱发多种损害的，因而生态毒理学家探索根据抗氧化系统的成分来检测污染物的早期影响。目前虽然抗氧化防御系统的一些成分还没有像第一阶段解毒酶（MFO）那样成为广泛的指标，但是，正由于它们能够反映多种污染物的早期作用，而且其变化可定量检测，已充分显示了其作为分子生态毒理学指标的前景，是一类很有希望的敏感的分子生物标记物。因此，对这一领域的研究正受到越来越多的重视。

6.2.2.1 菲诱导鲫鱼氧化胁迫与氧化损伤

菲是水环境中含量较多的一类 PAHs 化合物（Mai et al.，2002；Maskaoui et al.，2002；Chen，et al.，2004；Zhang et al.，2004），也是美国 EPA 公布的优先控制污染物之一。孙媛媛（2006）研究 PAHs 对鱼类肝脏自由基诱导时发现，0.05mg/L 菲暴露 24h 后鲫鱼肝脏中能够产生大量自由基，其 EPR 波谱如图 6-27 所示。从图中可以看出，对照组用 PBN 捕获到微弱的自由基信号，而实验组 PBN 捕获自由基信号比对照组明显增强。菲胁迫后在肝脏内产生的自由基谱线为 3 组有双重超精细分裂谱线的 6 个峰，超精细结构常数 g = 2.0058，a^N = 13.5 G，a^H = 1.77 G，因此可以判断经 EPR 检测到的自由基 $^{\cdot}OH$。以第 2 组双重峰的第 1 个超精细分裂峰的峰高的差值代表所产生的自由基信号强度，可以得到实验组与对照组的 $^{\cdot}OH$ 强度分别为 9899±1629 和 5092±714.8，诱导率为 194%（$P<0.01$）。对照组的 EPR 谱图所显示的微弱 $^{\cdot}OH$ 信号，说明在正常的细胞功能中也能产生包括 $^{\cdot}OH$ 在内的活性氧，只是环境中的污染物可以加快活性氧的产生速率。$^{\cdot}OH$ 是存在于生物体内对细胞和组织危害性最大的一类自由基，可攻击蛋白质、不饱和脂肪酸和 DNA 等大分子，引起蛋白质过氧化、脂质过氧化以及遗传物质 DNA 的损伤等。该研究中 $^{\cdot}OH$ 的生成揭示菲诱导鲫鱼体内产生活性氧，可能导致其肝脏氧化损伤。在正常的生理生化条件下，生物体内生成的活性氧可以被抗氧化系统所清除（Livingston，2001）。研究结果表明，经过 21d 的菲暴露，与对照组相比，SOD、CAT 和 GST 的活性产生显著变化，同样证明了菲可能诱导鲫鱼体内产生氧化胁迫的机制。

SOD 和 CAT 可通过部分地清除机体内的活性氧而减轻机体所受的氧化损伤（Di Giulio et al.，1989）。在该课题的研究中，鲫鱼暴露 0.05mg/L 菲溶液中，导致 $O_2^{\cdot-}$ 和其他自由基的生成。SOD 是生物体内唯一一种以自由基作为底物的抗氧化酶，可通过歧化反应使 $O_2^{\cdot-}$ 生成 H_2O_2 和 O_2，从而阻止危害性很大的 $O_2^{\cdot-}$ 大量生成，是生物防护机制的中心酶（Kappus，1985；Di Giulio et al.，1989）。过多的 $O_2^{\cdot-}$ 的生成导致 SOD 活性诱导。经过 4d

的暴露，鱼体组织中的菲浓度增加，越来越多的 $O_2^{\cdot -}$ 生成，SOD 活性受到显著诱导。因此，SOD 活性增加意味着 $O_2^{\cdot -}$ 的生成，而此时产生的 $O_2^{\cdot -}$ 仍然在 SOD 的清除能力之内。当 $O_2^{\cdot -}$ 增加到一定程度，超过了 SOD 的清除范围，$O_2^{\cdot -}$ 和其他自由基将导致抗氧化防御系酶失活。经过 6h 的暴露，与对照组相比，CAT 活性显著增加，说明产生的 H_2O_2 在机体内富集但还不足以使 CAT 受损。经过 1d 暴露，随着菲在生物体的富集增加，越来越多的 H_2O_2 在机体内生成，以致使 CAT 受到抑制。因而，CAT 的活性与对照组相比显著降低。$O_2^{\cdot -}$ 在生物体内可通过两种途径发生反应：一种途径，在 SOD 催化下，$O_2^{\cdot -}$ 可分解生成 H_2O_2；另一种途径，在 H_2O_2 存在下，$O_2^{\cdot -}$ 经 Haber-Weiss 反应生成 $^{\cdot}OH$，在生物体内存在 Fe^{2+} 和 Cu^{2+} 时候，可加速这种反应（Di Giulio et al.，1989）。因此，可能是以下两个方面的原因导致了 $^{\cdot}OH$ 的生成：①当鱼体暴露 0.05mg/L 菲 24h，菲富集进入机体组织代谢导致 $^{\cdot}OH$ 生成；②$O_2^{\cdot -}$ 和 H_2O_2 将导致 $^{\cdot}OH$ 的再次生成。

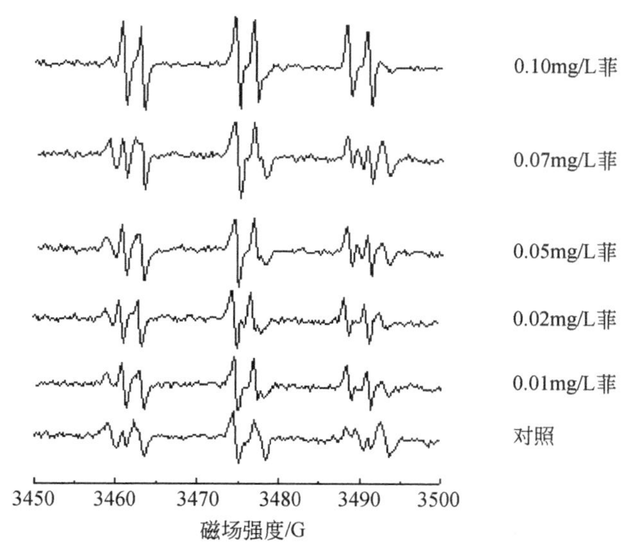

图 6-27　菲暴露诱导 PBN-自由基加合物的 EPR 波谱

孙媛媛（2006）研究进一步发现，菲暴露对鲫鱼肝脏 $^{\cdot}OH$ 的诱导与暴露剂量、菲在鲫鱼肝脏中的富集存在较强的相关关系。当暴露浓度为 0.05mg/L 时，诱导产生的自由基 $^{\cdot}OH$ 强度与对照组相比就具有显著性差异（$P<0.01$）。当暴露浓度为 1.0mg/L 时，自由基（$^{\cdot}OH$）的信号强度是对照的 168%。回归分析结果表明，暴露浓度和产生的自由基强度之间呈明显的指数剂量–效应关系：$y=6582e^{5.0C}$（$R^2=0.9719$）。式中 y 为自由基信号强度，C 为菲暴露浓度。回归方程表明，随着自由基信号强度的增加，对鲫鱼肝脏可能产生了氧化胁迫。且经不同浓度暴露，自由基信号强度和菲在肝脏中的富集量呈现出相似的趋势（图 6-28）。

多数研究认为，根据生物体内实际蓄积的有机污染物的量来预测它的慢性毒性生物效应是目前较为理想的方法之一（Landrum et al.，1992；Mc Carty and Mackay，1993）。对于有机物在生物体内产生的毒性效应而言，生物体内的污染物蓄积量比在外部的水体或沉

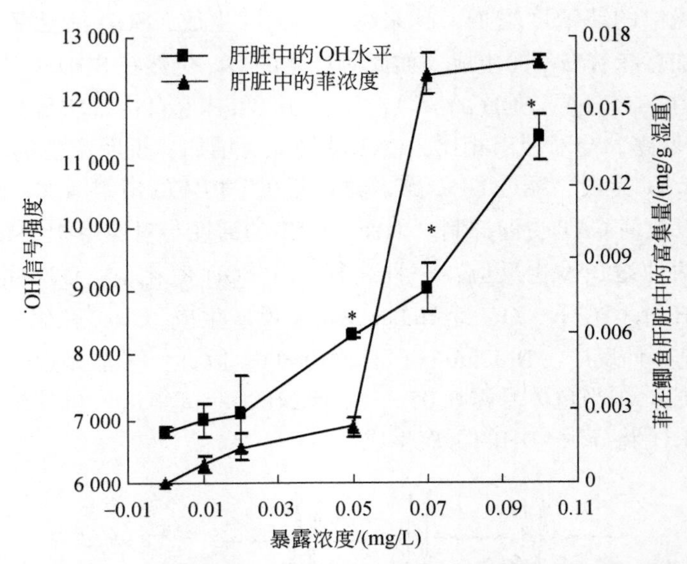

图 6-28　暴露 10d 后˙OH 信号强度、菲在鲫鱼肝脏中的富集量与暴露浓度之间的关系

*，$P<0.05$

积物中的含量更重要。因为大多数情况下，污染物必须先蓄积进入生物组织内才可能产生毒性效应。孙媛媛（2006）的研究结果证实，菲是通过蓄积进入鲫鱼体内对其产生毒性效应的，可根据其体内的蓄积量评价可能导致的毒性效应。然而，此方法的最大缺陷在于分析方法繁琐，仪器要求高。故毒理学家一直在试图寻找简单且准确的替代方法。分子生态毒理学指标由于能对污染物低剂量长期暴露的早期损伤作出预警而成为近年来国内外的研究热点。

该研究中，用电子自旋共振捕集技术直接捕获到了活性氧，并证实是˙OH。当暴露浓度为 0.05mg/L 时，诱导产生的自由基（˙OH）强度与对照组相比就具有显著性差异（$P<0.01$）。且暴露浓度和产生的自由基强度之间呈明显的指数剂量-效应关系（$R^2=0.9719$），从分子水平上反映了污染物对鱼体肝细胞的损伤，有望成为指示水环境低浓度早期污染的生物标志物。

研究还表明，SOD 对菲暴露最敏感，其酶活性能被 0.02mg/L 菲显著诱导，表明污染物引起了鲫鱼体内大量的 $O_2^{\cdot-}$ 的生成，SOD 可以催化其歧化生成 H_2O_2。此时 CAT 活性并没有受到显著诱导，鉴于 CAT 只有在高 H_2O_2 浓度的情况下才能发挥高效作用的特征，实验结果表明，此时鲫鱼体内还没有生成大量的 H_2O_2，随着暴露浓度增加，H_2O_2 大量累积，CAT 活性从 0.05mg/L 浓度组开始被显著诱导。高浓度组暴露对鲫鱼肝脏 GST 活性表现出诱导作用（$P<0.05$），其余低浓度组的 GST 活性与对照组相比则无显著差别。说明当菲浓度很低时，鱼体内正常的 GST 活性水平可以保证消除脂质过氧化等带来的次级产物；随着污染胁迫浓度的增大，GST 活性受到短暂激活，以消除更多的氧化产物。总之，生物体内的活性氧和抗氧化防御指标有可能快速指示水体中污染物的存在。在该暴露实验中，SOD 对菲最为敏感，而˙OH 强度、CAT 和 GST 对低浓度菲也较为敏感，这 4 项指标从分子水平上反映了污染物对鱼体肝细胞的损伤，可考虑作为水环境中菲早期污染的生物标志物。

但抗氧化系统酶与暴露剂量之间尚缺乏良好的剂量-效应关系，还需进一步研究。

6.2.2.2 芘诱导鲫鱼氧化胁迫与氧化损伤

芘也是水环境中含量较多的一类 PAHs 化合物（Mai et al.，2002；Maskaoui et al.，2002；Chen et al.，2004），也是美国环境保护局公布的优先控制污染物之一。芘常被作为高相对分子质量 PAHs 的典型化合物和基本组成部分，与 PAHs 总量有良好的相关性，曾被用来作为 PAHs 污染的指示剂（Strickland and Kang，1999）。孙媛媛（2006）用已建立的 EPR 二次捕获技术研究芘胁迫下鲫鱼肝脏活性氧的变化，结果发现，芘胁迫后在鲫鱼肝脏内产生的自由基谱线为 3 组具有双重超精细分裂谱线的 6 个峰，超精细结构常数 g = 2.0057，a^N = 15.3G，a^H = 3.5G，为 $^{\cdot}$OH。0.05mg/L 芘暴露后，第 1、2、4、7、21 天，自由基信号显著增强（$P<0.05$），其中第 2 天的信号最强，与对照组相比诱导率为 175%。暴露时间超过 7d 后，自由基信号强度趋于平缓。

该研究还发现，芘在暴露初期就可以快速被鲫鱼肝脏组织富集，1d 后达到富集最大值。之后，鲫鱼肝脏组织中芘的浓度开始下降。Baussant 等（2001）报道，鲫鱼暴露于石油后，鱼体中 2,3,4 环典型 PAHs 均为浓度在暴露初期快速增加，约暴露 3d 达到最大值，然后迅速降低到一个稳定的低浓度阶段。Ferguson 和 Chandler（1998）经室内模拟实验发现，暴露初期多毛类搓稚虫（*Streblospio benedicti*）能快速富集 PAHs，直至 12d 后 *S. benedicti* 组织中的 PAHs 浓度开始下降。PAHs 在生物体内的归趋，与其相对分子质量相关，相对分子质量增加，K_{ow}增加，脂溶性增加，因而在生物体内富集量增加。芘被鱼体组织快速富集是因为其较高的脂溶性（$\log K_{ow}$为 5.18）。暴露 1d 以后，芘在鱼体组织中浓度的降低可能与代谢和排泄有关。水生生物很大程度上通过代谢消除过多的体内外来有机化合物的蓄积量。已证实，PAHs 能被多种水生生物代谢，包括沙蚕属幼虫（*Nereis virens*）（McElroy et al.，1990）、螃蟹（*Cancer pagurus*）（Sundt and Gorksφyr，1998）、多毛类搓稚虫（Ferguson and Chandler，1998）和欧洲鳗鲡（*Anguilla anguilla*）（Ruddock et al.，2003）。Pangrekar 等（1995，2003）报道，灰鳅的肝微粒体能代谢苯并芘和菲。Baussant 等（2001）也证实，用荧光光谱的方法可以检测到大比目鱼胆汁中的 PAHs 母体化合物转换成 PAHs 代谢产物。

$^{\cdot}$OH 是存在生物体内的对细胞和组织危害性最大的一类自由基，可攻击蛋白质、不饱和脂肪酸和 DNA 等大分子，引起蛋白质过氧化、脂质过氧化以及遗传物质 DNA 的损伤等。该研究中$^{\cdot}$OH 的生成揭示芘诱导鲫鱼体内产生活性氧，可能导致其肝脏氧化损伤。在正常的生理生化条件下，生物体内生成的活性氧可以被抗氧化系统所清除（Livingston，2001）。研究结果表明，鲫鱼暴露于芘中 21d 后，与对照组相比，其肝脏 SOD、CAT 和 GST 的活性发生显著变化，证明芘诱导了鲫鱼体内产生氧化胁迫。

过多 $O_2^{\cdot -}$的生成会诱导 SOD 活性的升高。因此，SOD 活性的增加意味着 $O_2^{\cdot -}$的生成。暴露 12h 后，与对照组相比，鲫鱼肝脏 CAT 活性显著性升高。暴露 1d 后，越来越多的芘富集进入机体，越来越多的 H_2O_2在机体内生成，导致 CAT 活性受到抑制。在 H_2O_2存在下，$O_2^{\cdot -}$可经 Haber-Weiss 反应产生$^{\cdot}$OH。生物体内积累的 Fe^{2+}和 Cu^{2+}可加速$^{\cdot}$OH 的产生（Di Giulio et al.，1989）。因此，可能是以下两方面的原因导致了$^{\cdot}$OH 的生成：①当鱼体暴露于 0.05mg/L 芘 24h，芘进入机体组织代谢后导致$^{\cdot}$OH 的生成；②$O_2^{\cdot -}$和 H_2O_2将导致˙OH 的再次生成。

0.05mg/L 芘对鲫鱼构成了氧化胁迫，暴露第 2 天，GSH 显著降低而 GSSG 显著升高。研究报道，GSH/GSSG 值对污染暴露比较敏感（Oost et al.，2003），本实验证实，芘暴露 3h，GSH/GSSG 值即显著下降，GSH/GSSG 值比 GSH、GSSG 指标更为敏感。GST 是一种高诱导性酶，具有广泛的作用底物，有机、无机化合物均可诱导其活性。在水生动物体内，GST 可被 2,4-二氯酚诱导，其活性显著高于对照组（Zhang et al.，2004）。Chen 等（1998）通过研究也发现，金属的长期暴露对鱼类肝脏 GST 活性产生显著诱导。而在本实验中，当芘暴露 1d，活性氧显著增高时，GST 活性开始被抑制，GSH 也在暴露第 2 天被抑制，说明芘暴露对谷胱甘肽系统的伤害比较大。

Luo 等（2005）在研究氯酚类有机污染物对鲫鱼的氧化胁迫时发现，鲫鱼肝脏脂质过氧化产物（MDA）和˙OH 之间有显著正相关以及在时效上脂质过氧化有滞后效应，认为˙OH 是脂质过氧化产生的根本原因。脂质过氧化是由活性氧的引发作用、链式和链式支链反应的传播扩增作用以及自由基相互反应的终止作用组成的一系列复杂过程。脂质过氧化为氧应激增强后发生的活性氧氧化生物膜的过程，即活性氧与生物膜的磷脂、酶和膜受体相关的多不饱和脂肪酸的侧链及核酸等大分子物质起脂质过氧化反应形成脂质过氧化产物，如 MDA 和壬烯（HNE），从而使细胞膜的流动性和通透性发生改变，最终导致细胞结构和功能的改变。在本实验中，MDA 和˙OH 随暴露时间的增加，与对照组相比，两者都是诱导升高，˙OH 在芘暴露 1d 后出现显著诱导，MDA 含量在 2d 后显著升高，显示鲫鱼在芘暴露的胁迫下，诱导产生了活性氧，导致脂质过氧化这一过程。

孙媛媛（2006）研究芘暴露对鲫鱼肝脏的剂量-效应关系时进一步发现，鲫鱼暴露 10d 后，暴露浓度为 0.01mg/L 时芘在鲫鱼肝脏内的浓度变化很小，可能是暴露浓度小时，进入鱼肝脏的芘大都被代谢了，而暴露浓度达到 0.05mg/L 时，代谢速率小于富集速率，导致一定的累积现象。芘在静态暴露 10d 后诱导鲫鱼肝脏产生自由基，PBN 捕获到的信号与动态暴露一致，为 PBN/˙CH_3 自由基，是 PBN 捕获˙OH 的产物。图 6-29 显示不同浓度芘暴露 10d 后 PBN 捕获到的自由基信号强度，从图中可以看出，芘暴露增加了 EPR 信号强度，即芘诱导了˙OH 的产生，与空白对照组相比，芘暴露 0.001mg/L 时，˙OH 被显著诱导（$P< 0.05$），芘暴露浓度为 0.1mg/L 时，˙OH 含量达到最大值，为对照组的 1.87 倍。

自由基强度与芘在鲫鱼肝脏内的富集之间呈线性剂量-效应关系（$R = 0.938$）。芘的暴露引起 MDA 含量的升高，MDA 含量在芘的静态暴露时与˙OH 显示出了正相关（$R= 0.890$）。上述结果表明，活性氧从分子水平上反映了污染物对鱼体肝细胞的损伤，有望成为指示水环境低浓度早期污染的生物标志物。

鲫鱼在不同浓度芘暴露后其肝脏的抗氧化系统酶活性变化如图 6-30 所示。与对照组相比，SOD、CAT 和 GST 活性变化趋势相似，均在暴露浓度为 0.001mg/L 时显著升高，显示生物体在低浓度胁迫时的应激现象；随着暴露浓度的升高，三种酶的活性开始逐渐减弱，当暴露浓度为 0.005mg/L 时，三种酶活性基本回复到对照组的状态，SOD 活性在 0.1mg/L 时有升高现象，但并不显著，CAT 和 GST 活性均有所下降，即高浓度暴露时，这两种酶受到抑制。

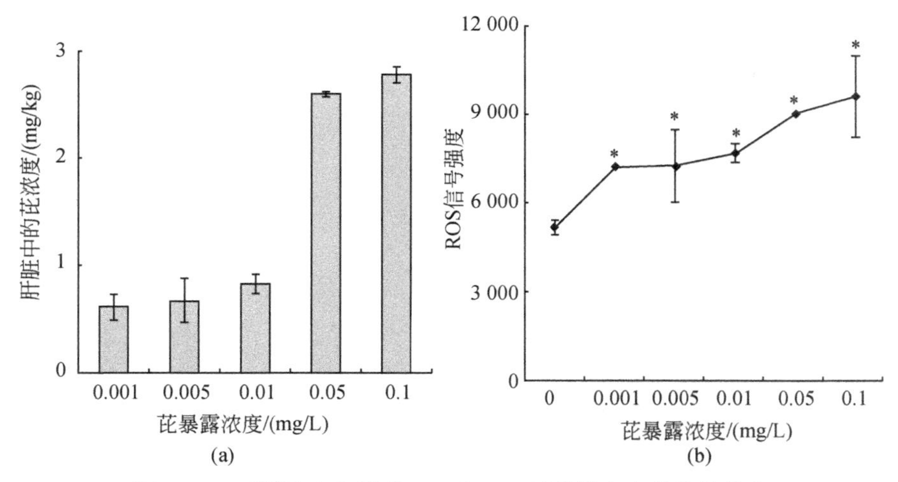

图 6-29　不同浓度芘暴露 10d 后 PBN 捕获的自由基信号强度

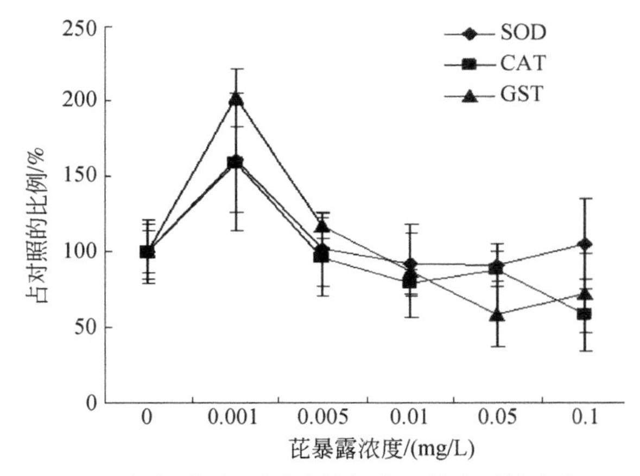

图 6-30　芘暴露后鲫鱼肝脏中抗氧化系统酶活性变化（n=6）

早有研究报道，生物体内抗氧化成分会因污染胁迫的存在而改变。本次研究结果显示，不同浓度组中，鱼体肝脏抗氧化指标都呈现出较大变化，表明肝脏是芘毒性作用的重要靶器官之一，芘低浓度暴露引起肝脏的氧化应激，可能是导致肝脏致毒机制之一。从实验结果可以看出，SOD、CAT、GST 活性在 0.001mg/L 芘暴露时均被显著诱导。SOD 活性被诱导，表明污染物引起了鲫鱼肝脏内大量 $O_2^{\cdot -}$的生成，SOD 可以催化其歧化生成 H_2O_2。鉴于 CAT 在高 H_2O_2浓度的情况下能发挥高效作用的特征，此时 CAT 活性也相应受到显著诱导。高浓度组暴露对鲫鱼肝脏 SOD、CAT、GST 活性表现出抑制作用，说明高浓度芘暴露对抗氧化酶产生了一定的伤害。从几种酶活性在低浓度暴露显示氧化应激，高浓度暴露显示氧化胁迫的现象来看，产生氧化胁迫确实是芘污染对鲫鱼产生损伤的重要途径，抗氧化酶在生物体内产生着重要的调节作用。

6.3 植物体内活性氧和自由基的定量及分析方法

植物组织的光合作用、呼吸、氧化磷酸化、脂肪酸的 β- 氧化以及许多氧化酶的代谢过程均可产生活性氧（统称为 ROS）。活性氧是外源性氧化剂或细胞内有氧代谢过程中产生的具有很高生物活性的含氧化合物的总称，是动物、植物对外界生物与非生物胁迫响应的普遍特征。活性氧通常存在超氧阴离子自由基（$O_2^{\cdot -}$）、过氧化氢（H_2O_2）、羟基自由基（$^{\cdot}OH$）、一氧化氮（NO）、单残态氧（$^1O_2$）等类型。这些活性氧自由基可以相互转化，通过协同作用，形成一个复杂的反应网络。其中 H_2O_2 和 $O_2^{\cdot -}$ 主要通过 Fenton、Haber-Weiss、Winterbourn 反应或光解反应等途径形成氧化能力最强的 $^{\cdot}OH$。

在叶片等含有叶绿素的组织中，在光照条件下，活性氧主要产生于叶绿体和过氧化物酶体；而在根部等不含叶绿素的组织细胞以及黑暗条件下的绿色组织，活性氧主要来源于线粒体（Møller，2001；Foyer and Noctor，2003；Taylor et al.，2004）。植物组织细胞内的 ROS 一般是通过下列途径产生的：①叶绿体内的 Mehler 反应和天线色素在 CO_2 固定受到限制的条件下产生活性氧；②在 C_3 植物中限制 CO_2 供应，从而激活光呼吸途径，经由过氧化物酶体中的乙醛酸氧化酶催化产生 H_2O_2；③在微粒体脂肪酸氧化过程中，H_2O_2 作为脂肪酸的副产物产生；④在电子传递受到抑制的条件下，电子传递链的过度还原产生 $O_2^{\cdot -}$；⑤pH 依赖的细胞壁过氧化物酶、乙二酸氧化酶、二胺和多胺氧化酶可以在质外体中产生 ROS；⑥质膜 NADPH 氧化酶将分子氧还原生成 $O_2^{\cdot -}$（Sagi and Fluhr，2001；Sagi et al.，2004；周丛义等，2010）。此外，病原伤害和环境胁迫也可以启动植物细胞质膜 NADPH 氧化酶的合成和活性氧的产生（Sagi et al.，2004）。植物细胞质膜 NADPH 氧化酶是植物体中一种与哺乳动物嗜中性粒细胞 gp91phox 同源的氧化还原酶。当植物受到生物或非生物胁迫时，质膜 NADPH 氧化酶被证明是活性氧迸发和积累的主要来源（Sagi and Fluhr，2001；Foreman et al.，2003；Bedard and Krause，2007）。植物突变体实验也证明，植物体氧化猝发时，质膜 NADPH 氧化酶起着关键作用（Simon-Plas et al.，2002；Torres et al.，2002；Yoshioka et al.，2003）。诱导产生的活性氧通过激活质膜 Ca^{2+} 通道，诱导胞内 Ca^{2+} 浓度升高（Foreman et al.，2003），或通过激活有丝分裂原激活蛋白激酶（MAPK）、有丝分裂原激活蛋白激酶—激酶（MAPKK）或有丝分裂原激活蛋白激酶—激酶—激酶（MAPKKK）等信号途径，导致蛋白激酶级联反应，调节相关基因的表达和细胞代谢，使植物及时对逆境胁迫作出应激响应。因此，有关活性氧与质膜 NADPH 氧化酶的关系及其信号分子作用的研究已经成为学术界关注的热点问题。迄今为止，有关 NADPH 氧化酶生理功能及其在植物应激响应中的作用机制方面的研究还相当有限，人们对该酶基因表达、调控及其在分子水平调节活性氧产生，从而介导植物应激响应的微观机制还不甚清楚（周丛义等，2010）。

随着研究的不断深入，人们逐步认识到，活性氧是植物体正常代谢的产物，是植物感知和传递胁迫信号的微观途径，而过量的活性氧却能够诱导膜脂质过氧化、蛋白质和 DNA 分子的氧化修饰与损伤等。因此，研究自由基的产生、积累和代谢，就能够反映植物体在逆境条件下的氧化胁迫和应激响应状态。目前通常采用分光光度法、原位显色法、自旋捕捉-EPR 等方法测定植物组织细胞内的部分自由基。

6.3.1 $O_2^{\cdot -}$的定量方法研究

王爱国和罗广华（1990）以及 Ke 等（2002）通过羟胺反应捕获 $O_2^{\cdot -}$，再应用分光光度法测定植物组织细胞中 $O_2^{\cdot -}$的产生速率。结果表明，该方法可用于研究重金属胁迫下蚕豆幼苗叶片组织 $O_2^{\cdot -}$的变化水平（Wang et al.，2008a）。Able 等（1998）应用四唑类化合物捕捉烟草培养细胞内的 $O_2^{\cdot -}$，再利用分光光度法测定 $O_2^{\cdot -}$中间产物的含量。该实验方法还用于测定植物决明子（*Cassia tora*）根部在 Al^{3+} 和水杨酸单独或联合作用下的 $O_2^{\cdot -}$水平（Wang et al.，2004）。

尹颖等用羟胺反应法测定了菲诱导金鱼藻组织细胞内 $O_2^{\cdot -}$浓度的变化，结果如图 6-31 所示。与对照组相比，所有暴露组的 $O_2^{\cdot -}$均被显著性诱导，当暴露浓度增至 0.05mg/L 时，$O_2^{\cdot -}$含量达到峰值，超过此剂量范围则呈现下降趋势，但仍高于对照组（Yin et al.，2010）。尹颖等还研究了芘暴露条件下金鱼藻 $O_2^{\cdot -}$产生的变化，结果如图 6-32 所示。与对照组比较，所有暴露组 $O_2^{\cdot -}$均被诱导：当暴露浓度达到 0.02mg/L 时，$O_2^{\cdot -}$被显著性诱导，而且与芘的暴露浓度之间呈明显的线性剂量-效应关系［$y = 1.52\times10^3 x + 63.3$，$R^2 = 0.956$；$y$ 为超氧阴离子含量，x 为芘暴露浓度（mg/L）］。同时发现，金鱼藻中芘的富集量与其 $O_2^{\cdot -}$含量的变化趋势也是一致的（Yin et al.，2008）。

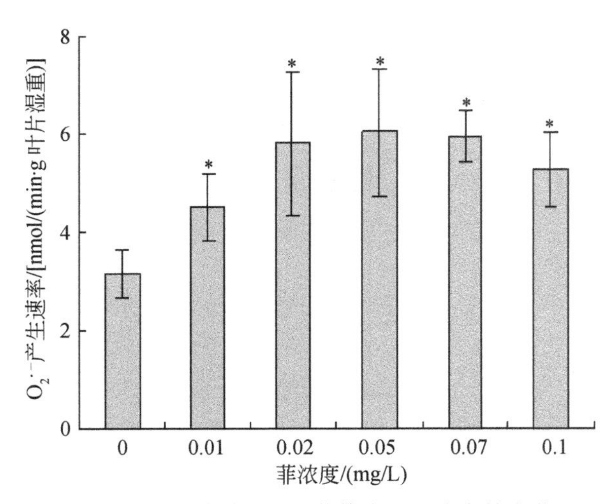

图 6-31　菲暴露下金鱼藻体内 $O_2^{\cdot -}$浓度的变化

$O_2^{\cdot -}$浓度还可以根据焦棓酸自氧化的抑制水平进行间接计算（Peng et al.，2006）。首先把 50mmol/L Tris-HCl 缓冲液（4.5mL）在 25℃孵育 20min，添加 0.1mL 临时制备的待测样品粗酶液，再添加 0.4mL 2.5mmol/L 的焦棓酸溶液。反应 4min 后，加两滴 8mol/L HCl 终止反应，所测 OD_{299}作为 $A_{样品}$。用 0.1mL 蒸馏水代替酶液，测定的 OD_{299}作为 $A_{空白}$。$O_2^{\cdot -}$的捕获能力可根据公式［$(A_{空白}-A_{样品})/A_{空白}$］×100%计算获得。

除了上述化学测定方法外，$O_2^{\cdot -}$浓度还可以应用氮蓝四唑（NBT）显色法在叶片组织上直接显示出来。具体方法是将新鲜叶片切下后，立即用 0.5mg/mL NBT 抽滤（5min×3

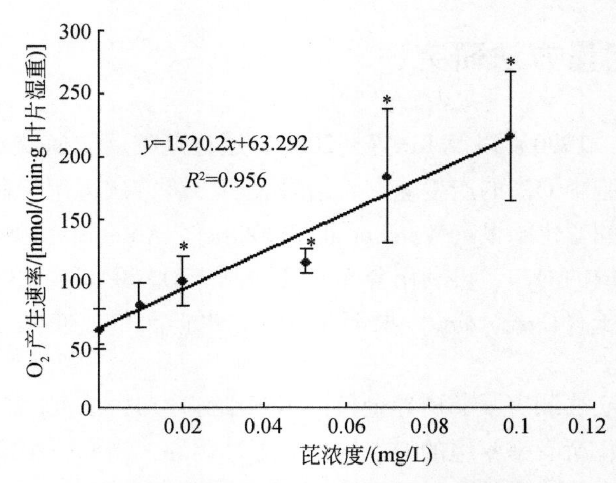

图 6-32 芘暴露下金鱼藻体内 $O_2^{\cdot -}$ 浓度的变化

次)，促使 NBT 溶液渗入叶片组织细胞。空白组先应用 SOD（10U/mL）和 10mmol/L $MnCl_2$的混合溶液抽滤（5min×3 次），再用 0. 5mg/mL NBT 溶液抽滤（5min×3 次）。所有实验组于黑暗下静止 1h 后，用 80% 乙醇煮沸脱色，$O_2^{\cdot -}$呈现为蓝色沉积斑点。脱色后的叶片于 4℃ 条件下保存于 10% 甘油中。应用 Imageproplus 等软件对摄像后的 $O_2^{\cdot -}$蓝色沉积区的光密度进行统计分析，即可反映 $O_2^{\cdot -}$的产生和积累水平。Romero- Puerta 等（2004a，2004b）应用 Photoshop 软件对扫描后叶片图片的像素进行定量分析，用蓝色斑点面积与叶片总面积的比值表示 $O_2^{\cdot -}$的积累水平。Wohlgemuth 等（2002）应用原位显色法研究发现，O_3诱导了拟南芥幼苗叶片组织细胞 $O_2^{\cdot -}$的产生和积累。Rodríguez- Serrano 等（2006）应用荧光染料二氢乙锭（dihydroethidium，DHE）捕获暴露于 Cd^{2+} 污染的豌豆幼苗根部组织 $O_2^{\cdot -}$，再通过激光共聚焦显微镜对荧光沉积区域进行观察和分析，证明 Cd^{2+}诱导了 $O_2^{\cdot -}$的产生和积累。

王晓蓉课题组应用 NBT 原位显色法研究了暴露于（0 ~ 2000 mg/kg）外源铅污染土壤的蚕豆幼苗叶片组织 $O_2^{\cdot -}$的积累水平和分布状况（汪承润，2008）。结果表明，种子播种一个月后，叶片 $O_2^{\cdot -}$光密度值显著性升高，而将铅处理组的叶片应用 SOD 预处理后再进行原位显色，$O_2^{\cdot -}$光密度明显降低。实验结果表明，铅污染土壤诱导了蚕豆幼苗叶片组织 $O_2^{\cdot -}$的产生和积累，而且 $O_2^{\cdot -}$在叶片组织中的分布是不均匀的（图 6-33）。

王晓蓉课题组还应用原位显色法研究了栽培于镉污染土壤一个月后的水稻幼苗叶片组织 $O_2^{\cdot -}$的变化，并应用 Imageproplus 软件对 $O_2^{\cdot -}$蓝色沉积斑点的光密度进行统计分析。结果表明，镉污染土壤诱导了水稻叶片组织 $O_2^{\cdot -}$产物的积累，而且其光密度值随着外源镉浓度的增加而呈现上升趋势（图 6-34）。

由于活性氧自由基的寿命很短，检测困难，已有研究大多通过间接的方法，如以抗氧化酶的响应或活性氧毒性作用终点产物的测定来推测机体所受的氧化胁迫。如果能够直接

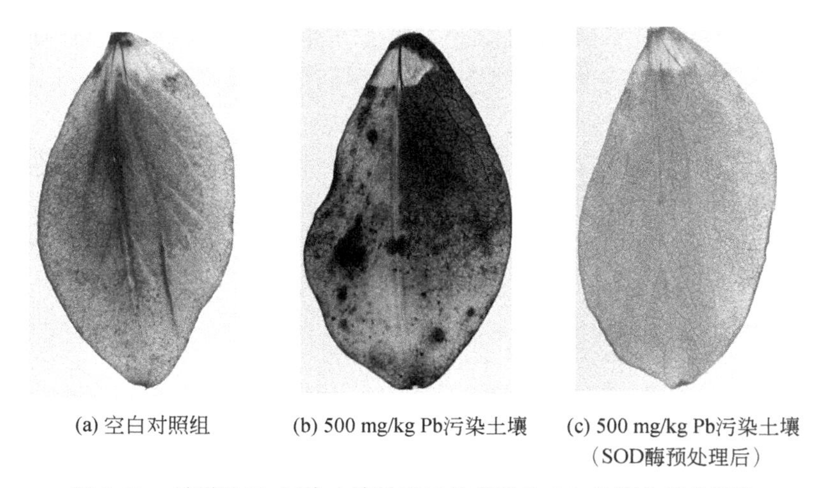

图 6-33　暴露于 Pb 污染土壤的蚕豆幼苗叶片 $O_2^{\cdot-}$ 的原位显色图片

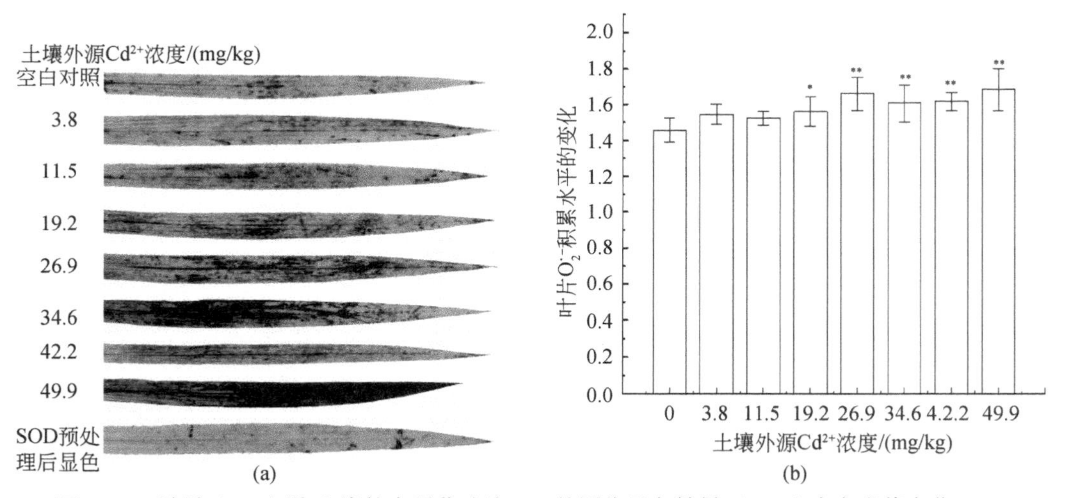

图 6-34　暴露于 Cd 污染土壤的水稻苗叶片 $O_2^{\cdot-}$ 的原位显色结果（a）和光密度值变化（b）

测定生物体内的活性氧，弄清污染物与生物体活性氧和抗氧化防御系统之间的耦合关系，对预测土壤污染生物体早期伤害将更有意义。电子顺磁共振光谱仪（EPR 或 ESR）结合自旋捕获技术是当前研究自由基最直接、最有效的手段，近来已广泛应用于动物毒理、生物医学等领域的研究（Selote et al.，2004；Luo et al.，2005）。在农学领域，国外学者也已将其应用于干旱、寒冻、涝渍等胁迫对作物自由基代谢影响的研究（Pirker et al.，2002；Selote et al.，2004）。

$O_2^{\cdot-}$ 的特异性捕获剂 1,2-二羟基苯-3,5-二磺酸钠（Tiron）结合 EPR-自旋捕捉技术能够克服上述局限性，对 $O_2^{\cdot-}$ 进行定性和定量分析（Lynch and Thompson，1984；Price and Hendry，1991）。EPR-自旋捕捉技术是检测生物和化学体系中自由基含量的最直接、最敏感的技术。Selote 等（2004）应用自旋捕获剂 PBN，结合 EPR 技术捕获并测定了小麦幼苗根和叶片组织匀浆液中 $O_2^{\cdot-}$-PBN 加合物的变化。结果表明，干旱或水胁迫诱导了小麦根

部和叶片组织 $O_2^{\cdot-}$的迸发及积累，而且 $O_2^{\cdot-}$的积累水平在不同组织中存在差异。Tiron 结合 EPR-自旋捕捉技术还用于研究叶黄素等抗氧化剂对 $O_2^{\cdot-}$的清除能力（Peng et al.，2006）以及衰老叶片和叶绿体中 $O_2^{\cdot-}$的变化（Lin *et al.*，1988）。

Wang 等（2008b）应用 Tiron 捕获剂，结合 EPR-自旋捕捉技术研究了暴露于铅污染土壤的番茄幼苗叶片组织 $O_2^{\cdot-}$强度的变化。结果表明，种子播种近两个月后，叶片组织细胞中的 Tiron-$O_2^{\cdot-}$半醌加合物的强度随着外源铅浓度的增加而趋于升高。结合土壤有效态铅和叶片 HSP70 表达水平的变化，初步认为，番茄幼苗 $O_2^{\cdot-}$的显著性增加可指示铅污染土壤的氧化胁迫程度（图 6-35）。

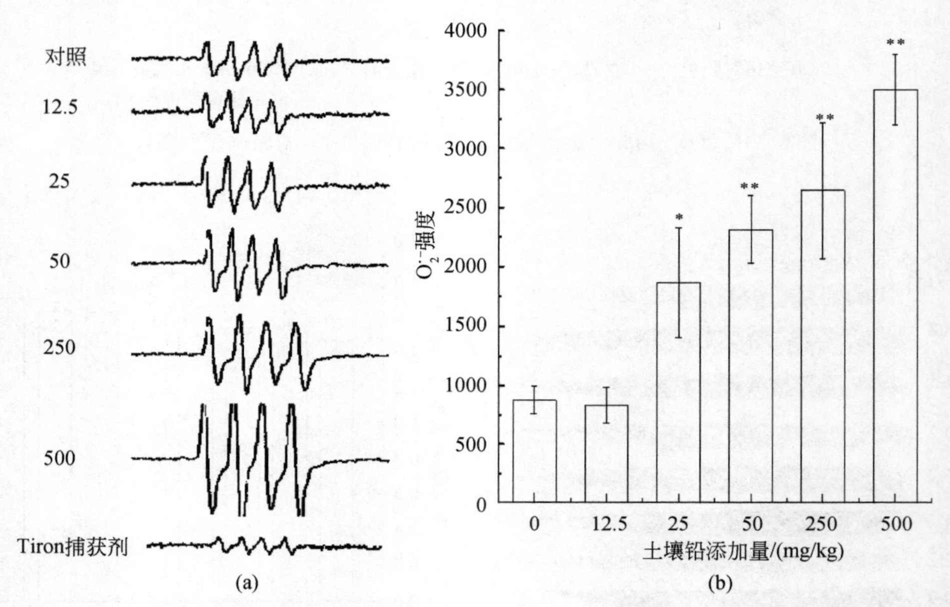

图 6-35　土壤铅诱导的番茄幼苗叶片组织 $O_2^{\cdot-}$-Tiron-EPR 图谱（a）及其信号强度（b）

$n=3$；*，$P<0.05$；**，$P<0.01$（Wang et al.，2008b）

6.3.2　氮氧自由基和过氧自由基

早在 1954 年，Commoner 等（1954）就发现，几乎所有生物组织中都存在 ESR 信号。利用电子自旋共振技术研究组织或细胞的 ESR 波谱就可能反映生物组织中自由基的存在、变化和作用。因此，该项技术一直受到生物化学家、生理学家、病理学家及毒理学家的重视。为了适应 ESR 测量的需要，克服组织中所含水分对微波造成的介质损耗，人们不断摸索组织的前处理方法，其中冷冻干燥法是早期较常用的直接测量自由基的方法（Dodd and Swartz，1984；Liu et al.，2006）。

尹颖等应用该方法检测了 PAHs 胁迫下沉水植物茎叶组织自由基的变化（Yin et al.，2008）。具体步骤是将样品组织冷冻干燥，装入内径为 3mm 石英管中进行 ESR 分析，操作过程中避免水分沾入。ESR 的操作参数：测试温度室温，微波功率（SP）20mW，微波频率(SF)X-band，调制频率(MF)100kHz，调制幅度(MA)1.0G，中心磁场(CF)3470G，扫描时间(TI)84s，时间常数(TC)41ms，扫场宽度(SW)200G，信号2次叠加（Garnczarska and Bednarski，2004）。EPR直接检测菲诱导苦草茎叶组织中自由基的图谱如图6-36所示。这是典型的未经捕获测得的自由基EPR谱图，峰型为一对称单峰，峰宽较窄。经计算机拟合分析，g因子为2.0032，峰宽平均8.02G，属于氮氧自由基和过氧自由基的混合体（Yin et al.，2008）。

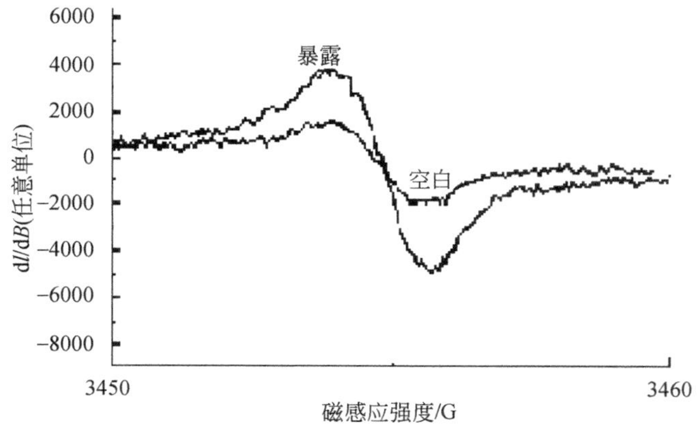

图6-36　暴露组与空白组ESR谱图

菲暴露对苦草茎叶中自由基产生的影响如图6-37所示。与对照组相比，在0.01～0.05mg/L剂量范围，自由基信号强度随着外源菲暴露剂量的增加而升高，超过此剂量范围则呈现下降趋势，但均高于对照组。菲在植物体内的富集必然诱导植物体的氧化胁迫与应激响应。菲在生物体内混合功能氧化酶作用下引进O，活化底物分子，代谢形成各种中间产物——环氧化物、酚、醌、二醇等，这些中间代谢物有很高的亲电子性，极易对蛋白质、DNA等大分子物质产生氧化损伤。在本实验研究中，ESR直接检测到生物体内的自由基信号，其ESR自由基谱图为一单峰，根据其g因子判断其主要为氮氧自由基和过氧自由基的混合体（Yin et al.，2010），其先驱物质包括在电子转移途径中的醌、简单酚类或复杂多酚的代谢产物（赵宝路，2002）。

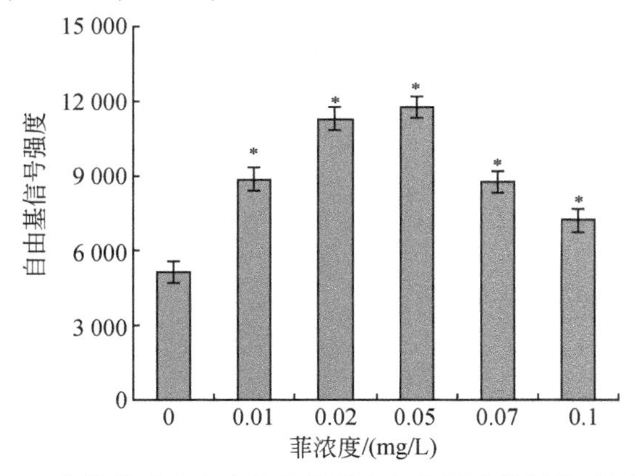

图6-37　苦草茎叶中自由基信号强度与菲暴露的剂量-效应关系

尹颖等还研究了芘对沉水植物生理生化的影响，结果表明，芘在金鱼藻中诱导了类似的自由基信号（Yin et al.，2008）。而且还发现，菲和芘均诱导了植物体膜质过氧化产物MDA的产生，其积累水平与自由基产物之间均存在正相关（Yin et al.，2008，2010）。因此，菲和芘很可能通过自由基的作用机制诱导了金鱼藻的氧化损伤。

6.3.3 碳中心自由基的测定方法

Lin等（2007）在研究自旋捕获剂a-(4-氮苯基-*N*-氧化物)-*N*-叔丁基甲亚胺（4-POBN）浓度对自由基捕获效率影响的基础上，应用捕获剂4-POBN，结合EPR-自旋捕捉技术研究了土壤不同浓度镉污染胁迫下小麦幼苗叶片组织自由基的变化（图6-38）。结果表明，0.3～3.3mg/kg的外源镉显著性降低了小麦叶片的自由基强度，高于此剂量范围则促进了自由基的产生和积累。同时也发现，叶片自由基强度均高于对应剂量下的根部自由基水平，而且随着土壤镉浓度的增加，前者比后者对镉离子胁迫的响应更敏感（图6-39）。

(a)　　　　(b)

图6-38　电子顺磁共振光谱仪（a）和栽培于镉污染土壤的小麦幼苗（b）

进一步分析POBN-自由基加合物的典型EPR图谱［图6-39(a)］，发现其6个峰应分别来源于自旋加合物上硝基^{14}N（$I=1$）及a-碳原子上的^{1}H（$I=1/2$）的未成对电子在磁场下的分裂，超精细分裂常数为$a^{(^1\mathrm{H})}=2.6\mathrm{G}$；$a^{(^{14}\mathrm{N})}=15.5\mathrm{G}$，$g$因子为2.0062。此特征参数符合4-POBN捕获的碳中心自由基的特征，与有关文献报道一致（Buettner，1987；Deighton et al.，1992；Muckenschnabel et al.，2001）。碳中心自由基由活性氧对组织内有机物分子中的氢“摘除”反应而产生，其寿命短暂，但通过4-POBN捕获形成可供EPR检测的更为稳定的加合物（Muckenschnabel et al.，2001）。

机体组织中的自由基处于产生与清除的动态平衡中，EPR信号强度反映了机体内动态平衡下自由基的稳定浓度。由于碳中心自由基与机体内活性氧的积累水平密切相关，从而可能指示机体遭受的氧化胁迫程度（Pirker et al.，2002）。该实验结果为土壤镉污染导致植物自由基代谢失衡提供了直接证据，进一步证明农作物幼苗叶片组织的自由基积累水平可作为重金属污染土壤的早期诊断生物标志物。

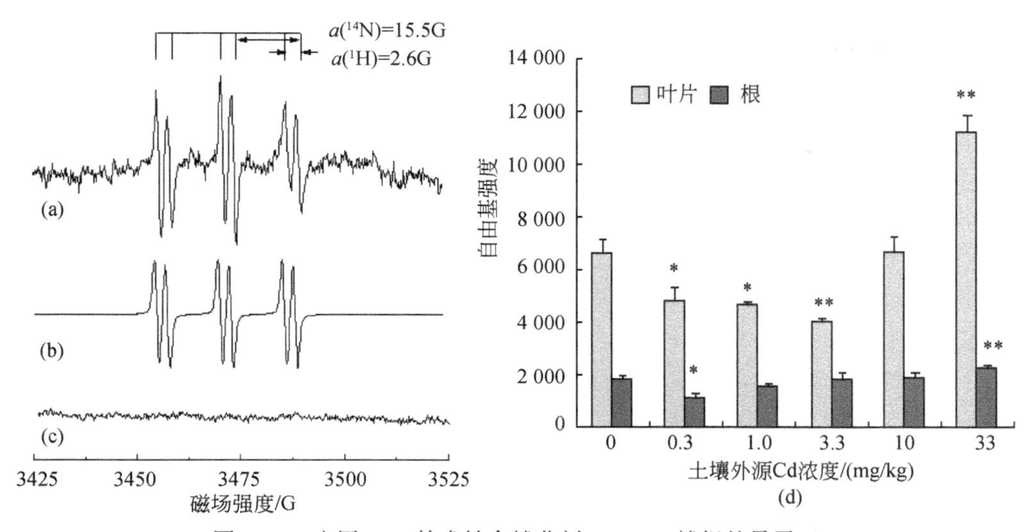

图 6-39 应用 EPR 技术结合捕获剂 4-POBN 捕捉的暴露于梯度 Cd 污染土壤的小麦幼苗叶片自由基图谱及其强度

（a）小麦叶片自由基的 EPR 原始图谱；（b）计算机模拟的 EPR 图谱；（c）捕获剂 4-POBN（25mmol/L）捕获的自由基的基线；（d）小麦叶片 EPR 根波谱的自由基强度。$n=3$；*，$P<0.05$；**，$P<0.01$

6.3.4 H_2O_2的定量研究

环境污染物胁迫和衰老都能够诱导植物体组织 H_2O_2的积累。H_2O_2作为信号分子能够进一步诱导一系列的生理生化响应。因此，研究植物体 H_2O_2的产生与积累水平的变化对揭示污染物的致毒机制具有重要意义，其中势必涉及 H_2O_2的定量与测定方法。1977 年，Brennan 和 Frenkel（1977）建立了应用 $TiCl_4$-分光光度法测定 H_2O_2的方法。之后，该方法被广泛用于测定各种植物组织在生物或非生物胁迫下 H_2O_2的变化（Wang et al.，2004，2008a，2008b；Mur et al.，2005）。在 $TiCl_4$-分光光度法的基础上，人们不断改进和发展了 H_2O_2的测定方法。据现有文献报道，基于 $TiCl_4$-分光光度法测定植物叶片组织 H_2O_2含量至少有三种方法：第一种，基于丙酮提取、丙酮洗涤脱色和 Ti（Ⅳ）-H_2O_2比色法测定叶片组织 H_2O_2含量（Ferguson et al.，1983）；第二种，基于三氯乙酸提取、活性炭脱色和 Ti（Ⅳ）-PAR-H_2O_2［PAR：4-（α-吡啶偶氮）间苯二酚］比色法测定 H_2O_2水平（Patterson et al.，1984）；第三种，采用丙酮萃取脱色［混合萃取剂为 CCl_4 : $CHCl_3$(V/V)= 3 : 1］、Ti（IV）-PAR-H_2O_2比色法，以过氧化氢酶处理组样品作为空白对照，测定叶片组织 H_2O_2含量（吕波等，2000）。由于脱色方法不同，上述不同方法对相同实验材料的测定结果之间存在一定差异，其中第一种方法的测定结果由于受色素干扰程度最大而偏高；第二种方法由于活性炭也吸附和去除了部分 H_2O_2而导致结果偏低。而第三种方法采用了萃取脱色法，提高了 H_2O_2的回收率，适宜植物叶片组织微量 H_2O_2的定量分析（吕波，2000）。

除了 $TiCl_4$-分光光度法外，人们又建立和发展了其他测定方法。Garnier 等（2006）应用过氧(化)物酶-Amplex Red(*N*-乙酰基-3,7-二羟基吩噁嗪)-分光光度法测定 Cd^{2+} 胁迫下烟草细胞外 H_2O_2 的变化，结果表明，实验剂量范围的 Cd^{2+} 诱导了 H_2O_2 的产生和积累。

Nemat Alla 和 Hassan（2006）应用二甲氨基苯甲酸、3-甲基-2-苯并噻唑啉酮腙盐酸盐以及辣根过氧化物酶混合溶液，结合分光光度法测定了喷洒阿特拉津后玉米幼苗组织 H_2O_2 产物的变化。结果表明，随着阿特拉津施用剂量的增加，H_2O_2 含量呈现上升趋势。有人以辣根过氧化物酶作为催化剂，以愈创木酚作为底物，应用分光光度法测定了豆类植物叶片组织 H_2O_2 的含量（Cakmak and Marschner，1992；Tiedemann，1997）。化学发光法也能够用于测定植物组织 H_2O_2 的含量（Veljovic-Jovanovic et al.，2002；Srivalli and Khanna-Chopra，2004）。

Kotchoni 等（2006）应用二氨基联苯胺（DAB）渗透法捕捉拟南芥叶片组织中的 H_2O_2，通过乙醇脱色法原位显示 H_2O_2 在叶片上的分布。然后应用 $HClO_4$ 提取叶片匀浆液中的 H_2O_2，应用分光光度法测定 OD_{450}，根据标准曲线计算 H_2O_2 的含量。烟草品系 Bel W3 暴露于 O_3 后，叶片组织经 DAB 显色和乙醇脱色后显示，H_2O_2 分布不规则，也不均匀。镜检结果还表明，DAB 显色区域是叶肉细胞而非表皮细胞（Schraudner et al.，1998）。O_3 诱导下的活性氧在番茄、锦葵（*M. sylvestris*）和两种 *Rumex* 品系叶片组织中的分布也是不均匀的，主要集中于叶脉周围（Langebartels et al.，2002）。在烟草（*Nicotiana sylvestris*）雄性不育突变体（*CMSII*）中，DAB 显色区域主要集中于叶脉周围，表明该处的过氧化氢酶活性高于其他部位，也高于野生型的相应部位（Dutilleul et al.，2003）。

Torres 等（2002）将 DAB 溶液通过真空抽滤法渗透进入感染细菌的拟南芥叶片，于潮湿塑料管内静置 5～6h 后叶片呈现棕褐色斑点，应用固定液加以固定。过氧化氢酶处理后，DAB 显色结果未见棕褐色的 H_2O_2 沉积物，证明了该显色法的特异性。最后应用 QUANTISCAN 软件（Biosoft，Milltown，NJ）对着色区域进行统计，即可对叶片组织 H_2O_2 含量进行定量分析。Romero-Puertas 等（2004a）应用 DAB 显色法证明，2,4-D 可诱导豌豆（*Pisum sativum* L.）幼苗叶片组织 H_2O_2 的产生和积累，并导致幼苗组织细胞的氧化胁迫与损伤蛋白质分子降解活性的升高。Romero-Puertas 等（2004b）应用 Photoshop 软件对扫描后的叶片图片的像素进行定量分析，以 H_2O_2 斑点面积与叶片总面积的比值表示 H_2O_2 产物的变化。植物组织的 H_2O_2 还可应用 $CeCl_3$ 在亚细胞水平上的显色进行定位，$CeCl_3$ 沉积于 H_2O_2 存在的部位，应用透射电镜即可对 H_2O_2 的分布位点进行观察和分析（Xiuli et al.，2005）。

Wohlgemuth 等（2002）应用 DAB 显色法研究发现，O_3 暴露可诱导烟草、番茄和拟南芥幼苗叶片组织 H_2O_2 的积累，进而诱导细胞死亡，而自由基和死亡细胞同时呈现于叶片周边区域。Rodríguez-Serrano 等（2006）应用荧光染料 2′,7′-二氯荧光素二乙酸酯（DCF-DA）捕获了暴露于 Cd^{2+} 污染的豌豆幼苗根部组织的 H_2O_2，再用激光共聚焦显微镜对 H_2O_2 区域进行观察和分析。结果表明，自由基的过度积累依赖于细胞内 Ca^{2+} 浓度的变化，与过氧化物酶和 NADPH 氧化酶活性的变化密切相关。王晓蓉课题组应用 DAB 显色法研究的结果也表明，铅污染土壤诱导了蚕豆幼苗叶片组织 H_2O_2 的积累，而且其分布是非均匀性的，其光密度的变化趋势与分光光度法检测结果基本一致（图 6-40）。

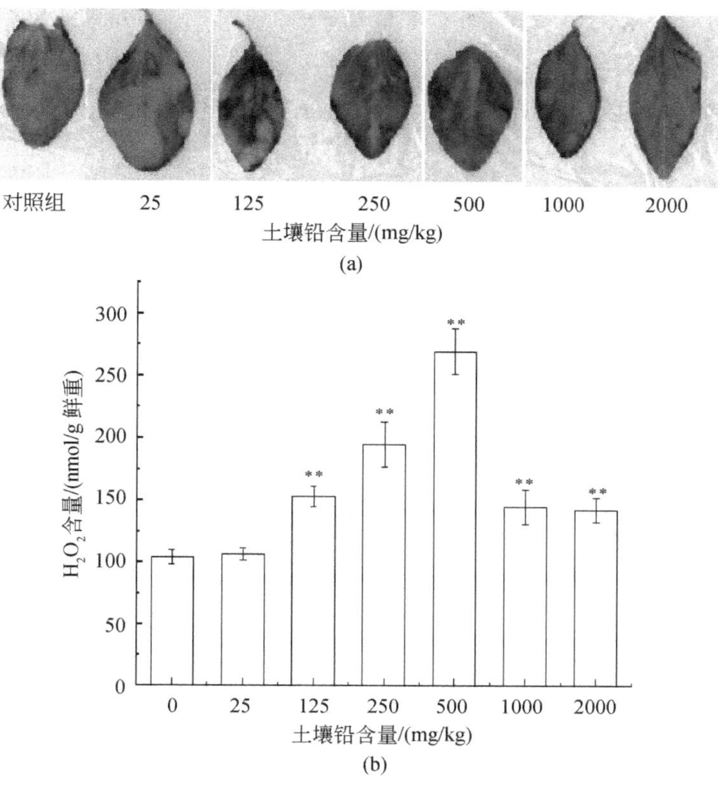

图 6-40　铅污染土壤对蚕豆幼苗叶片组织 H_2O_2 的诱导（汪承润，2008）

（a）叶片组织 H_2O_2 的原位显色结果；（b）叶片组织 H_2O_2 的比色法检测结果。

$n=4$；*，$P<0.05$；**，$P<0.01$

6.3.5　˙OH 的定量研究

研究植物组织˙OH 的变化对诊断植物体所承受的氧化胁迫程度具有十分重要的指示作用。在自由基的家族中，˙OH 寿命极其短暂（生存期约为 1μs），反应力却极强（E_0 = +1.83V），在生物体内检测很困难。人们曾根据 SOD 和 CAT 对˙OH 产生的抑制作用以及˙OH 的非专一性清除剂（乙醇、甘露醇、叔丁醇、苯甲酸钠、α-生育酚）的清除作用对˙OH 含量进行间接推测。DMSO 可被˙OH 氧化成稳定的甲基亚磺酸，后者通过 C_{18} 柱的过滤和纯化作用，易于从植物组织中提取，可应用分光光度法进行测定。Babbs 等（1989）应用 DMSO 作为分子探针捕捉并测定了暴露于除草剂百草枯后的水生植物鸭趾草（*Lemna minor*）和多年生植物黑麦草（*Lolium perenne* L.）组织中˙OH 的含量，并且首次观察到生物系统中致死剂量的˙OH 含量水平，结果表明，这种方法可应用于研究环境污染物对植物体的氧化损伤程度。

2-脱氧核糖对˙OH 的氧化降解作用（形成硫代巴比妥酸-蛋白质氧化物）极其敏感，可作为˙OH 的分子探针和捕获剂。Tiedemann（1997）将感染灰霉菌（*B. cinerea*）的豆类叶片洗净后浸入550μL的1mmol/L脱氧核糖，室温下避光孵育45min。取500μL浸出液，加入预热的混合溶液（500μL 1%硫代巴比妥酸和500μL 2.8%三氯乙酸），立即煮沸10min，再于冰上冷却10min。粉红色部分是˙OH降解脱氧核糖后形成的，相当稳定，通过测定OD_{540}，即可计算叶片中˙OH的相对含量（$OD_{540}\times1000$）。

6.4 生物体氧化损伤的研究方法

6.4.1 膜脂质过氧化的研究

生物膜上含有大量不饱和脂肪酸，其中α-甲烯碳与丙烯氢之间的碳氢键的键能最小，部分处于活化状态，容易被自由基攻击而断裂，此即膜脂质过氧化作用。环境胁迫条件下，生物体活性氧和自由基不断地产生并攻击膜脂质不饱和脂肪酸，导致链式循环反应和膜脂质过氧化产物的积累。脂质过氧化反应产生ROO˙，可进一步分解产生丙二醛（MDA）等物质。MDA具有强交联作用，能与含游离氨基的磷脂酰乙醇胺、蛋白质或核酸等交联成Schfff碱。这种交联物具有荧光色素性质，称类脂褐色素。人们常以MDA、乙烷及类脂褐色素作为脂质过氧化的生理指标（蒋明义和荆家海，1993）。植物遭受逆境胁迫或处于衰老状态时，往往发生膜脂质过氧化作用，脂质过氧化产物含量的变化可以反映植物遭受逆境伤害的程度。

林植芳等（1988）研究水稻、玉米和苋菜衰老叶片以及叶绿体中H_2O_2的积累与膜脂质过氧化之间的关系时发现，甘露醇（˙OH的清除剂）能够显著抑制叶绿体中MDA的产生，Fe^{2+}与H_2O_2的协同作用可导致更多MDA的积累，H_2O_2加速叶绿体膜脂质过氧化作用主要是通过˙OH的作用实现的。该研究结果在一定程度上证明了˙OH是膜脂质过氧化的启动者。然而，也有一些实验结果表明，˙OH清除剂不能够抑制外源Fe^{2+}和H_2O_2所启动的脂质过氧化反应。˙OH是否为启动脂质过氧化作用所必需，可能与植物的膜脂组分、逆境因子、反应条件以及活性氧之间的相互作用等因素有关，不能一概而论。对˙OH的产生机制，尤其是对细胞膜表面上的特异性产生位点的研究可能是解决问题的关键（蒋明义和荆家海，1993）。植物细胞膜脂质过氧化产物MDA在酸性和高温条件下，可以与2-硫代巴比妥酸（TBA）反应生成红棕色的三甲川（3,5,5-三甲基恶唑-2,4-二酮，TBARS），其最大吸收波长在532nm处。植物组织MDA的测定受多种物质的干扰，其中最主要的是可溶性糖，糖与TBA显色反应产物的最大吸收波长在450nm处，532nm也有吸收。当植物受到逆境胁迫时，可溶性糖增加。因此，测定植物组织MDA产物时应该排除可溶性糖的干扰。根据双组分分光光度法和计算公式，可求出MDA的浓度（μmol/L）= 6.45（OD_{532} - OD_{600}）-0.56OD_{400}，式中OD_{532}表示波长为532nm时的光密度值，OD_{600}和OD_{400}含义类似。最后根据植物组织的质量，计算产物TBARS的浓度，结果以μmol TBARS/g FW（FW为鲜重）表示（中国科学院上海植物生理研究所，2004）。

MDA浓度也可根据MDA-TBA复合物在532nm和600nm的吸光度值之差（OD_{532}-OD_{600}）和消光系数［155mmol/(L·cm)］换算出提取液中MDA的浓度。Selote等（2004）曾研究了干旱和水胁迫对小麦根、叶组织MDA浓度的变化。具体方法是：称取0.2g小麦新鲜组织，于0.1%（m/V）三氯乙酸（TCA）溶液研磨并匀浆，10 000g 离心 5min，取 0.3mL 上清液加入 1.2mL 用20% TCA 配制的 0.5%（m/V）的 TBA 溶液，95℃孵育 30min，冰上冷却终止反应。然后，10 000g 离心 10min，取上清液检测吸光度值 OD_{532} 和 OD_{600}，得到 $OD_{532}-OD_{600}$，根据消光系数 155mmol/（L · cm），计算 TBARS 的含量。Velikova 和 Loreto（2005）应用这种方法研究了高温对芦苇（*Phragmites australis* L.）苗脂质过氧化产物 MDA 的影响，结果表明，高温可诱导 MDA 产物增加。Kotchoni 等（2006）研究发现，NaCl 和 KCl 胁迫可诱导野生型拟南芥幼苗 MDA 浓度升高，却不能诱导某些乙醛脱氢酶突变体中 MDA 浓度增加，从而证明乙醛脱氢酶在暴露于非生物胁迫条件下的拟南芥体内脱毒过程中发挥重要作用。Hartley-Whitaker 等（2001）研究结果表明，绒毛草（*Holcus lanatus* L.）中的脂质过氧化产物、SOD 活力以及植物络合素水平的增长与铜、砷暴露剂量的增加有关，对铜越敏感的品系产生的脂质过氧化程度就越高；砷通过活性氧进一步诱导了膜脂质过氧化产物的产生和积累。

王晓蓉课题组研究了镉污染土壤对小麦幼苗的生态毒性效应。他们将小麦种子播种于老化两周后的镉污染土壤，幼苗出芽 14d 后采集叶片检测膜脂质过氧化产物的变化，结果表明，随着外源镉浓度的增加，MDA 浓度呈现上升趋势。在 10mg/kg 剂量组，MDA 浓度增加了 31%，与对照组比较出现显著性差异。因此，较高浓度的镉污染土壤能够诱导小麦幼苗膜脂质过氧化损伤（Lin et al.，2007）。该课题组还应用铅污染土壤培养蚕豆幼苗，一个月后采集第三轮叶片，应用硫代巴比妥法检测各处理组膜脂质过氧化产物的变化。结果表明，随着外源铅剂量的增加，TBARS 产物呈现上升趋势［图 6-41(a)］（Wang et al.，2008a）。同时，他们还研究了铅老化土壤对番茄幼苗叶片组织膜脂质过氧化水平的影响。检测结果表明，番茄种子播种两个月后，高于 50mg/kg 的土壤外源铅诱导使番茄叶片膜脂质过氧化产物显著性升高［图 6-41(b)］（Wang et al.，2008b）。

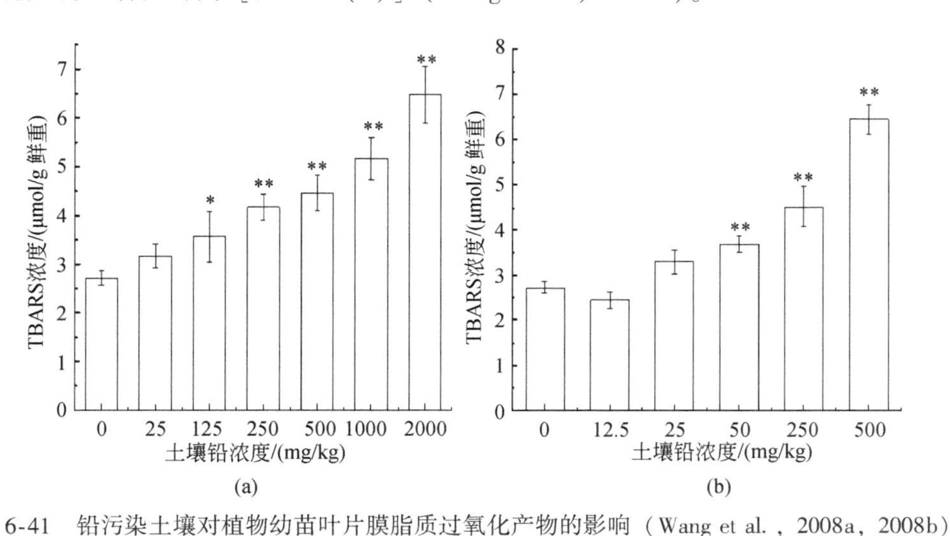

图 6-41　铅污染土壤对植物幼苗叶片膜脂质过氧化产物的影响（Wang et al.，2008a，2008b）

（a）播种于铅污染土壤 1 个月后蚕豆幼苗叶片膜脂质过氧化产物的变化；$n=4$；*，$P<0.05$；**，$P<0.01$；

（b）播种于铅污染土壤近 2 个月后番茄幼苗叶片膜脂质过氧化产物的变化；$n=3$；*，$P< 0.05$；**，$P<0.01$

尹颖等（2007）还研究了水体中 PAHs 对沉水植物苦草 MDA 浓度的影响。研究发现，低浓度菲暴露并未诱导苦草 MDA 浓度的明显变化，但随着菲浓度的升高，MDA 浓度呈现上升趋势。同时还发现，在 0～0.05mg/L 外源芘暴露条件下，苦草茎叶组织的 MDA 浓度呈现上升趋势，超过此剂量范围则趋于下降（图 6-42）。因此，水体菲和芘污染均能诱导苦草组织细胞的脂质过氧化作用。

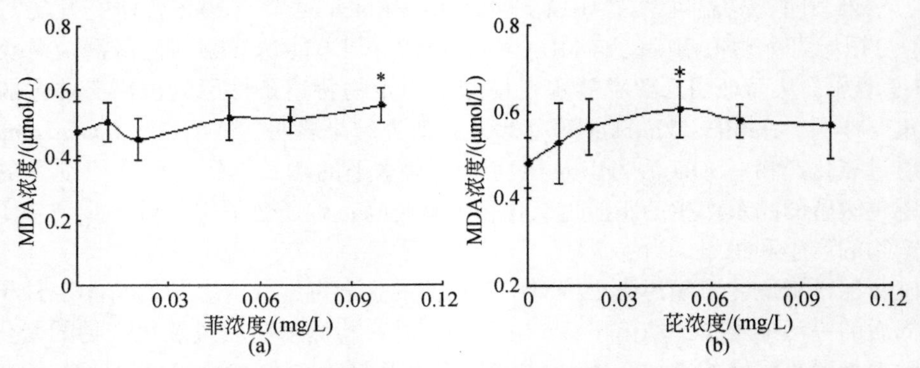

图 6-42　菲和芘暴露后苦草茎叶中 MDA 浓度的变化（Yin et al.，2008，2010）

菲和芘诱导金鱼藻脂质过氧化作用如图 6-43 所示。菲的各个暴露组均诱导了 MDA 浓度的升高，而且除了 0.02mg/L 剂量组外，与对照组比较，其他各组均诱导了 MDA 产物的显著性增加（$P<0.05$）；其中在 0.07mg/L 剂量组，MDA 浓度达到峰值（$P<0.01$）。同时也发现，0.02～0.12mg/L 外源芘暴露诱导了金鱼藻 MDA 浓度的显著性升高（$P<0.05$）。上述研究结果表明，水体 PAHs 污染能够诱导金鱼藻组织的膜脂质过氧化损伤；同时，金鱼藻组织 MDA 产物的变化也能够作为诊断水体 PAHs 污染的生物标志物。

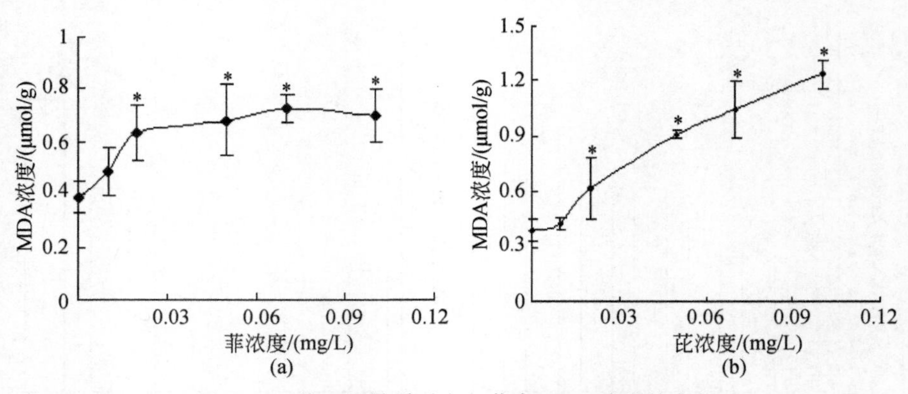

图 6-43　菲和芘暴露后金鱼藻中 MDA 浓度的变化

另外，高效液相色谱仪（HPLC）仪也能够应用于检测膜脂质过氧化损伤的程度。Garnier 等（2006）应用 HPLC 检测了暴露于 Cd^{2+} 的烟草细胞系的脂质过氧化水平，结果表明，Cd^{2+} 诱导了膜脂质过氧化产物的增加，而抗氧化剂降低了 Cd^{2+} 诱导的脂质过氧化水平。Farombi 等（2004）应用 HPLC 技术，结合 MDA 标准曲线，分析了喂养 Kolaviron（植物体中提取的一种有机成分）一周后的老鼠肝脏细胞的膜脂质过氧化水平，结果发现，

Kolaviron 具有一定的抗氧化作用。

6.4.2 蛋白质氧化损伤的研究

活性氧可氧化氨基酸侧链或与脂质过氧化产物的醛基基团发生作用来影响蛋白质功能，其中无论是一级反应还是二级反应均可能诱导蛋白质分子中羰基基团的形成。具有氧化还原作用的金属离子，如 Fe^{2+}、Cu^{2+}能够结合到蛋白质分子的阳离子结合位点，在 $O_2^{\cdot -}$、H_2O_2等活性氧作用下，蛋白质分子的侧链基团上的某些氨基酸残基，如组氨酸、脯氨酸、精氨酸和赖氨酸等能够被氧化成羰基，进而导致蛋白质分子的氧化修饰或空间结构的改变。与此同时，活性氧还能够通过增强内肽酶活性来介导变性或损伤的蛋白质分子的酶促降解。值得强调的是，金属离子的催化作用并非羰基基团形成的必要条件。哺乳动物和植物组织的线粒体中有几种蛋白质在正常条件下就能够被羰基化，而在氧化胁迫条件下，其羰基化程度明显升高（Taylor et al.，2003；Kristensen et al.，2004；Job et al.，2005）。因此，长期以来人们把蛋白质分子中羰基基团的产生和积累水平作为蛋白质氧化修饰或损伤的一种假设的早期指标，也常常被作为诊断生物体发生氧化胁迫的一种生物标志物（Shulaev and Oliver，2006；Møller et al.，2007）。

蛋白质分子的羰基基团可与 2,4-二硝基苯肼反应生成一种被称为腙的化合物，可用分光光度法参照标准曲线进行定量分析（Levine et al.，1994）。羰基化蛋白还可以应用免疫印记技术进行定性和定量分析。首先将预处理的蛋白质溶液进行 1-D 电泳［十二烷基磺酸钠-聚丙烯酰胺凝胶电泳（SDS-PAGE）］或 2-D 电泳（双向聚丙烯酰胺凝胶电泳）分离，转印到聚偏氟乙烯（PVDF）膜或硝酸纤维素薄膜上，再与一抗（抗-DNPH 单克隆抗体）和相应的二抗免疫结合，最后通过显色、胶片感光和灰质度测定，对羰基化蛋白进行定性和半定量分析，检测结果可用于指示污染物诱导生命体的氧化损伤（Wang et al.，2011a，2011b）。

Juszczuk 等（2008）分别用分光光度法和免疫印迹技术测定并比较了黄瓜野生型及突变体（*MSC16*）幼苗组织中蛋白质羰基化水平的差异。Romero-Puertas 等（2002）应用免疫印迹技术研究的结果表明，豌豆幼苗（*Pisum sativum* L.，cv Lincoln）暴露于 50μmol/L Cd^{2+} 14d 后，叶片组织的蛋白质损伤水平增加了 2 倍，与分光光度法测定结果一致。Romero-Puertas 等（2004a）应用免疫印迹法研究的结果表明，2,4-D 诱导了豌豆幼苗 $O_2^{\cdot -}$和 H_2O_2的积累，进而导致叶片组织氧化损伤蛋白的产生与积累。

Wang 等（2008a，2008b）应用分光光度法研究发现，暴露于铅污染土壤的蚕豆和番茄幼苗叶片组织的蛋白质羰基化程度随着土壤外源铅浓度的增加而呈现上升趋势（图 6-44）。诱导植物组织蛋白质分子的氧化损伤可能是铅致毒的生理途径之一。

HPLC 技术也可应用于检测和分析蛋白质损伤的程度。Farombi 等（2004）应用这种方法分析了老鼠肝脏细胞质的蛋白质氧化产物 2-氨基脂酰半醛和 *r*-谷氨酰半醛的变化，证明 Kolaviron 能够降低细胞中氧化损伤蛋白的含量，对老鼠肝脏具有一定的抗氧化和保护作用。

活性氧不仅能够诱导蛋白质分子的氧化损伤，还能够促进损伤蛋白质分子的降解。羰基化蛋白质暴露于损伤蛋白质分子的表面，易于被蛋白酶识别和降解。叶绿体的类囊体膜

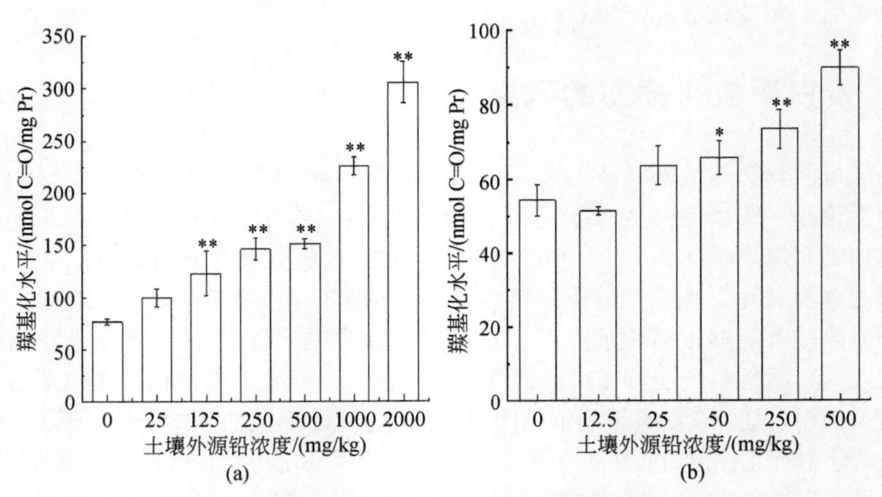

图 6-44　铅污染土壤对植物幼苗叶片蛋白质羰基化水平的影响

（a）铅污染土壤诱导蚕豆幼苗叶片组织蛋白的羰基化水平。$n=4$；*，$P<0.05$；**，$P<0.01$；

（b）铅污染土壤诱导番茄幼苗叶片组织蛋白的羰基化水平。$n=3$；*，$P<0.05$；**，$P<0.01$

结合的 FtsH 型蛋白酶具有降解叶绿体内氧化损伤蛋白的作用（Ostersetzer and Adam，2003）。这类蛋白酶也存在于线粒体内膜，参与氧化损伤蛋白的降解。Juszczuk 等（2008）研究发现，叶绿体内氧化损伤蛋白的产生水平高于线粒体，叶绿体内的蛋白酶活性也比线粒体更为有效地清除损伤的蛋白质分子。在植物体中，蛋白质分子的降解涉及多个蛋白质裂解途径，可发生于不同的细胞器，如液泡、叶绿体、细胞壁、微粒体、线粒体、细胞溶质以及高尔基体（Distefano et al.，1997）。多数蛋白酶或作用于肽链的内部（内肽酶），或作用于肽链的末端（外肽酶）。外肽酶又可根据其作用底物的专一性分为氨基肽酶（作用于多肽链的 N 段）和羧基肽酶（作用于多肽链的 C 段）。在植物体中，根据酶的催化机制，内肽酶可划分成如下类型：丝氨酸蛋白酶、半胱氨酸蛋白酶、天冬氨酸蛋白酶、金属催化性蛋白酶、泛素-26S 蛋白酶系统以及信号肽等。Romero-Puertas 等（2004a）的研究结果表明，暴露于 2,4-D 的豌豆幼苗叶片组织的内肽酶同工酶表达增强，活性升高，与豌豆幼苗所受到的氧化胁迫程度一致。Juszczuk 等（2008）的研究结果也表明，黄瓜幼苗组织中降解损伤蛋白的蛋白酶活性的升高与黄瓜组织所受到的氧化胁迫程度相关。因此，研究动物、植物组织中的蛋白酶活性对诊断生命体内发生的氧化损伤程度具有一定的指示作用。

王晓蓉课题组（Wang et al.，2011a）应用 SDS-PAGE 电泳和免疫印迹技术，以小鼠抗-DNPH 单克隆 IgE 抗体（Sigma-Aldrich，USA）作为一抗，山羊抗小鼠 IgE（Sigma-Aldrich，USA）作为二抗检测了暴露于梯度外源 La 15d 后的蚕豆幼苗叶片组织细胞的羰基化蛋白产物。检测发现，当外源 La 高于 2mg/L 时，羰基化蛋白产物的带型光密度值呈现上升趋势（图 6-45），表明超过此剂量的 La 诱导了组织细胞的蛋白质氧化损伤。同时还发现，当外源 La 高于 4mg/L 时，该叶片组织细胞的内肽酶同工酶的带型光密度值也呈现上升趋势（图 6-46），表明高剂量 La 还诱导了蚕豆幼苗叶片组织细胞内氧化损伤蛋白的酶促降解。

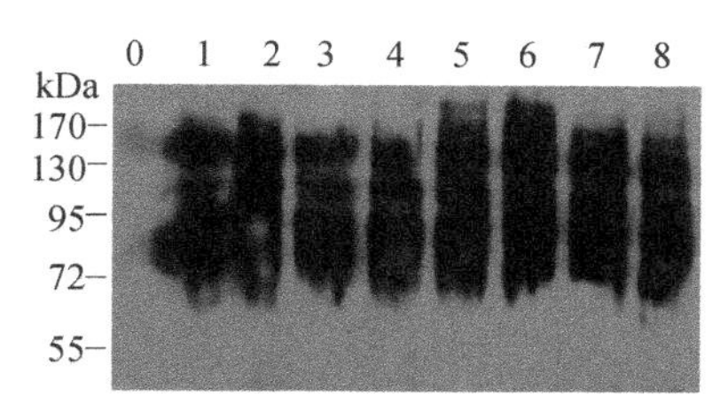

图 6-45 蚕豆幼苗暴露于 0 ~ 12mg/L 外源 La 15d 后叶片组织细胞中羰基化蛋白的免疫印迹检测

0 表示未用 DNPH 衍生化处理的对照组样品；1 ~ 8 分别表示 0mg/L、0. 25mg/L、0. 5mg/L、1mg/L、2mg/L、4mg/L、8mg/L 和 12mg/L 外源 La 处理组；左侧数据指示分子质量大小

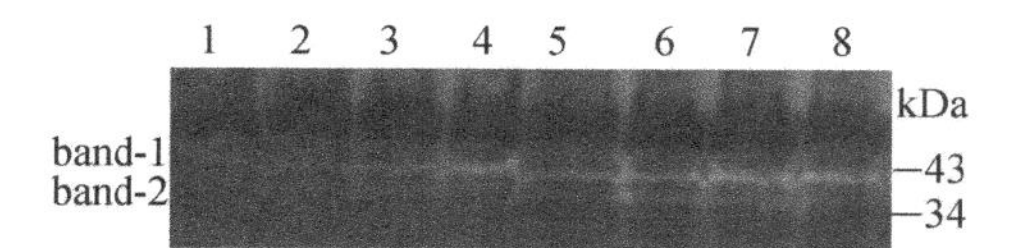

图 6-46 蚕豆幼苗暴露于 0 ~ 12mg/L 外源 La 15d 后叶片组织细胞中内肽酶同工酶图谱

白色带指示内肽酶活性；1 ~ 8 分别表示 0mg/L、0. 25mg/L、0. 5mg/L、1mg/L、2mg/L、4mg/L、8mg/L 和 12mg/L 外源 La 处理组；右侧表示分子质量大小

汪承润等（Wang et al. , 2012a）应用上述研究方法检测发现，添加 2 ~ 30μmol/ L 的外源 La 在一定程度上减少了 6μmol/L 外源 Cd 诱导的蚕豆幼苗根部组织细胞的羰基化蛋白产物，但随着外源 La 剂量的增加，该氧化损伤蛋白又呈现上升趋势［图 6-47(a)］。同时也发现，低剂量外源 La 降低了外源 Cd 诱导的根部组织细胞的内肽酶同工酶的带型光密度，而随着 La 剂量的升高又呈现相反的变化趋势［图 6-47(b)］。因此，低剂量外源 La 在一定程度上能够抑制和降低 Cd 诱导的蛋白质分子的氧化损伤程度，而高剂量的外源 La 可能与 Cd 产生了协调作用，从而加剧了 Cd 对蛋白质分子的氧化损伤。因此，La 对 Cd 诱导的氧化损伤蛋白的产生具有“低抑高促”效应。

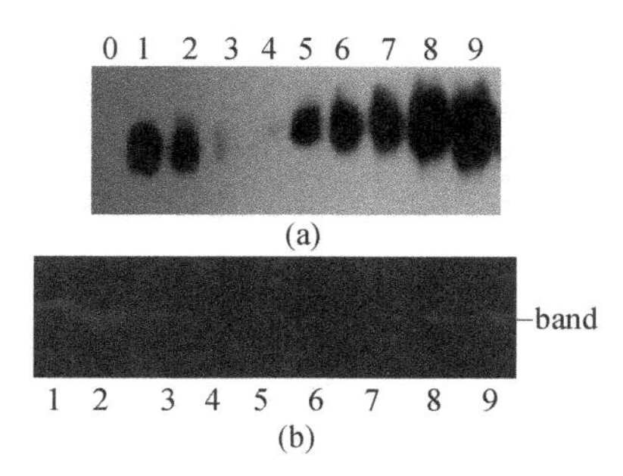

图 6-47 外源 La 对 Cd 胁迫下的蚕豆幼苗根部组织细胞蛋白羰基化产物（a）和内肽酶同工酶（b）的影响

0 表示未用 DNPH 预处理的对照组样品；1 ~ 9 分别代表对照组、Cd 6μmol/L、Cd 6μmol/L+La 2μmol/L、Cd 6μmol/L+La 8μmol/L、Cd 6μmol/L+La 30μmol/L、Cd 6μmol/L+La 60μmol/L、Cd 6μmol/L+La 120μmol/L、Cd 6μmol/L+La 240μmol/L、Cd 6μmol/L+La 480μmol/L 处理组；蓝色背景中的白色带指示内肽酶

6.4.3 DNA 断裂、DNA 加合物和 DNA 交联的研究

DNA 损伤类型主要包括 DNA 链断裂、碱基改变、脱碱基位点、碱基错配、插入或缺失片段、嘧啶二聚体、DNA 加合物和 DNA 交联（DNA-DNA 交联、DNA-蛋白质交联）等。与其他类型 DNA 损伤相比，DNA 交联较难修复或易于导致错配修复，而且在细胞周期中维持的时间较长。DNA-蛋白质交联（DPC）能够阻滞 DNA 的正常转录和复制，会导致染色体断裂、缺失，以及基因突变和细胞的死亡。正常情况下，生物体自由基的产生和清除处于动态平衡状态，细胞内 DNA 损伤水平较低。若受到环境污染物的氧化胁迫，污染物则可能通过介导活性氧自由基的积累或直接作用于 DNA 分子，导致生物体内产生过量的 DNA 损伤。因此，DNA 损伤水平可作为监测污染物遗传毒性效应的生物标记物，也是环境污染早期诊断和评价的重要手段。

有研究报道，Cd^{2+}能够结合到 DNA 分子的碱基（如腺嘌呤、鸟嘌呤和胸腺嘧啶）上，导致 DNA 损伤（Hossain and Huq，2002）。Cd^{2+}还能够切断磷酸二酯键，诱导烟草细胞 DNA 和染色质（体）的断裂和片段化（Fojtová and Kovarik，2000）。因此，检测 DNA 分子损伤程度对诊断或评价环境污染物、有毒化学试剂或药品的遗传毒性具有重要作用。DNA 损伤的检测过去常采用 DNA 解旋的荧光测定法和碱性洗脱法。前者利用荧光染料对 DNA 分子进行染色，后者应用聚碳酸酯滤膜柱对不同大小的 DNA 分子进行过滤，在碱性 pH 和变性条件下通过检测 DNA 解旋程度来评价 DNA 单链断裂的水平。

单细胞凝胶电泳（single cell gel electrophoresis，SCGE）又称彗星电泳（comet assay），是由 Ostling 等首创，后经 Singh 等进一步改进并逐步发展起来的在单细胞水平上检测 DNA 链断裂程度的一种敏感、快速和廉价的实验方法，广泛应用于遗传毒理学、放射生物学、肿瘤治疗评价和细胞凋亡等研究领域。在正常情况下，DNA 双链以组蛋白为核心形成核小体。当去污剂进入细胞，核蛋白被提取，DNA 便形成残留的类核；若类核中 DNA 链发生断裂，则会导致 DNA 双螺旋松散。在电泳时，DNA 断片将会向阳极移动，形成彗星状拖尾。一般来说，DNA 损伤越严重，其断片就越多，彗星尾矩就越大。

SCGE 可用于检测真核和原核生物细胞中 DNA 的单链断裂、双链断裂、碱性不稳定位点（主要包括脱嘌呤和脱嘧啶位点）、不完全切除修复位点以及 DNA 交联等现象。其实验操作一般包括单细胞悬液的制备、铺胶、裂解细胞、电泳、中和、荧光染色、镜检和统计分析等步骤（汪承润等，2010）。

SCGE 已用于检测人和动物细胞 DNA 损伤的研究。Woźniak 和 Blasiak（2003）应用 SCGE 技术检测了暴露于乙酸铅的人淋巴细胞的 DNA 损伤，认为铅诱导淋巴细胞彗星尾矩的增长源自 DNA 单或/和双链的断裂，而非碱性不稳定位点的产生。汪承润和薄军（2005）应用 SCGE 方法研究发现，稀土钬元素诱导了小鼠骨髓细胞的 DNA 断裂，证明重稀土元素对小鼠骨髓细胞具有一定的遗传毒性。

SCGE 技术还广泛应用于分析遗传毒物对蚕豆、洋葱、烟草和拟南芥等植物细胞 DNA 损伤的研究。1996 年，Koppern 等率先将 SCGE 技术应用于植物细胞 DNA 的损伤研究。他们把蚕豆根尖分别浸入甲磺酸甲酯、甲磺酸乙酯、丝裂霉素 C、重铬酸钾等溶液，结果表

明，这些化合物均诱导了蚕豆根尖细胞DNA分子的断裂。由此可见，敏感植物组织细胞DNA的SCGE实验技术可应用于监测环境污染。汪承润等（2004）还应用SCGE技术研究发现，稀土钬离子可诱导蚕豆根部细胞DNA损伤。Gichner等（2004）先用$CdCl_2$诱导转基因烟草CAT缺陷型，然后应用SCGE技术检测了根部和叶片细胞的DNA损伤。结果表明，根部细胞DNA损伤显著，而叶片细胞DNA未见明显损伤，也未观察到细胞突变或同源重组现象。化学分析结果表明，根部Cd^{2+}含量超出地上部分50倍以上，这可能就是根部DNA损伤高于叶片的原因。

Vajpayee等（2006）应用SCGE方法研究发现，湿地植物假马齿苋（*Bacopa monnieri* L.）分别暴露于甲基磺酸乙酯（EMS）和甲磺酸甲酯（MMS）2h后，细胞核DNA损伤程度随着剂量的增加而显著性升高（$P<0.05$）；而分别暴露于Cd^{2+}溶液2h、4h和18h后，根部和叶片细胞的DNA损伤程度呈现剂量-效应和时间-效应关系，其中根部DNA损伤程度高于叶片，可能与根部积累的Cd^{2+}含量高于叶片组织有关。实验结果表明，应用SCGE技术检测生长于湿地的植物假马齿苋的DNA损伤水平可用于诊断或评价湿地的重金属和其他遗传毒剂的污染程度。Sriussadaporn等（2003）运用SCGE技术检测了市区道路两侧和非路边植物细胞的DNA损伤状况。结果表明，路边植物的DNA损伤显著高于远离路边的植物，为城市空气污染的监测提供了新的方法和参考。Poli等（2003）运用SCGE方法研究了农药氯苯嘧啶醇（fenarimol）对两种离体啮齿鼠类淋巴细胞和植物凤仙花（*Impatiens balsamina*）叶片细胞的遗传毒性。结果表明，这种农药对DNA具有一定的断裂作用，从而证明了该种农药具有辅助致癌的假设。

王晓蓉课题组（汪承润，2008）应用SCGE方法研究发现，播种于铅污染土壤一个月后的蚕豆幼苗叶片细胞DNA的彗星尾矩值随着土壤外源铅剂量的增加而呈现下降趋势[图6-48(a)]。应用蛋白酶K预处理细胞核样品后再进行电泳，彗星尾矩值显著性升高[图6-48(b)]。该实验结果表明，铅污染土壤不仅能够导致蚕豆幼苗叶片细胞核DNA断裂，还诱导了DNA-蛋白质交联[图6-48(c)]。污染物诱导动物或人体细胞DNA-蛋白质交联作用的报道较多（付聪等，2008；苏来和宋宏宇，2008；贾秀英和施蔡雷，2010），而关于植物细胞核DNA-蛋白质交联作用的研究鲜见报道。

汪承润等（Wang et al.，2012b）应用含有0～8 mg/L外源La的Hoagland营养液培养蚕豆幼苗，20d后应用SCGE技术检测顶叶和根尖细胞的DNA损伤，同时应用SDS/K^+沉淀法和荧光分光光度法研究了根尖细胞的DNA-蛋白质交联水平（Costa et al.，1996）。结果表明，外源La在诱导了根、叶组织矿质营养元素含量失衡和重新分配的同时，还诱导了顶叶和根尖细胞的DNA损伤，彗星细胞如图6-49所示，彗星尾长和尾矩的变化如图6-50所示。根尖细胞DNA损伤程度明显高于顶叶细胞，而且前者比后者对La^{3+}的氧化损伤更为敏感。DNA-蛋白质交联检测结果还表明，随着外源La^{3+}浓度的增加，DNA-蛋白质交联比率呈现上升趋势（图6-51），而且与根长（$R=-0.883$，$P<0.05$）和株高（$R=-0.923$，$P<0.05$）高度负相关。因此，一定剂量的La不仅诱导了蚕豆幼苗根尖和顶叶细胞的DNA损伤，而且诱导了DNA-蛋白质交联作用，在分子水平上抑制了幼苗的生长。

流式细胞仪（FCM）和现代分子生物学技术也已经应用到遗传毒性的研究领域。Citterio等（2002）采用分别含有重铬酸钾、氯化镍、硫酸镉的人工污染土壤栽培三叶草，

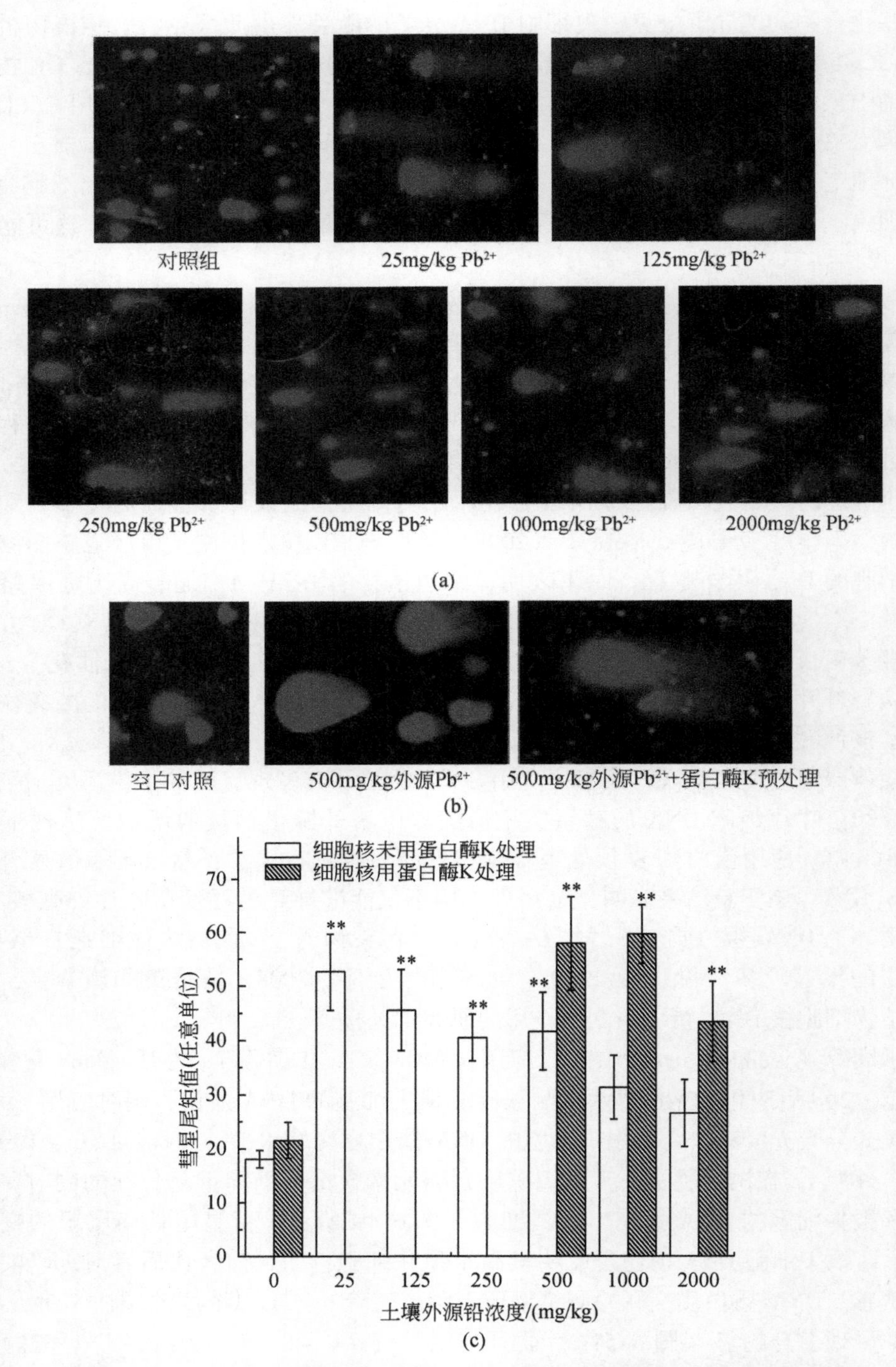

图 6-48 铅污染土壤诱导蚕豆叶片细胞核的 DNA 损伤和 DNA-蛋白质交联作用

(a) 细胞核 DNA 损伤的彗星电泳图片；(b) 蛋白酶 K 处理前后的彗星电泳图片；

(c) 蛋白酶 K 处理前后的彗星细胞尾矩值的变化。$n=4$；*，$P<0.05$；**，$P<0.01$

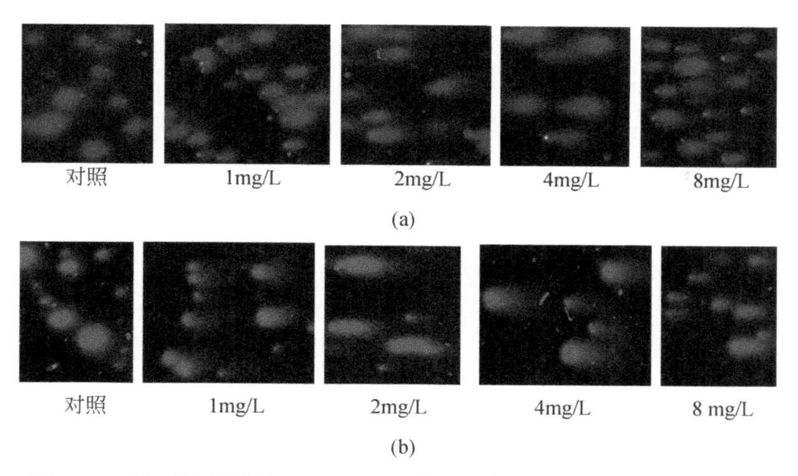

图 6-49 蚕豆幼苗暴露于 0 ~ 8mg/L 外源 La^{3+}溶液 20d 后顶叶（a）和根尖（b）组织细胞的彗星细胞图片（放大 100 倍）

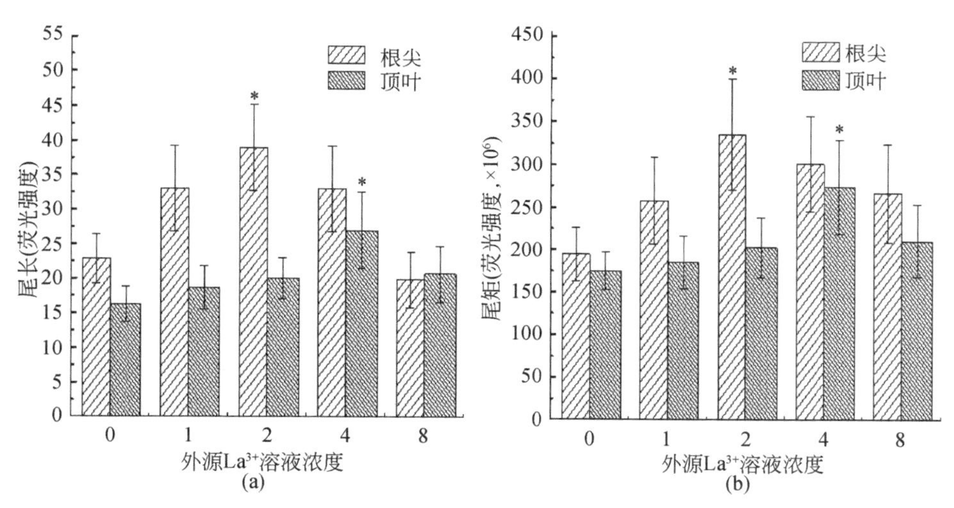

图 6-50 蚕豆幼苗暴露于 0 ~ 8mg/L 外源 La^{3+}溶液 20d 后根尖和顶叶组织彗星细胞的尾长（a）和尾矩（b）的变化

$n=3$；*，$P<0.05$；**，$P<0.01$

两周后应用 FCM 和扩增片段长度多态性分析三叶草的 DNA 损伤。结果表明，这两种技术的结合可有效监测污染土壤对植物的遗传毒性。同时还发现，传统的致死率、生长率和生物量指标不适于评价土壤的遗传毒性，因为一些重金属虽然可引起遗传损伤，但并不影响受试植物的正常发育和生长，并由此建立了一个统计预测模型，用于分析意大利北方一个钢铁厂周围土壤污染状况，预测结果与实际化学分析结果十分吻合。

DNA 受到氧化损伤后很容易形成 8-羟基脱氧鸟嘌呤核苷（8-OH-dG）。这类加合物可作为理想的 DNA 氧化损伤作用的生物标志物。8-OH-dG 的检测方法主要包括高效液相色谱-电化学分析法、^{32}P 后标记-薄层色谱法、免疫化学法、荧光后标记法、高效毛细管电泳

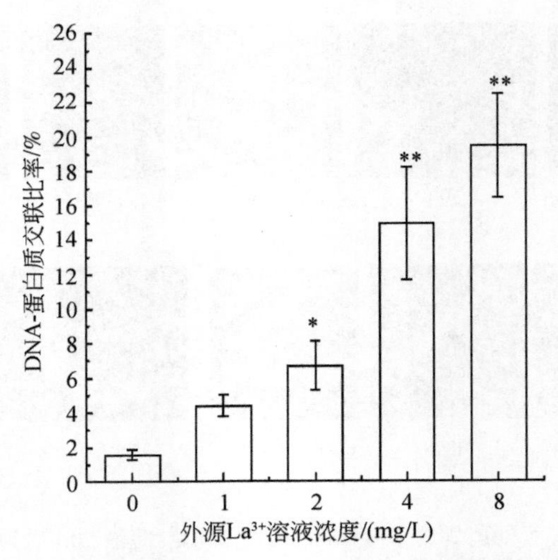

图 6-51 蚕豆幼苗暴露于 0~8mg/L 外源 La^{3+} 溶液 20d 后根尖组织细胞的 DNA-蛋白质交联比率的变化

$n=3$；*，$P<0.05$；**，$P<0.01$

法及气相色谱-质谱法等。近年来，FCM 也用于分析 8-OH-dG 的变化。例如，Colangelo 等（2004）应用 FCM 技术分析了鼠胚胎成纤维细胞的野生型（GKA1）和对应的金属硫蛋白缺失型（GKA2）在 Cd^{2+} 胁迫下的 8-OH-dG 产量的变化，结果发现，Cd^{2+} 诱导 GKA2 细胞产生了更多的 8-OH-dG 产物，表明金属硫蛋白具有抗氧化和清除自由基的作用。Tarun 和 Rusling（2005）应用中性裂解法和液相色谱-串联质谱（LC-MS/MS）技术分别检测了甲基磺酸和苯乙烯氧化物溶液中 DNA 分子中 N^7-鸟嘌呤加合物，结果表明，随着孵育时间的延长，DNA 加合物呈现增长趋势，与伏安法遗传毒性监测传感器的检测结果一致。Li 等（2005）应用 LC-MS/MS 分析了台湾海岸搁浅和被捕获的鲸肝脏及肾脏细胞中 8-OH-dG 的水平，并探讨该加合物与鲸脂中多氯联苯或二氯乙烯-二氯联苯含量之间的关系。结果发现，8-OH-dG 的含量与雌性鲸肝脏中的多氯联苯含量之间正相关，而与 DDE 不相关。可见，鲸肝脏中 8-OH-dG 的产生与其性别成熟因素有关，LC-MS/MS 可用于检测海洋哺乳动物细胞中 8-OH-dG 的变化。因此，DNA 加合物的分析技术可用于环境污染的监测和评价。

参考文献

付聪，曹毅，王昆，等. 2008. 血清对 HeLa 细胞内硫醇浓度和甲醛诱导性 DNA-蛋白质交联（DPC）的影响. 生态毒理学报，3（5）：488-492.

贾秀英，施蔡雷. 2010. 镉致蛙肝脏中 ROS 生成及其蛋白质氧化损伤作用. 环境科学学报，30（1）：186-191.

蒋明义，荆家海. 1993. 植物体内羟自由基的产生及其与脂质过氧化作用启动的关系. 植物生理学通讯，29（4）：300-305.

金相灿. 1990. 有机化合物污染化学-有毒有机物污染化学. 北京：清华大学出版社：10-20；250-265.

林植芳，李双顺，林贵珠，等. 1988. 衰老叶片和叶绿体中 H_2O_2 的积累与膜质过氧化的关系. 植物生理学报，14（1）：16-22.

吕波，刘俊，徐朗莱 . 2000. 小麦叶片中 H_2O_2 的 3 种测定方法比较 . 南京农业大学学报，23（2）：101-104.
苏来，宋宏宇 . 2008. 检测 DNA-蛋白质交联的新方法 . 遗传，30（5）：659-662.
孙媛媛 . 2006. 典型有机污染物在水环境中的行为及其生物效应研究 . 南京：南京大学博士学位论文 .
汪承润，薄军 . 2005. 钬化物诱导小鼠骨髓细胞微核和 DNA 损伤的研究 . 环境与健康杂志，22（6）：433-435.
汪承润，闵莉，蒋继宏，等 . 2004. 钬离子溶液诱导蚕豆根细胞凋亡的初步研究 . 中国稀土学报，22（5）：692-697.
汪承润，王臣，姜传军，等 . 2010. 单细胞凝胶电泳技术在环境毒理学实验教学中的应用 . 淮南师范学院学报，12（5）：84-86.
汪承润 . 2008. 铅和稀土镧污染土壤对农作物的生物毒性及其早期诊断方法的研究 . 南京：南京大学博士学位论文 .
王爱国，罗广华 . 1990. 植物的超氧自由基与羟胺反应的定量关系 . 植物生理学通讯，6：55-57.
尹颖，孙媛媛，郭红岩，等 . 2007. 芘对苦草的生物毒性效应 . 应用生态学报，18（7）：1528-1533.
赵宝路 . 2002. 茶多酚的抗氧化作用 . 科学通报，16（47）：1206-1210.
中国科学院上海植物生理研究所，上海市植物生理学会 . 2004. 现代植物生理学实验指南 . 北京：科学出版社 .
周丛义，吴国利，段壮芹，等 . 2010. H_2O_2-NOX 系统：一种植物体内重要的发育调控与胁迫响应机制 . 植物学报，45（5）：615-631.
Aas E，Baussant T，Balk L，et al. 2000. PAH metabolites in bile，cytochrome P4501A and DNA adducts as environmental risk parameters for chronic oil exposure：a laboratory experiment with Atlantic cod. Aquatic Toxicol，51：241-258.
Able A J，Guest D I，Sutherland M W. 1998. Use of a new tetrazolium-based assay to study the production of superoxide radicals by tobacco cell cultures challenged with avirulent zoospores of phytophthora parasitica var. nicotianae. Plant Physiol，117：491-499.
Ahmad I，Hamid T，Fatima M，et al. 2000. Induction of hepatic antioxidants in freshwater catfish（*Channa punctatus* Bloch）is a biomarker of paper mill effluent exposure. Biochim Biophys Acta，1519：37-48.
Ashton T，Rowlands C C，Jones E，et al. 1998. Electron spin resonance spectroscopic detection of oxygen-centred radicals in human serum following exhaustive exercise. Eur J Appl Physiol，77：498-502.
ATSDR. 2001. Toxicological profile for pentachlorophenol. U. S. department of health and human services Public Health Service Agency for Toxic Substances and Disease Registry，Atlanta GA.
Babbs C F，Pham J A，Coolbaugh R C. 1989. Lethal hydroxyl radical production in paraquat-treated plants. Plant Physiol，90：1267-1270.
Baussant T，Sanni S，Skadsheim A，et al. 2001. Bioaccumulation of polycyclic aromatic compounds：2. modeling bioaccumulation in marine organisms chronically exposed to dispersed oil. Environ Toxicol Chem，20（6）：1185-1195.
Bedard K，Krause K H. 2007. The NOX family of ROS-generating NADPH oxidases：physiology and pathophysiology. Physiol Rev，87：245-313.
Brennan T，Frenkel C. 1977. Involvement of hydrogen peroxide in the regulation of senescence in pear. Plant Physiol，59：411-416.
Buettner G R. 1987. Spin trapping：ESR parameter of spin adducts. Free Radic Biol Med，3：259-303.
Cakmak I，Marschner H. 1992. Magnesium deficiency and high light intensity enhance activities of superoxide dismutase，ascorbate peroxidase，and glutathione reductase in bean leaves. Plant Physiol，98：1222-1227.

Campbell L, Muir D, Whittle D, et al. 2003. Hydroxylated PCBs and other chlorinated phenolic compounds in lake trout (*Salvelinus namaycush*) blood plasma from the Great Lakes region. Environ Sci Technol, 37: 1720-1725.

Carstens C P, Blum J K, Witte I. 1990. The role of hydroxyl radicals in tetrachlorohydroquinone induced DNA strand break formation in PM2 DNA and human fibroblasts. Chem Biol Interact, 74: 305-314.

Chen G S, Xu Y, Xu L H, et al. 1998. Influence of dioxin and metal-contaminated sediment on Phase Ⅰ and Ⅱ biotransformation enzymes in silver crucian carp. Ecotox Environ Safe, 40 (3): 234-238.

Chen J, Jiang J, Zhang F, et al. 2004. Cytotoxic effects of environmentally relevant chlorophenols on L929 cells and their mechanisms. Cell Biol Toxicol, 20: 183-196.

Cheng S A, Fung W K, Chan K Y, et al. 2003. Optimizing electron spin resonance detection of hydroxyl radical in water. Chemosphere, 52: 1797-1805.

Citterio S, Aina R, Labra M, et al. 2002. Soil genotoxicity assessment: a new strategy based on bimolecular tools and plant bioindicators. Environ Sci Technol, 36: 2748-2753.

Colangelo D, Mahboobi H, Viarengo A, et al. 2004. Protective effect of metallothioneins against oxidative stress evaluated on wild type and MT-null cell lines by means of flow cytometry. Biometals, 17: 365-370.

Commoner B, Tawsend J, Pake G E. 1954. Free radicals in biological materials. Nature, 174: 689-693.

Copley S D. 2000. Evolution of a metabolic pathway for degradation of a toxic xenobiotic: the patchwork approach. TIBS, 25: 261-265.

Cossu C, Doyotte A, Babut M, et al. 2000. Antioxidant biomarkers in freshwater bivalves, unio tumidus, in response to different contamination profiles of aquatic sediments. Ecotox Environ Safe, 45: 106-121.

Costa M, Zhitkovich A, Gargas M, et al. 1996. Interlaboratory validation of a new assay for DNA-protein crosslinks. Mutat Res, 369 (1-2): 13-21.

Davies M J, Timmins G S. 2000. Biological Free Radicals. *In*: Gilbert B C, Davies M J, McLauchlan K M. 2000. Electron Paramagnetic Resonance. Cambridge: Royal Society of Chemistry: 17: 1-42.

Dec J, Haider K, Bollag J M. 2003. Release of substituents from phenolic compounds during oxidative coupling reactions. Chemosphere, 52: 549-556.

Deighton N, Johnston D J, Glidewell S M, et al. 1992. The involvement of oxygen-derived free radicals in the resistant response of potato tubers to Erwinia carotovora. Protoplasma, 171: 167-169.

Di Giulio R T, Washburn P C, Wenning R J, et al. 1989. Biochemical responses in aquatic animals: a review of determinants of oxidative stress. Environ Toxicol Chem, 8: 1103-1123.

Distefano S, Palma J M, Gómez M, et al. 1997. Characterization of endoproteases from plant peroxisomes. Biochem J, 327: 399-405.

Dodd N J F, Swartz H M. 1984. The nature of the ESR signal in lyophilized tissue and its relevance to malignancy. Br J Cancer, 49: 65-71.

Dotan Y, Lichtenberg D, Pinchuk I. 2004. Lipid peroxidation cannot be used as a universal criterion of oxidative stress. Prog. Lipid Res, 43: 200-227.

Dunford H B. 1995. One-electron oxidations by peroxidases. Xenobiotica, 25: 725-733.

Dutilleul C, Garmier M, Noctor G, et al. 2003. Leaf mitochondria modulate whole cell redox homeostasis, set antioxidant capacity, and determine stress resistance through altered signaling and diurnal regulation. Plant Cell, 15: 1212-1226.

Farah M, Ateeq B, Ali M, et al. 2004. Studies on lethal concentrations and toxicity stress of some xenobiotics on aquatic organisms. Chemosphere, 55: 257-265.

Farombi E O, Møller P, Dragsted L O. 2004. *Ex vivo* and *in vitro* protective effects of kolaviron against oxygen-derived radical-induced DNA damage and oxidative stress in human lymphocytes and rat liver cells. Cell Biol Toxicol, 20: 1-12.

Ferguson I B, Watkins C B, Harman J E. 1983. Inhibition by calcium of senescence of detached cucumber cotyledons. Plant Physiol, 71: 182-186.

Ferguson P L, Chandler G T. 1998. A laboratory and field comparison of sediment polycyclic aromatic hydrocarbon bioaccumualtion by the Cosmopolitan Estuarine Polychaete Streblospio benedicti (Webster). Mar Environ Res, 45: 387-401.

Fojtová A, Kovarik A. 2000. Genotoxic effect of cadmium is associated with apoptotic changes in tobacco cells. Plant Cell Environ, 23: 531-537.

Foreman J, Demidchik V, Bothwell J H F, et al. 2003. Reactive oxygen species produced by NADPH oxidase regulate plant cell growth. Nature, 422: 442-446.

Foyer C H, Noctor G. 2003. Redox sensing and signaling associated with reactive oxygen in chloroplasts, peroxisomes and mitochondria. Physiol Plant, 119: 355-364.

Freire P, Labrador V, Pérez Martín J M, et al. 2005. Cytotoxic effects in mammalian Vero cells exposed to pentachlorophenol. Toxicol, 210: 37-44.

Garnczarska M, Bednarski W. 2004. Effect of a short-term hypoxic treatment followed by re-aeration on free radicals level and antioxidative enzymes in lupine roots. Plant Physiol Biochem, 42: 233-240.

Garnier L, Simon-Plas F, Thuleau P, et al. 2006. Cadmium affects tobacco cells by a series of three waves of reactive oxygen species that contribute to cytotoxicity. Plant Cell Environ, 29: 1956-1969.

Gate L, Paul J, Ba G N, et al. 1999. Oxidative stress induced in pathologies: the role of antioxidants. Biomed. Pharmacother, 53: 169-180.

Gichner T, Patková Z, Száková J, et al. 2004. Cadmium induces DNA damage in tobacco roots, but no DNA damage, somatic mutations or homologous recombination in tobacco leaves. Mutat Res, 559: 49-57.

Goldman R, Claycamp G H, Sweetland M A, et al. 1999. Myeloperoxidase-catalyzed redox-cycling of phenol promotes lipid peroxidation and thiol oxidation in HL-60 cells. Free Radic Biol Med, 27: 1050-1063.

Halliwell B, Gutteridge J M C. 1999. Free Radicals in Biology and Medicine, 3rd. Oxford, UK: Oxford University Press.

Hanna K, de Brauer C, Germain P, et al. 2004. Degradation of pentachlorophenol in cyclodextrin extraction effluent using a photocatalytic process. Sci Total Environ, 332: 51-56.

Hartley-Whitaker J, Ainsworth G, Meharg A A. 2001. Copper- and arsenate-induced oxidative stress in *Holcus lanatus* L. clones with differential sensitivity. Plant Cell Environ, 24: 713-722.

Hoekstra P, Letcher R, O'Hara T, et al. 2003. Hydroxylated and methylsulfone-containing metabolites of polychlorinated biphenyls in the plasma and blubber of bowhead whales (*Balaena mysticetus*). Environ Toxicol Chem, 22: 2650-2658.

Hossain Z, Huq F. 2002. Studies on the interaction between Cd ions and DNA. J Inorg Biochem, 90: 85-96.

House W A, Leach D, Long J L A, et al. 1997. Micro-organic compounds in the Humber rivers. Sci Total Environ, 194-195: 357-371.

IRIS, US EPA. 2003. Integrated Risk Information system. http://epa.gov/iriswebb/iris/index.html [2012-10-15].

Job C, Rajjou L, Lovigny Y, et al. 2005. Patterns of protein oxidation in Arabidopsis seeds and during germination. Plant Physiol, 138: 790-802.

Juszczuk I M, Tybura A, Rychter A M. 2008. Protein oxidation in the leaves and roots of cucumber plants (*Cucumis sativus L.*), mutant MSC16 and wild type. J Plant Physiol, 165: 355-365.

Kadiiska M B, Mason R P. 2002. *In vivo* copper- mediated free radical production: An ESR spin- trapping study. Spectrochim Acta A, 58: 1227-1239.

Kanaly R A, Harayama S. 2000. Biodegradation of high-molecular-weight polycyclic aromatic hydrocarbons by bacteria. J Bacteriol, 182 (8): 2059-2067.

Kappus H. 1985. Lipid peroxidation: mechanisms, analysis, enzymology and biological relevance. *In*: Sies H. Oxidative Stress. London: Academic Press: 273-310.

Ke D S, Wang A G, Sun G C, et al. 2002. The effect of active oxygen on the activity of ACC synthase induced by exogenous IAA. Acta Botanica Sinica, 44: 551-556 .

Kotchoni S O, Kuhns C, Ditzer A, et al. 2006. Over-expression of different aldehyde dehydrogenase genes in Arabidopsis thaliana confers tolerance to abiotic stress and protects plants against lipid peroxidation and oxidative stress. Plant Cell Environ, 29: 1033-1048.

Kristensen B K, Askerlund P, Bykova N V, et al. 2004. Identification of oxidised proteins in the matrix of rice leaf mitochondria by immunoprecipitation and two-dimensional liquid chromatography-tandem mass spectrometry. Phytochemistry, 65: 1839-1851.

Landrum P F, Lee H, Lydy M J. 1992. Toxicokinetics in aquatic systems: Model comparisons and use in hazard assessment. Environ Toxicol Chem, 11: 1709-1725.

Langebartels C, Wohlgemuth H, Kschieschan S, et al. 2002. Oxidative burst and cell death in ozone-exposed plants. Plant Physiol Biochem, 40: 567-575.

Levine R L, Williams J A, Stadtman E R, et al. 1994. Carbonyl assays for determination of oxidatively modified proteins. Method Enzymol, 233: 346-363.

Li C S, Wu K Y, Gou- Ping Chang- Chien, et al. 2005. Analysis of oxidative DNA damage 8-hydroxy-2-deoxyguanosine as a biomarker of exposures to persistent pollutants for marine mammals. Environ Sci Technol, 39: 2455-2460.

Lin R Z, Wang X R, Luo Y, et al. 2007. Effects of soil cadmium on growth, oxidative stress and antioxidant system in wheat seedlings (*Triticum aestivum* L.) . Chemosphere, 69: 89-98.

Lin Z F, Lin G Z, Li S S, et al. 1988. Changes of concentration of superoxide anion and organic radical in senescent leaves and chloroplasts. Acta Phytophysiolgia Sinica, 14: 238-243.

Liu G, Greenshields D L, Sammynaiken R, et al. 2006. Targeted alterations in iron homeostasis underlie plant defense responses. J Cell Sci, 120: 596-605.

Liu J, Maria B, Kadiiska J, et al. 2002. Acute Cadmium exposure induces stress-related gene expression in wild-type and metallothionein-I/II-Null mice. Free Radic Biol Med, 32: 525-535.

Livingstone D R. 2001. Contaminant-stimulated reactive oxygen species production and oxidative damage in aquatic organisms. Mar Pollut Bull, 42: 565-666.

Luo Y, Su Y, Lin R Z, et al. 2006. 2-chlorophenol induced ROS generation in freshwater fish *Carassius auratus* based on the EPR method. Chemosphere, 65 (6): 1064-1073.

Luo Y, Sui Y X, Wang X R, et al. 2008. 2-chlorophenol induced hydroxyl radical production in mitochondria in carassius auratus and oxidative stress—an electron paramagnetic resonance study. Chemosphere, 71 (71): 260-268.

Luo Y, Wang X R, Ji L L, et al. 2009. EPR detection of hydroxyl radical generation and its interaction with antioxidant system in *Carassius auratus* exposed to pentachlorophenol. J Hazard Mater, 171: 1096-1102.

Luo Y, Wang X R, Shi H H, et al. 2005. Electron paramagnetic resonance investigation of *in vivo* free radical formation and oxidative stress induced by 2,4-dichlorophenol in the freshwater fish *Carassius auratus*. Environ Toxicol Chem, 24: 2145-2153.

Lynch D V, Thompson J E. 1984. Lipoxygenase-mediated production of superoxide anion in senescing plant tissue. FEBS Lett, 173: 251-254.

Ma Z, Zhao B L, Yuan Z B. 1999. Application of electrochemical and spin trapping techniques in the investigation of hydroxyl radicals. Anal Chim Acta, 389: 213-218.

Mai B X, Fu J M, Sheng G Y, et al. 2002. Chlorinated and polycyclic aromatic hydrocarbons in riverine and estuarine sediments from Pearl River Delta, China. Environ Pollut, 117: 457-474.

Martin M, Tyurina Y Y, Tyurin V A, et al. 2002. Anti-/pro-oxidant effects of phenolic compounds in cells: are colchicine metabolites chain-breaking antioxidants. Toxicology, 177: 105-117.

Maskaoui K, Zhou J L, Hong H S, et al. 2002. Contamination by polycyclic aromatic hydrocarbons in the Jiulong River Estuary and Western Xiamen Sea, China. Environ Pollut, 118: 109-112.

Mason R P, Hanna P M, Burkitt M J, et al. 1994. Detection of oxygen-derived radicals in biological systems using electron spin resonance. Environ Health Perspect, 102 (Suppl 11): 33-36.

Matés J M, Pérez-Gómez C, Núñez de Castro I. 1999. Antioxidant enzymes and human diseases. Clin Biochem, 32: 595-603.

Matés J M. 2000. Effects of antioxidant enzymes in the molecular control of reactive oxygen species toxicology. Toxicology, 153: 83-104.

Mc Carty L S, Mackay D. 1993. Enhancing ecotoxicological modeling and assessment: Body residues and modes of action. Environ Sci Technol, 27: 1719-1728.

McElroy A E, Farrington J W, Teal J M. 1990. Influence of mode of exposureand and presence of a tubiculous polychaete on the fate of benz[a]anthracene in the benthos. Environ Sci Technol, 24: 1648-1655

Mehmood Z, Kelly D E, Kelly S L. 1997. Cytochrome P450 3A4 mediated metabolism of 2, 4-dichlorophenol. Chemosphere, 34: 2281-2291.

Meyer J N, Smith J D, Winston G W, et al. 2003. Antioxidant defenses in killifish (*Fundulus heteroclitus*) exposed to contaminated sediments and model prooxidants: short-term and heritable responses. Aquat Toxicol, 65: 377-395.

Muckenschnabel I, Goodman B A, Deighton N, et al. 2001. Botrytis cinerea induces the formation of free radicals in fruits of *Capsicum annuum* at positions remote from the site of infection. Protoplasma, 218: 112-116.

Muller F, Caillard L. 1987. Chlorophenols. *In*: Gerhartz W, Schulz G. 1998. Ullmann's Encyclopedia of Industrial Chemistry. 5th ed. Weinheim: VCH: 1-8.

Mur L A J, Kenton P, Draper J. 2005. In planta measurements of oxidative bursts elicited by avirulent and virulent bacterial pathogens suggests that H_2O_2 is insufficient to elicit cell death in tobacco. Plant Cell Environ, 28: 548-561.

Møller I M. 2001. Plant mitochondria and oxidative stress: electron transport, NADPH turnover and metabolism of reactive oxygen species. Annu Rev Plant Physiol Plant Mol Biol, 52: 561-591.

Møller I M, Jensen P H, Hansson A. 2007. Oxidatire modificotions to cellaer components in plants. Annu Rer Plant Biol, 58: 459-481.

Nemat Alla M M, Hassan N M. 2006. Changes of antioxidants levels in two maize lines following atrazine treatments. Plant Physiol Biochem, 44: 202-210.

Novakov C P, Stoyanovsky D A. 2002. Comparative metabolism of N-tert-butyl-N-[1-(1-oxy-pyridin-4-yl)-ethyl]-

and N-tert-butyl-N-(1-phenyl-ethyl)-nitroxide by the cytochrome P450 monooxygenase system. Chemical Research in Toxicology, 15 (5): 749-753.

Ostersetzer O, Adam Z. 2003. Light-stimulated degradation of an unassembled Rieske FeS protein by a thylakoid-bound protease: The possible role of the FstH protease. Plant Cell, 9: 957-965.

O'Brien P J. 1988. Radical formation during the peroxidase catalyzed metabolism of carcinogens and xenobiotics: the reactivity of these radicals with GSH, DNA, and unsaturated lipid. Free Radic Biol Med, 4: 169-183.

Pangrekar J, Kandaswami C, Kole P, et al. 1995. Comparative metabolism of benzo(a)pyrene, chrysene and phenanthrene by brown bullhead liver microsomes. Mar Environ Res, 39: 51-55

Patterson B D, Macrea E A, Ferguson I B. 1984. Estimation of hydrogen peroxide in plant extracts using titanium (IV). Anal Biochem, 139: 487-492.

Peng C L, Lin Z F, Su Y Z, et al. 2006. The antioxidative function of lutein: Electron spin resonance studies and chemical detection. Funct Plant Biol, 33: 839-846.

Pirker K F, Goodman B A, Pascual E C, et al. 2002. Free radicals in the fruit of three strawberry cultivars exposed to drought stress in the field. Plant Physiol Biochem, 40: 709-717.

Poli P, de Mello M A, Buschini A, et al. 2003. Evaluation of the genotoxicity induced by the fungicide fenarimol in mammalian and plant cells by use of the single-cell gel electrophoresis assay. Mutat Res, 540: 57-66.

Price A H, Hendry G A F. 1991. Iron-catalysed oxygen radical formation and its possible contribution to drought damage in nine native grasses and three cereals. Plant Cell Environ, 14: 477-484.

Proudfoot A. 2003. Pentachlorophenol poisoning. Toxicol Rev, 22: 3-11.

Regoli F, Principato G G. 1995. Glutathione- dependent and antioxidant enzymes in mussel, Mytilus galloprovincialis exposed to metals in different field and laboratory conditions: implications for a proper use of biochemical biomarkers. Aquat Toxicol, 31: 143-164.

Renner G, Hopfer C. 1990. Metabolic studies on pentachlorophenol (PCP) in rat. Xenobiotica, 20: 573-582.

Rodríguez-Serrano M, Romero-Puertas M C, Zabalza A, et al. 2006. Cadmium effect on oxidative metabolism of pea (*Pisum sativum* L.) roots. Imaging of reactive oxygen species and nitric oxide accumulation *in vivo*. Plant Cell Environ, 29: 1532-1544.

Romero-Puertas M C, Palma J M, Gómez M, et al. 2002. Cadmium causes the oxidative modification of proteins in pea plants. Plant Cell Environ, 25: 677-686.

Romero-Puertas M C, Mccarthy I, Gómez M, et al. 2004a. Reactive oxygen species-mediated enzymatic systems involved in the oxidative action of 2,4-dichlorophenoxyacetic acid. Plant Cell Environ, 27: 1135-1148.

Romero-Puertas M C, Rodríguez-Serrano M, Corpas F J, et al. 2004b. Cadmium-induced subcellular accumulation of $O_2^{\cdot -}$ and H_2O_2 in pea leaves. Plant Cell Environ, 27: 1122-1134.

Rosen G M, Britigan B E, Halpern H J, et al. 1999. Free Radicals-Biology and Detection by Spin Trapping. Oxford, UK: Oxford University Press.

Rousseau D L. 1984. Structural and Resonance Techniques in Biological Research. NewYork: Academic Press: 32-108.

Ruddock P J, Bird D J, Mcevoy J, et al. 2003. Bile metabolites of polycyclic aromatic hydrocarbons (PAHs) in Europen eels *Anguilla anguilla* from United Kingdom estuaries. Sci Total Environ, 301: 105-117.

Sagi M, Davydov O, Orazova S, et al. 2004. Plant respiratory burst oxidase homologs impinge on wound responsiveness and development in *Lycopersicon esculentum*. Plant Cell, 16: 616-628.

Sagi M, Fluhr R. 2001. Superoxide production by plant homologues of the gp91phox NADPH Oxidase: Modulation of activity by calcium and by tobacco mosaic virus infection. Plant Physiol, 126 (3): 1281-1290.

Sakurada J, Sekiguchi R, Sato K, et al. 1990. Kinetic and molecular orbital studies on the rate of oxidation of monosubstituted phenols and anilines by horseradish peroxidase compound II. Biochemistry, 29: 4093-4098.

Schraudner M, Moeder W, Wiese C, et al. 1998. Ozone-induced oxidative burst in the ozone biomonitor plant, tobacco Bel W3. Plant J, 16: 235-245.

Scow K, Goyer M, Perwak J, et al. 1982. Exposure and risk assessment for chlorinated phenols (2-chlorophenol, 2,4-dichlorophenol, 2,4,6-trichlorophenol). Cambridge, MA: Arthur D. Little: EPA 440/4-85-007; NTIS PB85-211951.

Selote D S, Bharti S, Khanna-Chopra R. 2004. Drought acclimation reduces $O_2^{\cdot -}$ accumulation and lipid peroxidation in wheat seedlings. Biochem Bioph Res Co, 314: 724-729.

Shulaev V, Oliver D J. 2006. Metabolic and proteomic markers for oxidative stress: New tools for reactive oxygen species research. Plant Physiol, 141: 367-372.

Simon-Plas F, Elmayan T, Blein J P. 2002. The plasma membrane oxidase Ntrboh D is responsible for AOS production in elicited tobacco cells. Plant J, 31: 137-147.

Siraki A G, O'Brien P J. 2002. Prooxidant activity of free radicals derived from phenol-containing neurotransmitters. Toxicology, 177: 81-90.

Somani S M, Khalique A. 1982. Distribution and metabolism of 2,4-dichlorophenol in rats. J Toxicol Environ Health, 9: 889-897.

Sriussadaporn C, Yamamoto K, Fukushi K, et al. 2003. Comparison of DNA damage detected by plant comet assay in roadside and non-roadside environments. Mutat Res, 541: 31-44.

Srivalli B, Khanna-Chopra R. 2004. The developing reproductive 'sink' induces oxidative stress to mediate nitrogen mobilization during monocarpic senescence in wheat. Biochem Bioph Res Co, 325: 198-202.

Strickland P, Kang D. 1999. Urinary 1-hydroxypyrene and other PAH metabolites as biomarkers of exposure to environmental PAH in air particulate metter. Toxicology Letter, 108: 191-199.

Sun Y Y, Yu H X, Wang X R, et al. 2006. Bioaccumulation, depuration and oxidative stress in fish *Carassius auratus* under phenanthrene exposure. Chemosphere, 63 (8): 1319-1327.

Sundt H, Gorksøyr A. 1998. *In vivo* and *in vitro* biotransformation of polycyclic aromatic hydrocarbons in the Edible Crab, Cancer pagurus. Mar Environ Res, 46: 515-519.

Swartz R C, Schults D W, DeWitt T H, et al. 1990. Toxicity of fluoranthene in sediment to marine amphipods: A test of the equilibrium partitioning approach to sediment quality criteria. Environ Toxicol Chem, 9: 1074-1080.

Takeshita K, Fujii K, Anzai K, et al. 2004. *In vivo* monitoring of hydroxyl radical generation caused by X-ray irradiation of rats using the spin trapping/EPR technique. Free Radic Biol Med, 36 (9): 1134-1143.

Tarun M, Rusling J F. 2005. Quantitative measurement of DNA adducts using neutral hydrolysis and LC-MS. validation of genotoxicity sensors. Anal Chem, 77: 2056-2062.

Taylor N L, Day D A, Millar A H. 2004. Targets of stress-induced oxidative damage in plant mitochondria and their impact on cell carbon/nitrogen metabolism. J Exp Bot, 55: 1-10.

Taylor S W, Fahy E, Murray J, et al. 2003. Oxidative posttranslational modification of tryptophan residues in cardiac mitochondrial proteins. J Biol Chem, 278: 19587-19590.

Tiedemann A V. 1997. Evidence for a primary role of active oxygen species in induction of host cell death during infection of bean leaves with Botrytis cinerea. Physiol Mol Plant P, 50: 151-166.

Timmins G S, Davies M J. 1998. Biological Free Radicals. *In*: Gilbert B C, Atherton N M, Davies M J. 1998. Electron Paramagnetic Resonance. Cambridge, UK: Royal Society of Chemistry: 16: 1-49.

Torres M A, Dangl J L, Jones J D G. 2002. Arabidopsis gp91phox homologues Atrboh D and Atrboh F are required for accumulation of reactive oxygen intermediates in the plant defense response. PNAS, 99: 517-522.

Tortolani A J, Powers S R, Misik V, et al. 1993. Detection of alkoxyl and carbon- centered free radicals in coronary sinus blood from patients undergoing elective cardioplegia. Free Radic Biol Med, 14: 421-426.

Tsai C H, Lin P H, Waidyanatha S, et al. 2001. Characterization of metabolic activation pentachlorophenol to quinones and semiquinones in rodent liver. Chemico-Biological Interactions, 134: 55-71.

Van der Oost R, Beyer J, Vermeulen N P E. 2003. Fish bioaccumulation and biomarkers in environmental risk assessment: a review. Environ Toxicol Pharmacol, 13: 57-149.

Vajpayee P, Dhawan A, Shanker R. 2006. Evaluation of the alkaline comet assay conducted with the wetlands plant *Bacopa monnieri* L. as a model for ecogenotoxicity assessment. Environ Mol Mutagen, 47: 483-489.

Velikova V, Loreto F. 2005. On the relationship between isoprene emission and thermotolerance in *Phragmites australis* leaves exposed to high temperatures and during the recovery from a heat stress. Plant Cell Environ, 28: 318-327.

Veljovic-Jovanovic S, Noctor G, Foyer C H. 2002. Are leaf hydrogen peroxide concentrations commonly overestimated? The potential influence of artefactual interference by tissue phenolics and ascorbate. Plant Physiol Biochem, 40: 501-507.

Wang C R, He M, Shi W, et al. 2011b. Toxicological effects involved in risk assessment of rare earth lanthanum on roots of *Vicia faba* L. seedlings. J Environ Sci, 23 (10): 1721-1728.

Wang C R, Luo X, Tian Y, et al. 2012a. Biphasic effects of lanthanum on *Vicia faba* L. seedlings under cadmium stress, implicating finite antioxidation and potential ecological risk. Chemosphere, 86: 530-537.

Wang C R, Wang X R, Tian Y, et al. 2008a. Oxidative stress, defense response and early biomarkers for lead-contaminated soil in *Vicia faba* seedlings. Environ Toxicol Chem, 27 (4): 970-977.

Wang C R, Wang X R, Tian Y, et al. 2008b. Oxidative stress and potential biomarkers in tomato seedlings subjected to soil lead contamination. Ecotox Environ Safe, 71: 685-691.

Wang C R, Zhang K G, He M, et al. 2012b. Mineral nutrient imbalance, DNA lesion and DNA-protein crosslink involved in growth retardation of *Vicia faba* L. seedlings exposed to lanthanum ions. J Environ Sci, 24 (2): 1-7.

Wang N, Wang C R, Bao X, et al. 2011a. Toxicological effects and risk assessment of lanthanum ions on leaves of *Vicia faba* L. seedlings. J Rare Earth, 29 (10): 997-1003.

Wang Y J, Ho Y S, Chu S W, et al. 1997. Induction of glutathione depletion, p53 protein accumulation and cellular transformation by tetrachlorohydroquinone, a toxic metabolite of pentachlorophenol. Chem Biol Interact, 105: 1-16.

Wang Y J, Lee C C, Chang W C, et al. 2001. Oxidative stress and liver toxicity in rats and human hepatoma cell line induced by pentachlorophenol and its major metabolite tetrachlorohydroquinone. Toxicol Lett, 122: 157-169.

Wang Y S, Wang J, Yang Z M, et al. 2004. Salicylic acid modulates aluminum-induced oxidative stress in roots of *Cassiatora*. Acta Bot Sin, 46 (7): 819-828.

Winston G W, Di Giulio R T. 1991. Prooxidant and antioxidant mechanisms in aquatic organisms. Aquat Toxicol, 19: 137-161.

Wohlgemuth H, Mittelstrass K, Kschieschan S, et al. 2002. Activation of an oxidative burst is a general feature of sensitive plants exposed to the air pollutant ozone. Plant Cell Environ, 25: 717-726.

Woźniak K, Blasiak J. 2003. *In vitro* genotoxicity of lead acetate: induction of single and double DNA strand breaks and DNA-protein cross-links. Mutat Res, 535: 127-139.

Wu Y, Zhang J, Zhu Z J. 2003. Polycyclic aromatic hydrocarbons in the sediments of the Yalujiang Estuary, North China. Mar Pollut Bull, 46: 619-625.

Xiuli H, Mingyi J, Aying Z, et al. 2005. Abscisic acid-induced apoplastic H_2O_2 accumulation up-regulates the activities of chloroplastic and cytosolic antioxidant enzymes in maize leaves. Planta, 223: 57-68.

Yang G P. 2000. Polycyclic aromatic hydrocarbons in the sediments of the South China Sea. Environ Pollut, 108: 163-171.

Yin Y, Wang X R, Sun Y Y, et al. 2008. Bioaccumulation and oxidative stress in submerged macrophyte *Ceratophyllum demersum* L. upon exposure to pyrene. Environ Toxicol, 23 (3): 328-336.

Yin Y, Wang X R, Yang L Y, et al. 2010. Bioaccumulation and ROS generation in *Coontail Ceratophyllum demersum* L. exposed to phenanthrene. Ecotoxicology, 19: 1102-1110.

Yoshioka H, Numata N, Nakajima K, et al. 2003. Nicotiana benthamiama gp91phox homologues Ntrboh A and Ntrboh B participate in H_2O_2 accumulation and resistance to Phytophthora infestans. Plant Cell, 15: 706-718.

Yuan D X, Yang D N, Wade T L, et al. 2001. Status of persistent organic pollutants in the sediment from several estuaries in China. Environ Pollut, 114: 101-111.

Zhang J F, Shen H, Wang X R, et al. 2004. Effects of chronic exposure of 2,4-dichlorophenol on the antioxidant system in liver of freshwater fish *Carassius auratus* . Chemosphere, 55: 167-174.

Zhu B Z, Kitrossky N, Chevion M. 2000. Evidence for production of hydroxyl radicals by pentachlorophenol metabolites and hydrogen peroxide: a metal-independent organic fenton reaction. Biochem Biophy Res Co, 270: 942-946.

Zhu B Z, Zhao H T, Kalyanaraman B, et al. 2002. Metal-independent production of hydroxyl radicals by halogenated quinones and hydrogen peroxide: an ESR spin trapping study. Free Radic Bio Med, 32 (5): 465-473.

7

污染物对生物体内谷胱甘肽系列的影响

7.1　生物体内的谷胱甘肽系列

谷胱甘肽（glutathione，GSH）广泛存在于动物细胞与绝大部分植物、细菌中，与生物体内抗离子辐射、维持蛋白质的巯基状态等密切相关。在毒理学研究中更注重它的另一生物功能：解毒作用。它是生物解毒系统第二阶段反应中主要的结合物质之一，其与非生物物质的结合，对许多毒物的毒性影响具有保护作用（徐立红等，1995；Winston et al.，1991）。

GSH 在外源性化合物代谢中的重要解毒作用通常是通过一系列酶类来完成的，主要包括谷胱甘肽还原酶（glutathione reductase，GR）、谷胱甘肽过氧化物酶（glutathione peroxidase，GPx）及谷胱甘肽硫转移酶（glutathione *S*-transferase，GST）（Matés，2000）。

7.1.1　谷胱甘肽的结构特征

谷胱甘肽是由谷氨酸、半胱氨酸及甘氨酸通过肽键缩合而成的三肽化合物，其分子式如下：

```
                                 O                 O
       α       β       γ      δ  ‖                 ‖
H2N—CH—CH2—CH2 — C—N—CH—C—N—CH2—COOH
        |                          H    |          H
       COOH                            CH2
                                        |
                                       SH
```

δ-谷氨酰　　半胱氨酰　　甘氨酸

此三肽命名为 δ-谷氨酰–半胱氨酰–甘氨酸，简称为谷胱甘肽。由于其含有硫基（—SH），故常以 GSH 来表示。它的分子中有一特殊的 δ-肽键，是由谷氨酸的 α-COOH 与半氨酸的 α-NH_2缩合而成的肽键，这样的肽键与蛋白质分子中的一个氨基酸中的 α-COOH 和另一氨基酸中的 α-NH_2失水缩合而成肽键显然不同。也有命名此三肽为 γ-谷氨酰–半胱氨酰–甘氨酸的，这是基于谷氨酸中 γ-C 上的 COOH 与半胱氨酸 α-C 上的 NH_2缩合而成，故此命名。

图 7-1 显示谷胱甘肽合成的第一步是在谷氨酸的 γ-羧基与半胱氨酸的氨基之间形成肽键，此反应由 γ-谷氨酰半胱氨酸合成酶催化。这一肽键要求 γ-羧基的活化，活化能由

ATP 提供。第二步由谷胱甘肽合成酶催化，由 ATP 活化半胱氨酸的羧基使之能与甘氨酸的氨基缩合。

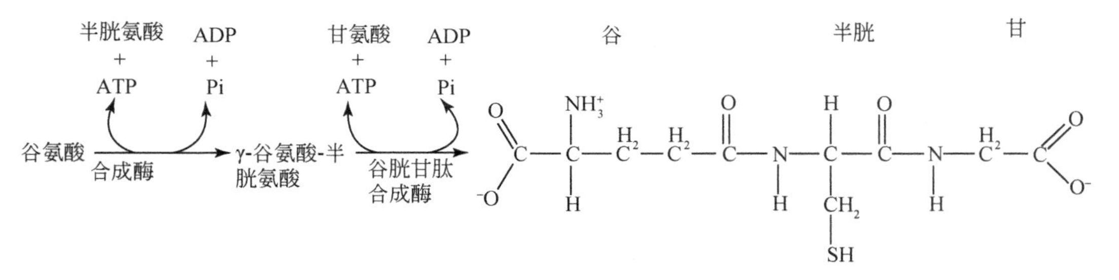

图 7-1　谷胱甘肽的合成

由于谷胱甘肽中含有一个活泼的巯基（—SH）极易被氧化，2 分子还原型的谷胱甘肽［glutathione(reduced form)，GSH］脱氢以二硫键（—S—S—）相连便成为氧化型的谷胱甘肽（oxidized glutathione，GSSG）。所以谷胱甘肽可分为氧化型和还原型两大类，在生物体中起重要功能作用的是还原型谷胱甘肽。

7.1.2 谷胱甘肽系列的生物学作用与机制

外源性污染物质（非生物物质）在生物体内的代谢转化包括两个阶段：第一个阶段，P450 依赖性的混合功能氧化酶（mixed function oxidase，MFO）将羟基引入，使亲脂性化合物被氧化成为便于进一步代谢的底物；第二个阶段，极性内源性分子，如还原型谷胱甘肽、葡萄糖醛酸、硫酸盐通过转化酶与被氧化的非生物物质结合，形成低毒且易于排出的产物，这是代谢非生物物质的一般方式（Buhler and Williams，1988）。谷胱甘肽的变化与污染物的解毒机制密切相关，谷胱甘肽的氧化还原可以清除经污染物暴露后产生的大量活性氧中间体，其改变的程度可以定量测定，因而可作为干扰生物体含氧自由基流的污染物暴露的标志。GSH 是生物体内重要的水溶性抗氧化剂，它既可作为 GPx 和 GST 的底物，通过这两种酶起解毒作用，又可直接与动物体内的亲电化合物结合起解毒作用，因此，在生物体内的解毒代谢中起着极其重要的作用。生物体内主要的主要抗氧清除物质如表 7-1 所示。

表 7-1　主要的抗氧化清除物质

种类	结构	在组织中的部位	功能
超氧化物歧化酶（SOD）	CuZn-SOD Mn-SOD Fe-SOD	细胞质、细胞核 主要在线粒体 主要在血浆	催化 O_2 生成 H_2O_2 歧化反应
过氧化氢酶（CAT）	血红素蛋白四聚体	过氧化物酶体	催化 H_2O_2 歧化，还原甲基和乙基氢过氧化物

续表

种类	结构	在组织中的部位	功能
谷胱甘肽过氧化物酶（GPx）	硒蛋白	主要在细胞质，线粒体中也有	催化 H_2O_2 和其他过氧化物的还原反应
谷胱甘肽还原酶（GR）	蛋白二聚体	主要在细胞质，线粒体中也有	催化低相对分子质量二硫化物的还原反应
谷胱甘肽（GSH）	三肽	大部分在细胞内，肺泡中也有	在 GSH 氧化还原循环中作为底物，直接铜 $O_2^{\cdot-}$ 和 $^{\cdot}OH$ 及其他自由基反应
维生素 E	脂溶性维生素	脂膜、细胞外流质	转化 $O_2^{\cdot-}$ 和 $^{\cdot}OH$ 等自由基成为具较低活性的形式，阻断脂过氧化物链式反应
维生素 C	水溶性维生素	细胞内、细胞外流质	直接清除 $O_2^{\cdot-}$ 和 $^{\cdot}OH$，抑制中性粒细胞刺激产生的氧化物，参与维生素 E 的再生

资料来源：Chow，1991

正常情况下，GSH 在一定细胞或组织中的含量是相对稳定的，如果消耗速率异常增加，则细胞内 GSH 含量会降低，而引起消耗的原因之一就是存在着可与 GSH 结合的底物，某些外来污染物或其代谢物便属于这种底物，许多有毒物质通过与 GSH 结合而解毒（Sen et al.，1994）。有人提出细胞抗化学物毒性的能力取决于它维持 GSH 储存量的能力。对小鼠在 2h 前注射 GSH，可完全保护小鼠免受微囊藻毒素 YM 的毒性影响（Hermansky，1991），毒素致毒的鼠肝细胞中 GSH 随时间、剂量而消耗（Maria，1987），这证明 GSH 的确与毒素的解毒作用有关。多项研究表明，机体调节有毒物质毒性的一个关键要素是机体代谢毒物的能力，有人已提出 GSH 应成为毒理实验中常规的检测参数（Marsha et al.，1996），这不仅表明了 GSH 可以反映机体的中毒状况，而且也反映了 GSH 在解毒过程中的重要作用。因此，进一步研究 GSH 在重金属致毒过程中的解毒作用，对全面了解该毒素的可能危害是有着十分重要的意义。

在 GSH-Px、GR 两种酶的参与下，GSH 在消除活性氧中间体特别是 H_2O_2 中发挥着重要作用。GSH-Px 是一种常见的重要的过氧化物酶，主要存在于胞浆中，但也可存在于线粒体中。GSH-Px 在肝细胞中的含量最高，其次为在红细胞、心、肺、脾、肾和脑细胞中等。GSH-Px 具有含 Se 和不含 Se 两类，通常指的 GSH-Px 为 Se GSH-Px，它以还原型谷胱甘肽为电子供体，在 H_2O_2 的清除中起重要作用，其反应式为 $H_2O_2+2GSH \xrightarrow{GSH\text{-}Px} GSSG+2H_2O$，还能还原脂氢过氧化物（ROOH）。此外，还发现一种只能催化磷脂氢过氧化物的特异性 GSH-Px。GSH-Px 催化的 H_2O_2 清除反应既然需要 GSH 的存在，因此就必须与一个 GSH 再生系统相偶联。在机体内，与 GR（一种黄素酶）偶联的谷胱甘肽再生系统，对清除 H_2O_2 最为重要：$GSSG+NADPH+H^+ \xrightarrow{GR} 2GSH+NADP^+$。

GSH 是一种 $^{\cdot}OH$ 和单线态氧的清扫剂。它在许多细胞中的浓度较高，可以拮抗这些活性氧中间体造成的细胞损伤，缺乏 GSH 的细胞，其清除 H_2O_2 或其他活性氧的能力明显降低。提高细胞内的 GSH 浓度水平，细胞处理活性氧的能力大大增强。GSH 本身不易通过细胞膜进入细胞内，但 GSH 的甲基酯可以自由通过细胞膜，故在细胞外液中加入 GSH

甲基酯后，可提高细胞内的 GSH 浓度水平。

Ross 等（1988）研究了 GSH 与˙OH 的相互作用。˙OH 的产生系统为次黄嘌呤、黄嘌呤氧化酶及铁盐。在大多数组织细胞内的 GSH 浓度水平下，GSH 可以减少˙OH 的产生量。但在低浓度下，GSH 反而刺激˙OH 的形成，因为低浓度的 GSH 与 Fe^{2+} 及 H_2O_2（由黄嘌呤氧化酶产生）反应本身可产生˙OH。

GSH 对包括活性氧（ROI）在内的自由基的清扫机制，可能是通过 GSH 与自由基相互作用，发生单电子传递，形成谷胱甘酰自由基（GS˙），并进一步生成 GSSG，再依赖 NADPH 发生系统的传递电子（供氢体），在 GR 作用下使 GSSG 还原成 GSH。GR 是一种黄素酶，可以还原 GSSG 使 GSH 再生，因此其在 GSH 循环和细胞抗氧化保护中扮演着重要角色，其活性的诱导是一种潜在的氧化应激生物标志物。如果 GSH 的消耗不能被新的谷胱甘肽分子合成所补充的话，GR 活性的降低可能使 GSH 耗竭。GSH 在生物体系中对自由基的这一直接阻断作用机制，目前尚未完全阐明（Di Giulio et al.，1989）。

谷胱甘肽系统在生物体内的解毒代谢中起着重要作用（方允中和郑荣梁，2002），是近年来比较受重视的分子生物标记物。国外关于污染暴露条件下的水生生物中 GSH 的变化研究已经有报道（Cossu et al.，1997）。生物体中与 GSH 代谢相关的成分包括：还原谷胱甘肽（GSH）、谷胱甘肽过氧化物酶（GPx）、谷胱甘肽还原酶（GR）、谷胱甘肽硫转移酶（GST）。其中，GR 和 GPx 主要控制着 GSH-GSSG 的转化，而 GST 是解毒系统第二阶段的一种生物转化酶，又名不含 Se 的谷胱甘肽过氧化物酶（non-Se-GPx），是一种多功能酶。在抗氧化机制中，Se 依赖型谷胱甘肽过氧化物酶（Se-GPx）、GR、GSH 均是污染物毒性的良好标记物。

7.2 重金属对生物体内谷胱甘肽系列的影响

随着城市化进程的加快和工农业的迅猛发展，大量未经处理的城市垃圾、污染的土壤、工业和生活污水，以及大气沉降物不断排入水中，使水体悬浮物和沉积物中的重金属含量急剧升高。原国家环境保护局提出的“中国水环境优先控制污染物黑名单”共 68 种化合物，重金属及其化合物虽只有 9 种，但其对环境的危害甚大。重金属污染具有来源广、残毒时间长、有蓄积性、污染后不易被发现及难于恢复等特点，某些重金属还可以在微生物的作用下转化为毒性更强的金属化合物，通过食物链迁移富集到生物体内。水体中的重金属还可通过饮用水、被污水灌溉过的蔬菜和粮食等经食物链途径进入人体，威胁着人类的健康（金岚，1992）。重金属对人体健康的危害是多方面、多层次的，其毒理作用主要表现在影响胎儿正常发育、造成生殖障碍、降低人体素质等方面（常学秀等，2000）。

重金属对水生动物的毒害主要有以下几种方式：一是与鳃、体表分泌的黏液结合成蛋白质的复合物，覆盖整个鳃和体表，并充塞鳃盖间隙，使鳃丝的正常活动发生困难，导致水生动物窒息而死；二是抑制水生生物体内酶的活性，从而妨碍机体的代谢作用；三是引起体内生理生化指标的改变，对水生动物的下丘脑-脑垂体-性腺轴生殖内分泌调控系统产生毒害作用。特别是在鱼类养殖过程中，硫酸铜是使用时间最长、应用最广泛的药物之一，铜已成为重要的污染物。高春生等（2008）研究了水体中不同浓度铜对黄河鲤肝、胰脏抗氧化能力的影响，测定黄河鲤肝、胰脏抗氧化酶（GPx）的活性。结果表明，黄河鲤暴露于0.01mg/L Cu^{2+}溶液时，GPx活性高于对照组，其中GPx活性达到最大，且显著高于对照组（$P<0.05$）。结果提示，黄河鲤肝、胰脏中SOD、CAT和GPx活性及总抗氧化能力（T-AOC）对铜污染均具指示作用，其中最为灵敏的是GPx活性，可以用来指示低剂量重金属的污染。

土壤动物与土壤环境中的重金属长期接触，也会由于长期重金属积累而对生物体产生毒害作用（Fent，2004）。卜元卿等（2008）发现，人工土壤暴露2d后，50mg/kg的Cu即可诱导赤子爱胜蚓的GSH含量显著升高。

7.2.1 单一重金属污染对生物体内谷胱甘肽系列的影响

GSH普遍存在于植物体内，含量丰富。GSH浓度水平的高低与植物对各种生物异源物质及生物与非生物环境胁迫的忍耐密切相关（May et al.，1998）。GSH作为一种水溶性抗氧化物质，在植物细胞中，它可使一些活性氧还原。GSH与H_2O_2的反应速率很慢，因而在植物中GSH依赖的H_2O_2还原不是主要的H_2O_2清除途径。GSH及与其相关的生理过程在植物对环境胁迫的抵抗上具有十分重要的作用。这些生理过程包括自由基的清除、过氧化物质的还原、亲电子物质的脱毒、细胞内蛋白质氧化还原状态与巯基-二硫酸盐状态的调节、ATP依赖的转运蛋白作用的发挥以及细胞信号与修复途径的调节等（Eshdaty，1997）。

重金属对酶的影响可能表现为两种途径，一是置换酶活性中心的必需金属，二是结合到酶分子的咪唑基、巯基、羟基、氨基、肽基等功能团，从而导致酶失活。镉可使鱼肝、胰脏的酸性磷酸酶（ACP）、谷丙转氨酶（GPT）和谷草转氨酶（GOT）活性明显升高，血液、肾脏的ACP与碱性磷酸酶（AKP）活性显著降低（贾秀英，1997，1998）。水体中Hg、Cu、Cd等重金属造成鱼体谷胱甘肽转移酶和过氧化氢酶活性下降，白细胞数量增加（Canesi and Viarengo，1999；Roméo，2000；南旭阳，2002）。

GST主要催化GSH与亲电子物质之间的反应。有研究表明，长期暴露后，金属污染对鱼体肝脏中的生物转化酶GST产生显著诱导（Chen et al.，1998）。GPx在抗氧化系统中的作用与CAT相似，分解清除细胞器中产生的H_2O_2。GPx的作用主要表现在两个方面：一是特异地催化还原型谷胱甘肽（GSH）与H_2O_2的还原反应，降低细胞内H_2O_2的水平，减少自由基的形成；二是催化还原脂质过氧化物为羟基酸的反应，以减少过氧化物的积累。GSH之所以能保护鱼的细胞不受金属离子损害，可能由于金属离子吸附在GSH的巯基上，GSH可以作为细胞内的金属螯合剂来保护鱼类不受金属离子的伤害（Magda and Helmut，1998）。

刘慧（2005）发现，暴露于Cu^{2+}溶液中40d后，Cu^{2+}对鲫鱼肝脏中的GST产生双向效应，Cu^{2+}处理在低浓度（0.0025～0.01mg/L）时对GST有显著诱导（$P<0.05$）。随着Cu^{2+}浓度增大，对GST的诱导逐渐减弱，0.25mg/L Cu^{2+}组的GST活性明显被抑制（图7-2）。

GR是一种黄素蛋白氧化还原酶，在不同的胁迫反应中有不同的作用。GR的表达能导致叶片中GSH的水平倍增。在氧化胁迫反应中，它对保护细胞内谷胱甘肽库大部分处于还原状态起着关键作用。GSH必须以还原形式来完成许多功能，尤其是在清除活性氧中介，如过氧化物、过氧化氢等氧化剂中起重要作用；如果活性氧不被清除，将直接或间接

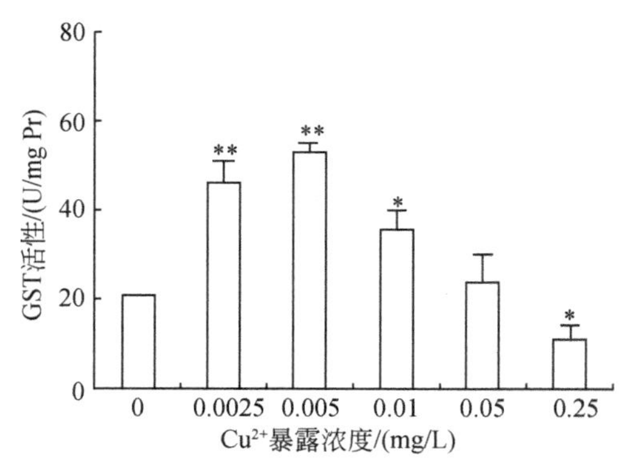

图 7-2　Cu^{2+}浓度对 GST 活性的影响

地通过脂质过氧化的产物引起细胞组分（如酶、DNA、膜）发生破坏。GSH 在 γ-谷氨酰半胱氨酸合成酶和谷胱甘肽合成酶的连续作用下合成，又可在 GR 的作用下由 GSSG 转化而来。GSSG、GSH 及 GR 在抵御氧化胁迫方面既独自起作用，又相互之间密切联系。

国内冯涛等（2001a，2001b，2001c）研究了苯并[a]芘对鱼体内的谷胱甘肽系列的影响，发现不同污染浓度可引起鱼体内 GSH、GST、GPx 等不同程度的抑制或诱导。但是各研究结果并不总是一致的，可能是测定方法、取样时间及所采用的底物不同所致（Leaver，1992）。例如，在牡蛎中 GPx 活性与组织中污染物水平相关（Solé et al.，1995），而比目鱼肝脏中未产生污染物诱导的标记物反应（Copeland，1986）。因此，对这些抗氧化酶在不同污染、不同测试生物中的反应差异有待深入研究。郭红岩等发现长期重金属或稀土暴露对鱼体肝脏的生物转化酶 GST 产生显著诱导（Chen et al.，1998；郭红岩等，2001）。

长期暴露后，金属污染对鱼体肝脏中的生物转化酶 GST 产生显著诱导，细胞中 GSH 含量有提高（Chen et al.，1998）。按 Dreosti 和 Partick(1987)的观点，缺锌能促进肝脏的脂质过氧化作用和降低 GSH 的合成，尤其是增加烟酰胺腺嘌呤二核苷酸氧化酶（NADP）活性而降低还原型 NADP(NADPH)的含量，后者则为保持 GSSG 还原酶活性及产生 GSH 所必需。

当机体受到外来污染物胁迫比较严重时，SOD 被大量消耗以消除机体内产生的大量超氧阴离子自由基，同时产生大量的 H_2O_2，为了清除 H_2O_2，GPx 会催化 GSH 与 H_2O_2反应(过氧化氢酶也参与消除 H_2O_2)，GSH 被消耗。因此，当机体受到外来污染物胁迫时，一般会表现为 SOD 活性被抑制，GSH 含量降低。鲫鱼肝脏中 GSH 含量显著下降，表明长时间锌暴露后机体活性氧产生增加，活性氧攻击细胞内巯基，使细胞内氧化还原状态发生改变的可能性增加。GSH 含量的变化影响具解毒作用酶的基因转录、细胞增殖及细胞凋亡。细胞内 GSH 的氧化作用足以引起对依赖氧化还原状态的基因表达的调节作用。

在众多重金属对生物影响的研究中，从短期效应看，大多表现为：GSH 的诱导量随处理时间的增加而增加（Olmos，2003；Aravind and Prasad，2005；Rodriguez-Serrano et al.，2006；丁海东等，2006）。而在较长处理时间内，GSH 通常呈现出低-高-低的 U 形变化趋势。这可能是由于在处理前期，细胞内游离态的重金属离子逐渐增加，进而需要越来越多的 GSH 来解除其毒性，从而造成前期 GSH 含量呈增加的变化趋势；而在后期，细胞内重金属离子的积累接近饱和时，只需要较少量的 GSH 即可解除毒性。

由图 7-3 可以看出，Cu^{2+} 在较低浓度时对 GST 产生显著激活，随浓度增加激活率降低；对 SOD 则产生先激活后抑制又激活的趋势；对 CAT 和 GPx 的影响，随 Cu^{2+} 浓度增加表现出持续的抑制作用。

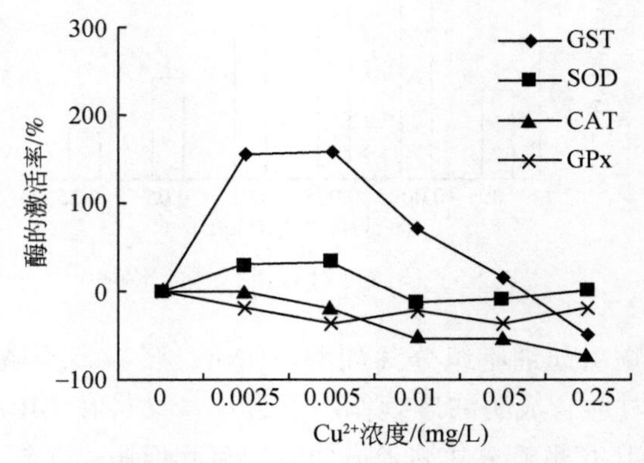

图 7-3　Cu^{2+} 对酶的激活率变化曲线

Cu^{2+} 对鱼体肝脏中 GSSG 的影响见表 7-2。Cu^{2+} 暴露条件下 GSSG 含量呈现出先激活后降低的趋势，与对照组相比，除 0.25mg/L Cu^{2+} 处理组低于对照外，暴露于 Cu^{2+} 溶液中的 GSSG 含量均有不同程度的提高，尤其是 Cu^{2+} 对 GSSG 极为敏感，0.0025mg/L 暴露即引起 GSSG 含量极显著地增加，激活率为 55.3%。

表 7-2　Cu^{2+} 对鲫鱼肝脏 GSSG 含量及激活率的影响

暴露浓度/(mg/L)	处理组	
	GSSG 含量/(μg/mg Pr)	激活率/%
0	1.23±0.13	0
0.0025	1.91±0.22	55.3 **
0.005	1.54±0.16	25.2
0.01	1.91±0.41	55.3 *
0.05	1.82±0.12	48.8 *
0.25	1.07±0.54	−13.0

* 指对不同形态 Cu^{2+} 暴露组与对照的数据进行单尾 t 检验的结果表现为差异显著（$P<0.05$）

7.2.2　重金属复合污染对生物体内谷胱甘肽系列的影响

越来越多的污染物进入环境并对生态环境产生复合效应，但过去的研究大多只注重单个污染物的环境效应，对多种污染物共存于同一环境并相互作用所形成的环境污染效应重视不够。重金属离子之间存在着相互作用，这种相互作用会影响重金属离子在鱼体内的吸收和毒性作用（Casine and Depledge，1997；Kargin and Cogun，1999；王银秋等，2003）。

自然界中，各种动物、植物不可避免地暴露在混合化学物中，水体污染的实际情况是亚急性剂量的混合重金属污染。

以往的研究主要集中在急性毒性浓度或单一重金属的毒性评价上，现行重金属离子的水质标准也是根据单一金属离子的毒性实验确定的，因而不能有效地反映重金属离子的实际毒性效应。此外，水体污染的实际情况是亚急性剂量的混合重金属污染。因此，与单一污染物的毒性实验相比，混合污染物的毒性实验能更好地反映环境的实际污染状况。Spechar 和 Fiandt（1986）曾发现，根据美国 EPA 的水质标准配制的金属混合溶液（包括 Cd、Cr、Cu、Hg、Pb、As）对鱼和无脊椎动物均有明显的毒性；以最高允许浓度（MATC）配制的金属混合液几乎将虹鳟 100% 致死，按单一金属浓度制定的水质标准不足以保护水生生物。由此可见，金属之间的相互作用不容忽视。

1939 年 Bliss 提出研究两种毒物联合作用的毒性并首次提出了对独立作用、拮抗作用、加和作用和协同作用的划分，污染物的联合效应才逐渐为人们所认识（龚平等，1997）。很多环境效应无法用单一污染物的作用机制来解释，过去依赖单一效应制定的有关评价标准也无法真实反映环境质量要求，因此复合污染研究逐渐成为环境科学发展的重要方向之一。关于复合污染的研究大多局限于复合污染效应，缺少对机制的探讨。近年来，随着研究方法和技术手段的进步，复合污染效应和机制的研究也有了较大进展（修瑞琴等，1998）。

重金属复合污染效应具体表现在拮抗、协同和加和三个方面。多种重金属共存于同一环境中，相互作用机制非常复杂，研究结果常常相左。确认这些作用性质的重要性在于这些作用会显著影响生物体对某些特定元素的积累过程及不同生物学层次上的毒性作用（Ribeyre et al.，1995）。

刘慧（2005）研究表明，Cu、Zn 复合暴露对鲫鱼（*Carassius auratus*）体内 GPx、GST、GSH、GR 的影响与单独暴露时明显不同，实验中的最高浓度 0.5mg/L Zn^{2+} 与 0.1mg/L Cu^{2+} 复合暴露引起 GPx 活性显著降低，而其他两组暴露引起了 GPx 的显著诱导。GR 对维持生物体内 GSH 与 GSSG 比率的稳定，保持体内氧自由基平衡方面起着重要作用。Cu、Zn 复合暴露在低浓度时 GR 与 GST 活性被显著诱导、GSH 含量极显著增加，并且随 Cu、Zn 复合暴露浓度升高逐渐增大。最高浓度时则受到显著抑制。

谷胱甘肽抗氧化防御系统对 Cu、Zn 暴露比较敏感。低浓度 Zn、Cu 及其复合暴露 14d 后，鲫鱼体内产生大量活性氧，GR 活性被激活，GR 催化大量 GSSG 还原为 GSH，GSH 消除 H_2O_2，所以 GSH 含量增加，相应的 GSSG 含量减少。GR 活性与 GSH 含量均被显著诱导，这表明鲫鱼体内谷胱甘肽氧化还原系统对低浓度的 Cu、Zn 及其复合污染的长期暴露很敏感，因此 GR 酶与 GSH 有潜力作为监测重金属污染的重要生化指标（刘慧，2005）。

Pb、Cd 复合暴露对 GR 的影响与 Cd 相似，表现出低浓度诱导、高浓度抑制的趋势。Pb、Cd 复合暴露浓度与 GR 活性之间存在极显著相关（表 7-3 ~ 表 7-6）。Pb、Cd 复合暴露低浓度时对 GSH 基本没有影响，随着暴露浓度增加出现诱导；GSSG 含量较 Pb、Cd 单独暴露有所回升，这可能是由于新的 GSSG 合成机制的参与造成的（刘慧，2005）。

表 7-3 Pb、Cd 单独及复合暴露后对鲫鱼 GR 活性的诱导率

暴露浓度/(mg/L)	0	0.001	0.005	0.01	0.05	0.1	0.2
Cd/%	0	16.4 *	37.0 **	52.0 **	45.3 **	40.9 **	-0.64
Pb/%	0	23.0 *	33.5 *	37.7 *	79.9 **	72.1 **	118 **
Cd+Pb/%	0	24.3	38.9 *	65.6 **	9.70	109 **	66.8 **

表 7-4 Pb、Cd 单独及复合暴露后对鲫鱼 GPx 活性的诱导率

暴露浓度/(mg/L)	0	0.001	0.005	0.01	0.05	0.1	0.2
Cd/%	0	106 **	139 **	41.4 *	-11.9	-18.5	-34.5 *
Pb/%	0	23.1	44.4 *	76.1 **	37.4 *	82.3 **	33.3 *
Cd+Pb/%	0	18.2	46.4 *	3.10	22.0	18.2	-13.5

表 7-5 Pb、Cd 单独及复合暴露后对鲫鱼 GSH 的诱导率

暴露浓度/(mg/L)	0	0.001	0.005	0.01	0.05	0.1	0.2
Cd/%	0	35.0 *	-7.0	-21.4	-10.1	-25.5 *	-34.6 *
Pb/%	0	11.3	-28.9 *	-5.0	-20.7 *	-9.4	-21.3 *
Cd+Pb/%	0	-12.3	-18.0	-18.9	0.74	19.6 *	33.3 **

表 7-6 Pb、Cd 单独及复合暴露后对鲫鱼 GSSG 的诱导率

暴露浓度/(mg/L)	0	0.001	0.005	0.01	0.05	0.1	0.2
Cd/%	0	-47.9 *	-56.5 **	-36.6 *	-37.7 *	-39.6 *	-32.4 *
Pb/%	0	-32.5 *	-55.5 **	-43.7 *	-45.5 *	-47.6 *	-49.1 *
Cd+Pb/%	0	-31.8 *	-53.9 **	-50.2 **	-55.1 **	-45.2 *	-25.0 *

Cu、Cd 复合污染土壤暴露 14d 后，赤子爱胜蚓 GSH 含量变化不仅受到重金属污染物的影响，而且也受到土壤环境条件的影响。人工土壤和污染土壤实验中，赤子爱胜蚓的 GSH 含量变化对重金属污染物的反应敏感，且受暴露环境因子影响较小、特异性强，有潜力成为指示污染土壤生态风险的预警性生物标志物（卜元卿等，2008）。

总的来讲，复合污染对生物体内 GSH 的影响机制比较复杂，与污染暴露的时间与剂量都有密切关系。

7.2.3 有机配体存在下重金属对生物体内谷胱甘肽系列的影响

水环境是一个非常复杂的多介质体系，当重金属进入水环境后能与水中配体形成配合物从而使重金属的形态发生改变，进而影响其生物可利用性。

乙二胺四乙酸（EDTA）是一种小分子的极性化合物，它能在载体蛋白的协助下穿越质膜，George 和 Coombs（1997）、Dufkove（1984）先后指出，EDTA 与金属离子形成配合物后，可以以 Me-EDTA 的形式存在于膜表面，也可穿入细胞内。EDTA 虽然本身的毒性

并不大，但 EDTA 能与重金属离子配合，延长这些金属离子在水体的滞留时间，也可以使累积在沉积物中的重金属重新溶解出来，进入水体造成二次污染（Cook，1969）。

对 EDTA 加入受重金属污染的水体中的作用有两种不同的观点：①螯合剂加入后减低了水中自由金属离子的浓度，从而减轻了重金属的毒性；②重金属与螯合剂形成配合物，增加了金属的可溶性，提高了其转移、扩散能力以及潜在毒性。有关的水生生物实验表明，水生生物体内重金属 Cd、Pb 的毒性较加入 EDTA 的情况高出两倍（Wang，1997）。但也有完全不同的结果，如在高铁离子溶液中加入 EDTA，其毒性反而增大了三倍（Sillanpaa，1996）。其原因在于，不同重金属离子具有不同的电荷和不同的离子半径，所形成的螯合物具有不同的稳定性，从而造成螯合物进入生物体的难易程度不同。

柴敏娟等（1998）研究表明，EDTA 对罗非鱼嗅电图（EOG）有抑制和促进两方面的影响。当浓度低于 $372mg/dm^3$时，EDTA 抑制 EOG 反应；浓度越低，抑制作用越明显。当浓度大于 $372mg/dm^3$时，则促进 EOG 反应。

Cu^{2+}与 EDTA 处理后，波部东风螺幼体存活率明显高于 Zn^{2+}与 EDTA 处理组（薛明等，2004），其原因之一可能是有机配合物稳定性有差异。由于 Cu^{2+}形成复杂形态的能力比 Zn^{2+}强，且 Cu^{2+}是一种能被强烈络合的金属，其形成的配合物更稳定（卡普佐和科斯特，1993），所以 Cu-EDTA 配合物的稳定常数明显高于 Zn-EDTA。EDTA 的存在减少了藻类和大型蚤对 Cu 的积累系数，削弱了 Cu 对大型蚤和藻类的毒性作用，并缓解了 Cu 对生态系统代谢功能的干扰（张毅敏，1999）。

研究表明，有机配体与痕量金属生成配合物后，可以减小该金属的毒性，甚至配体 EDTA 能够使受到金属抑制的酵母的已糖激酶活性逐渐恢复（Neet et al.，1982），也有相反的结果。Borgmann 和 Charlton（1984）研究指出，在天然水环境中有机配合态铜的毒性大于 Cu^{2+}。图 7-4 为 Cu-EDTA 配合物对鱼体肝脏中 GR 活性的影响。Cu-EDTA 对鱼体肝脏中 GSSG 的影响见表 7-7。

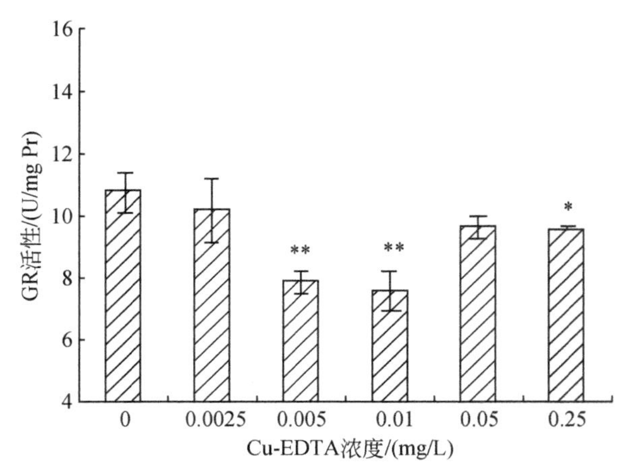

图 7-4 Cu-EDTA 对鲫鱼肝脏 GR 活性的影响

表 7-7　Cu-EDTA 对鲫鱼肝脏 GSSG 含量及激活率的影响

暴露浓度/(mg/L)	处理组	
	GSSG 含量/(μg/mg Pr)	激活率/%
0	1.23±0.13	0
0.0025	1.62±0.22	31.7
0.005	1.35±0.19	9.76
0.01	1.72±0.05	39.8*
0.05	1.68±0.20	35.6*
0.25	1.77±0.30	43.9*

* 对不同形态 Cu 暴露组与对照的数据进行单尾 *t* 检验的结果表现为差异显著（$P<0.05$）

不同 Cu-EDTA 暴露浓度与对照相比，GSSG 含量均增加，其中高浓度组（> 0.01mg/L）均有显著增加。Cu-EDTA 对 GR 活性有抑制作用，对 GSSG 有诱导作用，这说明 Cu-EDTA 进入鱼体肝脏对 GSSG 产生一定的激活作用；但 Cu-EDTA 浓度过高之后又可能对 GSSG 产生抑制作用，可能是 Cu^{2+} 暴露浓度比较大时，机体经 Cu^{2+} 代谢产生的大量活性氧伤害 GPx 等与 GSSG 合成有关的酶活性，导致其含量降低。肝脏作为体内重要的代谢和解毒器官，其中的 GSH 活跃地参与不同形态铜的代谢活动（刘慧，2005）。冯涛等（2001）认为，肝脏 GSH 含量的升高可以认为是机体对污染物暴露的适应性反应。

已有研究表明，EDTA 降低 Zn^{2+} 毒性的作用，是通过与其形成配合物，使 Zn^{2+} 从可被生物利用的游离态变成不被利用的配合态（柴敏娟等，1998）。刘慧（2005）研究发现，在 Zn-EDTA 胁迫下，肝脏 GSH 被抑制，这可能与细胞对污染物及其代谢物解毒能力的饱和作用有关，也可能是污染物暴露的毒性效应的反映。在 Zn^{2+} 浓度高于 0.5mg/L 时，EDTA 的加入使 GSH 始终维持在较高的水平，从而有效地防止 Zn^{2+} 造成的氧化损伤。GSH 既可由于污染的暴露而产生适应性诱导反应，也可由于污染的毒性作用而产生中毒反应，即有机体内 GSH 含量降低（Di Giulio et al.，1989）。已有研究表明，Cd 对肝细胞造成脂质过氧化损害，产生大量的活性氧等物质，GSH 消耗增加，使肝脏中 GSH 的含量减少（惠天朝等，2001）。这些结果可以说明，EDTA 配体能够减缓鲫鱼体内抗氧化酶的剧烈变化，但是否说明了 EDTA 对于重金属有解毒作用以及其解毒机制，还有待于进一步探讨。

7.3　有机污染物对生物体内谷胱甘肽系列的影响

现代化工业的快速发展使大量化学物质源源不断地进入环境，尤其是有机化合物，如石油、PAHs 等，其控制和治理已经成为我国水环境保护亟待解决的问题。下面针对几类主要类型的有机污染物探讨其污染胁迫对生物体内谷胱甘肽系列的影响。

7.3.1　石油烃类污染物对生物体内谷胱甘肽系列的影响

张景飞（2003）研究了 20# 柴油对鲫鱼肝脏、大型蚤（*Daphnia magna*）及斜生栅藻

(*Scenedesmus obliquus*) 谷胱甘肽系列的影响。

柴油的40d静态暴露实验结果表明，鲫鱼肝脏Se-GPx及GSH的生物合成量都出现了显著增加（$P<0.05$）。在40d的动态暴露实验中，两个暴露浓度组（0.05mg/L、0.1mg/L）中GSH对柴油很敏感，有望作为一项监测早期油污染的生化指标。GSH/GSSG值的变化趋势比较接近，可作为油污染的一项监测指标。动力学结果还证明了谷胱甘肽系列中GSH、GST的解毒作用以及GR和GPx对"GSH↔GSSG"的控制，加上CAT、SOD的变化，就能明显预见活性氧在鲫鱼肝脏的生成和累积，从而使肝脏处于氧化应激状态，抗氧化成分开始对鱼体产生抗氧化保护作用，由此可以预测污染物的致毒机制为氧化应激机制。25d后的释放动力学表明，随着污染胁迫的解除，鱼体具有一定的自我恢复功能，这和前人研究结论基本一致。

柴油对大型蚤的暴露实验结果表明，GST对低浓度柴油的短期暴露非常敏感，GSH、GSSG和GST则对低浓度柴油的长期暴露相当敏感，可见，随着柴油暴露时间不同，大型蚤抗氧化系统的敏感差异性很大，敏感指标不同。大型蚤体内GST对柴油在低浓度下的短期、长期暴露几乎都很敏感，是一种很有潜力的生物标志物，可考虑作为一项早期预警指标。

此外，柴油对斜生栅藻的长期暴露（10d）实验表明，斜生栅藻体内谷胱甘肽系列整体上对柴油暴露不够灵敏。

7.3.2 酚类污染物对生物体内谷胱甘肽系列的影响

张景飞（2003）研究了2,4-DCP对鲫鱼肝脏、大型蚤及斜生栅藻谷胱甘肽系列的影响，发现GSSG含量、Se-GPx活性和2,4-DCP暴露浓度之间存在良好的剂量-效应关系，可考虑作为监测指标；大型蚤体内GST对2,4-DCP在低浓度下的短期、长期暴露（24h、10d）都很敏感，GSH对2,4-DCP的长期暴露也非常敏感，是很有潜力的生物标志物，可以作为水体2,4-DCP污染的早期预警指标；斜生栅藻GR和GST对2,4-DCP的长期暴露（10d）非常敏感，在0.005mg/L浓度组中其激活率分别达91.8%和62.0%，且显示了一定的剂量效应关系，可考虑作为污染监测指标。罗义（2005）通过体内注射的方法研究了2-CP、2,4,6-TCP及PCP对鲫鱼肝脏谷胱甘肽系列的影响。

7.3.2.1 2-CP对鲫鱼肝脏谷胱甘肽系列的影响

如图7-5所示，在所有剂量组的2-CP处理中，GSH水平显著低于对照组水平。2-CP剂量在50mg/kg时，与对照组相比，GSH显著性降低，并保持这种下降趋势直到2-CP剂量增加至200mg/kg。2-CP剂量增加至250mg/kg时，GSH含量从最低点回升，这种回升趋势一直保持到500mg/kg的2-CP注射，无论GSH含量怎样回升，都显著低于对照组（$P<0.05$）。GSSG含量随2-CP剂量增加的变化趋势与GSH呈相反趋势。GSSG含量在2-CP剂量50mg/kg时出现降低（$P<0.05$），之后逐渐升至略高于对照组（$P<0.05$）。

GSH/GSSG值随2-CP剂量的变化趋势如图7-6所示。2-CP剂量在50mg/kg时，该比值与对照组相比无显著性差异。其余剂量组的2-CP都引起该比值的显著性降低，2-CP在

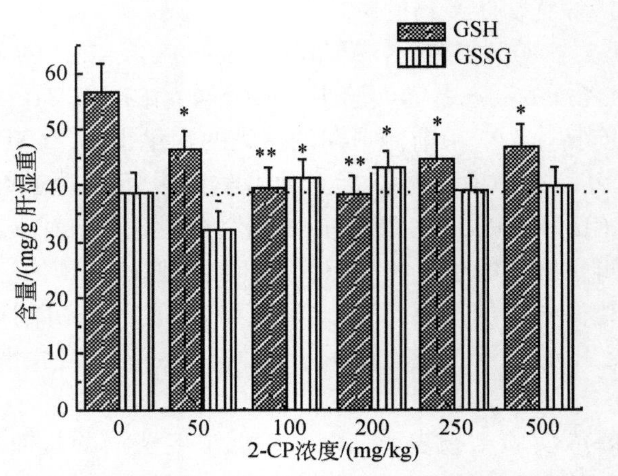

图 7-5　GSH 与 GSSG 浓度随 2-CP 注射剂量的变化

200mg/kg 时，该比值降至最低，之后该比值逐渐恢复，但仍显著低于对照组水平（$P<0.01$）。

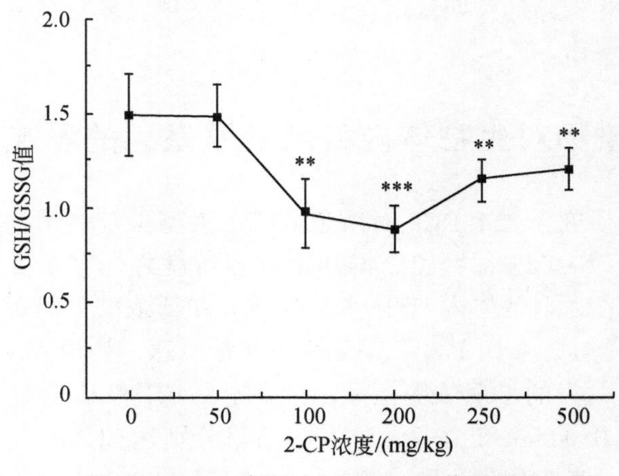

图 7-6　2-CP 浓度对 GSH/GSSG 值的影响

GST 活性变化随不同剂量 2-CP 腹腔注射的变化如图 7-7 所示。GST 活性在 50mg/kg 的 2-CP 处理时达到最大诱导，随着 2-CP 剂量的增加，其活性逐渐降低，直到 250mg/kg 时，GST 活性受到抑制（$P<0.05$），2-CP 剂量达到 500mg/kg 时，该酶与对照组相比无显著性差异。

2-CP 腹腔注射后引起 GSH 含量显著降低可能是其与 2-CP 结合所致，从而降低了 2-CP 的毒性效应。与此同时，GST 活性的诱导证明它在 GSH 与 2-CP 结合解毒过程中所起的催化作用。2-CP 剂量大于 250mg/kg 时，GST 活性开始受到抑制从而限制了 GSH 与 2-CP 的结合，因此，GSH 更多地以游离态而不是结合态（与 2-CP）存在于细胞中，最终使 GSH 含量有所回升。GSH 的另一个功能是作为细胞内的还原剂，参与活性氧自由基的解毒反应以此降低细胞内的氧化还原电位，从而保护机体免遭因污染物胁迫而引起的机体氧

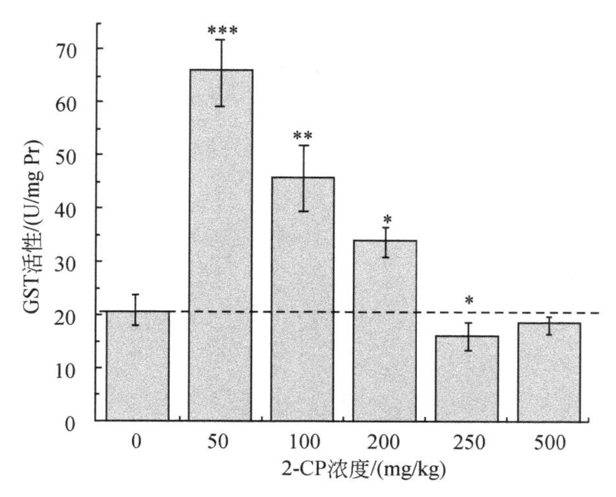

图 7-7　GST 活性随 2-CP 注射剂量的变化

化损伤，在此过程中，GSH 被氧化成 GSSG。2-CP 诱导下˙OH 的生成可能是导致机体氧化应激的原因。GSSG 含量与 GSH 的反向变化趋势表明，在˙OH 引起的氧化应激状态下由 GSH 到 GSSG 的转化。以上结果表明，鲫鱼遭受了 2-CP 引起的氧化应激。

在˙OH 出现诱导的过程中，GSH 含量表现为降低（图 7-8），可能是活性氧的产生逐渐削弱了抗氧化防御系统 GSH，使其含量降低。此时对活性氧的清除可能由其他保护系统参与。GSSG 与 GSH 的变化趋势相反，表明在˙OH 引起的氧化应激中，由 GSH 向 GSSG 的转化，可能是导致 GSH 含量降低的原因之一。˙OH 与 GSH 之间随时间变化呈显著性负相关（$R=-0.9278$，$P<0.01$），暗示了由˙OH 引起的氧化应激。GSH/GSSG 值维持恒定对机体保持正常生理活动至关重要（Rahman and MacNee，2000），常被用做指示机体氧化应激的分子标志物（Anke et al.，2002）。GSH/GSSG 值也与活性氧的变化相反，证实了由˙OH引起的氧化应激。

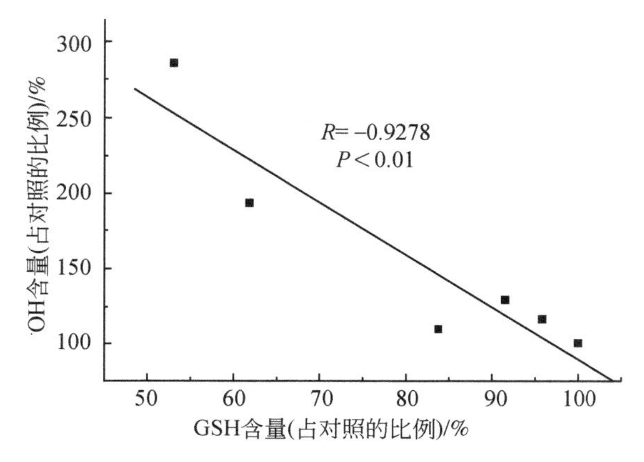

图 7-8　GSH 含量与˙OH 含量之间的负相关

与˙OH 相比，GST 活性随时间变化的动力学表现出早期诱导的趋势（图 7-9），表明

2-CP 进入机体后可能被迅速代谢转化，˙OH 信号强度从 12h 开始降低，直到 72h 降至对照组水平，可能是由 GST 催化下 2-CP 的代谢引起的，减轻了由 2-CP 引起的生物毒性。GST 在污染物的代谢解毒过程中所发挥的催化作用是由 GSH 协助完成的，在 GST 催化下，2-CP 可与 GSH 共价结合，形成小分子水溶性的结合物，从而有利于 2-CP 在鲫鱼体内的代谢转化，这是导致 GSH 含量降低的一个重要原因。

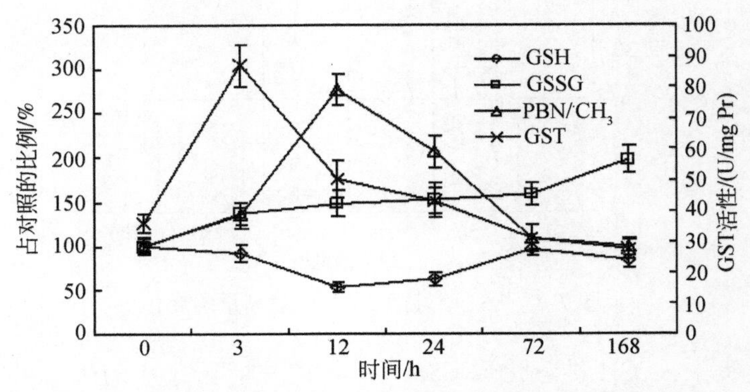

图 7-9　GSH、GSSG、GST 随活性氧变化的时间动力学过程

7.3.2.2　2,4,6-TCP 对鲫鱼肝脏谷胱甘肽系列的影响

谷胱甘肽系列随不同浓度 2,4,6-TCP 变化的热力学过程如表 7-8 所示。

表 7-8　谷胱甘肽系列随不同浓度 2,4,6-TCP 变化的热力学过程

生化指标	暴露浓度/(mg/L)						
	0	0.005	0.01	0.05	0.1	0.5	1.0
GSH	100±6.1	175±15.2 ***	177±15.4 ***	207±17.1 ***	207±15.6 ***	184±12.4 ***	84.5±7.4 *
GSSG	100±9.5	152±12.1 ***	146±13.4 ***	132±9.3 ***	119±10.3 *	220±13.2 ***	182±12.2 ***
GSH/GSSG	100±6.7	115±10.3 *	121±10.2 **	157±11.3 ***	173±11.5 **	83.6±6.5 *	46.5±3.3 ***
GST	100±9.2	80.5±6.8 *	78.4±6.5 *	128±10.2 **	122±9.4 *	168±14.5 ***	185±15.6 ***

注：表中数据采用实验组与对照组之比值，以“均值±标准方差”表示。

*，$P<0.05$；**，$P<0.01$；***，$P<0.005$；$n=8$

2,4,6-TCP 胁迫下 GSH 含量的升高可能是其合成升高所致，这是机体在污染物胁迫下的适应性防御反应，以保护机体因发生自稳态的变化而造成的损伤。当受到严重的污染胁迫时，如 TCP 浓度增加到 1mg/L 时，GSH 合成可能受到抑制，其含量反而会降低。GSH/GSSG 值对 TCP 响应敏感，在 0.005mg/L 时其比值就显著升高，且与 TCP 暴露剂量存在很好的剂量-效应关系（$R^2=0.986$，$P<0.005$），GSH/GSSG 值随 TCP 暴露浓度的变化表明机体所处的氧化应激，因此，可考虑将 GSH/GSSG 值作为指示 2,4,6-TCP 污染的生物标志物。

GST 活性在 0.005mg/L、0.01mg/L 的 TCP 暴露下受到抑制，因为该浓度 2,4,6-TCP 暴露在肝脏内检测不到富集，因此 GST 活性没有出现诱导，但造成 GST 活性抑制的原因

还不清楚。随着 TCP 暴露浓度的增加，其在肝脏内富集浓度开始逐渐增加，GST 逐渐发挥解毒功能，因此表现为活性受到诱导，随着 TCP 在肝脏中富集浓度的不断升高，GST 活性的诱导也逐渐增大，0.1～0.5mg/L 的 TCP 暴露下，其在肝脏内的富集出现迅速的升高，GST 活性在此浓度范围内也相应迅速升高，反映其在 TCP 的代谢解毒中发挥的作用。

谷胱甘肽系列（以占对照的百分数表示）随 2,4,6-TCP 暴露后的时间动力学如表7-9所示。暴露 1d 后鲫鱼肝脏 GSH 含量显著升高，随着暴露时间的增加，GSH 含量逐渐降低，暴露 4d 后 GSH 含量降至最低，随后缓慢回升，14d 恢复至对照组水平。GSSG 含量随 GSH 含量变化而发生变化，在暴露 2d 和 4d 时，GSSG 含量表现为显著性升高，其他时间 GSH 与对照组相比无显著性差异。GSH/GSSG 值在暴露 2d 时显著性降低，4d 降至最低，到了 7d 突然升高并高于对照组水平，14d 与对照组相比仍处于诱导状态。

表 7-9　谷胱甘肽系列随 2,4,6-TCP 暴露后的时间动力学过程

生化指标	暴露时间/d					
	0	1	2	4	7	14
GSH	100±4.2	113±6.9**	107±7.6*	90.4±5.8*	91.2±6.1*	97.5±7.1
GSSG	100±8.9	110±10.2	134±11.2***	119±10.1*	89.5±7.4	103±9.1
GSH/GSSG	100±6.1	105±9.9	87.9±8.6*	75.6±5.9***	130±9.9***	116±9.9*
GST	100±8.5	212±20.1***	235±21.2***	242±19.5***	247±21.1***	264±22.3***

注：表中数据采用实验组与对照组之比值，以“均值±标准方差”表示。

*，$P<0.05$；**，$P<0.01$；***，$P<0.005$；$n=8$

GST 活性在整个实验过程中表现出诱导，表明其在 2,4,6-TCP 代谢解毒中发挥很大的作用，这与 7d 后肝脏中 2,4,6-TCP 的浓度迅速降低一致，直到 14d，其在肝脏中的浓度降至最低，我们认为是其母体化合物在鲫鱼体内代谢所致。

GSH 含量与·OH 生成随时间的变化呈负相关（$R=-0.9127$，$P<0.05$），·OH 很可能是造成 GSH/GSSG 值改变的重要原因。Burdon 的研究为本结果提供了有利的解释，同时也表明·OH 作为生物体内的氧化剂，能提高机体的氧化还原电位，导致 GSH 向 GSSG 转化，从而降低 GSH/GSSG 值。而 GSH/GSSG 值作为生物体氧化应激态的分子指示，其比值维持恒定对保持机体正常的生理活动至关重要。从第 2 天开始，GSH/GSSG 值降低表明机体所经受的氧化应激，4d 时随着·OH 产生达到最高，GSH/GSSG 值降至最低，表明由·OH引起的严重的氧化应激。4d 后，随着·OH 浓度逐渐降低，GSH/GSSG 值也相应从最低点逐渐回升，7d 时，GSH/GSSG 值显著性高于对照组，可能是机体在 TCP 胁迫下出现的生理性适应反应。GSH/GSSG 值随时间的整个动态变化过程反映了·OH 引起的机体氧化应激。

7.3.2.3　PCP 对鲫鱼肝脏谷胱甘肽系列的影响

GSH、GSSG 含量及 GSH/GSSG 值随 PCP 浓度变化的热力学过程如表 7-10 所示。组间差异显著性分析结果表明，GSH 等对 PCP 的暴露不够敏感。比较 TCP 与 PCP 暴露下的 GSH/GSSG 值，低浓度的 TCP 使 GSH/GSSG 值升高，而 PCP 在所有浓度下都使该比值下降，分析原因，可能是 PCP 诱导·OH 的能力显著高于 TCP 造成的。根据 Burdon（1995）

的研究，˙OH 能激活 GPx 的活性，从而加速其利用 GSH 清除 H_2O_2 的过程，在此过程中 GSH 被氧化成 GSSG。因此，PCP 比 TCP 更加速 GSH 转化为 GSSG，使 GSH 含量降低，GSSG 含量升高；另外，由于受到外界胁迫，刺激 GSH 合成升高，PCP 暴露下，GSH 含量降低与升高相抵消，因此，总的表现为 GSH 含量不变，GSH/GSSG 值降低；而 TCP 暴露下，GSH 含量升高大于其降低，因此总的表现为升高，GSH/GSSG 值也随之升高。

表 7-10　GSH、GSSG 含量及 GSH/GSSG 值［以其占对照的比例（%）表示］随 PCP 浓度变化的热力学过程

生化指标	暴露浓度/(mg/L)						
	0	0.001	0.005	0.01	0.025	0.05	0.1
GSH	100±6.2	105.0±8.5	113±9.9*	116±9.1*	91.9±6.9	95.4±6.7	69.2±5.2***
GSSG	100±6.1	202±15.9***	201±17.7***	190±13.5***	167±12.7***	176±12.9***	178±11.4***
GSH/GSSG	100±9.1	51.9±3.7***	56.1±4.3***	60.8±5.1***	55.0±5.0***	75.0±5.9**	56.8±3.4***

注：数据以“均值±标准方差”表示。

*，$P<0.05$；**，$P<0.01$；***，$P<0.005$；$n=8$

GSH、GSSG 含量及 GSH/GSSG 值随时间变化的动力学过程如表 7-11 所示。GSH 含量在 1d 就表现为显著降低（$P<0.01$），随着暴露时间的增加，GSH 含量继续降低，2d 降至最低点（$P<0.001$），随后从 4d 开始 GSH 含量缓慢回升，7d 接近对照组水平，与对照组相比无显著性差异。之后，GSH 含量又显著降低直至 21d 实验结束。GSSG 含量与 GSH 表现出相反的变化趋势，在 1d 就表现为显著升高（$P<0.001$），2d 达到最大，之后开始降低，直到 7d 降至相对较低水平，但仍高于对照组（$P<0.001$），7d 后，又出现缓慢回升，这种趋势一直持续到实验结束。GSH/GSSG 值与对照组相比显著降低，随时间的变化表现出与 GSH 含量相似的变化趋势。

表 7-11　GSH、GSSG 及 GSH/GSSG 值（占对照的比例/%）随 PCP 暴露后时间变化的动力学过程

生化指标	暴露时间/d						
	0	1	2	4	7	14	21
GSH	100.0±7.2	78.4±6.3**	41.1±2.7***	45.6±3.5***	105.7±9.7	77.6±6.4**	59.3±5.1***
GSSG	100.0±9.5	214.3±17.6***	275.3±20.5***	230.0±19.3***	160.8±13.2***	167.6±11.9***	255.1±22.5***
GSH/GSSG	100.0±8.9	36.1±3.3***	17.0±1.2***	22.7±17.4***	68.2±5.4***	40.1±3.1***	27.6±20.5***

注：数据以“均值±标准方差”表示。

*，$P<0.05$；**，$P<0.01$；***，$P<0.005$；$n=8$

暴露时间仅为 1d 时，活性氧并未出现显著性诱导，而 GSH 含量却出现显著降低，可见 GSH 含量的降低不是由活性氧引起的，很可能是其与 PCP 发生结合所致，GSH 与 PCP 的结合可由 GST 活性升高得到证实。GSSG 含量在第 1 天升高的原因不清楚，应该不是 GSH 转化的结果。暴露 2d 后，由于活性氧的显著升高提高了机体的氧化还原电位，由于˙OH 是一种强氧化剂，˙OH 浓度的升高可导致鲫鱼发生氧化应激，结果使 GSH 向 GSSG 转化，引起 GSSG 含量的升高。GSH 与 GSSG 的含量随时间呈负相关（$R=-0.8858$，$P<$

0.01），很好地解释了在˙OH 的氧化胁迫下，由 GSH 向 GSSG 转化的趋势。整个实验过程中，GSH 含量都低于对照组，表明了 0.05mg/L 的 PCP 体外暴露下由˙OH 引起的 GSH 损伤，从而使机体抗氧化防御能力下降。

7.3.3 苯胺类污染物对生物体内谷胱甘肽系列的影响

孙媛媛（2005）研究了 2-硝基-4′-羟基二苯胺（HC Orange No. 1）的静态暴露对鲫鱼肝脏 GST 和 GSH 的影响。如表 7-12 所示，GST 和 GSH 的响应不灵敏。高浓度组 HC Orange No. 1 暴露对鲫鱼肝脏 GST 活性表现出诱导作用（$P<0.05$），0.05mg/L 低浓度组的 GST 活性与对照组相比无显著差别。说明 HC Orange No. 1 浓度很低时，鱼体内正常的 GST 水平可以保证消除脂质过氧化等带来的次级产物；随着污染胁迫的加重，GST 活性受到短暂激活，以消除更多的氧化产物。低浓度暴露组中的 GSH 含量与对照组无显著性差异，随着 HC Orange No. 1 暴露剂量的增加，当暴露浓度为 0.50mg/L，GSH 的含量受到显著诱导（$P<0.05$），说明鲫鱼通过体内 GSH 的含量增加可以加强自身的抗氧化能力，消除氧自由基，减轻 2-硝基-4′-羟基二苯胺对机体的损害。

表 7-12 不同暴露浓度下鲫鱼肝脏 GSH 含量和 GST 活性的变化

浓度/(mg/L)	0.05	0.10	0.20	0.50	1.0
GSH	16.2	23.9	8.38	80.4	37.6
GST	-14.5	68.4	63.2	44.3	107

HC Orange No. 1 的暴露动力学实验表明（图 7-10、图 7-11），鱼体肝脏中 GST 和 GSH 对 1.0mg/L HC Orange No. 1 都非常敏感。GSH 含量总体上被诱导，并且随着暴露时间增加，诱导逐渐增强。GST 活性总体上也被诱导。GST 与 GSH 可作为水生生态系统中 HC Orange No. 1 污染的生物监测指标。研究表明，1.0mg/L HC Orange No. 1 已对鲫鱼构成了氧化胁迫，暴露 2 ~ 16d，鲫鱼肝脏 GSH 含量较对照组都有明显增大，并且随暴露时间增加，GSH 诱导率与暴露时间呈线性正相关（$R^2=0.9784$），说明 HC Orange No. 1 可能在鲫鱼体内富集并产生自由基等一系列有害中间体，鲫鱼通过体内 GSH 含量的增加可以加强自身的抗氧化能力，消除氧自由基，减轻 HC Orange No. 1 对机体的损害。

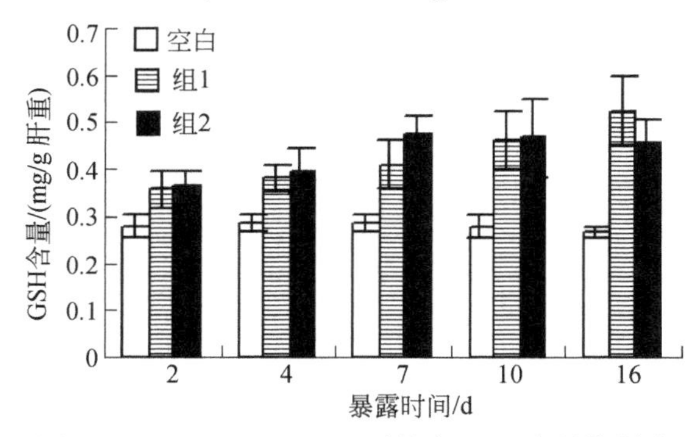

图 7-10 HC Orange No. 1 对鲫鱼 GSH 含量的影响

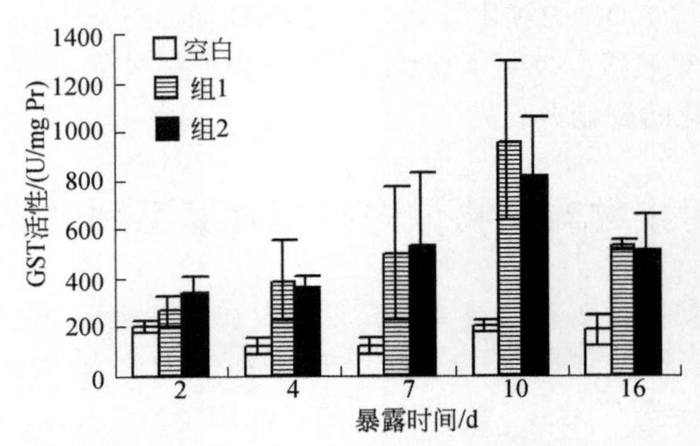

图 7-11 HC Orange No. 1 对鲫鱼 GST 活性的影响

由于 GST 在生物转化过程中的独特功效，鲫鱼肝脏 GST 活性的增加可以理解为鱼体内相应的防御外源性物质机制的建立，实验结果中不同暴露时间下 GST 活性都显著增加，充分说明了这一点，且同 GSH 一样，随暴露时间增加 GST 的诱导率也增加。此外，GST 活性的增加往往伴随着肝脏 GSH 含量水平的增加，实验结果与之相符。

7.3.4 PAHs 对生物体内谷胱甘肽系列的影响

7.3.4.1 菲对鲫鱼肝脏及苦草茎叶谷胱甘肽系列的影响

尹颖（2007）研究了菲暴露对鲫鱼肝脏及苦草茎叶 GSH 含量、GST 活性的影响。菲的静态暴露对鲫鱼肝脏 GSH 含量和 GST 活性的影响如图 7-12 所示，暴露 4d 后，低浓度组 GSH 含量无显著性变化，0. 10mg/L 时 GSH 含量受到显著抑制（$P<0.05$）。说明经过 4d 的暴露，0. 10mg/L 菲可能对鲫鱼构成了氧化胁迫甚至氧化损伤，使之呈现中毒性抑制反应。0. 05mg/L、0. 07mg/L 和 0. 10mg/L 暴露组鲫鱼肝脏 GST 活性表现出诱导作用，其余低浓度组的 GST 活性无显著变化。

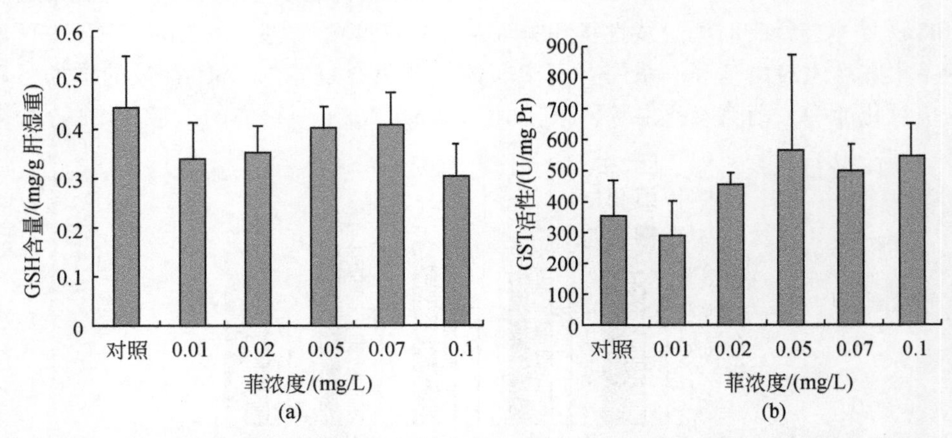

图 7-12 不同浓度菲暴露下鲫鱼肝脏 GSH 含量（a）和 GST 活性（b）的变化

图 7-13 显示了菲的动态暴露实验结果，GST 活性在暴露早期被显著抑制，然后逐渐恢复到对照水平。在释放阶段，GST 活性恢复到对照水平。菲的静态暴露对苦草茎叶 GSH 含量及 GST 活性的影响见图 7-14 和图 7-15。0.02mg/L 菲时 GST 活性开始被显著诱导（$P<0.05$），0.1mg/L 时，GST 活性达到最大。暴露组 GSH 含量均有很大程度的降低（$P<0.05$），而 GSSG 含量则相反，GSSG 含量与污染物浓度呈正相关，$R^2=0.916$，谷胱甘肽总量呈显著下降趋势。GSH/GSSG 值随着菲暴露浓度的增加显著下降，尤其在低浓度暴露组，呈线性下降，当菲暴露浓度达到 0.07mg/L 时，GSH/GSSG 值趋于平缓。可见，GSH/GSSG 值对菲的暴露很灵敏，可考虑作为水环境中的生物监测指标。

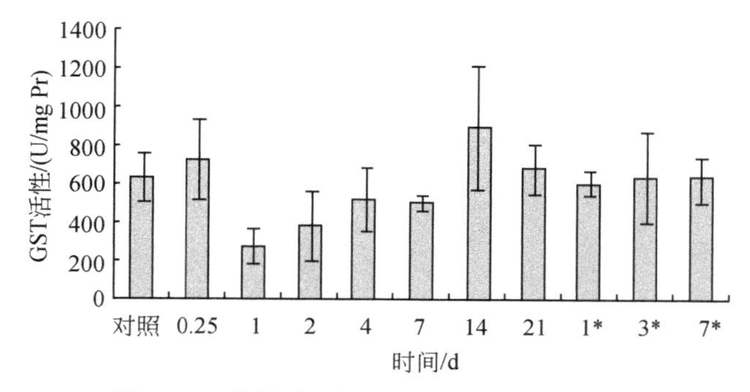

图 7-13　菲暴露下鲫鱼肝脏 GST 活性的变化

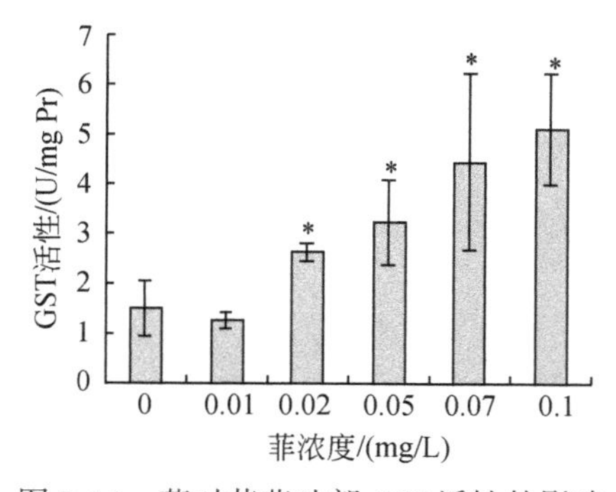

图 7-14　菲对苦草叶部 GST 活性的影响

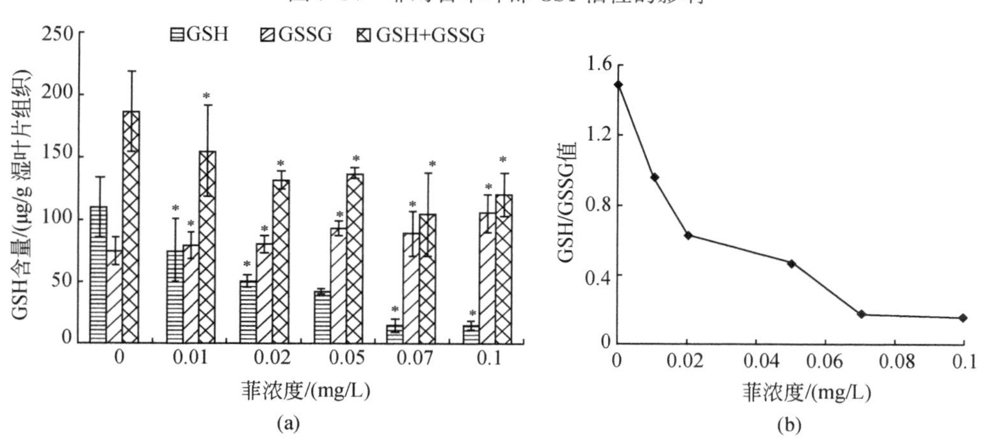

图 7-15　菲对苦草叶部 GSH、GSSG 含量的影响

7.3.4.2 芘对鲫鱼肝脏谷胱甘肽系列的影响

尹颖（2007）研究了芘的静态暴露对苦草茎叶 GSH 含量及 GST 活性的影响（图 7-16、图 7-17）。0.01mg/L 时 GST 活性没有受到影响，随着芘暴露浓度的升高，GST 活性逐渐上升，芘浓度为 0.1mg/L 时，GST 活性最强。

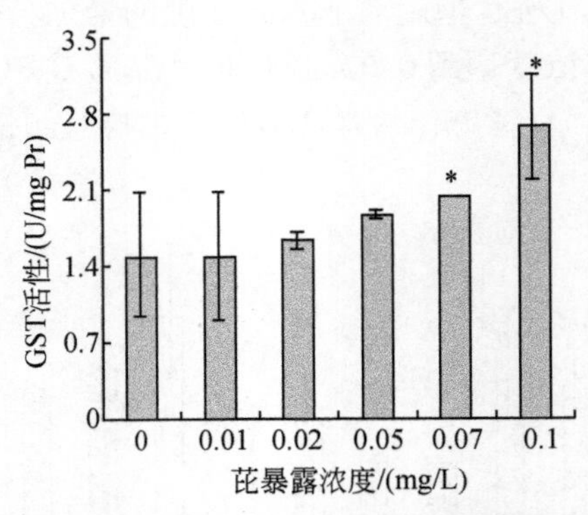

图 7-16 芘对苦草叶部 GST 活性的影响

暴露组 GSH 含量均有很大程度的降低（$P<0.05$），而 GSSG 含量则反之，GSSG 含量在实验设置浓度范围内始终被诱导，但在 0.05mg/L 时 GSSG 含量出现下降的趋势；总谷胱甘肽（TGSH）在芘低浓度暴露时没有明显变化，当浓度≥0.02mg/L 时，开始出现诱导，芘暴露浓度为 0.05mg/L 时 TGSH 含量出现下降的趋势，变化规律与 GSSG 含量相似；GSH/GSSG 值在芘低浓度暴露（≤0.02mg/L）时呈快速降低趋势，当暴露浓度超过 0.02mg/L 时趋于平缓。GSH/GSSG 值比 GST 活性对芘更灵敏，可考虑作为水环境中生物监测指标。

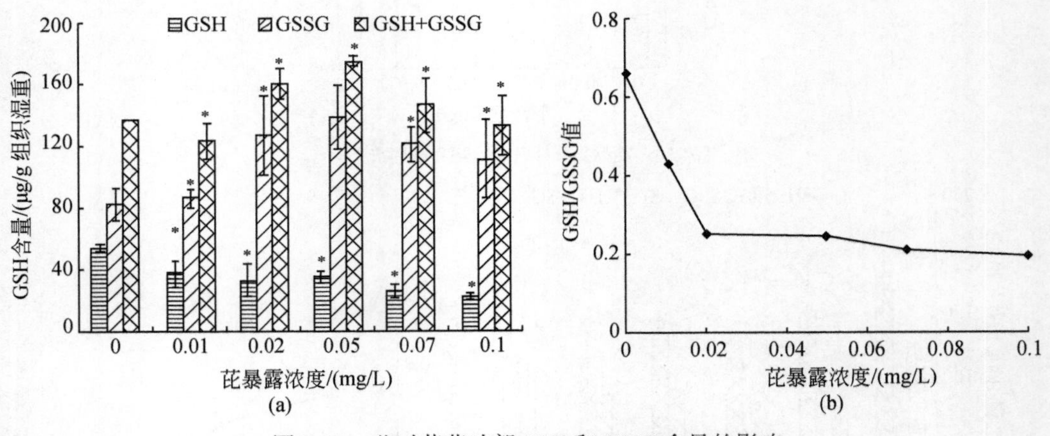

图 7-17 芘对苦草叶部 GSH 和 GSSG 含量的影响

GSH 含量随芘浓度增加显著降低，而 GSSG 含量均被诱导，表明 GSH 在参与活性氧清除过程中被氧化成 GSSG。当芘浓度超过 0.05mg/L 时，可能由于 GSH 消耗过多，GSSG 含量开始下降；或 GST 活性较强，与 GSSG 结合，导致 GSSG 含量降低。从谷胱甘肽系统来看，芘和菲都抑制 GSH 含量升高，诱导 GSSG 和 GST 活性。随着 GSH 含量的下降，GSH 对自由基的清除能力也会下降，说明 PAHs 暴露下，苦草抗氧化系统酶在抗氧化中发挥了更大的作用。

7.3.5 溴化阻燃剂对生物体内谷胱甘肽系列的影响

孙媛媛（2005）研究了溴化阻燃剂四溴双酚 A（TBBPA）对金鱼藻体内谷胱甘肽含量的影响，结果如图 7-18 所示。随着浓度增大，GSH 含量持续显著降低（$P<0.05$）。经回归分析，TBBPA 暴露浓度和 GSH 含量呈明显的对数剂量-效应关系：$y = -15.0\text{Ln}x+43.3$，$r^2 = 0.9349$。式中，y 代表自由基信号强度，x 代表 TBBPA 暴露浓度（mg/L）。可见，GSH 对 TBBPA 非常灵敏，0.05mg/L 时即受到显著抑制，暴露浓度和 GSH 含量之间呈良好的剂量-效应关系，GSH 适合作为低浓度污染的监测指标。

GSH 对 TBBPA 非常敏感。从图 7-18 可以看出，TBBPA 胁迫下 GSH 的含量总体都受到抑制。动力学结果表明，0.5mg/L TBBPA 暴露 1d，GSH 含量即受到极显著抑制（$P<0.01$），说明 0.5mg/L TBBPA 1d 的暴露可能对金鱼藻构成了氧化胁迫甚至氧化损伤，使之呈现中毒性抑制反应。

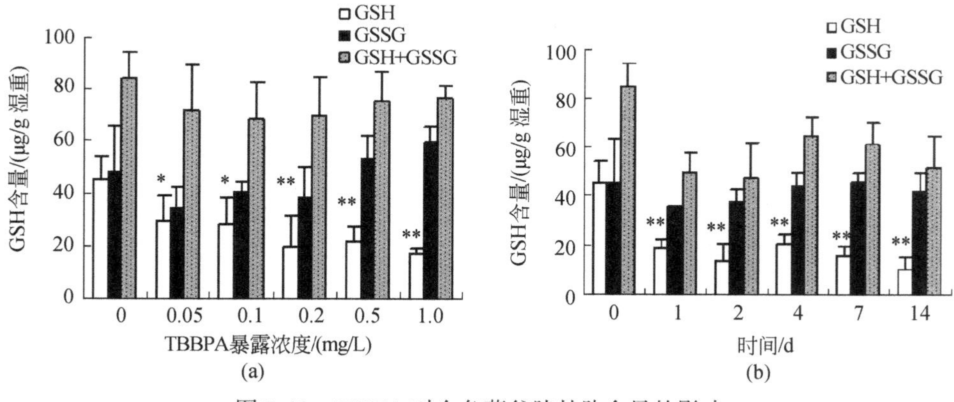

图 7-18 TBBPA 对金鱼藻谷胱甘肽含量的影响

静态暴露和动态暴露实验结果均表明，GSH/GSSG 值总体上随暴露浓度和暴露时间的增加而降低（表 7-13），这和 GSH 含量的变化基本相符，表明氧化应激过程中金鱼藻体内 GSH 向 GSSG 的转变趋势。

表 7-13 TBBPA 对金鱼藻 GSH/GSSG 值的影响

浓度/(mg/L)	对照组	0.05	0.1	0.2	0.5	1.0
GSH/GSSG 值	0.94	0.86	0.69	0.51	0.41	0.28
时间/d	对照组	1	2	4	7	14
GSH/GSSG 值	1.0	0.53	0.37	0.47	0.35	0.25

7.4 谷胱甘肽系列在环境生态安全早期诊断中的作用

Cossu 等（1997）发现抗氧化机制中，Se-GPx、GR、GSH 均是污染物毒性的良好标志物。但在意大利波河中却发现，这些指标并不能明显反映鱼类所处的污染状态（Vigano et al.，1998）。Goksoyr 等（1996）也发现比目鱼肝脏中 GST 没有表现出污染物诱导的标志物反应。因此，对这些抗氧化酶在不同污染、不同测试生物中的反应差异有待深入研究。另外，GST 也被认为是重金属或有机污染的标志物。根据相关报道，大型蚤暴露于几种氯酚中时均可诱导 GST，100μg/L Cd 的暴露使虾的中肠 GST 活性降低。但也有研究发现，污染物暴露对 GST 并没有显著诱导。目前，虽然鱼体 GST 还不能像混合功能氧化酶系统（MFO）那样作为一项可靠的生物指标，但它的指示作用已引起了人们的注意。

已有研究表明，石油污染对真鲷幼体内脏的 GSH-Px 产生显著的诱导作用，其剂量-效应关系表现为抛物线形，即低浓度起诱导作用，高浓度则抑制（翁妍等，2000）。长期暴露后，金属污染对鱼体肝脏中的生物转化酶 GST 产生显著诱导，细胞中 GSH 含量也略有提高。化学污染物对鮈鱼（*Gobio gobio*）体内的 GSH-Px 和石斑鱼（*Rutilus arcasii*）体内的 GR 都产生明显的诱导作用。可见，谷胱甘肽系统是化学污染物敏感的生化指标，它不但在外源化合物的解毒过程中起重要作用，还为机体产生氧化应激提供早期敏感的信息。

张景飞（2003）进行了柴油对藻-蚤-鱼水生食物链中鲫鱼肝脏谷胱甘肽系列影响的初探，并将其与非食物链水体模拟暴露实验结果作了比较。该动态系统由斜生栅藻-大型蚤-鲫鱼组成一个食物链模拟生态系统（图 7-19）。由于系统的流动，玻璃缸Ⅰ中的部分小球藻进入缸Ⅱ，供大型蚤摄食。同样，缸Ⅱ中的部分大型蚤和残余斜生栅藻不断进入缸Ⅲ，供鲫鱼摄食。因此，鲫鱼不仅受到缸Ⅲ中柴油直接暴露的作用，同时也可能受到缸Ⅰ、缸Ⅱ中斜生栅藻和大型蚤的间接作用。

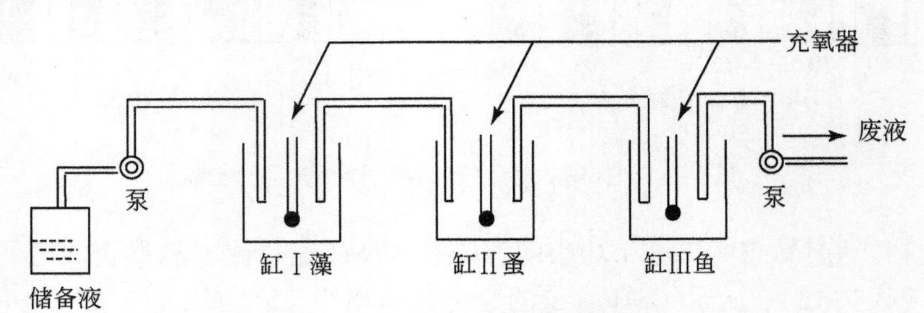

图 7-19　动态模拟生态系统装置示意图

20#柴油对食物链中鲫鱼肝脏谷胱甘肽系列的影响见表 7-14。将活性值和含量值换算成抑制率或诱导率，然后与单生物动态暴露实验进行对比，如图 7-20 至图 7-23 所示。

表 7-14　20#柴油对食物链中鲫鱼肝脏抗氧化系统的影响

暴露时间	CAT[1]	SOD[1]	GSH[2]	GSSG[2]	GR[1]	Se-GPx[1]	GST[1]
0d	17.64±0.398	4.41±0.50	1.05±0.174	10.3±1.59	0.91±0.02	15.5±0.17	20.2±2.43
2d	15.64±1.02	6.63±1.14*	1.28±0.196	10.5±1.38	0.67±0.25	16.4±0.83	21.2±0.75

续表

暴露时间	CAT[1]	SOD[1]	GSH[2]	GSSG[2]	GR[1]	Se-GPx[1]	GST[1]
4d	15.99±0.80	6.36±0.81 *	1.16±0.230	8.94±1.27	0.87±0.20	16.6±2.44	21.1±1.55
10d	13.33±1.55	8.10±0.86 *	1.10±0.188	7.07±1.25 *	0.94±0.11	19.1±4.52	19.8±1.12

*，与对照组有显著差异（$P<0.05$）；

1，酶活性（U/mg Pr）；

2，GSH、GSSG 含量（mg/g 肝重）

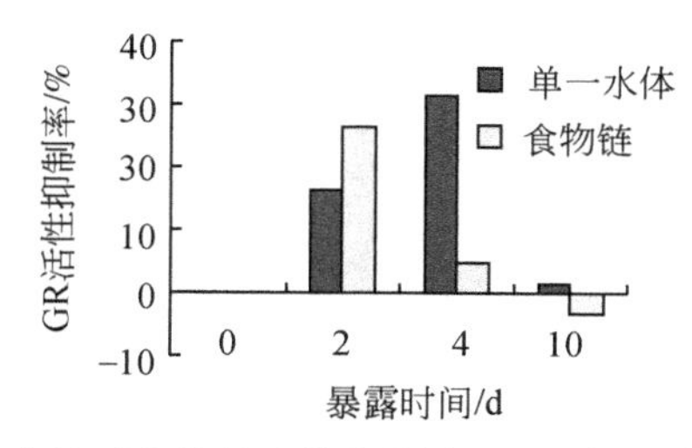

图 7-20　柴油对食物链中鲫鱼肝脏 GR 活性抑制率的影响

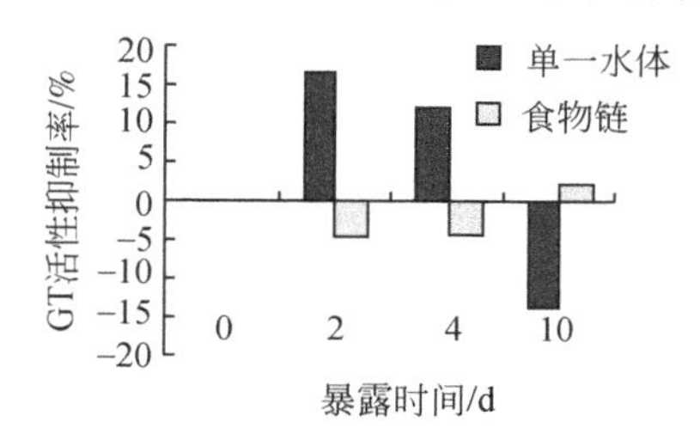

图 7-21　柴油对食物链中鲫鱼肝脏 GST 活性抑制率的影响

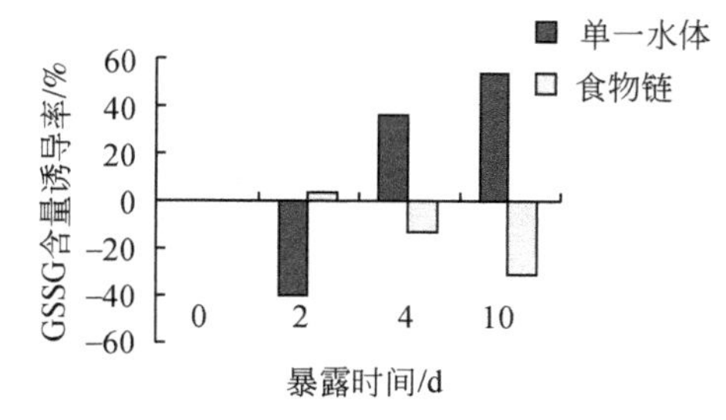

图 7-22　柴油对食物链中鲫鱼肝脏 GSSG 含量诱导率的影响

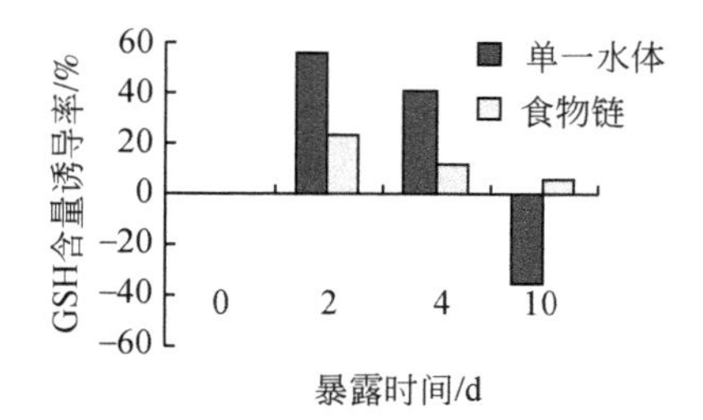

图 7-23　柴油对食物链中鲫鱼肝脏 GSH 含量诱导率的影响

可以发现，除了 GST 活性和 GSSG 含量外，其余谷胱甘肽系列指标的变化趋势比较一致，区别在于食物链组的谷胱甘肽系列指标敏感性较差，其机制值得研究。图 7-22 中两条 GSSG 含量变化曲线的不一致可能是因为食物链组中鲫鱼肝脏的 GR 活性受到抑制相对较小，有更多的 GSSG 被还原回 GSH 状态，因此 GSSG 含量总体受到抑制。图 7-21 中食物链组 GST 活性一开始被诱导，然后被抑制，与单一水体的暴露实验结果相反，可能是由于生产者斜生栅藻和初级消费者大型蚤对污染物或多或少的富集（包括代谢产物的形成），使得次级消费者鲫鱼处于毒性更大的暴露，在解毒系统第二阶段酶——GST 活性的变化上表现出来。

同单一水生生物暴露实验结果相比，食物链中鲫鱼肝脏表现出基本一致的抗氧化模式，但总体来看，谷胱甘肽系列指标对污染物更不敏感，这应该与生产者斜生栅藻和初级消费者大型蚤对污染物或多或少的富集（包括代谢产物的形成）有关。这也说明，室内模拟实验得出的敏感指标是否能应用于实际水环境的监测，还需进行野外实验进一步鉴定。

总体来讲，很多污染物在生物体内的代谢转化过程中会产生大量的活性氧中间体，但不能对 MFO 体系进行诱导。而 GSH 的氧化还原可以清除生物体内大量的活性氧中间体，因此，尽管目前谷胱甘肽系列还未像 MFO 那样成为广泛应用的生物标志物，但它能反映多种污染物的作用，且其变化可定量检测，这已充分显示出它作为生物标记物的前景，即它是一类很有希望的敏感的分子生物标记物，适用于受污染水环境的生态安全早期诊断。

参考文献

卜元卿，骆永明，滕应，等. 2008. 赤子爱胜蚓谷胱甘肽和丙二醛含量变化指示重金属污染土壤的生态毒性. 土壤学报，45（4）：616-621.

柴敏娟，陈荣，顾勇，等. 1998. EDTA 对罗非鱼嗅觉的影响及其解毒作用. 台湾海峡，17（4）：462-467.

常学秀，文传浩，王焕校. 2000. 重金属污染与人体健康. 云南环境科学，19（1）：59-61.

丁海东，齐乃敏，朱为民，等. 2006. 镉、锌胁迫对番茄幼苗生长及其脯氨酸与谷胱甘肽含量的影响. 中国生态农业学报，14（2）：53-55.

方允中，郑荣梁. 2000. 自由基生物学的理论与应用. 北京：科学出版社：23-47.

冯涛，郑微云，陈荣. 2001a. 苯并(a)芘对大弹涂鱼肝脏和卵巢还原型谷胱甘肽含量影响的比较研究. 海洋环境科学，20（1）：12-15.

冯涛，郑微云，洪万树，等. 2001b. 苯并(a)芘对大弹涂鱼肝脏谷胱甘肽过氧化物酶活性的影响. 中国水产科学，7（4）：19-21.

冯涛，郑微云. 2001. 苯并(a)芘对大弹涂鱼肝脏还原型谷胱甘肽含量的影响. 厦门大学学报（自然科学版），40（5）：1095-1099.

高春生，王春秀，张书松. 2008. 水体铜对黄河鲤肝胰脏抗氧化酶活性和总抗氧化能力的影响. 农业环境科学学报，27（3）：1157-1162.

龚平，李培军，孙铁珩. 1997. Cd, Zn, 菲和多效唑复合污染土壤的微生物生态毒理效应. 中国环境科学，17（1）：58-62.

郭红岩，陈亮，王晓蓉，等. 2001. 低浓度镱暴露对鲫鱼肝脏多种酶活性的影响. 南京大学学报（自然科学版），37（6）：665-669.

惠天朝，王家刚，朱荫湄. 2001. 镉对罗非鱼肝组织中 GSH 代谢的影响。浙江大学学报（农业与生命科学版），27（5）：575-578.

贾秀英，陈志传. 1997. 镉对鲫鱼组织转氨酶和过氧化氢酶活性的影响. 环境污染与防治，19（6）：

4-5，48.
贾秀英，陈志伟 . 1998. 镉对鲫鱼磷酸酶活性的影响 . 上海环境科学，17（6）：40-41.
金岚 . 1992. 环境生态学 . 北京：高等教育出版社 .
卡普佐 J M，科斯特 D R. 1993. 海洋中的生物过程和废物 . 张兰芬，王兆庆译 . 北京：海洋出版社：3-4.
刘慧 . 2005. 抗氧化防御系统作为水环境重金属污染生物标志物的研究 . 南京大学博士学位论文 .
罗义 . 2005. 氯酚类和四溴双酚-A 诱导鲫鱼活性氧产生及分子致毒机制的研究 . 南京大学博士学位论文 .
南旭阳 . 2002. 铜离子对鲫鱼红细胞、白细胞和血红蛋白量的影响 . 江西科学，20（1）：38-41.
孙媛媛 . 2005. 典型有机污染物在水环境中的行为及其生态效应研究 . 南京大学博士学位论文 .
王银秋，张迎梅，赵东芹 . 2003. 重金属镉、铅、锌对鲫鱼和泥鳅的毒性 . 甘肃科学学报，15（3）：35-38.
翁妍，郑微云，余群 . 2000. 石油污染对真鲷幼体谷胱甘肽过氧化物酶影响的研究 . 环境科学学报，20（1）：91-94.
修瑞琴，许永香，高世荣 . 1998. 砷与镉、锌离子对斑马鱼的联合毒性实验 . 中国环境科学，18（4）：349-352.
徐立红，张甬元，陈宜瑜 . 1995. 分子生态毒理学研究进展及其在水环境保护中的意义 . 水生生物学报，19：171-184.
薛明，柯才焕，周时强，等 . 2004. 重金属对波部东风螺早期发育的毒性及 EDTA 的解毒效果 . 热带海洋学报，23（1）：44-50.
尹颖 . 2007. 多环芳烃化合物在水环境中的行为及其生物效应研究 . 南京大学博士学位论文 .
张景飞，2003. 两类典型有机污染物对水生生物抗氧化防御系统的影响 . 南京大学博士学位论文 .
张毅敏，金洪钧 . 1999. EDTA 对 Cu 在水生微宇宙中的毒性和分布的影响 . 应用生态学报，10（4）：485-488.
Almos E，Martinez-Solano J R，Piqueras A，et al. 2003. Early steps in the oxidative burst induced by cadmium in cultured tobacco cells（BY-2 line）. Journal of Experimental Botany，54（381）：291-301.
Anke L，Olivier A，Helmut S. 2002. Alterations oftissue glutathione levels and metallothionein mRNA in rainbow trout during single and combined exposure to cadmium and zinc. Comp Biochem Phys C，131：231-243.
Aravind P，Prasad M N. 2005. Modulation of cadmium-induced oxidative stress in Ceratophyllum demersum by zinc involves ascorbate-glutathione cycle and glutathione metabolism. Plant Physiology and Biochemistry，43：107-116.
Arillo A，Melodia F，Arlati P，et al. 1998. Biomarker responses in cyprinids of the middle stretch of the River Po，Italy. Environ Toxicol Chem，17（3）：404-411.
Beyer J，Egaas E，Grosvik B E，et al. 1996. Biomarker responses in flounder（*Platichthys flesus*）and their use in pollution monitoring. Mar Pollut Bull，33（1-6）：36-45.
Borgmann U，Charlton C C. 1984. Copper complexation and toxicity to Daphnia in natural waters. J Great Lakes Res，4：393-398.
Buhler D R，Williams D E. 1988. The role of biotransformation in the toxicity of chemicals. Aquat Toxicol，11：19-28.
Burdon R H. 1995. Superoxide and hydrogen peroxide in relation to mammalian cell proliferation. Free Radic Biol Med，18：775-779.
Canesi L，Viarengo A. 1999. Heavy metals and glutathione metabolism in mussel tissues. Aqua Toxicol，46：67-69.
Casine S，Depledge M H. 1997. Influence of copper，zinc and iron on cadmium accumulation in the taltitrid amphipod，platorchestia platensis. Bull Environ Contam Toxicol，59（4）：500-506.

Chen G S, Xu Y, Xu L H et al. 1998. Influence of dioxin and metal-contaminated sediment on phase I and II biotransformation enzymes in silver crucian carp. Ecotoxicological and Environmental Safety, 40: 234-238.

Chen Y, Cao X D, Lu Y, et al, 2000. Effects of rare metal ions and their EDTA complexes on antioxidant enzymes of fish liver. Bull Environ Toxicol, 65: 357-365.

Chow C K. 1991. Vitamin-E and oidative stress. Free Radical Biology and Medicine, 11(2): 215-232.

Cook H L. 1969. A method for rearing Penaeid shrimp larvae for experimental studies. FAO Fishies Report, 57 (3): 709-715.

Copeland P A. 1986. Vitellogenin levels in male and female rainbow trout, *Salmo gairdneri* Richardson, at various stages of the reproductive cycle. Comp Biochem Physiol B, 83: 487-493.

Cossu C, Doyotte A, Jacquin M C, et al. 1997. Glutathione reductase, selenium-dependent glutathione peroxidase, in freshwater bivalves, *Unio tumidus*, as biomarkers of aquatic contamination in field studies. Ecotox Environ Safe, 38: 122-131.

Di Giulio R T, Washburn P C, Wenning R J, et al. 1989. Biochemical responses in aquatic animals: a review of determinants of oxidative stress. Environ Toxicol and Chem, 8: 1103-1123.

Dreosti I E, Partick E J. 1987. Zinc, ethanol and lipid peroxidation in adult and fetal rats. Biol Trace Element Res, 14 (1): 176-191.

Dufkova V. 1984. EDTA in algue culture media. Arch Hydrobiol Suppl, 67: 479-492.

Eshdat Y, Holland D, Faltin Z, et al. 1997. Plant glutathione peroxidases. Physiol Plant, 100: 234-240.

Fent K. 2004. Ecotoxicological effects at contaminated sites. Toxicology, 205 (3): 223-240.

George S G, Coombs T L. 1977. The effects of chelating agents on the uptake and accumulation of cadmium by *Mytilus edulis*. Mar Biol, 39: 261-268.

Hermansky S J, Stohs S J, Eldeen Z M, et al. 1991. Evaluation of potential chemopropectants against microcystin-LR hepatotoxicity in mice. J Appl Toxicol, 11: 65-74.

Kargin F, Cogun H Y. 1999. Metal interactions during accumulation and elimination of zinc and cadmium in tissues of the freshwater fish *Tilapia nilotica*. Bull Environ Contam Toxicol, 63 (5): 511-519.

Leaver M J. 1992. Molecular studies of the phase II conjugative enzymes of marine pleuronectid flatfish. Aquatic Toxicology, 22: 265-278.

Magda M, Helmut S. 1998. Cytotoxicity of metals in isolated fish cells: Importance of the cellular glutathione status. Comparative Biochemistry and Physiology, Part A, 120: 83-88.

Maria T C. 1987. Injury to hepatocytes induced by a peptide toxin from thecyanobacterium, *Microcystis aerugnosa*. Toxicon, 25: 1235-1239.

Marsha C B, Jennifer R F, Rence C H. 1996. DNA strand breakage in freshwater Mussels (*Anodonta grandis*) exposed to lead in the laboratory and field. Environmental Toxicology and Chemistry, 15 (5): 802-808.

Matés J M. 2000. Effects of antioxidant enzymes in the molecular control of reactive qxygen species toxicology. Toxicol, 153: 83-104.

May M J, Vernoux T, Leaver C, et al. 1998. Glutathione homeostasis in plant: Implications for environmental sensing and plant development. J Exp Bot, 49: 649-667.

Neet K E, Furman T C, Huestion W J. 1982. Activation of Yeast Hexokinase by Chelators and the Enzymic Slow Transiton Due to Metal-Nucleotide Interactions. Arch Biophys, 213: 14-25.

Olmos E, Martinez-Solano J R, Piqueras A, et al. 2003. Early steps in the oxidative burst induced by cadmium in cultureel tobacco cells (BY-2line). J Exp Bot, 54: 291-301.

Rahman L, MacNee W. 2000. Lung glutathione and oxidative stress: implications in cigarette smoke-induced airwats disease. Free Radic Biol Med, 28: 1405-1420.

Ribeyre F, Amiardtriquet C, Boudou A, et al. 1995. Experimental study of interactions between five trace elements-Cu, Ag, Se, Zn, and Hg-toward their bioaccumulation by fish (*Brachydanio rerio*) from the direct route. Ecotoxicol Environ Safe, 32 (1): 1-11.

Rodriguez-Serrano M, Romero-Puertas M C, Zabalza A, et al. 2006. Cadmium effect on oxidative metabolism of pea (*Pisum sativum* L.) roots: Imaging of reactive oxygen species and nitric oxide accumulation *in vivo*. Plant Cell and Environment, 29: 1532-1544.

Romeo M, Bennani N, Gnassia-Barelli M, et al. 2000. Cadmium and copper display different responses towards oxidative stress in the kidney of the see bass, *Dicentrarchus labrax*. Aquatic Toxicology, 48: 185-194.

Ross D. 1988. Glutathione, free radicals and chemotherapeutic agents: Mechanisms of free radical induced toxicity and glutathione-dependent protection. Pharmacol Ther, 37: 231-249.

Sen C K, Atalay M, Hanninen O. 1994. Exercise-induced oxidative stress: Glutathione supplementation and deficiency. J Appl Physiol, 77: 2177-2187.

Sillanpaa M, Oikari A. 1996. Assessing the impact of complexation by EDTA and DTPA on heavy metal toxicity using Mirotox bioassay. Chemosphere, 32 (8): 1485-1497.

Solé M, Porte C, Albaigés J. 1995. The use of biomarkers for assessing the effects of organic pollution in mussels. Sci Total Environ, 159 (2-3): 147-153.

Spechar R L, Fiandt I T. 1986. Acute and chronic effects of water quality criteria-based metal mixtures on three aquatic species. Environ Toxicol Chem, 15: 917-931.

Wang X R, Mei J, Hao S, et al. 1997. Effects of chelation on the bioconcentration of cadmium and copper by carp (*Cyprinus carpio* L.) . Bull Environ Contam Toxicol, 59 (1): 120-124.

Winston G W, Di Giulio R T. 1991. Prooxidant and antioxidant mechanism in aquatic organism. Aquat Toxicol, 24: 143-152.

8

污染物的遗传毒性与发育毒性研究——以五氯酚为例

8.1 五氯酚及其生物毒性

五氯酚（pentachlorophenol，PCP）及其钠盐作为一种高效、广谱的除草剂、杀虫剂、杀菌剂、木材防腐剂以及在造纸、制药、印染等行业中重要的工业原料（IARC，1991），自20世纪30年代以来在世界范围内广泛使用。五氯酚钠的降解产物多氯酚，可以作为杀灭血吸虫的中间寄主（钉螺）的高效、廉价杀虫剂而用于对血吸虫的防治。但由于其自身强烈的毒性，使得包括我国在内的许多国家已禁止了对五氯酚的使用（Polati et al.，2006；Gao et al.，2008）。

PCP难降解，具有强持久性、高生态毒性和高生物积累（Polati et al.，2006）。环境中残留的PCP能被植物、水生和陆生生物体所吸收并累积，还能经口、皮肤及呼吸道等直接吸收或经生物链作用进入人体，又因其具有脂溶性，而可长时间蓄积于生物体内（Galve et al.，2002），继而对肝、肾等器官组织产生毒性（Proudfoot，2003）。长期低剂量接触氯酚污染，不仅会直接引起消化系统、神经系统、呼吸系统疾患，还具有致癌、致畸和致突变的潜在危险性（Pavlica et al.，2001；Ribeiro et al.，2002）。最新研究发现，PCP也属于环境内分泌干扰物（EDC）。目前PCP被WHO列为1级b类农药，属于美国EPA列出的优先控制污染物、可疑人类致癌物（Group B2），我国已将其列为优先控制污染物。

8.1.1 PCP的生物毒性

8.1.1.1 急性毒性

大鼠、猪、兔子和狗等生物的PCP钠盐的急性暴露结果显示，生物的血压、血糖升高，尿糖增多，运动减弱，甚至出现窒息、痉挛等现象（Deichmann et al.，1942）。小鼠经口染毒发现，PCP可导致神经系统功能减弱、呼吸加快、运动减弱、战栗和痉挛现象（Borzelleca et al.，1984）。PCP对小鼠和大鼠的经口染毒LD_{50}分别为130mg/kg和184mg/kg（Demidenko，1969），吸入染毒LD_{50}分别为225mg/m^3和335mg/m^3，大鼠皮肤染毒LD_{50}为96mg/kg（EPA，1997），兔吸入染毒LD_{50}为201mg/kg，水生生物大鳍鳞鳃太阳鱼的96h LC_{50}为0.2μmol/L（EPA，1980），对虹鳟鱼的48h LC_{50}为0.35μmol/L（McKim et al.，1987）。

大量研究表明，体重下降是 PCP 对哺乳动物的毒性效应之一（Schwetz et al.，1978；Hughes et al.，1985）。实验动物经 PCP 长期暴露染毒，主要是其肝脏、肾脏、呼吸系统和中枢神经系统受到毒害作用（Blakley et al.，1998）。还有研究表明，PCP 的纯度对于其毒性效应有较大影响，PCP 纯品相较于工业用 PCP 的毒性要弱（Goldstein et al.，1977）。

8.1.1.2 致突变性、致癌性

美国 EPA 根据 1997 年综合风险信息系统提供的证据，将 PCP 定义为可疑的致癌物。低浓度氯酚的生态毒性效应主要有生殖发育毒性、遗传毒性、细胞毒性。

(1) 生殖发育毒性

研究发现，含有氯酚的造纸废水严重影响了鱼的正常生长发育，使鱼的体长和增长速率减慢（Foster et al.，1994）。PCP 可抑制仓鼠卵母细胞的生长发育（Ehrich，1990）。含 PCP 饲料喂养母牛，引发卵母细胞发育异常等病理改变发生（McConnell et al.，1991）。含有 PCP 的食物喂养的貂，其接受第二次交配的比例和产崽率均下降；同样喂养的雌绵羊，其血清中的甲状腺素（T4）浓度降低，甲状腺滤泡尺寸显著增大；雄绵羊的甲状腺素浓度降低，并伴随有阴囊变大，输精管萎缩，附睾精子减少等症状（Beard et al.，1999）。

流行病学调查发现，长期接触 PCP 处理过的木材的母亲，其子女出生体重及体长显著下降（Karmous and Wolf，1995）。Gethard 等（1999）对 65 位有 PCP 处理的木材接触史的妇女的研究指出，PCP 可能影响妇女的内分泌功能，从而导致生殖障碍。对 1952 ~ 1958 年英国哥伦比锯木厂 9512 位父亲随访资料分析，他们的 19 675 个子女中，死胎、新生儿低出生体重、死亡和早熟的发生情况无明显增加，但先天白内障、无脑畸形、脊柱和生殖器异常的发生率明显高于普通水平（Dimich et al.，1996）。

(2) 遗传毒性

作为一类诱变剂或辅诱变剂，PCP 具有潜在遗传危险性（Yin et al.，2006）。目前已有大量体内和体外的毒性研究表明，PCP 对多种生物有遗传毒性效应。微核实验（MNT test）中 PCP 能诱导斑马鱼肌肉组织染色体结构损伤（Pavlica et al.，2000）；彗星实验表明，PCP 能通过诱导微核形成而导致 DNA 链断裂（Farah et al.，2003）；Waters 等（1982）发现，工业用 PCP 可以引起原核细胞和真核细胞的 DNA 损伤。动物活体实验中，PCP 引起鲶鱼染色单体断裂、偏离中心、呈环状及非整倍构造等染色体结构的损伤（Ali et al.，1998）；诱导东亚大颊鼠染色体卵巢细胞损伤和大鼠体内 DNA 加合物（Lin et al.，2002）；还会导致大鼠肝脏中 DNA 氧化损伤的标志物 8-羟基-脱氧鸟苷（8-O hdG）生成（Kimie et al.，1998）。人类鼻黏膜上皮细胞暴露于 PCP 后，发生细胞 DNA 单链和双链的断裂（Tisch et al.，2005）；在有 PCP 接触史的人群中发现的淋巴细胞染色体异常率要大于普通人群（Seiler，1991）。

(3) 细胞毒性

细胞体外毒性实验表明，PCP 对鲫鱼淋巴细胞膜的活性、完整性以及红细胞溶血效应有影响；中性红实验显示，PCP 对 BF-2 细胞有毒性作用（Babich and Borenfreund，1987），能够影响哺乳动物 Vero 细胞的细胞活性、发育形态以及细胞凋亡（Bravo et al.，2005）。

8.1.2 PCP 致毒机制

目前氯酚类化合物的代谢途径尚无定论。PCP 毒性效应的可能机制是：在氧化磷酸化过程中，PCP 作为一种很强的线粒体解偶联剂，中断了氧化磷酸化的解偶联过程，ATPase 受到显著影响，使细胞不能提供正常活动所需要的能量，从而抑制生物体的正常发育；同时在 PCP 的刺激下，血管通透性增加，微血管出血，最后导致心脏衰竭、神经紊乱、肌肉痉挛死亡（Weinbach and Garbus，1965）。PCP 对斑马鱼胚胎发育的毒性，可能与其损伤受精卵的结构有关，即 PCP 在被 P450 酶代谢为亲电的活性产物后，会很快与邻近的蛋白质或非蛋白巯基共价结合，从而干扰蛋白质的形成（Shaul，1999；Callard et al.，2001）。

8.2 遗传毒性及其检测技术

8.2.1 遗传毒性

遗传毒性是指物理或化学因素对遗传物质（细胞的 DNA 或染色体）造成损害的能力。遗传毒性的影响大致包括突变和 DNA 损伤，还包括高等动物的染色体畸变、异倍化以及形态变化（致畸性）。因为遗传毒性所造成的影响将作用于生物体后代（时间轴）和整个生态系统（空间轴），故而被认为是最严重的污染物暴露后果之一，引起了世界众多国家与组织的高度重视。美国 EPA、美国食品和药品监督局（USFDA）以及欧洲经济合作和发展组织（OECD）都提出了各自关于遗传毒性的测试方法和标准。

遗传毒性检测的目的在于识别污染物的毒性效应，并研究其机制和剂量-效应关系。传统的遗传毒性检测方法基本可以分为细菌突变测试（如 Ames 实验）、哺乳动物细胞突变测试、染色体损伤检测技术（如微核、SCE 实验）以及 DNA 损伤和修复测试（如 UDS 实验）。对基因水平效应关注的日益提高，催生了荧光原位杂交、基因芯片等新型检测方法和技术。此外，致癌效应的有效识别和表征技术将是遗传毒性检测的另一热门发展方向。

8.2.2 DNA 损伤及检测技术

DNA 含有的碱基由于有—OH、—NH_2 等多重活性中心，是 DNA 损伤的主要发生部位；危害严重时脱氧核糖、磷酸二酯键等位点也可能受损。具体而言，DNA 损伤可大致分为 4 类：①DNA 中的碱基受损。电离辐射（X 射线和 γ 射线）和某些化合物以及某些内源性物质能生成活性氧物质（ROS），对 DNA 的碱基造成氧化损伤。②化合物（烷基化试剂）与碱基共价连接，这是众多化学致突变、致癌剂的重要进攻途径。③DNA 交联。紫外线（254nm）和某些特定的化学致突变剂可造成 DNA 的交联，可能发生于单链内部、双链之间，甚至是 DNA 与蛋白质之间。④DNA 链断裂：DNA 碱基与核糖连接不稳定，失去碱基的核苷酸易受攻击，导致 DNA 单链的断裂；同时进攻 DNA 双链的一处或多处位点，能够造成 DNA 双链断裂。

DNA 损伤的检测技术包括直接检测 DNA 链断裂或加合物以及间接检测 DNA 修复过程。直接检测，指对 DNA 加合物的检测，包括 ^{32}P 后标记检测、免疫检测、荧光检测和色谱-质谱联用等，以及对 DNA 链（包括单链和双链）断裂的检测。主要为电泳法，其中最引人关注的是单细胞凝胶电泳（SCGE），即彗星实验（图 8-1）。作为一种简便、快速的方法，SCGE 可以在不同类型的细胞中定量评价 DNA 的单链或双链断裂，配合特定抗体还可以检测 DNA 交联，灵敏度极高（可在 10^{10} Da DNA 中检出低至 1 个断裂）(Gedik et al.，1992)，应用范围十分广阔。SCGE 体内实验已被英国致突变性委员会（COM）录为啮齿类 DNA 损伤的第一级筛选检测方法，同时被美国机构间替代方法评价协调委员会（ICCVAM）和美国国家毒理学项目-毒理学替代方法多机构评价中心（NICEATM）等权威机构采纳为国际验证性研究方法（Dhawan et al.，2009）。

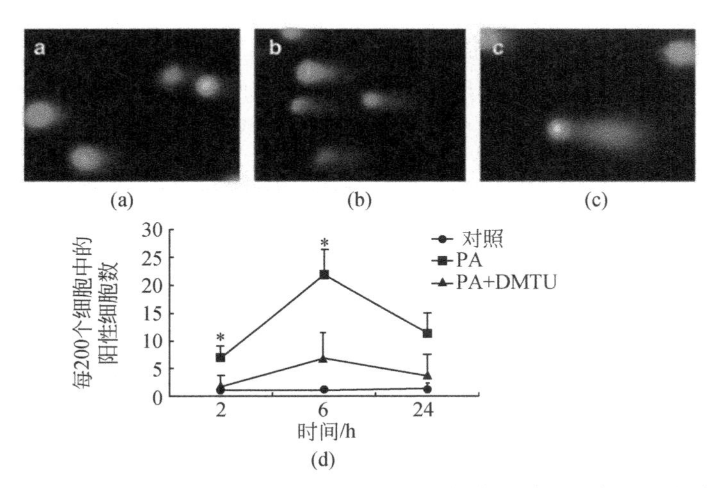

图 8-1 嘌呤霉素氨基核苷（PA）诱导足细胞 DNA 损伤的单细胞凝胶电泳检测示意图（Marshall et al.，2006）

(a)、(b)、(c) 不同染毒处理的细胞的 DNA 荧光染色；(d) DNA 损伤的量化

非程序 DNA 合成实验（UDS）是 DNA 损伤和修复测试的代表。该方法发展较为成熟，体外和体内 UDS 实验均是 OECD、美国 EPA 的标准方法。在细胞周期 S 期外进行的 DNA 修复，可利用放射自显影或液闪计数（LSC）量化测定。UDS 水平的高低、时期，都将直接影响细胞修复的成功、准确和完全与否，进而影响遗传信息的完整性。利用大鼠肝脏细胞进行的 UDS 实验有如下优点：其一，肝细胞具有代谢活性，可以检测出许多遗传毒物的前体；其二，不需要代谢阻断以抑制 DNA 合成；其三，目标细胞是上皮细胞，比使用成纤维细胞的测试更接近体内状况（Derelanko，2001）。然而 UDS 等修复类检测法的阴性结果并不能代表无 DNA 损伤风险，因为某些损伤短期内并不能迅速表现。

8.2.3 基因点突变及检测技术

突变是指细胞中的遗传基因（通常指存在于细胞核中的脱氧核糖核酸）发生的改变，它包括单个碱基改变所引起的点突变，或多个碱基的缺失、重复和插入。点突变，也称为单碱基替换（single base substitution）。细胞分裂时遗传基因的复制发生错误，或受化学物质、辐射或病毒等作用均可以导致突变。突变通常会导致细胞运作不正常或死亡，甚至可以在较高等生物中引发癌症。但是突变也可能成为生物体遗传多样性，甚至是物种进化的动力；DNA 损伤也是如此。

目前比较典型的检测点突变的方法有：聚合酶链反应-单链构象多态性分析（PCR-SSCP）、核糖核酸酶错配切割法（RNase）、错配碱基的化学断裂法（CCM）、变性梯度凝胶电泳法（DGGE）、序列分析法（DS）、变性高效液相色谱分析（denaturing high performance liquid chromatography，DHPLC）等，下面重点介绍 DHPLC。近年来建立并迅速发展的 DHPLC 是一种新型基因突变筛查技术，其技术关键是依靠具有专利技术的 DNA SepCartridge 分离柱。DHPLC 进行基因突变检测的原理是基于异源双链的形成，含有突变位点的 PCR 扩增产物经变性、逐步降温退火后，将形成同源和异源双链（即一条为突变链，另一条为正常链）两种 DNA 分子（图 8-2）。在部分变性条件下，发生错配的异源双链 DNA 更易于解链为单链 DNA，与 DNASep®柱结合力降低（图 8-3），比同源双链 DNA 分子更易于被乙腈洗脱下来，从而与同源双链 DNA 分离。一般来说，含变异成分的 PCR 产物将在 DHPLC 图谱上比非变异 PCR 产物多 1 个或 2 个峰型，因而两者可以被鉴别。影响 DHPLC 筛检基因突变灵敏度的因素有：PCR 产物的影响、洗脱温度、固定相和流动相。

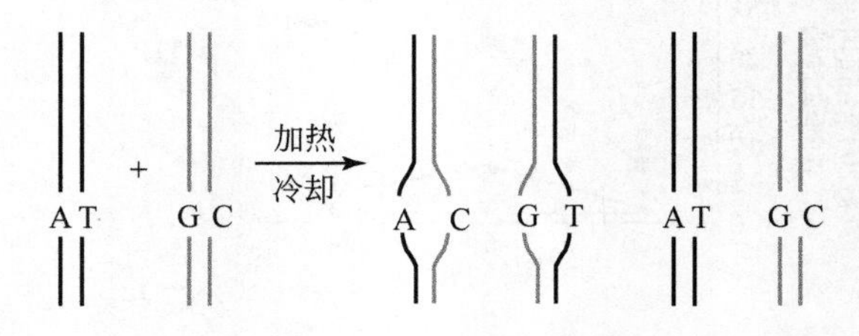

图 8-2　异源双链形成

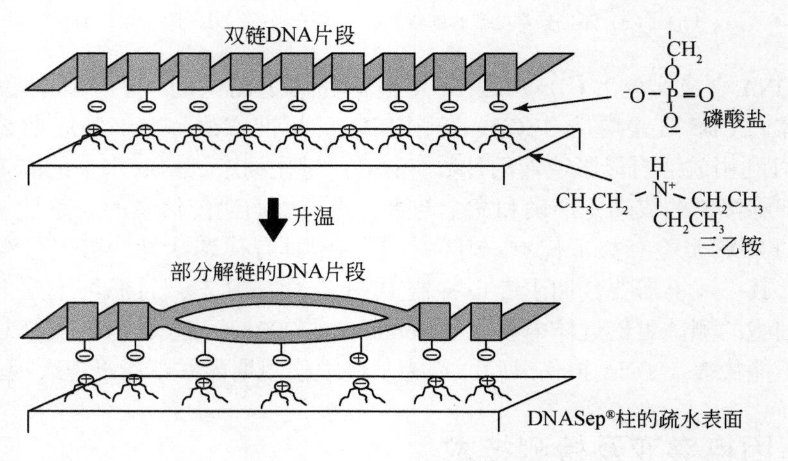

图 8-3　DNASep®柱表面化学

与传统的单链构象多态性分析（SSCP）、变性梯度凝胶电泳法（DGGE）等方法相比，

DHPLC 具有高通量检测、自动化程度高、灵敏度和特异性较高、检测 DNA 片段和长度变动范围广、相对价廉等优点，而且检测每个样品只需要 8min 左右，并且除 PCR 之外，无需进行 PCR 引物修饰、购买特殊试剂、检测标记信号或做其他的样品处理。DHPLC 与其他检测 DNA 突变方法的最大不同在于，它能够纯化 DNA 片段；而其不足之处是只能检测杂合突变，但这可以通过将纯合突变样品和野生型样品混合的方法解决。

8.3 PCP 诱导斑马鱼 *p53* 基因点突变研究

8.3.1 *p53* 基因在遗传毒性研究中的应用

p53 基因是细胞应激的关键性调控分子之一，能整合各种不同的细胞危急事件的信号，通过转录或非转录途径对这些信号作出包括细胞生长抑制或凋亡在内的不同反应，通过反式激活对细胞增殖起抑制作用，对细胞生长起负调节作用（Lamb and Crawford，1986；陈军，2002）。正常 *p53* 基因功能的改变或缺失与大量不同种类的人类肿瘤细胞有密切关系（Hollstein and Sidransky，1991），几乎有 50% 的人类肿瘤细胞中存在 *p53* 基因突变（Levine，1997）。正常情况下，细胞内 p53 蛋白水平很低；当细胞发生 DNA 损伤、缺氧、代谢性改变或受到某些细胞因子的刺激时，*p53* 基因被激活，细胞内 p53 蛋白水平明显增高，使细胞周期阻滞在 G_1 期，等待修复或诱导细胞凋亡——*p53* 基因会“判断” DNA 变异的程度，如果变异较小，*p53* 基因就促使细胞自我修复；若 DNA 变异较大，*p53* 基因就诱导细胞凋亡。当 *p53* 基因发生突变，会导致 p53 蛋白缺失，或导致蛋白质的表达异常，而无法完成“分子警察”的作用使受损细胞得不到控制，从而导致突变频率的增加，甚至在不利条件下继续分裂，进而引起细胞转化，或形成肿瘤。

p53 正常功能的丧失，最主要的方式是基因突变，从而失去了对细胞生长、凋亡和 DNA 修复的调控作用，进而导致肿瘤的形成，由抑癌基因转变为癌基因（de Vries，2002）。研究表明，肿瘤患者 *p53* 基因突变主要集中于外显子 5 ~ 8 内 4 个高度进化保守区（Hartman et al.，1995）。而且由于在 *p53* 基因外显子 7 上存在着数个突变热点，使 *p53* 基因保守区外显子 7 的碱基突变对癌症研究和遗传毒性检测具有重要的意义而被广泛研究（张治位等，2001）。

到目前为止，有关人、小鼠和大鼠 *p53* 基因克隆、结构及功能分析已有一些报道（Lamb and Crawford，1986；Soussi et al.，1987；Kazianis et al.，1998），通过比较非洲爪蟾、小鼠和人类 *p53* 基因得到 5 个高度保守区域（I ~ V）。外显子 2、4、5、7、8 分别编码这 5 个保守区域，即第 13 ~ 19、117 ~ 142、171 ~ 192、236 ~ 258、270 ~ 286 编码区。这些区域与调节 DNA-蛋白质的相互作用以及维持蛋白质结构的稳定性有关（Soussi et al.，1990；Erlanson and Verdine，1994），决定着 *p53* 基因的功能。

已有研究发现鱼类存在 *p53* 基因，然而至今没有关于鱼类 *p53* 基因突变的研究报道（Bailey et al.，1996；Krause et al.，1997）。弄清鱼类 *p53* 基因的结构和进化同源性，对于阐明脊椎动物在进化过程中 *p53* 基因结构的演变规律，发现 *p53* 基因在低等脊椎动物的作用与功能，探索外来化学物质诱导鱼类 *p53* 基因突变的效应和机制均具有重要的科学意义和应用价值。GeneBank 已有斑马鱼 *p53* 基因全基因序列（NW_634667）、cDNA 序列（NM_131327）以及对 *p53* 基因分段克隆和序列测定结果的收录，王晓蓉课题组依据这些数据结果，对 PCP 是否对斑马鱼 *p53* 基因产生遗传毒性进行了研究。

8.3.2 PCP 诱导斑马鱼 *p53* 基因点突变的巢式 PCR-RFLP 分析

限制性内切核酸酶能识别双链 DNA 分子中特异的一段序列（一般为4~6个碱基对），这种酶可以在识别位点内或附近将 DNA 分子切开，从而产生一系列长短不同的 DNA 分子片段，这些限制性片段长度的差别就是限制性片段长度多态性（RFLP）。任何导致遗传变异的点突变、缺失、倒位、插入等都可能引起限制性酶识别位点的增加或丧失，因此 RFLP 可以用于表征遗传基因的变化。

RFLP 可以通过琼脂糖电泳分离得以检测，但是实现对 RFLP 检测之前需要应用 PCR 扩增技术。巢式 PCR（nested-PCR），又称为巢式引物基因扩增分析、套式 PCR、嵌合式 PCR 等，该技术应用4条引物，二级扩增靶基因，因此灵敏度、特异性均比普通 PCR 强，应用较为广泛（Geelen et al.，1978；Wu and Jun，1989；Zipeto et al.，1992；尚世强等，1996；Robertson et al.，2002）。

本课题组对斑马鱼进行 PCP 体内暴露染毒之后，提取肝脏基因组 DNA，通过巢式 PCR 扩增包含斑马鱼 *p53* 基因外显子2、3、4及其间内含子2、3的片段，扩增产物分别用限制性内切核酸酶 *Nco* I、*Sac* I、*Sca* I、*Bcl* I、*Nsi* I、*Rsa* I 进行 RFLP 分析，以检测目标片段在酶切位点上的点突变，从分子水平上验证 PCP 的遗传毒性，并为水生生物 *p53* 基因点突变的研究和水环境致突变物检测提供依据。

8.3.2.1 斑马鱼 *p53* 基因目标片段扩增

斑马鱼肝脏基因组 DNA 提取后，经过 nested PCR 和 PCR 产物纯化，扩增出1136bp 的特异性片段（图8-4）。对照组和染毒组纯化产物用蛋白核酸测定仪测得 dsDNA 浓度分别为450μg/mL、480μg/mL，未降解，无非特异性条带。

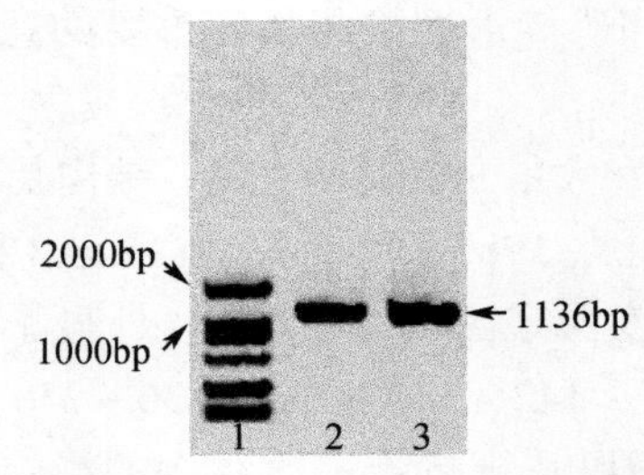

图8-4 斑马鱼 *p53* 基因目标片段 PCR 扩增产物纯化结果

1，DNA marker DL2000；2，外显子7扩增产物（对照组）；3，外显子7扩增产物（染毒组）

8.3.2.2 限制性酶切分析

取20条 PCP 染毒组斑马鱼 *p53* 基因 PCR 纯化产物，分别做 *Bcl* I、*Nco* I、*Nsi* I、*Sac*

I、*Sca* I、*Rsa* I 6 种限制性内切核酸酶的 RFLP 分析，以空白组作对照，限制性酶切图谱如图 8-5 所示，染毒组和对照组 6 种限制性内切核酸酶的 RFLP 图谱完全相同。其中 *Bcl* I、*Nco* I、*Nsi* I、*Sac* I、*Sca* I 5 种酶在目标片段上只有 1 个识别位点，可以将 DNA 片段切割成 2 段［图 8-5(a)~(e)］；而 *Rsa* I 酶在目标片段上有 3 个识别位点，分别可以将 DNA 片段切割成 522bp、296bp、279bp、39bp 4 个片段［图 8-5(f)］。然而图 8-5(f) 中只显示 2 个片段，原因是 39bp 太小，用 0.8% 琼脂糖分离难以识别；296bp 和 279bp 相差仅 17bp，用 0.8% 琼脂糖电泳也难以将其分开（萨姆布鲁克等，2002），故表现为 1 条带。结果表明，用 nested PCR-RFLP 法检测的 20 条斑马鱼上述 6 个酶切位点上的共 680 个碱基均未发生点突变。

通过对包含斑马鱼 *p53* 基因外显子 2、3、4 及其间内含子 2、3 的目标片段，进行 nested PCR-RFLP 分析，可得出以下结论：①20 条染毒斑马鱼的在此目标片段的 *Bcl* I、*Nco* I、*Nsi* I、*Sac* I、*Sca* I、*Rsa* I 6 种限制性内切核酸酶位点上均未发现点突变，与文献报道一致（陈松林等，2002）；②nested PCR-RFLP 分析的灵敏度受电泳检测方法的限制，难以对体细胞低频点突变进行检测。

化学物质引起基因突变的检测方法很多，nested PCR-RFLP 分析法是目前应用较广泛、相对成熟、廉价、快速的检测方法；但是 RFLP 分析的灵敏度也受到电泳检测方法的限制，因此在体细胞低频点突变中的应用受到限制，有必要在今后的研究中采用更为灵敏的方法，如克隆测序分析等。

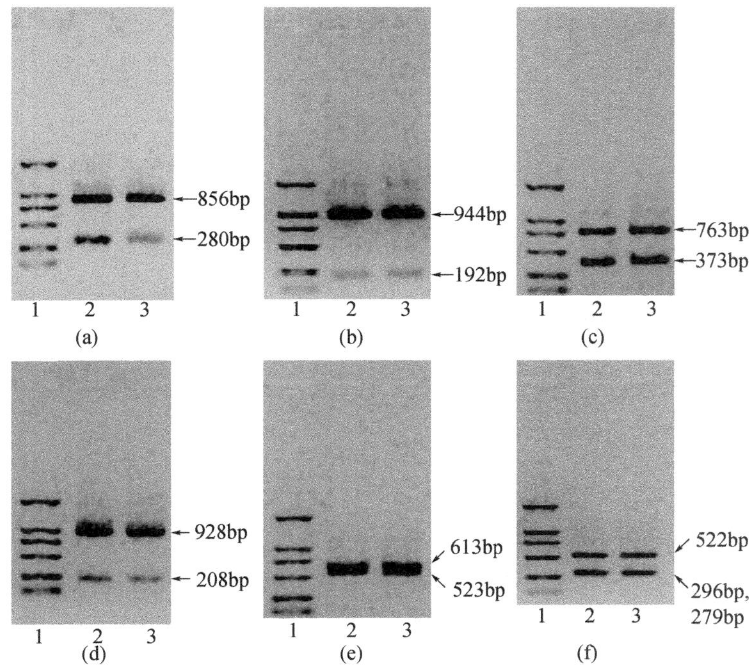

图 8-5　斑马鱼 *p53* 基因目标片段的 6 种 RFLP 图谱

1，DNA marker DL2000；2，对照组酶切结果；3，染毒组酶切结果。

（a）*Bcl* I 酶切图谱；（b）*Nco* I 酶切图谱；（c）*Nsi* I 酶切图谱；

（d）*Sac* I 酶切图谱；（e）*Sca* I 酶切图谱；（f）*Rsa* I 酶切图谱

8.3.3 PCP 诱导斑马鱼 *p 53* 基因点突变的克隆测序分析

分别以染毒组、对照组斑马鱼的肝脏和肌肉 DNA 为模板做 PCR，PCR 产物纯化结果如图 8-6 所示。扩增片段大小为 173bp，条带清晰并无非特异性条带出现，可以用于 TA 克隆。由 *Taq* DNA 聚合酶 PCR 扩增产生的带 3′ 突出端为 A 碱基的 DNA 片段能高效地克隆至 T 载体上，这种 T 载体有与 A 碱基互补的末配对 3′- T 碱基，这种克隆称之为 TA 克隆（Marchuk et al.，1991），能够大大提高 PCR 产物的连接、克隆效率。

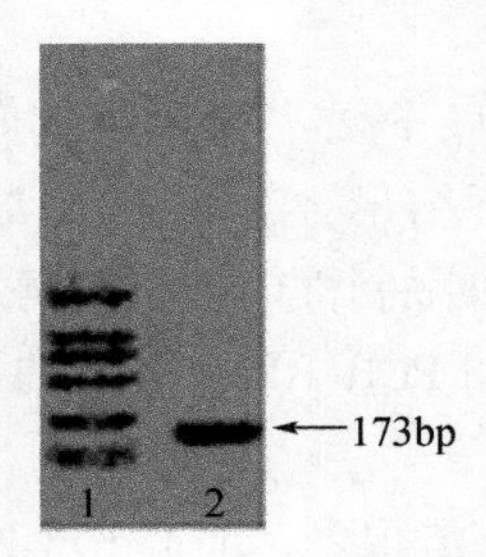

图 8-6　斑马鱼 *p 53* 基因外显子 7 PCR 产物纯化结果

1，DNA marker DL2000；2，外显子 7 扩增产物

阳性克隆鉴定：采用 PCR 方法，用 PMD18- T 载体（TA 克隆的专用载体）上的 M13 单引物 PCR 作阴性对照，鉴定结果如图 8-7 所示。结果表明，用 PCR 的方法可以筛选出含有外显子 7 重组质粒的细菌。用此方法分别筛选并获得斑马鱼肝脏和肌肉各 5 个阳性克隆（共 10 个）。

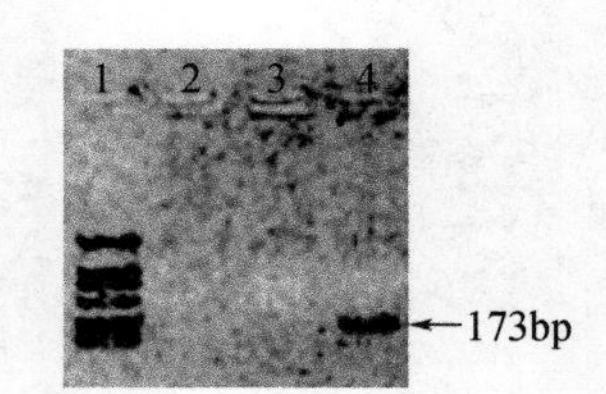

图 8-7　阳性克隆的 PCR 鉴定

1，DNA marker DL2000；2，M13（+）单引物 PCR；3，M13（-）单引物 PCR；4，阳性克隆 PCR

有两个因素影响测序结果：其一是单核苷酸多态性（SNP）现象，本研究中对来自于受试的每条斑马鱼基因组共测序了 10 个不同的克隆，从概率上看，测不出 SNP 的机会为 1/210<0. 001，可以忽略不计；其二是 *Taq* 酶的保真度，*Taq* 酶的碱基错配率仅为 7.2×10^{-5}（Ling et al.，1991），而且对小于 250bp 的片段，当 PCR 循环数与碱基数的乘积<10 000 时，*Taq* 酶也能获得保真性较高的 PCR 产物（Kuklin et al.，1997）。本研究中 PCR 循环数为 40，碱基数为 173bp，两者乘积为 6920<10 000，因此本研究采用 *Taq* 酶可以获得高保真的 PCR 产物。因此，本实验获得的表 8-1 中所列出的都是突变位点。

表 8-1 斑马鱼 *p53* 基因外显子 7 测序结果

浓度		0		0.5		5		50	
克隆编号		突变位点	突变类型	突变位点	突变类型	突变位点	突变类型	突变位点	突变类型
肌肉	1	—	—	40	A→G	—	—	—	—
	2	—	—	—	—	33	T→A	—	—
	3	—	—	—	—	—	—	—	—
	4	—	—	—	—	—	—	—	—
	5	—	—	—	—	—	—	—	—
肝脏	1	—	—	—	—	—	—	—	—
	2	—	—	124	A→G	—	—	28 45	A→G A→G
	3	—	—	—	—	—	—	—	—
	4	—	—	—	—	—	—	—	—
	5	—	—	—	—	7	G→A	2 39	T→C T→A

注："—" 表示未检出点突变

对包含斑马鱼 *p53* 基因外显子 7 的 173bp 的基因组 DNA 进行克隆测序分析，各浓度斑马鱼肝脏和肌肉 *p53* 基因外显子 7 的测序结果汇总如表 8-1 所示。从该表中可看出：①对照组肝脏、肌肉共 10 个克隆的基因型相同，可见没有发生突变，而各个染毒组在此片段上却均出现了 3 种基因型。所以可以断定 PCP 诱导了 *p53* 基因外显子 7 的点突变。而且用本方法计算得出 PCP 诱导 *p53* 基因外显子 7 的碱基突变率，0.5μg/L 组为 1.5‰、5μg/L 组为 1.5‰、50μg/L 组为 3.0‰。②在所发生的点突变中，突变位点中有 50% 发生的是 A→G 的转换，频率明显高于其他类型，与烷化剂的作用类似（Krause et al.，1997）。③ 4 条鱼的肝脏共检出 6 个突变位点，而肌肉只检出 2 个突变位点。肝脏的突变概率比肌肉高，与已报道的 PCP 毒性和致癌性的靶器官是肝脏（Colossio et al.，1993）相符合。④克隆测序分析方法是一种精确和可信的点突变检测方法。

8.3.4 DHPLC 及其分析方法的建立

DHPLC 已在医学、癌症、药物等研究领域开展应用，但该技术应用于环境遗传毒物致突变检测的报道较少。本课题组以已知序列的野生型和突变型含外显子 7 的斑马鱼 *p53* 基因 PCR 扩增片段为研究对象，探索利用 DHPLC 法检测斑马鱼 *p53* 基因点突变检测的实验条件，通过对 DHPLC 检测突变片段的敏感性和特异性分析，阐述 DHPLC 技术在环境化合物致突变检测中的可行性。

在进行 DHPLC 检测之前，首先需要制备样本及挑选样本，然后进行样品的 PCR 扩增，对 DHPLC 检测条件进行摸索之后才能测定。

8.3.4.1 DHPLC 检测斑马鱼 *p53* 基因外显子 7 点突变的柱温条件确定

检测温度以斯坦福大学（http：//insertion. stanford. edu/melt. html）和 WAVE-MAKER 4.0 软件提供的该序列片段的解链温度（t_m = 59.25℃）为参照，在 t_m± 2℃的范围内，选择适当温度作为试柱温度进行尝试。图 8-8 为 WAVE-MAKER 4.0 软件预测的待测 173bp 片段在59℃、59.5℃、60℃、60.5℃、61.5℃和62.5℃时的解链曲线。片段突变区域的螺旋结构比例达到 50% ~99% 的温度条件下，能够通过异源双链在错配碱基两侧区域的提前变性而分离同源和异源双链 DNA，两个突变样本（M1、M2）的突变位点分别位于 49bp、66bp 和 145bp，故选择 59℃、59.5℃、60℃、60.5℃为实验柱温。

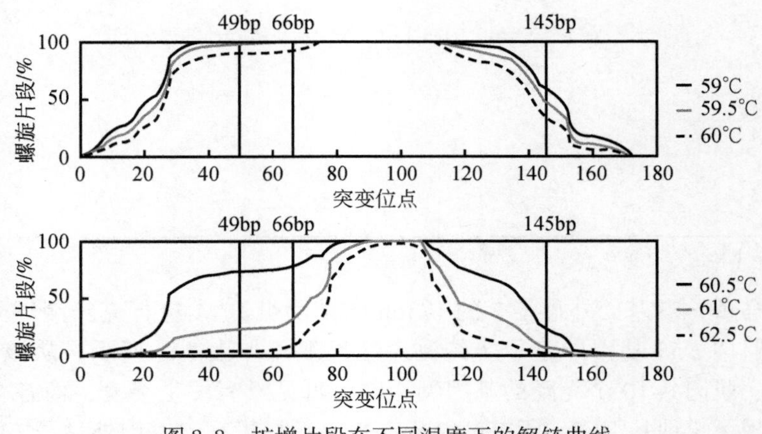

图 8-8 扩增片段在不同温度下的解链曲线

8.3.4.2 DHPLC 检测斑马鱼 *p53* 基因外显子 7 点突变的敏感性分析

将 M1 和 M2（二者为纯合突变型）的 PCR 产物分别与 Wt（纯合野生型）标准样本的 PCR 产物按 DNA 含量比 1∶1、1∶4、1∶9、1∶19、1∶99 混合，即突变型片段含量为 50%、20%、10%、5%、1% 混合缓慢复性，后由 DHPLC 检测，选取检测柱温为 60℃，结果见图 8-9（a）、（b）。峰面积定性地代表同源和异源双链 DNA 的含量。对于 M2 样本片段，DHPLC 能灵敏地检测出 PCR 混合物中 5% 的突变成分，检测率达 95% 以上；对于 M1 样本片段，DHPLC 能检测出 PCR 混合物中 1% 的突变成分，检测率达到 99% 以上。

结果表明，通过克隆测序方法检测出的点突变，用 DHPLC 同样可以检出，DHPLC 对该片段的最佳检测柱温为 60℃，其特异性很好，检测敏感性大于 95%，与许多其他学者的研究结果一致（Amold et al.，1999），明显高于常用的 DGGE、CSGE、SSCP 等变异检测技术（Jones et al.，2001）。PCR 产物质量是影响 DHPLC 检测效果的关键因素，需要对 PCR 引物、PCR 反应体系进行优化；此外，检测时柱温的选择、DNASep 柱质量以及流动相梯度等都可对 DHPLC 的灵敏性、特异性产生影响（Kuklin et al.，1997），所以 DHPLC 的敏感性要完全达到 100% 可能还需要进一步优化。

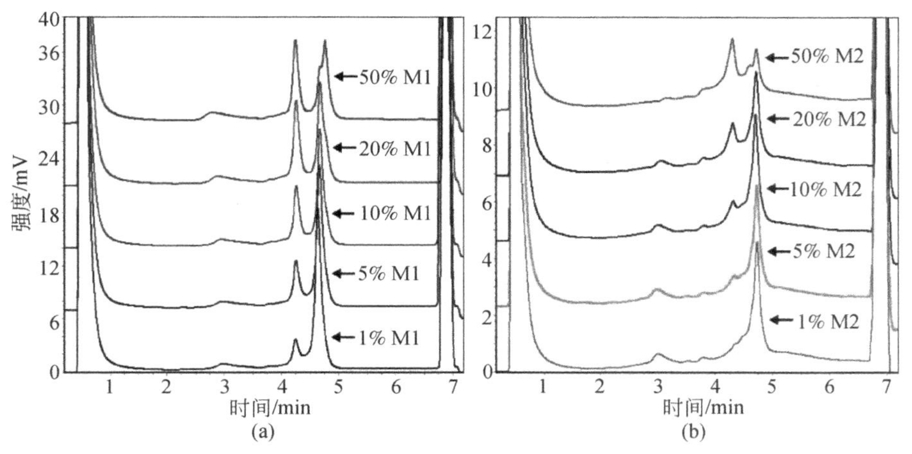

图 8-9　DHPLC 检测 *p53* 外显子 7 点突变敏感性分析

（a） Wt+M1 （60℃）；（b） Wt+M2 （60℃）

8.3.5　DHPLC 分析 PCP 对斑马鱼 *p53* 基因的作用

对斑马鱼进行 PCP 急性毒性暴露实验，随后提取斑马鱼基因组 DNA，对 *p53* 基因片段进行扩增（图 8-10），PCR 片段切胶回收纯化，进行分子亚克隆与阳性克隆子的鉴定，最后进行 DHPLC 分析，根据 DHPLC 的筛选结果，进行 DNA 测序分析和数据统计，并对 DHPLC 分析结果进行克隆测序以对 PCR 错配率进行分析。

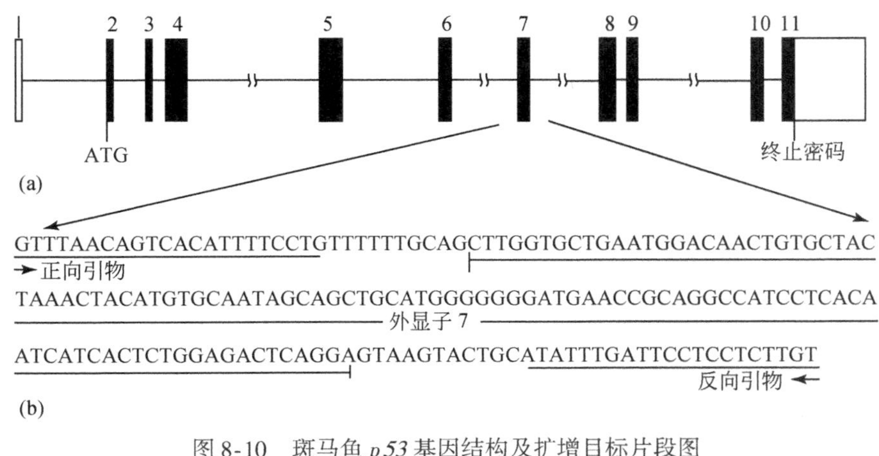

图 8-10　斑马鱼 *p53* 基因结构及扩增目标片段图

（a） 斑马鱼 *p53* 基因结构；（b） *p53* 基因外显子 7 扩增片段

8.3.5.1　PCP 诱导斑马鱼肝脏 *p53* 基因碱基突变检测

DHPLC 检测分析表明，当检测样品中不存在突变位点时，DHPLC 的峰型图谱显示为一个尖锐的单峰［图 8-11(a)］，而含有突变成分的样品将在 DHPLC 图谱上出现两个或两个以上的峰型［图 8-11(b)～(d)］。

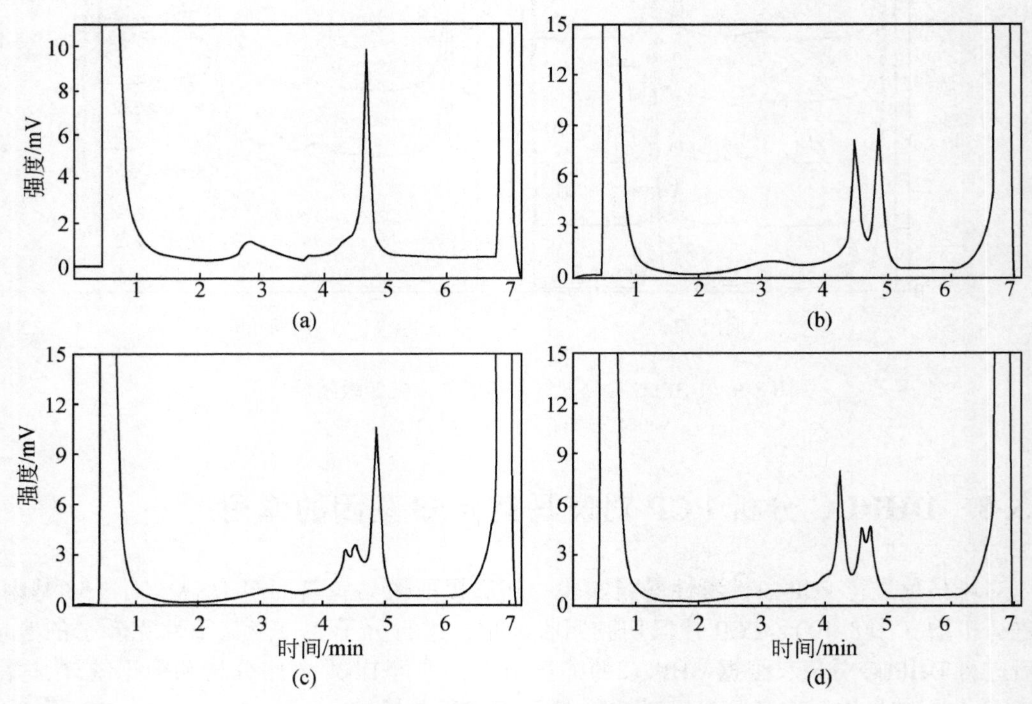

图 8-11　DHPLC 筛查突变峰型图

以肝脏基因组 DNA 为模板扩增的 PCR 产物中，发现了不同序列的目标片段［图 8-11(b)～(d)］，在检测的 1195 个阳性克隆子的 PCR 产物中，84 个被 DHPLC 检测到了碱基突变（表 8-2），经直接测序验证后，确认有 75 个在目标片段上发生了碱基突变（表 8-2），DHPLC 检测的假阳性率为 10.7%(9/84)。在 50μg/L、5μg/L、0.5μg/L 浓度 PCP 暴露组中，分别筛选了 250、310、313 个插入目标片段的阳性克隆进行点突变筛查，经 DHPLC 检测和测序验证得到的突变克隆数目为 28、28、12；而在空白浓度对照组筛查的 322 个阳性克隆中，只有 7 个检测到了突变，50μg/L、5μg/L、0.5μg/L 和空白对照组中克隆突变率分别为（11.27±0.62)%、(8.67±2.13)%、(3.88±1.20)% 和（2.16±0.41)%。经统计学分析，结果表明，50μg/L、5μg/L PCP 处理组的克隆突变率与空白对照组的克隆突变率有显著性差异（$P<0.05$），0.5μg/L PCP 处理组的克隆突变率与空白对照组的克隆突变率没有显著性差异（$P>0.05$）；在三个暴露浓度之间，50μg/L PCP 处理组的克隆突变率与 5.0μg/L PCP 处理组的克隆突变率具有显著性差异（$P<0.05$），50μg/L、5.0μg/L PCP 处理组的克隆突变率与 0.5μg/L PCP 处理组的克隆突变率具有显著性差异（$P<0.05$）（图 8-12）。

表 8-2 斑马鱼肝脏 *p53* 基因外显子 7 片段突变的 DHPLC 与测序筛查结果

五氯酚浓度/(μg/L)	斑马鱼编号	鱼鳍组织		肝脏组织		
		筛查克隆数	DHPLC 检测突变克隆数	筛查克隆数	DHPLC 检测突变克隆数	测序验证突变克隆数
0	A0	—	—	107	3	2
	B0	—	—	101	3	2
	C0	—	—	114	3	3
	合计	—	—	322	9	7
0.5	A1	40	2	104	4	3
	B1	48	1	96	5	5
	C1	52	1	113	5	4
	合计	140	4	313	14	7
5.0	A2	23	1	104	8	5
	B2	53	2	60	5	5
	C2	32	1	146	18	16
	合计	108	4	310	31	28
50	A3	40	1	104	11	11
	B3	20	0	61	7	7
	C3	20	0	85	12	10
	合计	80	1	250	30	28
合计		328	9	1195	84	75

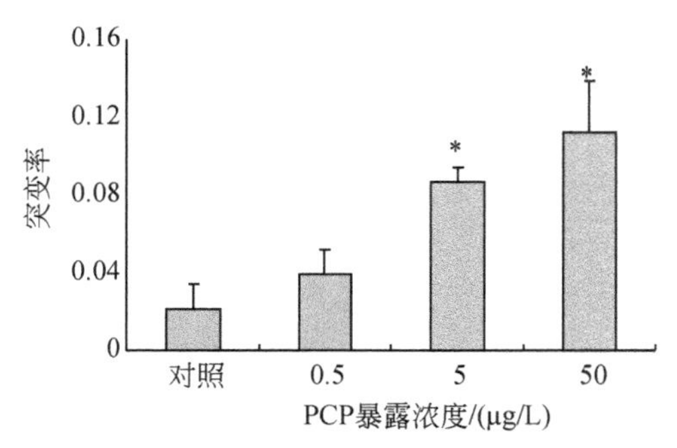

图 8-12 PCP 诱导斑马鱼 *p53* 基因外显子 7 片段点突变

* 表示处理组与对照组具有显著性差异（$P<0.05$）

经测序验证的 74 个克隆中（50μg/L PCP 处理组 27 个、5μg/L PCP 处理组 28 个、0.5μg/L PCP 处理组 12 个、空白对照组 7 个），分别发现了 86 个碱基突变（50μg/L PCP 处理组 34 个、5μg/L PCP 处理组 30 个、0.5μg/L PCP 处理组 13 个、空白对照组 9 个），具体的突变位点和突变类型见表 8-3。50μg/L、5μg/L 、0.5μg/L 浓度 PCP 处理组和空白对照组的目标片段碱基突变率分别为：$3.33\times10^{-5}\pm 0.69\times10^{-5}$、$2.33\times10^{-5}\pm0.54\times10^{-5}$、

$1.07\times10^{-5}\pm0.45\times10^{-5}$、$0.71\times10^{-5}\pm0.04\times10^{-5}$。在发生突变的86个碱基位点中，其中A→G和T→C的碱基突变率最高，均为30％，有42个碱基的突变发生在110bp的外显子7范围中，其中有29个碱基突变造成了翻译的氨基酸密码子的改变（表8-3）。

表8-3　突变克隆的突变位点和突变类型

五氯酚浓度/(μg/L)	突变克隆编号	突变碱基数目	碱基突变		氨基酸突变	
			突变位置	突变类型	突变位置	突变类型
0	A0-7	1	116	A→G	29	T→A
	A0-17	2	25	T→C	N/A	N/A
			141	A→G	37	E→G
	B0-2	1	23	T→C	N/A	N/A
	B0-15	2	75	A→G	15	N→S
			137	C→T	36	Q→*
	C0-36	1	116	A→G	29	T→A
	C0-F	1	150	T→C	N/A	N/A
	C0-K	1	138	A→G	36	Q→R
0.5	A1-18	1	24	T→C	N/A	N/A
	A1-38	1	142	G→A	N/A	N/A
	A1-A	1	25	T→G	N/A	N/A
	B1-25	1	142	G→A	N/A	N/A
	B1-D	1	30	A→G	N/A	N/A
	B1-G	1	138	A→G	36	Q→R
	B1-H	2	59	C→G	10	L→V
			67	C→A	12	Y→*
	B1-J	1	55	G→A	8	—
	C1-24	1	121	C→T	30	—
	C1-25	1	145	A→G	N/A	N/A
	C1-B	1	143	T→C	N/A	N/A
	C1-I	1	141	A→G	37	E→G
5.0	A2-5	2	61	A→G	10	—
			150	T→A	N/A	N/A
	A2-24	1	118	A→G	29	—
	A2-27	1	114	T→A	28	L→H
	A2-48	1	136	T→C	35	—
	A2-72	2	24	T→C	N/A	N/A
	A2-74	1	114	T→A	28	L→H
	A2-84	1	151	G→A	N/A	N/A
	B2-1	1	151	G→A	N/A	N/A
	B2-17	1	42	A→T	4	E→V
	B2-25	1	94	G缺失	22	M→*
	B2-26	1	28	G→A	N/A	N/A
	B2-47	2	54	T→A	8	V→E
	C2-17	1	29	C→T	N/A	N/A
	C2-23	1	136	T→C	35	—
	C3-36	1	150	T→C	N/A	N/A
	C3-5	2	27	T→C	N/A	N/A
			133	G→A	34	—

续表

五氯酚浓度/(μg/L)	突变克隆编号	突变碱基数目	碱基突变		氨基酸突变	
			突变位置	突变类型	突变位置	突变类型
5.0	C3-10	1	116	A→C	29	T→P
	C3-31	1	30	A→G	N/A	N/A
	C3-61	1	27	T→C	N/A	N/A
	C3-64	2	144	A→T	N/A	N/A
	C3-77	1	123	T→C	31	I→T
	C3-92	1	24	T→C	N/A	N/A
	C3-93	1	147	T→C	N/A	N/A
	C3-94	1	41	G→T	4	E→ *
	C3-111	1	30	A→T	N/A	N/A
	C3-115	1	152	C→T	N/A	N/A
	C3-130	1	150	T→C	N/A	N/A
	C3-133	1	142	G→A	N/A	N/A
50	A3-26	1	144	A→G	N/A	N/A
	A3-32	1	42	A→T	4	E→V
	A3-33	1	147	T→C	N/A	N/A
	A3-39	3	61	A→T	10	—
			66	A→G	12	Y→C
			121	C→T	30	—
	A3-40	2	49	A→G	6	—
			66	A→G	12	Y→C
	A3-41	2	23	T→C	N/A	N/A
			60	T→A	10	L→Q
	A3-1	2	27	T→C	N/A	N/A
			133	G→A	34	—
	A3-2	1	27	T→C	N/A	N/A
	A3-3	2	71	T→C	14	C→R
			138	A→G	36	Q→R
	A3-4	1	131	G→T	34	E→ *
	A3-5	1	134	A→G	35	T→A
	B3-8	1	118	A→G	29	—
	B3-20	1	30	A→G	N/A	N/A
	B3-6	1	134	A→G	35	T→A
	B3-7	1	149	C→T	N/A	N/A
	B3-8	1	23	C→T	N/A	N/A
	B3-9	1	117	C→T	29	T→I
	B3-10	1	145	A→G	N/A	N/A
	C3-2	1	25	T→C	N/A	N/A
	C3-5	1	148	A→G	N/A	N/A
	C3-46	1	26	T→C	N/A	N/A
	C3-11	1	142	G→A	N/A	N/A
	C3-12	1	116	A→G	29	T→A
	C3-13	1	142	G→A	N/A	N/A
	C3-14	1	145	A→G	N/A	N/A
	C3-16	1	42	A→T	4	E→V
	C3-17	1	24	T→C	N/A	N/A
	C3-18	1	27	T→C	N/A	N/A

注：氨基酸位置和碱基位置均为在173bp的目标片段中的位置；N/A表示碱基的突变发生在173bp的内含子片段部分；“—”表示无义突变；“ * ”表示终止密码子

8.3.5.2 PCR 错配率实验

以暴露染毒前剪下的鱼鳍基因组 DNA 为模板扩增的 PCR 产物，进行分子亚克隆后，挑取阳性克隆进行的 DHPLC 检测分析表示，在检测的 328 个阳性克隆子的 PCR 产物中，9 个被检测 DHPLC 检测到了碱基突变（表 8-2），突变率为（2.53 ±1.76）%。

PCR 错配率实验结果表示，应用含有野生纯合型斑马鱼 *p53* 基因外显子 7 片段的质粒为模板扩增的 PCR 产物，进行分子亚克隆后，在检测的 84 个阳性克隆子的 PCR 产物中，5 个被 DHPLC 检测到了碱基突变，经直接测序验证后，确认有 4 个碱基在目标片段上发生了突变，分子突变率为 4.76%，碱基突变率为 1.20×10^{-5}，这与文献所报道的碱基错配率一致（$10^{-6} \sim 10^{-5}$）(Amanuma et al., 2000)。由此可见，鱼鳍中检测到的碱基突变是由于 PCR 中的错配所致，而并非实验用鱼的自身突变，因此确定实验用鱼在目标片段内没有发生个体突变。

应用 DHPLC 与克隆测序相结合的方法发现，50 μg/L 和 5 μg/L PCP 处理的斑马鱼肝脏细胞 *p53* 基因含外显子 7 的 173bp 的碱基片段的突变率要显著高于空白对照组（$P<0.01$）。在空白对照组和鱼鳍对照中也检测到了一定比例的突变［克隆突变率分别为（2.16±0.41）%和（2.53±1.76）%］，这可能是由于 PCR 反应中的错配导致，本实验应用含有野生纯合型斑马鱼 *p53* 基因外显子 7 片段的质粒为模板扩增的 PCR 产物进行 DHPLC 验证，得到克隆突变率为 4.76%（碱基突变率为 1.20×10^{-5}），与文献报道的 PCR 错配率一致。

已有研究表明，*p53* 基因的突变热点在其外显子 7 ~ 9（Splading et al., 2000）。本研究得到的结果表明，5 μg/L 浓度的 PCP 暴露就能诱导斑马鱼肝脏的 *p53* 基因外显子 7 片段发生碱基突变，揭示 PCP 的致癌机制可能与其诱导功能基因突变有关。同时，本研究首次报道了 PCP 确实能诱导斑马鱼基因组 DNA 的碱基突变。

8.4 五氯酚对斑马鱼毒理基因组学研究

8.4.1 毒理基因组学

毒理基因组学（toxicogenomics），即利用基因组学的相关信息，将遗传学与生物信息学相结合，从基因整体水平研究化学物及其他有害因素的毒性作用，建立毒性作用与基因表达变化之间的关系，从而筛选和鉴别潜在的具有遗传毒性的物质，并阐明其作用机制。毒理基因组学可以同时研究数以千计的基因表达，具有传统毒理学研究无法比拟的高通量、并行性等优势，且可以更深刻地阐释毒作用的分子机制。在环境领域，毒理基因组学在寻找生物标志物、通过基因表达谱来表征毒作用机制、污染物的生态风险评价及预测等方面都展现出巨大的潜力。

基因组学的研究技术既包括传统的基因表达分析方法，如反转录-聚合酶链式反应（RT-PCR）、实时荧光定量 PCR（real-time Q-PCR）、RNA 酶保护实验（RPA）、原位杂交（ISH）与荧光原位杂交（FISH）、Southern 印迹杂交（Southern blot）、Northern 印迹杂交（Northern blot）、蛋白质印迹技术（Western blot）等；也包括新的高通量表达分析方法，如表达序列标签（EST）、基因表达序列分析（SAGE）以及 DNA 芯片（DNA chip）等。下面仅对 DNA 芯片作简要介绍。

DNA 芯片技术，实际上就是一种大规模集成的固相杂交，是指在固相支持物上原位合成（*in situ* synthesis）寡核苷酸或直接将大量预先制备的 DNA 探针以显微打印的方式有序地固化于支持物表面，然后与标记的样品杂交；通过对杂交信号的检测分析，得出样品的遗传信息（基因序列及表达的信息）。由于其常用计算机硅芯片作为固相支持物，所以称为 DNA 芯片。作为新一代基因诊断技术，DNA 芯片的突出特点在于快速、高效、敏感、经济及平行化、自动化等。目前，基因芯片技术应用领域主要有基因表达谱分析、新基因发现、基因突变及多态性分析、基因组文库作图、疾病诊断和预测、药物筛选、基因测序等。

除了上述提到的基因组学技术之外，还有基因表达谱、遗传多态性分析等技术。此外，广义的毒理基因组学，融合了对基因表达谱、蛋白质谱、代谢谱的整体分析和遗传多态性分析以及计算机模型的建立等。

8.4.2 PCP 暴露下斑马鱼胚胎基因芯片分析

本课题组以斑马鱼为受试动物，利用基因芯片检测低浓度 PCP 暴露下斑马鱼胚胎基因表达的变化，并用生物信息学软件对结果进一步进行功能分类和发育调控通路分析，从毒理基因组学角度探讨 PCP 发育毒性的作用机制，为发展有毒化学品发育毒性的生物标志物提供依据。

在斑马鱼经过 PCP 暴露之后，利用基因芯片技术对其进行检测。我们将显著差异表达基因的筛选标准设定如下所述。上调基因：change 为 I（increase）或 MI（marginal increase），处理组 scaling detection 为 P（presence），Signal log ratio≥1；下调基因：change 为 D（decrease）或 MD（marginal decrease），对照组 scaling detection 为 P，Signal log ratio≤-1。结果显示，与对照组相比，共有 1149 个基因显著上调，501 个基因显著下调。

根据基因本体论 GO（http://www.geneontology.org）的定义，利用 Chipinfo 软件对表达显著差异的基因进行分子功能分类：共涉及 12 类分子功能，列于表 8-4 与图 8-13 中，其中显著上调的 1149 个基因中有注释的基因为 650 个，显著下调的 501 个基因中有注释的基因为 253 个。

表 8-4 显著差异表达基因的功能分类结果

分子功能	上调基因	下调基因
抗氧化活性	2	1
酶调节活性	23	8
运动活性	10	0
信号传导活性	24	8
结构分子活性	7	8

续表

分子功能	上调基因	下调基因
转录调节活性	42	29
翻译调节活性	4	5
转运活性	44	29
辅助转运蛋白活性	16	9
结合活性	413	163
催化活性	249	90
趋化活性	1	0

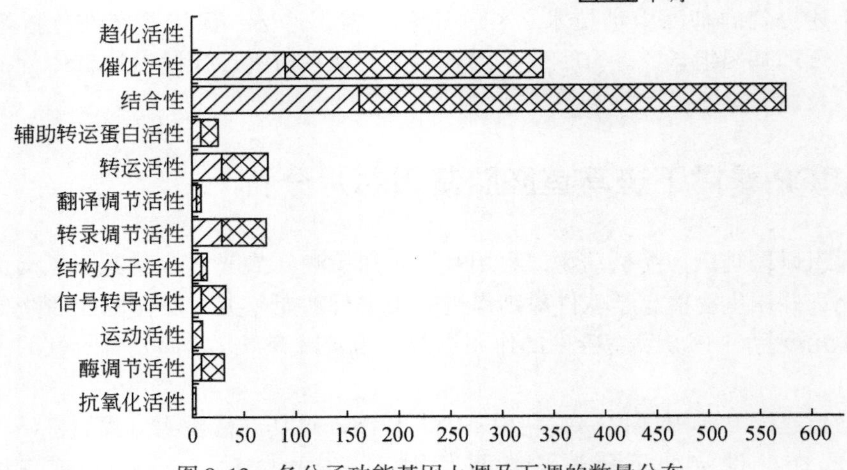

图 8-13　各分子功能基因上调及下调的数量分布

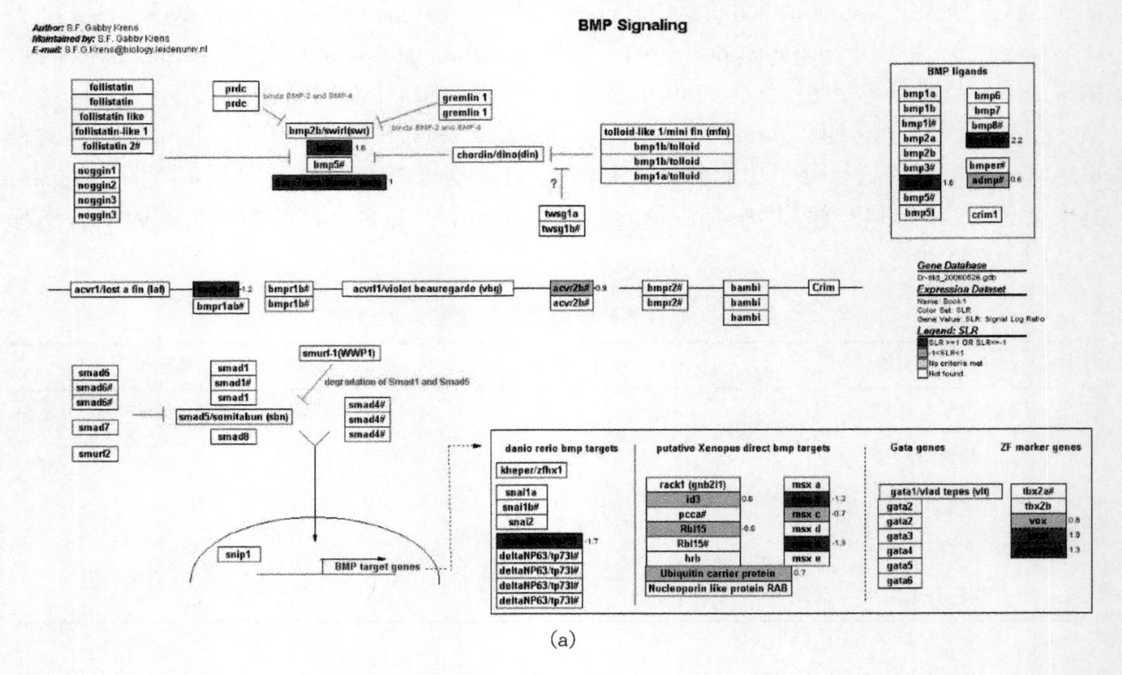

(a)

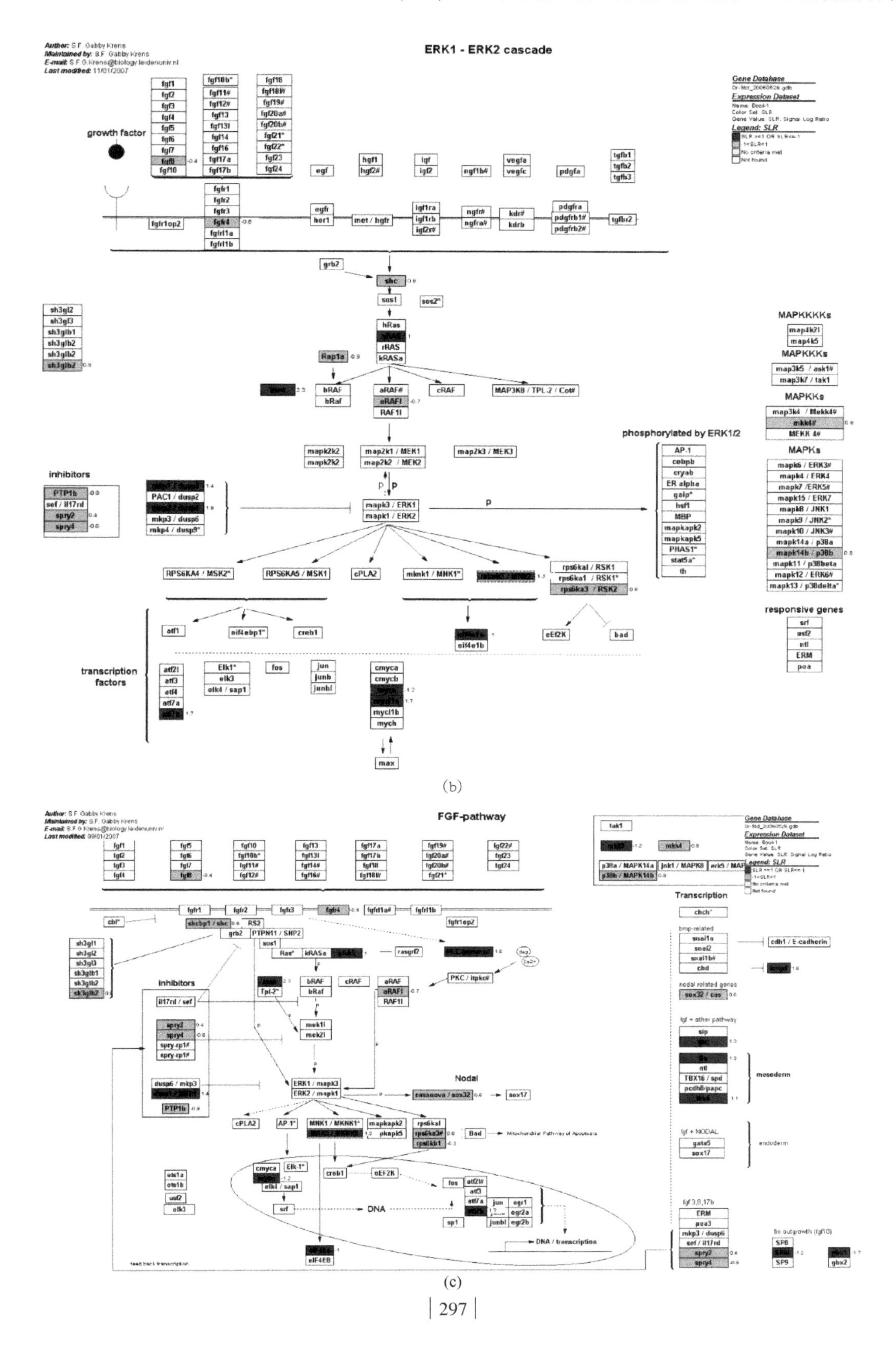

ERK1 - ERK2 cascade
growth factor
inhibitors
transcription factors
MAPKKKKs
MAPKKKs
MAPKKs
MAPKs
phosphorylated by ERK1/2
responsive genes
FGF-pathway
Transcription
Nodal
DNA
mesoderm
endoderm

(b)

(c)

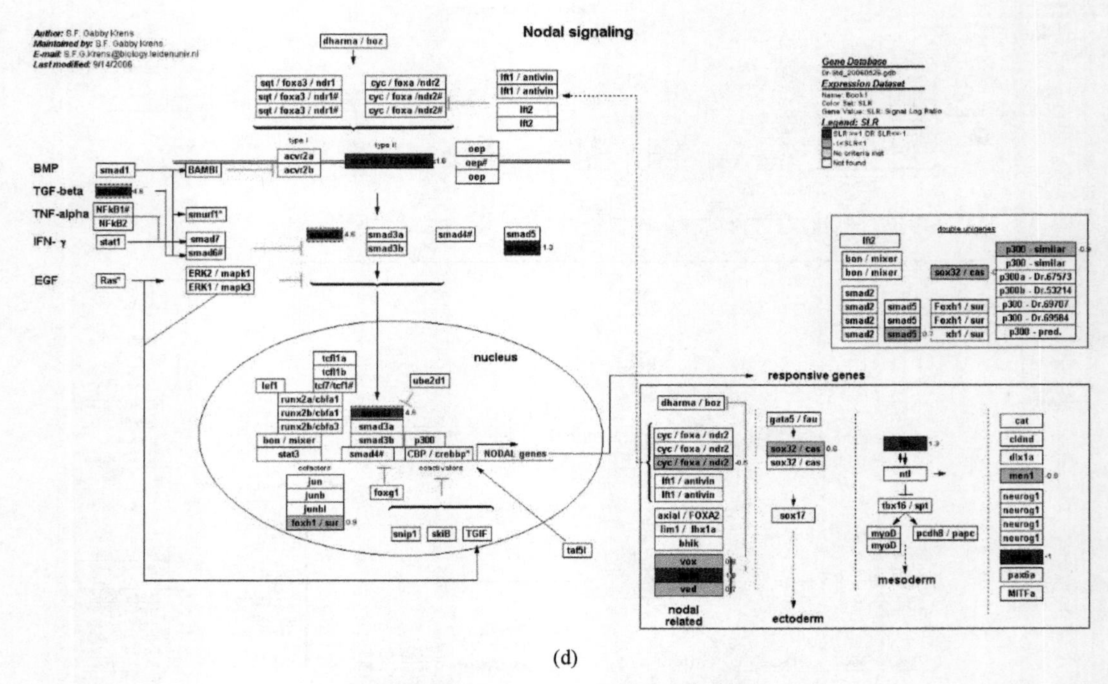

(d)

图 8-14　(a) ~ (d) 基因通路分析

图中深灰色代表基因显著上/下调（即上/下调超过 2 倍），浅灰色代表基因上/下调但不显著（即上下调小于 2 倍）。(a) BMP 信号通路分析；(b) ERK 信号通路分析；(c) FGF 信号通路分析；(d) Nodal 信号通路分析

BMP（骨形态发生蛋白）信号、ERK（细胞外信号调节激酶）信号、FGF（成纤维细胞生长因子）信号和 Nodal（结节蛋白）信号在斑马鱼胚胎的发育过程中起着极为重要的调控作用。这 4 个信号的独立作用和相互作用可影响背腹分化、中胚层诱导等胚胎发育中的重要事件。利用生物信息学 Genmapp 软件对表达显著差异的基因进行了这 4 个信号的通路分析，结果见图 8-14 (a) ~ (d)。

BMP 和 Nodal 均属于在生长发育中起重要调控作用的 TGF-β 超家族的亚家族成员。其信号作用的途径为：配体与受体结合并使后者磷酸化，磷酸化后的受体活化细胞内的 SMAD 蛋白，活化的 SMAD 蛋白进入细胞核激活下游基因的转录。不同的信号活化不同的 SMAD 蛋白：脊椎动物中，BMP 通过受体激活 SMAD1 或相近的 SMAD5、SMAD8，而 Nodal 激活 SMAD2 和 SMAD3（曹莹，2005）。在我们的结果中［图 8-14 (a)，(d)］，SMAD5 的 Signal log ratio 为 2.1（即上调了 2 的 2.1 次方倍），SMAD2 的 Signal log ratio 为 4.6，这表明 PCP 可能通过 SMAD5 和 SMAD2 影响了 BMP 和 Nodal 信号通路。

FGF 是一类重要的多肽生长因子，在胚胎发育的许多方面都起着重要的作用，包括细胞的增殖分化、胚胎的背腹分化、体结分化、脑的发育、眼睛的发育、肢芽的发育等（Maroon et al.，2002；曹莹，2005）；此外，FGF 还和与细胞生长、分化及个体发育有重要关系的 ERK 途径（Shaul and Seger，2007）有相互作用。在斑马鱼体内，FGF 家族 FGF1 ~ FGF23 中目前仅有 6 个有报道（FGF3、FGF4、FGF8、FGF10、FGF17、FGF18），FGFR（FGF 受体）共有 4 个（FGFR1、FGFR2、FGFR3、FGFR4）。

我们的实验结果［图8-14(b)］显示，PCP 可能影响了 FGF8 的表达，进而影响了 FGFR4 与 FGFR8 的结合，并通过激活 RTK、磷酸化 Shc、激活 Grb2 来激活 Ras 蛋白 (Signal log ratio 为 1)，最终影响了 ERK 通路及其下游转录因子的表达。根据上述分析，推测 PCP 对斑马鱼胚胎发育 FGF 通路、ERK 通路相互作用的影响如图 8-15 所示。

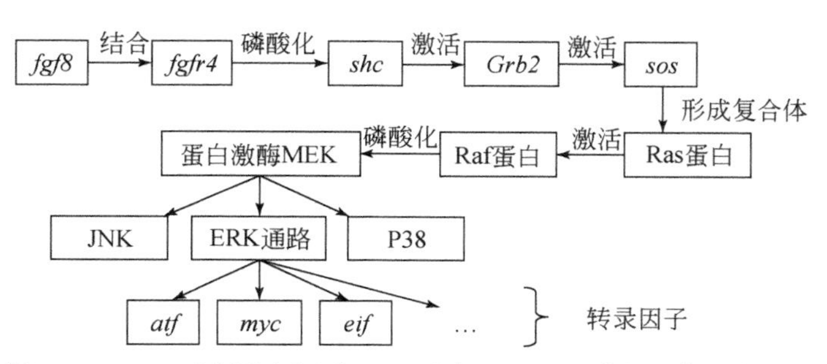

图 8-15　PCP 对斑马鱼胚胎 FGF 通路、ERK 通路相互作用的影响

前期研究已经证明 PCP 可引起斑马鱼抑癌基因 *p53* 基因的点突变（Yin et al.，2006），产生基因毒性，但作用机制不清楚。本研究显示，PCP 暴露后斑马鱼胚胎原癌基因 *Ras* 显著变化。Ras 在许多癌前病变中都有过表达，活化状态的 Ras 蛋白可能造成细胞不可控的增殖、恶变，并且凋亡减少。因此，PCP 的基因毒性是否是通过 *p53* 基因和 *Ras* 基因相互作用而产生的，有待进一步研究。

除 FGF 可通过激活 Ras 途径及其后的一系列途径来激活 ERK 通路外，其他信号间也存在相互作用。在中胚层诱导以及维持过程中，Nodal 信号需要通过 FGF 介导信号：一方面，Nodal 信号能直接诱导 *fgf* 基因的表达；另一方面，FGF 信号也可以直接诱导 *oep* 的表达；从而介导 Nodal 信号对 *oep* 的诱导作用，进一步维持和扩大 Nodal 信号。而 FGF 在背部化的过程中则起到了抑制 Bmp 信号的作用，一方面可以通过诱导 Chordin 表达来拮抗 Bmp 信号，另一方面也可以直接抑制 Bmp 的转录（曹莹，2005）。PCP 是否能通过影响这两个通路的相互作用而产生发育毒性，需要进一步的研究证实。

8.4.3　PCP 对斑马鱼细胞凋亡的影响

细胞凋亡有许多调节因素，除了内源性因素，外源性物质亦可以通过对这些调节因素的干扰来影响凋亡，许多环境毒物就是通过抑制凋亡而导致癌症的形成或通过促进凋亡而引起个体异常死亡（Kaioumova et al.，2001），因此，由环境毒物引发的细胞凋亡研究可以阐明其毒性作用机制。

8.4.3.1　PCP 暴露斑马鱼胚胎细胞凋亡相关基因的筛选

在 PCP 处理斑马鱼胚胎样本中，基因芯片所筛选出的 2 倍以上差异表达的基因中，14 个基因与细胞凋亡行为相关，其中上调表达基因有 *casp2*、*casp3a*、*casp8*、*apaf1*、*bokb*、*bbc3*、*cxcr4b*、*syvn1*、*birc5b*、*tph1*、*gsc*，下调表达基因有 *bnip3l2*、*otx2*、*tnfsf10l3*。表 8-5 列出了这些基因以及 GenBank 数据库中相应的氨基酸序列资料。

表 8-5　基因芯片筛选出的关于细胞凋亡的功能基因

斑马鱼基因	氨基酸数目	GenBank 收录编号	处理组基因表达变化
*apaf*1	1261	NP_571683	上调 2 倍
*bbc*3	181	NP_001038937	上调 $2^{1.7}$倍
*birc*5*b*	128	NP_660196	上调 $2^{3.3}$倍
bokb	211	NP_957479	上调 $2^{1.5}$倍
*casp*2	435	NP_001036160	上调 $2^{1.5}$倍
*casp*3*a*	282	NP_571952	上调 $2^{1.4}$倍
*casp*8	476	NP_571585	上调 $2^{4.7}$倍
*cxcr*4*b*	353	NP_571909	上调 $2^{2.6}$倍
gsc	240	NP_571092	上调 $2^{1.3}$倍
*syvn*1	625	NP_997900	上调 $2^{1.7}$倍
*tph*1	471	NP_840091	上调 $2^{2.7}$倍
*bnip*312	233	NP_001012242	上调 $2^{1.8}$倍
*otx*2	289	NP_571326	上调 $2^{2.2}$倍
*tnfsf*1013	289	NP_001036178	上调 2 倍

应用 Mega 进化树分析软件，选择邻位相连法（neighbor-joining）分析，14 个与细胞凋亡行为相关的斑马鱼功能基因蛋白之间的进化关系在图 8-16 上直观描述，其中横支距离代表遗传年代。由图 8-16 可见，*caspase-2* 基因（*casp 2*）与其他基因进化同源性由高到低依次为 *casp*3*a*、*casp*8、*apaf*1、*bokb*、*bbc*3、*cxcr*4*b*、*otx*2、*bnip*3*l*2、*syvn*1、*birc*5*b*、*tnfsf*10*l*3、*tph*1、*gsc*。

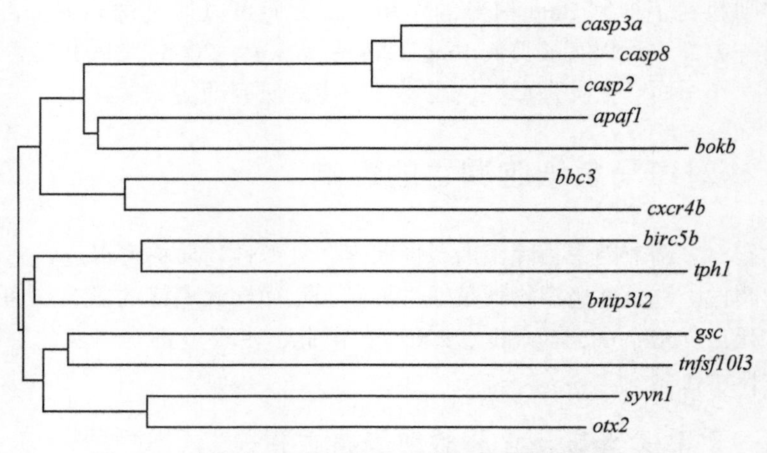

图 8-16　斑马鱼 14 种细胞凋亡功能基因调控蛋白进化树

尽管凋亡过程的信号途径及反应途径多种多样，但目前研究发现，凋亡过程的执行都是通过 Caspase 蛋白质家族来完成的（Wolf and Green，1999）。Caspase-2 可以诱导细胞色素 c 从线粒体中释放出来，从而开启线粒体调控凋亡的路径（Robertson，2002），也可以通过 Bid 和 Bax 活性来调控细胞凋亡，且有浓度依赖性（Ho et al.，2008）。在 DNA 损伤、特定基因调控以及病毒等因素诱导细胞凋亡过程中，Caspase-2 也起到了关键的起始作用（Zhivotovsky and Orrenius，2005）。因此，本研究重点研究功能基因 *casp*2（*caspase- 2*）。

8.4.3.2 斑马鱼 Caspase-2 氨基酸序列保守性分析

目前 GenBank 数据库中共收录了 6 种脊椎动物 Caspase-2 氨基酸序列，即斑马鱼、中国原鸡、小鼠、褐家鼠、黑猩猩和人。斑马鱼与其他 5 种脊椎动物的 Caspase-2 氨基酸序列保守性的比较结果见表 8-6。分析结果显示，斑马鱼 Caspase-2 氨基酸序列与其他 5 种脊椎动物相比，同源性为 46.4% ~49.5%，其中与人的一致性为 46.9%。

表 8-6 斑马鱼与其他 5 种脊椎动物的 Caspase-2 氨基酸序列保守性的比对结果 （单位:%）

物种	CARD 结构域同源性	ICE_P20 同源性	Pept_C14_p10 同源性	总同源性
中国原鸡（Gallus gallus）	40.6	57.0	65.9	49.5
小鼠（Mus musculus）	42.8	59.3	61.7	47.3
褐家鼠（Rattus norvegicus）	42.8	57.8	61.7	46.9
黑猩猩（Pan troglodytes）	41.7	57.8	62.7	48.1
人（Homo sapiens）	41.7	57.8	62.7	46.4

在 GenBank 和 Ensembl 数据库之间比对分析得到 *caspase- 2* 基因（编码 435 个氨基酸：aa）存在 3 个结构域，即 CARD 结构域（aa7 ~97）、ICE_P20 结构域（aa165 ~292）以及 Pept_C14_p10 结构域（aa336 ~429）。6 种脊椎动物在这些功能区的氨基酸序列保守性较高。其中与人类（*Homo sapiens*）在 3 个结构域的一致性分别为 41.7%、57.8% 和 62.7%。

8.4.3.3 脊椎动物 Caspase-2 蛋白进化树分析

应用 Mega 进化树分析软件并选择邻位相连法，构建 6 种脊椎动物 Caspase-2 蛋白进化树。直观描述并分析不同物种调控表达的 Caspase-2 氨基酸蛋白之间的进化关系。从图 8-17 可以看到，与人类进化同源性从高到低依次为黑猩猩、小鼠、褐家鼠、中国原鸡和斑马鱼，且 Caspase-2 在系统进化上是高度保守的。

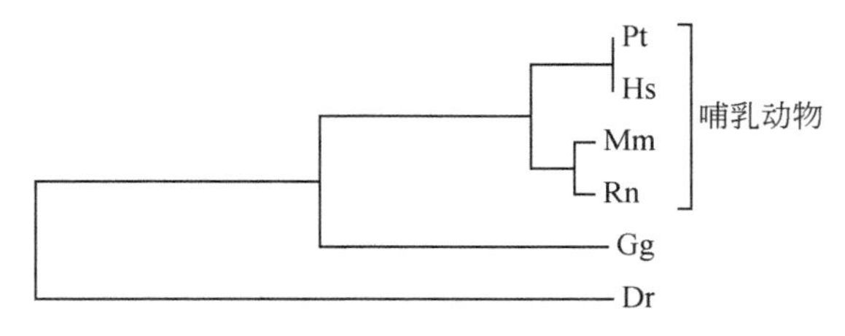

图 8-17 脊椎动物 Caspase-2 蛋白系统进化树

Pt，黑猩猩；Hs，人；Mm，小鼠；Rn，褐家鼠；Gg，中国原鸡；Dr，斑马鱼

基于对 PCP 暴露染毒的斑马鱼胚胎的基因芯片检测结果，本研究筛选出斑马鱼 14 个涉及细胞凋亡行为的功能基因表达量发生了显著改变，从中挑选出的 *caspase- 2*基因是斑马鱼细胞凋亡基因通路上一个关键基因，并与其他可疑异常表达基因密切相关。6 种脊椎动

物 Caspase-2 氨基酸序列的保守性及系统进化分析结果表明，在特定功能区结构域中氨基酸序列表现出较高的同源性，Caspase-2 在进化上高度保守。因此，斑马鱼 *caspase- 2* 基因是研究细胞凋亡行为的理想分子模型，可为环境化合物的分子毒性评价及其机制研究提供一种分子标记。

8.5 五氯酚对斑马鱼发育毒性研究

8.5.1 发育毒性

某些化学物质能够干扰核酸翻译和表达功能，因而影响个体生长发育过程，称为发育毒性。其具体表现可分为：①致畸作用；②生长迟缓；③功能不全或异常；④胚胎或胎仔等子代致死作用。在一般情况下，引起胚胎或胎仔死亡的剂量较致畸作用的剂量高，而造成发育迟缓的剂量往往低于胚胎毒性作用剂量，但高于致畸作用的剂量。

以上发育毒性的 4 种具体表现并非一定同时出现，有时只出现其中的一种或一部分。不同发育阶段的生物体往往呈现出不同的敏感性，而且其与外源化学物质的接触浓度和产生的效应之间的剂量-效应关系也比较复杂，这是因为：①机体在器官形成期间，与具有发育毒性的化合物接触，可以出现畸形，但也可引起胚胎致死，而畸胎数将由于胚胎死亡的增加而无法表现出来；不同的发育毒性效应之间相互影响，难以区分，无法确定准确的剂量-效应关系。②某种致畸物可以引起一定的畸形，但在同一条件下，给予更高的剂量，并不出现同一类型畸形，较严重的畸形能够掩盖较轻的畸形。例如，一种致畸物在低剂量时可以诱发多趾，中等剂量时则诱发肢长骨缩短，高剂量时可造成缺肢或无肢。③同一致畸物在不同物种间或同一物种的不同品系动物，甚至是同一物种统一品系的不同年龄的个体之间的代谢过程均存在一定差异。例如，反应停（沙利度胺，属于镇静剂）对人类以及其他灵长类动物具有强烈致畸作用，但对小鼠和家兔即使接触较大剂量，其致畸作用仍极为轻微。④受试生物体实际接触的剂量与实验设定剂量之间的关系也会影响对剂量-效应关系的判断。

8.5.2 以斑马鱼为模式动物的发育毒性检测方法

斑马鱼（zebrafish，*Danio rerio*），具有产卵量大、易收集、繁殖周期快、发育同步、饲养简单等优点，如今已经成为各国标准化组织制订的标准实验动物，常用于毒理学研究的急、慢性毒性实验；由于其胚胎透明的优点更有利于观察胚胎不同阶段的形态变化，较适于研究胚胎发育毒性。

采用斑马鱼的胚胎进行发育毒性的研究方法，主要以形态显微技术为主。该技术的实施具有以下几个主要途径：其一是充分利用斑马鱼胚胎体外发育、容易观察的特点，直接采用显微镜进行观察（图 8-18）；其二是通过染色剂将斑马鱼的胚胎或幼鱼进行染色，然后再进行一定时间、一定浓度的暴露，之后通过荧光显微镜来对其荧光进行观察（图 8-19）；其三是通过转基因的斑马鱼，如带有绿色荧光蛋白（green fluorescent protein，GFP）

表达所需要的基因的斑马鱼，通过荧光显微镜进行观察（图 8-20）。

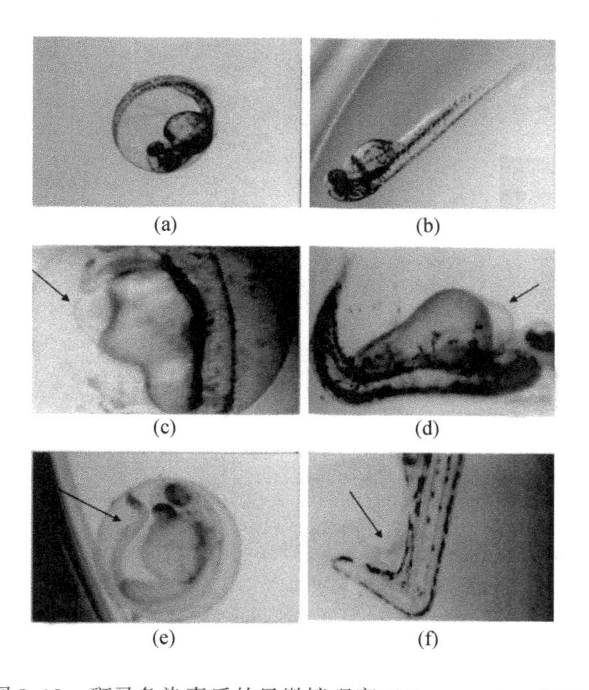

图 8-18　斑马鱼染毒后的显微镜观察（Duan et al.，2008）

（a）、（c）、（e）为经过不同染毒处理的斑马鱼胚胎；（b）、（d）、（f）为经过不同染毒处理的孵化后的斑马鱼幼鱼

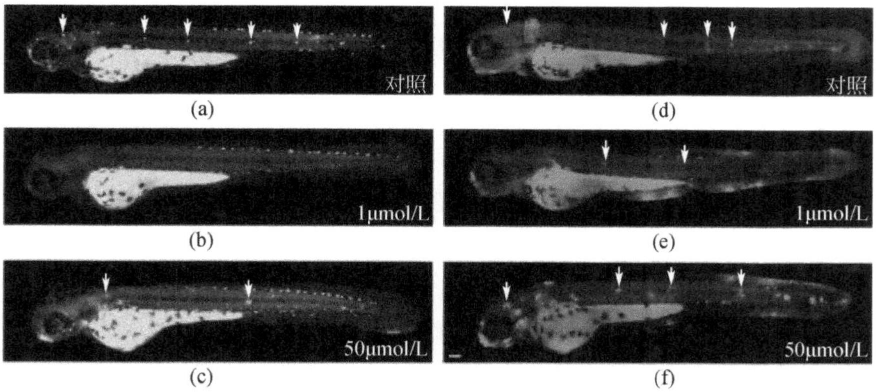

对照 (a) 对照 (d)
1μmol/L (b) 1μmol/L (e)
50μmol/L (c) 50μmol/L (f)

图 8-19　铜离子处理后斑马鱼神经丘活力的减弱和细胞死亡（Hernández et al.，2006）

（a）~（c）为经过不同染毒处理的采用 DiAsp 标记的幼鱼；

（d）~（f）为经过不同染毒处理吖啶橙（AO）标记的幼鱼

基于斑马鱼作为模式动物自身的优势，采用形态显微技术进行发育毒性的检测，能够简便、直观地判定发育毒性产生的效应，并且能够初步判断产生毒性效应的机制，从而得到广泛的应用。

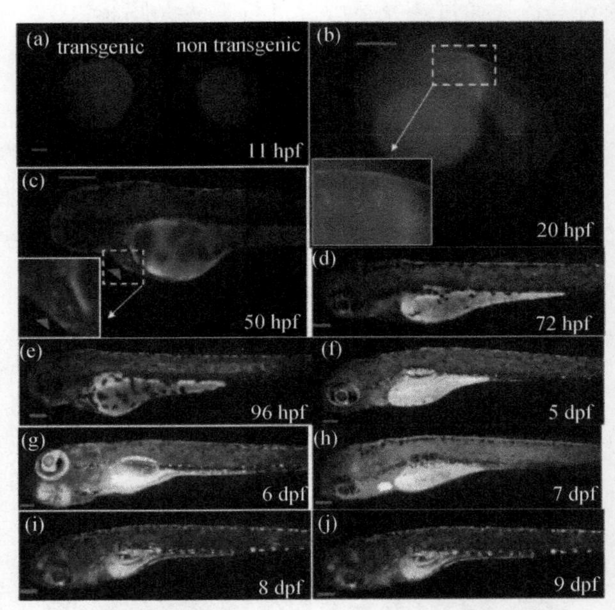

图 8-20　hsp27-gfp 胚胎中的绿色荧光蛋白（GFP）的表达（Wu et al.，2008）

（a）右边为非转基因胚胎，左边为转基因胚胎的 GFP 的表达（11hpf）；（b）为背索（箭头所示）部位中的 GFP 表达（20hpf）；（c）为心脏（箭头所示）部位的 GFP 表达（50hpf）；（d）~（j）为出生后 3 ~ 9 天各个阶段中的 GFP 表达

此外，还有关于发育毒性的标志基因技术。基因芯片（cDNA microarray）技术与全胚原位杂交（whole-mount *in situ* hybridisation，WISH）技术配合使用，并辅以生物信息学工具，可以实现标志基因大规模筛选与逐个验证的结合（Hochmann et al.，2007），同时具备效率与准确率，是发育毒性标志基因较为理想的技术组合。

8.5.3　PCP 对斑马鱼发育毒性研究

8.5.3.1　PCP 对斑马鱼胚胎早期发育的形态学观察

对不同处理组斑马鱼胚胎不同发育时期的形态学变化跟踪观察和比较分析，图 8-21 显示了 50μg/L PCP 处理的斑马鱼胚胎的发育状态。通过对发育异常、脊柱弯曲、畸形率等形态学观察指标对比发现，低浓度 PCP 处理组相对于 DMSO 对照组和空白对照组的胚胎发育形态均有明显异常表征，能够引起斑马鱼胚胎发育延迟，甚至大批死亡。结果表明 50μg/L PCP 暴露 5h 内就能够诱导新鲜斑马鱼胚胎表现出发育延迟和胚胎异常死亡，并且在暴露 8 ~ 16h 后停止发育。

8.5.3.2　斑马鱼运动行为学分析

从 BIGBROTHER 活动记录分析系统可以获得 24h 内斑马鱼每分钟运动路程。根据运动路程的记录数据，计算斑马鱼在稳定状态的 24h 内总路程（单位比值），列于表 8-7。经

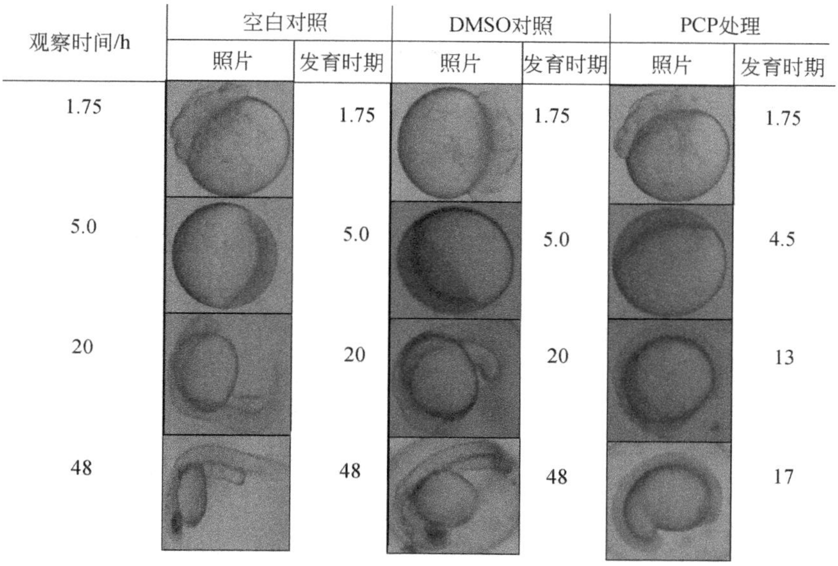

观察时间/h	空白对照		DMSO对照		PCP处理	
	照片	发育时期	照片	发育时期	照片	发育时期
1.75		1.75		1.75		1.75
5.0		5.0		5.0		4.5
20		20		20		13
48		48		48		17

图 8-21　PCP 处理斑马鱼胚胎发育观察

SPSS 相关性分析，50μg/L PCP 处理组相对于 DMSO 和空白对照组的斑马鱼的运动路程显著减少（$P<0.05$），即 PCP 暴露损害斑马鱼的运动能力，这可能与 PCP 诱导斑马鱼的某些调控运动机能的功能基因损伤，或直接导致运动神经细胞异常凋亡等遗传毒性和细胞毒性有关。

表 8-7　斑马鱼 24h 内运动的路程值

斑马鱼编号	1	2	3	4	均值
对照组	2.90×10^4	3.38×10^4	5.95×10^4	4.13×10^4	$4.09\times10^4\pm1.34\times10^4$
PCP 处理组	7.78×10^3	1.68×10^4	2.69×10^4	1.71×10^4	$1.71\times10^4\pm7.80\times10^3$

研究结果表明，在低剂量的 PCP 暴露条件下，斑马鱼胚胎早期发育过程形态学观察的比较分析结果表明，50μg/L PCP 暴露染毒会导致斑马鱼胚胎发育迟缓，PCP 处理组的斑马鱼胚胎在发育 8～16h 后停滞；在对斑马鱼运动行为学的观察中，PCP 处理组斑马鱼的运动路程显著低于对照组和空白组，说明 PCP 导致斑马鱼运动能力下降，PCP 对水生动物斑马鱼具有发育毒性效应。

本研究在胚胎早期发育过程中以胚胎发育跟踪观察分析为基础，引入动物运动行为学敏感指标，敏感、准确地指示了 PCP 诱导斑马鱼早期发育障碍，个体运动行为异常。这种将动物形态学和行为学结合来分析毒物的毒性特征的方法，为斑马鱼发育毒性研究构建了多层次、多指标的毒性检测方法，并为水环境中外来化合物的发育毒性研究以及危险评价提供了相关理论基础。

8.6 展望

过去的十余年，遗传毒理学的研究跨入了分子时代，研究重点已从短期、表观的效应，进展到更多机制方面的探索，这主要归功于分子生物学领域的巨大进步。然而，在面对遗传毒性（尤其是致癌性）物质的筛选以及这些物质在环境水平下的真实毒性（低剂量效应）等关键问题时，学者们总有些力不从心。随着对遗传毒性的日益关注，当前无论是研究还是规章管理都显得有些滞后；而且各大权威管理机构的相关规章也较为罕见。因此加快污染物遗传与发育毒性的研究不仅可以完善毒理学基本理论和方法，而且更具有重大的现实意义。

传统遗传毒理学的研究偏重污染物对遗传物质的影响，工作往往停留于对 DNA 突变位点、损伤位点的识别和观察。出于对致癌效应的关注，DNA 突变研究一直是遗传毒理学中热度极高的核心领域，科学家将突变检测作为致癌物筛选的首选依据。然而基因表达系统极端复杂，单纯在突变和癌症发生之间难以建立预期的关联。因此有迹象表明，基因表达的调控正逐渐成为新一轮的研究中心。

自 1993 年 Lee 等（1993）在秀丽线虫中发现了第一种 siRNA——lin-4 以来，已有越来越多的 siRNA 和 miRNA 被筛选、分离和鉴定。这些小分子 RNA 自身不能编码蛋白质，却可进行 mRNA 切割或翻译抑制，干扰 DNA 的有效表达，从而引发基因沉默。基因沉默途径的发现，是继 DNA 修复和细胞凋亡之后，人们再一次对生物体的防御策略有了新的认识。这也使人们相信，对遗传毒性的解读势必将从研究 DNA 突变本身延展至类型多样的调控环节。这些环节包括转录、后转录、翻译、后翻译等过程，其中任一调节因素的作用都可能导致污染物遗传毒性表观效应的改变。虽然对基因组调控的研究热度日益升高，但其中大多数研究尚不足以获得有价值的定论。最近加利福尼亚州大学伯克利分校的科学家们指出，较大的基因组由于功能元件较为分散，反而适宜进行基因调控的研究（Peterson et al.，2009）。这一结果与学者们以小基因组作为研究对象的常规观念不符，可能影响基因调控研究的整体走向。

对基因调控过程的关注也加强了遗传毒理学与毒理学其他分支的交叉和渗透。近年来学术界普遍认为，众多污染物均存在由某些受体介导的致毒机制——即便污染物本身并不具备遗传毒性，它们在生物体内的毒性效应却与 DNA 表达及其调控密切相关。例如，多环芳烃类污染物与芳烃受体（AR）结合、内分泌干扰物与雌激素受体（ER）结合，之后启动相关基因的表达，进而分别产生肝毒性和内分泌毒性，当前对这些污染物致毒的分子机制、定量结构-活性相关等研究正是基于以上认识。但近期的研究发现，仅了解受体-配体的结合还不够，在受体介导的相关过程中同样可能存在多种调控因素的影响。

新型检测技术的出现使基因水平乃至全基因组水平的毒理学研究成为可能，尤其是高通量的分析仪器，在对基因组的大规模筛选中具有独到的优势。因此，基因芯片技术开始成为筛选和分析 DNA 突变的首选。早先该项技术的制约因素主要在于其高昂的费用、DNA 芯片制作的可靠性，以及人们对分析结果准确度的质疑。但随着技术日趋成熟，以上三个问题均得到了较好的解决。成本上的降低使越来越多的实验室可以组建自己的芯片平台，Affymetrix、Agilent 等芯片公司推出的商品化芯片销售和定制服务节约了实验室的人力物力，也极大地提高了基因芯片的质量。同时，美国 FDA 已开始着手制订基因芯片相关的标准方法，这意味着基因芯片技术进入临床领域似也已指日可待。

另外，定量的需求促进了原有分子生物检测方法的变革。其中，DHPLC 技术是现代分子生物技术和仪器分析技术结合的典型代表。DHPLC 的实质为离子对反相高效液相色谱，根据未解链和部分解链的双链 DNA 在部分失活条件下保留性质的不同来提供核酸一级结构的信息，是一种快速、高效和准确的方法。起初 DHPLC 的应用仅局限于医学领域，后逐步推广用于突变的筛选和突变率检测，本课题组曾利用 DHPLC 进行 PCP 诱导斑马鱼 *p53* 基因组点突变的研究（Yin et al.，2006）。然而 DHPLC 继承了色谱技术的优势，具有远胜于其他类型技术的定量能力和优秀的分离纯化能力，相信这些优势将在今后的学科发展中得到体现。

检测分析水平的提高也为人类致癌物的筛选带来新的便利。直至目前，在所有的致癌性检测方法中，动物测试的结果仍最为可信；但动物测试周期长、成本高，还有潜在的伦理风险，已无法完全满足研究者、决策部门和公众的要求，即将被毒理学替代方法（TA）逐步取代。尽管大规模的层级筛选策略在一定程度上缓解了识别致癌剂的困难，环境和工业污染物致癌风险识别的任务仍十分艰巨。因此人们寄望于生物标志物的应用能有助于致突变剂和致癌剂的早期诊断，进一步改进筛选能力。遗憾的是近年来生物标志物的研究进展缓慢，这可能与致癌效应机制过于复杂和对生物标志物的了解缺乏深入有关。可以预见，致癌剂及其机制的研究在相当长的一段时间内将依然是遗传毒理学乃至整个毒理学界关注的核心内容。

参考文献

曹莹 . 2005. Fgf17b 及其负反馈因子 Mkp3 在斑马鱼胚胎早期发育中的作用 . 清华大学博士学位论文 .

陈军 . 2002. P53 蛋白研究新进展 . 国外医学卫生学分册，29（2）：104-109.

陈松林，Hong Y H，Manfred S. 2002. 青鳉 *p 53* 基因克隆、结构分析及同源重组载体构建 . 动物学报，48（4）：519-526.

萨姆布鲁克 J，拉塞尔 D W. 2002. 分子克隆实验指南（第三版）. 黄培堂等译 . 北京：科学出版社：390.

尚世强，洪文澜，余钟声 . 1996. 用聚合酶链反应检测流产和死胎组织的细胞病毒及弓形虫 . 浙江医科大学学报，25（3）：100-103.

张治位，谢方莉，衡正昌 . 2001. 建立非放射性连接介导 PCR 技术检测 *p 53* 基因链断裂 . 卫生毒理学杂志，15（3）：184-186.

Ali M N，Ahmad W. 1998. Effect of pentachlorophenol on chromosomes of a catfish，*Heteropneustes fossilis*. Indian J Exp Biol，36（3）：304-307.

Amanuma K，Takeda H，Amanuma H，et al. 2000. Transgenic zebrafish for detecting mutations caused by compounds in aquatic environments. Nature Biotech，18：62-65.

Amold N，Gross E，Schwarz- Boeger U. 1999. A highly sensitive，fast and economical technique for mutation analysis in hereditary breast and ovarian cancers. Hum Mutat，14：333-339.

Babich H，Borenfreund E. 1987. *In vitro* cytotoxicity of organic pollutants to bluegil sunfish（BF-2）cells. Environ Res，42（1）：229-237.

Bailey G S，Williams D E，Hendricks J D. 1996. Fish models for environmental carcinogenesis：the rainbow trout. Environ Health Perspect, 104: 5-21.

Beard A P, Bartlewski P M, Rawlings N C. 1999. Endocrine and reproductive function in ewes exposed to the organochlorine pesticides lindane or pentachlorophenol. J Toxicol Environ Health Part A, 56(1): 23-46.

Blakley B R, Yole M J, Brousseau P. 1998. Effect of pentachlorophenol on immune function. Toxicology, 125: 141-148.

Borzelleca J, Condie L, Hayes J. 1984. Toxicological Evaluation of Selected Chlorinated Phenols. U. S. EPA., Washington, D. C.: 1-19.

Bravo R, Caltabiano L M, Fernandez C. 2005. Quantification of phenolic metabolites of environmental chemicals in human urine using gas chromatography-tandem mass spectrometry and isotope dilution quantification. J Chromatogr B Analyt Technol Biomed Life Sci, 820 (2): 229-36.

Callard G V, Tchoudakova A V, Kishida M. 2001. Differential tissue distribution, developmental programming, estrogen regulation and promoter characteristics of *cyp 19* genes in teleost fish. J Steroid Biochem Mol Biol, 79: 305-314.

Colossio C, Maroni M, Barcellini W. 1993. Toxicological and immune findings in workers exposed to pentachlorophenol (PCP). Arch Environ Health, 48: 81-87.

de Vries A. 2002. Targeted point mutations of p53 lead to dominant negative inhibition of wild-type p53 function. Proc Natl Acad Sci, 99: 2948-2953.

Deichmann W, Machle W, Kitzmiller K. 1942. Acute and chronic effects of pentachlorophenol and sodium pentachlorophenate upon experimental animals. Pharmacol Exp Ther, 76: 104-117.

Demidenko N M. 1969. Materials for substantiation of maximally permissible concentration of pentachlorophenol in the atmosphere. Gig Trudi Prof Zabol, 13: 58-60.

Derelanko M J. 2001. Handbook of Toxicology. 2nd. Boca Raton, FL, USA: CRC Press.

Dhawan A, Bajpayee M, Parmer D. 2009. Comet assay: a reliable tool for the assessment of DNA damage in different models. Cell Biol Toxicol, 25: 5-23.

Dimich W H, Hertazman C, Teschke K. 1996. Reproductive effects of the males exposed to chlorophenate wood preservatives in saw mill industry. Sc J Work E, 22: 267-273.

Duan Z H, Zhu L, Zhu L Y, et al. 2008. Individual and joint toxic effects of pentachlorophenol and bisphenol A on the development of zebrafish (*Danio rerio*) embryo. Ecotoxicol Environ Safe, 71: 774-780.

Ehrich W. 1990. The effect of pentachlorophenol and its metabolite tetrachlorop/hydroquinone on cell growth and the induction of DNA damage in Chinese hamster ovary cells. Mutat Res, 244: 299-302.

EPA. 1980. Ambient Water Quality Criteria for Pentachlorophenol. US Environmental Protection Agency, Office of Water Regulations and Standards, Washington, DC.

EPA. 1997. Public Health Goal for Pentachlorophenol in Drinking Water. Pesticide and Environmental Toxicology Section Office of Environmental Health Hazard Assessment California, EPA.

Erlanson D A, Verdine G L. 1994. Falling out of the fold: tumorigenic mutations and *p 53*. Chem Biol, (1): 79-84.

Farah M A, Ateeq B, Ali M N. 2003. Evaluation of genotoxicity of PCP and 2,4-D by micronucleus test in freshwater fish *Channa punctatus*. Ecotoxicol Environ Safe, (54): 25-29.

Foster S C, Burks S L, Fort D J, et al. 1994. Development and evaluation of a nondestructive measure of fish growth for sublethal toxicity assessment. Bull Environ Contam Toxicol, 53 (1): 85-90.

Galve R, Sanchez-Baeza F, Camps F. 2002. Indirect competitive immunoassay for trichlorophenol determination: Rational evaluation of the competitor heterology effect. Anal Chim Acta, 452: 191-206.

Gao J, Liu L, Liu X. 2008. Levels and spatial distribution of chlorophenols: 2,4-dichlorophenol, 2,4,6-trichlorophenol, and pentachlorophenol in surface water of China. Chemosphere, 71 (6): 1181-1187.

Gedik C M, Ewen S W B, Collins A R. 1992. Single-cell gel electrophoresis applied to the analysis of UV-C damage and its repair in human cells. Int J Radiat Biol, 62 (3): 313-320.

Geelen J L, Waling C, Wertheim P. 1978. Human cytomegalovirus DNA: I. Molecular weight and infectivity. Virol, 26(3): 813.

Gerhard I, Frick A, Monga B, et al. 1999. Pentachlorophenol exposure in women with gynecological and endocrine dysfunction. Environ Res, 80: 383-388.

Goldstein J, Friesen M, Linder R. 1977. Effects of pentachlorophenol on hepatic drug-metabolizing enzymes and porphyrin related to contamination with chlorinated dibenzo-p-dioxins and dibenzofurans. Biochem Pharmacol, 26: 1549-1557.

Hartman A, Blaszyk H, Mcgovem R M. 1995. Outside of exons 5-8, the patens differ in breast and cancer. Oncogene, 10 (6): 681-682.

Hernάndez P P, Moreno V, Olivari F A, et al. 2006. Sub-lethal concentrations of waterborne copper are toxic to lateral line neuromasts in zebrafish (*Danio rerio*). Hearing Res, 213: 1-10.

Ho L H, Read S H, Dorstyn L. 2008. Caspase-2 is required for cell death induced by cytoskeletal disruption. Oncogene, 27: 3393-3404.

Hochmann S, Aghaallaei N, Bajoghli B, et al. 2007. Expression of marker genes during early ear development in medaka. Gene Expression Patterns, 7(3): 355-362.

Hollstein M D, Sidransky B. 1991. *p 53* mutations in human cancers. Science, 253: 49-53.

Hughes B, Forsell J, Sleight S. 1985. Assessment of pentachlorophenol toxicity in newborn calves. Anim Sci, 61: 1587-1603.

IARC. 1991. IARC monographs on the evaluation of the carcinogenic risk of chemicals to humans: Pentachlorophenol. International Agency for Research on Cancer, 53: 371-402.

Jones A C, Sampson J R, Cheadle J P. 2001. Low level mosaicism detectable by DHPLC but not by direct sequencing. Hum Mutat, 17: 233-234.

Kaioumova D, Susal C, Opelz G. 2001. Induction of apoptosis in human lymphocytes by the herbicide 2,4-dichlorophenoxyacetic acid. Human Immunology, 62: 64-74.

Karmous W, Wolf N. 1995. Reduced birth weight and length in the offspring of females exposed to PCDFs, PCP and lindane. Environ Health Perspect, 103: 1120-1125.

Kazianis S, Gan L, Coletta L D. 1998. Cloning and comparative sequence analysis of TP53 in Xiphophorus fish hybrid melanoma models. Gene, 212: 31-38.

Kimie S, Takashi U, Toyozoh K, et al. 1998. 8-Hydroxydeoxyguanosine (8-OHdG) as a Bioarker of Carcinogenic and Anti-carcinogenic Potency: Significance of Oxidative DNA Damage in Pentachlorophenol-induced Mouse Hepatic Tumorigenesis and Inhibitory Effects of Antioxidants. Edifed by: Reiss claude, 1st Adv Mol Toxicol (Pap Eur Workshop Mol Toxicol): 409-420.

Krause M K, Rhodes L D, Van Beneden R J. 1997. Cloning of the p53 tumor suppressor gene from the Japanese medaka (*Oryzias latipes*) and evaluation of mutational hotspots in MNNG-exposed fish. Gene, 189: 101-106.

Kuklin A, Munson K, Gjerde D. 1997. Detection of single nucleotide polymorphisms with the WAVE DNA fragment analysis system. Genet Testing, 98(1): 201-206.

Lamb P, Crawford L. 1986. Characterization of the human *p53* gene. Mol Cell Biol, 6 (5): 1379-1385.

Lee R C, Feinbaum R L, Ambros V. 1993. The C. elegans heterochronic gene lin-4 encodes small RNAs with antisense complimentarity to lin-14. Cell, 75: 843-854.

Levine A J. 1997. p53, the cellular gatekeeper for growth and division. Cell, 88: 323-331.

Lin P H, La K L, Upton P B. 2002. Analysis of DNA adducts in rats exposed to pentachlorophenol. Carcinogenesis, 23: 365-369.

Ling L L, Keohavong P, Dias C. 1991. Optimization of the polymerase chain reaction with regard to fidelity: Modified T7, Taq, and vent DNA polymerases. Genome Res, 1: 63-69.

Marchuk D, Drumm M, Saulino A. 1991. Construction of T-vectors, a rapid and general system for direct cloning of unmodified PCR products. Nucleic Acids Res, 19: 1154.

Maroon H, Walshe J, Mahmood R, et al. 2002. *Fgf 3* and *Fgf 8* are required together for formation of the otic placode and vesicle. Development, 129: 2009-2108.

Marshall C B, Pippin J W, Krofft R D, et al. 2006. Puromycin aminonucleoside induces oxidant- dependent DNA damage in podocytes in vitro and *in vivo*. Kidney Int, 70 (11): 1962-1973.

McConnell E E, Huff J E, Hejtmanik M. 1991. Toxicology and carcinogenesis studies of two grades of pentachlorophenol in *B 6C 3F 1* mice. Fundam Appl Toxicol, (17): 519-532.

McKim J M, Schmieder P K, Carlson R W. 1987. Use of respiratory- cardiovascular responses of rainbow trout (*Salmo gairdneri*) in identifying acute toxicity syndromes in fish: part 1. Pentachlorophenol, 2,4-dinitrophenol, tricaine methanesulfonate and 1-octanol. Environmental Toxicology and Chemistry, (6): 295-312.

Pavlica M, Klobucar G, Mojas N. 2001. Detection of DNA damage in haemocytes of zebra mussel using comet assay. Mutat Res, (490): 209-214.

Pavlica M, Klobucar G, Vetma N. 2000. Detection of micronuclei in haemocytes of zebra mussel and great ramshorn snail exposed to pentachlorophenol. Mutat Res, 465: 145-150.

Peterson B K, Hare E E, Iyer V N, et al. 2009. Big Genomes Facilitate the Comparative Identification of Regulatory Elements. PLoS ONE, 4 (3): doi: 10. 1371/journal. pone. 0004688.

Polati S, Angioi S, Gianotti V. 2006. Sorption of pesticides on kaolinite and montmorillonite as a function of hydrophilicity. J Environ Sci Health Part B, 41: 333-344.

Proudfoot A T. 2003. Pentachlorophenol poisoning. Toxicol Rev, 22: 3-11.

Ribeiro A, Neves M H, Almeida M F. 2002. Direct determination of chlorophenols in landfill leachates by solid-phase micro-extraction gas chromatographymass spectrometry. J Chromatogra A, 975 (2): 267-274.

Robertson J D, Enoksson M, Suomela M. 2002. Caspase-2 acts upstream of mitochondria to promote cytochrome c release during etoposide-induced apoptosis. J Biol Chem, 277: 29803-29809.

Schwetz B, Quest J, Keeler P. 1978. Results of Two-year Toxicity and Reproduction Studies on Pentachlorophenol in Rats. *In*: K R Rao. 1978. Pentachlorophenol Chemistry, Pharmacology and Environmental Toxicology. New York and London: Plenum Press: 301-309.

Seiler J P. 1991. Pentachlorophenol. Mut Res, 257: 27-47.

Shaul P W. 1999. Rapid activation of endothelial nitric oxide synthase by estrogen. Steroids, 64: 28-34.

Shaul Y D, Seger R. 2007. The MEK/ERK cascade: From signaling specificity to diverse functions. Biochimica et Biophysica Acta - Molecular Cell Research, (1773): 1213-1226.

Soussi T, Caron F C, May P. 1990. Structural aspects of the p53 protein in relation to gene evolution. Oncogene, 5: 945-952.

Soussi T, Caron F C, Méchali M, et al. 1987. Cloning and characterization of a cDNA from *Xenopus laevis* coding for a protein homologous to human and murine p53. Oncogene, 1 (1): 71-78.

Splading J W, French J E, Stasiewicz S. 2000. Responses of transgenic mouse lines p53+/- and Tg AC to agents tested in conventional carcinogenicity bioassays. Toxicol Sci, 53: 213-223.

Tisch M, Faulde M K, Maier H. 2005. Genotoxic effects of pentachlorophenol, lindane, transfluthrin, cyfluthrin, and natural pyrethrum on human mucosal cells of the inferior and middle nasal conchae. American J of Rhinology, 19: 141-151.

Waters M D, Sandhu S S, Simmon V F. 1982. Study of pesticide genotoxicity. Basic Life Sci, 21: 275-326.

Weinbach E C, Garbus J. 1965. The interaction of uncoupling phenols with mitochodria and mitochondrial proteins. J Biol Chem, 240: 1811-1819.

Wolf B B, Green D R. 1999. Suicidal tendencies: Apoptotic cell death by caspase family proteinases. J Biol Chem, 274: 20049-20052.

Wu S X, Jun T. 1989. Epidemiologic study of neonatal subcutaneous gangrene caused by multi-resistant *Staphylococcus aureus*. Acta Paediatr Scand, 78 (2): 222-227.

Wu Y L, Pan X F, Mudumana S P, et al. 2008. Development of a heat shock inducible *gfp* transgenic zebrafish line by using the zebrafish *hsp27* promoter. Gene, 408: 85-94.

Yin D Q, Gu Y, Li Y, et al. 2006. Pentachlorophenol treatment *in vivo* elevates point mutation rates in zebrafish *p53* gene. Mutation Research, 609: 92-101.

Zhivotovsky B, Orrenius S. 2005. Caspase-2 function in response to DNA damage. Biochem Biophys Res Commun, (331): 859-867.

Zipeto D, Revello M G, Silini E. 1992. Development and clinical significance of a diagnostic assay based on the polymerase chain reaction for detection of human cytomegalovirus DNA in blood samples from immunocompromised patients. Clin Microbiol, 30 (2): 527-530.

9 污染物对生物体的内分泌干扰效应及其机制研究

9.1 环境内分泌干扰物

近年来，环境内分泌干扰物（endocrine disrupting chemicals or environmental endocrine disrupting chemicals，EDCs）越来越引起各国环境科学界以至政府的极大重视。EDCs 是指能通过改变生物内分泌系统的功能，从而对生物及其后代产生不良健康影响的外来化学物质。由于关系到人类和野生动物种群的繁衍问题，最初最受关注的是环境雌激素和雄激素。近年来，随着溴化阻燃剂等新发现污染物的出现，环境甲状腺激素也开始受到极大重视；同时，随着全世界肥胖人口的逐步增多，根据新的生命科学理论和毒理学实验结果，最近又提出“环境肥胖激素”这一概念。本章首先概述了 EDCs 的概念、类别和检测方法等，然后结合作者的研究工作，详细介绍了氯代芳烃对鲫鱼血清性激素水平及肝脏代谢关键酶的影响，典型环境雄激素三丁基锡对腹足类的干扰效应及其作用机制，以及污染物对鱼类和两栖类的甲状腺激素干扰效应及其作用机制。在上述内容中，主要运用了生化（激素水平和酶活性）、个体（两栖类变态实验）和种群（腹足类性畸变）水平等方法检测环境内分泌干扰效应。此外，还可以运用细胞模型进行 EDCs 的筛选，并重点介绍了运用鲫鱼淋巴细胞增殖实验和小鼠前脂肪细胞（3T3-L1）的部分实验工作和方法。EDCs 的研究是当前环境科学中的热点和难点问题，人们还在陆续发现新的环境内分泌干扰物和新的效应，本章最后对今后 EDCs 的研究方向进行了展望。

9.1.1 环境内分泌干扰物简介

环境内分泌干扰物是指可通过干扰生物或人体内保持自身平衡和调节发育过程的天然激素的合成、分泌、运输、结合、反应和代谢等，从而对生物或人体的生殖、神经和免疫系统等的功能产生影响的外源性化学物质。它们主要是通过人类的生产和生活活动排放到环境中的有机污染物。

越来越多的证据表明，人类、家畜和野生物种暴露于环境内分泌干扰物后，将遭受不利的健康影响。例如，DDTs 及其代谢物、PCBs 和二噁英，或天然产生的植物雌激素对家畜或野生动物的危害；又如，过去 40 年来，人类精液数量的减少和质量的下降以及某些癌症（乳房、前列腺、睾丸）发病率的增加。这些危害都可能与内分泌干扰相关。环境内分泌干扰物质对野生动物和人体健康具有巨大的潜在危害，主要表现为：性激素分泌量及活性下降、精子数量减少、生殖器官异常、癌症发病率增加、隐睾症、尿道下裂、不育症、性别比例失调、女性青春期提前、胎儿及哺乳期婴儿疾患、免疫功能下降、智商降低等。因此，内分泌干扰物的污染已经威胁到野生动物和人类的健康生存及持续繁衍（Hutchinson et al.，2000）。目前已经发现多种环境污染物，如烷基酚、双酚 A、邻苯二甲酸酯、PCBs、多溴联苯、PAHs、双酚氯、二噁英和有机氯农药等，在不同程度上具有雌激素活性或抗激素活性。

鉴于环境内分泌干扰物的潜在危害巨大，对环境内分泌干扰物进行生态和健康风险评价已成为当务之急。环境内分泌干扰物的研究已经成为全球普遍关注的热点和焦点。例如，美国 EPA 已经将内分泌干扰物列为高度优先研究和控制的污染物，并于 1999 年开始实施内分泌干扰物筛选行动计划，组织筛选环境中具有雌激素活性或能阻断雌激素活性的化学物质（Kavlock et al.，1996）。英国环境署将内分泌干扰类物质的生产和排放加以控制，如禁止壬基酚聚氧乙烯醚类表面活性剂的使用等，并于 2000 年实施内分泌干扰物的研究行动计划。在国家和地方政府的资助下，我国对环境内分泌干扰物也开展了大量研究，如十五“863”项目、国家自然科学基金项目等。目前的研究主要集中于部分具有环境内分泌干扰活性的有机污染物的环境暴露水平的检测、在环境中迁移转化等的研究以及环境内分泌干扰物对生物体的生长、发育和繁殖等功能的效应等，还缺乏系统的生态风险评价和健康风险评价研究。

9.1.2 环境内分泌干扰物的种类和来源

环境内分泌干扰物主要包括天然激素、人工合成的激素化合物和具有内分泌活性或抗内分泌活性的化合物。自然界中天然激素很少，主要来自植物、真菌的合成和动植物体内的类固醇物质的排放。人工合成的激素化合物既包括与雌二醇结构相似的类固醇衍生物，如保胎素己烯雌酚（DES）、己烷雌酚等，也包括结构简单的同型物（即非甾体激素），主要来源于口服避孕药和家畜生长同化激素的生产和使用。具有内分泌活性或抗内分泌活性的化合物，主要是一些环境中广泛存在的污染物，如多氯联苯类、烷基酚类和双酚类等，来源于人类的生活和生产（表 9-1）。目前已发现约有 70 种(类)可疑的环境内分泌干扰物，可分为八大类（杜克久和王重刚，2000），如表 9-2 所示。

表 9-1 日本某城市污水处理厂出水 EDCs 浓度（1999～2001 年）（单位：μg/L）

	物质名	检测下限	定量下限	污水进水	污水出水
被怀疑有内分泌干扰作用的物质	壬基酚	0.1	0.3	6.7	0.4
	双酚 A	0.01	0.03	0.77	0.44
	2,4-二氯苯酚	0.02	0.06	0.07	n.d.
	邻苯二甲酸二乙酯	0.2	0.6	5.9	n.d.
	邻苯二甲酸二正丁酯	0.2	0.6	2.1	n.d.
	邻苯二甲酸二（2-乙基己酯）	0.2	0.6	17	0.8
	己二酸二（乙基己基）酯	0.01	0.03	0.43	0.01
	二苯酮	0.01	0.03	0.19	0.06

续表

物质名			检测下限	定量下限	污水进水	污水出水
有关物质	壬基酚聚氧乙烯醚	n=1-4	0.2	0.6	23	0.9
		n≥5	0.2	0.6	62	n.d.
	壬基酚聚氧乙烯酸	NP1EC	0.5	1.5	0.8	0.7
		NP2EC	0.5	1.5	44	3.1
		NP2E0	0.5	1.5	16	3.1
	雌二醇	(ELISA)	0.0002	0.0006	0.050	0.010
		(LC/MS/MS)	0.0005	0.0015	0.0081	n.d.
	雌酮	(LC/MS/MS)	0.0005	0.0015	0.043	0.0054

注：n.d. 表示未检出；n 表示聚氧乙烯醚的个数。NP1EC，壬基酚氧基乙酸；NP2EC，壬基酚氧基乙氧基乙酸；NP2E0，壬基酚氧基双氧乙烯醚；LC/MS/MS，高效液相色谱质谱分析方法；ELISA，酶联分析方法

表 9-2　国内外已检出的可疑环境内分泌干扰物

类型	可疑环境内分泌干扰物
除草剂	2,4,5-三氯联苯氧基乙酸、2,4-二氯联苯氧基乙酸、杀草强、莠去津、甲草胺、除草醚、草克净
杀虫剂	六六六、对硫磷、甲萘威（西维因）、氯丹、羟基氯丹、超九氯、滴滴滴（DDD）、滴滴涕（DDT）、滴滴伊（DDE）、三氯杀螨剂、狄氏剂、硫丹、七氯、环氧七氯、马拉硫磷、甲氧滴涕、毒杀芬、灭多威（万灵）
杀菌剂	六氯苯、代森锰锌、代森锰、代森联、代森锌、乙烯菌核利、福美锌、苯菌灵
防腐剂	五氯酚、三丁基锡、三苯基锡
塑料增塑剂	邻苯二甲酸双（2-乙基）己酯（DEHP）、邻苯二甲酸苄酯（BBP）、邻苯二甲酸二正丁酯（DBP）、邻苯二甲酸双环己酯（DCHP）、邻苯二甲酸双二乙酯（DEP）、己二酸双-2-乙基己酯、邻苯二甲酸二丙酯
洗涤剂	C5—C9 烷基苯酚、壬基苯酚、4-辛基苯酚
副产物	二噁英类（dioxin）、呋喃类（furan）、苯并（a）芘、八氯苯乙烯、对硝基甲苯、苯乙烯二（或三）聚体
其他化合物	双酚 A、多氯联苯类（PCB）、多溴联苯类（PBB）、甲基汞、隔及其络合物、铅及其络合物

根据环境内分泌/干扰物（EDCs）对内分泌腺体及其激素的影响，可简单分为模拟或干扰雌激素的环境化学物、干扰睾酮的环境化学物、干扰甲状腺素的化学物以及干扰其他内分泌功能的化学物等。其中，前两类可统称为性激素干扰物。此外，近年来还陆续发现了一些新类别的环境内分泌干扰物，如环境肥胖激素。

9.1.2.1　性激素干扰物

在 EDCs 的研究中，环境雌激素最早引起人们的关注，同时也是目前研究得最多的一类 EDCs。环境雌激素具有雌激素类似的作用，能够模拟或干扰天然激素的生理和生化作用，较典型的环境雌激素有 PCBs 和人工合成的雌激素己烯雌酚（DES）等。相对于环境雌激素，目前鉴定出的环境雄激素要少得多。其中烯菌酮被确认具有环境抗雄激素活性，

而用于船舶防污漆的三丁基锡（TBT）由于能引起腹足类的性畸变（imposex）而被认为是一种典型的环境类雄激素（Gibbs and Bryan，1986）。

9.1.2.2 甲状腺激素干扰物

目前，越来越多的研究表明环境中许多化学污染物可以影响生物体甲状腺激素（THs）的合成、分泌、运输、作用和代谢等过程，这类污染物被统称为甲状腺激素干扰物（TDC）（Brouwer et al.，1998；Colborn，2002；Boas et al.，2006）。由于甲状腺激素在增强基础代谢和调节生物体生长、发育等方面具有重要的作用（Ahmed et al.，2008；Koibuchi and Iwasaki，2006），因此，污染物导致的甲状腺激素干扰效应已引起人们的极大关注。

目前，TDCs 已被认为是继环境雌激素之后最重要的一类内分泌干扰物。TDCs 的种类很多，比较典型的有高氯酸盐、丙硫氧嘧啶和 Cd^{2+} 等。此外，一些与甲状腺激素结构相似的卤代有机污染物也表现出明显的甲状腺激素干扰效应，其中研究最多的是多氯联苯化合物。近年来，溴化阻燃剂（BFR）作为一类“新型”卤化有机污染物受到极大关注（De Wit，2002；Alaee，2006）。随着 BFR 在塑料、纤维和电子产品中的广泛应用，其在环境中的含量急剧上升，且在多种生物样品甚至人类母乳中被检测到。与 PCBs 相比，BFRs 的结构更接近于甲状腺激素，而且大量研究表明，部分 BFR 及其代谢产物的确具有甲状腺激素干扰效应（Meerts et al.，2000；瞿璟琰等，2007b）。因此，随着对类似“新”发现污染物的甲状腺激素效应的揭示，TDC 也被推到环境内分泌干扰物研究的前沿。

9.1.2.3 环境肥胖激素

当前，肥胖症已成为日趋严重的全球性流行病，与艾滋病和吸毒等并列为世界医学社会问题（Das，2008）。一般认为，肥胖是由于摄食过量和缺乏运动等因素造成的。但是，上述原因还不能完全解释最近二三十年来全球肥胖人口的急剧增加。一种新的观点认为，环境激素可能是导致肥胖症的重要原因之一（Baille-Hamilton，2002）。

Ahima 和 Filer（2000）指出，脂肪组织是一种内分泌器官，能分泌多种调节脂肪代谢的激素。根据这一新的认识，Baillie-Hamiltond（2002）提出假设，环境中可能存在引起肥胖症的内分泌干扰物；Kanayama 等（2005）证明三丁基锡（TBT）能引起小鼠的肥胖并揭示了其核受体介导机制；Newbold 等（2007）采用 DES 对 CD-1 小鼠进行暴露，首次建立了污染物诱导的肥胖症模型；Hoppe 和 Carey（2007）的研究表明，“新型”污染物多溴联苯醚（PBDE）能干扰大鼠脂肪细胞的代谢，具有引起哺乳动物肥胖症的潜能；Grun 和 Blamberg 等（2006）创造了一个新的词“environmental obesogens”，用来表示环境中能引起动物肥胖的内分泌干扰物质，称之为“环境肥胖激素”（EO）。

9.1.3 环境内分泌干扰物的生物学效应及其作用机制

9.1.3.1 环境内分泌干扰物的生物学效应

已经知道，所有体内系统的正常功能都由内分泌因子调节，内分泌功能中的轻微干扰，尤其是在发育、怀孕和哺乳期等特定的生命期阶段的内分泌功能干扰，都可以导致深远和持久的影响。环境内分泌干扰物作用的靶系统主要有生殖、内分泌、免疫、神经、行为、新陈代谢、骨骼等。在发育期间系统对内分泌干扰物特别敏感，这暗示了雌激素、雌激素类似物和其他内分泌干扰物对胚胎、胎儿和新生儿组织影响可能与成年人不同，甚至存在不同的机制，但对后代的危害远远大于母代。环境内分泌干扰物的影响有直接作用和间接作用两种方式。直接作用是环境内分泌干扰物首先影响内分泌系统，之后导致其他器官系统的毒性。间接作用是环境内分泌干扰物首先影响一个系统的靶器官，然后这些效应将影响内分泌系统，产生间接的神经毒性、生殖毒性和/或免疫毒性，如图 9-1 所示。然而，在有些方面无法将内分泌系统与系统靶器官区分开来时，很难区分直接作用和间接作用。目前，国内外研究最多的生物学效应有致癌效应、繁殖与发育影响、免疫毒性和神经毒性。

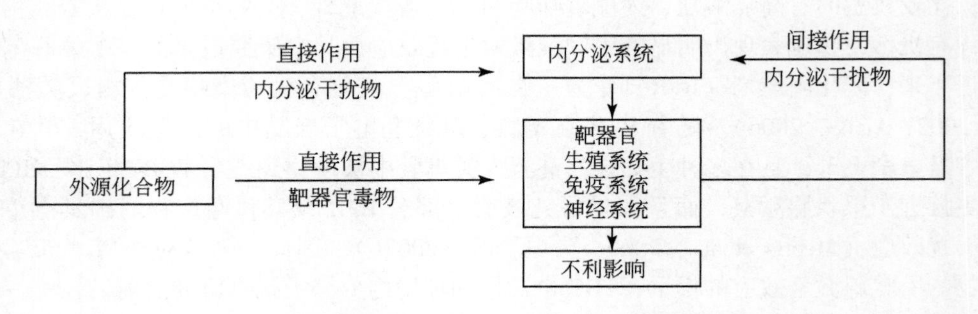

图 9-1　环境内分泌干扰物产生生物学效应示意图

(1) 致癌效应

许多野外研究都表明，生活在高污染地区的硬骨鱼很容易患肝癌。与这些肝癌有关的风险因子主要是 PAHs、PCBs 和 DDTs 的暴露，而鲤鱼和黑头呆鱼等特殊物种有很高的抗性，鳟鱼则更为敏感。在实验室条件下，若给予致癌物质，如黄曲霉毒素和 *N*-甲基-*N*-亚硝基胍（MNNG），鱼体中产生许多种剂量相关的癌症。然而，雌二醇和某些激素前体物质脱氢异雄甾酮（DHEA）仅起到促进剂的作用，并没有特别的证据表明这些癌症的发生与激素干扰机制有关。

环境内分泌干扰物对人体致癌的假说是基于孕妇的 DES 暴露和其女性后代的阴道及子宫颈透明细胞腺癌之间的联系，以及二氯二苯二氯乙烯 DDE 和 PCBs 产生激素依赖性乳房癌和子宫癌发生。在怀孕期间服用 DES 来避免流产的母亲比不服药的母亲，其年少的女儿更易患阴道癌。这一发现引出了许多重要的结论：首先，妊娠期的母体暴露可导致其后代患癌症；其次，表明人工合成的雌激素也可以导致癌症。其母亲服用 DES 的一些男性后代显示出假两性畸形现象和生殖器官畸形，包括附睾囊、睾丸畸形、小睾丸和小阴茎以及精子质量降低等。然而，对 DES 暴露的男性后代的后续追踪观察显示并无生育或性能力的损失，也没有任何睾丸癌风险增加的证据。

在乳汁和人类脂肪组织中发现有多种有机氯杀虫剂和杀虫剂代谢物。研究提出，在人类组织中一些有机卤化物残留的水平与乳腺癌风险间可能存在联系，虽然观察值在研究中并不完全稳定，也没有建立清楚的关系（Henderson et al.，1995）。这些研究表明，患乳腺癌的妇女与对照组相比，其血清或脂肪中的 ρρ-DDE 和总 PCBs 水平要高，而 ρρ-DDE 和

PCBs 有弱的雌激素作用。除草剂氯-*S*-三氮杂苯可使 Sprague-Dawley 鼠的乳腺肿瘤提早发作，但尚无流行病学研究表明三氮杂苯除草剂的暴露与人类乳腺癌间的关系（Stevens et al.，1994）。然而，基于化学物结构的评价和其他有效的信息，这些物质并不像是雌激素，显然，对于内分泌相关肿瘤的诱发存在着其他可能机制。尽管已有一些流行病学数据证明暴露人群与致癌的关系，如 2,3,7,8-四氯联苯-ρ-二噁英（TCDD），然而，Stephen（2000）最近研究指出，乳腺癌高发地区 PCBs 含量与对照区无明显差别，环境内分泌干扰物的致癌效应不十分清楚。

（2）繁殖影响

野生动物种群和个体的野外及实验室研究表明，环境内分泌干扰物会导致繁殖和发育的伤害以及对后代产生影响，受影响的物种包括：在脊椎动物中，从哺乳动物（包括人类和其他实验动物）到鱼类；无脊椎动物中，软体动物中的腹足类、昆虫和甲壳动物。例如，美国拜乌梅托（Beyou Meto）和阿肯色（Arkansas）地区木鸭（wood duck）的繁殖伤害问题；五大湖鸟类的消瘦和胚胎畸变、鸥鸟的雌性化和去雄性化、鳄龟的发育伤害、鲑鱼和其他类鱼类胚胎死亡率上升和发育功能损伤；阿波普卡湖（Apopka Lake）鳄龟的性发育异常；五大湖区域貂的繁殖能力丧失；佛罗里达豹的繁殖能力损伤等（Giesy et al.，1994）。并且动物体内和生境中环境内分泌干扰物的浓度均达到可监测水平。乙炔雌二醇和己烯雌酚对鹌鹑的繁殖影响表现为雄性性行为、血清中睾酮浓度和睾丸的异常。

环境内分泌干扰物可影响人类生殖，如睾丸、生殖道、大脑及其他器官的形态畸变，以及功能和行为异常。功能异常包括精子质量下降、精液减少、不育、动情周期和月经周期失常以及更年期提前，行为异常包括性行为的改变和性欲的降低。尽管不同年龄阶段异常表达途径有所不同，但发育阶段和成年阶段暴露后机体都会出现功能和行为异常。例如，暴露于十氯酮的成年男性繁殖功能失调；牛奶中 DDE 含量增加将使哺乳期相应延长。研究发现，暴露于二氧巨芑的工人血浆中睾丸激素降低而促黄体生成激素(LH)下降（Rolland et al.，1995）。张树成等（1999）通过文献检索，收集了 1981 ~ 1996 年我国成年有生育力男性精液质量检测报告文献 114 篇，涉及 11 726 人次样本测定，共 256 份数据，分析结果显示，我国男性精液质量也有明显下降。

已经发现许多化学品可通过一些物种体内的内分泌途径损伤发育和繁殖功能，主要有：激素和药物，包括 DES、孕激素、雄性激素、蜕皮类固醇等；代谢抑制剂，包括 5-α-还原酶抑制剂；杀虫剂，包括 DDTs 及其代谢产物、氯化物；植物雌激素和菌枝素及其他化学品，包括二氧芑、PCBs 烷基化苯酚、双酚 A 等。这些化合物并不需要长期暴露，只要暴露于一个关键的发育阶段就具有很强的毒性。更重要的是，当环境暴露终止后，原先的暴露仍然会导致关键敏感阶段的伤害。环境内分泌干扰物影响繁殖的作用方式包括竞争性与拮抗性受体结合以及对激素合成、储存、释放、转移和清除的影响。环境内分泌干扰物可作用于许多受体，包括与雌激素、雄性激素、孕激素、甲状腺素、肾上腺皮质激素结合的受体和 AH 受体。除了化学品对受体的直接影响外，还有代谢的抑制和诱导物对类固醇合成的影响、酶的抑制剂对激素活性的调节（如 5-α-还原酶）和对血浆转移蛋白及神经递质（如下丘脑垂体轴）的影响。

（3）神经系统影响

研究表明，神经内分泌混乱是由多种机制引起的。干扰物与内分泌腺体的直接作用会改变激素环境，从而影响神经系统导致神经中毒。而 EDCs 可以先作用于中枢神经系统（CNS）（如神经内分泌干扰物），然后影响内分泌系统。许多研究表明，动物和人群暴露于环境内分泌干扰物会影响其行为、学习和记忆、注意力、感觉功能、心理发育，直接或间接发生作用的环境内分泌干扰物包括 PCBs、二氧芑、DDTs 和有关的氯化除草剂及其代谢物、一些金属（甲基汞、含铅有机物）、昆虫生长激素、二硫代氨基甲酸盐、人工合的类固醇、三苯氧胺、植物雌激素和三嗪类除草剂等。然而，许多发育神经毒物的内分泌干扰性还不清楚，它们有可能也产生以上的有害影响，同时，暴露于一些非化学因素（如缺氧、感染及温度）也会干扰神经系统正常功能，其效应与内分泌干扰物产生的效应相似。因此，还需大力开展环境内分泌干扰物对神经系统影响的研究。

（4）免疫系统影响

研究已经证明了自体免疫症和 DES 暴露之间的联系，并建立了女性雌激素的水平和自体免疫疾病的关系。人类暴露于 DES、TCDD、PCBs、氨基甲酸盐、有机氯杀虫剂、有机金属和某些重金属可改变免疫反应或功能，实验动物研究也证明了这些结果。例如，六六六对鼠脾和淋巴结重量及组织有刺激效应，可提高血清 IgM 水平、诱导自抗体和免疫调节能力。对于鱼和野生生物，有研究指出，上述污染物中的几种能引起免疫抑制或高反应活性。例如，鲤鱼胚胎暴露于黄曲霉素能导致幼鱼成年后免疫能力改变；已报道暴露于 PCBs 和 DDTs 的宽吻海豚以及以被污染水中鱼为食的海豹有免疫功能损伤。1991 ~ 1993 年，在五大湖区许多研究地点，选择污染范围大的有机氯污染物（主要是 PCBs）为对象，对海鸥和燕鸥幼鸟进行特殊免疫功能和一般血液参数的测量，当作为暴露指示的 EROD 在肝中活性增加时，胸腺重量减少。在高污染地区，通过凝血素皮肤实验发现，海鸥和燕鸥幼鸟都表现出明显的 T 细胞免疫性降低。大量的免疫测定方法被用来证明实验动物、人类、鱼和野外生物受环境内分泌干扰物暴露的免疫毒性效应。这些免疫测定包括抗体反应调节（同时有体外和体内测定）、植物血凝集实验、T 淋巴细胞毒素反应活性和自杀细胞（NK）活性等。Ahmed（2000）指出：免疫系统作为靶位点评价环境内分泌干扰物是一个崭新的领域，美国 EPA 将其列为环境内分泌干扰物生态和健康风险的高度优先研究领域之一。

（5）生物学效应的特异性

环境内分泌干扰物在各级生物学水平上表现出特异性。已经发现在不同种间、同一物种的不同个体间和不同组织间环境内分泌干扰物的不同生物学效应，在已确定的效应中，它们的分子机制有很大的差异。同一物种的特异性表现在环境内分泌干扰物与激素受体结合、基因表达和细胞反应上，个体间的差别可能是由于激素代谢酶、激素受体和基因的多样性决定的。环境因素也能影响个体对内分泌干扰物的敏感性，如绝食。组织特异性可能是激素受体表达不同而产生的，如雌激素受体（ER）α 和 β、激素代谢酶表达形式的差别。人体类固醇激素主要与血清甾体结合蛋白（steroid-binding protein，SBP）结合，而鼠却不表达这种蛋白质，可能表达为甲胎蛋白 AFP。啮齿类与人体的 ER 基本相同，但鱼和鹌鹑在激素受体与配体结合方面与人体有很大的差别。环境内分泌干扰物生物学效应的特异性还表现在作用剂量上。环境内分泌干扰物是利用多重机制产生有害的细胞反应，这些机制在高剂量和低剂量暴露下会有差别。例如，染料木碱低剂量和高剂量作用，其效应有很大差别，染料木碱可以与 ER 结合，在低剂量表现出生长促进作用，在高剂量表现为生长抑制。因此，从动物数据外推评价人体健康时，需要进一步阐明这些特异性和影响因子。

9.1.3.2 环境内分泌干扰物的作用机制

研究认为，环境内分泌干扰物作用分两个步骤：①进入体内与组织和作用靶相互作用，包括吸收、分配和代谢；②相互作用后对许多靶组织产生影响，包括分子水平、细胞水平、生理生化水平和个体水平，从而产生种群和生态系统的危害。环境内分泌干扰物作用的本质是通过干扰体内内分泌平衡及其功能产生危害风险，其分子机制可归纳为有激素受体作用和无激素受体作用（图 9-2）（Jonathan et al.，1999）。Jensen 和 Leffers（2008）发现了激素受体蛋白，并提出了两步机制学说，即激素在靶细胞中以高亲和力与特定的受体蛋白专一结合，然后进入细胞核与染色质结合，从而导致某些特定基因的激活或抑制。目前，几乎所有类固醇激素受体基因均得以克隆和测序，它们是结构上具有很大同源性的类固醇受体超大家族（superfamily）。目前认为，激素诱导的基因转录增强作用模式：类固醇激素与靶细胞内受体结合形成复合物后与受体偶联存在的 90kDa 热休克蛋白自受体分子解离；受体构项改变，引起 DNA 结合区暴露；不同受体的 DNA 结合域中专一的氨基酸“寻找”特异的 DNA 序列的氨基酸形成环状或指状结构与特异 DNA 序列结合。受体蛋白很可能是以二聚体（dimer）形式起作用，结合于受控靶基因 5′段上游调控区的雌激素作用元件（estrogen responsive element，HRE），还与其他起反式作用的核蛋白因子相互作用，促进了以 RNA 聚合酶 Ⅱ 为中心的转录起始复合机制的形成与稳定，从而使转录作用迅速进行。因此，受体蛋白可以说是需特定配基（激素）激活的转录因子（图 9-3）（Gillesby and Zacarewski，1998）。无激素受体的作用表现为改变体内激素代谢酶活性或数量，产生对内源激素的代谢影响，或通过改变丘脑或脑垂体，从而改变促激素或激素释放因子等产生影响。

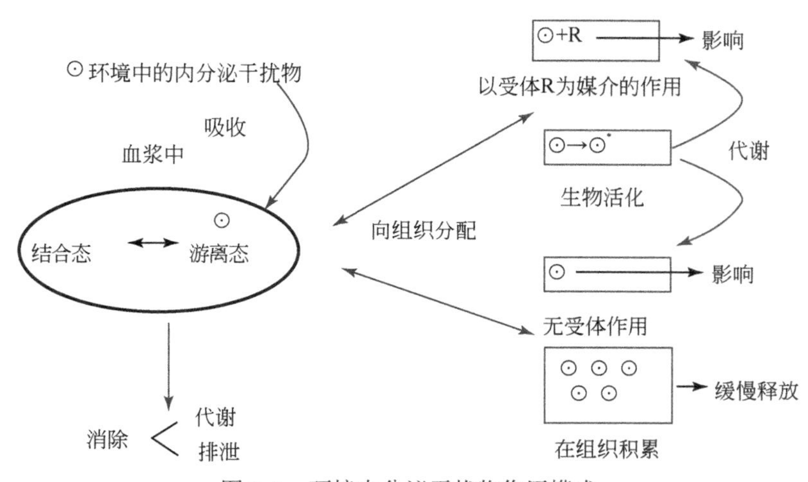

图 9-2 环境内分泌干扰物作用模式

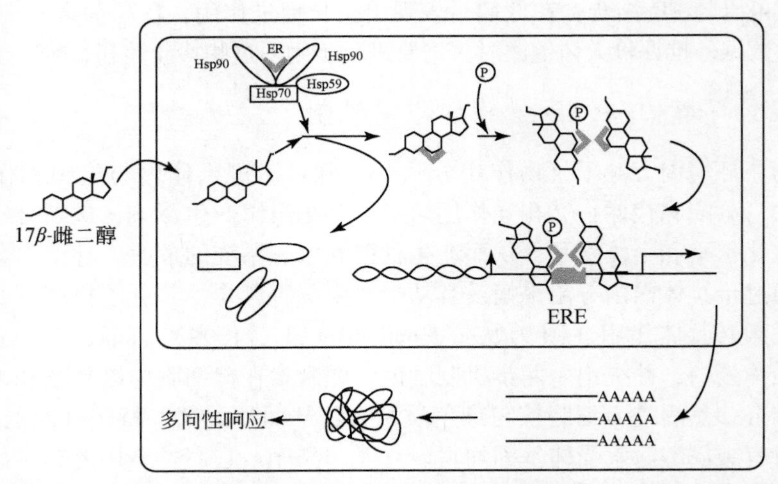

图 9-3 激素与激素受体（ER）作用的机制模式（引自 Gillesby 和 Zacarewski，1998）

9.1.3.3 环境内分泌干扰物的检测方法

在化学品评价中使用的生态毒理学常规方法提供了区分内分泌干扰物相关影响的方法(下列标有星号的测试)。这些测试包括：①短期和长期海藻毒性；②对水生和陆生无脊椎动物的急性及慢性繁殖实验＊；③鱼类急性、慢性＊、早期（胚胎、幼虫）和整个生命周期测试＊；④急性、14d 和长期繁殖研究＊以及鸟类孵化率和畸形率的产卵量研究；⑤植物急性和慢性效应。在这些生物测试中生长和繁殖是最高的测试终点，其效应可能是由一个基本的内分泌机制引起的反应效果，而没有测定亚致死效应，如激素水平、行为或传代效应等。因此，这些测试经常被认为是环境内分泌干扰物的基本生态毒性测试。人类健康测试也有多种方法。例如，①两年癌症生物分析；②90d 亚慢性毒性研究；③多代繁殖研究；④生长毒性研究；⑤神经毒性测试和免疫毒性测试。虽然这些测试一般被用来评价对人群健康的影响，但它们在评价环境内分泌干扰物对哺乳类和野生动物的影响中也起着重要作用，然而其目的是用来辨别效应，而不是用来区分机制。

目前，已建立许多方法研究和测定环境内分泌干扰物的生物学效应及风险性，涉及生物不同的组建水平，包括分子、细胞、器官、个体乃至世代的反应，总体上可以分为体内测试（*in vivo*）和体外测试（*in vitro*）两大类，均依赖于已知的激素作用机制。体内测试方法主要包括：①经胎盘致癌作用的啮齿毒物模型；②哺乳动物、爬行动物、鱼类和鸟类（卵）的性别分析；③急性和亚急性研究 EDC 对免疫系统的影响（包括丘脑—脑垂体—性腺轴、肾上腺和其他内分泌轴、子宫重量和对雌激素的生物化学反应、附睾和性腺作用、LH 释放和产卵、怀孕期的类固醇物质）；④EDC 导致的雄鼠和雌鼠的青春期改变（包括青春期特征，血浆性激素水平、肾上腺和甲状腺荷尔蒙，生殖器官重量、组织学变化，从卵巢、睾丸、肾上腺和甲状腺组织产生的荷尔蒙）；⑤动物系统的体内生物分析（如子宫重量分析）；⑥对特定蛋白质或基因的检测等（如对卵黄蛋白原的检测）；⑦体内类固醇合成与代谢的酶活性。体外实验方法有：①细胞增殖分析，如用于雌激素效应检测的人乳腺癌 MCF-7 细胞；②竞争性受体结合分析，如雌激素受体(ER)和雄激素受体(AR)结合实验；③基因重组酵母分析；④肾上腺、卵巢、睾丸和下丘脑组织离体培养下荷尔蒙产生的体外改变分析；⑤定量结构活性相关分析（QSAR 模型）。

美国 EPA 在 1999 年组成的“内分泌干扰物筛选暨测试顾问委员会”（EDSTAC）提出了层级研究方法，以筛选内分泌干扰物并测试内分泌活性物质是否有危害作用，鉴定其有害影响程度，并研究剂量与有害影响间的定量关系。层级研究包括最初分类（sorting）、优先次序设定（priority setting）、一级筛选（tier 1 screening）和二级筛选（tier 2 testing）。OECD 也成立了专门委员会，制订环境内分泌干扰物的筛选方法，如目前已公布了“运用鱼类 21 天实验筛选环境性激素的方法”、“运用两栖类变态实验筛选甲状腺激素干扰物的方法”以及“运用大鼠世代实验筛选雌激素的方法”等。

总体来说，体内方法费时而且费用高，但体外方法在大多数情况下没有考虑化合物在体内的间接作用，如化合物与蛋白质的间接结合。没有考虑在体内的代谢、产生具激素活性物质的种类和浓度。例如，在循环系统中大部分激素活性物质与血清中蛋白质结合，只有一小部分穿透细胞活化激素受体；又如，一些亲脂性物质在组织中积累达到一定浓度后才产生效应（Anderson et al.，1999）。目前报道的检测环境内分泌干扰物的方法较多，但各有优缺点。鉴于化学品的结构和毒作用方式的多样性以及不同物种激素生理过程的不同，综合运用这些方法，分级测试才是 EDC 筛选的最佳方案。

9.2 污染物对鱼类和腹足类的性激素干扰效应及其作用机制

9.2.1 氯代芳烃对鲫鱼血清性激素水平及肝脏代谢关键酶的影响

9.2.1.1 氯代芳烃对鲫鱼血清性激素水平的影响

鱼类性类固醇激素是体内胆固醇的衍生物，主要有雄性激素睾酮和雌性激素 17 β-雌二醇等，其通过血液的输送，对鱼体性腺发育、卵黄形成、卵细胞成熟具有重要的调控作用，是环境内分泌干扰物直接作用的靶位点。已有研究表明，暴露于城市污水、石油污染和漂白纸浆废水中均能改变鱼体内性类固醇激素水平，造成鱼类繁殖功能的损害。例如，PCBs 能降低 17β-雌二醇和睾酮水平，延迟或抑制卵泡发育；卤代芳烃能影响鱼体内黄体酮水平；烷基酚类化合物能改变睾酮、17β-雌二醇在鱼血清中的水平等。测定鱼体内血清性激素的变化可以作为筛选环境内分泌干扰物的方法和评价鱼体繁殖功能损伤的重要指标。

氯代苯和苯胺类化合物是重要的化工原料及中间体，在染料、除草剂、杀虫剂、药物、塑料生产中广泛应用。这些化合物多属有毒有害物质，在水体环境中广泛存在，并可在水体沉积物和生物体中富集，对水生生物的生长、发育和繁殖构成危害，对人体健康有潜在危害，因此，阐明这类化合物是否为环境内分泌干扰物具有重大意义。

（1）氯苯化合物对鲫鱼血清性激素的影响

经测定各化合物的空白对照组鲫鱼血清睾酮和17β-雌二醇含量没有明显的差异，空白组鲫鱼血清睾酮平均含量为(4072±227)pg/mL、17β-雌二醇平均含量为(190±20)pg/mL。

与空白对照组相比，各乙醇对照组的睾酮和17β-雌二醇水平与空白对照组之间没有显著性差异（$P>0.05$），表明本实验中乙醇溶剂对鲫鱼血清中睾酮和17 β-雌二醇没有影响。

各实验组鲫鱼分别经氯苯、1,3-二氯苯、1,4-二氯苯和对氯甲苯染毒两周后，用放射性免疫法测得鲫鱼血清中两种性类固醇激素（睾酮和17β-雌二醇）水平的变化见图9-4。由图中可见，鲫鱼经过两周的染毒处理后，4种化合物的各染毒剂量组鲫鱼体内的睾酮浓度与未染毒的鲫鱼相比有明显变化，氯苯、1,3-二氯苯、1,4-二氯苯和对氯甲苯染毒组在各最低染毒剂量组鲫鱼血清睾酮浓度分别为（5729±403）pg/mL、（5123±230）pg/mL、（5217±465）pg/mL和（5254±690）pg/mL。统计检验结果表明，除氯苯1.0mg/kg染毒组和1,4-二氯苯0.63mg/kg染毒组外，4种化合物各染毒剂量组鲫鱼的睾酮浓度均显著高于未染毒组鲫鱼（$P<0.05$）。但在染毒鲫鱼血清睾酮浓度与氯代化合物染毒剂量之间并不存在明显的剂量-效应关系，染毒组鲫鱼血清睾酮浓度并不随染毒剂量的增大而增大。结果表明，4种氯苯化合物在进入鲫鱼体内后，能够干扰鱼体内睾酮的正常合成和代谢过程，造成鱼体内睾酮浓度水平异常，对睾酮的正常生理功能造成不良影响，因而最终会对鱼体繁殖功能产生损害。

与睾酮相反，由图9-4可以看出，鲫鱼在经过两周的染毒处理后，除对氯甲苯0.38mg/kg

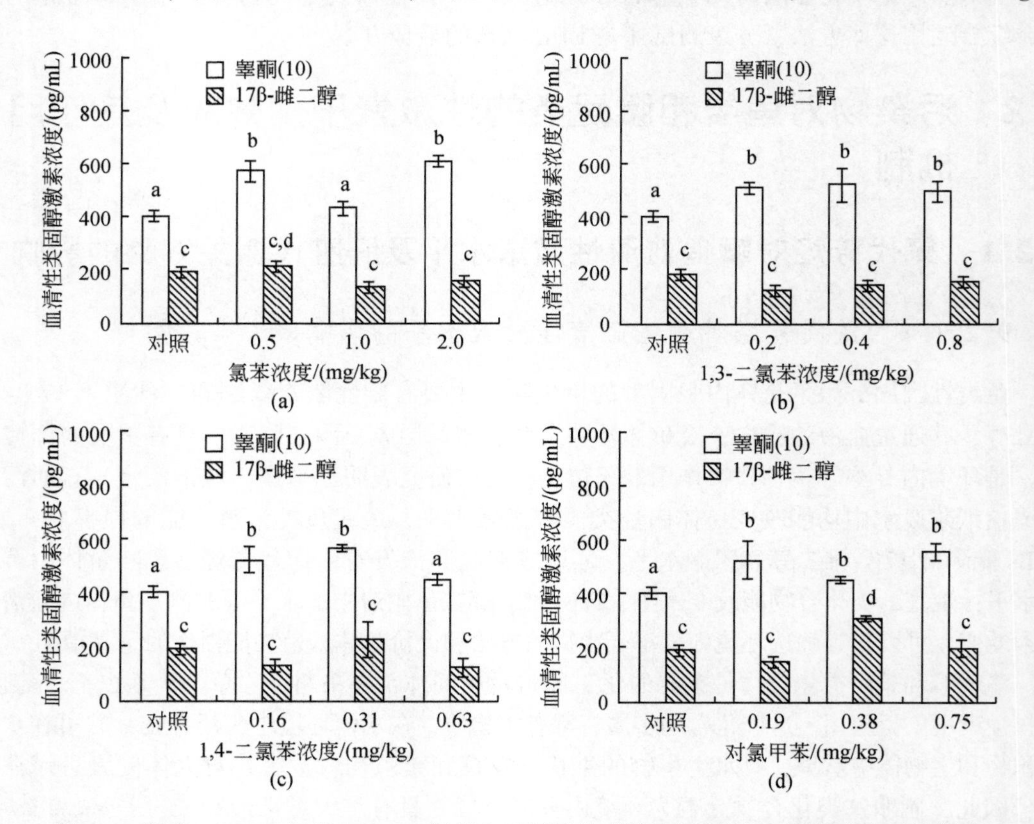

图9-4 氯苯、1,3-二氯苯、1,4-二氯苯和对氯甲苯对鲫鱼血清性类固醇激素水平的影响

与空白对照组有相同字母表示没有显著性差异（$P>0.05$），在各染毒剂量组之间若出现不同字母则表示染毒剂量组之间有显著性差异（$P<0.05$）

染毒剂量组外，体内的17β-雌二醇浓度水平与未染毒的鲫鱼相比没有显著性差异（P>0.05），氯苯、1,3-二氯苯、1,4-二氯苯和对氯甲苯染毒组在各最低染毒剂量鲫鱼血清中的17β-雌二醇浓度分别为（214.7±17.5）pg/mL、（134.0±15.5）pg/mL、（130.6±22.3）pg/mL和（155.8±15.7）pg/mL。统计结果表明，4种氯代化合物对鲫鱼体内17β-雌二醇浓度水平没有明显影响（P>0.05）。

（2）苯胺类化合物对鲫鱼血清性激素的影响

经测定空白对照组鲫鱼血清睾酮浓度为（6056±274）pg/mL，在分析测定时发现，与空白对照组相比，各乙醇对照组的睾酮水平和空白对照组之间没有显著性差异（P>0.05），表明本实验中乙醇溶剂对鲫鱼血清中的睾酮没有影响。

各实验组鲫鱼分别经2,3-二氯苯胺、2,4-二氯苯胺、2-氯-4-硝基苯胺和2-氯-5-硝基苯胺暴露两周后，用放射性免疫法测得鲫鱼血清中睾酮水平的变化见图9-5。由图中可见，经过两周暴露，4种苯胺化合物使鲫鱼血清睾酮浓度明显降低，与对照相比，具有显著性差异，并随浓度增高，睾酮浓度降低明显，具有一定的剂量-效应关系。表明4种苯胺化合物抑制鲫鱼血清睾酮浓度，造成鱼体内睾酮浓度水平异常，对睾酮的正常生理功能造成不良影响，因而最终会对鱼体繁殖功能产生损害。

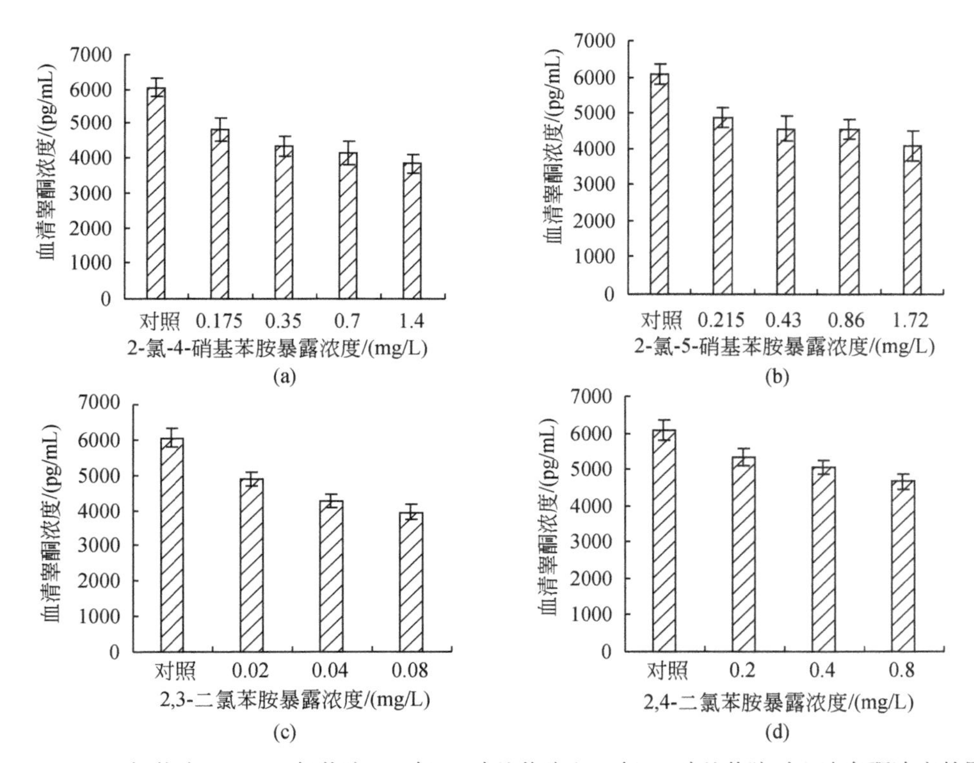

图9-5　2,3-二氯苯胺、2,4-二氯苯胺、2-氯-4-硝基苯胺和2-氯-5-硝基苯胺对血清睾酮浓度的影响

从本研究结果可以看出，4种氯代苯和4种苯胺化合物进入鲫鱼体后都能影响鱼体内性类固醇激素水平，表现为氯代苯显著提高鱼体血清的睾酮水平，而对17β-雌二醇水平均没有明显影响；4种苯胺化合物能抑制鱼体血清内的睾酮水平。尽管暴露于化学污染物

中导致性激素水平的变化是否直接反映对生物体内类固醇激素的合成和代谢的影响还存在分歧，但目前已证实外来化合物导致的水生生物血清中性类固醇激素浓度的改变能反映出对生物繁殖功能的损害。因此可以认为，8 种化学物质进入鱼体后，均会通过不同程度影响性激素水平而对鱼体繁殖功能造成损害。仅从性激素的变化来判断，它们是可疑的环境内分泌干扰物，但还需其他的筛选方法进一步验证。

表 9-3 给出了各化合物影响睾酮的最大效应和剂量。从表中可以看出，8 种化合物对鱼体血清性激素的影响具有化合物的特异性。首先，表现为各化合物影响睾酮的剂量和效应的差异。其次，在氯代苯化合物与苯胺类化合物间具有明显的差别，表现为氯代苯化合物诱导鲫鱼血清睾酮水平，而苯胺类化合物表现为抑制作用。已有研究报道，氯代苯化合物（如六六六）是可疑的环境内分泌干扰物，能影响性激素水平，其作用机制存在两种假设：一是与激素受体作用，二是通过影响激素代谢的关键酶活性，其作用机制还不十分清楚。然而，苯胺类化合物是否为环境内分泌干扰物尚未见报道。

表 9-3　氯苯、苯胺等 8 种化合物对鲫鱼血清睾酮浓度的影响

化合物	最大的效应的剂量	最大的效应（处理组血清睾酮浓度相对于对照，%）
氯苯	2.00mg/kg	149.5
1,3-二氯苯	0.40mg/kg	125.0
1,4-二氯苯	0.31mg/kg	128.1
对氯甲苯	0.75mg/kg	135.6
2,3-二氯苯胺	0.08mg/L	48.4
2,4-二氯苯胺	0.80mg/L	58.8
2-氯-4-硝基苯胺	1.40mg/L	63.1
2-氯-5-硝基苯胺	1.72mg/L	75.2

本研究认为，对同种生物的同一效应对象，化合物的特异性是由作用机制的差异决定的，而机制的差异依赖于化合物的结构特征。例如，在本研究中，2,4-二氯苯胺和 2,3-二氯苯胺都带有两个氯取代基，但两取代基邻位时，毒性比间位时大，对机体的影响也不同。从静电场分析，两取代基邻位时，偶极矩比间位时大，静电作用增强，毒性增大；从疏水性分析，邻位时正辛醇-水分配系数（$\lg K_{ow}$）比间位时大，化合物更容易进入生物体内，接近靶位置，造成更大毒性，表现为 2,3-二氯苯胺对鱼类体内睾酮的影响比 2,4-二氯苯胺大。

研究结果表明，氯代化合物对 17β-雌二醇不产生影响，但睾酮是雌二醇合成的前驱物，由睾酮生成雌二醇受生物发育阶段和性成熟控制。因此，对睾酮的影响最终将改变雌二醇水平，继而产生一系列的生殖影响。

研究报道，生物体内性激素（睾酮、雌二醇、黄体酮、孕酮等）是监测和评价环境内分泌干扰物敏感的生物标志物。本研究结果进一步表明，鲫鱼体内血清性激素的变化可作为我国筛选环境内分泌干扰物的方法和指标。

上述研究表明，4 种氯代苯和 4 种苯胺化合物进入鲫鱼体后都能影响鱼体内性类固醇激素水平，表现为氯代苯显著提高鱼体血清的睾酮水平，苯胺化合物能抑制鱼体血清内的睾酮水平。仅从性激素的变化来判断，它们是可疑的环境内分泌干扰物，但还需其他的筛选方法进一步验证这8种化合物对鱼体血清性激素的影响具有化合物的特异性。本研究认为，化合物的特异性是由作用机制的差异决定的，而机制的差异依赖于化合物的结构特征。研究结果进一步表明，鲫鱼体内血清性激素的变化可作为我国筛选环境内分泌干扰物的方法和指标。

9.2.1.2 氯代芳烃对鲫鱼体内激素代谢关键酶的影响

研究认为，环境内分泌干扰物作用分两个步骤：①进入体内与组织和作用靶相互作用，包括吸收、分配和代谢；②相互作用后对许多组织产生影响，包括全部分子水平、细胞水平和生理生化水平等。环境内分泌干扰物最终是通过干扰体内内分泌平衡及其功能产生危害风险，其分子机制可归纳为有激素受体（ER）作用和无激素受体作用。无激素受体的作用表现为改变体内代谢酶水平或活性，产生对内源激素的代谢影响，或通过改变丘脑或脑垂体从而改变促激素或激素释放因子等产生影响。测定体内类固醇合成与代谢的酶活性是评价环境内分泌干扰物的重要方法之一。

生物体内的性类固醇激素主要在肝脏内经过肝脏代谢酶类进行代谢，性类固醇激素首先通过代谢相Ⅰ反应在P450依赖性混合功能氧化酶MFO作用下进行氧化、羟化和水解等反应，形成极性较大的代谢产物；然后在相Ⅱ反应酶类［葡萄糖醛酸转移酶（UDPGT）、GST等］作用下进行结合反应，从而最终排出体外。具有生物活性的类固醇激素随血液循环流经肝脏，在肝脏酶的作用下，降解为无活性的产物，并随尿或粪便排出体外。维持血液中激素的浓度必须依靠这种激素的分泌速率与降解速率的动态平衡。当某种激素的代谢过程出现障碍时，这种激素在血液中的活性半衰期就延长，造成血液激素浓度的升高，或者由于降解过快造成血液激素浓度降低。因此，代谢过程对体内的激素水平起着重要的调节作用。

本研究在实验室研究4种氯代苯对鲫鱼肝脏葡萄糖醛酸转移酶（UDPGT）和GST的影响，进一步探索氯代苯化合物对鱼类性激素影响的作用机制，建立应用于评价环境内分泌干扰物生态风险和快速筛选的生物标志物。

（1）氯苯对鲫鱼肝脏UDPGT和GST活性的影响

氯苯对鲫鱼肝脏UDPGT和GST活性的影响见图9-6。由图可见，氯苯暴露30d后，氯苯能显著诱导GST的活性（$P<0.05$），使GST活性升高，明显抑制UDPGT活性（$P<0.05$），并均具有明显的浓度-效应关系，随着暴露浓度的升高，GST活性逐渐升高，而UDPGT活性逐渐下降。在最高剂量组（2.00mg/kg），相对于空白对照组，UDPGT和GST活性分别为对照组的58%和373%。

（2）1,3-二氯苯对鲫鱼肝脏UDPGT和GST活性的影响

1,3-二氯苯对鲫鱼肝脏UDPGT和GST活性的影响见图9-7。由图可见，1,3-二氯苯暴露30d后，其能显著诱导GST的活性（$P<0.05$），使GST活性升高，明显抑制UDPGT活性（$P<0.05$），并均具有明显的浓度-效应关系；随着暴露浓度的升高，GST活性逐渐升高，而UDPGT活性逐渐下降。在最高剂量组（0.8mg/kg），相对于空白对照组，UDPGT和GST活性分别为对照组的61%和471%。

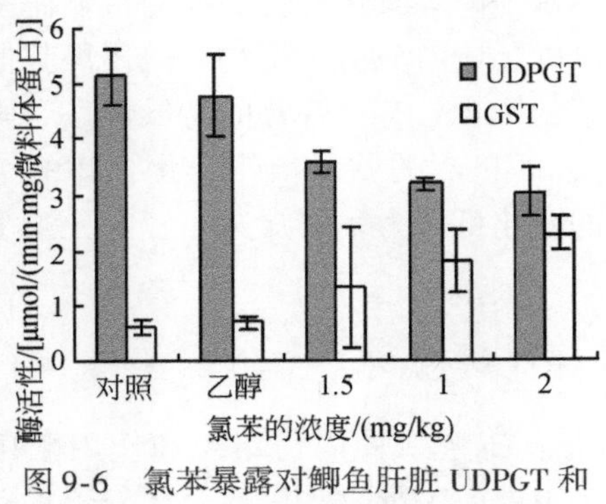

图 9-6　氯苯暴露对鲫鱼肝脏 UDPGT 和 GST 活性的影响

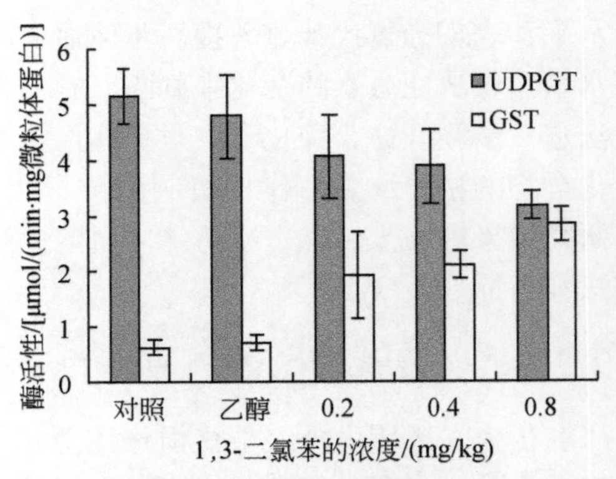

图 9-7　1,3-二氯苯暴露对鲫鱼肝脏 UDPGT 和 GST 活性的影响

(3) 1,4-二氯苯对鲫鱼肝脏 UDPGT 和 GST 活性的影响

1,4-二氯苯对鲫鱼肝脏 UDPGT 和 GST 活性的影响见图 9-8。结果表明，1,4-二氯苯暴露 30d 后，1,3-二氯苯能显著地诱导 GST 的活性（$P<0.05$），使 GST 活性升高，并具有明显的浓度-效应关系，随着暴露浓度的升高，GST 活性逐渐升高；在最高剂量组（0.63mg/kg），相对于空白对照组，GST 活性为对照组的 326%。然而，在本实验浓度下，1,4-二氯苯在低浓度时表现为显著地抑制 UDPGT 的活性（$P<0.05$），使 UDPGT 活性降低，在最低剂量组（0.16mg/kg），相对于空白对照组，UDPGT 活性为对照组的 36%。随着暴露浓度的升高，UDPGT 活性逐渐升高，其抑制作用减小；在最高剂量组（0.63mg/kg），UDPGT 活性与空白对照组无显著差别（$P>0.05$）。

(4) 对氯甲苯对鲫鱼肝脏 UDPGT 和 GST 活性的影响

对氯甲苯对鲫鱼肝脏 UDPGT 和 GST 活性的影响见图 9-9。由图可见，对氯甲苯暴露 30d 后，对氯甲苯能显著诱导 GST 的活性（$P<0.05$），使 GST 活性升高，但没有明显的浓度-效应关系。对氯甲苯明显抑制 UDPGT 活性（$P<0.05$），具有一定的浓度-效应关系，随着暴露浓度的升高，UDPGT 活性逐渐下降。在最高剂量组（0.75mg/kg），相对于空白对照组，UDPGT 和 GST 活性分别为对照组的 61% 和 213%。

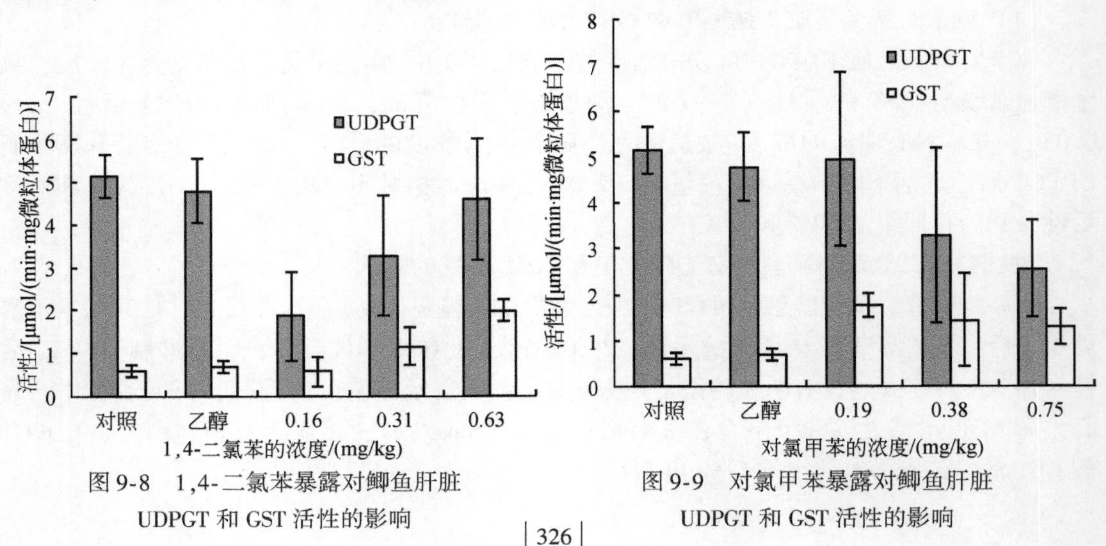

图 9-8　1,4-二氯苯暴露对鲫鱼肝脏 UDPGT 和 GST 活性的影响

图 9-9　对氯甲苯暴露对鲫鱼肝脏 UDPGT 和 GST 活性的影响

(5) 氯代苯对鲫鱼肝脏 UDPGT 和 GST 的影响及机制分析

研究结果表明，4 种氯代苯能显著诱导 GST 的活性，使 GST 活性升高。除 1,4-二氯苯外，氯苯、1,3-二氯苯和对氯甲苯能明显抑制 UDPGT 活性，使 UDPGT 的活性降低。因此，4 种氯代苯均能在不同程度影响鲫鱼肝脏这两种酶的活性，从而引起一系列的生理生化反应。存在于肝脏微粒体的 UDPGT 和 GST 是外源性物质在体内生物转化的关键酶类，也是内源性激素代谢的关键酶。在外源性物质代谢时，主要功能是催化外源性物质或代谢产物与葡萄糖醛酸或谷胱甘肽发生结合反应，加速其排出体外，具有解毒作用，UDPGT 和 GST 可被多种污染物诱导（Tremblay and van der Kraak，1999）。类固醇激素在肝脏的降解代谢中，使类固醇碳氢结构上的双键还原，形成羟基取代基。羟基和亲水性基团结合，使疏水性类固醇转变为亲水性代谢产物，以便从尿液中排泄出去。通常排泄物是葡萄糖甘酸或硫酸酯结合类固醇。前者是在 UDPGT 作用下产生的。例如，睾酮在 17α-羟基类固醇脱氢酶催化下可逆转地转变为 4-雄烯二酮，睾酮在肝脏还可以还原为 5α-或 5β-雄烷-二醇，并且以葡萄糖苷酸结合形式从尿排出。在睾酮的代谢中主要通过 4-雄烯二醇，最后以雄酮和初胆烷醇酮的形式从尿中排出。睾酮经加氢产生二氢睾酮（17β-羟-5α-雄烷-3 酮），以葡萄糖苷酸结合 5α-雄烷二醇从尿中排出。雌二醇和雌酮是具有生物活性的两种雌激素，它们可以互相转变。雌激素的主要代谢产物雌三醇，主要为葡萄糖苷酸结合物。因此，4 种氯代苯可通过改变鲫鱼体内激素代谢关键酶的活性，影响体内激素水平，从而造成内分泌系统的危害。研究结果更进一步证实了氯苯、1,3-二氯苯、1,4-二氯苯和对氯甲苯是水环境的环境内分泌干扰物。

研究报道，有机污染物能诱导鱼类肝脏 UDPGT 和 GST 活性，如 PCBs、漂白纸浆废水等。也有报道认为，氯苯化合物抑制鱼类肝脏 UDPGT 和 GST 活性。本研究结果与这些研究基本一致。然而，本研究结果揭示，在同类化合物中，由于取代基位置不同其影响不同，表现为 1,4-二氯苯与氯苯、1,3-二氯苯、对氯甲苯影响 UDPGT 活性的差异性。UDPGT 是体内生物转化相Ⅱ代谢酶，可直接受外源化合物作用或受生物转化相Ⅰ代谢产物的作用。1,4-二氯苯中对位氯原子易被生物转化相Ⅰ中混合功能氧化酶 MFO 作用，被羟基取代，形成 1-氯-4-羟基苯，然后参与相Ⅰ代谢，其代谢途径还有待于深入研究。

9.2.1.3 激素代谢关键酶作为筛选和监测水环境内分泌干扰物生物标志物的验证

本研究揭示鲫鱼肝脏微粒体 GST 和 UDPGT 活性可作为敏感的生物标志物。为了进一步验证 GST 和 UDPGT 作为筛选和监测水环境内分泌干扰物生物标志物的可行性，本项研究选择水生生态系统的重要类群钩虾（*Gammarus pulex* L.）作为模式生物，以 GST 作为生物标志物，测定钩虾暴露于有机磷农药甲基嘧啶硫磷｛O-[2-(2 乙胺基)-6-甲基-4-嘧啶基]-*O*,*O*′-二甲基硫代磷酸酯｝、有机氯农药林丹（γ-六六六）、重金属（Zn）后 GST 的反应和变化，并与单物种毒性实验结果 LC_{50} 比较，试图阐明 GST 的敏感性和特异性。

钩虾（*G. pulex*）分别暴露于 3 种化合物 24h 和 48h 后，在不同浓度组钩虾躯体组织的 GST 活性变化见图 9-10。由图可知，所有对照组 GST 活性为 0.20nmol/(min·μg 蛋白质)，各对照组间无显著差异（$P>0.05$）。统计分析表明，在 48h 暴露后，3 μg/L 林丹能导致钩虾 GST 活性显著升高（$P<0.001$），并随着化合物浓度增加，酶活性不断升高。在最高浓度组（24μg/L 林丹），其 GST 活性分别比对照组升高 127.3%。在 24h 暴露后，仅有林丹能导致钩虾 GST 活性显著升高，6μg/L 浓度组与对照组间存在显著差异（$P<0.001$）。

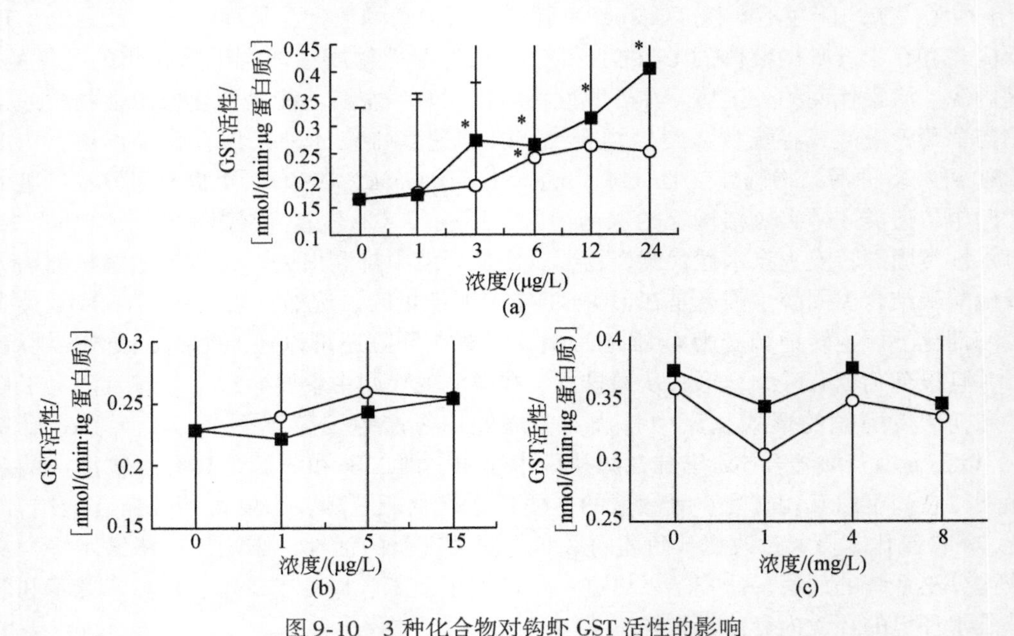

图 9-10　3 种化合物对钩虾 GST 活性的影响

* 表示差异显著。■：48h 暴露；○：24h 暴露。(a) 林丹；(b) 甲基嘧啶硫磷；(c) 锌

然而，通过对甲基嘧啶硫磷和锌低、中、高三个暴露浓度钩虾 GST 活性分析，即 1μg/L、5μg/L 和 15μg/L 甲基嘧啶硫磷，1mg/L、4mg/L 和 8mg/L 锌，甲基嘧啶硫磷和锌无论是在 24h 还是 48h 均不能产生对钩虾 GST 活性的影响。经统计分析，林丹对钩虾 GST 活性诱导均具较高的剂量-效应关系。运用美国 EPA 亚急性毒性效应浓度计算软件［USEPA：The Inhibition Concentration（ICp）Approach］，计算所得 48h-EC_{50} 为 25.8 μg/L，然而，在相同暴露时间和浓度下，没有获得半致死浓度（LC_{50}）。

大量研究认为，林丹是可疑环境内分泌干扰物，而甲基嘧啶硫磷和锌尚无报道。本研究结果揭示，GST 作为生物标志物，其敏感性显著高于半致死浓度（LC_{50}），而且具有快速反应性（<48h）和一定的特异性。通过钩虾 GST 活性研究进一步证明：激素代谢关键酶（GST 和 UDPGT）可作为筛选和监测水环境内分泌干扰物生物标志物。

9.2.2　三丁基锡对腹足类的雄激素干扰效应及其作用机制

9.2.2.1　三丁基锡对腹足类的雄激素干扰效应

有机锡化合物，尤其是三丁基锡（TBT），由于对多种海洋污损生物具有长期有效的杀生效果而被大量用于船舶防污漆。TBT 在防污的同时，对许多非目标生物也造成严重的损伤，甚至对海洋生态系统造成不可逆转的破坏。TBT 最显著的生态毒理学效应是能引起腹足类雌性个体产生不正常的雄性特征（图 9-11），包括阴茎和输精管的形成，即性畸变（imposex）（Gibbs and Bryan，1986）。性畸变严重时，会导致雌性个体生殖能力丧失，造成种群的衰退甚至局域性灭绝。TBT 由于能引起腹足类的性畸变而被认为是一种典型的环境内分泌干扰物。

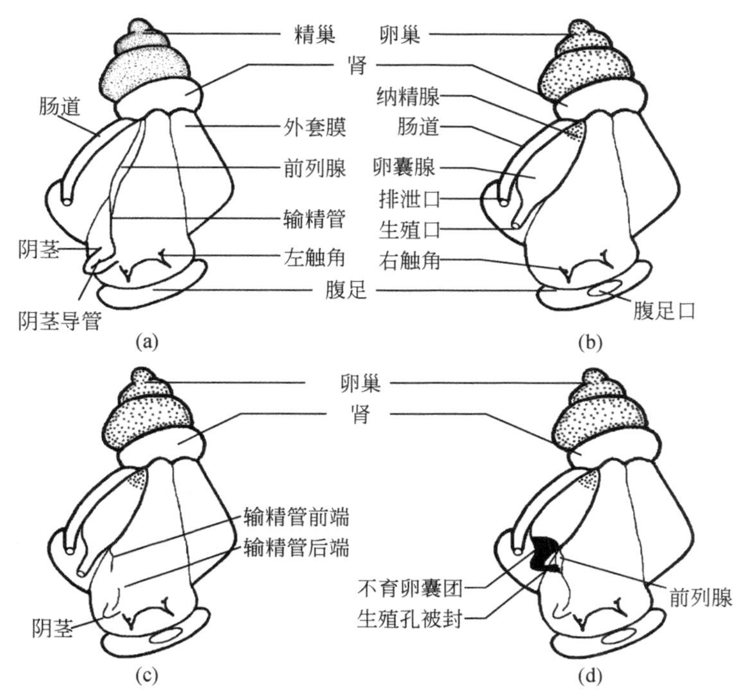

图 9-11　腹足类正常雌、雄个体和性畸变个体的解剖图（引自施华宏，2003）

（a）正常雄性个体；（b）正常雌性个体；（c）、（d）性畸变初期和后期个体

（1）发生性畸变的腹足类的种类

尽管腹足纲共约有 88 000 种，但并不是每一种都会发生性畸变。自从发现 TBT 可以引起腹足类性畸变之后，世界各地广泛开展了性畸变的调查工作。Fioroni 等（1991）根据当时的调查和文献资料归纳了 69 个性畸变腹足类的形态特征。DeFur 等（1999）的统计结果表明，已有 153 个腹足类性畸变种，这包括海水和淡水的种类。Shi 等（2005a）在统计了近几年亚太地区的一些调查结果表明，全世界发生性畸变的种类至少有 195 种。加上近两年的一些发现，估计至少在 200 种以上。

由于性畸变是在具有雌雄异体的种类中发生，且雌性个体能形成阴茎和输精管等雄性特征，因此，目前发现的性畸变种类都属于中腹足目和新腹足目。而这两目中为何有些种类没有发现性畸变现象目前还没有较好的解释。一般认为，腹足类的生态位与性畸变的发生有密切联系，不同种类对 TBT 代谢能力的差异也是造成性畸变发生与否和程度轻重的可能原因之一。

（2）性畸变的形态特征

性畸变的主要特征是产生阴茎和输精管等雄性生殖器官，雄性器官的形成是一个渐变的过程。例如，畸变个体往往先形成阴茎，然后形成输精管（图 9-12）。但有些种类没有形成阴茎便先形成输精管。随着污染浓度的增加，雄性化特征会更明显，也就是性畸变程度越严重。雌性个体在发生性畸变的过程中，总体是遵从雄性化的特征，称之为雄性结构效应，即雄性的结构特征可以在雌性个体中表现出来。

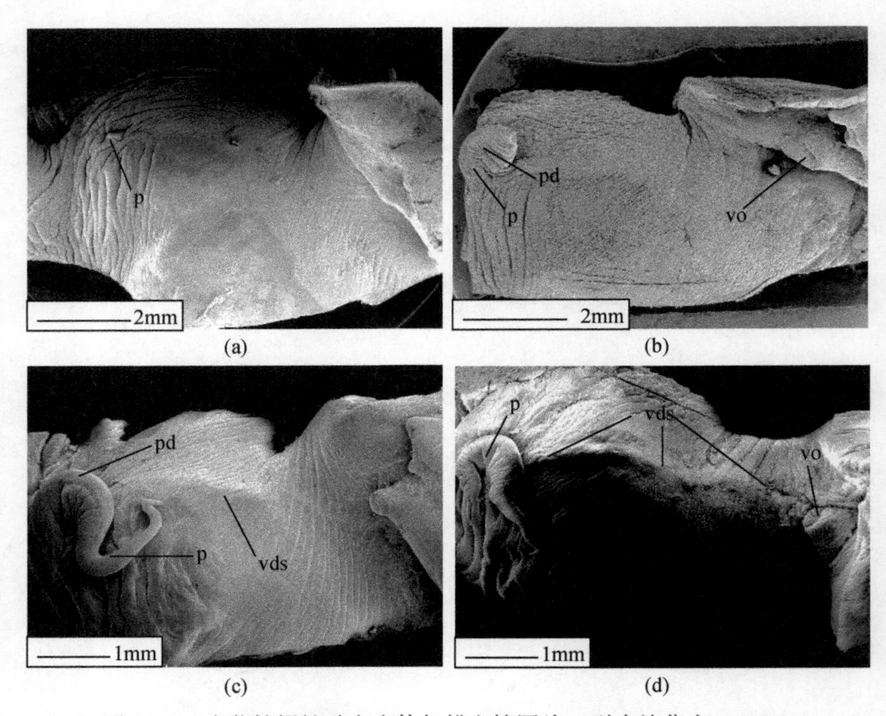

图 9-12　疣荔枝螺性畸变个体扫描电镜图片（引自施华宏，2003）

（a）仅在右触角后形成阴茎；（b）形成阴茎和阴茎导管；（c）形成阴茎和一段输精管；（d）形成阴茎和完整的输精管。p，阴茎；pd，阴茎导管；vds，一段输精管；vo，生殖孔口

当雄性结构发展到阻碍雌性个体完成正常的生殖功能时，就会导致雌性个体的生殖失败。正常的雌性个体有完整的卵囊腺，卵在卵囊腺中受精并形成卵囊团从生殖孔口排出［图 9-13(a)，(b)］。雌性个体败育有两种典型的情形：一是由于卵囊腺破裂而导致卵流失［图 9-13（c），(d)］；二是由于生殖道被阻塞而导致成熟的卵囊腺无法排出体外［图 9-13(e)、(f)］。

（3）性畸变的发生过程和畸变划分

为了便于评价种群性畸变的程度，研究者们根据畸变个体阴茎、输精管和雌性生殖道的损伤程度划分了不同的畸变阶段。Gibbs 和 Bryan（1986）根据雌性狗岩螺（*Nassarius lappilus*）输精管和阴茎的发达程度将输精管的发育（VDS）划分为 6 个阶段。而 Fioroni 等（1991）在此基础上，根据 69 个种的性畸变特征，按照每个阶段输精管发育的次序不同而分为 a、b 和 c 等多种不同的类型，Oehlmann 等（1991）据此绘制了经典的性畸变划分图。Shi 等（2005a，2005b）发现甲虫螺（*Cantharus cecillei*）的性畸变特征并不符合 Oehlmann 等（1991）的划分图，并根据已发现的 195 个性畸变种的特征，增加一种“*”

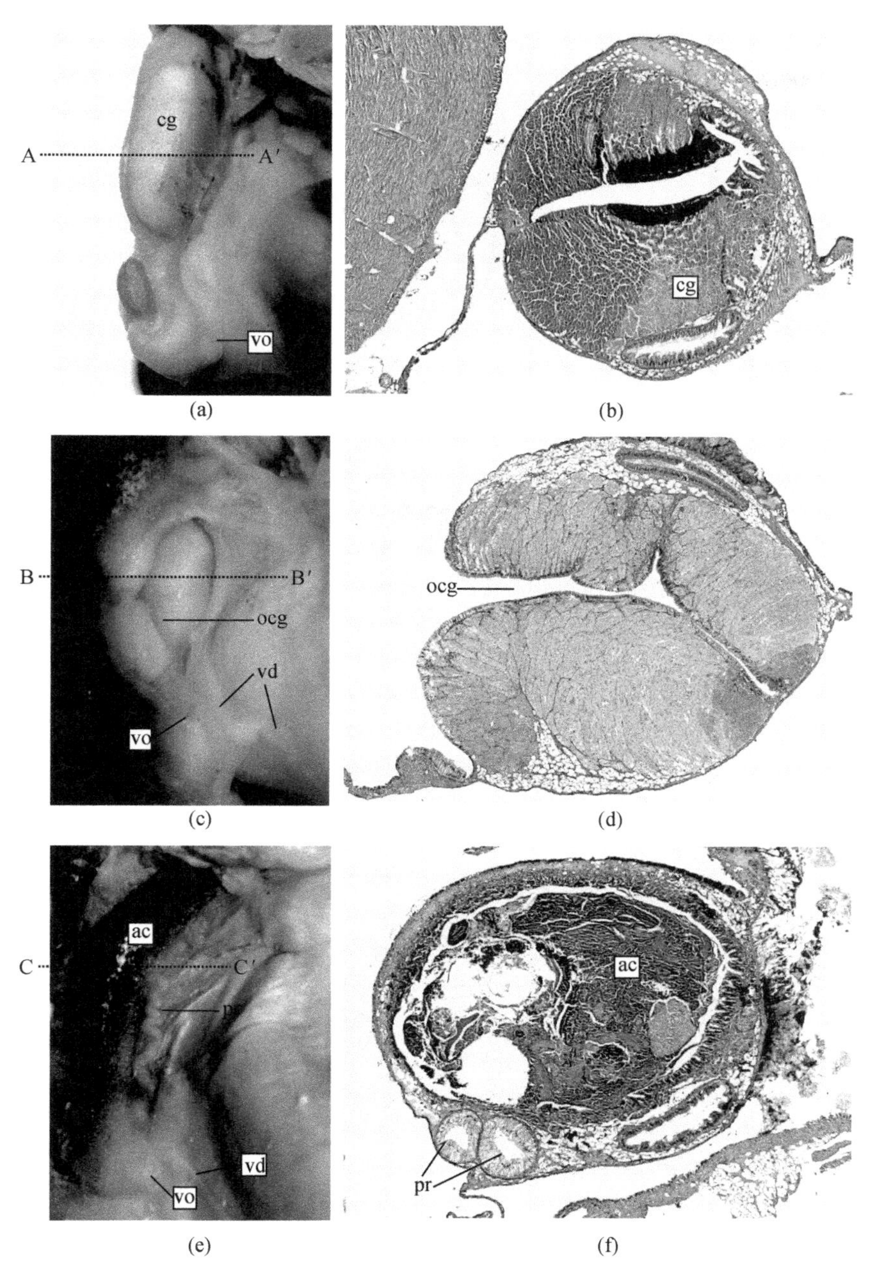

图 9-13 甲虫螺正常雌性和性畸变引起的雌性不育个体的形态和组织特征（引自施华宏，2003）

（a）、（b）正常雌性个体卵囊腺及其 AA′横切；（c）、（d）性畸变个体卵囊腺开裂及其 BB′横切；（e）、（f）性畸变个体卵囊腺含有败育卵囊团及其 CC′横切。ac，败育卵囊团；cg，卵囊腺；ocg，卵囊腺开裂；pr，前列腺；vd，输精管；vo，生殖孔口

类型，提出了普适的性畸变划分图（图 9-14）。

为表述和图示的方便，图 9-14 中将 nm* 与其对应的类型 nm 合并表述为 nm（*）。其中，n 表示第 n 阶段（0～6）；m 表示 a、b 和 c 三种不同的类型。由此，nm（*）表示第

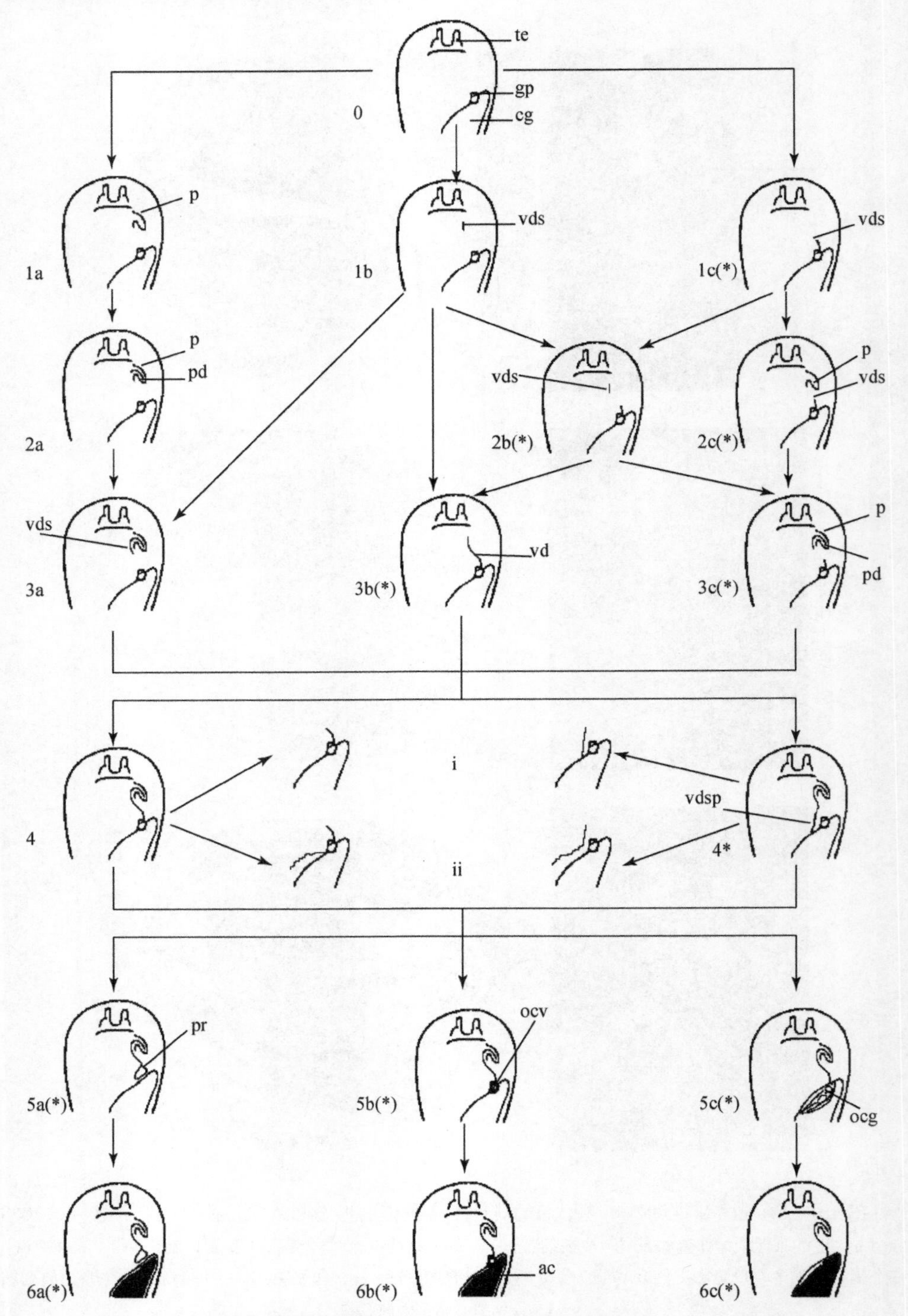

图 9-14　普适的腹足类性畸变发展过程划分图（引自 Shi et al.，2005b）

ac，不育卵囊团；cg，卵囊腺；gp，生殖乳突；ocg，开放的卵囊腺；ocv，生殖孔阻塞；p，阴茎；pd，阴茎导管；pr，前列腺；te，触角；vd，一段输精管；vds，输精管；vdsp，输精管绕过生殖孔口。0～6 表示畸变阶段；a、b、c 和 * 表示畸变类型

n 阶段的 m 和 m* 两种类型。由于空间的原因和方便起见，仅在第 4 阶段同时列出了 4 和 4* 的模式图，而在其他阶段仅用显示了 nm 类型的模式图，在模式图旁边标示 nm（*），以表明同时存在 m 和 m* 两种类型。

这一体系的提出更准确地反映了性畸变的形态变化，不仅有利于揭示某些种类雌性个体不育的原因，而且有利于性畸变程度的评价。由于性畸变是 TBT 污染的有效生物检测手段，不同研究者往往采取不同的指示种或划分体系来评价性畸变程度，这势必造成数据间对比的困难，因此，可以根据上述普适的性畸变划分体系进行种间数据的对比。

（4）性畸变衰退种群的恢复机制

腹足类性畸变作为 TBT 污染的生物监测指标和环境激素在种群水平上的典型效应而备受关注（施华宏等，2004）。为了保护海洋生态环境和人类健康，自 20 世纪 80 年代，TBT 防污漆便开始被一些发达国家不同程度地限制使用，国际海事组织（IMO）规定从 2003 年开始全面禁止在船体上涂含有 TBT 的防污漆，到 2008 年禁止船体上再出现 TBT 防污漆。随着法规效果的逐步显现，TBT 污染和腹足类性畸变程度有望减轻。然而，目前对衰退种群的恢复仅限于监测性调查，尽管调查结果明确，但对其中一些关键问题的阐释还充满争议，还无法对法规的效果做出有效的评价。因此，需要深入开展性畸变腹足类种群的恢复机制研究，认识性畸变种群恢复的本质规律。这不仅是一个完整的 TBT 污染事件中不可或缺的一环，而且通过揭示受损种群的自然恢复过程对环境内分泌干扰物管理法规的制定等具有重要意义。

根据现有的研究和相关资料得知：①法规是逐步实施的过程；②TBT 在底泥中的降解是缓慢的过程，TBT 污染具有局域化特征；③性畸变个体的发展具有阶段性和不可逆性，种群性畸变程度在区域上表现出梯度特征，畸变程度的减轻具有时滞性（Champ，2000）。基于上述分析，我们认为腹足类性畸变衰退种群的恢复在时空上将表现出“梯级恢复”（cascade recovery）的趋势，即种群恢复是其在时间上由衰退型向稳定型和增长型逐步转化，在空间上由轻污染区向中污染区和重污染区逐级推进的过程。种群恢复在时间上不同步，在空间上不均衡，各阶段应满足不同的条件并表现出不同的特征。

对种群恢复机制的研究就是揭示种群在时空上的动态规律，种群恢复的条件、过程、方式和周期等将是种群恢复机制研究的核心内容（图 9-15）。采用一些相关学科的技术手段将有利于对这一问题的研究。例如，在 TBT 的影响下，腹足类种群的衰退、灭绝和重建

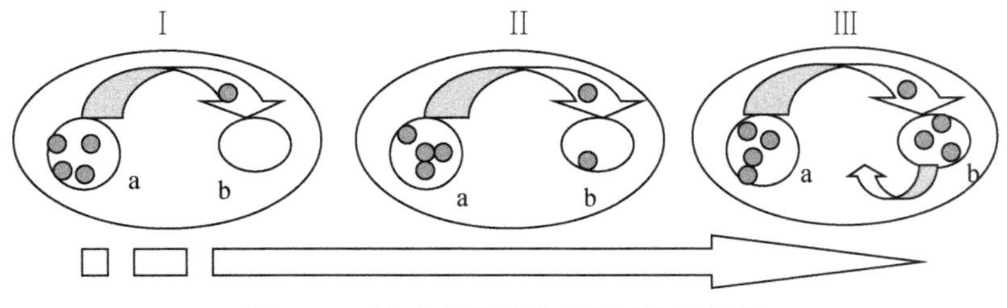

图 9-15　性畸变腹足类种群的恢复过程

Ⅰ. 腹足类个体从邻近区域向种群衰退或灭绝区域迁移；Ⅱ. 衰退种群个体得到增补或迁移个体在灭绝区域的定殖过程；Ⅲ. 衰退种群得以恢复或灭绝区域种群得以重建；a，TBT 轻污染区；b，TBT 严重污染区，污染程度正逐步减轻

过程正好满足集合种群理论的条件，种群间的个体迁移依靠海流传送的方式使其地理空间特性尤为突出，因此，集合种群理论（metapopulation）与地理信息系统（GIS）等将为恢复机制的研究提供帮助。

9.2.2.2 有机锡引起腹足类性畸变的分子机制

目前，关于 TBT 如何引起腹足类性畸变的分子机制还没有定论，主要有如下三类五种假说。①脊椎动物类型的类固醇假说。这一类型假说又可以分为以下三种。第一种芳香化酶抑制假说：TBT 能抑制负责将睾酮转化为雌二醇的芳香化酶的活性，造成睾酮在体内的积累并引起性畸变（Spooner et al.，1991）；第二种睾酮清除抑制假说：TBT 能抑制睾酮的磺基化过程，降低体内睾酮的清除速率，从而导致体内睾酮水平上升（Ronis and Mason，1996）；第三种游离-脂肪酸结合睾酮水平调节假说：TBT 能抑制将睾酮转化为脂肪酸醚的酶——乙酰辅酶-A 与睾酮乙酰转移酶（Gooding and Leblanc，2001）。②神经肽假说。TBT 能阻碍神经内分泌因子——阴茎抑制因子（PRF）的释放，这一因子负责抑制雌性个体中阴茎的表达（Oberdorster et al.，2005）。③维甲酸 X 核受体假说。TBT 能与维甲酸 X 核受体（RXR）结合，而 RXR 在腹足类中具有雄激素受体的功能（Nishika et al.，2004）。

总体而言，维甲酸 X 核受体结合是目前为止最普遍认可的假说。似乎还没有实验在三大类假说中建立某种联系，其实，要开展这一实验相对比较简单，可将腹足类暴露于其中一种性畸变诱导剂和一种拮抗剂中，然后采用药理学的方法敲除由另一种假说涉及的受体。类似实验的开展有利于从整体上考虑性畸变的分子机制。同时，从形态发生学的角度出发也是揭示性畸变机制的一个可能的突破口（Shi et al.，2005a）。

9.2.2.3 腹足类性畸变对有机锡污染的生物监测作用

大量的野外调查和实验都表明了腹足类性畸变与 TBT 的相关性。因此，TBT 被认定为引起腹足类性畸变的特定污染物，而腹足类也因其性畸变的特殊性、不可逆性和对 TBT 的敏感性被作为 TBT 污染的指示种。施华宏等（2002）根据对中国大陆沿海性畸变的调查结果，参考香港和台湾地区的调查以及其他研究者对有机锡污染的生物监测方案，提出了中国沿海有机锡污染生物监测的初步方案。

该方案选取疣荔枝螺作为污染指示种，参照普适的性畸变划分方法，将疣荔枝螺的性畸变程度分为 S_0 ~ S_6 共 7 个阶段，采用性畸变率（incidence of imposex，IOI）、阴茎相对大小指数（relative penis size index，RPSI）、输精管发育程度指数（vas deference sequence index，VDSI）和性比（sex ration，SR）等指标评价种群的性畸变程度。

根据这一方案，施华宏（2003）于 2000 ~ 2002 年对中国大陆沿海疣荔枝螺性畸变进行了全面调查（图 9-16），结果表明，除了广东汕头南澳岛两个站点（站点 21 和 24）的疣荔枝螺没有发生性畸变，烟台芝罘岛（站点 4）的性畸变程度仅有 70% 之外，其余所有站点的疣荔枝螺性畸变率都在 90% 以上 [图 9-17(a)]。从 RPSI 来看 [图 9-17(b)]，在汕头港以北采集的疣荔枝螺，RPSI 都没有超过 20%，而在汕头以南的 18 个站点中采集的疣荔枝螺，RPSI 有 11 个站点超过了 20%，尤其是盐田港、蛇口港、湛江港和海口港等地，RPSI 更是高达 50% 以上。

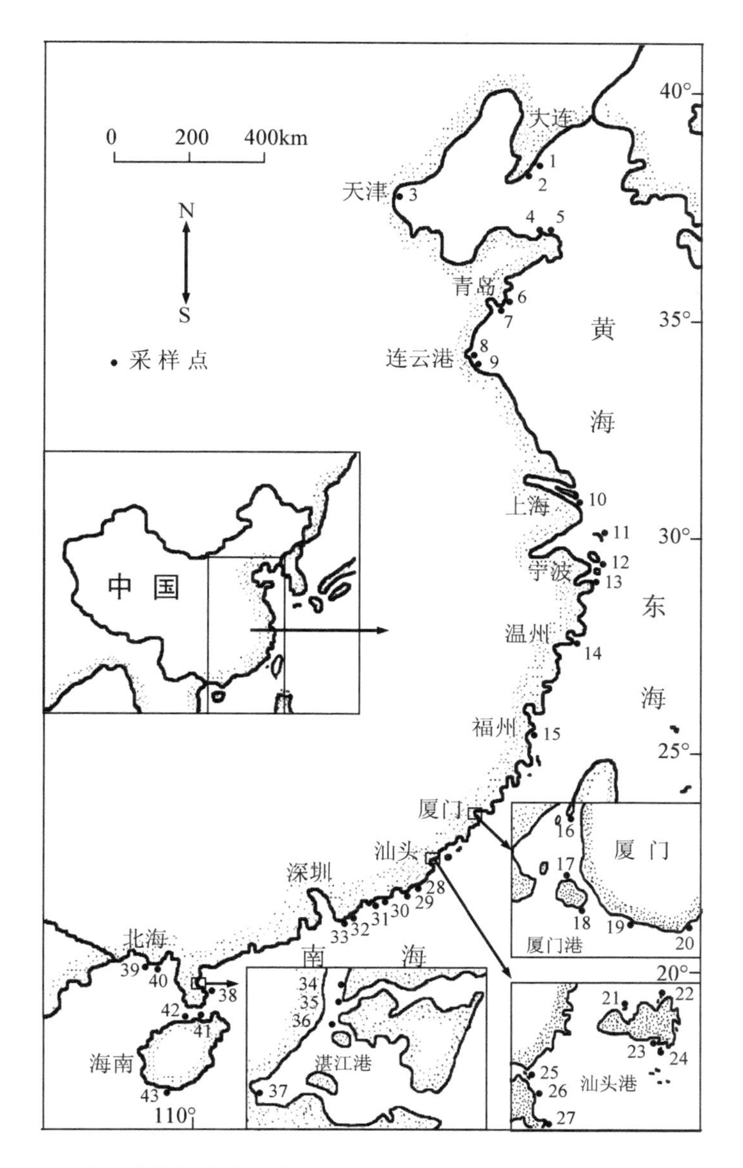

图 9-16 中国沿海海产腹足类性畸变调查区域和站点（引自施华宏，2003）

同样，在汕头港以北的 18 个站点中，除了厦门火烧屿的 VDSI 为 4.29 之外，其余的所有站点的 VDSI 都没有超过 4 ［图 9-17(c)］。同时，仅仅在厦门火烧屿发现了雌性不育个体，在其他站点都没有发现雌性不育个体。在厦门以北的站点中还没有发现不育卵囊团。而在汕头港以南的区域，有 13 个站点的 VDSI 超过了 4，即在这些站点都有雌性不育个体。而且，惠州港、盐田港、蛇口港、湛江港和海口港采集的疣荔枝螺的 VDSI 超过了 5，即这些站点中的雌性个体中已经发现有不育卵囊团，雌性不育个体至少超过了 50%。

SRI 在汕头港以北的站点中只有 4 个站点的值低于 1 ［图 9-17(d)］，而在汕头港以南有 12 个站点的 SRI 小于 1，尤其是 VDSI 和 RPSI 较高的惠州港、盐田港、蛇口港、湛江港和海口港的站点，疣荔枝螺的 SRI 值较低。

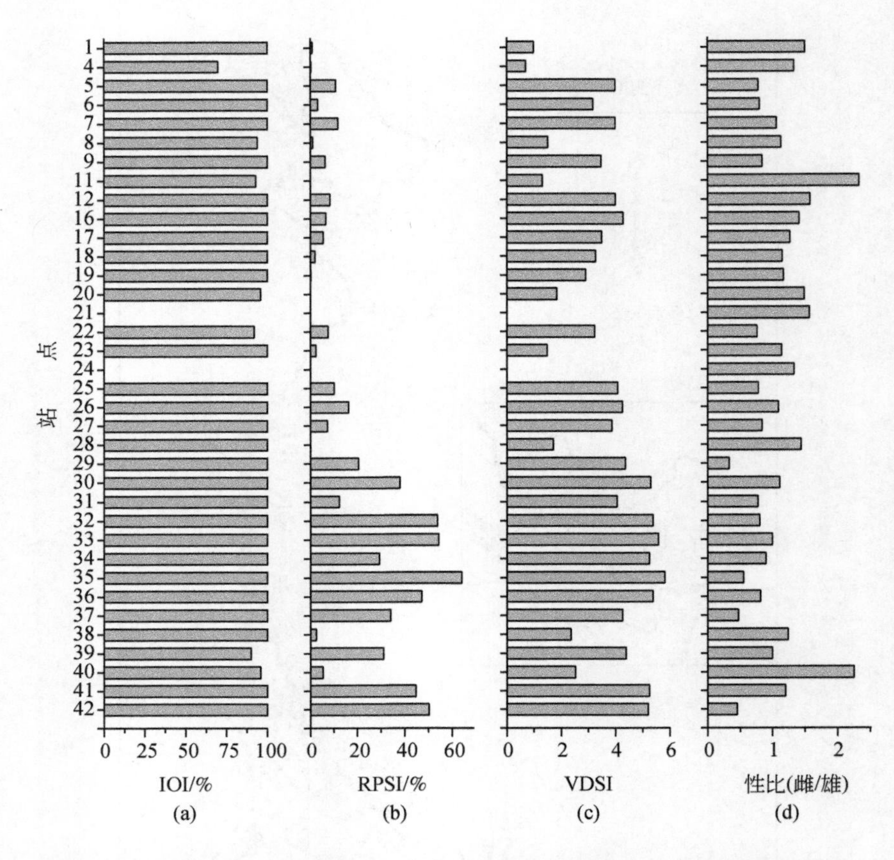

图 9-17　2000～2002 年中国沿海疣荔枝螺性畸变程度（引自施华宏，2003）

9.3　污染物对鱼类和两栖类动物的甲状腺激素干扰效应及其作用机制

9.3.1　污染物对鱼类的甲状腺激素干扰效应及其作用机制

9.3.1.1　鱼类甲状腺

(1) 鱼类甲状腺的结构和功能

哺乳动物的甲状腺呈单独的腺体，而鱼类的甲状腺则由一些分散的甲状腺滤泡组成，主要集中在下颌部第一至第三对鳃弓的入鳃动脉和腹大动脉交叉处［图 9-18(a)］。与哺乳动物类似，鱼类甲状腺滤泡由单层上皮细胞围绕而成，其内充满胶质［图 9-18(b)］。甲状腺激素在鱼类的生长、发育和繁殖等方面具有重要的生理作用。甲状腺激素在鱼卵中的含量很高，在鱼类胚胎的发育和幼鱼至成鱼的变形过程中能诱导鱼类生长激素的分泌，

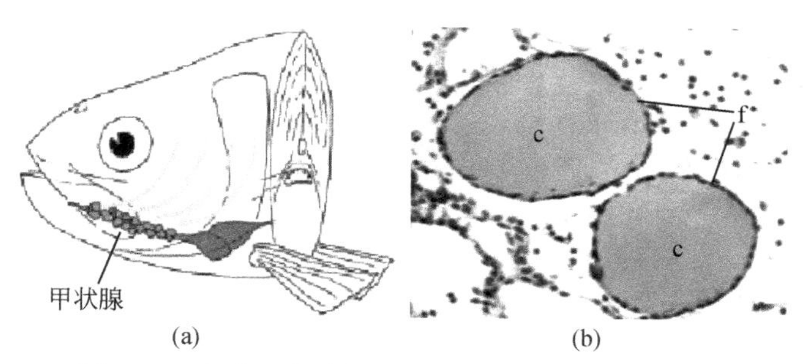

图 9-18　鱼类甲状腺的解剖（a）和组织（b）结构
c，胶质；f，滤泡上皮

促进鱼类的变形，增加鱼类的存活率（Power et al.，2001）。此外，甲状腺激素还能影响鱼类中枢神经系统的机能和鱼类的行为等（Eales and Brown，1993）。目前普遍认为甲状腺激素对增强鱼类基础代谢的作用不大（Brown et al.，2004）。

（2）鱼类甲状腺激素的合成、分泌和运输

鱼类甲状腺滤泡富集碘离子，由过氧物酶催化氧化成活性碘，并与酪氨酸作用形成甲状腺激素（四碘甲状腺原氨酸）T_4或（三碘甲状腺原氨酸）T_3（图 9-19）。与哺乳动物不同，鱼类甲状腺几乎不合成 T_3。鱼类甲状腺的活动受到脑—垂体—甲状腺轴的调节，鱼脑主要通过神经调节促使垂体分泌促甲状腺激素（TSH），TSH 作用于甲状腺促使其合成和分泌甲状腺激素，鱼类血清 T_4 水平对 TSH 的释放具有反馈作用。T_4进入血液后，与血清内的运载蛋白结合，使游离的 T_4（FT_4）进入组织的细胞。人类血清中主要的甲状腺激素运载蛋白为甲状腺素结合球蛋白（TBG），而在鱼类中主要是甲状腺素结合前清蛋白（TTR）和白蛋白，TTR 对 T_3的结合能力要高于 T_4（Eales and Brown，1993）。

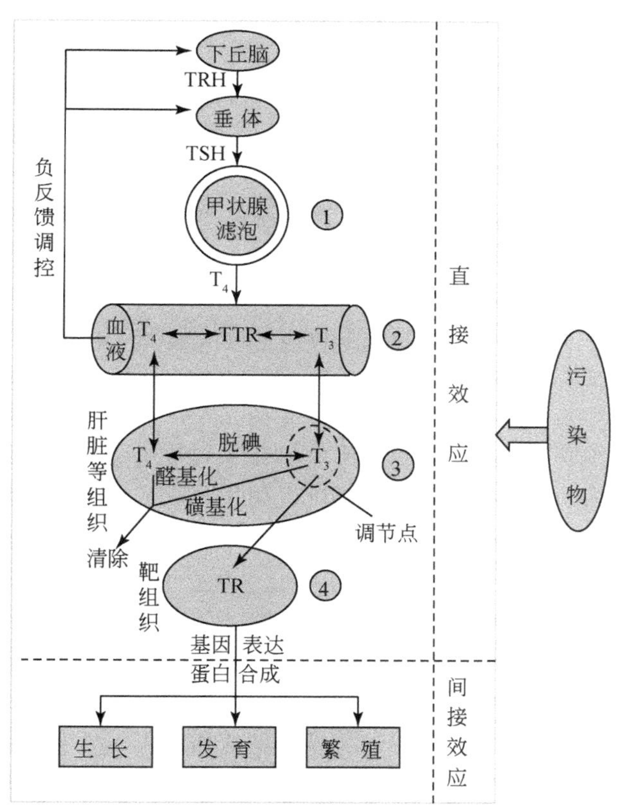

图 9-19　鱼类甲状腺的结构、功能以及污染物对鱼类甲状腺激素的干扰效应和作用机制（引自瞿璟琰等，2007a）
污染物通过干扰甲状腺激素的合成与分泌（1）、转运（2）、相关酶活性（3）及作用过程（4）等方式对鱼类产生直接和间接的效应；TRH，促甲状腺激素释放激素；TSH，促甲状腺激素；TR，甲状腺激素核受体；T_3，三碘甲状腺原氨酸；T_4，四碘甲状腺原氨酸

(3) 鱼类甲状腺激素的代谢和排除

血液循环中的 T_3 大部分来自 T_4 的脱碘转化，脱碘作用主要发生在肝脏等组织。T_4 经过外脱碘形成生物活性很高的 T_3，再由血液运输到靶组织发挥调节作用。T_4 也可以经内脱碘形成没有活性的反 T_3(rT_3)，T_3 和 rT_3 再经脱碘形成 T_2。与哺乳动物不同，鱼类甲状腺激素脱碘转化的过程主要受外周组织对 T_3 需求程度的影响，也就是说鱼类具有以 T_3 为中心的周围调控系统。甲状腺激素脱碘的过程需要脱碘酶(ID)的催化，ID 在鱼类中的分布、作用和对甲状腺激素的敏感性与哺乳动物有所不同（Orozco and Valverde-R，2005）。T_3、rT_3 和 T_2 等可以通过硫酸化和葡萄糖苷化等过程而失活，且水溶性增加，从体内排出的速率加快。硫酸化和葡萄糖苷化过程主要在肝脏中进行，分别受到硫酸基转移酶（SULT）和 UDPGT 的催化，代谢产物可以通过胆汁、鳃和皮肤等排出体外（Eales and Brown，1993）。

(4) 鱼类甲状腺激素 T_3 的作用

在鱼类中，甲状腺激素本身的效应并不明显，它们主要通过引导激活的方式改变其他调节因子的活性而发挥作用。例如，在虹鳟鱼中，甲状腺激素通过调节促进雌二醇生成的促性腺素的活性，来调控鱼类早期卵巢的发育。T_3 进入靶组织细胞后，能与甲状腺激素核受体（TR）结合形成复合物，复合物再与目标 DNA 上的 TR 应答因子（TRE）结合，调控下游目的基因的表达。TR 在与 TRE 结合之前，一般与其他核受体形成同型或异型二聚体，或者与参与基因转录调节的共调节蛋白形成复合物。

由此可见，鱼类的甲状腺系统与哺乳动物的有明显差异，主要包括：①鱼类甲状腺滤泡在鱼体内不成腺体，而是散布的；②甲状腺滤泡主要合成 T_4，几乎不合成 T_3，而且只受血清 T_4 水平的反馈调节；③鱼类血清内的 THs 运载蛋白以 TTR 和白蛋白为主，它们与 T_3 的结合能力要高于 T_4；④鱼类具有以 T_3 为中心的外周调控系统，其中 ID 对 T_3 的调节起着重要的作用；⑤鱼类中的 THs 主要通过引导激活的方式，广泛参与调节鱼类的生长、发育和生殖等过程，而对基础代谢的调节可能作用不大。

9.3.1.2 污染物对鱼类的甲状腺激素干扰效应

污染物对鱼类甲状腺激素的干扰可分为直接和间接两类效应：一方面，污染物能对鱼类甲状腺系统产生直接的干扰，主要包括对甲状腺激素水平、甲状腺激素相关酶活性及甲状腺结构等的影响；另一方面，污染物还可以通过干扰鱼类甲状腺系统而对甲状腺激素调节的重要生理过程，如生长、繁殖和发育等产生影响。

(1) 污染物对鱼类甲状腺激素和 TSH 水平的影响

甲状腺激素保持在一个合理的水平是其正常调节生物体诸多生理过程的基础。然而，许多污染物都能引起鱼类甲状腺激素水平的失衡，最为常见的是污染物导致甲状腺激素水平的下降，即甲减。将红鲫（*Carassius auratus*）分别暴露于 0.5mg/L 四溴双酚 A（TBBPA 和 0.1mg/L 五溴酚（PBP）中 28d，结果显示，TBBPA 能使红鲫血清 TT_4 和 TT_3 水平降低，rT_3 水平升高。PBP 对红鲫甲状腺系统的干扰要小于 TBBPA，它对红鲫血清 TT_3 水平几乎没有影响（图 9-20）（瞿璟琰等，2008）。在哺乳动物中，上述污染物除了引起甲减外，还能导致 TSH 水平的上升。然而，由于鱼类中 TSH 的测定方法还不成熟，很少有文献报道污染物引起 TSH 的变化。

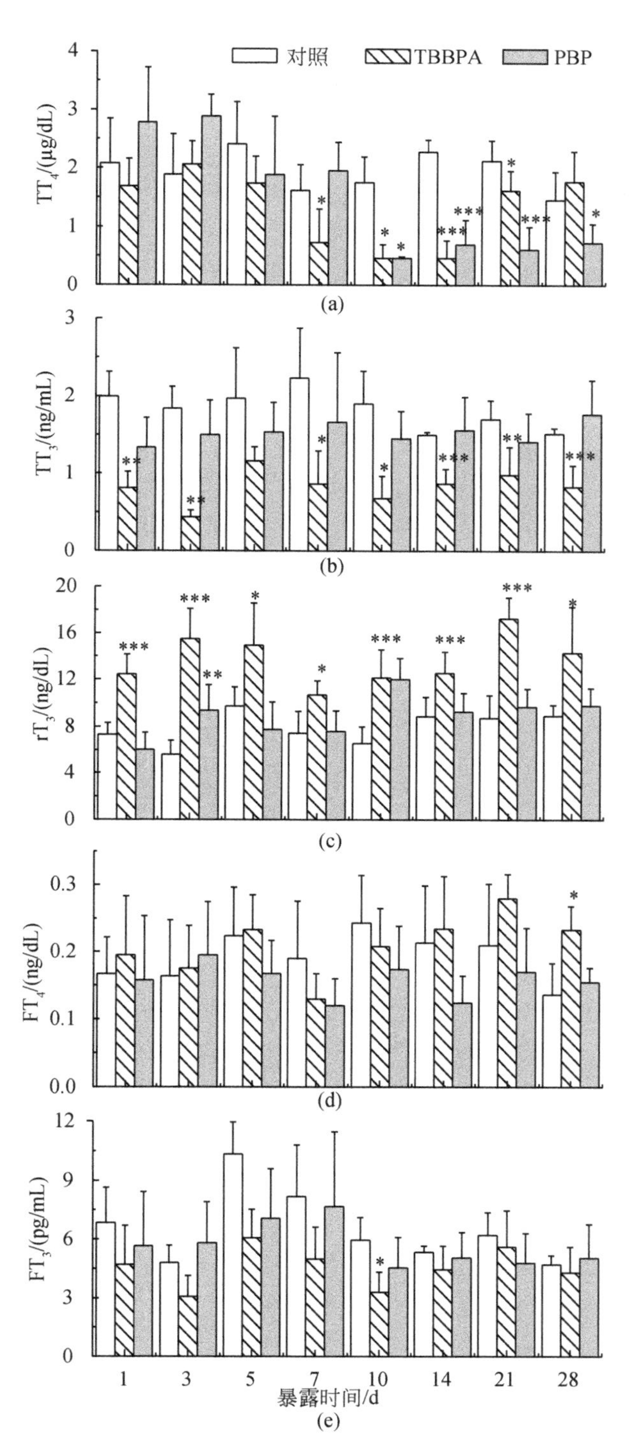

图 9-20 TBBPA（0.5mg/L）和 PBP（0.1mg/L）对红鲫血清甲状腺激素水平的影响（引自瞿璟琰等，2008）

n=4～6，与平行对照相比。*，P<0.05；**，P<0.01；***，P<0.001

(2) 污染物对鱼类甲状腺组织结构的影响

甲状腺组织学的变化不仅可以反映外源化合物对甲状腺的损伤效应，而且与污染物的致毒机制息息相关。污染物引起鱼类甲状腺组织结构变化的方式多种多样，主要包括甲状腺滤泡上皮厚度改变、滤泡细胞肥大、增生、胶质减少、血管增生和充血等现象。通过观测甲状腺上皮细胞肥大率和增生率、胶质减少率、胶质/滤泡面积值以及血管增生分数等指标，能对污染物的甲状腺激素干扰效应进行评估。例如，TBBPA 和高氯酸盐能引起红鲫甲状腺滤泡上皮增厚和细胞增生，而 $CdCl_2$ 暴露则导致红鲫甲状腺滤泡上皮细胞厚度变薄（图 9-21）（瞿璟琰等，2007b）。

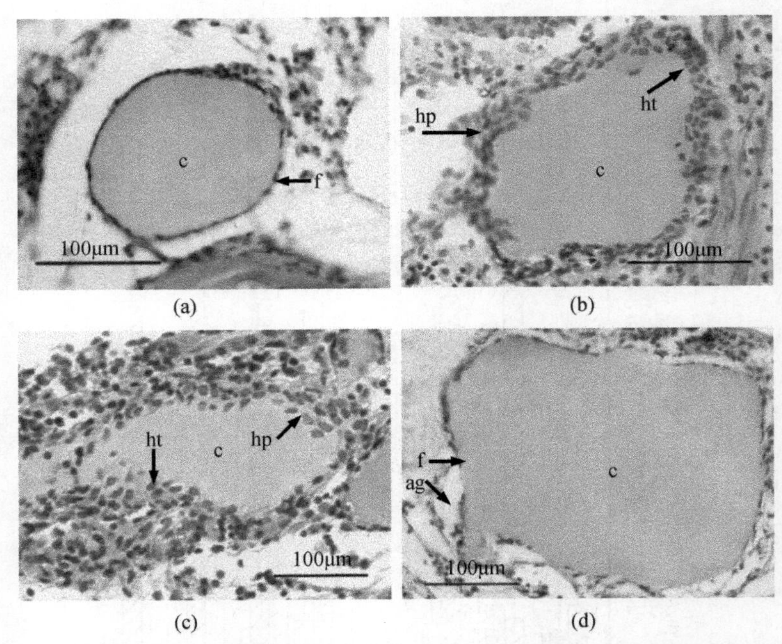

图 9-21　污染物对红鲫甲状腺组织结构（H. E. 染色）的影响（引自瞿璟琰等，2007b）

（a）空白对照；（b）0. 25mg/L TBBPA 暴露 4 周；（c）100mg/L 高氯酸钠（$NaClO_4$）暴露 4 周；（d）0. 25mg/L 氯化镉（$CdCl_2$）暴露 6 周。ag，血管增生；c，胶质；f，滤泡；h，滤泡上皮增厚；hp，滤泡细胞增生；ht，滤泡细胞肥大

(3) 污染物对鱼类甲状腺激素代谢关键酶活性的影响

在鱼类甲状腺激素的代谢过程中，有一系列酶参与其中。许多污染物能引起这些代谢关键酶活性的变化（Wang and James，2006）。0. 5mg/L TBBPA 能引起红鲫肝脏脱碘酶 ID2 和 ID3 活性升高，而 PBP 对红鲫 ID2 活性几乎没有影响（图 9-22）（瞿璟琰等，2008）。综合 TBBPA 对红鲫血清甲状腺激素水平和甲状腺组织结构的影响，可以推断 TBBPA 能够干扰红鲫体内甲状腺激素的稳态，加速甲状腺激素在肝脏内的转化和代谢，并引起甲状腺结构和功能改变。

(4) 污染物对鱼类甲调基因的影响

甲状腺激素往往通过调节相关基因的表达来实现其对生理过程的调控，如 TRα mRNA 和 TRβ mRNA 的表达水平就是受体内甲状腺激素水平调节的。实验表明，污染物可以引起蛙类和大鼠 TR mRNA 表达水平的变化（Veldhoen et al.，2006）。尽管目前还没有污染物影响鱼类甲调基因的报道，但由于 TRα mRNA 和 TRβ mRNA 在鱼类胚胎发育早期就有表达，中囊胚期开始有所上升，直到变形期结束、幼体发育成熟后表达才回落，因此，可以推测，污染物也可能引起鱼类中类似甲调基因的表达。

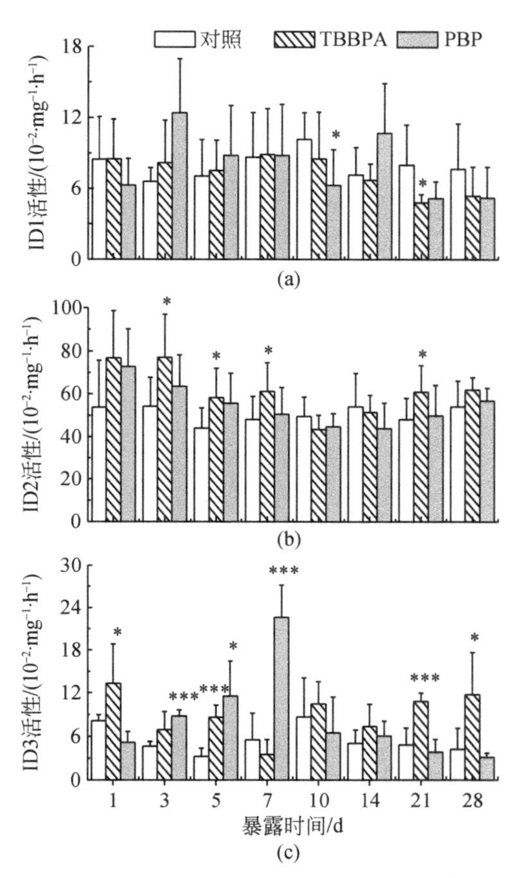

图 9-22　TBBPA（0.5 mg/L）和 PBP（0.1mg/L）暴露对红鲫血清肝脏脱碘酶活性的影响（引自瞿璟琰等，2008）

n=4～6，与平行对照相比。*，P<0.05；**，P<0.01；***，P<0.001

（5）对鱼类生长、发育和繁殖的影响

由于甲状腺激素在鱼类的生长、发育和繁殖等方面具有重要的调节作用（Power et al.，2001），因此污染物可以通过影响鱼类的甲状腺系统对甲状腺激素调节的生理过程产生后续影响。例如，高氯酸铵等能引起大头鱼发育迟缓、幼鱼的长度和体重减小，还能抑制斑马鱼的生殖，产生生殖毒性；丙硫氧嘧啶也能对斑马鱼的生活史产生影响，导致成熟卵母细胞变小，孵化过程受到抑制，幼鱼发生畸形，身长和体重下降等（van der Ven et al.，2006）。不过，目前还没有将污染物对鱼类个体水平的影响与对甲状腺系统的直接干扰联系起来的研究，因此，污染物对鱼类生长、发育和繁殖的影响是否与甲状腺激素干扰效应有关还有待进一步研究。

9.3.1.3 污染物干扰鱼类甲状腺激素的作用机制

污染物可能对甲状腺激素从合成到排除的各个环节产生作用。根据鱼类甲状腺激素系统的特点和污染物对鱼类的甲状腺激素干扰效应，可以将污染物对鱼类甲状腺激素的干扰机制归纳为以下几种主要方式。

(1) 干扰甲状腺激素在甲状腺滤泡内的合成与分泌

尽管鱼类可以通过鳃从水中摄入碘离子而不易造成体内碘的缺乏，但有些污染物可以直接作用于甲状腺。例如，高氯酸盐等能竞争性地抑制甲状腺滤泡对碘的吸收，丙硫氧嘧啶等能抑制甲状腺内甲状腺过氧化物酶的活性，并最终阻碍甲状腺激素的合成（Brown et al.，2004）。

(2) 干扰甲状腺激素在血液中的转运过程

一些与甲状腺激素结构相似的化合物能够与血液内甲状腺激素运载蛋白竞争性结合，导致血液内游离甲状腺激素增多，甲状腺激素的清除加快，血清甲状腺激素水平下降。例如，PCBs 及其代谢物就可能通过这一途径，引起鱼体内甲状腺激素的循环水平降低。此外，体外实验已经证实，部分溴化阻燃剂（BFR）与 TTR 有很强的结合能力，其在体内可能通过与血清 TTR 竞争性结合而引起甲状腺激素水平的变化（Meerts et al.，2000）。

(3) 干扰甲状腺激素在肝脏等组织内的转化和清除

一些污染物可以通过影响甲状腺激素代谢过程中的脱碘、硫酸化和葡萄糖苷化等作用，干扰甲状腺激素在体内的转化和清除过程。例如，Cd^{2+} 等能引起细胞脂质过氧化，从而抑制肝脏 ID 和磺基转移酶（SULT）的活性；一些卤代芳香烃化合物（PHAHs）能通过竞争或非竞争性结合，抑制甲状腺激素的硫酸化过程。

(4) 干扰 T_3 与 TR 的相互作用

污染物能通过与 TR 结合、改变 TR 磷酸化或与其共调节蛋白相互作用等方式影响 T_3 与 TR 的结合和信号传递过程（Janošek et al.，2006）。例如，双酚 A（BPA）能与 TR 竞争性结合，PCBs 能阻碍 TR/RXR 受体复合物与 TRE 的结合，抑制 TR 介导的转录过程。一直以来，污染物与 TR 的作用被忽视。随着近两年对多种污染物与 TR 作用的证实（Zoeller，2005），TR 介导被认为是甲状腺激素干扰物的一种新的作用机制（Tabb and Blumberg，2006）。

除以上提到的几类作用方式外，污染物还能干扰生物体甲状腺激素系统的其他环节，如抑制 TSH 的合成、干扰 TSH 受体的作用和影响组织对甲状腺激素的吸收等。污染物可以通过上述一种或多种机制对鱼类产生影响。例如，PCBs 既能干扰甲状腺激素的运输过程，也能干扰 T_3 与 TR 的结合，还能直接与代谢酶相互作用。污染物也可以通过对鱼类甲状腺激素的不同作用机制而产生相同的效应，如高氯酸盐、丙硫氧嘧啶、PCBs 和 $CdCl_2$ 等都能导致鱼类甲状腺激素 T_4 或 T_3 水平的下降，但其作用机制却各不相同。因此，在研究污染物对鱼类甲状腺激素干扰机制时，必须通过体内外的多种实验方法，检测相关联的多项指标并进行综合分析。

9.3.2 污染物对两栖类动物的甲状腺激素干扰效应及其作用机制

9.3.2.1 两栖类动物的变态过程

两栖类动物在变态期，形态上发生了很大的改变（图 9-23）。本质上，两栖类动物在变态期主要发生了三个重要的变化：第一个变化就是蝌蚪特定器官的瓦解和消化，其中最明显的就是变态高潮期尾巴的吸收；第二个变化就是新的增殖细胞形成新的组织，在胚胎发育过程中，新细胞的分化，最终都形成了新的组织，发育成后腿芽；第三个变化就是现有器官系统的重建，形成完善的肝脏、肺和肠（Shi，2000；Brown and Cai，2007）。

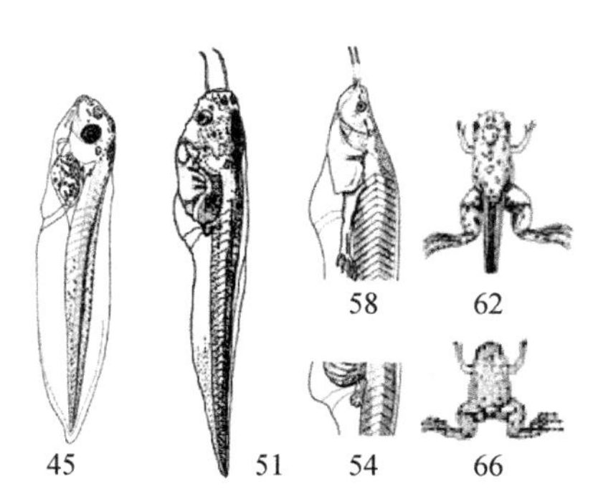

图 9-23　非洲爪蟾变态过程的部分发育阶段（Nieuwkop and Faber，1956）

尾巴和鳃：在变态期间，一些器官被吸收，其中尾巴和鳃完全消退了。其他组织，如表皮、结缔组织、肌肉组织、血管和脊索等也被部分吸收。尾巴的吸收是在变态的高潮期，大概在 62 阶段左右，在这期间亚细胞结构裂解，如线粒体，在 65 至 66 阶段尾鳍完全裂解。

四肢：四肢是蛙独特的器官，它们在变态时发育。后肢发育是蛙变态中最早的变化之一。对于非洲爪蟾（*Xenopus laevis*），后肢芽在 46 阶段才首次可以看见。后来，肢芽在体积上增大，就像是蝌蚪在成长。然而，后肢芽细小的形态变化在 54 阶段发生，54 阶段时，甲状腺开始正常运作。因此，后肢芽的形成和发育不需要甲状腺激素。在 54 阶段与 58 阶段之间，后肢芽开始分开并且随着内生甲状腺激素水平的上升经历形态变化来形成足趾。在 58 阶段之后，肢芽在体积上增大，但是形态上的变化甚微。

相对后肢而言，前肢要稍晚一些发育。爪蟾的前肢芽是在 48 阶段才首次可以看见。同时，原始芽的发育发生在围鳃盖或围鳃腔，并且其生长不依赖于甲状腺激素。同后肢一样，前肢在 53 阶段后经历变形，这时可以得到内生甲状腺激素。直到 58 阶段，前肢破皮而出，而前肢的变形也随之完成。接下来，前肢仅仅在体积上长大，并最终形成和后肢类似的结构。

9.3.2.2　甲状腺激素对爪蟾变态过程的调节

爪蟾的变态过程主要是受甲状腺激素控制的，而甲状腺激素主要是由甲状腺合成和分泌的。爪蟾的甲状腺是在胚胎晚期开始发育，主要分布在下颌部舌骨后角和舌骨后侧突之间，由滤泡组成，甲状腺滤泡大多呈圆形或椭圆形，滤泡周围均匀分布单层的上皮细胞，细胞呈扁平状，滤泡腔内充满均匀的胶质（图 9-24）。甲状腺中主要合成和分泌 T_4 和 T_3 两种甲状腺激素。甲状腺滤泡浓集碘离子，由过氧化物酶催化氧化成活性碘，与酪氨酸作用形成 T_4 或者 T_3。碘化过程发生在由滤泡细胞合成的甲状腺球蛋白的酪氨酸残基上，合成的 THs 储存于甲状腺滤泡胶质内。甲状腺的活动受脑—下丘脑—垂体—甲状腺轴的调节，脑和下丘脑主要通过神经分泌纤维分泌神经递质促使垂体释放 TSH，TSH 作用于甲状腺促使其合成和分泌 THs。

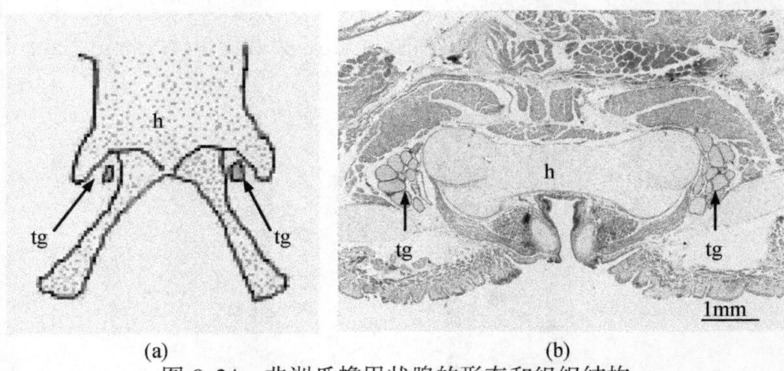

图 9-24　非洲爪蟾甲状腺的形态和组织结构

h，甜；tg，甲状腺

在爪蟾的变态过程中，甲状腺激素起着重要的作用。在 54 阶段以前，蝌蚪体内几乎不含甲状腺激素。在 54 ~ 58 阶段，蝌蚪体内的 T_4 和 T_3 的浓度水平逐渐上升，伴随着这个过程，蝌蚪经历了生长和形态学上的转变，其中最显著的是后肢的发育。从后腿芽的出现，到长出脚趾，既而前腿芽出现，到前腿展开，这一系列的过程都受到甲状腺激素的影响。最后，在变态高潮期（58 ~ 66 阶段），甲状腺激素含量达到了顶点，这时蝌蚪停止了进食，并且变态速率很快，其中最明显的表现就是尾巴的吸收。完成变态后，体内甲状腺激素水平也降低了（图 9-25）。

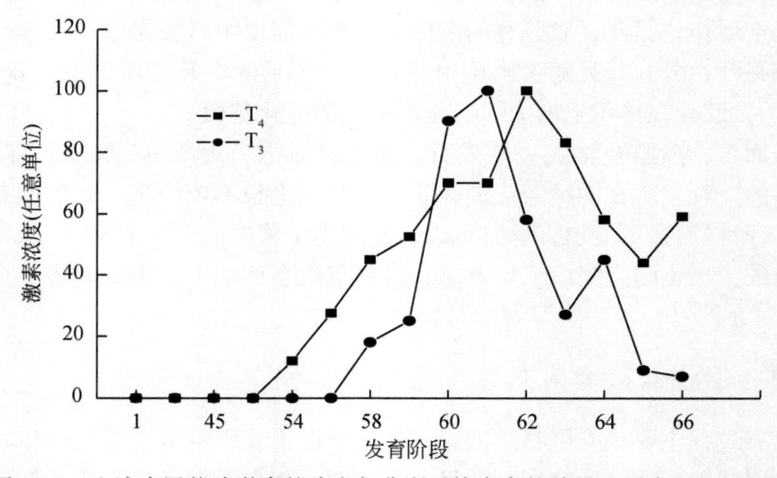

图 9-25　血液中甲状腺激素的浓度与非洲爪蟾变态的关系（引自 Shi，2000）

9.3.2.3　污染物对两栖类动物的甲状腺激素干扰效应

同污染物对鱼类甲状腺系统的干扰一样，污染物也能对两栖类甲状腺激素的合成、分泌、转运、作用和排除等过程产生干扰。由于甲状腺激素在蝌蚪变态过程的重要作用，污染物对甲状腺系统的干扰必然影响两栖类蝌蚪的变态。最典型的表现为促进和抑制蝌蚪的变态过程。例如，用 T_3 对变态期非洲爪蟾的蝌蚪进行处理，蝌蚪的变态过程加速，但完成变态的幼蛙体型较正常幼蛙明显要小，而且头和躯干呈三角形，这样的幼蛙活力较差，往往在完成变态后不久就会死掉。将非洲爪蟾暴露于 1nmol/L 的甲硫嘧唑（methimazole）中，其生长 1 年也超不过 52 阶段，体型变得异常巨大（Brown et al.，2005）。

除形态学发生明显变化之外，污染物也可以引起甲状腺组织结构的变化。最为典型的变化是甲状腺滤泡上皮发生肥大、增生和胶质减少等现象。例如，将 48 阶段非洲爪蟾蝌蚪暴露于 0.01mg/L、0.1mg/L 和 1mg/L 全氟辛磺酸（PFOS）中 6 个月，观测 PFOS 对爪蟾的生长、变态、甲状腺和性腺的影响（刘青坡等，2008）。与对照组相比，PFOS 组爪蟾体长、体重和蝌蚪尾长在各取样时间无显著差异；2 个月后，PFOS 组比对照组平均要慢 1 个发育阶段，4 个月和 6 个月后，0.01mg/L PFOS 组反而比对照组分别快 1 个和 2 个发育阶段。6 个月后，PFOS 组甲状腺出现滤泡上皮细胞增生、胶质减少甚至空泡化等现象，且随着浓度的增加而加重（图 9-26）。由此可见，PFOS 对爪蟾的变态过程具有小剂量刺激效应，能引起甲状腺组织结构的损伤。

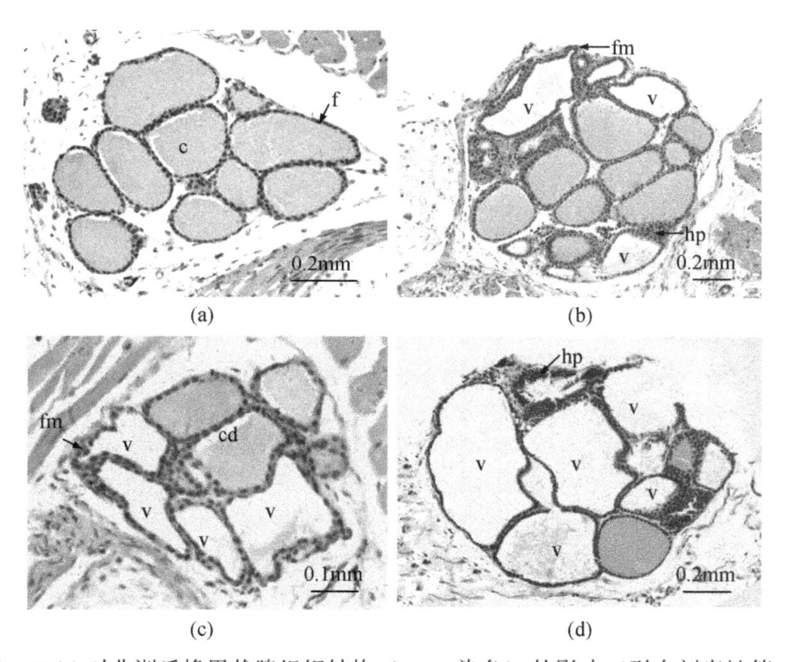

图 9-26　PFOS 对非洲爪蟾甲状腺组织结构（H. E. 染色）的影响（引自刘青坡等，2008）

（a）对照组；（b）0.01mg/L PFOS 暴露；（c）0.1mg/L PFOS 暴露。（d）1mg/L 暴露。c，胶质；cd，胶质减少；f，滤泡；fm，滤泡变形；hp，滤泡细胞增生；v，空泡化

一直以来，人们认为甲状腺激素主要调节两栖类如爪蟾蝌蚪的变态过程，而在胚胎期不起作用，因为爪蟾的甲状腺大约在 46 阶段才开始形成。然而，新的研究表明，在爪蟾胚胎期，也存在甲状腺激素活性，主要表现在胚胎体内检测到甲状腺激素、脱碘酶的活性和甲状腺激素核受体的表达等。这意味着污染物在胚胎期也有可能对两栖类的甲状腺系统产生干扰效应。例如，用已知的甲状腺激素干扰物 TBBPA 对热带爪蟾胚胎进行 48h 的暴

露。结果显示，0.01～1mg/L TBBPA 能引起胚胎眼睛畸形、围心腔水肿、泄殖腔拉长和尾鳍变窄等多种畸形现象。T_3 对热带爪蟾胚胎的发育没有影响，但是 T_3 的加入使 TBBPA 对胚胎的致畸作用更加明显（图 9-27），这表明甲状腺激素可能参与了 TBBPA 对爪蟾胚胎的致畸过程（Shi et al.，2010）。

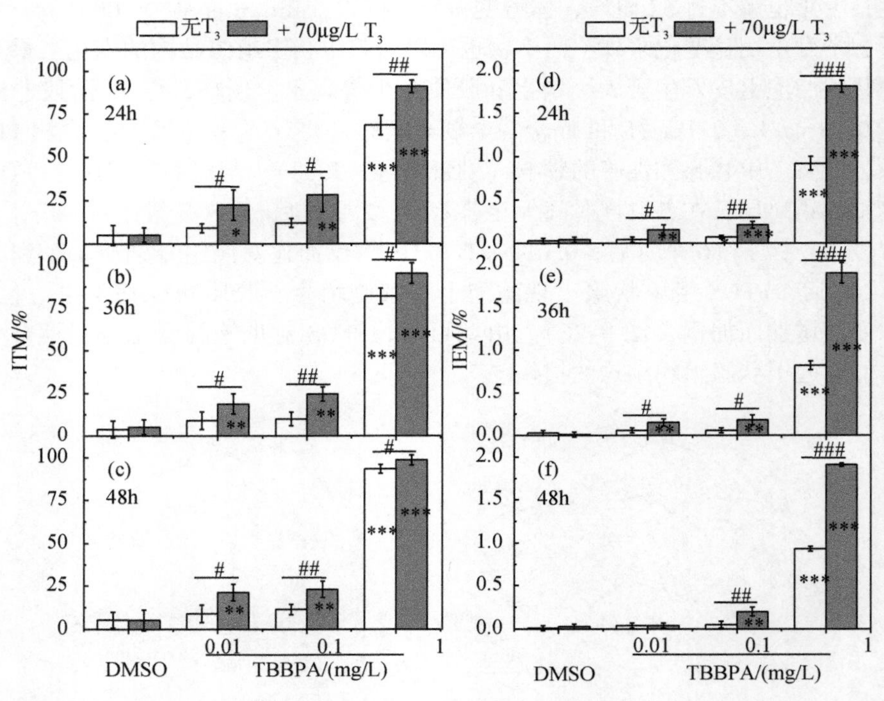

图 9-27　甲状腺激素（T_3）在 TBBPA 对热带爪蟾胚胎致畸过程中的作用（引自 Shi et al.，2010）

TIM，总畸形率；IEM，眼睛畸形指数；#，与不加 T_3 组的差异；DMSO，溶剂（二甲基亚砜）对照组

在脊椎动物中，甲状腺激素核受体与维甲酸 X 受体形成二聚体（RXR-TR），甲状腺激素干扰物对 TR 的影响与 RXR 息息相关，有机锡被认为是 RXR 的激动剂。研究表明，三丁基锡和三苯基锡也能引起胚胎类似的独特致畸表型（图 9-28）（Guo et al.，2010；Yuan et al.，2011；Liu et al.，2012），而且三苯基锡能引起 TRβ 表达的增强和 RXRα 表达的下调（Yu et al.，2011）。这一发现为今后运用胚胎筛选甲状腺激素干扰物提供了新的思路。

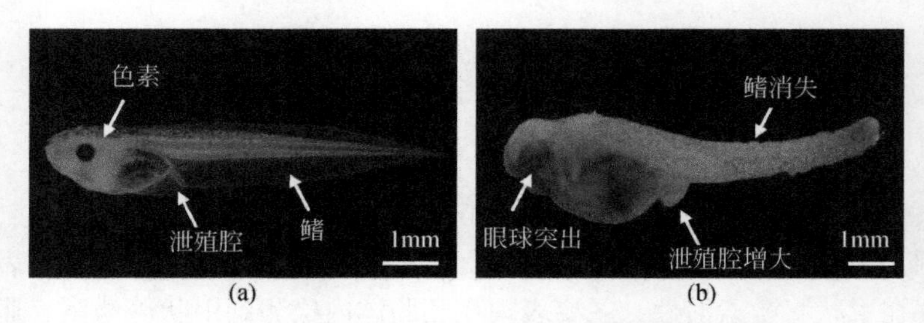

图 9-28　三丁基锡对热带爪蟾胚胎的致畸表型

（a）对照组 NF46 阶段蝌蚪；（b）200ng/L 三丁锡暴露 72h 后对热带爪蟾胚胎的致畸效应

9.3.2.4 污染物干扰两栖类动物甲状腺系统的作用机制

根据甲状腺激素干扰物（TDCs）干扰生物体位点的不同可以分为6种主要的作用模式：①干扰神经内分泌；②干扰 THs 的合成；③干扰 THs 的转运；④干扰 THs 的代谢；⑤干扰 THs 的转化；⑥甲状腺激素核受体（TR）介导。

Zoeller（2005）曾多次强调污染物通过影响 TR 信号传导机制致毒的重要性，原因是即使甲状腺激素内稳态不受影响，污染物也可能通过 TR 介导途径起作用，最为直接的就是对甲状腺激素调节基因的影响。而在以前的研究中，恰恰忽略了由此作用机制引起的效应。而且，污染物除了直接与 TR 结合外，还可以通过其他方式影响 TR 信号传导过程。

此外，污染物还有可能通过新的作用机制对生物体的甲状腺系统产生干扰。例如，对甲状腺激素转运过程的干扰，我们以前更多的是关注激素在血液中的转运过程，忽视了激素由组织液向细胞转运的过程。最新研究表明，外来化学物质可以改变细胞内蛋白质的表达，而这些蛋白质对激素在细胞内外的转运非常重要，如在体内外实验中均已证实外来化学物质可以改变有机离子转运多肽（OATP）的 mRNA 表达和蛋白质的含量。也有研究表明，PBDE 能够导致单羧酸转运体8（Mct8）mRNA 表达的下降（Richardson et al.，2008）。这些发现表明，污染物可能存在的作用机制或许比我们目前认识的要复杂得多。

9.3.2.5 运用爪蟾变态实验筛选甲状腺激素干扰物的方法

两栖类变态由 THs 专门诱导和维持，能引起个体在形态、生化和细胞水平上丰富的变化，是研究 THs 活动的理想模型，被认为是筛选 TDC 的最佳体内方法（OECD，2006；Tata，2006；Kloas and Lutz，2006；Fort et al.，2007；EPA，2007）。在两栖类中，非洲爪蟾的饲养管理相对简单，一年四季均可人工诱导排卵，一次产卵量在1000个以上，而且其蝌蚪以及成体均生活在水中。作为发育生物学模式生物，非洲爪蟾在生长发育、形态发生和生殖生理等多方面的基础知识已有大量的积累，是脊椎动物发育生物学研究中一个最重要而又最典型的代表（秦占芬和徐晓白，2006）。为此，美国 EPA 和 OECD 等均提议将非洲爪蟾作为筛选 TDCs 的模式动物，并在2004~2007年开展了多轮论证工作，目前相关工作仍在进行之中（OECD，2006；Fort et al.，2007；EPA，2007）。

由于甲状腺激素在爪蟾的变态过程中的重要作用，因此在爪蟾变态期间进行暴露实验对污染物进行筛选是最有效的。根据暴露时间窗的不同，有多种类型的爪蟾变态实验曾被用于甲状腺干扰物的筛选，包括14d 变态初期实验、21d 变态初期实验、16d 变态高潮实验和完全变态实验等。由于在变态高潮期，蝌蚪对药物的敏感性不高，评价终点主要是尾吸收率，这不能很好地说明是由于干扰了甲状腺激素引起的变态。完全变态实验是将蝌蚪整个变态期都暴露于毒物，实验时间较长，且在变态前期中甲状腺素的活性还未显示。14d 实验和21d 实验的区别在于实验开始时蝌蚪的暴露阶段不同，分别是从54阶段和51阶段开始暴露，但14d 暴露的时间较短，不能达到预期的目标。因此，21d 变态初期实验被认为是最灵敏和可行的方法。经过多轮论证后，OECD（2008）提出了运用爪蟾21d 变态初期实验来筛选甲状腺激素干扰物的方案。下面对该方案进行详细介绍。

(1) 实验材料的获取

对饲养在实验室内的非洲爪蟾成蛙注射人体绒毛膜促性腺激素（hCG），获得胚胎后精心培养。当所饲养的蝌蚪大部分已达到51阶段，且所用时间少于或等于受精后17d时，开始实验。轻轻将蝌蚪分别捞入烧杯中，根据NF标准判断阶段。将所有51阶段的蝌蚪集中放在一个盛有水的大容器中，从中随机取大约20只蝌蚪，测量体长并计算平均值（应为24.0～28.1mm）。取体长在所计算平均值±3mm范围内的51阶段内的蝌蚪进行实验，每缸20只。最后，仔细观察，挑出缸中活力差的蝌蚪，用健康有活力且符合要求的蝌蚪替换（表9-4）。

表9-4　21d两栖类变态实验的条件

项目	内容
实验动物	非洲爪蟾
实验设计	每组4个平行，每缸20个蝌蚪
暴露方式	流水式或半静态实验
暴露时期	从NF50/51开始，21d结束
光照周期	12h光照/12h黑暗
水体体积	每缸4L水，水深10～15cm
水温	(26±0.5)℃
水质	硬度150～250mg/L（$CaCO_3$）；余氯< 3μg/L；pH：7.0～8.0；溶解氧>5mg/L
食物	喜力饲料（Sera Micron），每天每缸600 mg，随着蝌蚪的生长喂食量相应增加
取样时间	0d全部测量；第7天每组取5只观测；第21天取其余所有观测
检测指标	
形态	体长、尾长和发育阶段
组织	甲状腺组织切片，统计滤泡上皮细胞的肥大、增生和胶质减少率
生化	肝脏甲状腺激素水平和脱碘酶活性
分子	甲状腺激素核受体基因（如TR mRNA）的表达

（2）实验设施

暴露系统包括半静水暴露系统和流水暴露系统。半静水暴露系统需要每天人工半换水，每缸4L水，水深10～15cm。流入暴露系统的水需经过碳柱和微孔过滤器，水温为(26±0.5)℃；硬度为150～250mg/L（$CaCO_3$）；余氯浓度<3μg/L；pH为7.0～8.0；溶解氧浓度>5 mg/L。暴露系统需处在12h光照/12h黑暗的光照周期中。

（3）实验组的设置

至少三个浓度组，一个空白组。浓度组中，剂量分离为3～10倍。最高浓度可选取被筛选物质的最大溶解限度、蝌蚪的最大承受浓度或100mg/L。其中，最大承受浓度相当于死亡率小于10%时的浓度，或约等于1/3 LC_{50}。如有溶剂助溶，则加一个溶剂对照组。每组4个平行样。

（4）实验步骤

每天半换水后染毒，喂食2次或3次，喂食量逐渐加大。每天观察有无死亡及异常现象并做好记录（表9-4）。7d时，从每个平行样中随机取5只蝌蚪，判断阶段后，用150～

200mg/L 的 MS-222 麻醉，用滤纸吸干多余水分后称重（精确至毫克）。标记后用数码相机拍照并用相关软件测得后肢长(HLL)和吻至泄殖腔长(SVL)。

21d 时取样取所有剩余蝌蚪，同上述步骤（表 9-5）。此外，每个平行样中应取相应阶段的 5 只蝌蚪，将其头部或整个身体固定在戴维森试剂中，以备用于做组织学切片。所取蝌蚪的阶段应这样确定：计算空白组发育阶段中位数。如果每个平行样中都至少有 5 只该阶段蝌蚪，就从每个平行样中取出 5 只该蝌蚪；如果该阶段的蝌蚪少于 5 只，就随机挑选在该阶段上下的蝌蚪直至达到 5 只。用刀片在离蝌蚪眼前后大约 5 mm 处，取出含有下颌的组织，置于戴维森试剂中固定。

表 9-5　非洲爪蟾 21d 变态实验的取样时间和观察指标

观测终点	每天	第 7 天	第 21 天
死亡率（5）	·		
发育阶段（NF）		·	·
后肢长（HLL）		·	·
吻至泄殖腔长（SVL）		·	·
体重（BW）		·	·
甲状腺组织学切片			·

· 表示该时间必须观测的指标

（5）实验结果判断

首先判断实验是否有效。如果实验无效，则反复进行实验，直到实验有效。有效实验需满足一些基本条件（表 9-6）。根据实验结果，可以进行如下具体分析。

表 9-6　非洲爪蟾 21d 变态实验有效的条件

标准	可接受的限度
测试浓度	化合物浓度变化范围始终保持在≤20% 范围内
空白组死亡率	空白组中任一平行样的死亡数≤2
测试结束时空白组发育阶段中位数	≥57
空白组发育阶段分布	中间 80% 蝌蚪所分布的发育阶段不超过 4 个
无明显毒性的浓度组	≥2
平行样情况	整个测试中不超过 2 个平行样被损害
半静水系统的特殊情况	在换水前后都要检测受试化合物浓度，换水周期不超过 72h
判定某化合物具有抑制作用时	至少 2 个浓度组都有 4 个没有受到损害的平行样才可以用于数据分析

加速发育：当 7d 或 21d 的 HLL 或 SVL 的平均值或发育阶段，任一指标与空白组对照有明显差异时，则认为此化合物加速了爪蟾的发育。只有在与甲状腺激素有关的作用发生时，才会发生加速发育。这些作用可能是与甲状腺激素受体直接作用的外周组织作用，也可能是改变了循环中的甲状腺激素水平。不管是哪一种情况，都足以证明该化合物具有甲状腺干扰效应。

不协调发育：发育阶段判断标准。例如，58 阶段时，前腿应展开，后腿也应很粗壮，若此时有的蝌蚪前腿已展开，而后腿仍保持 56 阶段时的形态，则这种现象即为不协调发育。不协调发育指各组织形成及重塑的顺序被打乱，而不是组织的畸形发育。不协调发育是化合物具有甲状腺干扰效应的一个信号。已知的唯一可以引起不协调发育的作用模式是通过化合物对外周组织的影响，或扰乱了甲状腺激素在组织中的新陈代谢（如脱碘酶抑制剂）。

甲状腺组织受损：甲状腺肥大、甲状腺萎缩、滤泡细胞增大、滤泡细胞减小、滤泡细胞增生等。如果化合物既没有明显毒性，也没有加速发育或引起不协调发育，就需要做甲状腺组织切片。作为评价指标，甲状腺组织切片要比发育阶段对污染物的响应灵敏得多。有研究显示，在化合物对发育阶段还没有影响时，组织学切片已经能体现出影响了。甲状腺在促甲状腺激素的调节下起作用，任何能改变循环中的甲状腺激素水平的化合物都能改变促甲状腺激素的分泌，进而导致甲状腺组织学水平上的改变。所以，如果甲状腺组织有异常现象，则此化合物具有甲状腺激素干扰效应。

出现以上三种情况中的任何一种，均可认为测试化合物具有甲状腺激素干扰效应；若无以上情况发生，则无甲状腺激素干扰效应。

（6）特别说明

在分析过程中，对一些情况作如下说明。

延缓发育：当浓度组的发育阶段、后肢长、体重和吻至泄殖腔长明显落后与空白组时，可认为此化合物延缓发育，但仅凭此 4 项指标不足以断定化合物具有甲状腺激素干扰效应。因为延缓发育除了可能由抗甲状腺激素的作用机制引发外，还可能是非特定毒性（即非直接作用于甲状腺激素调节的机制）的影响。当延缓发育发生时，要结合组织学切片来判断化合物是否具有甲状腺激素干扰作用。

明显毒性：在排除技术操作使蝌蚪损伤的情况下，任何一个平行样中的死亡数大于 2 时，即可认定此浓度有明显毒性表现。其他的明显毒性迹象包括出血、异常行为、反常的游泳姿态、厌食和疾病。对于非致死的毒性迹象，定性的分析是必要的，并且要与空白组相对照。当一个平行样或整个浓度组被认定为表现出明显毒性时，该平行样或浓度组不应再被列入统计分析的范围内。

溶剂对照组：当所有其他的化学品暴露的方法被考虑后，使用溶剂才能作为最后的选择。如果使用溶剂助溶，那么必须再同时设置一个溶剂组和一个空白组。在测试结束时，对溶剂组和空白组的发育阶段、吻至泄殖腔长和体重进行比较分析，据此判断溶剂是否对实验具有潜在影响。如果溶剂组和空白组在这三个指标中存在显著差异，则用空白组与浓度组进行比较；如果都不存在差异，则用溶剂组。

在处理组中，如果蝌蚪达到甚至超过了 60 阶段，由于组织重吸收和含水量的降低，蝌蚪的大小和体重都减小，用这时的体重及体长的数据进行评判生长速率的统计学分析，显然是不合适的。所以，达到或超过 60 阶段的蝌蚪的体重和吻至泄殖腔长不能用于计算平行样的平均数及中位数。有两种方法可以用于分析这些与生长相关的指标：一种方法是只用不超过 60 阶段蝌蚪的体重及吻至泄殖腔长进行统计学分析，当达到或超过 60 阶段的蝌蚪不超过 20% 时，这种方法是有效的；另一种方法是当一个或更多浓度组中达到或超过 60 阶段的蝌蚪超过 20% 时，须用双因素方差分析（a two-factor ANOVA with a nested variance structure)。这种方法可在充分考虑后续发育阶段对生长的影响的情况下，分析化合物的作用。

不宜检测的化合物：不易溶于水、易挥发、易水解、易光解的化合物不适宜用此方法进行检测。

9.3.2.6 运用爪蟾变态实验检测氯化镉的甲状腺激素干扰效应

将 NF51 阶段非洲爪蟾蝌蚪暴露于 Cd^{2+} 浓度为 0.01mg/L、0.1mg/L 和 1mg/L 的溶液中 21d，观测 Cd^{2+} 对爪蟾的生长、变态和甲状腺组织结构的影响。

(1) Cd^{2+} 对非洲爪蟾存活率和生长的影响

暴露期间，蝌蚪的存活率均在 95% 以上 [图 9-29(a)]，其中对照组和 0.01mg/L 暴露组的存活率达到 100%，1mg/L 暴露组的存活率在暴露 7d 和 21d 后分别为 96.25% 和 95%。与对照组相比，7d 后，1mg/L Cd^{2+} 暴露组爪蟾蝌蚪平均体重减少了 0.39 倍，体长和后肢长分别减小了 0.17 倍和 0.27 倍；21d 后，1mg/L Cd^{2+} 暴露组爪蟾蝌蚪后肢长减小了 0.11 倍 [图 9-29(b) ~ (d)]。

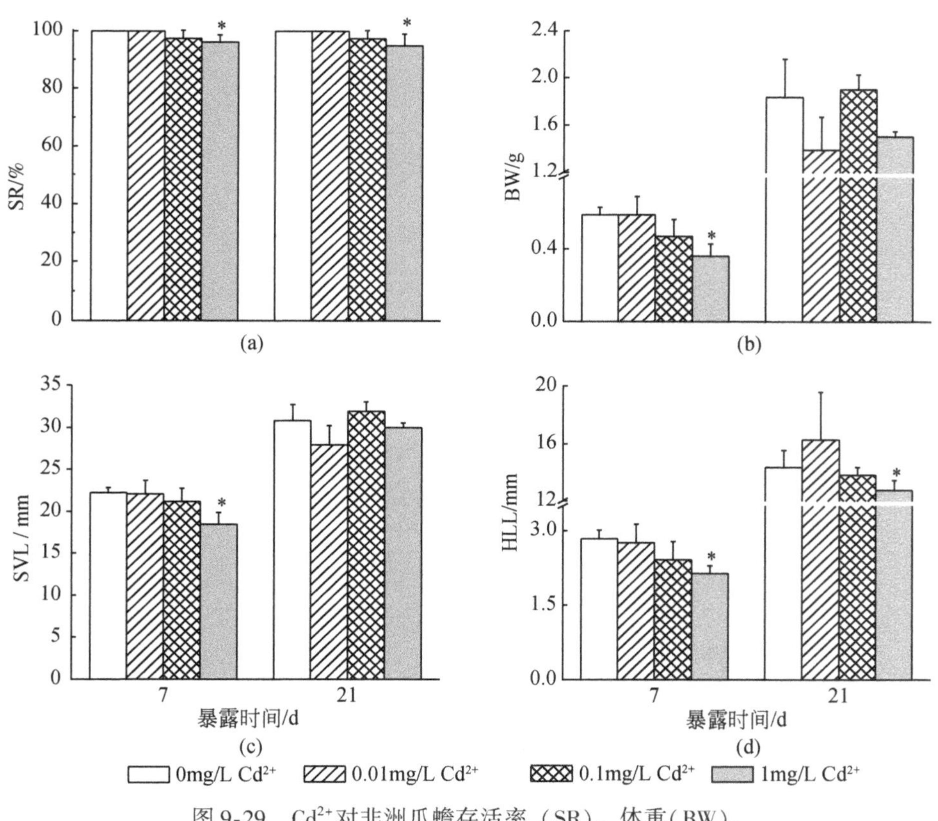

图 9-29 Cd^{2+} 对非洲爪蟾存活率（SR）、体重(BW)、体长(SVL)和后肢长(HLL)的影响（$n=4$）（Cd^{2+} 的浓度单位：mg/L）

暴露组与对照组相比；*，$P<0.05$

对照组与暴露组存活率均在95%以上，按照OECD爪蟾变态实验的标准，本实验结果可用于效应分析，同时表明，在实验浓度下 $CdCl_2$ 对蝌蚪的致死效应不明显。从体重和体长的结果来看，1mg/L Cd^{2+} 暴露组抑制了非洲爪蟾蝌蚪的生长，而0.01mg/L和0.1mg/L暴露组对爪蟾蝌蚪生长的影响不明显。Sharma 和 Patino（2008）从爪蟾的胚胎期就对其用 $CdCl_2$ 进行暴露，47d后，结果表明 $CdCl_2$ 对其存活率无明显影响，而 Cd^{2+} 浓度在855μg/L抑制非洲爪蟾蝌蚪的生长和发育，本书的结果与其相似。

（2）Cd^{2+} 对非洲爪蟾甲状腺激素干扰效应

与对照组相比，暴露7d后，1mg/L Cd^{2+} 暴露组蝌蚪发育阶段稍有延缓；暴露21d后，1mg/L Cd^{2+} 暴露组蝌蚪延缓1个发育阶段（表9-7）。

表9-7　Cd^{2+} 对非洲爪蟾发育阶段的影响

Cd^{2+} 浓度 /(mg/L)	发育阶段（NF）												中位数	总数
	52	53	54	55	56	57	58	59	60	61	62	63		
7d														
0		5#	13	2									54（53~55）	20
0.01		3	15	2									54（53~55）	20
0.1		7	11	2									54（53~55）	20
1	2	8	10										53.5（52~54）	20
21d														
0						17	30	10	2	1			58（57~61）	60
0.01		1			2	5	15	15	15	4	2	1	59（53~63）	60
0.1					3	21	28	5	1				58（56~60）	58
1				1	9	20	20	5	1				57（55~60）*	56

注：暴露组与平行对照组相比；*，$P<0.05$；#，蝌蚪个数，余同

非洲爪蟾的甲状腺主要分布在下颌部舌骨后角和舌骨后侧突之间［图9-30(a)］。对照组爪蟾蝌蚪的甲状腺滤泡大多呈圆形或椭圆形，滤泡周围均匀分布单层的上皮细胞，细胞呈扁平状，滤泡腔内充满均匀的胶质，较少观察到滤泡的变形和胶质减少等现象［图9-30（b)］。

暴露21d后，与对照组相比，各暴露组甲状腺滤泡数目显著减少；滤泡出现轻微和中等程度的变形［图9-30(c)~(d)］；滤泡上皮细胞间的组织变少，上皮细胞间的间隙变大；同时，部分滤泡出现胶质减少［图9-30(c)］，甚至全部消失［图9-30(d)］；在1mg/L暴露组甲状腺组织结构的连续切片中发现，部分切片两个滤泡界线分明［图9-30(e)］，而在其他切片中这两个滤泡间的上皮细胞开始溶解，甚至消失，直至两个滤泡溶通成一个滤泡［图9-30(f)］。各浓度组与对照组之间NOF、IFM和ICD之间有显著差异，各浓度组之间NOF、IFM和ICD之间无显著差异（图9-31）。

OECD爪蟾变态实验指出，判断是否具有甲状腺激素干扰效应主要取决于7d和21d时后肢长（HLL）、发育阶段（NF）和甲状腺组织结构这三项指标，认为在第7天和第21天任一指标受到明显的影响，就说明该化合物具有甲状腺激素干扰效应（表9-8）。本研

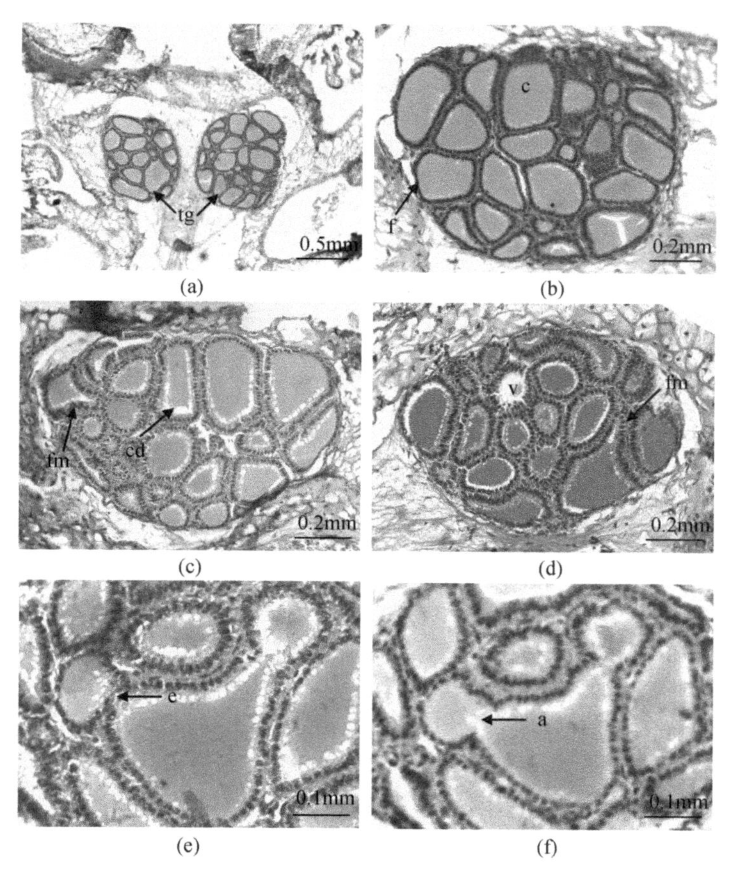

(a) (b) (c) (d) (e) (f)

图 9-30 Cd^{2+}对非洲爪蟾蝌蚪甲状腺组织结构（H. E.染色）的影响

对照组甲状腺（a）及其放大图（b）；暴露 21d 后，0.01mg/L 组上皮细胞的间隙变大，胶质减少，滤泡轻微变形（c），1mg/L 组中出现空泡化现象（d），且滤泡之间出现溶通现象［(e)、(f)］。a，溶通；c，胶质；cd，胶质减少；e，上皮细胞；f，滤泡；fm，滤泡变形；v，空泡化；tg，甲状腺

究表明，0.01mg/L 和 0.1mg/L 组对甲状腺组织结构造成损伤，1mg/L 组的蝌蚪后肢长、发育阶段和甲状腺组织结构都受到影响（表 9-8）。由此可以认为，本实验所用浓度下的 $CdCl_2$ 均具有甲状腺激素干扰效应。

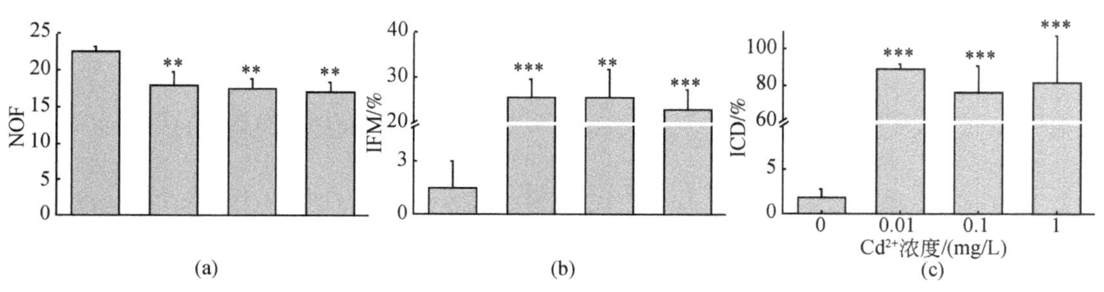

(a) (b) (c)

图 9-31 Cd^{2+}对非洲爪蟾蝌蚪甲状腺滤泡数目（NOF）、滤泡变形率（IFM）和胶质减少率（ICD）的影响（样本数 $n=5$）

暴露组与平行对照组相比；＊＊，$P<0.01$；＊＊＊，$P<0.001$

表 9-8 参照 OECD 评价标准对 Cd^{2+} 甲状腺激素干扰效应的判断

Cd^{2+} /（mg/L）	后肢长（HLL）	发育阶段（NF）	甲状腺组织结构
7d			
0.01	-	-	ND
0.1	-	-	ND
1	+	+	ND
21d			
0.01	-	-	+
0.1	-	-	+
1	+	+	+

注：-无明显效应；+有明显效应；ND 无实验数据

瞿瑾琰等(2007b)将红鲫鱼（*Carassius auratus*）暴露于浓度为 0.25mg/L 的 $CdCl_2$ 溶液中，6 周后甲状腺上皮细胞出现明显变薄现象，说明 Cd^{2+} 对水生动物具有一定的甲状腺激素干扰效应。Sharma 和 Patino（2008）研究表明，Cd^{2+} 浓度为 855μg/L 时能引起非洲爪蟾蝌蚪甲状腺滤泡缩小和甲状腺上皮细胞变薄等现象。本研究中观察到 Cd^{2+} 浓度组中滤泡之间的间隙变大，这有可能是甲状腺滤泡缩小引起的，但未观察到甲状腺上皮细胞变薄的现象，在 1mg/L 浓度组中，发现三个滤泡溶通成一个大的滤泡，这可能是由于上皮细胞的溶解而导致的，这在其他污染物的研究中还未见报道。已有研究表明，Cd^{2+} 能导致非洲爪蟾体内甲状腺激素水平降低（Fort et al.，2000）。此前已有多篇文献报道了 $CdCl_2$ 对生物体的甲状腺系统具有潜在干扰效应，本书采用 OECD 的有效方法进一步证实了 Cd^{2+} 具有甲状腺激素干扰效应。

（3）Cd^{2+} 干扰非洲爪蟾甲状腺激素可能的作用模式

甲状腺激素干扰物能够通过负反馈调节机制对甲状腺的组织结构造成影响。例如，高氯酸盐和丙硫氧嘧啶等甲状腺激素阻抗剂能抑制甲状腺激素的合成，从而导致甲状腺滤泡的代偿性增生，常表现为滤泡上皮增厚、细胞增生和胶质减少等现象。本研究并未观察到甲状腺滤泡代偿性增生的现象。胶质的减少一般是伴随滤泡上皮的严重增厚而形成的，在一定程度上是滤泡上皮挤压的结果。而本研究中并未形成多层滤泡上皮，且每个滤泡中胶质减少程度是微弱的，因此可以排除滤泡上皮增生的影响。同时，Cd^{2+} 浓度为 0.01mg/L 和 0.1mg/L 时后肢长和发育阶段等指标并未出现明显效应，仅甲状腺组织出现损伤现象。推测 Cd^{2+} 可能不是通过甲状腺激素负反馈过程引起甲状腺组织结构的变化。相对于有机污染物而言，Cd^{2+} 在生物体内的渗透能力较强，Cd^{2+} 可能直接进入甲状腺，引起组织的损伤。已有实验表明 Cd^{2+} 能引起脂质过氧化，这种作用也可能发生在本实验中，导致上皮细胞间组织溶解。

尽管此前已有诸多文献报道 $CdCl_2$ 对甲状腺系统的影响，但均无法对其可能的作用模式进行分析。运用爪蟾变态实验能对甲状腺激素干扰物进行有效筛选，并且能够对其作用模式进行初步分析。同时，在本研究中观察到的甲状腺滤泡上皮细胞间隙增大和镉对甲状腺组织结构的影响无剂量-效应关系等现象在 OECD 的论证中还未见报道。因此，在运用 OECD 提出的爪蟾变态实验方法的基础上，对化合物的甲状腺激素干扰效应的分析还需进一步补充和完善。

9.4 鲫鱼淋巴细胞增殖实验在环境内分泌干扰物筛选中的应用

大量的研究证明，有毒化合物具有明显的生物免疫毒性。研究表明，有机氯农药（如狄氏剂、异狄氏剂和艾氏剂）在低剂量（0.065～36mg/L）下对实验室动物有免疫毒性。有机氯农药或其代谢产物可直接通过影响免疫效应细胞从而干涉免疫功能。1992年Akubue和Stohs研究发现，3mg/kg、4mg/kg、5mg/kg、6mg/kg的异狄氏剂暴露大鼠24h和48h后，明显促进大鼠腹腔巨噬细胞NO的产生。Bagchi等（2002）也发现，小鼠暴露4mg/kg的异狄氏剂后，肝脏线粒体脂质过氧化增加了3倍，腹腔巨噬细胞产生的活性氧物质（ROS）也明显增加。也有科学家发现，狄氏剂在36mg/kg剂量下染毒小鼠，会明显抑制混合淋巴细胞反应；狄氏剂0.065mg/(kg·d）暴露小鼠2周，抑制了巨噬细胞抗原的产生。

海豹食用受污染的鱼类后，通过测定皮肤卵白蛋白的延迟性超敏反应和体外淋巴细胞反应，发现其免疫受到损伤。Lahvis等（1995）研究了宽吻海豚外周淋巴细胞受分裂素ConA诱导后发生增殖的反应，结果证明，随着*p,p'*-DDT（0～24ng/g）或*p,p'*-DDE（13～536ng/g）浓度的上升，其免疫反应抑制程度加大。而Sevensson等（1994）进一步证明，免疫反应抑制程度越大，生物被感染的可能性也会相应上升。现在一般认为，当动物和鸟类体内检测到的DDTs浓度大于10mg/(kg·d）时，其免疫功能就会出现抑制现象。

Kupfer和Bulger（1977）报道，DDTs具有雌激素和抗雄激素活性，这就解释了为什么DDTs能与免疫靶器官上的类固醇受体结合。实验室研究发现，DDTs对初级与二级体液免疫、免疫球蛋白的产生、脾脏成板细胞（PFC）反应、组胺浓度和桅杆细胞数量都能产生影响。Banerjee等（1997）研究了15mg/(kg·d）的DDTs暴露小鼠12d，发现初级与二级抗SRBC[b]的IgM和IgG被明显抑制，DDTs直接与脾脏成板细胞（PFC[c]）反应，其IgM和IgG也受到抑制，并表现出一定的剂量-时间-效应关系。

目前已经证实，内分泌系统与免疫系统之间存在着密切的双向联系。一方面，某些内分泌激素能与免疫细胞结合，从而调节免疫系统功能，其中有一些内分泌激素或激素受体，已成为免疫系统的一个组成部分；另一方面，免疫系统及其产物也可以调节内分泌系统的功能（Ahmed，2000）。近年来采用放射自显影及放射受体分析等方法，发现免疫细胞上有很多激素受体，这是免疫系统接受内分泌系统调节的直接证据。目前在免疫细胞已经发现的激素受体有性激素、胰岛素、胰高血糖素、促甲状腺激素释放因子、生长激素、催乳素、黄体生成素、卵胞刺激素、生长抑素、褪黑激素、甲状腺激素等（Davis，1998）。总之，可以认为大多数内分泌激素受体都可以在免疫细胞上找到，几乎所有的免疫细胞上都有不同的内分泌激素受体。从免疫系统的结构和功能的变化来评价环境内分泌干扰物的生态风险，是当前环境内分泌干扰物研究的一个崭新领域。然而，研究主要集中在哺乳动物，而且与环境内分泌干扰物的致癌性、生殖毒性相比，研究少之又少。环境内分泌干扰物是否产生鱼类免疫伤害，是否可从免疫系统的结构和功能的变化来筛选环境内分泌干扰物，需要深入研究。

本研究通过体内实验与体外实验相结合方法，研究几种天然激素（雌二醇、睾酮、可的松）和可疑环境雌激素（双酚 A）对鲫鱼淋巴细胞增殖的效应，揭示环境雌激素对鱼类免疫细胞的影响，以期建立筛选环境内分泌干扰物的方法。

9.4.1 天然激素和双酚 A 对鲫鱼免疫细胞体外暴露的研究

9.4.1.1 可的松对鲫鱼淋巴细胞增殖的作用

不同剂量可的松对鲫鱼淋巴细胞增殖作用见图 9-32。结果表明，可的松对鲫鱼淋巴细胞生长具有明显的抑制作用。在本实验剂量范围内（0.5 ~ 5000ng/mL），抑制率（=1-各剂量组光密度/对照组光密度）为 15% ~94%。在 0.5ng/mL 剂量组，抑制率为 15%；在 5000ng/mL 剂量组，其抑制率为 94%，抑制率随着可的松剂量增加而增加，统计分析表明，可的松的抑制作用具有典型的剂量-效应关系。

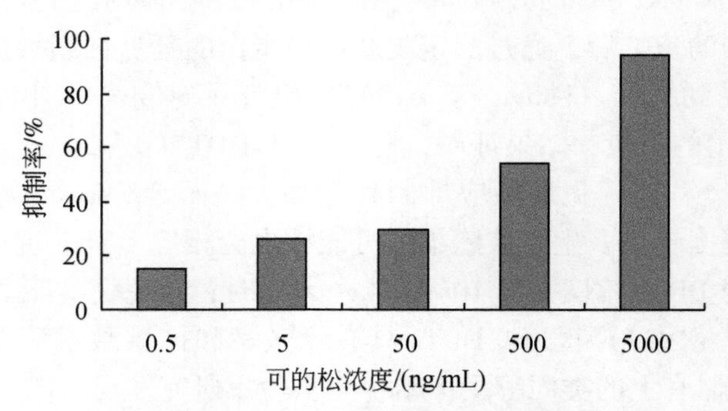

图 9-32　可的松对鲫鱼淋巴细胞增殖的作用

9.4.1.2 睾酮对鲫鱼淋巴细胞增殖的作用

不同剂量睾酮对鲫鱼淋巴细胞增殖的作用见图 9-33。各睾酮剂量组光密度均明显高于

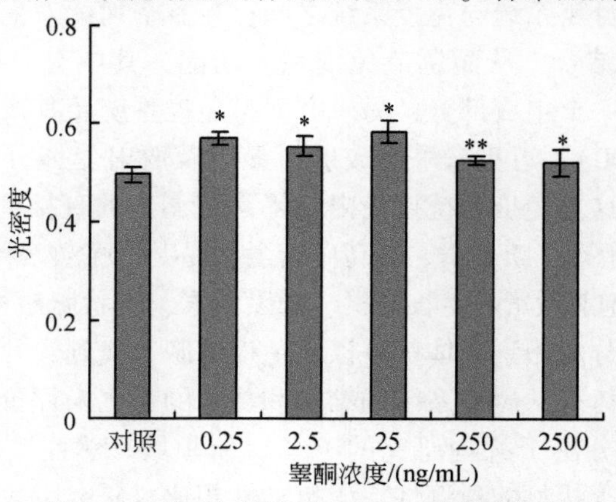

图 9-33　睾酮对鲫鱼淋巴细胞增殖的作用

对照组光密度，经统计学检验，各睾酮剂量组与对照组间存在显著差异（$P<0.05$）。结果表明，睾酮对鲫鱼淋巴细胞生长具有显著的诱导作用。在低剂量组，睾酮诱导作用明显，在25ng/mL剂量组，睾酮的诱导作用最大，其诱导率为118%（剂量组光密度/对照组光密度），然而随着睾酮剂量升高，诱导作用下降；在高剂量组（250ng/mL和2500ng/mL），其诱导率均显著低于低剂量组（$P>0.05$）。统计分析表明，睾酮诱导作用没有典型的“S”形剂量-效应曲线。

9.4.1.3 雌二醇对鲫鱼淋巴细胞增殖的作用

不同剂量雌二醇对鲫鱼淋巴细胞增殖作用见图9-34。各雌二醇剂量组光密度均明显高于对照组，经统计学检验，各睾酮剂量组与对照组间存在显著性差异（$P<0.05$）。结果表明，雌二醇对鲫鱼淋巴细胞生长具有显著的诱导作用。在本实验剂量范围内（0.002～20ng/mL），最大诱导作用发生在0.02ng/mL组，其诱导率为113%。然而，各雌二醇剂量组间，其诱导作用无显著性差异（$P>0.05$）。统计分析表明，雌二醇的诱导作用没有典型的“S”形剂量-效应曲线。

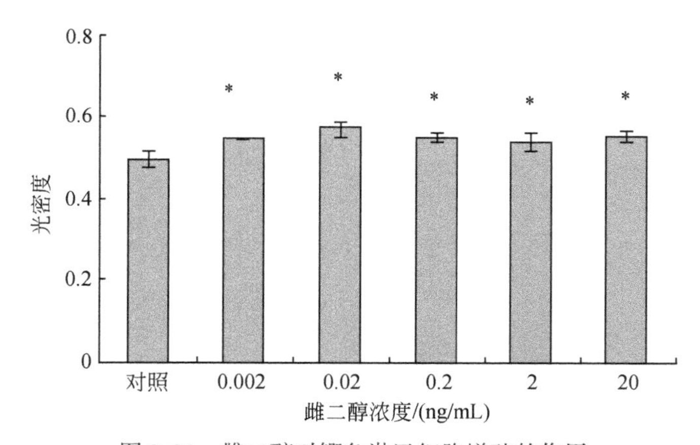

图9-34 雌二醇对鲫鱼淋巴细胞增殖的作用

9.4.1.4 双酚A对鲫鱼淋巴细胞增殖的作用

不同剂量双酚A对鲫鱼淋巴细胞增殖作用见图9-35。在不同双酚A剂量暴露下，各剂量组光密度均明显高于对照组光密度，经统计学检验，在双酚A剂量组与对照组间存在显著性差异（$P<0.05$）。结果表明，双酚A对鲫鱼淋巴细胞生长具有显著的诱导作用。在本实验剂量范围内（0.54～5400ng/mL），最大诱导作用发生在540ng/mL组，其诱导率为169%。然而，各双酚A剂量组间无显著性差异（$P>0.05$）。统计分析表明，双酚A的诱导作用没有典型“S”形剂量-效应曲线。

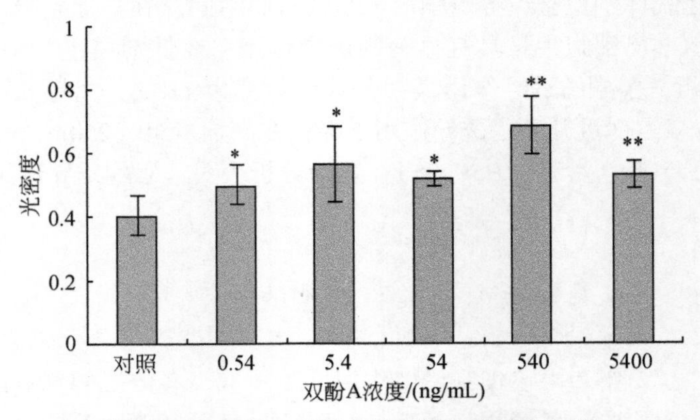

图 9-35　双酚 A 对鲫鱼淋巴细胞增殖的作用

9.4.2　天然激素和双酚 A 对鲫鱼免疫细胞体内暴露的研究

使用细胞计数法，得双酚 A 体内暴露对鲫鱼淋巴细胞存活的效应（图 9-36）。经统计学 t 检验，可知各剂量组与对照组相比均有显著性差异，表现出明显的抑制作用，且随暴露浓度升高抑制作用增强，表现出一定的剂量–效应关系。按照抑制率 = 1 – 细胞浓度$_{(剂量组)}$/细胞浓度$_{(对照组)}$，暴露剂量为 5μg/L、50μg/L、100μg/L 下，双酚 A 对鲫鱼淋巴细胞存活的抑制率分别为 23%、31% 和 47%。

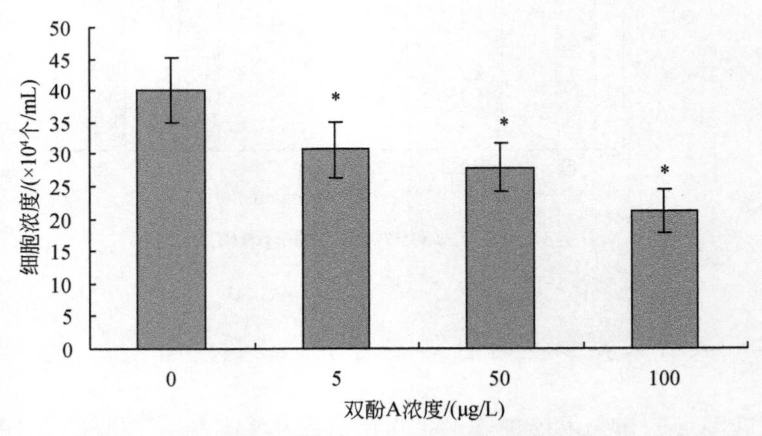

图 9-36　双酚 A 体内暴露对鲫鱼淋巴细胞增殖作用（计数法）

使用噻唑蓝（MTT）比色法，得双酚 A 体内暴露对鲫鱼淋巴细胞存活的效应（图 9-37）。经统计学 t 检验，可知各剂量组与对照组相比均有显著性差异，表现出明显的抑制作用，且随浓度升高抑制作用增强，表现出一定的剂量–效应关系。按照抑制率 = 1 – OD$_{(剂量组)}$/OD$_{(对照组)}$，暴露剂量为 5μg/L、50μg/L、100μg/L 下，双酚 A 对鲫鱼淋巴细胞存活的抑制率分别为 23%、38% 和 32%。

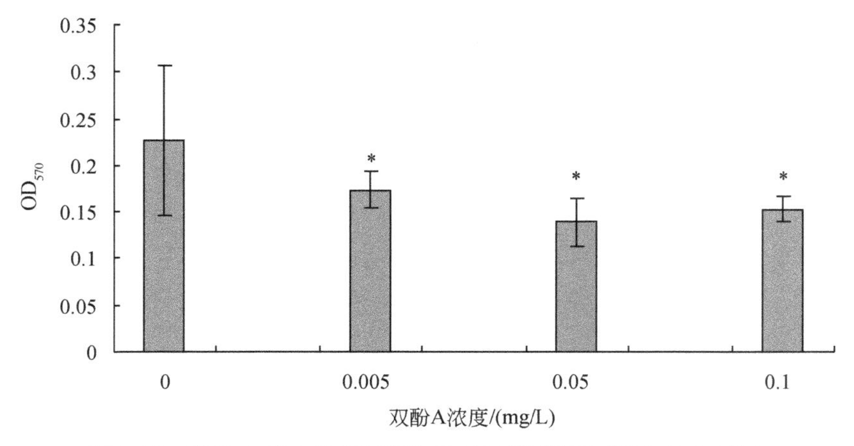

图 9-37　双酚 A 体内暴露对鲫鱼淋巴细胞增殖的作用（MTT 法）

9.4.3　天然激素和双酚 A 对鲫鱼免疫细胞影响的分析

9.4.3.1　免疫细胞毒性

本实验用 MTT 法体外测定天然激素可的松、睾酮和雌二醇以及化合物双酚 A 对鲫鱼淋巴细胞增殖的影响。可的松在 0.5 ~ 5000mg/L 对鲫鱼淋巴细胞增殖有明显的抑制作用；睾酮（0.25 ~ 2500ng/mL）和雌二醇（0.002 ~ 20ng/mL）对鲫鱼淋巴细胞增殖有明显的诱导作用；化合物双酚 A 在 0.54 ~ 5400ng/mL 都对鲫鱼淋巴细胞增殖表现出明显的诱导作用。结果表明，天然激素可的松、睾酮和雌二醇以及化合物双酚 A 对鲫鱼淋巴细胞增殖有显著的影响。

Slater 等（1995）用体外法测定了睾酮和可的松对虹鳟鱼（*Oncorhynchus mykiss*）淋巴细胞增殖的作用，结果表明，可的松和睾酮均具有明显的抑制作用，睾酮的 50% 抑制剂量为 100ng/mL，其对可的松的研究结果与本研究的结果一致，而睾酮的研究结果则相反。大量研究报道，可的松的主要功能是调节糖和蛋白质代谢，抑制免疫、发炎和过敏反应，是公认的免疫抑制剂。有研究认为，睾酮对免疫功能的影响与生物种群、年龄、发育阶段等条件密切相关，因此可以推测本研究结果与文献报道的差异是物种差异所致。

日本科学家指出，双酚 A 可增加乳腺癌的癌细胞数量，并能影响荷尔蒙，且提供了一项老鼠实验结果。他们以不同份量的双酚 A 喂养老鼠，8 周后，发现双酚 A 已使老鼠体内的雄性荷尔蒙明显减少。通过研究被切除卵巢小鼠暴露双酚 A 后，体内细胞增殖、阴道上皮细胞角质化、脑垂体催乳激素分泌等生物指标的变化，发现双酚 A 具有弱的雌激素活性。同时，对小鼠的乳腺和未成年鼠的前列腺，双酚 A 也表现出类似雌激素的效应。

急性毒性实验表明，双酚 A 属低毒物质，大鼠口服 LD_{50} 为 3250mg/kg，吸入暴露 LD_{50} 为 0.02%，对皮肤、呼吸道、消化道和角膜有中等强度刺激性，可引起雌、雄性大鼠的白血病和淋巴瘤发生率升高，但是否具有致畸性、致突变性和致癌性尚不确定。双酚 A 对大鼠和小鼠具有发育毒性。研究表明，双酚 A 具有某些雌激素特性，与雌激素受体具有一定亲和力，能诱导人类乳腺癌细胞 MCF-7 的孕酮受体表达并刺激 MCF-7 细胞增殖。双酚 A 可使雄性 CD-1 小鼠精囊重降低 19%，使精子的运动能力降低 39%（邓茂先等，2001）。双酚 A 已被列为可疑的环境内分泌干扰物。

虽然双酚 A 几乎全部以聚合体的方式存在，但少量也能通过塑料包装物渗出的方式进入食品，另外，人类使用的牙具也可能渗出双酚 A。横滨市政府对双酚 A 也进行了研究，发现把已用过 4 年午餐的旧塑碟放置在 80℃的水中，30min 后即释放出 600～1200μg/L 的双酚 A。因此，人们不禁会对双酚 A 的暴露产生担心。研究也证实了这种担心，日本东京大学医院的妇产科专家在对 36 名患不孕症的妇女进行治疗时，发现这些妇女的卵巢里都有双酚 A。

本研究体内和体外实验均表明双酚 A 能影响鱼类淋巴细胞增殖，具有明显的免疫毒性。

9.4.3.2 内分泌系统与免疫系统的相互关系

雌激素影响免疫系统的主要细胞成分，包括 T 细胞、B 细胞和抗原产生细胞。雌激素造成非正常免疫调节的可能机制是：改变 T 细胞和 B 细胞的凋亡模式，同时抑制 B 淋巴细胞前体的无性增殖。在最近的体外研究发现，雌二醇（除睾丸激素）可以保护 *fas* 基因（专门针对柯萨奇病毒 B3）免受细胞凋亡的影响。在雌二醇中培养后，会增加抗凋亡蛋白 Bcl-2 的含量。这些 Th2 克隆体可能产生细胞动力因子，对 B 细胞进行保护。还发现处理过雌二醇小鼠的脾脏 B 细胞在培养过程中不易死亡。与对照组细胞相比，处理过雌二醇小鼠（用含 IL-4 或不含 IL-4 的抗 CD40 处理，或用 LPS 处理）的脾脏 B 细胞可增加对细胞凋亡的进一步抗性。是否雌二醇提高了自身反应 B 细胞的存活还需要进一步确定。

雌激素调节血清和子宫 IgM、IgA 和 IgG 的合成，促使几种非自身和自身抗原产生抗体。受雌激素处理过的小鼠（用皮下硅胶胶囊处理 3～5 个月）体内 Con A 或抗 CD3 刺激脾淋巴细胞增加了 mRNA 干扰素（γ-INF），并且促使小鼠 γ 干扰素蛋白的分泌。研究进一步证明了前面的工作，即雌激素提高了淋巴细胞中 γ-INF 蛋白的活性。这种发现非常有意义，因为 γ 干扰素与自身免疫疾病息息相关。发现通过 γ-INF 受体发送的信号对 MRL-lpr^{fas}小鼠狼疮性肾炎的形成和恶化有重要影响，并发现去除 γ-INF 受体后就可阻碍 NZB/W 小鼠发生狼疮。增加 NZB/W 小鼠体内的 γ-INF 对改变抗体的补充性 IgG2a 同型相非常重要。雌激素也能改变其他的细胞动力因子，如 IL-6、IL-4 和 TNF-α，它们可能与自身免疫疾病有关。

早在 1936 年，Selye 发现肾上腺皮质激素（ACTH）浓度升高可引起免疫系统的一系列变化，如胸腺萎缩、淋巴细胞减少、记忆性免疫反应增强等。后来人们又注意到甲状腺素和胰岛素与免疫功能之间的联系：甲状腺素能促进胸腺细胞线粒体的氧化作用，胰岛素对淋巴细胞的直接作用表现为：①升高细胞内葡萄糖浓度；②增强细胞溶解作用；③促进 T 淋巴细胞的成熟和分化。临床研究发现，生长激素（GH）对免疫功能有很重要的调节作用，对免疫细胞的效应尤其显著，表现在对几乎所有免疫细胞（淋巴细胞、巨噬细胞、NK 细胞、中性粒细胞和胸腺细胞等）都具有促进分化和加强其免疫功能的作用。因此，生长激素能广泛增强体内的免疫功能。实验证明催乳素与生长激素对免疫功能有类似的作用，它们在某些方面是相辅相成的。生长激素（包括催乳素）对免疫功能具有广泛的加强作用，而肾上腺皮质激素则具有广泛的抑制作用。因此有人认为这两类激素在体内形成一正一负的调节，使机体的免疫功能保持正常。

1980 年，Balock 和 Smith 等曾注意到人白细胞干扰素中可能有 ACTH 和 y-内啡肽活性片段。1981 年他们又进一步发现，人白细胞干扰素 α（HuIFN-a）具有阿片肽的生物活性。将 HuIFN-α 给小鼠作脑室注射，可产生镇痛、活动减少及木僵等与脑室注射 β 内啡肽相类似的效应。这些症状都可被纳洛酮阻断。说明对免疫系统的干扰效应可能是通过阿片受体产生的。受体分析的实验也证明，HuIFN-α 能与^{3}H-双氢吗啡竞争受体，它的 IC_{50} 约为 10^{-9}mol/L，比吗啡强 320 倍。这些实验提示免疫细胞有可能产生某些内分泌激素。后来他们还发现淋巴细胞可能产生促甲状腺素（TSH）。因此，认为免疫系统也可以反馈作用于内分泌系统。

1986 年，Hiestand 等首先报道大鼠和小鼠的淋巴细胞浆内有 GH 和 PRL 的 mRNA 存在，从而开始了淋巴细胞分泌的免疫反应性生长激素（immunoreactive growth hormone，irGH）的研究。十年来许多学者就 irGH 的 mRNA 表达、irGH 的分泌和调控等进行了广泛的研究。在哺乳动物和家禽中均发现淋巴细胞可分泌产生 ACTH。鸡注射沙门氏菌后的 23h 内，肾上腺皮质激素水平升高，这是淋巴细胞分泌 ACTH 作用的结果。此外，淋巴细胞还可产生其他许多经典激素。这些激素无论在抗原性还是生物活性方面均与内分泌细胞分泌的相应激素极为相似。目前已发现的免疫细胞合成的激素多达 10 余种。

免疫细胞被激活后可以产生多种细胞因子，包括白细胞介素（IL）、肿瘤坏死因子（TNF）、干扰素（IFN）、集落刺激因子（CSF）和转化生长因子（TGF）等，它们对免疫细胞的活动进行调节，并作出相应的反应。目前研究证明细胞因子还可作用于内分泌系统，从而影响全身各系统的功能活动。IL-1 可刺激 GH、TSH、LH 和 ACTH 的分泌，IL-1 还能直接作用于性腺，抑制雌激素和孕酮分泌；IL-1、IL-2、IL-6、TNF-α 和 IFN 通过作用于下丘脑和/或腺垂体激活下丘脑—垂体—肾上腺轴，抑制下丘脑—垂体—甲状腺和性腺轴，并抑制生长激素的释放。

本研究也证明，天然激素和具有雌激素活性的化合物能影响鲫鱼淋巴细胞，产生机体免疫毒性。因此，内分泌系统与免疫系统具有双向作用，化学品对生物体免疫系统，尤其是免疫细胞、免疫因子的损伤效应，可作为鉴定和评价环境内分泌干扰物的一项指标。

9.4.3.3 双酚 A 的体内与体外暴露结果比较

使用 MTT 法测试，发现体内暴露于 5μg/L、50μg/L、100μg/L 三个浓度梯度双酚 A 中的鱼，与对照组相比均表现出明显的抑制淋巴细胞存活的效应，抑制率分别为 23%、38% 和 32%。而体外暴露设置的 5 个浓度梯度，0.54 ~ 5400μg/L，均表现出相反的效应，即诱导淋巴细胞的增殖。体内与体外相比双酚 A 的作用效应有很大的不同，这可能是由于体内复杂的生理生化反应等原因造成的。据报道，双酚 A 容易在生物体内转化，其机制有待进一步研究。

如今，在毒理学研究方面普遍采用体内实验（assay *in vivo*）与体外实验（assay *in vitro*）相结合的方法。体内实验可用来直观地判断外源化学品对人类健康和生态环境是否有损害作用，而体外实验在研究致毒机制、敏感生物标志物筛选方面意义重大。例如，

Betoulle 等（2000）通过体外实验，研究了林丹对虹鳟鱼巨噬细胞的致毒机制，得出的结论是：林丹通过调整内质网钙的储藏来引起 $[Ca^{2+}]_i$ 的增加，因而林丹的毒效应可能与高浓度的 $[Ca^{2+}]_i$ 和大量活性氧产生有关。由于体外实验快速、经济，并符合动物保护主义运动的宗旨——尽量减少动物的使用，因而在毒理学研究中的地位日趋重要。

9.4.4 应用鲫鱼淋巴细胞增殖实验筛选环境内分泌干扰物

目前乳腺癌 MCF7 细胞增殖体外实验已被用于鉴别和筛选环境内分泌干扰物，但不能评价和监测环境内分泌干扰物的免疫毒性。MTT 法最初由 Mosmann 等提出，并用于细胞增殖和细胞毒性的测试，发现其准确度高、操作简便。现在 MTT 法已广泛用于免疫细胞功能的检测，如检测 NK 细胞的活性、巨噬细胞的损伤等。MTT 法的原理是活细胞内的线粒体脱氢酶能裂解 MTT 分子中的四氮唑环，产生蓝色的甲瓒沉淀，用 DMSO 溶解沉淀后，可用酶标仪在 570nm 下检测。由于该方法测定的指标（biological endpoint）是重要的细胞器——线粒体，而线粒体在细胞生命活动中是重要的能量中转站，其数目在生命活动旺盛时期增多，衰退时减少，因此 MTT 法无疑可以灵敏地反映出各激素对淋巴细胞增殖的作用。

但是，鉴于免疫系统的复杂性，参与免疫器官的应答不是单一的，参与免疫反应的细胞也是多种多样的。因此，对一个环境内分泌干扰物的免疫毒性作出全面评价，绝非用一个实验就能说明的，需要选择一组实验来研究其对体液免疫、细胞免疫以及巨噬细胞功能等的影响等；评价方法也不是单一的 MTT 法，还应该加强如放射性免疫法、化学发光法等免疫学方法的研究。

在上述研究的基础上，选择酚类化合物进行鲫鱼淋巴细胞增殖体外实验，进一步验证鲫鱼淋巴细胞增殖体外实验作为环境内分泌干扰物筛选方法的可行性。选择 11 种酚类化合物，分成五大类，即双酚类、联苯酚类、二酚类、烷基单酚类、含氮取代酚类。它们大多是重要的有机合成中间体，被用做热稳定剂、催化剂、农药、橡胶防老剂、增塑剂等化工产品的原料，在水环境中广泛分布。

1）双酚类。

见表 9-9。

表 9-9　双酚类

物质	结构式	分子式	相对分子质量
双酚 A (bisphenol A)	HO—C₆H₄—C(CH₃)₂—C₆H₄—OH	$C_{15}H_{16}O_2$	228
双酚 S (bisphenol S)	HO—C₆H₄—S(=O)₂—C₆H₄—OH	$C_{12}H_{10}SO_4$	250

2）联苯酚类。

见表 9-10。

表 9-10 联苯酚类

物质	结构式	分子式	相对分子质量
α-萘酚（α-naphthol）	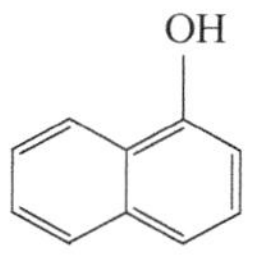	$C_{10}H_8O$	144
β-萘酚（β- Naphthol）	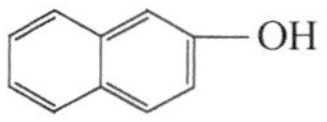	$C_{10}H_8O$	144

3）二酚类。

见表 9-11。

表 9-11 二酚类

物质	结构式	分子式	相对分子质量
对苯二酚（hydroquinone）		$C_6H_6O_2$	110
邻苯二酚（catechol）	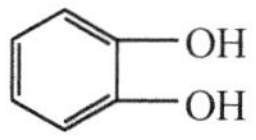	$C_6H_6O_2$	110

4）烷基单酚类。

见表 9-12。

表 9-12 烷基单酚类

物质	结构式	分子式	相对分子质量
对甲基苯酚（p-Cresol）	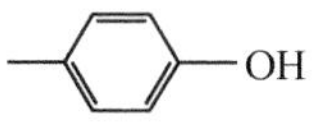	C_7H_8O	108
对叔丁基苯酚（p-ter-Butylphenol）	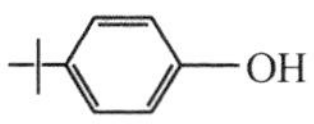	$C_{10}H_{14}O$	150

5）含氮取代酚类。

见表 9-13。

表 9-13 含氮取代酚类

物质	结构式	分子式	相对分子质量
对氨基苯酚 (p-aminophenol)	HO—⟨苯环⟩—NH_2	C_6H_7ON	109
2,4-二硝基苯酚 (2,4-dinitrophenol)	OH, NO_2, NO_2	$C_6H_4O_5N$	170
4-氯-2-硝基苯酚 (4-chloro-2-nitrophenol)	OH, NO_2, Cl	$C_6H_4O_3Cl$	159.5

9.4.4.1 双酚类物质对鲫鱼淋巴细胞增殖的作用

不同剂量双酚 A 和双酚 S 对鲫鱼淋巴细胞增殖的作用见图 9-38。统计分析结果表明，双酚 A 对鲫鱼淋巴细胞的增殖具有低浓度促进、高浓度抑制的作用，并且具有一定的剂量-效应关系，当双酚 A 浓度为 0.5mg/L 时，表现最大促进效应，$S.I._{max}$ 为 1.20，但经 t 检验表明，促进效应明显而抑制效应不明显。双酚 S 对鲫鱼淋巴细胞的增殖也具有低浓度促进、高浓度抑制的作用。浓度小于 2mg/L 时，促进效应不明显，2～20mg/L 时有显著的促进效应，当浓度大于 50mg/L 时表现为抑制效应。

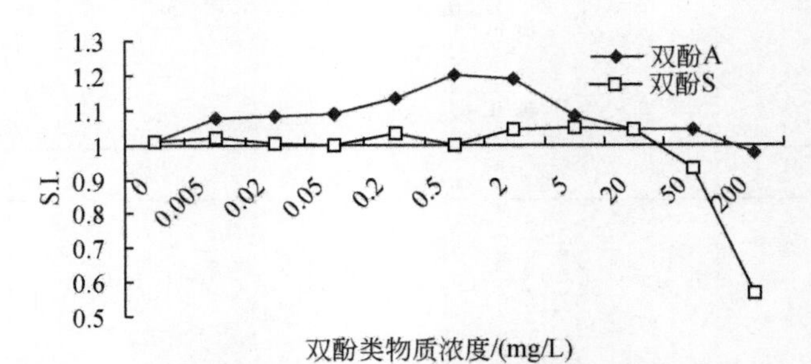

图 9-38 双酚类物质对鲫鱼淋巴细胞增殖的作用

9.4.4.2 联苯酚类物质对鲫鱼淋巴细胞增殖的作用

不同剂量 α-萘酚和 β-萘酚对鲫鱼淋巴细胞增殖的作用见图 9-39。统计分析结果表明，α-萘酚对鲫鱼淋巴细胞的增殖具有明显的低浓度促进、高浓度抑制作用，表现出一定的剂量-效应关系。当浓度小于 50mg/L 时表现为促进效应，在 2mg/L 时 $S.I._{max}$为 1.62。当浓度达到 200mg/L 时表现为抑制效应；β-萘酚对鲫鱼淋巴细胞的增殖也具有低浓度促进、高浓度抑制的作用。浓度小于 50mg/L 时表现为促进效应，在 5mg/L 时出现 $S.I._{max}$为 1.28。当浓度达到 200mg/L 时表现为抑制效应。

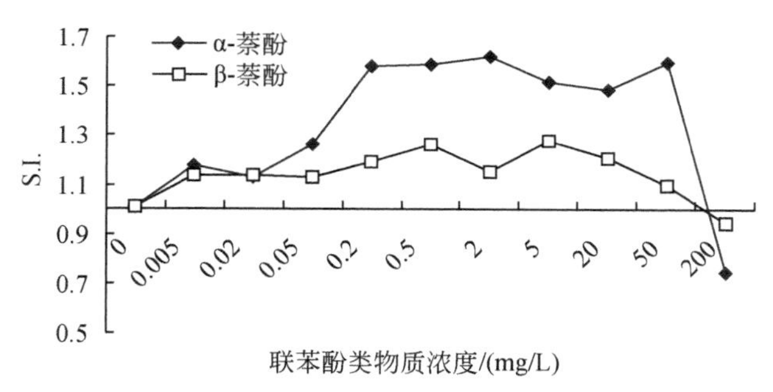

图 9-39 联苯酚类物质对鲫鱼淋巴细胞增殖的作用

9.4.4.3 二酚类物质对鲫鱼淋巴细胞增殖的作用

不同剂量对苯二酚和邻苯二酚类物质对鲫鱼淋巴细胞增殖的作用见图 9-40。统计分析结果表明，对苯二酚对鲫鱼淋巴细胞的增殖具有明显的促进作用，且 S. I. 值随浓度增大而增大。在浓度大于 0.2mg/L 时呈现一定的剂量-效应关系；邻苯二酚对鲫鱼淋巴细胞的增殖具有显著地促进作用，但剂量-效应关系不明显。

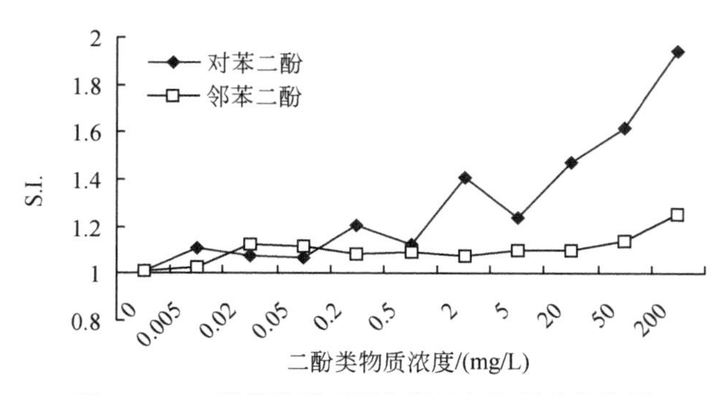

图 9-40 二酚类物质对鲫鱼淋巴细胞增殖的作用

9.4.4.4 烷基单酚类物质对鲫鱼淋巴细胞增殖的作用

不同剂量甲基酚和对叔丁基酚对鲫鱼淋巴细胞增殖的作用见图 9-41。统计分析结果表明，对甲基酚对鲫鱼淋巴细胞的增殖具有促进作用。但剂量-效应关系不明显，当浓度在 50mg/L 时 $S.I._{max}$为 1.23，浓度到 200mg/L 时促进效应减弱，呈抑制趋势；对叔丁基酚对鲫鱼淋巴细胞的增殖具有低浓度促进、高浓度抑制的作用。在浓度为 5mg/L 时 $S.I._{max}$为 1.30，当浓度大于 5mg/L 时随浓度的增大表现出抑制的趋势，以至在最高浓度（200mg/L）时呈抑制作用。

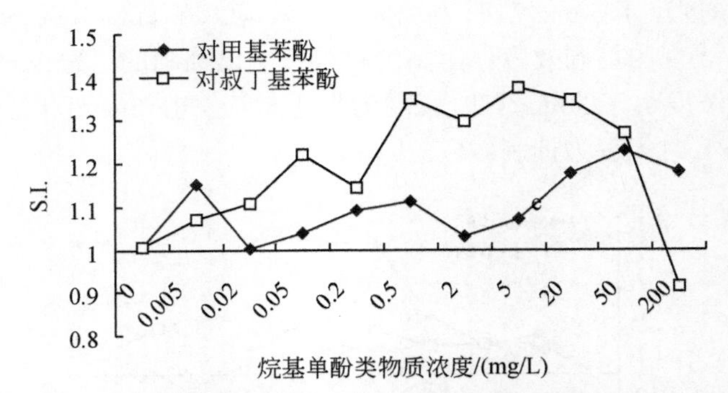

图9-41　烷基单酚类物质对鲫鱼淋巴细胞增殖的作用

9.4.4.5　含氮取代酚类物质对鲫鱼淋巴细胞增殖的作用

不同剂量对氨基酚、2,4-二硝基酚和4-氯-2-硝基酚对鲫鱼淋巴细胞增殖的作用见图9-42。统计分析结果表明，对氨基酚对鲫鱼淋巴细胞的增殖表现出一定抑制作用，但抑制效应不明显；2,4-二硝基酚对鲫鱼淋巴细胞的增殖无明显作用；4-氯-2-硝基酚对鲫鱼淋巴细胞的增殖在低剂量下无明显效应，高剂量时（大于20mg/L）表现出弱抑制作用。

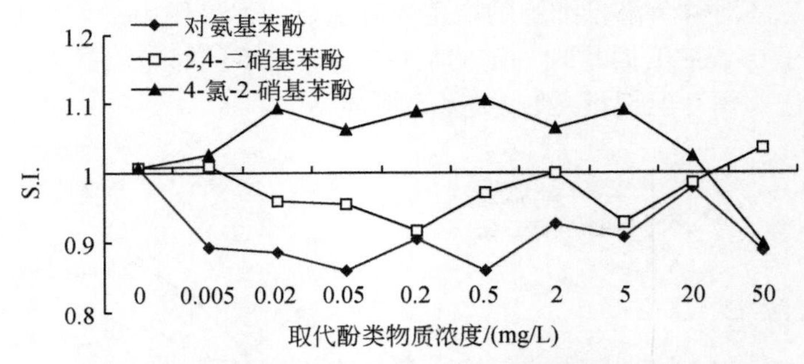

图9-42　氮取代酚类物质对鲫鱼淋巴细胞增殖的作用

本研究用鲫鱼淋巴细胞增殖体外实验测定双酚类、联苯酚类、二酚类、烷基单酚类、氮取代酚类等11种酚类化合物。研究结果表明，双酚类物质对鲫鱼淋巴细胞的增殖有先促进后抑制作用；联苯酚类物质对鲫鱼淋巴细胞的增殖有先促进后抑制作用，其中β-萘酚在设置的浓度范围内虽然表现为促进作用，但是随着浓度的增大促进作用越来越不明显，并且有产生抑制效应的趋势；二酚类物质对鲫鱼淋巴细胞的增殖有促进作用，并且促进作用比较明显；烷基单酚类物质对鲫鱼淋巴细胞的增殖有促进作用；对氨基酚、2,4-二硝基酚和4-氯-2-硝基酚三种含氮取代酚对鲫鱼淋巴细胞的增殖无促进作用。研究结果进一步揭示，不同的酚类化合物对鲫鱼淋巴细胞的增殖促进效应不同，作用效应不仅受取代基的影响，而且也受化合物特性的影响。

应用体外鲫鱼淋巴细胞增殖实验对11种酚类化合物筛选表明：双酚A、双酚S、α-萘酚、β-萘酚、对苯二酚、邻苯二酚、甲基酚和对叔丁基酚等8种化合物是可疑的环境内分泌干扰物。已有大量的研究证实，双酚类（如双酚A、双酚F）、二酚类和烷基单酚化合物（如壬基酚）是可疑的环境内分泌干扰物，而对萘酚和含氮取代酚未有文献报道。研究发现，烷基酚取代基越长，达到细胞最大增殖所需化合物的浓度越低，活性最强的化合物是在取代基碳链上有两个丙烷基；α 位有羟基取代的二酚化合物有一个凹角，适合雌激素连接；双酚在羟基和中心碳原子位有取代时，其雌激素活性最强。因此，本研究筛选结果与文献报道一致，同时也验证了用鲫鱼淋巴细胞增殖体外实验作为环境内分泌干扰物筛选方法是可行的。

为了增加鲫鱼淋巴细胞增殖体外法的准确性和快速性，在实验过程中对一些实验条件的进行改进：①采用稀释的办法降低过高的细胞浓度以保证加入 MTT 后生成较少量的沉淀易于溶解；②在溶解液选择方面，选择 DMSO 作为溶解剂，DMSO 法灵敏度较盐酸异丙醇法高近两倍，其曲线有更好的斜率，细胞数在 $0.5\times10^4 \sim 5\times10^4$ 变化时 OD 值变动明显；③将暴露时间由 72h 变为 24h，从双酚 A 的研究结果来看，暴露时间对效应影响不显著，均呈现“U”形剂量–效应曲线，这与文献报道一致（Nagel et al.，1997）。

9.4.4.6 体外细胞毒理学方法在环境内分泌干扰物筛选中的应用

细胞毒理学研究已取得了很有意义的进展，发现不论是人类或动物有机体的真核细胞均包覆有细胞浆质膜，以调节物质的运输与维持细胞的稳定形状。包括毒物在内的物质运送通过膜所涉及的步骤及机制有以下几种：经由脂质双层扩散；经由孔隙扩散；经由载体的促进扩散；以载体主动运输以及胞饮作用。毒物在生物体内影响细胞膜功能的方式通常是阻断膜载体介导的扩散或主动运输中的载体功能。这主要是由于这些运输过程的前提条件是在膜内存在载体，载体通常可以选择性地将物质加以结合，而毒物可以竞相争取该特定载体，如果这种结合过程是不可逆的，当毒物与载体结合后传输就被阻断。在主动运输中，毒物也可通过竞争或在不涉及竞争的情况下造成对载体或对 ATP 酶活性的抑制，以达到干扰正常物质运输的作用。

毒物进入细胞体后，会在其内作进一步的积累和扩散。重金属在组织及器官细胞内的分布情况，已引起广泛的关切，动物实验结果显示有些金属离子在进入细胞内之后，可与一特定的蛋白质（如金属硫蛋白）结合，这些低相对分子质量蛋白质存在于肝脏、肾脏以及其他器官、组织的细胞之内，其巯基每分子可与 6 个离子结合，在金属离子的数量增加之后可促成此蛋白质的生物合成作用。Paris-Palacios 等（2000）通过研究亚致死浓度下 Cu^{2+} 对斑马鱼（*Brachydanio rerio*）肝细胞生化性质和亚显微结构改变的影响，发现在 Cu^{2+} 影响下肝脏表现出更大的溶解状态，肝细胞的性质也发生相应的改变。这些研究结论对了解毒性物质，尤其是金属离子对特定生物标记物的有害毒性效应有一定的帮助。

细胞毒性物质对细胞周期也有一定的影响，细胞的亚显微结构也会在毒物影响下改变。Arnold 等（1995）用电子显微技术、立体结构学和生物化学技术测量暴露于硫丹（ES）和乙拌磷（DS）的虹鳟鱼的相关性质。发现细胞质含量增加 50%，细胞内的粗面内质网发生膨胀和囊泡化，同时发生线粒体、囊泡体及核糖体的明显增殖。

在环境内分泌干扰物的研究中，细胞毒理实验被广泛应用。例如，细胞激素受体测定；Eldridgea 等（1999）和 Cooper 等（1996）分别运用细胞学的方法检测除草剂阿特拉津（atrazine）暴露后的雌性猿猴及大鼠的生殖周期和雌激素等相关内分泌指标的变化；

Chapin 和 Sloane（1998）运用镜子运动能力、阴道细胞学等一系列的特征检测 18 种化合物的生殖毒性并且对其效应作出预测，获得了有效的实验数据。总之，细胞毒理学方法是研究环境内分泌干扰物生态风险和作用机制非常有效的方法。

然而，由于受个体、组织、细胞、遗传、发育等影响，体内细胞毒理学研究获得的数据差异较大，而且反应时间较长，难以作为环境内分泌干扰物的筛选方法。体外细胞毒理学研究通过细胞培养可克服体内细胞、组织和遗传差异的缺点，而且操作简便、反应时间短，可作为环境内分泌干扰物的筛选方法。目前，已发展了 MCF-7 细胞、HeLa 细胞、垂体原代细胞、酵母细胞等体外细胞毒理学方法，应用于环境内分泌干扰物的快速筛选，但至今还未建立成熟的水生动物细胞体外筛选方法。本研究表明，鲫鱼淋巴细胞增殖体外法将是一种敏感的水生动物细胞体外筛选方法，但需进一步研究进行标准化。

9.4.5 小鼠前脂肪细胞（3T3-L1）在环境肥胖激素筛选中的应用

9.4.5.1 肥胖症与环境肥胖激素

肥胖症又名肥胖病，英文名称为 obesity，它不仅可引起身心障碍、自卑等心理问题，还能增加发生 2 型糖尿病、高血压、血脂异常、心血管病等的危险性，成为这些疾病的重要致病原因，许多文献都报道了肥胖与这些疾病的相关性。当前，肥胖症已成为日趋严重的全球性流行病，是备受关注的全球性公共卫生问题之一，与艾滋病和吸毒等并列为世界医学卫生问题（Das，2008；Caballero，2007）。

一般认为，造成肥胖的主要原因是过量饮食及缺乏运动（Yach et al.，2006），然而有关肥胖病因学的确切机制尚不清楚，有学者概括为胰岛素学说、脂肪细胞增殖学说、嗜食学说、运动不足学说、褐色脂肪组织功能不全学说等（陈淑珍和王重刚，2007）。从当前文献来看，肥胖的形成涉及多种因素及其相互间的综合影响，其关系错综复杂。对肥胖发生机制的热点研究领域主要包括中枢神经系统参与肥胖调节的调定点假说、关于 UCP（解偶联蛋白家族）参与基础产热和调节产热的研究、脂肪细胞凋亡与肥胖的关系、遗传因素与肥胖的关系等（戴昕，2004）。1994 年 Zhang 等利用突变基因的定位克隆技术克隆了小鼠和人的肥胖基因，发现肥胖基因可导致肥胖，使肥胖研究真正进入分子水平。而最近美国科研人员又提出某些人肥胖的“元凶”是一种能导致呼吸系统疾病和眼睛感染的常见病毒——腺病毒-36。

以上观点都有助于我们从不同角度认识肥胖症，但没有一种能令人完全信服地说明肥胖的本质，也不能解释清日益增加的肥胖症发生率。有学者提出肥胖的流行与环境中化学物的增加一致（Baillie-Hmilton，2002；Newbold et al.，2007）。Ahima 和 Filer（2000）指出，脂肪组织是一种内分泌器官，能分泌多种调节脂肪代谢的激素。脂肪细胞内分泌功能的发现是近年内分泌学科领域的突破性进展之一，至今已发现了激素敏感的脂蛋白脂酶（LPL）、纤溶酶原激活物抑制物（PAI-1）、血管紧张素、肥胖基因表达产物瘦素、视黄醇结合蛋白等几十种脂肪细胞因子及蛋白质因子，它们通过自分泌、旁分泌、胞内分泌等方式参与集体的多种生理过程。现在人们承认脂肪组织是一个具有复杂内分泌及代谢作用、功能十分活跃的器官。根据这一新的认识，Baillie-Hamiltond（2002）提出了环境中可能存在引起肥胖症的内分泌干扰物的假设，不少学者将肥胖的流行与环境内分泌干扰物联系起来（Heindel，2003；Newbold et al.，2007，2008）。Grun 和 Blumberg（2007）、Grun 等（2006）引入了一个新的词“环境肥胖激素”（environmental obesogen，EO）来表示环境中能引起动物肥胖的内分泌干扰物质，包括杀虫剂、重金属、多氯联苯、多溴联苯，氨基甲酸、有机磷、邻苯二甲酸酯和双酚 A 等化学物质，它们的低剂量暴露可引起动物体重增加（陈淑珍和王重刚，2007）。

9.4.5.2 筛选环境肥胖激素的动物模型

环境中还有可能存在哪些肥胖激素并如何将其筛选出来，这对于污染物的健康风险评价具有重要意义。Newbold 等（2007，2008）用 DES 对 CD-1 小鼠进行暴露并首次建立了污染物诱导肥胖的模型。研究表明，经 DES 暴露处理（10 ~ 100μg/kg 体重）过的怀孕鼠其后代出生时的体重及其后的体重都比对照组有所增加，而对于新生鼠进行暴露［1μg/(kg · d)］，虽未立即显示体重增加，但在成年期后，处理组比对照组有了显著增加。

Hoppe 和 Carey（2007）对 6 周大的 SD 大鼠强喂含有多溴联苯醚（PBDEs）的玉米油，经 4 周处理后，染毒组在去甲肾上腺素刺激的脂解脂肪细胞量方面比对照增加了 30%，在胰岛素刺激的葡萄糖氧化方面则降低了 59%，表明 PBDEs 能干扰大鼠脂肪细胞的代谢，具有引起哺乳动物肥胖症的潜能。Grun 等（2006）证实了小鼠在发育过程中暴露于 TBT 可导致脂肪肝，增加脂肪在新生鼠脂肪垫中的积累，并使其成年后附睾脂肪垫明显增大。

郭素珍等（2009）将幼龄非洲爪蟾置于浓度分别为 50ng/L 和 100ng/L 的氯化三丁基锡溶液中暴露 3 个月，检测非洲爪蟾的体重、体长、躯干面积和脂肪重量等生长指标及肝脏组织的脂质变化。结果表明，暴露 1 个月后，50ng/L 组体重比对照组增加了 0.7 倍，100ng/L 组体重、体长、躯干面积和脂肪重量比对照组分别增加了 1.6 倍、0.5 倍、1.5 倍和 1.8 倍（图 9-43）；暴露 2 个月后，50ng/L 组躯干面积比对照组增加了 0.5 倍，100ng/L 组体重、体长、躯干面积和脂肪重量比对照组分别增加了 0.6 倍、0.2 倍、0.7 倍和 2.8 倍；暴露 3 个月后，100ng/L 组体长、躯干面积和脂肪重量比对照组分别增加了 0.2 倍、0.5 倍和 0.6 倍（图 9-44）。冰冻切片的脂质染色比较发现，暴露 3 个月，100ng/L TBTCl 组中肝脏脂肪积累面积比对照组增加了 1.7 倍。上述研究结果表明，TBTCl 能够引起非洲爪蟾体重、体长、躯干面积和脂肪重量的增加，造成肝脏脂肪的积累，具有环境肥胖激素效应。鉴于非洲爪蟾在甲状腺激素和性激素等环境内分泌干扰物筛选中的广泛应用，可以考虑将其作为筛选环境肥胖激素的实验动物模型。

不过，应用小鼠、大鼠或爪蟾模型筛选环境肥胖激素需 4 ~ 6 个月，不适用于大量、快速筛选。因此，高通量和高灵敏度的方法才是进行环境肥胖激素筛选的理想选择。

9.4.5.3 运用小鼠前脂肪细胞（3T3-L1）筛选环境肥胖激素

脂肪细胞的分化是肥胖症形成的关键过程（Ahima and Flier，2000），也是环境肥胖激素作用的重要机制（Kanayama et al.，2005）。脂肪细胞是由过氧化物酶体增殖物激活受体（PPARγ）等介导的（Grimaldi，2001），这为环境肥胖激素分子指标的筛选提供了可能。3T3-L1 作为一种商品化的细胞系，经常用于肥胖症的相关研究，目前可从中国科学院上

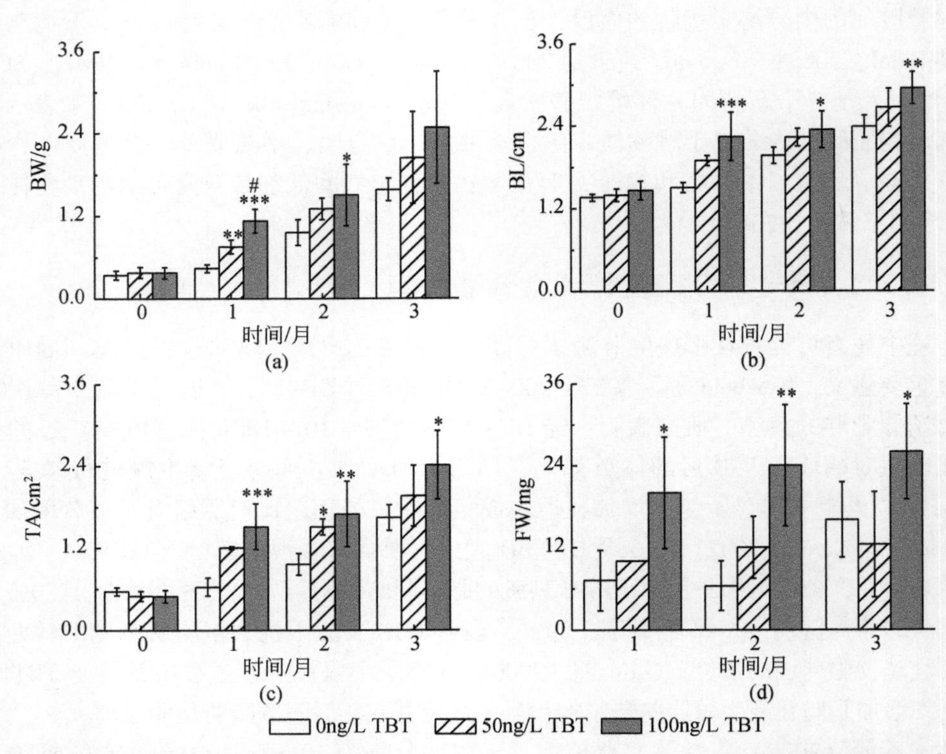

图 9-43　三丁基锡对非洲爪蟾体重（BW）、体长（BL）、躯干面积（TA）和脂肪重量（FW）的影响

*，**，***，暴露组与对照组相比（*，$P<0.05$；**，$P<0.01$；***，$P<0.001$）；#，暴露组间对比，$P<0.05$

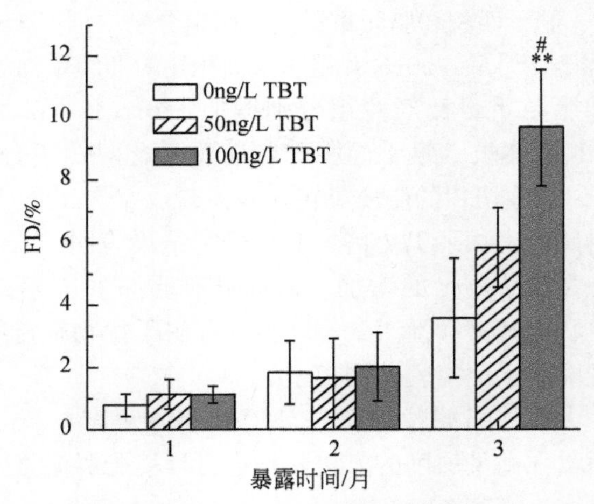

图 9-44　三丁基锡对非洲爪蟾肝脏脂肪度（FD）的影响

**，暴露组与对照组相比，$P<0.01$；#，暴露组间对比，$P<0.05$

海生命科学研究院细胞库直接购买。关于其培养、诱导分化及分化指标测试的方法等已有了较充足的资料积累，因此，脂肪细胞可以作为环境肥胖激素筛选的高通量测试模型。

为此，需要以 3T3-L1 小鼠脂肪细胞为测试模型，建立表征脂肪细胞分化的多级指标体系，选取典型环境肥胖激素 TBT 和 DES 对细胞进行暴露实验，揭示其效量和时效关系，制定初步的筛选技术，并采用潜在环境肥胖激素 PBDEs 和双酚 A（BPA）以及其他污染物进行多轮论证，最终发展为环境肥胖激素的快速筛选技术，为污染物的健康风险评价提供技术支持，为肥胖症病因的揭示提供科学依据。

9.4.5.4 3T3-L1 脂肪细胞的培养

3T3-L1 脂肪细胞培养条件与普通动物细胞培养类似。用含 10% 小牛血清的高糖 DMEM 培养基（Dulbecoo's modification of Eagle's medium，Dulbecoo 改良的 Eagle 培养基），在 37℃、5% 二氧化碳条件下培养。细胞达 70% ~80% 汇合后接板或传代。

（1）评价环境肥胖激素的几项指标和测定方法

1）脂肪细胞增殖，采用 MTT 法测定。具体过程如下所述。

接种细胞：将达 70% ~80% 汇合的细胞按每孔 1000 ~ 10 000 个接种于 96 孔板，每孔 100μL，放入二氧化碳培养箱培养；培养细胞：细胞贴壁后，给细胞换上含一定浓度 TBT 的培养基，每孔加入 100 ~ 200μL，放入培养箱中继续培养一段时间；呈色：一段时间后取出培养板，吸出板中培养液，每孔加入 1mg/mL 的 MTT［3-(4,5-二甲基噻唑-2)-2,5-二苯基四氮唑嗅盐，商品名为噻唑蓝］溶液 100 ~ 200μL。37℃ 下继续培养 4 ~ 6h。终止培养，吸出各孔 MTT 溶液，每孔加入 100 ~ 200μL 二甲基亚砜（DMSO），振荡摇匀；比色：选择 490 波长，在酶联免疫检测仪上测定各孔光吸收度值，记录结果。

2）脂肪细胞的分化及测定方法。接板后的细胞待融合 2d 后，加入配制好的诱导液（含一定浓度的地塞米松、3-异丁基-1-甲基黄嘌呤、胰岛素的混合液）开始诱导，计为诱导分化第 1 天，2d 后换为含胰岛素的培养液再培养 2d，以后以含 10% 小牛血清的 DMEM 培养基培养，每 2d 换液，根据需要在细胞分化成熟日（8d 或 10d）或诱导过程中收集细胞染色待测。

3）甘油三酯（TG）的含量及其测定方法。采用油红 O 染色显示细胞中积累的甘油三酯滴，细胞诱导培养至第 8 天，用 D-Hanks 液或 PBS 缓冲液洗细胞 2 次，在含 10% 甲醛的 D-Hanks 液或 PBS 缓冲液中室温固定 10min，D-Hanks 或 PBS 缓冲液洗净后晾干 20min，加油红染液于细胞表面，静置 30min，除去染液，加入 60% 异丙醇于培养板震荡摇匀，510nm 处用酶标仪测各孔吸光度值。

4）过氧化物酶体增殖物激活受体（PPARγ2）mRNA 表达水平及其测定方法。用 RT-PCR 法检测 PPARγ2 mRNA 的表达。主要步骤为：应用 TRIzol 试剂盒提取诱导分化过程中及成熟后的细胞总 RNA；PCR 反应扩增基因引物委托上海生物技术工程有限公司合成，取 PCR 产物 5μL，加样于 1% 琼脂糖凝胶，0.5×TBE 为电泳缓冲液，100V 恒压电泳 30min，PCR 产物在紫外线透视仪显影拍照。用 Kodak Digitalscience 310 分析电泳条带密度值。

5）脂肪酸结合蛋白（aP2）mRNA 表达水平及其测定方法。应用 Northern 杂交分析 aP2 mRNA 的表达。应用 TRIzol 试剂盒提取诱导分化过程中及成熟后的细胞总 RNA。取 25μg RNA，通过 1% 琼脂糖凝胶（含 2% 甲醛）分离，然后转移至 a Hibond-N+nylon 尼龙膜（Amersham Biosciences Inc.）。过滤物用标有[α-32P]dCTP 的探针进行杂交。

（2）应用实例

1）双酚 A：Masuno 等（2002）在研究双酚 A 对 3T3-L1 细胞的影响过程中，主要运用了两个指标来观测双酚 A 对脂肪细胞转化的影响：①LPL 和甘油磷酸脱氢酶（GPDH）的活性；②TG 在细胞中的积累量。

首先，通过实验研究了双酚 A 是否具有激发前脂肪细胞向成熟脂肪细胞转化的能力。在将细胞培养达到汇合状态时，实验组用含有双酚 A 的培养液培养 2d，而对照组则不加双酚 A，另外，设置阳性对照组，在头两天用含诱导剂（10μg/mL 胰岛素，1μmol/L 地塞米松，0.5mmol/L 3-异丁基-1-甲基黄嘌呤）的培养液进行诱导。此后，所有组都用含有胰岛素的培养液再培养 9d。结果发现，实验组不仅在 TG 含量、GDPH 活性方面都高于对照组，并且细胞中的脂滴也更大，含有脂滴的细胞数量也更多。以上实验结果表明，在细胞汇合后通过 2d 的双酚 A 处理能促使前脂肪细胞体现出分化成成熟细胞过程的标志和相应的细胞形态，因而双酚 A 具有激发 3T3-L1 前脂肪细胞向成熟脂肪细胞转化的能力。

其次，研究了双酚 A 对细胞分化过程的影响。虽然，在开始头两天用双酚 A 处理细胞，再用含胰岛素的培养液培养 9d 能使细胞体现出分化的标志和相应的形态，但 TG 含量和 LPL 含量都只有阳性对照组的 27% 和 32%，并且，含有脂滴的培养细胞只占阳性对照组的 1/3。然而，当双酚 A 与胰岛素联合作用时，即用含有双酚 A 与胰岛素的培养液培养 9d，TG 含量和 LPL 活性都有所提高，LPL 活性还与双酚 A 的暴露浓度呈一定范围的剂量-效应关系（图 9-45），另外，含脂细胞的比例也从 28% 提高到 83%。这些特性与阳性对照组非常相似。类似地，双酚 A 与胰岛素共同作用组的 GPDH 活性高于胰岛素单独作用组。这些实验结果表明双酚 A 和胰岛素联合作用能加速脂肪细胞的转化。

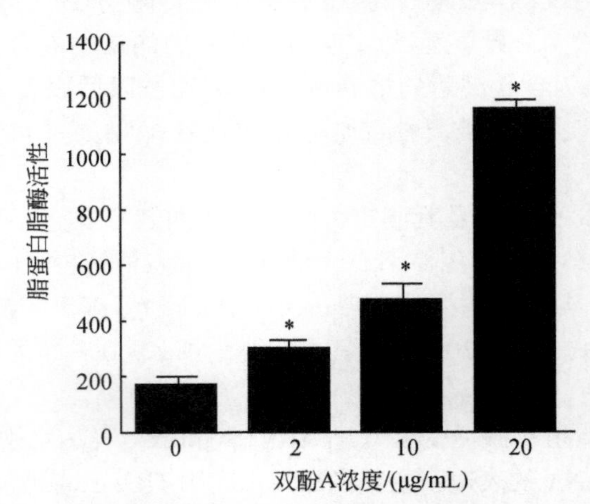

图 9-45　双酚 A 和脂蛋白脂酶活性的剂量-效应关系（引自 Masuno et al.，2002）

* $P<0.01$

最后，研究了双酚 A 的存在对细胞增殖的影响，发现双酚 A 使细胞的增殖速率下降，用同位素标记胸腺嘧啶核苷（TdR）的 DNA 合成测定法证实了双酚 A 对 3T3-L1 细胞的反增殖作用。

2）4-壬基苯酚。Masuno 等（2003）研究了 4-壬基苯酚（NP）对完全分化的 3T3-L1 的影响。首先，研究了 NP 对完全分化的细胞的增殖的作用，选用了两个指标：①培养细胞的 DNA 含量；②培养细胞中用 5 溴脱氧尿苷（BrdU）标记的 DNA 的量。当细胞培养达到汇合状态时，用含诱导剂（10μg/mL 胰岛素、1μmmol/L 地塞米松、0.5mmol/L 3-异丁基-1-甲基黄嘌呤）的培养液进行诱导，然后，实验组换上含有一定浓度的4-NP的培养液培养8d，每2d进行换液。对照组则用不含NP的培养液培养。结果发现，实验组细胞的DNA含量显著高于对照组，BrdU的掺入标记实验证实了这一点，基于这些结果，认为NP具有刺激已分化的3T3-L1细胞增殖的能力。

另外，研究了NP在完全分化的细胞中，对脂肪细胞形成的影响。使用了3个指标来衡量脂肪细胞的形成情况：①TG在细胞中的积累量；②*LPL* 和 *ap*2 基因的表达；③*LPL* 的活性。采用Northen印迹杂交的方法测量 *LPL* 和 *ap*2 基因的表达水平，发现在NP作用下，这两种基因的mRNA表达水平显著低于对照组。LPL的活性同样比对照组低。另外，实验组中细胞里的脂滴比对照组小，致使TG含量比对照组低。基于这些结果，得出了NP具有抑制完全分化细胞中脂肪细胞形成的能力

3）三丁基锡（TBT）。Inadera和Shimonmura（2005）研究了TBT对3T3-L1前脂肪细胞分化的影响。首先，在细胞形态方面观察了TBT对细胞分化的影响。将细胞达到完全汇合状态2d后记为第0天，从第0天开始，实验组用含10nmol/L TBT和诱导剂的培养液培养2d，对照组则只加诱导剂，然后两组都用普通培养液培养到第8天，每2d换液。结果发现，TBT的存在导致了更多脂滴的积累。在没有诱导剂存在的情况下，TBT仍能引起脂滴在细胞中的积累，而在既不存在TBT也不存在诱导剂的条件下，细胞形态在第8天仍停留在前脂肪细胞的水平。这些结果说明TBT具有刺激和促进前脂肪细胞分化的作用。

然后，运用Northern印迹杂交实验观察了脂肪细胞分化的标志之一 *ap 2* 的表达情况，结果显示，不管诱导剂存在与否，TBT的存在使 *ap 2* 的表达增加，并呈现出一定的剂量-效应关系。

9.5 展望

9.5.1 新的内分泌干扰物和内分泌干扰效应

近年来，环境中一些新型污染物被陆续发现，而有些新发现的污染物也被证明为环境内分泌干扰物。最典型的例子是溴化阻燃剂和全氟化合物这两类新发现的污染物。其中，PBDEs不仅表现出与PCBs类似的持久性特性，而且在室内空气中广泛存在，容易吸附在灰尘表面，通过多种暴露途径进入人体（Betts，2008）。大量研究表明，一些溴化阻燃剂和全氟化合物具有雌激素和甲状腺激素干扰效应（Chang et al.，2008；Jensen and Leffers，2008；Yuan et al.，2008；Suzuki et al.，2008；Darnerud，2008），尤其是溴化阻燃剂的甲状腺激素干扰特性引发了对甲状腺激素干扰物研究的高度关注（Carlsson et al.，2007）。最近，抗生素类药品和个人护理用品也被确认为新的环境污染物，而对其环境内分泌干扰特性还缺乏深入的研究。

除发现新型污染物之外，另一种情形是新的内分泌干扰效应的发现。最典型的例子是“环境肥胖激素”的提出（Grun and Blumber，2007；Newbold et al.，2008），这在很大程度上取决于生命科学和医学方面新的认识。脂肪组织在20世纪末才被确认为是一种内分

泌干扰器官，这一新的认识同时也促进生命科学和医学在脂肪代谢研究方面取得了重大进展。因此，随着相关学科的发展和新的环境问题的出现，也必将发现新的内分泌干扰效应。例如，Hoppe 和 Carey（2007）的研究表明，PBDEs 能够干扰脂肪细胞的代谢。

此外，环境内分泌干扰物独特的剂量-效应关系也是今后应该加强的重点。剂量-效应关系是环境内分泌干扰物生态风险评价的核心内容，建立剂量-效应定量模型是实现物种间外推、从实验室到野外的外推、化合物间外推的必要工具，是预测和评价环境内分泌干扰物风险的重要手段，具有举足轻重的地位。剂量-效应关系评价的主要内容是将环境内分泌干扰物在生物体内靶细胞或靶组织的剂量与环境内分泌干扰物在生物体内影响、导致效应的主要环节和关键步骤以及与生物靶分子的相互作用连接起来，建立剂量-效应关系，从而对环境中的潜在内分泌干扰物进行风险评价。

传统的剂量效应模型通过统计方法在暴露剂量与效应之间建立起联系，从曲线拟合的响应数据得出模型参数，并不含有特定的生物学意义，也不包含任何关于化合物在生物体内各种相互作用过程以及作用方式等的信息。然而，环境内分泌干扰物的效应是多种机制的共同作用结果，内分泌干扰物会产生许多不同类型的激素作用。这些作用包括雌性激素、抗雌性激素、抗雄性激素、生长因子调节、细胞动力调节、激素代谢调节及其他多种作用，而且，激素作用过程还存在相当大的细胞和组织特异性，这样，即使是相同的激素和相同的受体也可能产生一些在数量和质量上都不同的反应，这些反应取决于细胞的类型、年龄以及其他一些因素。因此，研究认为环境内分泌干扰物不存在相同的剂量-效应关系。例如，具有雌激素活性的双酚 A 是“U”形剂量-效应关系曲线，而不是典型的“S”形曲线。因此在忽视环境内分泌干扰物的作用机制的情况下进行剂量-效应评价存在着不可逾越的障碍。目前关于剂量-效应关系研究的趋势是倾向于建立基于生物学过程和环境内分泌干扰物的作用机制的剂量-效应模型，结合环境内分泌干扰物在生物体系内的代谢动力学模型（physiologically based toxicokinetic，PBTK），建立基于机制的剂量-效应定量模型（mechanistically based dose-response relationship，MBDR）。

建立 MBDR 模型既包括对环境内分泌干扰物在生物体内的代谢动力学质量平衡过程的描述，又包括环境内分泌干扰物与靶分子或靶组织的相互作用机制的描述。然而发展 MBDR 模型存在着几个瓶颈性的问题：首先，发展 PBTK 模型需要的代谢动力学参数获得难；其次，需要对环境内分泌干扰物作用机制的详细研究，但目前其作用机制尚不完全清楚；最后，混合物剂量-效应关系，由于混合物产生相加、协同和拮抗作用，如何建立混合物的剂量-效应关系仍有待研究。因此，剂量-效应关系研究仍然是环境内分泌干扰物风险评价的一个研究热点。

9.5.2 典型内分泌干扰物的作用机制

目前，尽管可以通过多种检测方法筛选和确证某些化合物为环境内分泌干扰物，但对其微观致毒机制还没有得到较好的阐释，甚至包括一些研究多年的典型环境内分泌干扰化合物。例如，TBT 在极低的水平能造成从分子水平到群落结构的生态毒理学效应，而且是在个体以上水平上建立了污染物与效应的确切关系。尽管从 20 世纪 80 年代便开始对 TBT

的分子致毒机制进行研究，但到目前为止仍没有十分确切的结论。这一方面由于无脊椎动物内分泌系统的多样化和背景资料的缺乏，另一方面也反映了在低剂量下内分泌干扰作用的复杂性。最近有研究指出，TBT 通过与维甲酸 X 核受体（RXR）结合引起腹足类性畸变，而在哺乳动物中 TBT 与 RXR 的结合却能促进脂肪细胞形成，即具有环境肥胖激素效应。这一新的发现反映了 TBT 的独特性。因此，需要对类似环境内分泌干扰物的分子致毒机制进行深入研究。

9.5.3 内分泌干扰物的分子作用机制与种群水平上的生态效应的联系

尽管大量的调查和研究表明人类和其他动物出现了生殖异常，并且怀疑同 EDCs 有关，但只在少数例子中可以表明生殖异常是由 EDCs 引起的。在其他许多例子中还没有建立这种联系，引起所观察效应的具体化合物以及其作用机制仍不清楚。尤其是 EDCs 对个体以上水平，即种群、群落和生态系统的影响还缺乏研究，更缺乏对内分泌干扰物的分子作用机制与种群水平上生态效应之间的联系的研究。

腹足类的性畸变是目前发现的唯一能在具体 EDCs 与种群水平之间建立明确因果关系的例证。当前，越来越多的研究者认为应寻找内分泌干扰物与个体以上水平毒性效应之间的相关性。性畸变是具体内分泌干扰物（如 TBT）对个体以上水平（种群）造成影响的有力证据，也是利用生态学效应（种群性畸变程度）对海洋环境污染进行监测的成功范例。TBT 能进入海洋环境暴露了当时化学品风险评价方法的局限性，腹足类种群的衰退给了我们很好的教训（Sumpter and Johson，2005）。因此，对腹足类性畸变研究的意义已超出了 TBT 污染问题本身，尤其对类似内分泌干扰物的风险评价和管理将具有重要的启示作用。

9.5.4 内分泌干扰物的筛选和生物监测方法

9.5.4.1 内分泌干扰物测试种的选择

建立合适的模式动物是开展环境内分泌干扰物生态和健康风险研究的基础工作之一。模式动物应该具有以下特点：易在实验室培养和繁殖；在环境中广泛存在；能大量得到；有丰富的生物学背景参数数据；捕获和驯化的代价低；具有生态学代表意义；代时短以及能代表很大数量的物种或种群。在模式物种选择上，应该使所有的方法能标准化，并能解释那些可以影响 EDCs 的暴露或效应的多种环境因子，包括温度（对于变温动物）、营养水平以及其他关于特定小生境的状况（如盐度、暴露于沉积物、水柱、空气）等。目前，所选择的对象包括哺乳动物、鸟类、两栖类、鱼类及无脊椎动物。

鱼类在环境中广泛分布，超过 20 000 余种，有些种类已被广泛用于生态毒理学和生态风险评价研究，并作为模式动物列入国家标准程序和指南。环境内分泌干扰物对鱼类的影响已开展了大量的研究，研究的种类主要有鲤科鱼、鲑科鱼和鲭鳉鱼，并建立了一些体内和体外方法，主要有：卵黄蛋白原分析法、血清类固醇激素浓度分析、激素受体分析、激素代谢关键酶活性检测、第二性征改变分析、受精卵成熟和发育分析、性体指数（GIS）。

鱼类可研究受精前、受精过程、孵化以及成年期的生育力，它们内分泌系统的变化已被很好地与激素依赖性癌症相联系。因此，鱼类作为模式动物具有广阔的发展前景，可评价水环境中环境内分泌干扰物的生态风险。

对于体内筛选方法，目前仍主要采用鱼和大鼠。由于内分泌系统在种类间的差异，往往需要选择更广泛的内分泌干扰物测试种，同时对已选择的类别进一步优化。例如，无脊椎动物在整个动物界中占有较大比例，且在生态系统中起着重要的作用，无脊椎动物的内分泌系统与脊椎动物有较大差异，而且无脊椎动物种类之间内分泌系统变化较为丰富。因此，必须筛选适当的无脊椎动物来开展环境内分泌干扰物的研究（Oehlmann et al.，2007）。Duft 等（2007）提议运用淡水腹足类尼螺（*Potamopyrgus antipodarum*）进行内分泌干扰物的筛选测试研究。这将有利于全面评估环境内分泌干扰物的生态风险和揭示其致毒机制。

在甲状腺激素干扰物的筛选中，尽管非洲爪蟾变态实验被认为是理想的体内实验方法，但仍需从多方面进行补充和完善（Lutz et al.，2008）。例如，由于鱼类在环境内分泌干扰物筛选中的广泛应用和鱼类甲状腺系统的特殊性，最近，OECD 也提议利用鱼类进行 TDCs 的检测（Blanton and Specker，2007）。但这一方案仍需从多方面完善。例如，根据鱼类甲状腺激素系统的特点建立以 T_3 为中心的检测体系，增加鱼类早期发育阶段指标，以及在基因表达水平上筛选甲调生物标志物等。

此外，作为非洲爪蟾的近亲，热带爪蟾（*X. tropicalis*）具有个体更小、生长周期更短（3～6 个月）、产卵量更大（2000～3000 个）和基因组结构（二倍体）更简单的优点。因此，热带爪蟾比非洲爪蟾更适合作为模式生物进行系列研究（来松涛等，2006）。尤其是 2000 年美国启动热带爪蟾基因组计划之后，其作为模式生物的研究受到高度关注，美国国立卫生研究院（NIH）甚至于 2001 年明确规定对利用热带爪蟾研究基因功能及与人类健康和疾病相关的申请者给予最优先资助。将热带爪蟾用于 TDCs 的研究不仅能使实验操作更简便高效（Knechtges et al.，2007），而且其基因组的解析也为分子生物标志物的筛选奠定了坚实的基础。

9.5.4.2 建立具有分析 EDCs 作用模式功能的指标体系

建立敏感和完善的生物指标是建立环境内分泌干扰物筛选方法、剂量-效应关系和监测其暴露、效应的基础。敏感的生物指标来自各种典型环境内分泌干扰物在不同剂量、环境因子作用下生物学效应的研究。目前的生物指标主要依赖于环境内分泌干扰物的作用机制和影响方式，主要集中在繁殖和发育系统，其次是致癌性，神经系统和免疫系统相对较少，指标涉及分子水平至种群水平。自生物标志物（biomarker）概念建立以来，由于其具有敏感、反应快（<24h）、揭示作用机制等优点被广泛研究和应用。因此，需要发展生物标志物来监测环境内分泌干扰物的暴露和效应。这些生物标志物必须与内分泌干扰物最敏感的作用位点和机制联系起来，必须考虑种间差异、性别差异及敏感阶段等，必须能进行跨代研究，在暴露后能很快被测定并可预测其长期和潜在影响。

理想的测试方法不仅要求能有效筛选 EDCs，而且需要对可疑 EDCs 的作用模式（mode of action）具有分析功能，以便为进一步的确证工作指明方向（Tan and Zoeller，2007）。与作用机制（mechanism of action）强调污染物在分子水平的微观过程不同，作用模式侧重于研究污染物对生物体主要的而且是可检测的序列毒理学评判终点（Seed et al.，2005）。首先，筛选方法必须基于化学物质对生物体内分泌系统的作用模式而设计；其次，需要在更微观层次上寻找与作用模式更密切相关的指标；最后，需要建立利用综合指标分析可疑TDCs作用模式的科学方法（OECD，2006；EPA，2007；Fort et al.，2007）。

9.5.4.3 内分泌干扰物低剂量下的复合效应和环境样品内分泌干扰效应的检测

化学污染往往以一种复合的方式存在于真实环境中，因此，对环境样品环境内分泌干扰效应的检测必须考虑复合污染效应，这必然涉及多种作用模式和多种浓度污染物的不同组合，以及不同环境样品的前处理方法等。因此，需要在建立针对单一化学品环境内分泌干扰效应的检测方案的基础上，对EDCs的复合效应和环境样品的检测展开进一步的研究。例如，在甲状腺激素干扰物的研究中，Crofton（2008）提出了不同作用模式的甲状腺激素干扰物的复合效应问题，Tan和Zoeller（2007）在一份有关TDCs筛选方法的最新专刊中强调指出，应将基础研究的新成果融合到TDCs的筛选中来。

9.5.4.4 环境内分泌干扰物的快速筛选方法

建立快速的筛选方法体系，以鉴别和筛选环境中可疑的内分泌干扰物，是目前国内外环境内分泌干扰物研究领域的首要任务，也是环境内分泌干扰物风险评价和防治的首要基础工作。理想的筛选方法体系应该具有这样几个特点：快速、简单、成本低、有利于对作用机制的研究、实用范围广，可作为环境内分泌干扰物生态风险评价或人体健康风险评价的固定程序，易在实际中推广应用。由于暴露的复杂性、效应的潜在性和机制的复杂性质等原因，国内外尚未建立标准的筛选方法体系。目前美国EPA等倾向于建立结合体内测试和体外测试方法，形成组合分层式筛选方法体系，对环境中的潜在内分泌干扰物进行鉴别和筛选。该体系包括三个层次：第一层，体外和短期的体内方法；第二层，长期的体内分析；第三层，混合方法。目前已发展了许多体内和体外方法，但是，由于环境中化合物众多，体内方法由于时间长等限制不适宜作为快速筛选方法，因此，急需要发展一系列体外方法。

参考文献

陈淑珍，王重刚．2007. 环境内分泌干扰物与肥胖症发生发展的关系．国外医学卫生学分册，34（6）：329-333.

戴昕，2004. 肥胖发生机制研究的新进展．首都体育学院院报，16（2）：97-98.

邓茂先，吴德生，詹立．2001. 环境雌激素双酚A的生殖毒理研究．环境与健康杂志，18（3）：134-136

杜克久，徐晓白．2000. 环境激素研究进展．科学通报，45（21）：2241-2250.

郭素珍，钱丽娟，刘青坡，等．2009. 三丁基锡对非洲爪蟾的肥胖激素效应．环境与健康杂志，26（2）：98-100.

来松涛，魏于全，邓洪新，等．2006. 模式生物-爪蟾在生物医学上的应用．自然科学进展，16（9）：1074-1078.

刘青坡，钱丽娟，郭素珍，等．2008. 全氟辛磺酸（PFOS）对非洲爪蟾（*Xenopus laevis*）生长发育、甲状腺和性腺组织学的影响. 生态毒理学报, 3 (5): 464-472.
瞿璟琰, 施华宏, 刘青坡, 等. 2007a. 污染物对鱼类的甲状腺激素干扰效应及其作用机制. 生态毒理学报, 2 (4): 375-380.
瞿璟琰, 施华宏, 刘青坡, 等. 2008. 四溴双酚-A和五溴酚对红鲫甲状腺激素水平和脱碘酶活性的影响. 环境科学学报, 28 (8): 1625-1630.
瞿璟琰, 姚晨岚, 施华宏, 等. 2007b. 四溴双酚-A和五溴酚对红鲫甲状腺组织结构的影响. 环境化学, 26 (3): 29-32.
秦占芬, 徐晓白. 2006. 非洲爪蟾在生态毒理学研究中的应用: 概述和实验动物质量控制. 科学通报, 51 (8): 873-878.
施华宏, 黄长江, 谢文勇. 2002. 用疣荔枝螺性畸变监测海洋有机锡污染的方法初探. 海洋环境科学, 21 (4): 37-41.
施华宏, 于秀娟, 朱四喜, 等. 2004. 性畸变对腹足类生殖和种群的影响. 生态学杂志, 23 (6): 89-93.
施华宏. 2003. 中国沿海腹足类性畸变及其对海洋有机锡污染的生物监测. 暨南大学博士学位论文.
张树成, 王弘毅, 王介东. 1999. 1981—1996年我国有生育力男性精液质量的变化分析. 生殖与避孕, 19: 27-33.
Ahima R S, Flier J S. 2000. Adipose tissue as an endocrine organ. Trends Endocrinol Metabol, 11 (8): 327-332.
Ahmed O M, El-Gareib A W, El-bakry A M, et al. 2008. Thyroid hormones states and brain development interactions. Int J Dev Neurosci, 26: 147-209.
Ahmed S A. 2000. The immune system as a potential target for environmental estrogens (endocrine disrupters): A new emerging field. Toxicol, 150: 191-206.
Akubue P I, Stohs S J. 1992. Endrin-induced production of nitric oxide by rat peritoneal macrophages. Toxicol letters, 62 (2, 3): 311-316.
Alaee M. 2006. Recent progress in understanding of the levels, trends, fate and effects of BFRs in the environment. Chemosphere, 64: 179-180.
Anderson H R, Anderson A M, Arnold S F, et al. 1999. Comparison of short term estrogenicity test for identification of hormone disrupting chemicals. Environ Health Persp, 107 (suppl. 1): 89-103.
Arnold H, Pluta H, Braunbeck T. 1995. Simultaneous exposure of fish to endosulfan and disulfoton *in vivo*: ultrastructural, stereological and biochemical reactions in hepatocytes of male rainbow trout (*Oncorhynchus mykiss*). Aquat Toxicol, 33: 17-43.
Bagchi D, Bagchi M, Stohs S. 2002. Cellular protection with proanthocyanidins derived from grape seeds. N Y Acad Sci, 957: 260-270.
Baillie-Hamilton P F. 2002. Chemical toxins: A hypothesis to explain the global obesity epidemic. J Alt Comp Med, 8: 185-192.
Banerjee B D, Koner B C, Ray A. 1997. Influence of stress on DDT-induced humoral immune responsiveness in mice. Environ Res, 74 (1): 43-47.
Betoulle S, Duchiron C, Deschaux P. 2000. Lindane increases *in vitro* respiratory burst activity and intracellular calcium levels in rainbow trout head kidney phagocytes. Aquat Toxicol, 8: 211-221.
Betts K S. 2008. Unwelcome guest-PBDEs in indoor dust. Environ Health Persp, 116 (5): A202-208.
Blanton M L, Specker J L. 2007. The hypothalamic-pituitary-thyroid (HPT) axis in fish and its role in fish development and reproduction. Crit Rev Toxicol, 37 (1-2): 97-115.
Boas M, Feldt-Rasmussen U, Skakkebak N E, et al. 2006. Environmental chemicals and thyroid function.

European J Endocrinol, 154: 599-611.

Brouwer A, Morse D C, Lans M C, et al. 1998. Interactions of persistent environmental organohalogens with the thyroid hormone system: Mechanisms and possible consequences for animal and human health. Toxicol Industrial Health, 14 (1, 2): 59-84.

Brown D D, Cai L Q. 2007. Amphibian metamorphosis. Dev Biol, 306: 20-33.

Brown D D, Cai L, Das B, et al. 2005. Thyroid hormone controls multiple independent programs required for limb development in *Xenopus laevis* metamorphosis. Proc Natl Acad Sci USA, 102: 12455-12458.

Brown S B, Adams B A, Cyr D G, et al. 2004. Contaminant effects on the teleost fish thyroid. Environ Toxicol Chem, 23: 1680-1701.

Caballero B. 2007. The global epidemic of obesity: An overview. Epidemiol Rev, 29: 1-5.

Carlsson G, Kulkarni P, Larsson P, et al. 2007. Distribution of BDE-99 and effects on metamorphosis of BDE-99 and -47 after oral exposure in *Xenopus tropicalis*. Aquatic Toxicol, 84: 71-79.

Champ M A. 2000. A review of organotin regulatory strategies, pending actions, related costs and benefits. Sci Total Environ, 258: 21-71.

Chang S C, Thibodeaux J R, Eastvold M L, et al. 2008. Thyroid hormone status and pituitary function in adult rats given oral doses of perfluorooctanesulfonate (PFOS) . Toxicol, 243: 330-339.

Chapin R E, Sloane R A, Haseman J K. 1998. Reproductive endpoints in general toxicity studies: Are they predictive. Toxicol, 12 (4): 489-494.

Colborn T. 2002. Clues from wildlife to create an assay for thyroid system disruption. Environ Health Persp, 110S (3): 363-367.

Cooper R O, Stoker T E, Goldman J M, et al. 1996. Effect of Atrazine on ovarian function in the rat. Reprod Toxicol, 10 (4), 257-264.

Crofton K M. 2008. Thyroid disrupting chemicals: Mechanisms and mixtures. Int J Androl, 31 (4): 1-14.

Darnerud P O. 2008. Brominated flame retardants as possible endocrine disrupters. Int J Androl, 31: 152-160.

Das B, Cai L, Carter M G, et al. 2006. Gene expression changes at metamorphosis induced by thyroid hormone in *Xenopus laevis* tadpoles. Dev Biol, 291: 342-355.

Das S. 2008. Obesity: A global problem. J Human Nutr Diet, 21 (2): 179-179.

Davis S L. 1998. Environmental modulation of the immune system via the endocrine system. Domestic Animal Endocrinol, 15 (5): 283-289.

De Wit C A. 2002. An overview of brominated flame retardants in the environment. Chemosphere, 46 (5): 583-624.

Defur P L, Crane M, Ingersoll C G. 1999. Endocrine Disruption in Invertebrates: Endocrinology, Testing, and Assessment. SETAC: Netherlands: 209.

Duft M, Schmitt C, Bachmann J, et al. 2007. Prosobranch snails as test organisms for the assessment of endocrine active chemicals—an overview and a guideline proposal for a reproduction test with the freshwater mudsnail *Potamopyrgus antipodarum*. Ecotoxicology, 16: 169-182.

Eales J G, Brown S B. 1993. Measurement and regulation of thyroidal status in teleost fish. Rev Fish Bio Fisher, 3: 299-347.

Eldridgea J C, Wetzelb L T, Tyreyc L. 1999. Estrous cycle patterns of Sprague-Dawley rats during acute and chronic atrazine administration. Reprod Toxicol, 13: 491-499.

EPA. 2007. Validation of the amphibian metamorphosis assay as a screen for thyroid-active chemicals: Integrated summary report. http: //www. epa. gov/endo/pubs/ama_isr. pdf [2010-10-20] .

Fasshauer M, Klein J, Neumann S, et al. 2002. Hormonal regulation of adiponectin gene expression in 3T3-L1 adipocytes. Biochem Biophy Res Com, 290 (3): 1084-1089.

Fioroni P, Oehlmann J, Stroben E. 1991. The pseudohermaphroditism of prosobranchs, morphological aspects. Zool Anz, 226: 1-26.

Fort D J, Degitz S, Tietge J, et al. 2007. The hypothalamic-pituitary-thyroid (HPT) axis in frogs and its role in frog development and reproduction. Crit Rev Toxicol, 37: 117-161.

Fort J D, Rogers L R, Morgan A L, et al. 2000. Preliminary validation of a short-term morphological assay to evaluate adverse effects on amphibian metamorphosis and thyroid function using *Xenopus laevis*. J Appl Toxicol, 20: 419-425.

Gibbs P E, Bryan G W. 1986. Reproductive failure in populations of the dog-whelk, *Nucella lapillus*, caused by imposex induced by tributyltin from antifouling paints. J Mar Biol Assoc UK, 66: 767-777.

Giesy J P, Ludwig J P, Tillitt D E. 1994. Deformities in birds of the Great Lakes region. Environ Sci Technol, 28: 128-135.

Gillesby B E, Zacarewski T R. 1998. Exoestrogens: Mechanisms of action and strategies for identification and assessment. Environ Toxicol Chem, 17 (1): 3-14.

Gooding M P, Leblanc G A. 2001. Biotransformation and disposition of testosterone in the eastern mud snail *Ilyanassa obsolete*. Gen Comp Endocrinol, 122: 172-180.

Grimaldi P A, 2001. The roles of PPARs in adipocyte differentiation. Prog Lipid Res, 40 (4): 269-281.

Grun F, Blumberg B. 2006. Environmental obesogens: Organotins and encocrine disruption via nuclear receptor signaling. Endocrinol, 147 (6 Supple.): S50-S55.

Grun F, Blumberg B. 2007. Perturbed nuclear receptor signaling by environmental obesogens as emerging factors in the obesity crisis. Rev Endocr Metab Disord, 8: 161-171.

Grun F, Watanabe H, Zamanian Z, et al. 2006. Endocrine-disrupting organotin compounds are potent inducers of adipogenisis in vertebrates. Mol Endocrinol, 20 (9): 2141-2155.

Guo S Z, Qian L J, Shi H H, et al. 2010. Effects of tributyltin (TBT) on *Xenopus tropicalis* embryos at environmentally relevant concentrations. Chemosphere, 79: 529-533.

Heindel J J. 2003. Endocrin disruptors and the obesity epidemic. Toxicol Sci, 76: 247-249.

Helbing C C, Bailey C M, Ji L, et al. 2007. Identification of gene expression indicators for thyroid axis disruption in a *Xenopus laevis* metamorphosis screening assay: Part 1. Effects on the brain. Aquat Toxicol, 82 (4): 227-241.

Henderson A K, Rosen D, Miller G L, et al. 1995. Breast cancer among women exposed to polybrominated biphenyls. Epidemiology, 6 (5): 544-546.

Hoppe A A, Carey G B. 2007. Polybrominated diphenyl ethers as endocrine disruptors of adipocyte metabolism. Obesity, 15: 2942-2950.

Hutchinson T H, Brown R, Brugger K E, et al. 2000. Ecological risk assessment of endocrine disruptors. Environ Health Persp, 108 (11): 1007-1014.

Inadera H, Shimomura A. 2005. Environmental chemical tributyltin augments adipocyte differentiation. Toxicol Sci, 75: 314-320.

Janošek J, Hilscherová K, Blahá L, et al. 2006. Environmental xenobiotics and nuclear receptors—Interactions, effects and *in vitro* assessment. Toxicol Vitro, 20 (1): 18-37.

Jensen A A, Leffers H. 2008. Emerging endocrine disrupters: Perfluoroalkylated substances. Int J Androl, 31: 161-169.

Jonathan N B, Cooper R L, Foster P, et al. 1999. An approach to the development of quantitative models to assess the effects of exposure to environmentally relevant level of endocrine disruptors on komeostassis in adults. Environ. Health Persp, 107 (suppl 4): 605-611.

Kanayama T, Kobayashi N, Mamiya N, et al. 2005. Organotin compounds promote adipocyte differentiation as agonists of the peroxisome proliferator- activated receptor/retinoid X receptor pathway. Mol Pharmacol, 67: 766-774.

Kavlock R J, Daston G P, DeRosa G, et al. 1996. Research needs for the risk assessment of health and environmental effects of endocrine disruptors: A report of the U. S. EPA- sponsored workshop. Environ Health Persp, 104 (suppl 4): 715-740.

Kloas W, Lutz L. 2006. Amphibians as model to study endocrine disrupters. J Chromatogr A, 1130 (1): 16-27.

Knechtges P L, Sprando R L, Porter K L, et al. 2007. A novel amphibian tier 2 testing protocol: A 30- week exposure of *Xenopus tropicalis* to the antiandrogen flutamide. Enivron Toxicol Chem, 26 (3): 555-564.

Koibuchi N, Iwasaki T. 2006. Regulation of brain development by thyroid hormone and its modulation by environmental chemicals. Endocrine J, 53 (3): 295-303.

Kupfer D, Bulger W H. 1977. Interaction of o, p'-DDT with the estrogen- binding protein (EBP) in human mammary and uterine tumors. Res Commun Chem Pathol Pharmacol, 16 (3): 451-462.

Lahvis G P, Wells R S, Kuehl D W, et al. 1995. Decreased lymphocyte responses in free- ranging bottlenose dolphins (*Tursiops truncatus*) are associated with increased concentrations of PCBs and DDT in peripheral blood. Environ Health Perspect, 103 (Suppl 4): 67-72.

Liu J Q, Cao Q Z, Yuan J, et al. 2012. Histological observation on unique phenotypes of malformation induced in *Xenopus tropicalis* larvae by tributyltin. J Env Sci, 24 (2): 195-202.

Lutz I, Kloas W, Springer T A, et al. 2008. Development, standardization and refinement of procedures for evaluating effects of endocrine active compounds on development and sexual differentiation of *Xenopus laevis*. Anal Bioanal Chem, 390: 2031-2048.

Mariussen E, Fonnum F. 2006. Neurochemical targets and behavioral effects of organohalogen compounds: An update. Crit Rev Toxicol, 36: 253-289.

Masuno H, Kidani T, Sakayama K, et al. 2002. Bisphenol A in combination with insulin can accelerate the conversion of 3T3- L1 fibroblasts to adipocytes. J Lipid Res, 43: 676-684.

Masuno H, Okamoto S, Iwanami J, et al. 2003. Effect of 4- nonylphenol on cell proliferation and adipocyte formation in cultures of fully differentiated 3T3- L1 cells. Toxicol Sci, 75: 314-320.

Meerts I A T M, van Zanden J J, Luijks E A C, et al. 2000. Potent competitive interactions of some brominated flame retardants and related compounds with human transthyretin *in vitro*. Toxicol Sci, 56: 95-104.

Mosmann T. 1983. Rapid colorimetric assay for cellular growth and survival: application to proliferation and cytotoxicity assays. J Immunol Methods, 65: 55-63.

Nagel S C, vom Saal F S, Thayer K A, et al. 1997. Relative binding affinity- serum modifield access (RBA-SMA) assay predicts the relative in vivo bioactivity of the xenoestrogens bisphenol A and octylphenol. Environ Health Persp, 105: 70-76.

Newbold R R, Padilla-Banks E, Jefferson W N, et al. 2008. Effects of endocrine disruptors on obesity. Int J Androl, 31: 201-208.

Newbold R R, Padilla-Banks E, Snyder R J, et al. 2007. Developmental exposure to endocrine disruptors and the obesity epidemic. Reprod Toxicol, 23: 290-296.

Nieuwkop P D, Faber J. 1956. Norm al table of *Xenopus laevis* (Daudin) . Amsterdam: North Holland Publ Co.

Nishikawa J I, Mamiysa, Kanayama T, et al. 2004. Involvement of the retinoid X receptor in the development of imposex caused by organotins in gastropods. Environ Sci Technol, 38: 6271-6276.

Oberdorster E, Romano J, Mcclellan-Green P. 2005. The neuropeptide APGWamide as a penis morphogenic factor (PMF) in gastropod mollusks. Integr Comp Biol, 45: 28-32.

OECD. 2006. Series on testing and assessment No. 57: Detailed review paper on thyroid hormone disruption assays. http://www.oecd.org/dataoecd/49/35/37235405.pdf.

OECD. 2008. OECD Guideline for the testing of chemicals: The amphibian metamorphosis assay. http://www.oecd.org/dataoecd/32/63/41620749.pdf [2009-09-13].

Oehlmann J, Benedetto P D, TillmannM, et al. 2007. Endocrine disruption in prosobranch molluscs: Evidence and ecological relevance. Ecotoxicol, 16: 29-43.

Oehlmann J, Stroben E, Fioroni P. 1991. The morphological expression of imposex in *Nucella lapillus* (Linnaeus) (Gastropoda: Muricidae). J Mollus Stud, 57: 375-390.

Orozco A, Valverde R C. 2005. Thyroid hormone deiodination in fish. Thyroid, 15 (8): 799-812.

Paris-Palacios S, Biagianti-Risbourg S, Vernet G. 2000. Biochemical and (ultra) structural hepatic perturbations of Brachydanio rerio (Teleostei, Cyprinidae) exposed to two sublethal concentrations of copper sulfate. Aquat Toxicol, 50: 109-124.

Power D M, Llewellyn L, Faustino M, et al. 2001. Thyroid hormones in growth and development of fish. Comp Biochem Physiol C, 130: 447-459.

Richardson V M, Staskal D F, Ross D G, et al. 2008. Possible mechanisms of thyroid hormone disruption in mice by BDE 47, a major polybrominated diphenyl ether congener. Toxicol Applied Pharmacol, 226: 244-250.

Rolland R, Gillbertson M, Colborn T, et al. 1995. Environmentally induced alterations in development: A focus on wildlife. Environ Health Persp, 103 (Suppl 4): 3-100.

Ronis M J J, Mason A Z. 1996. The metabolism of testosterone by the periwinkle (*Littorina littorea*) *in vitro* and *in vivo*: Effects of tributyltin. Mar Environ Res, 42: 161-166.

Seed J, Corely R A, Crofton K M, et al. 2005. Overview: Using mode of action and life stage information to evaluate the human relevance of animal toxicity data. Crit Rev Toxicol, 35: 663-672.

Sharma B, Patino R. 2008. Exposure of *Xenopus laevis* tadpoles to cadmium reveals concentration-dependent bimodal effects on growth and monotonic effects on development and thyroid gland activity. Toxicol Sci, 105 (1): 1-58.

Shi H H, Huang C J, Yu X J, et al. 2005a. An updated scheme of imposex for *Cantharus cecillei* (Gastropoda: Buccinidae) and a new mechanism leading to the sterilization of imposex-affected females. Mar Biol, 146: 717-723.

Shi H H, Huang C J, Yu X J, et al. 2005b. Generalized system of imposex and reproductive failure of females in gastropods along the coastal waters of mainland China. Mar Ecol Prog Ser, 304: 179-189.

Shi H H, Qian L J, Guo S Z, et al. 2010. Teratogenic effects of tetrabromobisphenol A on *Xenopus tropicalis* embryos. Com Biochem Physiol C, 152 (1): 62-68.

Shi Y B. 2000. Amphibian Metamorphosis. from Morphology to Molecular Biology. New York: Wiley-Liss: 288.

Slater C H. 1995. Androgens and immunocompetence in salmonids: specific binding in and reduced immunocompetence of salmonid lymphocytes exposed to natural and synthetic androgens. Aquaculture, 136: 363-370.

Spooner N, Gibbs P E, Bryan G W, et al. 1991. The effect of tributyltin upon steroid titres in the female dogwhelk, *Nucella lapillus*, and the development of imposex. Mar Environ Res, 32: 37-49.

Stephen H. 2000. Endocrine disruptors and human health—is there a problem? An update. Environ Health Persp, 108 (6): 487-493.

Stevens J T, Breckenridge C B, Wetzel L T, et al. 1994. Hypothesis for mammary tumorigenesis in Sprague-Dawley rats exposed to certain trizaine herbicides. Toxicol Environ Health, 43: 169-153.

Sumpter J P, Johson A C. 2005. Lessons from endocrine disruption and their application to other issues concerning trace organics in the aquatic environment. Environ Sci Technol, 39: 4321-4332.

Suzuki G, Takigami H, Watanabe M, et al. 2008. Identification of brominated and chlorinated phenols as potential thyroid disrupting compounds in indoor dusts. Environ Sci Technol, 42 (5): 1794-1800.

Svensson B G, Hallberg T, Nilsson A, et al. 1994. Parameters of immunological competence in subjects with high consumption of fish contaminated with persistent organochlorine compounds. Int Arch Occup Environ Health, 65 (6): 351-358.

Tabb M M, Blumberg B. 2006. New modes of action for endocrine-disrupting chemicals. Mol Endocrinol, 20 (3): 475-482.

Tan S W, Zoeller R T. 2007. Integrating basic research on thyroid hormone action into screening and testing programs for thyroid disruptors. Critic Rev Toxicol, 37 (1-2): 5-10.

Tata J R, 2006. Amphibian metamorphosis as a model for the developmental actions of thyroid hormone. Mol Cell Endocrinol, 246: 10-20.

Tremblay L, Van Der Kraak G. 1999. Comparison between the effects of the phytosterol β-sitosterol and pulp and paper mill effluents on sexually immature rainbow trout. Environ Toxicol Chem, 18 (2): 329-336.

Van der Ven L T M, Van den Brandhof E J, Vos J H, et al. 2006. Effects of the antithyroid agent propylthiouracil in a partial life cycle assay with zebrafish. Environ Sci Technol, 40: 74-81.

Veldhoen N, Boggs A, Walzak K, et al. 2006. Exposure to tetrabromobisphenol-A alters TH-associated gene expression and tadpole metamorphosis in the Pacific tree frog *Pseudacris regilla*. Aquat Toxicol, 78: 292-302.

Wang L Q, James M O. 2006. Inhibition of sulfotransferases by xenobiotics. Current Drug Metabol, 7 (1): 83-104.

Yach D, Stackler D, Brownell K D. 2006. Epidemiologic and economic consequences of the global epidemics of obesity and diabetes. Nature Med, 12 (1): 62-66.

Yu L, Zhang X L, Yuan J, et al. 2011. Teratogenic effects of triphenyltin on embryos of amphibian (*Xenopus tropicalis*): A phenotypic comparison with the retinoid X and retinoic acid receptor ligands. J Hazad Mater, 1860-1868.

Yuan J, Chen L, Chen D, et al. 2008. Elevated serum polybrominated diphenyl ethers and thyroid-stimulating hormone associated with lymphocytic micronuclei in Chinese workers from an e-waste dismantling site. Environ Sci Technol, 42 (6) : 2195-2200.

Yuan J, Zhang X L, Yu L, et al. 2011. Stage-specific malformations and phenotypic changes induced in embryos of amphibian (*Xenopus tropicalis*) embryos by triphenyltin. Ecotoxicol Environ Safe, 74: 1960-1966.

Zhang R T, Proenca R, Maffei M, et al. 1994. Positional cloning of the mouse *obese* gene and its human homologue. Nature, 372: 425-432.

Zoeller R T. 2005. Environmental chemicals as thyroid hormone analogues: New studies indicate that thyroid hormone receptors are targets of industrial chemicals. Mol Cell Endocrinol, 242: 10-15.

10

生物体内应激蛋白对污染物胁迫的响应研究

生物标志物是通过测量体液、组织或整个生物体，能够表征对一种或多种化学污染物的暴露和（或）其效应的生化、细胞、生理、行为或能量上的变化。笼统地说，生物标志物就是可衡量环境污染物的暴露及其效应的生物化学反应（王海黎和陶澍，1999）。在污染物的作用下，生物体的不同组织，小到生物分子，大到生态系统，都产生相应的污染效应以及可供早期监测的生物标志物，如水藻的种类、数量、结构等可以指示水体污染程度（曾丽璇等，2003）。现在人们研究和关注的生物标志物主要集中于分子水平，即分子生物标志物，简称分子标志物。分子标志物直接以生物体内靶细胞或靶分子作为反应终点，能够在生物体表观症状出现之前，在分子水平上反映出污染物的毒理学效应。检测结果可以说明化学物质经过生物代谢或激活后产生的综合毒性效应，更能准确、及时地反映机体或靶部位所受到的实际氧化胁迫或损伤程度。由于分子标志物能够把化学分析结果与生物体的毒理学效应结合起来，适用于环境污染的早期诊断和环境健康的风险性评价，也特别适合于野外多种污染物的复合暴露，是环境科学的新兴研究领域之一。分子标志物的研究不仅能够提供生物个体的有效接触量，还能提供许多化学物质的结构与毒性之间的关系及毒物代谢动力学方面的信息，对揭示污染物的致毒效应和致毒机制也具有积极作用。

热休克蛋白（heat shock proteins，HSPs），如 HSP70、HSP60、HSP90、HSP100 和 sHSPs（small heat shock proteins）等通常又称为应激蛋白，是一切生物细胞（包括原核细胞及真核细胞）在受热、病原体、理化因素等应激原刺激后产生的一类在生物进化中最为保守，并由热休克基因所编码的一类分子伴侣家族，存在于细胞质和细胞器中，主要参与生物体内新生肽链的运输、折叠、组装、定位以及变性蛋白的复性或降解；通过控制目标蛋白与底物的结合与释放，协助其折叠、组装并向亚细胞器内的转运，或结合目标蛋白并稳定其不稳定构型，但其自身并不参与目标蛋白的最终结构组分（Hightower，1991；Wang et al.，2004）。在环境胁迫条件下，这些分子伴侣不仅能够阻止损伤蛋白或变性蛋白的堆积，而且还能够防止生物膜的损伤（Török et al.，2001）。在生物体内，HSP70 含量比较丰富；当细胞或生物体遭受氧化胁迫时，HSP70 的合成水平显著升高，因此它是研究最为广泛和深入的一类应激蛋白之一。越来越多的研究结果表明，当生物体受到环境胁迫而引起整体或局部的氧化胁迫或损伤时，应激蛋白表达量的增加与生物体所受到的氧化损伤程度有着密切关系，应激蛋白已经广泛应用于环境毒理学研究、污染物毒性的早期诊断与评价（Gibney et al.，2001；Aït-Aïssa et al.，2003；Mukhopadhyay et al.，2003；Arts et al.，2004）。

10.1 HSPs 检测方法

10.1.1 Western blotting 技术

印记（blotting）技术是指将生物样品从凝胶转移到固相支持膜上，再在膜上对生物样品进行后续相应的检测。Western blotting 又称为免疫印迹（immunoblotting），因用特异性抗体检测特异性抗原而得名，是蛋白质分析和检测的常规技术。基于抗原抗体亲合的特异性和专一性，使得从复杂的蛋白质混合物中鉴定出某一蛋白质组分或单一蛋白质甚至某一片段成为可能。它集中了凝胶电泳的高分辨率、固相免疫的特异性和敏感性、无需同位素标记以及可较长时间保存的固相膜等优点，被广泛应用于蛋白质的特异性鉴定和定量分析。因此，Western blotting 技术在蛋白质研究、基础医学、临床医学和毒理学研究等领域得到广泛的推广和应用。

Western blotting 可分为直接和间接两种方法。直接法是以酶标或荧光标记的一抗检测抗原蛋白质，但是采纳者不多。该方法的优点是快速、无二抗交叉反应引起的非特异性条带，可双重染色；缺点是免疫反应性降低，无信号二级放大作用。多数人选择间接法对抗原进行定性和定量分析。间接法是利用一抗与抗原蛋白质结合，然后再用辣根过氧化物酶、碱性磷酸酶、生物素或荧光素标记的二抗与一抗结合来检测抗原蛋白质。该方法的优点是信号可放大，灵敏度高，有多种标记的二抗可供选择，免疫特异性不受标记影响；不足之处是可产生非特异性条带。

10.1.2 酶联免疫技术

酶联免疫技术（enzyme-linked immunosorbnent assay，ELISA）也常用于检测 HSPs 的表达水平，其前提条件是运用 Western blotting 确认抗体与抗原结合的特异性（Lewis et al.，1999）。ELISA 是基于抗原或抗体能吸附至固相载体的表面并保持其免疫活性，抗原或抗体与酶形成的酶结合物仍保持其免疫活性和酶催化活性的基本原理。对表达产物进行系列稀释后进行酶联免疫，可用于检测目的蛋白的表达量，操作简单易行，是一些实验室的常规实验方法。ELISA 必须具备目的蛋白的特异性抗体，对未知蛋白的检测结果具有不确定性，而且不能确定目的蛋白相对分子质量的大小。如果目的基因中只有部分得到表达，其合成的多肽链小于预期的相对分子质量，则仍然可以产生阳性的检测结果。

10.1.3 其他研究方法

除上述方法外，dot/slot blotting 和放射性免疫法也可应用于检测 HSPs 的表达，前提条件同样是必须具备靶蛋白的特异性抗体。Cronjé 等（2003）等运用流式细胞仪检测了热诱导后烟草细胞原生质体 HSP70 的合成水平，所得结果的显著性比 Western blotting 更高，而且变异系数更低。因此，应用流式细胞仪检测细胞内 HSP70 的表达水平比 Western blotting

方法的重复性更好、操作也更快捷。但由于该仪器比较昂贵，相关的实验研究受到一定程度上的限制。

10.2 动物应激蛋白在水生生态环境污染监测中的研究和应用

HSP70 家族包括组成型 HSC70、诱导型 HSP70 和葡萄糖调节蛋白 GRP78。HSP70 对环境胁迫因子的响应是非特异性的，而且表达水平十分显著。因此，HSP70 作为分子标志物受到许多学者的倡导（Werner and Hinton，1999；Nadeau et al.，2001；Varó et al.，2002；Washburn et al.，2002）。研究同时发现，HSP60 在生物体内的含量也很高，几乎存在于所有原核生物细胞和真核生物细胞器中。HSP70 与 HSP60 相互配合，引导新生蛋白质分子正确构象的形成，同时还能够促进损伤蛋白分子或变性蛋白分子的酶促降解。由于 HSP70 和 HSP60 表达水平的升高可指示细胞内“持家”蛋白正处于变性状态，因此，检测这两种分子伴侣含量的变化就能够反映细胞超级结构的完整性（Downs et al.，2001）。

10.2.1 水生动物应激蛋白在水生生态环境污染监测中的研究现状

Schröder 等（2000）应用比目鱼（*Limanda limanda*）研究北海和英吉利海峡的污染状况，结果发现比目鱼肝脏 HSP70 与 DNA 损伤程度之间存在相似的增长趋势，证明 HSP70 是环境污染监测有用的分子标志物。Downs 等（2001）研究草虾（*Palaemonetes pugio*）分别暴露于热、镉、阿特拉津、柴油等污染胁迫后的 HSP70、HSP60、脂质过氧化、泛素、P450、SOD、GSH 等分子标志物的变化，结果表明，这套系统能够反映草虾受胁迫状况，特别适用于环境污染监测。Triebskorn 等（2002）以褐鳟和沟虾群体为研究对象，研究了河流污染物对鱼类 HSP70 以及鳃、肾脏的组织病理学指标的影响，同时结合化学分析方法检测了河流沉淀物和鱼体内农药、PCBs、PAHs 等成分的含量，生物标志物与化学检测手段的联合应用有力地证明了该河流呈现中度性污染。

Hallare 等（2005）运用斑马鱼胚胎发育实验和 HSP70 的应激表达水平分析了菲律宾拉古纳湖（Laguna Lake）湖水的污染状况，结果表明，这两种方法操作简单、灵敏度高并且结果可靠，二者的综合应用可用于监测和评价热带湖水的质量。Varó 等（2002）运用鱼类食物链研究有机磷农药毒死蜱在鱼体中的生物富集和毒理学效应，检测结果表明，鱼体内富集的毒死蜱浓度和生物放大因子持续下降，而 HSP70 显著性升高，认为这与毒死蜱的诱导相关。Choresh 等（2001）研究发现，海葵（*Anemonia viridis*）HSP60 水平随着海水温度的变化而变化，其中夏季含量最高，结果证明海洋无脊椎动物 HSP60 表达水平的变化可用于监测无脊椎动物是否受到胁迫的生物标志物。Williams 等（1996）发现水和食物中的重金属均能诱导虹鳟鱼（*Oncorhynchus mykiss*）苗鳃部组织 HSP70 显著性升高。软体动物，如贻贝的 HSP70 也可用于环境污染监测（Radlowska et al.，2002）。Washburn 等（2002）研究发现，虹鳟鱼苗的捕获和运输过程对将其肌肉、肝脏、腮和心脏等组织的 HSP70 和 HSP60 作为环境污染监测的生物标志物不产生影响。

Gao 等（2007）运用实时定量 PCR 技术研究暴露于镉、铅和铜污染 10d 和 20d 后的栉孔扇贝（*Chlamys farreri*）HSP90 mRNA 表达水平的变化，结果表明三种重金属在两个暴露时间内均能诱导 HSP90 mRNA 表达的增强，并呈现出剂量–效应和时间–效应关系。该研究结果表明，HSP90 mRNA 的表达水平可作为环境重金属污染监测的分子标志物。Franzellitti 和 Fabbri（2005）应用 RT-PCR 技术研究了贻贝分别暴露于热、汞、铬胁迫后的 HSC70（组成型 HSP70）和 HSP70（诱导型 HSP70）表达水平的变化，发现二者在细胞保护过程中发挥不同的作用，即前者可被急性毒性或早期胁迫所诱导，后者可被慢性毒性所诱导。Soon-Mi 等（2006）运用 RT- PCR 技术研究发现，水生蚊子（*Chironomus tentans*）幼虫 HSP70 mRNA 和 HSC70 mRNA 均能被低浓度的硫丹、百草枯、杀螟硫磷、氯化镉、硝酸铅、重镉酸钾、苯并[*a*]芘、四氯化碳等污染物快速诱导合成，而且是非特异性表达，可以作为淡水生态系统安全性早期诊断的生物标志物。La Porte（2005）应用海湾贻贝（*Mytilus trossulus*）HSP70 研究砷污染海水的生态毒性。研究结果表明，海水砷对贻贝 HSP70 的诱导阈值为 30~50μg/L As^{3+}，HSP70 的表达水平与砷的毒性大致相关，而它们个体间的差异可能掩盖了低浓度砷对 HSP70 的诱导。据此认为，HSP70 只能作为砷毒性监测的粗略的标志物，而且应该与其他生物指标结合起来。Kozioll 等（1996）从海绵（*Geodia cydonium*）中分离并克隆了表达 HSP70 的 cDNA，提供了海绵 HSP70 可作为生物标志物的分子生物学证据。Efremova 等（2002）研究了模式污染物铅、铜、锌、五氯苯酚（PCP）和四氯酚（TCG）以及贝加尔湖造纸厂污水对贝加尔湖水绵 HSP70 表达和 DNA 损伤的影响。结果表明，铅和锌诱导 HSP70 显著性表达，而三种重金属均诱导 DNA 单链断裂频率的升高。TCG 和 PCP 诱导 DNA 单链断裂，却未能诱导 HSP70 表达的增加。造纸厂污水诱导 HSP70 表达升高，并且呈现一定的剂量–效应关系。同时还发现，从污染和未污染区域收集的海绵对连续的污染胁迫不存在适应性。因此，海绵 HSP70 表达水平的变化可作为监测环境重金属和有机污染物的生物标志物。

10. 2. 2　鲫鱼不同组织 HSP70 对重金属胁迫的响应

近年来，王晓蓉课题组在研究鲫鱼（*Carassius auratus*）不同组织 HSP70 对重金属污染水体的应激响应，并以此作为早期预警的分子标志物等方面取得了进展。

10. 2. 2. 1　鲫鱼脑组织 HSP70 对 Cu^{2+}和 Cu-EDTA 配合物胁迫的响应

王晓蓉课题组以鲫鱼作为研究对象，经过 40d 不同浓度 Cu^{2+} 和 Cu- EDTA 配合物（0. 0025 ~0. 25mg/L）暴露后，运用分子生物学方法检测了鱼脑组织应激蛋白 HSP70 的诱导表达水平，并研究了 EDTA 配体对重金属 Cu 生物可利用性的影响，探讨 HSP70 作为诊断水体 Cu 污染胁迫的生物标志物的可行性。从图 10-1 和图 10-2 可以看出，鲫鱼暴露 40d 后，其脑组织 HSP70 产物被显著性诱导。值得关注的是，在最低的外源 Cu^{2+} 实验浓度 0. 0025mg/L 时，HSP70 即被显著性诱导。该结果表明，在 Cu^{2+}浓度低于国家渔业水质标准（0. 01mg/L）时，就可能对鲫鱼脑组织产生伤害。向 Cu^{2+}污染水体加入配体 EDTA 后，只有外源 0. 005mg/L Cu^{2+}污染水体才显著性诱导了 HSP70 的合成。这可能是 Cu^{2+}与 EDTA

配体形成了 Cu-EDTA 配合物，改变了 Cu^{2+} 的生物可利用性，从而降低了其对水生生物的毒性有关。分析结果还表明，Cu^{2+} 和 Cu-EDTA 配合物的暴露浓度与鱼脑组织 HSP70 的诱导表达量之间存在剂量-效应关系，其相关方程分别为 $Y_{Cu^{2+}}=-36.9x^2+11.9x+1.4$（$R^2=0.945$），$Y_{Cu\text{-}EDTA}=-536x^2+34.1x+1.0$（$R^2=0.941$），式中，$Y$ 为肝脏 HSP70 表达量相对灰度值，x 为暴露浓度（mg/L），$n=3$。

上述结果表明，低于国家渔业水质标准的 Cu^{2+} 污染水体仍然可能诱导鱼类产生氧化损伤。因此，鲫鱼脑组织 HSP70 可作为诊断水生生态系统中 Cu^{2+} 污染的一种敏感的生物标志物（沈骅等，2004a）。

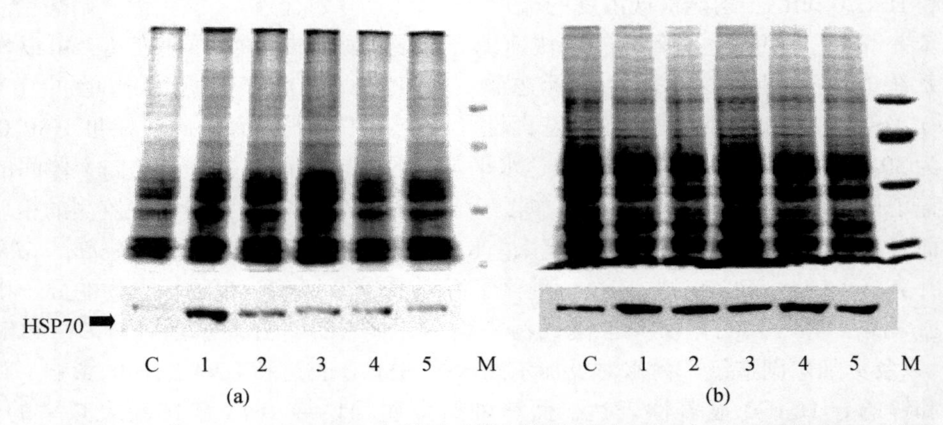

图 10-1　Cu^{2+}（a）、Cu-EDTA（b）暴露下鲫鱼脑组织蛋白的 SDS-PAGE 和 HSP70 的 Western blotting 电泳图谱（引自沈骅等，2004a）

1～5 表示浓度分别为 0.0025mg/L、0.005mg/L、0.01mg/L、0.05mg/L 和 0.25mg/L；C 表示对照组；M（Marker）表示蛋白质标准相对分子质量

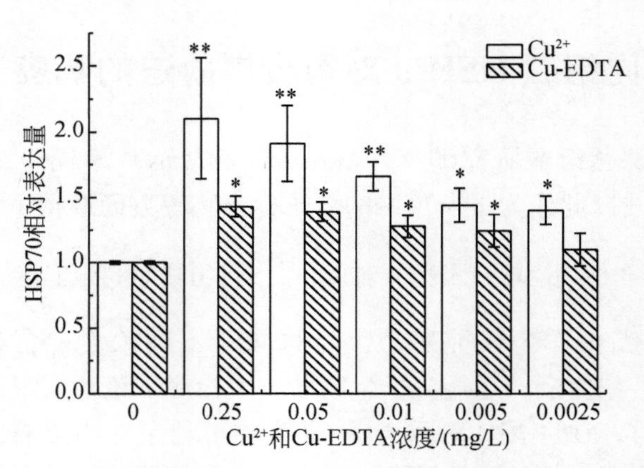

图 10-2　Cu^{2+} 和 Cu-EDTA 暴露下鱼脑 HSP70 的相对灰度值（引自沈骅等，2004a）

$n=3$；*，$P<0.05$；**，$P<0.01$

10.2.2.2 鲫鱼肝脏 HSP70 对 Pb^{2+}或 Cd^{2+}胁迫的应激响应

将鲫鱼分别在 0.001 ~0.20mg/L Pb^{2+}或 Cd^{2+}溶液中暴露 40d 后，研究其肝脏 HSP70 对 Pb^{2+}或 Cd^{2+}胁迫的响应。图 10-3 和图 10-4 显示了 Pb^{2+}和 Cd^{2+}对鲫鱼肝脏 HSP70 诱导表达的影响。从图中可以看出，与对照组比较，0.001mg/L Pb^{2+}或 Cd^{2+}就显著性诱导了 HSP70 的表达，而且 HSP70 基本随着外源 Pb^{2+}或 Cd^{2+}浓度的增加而趋于升高，表明肝脏组织的损伤程度在增加。分析结果还表明，Pb^{2+}和 Cd^{2+}在肝脏组织中的富集量与 HSP70 的诱导表达量之间存在剂量-效应关系，其相关方程分别为 $Y=-18.1x^2+5.2x+1.4$（$R^2=0.976$），$Y=-63.5x^2+7.0x+1.4$（$R^2=0.979$），式中，Y 为 HSP70 表达量的相对灰度值，x 为重金属的浓度（mg/L）。

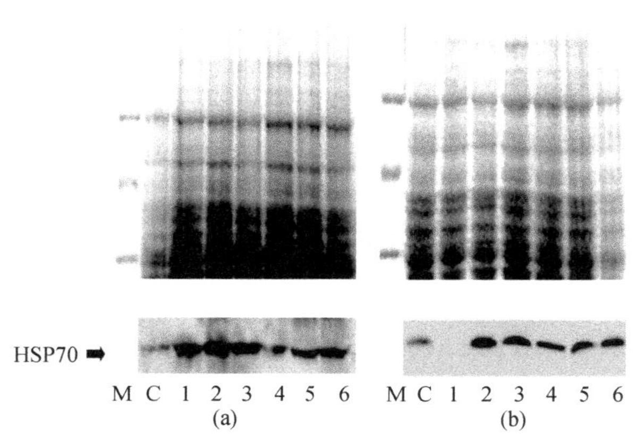

图 10-3 Pb^{2+}(a)、Cd^{2+}(b) 暴露下鲫鱼肝脏组织蛋白质的 SDS-PAGE 电泳和 HSP70 的 Western blotting 图谱（引自沈骅等，2004b）

1 ~6 浓度分别为 0.2mg/L、0.1mg/L、0.05mg/L、0.01mg/L、0.005mg/L 和 0.001mg/L；C 表示对照组；M（Marker）表示蛋白质标准相对分子质量

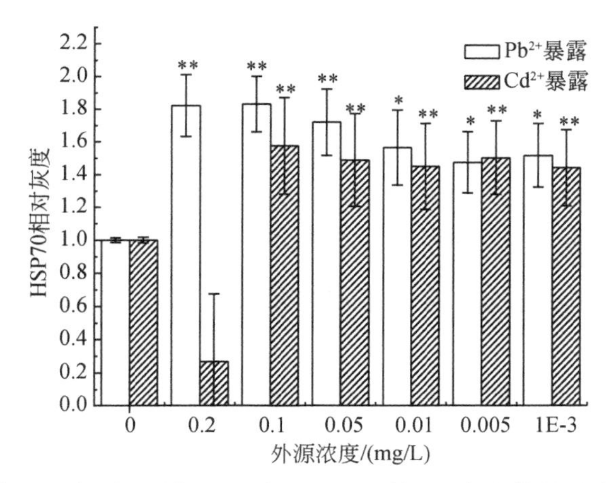

图 10-4 不同浓度 Pb^{2+}和 Cd^{2+}暴露对鲫鱼肝脏 HSP70 图谱相对灰度值的影响（引自沈骅等，2004b）

$n=3$；*，$P<0.05$；**，$P<0.01$

国家渔业水质标准规定：Pb^{2+}的浓度应小于 0.05mg/L，Cd^{2+}的浓度应小于 0.005mg/L。

本研究结果表明，0.001 ~0.010mg/L Pb^{2+}及0.001mg/L Cd^{2+}污染水体虽然未导致鱼体生长指标的差异，但肝脏组织的应激响应却明显被诱导（$P<0.05$）。因此，低浓度 Pb^{2+}或 Cd^{2+}的长期暴露会诱导鱼体产生氧化胁迫或损伤。鲫鱼肝脏组织细胞 HSP70 的诱导表达水平可作为诊断水生生态系统中 Pb^{2+}或 Cd^{2+}污染的一种敏感生物标志物（沈骅等，2004b）。

10.2.2.3 鲫鱼肝脏 HSP70 对重金属复合污染胁迫的应激响应

将鲫鱼暴露在不同浓度 Zn^{2+}、Cu^{2+}及 $Zn^{2+}+Cu^{2+}$污染水体，40d 后检测鲫鱼肝脏 HSP70 蛋白表达水平。从表 10-1 可以看出，Zn^{2+}、Cu^{2+}及 $Zn^{2+}+Cu^{2+}$混合物浓度为 0.02mg/L 时，就可诱导鲫鱼肝脏 HSP70 的显著性升高，并且随着污染物浓度的增加，Zn^{2+}、Cu^{2+}及 $Zn^{2+}+Cu^{2+}$混合物诱导鲫鱼肝脏组织的氧化胁迫程度也随之升高（图 10-5）。根据国家渔业水质标准，Zn^{2+}的浓度应小于 0.1mg/L。本研究结果表明，0.02mg/L 的 Zn^{2+}、Cu^{2+}或 $Zn^{2+}+Cu^{2+}$混合水体就诱导了鲫鱼肝脏 HSP70 的显著性升高（与对照组比较）。因此，鲫鱼肝脏 HSP70 可作为诊断和评价 Zn^{2+}、Cu^{2+}单一或其复合污染水体生态安全性的一种敏感的生物标志物（沈骅等，2004c；沈骅等，2004d）。

表 10-1　Zn^{2+}、Cu^{2+}和 $Zn^{2+}+Cu^{2+}$暴露下鱼肝脏 HSP70 相对灰度值的变化

外源离子浓度/（mg/L）	HSP70 相对表达量		
	Zn^{2+}	Cu^{2+}	$Zn^{2+}+Cu^{2+}$
0	1.00±0.12	1.00±0.16	1.00±0.13
0.02	1.25±0.26*	1.77±0.15**	1.53±0.15**
0.1	1.32±0.16*	2.04±0.19**	2.62±0.24**
0.5	1.42±0.19*	2.50±0.21**	3.09±0.22**

注：$n=3$；*，$P<0.05$；**，$P<0.01$

资料来源：沈骅等，2004c

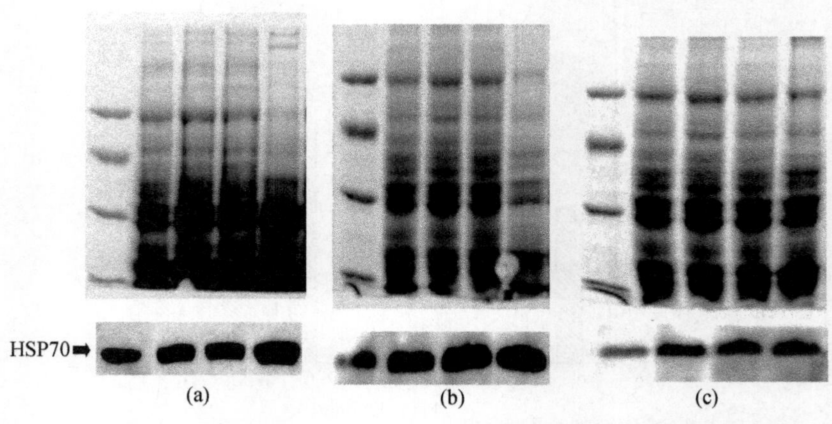

图 10-5　Zn^{2+}(a)、Cu^{2+}(b) 和 $Cu^{2+}+Zn^{2+}$(c)暴露下鱼肝脏组织蛋白质的 SDS-PAGE 电泳和 HSP70 的 Western blotting 图谱（引自沈骅等，2004c）

10.2.3 鲫鱼肝脏 HSP70 对有机污染物胁迫的应激响应

10.2.3.1 鲫鱼肝脏和脑组织 HSP70 对 2-硝基-4-羟基二苯胺氧化胁迫的响应

近年来，染发剂的消费人群在不断扩大，而国内对染发剂毒性的研究大多集中于遗传毒性和皮肤毒性。由于这些化学物质能够通过多种途径排放到自然界中去，通过迁移和转化，其污染范围可进一步扩大到水体生态系统。染料橙已被广泛用于多种染料和半永久性染发剂，其主要成分为 2-硝基-4-羟基二苯胺（HC Orange No. 1）。根据 1997 美国食品和药物管理局（FDA）的数据，该产品的安全使用剂量范围为<0.15%。从目前使用情况观之，绝大部分都高于这个浓度；而且这种污染物具有低水溶性、高脂溶性和较高的生物毒性，能长期残留于环境中，导致人的皮肤过敏，并具有一定的腐蚀性。因此，研究其进入水体后对水生生态系统造成的危害，尤其是早期伤害十分重要。

王晓蓉课题组采用实验室模拟法，以幼龄鲫鱼作为实验对象，首次报道了 1mg/L 2-硝基-4-羟基二苯胺在不同暴露时间对鲫鱼肝脏和脑组织 HSP70 诱导表达的影响。从图 10-6 可以看出，HSP70 对 2-硝基-4-羟基二苯胺非常敏感：脑组织 HSP70 在鲫鱼暴露 4d 后显著性升高（$P<0.01$）；肝脏组织 HSP70 在鱼体暴露 7d 后也显著性增加（$P<0.05$）；从表 10-2 和表 10-3 可以看出，随着暴露时间的延长，脑和肝脏组织 HSP70 的合成水平依然呈现不同程度的增长趋势。因此，可以考虑将鲫鱼肝脏和脑组织 HSP70 作为监测水生生态系统中 2-硝基-4-羟基二苯胺污染的一种生物标志物。

表 10-2　2-硝基-4-羟基二苯胺不同暴露时间对鲫鱼脑组织 HSP70 灰度值和相对灰度值的影响

有机物暴露天数/d	HSP70 表达量（以印迹灰度值表示，$\times10^2$）	HSP70 相对表达量（实验组/对照组）
0	1.41±0.12	1.00±0.11
2	1.94±0.44	1.37±0.09 *
4	2.23±0.15	1.58±0.22 *
7	2.19±0.05	1.55±0.18 *
10	2.34±0.05	1.66±0.19 * *
16	2.17±0.35	1.52±0.12 *

注：$n=3$；*，$P<0.05$；* *，$P<0.01$

资料来源：沈骅等，2005a

表 10-3 2-硝基-4-羟基二苯胺不同暴露时间对鲫鱼肝组织 HSP70 灰度值和相对灰度值的影响

有机物暴露天数/d	HSP70 表达量（以印迹灰度值表示，$\times10^2$）	HSP70 相对表达量（实验组/对照组）
0	1.02±0.12	1.00±0.13
2	1.37±0.43	1.35±0.47
4	1.21±0.18	1.19±0.22
7	1.76±0.30	1.73±0.35 *
10	1.89±0.30	1.84±0.23 * *
16	1.92±0.28	1.89±0.26 * *

注：$n=3$；＊，$P<0.05$；＊＊，$P<0.01$

资料来源：沈骅等，2005b

同时还发现，鲫鱼鳃组织 HSP70 对 2-硝基-4-羟基二苯胺的早期氧化胁迫（2～4d）也十分敏感，但随着暴露时间的延长，HSP70 的合成受到抑制［图 10-6(c)］。因此，鱼类腮组织 HSP70 不适合作为监测水生生态系统中 2-硝基-4-羟基二苯胺长期暴露的一种生物标志物（沈骅等，2005a，2005b）。

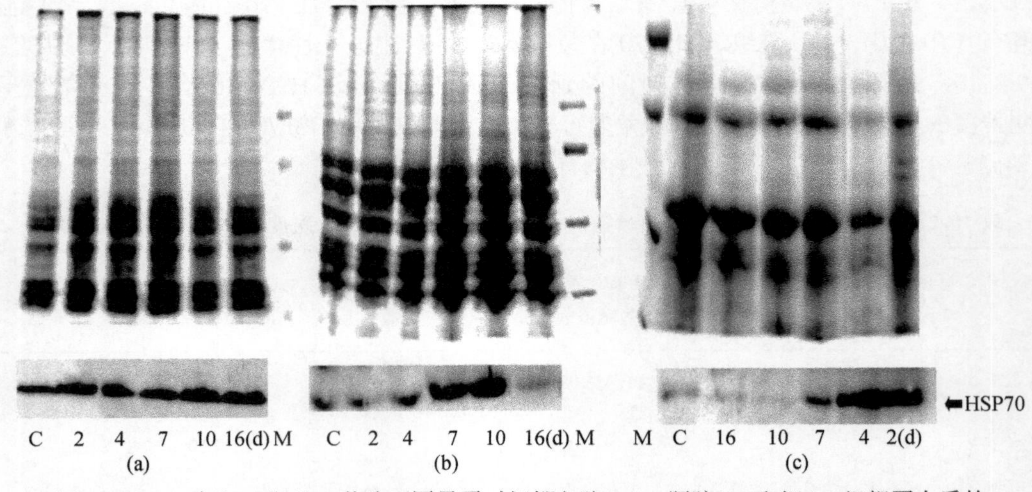

图 10-6 2-硝基-4-羟基二苯胺不同暴露时间鲫鱼脑(a)、肝脏(b)和鳃(c)组织蛋白质的 SDS-PAGE 电泳和 HSP70 的 Western blotting 图谱（引自沈骅等，2005a，2005b）

C 表示对照组；M（Marker）表示蛋白质标准相对分子质量

10.2.3.2 鲫鱼脑组织 HSP70 对 2,4,6-三氯苯酚氧化胁迫的应激响应

王晓蓉课题组还研究了不同浓度 2,4,6-三氯苯酚（2,4,6-TCP）暴露 10d 后对鲫鱼脑组织 HSP70 诱导表达的影响。Western blotting 结果表明，当 2,4,6-TCP 浓度分别为 0.01mg/L、0.05mg/L 和 0.1mg/L 时，HSP70 与空白对照组比较均显著性升高（$P<0.05$），分别为空白对照组的 1.78 倍、1.97 倍和 1.79 倍（图 10-7、图 10-8）。在实验过程中，随着 2,4,6-TCP 浓度的增加，HSP70 的相对灰度值呈现倒“U”形剂量-效应关系。回归方程为 $Y=-$

$213x^2+25.4x+1.35$（$R=0.767$，$P<0.05$），式中，Y 为 HSP70 相对灰度值，x 为 2,4,6-TCP 的暴露浓度（mg/L）。该实验结果表明，鲫鱼脑组织 HSP70 可作为诊断 2,4,6-TCP 低浓度污染水体的一种敏感的生物标志物（苏燕等，2007）。

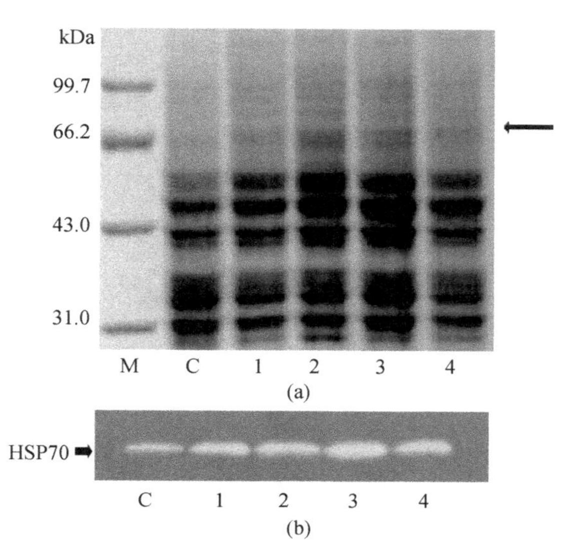

图 10-7　2,4,6-TCP 暴露下鱼脑组织蛋白质的 SDS-PAGE 电泳(a)及 HSP70 蛋白的 Western blotting 图谱（b）（引自苏燕等，2007）

M（Marker）为蛋白质标准相对分子质量；C 为对照组；1～4 分别表示 0.005mg/L、0.01mg/L、0.05mg/L 和 0.1mg/L 的 2,4,6-TCP

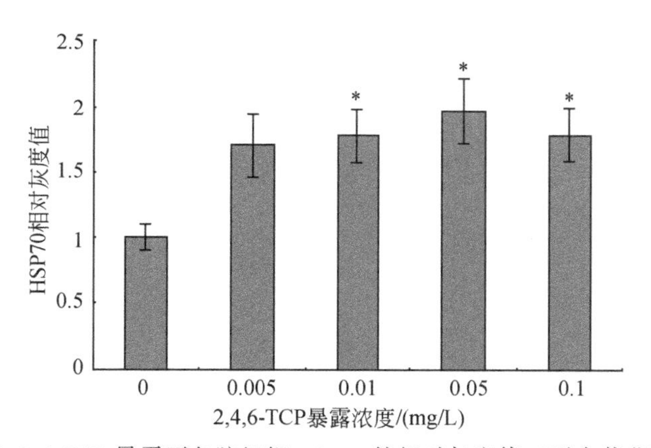

图 10-8　2,4,6-TCP 暴露下鱼脑组织 HSP70 的相对灰度值（引自苏燕等，2007）

$n=3$；＊，$P<0.05$

10.2.3.3　鲫鱼脑组织 HSP70 对五氯苯酚污染胁迫的应激响应

王晓蓉课题组还研究了五氯苯酚（PCP）污染水体对幼龄鲫鱼脑组织 HSP70 诱导表达的影响。他们将幼龄鲫鱼暴露于 0.001～0.025mg/L PCP，10d 后采集脑组织样品检测 HSP70 的表达水平。脑组织蛋白质的 SDS-PAGE 电泳和 Western blotting 分析结果（图 10-9）表明，各处理组 HSP70 均被显著性诱导而升高（图 10-10）。在 0.001 ~ 0.01mg/L PCP 时 HSP70 灰度值随着污染物浓度的增加而升高；超过 0.01mg/L 时，HSP70 表达呈现下降趋势。由于 PCP 对水生生物的毒性比 2,4,6-TCP 更大（Takuo and Kunio，1996），所以在更低浓度时就能够抑制 HSP70 的合成。在整个实验浓度范围内，HSP70 的相对灰度值与 PCP 浓度之间呈现倒“U”形剂量-效应关系，回归方程为 $Y=-2.24\times10^3x^2+65.8x+1.12$（$R=0.890$，$P<0.01$），式中，$Y$ 为 HSP70 相对灰度值，x 为 PCP 的暴露浓度（mg/L）。Bierkens 等（1998）在研究 PCP 对绿藻（*Raphidocelis subcapitata*）中 HSP70 表达的影响时也发现了类似的现象，即 PCP 仅在一定的低剂量范围内与绿藻 HSP70 的表达水平之间存在剂量-效应关系，并把这种现象归结为 PCP 本身所具有的毒性。在低浓度范围内，2,4,6-TCP 和 PCP 都能够诱导 HSP70 蛋白产物的增加，而在较高浓度时由于其自身的毒性作用而抑制了 HSP70 的基因表达，以上现象是诱导与抑制共同作用的结果（苏燕等，2007）。

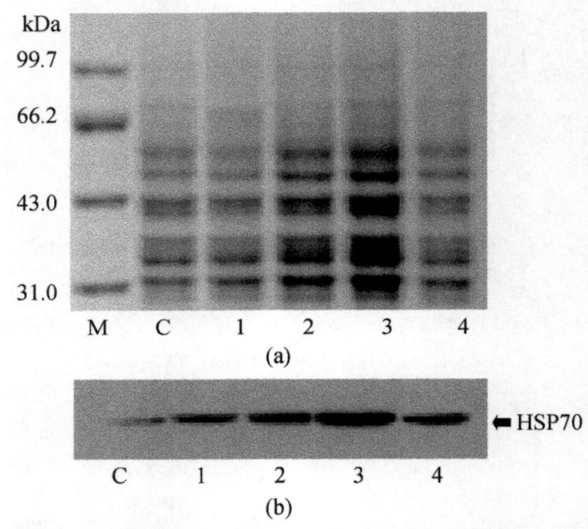

图 10-9　PCP 暴露下鱼脑组织蛋白质的 SDS-PAGE 电泳(a)及 HSP70 蛋白的 Western blotting 图谱（b）（引自苏燕等，2007）

M（Marker）为蛋白质标准相对分子质量；C 为对照组；1 ~ 4 分别表示 0.001mg/L、0.005mg/L、0.01mg/L 和 0.025mg/L 的 PCP

10.2.3.4　鲫鱼 HSP70 对四溴双酚 A 污染胁迫的应激响应

王晓蓉课题组还研究了四溴双酚 A（TBBPA）静态暴露对鲫鱼肝脏、腮和脑组织 HSP70 表达水平的影响。他们将幼龄鲫鱼静态暴露于 0.001mg/L、0.0025mg/L、0.005mg/L、0.01mg/L、0.05mg/L 和 0.1mg/L TBBPA 水溶液，12d 后检测 TBBPA 在鲫鱼肝脏组织中的积累及其对肝脏、腮和脑组织 HSP70 的诱导水平。结果表明，随着 TBBPA 暴露浓度的增加，TBBPA 在肝脏中的富集水平呈现明显的增长趋势，然而当暴露浓度增加到 0.01mg/L 后，富集量的增长幅度减小，基本维持在一个相对稳定的水平（图 10-11）。Western blotting 检测结果表明，在低浓度暴露时，肝脏组织 HSP70 未显著性增长；当浓度增加到 0.005mg/L 后，HSP70 被显著性诱导（$P<0.05$）（图 10-12）。比较 TBBPA 在肝脏中的富集浓度与

HSP70 的表达水平，二者之间具有相似的变化趋势，并显著性正相关：$Y=0.0096x+0.84$（$R=0.83$，$P<0.05$）（苏燕，2007）。

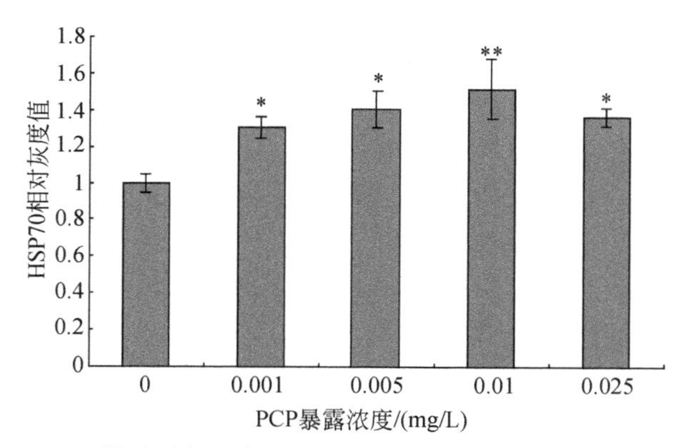

图 10-10　PCP 暴露对鱼脑中 HSP70 的相对灰度值（引自苏燕等，2007）

$n=3$；*，$P<0.05$；**，$P<0.01$

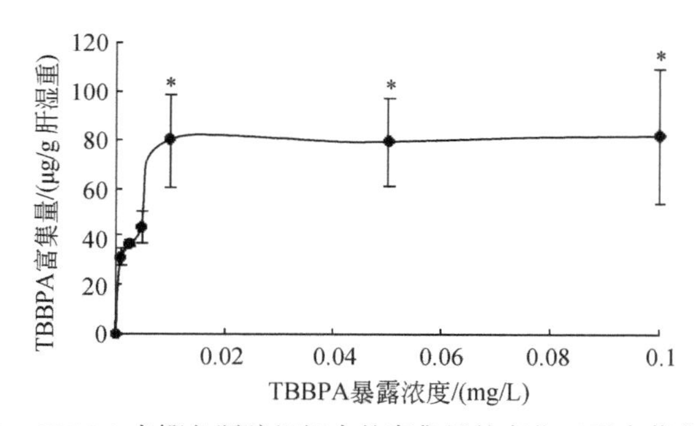

图 10-11　TBBPA 在鲫鱼肝脏组织中的富集量的变化（引自苏燕，2007）

$n=3$；*，$P<0.05$

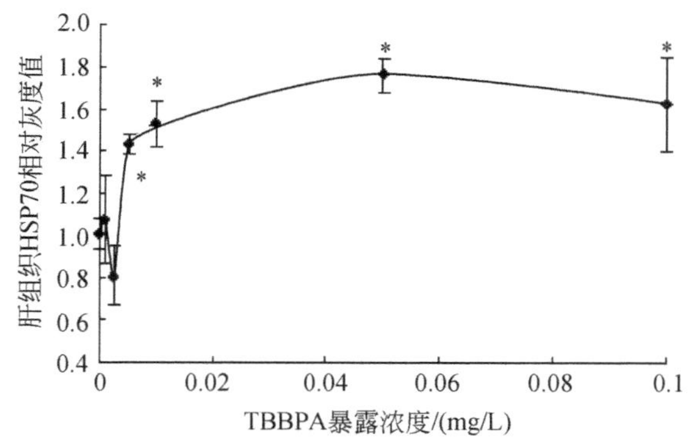

图 10-12　TBBPA 静态暴露后鲫鱼肝脏组织 HSP70 的 Western blotting 图谱及其相对灰度值的变化（引自苏燕，2007）

$n=3$；*，$P<0.05$

同时由图 10-13(a)发现，鲫鱼鳃组织 HSP70 在低浓度 TBBPA 暴露时即被轻微诱导而增加，当浓度增至 0.05mg/L 时则降至对照组灰度值的 90%。随着 TBBPA 浓度的继续增加，HSP70 基本维持在一定水平。在整个受试剂量范围内，HSP70 的相对灰度值与对照组比较未出现显著性差异。

而脑组织 HSP70 的合成则受到显著性诱导（$P<0.05$）[图 10-13(b)]。在 0.001mg/L 时，HSP70 蛋白表达量受到快速诱导，在 0.0025mg/L 时即达到最高水平，为对照组的 315%；随着 TBBPA 浓度的增加，HSP70 虽略有下降，但尚维持在对照组 200% 以上。

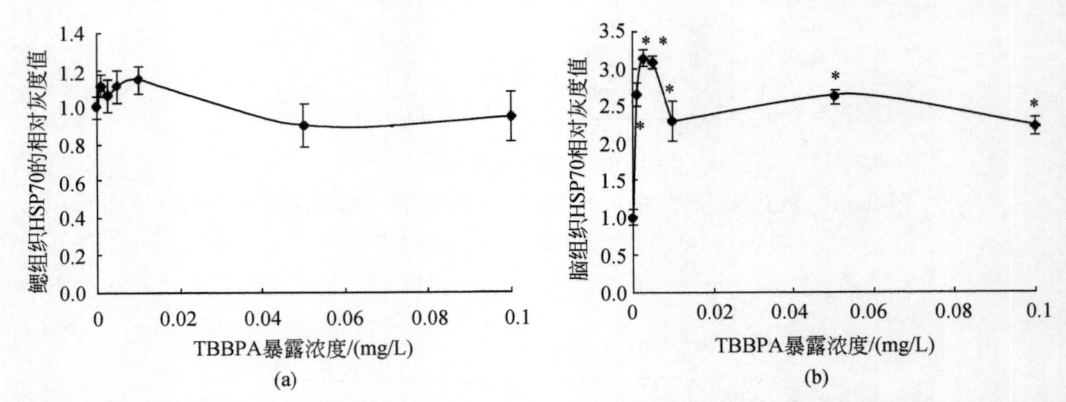

图 10-13　TBBPA 静态暴露对鲫鱼鳃组织（a）和脑组织（b）HSP70 相对灰度值的影响（引自苏燕，2007）

$n=3$；*，$P<0.05$

由此可见，在整个 TBBPA 静态暴露剂量范围内，腮部组织 HSP70 没有显著性变化，而脑和肝脏组织 HSP70 的合成则受到显著性诱导而升高。上述实验结果表明，幼龄鲫鱼脑组织 HSP70 更具有作为早期监测 2,4,6-TCP、PCP 和 TBBPA 污染水体的生物标志物的潜力。

王晓蓉教授课题组还研究了 TBBPA 动态暴露对幼龄鲫鱼脑、肝脏和鳃等组织 HSP70 合成的影响（苏燕，2007）。他们将幼龄鲫鱼暴露于 0.1mg/L TBBPA 污染水体，分别于暴露后的第 1、3、5、7、14 和 20 天采样检测相关指标。分析结果表明，TBBPA 在鲫鱼肝脏中的富集量随着暴露时间的延长呈现先上升后下降的趋势，在动态暴露的第 5 天，富集量达到峰值（$P<0.05$），随后呈现下降趋势，第 7 天后几乎保持稳定状态［图 10-14（a)］。而肝脏组织的脂质过氧化产物（MDA）在暴露的第 7 天达到峰值，随后开始下降，第 14 天后则基本不变［图 10-14(b)］。

而鲫鱼肝脏组织 HSP70 则随着暴露时间的延长呈现先升高后降低的趋势（图 10-15）。在暴露的第 5 天达到峰值，为对照组的 3.45 倍，随后开始下降。当暴露到第 20 天时，HSP70 下降至对照组的 1.77 倍。在整个动态暴露过程中，肝脏 HSP70 的表达水平与 TBBPA 富集量之间呈现相似的变化趋势，并存在显著性正相关（$R=0.78$，$P<0.05$）。

与此同时，鲫鱼鳃组织 HSP70 随着暴露时间的延长，在对照组水平上下波动，与对照组比较，未表现出显著性差异。而脑组织 HSP70 在暴露的第 1 天即被显著性诱导，随后呈现先下降后升高再下降的变化趋势，显著性均高于对照组（图 10-16）。

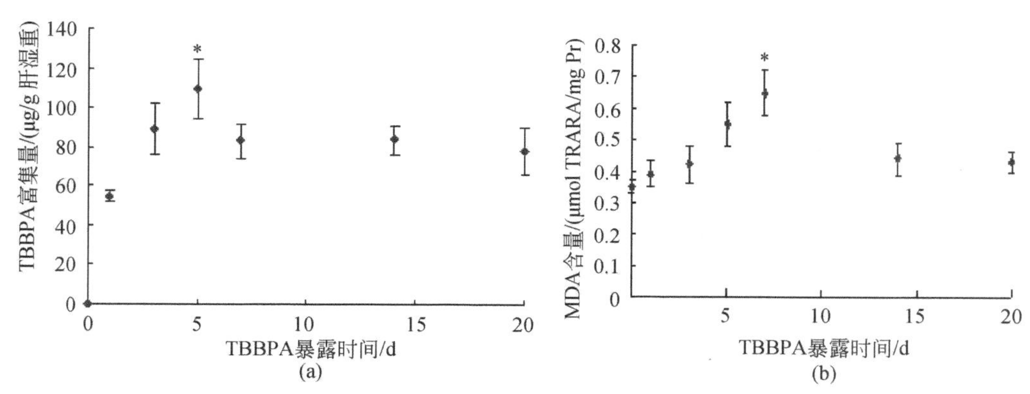

图 10-14　TBBPA 动态暴露后鲫鱼肝脏组织中 TBBPA 富集量（a）和 MDA 含量（b）的变化（引自苏燕，2007）

$n=3$；*，$P<0.05$

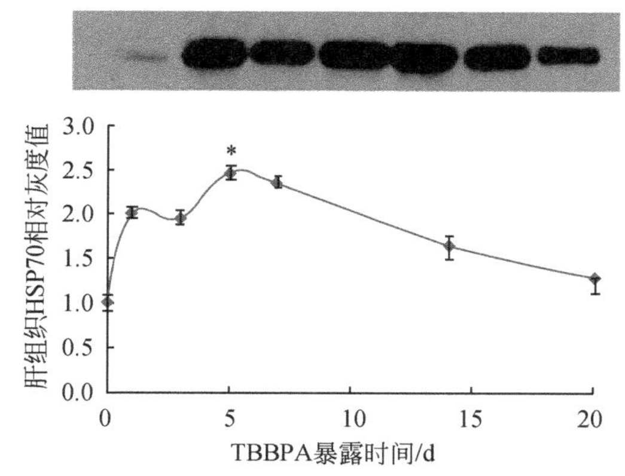

图 10-15　TBBPA 动态暴露对鲫鱼肝脏组织 HSP70 的 Western blotting 图谱及其相对灰度值变化的影响（引自苏燕，2007）

$n=3$；*，$P<0.05$

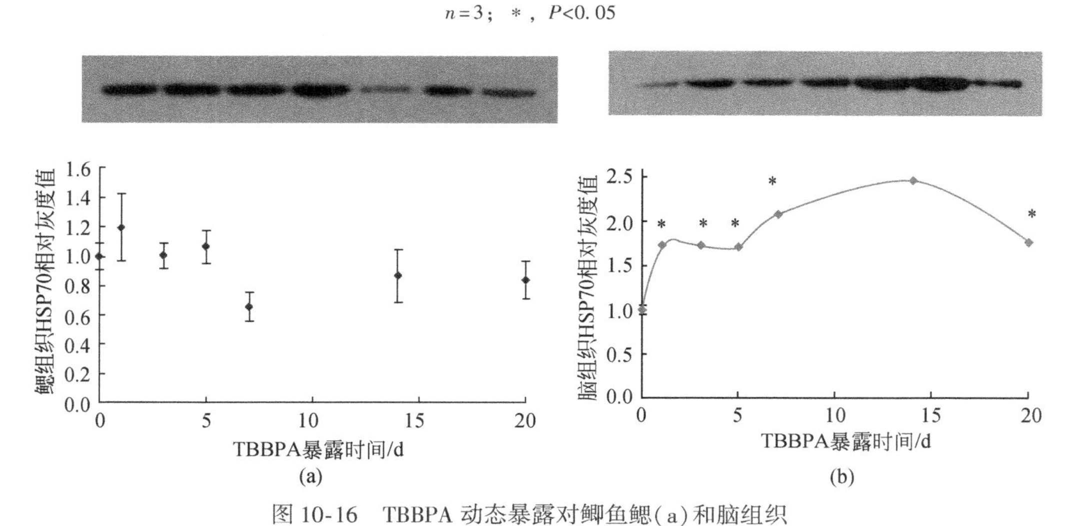

图 10-16　TBBPA 动态暴露对鲫鱼鳃(a)和脑组织(b)HSP70 的 Western blotting 图谱及其相对灰度值变化的影响（引自苏燕，2007）

$n=3$；*，$P<0.05$

10.2.3.5 鲫鱼脑组织 HSP70 对六溴环十二烷污染胁迫的应激响应

王晓蓉课题组还研究了幼龄鲫鱼动态暴露于 0.5mg/L 六溴环十二烷（HBCD）后 HSP70 表达水平的变化（苏燕，2007）。暴露 1d 后，鲫鱼肝脏 HSP70 的合成即被诱导，在第 7 天时达到峰值（$P<0.05$），随着暴露时间的延长，HSP70 呈现下降趋势（图 10-17）。

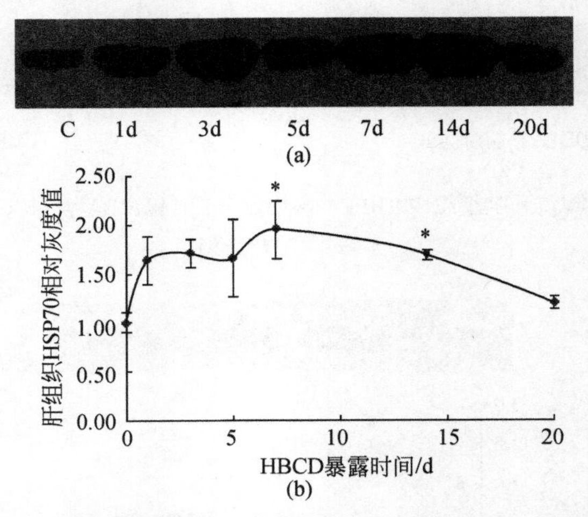

图 10-17　HBCD 动态暴露后鲫鱼肝脏组织 HSP70 的 Western blotting 图谱（a）及其相对灰度值的变化（b）（引自苏燕，2007）

$n=3$；*，$P<0.05$

而脑组织 HSP70 在暴露 1d 后即被诱导表达，为对照组水平的 114%，3d 后略微下降，随后又逐渐升高，但与对照组比较均无显著性差异；但随着暴露时间的延长，HSP70 表达呈现下降趋势［图 10-18(a)］。而鳃组织 HSP70 表达随着暴露时间的延长呈现波浪式变化，但均未出现显著性升降趋势［图 10-18(b)］。由此可见，幼龄鲫鱼不同组织 HSP70 对 HBCD 氧化应激响应的敏感性具有一定的组织特异性。

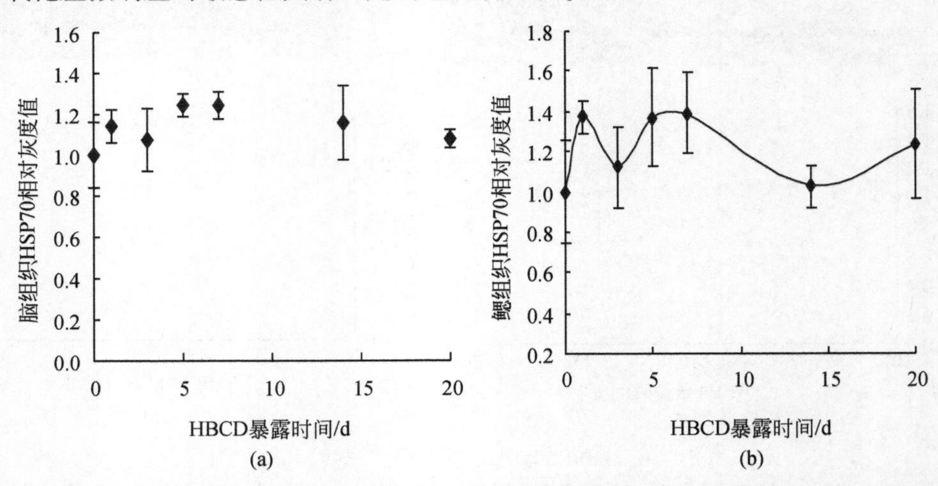

图 10-18　HBCD 动态暴露后鲫鱼脑组织(a)和鳃组织(b)HSP70 的相对灰度值的变化（引自苏燕，2007）

$n=3$；*，$P<0.05$

在上述动态暴露的基础上，王晓蓉课题组还进一步研究了 HBCD 的静态暴露对幼龄鲫鱼肝脏、脑和鳃部组织 HSP70 合成的影响（苏燕，2007）。该实验设计了 5 个 HBCD 处理组（0.0025mg/L、0.005mg/L、0.01mg/L、0.05mg/L 和 0.1mg/L）和 1 个对照组。鲫鱼暴露 12d 后，HBCD 诱导肝脏组织活性氧产生的 EPR 谱图如图 10-19(a)所示。由此图可见，活性氧信号强度随着 HBCD 浓度的升高而趋于增强。当浓度增至 0.01mg/L 后，信号强度的增长幅度趋于减慢，但均诱导了自由基显著性积累（$P<0.05$）[图 10-19(b)]。

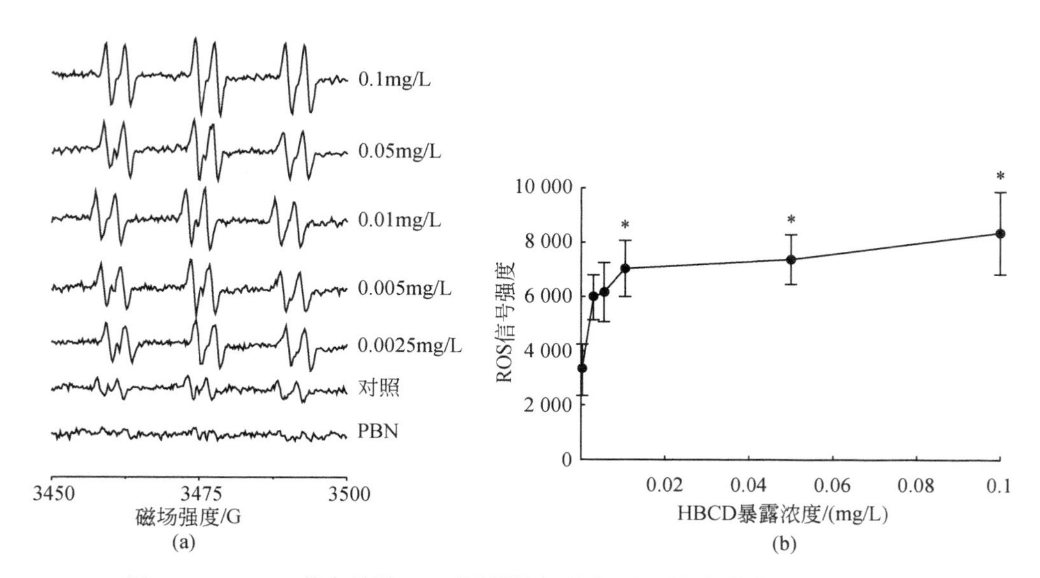

图 10-19 HBCD 静态暴露 12d 后诱导鲫鱼肝脏组织活性氧自由基的 EPR 图谱（a）及其信号强度（b）的变化（引自苏燕，2007）

$n=3$；*，$P<0.05$

静态暴露 12d 后，鲫鱼肝脏组织 HSP70 的相对灰度值变化如图 10-20(a)所示。随着 HBCD 暴露浓度的增加，HSP70 的相对灰度值呈现增长趋势。当浓度增至 0.01mg/L 时，HSP70 显著性升高（$P<0.05$），在 0.1mg/L 时 HSP70 达到峰值（为对照组的 1.74 倍）。相关性分析结果表明，鲫鱼肝脏组织 HSP70 的相对灰度值的变化与活性氧自由基的强度之间呈现良好的正相关性（$R=0.88$，$P<0.05$）[图 10-20(b)]。据此推测，鲫鱼肝脏组织活性氧自由基的积累可能参与了 HSP70 的诱导合成。

静态暴露 12d 后，鲫鱼脑组织 HSP70 的合成水平均不明显，除了 0.005mg/L 剂量组外（为对照组的 124%），其他各组与对照组比较基本没有多大变化（图 10-21）。而鳃组织 HSP70 的变化趋势与脑组织基本相似，但在浓度高于 0.0025mg/L 时即呈现下降趋势，浓度增至 0.10mg/L 时受到显著性抑制（$P<0.05$）(图 10-22)。因此，鲫鱼脑和鳃组织 HSP70 的合成极易受到 HBCD 污染水体的抑制作用，对水体 HBCD 的污染胁迫十分敏感。

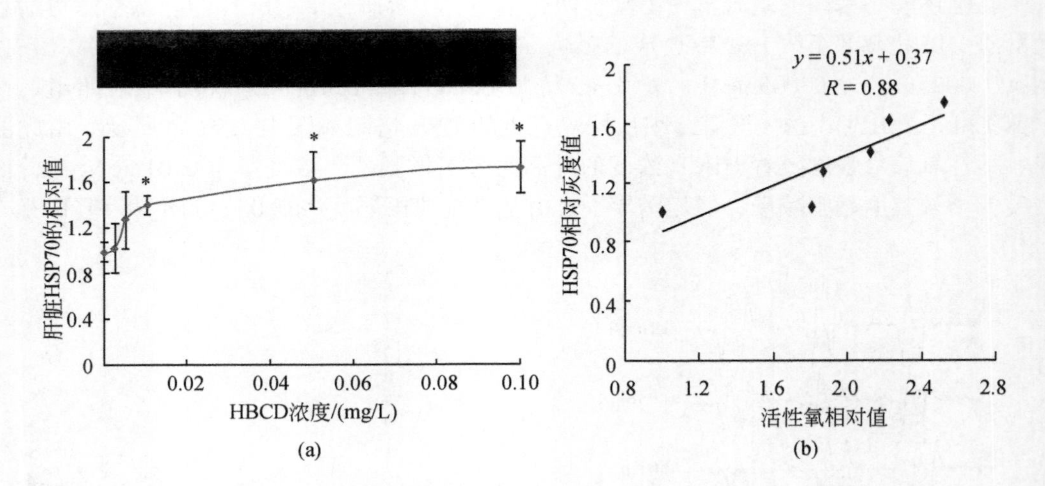

图 10-20　HBCD 静态暴露 12d 后鲫鱼肝脏组织 HSP70 的 Western blotting 图谱、相对灰度值（a）及其与活性氧自由基强度之间的相关性分析（b）（引自苏燕，2007）

$n=3$；＊，$P<0.05$

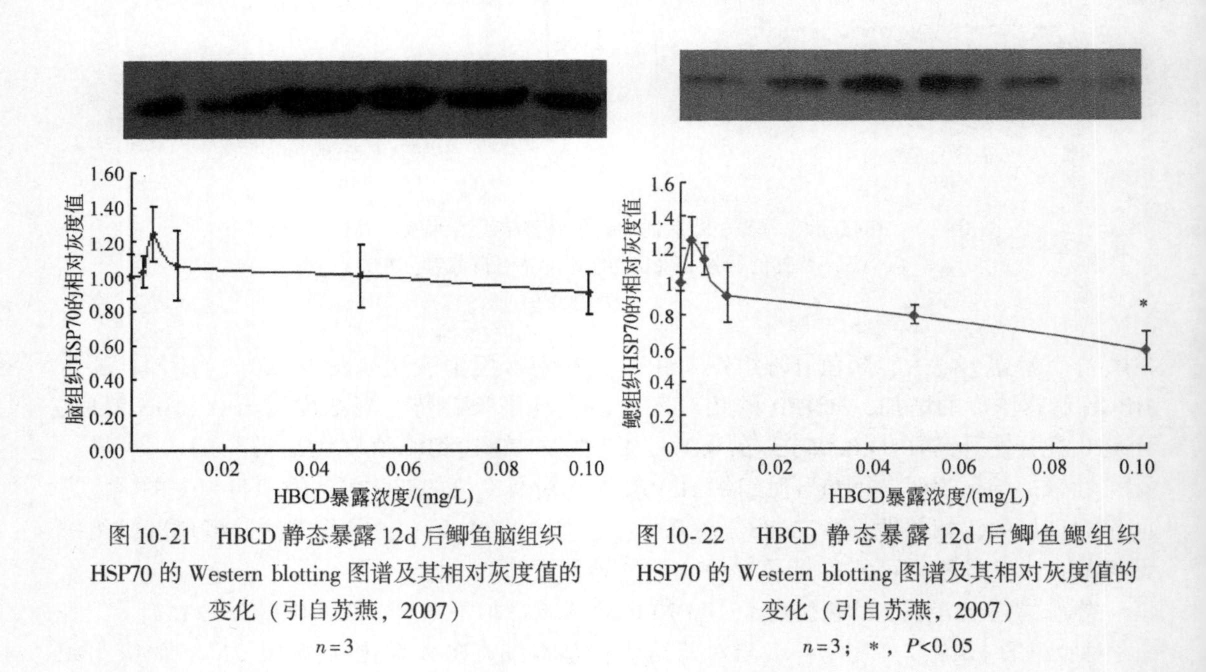

图 10-21　HBCD 静态暴露 12d 后鲫鱼脑组织 HSP70 的 Western blotting 图谱及其相对灰度值的变化（引自苏燕，2007）

$n=3$

图 10-22　HBCD 静态暴露 12d 后鲫鱼鳃组织 HSP70 的 Western blotting 图谱及其相对灰度值的变化（引自苏燕，2007）

$n=3$；＊，$P<0.05$

10.2.4　动物应激蛋白在陆生生态环境污染监测中的研究进展

近十几年来，人们对 HSPs 的研究开始转向陆生无脊椎动物（如线虫、蚯蚓、等足目动物等）。陆生无脊椎动物参与土壤食物链、有机物的分解和土壤结构的形成。线虫是地球上生长的最广泛的多细胞生物体，易于实验室培养，可用于环境毒理学实验，而且线虫

(*Plectus acuminatus*) HSP60 比 HSP70 更适合于监测金属的蛋白质毒性效应 (Kammenga et al., 1998)。蚯蚓是陆地生态系统毒理学研究的优势生物 (Spurgeon et al., 2003)。近年来，亦有污染胁迫诱导土壤动物 HSP70 表达的研究报道，HSPs 对环境的敏感响应可作为评价土壤重金属污染的分子标志物 (Arts et al., 2004; Staempfli et al., 2002)。Köhler 等 (1999) 研究多足目动物潮虫 (*Oniscus asellus*) 暴露于土壤 4 种污染物后 HSP70 在不同时间段的变化，结果表明，四氯双酚和苯并[*a*]芘暴露 24h 后，可引起该种动物 HSP70 显著而短暂的升高，随着时间的延长，HSP70 逐步下降，接近或低于对照组水平；而 PCP 和六氯环己烷 (γ-HCH) 暴露 24h 后也可引起 HSP70 显著性升高，几天后出现第二个高峰，整个暴露期间，HSP70 水平均高于对照组。尽管 4 种污染物都能引起潮虫 HSP70 水平的升高，但是 HSP70 对不同污染物胁迫响应的动力学是不同的，HSP70 只能作为监测 PCP 和 γ-HCH 慢性暴露的标志物和效应标志物。

Arts 等 (2004) 运用土壤等足目动物 [潮虫和鼠妇虫 (*Porcellio scaber*)，分别包括适应性和非适应性两种类型] 的 HSP70 和线虫的 HSP60 监测英国阿芬默思 (Avonmouth) 港口附近 6 个区域金属污染梯度的变化。结果发现，这两种等足目动物 HSP70 的表达水平可作为监测金属长期污染区域的合适的效应标志物，而只有非适应型 (移植的) 等足目动物 HSP70 的表达水平才能作为暴露标志物。线虫 HSP60 的表达水平只能作为轻度污染区域监测的生物标志物，而不适合于金属重度污染土壤的监测。Köhler 等 (1992) 研究发现潮虫暴露于铅污染土壤 1h 后，HSP70 的表达就能够被诱导。

Nadeau 等 (2001) 研究了蚯蚓在短期和长期暴露于土壤各种污染物 (氯代乙酸盐、PCP 以及重金属 Pb、Cd、Cu、Hg) 后 HSP70 在组织中的定位、表达程度和特异性。结果表明，蚯蚓肠道组织 HSP70 不仅能够被显著性诱导，而且能够作为广谱的暴露标志物和效应标志物应用于土壤污染监测。Homa 等 (2005) 将蚯蚓分别暴露于 Zn、Cu、Pb 或 Cd，3d 后检测发现其体腔细胞数量减少，而体腔细胞的 HSP70、HSP72 和金属硫蛋白的表达水平发生不同程度的升高。本实验结果表明，蚯蚓体腔细胞应激蛋白的表达水平是监测重金属污染的敏感的生物标志物，而重金属诱导应激蛋白表达的动力学有待进一步探究。Karouna-Renier 和 Zehr (1999) 将蚊子 (*Chironomus tentans*) 幼虫分别暴露于 33℃、35℃ 和 37℃，5~10min 后检测发现 HSP70 被显著性诱导；热胁迫停止后，HSP70 仍持续存在 24h 以上。因此认为，HSP70 是亚致死毒性终点监测的最合适的生物标志物。

另有研究报道，虫螨腈作用甘蓝黏虫细胞后，HSP90、HSP70、HSP20.7 和 HSP19.7 的表达呈现出剂量-效应和时间-效应关系，可作为评价细胞氧化损伤的标志物 (Sonoda and Tsumuki, 2007)。Han 等 (2005) 将人的肺部上皮细胞 (BEAS-2B) 暴露于 50μmol/L As^{3+} 12h，修复 12h，然后应用 Western blotting 和 ELISA 两种方法分别检测 HSP70 的表达水平，检测结果 HSP70 表达分别增长了 7.9 倍和 31.5 倍。由此可见，HSP70 可作为监测人体砷暴露的敏感的生物标志物。

Ali 等 (1999) 研究发现，热胁迫和亚砷酸钠对非洲爪蟾 A6 肾脏上皮细胞 HSP90 mRNA 的诱导表达具有轻微的协同作用，对 HSP70 mRNA 和 HSP30 mRNA 的诱导具有显著的协同效应。而氯化镉和氯化锌的暴露并未引起 HSP90 mRNA 合成的显著性增加。相比之下，HSP70 mRNA 和 HSP30 mRNA 更适合作为潜在的分子标志物。Aït-Aïssa 等 (2003) 将含有 HSP70 启动子的人细胞系（连接氯霉素乙酰转移酶报告基因）暴露于工业垃圾洗脱液，结果发现 HSP70 启动子被显著性诱导并呈现不同的剂量-效应关系。

Brulle 等(2006) 运用实时定量 PCR 技术研究了暴露于不同浓度镉污染土壤的蚯蚓在不同时间 HSP70 mRNA、HSP60 mRNA 表达水平等生理生化指标的变化,结果发现 HSP70mRNA、HSP60 mRNA 的变化较小，基本无规律可循。但有研究结果表明，HSPs 的产物并不与 HSPs mRNA 相关，甚至当 HSPs 产物很高时，HSPs mRNA 的水平却很低（Krishna，2003）。因此，检测受胁迫生物的 HSPs mRNA 的转录水平能否反映 HSPs 的表达值得进一步研究。

10.3 植物应激蛋白在环境污染监测中的研究

植物体的一个显著特征是它们拥有能够编码和表达热休克转录因子（HSF）和应激蛋白（HSPs）的高度复杂的多基因家族（Krishna，2003）。在植物抵御外界胁迫和维持细胞内在平衡过程中，分子伴侣起着决定性作用（Wang et al.，2004）。关于植物细胞 HSPs 在环境污染胁迫中的研究迟于动物实验，可检索到的文献资料也少得多。

Bierkens 等（1998）运用 ELISA 研究了绿藻类（*Raphidocelis subcapitata*）暴露于氯化锌、二氧化硒、农药和 PCP 等污染物后 HSP70 表达水平的变化，结果表明，除 PCP 外，其他几种污染物均能诱导 HSP70 的表达，呈现一定的剂量-效应关系，而且在低于经典的细胞毒性检测浓度范围内即可诱导 HSP70 水平的升高。由此可见，绿藻类 HSP70 可作为广谱的环境污染物监测的敏感的生物标志物。Kochhar 和 Kochhar（2005）的研究结果表明，镉与高温联合胁迫能够诱导黑吉豆（*Vigna mungo* L.）幼苗 HSP70 和 HSP18.1 组成型及诱导型的增强表达。

Ireland 等（2004）运用间接竞争性酶联免疫（IC-ELISA）技术研究了海产大型藻类[齿缘墨角藻（*F. serratus*）、皱波角叉菜（*C. crispus*）和石莼(*U. lactuca*)和淡水植物浮萍(*L. minor*）的 HSP70 对高温、渗透压、氯化镉及氯化钠胁迫的应激响应。结果表明，42℃热作用 2h 能诱导上述每种植物的热应激响应，其中齿缘墨角藻和浮萍中的 HSP70 产物分别在热诱导 2h 和 4h 达到最高水平（为 Western blotting 实验结果证实），随后趋于下降。同时也发现，渗透压和氯化镉也诱导了齿缘墨角藻和浮萍的 HSP70 产物的合成先升高后降低的变化。Rivera-Becerril 等（2005）应用实时定量 PCR 技术研究了暴露于镉污染的三种豌豆（cv. Frisson、VIR4788、VIR7128）根部 HSP70、金属硫蛋白、β-tubulin 等 mRNA 转录水平的变化，证明镉诱导 HSP70 mRNA 转录水平增长了 40%~79%。

10.3.1 蚕豆幼苗 HSP70 对土壤重金属污染胁迫的响应

近年来，王晓蓉课题组在应用农作物幼苗 HSP70 对土壤重金属污染胁迫的早期预警方法的研究方面也取得一定进展（Wang et al.，2010b）。实验土壤 Pb 的本底值为 21.13mg/kg，有机质含量为 1.027%。运用相同稀硝酸溶液梯度稀释硝酸铅母液，制备不同老化时间的 Pb 污染土壤：①老化 7d 的 Pb 污染土壤，外源 Pb 含量分别为 0mg/kg、6.25mg/kg、12.5mg/kg、25mg/kg、125mg/kg、250mg/kg、500mg/kg、1000mg/kg 和 2000mg/kg，pH 为 7.1~7.4

(ISO 10390)；②老化 60d 的 Pb 污染土壤，外源 Pb 分别为 0mg/kg、25mg/kg、125mg/kg、250mg/kg、500mg/kg、1000mg/kg 和 2000mg/kg，pH 为 7.3 ~ 7.6。

蚕豆种子经 0.1% 次氯酸钠溶液消毒后催芽，选择基本一致的蚕豆种子播种于 Pb 污染土壤。土壤老化 7d 的实验中每剂量组准备 3 盆幼苗，老化 60d 的实验每剂量组培养 4 盆幼苗，每盆保留 6 棵大小基本一致的幼苗用于实验。室内培养条件为：24 ~ 25℃，70% 相对湿度，每天 15h 光照，200μmol/(m^2 · s)。定期补充等量的 Hoagland 营养液，种子发芽 20d 后检测幼苗根部组织相关生物指标的变化。

土壤老化 7d 的实验样品检测结果表明，根部组织的 MDA 含量随着外源 Pb 的增加呈现增长趋势［图 10-23(a)］，蛋白质氧化损伤程度也随着外源 Pb 的增加而上升［图 10-23(b)］。当外源 Pb 增加到 125mg/kg 时，二者均显著性升高，表明 Pb 污染土壤诱导了蚕豆幼苗根部细胞膜脂质过氧化和蛋白质氧化损伤。

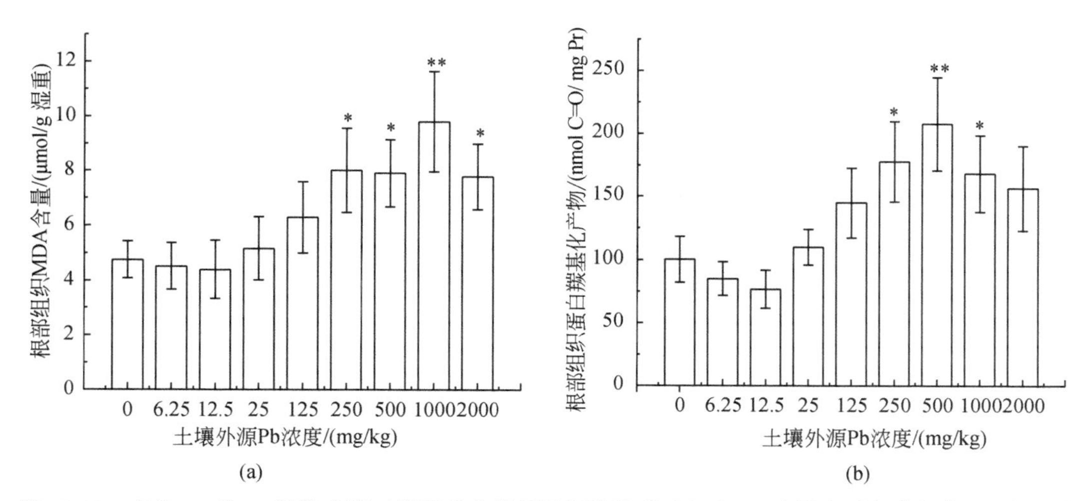

图 10-23 老化 7d 的 Pb 污染土壤对蚕豆幼苗根部组织膜脂质过氧化(a)和蛋白质氧化损伤(b)的影响
(引自 Wang et al.，2010b)
n=3；*，P<0.05；**，P<0.01

土壤老化 7d 的各处理组和对照组的幼苗根部组织粗酶液（取相同蛋白质含量）经 SDS-PAGE 电泳和内肽酶同工酶显色后，其图谱分析结果未见带型数量的变化［图 10-24(a)］，而其光密度值（代表内肽酶的活性）却随着外源 Pb 浓度的增加而升高［图 10-24(b)］。研究结果表明，土壤外源 Pb 浓度的增加诱导了蚕豆根部组织内肽酶活性的升高，提示高浓度 Pb 污染土壤诱导了根部组织细胞的蛋白质变性或损伤，进而导致细胞内蛋白质降解酶活性的增加，加速了损伤蛋白或变性蛋白的降解和清除过程。

同时还发现，在 12.5 ~ 250mg/kg 外源 Pb 作用下，根组织 HSP70 随着外源 Pb 浓度的增加而上升，高于此剂量范围，HSP70 则呈现下降趋势。当 Pb 浓度增加到 125mg/kg 时，HSP70 显著性升高；当 Pb 浓度增至 2000mg/kg 时，HSP70 受到抑制并下降至对照组以下（图 10-25）。因此，老化 7d 的 Pb 污染土壤对蚕豆根部组织早期致毒的最小外源 Pb 浓度可初步界定为 25 ~ 125mg/kg（Wang et al.，2010b）。

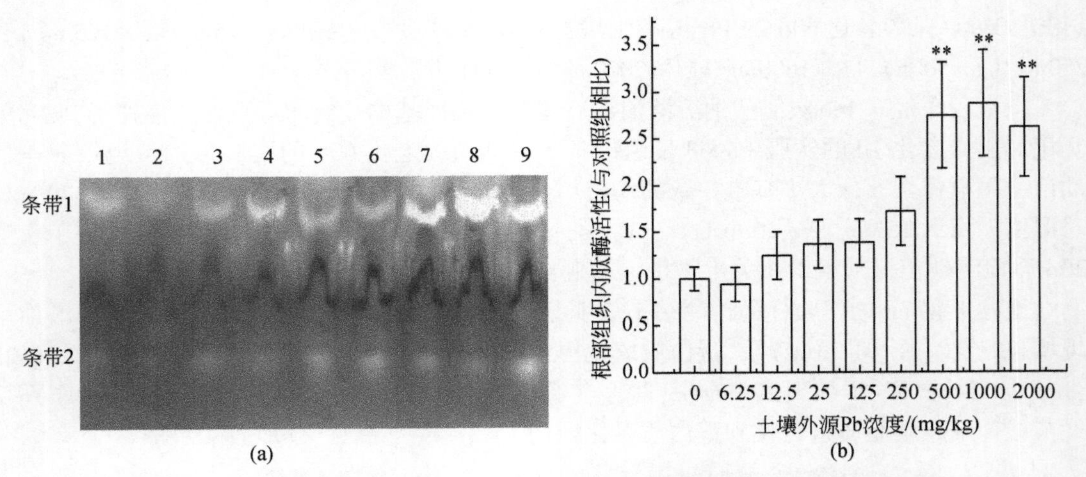

图 10-24 老化 7d 的 Pb 污染土壤对蚕豆幼苗根部组织内肽酶同工酶图谱（a）及其活性（b）的影响（引自 Wang et al.，2010b）

n=3；＊＊，P<0.01

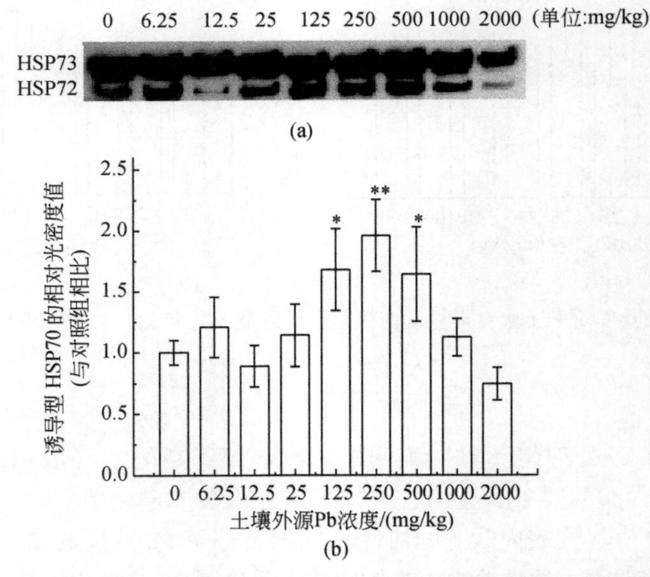

图 10-25 老化 7d 的 Pb 污染土壤对蚕豆幼苗根部组织 HSP70 的诱导（引自 Wang et al.，2010b）

（a）SDS-PAGE 电泳后的考马斯亮蓝染色图谱和 Western blotting 图谱；（b）HSP70 的 Western blotting 相对光密度的统计结果

1～9 分别代表对照组、6.25mg Pb/kg 干土、12.5mg Pb/kg 干土、25mg Pb/kg 干土、125mg Pb/kg 干土、250mg Pb/kg 干土、500mg Pb/kg 干土、1000mg Pb/kg 干土、2000mg Pb/kg 干土剂量组。n=3；＊，P<0.05；＊＊，P<0.01

土壤老化 60d 的 Pb 污染土壤样品检测结果如图 10-26 所示。结果表明，老化 60d 的 Pb 污染土壤对蚕豆根部组织早期致毒的最小外源 Pb 浓度可界定为 125mg/kg（Wang et al.，2010a）。比较上述两种不同老化时间的相同剂量组的检测结果可见，随着土壤老化时间的延长，Pb 对蚕豆幼苗根部组织的氧化损伤程度有所下降。这可能与土壤的老化降低 Pb 的生物有效性有关（汪承润，2008）。

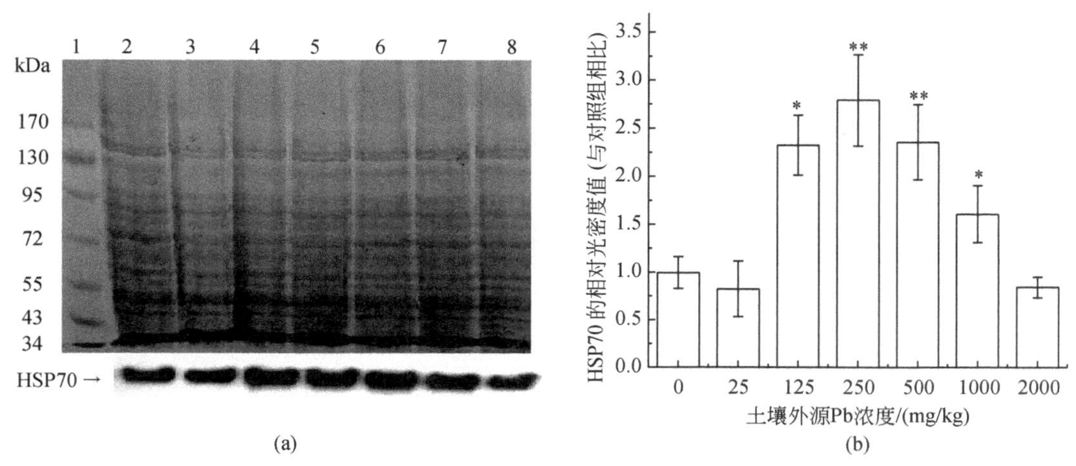

图 10-26 老化 60d 的 Pb 污染土壤对蚕豆幼苗根部组织 HSP70 的诱导（引自汪承润，2008）

（a）SDS-PAGE 电泳后的考马斯亮蓝染色和 Western blotting 图谱；（b）HSP70 的 Westem blottin 相对光密度的统计结果。1～8 分别代表蛋白质相对分子质量标准（Marker）、空白对照组 25mg Pb/kg 干土、125mg Pb/kg 干土、250mg Pb/kg 干土、500mg Pb/kg 干土、1000mg Pb/kg 干土和 2000mg Pb/kg 干土污染土壤；$n=4$；*，$P<0.05$；**，$P<0.01$

10.3.2 番茄幼苗 HSP70 对土壤重金属胁迫的响应

王晓蓉课题组还通过室内盆栽实验研究了室内自然老化 30d 的 Pb 污染土壤（12.5～500mg/kg）对番茄幼苗叶片组织细胞的蛋白质毒性和 HSP70 合成的影响。实验结果表明，

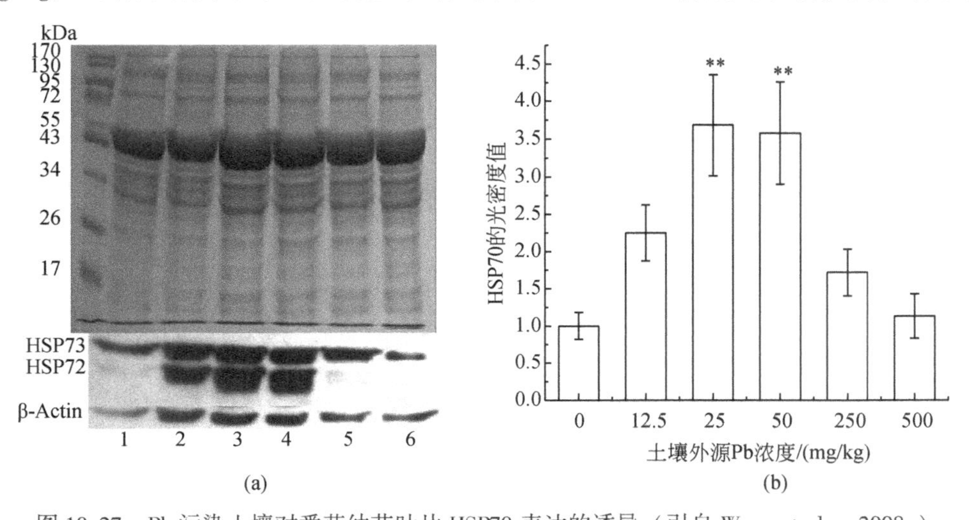

图 10-27 Pb 污染土壤对番茄幼苗叶片 HSP70 表达的诱导（引自 Wang et al.，2008a）

（a）SDS-PAGE 电泳结果的考马斯亮染色和 Western blotting 图谱；（b）HSP70 的 Westem blotting 绝对光密度的统计结果。1～6 分别代表对照组、12.5mg Pb/kg 干土、25mg Pb/kg 干土、50mg Pb/kg 干土、250mg Pb/kg 干土和 500mg Pb/kg 干土剂量组；$n=3$；*，$P<0.05$；**，$P<0.01$

除 12.5mg/kg 和 500mg/kg 剂量组外，其他处理组均显著诱导了 HSP70 的合成（$P<0.01$）。同时也观察到，当外源 Pb 浓度增加到 25mg/kg 时，HSP70 产物达到峰值，超过 25mg/kg 则呈现下降趋势（图 10-27）。由此可见，番茄幼苗叶片 HSP70 对 Pb 污染土壤的响应十分敏感。值得注意的是，当应用 HSP70 作为 Pb 等重金属污染土壤早期预警的生物标志物时，必须考虑土壤重金属有效性对 HSP70 合成的抑制作用，HSP70 适用于中等程度重金属污染土壤的早期监测（Wang et al.，2008a）。

10.4 植物 HSP70 对稀土元素氧化胁迫的应激响应

自 20 世纪 70 年代末，我国就广泛开展了稀土元素的生理效应和农业应用研究。已有研究表明，低剂量稀土元素不仅能够促进农作物的生长，提高农作物产量，而且在一定程度上还能够增强农作物的抗逆性和提高农产品的质量（王宪泽，1994；胡忻等，2001；Hu et al.，2004；Liu et al.，2006）。由于稀土元素为人体非必需元素，其潜在的生态安全问题也已经引起了科技工作者的广泛关注（童世沪和卢国锃，1987；王晓蓉，1991；倪嘉缵，1995；徐光宪和倪嘉缵，1995）。人们的研究范围十分广泛，从稀土元素的摄入、在动植物体内的分布、运移、排泄到对生命体各系统的影响；从稀土元素与氨基酸、蛋白质、膜脂及膜蛋白的作用到对 DNA 等遗传物质的影响；从稀土元素的细胞生物学效应到动物整体实验等，从不同层次、不同水平研究了稀土元素的生物学效应。稀土元素环境行为的研究结果表明，可溶性稀土元素能够在土壤表层不断积累，从而导致潜在的“累积效应”（丁士明等，2003）。人们进一步认识到，稀土元素“低促高抑”的毒物低剂量兴奋效应（Hormesis）既为农业上应用低剂量稀土元素促进农作物生长提供了理论依据，同时也暗示：一定剂量的稀土元素可能诱发潜在的负面效应。按现有稀土元素农用的发展趋势，若干年后稀土元素必将对农业生态环境造成一定的负面影响（陈祖义，2004）。因此，稀土元素的生态安全性尚值得进一步关注。本节研究了 HSP70 等生理指标对镧离子（La^{3+}）胁迫的应激响应，以此作为生物标志物评价 La^{3+} 对农作物幼苗的生态安全性。

蚕豆种子经 0.1% 次氯酸钠溶液消毒后催芽，待根尖延伸至 2cm 左右时开始悬浮培养。每个处理组准备 3 个 1.2L 水槽，每个水槽培养 8 棵幼苗。幼苗用自来水预培养 2d 后，分别转移至用营养液稀释的 La^{3+} 梯度溶液（0mg/L、0.25mg/L、0.5mg/L、1mg/L、2mg/L、4mg/L、8mg/L 和 12mg/L，pH 6.1~6.3）。营养液的配制参见 Lucretti 等（1999）方法，并略加改进。为防止 La^{3+} 与磷酸二氢氨形成磷酸盐沉淀，配制 La^{3+} 母液时不添加磷酸二氢氨，而是直接向幼苗叶片喷洒 1mmol/L 磷酸二氢氨溶液。水槽置于光照培养箱内，培养条件为：白天 15h，23℃，光照强度 220μmol/(m²·s)；夜晚 9h，20℃，相对湿度 80%。连续曝气，每天更换一次染毒溶液，15d 后取根叶开展相关实验研究。

10.4.1 叶片组织 La 含量的测定

ICP-OES 检测结果表明，叶片组织中 La 的含量随着外源 La^{3+} 剂量的增加而升高；当外源 La^{3+} 高于 2mg/L 时，叶片中 La 的含量极显著性增加（$P<0.01$）（表 10-4）。

表 10-4　培养液和蚕豆叶片组织中 La 的含量

培养液中 La^{3+}的含量 /（mg/L）	叶片组织中 La 的含量 /（μg/g 干重）
0	4.50±0.34
0.25	5.56±0.63
0.5	7.25±0.75
1	7.34±0.46
2	9.37±1.03 * *
4	10.36±1.57 * *
8	11.85±1.80 * *
12	12.44±2.33 * *

注：$n=3$；* *，$P<0.01$

资料来源：Wang et al.，2011b

10.4.2　叶片组织 $O_2^{\cdot -}$和 H_2O_2的原位显色

叶片组织 $O_2^{\cdot -}$和 H_2O_2的原位显色分析参照 Romero-Puertas 等（2004）的方法。取对照组和 La 处理组叶片，立即浸入 $O_2^{\cdot -}$显色溶液［0.1% NBT（m/V），10mmol/L Na-azide、50mmol/L Tris-HCl 缓冲液（pH 6.5）］，真空抽滤 5min，间歇 3min，4 次循环。为了检测该方法的可行性，先取适量叶片应用 SOD 酶液进行抽滤，洗净后同上抽滤显色。取出叶片，在光照强度 200μmol/(m^2·s) 下光照，直至深蓝色斑点出现。最后应用 90% 乙醇煮沸脱色。

取对照组和 La 处理组叶片，立即浸入 H_2O_2 显色液［1% DAB（m/V），10mmol/L MES，pH 6.5］，同上抽滤。为了检测该方法的可行性，先取适量叶片应用维生素 C 溶液抽滤，再转入 H_2O_2 显色液共同抽滤，然后在室温下继续孵育 8h，最后应用 90% 乙醇煮沸脱色，直至棕黄色斑点出现。应用佳能照相机进行拍照。

$O_2^{\cdot -}$和 H_2O_2的原位显色结果表明，$O_2^{\cdot -}$呈现蓝色斑点，在 0.25～0.5mg/L 外源 La^{3+}时，其密度略有下降，超过此剂量范围则呈现上升趋势［图 10-28(a)］。H_2O_2 在叶片中呈现棕黄色沉淀，其密度在 0.25～0.5mg/L 外源 La^{3+}低于对照组，在 2～8mg/L 显著性升高，在 12mg/L 又趋于下降［图 10-28(b)］。

10.4.3　叶片组织 4 种抗氧化酶同工酶图谱的变化

参照 Romero-Puertas 等的方法（2004）制备粗酶提取液。称取 1.0g 新鲜叶片，立即在液氮下研磨成粉末状，再用提取缓冲液充分匀浆［0.1mol/L Tris-HCl，pH 8.0，10%（V/V）甘油，0.1mmol/L Na_2EDTA，0.2%（V/V）Triton X-100，5mmol/L 抗坏血酸和 1mmol/L PMSF，1 mmol/L 苯甲脒，1μg/mL 亮抑酶肽（leupeptin），2μg/mL 蛋白酶抑制剂（aprotinin）］。在 4℃ 和 15 000g 条件下离心 15min，弃沉淀。以 BSA 作为标准蛋白，应用

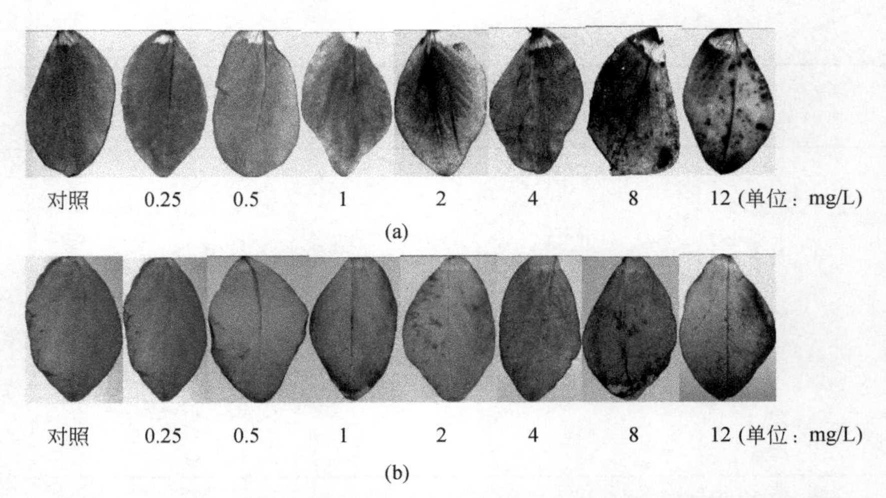

图 10-28　暴露于 0 ~ 12mg/L 外源 La^{3+} 培养液 15d 后的蚕豆幼苗叶片组织 $O_2^{\cdot-}$(a) 和 H_2O_2(b)的原位显色结果（引自 Wang et al.，2011b）

Bradford（1976）的方法进行蛋白质定量。

应用高通量凝胶电泳系统（Mini-PROTEIN 3，Bio-Rad，USA）和非变性凝胶电泳技术检测同工酶图谱的变化。每孔上样 103.0μg 可溶性蛋白，应用 25mmol/L Tris、192mmol/L 甘氨酸缓冲液（pH 8.3）作为电泳液。70V 下电泳至分离胶，110V 电泳至结束。超氧物歧化酶（SOD）、愈创木酚过氧化物酶（GPx）和抗坏血酸过氧化物酶（APx）同工酶的显色方法均参照 García-Limones 等（2002）方法进行。过氧化氢酶（CAT）参照 Verma 和 Dubey（2003）的方法进行。每个剂量组设 3 个平行，每个平行做 3 块胶。

SOD 同工酶图谱未见带型数量的变化，而其光密度（代表酶的活性）随着外源 La^{3+} 的增加而升高［图 10-29(a)］。CAT 同工酶图谱可见两行带。在 0 ~ 1mg/L 外源 La^{3+} 剂量时，各处理组总光密度值呈现下降趋势，而且下降至对照组以下；在 1 ~ 4mg/L 呈现上升趋势，然后则随着 La^{3+} 剂量的增加而趋于下降［图 10-29(b)］。GPx 同工酶图谱可见三行带，在 1 ~ 12mg/L 时，第二行带密度弱且模糊，而第一行带的光密度值随着外源 La^{3+} 含量的增加而呈现先下降，再升高，又下降的变化趋势［图 10-29(c)］。在 APx 同工酶图谱中，只观察到带型光密度值随着外源 La^{3+} 含量的增加而呈现先升高再下降的变化趋势［图 10-29(d)］。

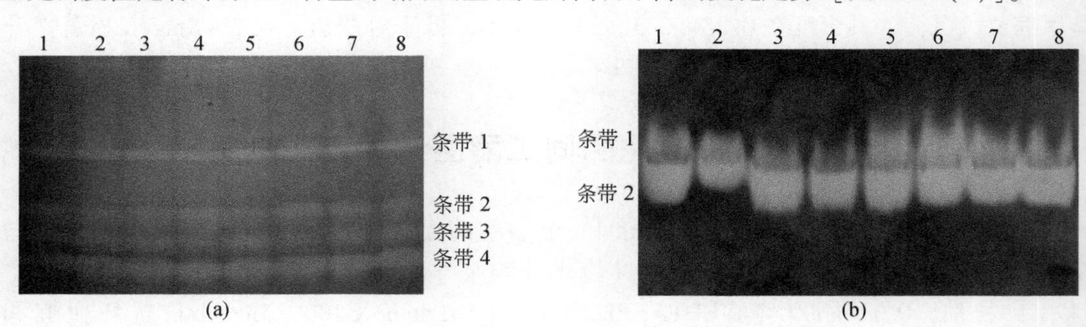

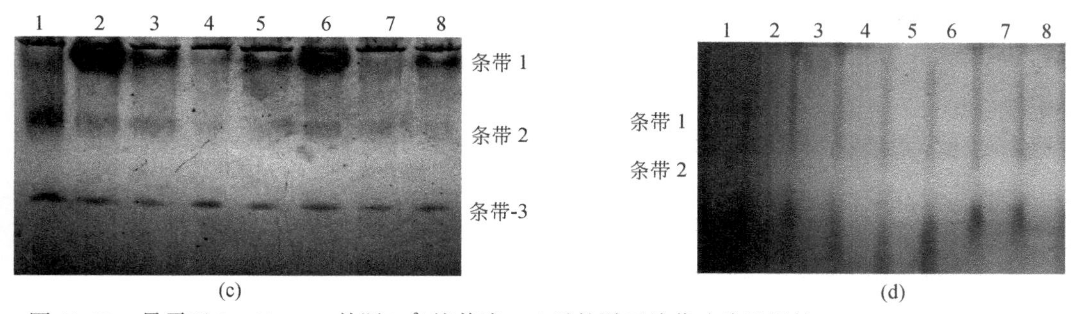

图 10-29 暴露于 0 ~ 12mg/L 外源 La^{3+}培养液 15d 后的蚕豆幼苗叶片组织的 SOD(a)、CAT(b)、GPx(c)和 APx(d) 同工酶图谱的变化（引自 Wang et al.，2011b）

1 ~ 8 代表 0mg/L、0.25mg/L、0.5mg/L、1mg/L、2mg/L、4mg/L、8mg/L 和 12mg/L 外源 La^{3+}

10.4.4 应用 SDS-PAGE 和 Western blotting 技术检测 HSP70 蛋白产物的变化

HSP70 的 SDS-PAGE 电泳和 Western blotting 方法参照相关文献进行（Wang et al.，2010a，2010b）。粗酶提取液与裂解缓冲液［0.5mol/L Tris，pH 6.8，20% 甘油(*V/V*)，3% SDS（*m/V*)，0.01%(*m/V*)溴酚蓝和 10%(*V/V*)β-巯基乙醇］按照 3∶1 混合后，立即煮沸 5min，冰上冷却。每孔上样 25.5μg 可溶解性蛋白，同时上样标准蛋白分子 Marker（PageRuler™ prestained protein ladder，#SM0671，Fermentas)。电泳结束后，胶上的蛋白质通过半干转印系统（Semi-Dry Transfer System，Bio-Rad）转印至 PVDF 膜（Amersham Pharmacia)。用 6%(*m/V*)脱脂奶粉｛用 TBST 缓冲液［50mmol/L Tris、150mmol/L NaCl，pH 7.5，0.05%(*V/V*) Tween-20 配制］｝，室温下封闭 2h。TBST 缓冲液漂洗后，应用小鼠抗-HSP70/HSC70 单克隆抗体（1∶5000)(SPA-820，Stressgen，Victoria，Canada）于 4℃条件下包被 8h。TBST 缓冲液漂洗后，PVDF 膜转移至二抗（1∶25 000)（抗鼠 IgG HRP，Stressgen，Victoria，Canada)，于室温下包被 1.5h。最后应用 ECL 发光试剂盒进行发光，应用 X 射线胶片进行曝光。

为了控制上样量的一致性，同时应用兔多克隆抗叶绿素核酮糖-1,5-二磷酸羧化酶/加氧酶大亚基（1∶5000)（RbcL，55kDa，Agrisera）作为一抗，结合相应的二抗（山羊抗兔 IgG HRP，Agrisera)（1∶35 000）进行免疫印迹，作为上样量的参照。应用 Image J 软件对印迹带型的整合光密度进行统计；HSP70 的光密度值除以 RbcL 的光密度值作为 HSP70 的相对表达水平，再与阴性对照组比较，进行显著性分析。分析结果表明，0.5 ~ 12mg/L 外源 La^{3+}诱导了 HSP70 的合成，其表达高于高于对照组；其中在 2 ~ 8mg/L 外源 La^{3+}剂量，HSP70 显著性升高（图 10-30)。

本实验结果表明，高剂量 La 诱导了叶片组织 $O_2^{\cdot -}$和 H_2O_2产物的产生及积累，并进一步诱导了 SOD 、CAT、GPx 和 APx 同工酶活性的升高，有利于清除过剩的 ROS 产物。同时还发现，随着 ROS 的积累，叶片组织 HSP70 产物也被诱导而趋于升高。上述抗氧化酶同工酶与 HSP70 相互配合，缓解了 La^{3+}诱导的氧化胁迫与损伤。CAT 和 APx 同工酶活性以及 HSP70 的诱导表达还可作为诊断 La^{3+}污染的生物标志物。根据上述生物标志物应激响应的敏感性发现，La^{3+}污染溶液诱导蚕豆幼苗叶片组织细胞毒性效应的阈值为 1 ~ 2mg/L 外源 La，对应于 7.34 ~ 9.37μg/g DW 叶片。

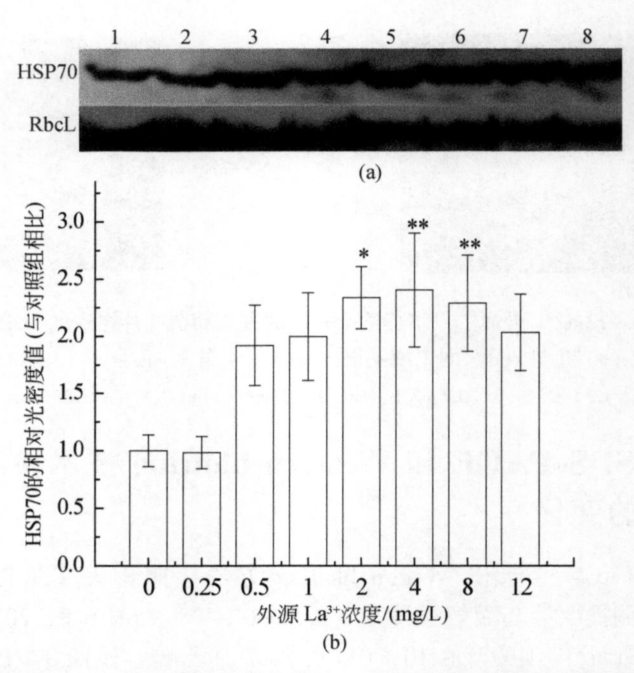

图 10-30　暴露于 0 ~ 12mg/L 外源 La^{3+} 培养液 15d 后的蚕豆幼苗叶片组织细胞 HSP70 的 Western blotting 结果（引自 Wang et al. ，2011b）

（a）HSP70 的 Western blotting 图谱；（b）HSP70 的相对表达水平。RbcL，核酮糖-1,5-二磷酸羧化酶/加氧酶；1 ~ 8 代表 0mg/L、0. 25mg/L、0. 5mg/L、1mg/L、2mg/L、4mg/L、8mg/L 和 12mg/L 外源 La^{3+}；＊，$P<0.05$；＊＊，$P<0.01$

10. 5　La^{3+} 通过介导 HSP70 等生理指标的变化干扰植物细胞的增殖周期

由于稀土元素可取的理化性质和丰富的储量，稀土微肥或添加剂曾广泛应用于我国农业和畜牧业，用于农作物的提产增质（Hong et al. ，2000；Wang et al. ，2007）。稀土元素能够被植物根系吸收并进一步运输至其他组织和器官，具有诱导细胞增殖、生长等不同生理指标的 Hormesis 效应的潜力（Hagenbeek et al. ，2000；Wu et al. ，2001；Hong et al. ，2003；Ouyang et al. ，2003；Dai et al. ，2008）。现已证明，稀土元素能够替换生物膜蛋白、酶蛋白或金属蛋白分子中的金属元素，导致矿质元素失衡、分子构象改变、膜渗透性增加，最终导致功能紊乱（Qiu et al. ，2005；Zeng et al. ，2006）。稀土元素通过调节植物体的 Ca、Fe、Cu、K、P 或 Mg 等矿质营养元素的分布和含量的变化，干扰植物的生长（Hu et al. ，2004；Wang et al. ，2008c，2012a）。王晓蓉课题组在研究中首先发现 La^{3+} 能够改变蚕豆幼苗根尖分生细胞周期相（Wang et al. ，2011a），后来又进一步揭示，La^{3+} 还诱导了根尖组织矿质元素含量的失衡和 HSP70 表达的变化，HSP70 与细胞增殖周期变化的 Hormesis 效应之间高度相关（Wang et al. ，2010b）。然而，其分子机制尚有待进一步研究。下面介绍王晓蓉课题组在此领域取得的最新进展（Wang et al. ，2012a）。

10.5.1 受试蚕豆幼苗的培养和染毒

蚕豆种子的消毒、催芽和悬浮培养同10.4节，每个处理组准备3个1.2L水槽，每个水槽培养6棵幼苗。幼苗用自来水预培养1d后，转移至用营养液稀释的$La(NO_3)_3$梯度溶液（外源La^{3+}含量分别为0mg/L、0.125mg/L、0.25mg/L、0.5mg/L、1mg/L、2mg/L、4mg/L、8mg/L和16mg/L，pH 6.3~6.5）。培养条件：白天15h，23℃，光照强度230μmol/（m^2·s）；夜晚9h，20℃，相对湿度75%。连续曝气，每两天更换一次染毒溶液，10d后取根部组织开展相关实验研究。

10.5.2 根部组织La、Ca、Fe和K元素含量的变化

根部组织La、Ca、Fe和K元素含量的测定参照相关报道方法（Wang et al.，2008a，2010a，2010b）。检测结果表明，根部组织La的含量随着营养液中外源La^{3+}含量的增加而

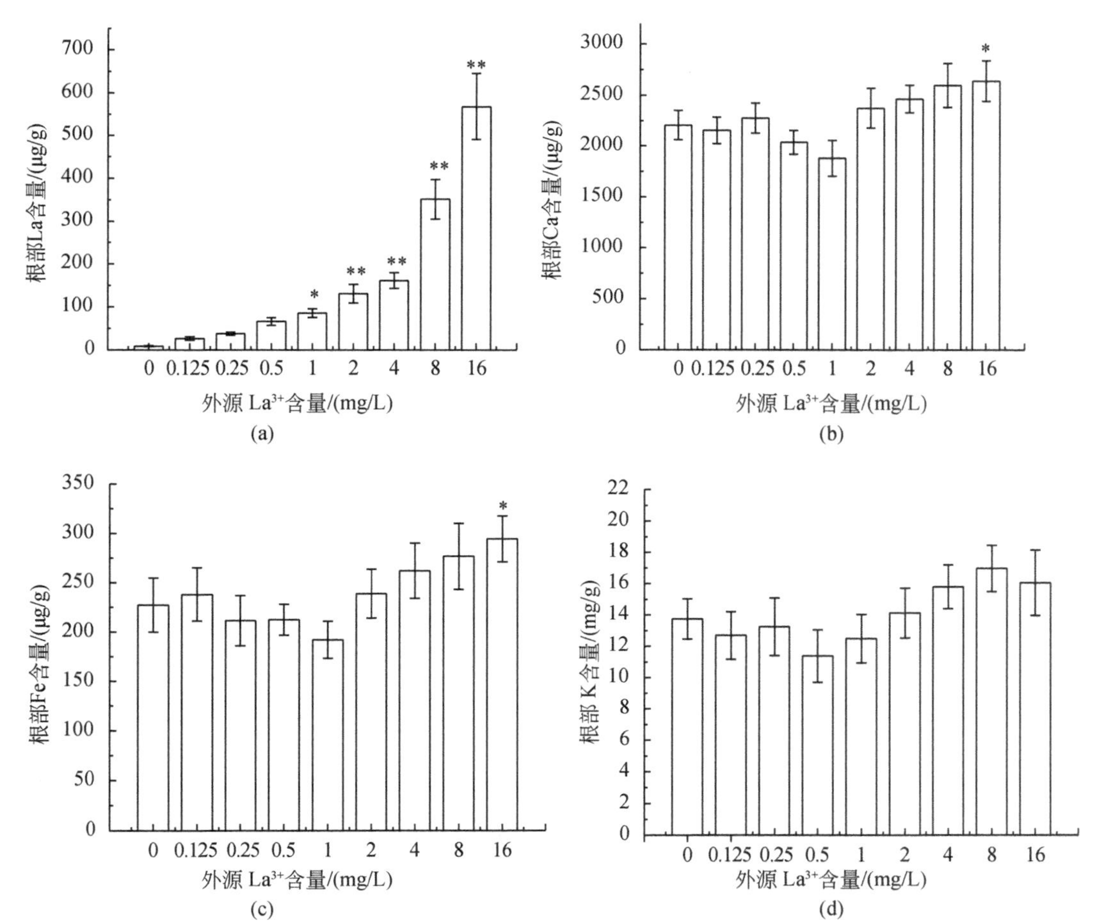

图10-31 暴露于0~16mg/L外源La^{3+}培养液10d后蚕豆幼苗根部组织La(a)、Ca(b)、Fe(c)和K元素(d)含量的变化（引自Wang et al.，2012a）

$n=3$；*，$P<0.05$；**，$P<0.01$

趋于升高，当外源 La^{3+}增至 1mg/L 时，根部 La 显著性积累［图 10-31(a)］。而 Ca、Fe 和 K 的含量随着外源 La^{3+}含量的升高而呈现"U"形剂量-效应曲线的变化，其中 Ca 和 Fe 在 16mg/L 时显著性升高［图 10-31(b)～(d)］。

10.5.3 根尖细胞增殖周期和增殖指数的变化

每个处理组剪取 50 个长约 5mm 的根尖，立即浸没于 4%（*V/V*）甲醛［用 Galbraith 缓冲液（Galbraith et al.，1983）配制，pH 7.0，另含 1%（*m/V*）聚乙烯吡咯烷酮和 10mmol/L 偏二亚硫酸钠］，于 4℃ 固定 30min。用预冷的 Galbraith 缓冲液充分清洗根尖，塑料培养皿倾斜置于冰上，用玻璃棒挤压皿内的根尖，用适量 Galbraith 缓冲液冲洗并收集细胞核。细胞核悬液经 25μm 尼龙膜过滤后，在 700*g* 和 4℃ 条件下离心 10min，沉淀重悬于 0.75mol/L 己二醇，4℃保存备用。向核沉淀加入 PI/RNase Staining Buffer（BD Pharmingen™），室温下避光染色 2h。应用流式细胞仪（FACSCalibur，BD，USA）检测细胞增殖周期的变化，激发光 488nm，发射光 525nm。增殖指数=（S 相比率+G_2/M 相比率）/（G_0/G_1 相比率+S 相比率+G_2/M 相比率）×100%。3 次重复，均得到类似的结果。

0～16mg/L 外源 La^{3+}诱导根尖分生组织细胞周期相的变化如图 10-32(a)所示。分析结果表明，G_0/G_1 与 G_2/M 相比率的变化趋势基本一致，随着外源 La^{3+}剂量的增加呈现先升高、后下降、再升高的变化趋势，与 S 相比率的变化趋势正好相反［图 10-32(b)］；而增殖指数与 S 相比率的变化趋势基本同步［图 10-32(c)］。据此推测，La^{3+}很可能在 G_1/S 或 S/G_2 过渡期阻断了根尖细胞的增殖过程。另外还发现，与对照组比较，G_0/G_1、S、G_2/M 相比率及增殖指数均未见显著性变化［图 10-32(b)、(c)］。根尖长度与 S 相比率（R= 0.829，P<0.05）或增殖指数（R =0.929，P<0.01）之间显著性正相关，而与 G_0/G_1（R = -0.741，P<0.05）或 G_2/M 相比率（R=-0.899，P < 0.01）之间显著性负相关。

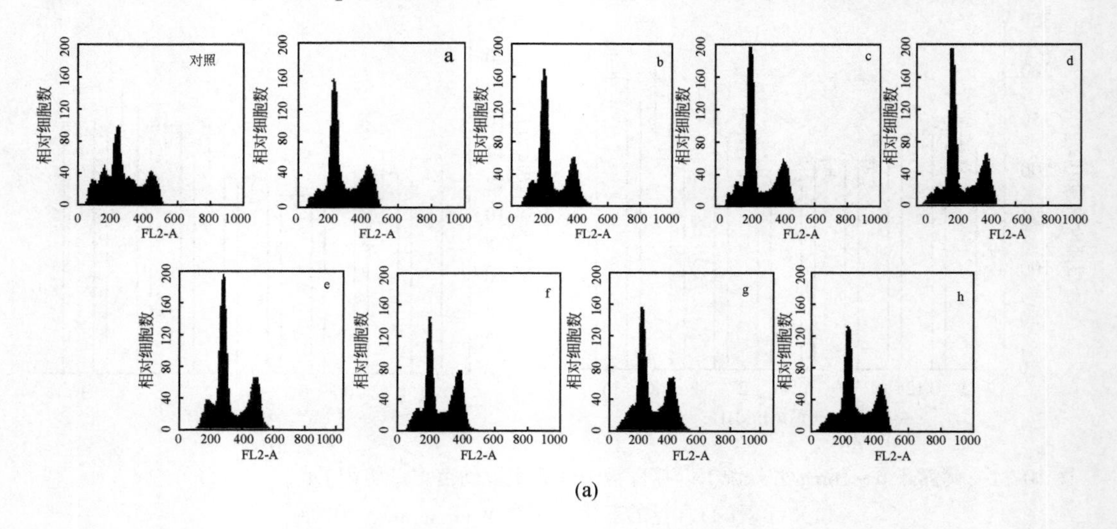

(a)

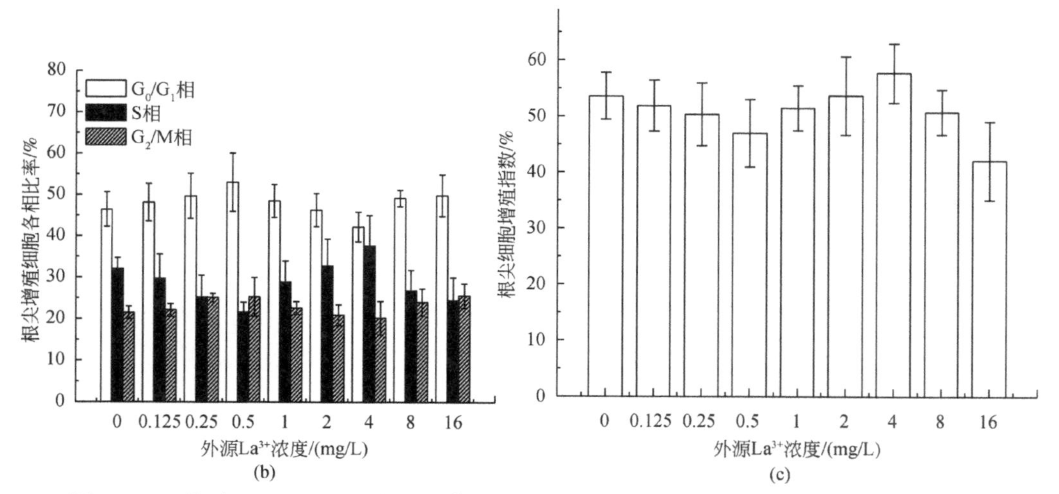

图 10-32　暴露于 0 ~ 16mg/L 外源 La^{3+} 培养液 10d 后蚕豆幼苗根尖细胞增殖周期的流式图（a）、增殖周期相比率（b）及增殖指数（c）的变化（引自 Wang et al.，2012a）

对照和 a ~ h 分别代表 0mg/L、0.125mg/L、0.25mg/L、0.5mg/L、1mg/L、2mg/L、4mg/L、8mg/L 和 16mg/L 外源 La^{3+} 培养液；Channel 200 和 400 分别代表 G_0/G_1 相和 G_2/M 相，二者之间的区域代表 S 相。$n=3$

10.5.4　根尖组织 HSP70 诱导表达水平的变化

HSP70 参与动植物体的许多生理功能，包括细胞的分裂增殖等生理过程。应用 SDS-

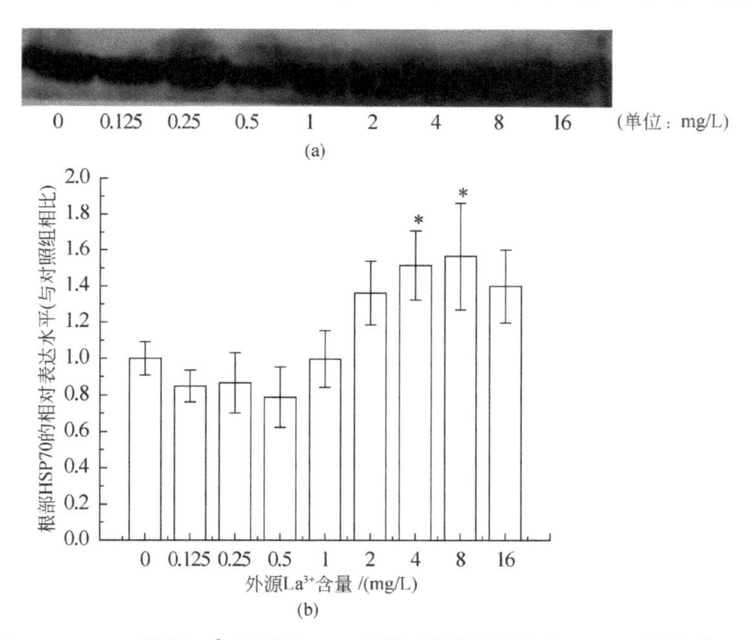

图 10-33　暴露于 0 ~ 16mg/L 外源 La^{3+} 培养液 10d 后蚕豆幼苗根部组织 HSP70 蛋白的 Western blotting 图谱(a)及其相对表达水平(b)（引自 Wang et al.，2012a）

$n=3$；*，$P<0.05$

PAGE 电泳和 Western blotting 技术检测结果表明，在 0 ~ 0.5mg/L 外源 La^{3+} 作用下，HSP70 表达水平下降至对照组以下，随着外源 La^{3+} 剂量的增加，HSP70 呈现上升趋势，其中在 4 ~ 8mg/L 时 HSP70 表达水平显著性升高。在整个实验剂量范围内，HSP70 的诱导合成水平呈现典型的“J”形剂量-效应曲线［图 10-33(b)］。

本实验结果表明，外源 La^{3+} 诱导了蚕豆幼苗根部组织矿质元素含量的失衡，进一步干扰了分生组织细胞的增殖周期和根尖的生长；La^{3+} 还诱导了根尖细胞增殖周期的 G_0/G_1、S 和 G_2/M 相比率变化的 Hormesis 效应。与此同时，HSP70 随着外源 La^{3+} 的增加呈现“U”形剂量-效应，与 S 相比率和增殖指数的变化同步。因此，La^{3+} 可能通过介导 HSP70 的合成，进一步影响 G_1/S 相或 S/G_2 相的过渡，从而干扰根尖分生细胞的增殖周期。这可能是稀土元素影响植物细胞增殖周期的生理机制之一。

10.6 稀土元素拮抗重金属对植物氧化胁迫的研究

重金属能够通过食物链进行传输、富集和放大，对人体健康具有潜在的危害（Duruibe et al., 2007; Thijssen et al., 2007）。近年来，重金属污染成为全球性生态环境问题，已经引起各国行政主管部门和学术界的高度关注。因此，如何控制和减少重金属污染，降低其危害性的研究具有重要的理论意义和应用价值。汪承润课题组研究了应用稀土元素增强植物体拮抗重金属氧化胁迫的可行性，也为稀土元素农用的生态风险性评价进一步提供实验依据（Wang et al., 2012a, 2012b）。

10.6.1 以蚕豆叶片作为研究对象

10.6.1.1 受试植物的培养和染毒

蚕豆种子的消毒、催芽和培养方法同前。每处理组准备 3 个水槽，每个水槽培养 6 棵幼苗。$CdCl_2$ 和 $La(NO_3)_3$ 的剂量组合方式分别为：6μmol/L Cd、6μmol/L Cd+2μmol/L La、6μmol/L Cd+8μmol/L La、6μmol/L Cd+30μmol/L La、6μmol/L Cd+60μmol/L La、6μmol/L Cd+120μmol/L La、6μmol/L Cd+240μmol/L La 和 6μmol/L Cd+480μmol/L La，对照组为营养液，pH 5.5 ~ 5.8。连续曝气，每 3d 更换一次染毒溶液。培养条件为：白天 15h，23℃，光照强度 220μmol/($m^2 \cdot s$)；夜晚 9h，20℃，相对湿度 75%。为防止磷酸根与 La^{3+} 形成磷酸盐沉淀，配制 Hoagland 营养液时省略了磷酸二氢氨，每天直接向幼苗叶片喷施等量的 0.5mmol/L 磷酸二氢氨溶液。暴露 15d 后检测叶片组织相关生理生化指标的变化。

10.6.1.2 叶片组织 La、Cd 和矿质元素含量的变化

应用 ICP-OES 测定了叶片组织 Fe、Ca、Mg、Mn、K、Cu、Zn 和 Mo 元素的含量。结果表明，La 含量随着外源 La 含量的增加而升高；而 Cd 含量在 2 ~ 30μmol/L 外源 La 复合后增至 6μmol/L Cd 单一处理组之上，随着 La 剂量的进一步升高而趋于下降。在 6μmol/L Cd+2μmol/L La 处理组，叶片 Fe 和 Ca 的含量高于 6μmol/L Cd 单一处理组，随后趋于降

低，而 Mg、Mn 和 K 含量略高于 6μmol/L Cd 处理组，但随着外源 La 剂量的递增先后呈现递减和升高的变化趋势。在 6μmol/L Cd+2～120μmol/L La 处理组，Cu 和 Zn 含量降低至 6μmol/L Cd 处理组以下，再随着外源 La 剂量的增加而缓慢升高。Mo 的含量则呈现倒"U"形的剂量-效应曲线，而且复合处理组高于 Cd 的单一处理组（表 10-5）。

表 10-5 叶片组织 La、Cd 和相关矿质元素含量的变化

染毒组合方式	Ca 含量/(μg/g 干重)	Zn 含量/(μg/g 干重)	Cu 含量/(μg/g 干重)	Mg 含量/(μg/g 干重)	Mo 含量/(μg/g 干重)
对照	2883±324[ab]	82. 8±6. 4[ab]	23. 10±3. 05[a]	2402±233[ab]	1. 35±0. 15[abcd]
6μmol/L Cd	2912±540[ab]	87. 8±6. 2[a]	24. 95±3. 17[a]	2493±253[ab]	0. 98±0. 16[d]
6μmol/L Cd+2μmol/L La	3051±434[a]	80. 9±4. 8[ab]	22. 65±2. 86[a]	2627±296[a]	1. 07±0. 11[cd]
6μmol/L Cd+8μmol/L La	2826±345[ab]	74. 2±5. 1[bc]	22. 02±3. 76[a]	2372±280[ab]	1. 41±0. 24[abc]
6μmol/L Cd+30μmol/L La	2780±349[ab]	70. 2±4. 5[c]	21. 01±1. 96[a]	2275±292[abc]	1. 68±0. 22[a]
6μmol/L Cd+60μmol/L La	2702±532[ab]	68. 9±5. 3[c]	20. 75±2. 16[a]	2110±204[bc]	1. 52±0. 24[ab]
6μmol/L Cd+120μmol/L La	2641±474[ab]	65. 8±5. 8[c]	19. 06±2. 24[a]	1884±207[c]	1. 28±0. 22[bcd]
6μmol/L Cd+240μmol/L La	2527±324[ab]	76. 4±6. 0[bc]	21. 92±2. 05[a]	2269±197[abc]	1. 12±0. 17[cd]
6μmol/L Cd+480μmol/L La	2161±304[b]	80. 6±5. 1[ab]	22. 91±2. 99[a]	2410±220[abc]	1. 07±0. 16[cd]

染毒组合方式	La 含量/(μg/g 干重)	Cd 含量/(μg/g 干重)	Mn 含量/(μg/g 干重)	Fe 含量/(μg/g 干重)	K 含量/(μg/g 干重)
对照	0. 35±0. 05[f]	0. 15±0. 02[d]	47. 5±5. 9[a]	120±12[ab]	15125±1184[b]
6μmol/L Cd	0. 41±0. 06[f]	7. 84±0. 89[ab]	39. 8±5. 3[abc]	130±16[a]	22329±2103[a]
6μmol/L Cd+2μmol/L La	1. 73±0. 28[e]	8. 91±0. 74[a]	41. 7±5. 0[ab]	131±16[a]	23579±2072[a]
6μmol/L Cd+8μmol/L La	2. 05±0. 33[e]	8. 11±0. 65[ab]	37. 2±4. 8[bcd]	120±15[ab]	16410±1460[b]
6μmol/L Cd+30μmol/L La	2. 85±0. 47[d]	7. 90±0. 79[ab]	35. 2±6. 5[bcd]	115±12[ab]	13156±1563[b]
6μmol/L Cd+60μmol/L La	3. 11±0. 35[cd]	7. 17±0. 75[abc]	29. 2±3. 2[d]	112±14[ab]	12936±1270[b]
6μmol/L Cd+120μmol/L La	3. 66±. 469[bc]	6. 95±0. 91[abc]	27. 9±4. 7[d]	107±10[ab]	12735±1392[b]
6μmol/L Cd+240μmol/L La	4. 01±0. 46[ab]	6. 85±0. 80[bc]	31. 2±5. 7[cd]	105±14[ab]	21059±3068[a]
6μmol/L Cd+480μmol/L La	4. 40±0. 47[a]	5. 99±0. 87[c]	34. 9±3. 9[bcd]	101±16[b]	21956±3256[a]

注：$n=3$；$P<0.05$

资料来源：Wang et al. , 2012b

10. 6. 1. 3 La^{3+}对叶片 H_2O_2的产生具有"低抑高促"效应

应用活性氧自由基的原位显色技术（Romero-Puertas et al. , 2004）研究了梯度 La 对 6μmol/L Cd 诱导 H_2O_2产物积累水平的影响。叶片中棕褐色代表 H_2O_2与 DAB 的反应产物，其着色密度与H_2O_2产物的多少成正比。结果表明，2～30mg/L的外源La诱导H_2O_2产物降低至6μmol/L Cd处理组之下，然后随着外源La剂量的增加而明显升高（图10-34）。

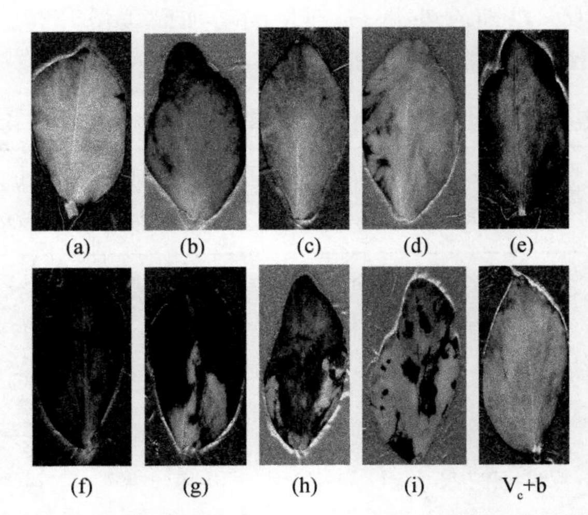

图10-34　暴露于营养液、6μmol/L Cd及6μmol/L Cd与梯度La复合溶液15d后蚕豆幼苗叶片组织H_2O_2的原位显色结果（引自Wang et al.，2012 b）

（a）对照；（b）6μmol/L Cd；（c）6μmol/L Cd+2μmol/L La；（d）6μmol/L Cd+8μmol/L La；（e）6μmol/L Cd+30μmol/L La；（f）6μmol/L Cd+60μmol/L La；（g）6μmol/L Cd+120μmol/L La；（h）6μmol/L Cd+240μmol/L La；（i）6μmol/L Cd+480μmol/L La；V_c+b代表6μmol/L Cd处理组叶片先应用100μmol/L维生素C溶液真空抽滤1h后再应用1% DAB溶液抽滤，用于证明该方法对于H_2O_2显色的特异性

10.6.1.4　叶片组织抗氧化酶同工酶及其酶活性的变化

同工酶图谱分析结果如图10-35所示。在6μmol/L Cd+8～240μmol/L La处理组中，SOD同工酶被诱导出现了一条新带，表明该剂量范围的外源La增强了叶片组织的抗氧化能力［图10-35(a)］。然而，在CAT、GPx和APx图谱中未观察到明显的新带型。当2～30μmol/L外源La添加入6μmol/L Cd溶液后，CAT带型的整合光密度呈现下降趋势，伴随La剂量的增加又趋于升高［图10-35(b)］。在6μmol/L Cd+2～240μmol/L La处理组中，GPx的带型光密度降低至6μmol/L Cd处理组以下，当外源La增至480μmol/L时又开始升高［图10-35(c)］。APx的整合光密度在2～30μmol/L外源La添加后呈现上升趋势，随着La剂量的增加又趋于下降［图10-35(d)］。酶活性测定结果表明，这4种酶活性的变化与其同工酶带型光密度的变化趋势基本一致。由图10-36可见，SOD和APx活性呈现倒“U”形剂量-效应曲线，而CAT和GPx活性则呈现“U”形剂量-效应曲线。

10.6.1.5　叶片组织HSP70诱导表达的Hormesis效应

应用SDS-PAGE电泳和Western blotting技术，结合特异性抗体，检测了La与Cd复合污染条件下蚕豆叶片组织细胞HSP70蛋白的表达。同时以叶绿体中的核酮糖-1,5-二磷酸羧化酶（RbcL）的表达水平作为参照［图10-37(a)］，计算HSP70的相对表达水平。分

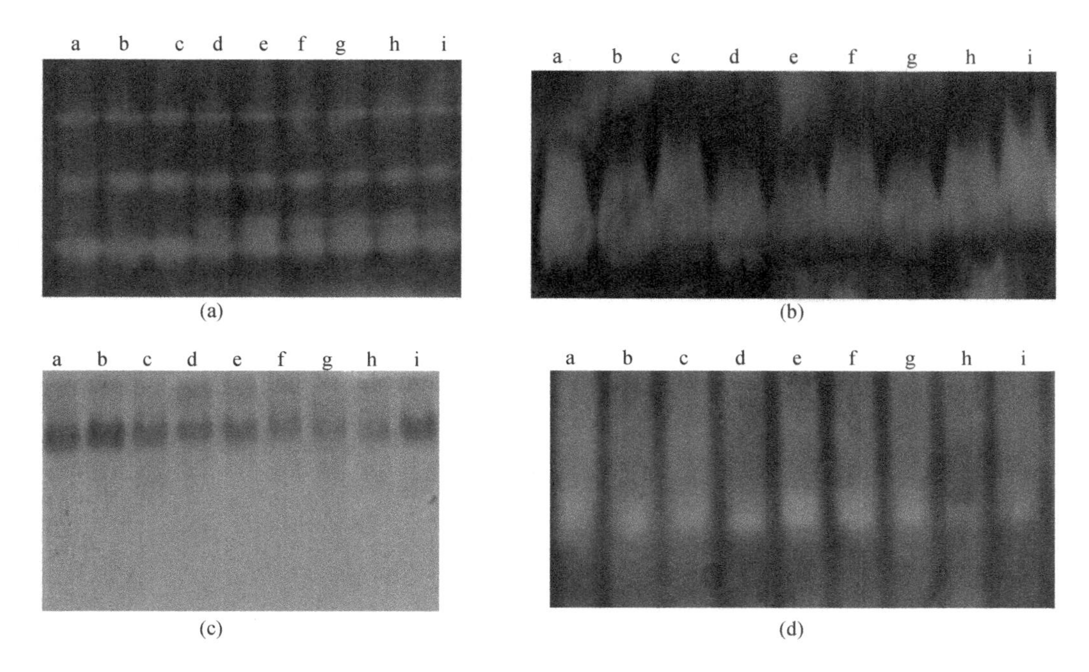

图 10-35 暴露于营养液、6μmol/L Cd 以及 6μmol/L Cd 与梯度 La 复合溶液 15d 后蚕豆幼苗叶片组织 SOD(a)、CAT(b)、GPx(c) 和 APx(d) 同工酶图谱

（引自 Wang et al.，2012b）

a～i 同图 10-34

析结果表明，随着外源 La 剂量的递增，HSP70 呈现连续的“J”形和倒“U”形剂量-效应曲线［图 10-37(b)］。

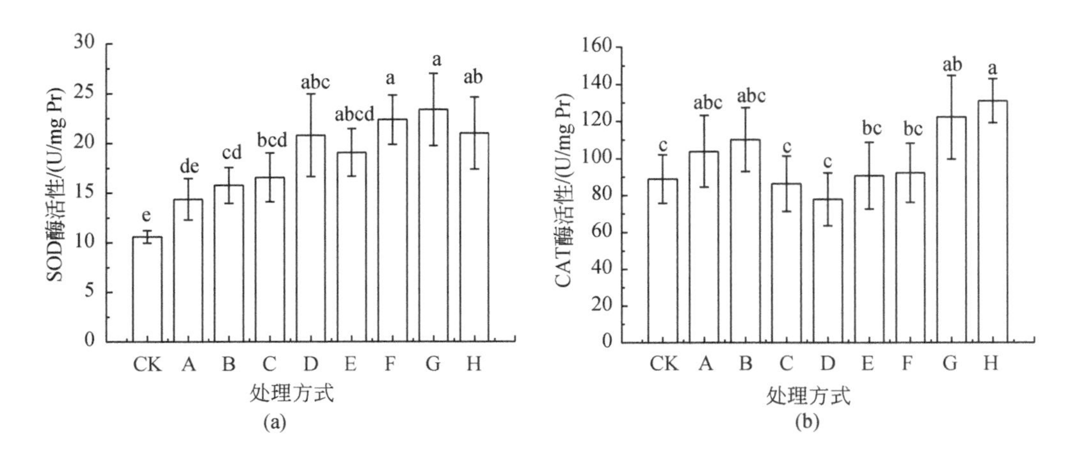

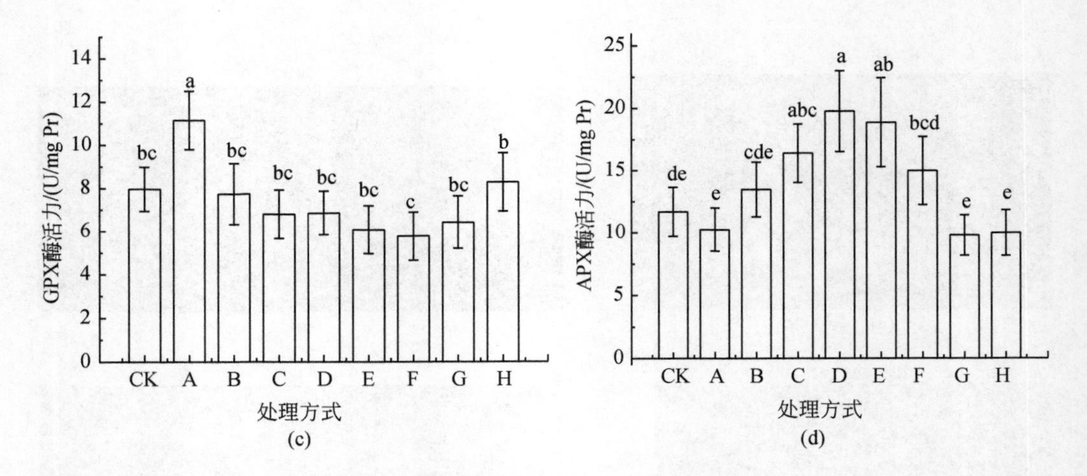

图 10-36　暴露于 Cd^{2+} 以及 Cd^{2+} 与梯度 La^{3+} 复合溶液 15d 后蚕豆幼苗叶片组织 SOD(a)、CAT(b)、GPx(c)和 APx(d) 4 种抗氧化酶活性的变化（引自 Wang et al.，2012b）

CK 代表营养液；A 代表 6μmol/L Cd^{2+}；B ~ H 分别代表 6μmol/L Cd^{2+} 与 2μmol/L Cd^{3+}、8μmol/L La^{3+}、30μmol/L La^{3+}、60μmol/L La^{3+}、120μmol/L La^{3+}、240μmol/L La^{3+} 和 480μmol/L La^{3+} 的复合溶。$n=3$；$P<0.05$

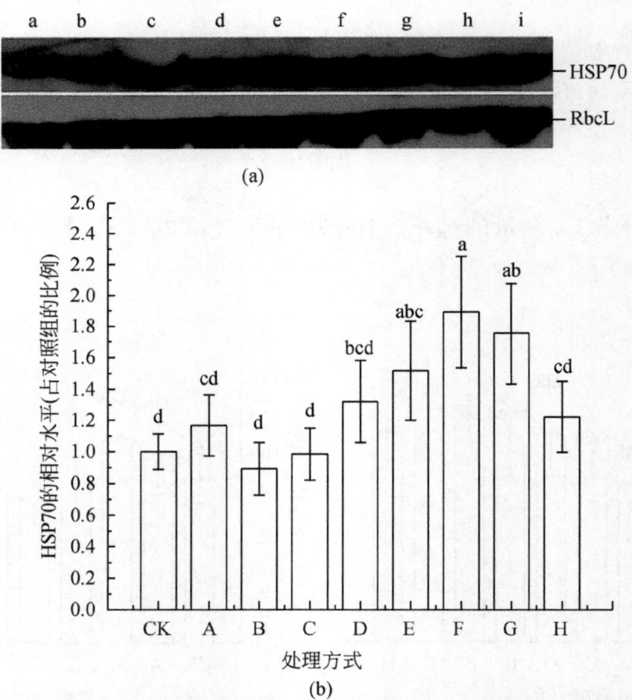

图 10-37　暴露于 Cd^{2+} 以及 Cd^{2+} 与梯度 La^{3+} 复合溶液 15d 后蚕豆幼苗叶片组织 HSP70 的 Western blotting 图谱(a)和 HSP70 产物的相对变化水平(b)（引自 Wang et al.，2012 b）

RbcL，核酮糖-1,5-二磷酸羧化酶/加氧酶，用于控制 SDS-PAGE 电泳和 Western blotting 中的上样量。$n=3$，$P<0.05$。CK、A ~ H 同图 10-36

10.6.2 以蚕豆根部组织作为研究对象

10.6.1部分研究了蚕豆幼苗暴露于6μmol/L Cd^{2+}以及6μmol/L Cd^{2+}与梯度La^{3+}复合溶液15d后叶片组织相关生理指标的变化，发现一定剂量的La^{3+}与6μmol/L Cd^{2+}复合后诱导了部分生理指标的变化。由于根、叶组织对金属元素的吸收、传输和富集程度上存在差异，二者对金属元素氧化胁迫的应激响应机制也有差异。因此，研究同一受试植物根部组织相关生理指标的变化非常有意义。

10.6.2.1 根部组织La、Cd和部分矿质元素含量的变化

ICP-OES检测结果表明，根部La的含量随着外源La剂量的增加而趋于升高，而Cd的含量在6μmol/L Cd+2～120μmol/L La处理组范围内下降至6μmol/L Cd单一处理组以下，但随着外源La剂量的增加又趋于升高。Ca、Zn、Cu、K和Mg的含量呈现先降低、再升高、最后趋于下降的变化趋势。在所有复合处理组中，Mn和Fe的含量均下降至6μmol/L Cd处理组之下（表10-6）。

表10-6 根部组织La、Cd和部分矿质元素含量的变化

染毒组合方式	Ca含量/（μg/g干重）	Zn含量/（μg/g干重）	Cu含量/（μg/g干重）	Mg含量/（μg/g干重）
对照	2229.0±186.3^{b}	61.7±6.4^{bc}	21.5±2.5^{b}	836.8±75.7^{a}
6μmol/L Cd	2463.2±189.1^{ab}	73.1±6.0^{ab}	23.9±3.8^{b}	840.6±98.4^{a}
6μmol/L Cd+2μmol/L La	2368.4±252.9^{b}	70.7±9.8^{ab}	22.7±2.9^{b}	905.6±85.2^{a}
6μmol/L Cd+8μmol/L La	2230.7±327.7^{b}	66.1±3.9^{bc}	21.9±2.7^{b}	858.1±89.6^{a}
6μmol/L Cd+30μmol/L La	2170.1±183.9^{b}	61.8±8.2^{bc}	20.8±2.5^{b}	775.7±72.9^{a}
6μmol/L Cd+60μmol/L La	2035.1±126.3^{b}	55.7±5.5^{c}	19.7±1.5^{b}	707.4±120.2^{a}
6μmol/L Cd+120μmol/L La	2450.2±308.7^{ab}	65.4±6.6^{bc}	22.8±2.8^{b}	827.1±104.8^{a}
6μmol/L Cd+240μmol/L La	2862.9±204.2^{a}	82.5±6.3^{a}	33.6±4.7^{a}	830.3±113.1^{a}
6μmol/L Cd+480μmol/L La	2369.3±297.5^{b}	62.4±10.9^{bc}	25.1±3.4^{b}	869.9±120.2^{a}

染毒组合方式	La含量/（μg/g干重）	Cd含量/（μg/g干重）	Mn含量/（μg/g干重）	Fe含量/（μg/g干重）	K含量/（μg/g干重）
对照	1.1±0.1^{f}	0.4±0.1^{f}	86.5±3.2^{a}	244.8±13.3^{a}	16550±1515^{ab}
6μmol/L Cd	1.2±0.1^{f}	141.2±17.2^{abc}	45.7±3.9^{bc}	238.0±28.5^{a}	10189±1553^{e}
6μmol/L Cd+2μmol/L La	29.3±3.2^{f}	133.0±13.2^{bcd}	39.0±6.6^{cd}	232.4±18.7^{a}	11208±1731^{cd}
6μmol/L Cd+8μmol/L La	66.5±6.2^{ef}	127.1±15.1^{bcd}	32.4±5.5^{de}	222.7±21.7^{ab}	10426±1167^{de}
6μmol/L Cd+30μmol/L La	146.0±18.1^{de}	119.0±12.5^{cde}	30.2±3.5^{e}	194.8±13.1^{bc}	8586±1391^{e}
6μmol/L Cd+60μmol/L La	187.1±19.5^{d}	112.2±12.2^{de}	26.0±2.4^{e}	166.5±13.8^{c}	11498±1160^{de}
6μmol/L Cd+120μmol/L La	366.0±37.3^{c}	103.6±12.1^{e}	39.4±4.9^{cd}	188.2±15.3^{c}	13735±1163^{bcd}

续表

染毒组合方式	La 含量 /（μg/g 干重）	Cd 含量 /（μg/g 干重）	Mn 含量 /（μg/g 干重）	Fe 含量 /（μg/g 干重）	K 含量 /（μg/g 干重）
6μmol/L Cd+240μmol/L La	789.1±96.5[b]	149.6±11.2[ab]	41.5±6.6[b]	230.3±17.7[a]	17370±2582[a]
6μmol/L Cd+480μmol/L La	1118.6±156.7[a]	158.7±10.6[a]	43.4±5.[bc]	180.2±13.5[c]	15269±1375[abc]

注：$n=3$，$P<0.05$

资料来源：Wang et al.，2012c

10.6.2.2 La 与 Cd 复合暴露诱导根部抗氧化酶同工酶及其活性的变化

在6μmol/L Cd+2～30μmol/L La 处理组，SOD 酶活性升高至6μmol/L Cd 处理组之上，其中在 30μmol/L La 复合时达到峰值，然后随着 La 剂量的增加而趋于下降［图 10-38(a)］。GPx 酶活性在2～60μmol/L 外源 La 复合时下降至6μmol/L Cd 处理组之下，其中在30～60μmol/L 外源 La 复合处理组显著性下降（$P<0.05$），随着 La 剂量的增加，又非显著性地升高［图 10-38(b)］。在6μmol/L Cd+2～8μmol/L La 处理组，CAT 酶活性显著性升高于 Cd 6μmol/L 处理组之上（$P<0.05$），随后趋于下降［图 10-38(c)］。当8～120μmol/L 外源 La 复合时，APx 酶活性非显著性升高至 Cd 的单一处理组之上，当外源 La 增至480μmol/L 时，APx 酶活性显著性下降（$P<0.05$）［图 10-38(d)］。总之，SOD、CAT 和 APx 酶活性呈现倒“U”形剂量-效应曲线，而 GPx 酶活性则呈现相反的变化趋势。

SOD、CAT 和 APx 同工酶图谱中未见明显的带型数量的变化，而其带型整合光密度变化比较明显［图 10-38(a)、(c)、(d)］。在 GPx 图谱中，条带 2 和条带 5 随着外源 La 的增加趋于模糊，条带 4 只在 2μmol/L La 复合时清楚可见，条带 6 只清楚可见于 120μmol/L 外源 La 的复合处理组［图 10-39(b)］。值得关注的是，4 种同工酶的带型光密度与其酶活性的变化趋势基本是一致的（图 10-38、图 10-39）。

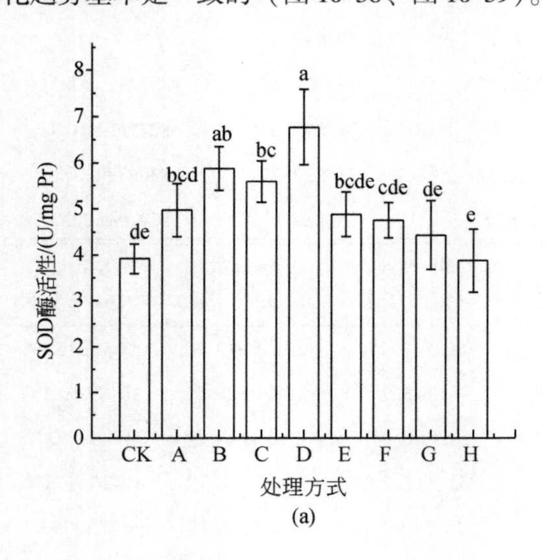

(a)

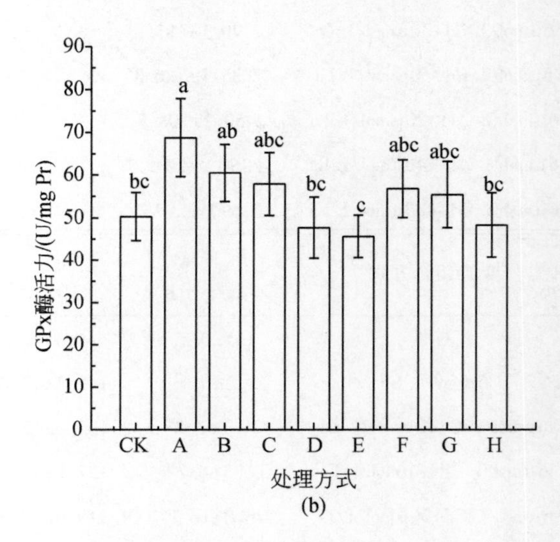

(b)

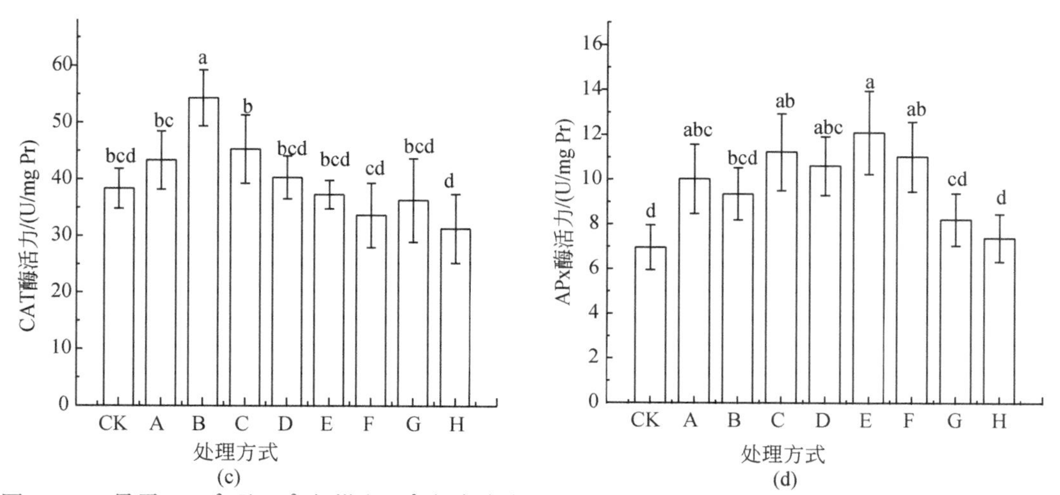

图 10-38　暴露于 Cd^{2+} 及 Cd^{2+} 与梯度 La^{3+} 复合溶液 15d 后蚕豆幼苗根部组织 SOD(a)、GPx(b)、CAT(c) 和 APx(d) 酶活性的变化（引自 Wang et al.，2012c）

CK、A ~ H 同图 10-36。$n=3$，$P<0.05$

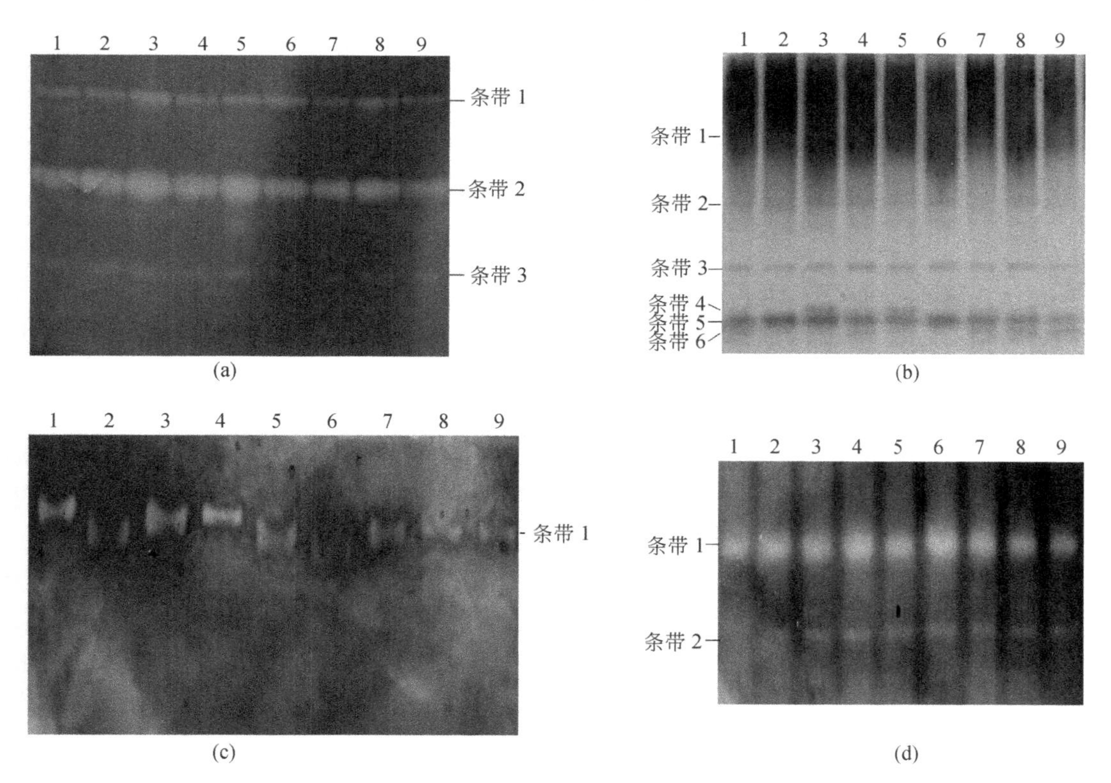

图 10-39　暴露于营养液、6μmol/L Cd^{2+} 及 6μmol/L Cd^{2+} 与梯度 La^{3+} 复合溶液 15d 后蚕豆幼苗根部组织 SOD(a)、GPx(b)、CAT(c) 和 APx(d) 同工酶图谱的变化（引自 Wang et al.，2012c）

1 ~ 9 分别代表对照组（营养液）、6μmol/L Cd、6μmol/L Cd+2μmol/L La、6μmol/L Cd+8μmol/L La、6μmol/L Cd+30μmol/L Cd、6μmol/L Cd+60μmol/L La、6μmol/L Cd+120μmol/L La、6μmol/L Cd+240μmol/L La 和 6μmol/L Cd+480μmol/L La。

$n=3$，$P<0.05$，下同

10.6.2.3 La 与 Cd 复合暴露诱导根部组织 HSP70 表达的变化

HSP70 的变化趋势如图 10-40 所示。2 ~ 60μmol/L 外源 La 与 6μmol/L Cd 复合后，HSP70 表达呈现上升趋势，与 6μmol/L Cd 处理组比较，30 ~ 60μmol/L 外源 La 的复合处理组诱导了 HSP70 表达的显著性增强。随着外源 La 含量增加，HSP70 表达趋于下降，其中在 480μmol/L 外源 La 的复合处理组，HSP70 显著性降低（$P<0.05$）。

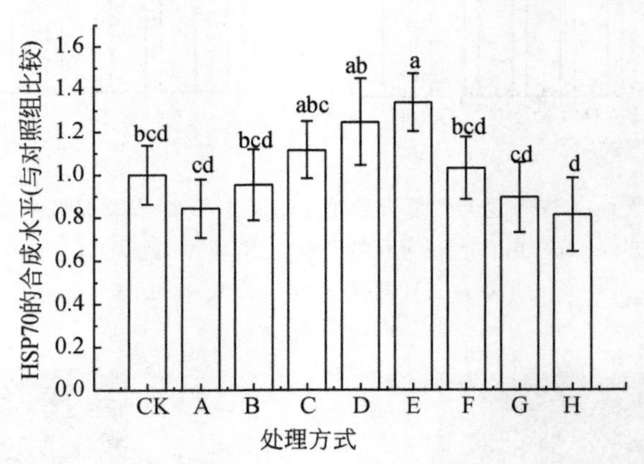

图 10-40 暴露于营养液、6μmol/L Cd^{2+} 及 6μmol/L Cd^{2+} 与梯度 La^{3+} 复合溶液 15d 后蚕豆幼苗根部组织 HSP70 的相对表达水平

CK、A ~ H 同图 10-36。$n=3$，$P<0.05$

由此可见，在蚕豆叶片组织中：①当外源 La 低于 2μmol/L 时，蚕豆幼苗叶片组织中 Fe、Ca、Mg、Mn 和 K 元素含量高于 6μmol/L Cd 处理组；当外源 La 为 2 ~ 30μmol/L 时，叶片 Cd 含量高于 Cd 的单一处理组；当外源 La 高于 30μmol/L 时，Cd 和矿质元素含量趋于下降。②低剂量外源 La 的复合诱导了叶片组织抗氧化酶活性的增强和 H_2O_2 产物的减少，高剂量 La 的复合则导致 H_2O_2 产物的增加；对 Cd 的抗氧化潜力只限制于低剂量外源 La，高剂量 La 可能导致了协同效应，并加剧了 Cd 的氧化损伤程度。③当叶片组织遭受更高程度的氧化胁迫时，CAT 和 GPx 同工酶比 APx 同工酶被优先诱导用于清除 H_2O_2。HSP70 和抗氧化酶系统是蚕豆幼苗叶片组织细胞抗氧化防御系统的重要组成成分，可用于诊断和评价外源 La 对 Cd 胁迫的抗氧化或促氧化作用。

在根部组织中：①低于 120μmol/L 外源 La 的复合诱导了 Cd、Ca、Cu、Zn、Mn 和 Fe 等元素含量降低至 6μmol/L Cd 处理组之下，同时诱导了 SOD、CAT、GPx 和 APx 同工酶活性增强以及 HSP70 蛋白产物增加；②随着 La 剂量的增加，根部 Cd 积累至 6μmol/L Cd 处理组之上，抑制了上述抗氧化酶活性和 HSP70 的合成。因此，外源 La 拮抗 Cd 氧化胁迫的潜力只限于较低的 La 剂量范围，随着 La 剂量的增加，二者则可能趋于协同效应，并加剧 Cd 的氧化损伤。

10.7 转基因模式动物和植物的 HSPs 作为环境污染监测的生物标志物

Guven 等（1994）、Guven 和 de Pomerai（1995）成功构建了转基因线虫［*Caenorhabditis elegans*（*hsp*70-*lacZ*）］品系并应用于土壤生态毒理学研究。Halloran 等（2000）克隆了斑马鱼 *HSP 70* 基因的启动子，并合成了能够在该启动子调控下稳定表达绿色荧光蛋白的斑马鱼转基因品系。Blechinger 等（2002）应用该品系证明其幼虫的绿色荧光蛋白基因可被低剂量的 Cd 所诱导。Saidi 等（2007）运用 2,4,6-TCP 和热胁迫预处理转基因苔藓（*Physcomitrella patens*），发现 HSP90 和 β-葡萄糖苷酸酶报告蛋白的表达增加，认为转基因苔藓是研究化学污染物与环境因素复合胁迫的有用工具。

Siddique 等（2007）研究手电池和色素厂固体垃圾渗滤液对果蝇转基因突变体（*hsp*70-*lacZ*）第三龄幼虫 HSP70 表达的影响。结果证明，两种渗滤液均可诱导果蝇幼虫 HSP70 的表达，且呈现一定的剂量–效应和时间–效应关系，HSP70 可作为垃圾渗滤液诱导的细胞氧化损伤的生物标志物。Bhargav 等（2008）将该种果蝇突变体第三龄幼虫暴露于城市固体垃圾渗滤液，发现不同暴露时间下 HSP70 的表达水平均显著性增加。Kar Chowdhuri 等（1999）研究发现，六六六（hexachlorohexane）及其异构体和代谢物均能诱导转基因果蝇品系（*hsp*70-*lacZ*）*Bg*9 HSP70 的增强表达。该果蝇品系 HSP70 还可作为监测毒死蜱和敌敌畏（Nazir et al，2001；Gupta et al.，2007）、拟除虫菊酯杀虫剂（Mukhopadhyay et al.，2002a，2006）、有机磷杀虫剂（Gupta et al.，2005a，2005b）及食物添加剂（Mukhopadhyay et al.，2002b）等污染物毒性的生物标志物。

10.8 应激蛋白作为分子标志物需要注意的事项

以上介绍了许多应用应激蛋白作为潜在的生物标志物的研究报道。然而，其自身的局限性又引起了一些争议。有研究表明，海藻（*Enteromorpha intestinalis*）HSP70 不受三嗪除草剂（Irgarol 1051）的影响，对 Cu 胁迫的敏感性低于生长指数（Lewis et al.，2001）。还有研究表明，人肺部成纤维细胞暴露于 PAHs 及其硝基衍生物、芳香胺等环境致癌物后，HSP32 和 HSP70 并未被诱导表达（Rössner et al.，2003）。因此，应激蛋白表达的敏感性可能与受试物种的特异性有关。

因应激因素的不同，应激蛋白的动力学和持久性存在差异，表现于化学污染物诱导的应激蛋白通常比热诱导速率慢，但持久性较长（Lewis et al.，1999）。野外采样的时间应该符合待测生物应激蛋白响应的动力学规律（Depledge，1994）。还应该考虑待测生物的物种、年龄（或植物的生长期）、组织及不同采样地点对蛋白质量和含量的影响，以及空间和季节变化对应激蛋白本底值及诱导性的影响（Hofmann and Somero，1995；Pyza et al.，1997）。另外，样品的处理和保存，试剂（包括抗体）的质量、配制和保存条件以及实验操作规范对结果也会产生一定的影响。

污染物的暴露浓度和时间对应激蛋白表达量的影响值得高度关注，低浓度和适宜长度的暴露时间可诱导应激蛋白的增强表达，而高浓度则往往产生抑制效应。因此，预测或分析污染物的污染程度是应用应激蛋白作为分子标志物的重要前提条件。同时，还应该结合其他生物标志物进行综合分析。

在 Western blotting 实验研究中，人们往往根据蛋白质含量确定上样量，运用相关软件测定印迹带型的灰质度或光密度，再进行统计分析。后来发现，这种方法难免因上样量等操作过程造成一定的误差。于是，人们认识到内参的作用并应用到应激蛋白的定量中。在以动物或人细胞系作为实验材料的研究中，应用内参的报道较多（Hallare et al.，2005；Han et al.，2005；Romero-Puertas et al.，2004），而在植物研究中则报道甚少（Pyza et al.，1997；Wang et al.，2008a，2008b）。因此，获得适宜的内参抗体也是准确定量植物组织应激蛋白表达水平的重要问题之一。

另一个值得关注的问题是如何结合污染物诱导 HSPs 的 Hormesis 剂量-效应曲线界定污染物致毒的关键阈值，尽管已有相关研究方法的报道（Yang and Dennison，2007；Wang et al.，2010b），但这些方法距离实际应用还有待进一步改进和完善。

参考文献

陈祖义. 2004. 稀土的 Hormesis 效应及其农用对农业生态环境的潜在影响. 农村生态环境，20(4)：1-5.

丁士明，张自立，梁涛，等. 2003. 外源稀土对土壤中稀土和重金属可交换态的影响. 环境科学，24(4)：122-126.

胡忻，陈逸珺，王晓蓉，等. 2001. 稀土元素铈对小麦幼苗镉伤害的防护效应. 南京大学学报（自然科学），37(6)：671-677.

倪嘉缵. 1995. 稀土生物无机化学. 北京：科学出版社.

沈骅，孙媛媛，张景飞，等. 2005a. 以应激蛋白为生物标志物研究低浓度 2-硝基-4′-羟基二苯胺对鲫鱼肝脏和脑组织的动态暴露的影响. 湖泊科学，17（2）：188-192.

沈骅，孙媛媛，张景飞，等. 2005b. 低质量浓度 2-硝基-4′-羟基二苯胺暴露对鲫鱼鳃组织 HSP70 诱导的影响. 环境科学研究，18（4）：87-90.

沈骅，王晓蓉，张景飞，等. 2004a. Cu^{2+} 和 Cu-EDTA 对鲫鱼脑组织应激蛋白 HSP70 诱导的影响. 环境科学，25（3）：94-97.

沈骅，王晓蓉，张景飞，等. 2004b. 低浓度 Pb^{2+}、Cd^{2+} 对鲫鱼肝脏组织中 HSP70 诱导的影响. 环境污染与防治，26（4）：244-246.

沈骅，王晓蓉，张景飞. 2004c. 应用应激蛋白 HSP70 作为生物标志物研究锌、铜及其联合毒性对鲫鱼肝脏的影响. 环境科学学报，24（5）：895-899.

沈骅，王晓蓉，张景飞，等. 2004d. 低浓度 Zn 对幼龄鲫鱼肝脏组织应激蛋白 HSP70 诱导的影响. 农业环境科学学报，23（3）：441-443.

苏燕. 2007. 氯酚类和溴化阻燃剂诱导鲫鱼应激蛋白 HSP70 产生和分子致毒机制的研究. 南京：南京大学硕士学位论文.

苏燕，任磊，罗义，等. 2007. 两种典型氯酚对鲫鱼脑组织 HSP70 的诱导. 中国环境科学，27（2）：260-263.

童世沪，卢国铿. 1987. 稀土的生物效应. 稀土，4：42-52.

汪承润.2008. 铅和稀土镧污染土壤对农作物的生物毒性及其早期诊断方法的研究. 南京：南京大学博士学位论文.

王海黎，陶澎.1999. 生物标志物在水环境研究中的应用. 中国环境科学，19（5）：421-426.

王宪泽.1994. 稀土农用的效果、影响因素及其作用的生理基础. 稀土，15（1）：47-49.

王晓蓉.1991. 稀土元素的环境化学研究现状及发展趋势. 环境化学，10（6）：73-74.

徐光宪，倪嘉缵.1995. 神奇之土. 长沙：湖南科技出版社.

曾丽璇，陈桂珠，余日清，等.2003. 水体重金属污染生物监测的研究进展. 环境监测管理与技术，15（3）:12-15.

Ali A, Krone P H, Pearson D S, et al. 1999. Evaluation of stress-inducible *hsp 90* gene expression as a potential molecular biomarker in *Xenopus laevis*. Cell Stress Chaperon, 1（1）: 62-69.

Arts M J S J, Schill R O, Knigge T, et al. 2004. Stress proteins（HSP70, HSP60）induced in isopods and nematodes by field exposure to metals in a gradient near Avonmouth, UK. Ecotoxicology, 13: 739-755.

Aït-Aïssa S, Pandard P, Magaud H, et al. 2003. Evaluation of an *in vitro hsp 70* induction test for toxicity assessment of complex mixtures: Comparison with chemical analyses and ecotoxicity tests. Ecotox Environ Safe, 54: 92-104.

Bhargav D, Singh M P, Murthy R C, et al. 2008. Toxic potential of municipal solid waste leachates in transgenic *Drosophila melanogaster*（HSP *70*-lacZ）: *hsp*70 as a marker of cellular damage. Ecotox Environ Safe, 69: 233-245.

Bierkens J, Maes J, Plaetse V F. 1998. Dose dependent induction of heat shock protein 70 synthesis in *Raphidocelis subcapitata* following exposure to different classes of environmental pollution. Environ Pollut, 101: 91-97.

Blechinger S R, Warren J T Jr, Kuwada J Y, et al. 2002. Developmental toxicology of cadmium in living embryos of a stable transgenic zebrafish line. Environ Health Perspect, 110: 1041-1046.

Bradford M M. 1976. A rapid and sensitive method for the quantification of microgram quantities of protein utilizing the principle of protein-dye binding. Anal Biochem, 72: 248-254.

Brulle F, Mitta G, Cocquerelle C, et al. 2006. Cloning and real-time PCR testing of 14 potential biomarkers in Eisenia Fetida following cadmium exposure. Environ Sci Technol, 40: 2844-2850.

Choresh O, Ron E, Loya Y. 2001. The 60-kda heat shock protein（HSP60）of the sea anemone anemonia viridis: A potential early warning system for environmental changes. Mar Biotechnol, 3: 501-508.

Cronjé M J, Snyman M, Bornman L, et al. 2003. A rapid and reliable flow cytometric method for determining HSP70 levels in tobacco protoplasts. Methods in Cell Science, 25: 237-246.

Dai J, Zhang Y Z, Liu Y. 2008. Microcalorimetric investigation on metabolic activity and effects of La（Ⅲ）in mitochondria isolated from Indica rice 9311. Biol Trace Elem Res, 121: 60-68.

Depledge M H. 1994. The Rational Basis for the Use of Biomarkers as Cotoxicological Tools. *In*: Fossi M C, Leonzio C. 1994. Nondestructive Biomarkers in Vertebrates. Boca Raton, Florida: Lewis Publishers: 261-285.

Downs C A, Fauth J E, Woodley C M. 2001. Assessing the health of grass shrimp（*Palaeomonetes pugio*）exposed to natural and anthropogenic stressors: A molecular biomarker system. Mar Biotechnol, 3: 380-397.

Duruibe J O, Ogwoegbu M O C, Egwurugwu J N. 2007. Heavy metal pollution and human biotoxic effects. Int J Phys Sci, 2: 12-118.

Efremova S M, Margulis B A, Guzhova I V, et al. 2002. Heat shock protein HSP70 expression and DNA damage in Baikalian sponges exposed to model pollutants and wastewater from Baikalsk Pulp and Paper Plant. Aquat Toxicol, 57: 267-280.

Franzellitti S, Fabbri E. 2005. Differential HSP70 gene expression in the Mediterranean mussel exposed to various stressors. Biochem Bioph Res Co, 336: 1157-1163.

Galbraith D W, Harkins K R, Maddox J R, et al. 1983. Rapid flow cytometric analysis of the cell cycle in intact plant tissues. Science, 220: 1049-1051.

Gao Q, Song L S, Ni D J, et al. 2007. cDNA cloning and mRNA expression of heat shock protein 90 gene in the haemocytes of Zhikong scallop *Chlamys farreri*. Comp Biochem Phys B, 147: 704-715.

García-Limones C, Hervás A, Navas-Cortés J A, et al. 2002. Induction of an antioxidant enzyme system and other oxidative stress markers associated with compatible and incompatible interactions between chickpea (*Cicer arietinum* L.) and *Fusarium oxysporum* f. sp. ciceris. Physiol Mol Plant P, 61: 325-337.

Gibney E, Gault J, Williams J. 2001. The use of stress proteins as a biomarker of sublethal toxicity: Induction of heat shock protein 70 by 2-isobutyl piperidine and transition metals at sub-lethal concentrations. Biomarkers, 6: 204-217.

Gupta S C, Siddique H R, Mathur N, et al. 2007. Adverse effect of organophosphate compounds, dichlorvos and chlorpyrifos in the reproductive tissues of transgenic *Drosophila melanogaster*: 70kDa heat shock protein as a marker of cellular damage. Toxicology, 238: 1-14.

Gupta S C, Siddique H R, Saxena D K, et al. 2005a. Comparative toxic potential of market formulation of two organophosphate pesticides in transgenic *Drosophila melanogaster* (*hsp70-lacZ*). Cell Biol Toxicol, 21: 149-162.

Gupta S C, Siddique H R, Saxena D K, et al. 2005b. Hazardous effect of organophosphate compound, dichlorvos in transgenic *Drosophila melanogaster* (*hsp70-lacZ*): Induction of *hsp 70*, antioxidant enzymes and inhibition of acetylcholinesterase. Biochimica et Biophysica Acta, 1725: 81-92.

Guven K, de Pomerai D I. 1995. Differential expression of HSP70 proteins in response to heat and cadmium in *Caenorhabditis elegans*. J Therm Biol, 20: 355-363.

Guven K, Duce J A, de Pomerai D I. 1994. Evaluation of a stress inducible transgenic nematode strain for rapid aquatic toxicity testing. Aquat Toxicol, 29: 119-137.

Hagenbeek D, Quatrano R S, Rock C D. 2000. Trivalent ions activate abscisic acid-inducible promoters through an ABI1-dependent pathway in rice protoplasts. Plant Physiol, 123: 1553-1560.

Hallare A V, Pagulayan R, Lacdan N, et al. 2005. Assessing water quality in a tropical lake using biomarkers in zebrafish embryos: Developmental toxicity and stress protein responses. Environ Monit Assess, 104: 171-187.

Halloran M C, Sato-Maeda M, Warren J T, et al. 2000. Laser-induced gene expression in specific cells of transgenic zebrafish. Development, 127: 1953-1960.

Han S G, Castranova V, Vallyathan V. 2005. Heat shock protein 70 as an indicator of early lung injury caused by exposure to arsenic. Mol Cell Biochem, 277: 153-164.

Hightower L E. 1991. Heat shock, stress proteins, chaperones and proteotoxicity. Cell, 66: 191-194.

Hofmann G E, Somero G N. 1995. Evidence of protein damage at environmental temperatures-seasonal changes in levels of ubiquitin conjugates and HSP70 in the intertidal mussel *Mytilus trossulus*. J Exp Biol, 198: 1509-1518.

Homa J, Olchawa E, Stürzenbaum S R, et al. 2005. Early-phase immunodetection of metallothionein and heat shock proteins in extruded earthworm coelomocytes after dermal exposure to metal ions. Environ Pollut, 135: 275-280.

Hong F H, Wei Z G, Zhao G W. 2000. Effect of lanthanum on aged seed germination of rice. Biol Trace Elem Res, 75: 205-213.

Hong F S, Wang L, Liu C. 2003. Study of lanthanum on seed germination and growth of rice. Biol Trace Elem Res, 94: 273-286.

Hu Z Y, Richter H, Sparovek G, et al. 2004. Physiological and biochemical effects of rare-earth elements on plants and their agricultural significance: A review. J Plant Nutr, 27: 183-220.

Ireland H E, Harding S J, Bonwick G A, et al. 2004. Evaluation of heat shock protein 70 as a biomarker of environmental stress in *Fucus serratus* and *Lemna minor*. Biomarkers, 9 (2): 139-155.

Kammenga J E, Arts M S J, Oude-Breuil W J M. 1998. HSP60 as a potential biomarker of toxic stress in the nematode *Plectus acuminatus*. Arch Environ Contam Toxicol, 34: 253-258.

Kar Chowdhuri D, Saxena D K, Viswanathan P N. 1999. Effect of hexachlorocyclohexane (HCH), its isomers, and metabolites on Hsp70 expression in transgenic *Drosophila melanogaster*. Pestic Biochem Physiol, 63: 15-25.

Karouna-Renier N K, Zehr J P. 1999. Ecological implications of molecular biomarkers: assaying sub-lethal stress in the midge Chironomus tentans using heat shock protein 70 (HSP-70) expression. Hydrobiologia, 401: 255-264.

Kochhar S, Kochhar V K. 2005. Expression of antioxidant enzymes and heat shock proteins in relation to combined stress of cadmium and heat in *Vigna mungo* seedlings. Plant Sci, 168: 921-929.

Kozioll C, Wagner-Hülsmann C, Mikoc A, et al. 1996. Cloning of a heat-inducible biomarker, the cDNA encoding the 70kDa heat shock protein, from the marine sponge *Geodia cydonium*: Response to natural stressors. Mar Ecol-Prog Ser, 136: 153-161.

Krishna P. 2003. Plant response to heat stress. Topics in Current Genetics, 4: 73-101.

Köhler H R, Knödler C, Zanger M. 1999. Divergent kinetics of hsp70 induction in *Oniscus asellus* (Isopoda) in response to four environmentally relevant organic chemicals (B[*a*]P, PCB52, and γ-HCH, PCP): Suitability and limits of a biomarker. Arch Environ Contam Toxicol, 36: 179-185.

Köhler H R, Triebskorn R, Stocker W, et al. 1992. The 70kDa heat shock protein (HSP70) in soil invertebrates: A possible tool for monitoring environmental toxicants. Arch Environ Contam Toxicol, 22: 334-338.

La Porte P F. 2005. Mytilus trossulus HSP70 as a biomarker for arsenic exposure in the marine environment: Laboratory and real-world results. Biomarkers, 10 (6): 417-428.

Lewis S, Donkin M E, Depledge M H. 2001. HSP70 expression in *Enteromorpha intestinalis* (Chlorophyta) exposed to environmental stressors. Aquat Toxicol, 51: 277-291.

Lewis S, Handy R D, Cordi B. 1999. Stress proteins (HSPs): Methods of detection and their use as an environmental biomarker. Ecotoxicology, 8: 351-368.

Liu X S, Wang J C, Yang J, et al. 2006. Application of rare earth phosphate fertilizer in western area of China. J Rare Earth, 24: 423-426.

Lucretti S, Nardi L, Nisini P T, et al. 1999. Bivariate flow cytometry DNA/BrdUrd analysis of plant cell cycle. Meth Cell Sci, 21: 155-166.

Mukhopadhyay I, Nazir A, Mahmood K, et al. 2002b. Toxicity of argemone oil: Effect on *hsp 70* expression and tissue damage in transgenic *Drosophila melanogaster* (*hsp*70-*lacZ*) Bg9. Cell Biol Toxicol, 18: 1-11.

Mukhopadhyay I, Nazir A, Saxena D K, et al. 2002a. Toxicity of cypermethrin: HSP70 as a biomarker of response in transgenic *Drosophila*. Biomarkers, 7: 501-510.

Mukhopadhyay I, Nazir A, Saxena D K, et al. 2003. Heat shock response: HSP70 in environmental monitoring. J Biochem Mol Toxic, 17 (5): 249-254.

Mukhopadhyay I, Siddique H R, Bajpai V K, et al. 2006. Synthetic pyrethroid cypermethrin induced cellular damage in reproductive tissues of *Drosophila melanogaster*: HSP70 as a marker of cellular damage. Arch Environ Contam Toxicol, 51: 673-680.

Nadeau D, Corneau S, Plante I, et al. 2001. Evaluation for HSP70 as a biomarker of effect of pollutants on the *earthworm Lumbricus terrestris*. Cell Stress Chaperon, 6 (2): 153-163.

Nazir A, Mukhopadhyay I, Saxena D K, et al. 2001. Chlorpyrifos-induced HSP70 expression and effect on reproductive performance in transgenic *Drosophila melanogaster* (*HSP70- lacZ*) Bg9. Arch Environ Contam Toxicol, 41: 443-449.

Ouyang J, Wang X D, Zhao B, et al. 2003. Effects of rare earth elements on the growth of *Cistanche deserticola* cell and the production of phenylethanoid glycosides. J Biotechnol, 102: 129-134.

Pyza E, Mak P, Kramarz P, et al. 1997. Heat shock proteins (hsp70) as biomarkers in ecotoxicological studies. Ecotox Environ Safe, 38: 244-251.

Qiu G, Li W, Li X, et al. 2005. Biological intelligence of rare earth elements in animal cells. J Rare Earth, 23: 554-573.

Radlowska M, Pemp K, Owiak J. 2002. Stress-70 as indicator of heavy metals accumulation in blue mussel *Mytilus edulis*. Environ Int, 27: 605-608.

Rivera-Becerril F, Metwally A, Martin- Laurent F, et al. 2005. Molecular responses to cadmium in roots of *Pisum sativum* L. Water Air Soil Poll, 168: 171-186.

Romero-Puertas M C, Mccarthy I, Gómez M, et al. 2004. Reactive oxygen species-mediated enzymatic systems involved in the oxidative action of 2,4-dichlorophenoxyacetic acid. Plant Cell Environ, 27: 1135-1148.

Rössner Jr P, Binková B, Šrám R J. 2003. Heat shock proteins HSP32 and HSP70 as biomarkers of an early response? In vitro induction of heat shock proteins after exposure of cell culture to carcinogenic compounds and their real mixtures. Mutat Res, 542: 105-116.

Saidi Y, Domini M, Choy F, et al. 2007. Activation of the heat shock response in plants by chlorophenols: transgenic *Physcomitrella patens* as a sensitive biosensor for organic pollutants. Plant Cell Environ, 30: 753-763.

Schröder H C, Batel R, Hassanein H M, et al. 2000. Correlation between the level of the potential biomarker, heat-shock protein, and the occurrence of DNA damage in the dab, *Limanda limanda*: A field study in the North Sea and the English Channel. Mar Environ Res, 49: 201-215.

Siddique H R, Gupta S C, Mitra K, et al. 2007. Induction of biochemical stress markers and apoptosis in transgenic *Drosophila melanogaster* against complex chemical mixtures: Role of reactive oxygen species. Chem-Biol Interact, 169: 171-188.

Sonoda S, Tsumuki H. 2007. Induction of heat shock protein genes by chlorfenapyr in cultured cells of the cabbage armyworm, *Mamestra brassicae*. Pestic Biochem Phys, 89: 185-189.

Soon-Mi L, Se-Bum L, Chul-Hwi P, et al. 2006. Expression of heat shock protein and hemoglobin genes in *Chironomus tentans* (*Diptera*, *chironomidae*) larvae exposed to various environmental pollutants: A potential biomarker of freshwater monitoring. Chemosphere, 65: 1074-1081.

Spurgeon D J, Weeks J M, Gestel C A V. 2003. A summary of eleven years progress in earthworm ecotoxicology. Pedobiologia, 47: 588-606.

Staempfli C, Slooten B B V, Tarradellas J. 2002. HSP70 instability and induction by a pesticide in *Folsomia candida*. Biomarkers, 7: 68-79.

Takuo K, Kunio K. 1996. Acute toxicity and structure-activity relationships of chlorophenols in fish. Water Res, 30 (2): 387-392.

Thijssen S, Cuypers A, Maringwa J, et al. 2007. Low cadmium exposure triggers a biphasic oxidative stress response in mice kidneys. Toxicology, 236: 29-41.

Triebskorn R, Adam S, Casper H, et al. 2002. Biomarkers as diagnostic tools for evaluating effects of unknown past water quality conditions on stream organisms. Ecotoxicology, 11: 451-465.

Török Z, Goloubinoff P, Horváth I, et al. 2001. Synechocystis HSP17 is an amphitropic protein that stabilizes heat-stressed membranes and binds denatured proteins for subsequent chaperone-mediated refolding. P Natl Acad Sci USA, 98 (6): 3098-3103.

Varó I, Serrano R, Pitarch E, et al. 2002. Bioaccumulation of chlorpyrifos through an experimental food chain: study of protein HSP70 as biomarker of sublethal stress in fish. Arch Environ Contam Toxicol, 42: 229-235.

Verma S, Dubey R S. 2003. Lead toxicity induces lipid peroxidation and alters the activities of antioxidant enzymes in growing rice plants. Plant Sci, 164: 645-655.

Wang C R, Lu X W, Tian Y, et al. 2011a. Lanthanum resulted in unbalance of nutrient elements and disturbance of cell proliferation cycles in *V. faba* L. seedlings. Biol Trace Elem Res, 143: 1174-1181.

Wang C R, Shi C, Liu L, et al. 2012a. Lanthanum element induced imbalance of mineral nutrients, HSP 70 production and DNA-protein crosslink, leading to hormetic response of cell cycle progression in root tips of *Vicia faba* L. seedlings. Dose-Response, 10: 96-107.

Wang C R, Tian Y, Wang X R, et al. 2010a. Lead-contaminated soil induced oxidative stress, defense response and its indicative biomarkers in roots of *Vicia faba* seedlings. Ecotoxicology, 19: 1130-1139.

Wang C R, Tian Y, Wang X R, et al. 2010b. Hormesis effects and implicative application in assessment of lead-contaminated soils in roots of *Vicia faba* seedlings. Chemosphere, 80: 965-971.

Wang C R, Wang X R, Tian Y, et al. 2008a. Oxidative stress and potential biomarkers in tomato seedlings subjected to soil lead contamination. Ecotox Environ Safe, 71: 685-691.

Wang C R, Wang X R, Tian Y, et al. 2008b. Oxidative stress, defense response, and early biomarkers for lead-contaminated soil in *Vicia faba* seedlings. Environ Toxicol Chem, 27: 970-977.

Wang C R, Xiao J J, Tian Y, et al. 2012b. Antioxidant and prooxidant effects of lanthanum ions on *Vicia faba* L. seedlings under cadmium stress, suggesting ecological risk. Environ Toxicol Chem, 31 (6): 1355-1362.

Wang C R, Luo X, Tian Y, et al. 2012c. Biphasic effects of lanthanum on *Vicia faba* L. seedlings under cadmium stress, implicating finite antioxidation and potential ecological risk. Chemosphere, 86: 530-537.

Wang D F, Sun J P, Du D H, et al. 2007. Degradation of extraction from seaweed and its complex with rare earths for organophosphorous pesticides. J Rare Earth, 25: 93-99.

Wang L H, Huang X H, Zhou Q. 2008c. Effects of rare earth elements on the distribution of mineral elements and heavy metals in horseradish. Chemosphere, 73: 314-319.

Wang N, Wang C R, Bao X, et al. 2011b. Toxicological effects and risk assessment of lanthanum ions on leaves of *Vicia faba* L. seedlings. J Rare Earth, 29 (10): 997-1003.

Wang W X, Vinocur B, Shoseyov O, et al. 2004. Role of plant heat shock proteins and molecular chaperones in the abiotic stress response. Trends Plant Sci, 9: 244-252.

Washburn B S, Moreland J J, Slaughter A M, et al. 2002. Effects of handling on heat shock protein expression in rainbow trout (*Oncorhynchus mykiss*). Environ Toxicol Chem, 21 (3): 557-560.

Werner I, Hinton D. 1999. Field validation of hsp70 stress proteins as biomarkers in Asian clam (*Potamocorbula amurensis*): Is down regulation an indicator of stress. Biomarkers, 4: 473-484.

Williams J H, Farag A M, Stansbury M A, et al. 1996. Accumulation of hsp70 in juvenile and adult rainbow trout gill exposed to metal contaminated water and or diet. Environ Toxicol Chem, 15: 1324-1328.

Wu J Y, Wang C G, Mei X G. 2001. Stimulation of taxol production and excretion in *Taxus* spp. cell cultures by rare earth chemical lanthanum. J Biotechnol, 85: 67-73.

Yang R S H, Dennison J E. 2007. Initial analyses of the relationship between "Thresholds" of toxicity for

individual chemicals and "Interaction Thresholds" for chemical mixtures. Toxicol Appl Toxicol, 223: 133-138.
Zeng Q, Zhu J G, Cheng H L, et al. 2006. Phytotoxicity of lanthanum in rice in haplic acrisols and cambisols. Ecotox Environ Safe, 64: 226-233.

11 植物络合素对重金属污染胁迫的响应研究

植物对重金属的耐性防御机制存在多种形式（张玉秀等，1999），可归纳为：①排斥作用，即重金属在植物体内的运输受阻，被植物吸收后又被排出体外；②区域化作用，即重金属在植物的特定部位积累，从而与细胞中其他组分隔离，达到解毒的效果；③螯合作用，即重金属与谷胱甘肽（L-glutathione，GSH）、乙二酸（oxalic acid）、柠檬酸（citric acid）、苹果酸（malic acid）、组氨酸（histidine）等小分子化合物及金属螯合蛋白和植物络合素（PCs）等大分子化合物发生络合（如形成硫化物），其中金属螯合蛋白和 PCs 等大分子化合物对金属的螯合能力远大于 GSH 和柠檬酸盐。不同植物对各种重金属的解毒机制可能不同，PCs 被认为是与植物重金属耐性机制密切相关的一种化合物。PCs 又被称为第三类金属硫蛋白（metallothioneins，MTs），它广泛存在于植物界，目前已经在许多陆生植物和水生植物中发现有 PCs 的存在。自从 PCs 被发现以来，它一直是环境科学、环境毒理学、多肽结构功能等基础学科研究的热点之一。大量的实验结果表明，PCs 在解除重金属毒性、指示重金属毒性、细胞内环境稳定等方面发挥重要的作用。王晓蓉课题组成员在关于重金属胁迫下生物体内 PCs 响应的分析测定及其作用方面已经完成了大量的研究工作并取得了一些重要的研究成果。

11.1 PCs 的发现、命名及其结构

11.1.1 PCs 的发现

1977 年 Casterline 和 Barnett（1982）首次从大豆的根中分离出富含镉的复合物，命名为镉结合蛋白，又称镉离子结合体，由于它在柱层析上的表观相对分子质量和其他性质与动物体内的 MTs 极为相似，故又称为类 MTs（like-MTs）。此后不少研究者对不同植物材料，如烟草、卷心菜、玉米等进行分析，得到类似的结果（Bartolf et al.，1980；Rauser et al.，1983；Rauser and Glover；1984；Wagner et al.，1984；Wagner and Trotter，1982）。这些研究工作表明，类 MTs 蛋白可能参与植物的重金属代谢。然而随着研究工作的进一步深入，逐渐发现植物中可诱导合成的金属结合体，与动物中的不同，它们是非蛋白的多肽，其结构与合成路径不同于动物 MTs，但具有与 MTs 相近的功能，即 PCs（Grill et al.，1985；Steffens et al.，1986；Steffens，1990）。

1981 年日本学者 Murasugi 等首次在粟酒裂殖酵母中发现了一组仅含有 3 种氨基酸（Glu、Cys、Gly）的肽链，这三种氨基酸按照 3 : 3 : 1 的比例存在，许多性质不同于动物 MTs。后来 Kondo 等（1984）再次证明了这项发现，且命名为酵母络合素 A（cadystin A）（Glu_2、Cys_2、Gly）和酵母络合素 B（cadystin B）（Glu_3、Cys_3、Gly），表明两者是 Cd 与 Cys 形成的复合物。最后，通过一系列的酶消化法及对反应物的分析，酵母络合素的结构被确认为（γ-Glu-Cys）$_n$-Gly（n=2~3），即 PC_2 和 PC_3。1985 年，Grill 等用 $CdSO_4$ 处理蛇根木（*Rauvolfia serpentina*）悬浮培养细胞，通过凝胶过滤的方法分离、纯化得到 Cd 螯合物，进一步通过高效液相色谱分离得到 Cd 结合肽，其氨基酸组成为 $(NH_3)^{3+}$-γ-Glu-Cys-γ-Glu-Cys-γ-Glu-Cys-Gly-COO^-，即 PC_3。随后 Gekeler 等（1988，1989）将 200 多种不同种类的植物和 9 种藻类置于不同的重金属胁迫下分离出类似的重金属结合肽，结构为（γ-Glu-Cys）$_n$-Gly（n=2~11）（n 指 γ-Glu-Cys 的重复次数），它与粟酒裂殖酵母中的 cadystin 颇为相似，鉴于其在植物界的广泛分布和 Cd 并非唯一能诱导 PCs 合成的重金属，首次把这类螯合剂命名为植物络合素。Kneer 和 Zenk（1992）对啤酒酵母和脉孢菌属的研究也得到类似的结果。迄今，已在多种单子叶植物、双子叶植物、裸子植物、藻类、真菌及部分动物中发现了 PCs 的存在，植物体内产生的 PCs 中以 PC_3 和 PC_4 最为丰富。事实上，PCs 自发现以来存在多种不同的命名术语，其中植物络合素广为接受。随后，在高等植物中相继发现结构、功能与之相似的另外 5 类 PCs 分子（表 11-1），它们都含有 γ-Glu-Cys 重复单位，但以不同氨基酸残基作为 C 端，这类分子常被称为类 PCs（iso-PCs）（Zenk，1996）。Rauser（1995，1999）强调仅将（γ-Glu-Cys）$_n$-Gly（n=2~11）定名为 PCs，其余各肽归属于 PCs 相关肽。此外有不少文章将 γ-Glu-Cys 结构多肽统称为 PCs（Vatamaniuk et al.，1999）。本书将其统称为 PCs 进行概述。

表 11-1 PCs 不同的命名术语

PCs 的命名术语	文献来源
酵母络合素（cadystin）	Murasugi et al.，1981
多聚(γ-谷氨酰半胱氨酰)甘氨酸[poly(γ-glutamyl-cysteinyl) glycine]	Robinson and Jackson，1986
植物金属硫蛋白（phytometallothioneins）	Yrasad and Hagemeyer，1999
γ-谷氨酰金属结合多肽（γ-glutamyl metal-binding peptide）	Reese et al.，1988
γ-谷氨酰半胱氨酰同行多肽（γ-glutamyl cysteinyl isopeptide）	Stillman，1995
金属硫醇多肽（metallothio-peptide）	Verkleij et al.，1990
金属多肽（metallopeptides）	Ernst et al.，1992
缺失甘氨酸多肽（des glycyl peptide）	Meuwly et al.，1995
植物络合素（phytochelatins）	Grill et al.，1985；Rauser，1990a，1990b；Reddy and Prasad，1990；Steffens，1990

11.1.2 PCs 和 M-PCs 复合物的合成

PCs 不是由结构基因所编码，不是基因产物，而是通过生物合成后加工产生的（Zenk，

1996)。证据概括如下：①在由核糖体合成的蛋白质中，Glu 和 Cys 以 α-肽键连接，而 PCs 中的 Glu 和 Cys 以 γ-肽键连接，而且就 iso-PC(β-Ala)来说，尚未发现转运 β-Ala 的 tRNA；②高等植物中通过转录、翻译合成的蛋白质一般在诱导 1～3h 出现，而毛曼陀罗细胞在含有 Cd^{2+}的培养液中 5min 就能检出 PC_2和 PC_3的诱导合成，反应如此迅速也表明 PCs 的合成可能不是通过基因转录而来，至少起始阶段是在转录后的水平上调节的；③PCs 和 GSH 结构的相似性以及 PCs 合成过程中两者相互的消长关系，有异于哺乳动物 MTs。

GSH 是 PCs 合成的底物，因此 GSH 的合成是 PCs 的合成步骤之一。催化 γ-Glu-Cys、γ-Glu-Cys-Gly 和 γ-Glu-Cys-β-Ala 合成的酶存在于胞质和质体中（Klapheck et al.，1987），因此植物体内 PCs 的合成离不开细胞质，即 PCs 的合成是在细胞质中完成的。图 11-1 显示了 PCs 合成的一般路径。首先 GCS(γ-ECS)依赖 ATP 将 Glu 和 Cys 连接成 γ-Glu-Cys，然后由 ATP 供给能量，GS 在 γ-Glu-Cys 的 C 端连接一个 Gly 残基，从而合成一个分子的 γ-Glu-Cys-Gly，即 GSH。关于 GSH 如何生成 PCs，研究者普遍赞同由 γ-谷氨酰半胱氨酸二肽基转肽酶（γ-glutamylcysteine dipeptidyltranspeptidase，EC 2.3.2.15，即 PCs 合成酶）催化合成的观点。关于重金属如何激活 PCs 合成酶的报道极少，一种普遍接受的理论是金属离子直接与酶结合，从而激活该酶的活性，其活化过程为（图 11-2）（Cobbett，1999）：PCs 合成酶中 N 端具有激活域（主要是该域含有 5 个保守的 Cys 残基以及 1 个保守的 His 残基的金属结合元件），在 C 端具有信号检测域（通过多个 Cys 残基结合重金属离子，并将它们带入 N 端的活化位点），在无 Cd^{2+}存在时，C 端信号检测域没有触发信号，所以 N 端激活域没有酶活性；但溶液中 Cd^{2+}存在时，信号检测域感受到 Cd^{2+}存在的信号，并与 Cd^{2+}结合形成特殊的空间伸展结构，使 N 端激活域具有催化活性。在 N 端激活域，供体分子的一个 γ-Glu-Cys 组分到受体分子，供体和受体可能是 GSH 或已合成的 PCs 分子，该酶催化的一般反应过程为

$$\gamma\text{-Glu-Cys-Gly}+(\gamma\text{-Glu-Cys})_{n}\text{-Gly}\longrightarrow(\gamma\text{-Glu-Cys})_{n+1}\text{-Gly}+\text{Gly}$$

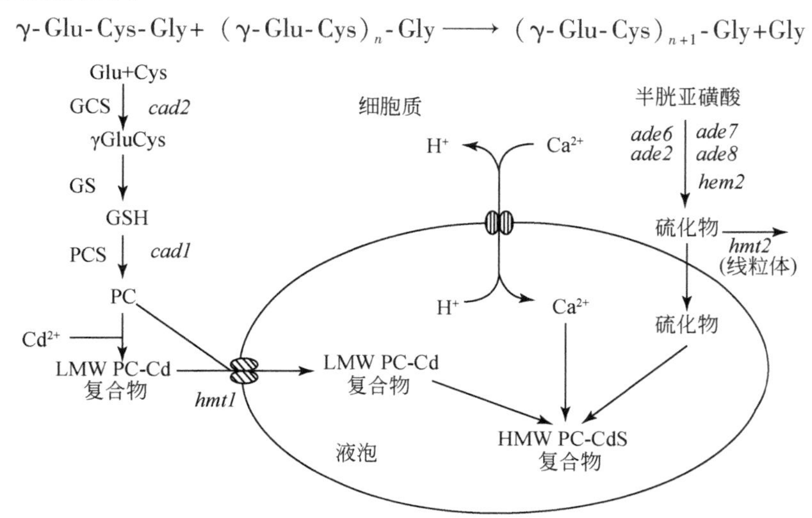

图 11-1　PCs 和 Cd-PCs 复合物在细胞内的合成、转化及对重金属的解毒机制（Lin et al.，2004）
GCS，γ-谷氨酰半胱氨酸合成酶；GS，谷胱甘肽合成酶；PCS，PCs 合成酶；斜写字体代表对应酶的克隆基因，图右边是硫化物可能的新陈代谢途径，目前对其代谢途径仍不清楚

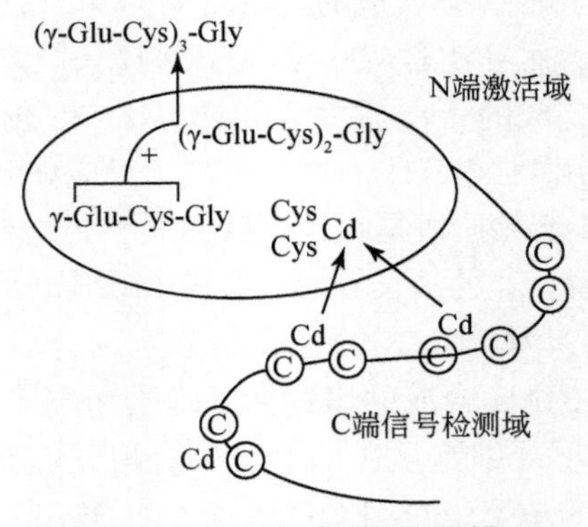

图 11-2　PCs 合成酶的作用模型

PCs 合成酶是 PCs 合成途径中的关键酶。自从 Grill 等（1989）在膀胱草中鉴定了 PCs 合成酶活性之后，类似的酶活也在豌豆（Klapheck et al.，1995）、番茄（Chen et al.，1997）、拟南芥（Howden et al.，1995）中发现。拟南芥的 *cad 1* 位点突变体与 *cad 2-1* 突变体一样，对 Cd 敏感，不能进行 PCs 的合成和形成 Cd-PCs 复合物，特别是 *cad 2-3* 突变体接触 Cd 后，不能检测到 PCs。与 *cad 2-1* 突变体不同的是，*cad 1* 突变体的 GSH 水平与野生型无区别，暗示 cad1 突变体缺乏 PCs 合成酶。Howden 等（1995）发现 *cad 1* 突变体的粗酶提取液的 PCs 合成酶的活性只有野生型和 *cad 2-1* 突变体的 1%。该酶只有在金属离子存在的条件下才表现出活性，不同金属离子的激活效率不同，由高到低的顺序为 Cd^{2+} > Ag^{+} > Pb^{2+} > Cu^{2+} > Hg^{2+} > Zn^{2+} > Sn^{2+} > Au^{3+} > Ti^{3+} > Ge^{4+} > Bi^{3+} > Ga^{3+}（Zenk，1996）。在外加其他螯合剂，如乙二胺四乙酸（EDTA）和未螯合金属的 PC_2 或 PC_7，可立即终止正在进行的 PCs 合成反应，即金属离子激活 PCs 合成酶以产生 PCs，当产生足够的 PCs 与游离金属离子结合后，酶活性受到抑制，PCs 终止合成（Loeffler et al.，1989）。

许多重金属，如 Cd、Ag、As、Pb 能与其诱导合成的 PCs 形成 M-PCs 复合物。采用延伸 X 射线吸收精细结构（extended X-ray absorption fine structure，EXAFS）、可见光谱等手段对 M-PCs 复合物进行结构分析，阐明了这些金属离子与 PCs 链上的—SH 之间的配位结合形式。当前对 Cd-PCs 复合物的结构认识已经相当清楚。经凝胶过滤分离在植物和酵母中的碱性抽提物中可以得到两种 Cd-PCs 复合物，即高相对分子质量复合物（HMW）与低相对分子质量复合物（LMW）（Kneer and Zenk，1992；Murasugi et al.，1981）。这两类化合物的主要不同点在于 Cd-S 的合成和其在细胞中的分布。经 EXAFS 检测发现，蛇根木 HMW 复合物中 Cd-S 原子间距为（0.252±0.002）nm，属于典型的 $Cd(SR)_4$ 巯基化合物；对印度芥菜（*B. juncea*）根和茎进行原位 EXAFS 分析，结果也表明 Cd-S 间距为 0.253nm，形成 $Cd\text{-}S_4$ 的络合结构（Salt et al.，1995）。假丝酵母（*C. glabrata*）中 HMW 复合物为 2.0nm 的晶体结构，其中包含约 85 个 Cd-S 单位，外面包被约 30 个（γ-Glu-Cys)$_2$-Gly 分子。HMW 复合物中的金属离子主要为 Cd，也有少量的 Cu 和 Zn。以蛇根木为例，参与 LMW 复合物形成的 PCs 分子为 $n=2\sim4$（在 HMW 复合物中则为 $n=2\sim7$），Cd^{2+}、S^{2-} 与多肽中的巯基分子比分别为 0.34、0.01（在 HMW 复合物中则为 0.69、0.28），Cd^{2+} : S^{2-} = 30 : 20（在 HMW 复合物中则为 2.45）。从这些指数可以看出，HMW 复合物的每个—SH 结合更多的

Cd^{2+}及S^{2-}，因而具有更强的络合重金属的能力。HMW 络合物具有 Cd-S，且以微晶体结构存在于细胞液泡中，而 LMW 主要存在于细胞质中，由于 LMW 复合物能很快转化为 HMW 复合物，因此首先检测到 HMW 复合物（Ha et al.，2001）

PCs 在细胞质中经常处于动态的转化过程中，基本模式为在细胞质中合成的 PCs 与金属相结合形成 LMW，再由 ATP 结合转运体穿越液泡膜转运到液泡里。同时液泡膜上的Cd^{2+}/H^{+}反转运体也被激活，液泡内积累了较多的金属离子，金属离子以及转运到液泡内的 LMW 与 Cys 合成代谢过程中释放出的或 GSH 代谢分解形成的活性二价硫化物结合形成 HMW。在液泡的酸性环境中 M-PCs LMW 复合物易溶解，络合的金属离子被释放出来，同时释放出 PCs。而液泡中形成的 HMW 还是很可能发生降解生成 PCs 和金属离子，释放出的游离金属离子可被液泡中含量丰富的有机酸，如苹果酸、柠檬酸、乙二酸所沉淀。液泡中释放的 PCs 又可进入细胞质中，参与下一轮 PCs 的合成或其他代谢过程。PCs 和 Cd-PCs 复合物在细胞内的形成、转化和在液泡内分隔积累的过程如图 11-1 所示。

11.2 PCs 的检测方法

PCs 的精确分析一直是生物化学和毒理学领域感兴趣的问题之一。自从最初分离和定性以来，几种方法已用于细胞和生物组织中 PCs 的定量。但目前尚无标准方法。

11.2.1 差减法

PCs 是富含巯基（—SH）的非蛋白质态多肽类化合物。基于其多肽链上—SH 与 Ellman 试剂［即 DTNB，5,5′-dithiobis（2-nitrobenzoic acid）］的专一性反应（Ellman，1959），Scheller 等（1987）建立了使用 Ellman 试剂测定生物体内非蛋白质态（即酸溶性的）巯基总量的测定方法。Grill 等（1985）认为 Cd 暴露下蛇根木细胞内约 90% 的非蛋白质态巯基是 PCs 态巯基（PCs-SH），并直接用非蛋白质态巯基含量来衡量重金属胁迫下 PCs 的诱导量。GSH 是生物体内一种含量丰富的生物活性巯基多肽化合物，普遍存在于植物体内。GSH 的结构类似于 PCs 的结构，也属于非蛋白质态巯基化合物范畴，后来众多学者（De Knecht et al.，1992；De Vos et al.，1992；Schat and Kalff，1992；Harmens et al.，1993）一致认为，从非蛋白质态巯基总量中扣除 GSH 来表达 PCs 的诱导总量更合理，即 PCs = 非蛋白质态巯基总量（TNP-SH）−谷胱甘肽（GSH）。

差减法测定 PCs 的总量分为两个步骤：第一步是非蛋白质态巯基总量的测定，第二步是 GSH 的测定。采用 DTNB 显色分光光度法测定非蛋白质态巯基总量，包括提取和 DTNB 显色。通常采用 5-磺基水杨酸（SSA）作为提取液，因巯基在空气中容易被氧化，整个提取过程必须在低温下（通常在冰浴中）进行。非蛋白质巯基与 DTNB 发生显色反应，反应时间为 5min，生成黄色的 TNB，其含量与非蛋白质巯基总量是 1∶1 的关系，在 412nm 波长下，通过测定吸光度，计算非蛋白质巯基含量（Ellman，1959）。第二步是 GSH 含量的测定，植物组织中 GSH 含量的测定目前常采用酶降解法和荧光分光光度法。差减法因快速、方便、实践易于操作，所需仪器为分光光度计和荧光分光光度计，一般实验室都具备，故至今仍被不少学者广泛应用（Keltjens and van Beuschem，1998a，1998b；Hartley-Whitaker et al.，2001a，2001b，2002）。该法的缺点是仅测定 PCs 的总量（所有 PCs 和类 PCs 的浓度之和），而无法鉴定不同种类和不同链长的 PCs。王晓蓉课题组在国内首次采用分光光度法和荧光分光光度法相结合系统地研究了 Cd、Cd-Zn、Cd-Pb 及 Cd 胁迫不同有机配体和无机配体存在下小麦体内 PCs 的诱导量和重金属毒性的关系（孙琴等，2004，2005a，2005b；Sun et al.，2005a，2005b，2005c，2005d）。重金属胁迫下小麦不同部位 PCs 诱导量的检测，包括 TNP-SH 浓度和 GSH 浓度的测定。

11.2.1.1 TNP-SH 测定液的制备

将液氮固定的鲜样组织放于研钵中，加入 2mL 5% SSA（含 6.3mmol/L DTPA）（pH<1）和少量石英砂，冰浴上充分研磨，匀浆液低温离心（4℃，10 000*g*，10min），上清液冷藏用于 TNP-SH 的测定。参照前人的研究结果（De Knecht et al.，1992；De Vos et al.，1992；Schat et al.，1992；Harmens et al.，1993），TNP-SH 测定采用分光光度法，主要步骤如下：将 300μL 上清液和 630μL 0.5mol/L K_2HPO_4（pH = 7.5）充分混合在 412nm 测定吸光度，然后加入 25μL 6.3mmol/L DTNB 显色液（含 0.143mol/L K_2HPO_4 和 6.3mmol/L DTPA，pH 7.5），充分混合，反应 5min 后在 412nm 测定吸光度。

11.2.1.2 GSH 测定液的制备

将液氮固定的鲜样组织放于研钵中，加入一定量的 0.1mol/L 磷酸钠缓冲液（含 0.005mol/L EDTA）（pH 8.0）和 25% HPO_3，并加少量石英砂，冰浴上充分研磨，冷冻离心（4℃，18 000*g*，15min），上清液冷藏用于 GSH 浓度的测定。参照 Gupta 等（1998）以及 Hissin 和 Hilf（1976）的方法，GSH 浓度的测定采用荧光分光光度法，主要步骤如下：①根据已知的不同浓度的 GSH 与吸光度绘制标准曲线；②组织上清液中 GSH 浓度的测定。取 50μL 鲜样组织上清液加入 2.8mL 磷酸盐缓冲液（pH 8.0）及 100μL 邻苯二甲醛（OPT）荧光试剂，充分混合。在室温下放置 15min 后，在荧光分光光度计上激发波长 343nm、发射波长 425nm 测定荧光强度。不同浓度的 GSH 标准样和鲜样组织经过同样操作制备。

结果表明，Cd 胁迫诱导下小麦根系内 TNP-SH 对 DTNB 响应敏感，并随 Cd 浓度的增加响应更趋明显，同样的，小麦根系内 GSH 对 OPT 响应敏感，但 GSH 在 TNP-SH 中所占的比例少（表 11-2），而 Zn 和 Pb 对小麦叶片、茎和根系内 TNP-SH 和 GSH 无明显影响。

表 11-2 重金属胁迫 14d 小麦不同组织部位 PCs 和 GSH 的含量 （单位：μmol/g 鲜重）

重金属胁迫 /（μmol/L）	根系			茎			叶片		
	PCs	GSH	（GSH/PCs） /%	PCs	GSH	（GSH/PCs） /%	PCs	GSH	（GSH/PCs） /%
CK	0.665	0.122	18	0.826	0.082	10	0.880	0.098	11
Cd									
2	1.405	0.271	19	1.115	0.134	12	0.881	0.119	13

续表

重金属胁迫/(μmol/L)		根系			茎			叶片		
		PCs	GSH	(GSH/PCs)/%	PCs	GSH	(GSH/PCs)/%	PCs	GSH	(GSH/PCs)/%
	6	2.071	0.427	21	1.212	0.191	16	1.003	0.133	13
	18	3.552	0.861	24	1.394	0.213	15	1.017	0.140	14
	54	4.783	0.987	21	1.813	0.348	19	1.049	0.151	14
Zn										
	2	0.669	0.127	19	0.896	0.088	10	0.909	0.104	11
	6	0.673	0.128	19	0.922	0.090	10	0.935	0.105	11
	18	0.678	0.126	19	0.899	0.103	11	0.888	0.105	12
	54	0.880	0.136	15	0.935	0.107	11	0.876	0.102	12
Pb										
	2	0.668	0.118	18	1.030	0.090	9	0.908	0.095	10
	6	0.662	0.121	18	0.960	0.091	9	0.989	0.094	10
	18	0.666	0.122	18	1.074	0.089	8	0.988	0.097	10
	54	0.879	0.128	15	1.241	0.090	7	1.021	0.096	9

11.2.2 高效液相色谱柱前衍生化法

样品中各种 PCs 形态的含量主要采用高效液相色谱法测定。由于植物络合素标准样品不容易获得，一般采用外标法，以 GSH 作为定量的标准样品，各种形态 PCs 的含量以巯基的浓度来表示。多为一种多肽，PCs 含量可直接通过紫外-可见光检测器在 200～220nm 波长肽键的吸收来检测，但因缺乏选择性，色谱图上干扰信号多，增加了鉴定难度。为了提高选择性，降低检测限，PCs 含量的测定普遍采用一些特殊试剂将巯基衍生化的方法。根据衍生化过程发生的位置可将衍生化方法分为柱后衍生化和柱前衍生化两种。

高效液相色谱-柱后衍生紫外检测技术是最经典的 PCs 含量测定方法，使用的柱后衍生试剂为 Ellman 试剂（Grill et al.，1987；De Knecht et al.，1994）。其基本原理为：PCs 粗提液经过反相高效液相色谱梯度洗脱分离，不同组分的流出物再经过柱后反应器与衍生试剂 DTNB 发生硫醇-二硫化物交换反应，产生的衍生物在 412nm 处产生强的紫外线吸收峰。这种方法需要特殊的柱后反应器，且存在分析时间长、灵敏度不够高、专一性差等缺点。

柱前衍生高效液相色谱-荧光检测法也是 PCs 定量分析的常用方法，使用的荧光衍生试剂有单溴二胺（monobromobimane，mBBr）、7-苯并呋喃-4-碘酸铵（7-fluorobenzo-2-oxa-1,3-diazole-4-sulfonate，SBD-F）、邻苯二醛（*o*-phthalaldehyde，OPA）、对氯汞苯甲酸盐（*p*-chlormercuribenzoate）。各衍生试剂的效能存在较大差异，其中最常用的是 mBBr。mBBr 柱前衍生 RP-HPLC 荧光检测法用于测定 PC_n 等巯基化合物的基本原理是：mBBr 本身不具有荧光，但能选择性与 PC_n 等巯基化合物的—SH 反应生成高灵敏度荧光衍生物 mBSR（λ_{ex}=380nm，λ_{em}=470nm），检出限达 pmol 级。Sneller 等（2000）对 PCs 的反相高效液相色谱柱前衍生和柱后衍生分析方法进行了比较，发现 mBBr 柱前衍生检测技术具有明显的优势，主要表现在如下几方面：①灵敏度高，检测极限低；②As 诱导的 PCs 柱后衍生检测效果不如 mBBr 柱前衍生，因 GSH 与其他硫醇类化合物和 As 形成稳定的化合物，因此大大干扰了 DTNB 柱后衍生技术，而柱前衍生不存在这样的干扰；③mBBr 标记的 PCs 衍生物对空气、光、化学和生物化学程序等表现出高度的稳定性，时间长达 20 个月，另外，该衍生物耐辐射；④无需复杂的柱后反应装置，操作方便，易于大众化使用。因此，mBBr 柱前衍生检测技术近年来在 PCs 的定量分析和定性分析中的广受关注，甚至超过经典的柱后衍生方法。但该方法存在一定的缺陷，如衍生试剂昂贵、样品处理复杂、衍生效率不高，由于在柱前进行衍生化反应，衍生反应的程度、衍生物在反应介质和色谱分离时的稳定性等会影响到色谱分离。作者在查阅大量参考文献的基础上，利用香港浸会大学裘槎环境科学和生物学研究所的实验条件对 mBBr 柱前衍生 RP-HPLC 荧光检测法测定 PCs 等巯基化合物进行了探讨。

11.2.2.1 PCs 等巯基化合物的测定步骤

PCs 等巯基化合物的测定分三步进行。

第一步，PCs 等巯基化合物的提取：参照 Sneller 等（2000）的方法，将液氮固定的鲜样组织放于研钵中，加入 2mL 0.1% TFA（含 6.3mmol/L DTPA）（pH<1）和少量石英砂，冰浴上充分研磨离心（4℃，17 000r/min，10min），上清液冷藏用于 PCs 等巯基化合物的分析测定。为避免巯基化合物接触空气的氧化损失，立即进行柱前衍生化反应。

第二步，PCs 等巯基化合物的衍生化：以 0.1% TFA（内含 6.3mmol/L DTPA）配制一定浓度的 Cys、GSH、PC_2、PC_3 和 PC_4 5 种巯基化合物的储备液，4℃保存。标准样品和植物组织的衍生化反应相同，即向 250μL 标准液或植物组织上清液中加入 450μL 200mmol/L HEPPS（内含 6.3mmol/L DTPA，pH 8.2）和 10μL 25mmol/L mBBr（100% ACN 准确配制），充分混合 45℃反应，30min 后加入 300μL 1mmol/L MSA 终止反应，摇匀转移至 Agilent 棕色顶空瓶内，4℃保存，用于 HPLC 分析测定。同时作试剂空白衍生化反应，确定试剂空白杂质峰。

第三步，PCs 等巯基化合物的色谱分离条件：参照 Sneller 等（2000）的分离方法和条件，稍作改进。采用二元的梯度洗脱系统室温下分离 mBBr 衍生物。荧光检测器条件为：λ_{ex}（激发波长）380nm，λ_{em}（发射波长）470nm；流动相 A 为 0.1% TFA，流动相 B 为 100% ACN；流速为 0.5mL/min；进样量为 50μL；梯度洗脱程序：12%～25% B（15min），25%～35% B（14min），35%～50% B（21min）；洗柱：100% B（5min）；柱平衡：12% B（10min）；柱后流动时间：5min。由 HP 工作站对峰面积积分，以标准的 GSH 浓度对峰面积作标准曲线，参照 Sneller 等（2000）的方法，将测得的 PCs 等巯基化合物的峰面积代入相应的 GSH 标准曲线方程，以外标法计算植物样品中 PCs 等巯基化合物的浓度，并按相应的衍生效率进行校正，表示方法为 nmol/g（以 SH 计）。

11.2.2.2 GSH 的精密度、重复性及回收率

首先以典型的巯基化合物谷胱甘肽为代表考察了本方法的可行性、稳定性和精密度。不同已知浓度的 GSH 经过上述第二步和第三步同样的操作。R-HPLC 检测时选用室温作为

mBBr 衍生物分离的柱温。结果表明，在 1.25～160ng/μL 40d 内具有很强的稳定性，变异系数平均为 2.21%（表 11-3），以峰面积为纵坐标，GSH 浓度为横坐标，经直线回归得到浓度与峰面积有良好的线性关系（R^2=0.9999）。并进一步做了回收率实验，平均为 97.64%（表 11-4）。

表 11-3　GSH 分析的精密度和重复性

GSH 浓度	峰面积						平均值	变异系数
/（ng/μL）	6 月 21 日	6 月 28 日	7 月 4 日	7 月 12 日	7 月 22 日	7 月 31 日		/%
1.25	1.24	1.36	1.35	1.39	1.38	1.38	1.35±0.06	4.22
2.50	3.66	3.48	3.29	3.34	3.45	3.37	3.43±0.13	3.79
5.00	6.95	6.81	6.90	6.78	7.00	6.83	6.88±0.09	1.27
10.0	14.3	13.7	13.7	13.7	14.0	14.5	14.0±0.38	2.70
20.0	30.3	30.2	30.2	29.7	29.0	29.1	29.8±0.59	1.98
40.0	59.2	58.2	59.7	58.3	60.4	58.0	59.0±0.96	1.63
60.0	89.0	87.0	86.5	87.9	88.3	89.8	88.1±1.23	1.40
80.0	118	118	117	116	119	118	117±1.02	0.87
160	240	237	233	227	229	232	233±4.78	2.05

表 11-4　回收实验结果（*n*=3）

加入 GSH 量/(ng/μL)	测定值/(ng/μL)	回收率/%	变异系数/%
2.5	2.41±0.051	96.2	2.13
10	9.82±0.218	98.2	2.21
40	39.4±0.313	98.5	0.79

11.2.2.3　PCs 等多种巯基化合物的色谱分离效果

研究认为该法分析 PC_n 等巯基化合物的关键取决于衍生反应的程度、衍生物在反应介质和色谱分离时的稳定性（Wagner，1984；Rauser et al.，1984；Grill et al.，1985；Gekeler et al.，1989）。Sneller 等（2000）报道，mBBr 与 PC_n 等巯基化合物的最佳衍生反应时间和温度分别为 30min 和 45℃，并逐渐被认可，但其衍生物的色谱分离条件尚未达成共识。在参考 Sneller 等（2000）的方法的基础上，本实验室对色谱分离条件稍作改进，比较研究了以甲醇和乙腈为流动相时 mBBr 衍生物的分离效果。结果显示，在 ACN-0.1% TFA 组合的流动体系下，混合标准品中 5 种巯基化合物 15min 内得到很好的分离（图 11-3），样品的分离顺序为 Cys>GSH>PC_2>PC_3>PC_4，且重现性较好。而在同等洗脱程序下，以甲醇-0.1% TFA 组合的流动体系，虽然 5 种物质也得到很好的分离，但分离时间长，达 40min，故本实验选用 ACN-0.1% TFA 作为 mBBr 衍生物分离的流动相。

通过研究证实本方法具有快速、灵敏、稳定性好、同时测定 PC_n 等多种巯基化合物等优点（图 11-3）。通过本方法的应用，首次揭示超积累植物东南景天对 Cd/Zn/Pb 的超量积累和解毒与 PC_n 无关（Sun et al.，2005d，2007）。

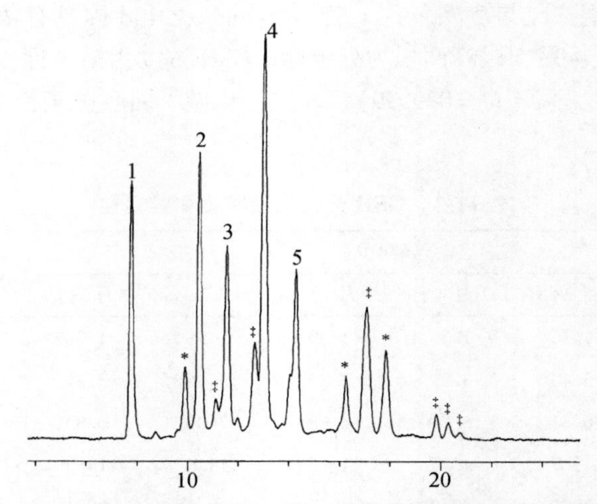

图 11-3　标准混合液中 PC_n 等 5 种巯基化合物分离的色谱图

1、2、3、4 和 5 分别代表 Cys、GSH、PC_2、PC_3 和 PC_4。*代表试剂空白杂质峰；‡代表 PC_2、PC_3 和 PC_4 多肽试剂杂质的 mBBr 衍生峰

11.2.3　毛细管电泳法

毛细管电泳（CE）是近年来发展最快的分析方法之一，从分离机制上讲，它不属于色谱法，但现代的高效毛细管电泳（HPCE）运用了毛细管色谱及色谱微量检测技术是液相色谱的补充和发展（汪尔康，2002）。Kubota 等（1998）报道了 HPCE-DAD 有效地分离 γ-Glu-Cys、GSH 及各种不同的 PCs，并发现 HPCE 的分离效果好于 HPLC 柱后衍生技术，前者的分离时间短，仅需 6min，而后者在更长的时间内完成整个分离过程，长达 40min（Sneller et al.，2000）。另外，Chassaigne 等（2001）利用 CE-ESI/MS 联用技术有效地分离玉米根系 PC_3、PC_4和缺甘氨酸类 PC_3、PC_4等 PCs 混合物。

11.2.4　电化学法

极谱法检测金属硫蛋白已被证明是一种方便而灵敏的方法。PCs 是一类富含半胱氨酸的寡肽，推测其与其他的硫醇类化合物可能具有相似的电化学特性。有人应用悬汞滴汞电极极谱法（HMDE）分辨出纯化的和未纯化的 Cd-PCs 复合物，并应用该技术测定了三角褐指藻（*P. tricornutum*）提取液中的 PCs，与 Ellman 试剂柱后衍生法相比，灵敏度提高了 1000 倍。另外，Cruz 等（2002）利用微分脉冲伏安法（differential pulse voltammetric）研究了 Cd 和 PC_2形成的稳定复合物。最近，Yosypchuk 等（2003）应用铜混汞电极（Cu-SAE）有效的分离和测定了人工合成的 PC_2和 PC_3，其检测限为 10~100nmol/L。因此，电化学分析方法在 PCs 的分析中也表现出很大的潜力，但至今未得到广泛的应用。

11.2.5 高效液相色谱-质谱联用法

色谱和紫外检测、圆二色谱、氨基酸分析仪等多种仪器的联用技术在 PCs 的发现和结构鉴定中发挥重要作用（Grill et al.，1985）。如今高效液相色谱（HPLC）-质谱（MS）法在 PCs 的分离和结构鉴定上得到广泛应用，有脱机（off-line）或联机（on-line）两种方式。采用脱机的质谱检测方法不仅可以对色谱的流出组分进行浓缩，而且还可以通过组分的冷冻干燥实现某些对质谱离子化有影响的流动相组分，如 TFA。因此，脱机方式应用更为广泛。目前应用的离子化技术有流速原子轰击质谱（continuous-flow fast atom bombardment，cf-FAB）、电喷雾离子化质谱（electrospray ionization，ESI）等，其中 ESI 电离是最常用、最成熟的技术。例如，Kubota 等（1995）利用脱机的 ESI-MS 检测技术鉴定出 Cd 诱导欧茜草（*R. tinctorum*）产生的 PCs 化合物为 $PC_{2\sim5}$和缺甘氨酸类 $PC_{2\sim4}$。Pawlik-Skowrońska（2003）利用反相高效液相色谱 Ellman 试剂柱后衍生技术除在耐 Zn 型绿藻 *S. tenue* Kütz 体内检测到常规的 $PC_{2\sim4}$外，还检测到大量的未知 PCs 类化合物，收集 HPLC 分离的未知组分，利用 ESI-MS 检测技术鉴定其结构，发现了一类新的 PCs 类化合物，结构为 Cys（γ-Glu-Cys）*n*-Gly（$n=1\sim3$）。ESI-MS 作为检测器在 PCs 多肽的分析中占有很重要的地位，但这种分析方法仅提供相对分子质量而缺乏结构信息。而串联质谱（MS-MS）能够准确进行物质的结构分析，之后 MS-MS 在 PCs 尤其是未知的类 PCs 化合物的鉴定中颇受重视并得到一定的应用。例如，Kubota 等（2000）采用反相高效液相色谱 Ellman 试剂柱后衍生标准物质鉴定的方法从遭受 Cd 胁迫的辣根中不仅检测到常见的 $PC_{2\sim4}$，也捡出未知的硫醇类化合物，运用 ESI-MS/MS 检测技术对其进行结构鉴定，确定是一种新的 PCs 同系物：（γ-Glu-Cys)$_n$-Gln（$n=3\sim4$），即谷氨酰胺类 PCs。另外，Chassaigne 等（2001）利用同样的方法从经 100μmol/L Cd 暴露 7d 的玉米根系中发现除常见的 $PC_{2\sim4}$、缺甘氨酸类 PC_{2-3}和 Glu-PC_{3-4}，还发现两种新的痕量水平的 PCs 类似物——Cys(γ-Glu-Cys)*n*-Gly($n=1\sim5$)和 Cys(γ-Glu-Cys)$_n$（$n=2$）。这种检测和鉴定技术需要多次重复收集色谱流出组分，操作麻烦，样品转移易被污染而干扰质谱鉴定，因此使用时存在很大的弊端和不足。

11.2.6 其他的仪器联用技术

目前 HPLC-ICP 在线联用技术已广泛应用于环境、材料和生物样品中元素的形态分析。Kubota 等（1995）利用 ICP-AES 作为 HPLC 的重金属检测器，发现欧茜草根系中 Cd 主要与 S 共存，两者在 HPLC-ICP-AES 图谱中的位置一致，推测与 Cd 结合的化物物主要是 PCs 类化合物。Wei 等（2003）利用 HPLC-ICP-MS 联用技术检测 Cd 胁迫下冰草属长穗冰草（*A. elongatum*）体内重金属的结合形态，结果发现 Cd 诱导其体内产生的 PCs 不仅与 Cd 结合，还与 Cu 结合。HPLC-ICP 只是跟踪元素形态中的元素信号变化，而无法分辨不同形态的 PCs 分子。HPLC-ICP-MS 只是跟踪元素形态中的信号变化，要确定形态分子的组成还需参照其他分析信息，其中 NMR 技术和 HPLC 与 ESI-MS 连用技术是确定形态分子组成、结构的有效方法，借助于这类分离、分析技术可发现未知的元素形态分子并确定其组成。因此通过这种仪器联用技术只能大致检测 M-PCs 复合物存在，不能准确揭示 PCs 的结构和种类，因此在 PCs 的检测应用上仍存在很大的局限性。

11.3 重金属胁迫下生物体内 PCs 的响应

自 1985 年以来，对 PCs 的研究已有 20 多年历程，但对它的作用未有明确定论，依据现有文献的实验结果和王晓蓉课题组多年来的研究成果，归纳 PCs 可能有以下几方面的作用。

11.3.1 PCs 的生物标记物作用

生物标志物的特征主要表现在三个方面：①预警作用。由于污染物与生物体之间所有的相互作用都始于分子水平，生物标志物的产生是对污染物暴露的早期反应，所以这类标志物成为污染物暴露和毒性效应早期警报的指示物。②特异性。对特定污染物的暴露，有特定的生物标记物，因此这类生物标记物对污染状况具备了诊断（diagnostic）作用，进一步了解相应的分子反应，并与更高层次的生态危害建立关联，生物标记物便可提供专一性的预报功能。③广泛性。从微观分子到宏观生态系统，生物标志物在各个不同层次的生物组织中体现污染物和生物之间的因果关系；一般来说生物体之间的共性在分子水平上最大，所以一些分子生物标记物可普遍应用于各类生物。生物标记物既可应用于实验室研究，也可用于现场实际检测。而污染物的毒性活体鉴定，检测对象受限于较小的范围，很难推广到野外测试中。

最近几年在水环境污染的生物标志物研究工作中已取得了一些成就，但在土壤环境污染的生物标记物研究工作中无论数量与质量、广度与深度上均相当滞后。目前用于指示土壤重金属污染的生物标志物主要有：①抗氧化酶系统（antioxidant enzyme system），溶酶体（lysosomes）；②胁迫蛋白（stress protein）；③金属硫蛋白（metallothionein，MT）；④植物络合素（phytochelatins，PCs）；⑤DNA 指纹技术（DNA fingerprinting）；⑥P450 酶系。

PCs 是重金属胁迫诱导下植物体内细胞质液中产生的一类低相对分子质量非蛋白质态富含巯基的多肽化合物，广泛存在于植物界、藻类、真菌和部分动物体内。多种金属（如 Ni、Cd、Zn、Ag、Sn、Te、W、Au、Hg、Pb、As、Se 等）能够诱导 PCs 的产生，其中 Cd 是最强的诱导因子，且发挥诱导作用的是细胞质中游离的金属离子。研究表明，生物体内 PCs 的合成与金属的暴露几乎同步出现，并随金属浓度的增加而增加，一旦金属离子被形成的 PCs 螯合，PCs 的合成就会终止。另外，PCs 的响应合成是一个快速的过程，如番茄的细胞悬液中加入 Cd 5～15min 即可检测到 PCs 的存在（Scheller et al.，1987）。Keltjens 等（1998a，1998b）研究发现，Cu 或 Cd 处理后的很短时间内，玉米特别是根系中便有 PCs 的产生。因此，PCs 作为金属胁迫下细胞内一项反应敏感的生化指标受到国际上众多学者的极大关注，并建议用 PCs 标记重金属的毒害效应。

王晓蓉课题组 2005 年以来分别对 Cd、Zn、Pb 单一以及 Cd-Zn 和 Cd-Pb 复合胁迫下植物体内 PCs 响应的动力学过程作了深入探讨。采用溶液培养方式，以我国典型的农作物小麦为研究对象。结果表明，小麦体内 PCs 对 Cd 的暴露表现敏感，而对 Zn 和 Pb 的暴露几乎没有响应，PCs 的合成是一个快速的响应过程，Cd 胁迫 1d 即可检测出小麦根系 PCs 的大量合成，且具有明显的组织特异性，表现为根系>茎>叶片，与重金属在植物体内的积累和分布表现出一致趋势，其诱导水平与重金属的供应浓度、暴露时间紧密相关（图 11-4、图 11-5）。可见，细胞内分子水平上 PCs 的响应合成规律满足了生物标记物应具有的基本特征。

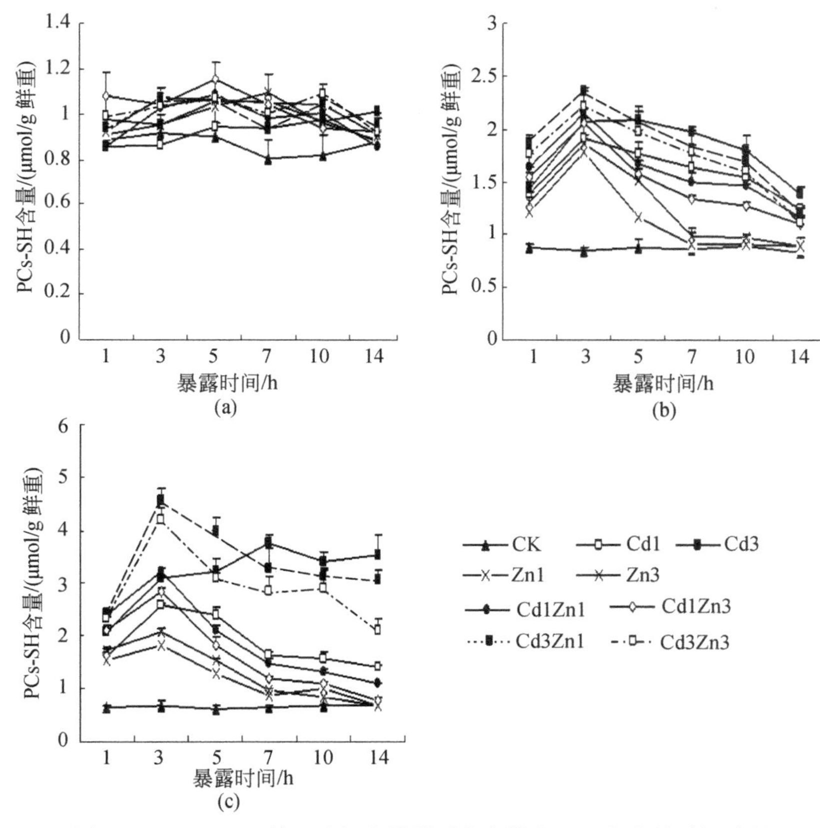

图 11-4　Cd 和 Zn 单一及复合暴露下小麦体内 PCs 产生的时间过程

（a）叶片；（b）茎；（c）根

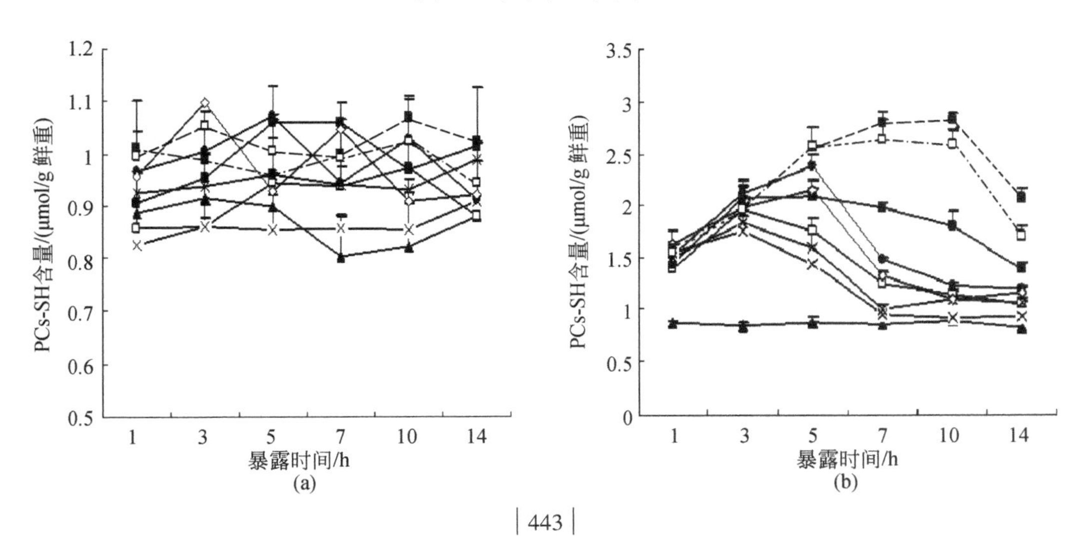

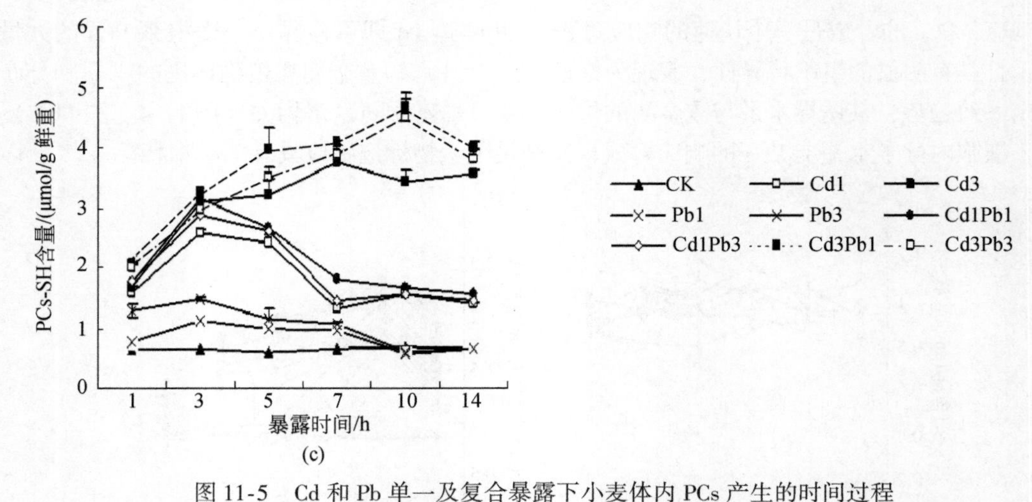

图 11-5　Cd 和 Pb 单一及复合暴露下小麦体内 PCs 产生的时间过程

(a) 叶片；(b) 茎；(c) 根

11.3.2　PCs 的重金属解毒作用

大量的研究表明，PCs 是 Cd 的主要解毒机制之一。例如，抗 Cd^{2+} 的番茄细胞系能积累大量的 PCs，一旦用 BSO 处理就抑制 PCs 的合成，抗 Cd^{2+} 细胞系就变得对 Cd^{2+} 敏感（李振国和余叔文，1990）。在拟南芥中分离得到的 Cd^{2+} 敏感突变体 *cad 1* 为 PCs 的重金属解毒作用提供了更有说服力的证明。Howden 等在 1995 年分离了对 Cd 敏感的拟南芥突变体 *cad 1* 及相应的等位突变体系列，这些突变体都不同程度地表现对 Cd 的敏感，而且都不能合成 Cd-PCs 多肽复合物，它们都丧失了 PCs 的积累能力，并且它们对 Cd 的敏感程度与其体内 PCs 的水平相关，与野生型相比，突变体中 PCs 合成的底物 GSH 水平并无明显差异，指示缺失了 PCs 合成酶的活性。可见，拟南芥对 Cd 的敏感是由于 PCs 合成受阻而引起的。Zhu 等（1999）的研究结果表明，*B. juncea* 中 *E. coil gsh II* 基因表达后，GSH 和 PCs 的增加使 Cd 的累积和对 Cd 的抗性增加，而且此种影响与 *gsh II* 的表达水平呈正相关，得出 GSH 或 PCs 的水平决定了植物对 Cd 的累积和抗 Cd 的能力。而且 PCs 对植物抗 Cd 的能力随着 PCs 生成量的增加、PCs 链的延长及 S^{2-} 的键入而增加。另外，不能合成 PCs 的鱼料植物红豆（*Azuki bean*）对 Cd 是超敏感的（Inouhe et al.，2000）。从小麦体内分离得到的 *TaPCS* 1 在灌木烟草中过度表达能增强烟草对 Cd 和 Pb 的容忍，且转基因的幼苗比野生型的幼苗长 160%，生长在矿区的转基因植物比野生型积累双倍的 Pb（Gisbert et al.，2003）。Mizuno 等（2003）从 Ni 超积累植物遏蓝菜属的 *T. japonicus* 克隆到 *PCS* 基因，命名为 *TjPCS*，*TjPCS* 的氨基酸序列与拟南芥的 *AtPCS* 有 90% 的同源性，*TjPCS* 在 *S. cerevisiae* 中表达后能明显增强对 Cd 的容忍。Sauge-Merle 等（2003）将拟南芥的 *AtPCS* 在 *E. coil* 表达，结果发现细胞内有 PCs 的大量积累和 GSH 浓度的降低，对 Cd 的积累能力提高了 20~50 倍。同时，大田实验显示，种植在重金属污染区的假挪威椒根系含有大量的 PCs，而生长在无污染区的根系却不含 PCs。

另外，不少研究显示，PCs 在重金属 As、Ag、Pb、Cu、Hg 的解毒方面也发挥一定的作用。例如，Schmöger 等（2000）用 BSO 处理 As 胁迫下蛇根木的悬浮培养细胞，发现

30μmol/L As 处理该植物体内 PCs 的含量下降了 75%，生长完全被抑制；缺乏 PCs 合成酶活性的拟南芥和粟酒裂殖酵母突变体较野生型 As 更敏感（Ha et al.，1999）。Hartley-Whitaker 等（2001b）证明了耐 As 植物绒毛草（*Holcus lanatus*）对 As 的抵抗也与 PCs 的合成有关，后来又有多方面的报道对 PCs 耐 As 机制和解毒效果给予肯定。

那么 PCs 是如何发挥其解毒作用的呢？PCs 的解毒作用基于其与重金属的结合能力。类似于哺乳动物 MTs，PCs 通过 Cys 上的—SH 与金属离子结合形成配位键，进而形成 M-PCs 复合物，相对于游离的金属离子而言，此复合物对细胞的毒性已大为降低，但是植物还进一步采取了液泡区域化作用（compartmentation）以隔离重金属。以 Cd^{2+} 为例，胞内 Cd^{2+} 被解毒、隔离的过程主要包括 Cd^{2+}-PCs LMW 跨液泡膜转运、S^{2-} 在液泡中积累以及 Cd^{2+}-PCs HMW 的形成等主要环节。

Rauser（1995）提出了 PCs 转运细胞中重金属并缓解其毒性的模式（图 11-1）。重金属 Cd^{2+} 进入植物体内，首先与 PCs 结合形成 LMW 复合物，在 *htm 1* 膜转运蛋白（HTM1）作用下转入液泡内，同时 Cd^{2+} 在 H^+/Cd^{2+} 反向转运蛋白（antitransp rortor）的作用下进入液泡内，S^{2-} 在 *htm 2* 膜转运蛋白作用下进入液泡内。然后，LMW 复合物、PCs、S^{2-} 和 Cd^{2+} 在液泡合成 HMW 复合物，并固定在液泡内。HMW 复合物对植物的毒性较低，植物正是通过形成 HMW 复合物使植物免受重金属毒害，产生对重金属离子的抵抗能力。实验表明，HMT1 的大量表达可提高液泡中 HMW 复合物的含量和植物的耐重金属能力，植物的耐重金属能力与 HMW 复合物的装配速率呈正相关，而与 PCs 的合成速率无一定的相关性。HMW 复合物如何装配、硫化物的来源及 Cd^{2+} 如何穿膜还有待进一步研究。LMW 复合物进入液泡的跨膜速率快于 HMW 复合物，推测 LMW 复合物的主要作用是把细胞质中的 Cd 转运到液泡内，而 HMW 复合物主要起着聚集和解毒重金属的作用。

另外，一些研究工作表明，PCs 的合成并非植物对重金属胁迫产生的普遍性反应机制，认为 PCs 与 Cd 和其他重金属的忍耐无关（或 PCs 没有占据主要地位）。例如，De Knecht 等（1992，1994）观察到蝇子草（*S. vulgaris*）中的 Cd 敏感植株竟比 Cd 耐性植株产生更多的 Cd-PCs 复合物，而且稳定的长链 Cd-PCs 复合物在敏感植株中形成更多、更快，而单位 PCs 中键入的硫化物在两类植株中又相同。类似的报道也出现在耐 Zn/Cu 型蝇子草中（De Vos et al.，1992；Harmens et al.，1993）。杨居荣等（1995）也发现，在耐性作物体内的多肽结合 Cd 量的比例低于非耐性植物。De vos 等（1992）甚至认为 Cu 抗性植物蝇子草属的 *S. cucubalus* 对 Cu 的抗性是由于 PCs 合成水平的下降而产生的，其他植物之所以对 Cu 敏感是因为 PCs 的合成使细胞内 GSH 水平下降，从而引发了氧胁迫，对细胞造成伤害。Martani 等（1996）也证明了欧茜草的抗 As 性与 As-PCs 复合物无关。Vatamanink 等（1999）发现 PCs 合成酶过分表达的酵母表现出对 As 更敏感。最近，Raab 等（2004）采用 ICP 和 EI-MS 串联系统对 *H. lanatus* 植物提取液中 As 的结合物进行验证，发现 As 主要以无机的化合物形式存在，在其体内有 13% 的 As 以 As-PCs 复合物的形式存在。

重金属超积累植物是植物修复技术的优选材料，认识超积累植物超量积累重金属的机制是其中的关键环节。近年来不少文献报道 PCs 不参与超积累植物对重金属的吸收、运输和超积累。例如，Ebbs 等（2002）和 Schat 等（2002）分别发现遏蓝菜属（*Thlaspi caerulescens*）超积累植物和非超积累植物叶片和根系中 Cd 的积累与 PCs 的合成量有较好的线性关系，但与非超积累植物相比，超积累植物体内 PCs 的诱导量相当低，认为 PCs 不能负责其体内 Cd 的超积累和忍耐。此外，在 Ni 超积累植物九节木属（*Sebertia acuminata*）(Sagner et al.，2002）和 Co 超积累植物 *C. cobalticola*（Oven et al.，2002）中未检测到 PCs。另有报道，As 超积累植物大叶井口边草（*Pteris cretica*）和蜈蚣草（*P. vittata*）体内仅 1% 的 As 和 PCs 结合，建议 PCs 在 As 的超积累中发挥的作用很有限（Raab et al.，2004；Zhao et al.，2003）。

11.3.2.1 超积累植物——东南景天

矿山生态型东南景天（*Sedum alfredii* Hance）是在中国境内首次新发现的 Cd/Zn/Pb 超积累植物（龙新宪，2002；杨肖娥等，2002；何冰，2003；Yang et al.，2004），广泛分布于华中、华南和华东地区，在中国东南部地区的一些古老矿山的尾矿和废矿堆上也发现了该植物。这种植物不仅生物量较大、对 Cd/Zn/Pb 富集能力强，而且具有多年生、无性繁殖、适于刹割的特点，是实施植物和研究超积累机制的良好材料。但东南景天对这些重金属的吸收和超积累特性的机制尚不明确。我们对矿山生态型（来自浙江省衢州市，图 11-6）和非矿山生态型（来自广东省广州市，图 11-7）东南景天吸收及积累 Cd/Zn/Pb 的能力进行对比研究，结果表明，矿山生态型东南景天在外界高浓度 Cd/Zn/Pb 胁迫下生长正常，并表现出很强的积累能力，而非矿山生态型东南景天响应敏感，重金属毒害严重，生长受到严重抑制，甚至在高浓度重金属胁迫下停止生长（表 11-5 和表 11-6、图 11-8 至图 11-11）。

图 11-6 矿山生态型——东南景天

图 11-7 非矿山生态型——东南景天

表 11-5 Zn 处理下东南景天两种生态型体内 Zn 的含量 （单位：mg/kg 鲜重）

Zn 浓度 /（μmol/L）	矿山生态型			非矿山生态型		
	叶片	茎	根系	叶片	茎	根系
0	75 (4)[d]	84 (10)[d]	36 (4)[f]	1.3 (0.32)[e]	2 (2)[d]	1 (0)[d]
100	154 (18)[d]	273 (79)[c]	129 (16)[e]	12 (1.32)[b]	28 (4)[d]	349 (45)[c]
400	267 (37)[c]	266 (70)[c]	212 (11)[d]	29 (12)[a]	77 (2)[cd]	511 (65)[b]
800	357 (23)[b]	535 (89)[b]	382 (13)[c]	36 (3.7)[a]	146 (12)[bc]	536 (54)[b]
1600	515 (69)[a]	693 (100)[a]	489 (91)[b]	10 (1.0)[b]	181 (37)[b]	622 (97)[ab]
3200	547 (85)[a]	723 (16)[a]	1067 (22)[a]	11 (0.32)[b]	275 (39)[a]	638 (104)[a]

表 11-6 Pb 处理下东南景天两种生态型体内 Pb 的含量 （单位：mg/kg 鲜重）

Pb 浓度 /(μmol/L)	矿山生态型			非矿山生态型		
	叶片	茎	根系	叶片	茎	根系
0	n. d.	n. d.	n. d.	n. d.	n. d.	n. d.
50	3.4 (0.44)[c]	11 (1.55)[d]	549 (114)[c]	0.66 (0.12)[c]	6.1 (1.1)[d]	2 177 (318)[d]
150	4.8 (0.84)[b]	37 (3.83)[c]	4 637 (596)[b]	0.70 (0.18)[c]	17 (1.9)[c]	3 411 (515)[d]
450	4.8 (0.44)[b]	40 (4.44)[c]	5 680 (1080)[b]	0.98 (0.15)[b]	21 (3.5)[bc]	7 149 (380)[c]
900	5.5 (0.75)[b]	61 (6.05)[b]	13 514 (2417)[a]	1.3 (0.21)[b]	27 (5.8)[b]	15 687 (1756)[b]
1500	7.6 (0.66)[a]	81 (17)[a]	14 480 (1887)[a]	2.0 (0.25)[a]	58 (8.2)[a]	18 449 (2406)[a]

注：同一列中标有不同小写字母的数值表示存在5%差异；括号中的数字代表标准偏差；n.d. 表示未检出

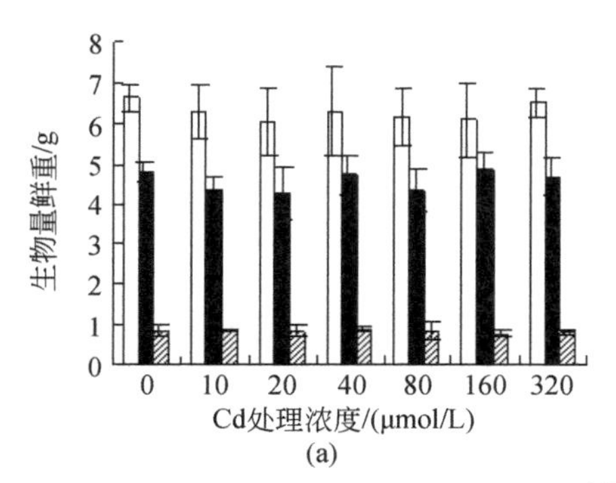

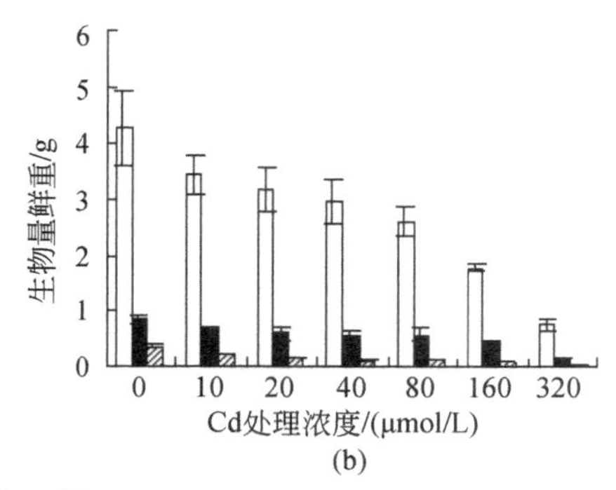

□叶片 ■茎 ▨根

图 11-8 Cd 处理对东南景天两种生态型生长（鲜重）的影响

(a) 矿山生态型；(b) 非矿山生态型

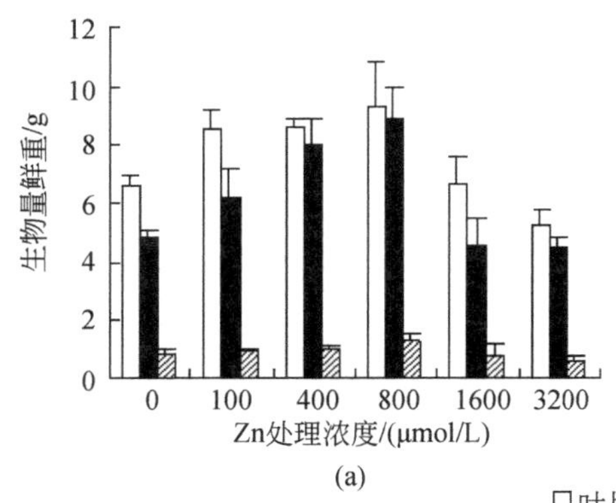

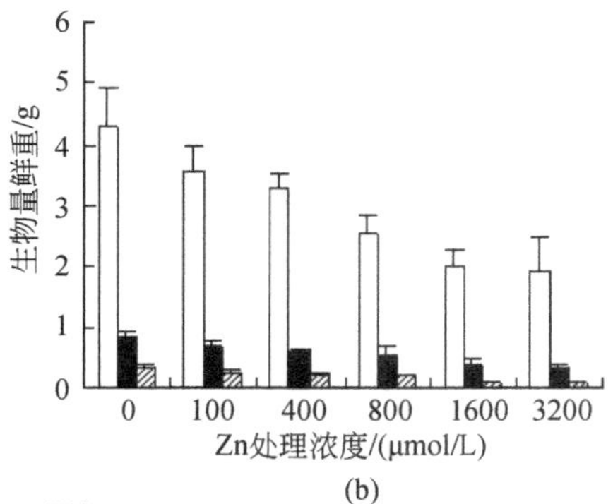

□叶片 ■ 茎 ▨根

图 11-9 Zn 处理对东南景天两种生态型生长（鲜重）的影响

(a) 矿山生态型；(b) 非矿山生态型

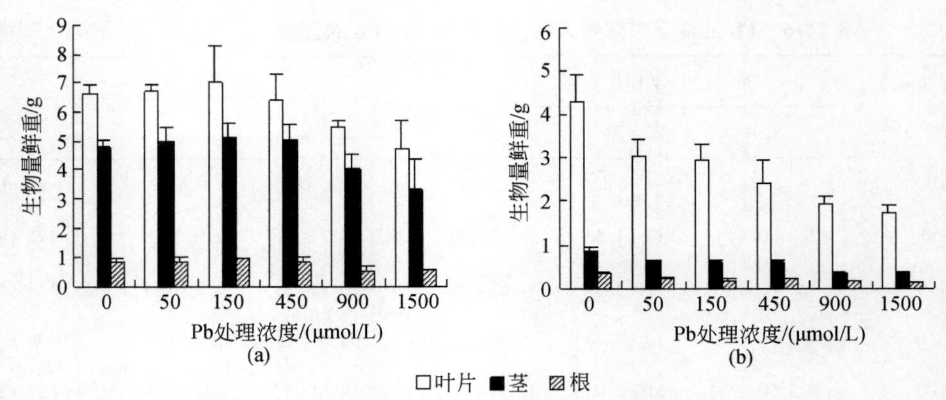

图 11-10 Pb 处理对东南景天两种生态型生长（鲜重）的影响

（a）矿山生态型；（b）非矿山生态型

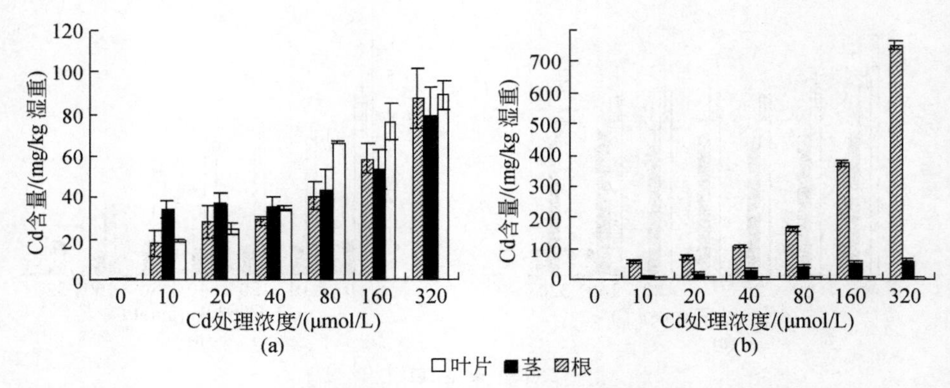

图 11-11 Cd 处理对东南景天两种生态型体内 Cd 含量的影响

（a）矿山生态型；（b）非矿山生态型

11.3.2.2 PCs 在东南景天超量积累重金属中的作用

植物忍耐重金属的机制复杂多样，其中最主要、最普遍的机制是通过诱导金属配位体的合成，形成金属配位体复合物，并在器官、细胞和亚细胞水平上呈区域化分布（Cobbett and Goldsbrough，2000）。重金属主要分布在元素周期表的 B 族和边界元素，其中 B 族金属，如 Hg、Pb、Cu 寻找生物系统中的 S、N 中心，并可能与其不可逆结合；边界金属，如 Cu、Cd、Ni、Zn 与含 S、N、O 物质形成稳定化合物（Rauser，1999）。PCs 是富含—SH的多肽，通过 Cys 残基上的—SH 络合重金属离子，从而避免重金属以自由离子的形式在细胞内循环，并以 M-PCs 复合物参与重金属的液泡区域化隔离。因此 PCs 的重金属解毒功能近年来成为植物抗重金属胁迫的研究热点之一。关于 PCs 的重金属解毒功能研究的相当清楚的是 PC 与 Cd 之间的关系。

Steffens 等（1986）首次报道，高浓度 Cd^{2+} 培养液中，耐 Cd 的番茄品种大量积累 PCs，相反，Cd 敏感品种却无此反应。Grill 等（1987）报道 Cd 诱导 PCs 的作用最强，并指出 PCs 在高等植物中普遍存在，植物细胞内 90% 以上的 Cd 被 PCs 束缚，而 Cd 结合蛋白并不存在。Verkleij 等（1990）也报道，根系吸收的 Cd 至少有 60% 是以 Cd-PCs 复合物的形式存在。Kneer 和 Zenk（1992）报道，在 Cd 胁迫下耐 Cd 植物的 Cd-PCs 螯合态含量要比对照高 10 ~ 1000 倍。后来大量的生理、生化和遗传学研究表明，PCs 是解 Cd 毒的主要机制之一，并对 Cd-PCs 复合物在细胞内的形成、转化、跨液泡膜的运输及其 Cd 的解毒机制已经有了比较清晰的认识（图 1-1）。但是，有关 PCs 的解 Cd 毒作用仍存在较大争议，尚无明确的定论。大多研究认为，PCs 与 Cd 和其他重金属的超积累和忍耐无关（De Knecht et al., 1992, 1994, 1995; De Vos et al., 1992; Schat and Kalff, 1992; Harmens et al., 1993; Ebbs et al., 2002; Schat et al., 2002; Zhao et al., 2003; Raab et al., 2004）。值得注意的是，以往的多数研究结果来源于少数模式植物的研究，类似的结论是否普遍存在于其他的抗性植物和超积累植物中仍缺乏了解。与国际上公认的 Cd 超积累植物 *T. caerulescens*（地上部积累的 Cd 达到了 Cd 超积累植物的临界标准 100mg/kg，但吸收的 Cd 仍大部分积累在根系）相比（Küpper et al., 2000; Lombi et al., 2000），矿山生态型东南景天是我国首次发现的 Cd 超积累植物，具有较高的 S/R（地上部 Cd 含量与根系 Cd 含量比值，>1）。

有不少实验表明，PCs 对植物体内 As 具有解毒功能。例如，As-PCs 复合物的形成出现在 *S. vulgaris*（Sneller et al., 1999）、*B. juncea*（Pickering et al., 2000）、*R. serpentina* 悬浮细胞（Schmöger et al., 2000）、*R. tinctorum*（Martani et al., 1996）、*H. lanatus*（Hartley-Whitaker et al., 2001b）中。Hartley-Whitaker 等（2001b）报道，*H. lanatus* 的耐 As 植物比敏感植物产生更多的 PCs，前者的含量是后者的 15 ~ 20 倍。最近，Montes-Bayon 等（2004）利用 HPLC-ICP-MS 和 ESI-Q-TOF 技术检出 As-PC_n（n=2 ~ 4）复合物是 *B. juncea* 体内 As 积累的主要金属配位体。最近，又有不少研究认为，PCs 与重金属的抗性或超积累存在一定的内在联系。例如，Morelli 和 Scarano（2004）报道海藻 *P. tricomutum* 暴露于 Cu 1h 就可检出 Cu-PCs 复合物的形成，并随暴露时间的增加而增加，提出 Cu-PCs 复合物形成是 *P. tricomutum* 抵抗 Cu 氧化胁迫的第一防御系统。耐 Cr 型单细胞绿藻 *S. acutus* 对 Cd 也表现出强的忍耐能力，并伴随 Cys 和 PCs 的大量增加（Torricell et al., 2004）。更有意义的是 de la Rosa 等（2004）采用 ICP-OES 和 XAS 分析技术研究了沙漠 Cd 超积累植物猪毛草属的 *S. kali* 体内 Cd 的结合形态，发现其根中 Cd 主要与 *O* 配位结合，而茎和叶片中 Cd 与 *O* 和 *S* 基团结合，认为 *S. kali* 叶片和茎中通过合成 PCs 来结合吸收的 Cd 并进一步参与其细胞区域化隔离。这些新的研究成果为 PCs 的重金属解毒功能提供了新的证据。

至今许多学者致力于寻找与 Zn 超积累有关的有机配体，但仍未取得突破性的进展。例如，Mathys（1977）报道，遏蓝菜属（*T. caerulescens*）比非超积累植物含有更高浓度的苹果酸和芥子油苷，并提出该植物的耐 Zn 机制：吸收的 Zn 首先与苹果酸结合，以苹果酸 Zn 盐形式转移进入液泡后发生解离，解离的 Zn 与芥子油苷结合形成一种比苹果酸 Zn 盐更为稳定的化合物而储存于液泡中，解离的苹果酸返回液泡重新与胞质中的 Zn^{2+} 结合。芥子油苷是一种含硫化合物，而 Shen 等（1997）的实验中并没有发现 Zn 超积累植物 *T. caerulescens* 体内的含硫量比非超积累植物 *T. ochroleucum* 高，而且在 500μmol/L Zn 处理的 *T. caerulescens* 地上部分硫浓度不足 Zn 浓度的一半。Tolra 等（1996）观察到 *T. caerulescens* 地上部的可溶性 Zn 浓度与苹果酸和乙二酸浓度之间有高度的正相关，而在根系中缺乏这种关系，认为有机酸的积累可能是阴阳离子平衡的结果，而不是一种特殊的忍耐机制。Shen 等（1997）的实验结果显示，*T. caerulescens* 和非超积累植物 *T. ochroleucum* 地上部均含有高浓度的苹果酸，但两者差异不大，且 Zn 处理对苹果酸浓度无显著影响。Zhao 等（2000）对另一种 Zn 超积累植物 *A. halleri* 的研究也表明，Zn 处理不影响地上部苹果酸和柠檬酸浓度，相反地，当 Zn 处理浓度从 1μmol/L 增加到 1000μmol/L，根系苹果酸和柠檬酸浓度分别增加 4 倍和 6 倍，但还不明确苹果酸和柠檬酸浓度增加是为了维持木质部阴阳离子的平衡还是参与 Zn 从根系向地上部的主动运输。

Grill 等（1987）指出，Cd 诱导 PCs 的作用最强，而 Hirata 等（2001）研究发现，Zn 诱导绿藻 *D. tertiolecta* 合成 PCs 的能力强于 Cd。经 Zn 预处理的 *D. tertiolecta* 对其他重金属（如 Cd、Hg、Cu、Pb 和 As）的耐性增强，认为这与 PCs 合成的增加有关（Tsuji et al.，2002）。这一发现促使我们设想类似的现象是否会发生在 Zn 超积累植物东南景天体内并发挥相应的解毒功能。

与 Cd、Zn 等重金属相比，Pb 在生物体内的移动性极差。多数研究表明，植物吸收的大部分 Pb 沉淀在根系细胞的细胞壁上（Liu et al.，2000；Jarvis and Leung，2001），根部积累大量的 Pb 只有极少部分运输到地上部，这可能是一些植物耐 Pb 的机制之一。这种沉淀可以阻止过量的 Pb 进入原生质，以免其遭受毒害，如普通植物地上部正常 Pb 含量为 0.02～3mg/kg DW。但仍有不少植物地上部吸收和积累大量的 Pb。目前发现 5 种 Pb 超积累植物。Xiong(1997)报道，在土培条件下白菜（*B. pekinensis*）的叶部 Pb 含量最高为(2670±937)mg/kg。何冰（2003）报道矿山生态型东南景天地上部 Pb 含量高达 514mg/kg，并将其定义为 Pb 富集植物（accumulator）。有研究表明，Pb 在植物根部以相对分子质量较小的肽类化合物及游离态占据绝大部分比例，推测这些形态是 Pb 自根部向地上部运输的主要形式（杨居荣，1993）。Pb 可诱导微藻（*S. bacillaris*）(Pawlik-Skowronska，2002)、沉水植物（*H. verticillata*）（Gupta et al.，1995）、海藻（*P. tricornutum*）（Scarano and Morelli，2002）产生 PCs 并结合形成 Pb-PCs 复合物从而减轻 Pb 对细胞的伤害。

植物体内 GSH 的代谢在抗重金属胁迫中占有重要作用（Schäfer et al.，1998）。例如，Freeman 等（2004）在 *Thlaspi* 属众多 Ni 超积累植物中发现 GSH 含量的增加与 Ni 的忍耐有关，认为 GSH 含量的增加是 Ni 诱导的氧化胁迫的结果。另外，关于耐性植物的研究结果显示，植物体内的 As 很容易与 GSH 结合，并认为 As-GSH 复合物的形成是植物降低 As 毒性的主要机制（Schmöger et al.，2000；Pickering et al.，2000；Hartley-Whitaker et al.，2001b）。此外，Oven 等（2002）研究显示，Co 超积累植物豆科野百合属的 *C. cobalticola* 细胞在 Co 胁迫下，其体内的 Cys 含量急剧上升，增加约 31 倍，证明 Cys 和 Co 形成低相对分子质量 Co-Cys 复合物，该复合物在酸性环境中稳定存在，仅在碱性环境中发生降解，推测 Cys 等小分子化合物也可能参与重金属的超积累和解毒。

同种植物的不同种群分布和生长于不同的环境条件下，由于长期受到不同环境条件的影响，在植物的生态适应过程中，就发生了不同种群之间的差异和分化，形成了一些在生态学上互有差异、异地性的种群，即形成不同的生态型。生态型是同一种植物在不同环境条件下趋异适应的结果，是种内的分化定型过程。在废矿堆和矿山附近分布有耐金属毒害的植物种群。由于重金属胁迫的强选择压力和植物耐金属胁迫的显性性状的缘故，导致种群之间耐金属胁迫的分化非常快速，生长在不同矿山或重金属污染土壤上的种群，甚至生长在同一矿山或重金属污染土壤上的不同个体间耐金属胁迫或积累金属的能力也不同（Lefebvra and Vernet，1990）。

基于以上阐述，植物耐重金属胁迫存在基因型差异，不同植物种类，甚至同种的不同品种耐重金属胁迫的能力也存在显著性差异，因此不同的超积累植物体内的金属配位体可能不同。另外由于 PCs 的诱导合成存在物种差异、组织特异及其重金属解毒功能的不确定性，鉴于这种思考，本章比较研究了东南景天矿山生态型和非矿山生态型耐 Cd/Zn/Pb 胁迫的能力，并进一步考察了其不同组织部位 PC_n 等巯基化合物的合成情况，试图揭示矿山生态型东南景天超积累 Cd 和 Zn/富集 Pb 的内在机制，为超积累植物的生理生化机理研究提供有价值的参考。

本研究通过 mBBr 柱前衍生 RP-HPLC-荧光检测法在 Cd 暴露的矿山生态型东南景天叶片、茎和根系均未检测到任何种类的 PCs，且 Cd 暴露的整个期间在其不同组织部位中也未检出任何种类的 PCs，而同等 Cd 暴露条件下在非矿山生态型东南景天体内，尤其在茎和根系中检测到大量的 PCs，且随 Cd 浓度的增加和暴露时间的延长而急剧增加（表 11-7 和图 11-12）。相反地，在矿山生态型东南景天不同组织部位检测到 GSH，并随 Cd 暴露浓度和暴露时间的增加而增加（图 11-13 和图 11-14）。结果首次证实矿山生态型东南景天——Cd 超积累植物对 Cd 的吸收、运输、超积累和忍耐与 PCs 的合成无关，而 GSH 可能参与其积累过程（孙琴等，2005a；Sun et al.，2005d，2007）。

表 11-7　Cd 胁迫下非矿山生态型东南景天体内 PC_n 等巯基化合物的诱导量　　（单位：nmol SH/g 鲜重）

Cd 浓度 /（μmol/L）	茎					根				
	Cys	GSH	PC_2	PC_3	TU-SH	Cys	GSH	PC_2	PC_3	TU-SH
0	—	274.0^{d}	—	—	—	—	132.5^{e}	—	—	—
10	22.2^{d}	345.8^{c}	23.8^{c}	275.9^{b}	281.7^{d}	20.7^{d}	290.9^{d}	25.0^{c}	257.2^{b}	159.9^{d}
20	24.1^{d}	387.2^{c}	21.7^{c}	365.9^{a}	348.8^{c}	27.9^{d}	321.2^{d}	18.9^{c}	514.6^{a}	295.4^{c}
40	27.5^{d}	429.5^{bc}	47.9^{b}	356.8^{a}	373.1^{c}	47.5^{c}	$406.^{6bc}$	36.2^{b}	560.4^{a}	446.8^{b}
80	39.4^{c}	505.0^{b}	30.2^{c}	383.5^{a}	450.4^{b}	31.8^{d}	453.6^{ab}	52.1^{a}	594.9^{a}	553.0^{a}
160	160.7^{b}	727.5^{a}	38.5^{b}	375.9^{a}	465.5^{b}	105.9^{b}	526.7^{a}	57.2^{a}	98.7^{c}	166.1^{d}
320	206.7^{a}	693.2^{a}	78.2^{a}	341.1^{a}	687.0^{a}	169.7^{a}	348.7^{cd}	58.7^{a}	87.3^{c}	137.1^{d}

注：TU-SH 代表未鉴定（unidentified）巯基化合物的总量；“—”代表未检出。同一列不同小写字母代表 5% 的显著水平

本研究结果与前人在 Cd 耐性植物和 Cd 超积累植物上的研究结论相似。De Knecht 等（1992，1994）观察到 *S. vulgaris* 中的 Cd 敏感植株比 Cd 耐性植株产生更多的 Cd-PCs，而且稳定的长链 Cd-PCs 在敏感植株中形成更多、更快，而单位 PCs 中键入的硫化物在两类植株中又相同。Ebbs 等（2002）和 Schat 等（2002）发现，超积累植物和非超积累植物叶片及根系中 Cd 的积累和 PCs 的合成量有较好的线性关系，但与非超积累植物相比，Cd 超积累植物 *T. caerulescens* 体内 PCs 的诱导量相当低，认为 PCs 不能负责其体内 Cd 的超积累

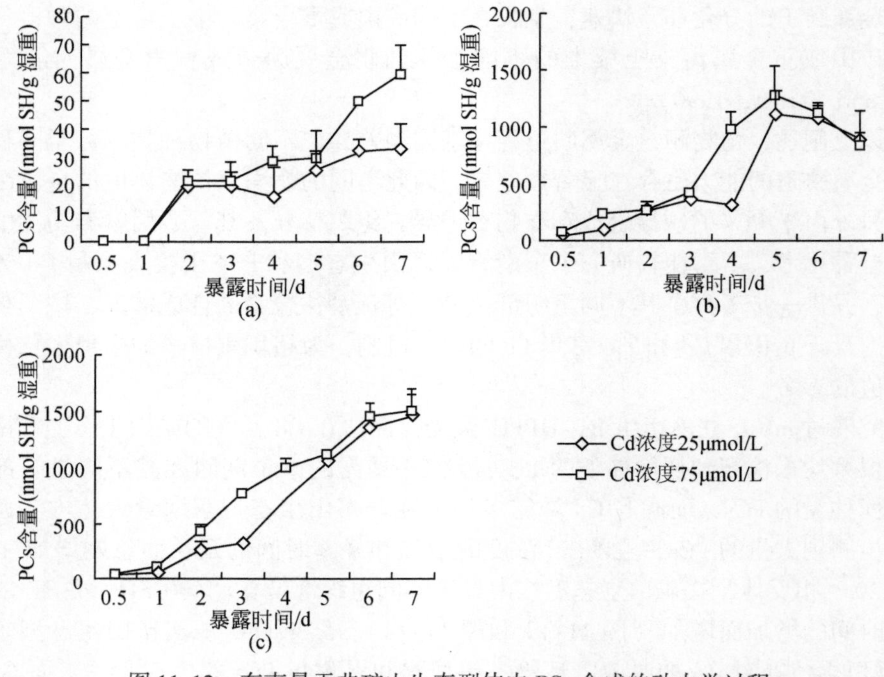

图 11-12　东南景天非矿山生态型体内 PCs 合成的动力学过程

（a）叶片；（b）根；（c）茎

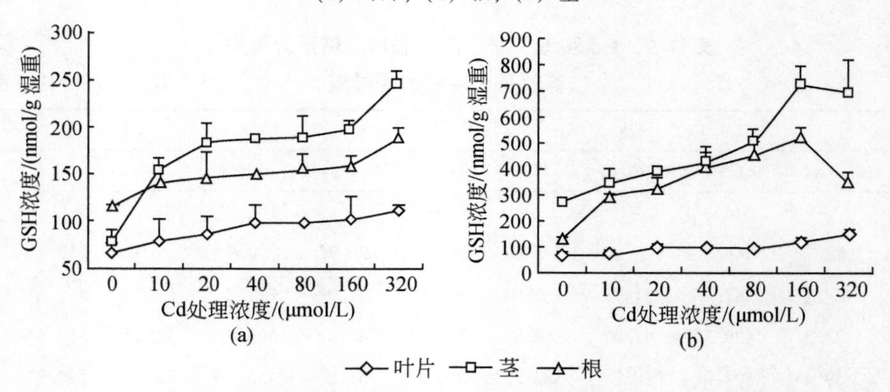

图 11-13　Cd 处理对东南景天两种生态型体内 GSH 含量的影响

（a）矿山生态型；（b）非矿山生态型

和忍耐。类似的结论与前人在其他的重金属忍耐型植物和超积累植物上的研究结论相似。Grill 等（1987）指出，在一些耐性植物中，只有很少部分的 Cu 被结合到 Cu 结合体中，而 Cu 敏感型植物却能大量合成 Cu^{2+} 结合体。此外，Sagner 等（1998）在 Ni 超积累植物 *S. acuminate* 和 Oven 等（2002）在 Co 超积累植物 *C. cobalticola* 中未检测到 PCs，他们认为 PCs 不能参与 Ni 和 Co 的超积累及解毒。另有报道，As 超积累植物 *P. cretica* 和 *P. vittata* 体内仅 1% 的 As 和 PCs 结合，建议 PCs 在 As 的超积累中发挥的作用很有限（Zhao et al.，2003；Raab et al.，2004）。虽然本书的结论类似于前人的研究结论，但显著的不同是矿山生态型东南景天对 Cd 的超积累不能诱导其体内 PCs 的合成，因而为重金属的超

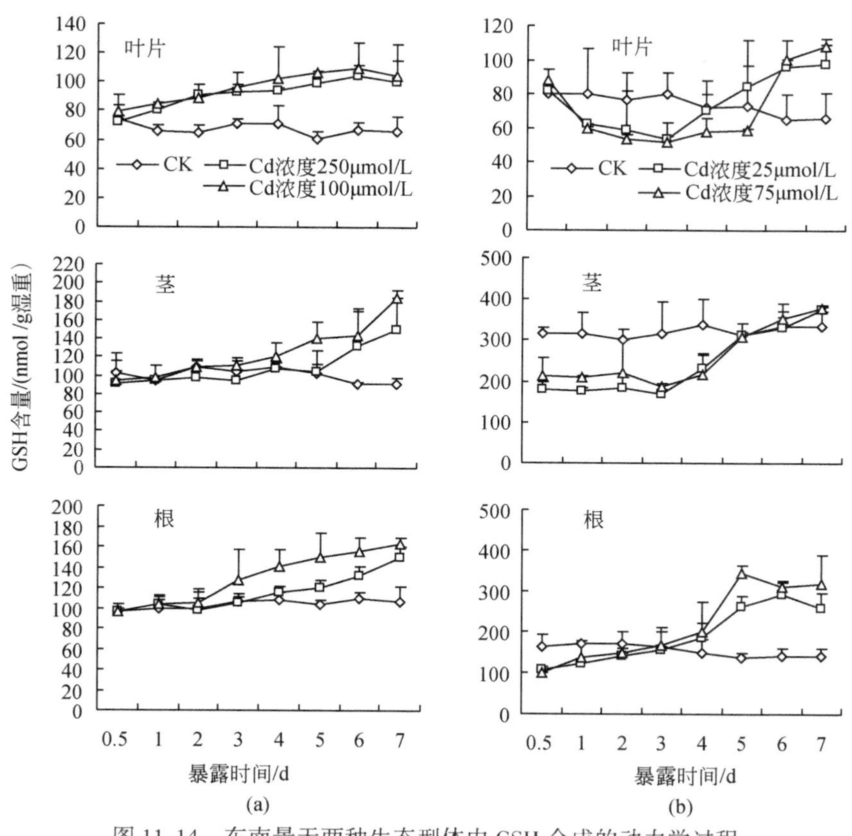

图 11-14　东南景天两种生态型体内 GSH 合成的动力学过程

(a) 矿山生态型；(b) 非矿山生态型

积累与 PCs 无关的观点提供了非常有力的证据。曾有人建议植物中 PCs 的过量产生是由于硫酸盐的还原需要消耗大量的能量，认为这种重金属的容忍机制不可能被进化（Steffens，1990）。因此，PCs 对重金属的解毒功能值得进一步深思。

本书发现，Cd 暴露不能诱导超积累矿山生态型东南景天体内 PCs 的合成，类似的现象发现在耐 Cd 型植物蒿柳（*S. viminalis*）中（Landberg and Greger，2004）。这似乎与 Cd 是 PCs 最强的体内诱导因子和 PCs 在植物界存在的普遍性观点发生冲突。Cd 为何不能诱导这些植物合成 PCs？Inouhe 等（2000）指出 PCs 合成酶活性的缺乏导致 *Azuki bean* 不能合成 PCs 和其对 Cd 的超敏感。类似的机制是否存在于超积累矿山生态型东南景天体内值得深入研究和探索。

早在 1989 年 Delhaize 就指出 PCs 的合成不是植物忍耐的关键机制。Rauser 于 1995 年提出重金属络合蛋白/肽仅可能是重金属离子的陷阱（sink），而不是植物抗重金属的原因，因此在植物细胞中还可能存在其他的解毒机制。本书研究发现，Cd 胁迫诱导矿山生态型东南景天叶片、茎和根系，尤其茎中 GSH 含量水平的升高，且 GSH 含量随 Cd 浓度的增加和暴露时间的延长而逐渐增加。且矿山生态型东南景天叶片、茎和根系中 GSH 含量的增加与 Cd 的积累呈相当好的正相关。本书结果暗示 GSH 可能参与矿山生态型东南景天对 Cd 的吸收、运输、超积累和忍耐。虽然同等浓度的 Cd 暴露也显著诱导非矿山生态型东南景天体内 GSH 含量的增加，并高于矿山生态型东南景天，但 GSH 含量的增加无法控制 Cd 的生物毒性，并与 Cd 生物毒害保持显著的正相关，表明在非矿山生态型东南景天体内 GSH 含量的增加可能是 Cd 毒害的内在响应敏感标记。另外，大量研究表明 GSH 是 PCs 合成的底物，两者存在相互消长的关系（Jackson et al.，1992；Gupta et al.，1998；徐照丽等，2001），这一点可从非矿山生态型东南景天体内 PCs 的大量合成伴随 GSH 含量先降低后升高和 Cys 的大量增加得到证实。因此非矿山生态型东南景天体内 GSH 含量的增加可能与其在矿山生态型东南景天体内的增加扮演不同的角色。

GSH 在抗重金属胁迫，尤其在生物体的解毒系统中占有重要作用，可能的途径如下所述：①GSH 作为生物体内一个重要的抗氧化剂，既可作为谷胱甘肽过氧化物酶（GPx）和谷胱甘肽硫转移酶（GST）的底物，通过这两种酶起解毒作用，又可直接与生物体内的氧自由基及亲电化合物结合起解毒作用。②其分子中 Cys 残基的—SH 直接与重金属结合使其成为细胞内一种潜在的金属配位体，参与重金属的运输和解毒。Perrin 和 Watt（1971）研究显示，GSH 的—SH 对 Cd 表现出高的亲和力，其稳定常数 $Kd_{Cd}>10^{10}$，因此 GSH 可直接与 Cd 结合形成稳定的 Cd-GSH 复合物。体内实验表明，在细胞产生短链和长链 PCs 之前，金属离子首先是被 GSH 络合着的（Nirupama and Rail，1998；Zenk，1996）；Pickering 等（2000）对芥菜络合 As^{3+}的过程进行了详细的研究，发现砷酸盐可能首先通过磷酸盐运转途径进入植物的根部，其中小部分 As^{3+}再通过木质部转移到茎中，并以 As^{3+}-3-巯基化物的形式存在于此，而大部分 As^{3+}则以同样的巯基化合物形式保留在根部，并检测到 As^{3+}-3-GSH 的存在，表明 GSH 参与茎中 As^{3+}的螯合。③GSH 是 PCs 合成的底物，通过合成 PCs 与金属离子形成 M-PCs 复合物，从而间接发挥重金属的解毒作用。在本书的研究中 Cd 暴露不能诱导超积累矿山生态型东南景天不同组织部位 PCs 的合成，因此排除了 GSH 在其体内具有第三种解毒途径的可能。

Macnair（1993）认为污染程度的增加对具有抗性的生态型的影响比无抗性生态型小。何冰（2003）证实在 Pb(0～480mg/L) 胁迫下富集生态型叶片 MDA 含量与对照相比，没有显著性差异，且抗氧化酶 SOD、POD 和 CAT 的活性有较小增加，但增加的幅度不及非矿山生态型，这些结果说明，在暴露的 Pb 浓度范围内 Pb 富集生态型叶片细胞内的活性氧水平仍保持在较低的水平，膜质的过氧化程度低，细胞的受害程度很小。Wang 等（2004）对 Cu 超积累植物 *C. communis* 体内的抗氧化防御系统进行研究，结果显示，*C. communis* 叶片 Cu 积累量超过 1000mg/kg 对其体内的 SOD、POD 和 AsA-POD 的活性无显著影响，而非超积累植物体内的酶活和 MDA 含量显著增加。由此推测，GSH 作为抗氧化剂参与矿山生态型对 Cd 的超积累和忍耐的可能性不大，进而说明 GSH 很可能作为金属配位体参与 Cd 的解毒。Ni 和 Wei（2003）对矿山生态型东南景天体内 Cd 的亚细胞分布进行研究，发现其叶片和茎中 Cd 有相当一部分分布在细胞可溶性组分（以液泡为主），如在 40μmol/L 和 400μmol/L Cd 暴露下其叶片细胞可溶性组分 Cd 占叶片总 Cd 含量的 33.1% 和 28.9%，茎细胞可溶性组分 Cd 占茎总 Cd 含量的 29.6% 和 21.3%，进入细胞可溶性组分中的 Cd 势必以非生理有效的状态存在避免对细胞的伤害。本书发现，Cd 胁迫下矿山生态型东南景天叶片、茎和根系中 GSH 含量的增加与其 Cd 的积累呈显著正相关，推测进入细胞可溶性组分中的 Cd 有可能与 GSH 结合形成 Cd-GSH 螯合物，从而减少离子态 Cd 的数量和其毒害作用。那么 GSH 是否是矿山生态型东南景天体内唯一的一种有机配位体参与细胞质中 Cd 的螯合和解毒？有研究表明，每螯合一个 Cd^{2+}，至少需要 2 个—SH，即—SH 和 Cd 螯合的摩尔比为 2 : 1（Grill et al.，1989）。本书在 Ni 和 Wei（2003）的研究结果基础上，观察到在10～40μmol/L Cd 矿山生态型东南景天叶片和茎 GSH 的—SH 及细胞中可溶性组分 Cd 的比例约为 2，而在高于 40μmol/L Cd 暴露下，其比值远小于 1，说明低浓度 Cd 暴露下矿山生态型 GSH 的增加对 Cd 的超积累和解毒可能起着重要作用，而高 Cd 暴露下其作用有限，因此推测高 Cd 胁迫下矿山生态型东南景天体内细胞可溶性组分中可能存在其他的机制参与 Cd 的解毒，也可能是 GSH 与其他未知金属配位体联合发挥作用。因此，矿山生态型东南景天对 Cd 的超量积累和忍耐有待进一步研究。

本研究进一步发现，Zn 处理下在两种生态型东南景天叶片、茎和根系中均未检出 Cys 及不同种类的 PCs，而检测到 GSH 含量随 Zn 浓度的增加而增加（图 11-15），结果进一步证实矿山生态型东南景天对 Zn 的超积累和忍耐也与 PCs 的合成无关，GSH 可能参与矿山生态型东南景天叶片和茎中 Zn 的超积累和解毒（Sun et al.，2005f）。类似的结论也出现在其他的 Zn 超积累植物。Zn 诱导 Zn 超积累植物 *T. caerulescens* 地上部和根系中 PCs 的合成，但 PCs 的含量很低，且并不随 Zn 浓度（25～1250μmol/L）的增加而增加，认为该植物 Zn 的超积累特性与 PCs 无关（Schat et al.，2002）。同样地，Zn 敏感植物 *S. vulgaris* 比抗性植物产生更多的 PCs，抗性植物体内 PCs 含量太低，不足以结合大部分的胞内金属离子，而低相对分子质量的有机酸，如马来酸、柠檬酸、乙二酸、植酸则参与了大量的胞内 Zn^{2+} 的结合（Kroz et al.，1989；Harmens et al.，1993）。De Vos 等（1992）甚至认为，Cu 抗性植物 *S. cucubalus* 对 Cu 的抗性是由于 PCs 合成水平的下降而产生的，其他植物之所以对 Cu 敏感是因为 PCs 的合成使细胞内 GSH 水平下降，从而引发了氧胁迫，对细胞造成伤害。

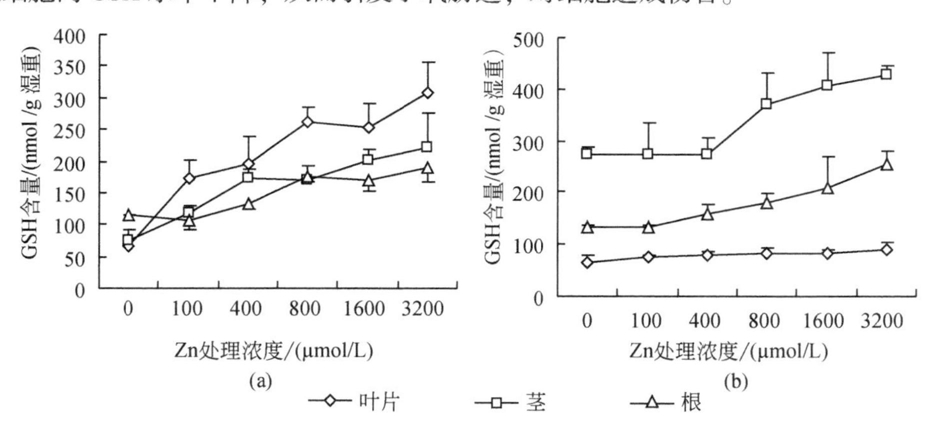

图 11-15　Zn 处理对东南景天两种生态型体内 GSH 含量的影响

(a) 矿山生态型；(b) 非矿山生态型

因此超积累矿山生态型东南景天对 Zn 的超积累势必由其他机制所主导。本书研究发现，Zn≤1600μmol/L 的浓度暴露下矿山生态型东南景天具有很强的耐高 Zn 胁迫和高 Zn 需求能力，并诱导其叶片、茎和根系中 GSH 含量的显著增加，与 Zn 的超积累呈线性相关。另外，叶片和茎中 GSH 含量的增加幅度明显高于根系，而同等浓度的 Zn 处理（高浓度除外）对非矿山生态型东南景天不同部位的 GSH 含量没有显著影响。GSH 可以以多种方式参与重金属胁迫的抵抗，基于如上讨论，推测 GSH 很可能作为金属配位体参与矿山生态型东南景天体内 Zn 的运输、超积累和解毒。

Krämer 等（2000）研究发现，Ni 超积累植物 *T. goesingense* 叶片中大多数 Ni 储存在细胞壁中，而其余部分主要以 Ni-有机酸复合物形式存在于细胞质中。龙新宪（2002）报道，细胞壁也是矿山生态型东南景天耐高 Zn 胁迫和超积累 Zn 的一个重要部位，但其叶片和根系中仍有相当部分的 Zn 分布在细胞可溶性组分，且随着 Zn 处理水平增加，分配在该组分中 Zn 的比例增加。参照龙新宪（2002）的研究结果估算矿山生态型东南景天叶片、茎和根系中 GSH 的—SH 与其细胞可溶性组分中 Zn 的比例非常低，表明 GSH 并非是细胞可溶性组分中 Zn 的主要解毒机制。龙新宪（2002）研究显示，柠檬酸和乙二酸可能作为矿山生态型东南景天 Zn 吸收的配基，促进根系对 Zn 的吸收和积累，但认为叶片苹果酸的积累并不是超积累生态型东南景天超积累 Zn 的充分必要条件。Salt 等（1999）利用 X 射线吸收光谱的研究表明，在 *T. caerulescens* 根中 Zn 主要与组氨酸络合（占 70%），其次吸附在细胞壁上；在木质部汁液中，Zn 主要以水合阳离子运输（占 79%），其余是柠檬酸结合态；在地上部，38% 的 Zn 与柠檬酸络合，其余是自由态水合离子形态占 26%、组氨酸络合态占 16%。因此推测 GSH 很可能与其他有机酸共同参与矿山生态型东南景天叶片和茎中 Zn 的超积累和解毒，其共同作用的机制及其不同的有机配体在器官和细胞内的分布值得进一步研究。

本研究进一步发现，Pb 胁迫下在两种生态型东南景天叶片、茎和根系中均未检出 Cys 和不同种类的 PCs，而检测到 GSH 含量随 Pb 浓度的增加而增加（图 11-16），结果进一步证实矿山生态型东南景天对 Zn 的超积累和忍耐也与 PCs 的合成无关，GSH 可能参与矿山生态型东南景天叶片和茎中 Zn 的超积累和解毒（Sun et al.，2005f）。

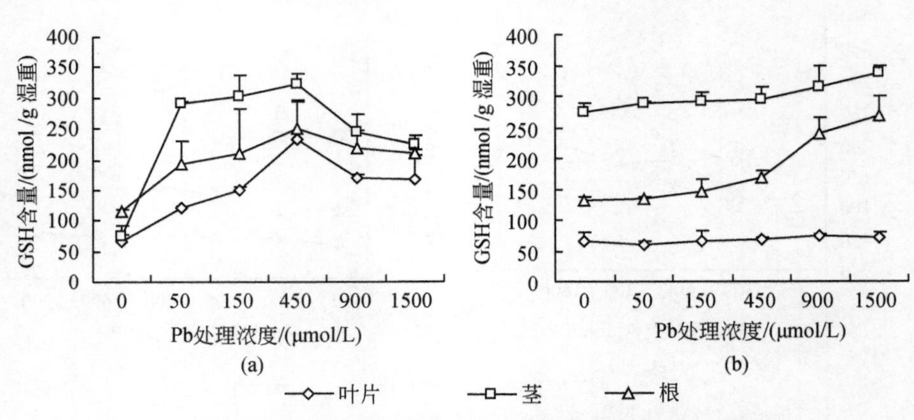

图 11-16　Pb 处理对东南景天两种生态型体内 GSH 含量的影响

（a）矿山生态型；（b）非矿山生态型

类似于一般常规植物，Pb 主要分布于矿山生态型东南景天细胞的细胞壁中，而与常规植物相比仍有不少的 Pb 进入细胞可溶性组分（何冰，2003）。众所周知，Pb 较少进入细胞的可溶性组分，一旦进入，其在植物细胞内的活动性和生理危害不容忽视。当 Pb 穿过细胞壁和细胞膜进入细胞质后，有可能和细胞质中的蛋白质、谷胱甘肽、乙二酸、柠檬酸、苹果酸等形成螯合物。用 Pb 处理黄瓜幼苗，其茎中柠檬酸、苹果酸、反丁烯二酸的含量发生变化，说明这几种有机酸可能与 Pb 结合并参与了 Pb 的运输（Tatár，1998）。本研究发现，Pb 处理矿山生态型东南景天具有强的耐高 Pb 胁迫能力，并诱导其叶片、茎和根系 GSH 含量的显著增加，且叶片和茎 GSH 含量的增加幅度明显高于根系，而非矿山生态型东南景天叶片和茎中 GSH 含量无明显变化，结果暗示 GSH 可能参与矿山生态型东南景天体内 Pb 富集的忍耐。基于如上讨论，推测 GSH 很可能作为配位体与 Pb 结合参与 Pb 的运输和解毒。在何冰（2003）实验结果的基础上，我们粗略估算矿山生态型东南景天叶片和茎 GSH-SH 与可溶性组分 Pb 的比值大于 2，而根系比值远小于 1，另外，叶片和茎 GSH 的增加幅度明显高于根系，推测 GSH 在矿山生态型东南景天地上部叶片和茎 Pb 的运输及解毒中可能发挥重要作用，而在根系中其作用有限。Sharma 等（2004）采用 XAS（X-ray absorption near-edge structure）和 EXAFS 研究了 Pb 超积累植物田菁属的 *S. drummondii* 叶片和根系中 Pb 的存在形态，结果发现，含硫的 Pb 复合物是叶片和根系中 Pb 存在的主要形态，并发现了大量的 Pb，而类似的机制是否存在于东南景天富集 Pb 的过程中值得进一步研究。

综上所述，PCs 的解毒作用不能一概而论，这种解毒作用可能因重金属的种类、处理时间及植物种类的不同而产生差异。

11.3.3 PCs 调节和维持植物体内金属离子的平衡作用

植物微量营养元素 Cu 和 Zn 等重金属在植物体内物质的代谢中有重要的作用，它们不仅是植物体内的重要组分（如 Cu 和 Zn-SOD），而且也在酶催化过程中起重要作用，但在过量积累时则会引起植物体内物质和代谢的伤害。Kneer 和 Zenk（1992）研究对 Cu 和 Zn 具抗性的植物时发现，其体内能够产生大量不同类型的寡肽，此种寡肽主要为不同相对分子质量大小的 PCs。PCs 通过络合过量的重金属离子减轻或消除金属离子对植物体内代谢和变化过程的伤害，但体内金属离子耗竭时，络合的 Cu 和 Zn。在非胁迫条件下又可重新释放出来。PCs 络合态金属离子还有激活酶活性的功能，在所有的 Zn-PCs 复合物中，Zn-[$(\gamma$-Glu-Cys$)_2$-Gly] 有较强的激活碳酸酐酶的能力。可见 PCs 在植物必需的微量元素毒性解除及代谢中有重要作用，但其具体的调节机制尚待深入研究。

另外，PCs 还通过保护一些对金属有敏感性的酶活性。Kneer 和 Zenk（1992）采用体外培养方式研究的结果表明，核酮糖-1,5-二磷酸羧化酶/加氧酶、硝酸还原酶、脲酶、3-磷酸甘油醛脱氢酶、乙醇脱氢酶均受硝酸镉的抑制，同一浓度的 PC-Cd 对上述几种酶的抑制要比硝酸镉小 10~1000 倍。由硝酸镉引起失活的硝酸还原酶活性能够为 PCs 所复活，但很少为 GSH 复活。

11.3.4 PCs 的抗氧化胁迫作用

Hirata 等（2001）研究发现，Zn 诱导绿藻 *D. tertiolecta* 合成 PCs 的能力强于 Cd。Tsuji 等（2002）发现，经 Zn 预处理的 *D. tertiolecta* 对其他重金属（如 Cd、Hg、Cu、Pb 和 As

等）的耐性增强，对过氧化氢和甲基紫精引起的氧化胁迫的耐受能力也得到提高，认为是Zn诱导PCs合成增强所致。离体实验结果表明，PCs可作为过氧化氢和超氧阴离子自由基的清除剂，能减轻氧化胁迫，结果暗示PCs可能是生物体内一种潜在的抗氧化物质，其原因可能通过PCs自身的巯基还原态/氧化态的转换来清除重金属诱发产生的自由基。重金属胁迫下生物体内PCs是否具有清除细胞内自由基的作用有待探讨，目前对此领域研究甚少。

11.3.5 PCs的其他作用

运用生化检测技术对水环境中痕量的重金属污染元素进行准确而快速测定颇受广大研究学者的重视（时国庆等，2004）。与传统的重金属检测法（AAS、ICP-AAS、ICP-MS等）相比，生化检测技术具有多处优势：①选择性高，不需要对样品进行预处理；②灵敏度高，有时甚至会超过常规的AAS等仪器分析方法；③生化检测技术检测的重金属多为生物有效性的，而非重金属的总量；④简单快速、适合现场和在线检测等。目前报道的生物活性物质有酶、抗体、特异性蛋白（多肽）、转基因细胞或微生物等。

Bontidean等（1998，2000a，2000b，2002）发展了以金属结合蛋白，如MT（SmtA）和调节蛋白（MerR）为基础的生物传感器，以SmtA和MerR生物识别材料的电极对多种金属离子具有相似的响应。PCs是富含—SH的螯合多肽，具有多个（γ-Glu-Cys）的重复单位，对重金属的结合能力强于MT（Mehra and Mulchanandan，1995）。鉴于PCs对金属的特异结合性，Satofuka等（1999）利用化学合成的PCs作为调节器来检测水环境中低浓度的重金属离子，发现人工合成的PC_n（n=4~7）比从生物体内自然纯化的PC_n（n=2~4）表现出高的灵敏度和稳定的测定效果，且长链PC_n对重金属有更强的结合能力，是一种更理想的调节器。最近Bontidean等（2003）提出了以PCs为基础的电容生物传感器来定量测定重金属离子，该传感器对多种金属离子也表现出响应，但对各金属的检测敏感度不一，其顺序为$S_{Zn}>S_{Cu}>S_{Hg}>S_{Cd}\approx S_{Pb}$，检测范围为100fmol/L~100mmol/L，该传感器可通过加入EDTA再生，储藏时间可达15d。而以PCs为基础的生物传感器用于实际环境中重金属的检测仍缺乏足够的实验证据。

11.4 PCs作为生物标记物的潜力

王晓蓉课题组长期从事重金属胁迫下植物（包括重金属耐性植物和常规植物）体内PCs的响应及其作用研究。首先以我国首次发现的超积累植物东南景天为供试材料探索PCs的重金属解毒作用，结果显示PCs的响应与重金属的解毒和忍耐无关，相反，PCs的响应水平与重金属Cd的毒害程度紧密相关，可用于指示环境中Cd的毒害评价（Sun et al.，2005d，2007）。事实上早在1995年Rauser曾提出以胞内PCs含量作为环境中重金属污染的定量标准的设想。Keltjens等（1998a，1998b）将PCs含量的激增作为植物遭受重金属胁迫的早期警告标志。后来有人逐渐将PCs作为生物标记物用来检测实际环境重金属的污染状况。例如，Gawel等（1996）为了证明美国东北地区的森林衰萎与重金属有关，采用胞内 PCs 含量作为金属胁迫的特异标志，结果发现衰萎树木体内 PCs 含量水平明显高于正常树木。Bruns 等（1997）从河水中采集大量的 *F. antipyretical* L. ex Hedw 进行生化检测，发现 PCs 含量水平与 Cd 浓度水平呈现依赖性剂量诱导表达的动力学关系，因此认为 PCs 可以作为环境中重金属含量的生物指示剂（bioindicator）。Hu 和 Wu（1998）及 Skowronski 等（1998）分别测定了长心卡帕藻和一种无隔藻中的 PCs 含量，发现体内 PCs 的含量随暴露于 Cd 的时间的延长而增加，并与外界的 Cd 浓度直接相关，因此都认为细胞内是否存在 PCs 可以作为重金属污染的定性指标，但未证明 PCs 能否作为定量指标。Gawel（2001）通过检测加拿大萨德伯里安大略湖边树木叶片内 PCs 含量来衡量空气重金属的污染状况，结果发现，暴露于重金属污染空气树木叶片中 PCs 的含量水平与空气重金属的污染状况保持一致趋势。Gawel 和 Hemond（2004）进一步通过检测树木体内 PCs 含量的水平来评价地下水的重金属污染情况，结果表明重金属污染严重的水域伴随高水平的 PCs 合成量。可见，PCs 作为生物标记物在重金属污染环境（土壤、水、空气）中的确具有比较大的应用前景。

11.4.1 陆生植物体内 PCs 的响应与重金属生物毒性的关系

采用水培方式系统地研究了 Cd、Zn、Pb 单一以及 Cd+Zn 和 Cd+Pb 复合胁迫下小麦不同组织部位 PCs 响应与重金属毒性之间的关系。结果表明，不同重金属暴露 14d，单 Cd（2~54μmol/L）对小麦产生了明显的生物毒性，不同组织部位和小麦根长受到显著抑制，而同等浓度的 Zn 和 Pb 的毒性明显小于 Cd。Cd 和 Zn 复合暴露下，Zn 的加入降低了 Cd 的生物毒性。Cd 和 Pb 复合暴露下，Pb 的加入增强了 Cd 的生物毒性。相对应地，Cd 胁迫对小麦体内 PCs 产生了明显的诱导效应，且根系是 PCs 响应的主要部位，其诱导量随 Cd 浓度的增加而急剧增加，而对 Zn 和 Pb 的暴露不敏感（图 11-17 和图 11-18）。Cd 和 Zn 共存时，Cd 处理 Zn 的加入降低小麦根系 PCs 的含量，并随 Zn 浓度的增加表现出持续的降低趋势（图 11-17）；Cd 和 Pb 共存时，Pb 的加入增加了小麦根系 PCs 的含量（图 11-18）。以

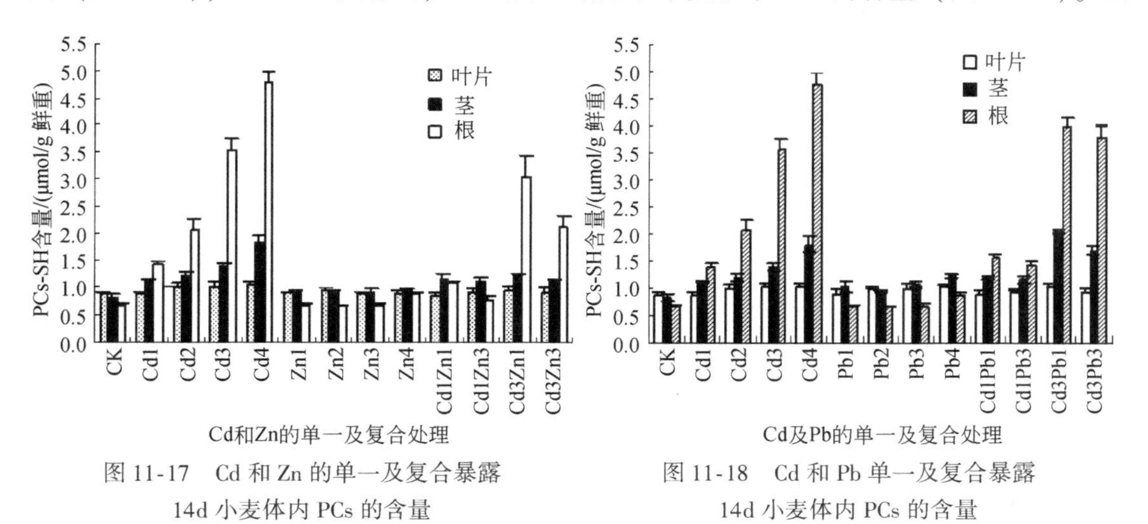

图 11-17 Cd 和 Zn 的单一及复合暴露 14d 小麦体内 PCs 的含量

图 11-18 Cd 和 Pb 单一及复合暴露 14d 小麦体内 PCs 的含量

根系伸长抑制率表示重金属的生物毒性，线性回归分析显示，在单 Cd 与 Cd+Zn 和 Cd+Pb 复合暴露下小麦根系 PCs 的诱导量与重金属的生物毒性保持良好的线性关系，而与 Zn 和 Pb 的生物毒性相关性差（表 11-8）。

表 11-8　单 Cd 以及 Cd+Zn 和 Cd+Pb 复合暴露下小麦根系内 PCs 含量与重金属生物毒性之间的关系

处理	方程	相关系数（R^2）
Cd	$Y=0.082x-0.844$	0.883*
Zn	$Y=0.010x+0.639$	0.465
Pb	$Y=0.001x+0.650$	0.582
Cd+Zn	$Y=0.046x+0.465$	0.922*
Cd+Pb	$Y=0.073x-0.716$	0.941*

注：回归方程中 Y 与 x 分别代表 PCs 的诱导量（μmol/g FW）和根系伸长抑制率（%）；Cd 重金属毒性以根系伸长抑制率（%）来表示。

*代表处理达到 5% 显著

污染物的生物可利用性和生态毒性依赖于其赋存形态。Cd 的生物可利用性受诸多因素的调控，关键是 pH 和有机质。王晓蓉课题组系统地研究了 Cd 胁迫下各种有机配体对小麦体内 Cd 的生物毒性和 PCs 合成的关系，旨在通过环境影响因子的分析探讨 PCs 的响应机理，进一步论证 PCs 用于指示 Cd 的生物可利用性和生物毒性的可行性。结果表明，在 Cd 胁迫的溶液中添加不同浓度的有机配体，通过 VMINTEQ 程序计算 EDTA 和 DTPA 极大地降低了溶液中自由 Cd^{2+} 含量（表 11-9）、Cd 的吸收量（表 11-10）和 Cd 的生物毒性（图 11-19），伴随 Cd 毒性（以根系伸长抑制率来表示）的降低小麦根系内 PCs 诱导量急剧降低（图 11-20），两者保持显著的正相关。值得注意的是，发现适量浓度的柠檬酸供应促进小麦对 Cd 的吸收和积累，但却降低了 Cd 的生物毒性和其根系中 PCs 的诱导量，且 Cd 的生物毒性和其根系中 PCs 的诱导量保持一致的变化趋势而 Cd 的生物毒性与 Cd 的吸收量保持负相关。通过本研究发现，植物体内 PCs 的合成与重金属的存在形态有关，依赖于细胞内游离 Cd^{2+} 的浓度（即生物毒性的 Cd 浓度），而与金属的总浓度无关（表 11-9 和表 11-10、图 11-20）。

表 11-9　添加不同浓度的有机酸 Cd 暴露液中自由 Cd^{2+} 的浓度（用 pMe 表示）

有机酸浓度 /(μmol/L)	EDTA	DTPA	柠檬酸	苹果酸	乙二酸
0	5.72	5.72	5.72	5.72	5.72
10	6.63	6.81	5.72	5.73	5.73
50	8.06	0	5.73	5.73	5.74
100	8.85	0	5.74	5.74	5.75
500	0	0	5.81	5.78	5.81

注：pMe =-log［Me^{2+}］。0 代表 Cd 几乎全部被 EDTA 和 DTPA 螯合

表 11-10　有机酸对 Cd 胁迫下小麦体内 Cd 含量的影响　（单位：μmol/g 鲜重）

处理	苹果酸			柠檬酸			乙二酸		
	叶片	茎	根系	叶片	茎	根系	叶片	茎	根系
T_0	0.167^bB^	0.282^bAB^	1.44^bB^	0.167^abA^	0.282^aA^	1.44^cC^	0.167^aA^	0.282^abB^	1.44^bA^
T_1	0.195^aA^	0.315^aA^	1.67^aA^	0.176^aA^	0.240^bB^	1.37^cC^	0.159^aA^	0.275^bB^	1.58^aA^
T_2	0.178^bAB^	0.263^bB^	1.40^bB^	0.159^bA^	0.267^aA^	1.48^cBC^	0.172^aA^	0.261^bB^	1.50^abA^
T_3	0.146^cC^	0.221^cC^	1.25^cC^	0.128^cB^	0.233^bB^	1.69^bB^	0.156^bA^	0.297^aA^	1.53^abA^
T_4	0.127^dC^	0.174^dD^	1.16^dD^	0.077^dC^	0.076^cC^	2.08^aA^	0.125^cB^	0.170^cC^	0.94^cB^
ANOVA *F*	33.2**	61.6**	303**	97.3**	222**	35.7**	15.2**	94.1**	61.8**

处理	DTPA			EDTA		
	叶片	茎	根系	叶片	茎	根系
T_0	0.167^aA^	0.282^aA^	1.44^aA^	0.167^aA^	0.282^aA^	1.44^aA^
T_1	0.151^bA^	0.229^bB^	1.25^bB^	0.158^bB^	0.229^bB^	1.32^bB^
T_2	0.008^cC^	0.019^cC^	0.02^cC^	0.020^cC^	0.034^cC^	0.13^cC^
T_3	0.004^cC^	0.014^cC^	0.02^cC^	0.012^dD^	0.020^dD^	0.06^dD^
T_4	0.003^cC^	0.011^cC^	0.01^cC^	0.001^eE^	0.002^eE^	0.02^eE^
ANOVA *F*	722**	1310**	9504**	1274**	1122**	10101**

注：同一列中标有不同小写和大写字母的数值表示存在 5% 和 1% 差异。

**代表处理达到 1% 显著

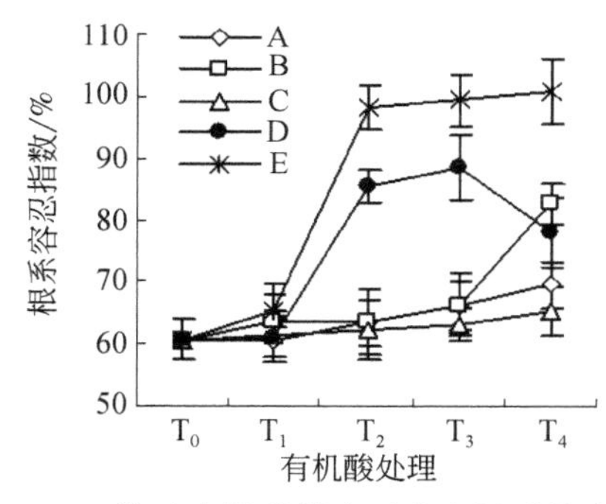

图 11-19　Cd 胁迫有机酸供应下小麦根系的容忍指数

A，苹果酸；B，柠檬酸；C，乙二酸；D，DTPA；E，EDTA

在上述研究结果的基础上又系统地研究了 Cd 胁迫下多种无机环境对小麦体内 Cd 的生物毒性和 PCs 合成的影响。结果表明（图 11-21），pH 对 Cd 的生物毒害有明显影响，pH 为 7 ~ 8 时 Cd 的生物毒性小，小麦的根长和地上部及根系的鲜重增加，并在 pH 为 8 的条件下达显著水平（$P < 0.05$），而 pH 为 4 ~ 6 时 Cd 的生物毒性较大；缺 Ca 抑制 Cd 胁迫的小麦生长，增 Ca 小麦的根长和地上部及根系的鲜重均明显增加，与缺 Ca 相比达极显著水平（$P < 0.01$），说明缺 Ca 加剧了 Cd 的生物毒性，适当增 Ca 可缓解 Cd 的生物毒性；缺 P 也明显抑制 Cd 胁迫的小麦生长，但不如缺 Ca 强烈，增 P 促进小麦的生长，且高 P（3mmol/

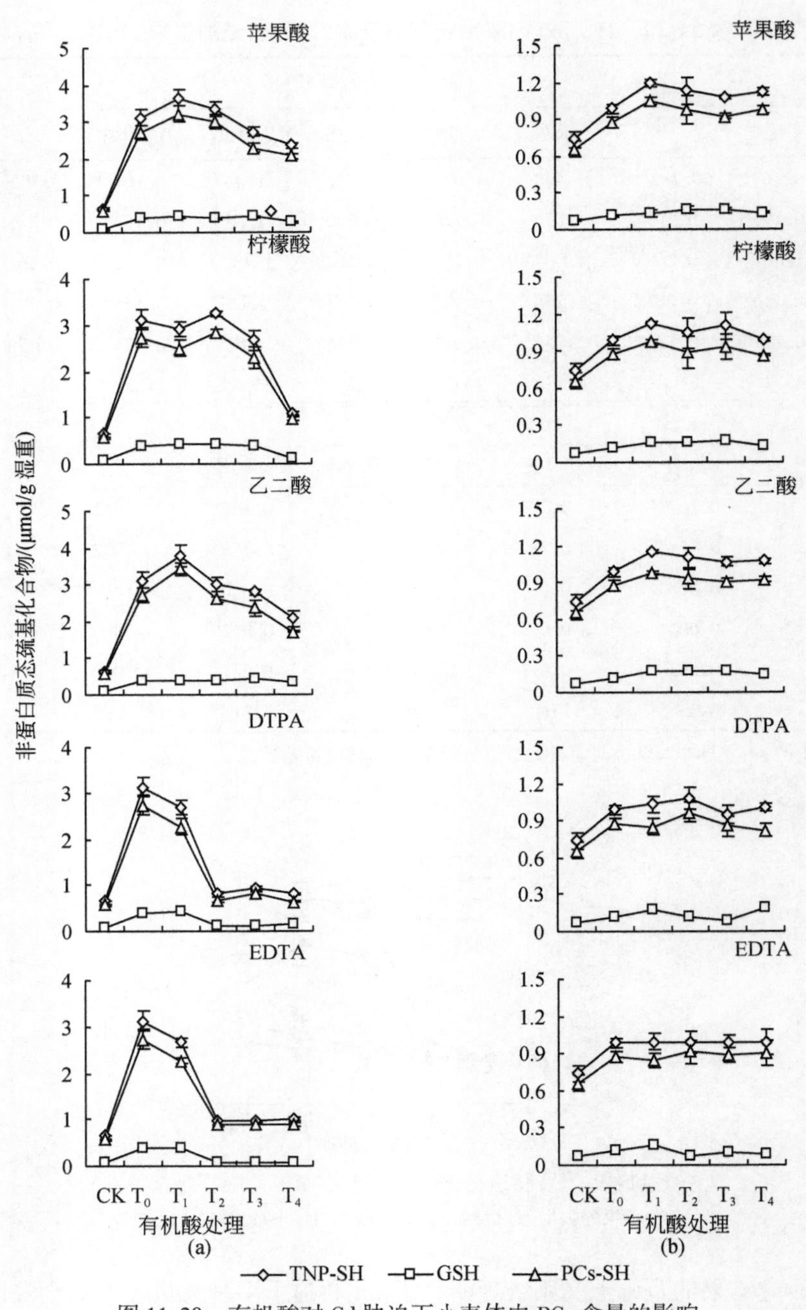

图 11-20　有机酸对 Cd 胁迫下小麦体内 PCs 含量的影响

(a) 根系；(b) 叶片

L）效果显著（$P< 0.05$），说明增 P 降低了 Cd 的生物可利用性。实验还观察到，与缺 S 和低中浓度 S 水平相比，高浓度 S（6mmol/L）下小麦鲜重和根长有显著增加（$P< 0.05$）；而 Mg 对 Cd 胁迫的小麦生长没有显著影响（$P> 0.05$）。结果表明，不同的 pH 和无机营养环境对 Cd 的生物毒性产生了不同程度的影响。

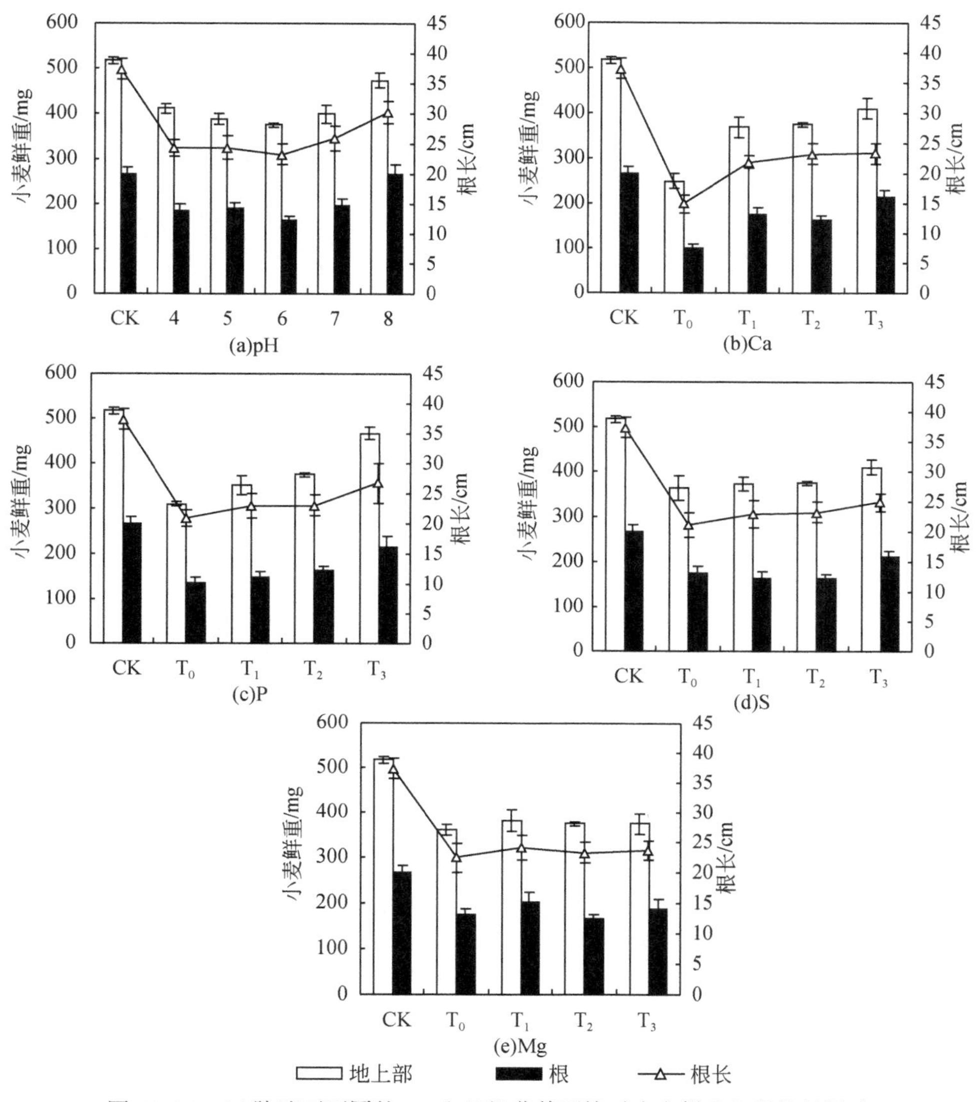

图 11-21　Cd 胁迫下不同的 pH 和无机营养环境对小麦鲜重和根长的影响

不同水平的 pH、Ca、P、S 和 Mg 对 Cd 胁迫的小麦根中 PCs 的诱导量产生了不同程度的影响，而对叶片中 PCs 未有显著影响（$P>0.05$）（图 11-22）。在低 pH（4～6）范围内，小麦根中 PCs 的诱导量明显增加，但随 pH（>6）的增加而降低，与其他 pH 水平相比，pH 为 8 的条件下小麦根中 PCs 的诱导量急剧下降，达极显著水平（$P<0.01$），与根中 Cd 的含量和 Cd 的生物毒性变化基本保持一致趋势；一定范围内增 Ca 小麦根中 PCs 的诱导量明显增加，随 Ca 水平的提高表现出降低趋势，与根中 Cd 的含量和 Cd 的生物毒性变化基本保持一致趋势；与缺 P 相比，增 P 降低了小麦根中 PCs 的诱导量，达极显著水平（$P<0.01$），并随 P 水平的增加而降低，与小麦体内 Cd 的生物毒性保持一致趋势；与缺 S 相比，增 S 提高了小麦根中 PCs 的诱导量，达极显著水平（$P<0.01$），而高 S 表现出抑制作用，与根中 Cd 的含量和 Cd

的生物毒性表现出类似的趋势；Mg 对小麦根中 PCs 的诱导量未有显著影响（$P>0.05$）。

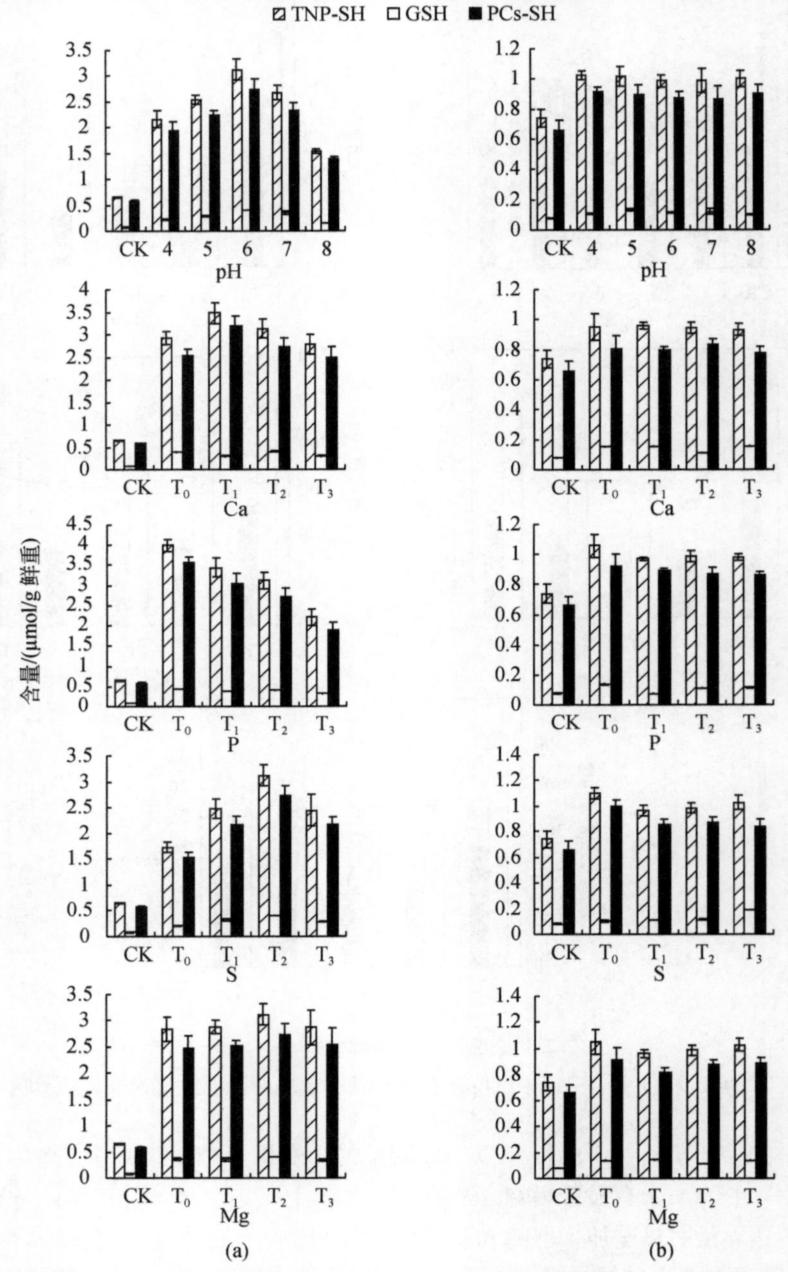

图 11-22　Cd 胁迫下不同的 pH 和无机营养环境对小麦根系(a)和叶片(b)内 PCs 的诱导量和 GSH 含量的影响

PCs 的合成是高等植物对重金属胁迫的一种响应机制，具有双重作用：其一是细胞结构和功能遭受伤害的反映，用于指示金属的胁迫程度；其二是植物在逆境下的适应表现，对植物体内的重金属起解毒作用，可作为鉴定植物相对抗性的指标。我们在研究中得到

Cd 胁迫 1d 即可检测出小麦根系 PCs 的大量合成（图 11-4 和图 11-5）。因此，本研究中小麦受到 Cd 胁迫后根系 PCs 的大量合成，可以认为是植物对 Cd 伤害的一种应激生理反应，与植物体内 Cd 总量相比，细胞水平上 PCs 的合成能客观反映 Cd 的生物毒害水平，可作为环境中单 Cd 或 Cd-Zn 或 Cd-Pb 复合污染的早期预警指标。Cd-Zn 或 Cd-Pb 共存对小麦根系内 PCs 的合成存在互作效应且互作模式与暴露时间的长短有关，结果暗示在应用 PCs 作为生物标记物评价重金属的联合毒性时应谨慎考虑共存重金属的种类及其暴露时间，以便准确评估重金属的生物毒性。在上述多项水培实验结果的基础上，针对土壤环境和溶液环境中重金属生物有效性的差异，参考土壤环境质量标准，采用室内盆栽方式模拟污染土壤实际状况，进一步研究了土壤环境介质中 Cd 和 Zn 复合污染下小麦根系 PCs 的合成与重金属毒性之间的关系，结果证实 PCs 可作为土壤环境低浓度 Cd 及其复合污染的预测指标（Sun et al.，2005a，2005b，2005c）。

11.4.2 水生植物体内 PCs 的响应与重金属生物毒性的关系

鉴于不同植物种类的差异，近年来我们继续以中国浅水湖泊分布广泛的漂浮植物水浮莲和沉水植物（苦草、金鱼藻和伊乐藻）为研究对象，参考中国地表水环境质量标准，研究了与环境相关的低水平 Cd（0.01～0.64μmol/L）暴露下 PCs 的响应规律。结果表明，低水平 Cd（0.01～0.08μmol/L）对 4 种水生植物未产生明显毒害，但 0.16～0.08μmol/L 的 Cd 均不同程度地抑制了水生植物的生长，并随 Cd 浓度的增加抑制越明显（图 11-23 至图 11-25），伴随水浮莲根系和金鱼藻体内 PCs 含量的急剧增加，PCs 的诱导量与 Cd 的毒

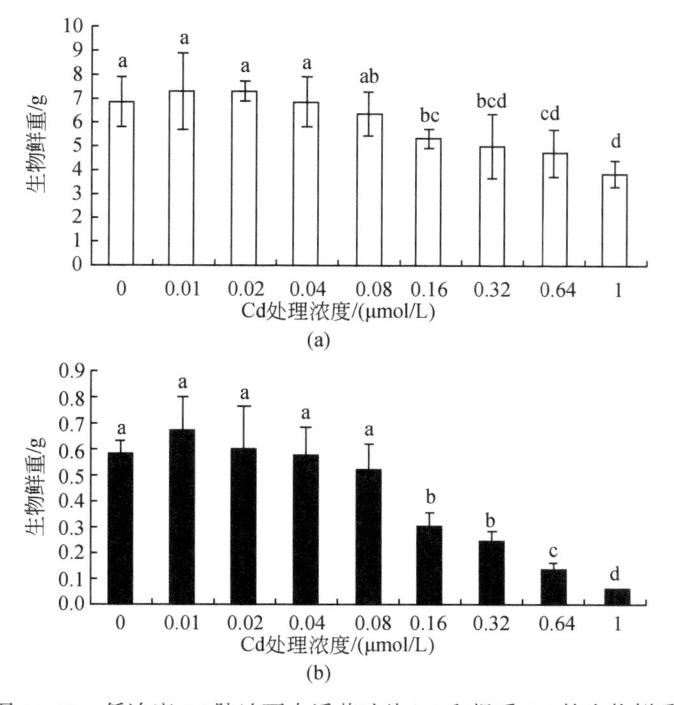

图 11-23　低浓度 Cd 胁迫下水浮莲叶片(a)和根系(b)的生物鲜重

害程度保持相当好的正相关，苦草和伊乐藻即使产生 Cd 毒而 PCs 的响应也不明显，因此水浮莲和金鱼藻体内 PCs 对 Cd 污染敏感，可通过检测其体内 PCs 的含量来评价和预测实际水环境中 Cd 的污染（表 11-11）（王超等，2008）。

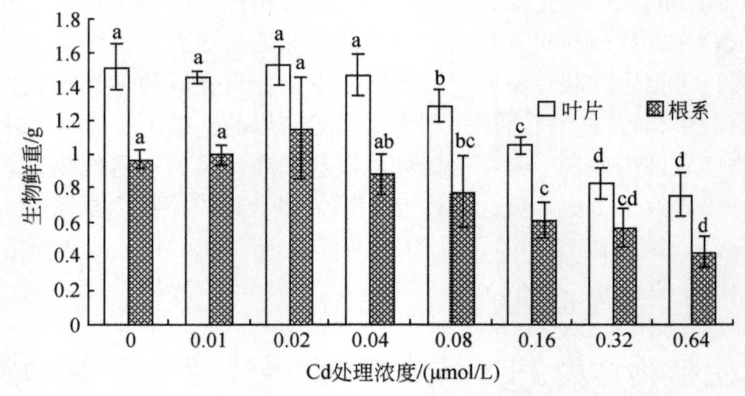

图 11-24　低浓度 Cd 胁迫下苦草不同部位的生物鲜重

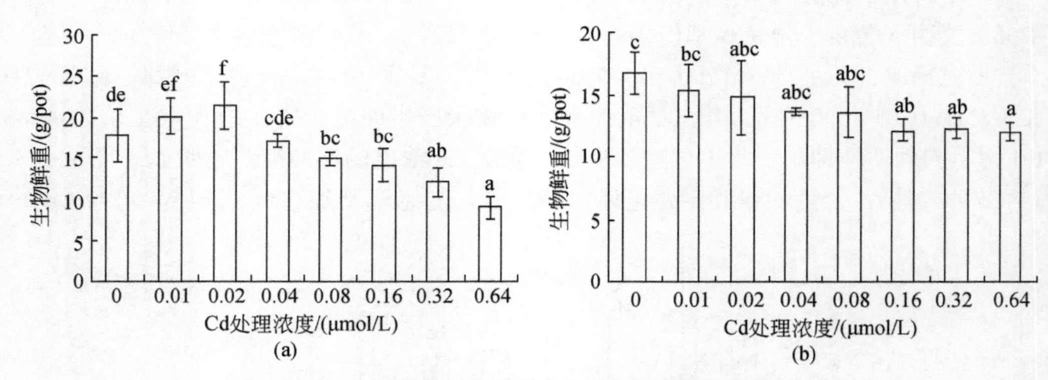

图 11-25　低浓度 Cd 胁迫下金鱼藻和伊乐藻的生物鲜重

表 11-11　低浓度 Cd 暴露 21d 水浮莲等不同组织部位 PCs 的含量（单位：nmol/g 鲜重）

Cd 浓度	水浮莲（21d）		苦草（14d）		金鱼藻	伊乐藻
/（μmol/L）	叶片	根系	叶片	根系	（21d）	（21d）
0	1.69±0.32^{ba}	1.71±0.25^{a}	n. d.	n. d.	6.43±0.86^{ab}	2.16±0.44^{a}
0.01	1.61±0.11^{a}	1.50±0.19^{a}	5.72±0.10^{a}	3.73±0.06^{a}	5.47±1.25^{a}	2.08±0.04^{a}
0.02	2.40±0.19^{ab}	2.60±0.33^{b}	8.61±0.09^{b}	4.87±0.05^{ab}	8.09±1.28^{b}	2.30±0.36^{a}
0.04	2.73±1.01^{ab}	3.39±0.55^{bc}	13.0±0.62^{c}	7.45±0.10^{c}	32.7±7.66^{c}	2.77±0.54^{ab}
0.08	2.64±0.28^{ab}	4.08±0.99^{c}	16.2±0.10^{cd}	5.58±0.11^{b}	42.1±8.04^{c}	3.53±0.22^{bc}
0.16	3.52±0.42^{b}	15.7±2.65^{d}	18.6±0.04^{d}	7.46±0.10^{c}	66.6±9.51^{d}	2.74±0.35^{ab}
0.32	6.32±1.00^{c}	82.9±5.59^{e}	30.0±0.58^{e}	7.59±0.04^{c}	176±32.1^{e}	3.99±0.88^{c}
0.64	9.20±1.07^{c}	135±21.1^{f}	32.2±0.16^{e}	8.44±0.05^{e}	223±5.96^{f}	3.73±0.39^{c}
1	31.4±6.74^{d}	578±24.9^{g}				

注：PCs 含量是 PC_2、PC_3 以及未鉴定出来的类 PCs 化合物的总和；同一列中标有相同字母的表示未达到显著水平（5%）；n.d. 表示未检测到

11.5 PCs 研究存在的问题与值得进一步研究的方向

事实上，自 PCs 发现以来，国内外特别是国外有关 PCs 的研究一直处于比较活跃的状态，研究也越来越深入，尤其是 PCs 对重金属的解毒作用机制及 PCs 与植物对重金属的抗性的关系报道较多，但仍存在不少的问题，表现为以下几个方面：①目前有多种测定方法研究 PCs 的性质、结构和组成，由于受条件的限制，得出的结果和结论并不完全一致。因此，有必须选择一种可靠的 PCs 测定方法，为人们深入研究 PCs 提供先决条件。②现在的研究多侧重于在单一重金属存在的条件下 PCs 的作用机制，而在实际情况是往往多种重金属同时存在，因此，应加强在复合污染的情况下，PCs 对植物的作用机制研究。③PCs 在重金属胁迫中充当多种角色，关注的焦点是 PCs 的生物标记物和重金属解毒功能，但目前国际上对 PCs 的这两大潜在功能仍存在较大争议，尚无明确定论。因此，有必要进一步加强 PCs 在重金属胁迫中的作用研究，以便较全面地评价 PCs 的生物学功能。④植物体内存在多种重金属的抗性机制，在研究植物对重金属的抗性时，不能只局限于某一方面的机制，而应根据具体的植物，发掘对其抗性起决定作用的因素。⑤国内外有关重金属对 PCs 的研究大多是实验室水培和砂培的条件下进行的，因实验室条件单一易于控制，而实际污染土壤体系复杂可操作因素少，实验室单一控制条件下得出的结果和真实情况下得出的数据可能存在差异，因此，应加强重金属污染土壤生长介质中植物体内 PCs 的合成研究。⑥在PCs 的研究中通常忽视了 GSH 作用的研究。植物体内 GSH 以多种方式参与重金属胁迫的忍耐，如 PCs 合成的底物、重金属的螯合剂、抗氧化剂等，有意义的探索在于 GSH 如何参与植物发挥抵抗重金属胁迫的机制。有研究者认为，GSH 合成的增强似乎是植物对环境胁迫的内在响应之一，因此为其作为生物标记物提供了可能，但目前对陆生生态系统中 GSH 的生物预警功能研究甚少。

参 考 文 献

何冰．2003．东南景天对铅的耐性和富集特性及其在铅污染土壤修复效应的研究．杭州：浙江大学博士论文．

李振国，余叔文．1990．植物重金属结合蛋白（肽）．植物生理学通讯，1：7-13.

龙新宪．2002．东南景天体内 Zn 的超积累和忍耐机理研究．杭州：浙江大学博士论文．

时国庆，刘杰民，弓爱君，等．2004．汞化合物的生物检测技术．环境污染治理技术与设备，5（6）：6-11.

孙琴，王晓蓉，袁信芳，等．2004．有机酸存在下小麦体内 Cd 的生物毒性和植物络合素（PCs）合成的关系研究．生态学报，24（12）：2804-2809.

孙琴，叶志鸿，王晓蓉，等．2005a．柱前衍生反相高效液相色谱法同时测定植物络合素（PC_n）等巯基化合物．南京大学学报，41（3）：304-310.

孙琴，袁信芳，王晓蓉，等．2005b．无机环境影响下小麦体内 Cd 的生物毒性和植物络合素（PCs）合成的关系研究．应用生态学报，16（7）：1360-1365.

汪尔康．2002．分析化学．北京：北京理工大学出版社：280-299.

王超，王丽娅，孙琴，等．2008．低浓度镉污染胁迫下 2 种水生植物体内植物络合素的响应．四川大学学报（工程科学版），40（6）：86-91.

徐照丽，吴启堂，依艳丽．2001．重金属植物螯合肽（PC）的研究进展．农业环境保护，20（6）：468-470.

杨居荣，鲍子平，张素芹．1993．镉、铅在植物细胞内的分布及其可溶性．中国环境科学，13（4）：263-268.

杨居荣，贺建群，张国祥．1995．农作物对Cd毒害的耐性机理探讨．应用生态学报，6（1）：87-91.

杨肖娥，龙新宪，倪吾钟，等．2002．东南景天（*Sedum alfredii* Hance）——一种新的锌超积累植物．科学通报，7：1003-1006.

张玉秀，柴团耀，Burkard G. 1999．植物耐重金属机理研究进展．植物学报，41：453-457.

Bartolf M, Brennan E, Price C A. 1980. Partial characterization of a cadmium-binding protein from the roots of cadmium treated tomato. Plant Physiol, 66: 438-441.

Bontidean I, Ahlqvist J, Mulchandani A, et al. 2003. Novel synthetic phytochelatin-based capacitive biosensor for heavy metal ion detection. Biosensors and Bioelectronics, 18: 547-553.

Bontidean I, Berggren C, Johansson G, et al. 1998. Detection of heavy metal ions at femtomolar levels using protein-based biosensors. Anal Chem, 70: 4162-4169.

Bontidean I, Csöregi E, Corbisier P, et al. 2002. Bacterial Metal Responsive Elements and Their Use in Biosensors for Monitoring of Heavy Metal. *In*: Sarkar B. 2002. Heavy Metals In the Environment. New York: Marcel Dekker: 647-680.

Bontidean I, Lloyd J R, Hobman J L, et al. 2000a. Study of Bacterial Metal Resistance Protein-Based Sensitive Biosensors for Heavy Metal Monitoring. *In*: Mulchandani A, Sadik O. 2000. Chemical and Biological Sensors for Environmental Monitoring. Washington: American chemical Society Symposium Series: 762, 102-112.

Bontidean I, Lloyd J R, Hobman J L, et al. 2000b. Bacterial metal resistance proteins and their use in biosensors for detection of bioavailable heavy metals. J Inorg Biochem, 79: 225-229.

Bruns I, Friese K, Markert B, et al. 1997. The use of *Fontinalis antipyretica* L. ex. Hedw. as a bioindicator for heavy metals: Ⅰ. Heavy metal accumulation and physiological reaction of *Fontinalis antipyretica* L. ex. Hedw inactive biomonitoring in the river. Sci Total Environ, 204: 161-176.

Casterline J L, Barnett N M. 1982. Cadmium binding components in soybean plants. Plant Physiol, 69: 1004-1007.

Chassaigne H, Vacchina V, Kutchan T M. 2001. Identification of phytochelatin- related peptides in maize seedlings exposed to cadmium and obtained enzymatically *in vitro*. Phytochemistry, 56: 657-668.

Chen J. Zhou J, Goldsbrough P B. 1997. Characterization of phytochelatin synthase from tomato. Physiol Plant, 101: 165-172.

Cobbett C S, Goldsbrough P B. 2000. Mechanisms of Metal Resistance: Phytochelatins and Metallothionein. *In*: Terry N, Banuelos G. 2000. Phytoremediation of Contaminated Soil and Water. Boca Raton, FL: Lewis Publisher: 247-269.

Cobbett C S. 1999. A family of phytochelatin synthase genes from plants, fungal and animal species. Trends Plant Sci, 4 (9): 335-337.

Cruz B H, Diaz-Cruz J M, Šestáková I, et al. 2002. Differential pulse voltammetric study of the complexation of Cd(Ⅱ) by the phytochelatin (γ-Glu-Cys)$_2$-Gly assisted by multivariate curve resolution. J Electroanal Chem, 520: 111-118.

De Knecht J A, Van Dillen M, Koevoets P L M, et al. 1994. Phytochelatins in cadmium-sensitive and cadmium-tolerant *Silene vulgaris*: Chain length distribution and sulphide incorporation. Plant Physiol, 104: 255-261.

De KnechtJ A, Koevoets P L M, Verkleij J A C, et al. 1992. Evidence against a role for phytochelatins in naturally selected increased cadmium tolerance in *Silene vulgaris* (Moench) Garcke. New Phytol, 122: 681-688.

De Knecht J A, Van Baren N, Ten Bookum W M, et al. 1995. Synthesis and degration of phytochelatims in cadmium-sensitive and cadmium-tolerant *Silene vulgaris*. Plant Sci, 106: 9-18

De Vos C H R, Vonk M J, Vooijs R, et al. 1992. Glutathione depletion due to copper- induced phytochelatin synthesis causes oxidative stress in *Silene cucubalus*. Plant Physiol, 98: 853-858.

de la Rosa, Peralta-Vides J R, Montes M, et al. 2004. Cadmium uptake and translocation in tumbleweed (*Salsola kali*), a potential Cd hyperaccumulator desert plant species: ICP/OES and XAS studies. Chemosphere, 55 (9): 1159-1168.

Delhaize E. 1989. Poly (γ-glutamylcy-steinyl)-glycine synthesis in *Datura innoxia* and binding with Cd. Plant Physiol, 89: 700-706.

Ebbs S, Lau I, Ahner B, et al. 2002. Phytochelatin synthesis is not responsible for Cd tolerance in the Zn/Cd hyperaccumulator *Thlaspi caerulescens* (J&C Presl). Planta, 214: 635-640.

Ellman G L. 1959. Tissue sulfhydryl groups. Arch Biochem Biophys, 82: 70-77.

Ernst W H O, Verkleij J A C, Schat H. 1992. Metal tolerance in plants. Acta Bot Neerl, 41: 229-248.

Freeman J L, Persans M W, Nieman K, et al. 2004. Increased glutathione biosynthesis plays a role in nickel tolerance in Thlaspi nickel hyperaccumulators. Plant Cell, 16 (8): 2176-2191.

Gawel J E, Ahner B A, Friedland A J, et al. 1996. Role for heavy metal in forests decline indicated by phytochelatin measurements. Nature, 381: 64-65.

Gawel J E, Hemond H F. 2004. Biomonitoring for metal contamination near two superfund sites in Woburn, Massachusetts, using phytochelatins. Environ Pollut, 131 (1): 125-135.

Gawel J E, Trick C G, Morel F M M. 2001. Phytochelatins are bioindicators of atmospheric metal exposure via direct foliar uptake in trees near Sudbury, Ontario, Canada. Environ Sci Technol, 35: 2108-2113.

Gekeler W, Grill E, Winnacker E L, et al. 1988. Algae sequester heavy metals via synthesis of phytochelatin complexes. Arch Microbiol, 150: 197-202.

Gekeler W, Grill E, Winnacker E L, et al. 1989. Survey of the plant kingdom for the ability to bind heavy metals through phytochelatins. Z Naturforschung, 4c: 361-369.

Gisbert C, Ros R, Haro A D, et al. 2003. A plant genetically modified that accumulates Pb is especially promising for phytoremediation. Biochem Biophy Res Comm, 303: 440-445.

Grill E, Loeffler S, Winnacker E L, et al. 1989. Phytochelatins, the heavy-metal-binding peptides of plants, are synthesized from glutathione by a specific γ-glutamylcysteine dipeptidyl transpeptidase (phytochelatin synthase). Proc Natl Acad Sci USA, 86: 6838-6842.

Grill E, Winnacker E L, Zenk M H. 1985. Phytochelatins: the principal heavy metal complexing peptides of higher plants. Science, 230: 674-676.

Grill E, Winnacker E L, Zenk M H. 1987. Phytochelatins, a class of heavy-metal-binding peptides from plants are functionally analogous to metallothioneins. Proc Natl Acad Sci USA, 84: 439-443.

Gupta M, Rai U N, Tripathi R D, et al. 1995. Lead induced changes in glutathione and phytochelatin in *Hydrilla Verticillat a* (l. f.) Royle. Chemosphere, 37: 2011-2020.

Gupta M, Tripathi R D, Rai U N, et al. 1998. Role of glutathione and phytochelatin in *Hydrilla Verticillat a* (l. f.) Royle and *Vallisneria Spiralisi* under mercury stress. Chemosphere, 37 (4): 785-800.

Ha S B, Smith A P, Howden R, et al. 1999. Phytochelatin synthase genes from *Arabidopsis* and the yeast *Schizosaccharomyces pombe*. Plant Cell, 11: 1153-1163.

Ha S, Lau K W K, Wu M. 2001. Cadmium sequestration in *Chlamydomonas reinhardtii.* Plant Sci, 161: 987-996.

Harmens H, Hartog P R D, Ten Bookum W M, et al. 1993. Increased zinc tolerance in *Silene vulgaris* (Moench) Garcke is not due to increased production of phytochelatins. Plant Physiol, 103: 1305-1309.

Hartley-Whitaker J, Ainsworth G, Meharg A A. 2001a. Copper- and arsenate-induced oxidative stress in *Holcus lanatus* L. clones with different sensitivity. Plant Cell Environ, 24: 713-722.

Hartley-Whitaker J, Ainsworth G, Vooijs R, et al. 2001b. Phytochelatins are involved in differential arsenate tolerance in *Holcus lanatus.* Plant Physiol, 126: 299-306.

Hartley-Whitaker J, Woods C, Meharg A A. 2002. Is differential phytochelatin production related to decreased arsenate influx in arsenate tolerant *Holcus lanatus*? New Phytol, 155: 219-225.

Hirata K, Tsujimoto Y, Namba T, et al. 2001. Strong induction of phytochelatin synthesis by Zn in marine green alga, *Dunaliella tertiolecta.* J Biosci Bioeng, 92: 24-29.

Hissin P J, Hilf R. 1976. A fluorometric method for the direct determination of oxidized and reduced glutathione in tissues. Anal Biochem, 74: 214-226.

Howden R, Goldsbrough P B, Anderson C R, et al. 1995. Cadmium-sensitive, *cad1* mutants of *Arabidopsis thaliana* are phytochelatin-deficient. Plant Physiol, 107: 1059-1066.

Hu S, Wu M. 1998. Cadmium sequestration in the marine marcoalga *Kappaphycus alvarezii.* Mol Mar Biol Biotech, 7: 97-104.

Inouhe M, Ito R, Ito S, et al. 2000. Azuki bean cells are hypersensitive to cadmium and do not synthesize phytochelatins. Plant Physiol, 123: 1029-1036.

Jackon P J, Delhaize E, Kuske C R. 1992. Biosynthesis and metabolic roles of cadystins (γ-EC) *n*-G and their precursors in *Datura innoxia.* Plant Soil, 146: 281-289.

Jarvis M D, Leung D W M. 2001. Chelated lead transport in *Chamaecytisus proliferu* (l. f.) link ssp. *Proliferus* var. *palmensis* (H. Christ): An ultrastructural study. Plant Sci, 161: 433-441.

Keltjens W G, van Beusichem M L. 1998a. Phytochelatins as biomarkers for heavy metal toxicity in maize: Single metal effects of copper and cadmium. J Plant Nutr, 21: 635-648.

Keltjens W G, van Beusichem M L. 1998b. Phytochelatins as a biomarker for heavy metal stress in maize (*Zea mays* L.) and wheat (*Triticum aestivum* L.): Combined effects of copper and cadmium. Plant Soil, 203: 119-126.

Klapheck S, Latus C, Bergmann L. 1987. Localization of glutathione synthetase and distribution of glutathione in leaf cells of *Pisum sativum.* J Plant Physiol, 131: 123-131.

Klapheck S, Schanz S, Bergmann L. 1995. Synthesis of phytochelatins and homo-phytochelatins in *Pisum sativum* L. Plant Physiol, 107: 515-521.

Kneer R, Zenk M H. 1992. Phytochelatins protect plant enzymes from heavy metal poisoning. Phytochemistry, 31: 2663-2667.

Kondo N, Imal K, Isobe M, et al. 1984. Cadystin A and B, major unit peptides comprising cadmium binding peptides induced in a fission yeast-separation, revision of structure and synthesis. Tetrehedron Lett, 25: 3869-3872.

Kroz R M, Evangelou B P, Wanger G J. 1989. Relationships between cadmium, zinc, Cd-peptide, and organic acid in tobacco suspension cells. Plant Physiol, 91: 780.

Krämer U, Pickering I J, Pince R C, et al. 2000. Subceller localization and speciation of nickle in hyperaccumulator and non-accumulator *Thlaspi* spieces. Plant Physiol, 122: 1343-1353.

Kubota H, Sato K, Yamada T, et al. 1995. Phytochelatins (class Ⅲ metallothioneins) and their desglycyl peptides induced by cadmium in normal root cultures of *Rubia tinctorum* L. Plant Sci, 106: 157-166.

Kubota H, Sato K, Yamada T, et al. 1998. Separation of respective species of phytochelatins and their desglycyl peptides (class Ⅲ metallothioneins) and the precursors glutathione and γ-glutamylcysteine with capillary zone electrophoresis. J Chromatogr A, 803: 315-320.

Kubota H, Sato K, Yamada T, et al. 2000. Phytochelatin homolugs induced in hairy roots of horseradish. Phytochemistry, 53: 239-245.

Küpper H, Lombi E, Zhao F J, et al. 2000. Cellular compartmentation of cadmium and zinc in relation to other elements in the hyperaccumulator *Arabidopsis halleri*. Planta, 212: 75-84.

Landberg T, Greger M. 2004. No phytochelatin (PC_2 and PC_3) detected in *Salix viminalis*. Physiol Plant, 121 (3): 481-487.

Lefebvra C, Vernet P. 1990. Microevolutionary Processes on Contaminated Deposits. *In*: Shaw A J. 1990. Heavy Metal Tolerance in Plants: Evolutionary Aspects. Florida: CRC Press, Inc. Boca Raton: 285-300.

Lin D, Chen D M, Yan X D, et al. 2004. Research advance on the physiologically molecular mechanisms for plant heavy metal tolerance. J Zhejing University, 30 (4): 375-382.

Liu D, Jiang W, Liu C. 2000. Uptake and accumulation of lead by roots, hypocotyls and shoots of Indian mustard (*Brassica juncea*) . Bioresoure Tech, 71 (3): 273-277.

Loeffler S, Hochberger A, Grill E, et al. 1989. Termination of the phytochelatin synthase reaction through sequestration of heavy metals by the reaction product. FEBS Lett, 258: 42-46.

Lombi E, Zhao F J, Dunham S J, et al. 2000. Cadmium accumulation in populations of *Thlaspi caerulescens* and *Thlaspi goesingense*. New Phytol, 145: 11-20.

Macnair M R. 1993. The genetics of metal tolerance on vascular plants. Tensely Review No. 49. New Phytol, 124: 541-559.

Maitani T, Kubota H, Sato K, et al. 1996. The composition of metals bound to class Ⅲ metallothionein (Phytochelatin and its desyglycyl peptide) induced by various metals in root cultures of *Rubia tinctoum*. Plant Physiol, 110: 1145-1150.

Martani T, kwbota H, Sato K, et al. 1996. The composition of metals bound to class Ⅲ metallothionein (phytochelatin and its desghycyl peptide) induced byvarious metals in root allture of Rubia tinctorum. plant physiol, 110: 1145 ~ 1150.

Mathys W. 1977. The role of malate, oxalate, and mustard oil glycosides in the evolution evotion of zinc-resistance in herbage plants. Plant Physiol, 40: 130-136.

Mehra P K, Mulchanandan P G. 1995. Glutathione-mediated transfer of Cu (Ⅰ) into phytochelatins. Biochem J, 307: 697-705.

Meuwly P, Thibault P, Schwan A L, et al. 1995. Three families of thiol peptides are induced by cadmium in maize. Plant J, 7: 391-400.

Mizuno T, Sonoda T, Horie K, et al. 2003. Cloning and characterization of phytochelatin synthase from a nickel hyperaccumulator *Thlaspi japonicus* and its expression in yeast. Soil Sci Plant Nutr, 49 (2): 285-290.

Montes-Bayon M, Meija J, LeDuc D L, et al. 2004. HPLC-ICP-MS and ESI-Q-TOF analysis of biomolecules induced in *Brassica juncea*. J Anal Atom Spectrom, 19 (1): 153-158.

Morelli E, Scarano G. 2004. Copper-induced changes of non-protein thiols and antioxidant enzymes in the marine microalgae *Phaeodactylum tricomutum*. Plant Sci, 167 (2): 289-296.

Murasugi A, Wada C, Hayashi Y. 1981. Cadmium-binding peptides induced in fission yeast, *Schizosacchromyces pombe*. J Biochem, 90: 1561-1564.

Ni T H, Wei Y Z. 2003. Subcelluar distribution of cadmium in mining ecotype *Sedum alfredii*. Acta Bot Sin, 45: 925-928.

Nirupama M, Rail C. 1998. Characterization of Cd-induced low molecular weight protein in a N_2-fixing cyanobacteriium *Anabaena doliolum* with special reference to co-/multiple tolerance. Biometals, 11: 55-61.

Oven M, Grill E, Golan-Goldhirsh A, et al. 2002. Increase of free cysteine and citric acid in plant cells exposed to cobalt ions. Phytochemistry, 60: 467-474.

Pawlik-Skowrońska A. 2003. When adapted to high zinc concentrations the periphytic green alga *Stigeoclonium tenune* produces high amounts of novel phytochelatin-related peptides. Aqua Toxicol, 62: 155-163.

Pawlik-Skowrońska B. 2002. Correlations between toxic Pb effects and production of Pb-induced thiol peptides in the microalga *Stichococcus bacillaris*. Environ Pollut, 119: 119-127.

Perrin D D, Watt A E. 1971. Complex formation of zinc and cadmium with glutathione. Biochem. Biophys Acta, 230: 96-104.

Pickering I J, Prince R C, George M J, et al. 2000. Reduction and coordination of arsenic in Indian mustard. Plant Physiol, 122: 1171-1177.

Raab A, Feldmann J, Meharg A A. 2004. The nature of Arsenic-Phytochelatin complexes in *Holcus lanatus* and *Pteris cretica*. Plant Physiol, 134: 1113-1122.

Rauser W E, Curvetto N E. 1980. Metallothionein occurs in the roots of *Agrostis* tolerant to excess copper. Nature, 287: 563-564.

Rauser W E, Glover G. 1984. Cadmium-binding protein in roots of maize. Can J Bot, 62: 1645-1650.

Rauser W E, Hartmann H, Weser U. 1983. Cadmium-thiolate protein from the grass *Agrostis gigantean*. FEBS Lett, 164: 102-104.

Rauser W E. 1990a. Changes in glutathione and phytochelatins in roots of maize seedlings exposed to cadmium. Plant Sci, 70: 155-166.

Rauser W E. 1990b. Phytochelatins. Annu Rev Biochem, 59: 61-86.

Rauser W E. 1995. Phytochelatins and related peptides. Plant Physiol, 109: 1141-1149.

Rauser W E. 1999. Structure and function of metal chelators produced by plants: the case for organic acids, amino acids, phytin and metallothioneins. Cell Biochem Biophys, 31: 19-48.

Reddy G N, Prasad M N V. 1990. Heavy metal binding proteins/peptides, occurrence, structure, synthesis and functions. Environ Exp Bot, 30: 252-264.

Reese R N, Mehera R K, Tarbet E B, et al. 1988. Studies on γ-glutamyl Cu-binding peptide from *Schizosaccharmomyces pombe*. J Biol Chem, 263: 4186-4192.

Robinson N J, Jackson P J. 1986. "Metallothionein-like" metal complexes in angiosperms, their structure and function. Physiol Plant, 67: 499-506.

Sagner S, Kneer R, Wanner G, et al. 1998. Hyperaccumulation, complexation and distribution of nickel in *Sebertia acuminata*. Phytochemistry, 47: 339-347.

Salt D E, Price R C, Pickering I J, et al. 1995. Mechanisms of cadmium mobility and accumulation in Indian Mustard. Plant Physiol, 109: 1427-1433.

Salt D E, Prince R C, Baker A J M, et al. 1999. Zinc ligands in the metal hyperaccumulator *Thalspi caerulescens* as determined using X-ray absorption spectroscopy. Environ Sci Tech, 33: 713-717.

Satofuka H, Amano S, Atomi H, et al. 1999. Rapid method for detection and detoxification of heavy metal ions in water environments using phytochelatin. J Biosci Bioeng, 88: 287-292.

Sauge-Merle S, Cuiné S, Carrier P, et al. 2003. Enhanced toxic metal accumulation in engineered bacterial cells expressing *Arabidopsis thaliana* phytochelatin synthase. App Environ Microbiol, 1: 490-494.

Scarano G, Morelli E. 2002. Characterization of cadmium- and lead-phytochelatin complexes formed in a marine microalga in response to metal exposure. Biometals, 15: 145-151.

Schat H, Kalff M M A. 1992. Are phytochelatins involved in differential metal tolerance or do they merely reflect metal-imposed strain. Plant Physiol, 99: 1475-1480.

Schat H, Llugany M, Vooijs R, et al. 2002. The role of Phytochelatins in constitutive and adaptive heavy metal tolerances in hyperaccumulator and non-hyperaccumulator metallophytes. J Exp Bot, 379 (53): 2381-2392.

Scheller H V, Huang B, Hatch E, et al. 1987. Phytochelatins synthesis and glutathione levels in response to heavy metals in tomato cells. Plant Physiol, 85: 1031-1035.

Schmöger M E V, Oven M, Grill E. 2000. Detoxification of arsenic by phytochelatins in plants. Plant Physiol, 122: 793-801.

Schäfer H J, Haag-kerwer A, Rausch T. 1998. cDNA cloning and expression analysis of genes encoding GSH synthesis in roots of the heavy-metal accumulator *Brassica juncea* L.: Evidence for Cd-induction of a putative mitochondrial γ-glutamylcysteine synthetase isoform. Plant Mol Biol, 37: 87-97.

Sharma N C, Gardea-Torresdey J L, Parsons J, et al. 2004. Chemical speciation and cellular deposition of lead in *Sesbania drummondii*. Environ Toxicol Chem, 23 (9): 2068 -2073.

Shen Z G, Zhao F J, McGrath S P. 1997. Uptake and transport of zinc in hyperaccumulator *T. caerulescens* and non-hyperaccumulator *Thlaspi ochroleucum*. Plant Cell Environ, 20: 898-906.

Skowronski T, Deknecht J A, Simons J, et al. 1998. Phytochelatin synthesis in response to cadmium uptake in Vacucheria (Xanthophyceae). Eur J Physiol, 33: 87-91.

Sneller F E C, Van Heerwaarden L M, Koevoets P L M, et al. 2000. Derivatization of Phytochelatins from *Silene vulgaris*, induced upon exposure to arsenate and cadmium: Comparison of derivatization with Ellman's reagent and monobromobimane. J Agric Food Chem, 48: 4014-4019.

Sneller F E C, Van Heerwaarden L M, Kraaijeveld-Smit F J L, et al. 1999. Toxicity of arsenate in *Silene vulgaris*, accumulation and degradation of arsenate-induced phytochelatins. New Phytol, 144: 223-232.

Steffens J C, Hunt D F, Williams B G. 1986. Accumulation of non-protein metal-binding polypeptides in selected cadmium-resistant tomato cells. J Biol Chem, 261: 13879-13882.

Steffens J C. 1990. The heavy metal-binding peptides of plants. Annu Rev Plant Physiol Plant Molec Biol, 41: 553-575.

Stillman M J. 1995. Metallothioneins. Co-ordination Chem Rev, 144: 461-511.

Sun Q, Wang X R, Ding S M, et al. 2005a. Effects of interaction between cadmium and lead on phytochelatins and glutathione production in wheat (*Triticum aestivum* L.). Journal of Integrative Plant Biology (formerly Acta Botanica Sinica), 47 (4): 435-442.

Sun Q, Wang X R, Ding S M, et al. 2005b. Effects of exogenous organic chelates on phytochelatins production and its relationship with Cd toxicity in wheat (*Triticum aestivum* L.) under Cd stress. Chemosphere, 60: 22-31.

Sun Q, Wang X R, Ding S M, et al. 2005c. Effects of interactions between cadmium and zinc on the phytochelatins and glutathione production in wheat (*Triticum aestivum* L.). Environmental Toxicology, 20 (2): 195-201.

Sun Q, Ye Z H, Wang X R, et al. 2005d. Increase of glutathione in mine population of *Sedum alfredii* exposed to Zn and Pb. Phytochemistry, 66: 2549-2556.

Sun Q, Ye Z H, Wang X R, et al. 2006. Analysis of phytochelatins and other thiol-containing Compounds by RP-HPLC with monobromobimane precolumn derivatization. Frontiers of Chemistry in China, 1: 54-58.

Sun Q, Ye Z H, Wang X R, et al. 2007 . Cadmium hyperaccumulation leads to an increase of glutathione rather than phytochelatins in the cadmium hyperaccumulator *Sedum alfredii*. Journal of Plant Physiology, 164: 1489-1498.

Tatár E, Mihucz V G, Varga A, et al. 1998. Determination of organic acids in xylem sap of cucumber: Effect of lead contamination. Microchem J, 58: 306-314.

Tolra R P, Poschenrieder C, Bareelo J. 1996. Zinc in hyperaccumulator *Thlaspi caerulescens*: Ⅱ. Influence on organic acids. J Plant Nutr, 19: 1541-1550.

Torricell E, Gorbi G, Pawlik-Skowronska B, et al. 2004. Cadmium tolerance, cysteine and thiol peptide levels in wild type and chromium-tolerant strains of *Scenedesmus acutus* (Chlorophyceae). Aqua Toxicol, 68 (4): 315-323.

Tsuji N, Hirayanagi N, Okada M, et al. 2002. Enhancement of tolerance to heavy metals and oxidative stress in *Dunaliella tertiolecta* by Zn-induced phytochelatin synthesis. Biochem Biophy Res Comm, 293: 653-659.

Vatamaniuk O K, Mari S, Lu Y P, et al. 1999. *AtPCS 1*, a phytochelatin synthase from Arabidopsis: Isolation and *in vitro* reconstitution. Proc Natl Acad Sci USA, 96: 7110-7115.

Verkleij J A C, Koevoets P, Van't Riet J, et al. 1990. Ploy(γ-glutamylcysteinyl)-glucines or phytochelatins and their role in cadmium tolerance of *Silene vulgaris*. Plant Cell Environ, 13: 913-921.

Wagner G J. 1984. Characterization of a cadmium-binding complex of cabbage leaves. Plant Physiol, 76: 797-805.

Wagner G J, Trotter M A. 1982. Inducible cadmium binding complexes of cabbage and tobacco. Plant Physiol, 69: 804-809.

Wang H, Shan X Q, Wen B, et al. 2004. Responses of antioxidative enzymes to accumulation of copper in a copper hyperaccumulator of *Commoelina communis*. Arch Environ Contam Toxicol, 47 (2): 185-192.

Wei Z G, Wong J W, Chen D Y. 2003. Speciation of heavy metal binding non-protein thiols in *Agropyron elongatum* by size-exclusion HPLC-ICP-MS. Microchem J, 74: 207-213.

Xiong Z T. 1997. Bioaccumulation and physiological effects of excess lead in a roadside pioneer species *Sonchus oleraceus* L. Envion Pollut, 3: 275-279.

Yang X E, Long X X, Ye H B, et al. 2004. Cadmium tolerance and hyperaccumulation in a new Zn-hyperaccumulating plant species (*Sedum alfredii* Hance). Plant Soil, 259: 181-189.

Yosypchuk B, Šestáková I, Novotny L. 2003. Voltammetric determination of phytochelatins using copper solid amalgam electrode. Talanta, 59: 1253-1258.

Yrasad M N V, Hagemeyer J. 1999. Heavy Metal Stress in Plants from Molecules to Ecosystem. Springer: Metallothioneins and Metal Binding Complexes in Plants: 51-71.

Zenk M H. 1996. Heavy metal detoxification in higher plants— a review. Gene, 179: 21-30.

Zhao F J, Lombi E, Breedon T, et al. 2000. Zinc hyperaccumualtion and cellular distribution in *Arabidopsis halleri*. Plant Cell Environ, 23: 507-514.

Zhao F J, Wang J R, Barker J H A, et al. 2003. The role of phytochelatins in arsenic tolerance in the hyperaccumulator *Pteris vittata*. New Phytol, 159: 403-410.

Zhu Y L, Pilon-Smits E A H, Jouanin L, et al. 1999. Overexpression of glutathione synthetase in Indian mustard enhanced cadmium accumulation and tolerance. Plant Physiol, 119: 73-79.

12 多种生物标志物在环境生态风险早期诊断中的应用研究

12.1 多种生物标志物对进行生态风险早期诊断的意义

传统生态风险评价的研究多注重单一污染物的极端终点和直接效应的毒性测试，这些指标对污染物的评价和筛选曾起到了重要作用，但随着对环境中持久性有毒有机污染物和内分泌干扰类物质生态学效应的揭示，接近于真实环境的污染物低剂量长期暴露问题近年来备受关注。对污染物的这种低剂量长期暴露，传统的生态毒理学分析方法缺乏科学的早期预警日益明显。因此，迫切需要寻找能反映污染物作用本质，并能对污染物早期影响进行预警的指标，以期为防止污染物对生物产生伤害的早期发现提供新方法，亦可为水质标准的修订和基准的制订提供科学依据。

近年来，细胞或分子水平上的生物标志物作为污染物暴露和毒性效应的早期预警指标受到广泛关注（Kille et al.，1999；Behnisch et al.，2001；van der Oost et al.，2003）。生物体的抗氧化防御系统对污染物胁迫相当敏感，可为机体氧化应激提供敏感信息，我们早期的研究表明，Cu、Zn 及柴油等污染物在我国现有渔业水或地表水水质标准以下均能显著诱导或抑制一些抗氧化酶的活性，显示其具有作为水环境生态安全早期预警指标的巨大潜力。然而，抗氧化系统酶活性的变化只能间接反映生物体受污染胁迫的程度，且其活性变化往往是个动态过程，有些酶活性随污染物浓度增加有可能从被显著诱导变成被显著抑制，反之亦然。因此，将其作为污染暴露的生物标志物时需考虑多种因素的影响。阐明污染物的微观致毒机制，特别是如果能够直接捕获到生物体内的 ROS，弄清污染物与生物体 ROS 和抗氧化防御系统之间的耦合关系，对于预测水、土污染物对生物体早期伤害将更具意义。

目前，污染物胁迫下，ROS 在生物体内产生的直接证据鲜见报道，更多的则是停留在一种猜测。有鉴于此，王晓蓉课题组通过长期系统研究，建立了电子顺磁共振自旋捕集技术，研究发现了多种污染物胁迫下诱导环境中不同生物体内 ROS 产生的直接证据，弄清了污染物与生物体 ROS 代谢和抗氧化防御系统之间的耦合关系，结合探讨脂质过氧化、抗氧化防御系统响应之间的关系，在分子水平上获得水体、土壤污染导致作物或生物产生氧化应激的直接证据，筛选出能对水、土壤生态系统早期伤害具有预警作用的敏感分子生物标志物。由于生物体内多种生理、生化指标有着不可分割的联系，它是对环境中多种污染物胁迫的综合反映，因此，与一种生物标志物相比，应用多种生物标志物综合评估其对生物的早期伤害，可以更准确的确定生物体所处环境的污染状况和潜在危害，为更严重的毒性伤害作出早期诊断。基于氧化损伤毒性机制，我们已筛选出 ROS、抗氧化防御系统、应激蛋白、植物络合素等敏感生物标志物，建立生态风险多指标综合早期诊断技术体系，研究获得了氯酚类、溴化阻燃剂（四溴双酚 A 等）、多环芳烃、柴油和重金属等 6 类污染物对不同生物体早期伤害的关键阈值方法，可用来确定影响生物体早期伤害的关键阈值。下面分别简要介绍近年来王晓蓉课题组在这方面的研究进展。

12.2 应用多种生物标志物对水环境生态风险的早期诊断

12.2.1 敏感分子生物标志物的筛选

选择在水环境中广泛存在的氯酚类化合物三氯酚（2,4,6-TCP）、五氯酚（PCP）、溴化阻燃剂（四溴双酚 A、TBBPA）作为污染物，鲫鱼作为实验生物，研究鲫鱼暴露在不同浓度污染物后，污染物对生物体内 ROS 产生的动力学和热力学的影响，ROS 与抗氧化防御系统、氧化损伤之间的相互作用及其机制，揭示污染物诱导 ROS 产生与生物体内的富集浓度之间的关系，筛选敏感的分子生物标志物。

12.2.1.1 2,4,6-TCP

以浓度为 0.005mg/L、0.01mg/L、0.05mg/L、0.1mg/L、0.5mg/L、1.0mg/L 的 2,4,6-TCP 对鲫鱼动态、静态暴露后，测定鲫鱼肝脏中各种生理、生化指标的变化。图 12-1 显示出不同浓度的 2,4,6-TCP 暴露 10d 后在肝脏中的富集和 ROS 产生的相关关系。

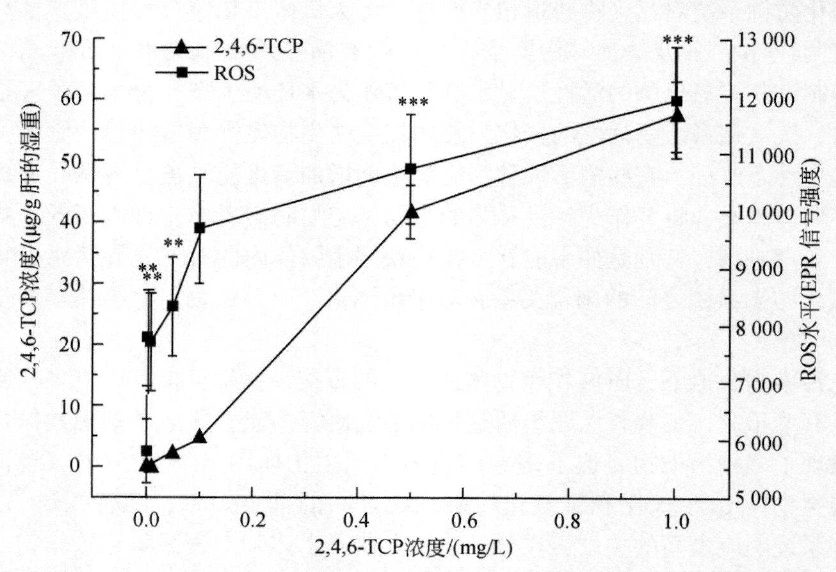

图 12-1 不同浓度 2,4,6-TCP 暴露 10d 后在肝脏中的富集和 ROS 产生的相关关系

＊＊，极显著性差异，$P<0.01$；＊＊＊，极其显著性差异，$P<0.001$

由图12-1可以看出，当暴露浓度仅为0.005mg/L时，与对照组相比，ROS就表现为显著性诱导（$P<0.05$）。随着2,4,6-TCP暴露浓度的增加，ROS的诱导呈显著增加趋势，直到2,4,6-TCP浓度增加到1mg/L时，ROS的诱导达到最大（$P<0.001$）。在不同浓度2,4,6-TCP暴露下，ROS的产生随2,4,6-TCP浓度的升高而增加，并呈现较好的剂量-效应关系。将2,4,6-TCP暴露浓度、富集浓度分别与ROS水平作统计回归分析，结果如表12-1所示，从表12-1可见，用2,4,6-TCP的生物有效态浓度（富集浓度）和环境中的暴露浓度来表征2,4,6-TCP的剂量与ROS水平之间的相关性，差别不大。

表12-1　2,4,6-TCP暴露浓度、富集浓度分别与ROS水平的统计回归分析比较

统计分析类型	暴露浓度 ~ ROS	富集浓度 ~ ROS
回归分析	$Y=4.65\times10^3x+7.74\times10^3$ （$R=0.858$，$P<0.05$，$n=7$）	$Y=7.4\times10x+7.73\times10^3$ （$R=0.864$，$P<0.05$，$n=7$）

注：Y代表暴露浓度或富集浓度；x代表ROS强度；n代表暴露浓度和ROS水平之间的相关性

鲫鱼肝脏抗氧化防御系统SOD、CAT、GSH、GSSG、GSH/GSSG、GST等对不同浓度2,4,6-TCP的响应如表12-2所示。从表12-2可以看出，2,4,6-TCP浓度小于0.01mg/L时，SOD酶活性与对照组相比没有显著性变化；当2,4,6-TCP浓度为0.01mg/L时，就能诱导SOD酶活性增加，0.05mg/L的2,4,6-TCP使SOD酶活性诱导达到最大，随2,4,6-TCP浓度增加，SOD酶活性逐渐降低，当2,4,6-TCP浓度增加至1mg/L时，SOD酶活性受到抑制。研究观察到，2,4,6-TCP浓度小于0.01mg/L时未引起CAT酶活性显著变化，0.01mg/L的2,4,6-TCP使CAT酶活性受到显著抑制，2,4,6-TCP浓度在0.05mg/L，CAT酶活性出现诱导并达到最大，继续增加2,4,6-TCP浓度，CAT酶活性开始受到抑制，并随2,4,6-TCP浓度的增加，这种抑制作用逐渐增强，直到1mg/L的2,4,6-TCP暴露，使CAT酶活性达到最大抑制（$P<0.001$）。在0.005mg/L的2,4,6-TCP诱导下，GSH含量显著升高，并随2,4,6-TCP浓度增加而逐渐升高，0.05mg/L的2,4,6-TCP暴露下，GSH含量达到最大，并随着2,4,6-TCP浓度继续增加GSH含量有些下降，直至1mg/L的2,4,6-TCP暴露时，GSH含量显著低于对照组。在2,4,6-TCP浓度为0.005mg/L时，GSH/GSSG值就显著升高，并随着2,4,6-TCP浓度增加而继续升高，0.1mg/L时达到最大，2,4,6-TCP浓度在0.5mg/L时，GSH/GSSG值显著低于对照组，1mg/L的2,4,6-TCP使GSH/GSSG值降至最低，GSH/GSSG值随2,4,6-TCP浓度变化表明机体所处的氧化应激。GSH/GSSG值与2,4,6-TCP暴露浓度呈很好的剂量-效应关系，回归方程为$y=2.85\times10c^3-4.31\times10c^2+1.38\times10c+1.5$（$R^2=0.986$，$P<0.005$），式中，$c$代表2,4,6-TCP暴露浓度，$y$代表GSH/GSSG值。

表12-2　鲫鱼抗氧化防御系统和MDA含量随不同浓度2,4,6-TCP的变化［以其占对照的比例(%)表示］

生化指标	暴露浓度/(mg/L)						
	0	0.005	0.01	0.05	0.1	0.5	1
SOD	100±6.4	104±8.7	113±9.6*	145±9.6***	137±9.8***	99.3±6.8	81.7±6.8**
CAT	100±7.5	104±9.1	85.3±7.4*	131±10.5***	77.5±5.5**	84.0±5.6*	61.6±5.3***

续表

生化指标	暴露浓度/(mg/L)						
	0	0.005	0.01	0.05	0.1	0.5	1
GSH	100±6.1	175±15.2***	177±15.4***	207±17.1***	207±15.6***	184±12.4***	84±7.4*
GSSG	100±9.5	152±12.1***	146±13.4***	132±9.3***	119±10.3*	220±13.2***	182±12.2***
GSH/GSSG	100±6.7	115±10.3*	121±10.2**	157±11.3***	173±11.5***	83.6±6.5*	46.5±3.3***
MDA	100±7.7	95.9±10.1	112±9.3	181±19.5***	172±18.3***	100±7.2	166±16.6***
GST	100±9.2	80.5±6.8*	78.4±6.5*	128±10.2**	122±9.4*	168±14.5***	185±15.6***

注：数据以“均值±标准方差”表示。

*，$P<0.05$；**，$P<0.01$；***，$P<0.001$；$n=8$

当2,4,6-TCP浓度为0.005mg/L、0.01mg/L时，GST酶活性与对照组相比受到抑制，0.05mg/L的2,4,6-TCP诱导GST酶活性显著升高，并随2,4,6-TCP浓度增加保持增强趋势，1mg/L的2,4,6-TCP使GST酶活性诱导达到最大。研究还观察到2,4,6-TCP浓度在0.05mg/L时，就能诱导MDA含量升高，随2,4,6-TCP浓度的增加，MDA含量一直显著高于对照组。表明在2,4,6-TCP胁迫下，可诱导鲫鱼肝脏产生氧化损伤。

为了深入探讨2,4,6-TCP诱导ROS产生的可能途径，同时研究2,4,6-TCP胁迫下ROS的产生与抗氧化防御系统之间的动态耦合关系，以期揭示由2,4,6-TCP引起的机体氧化应激的机制。以1mg/L的2,4,6-TCP对水生鲫鱼进行动态暴露，结果见表12-3。

表12-3　抗氧化防御系统和MDA含量随2,4,6-TCP暴露时间的变化（占对照的比例/%）

生化指标	暴露时间/d					
	0	1	2	4	7	14
SOD	100±8.2	78.5±6.4**	60.3±3.9***	54.8±3.8***	70.5±6.3***	61.0±4.7***
CAT	100±9.9	107±6.2	87.6±7.8	69.0±5.7**	72.4±6.5**	78.7±6.8*
GSH	100±4.2	113±6.9**	107±7.6*	90.4±5.8*	91.2±6.1*	97.5±7.1
GSSG	100±8.9	109±10.2	134±11***	119±10.1*	89.5±7.4	103±9.1
GSH/GSSG	100±6.1	105±9.9	87.9±8.6*	75.6±5.9***	130±9.9***	116±9.9*
MDA	100±7.9	100±9.7	109.3±9.6	119±10.3*	129±10.2***	109±9.4
GSH	100±85	211±20***	235±21***	242±20***	247±21***	264±22***

注：数据以“均值±标准方差”表示。

*，$P<0.05$；**，$P<0.01$；***，$P<0.001$；$n=8$

动力学实验表明，羟基的信号强度与2,4,6-TCP在肝脏中富集的浓度呈良好的正相关（$R=0.887$，$P<0.05$），表明环境中的2,4,6-TCP通过生物富集，进入鲫鱼体内后在肝脏中积累，成为生物体可有效利用的部分，随后肝组织中的2,4,6-TCP可通过一系列单电子氧化链式反应诱导羟自由基的生成。

随着暴露时间的增加，˙OH信号强度逐渐增大，而SOD与CAT的酶活性逐渐降低，在暴露4d时，2,4,6-TCP在肝脏中富集的浓度达到最大，˙OH生成达到最大，SOD与CAT酶活性降至最低。表明2,4,6-TCP对SOD与CAT的酶活性有显著抑制，4d后，˙OH的浓度逐渐降低，这就减轻了由˙OH 引起的酶的氧化损伤，SOD 和 CAT 的酶活性逐渐恢复。GST 酶活性在整个实验过程中表现出诱导，表明其在 2,4,6-TCP 代谢解毒中发挥很大作用，它可催化污染物与 GSH 结合，将脂溶性污染物转化生成水溶性的极性小分子化合物，利于其排出体外，使 2,4,6-TCP 在肝脏内浓度迅速降低，从而降低由 2,4,6-TCP 引起的生物毒性效应；GSH 在清除 H_2O_2 的过程中发挥很重要的作用，与此同时，GSH 被氧化生成 GSSG。GSH 含量与˙OH 生成随时间的变化呈负相关（$R=-0.9127$，$P<0.05$），表明 GSH 含量随˙OH 变化的动力学而发生相应变化。GSH/GSSG 值作为生物体氧化应激态的分子指示物（Anke et al.，2002；van der Oost et al.，1996），其值维持恒定对保持机体正常的生理活动至关重要。从 2d 开始，GSH/GSSG 值降低表明机体经受氧化应激，4d 时随着˙OH产生达到最高，GSH/GSSG 值降至最低，表明由˙OH 引起的严重的氧化应激。4d 后，随着˙OH 浓度逐渐降低，GSH/GSSG 值也相应从最低点逐渐回升，7d，GSH/GSSG 值显著高于对照组，可能是机体在 2,4,6-TCP 胁迫下出现的生理性适应反应。GSH/GSSG 值随时间的整个动态变化过程反映了˙OH 引起的机体氧化应激，鲫鱼在 1mg/L 的 2,4,6-TCP 暴露 4d 后，MDA 含量升高反映˙OH 引起的机体氧化损伤，暴露 14d 后，MDA 含量与对照组无显著差别，表明鲫鱼经过氧化应激反应后的一个自我调节机制，使氧化损伤逐渐恢复。

动态静态实验结果均表明，2,4,6-TCP 在不同暴露时间及不同浓度下诱导 ROS 的产生与 2,4,6-TCP 在肝脏中的富集浓度均呈显著性正相关，GST 在 2,4,6-TCP 的代谢解毒过程中发挥重要作用，使 2,4,6-TCP 在肝脏内浓度迅速降低。富集到鲫鱼肝脏中的 2,4,6-TCP 在过氧化物酶的催化作用下，发生单电子氧化反应等一系列链式反应，最终生成˙OH 自由基，并被 EPR 方法直接证实。GSH 含量与˙OH 随时间增加呈负相关（$R=-0.9127$，$P<0.05$），表明由˙OH 直接引起 GSH 含量改变从而导致机体氧化应激和氧化损伤。上述结果表明，2,4,6-TCP 在我国国家渔业水质标准的安全浓度（0.005mg/L）下，对鲫鱼肝脏中 ROS 产生显著性诱导（$P<0.05$），且 2,4,6-TCP 暴露浓度与 ROS 存在剂量-效应关系，GSH 合成量和 GSH/GSSG 值显著升高，而 GST 酶活性在 0.005mg/L、0.01mg/L 的 2,4,6-TCP 暴露下受到抑制，表明 ROS、GSH 合成量和 GSH/GSSG 值等生化指标均可成为指示 2,4,6-TCP 环境污染的潜在敏感生物标志物，诊断其对水环境中生物的早期伤害。

12.2.1.2 PCP

PCP 是氯酚类中毒性最强的物质，PCP 能破坏细胞线粒体，引起细胞坏死，它的主要代谢物四氯氢醌（TCHQ）具有更高的毒性，能造成细胞 DNA 链断裂等。我国渔业用水标准明确规定五氯酚钠不超过 0.01mg/L，对于挥发酚类不能超过 0.005mg/L，而饮用水中挥发酚类则不能超过 0.002mg/L。针对水环境氯酚污染的实际浓度，我们考察低浓度 PCP 中长期暴露引起水生生物的毒性效应，以期为水生生物生态风险评价提供科学依据。在本研究中，我们选取国家渔业水水质标准（0.005mg/L），甚至更低浓度 PCP（0.001mg/L）对鲫鱼进行体外暴露，研究鲫鱼在低浓度 PCP 胁迫下对肝脏 ROS 的诱导及其可能造成的氧化应激和氧化损伤，以期筛选对 PCP 胁迫响应敏感的生物标记物。

表 12-4 显示了在不同浓度 PCP 胁迫下对鲫鱼肝脏各种生理生化指标的影响。从表 12-4 中可以看出，鲫鱼在 PCP 静态暴露 10d 后可诱导鲫鱼肝脏内 ROS 产生，当 PCP 浓度为

0.001mg/L 时，就显著诱导鲫鱼肝脏 ROS 的生成（$P<0.05$），随着 PCP 暴露浓度的增加，ROS 的产生也逐渐增大，直到 0.1mg/L 的 PCP 暴露，ROS 产生的强度达到最大（$P<0.001$）。ROS 的产生与 PCP 暴露浓度之间存在较好的剂量-效应关系，其回归方程为 $y=6.80\times10^3+1.69\times10^5c-8.49\times10^5c^2$（$R^2=0.952$，$P<0.005$），式中，$y$ 为 ROS 的信号强度，c 为 PCP 暴露浓度。

表 12-4　鲫鱼肝脏 ROS、抗氧化防御系统和 MDA 含量随 PCP 浓度的变化（占对照的比例/%）

生化指标	暴露浓度/(mg/L)						
	0	0.001	0.005	0.01	0.025	0.05	0.1
SOD	100±9.6	112±9.5	153±11.6***	138±12.5***	118±10.9*	83.5±5.7	79.5±7.5*
CAT	100±8.9	105±7.4	94.7±8.9	116±10.8	141±13.5***	85.6±5.8	78.0±6.1*
GSH	100±6.2	105±8.5	113±9.9*	116±9.1*	91.9±6.9	95.4±6.7	69.2±5.2***
GSSG	100±6.1	202±15.9***	201±17.7***	190±13.5***	167±12.7***	176±12.9***	178±11.4***
GSH/GSSG	100±9.1	51.9±3.7***	56.1±4.3***	60.8±5.1***	55.0±5.0***	75.0±5.9***	56.8±3.4***
MDA	100±7.7	94.4±8.1	113±6.5	142±12.0***	143±11.3***	158±14.3***	210±16.2***
ROS	100±6.7	117±14**	147±11***	161±15***	169±16***	229±15***	262±17***
PCP	0	0	1.74±0.26	5.65±0.96	7.86±1.18	9.56±1.68	21.3±2.66

注：数据以“均值±标准方差”表示。

*，$P<0.05$；**，$P<0.01$；***，$P<0.001$；$n=8$

研究发现，PCP 在鲫鱼肝脏中的富集量和 ROS 产生强度随 PCP 浓度变化两者表现出极其相似的变化趋势。以 Origin 7.0 进行统计学相关性分析，发现两者呈良好的正相关（$R=0.928$，$P<0.005$）。从表 12-4 中还可以看出，SOD 与 CAT 的酶活性随 PCP 浓度也发生变化，当 PCP 浓度在 0.001mg/L 时，SOD 酶活性与对照组相比未表现出显著性差异，PCP 浓度增加到 0.005mg/L 时，SOD 酶活性表现出显著性诱导，随着 PCP 暴露浓度的增加，SOD 酶活性从最高点开始缓慢下降，0.1mg/L 的 PCP 暴露，SOD 酶活性受到抑制。在 PCP 的暴露浓度低于 0.01mg/L 时，CAT 酶活性与对照组相比无显著性变化，当 PCP 浓度增加到 0.025mg/L 时，其酶活性被诱导，随着 PCP 浓度的增加，CAT 酶活性逐渐受到抑制。PCP 浓度在 0.005mg/L 和 0.01mg/L 时，GSH 含量显著升高，PCP 浓度在0.025mg/L和 0.05mg/L 时，GSH 含量与对照组间无显著性差异，0.1mg/L 的 PCP 使 GSH 含量低于对照组。GSSG 含量总的变化趋势表现为升高。GSH/GSSG 值在 PCP 暴露的各个剂量组都显著低于对照组。MDA 含量随 PCP 浓度的增加表现为增高趋势，并与 ROS 的生成呈显著性正相关（$R=0.9581$，$P<0.001$），表明脂质过氧化很可能由 ROS 诱导生成。

与 2,4,6-TCP 相比，相同浓度的 PCP 具有诱导鲫鱼肝脏中 ROS 生成的更大潜力，该研究为 PCP 造成水生生物毒性效应比 TCP 更强的原因提供了一种有价值的科学启示。PCP

在 0.001mg/L 时就能显著诱导 ROS 的产生，表明 ROS 对 PCP 响应敏感，且 ROS 与暴露浓度存在良好的剂量-效应关系，这是使 ROS 能成为生物标志物指示 PCP 污染的关键所在。研究还观察到 PCP 浓度在 0.001mg/L 时就能引起 GSH/GSSG 值显著降低 、GSSG 显著诱导，PCP 浓度在 0.005mg/L 时能使 SOD 酶活性显著诱导，表明 GSH/GSSG 值、GSSG 和 SOD 对 PCP 响应很敏感，可以考虑作为生物标志物。结果提示现行国家渔业水质标准的安全浓度（0.005 mg/L）的生态安全值得进一步研究。

12.2.1.3 四溴双酚 A

将鲫鱼暴露在 TBBPA 水溶液中，研究在 TBBPA 胁迫下对鲫鱼肝脏生理、生化指标的影响。图 12-2 和图 12-3 显示鲫鱼在不同浓度的 TBBPA 溶液胁迫下鲫鱼肝脏 ROS 和抗氧化防御系统的响应。从图 12-2 可观察到，当 TBBPA 浓度为 0.001mg/L 时，与对照组相比 ROS 的产生没有显著性差异，但当 TBBPA 浓度为 0.0025mg/L 时，能显著诱导鲫鱼肝脏 ROS 的产生（占对照的 137%），且随 TBBPA 浓度增加而逐渐增大，0.1mg/L 的 TBBPA 诱导 ROS 产生量最大（占对照的 192%）。ROS 的产生与 TBBPA 浓度呈一定的剂量-效应关系，回归方程为 $y=6.16\times10^3+9.97\times10^4c-5.58\times10^5c^2$（$R^2=0.871$，$P<0.05$），式中，$c$ 为 TBBPA 浓度，y 为 ROS 信号的强度。

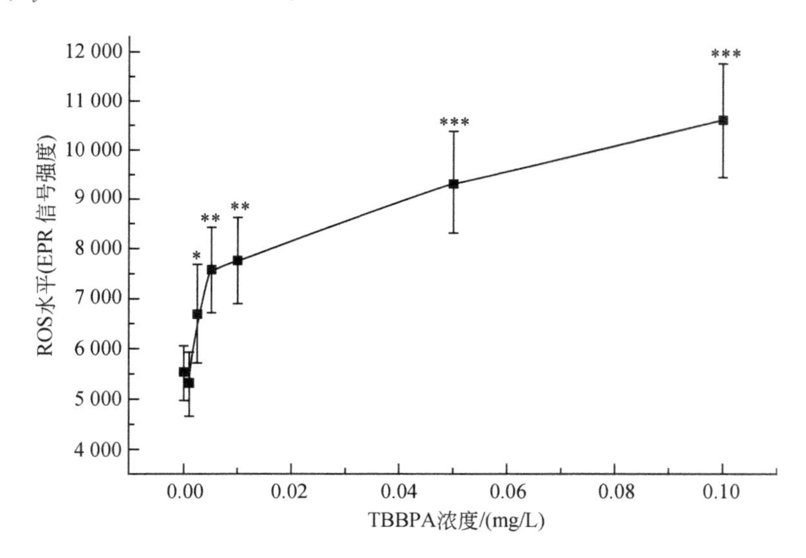

图 12-2　不同浓度的 TBBPA 静态暴露 12d 后诱导 ROS 产生的热力学

*，显著性差异，$P<0.05$；**，极显著性差异，$P<0.01$

图 12-3 显示鲫鱼在不同浓度的 TBBPA 暴露 12d 后对 SOD、CAT 的酶活性的影响。从图 12-3 可以看出，在 TBBPA 的所有浓度范围内 SOD 的酶活性都被抑制，在 0.005 ~ 0.01mg/L 的 TBBPA 浓度下，SOD 酶活性降至最低。在 TBBPA 浓度低于 0.01mg/L 时，CAT 酶活性并没有显著性变化，0.01 ~0.1mg/L 的 TBBPA 使 CAT 酶活性出现诱导。

Livingstone（2001）认为 ROS 的产生引起机体的氧化应激可能是污染物致毒的重要路径，特别是对非氧化还原型污染物引起的机体氧化应激应该引起极大的关注。因此，该研

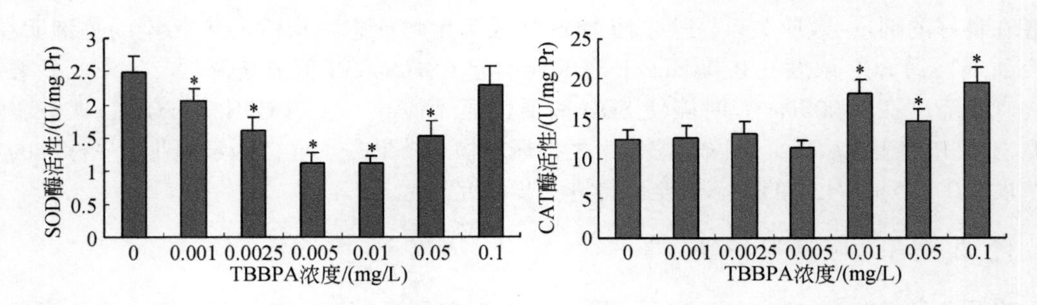

图 12-3　SOD、CAT 的酶活性在不同浓度的 TBBPA 暴露后 12d 变化的热力学

*，显著性差异，$P<0.05$

究获得了污染物溴化阻燃剂 TBBPA 诱导鲫鱼产生 ROS 的直接证据，这对补充溴化物的毒理学研究数据具有重要意义。

ROS 的诱导是生物体应激反应的重要原因。TBBPA 浓度在 0.0025mg/L 时，对 ROS 就产生显著性诱导，该浓度下 SOD 酶活性受到显著抑制，可能是由于 ROS 的增加引起氧化应激所造成的，未发现 CAT 酶活性的显著性变化。0.0025mg/L 的浓度与环境中的 TBBPA 真实浓度相比极具参考价值。因此，0.0025mg/L 的 TBBPA 长期暴露下是否威胁到水生生物的生态安全，还需要更多的毒理学研究数据加以证明，但本研究对环境中存在的 TBBPA 可能对水生生态系统的生态安全造成的负面影响提供了科学依据。

图 12-4 显示了鲫鱼肝脏在 0.1mg/L TBBPA 水溶液中暴露不同时间 ROS 的产生状况。结果表明，当暴露 1d 和 3d 时，与对照组相比 ROS 的诱导没有显著性差异。从 5d 开始，鲫鱼肝脏 ROS 的积累显著增加（占对照组的 230%），直到 7d 时 ROS 的积累达到最大（占对照组的 269%）。之后，随着暴露时间的增加，ROS 的诱导从最高点开始下降，暴露后的第 14 天，ROS 产生强度占对照组的 205%，暴露 21d 时，ROS 产生强度是对照组的 217%。

鲫鱼在 0.1mg/L 的 TBBPA 动态暴露引起鲫鱼肝脏 SOD、CAT 的酶活性变化，如图 12-5 所示，在暴露的 13d 内，SOD 酶活性受到抑制，随着暴露时间的延长，SOD 酶活性逐渐升高，5～14d，SOD 酶活性与对照组相比没有显著性差异，暴露 20d，SOD 酶活性处于诱导状态。与 SOD 酶活性相比，CAT 酶活性在暴露的 1～14d，都出现不同程度的诱导，表明在 0.1mg/L 的 TBBPA 胁迫下鲫鱼肝脏抗氧化防御系统为防止产生氧化损伤对 ROS 产生的响应。

上述结果表明，0.0025mg/L 的 TBBPA 暴露 12d 能显著诱导鲫鱼肝脏 ROS 产生，表明 ROS 对 TBBPA 响应敏感；且 TBBPA 暴露浓度与 ROS 的诱导之间存在良好的剂量-效应关系（$R^2=0.871$，$P<0.05$），表明 ROS 有潜力成为指示 TBBPA 污染的生物标志物；SOD 酶活性随 TBBPA 暴露的动态静态变化表明，TBBPA 浓度为 0.001mg/L 时，就显著抑制 SOD 酶活性，也有潜力成为指示 TBBPA 污染的生物标志物。

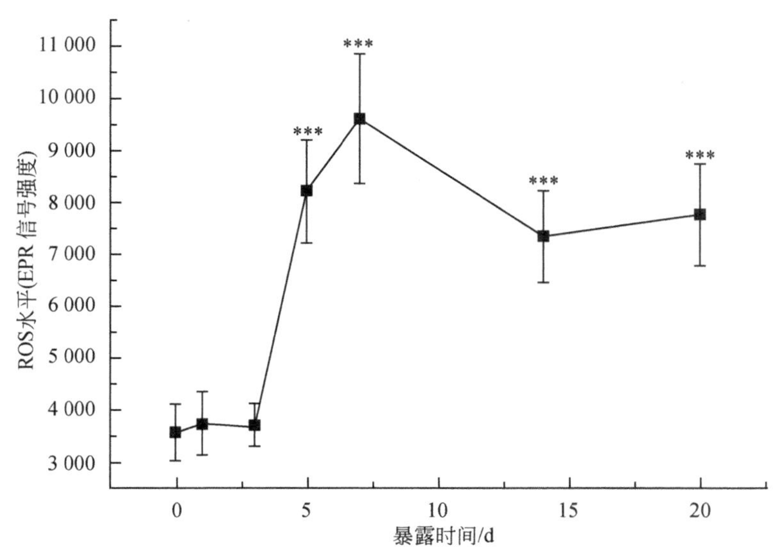

图 12-4　0.1mg/L 的 TBBPA 暴露 12d 后诱导 ROS 产生的时间动力学

***，极其显著性差异，$P<0.001$

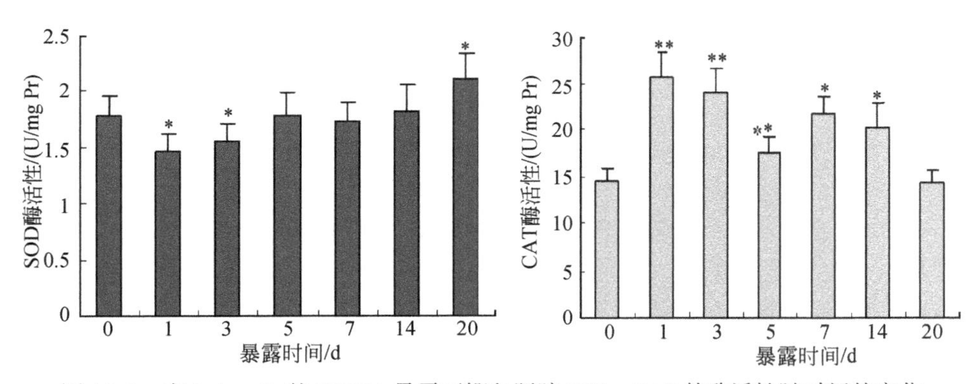

图 12-5　在 0.1mg/L 的 TBBPA 暴露下鲫鱼肝脏 SOD、CAT 的酶活性随时间的变化

*，显著性差异，$P<0.05$；**，极显著性差异，$P<0.01$

12.2.2　不同生物对同一污染物胁迫响应的比较研究

选择斜生栅藻、鲫鱼、金鱼藻和海洋生物牡蛎作为实验生物，比较不同生物对污染物菲胁迫响应的敏感性。

12.2.2.1　斜生栅藻对菲胁迫的响应

斜生栅藻（*Scenedesmus obliquus*）在无菌条件下接种于 MA 培养基中，培养至对数生长期（10^5个/mL），然后将一定数量的斜生栅藻暴露在 5 个浓度组（0.005mg/L、0.01mg/L、0.025mg/L、0.05mg/L、0.1mg/L）的菲中，每个浓度组设 8 个平行，96h 后收集藻细胞，-50℃下保存，用 EPR 直接测定菲胁迫下斜生栅藻细胞中自由基的信号强度。

菲暴露对斜生栅藻抗氧化酶活性的影响如表 12-5 所示。从表 12-5 可以看出，SOD、POD、GST 的酶活性与对照组相比均被诱导，SOD 酶活性在低浓度菲暴露时没有出现显著性差异，当菲的暴露浓度达到 0.05mg/L 时，SOD 酶活性出现显著诱导（$P<0.05$），0.1mg/L 暴露组可使 SOD 酶活性达到对照组的 2.03 倍；观察到 POD 酶活性随着菲暴露浓度的增高而增强，在 0.01mg/L 浓度菲暴露时 POD 的酶活性与对照组相比被显著诱导，而 GST 酶活性在 0.005mg/L 暴露时显著诱导，随着菲暴露浓度的增高，GST 的酶活性轻微下降后又逐渐增强，0.05mg/L 暴露组的酶活性最高，高浓度的两组酶活性变化较小。

表 12-5　斜生栅藻抗氧化防御系统和 MDA 含量随菲浓度的变化（占对照的比例/%）

生化指标	暴露浓度/(mg/L)					
	0	0.005	0.01	0.025	0.05	0.1
SOD	100	125	122	132	148*	203*
POD	100	102	154*	136*	120	192*
GST	100	126*	113	133	154*	150
GSH	100	120	120	137*	150*	215*
GSSG	100	92.6	92.6	142*	140*	122*
MDA	100	113	115	136*	164*	185*
自由基信号强度	100	127	150*	144	160*	135

*代表与对照组相比有显著性差异（$P<0.05$）

从表 12-5 还可以看出，菲暴露对斜生栅类藻中 GSH 含量的影响与 SOD 酶活性变化相似，随菲暴露浓度增加可诱导 GSH 含量升高，这种诱导作用在 0.1mg/L 菲暴露组最显著，为对照组的 2.15 倍；GSSG 含量在低浓度菲暴露（≤0.01mg/L）时，与对照组相比没有显著性差异，在高浓度菲暴露时（≥0.025mg/L），GSSG 含量显著升高，并在浓度达到 0.1mg/L 时有下降趋势，但与对照组相比还是差异显著。

菲可诱导斜生栅类藻中 MDA 含量随其浓度升高而增大，当菲暴露浓度≥0.025mg/L 时与对照组相比具有显著性差异（$P<0.05$），菲暴露浓度为 0.1mg/L 时，MDA 含量最高，为对照组 1.85 倍。本研究证实菲可诱导斜生栅类藻产生自由基积累从而导致膜脂质过氧化损伤。

本研究应用 EPR 测得的自由基，根据其特征，该 g 因子的自由基可能是半醌类自由基或多环芳烃自由基（赵保路，1999），两者皆为多环芳烃代谢过程中的产物。应用 EPR 直接测得的自由基信号强度随着暴露浓度的升高而增大，表明自由基的量明显增加。SOD、POD 等抗氧化酶能清除逆境胁迫所诱导产生的过多自由基，保护细胞免受伤害。作为生物体内抗氧化防御系统的重要成分之一，GSH 既可作为 GPx 和 GST 的底物，通过这两种酶起解毒作用，又可直接与生物体内的氧自由基及亲电化合物结合起到解毒作用。在本实验中，GSH 含量显然处于由于菲暴露而产生的适应性诱导反应，GSH 含量的升高同时也诱导 GST 酶活性的增强，并且在高浓度菲暴露时使 GSSG 含量也升高。高含量的 GSSG 又可以通过还原反应生成 GSH，更好地在生物体内起到自由基清除剂的作用。上述研究表明，菲胁迫诱导自由基在斜生栅藻积累导致氧化损伤是使其致毒的关键。综合各生理生化指标，菲对斜生栅藻产生伤害可能的关键阈值是0.005～0.025mg/L，菲暴露浓度为0.01mg/L时，自由基信号与空白对照显示出显著差异，说明0.005mg/L可考虑为菲对斜生栅藻产生作用的无效应浓度。

12.2.2.2 鲫鱼对菲胁迫的响应

第6章已介绍了鲫鱼暴露在不同浓度菲后，观察到菲可诱导鲫鱼肝脏产生自由基，并随着暴露浓度的增加，诱导产生的˙OH强度也随之增加，根据谱图的超精细结构常数和谱图的形状分析本实验中捕获到的信号是˙OH。研究表明，当菲暴露浓度为0.05 mg/L时，诱导产生的˙OH强度与对照组相比就具有显著性差异（$P<0.01$）。当菲暴露浓度为1.0 mg/L时，˙OH的信号强度是对照的168%。回归分析表明，菲暴露浓度和产生的自由基强度之间呈明显的指数剂量–效应关系：$y=6.58\times10^3e^{5.0C}$，$R^2=0.972$。式中，y为自由基信号强度，C为菲暴露浓度。研究表明，随着自由基信号强度的增加，对鲫鱼肝脏可能产生了氧化胁迫，且自由基信号强度和菲在肝脏中的富集量呈现出相似的变化趋势。

菲对鲫鱼肝脏抗氧化防御系统的影响见图12-6。从图12-6中可以看出，暴露4d后，0.01mg/L菲暴露组鲫鱼肝脏SOD酶活性与对照组相比没有显著差异，随着暴露浓度的增加，各暴露组表现出显著的诱导作用，SOD激活率分别为133%、168%、137%和177%（$P<0.05$）。SOD在生物体内可通过歧化反应消除$O_2^{\cdot-}$，从而阻止危害性很大的˙OH大量生成。

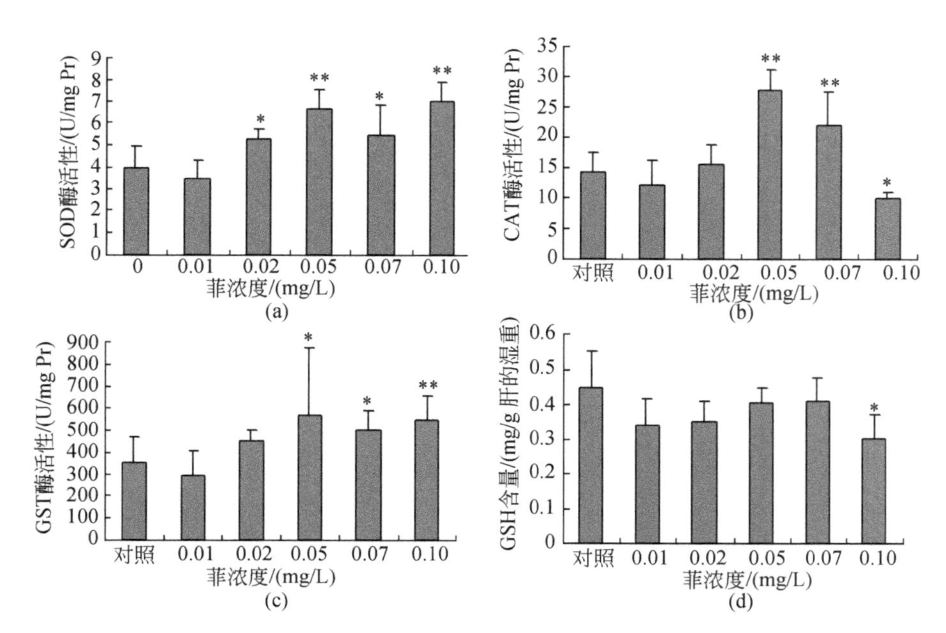

图12-6 不同菲浓度暴露下，对鲫鱼肝脏抗氧化防御系统的影响

数据以均值±标准方差表示。$n=6$；*，显著性差异，$P<0.05$；**，极显著性差异，$P<0.01$

当菲浓度为0.05mg/L时，鲫鱼幼体肝脏CAT酶活性表现出了极显著的诱导作用（图

12-6）（P<0.01），激活率达到195%。0.07mg/L暴露组CAT酶活性逐渐下降，但仍然比对照组高，当菲浓度为0.10mg/L时，CAT酶活性受到显著抑制（P<0.05），说明随着菲暴露浓度增加，H_2O_2在鱼体内积累量过多使CAT产生中毒。

从图12-6中还可以看到，各低浓度菲暴露组中的GSH含量与对照组无显著性差异，当菲暴露浓度为0.10mg/L时，GSH的含量受到了显著抑制（P<0.05），表明高浓度菲可能对鲫鱼构成氧化胁迫甚至氧化损伤，使之呈现中毒性抑制反应。当菲浓度为0.05mg/L、0.07mg/L和0.10mg/L时，鲫鱼肝脏GST酶活性表现出诱导作用（P<0.05），以便消除更多的氧化产物。

本研究表明，不同浓度的菲胁迫可诱导鲫鱼肝脏产生氧化应激，并且用电子自旋共振捕集技术直接捕获到了ROS，证实为˙OH。当菲暴露浓度为0.05mg/L时，诱导产生的˙OH强度与对照组相比就具有显著性差异（P<0.01）。菲暴露浓度和产生自由基强度之间呈明显的指数剂量-效应关系（R^2=0.972），说明ROS有望成为指示水环境低浓度早期污染的生物标志物。在不同浓度菲胁迫下，鱼体肝脏抗氧化防御指标都呈现出较大变化，表明肝脏是菲致毒的重要靶器官之一，低浓度菲暴露引起肝脏的氧化应激，可能是菲导致肝脏致毒主要机制之一。暴露实验表明，SOD对菲最为敏感，在0.02mg/L时就被显著诱导，˙OH强度、CAT和GST对低浓度菲也较为敏感，可考虑作为水环境中菲早期污染的生物标志物。

12.2.2.3 沉水植物金鱼藻对菲胁迫的响应

实验生物采自贡湖的金鱼藻，挑选生长良好、生长状况一致的金鱼藻作为实验对象，清水洗净，放入含有10% Hoagland营养液3L的烧杯中，每个烧杯放8g左右的金鱼藻，预培养7d，每天同一时间换水。静态暴露分为对照组和实验组。将18个烧杯分成6组，每组3个平行，分别暴露于0mg/L、0.01mg/L、0.02mg/L、0.05mg/L、0.07mg/L、0.1mg/L菲-Hoagland营养液中，每天换水一次［pH为7.5±0.3，水温（22.2±1）℃，DO>4mg/L，硬度约为100mg/L，自然光照］，暴露10d。

采用EPR直接检测菲诱导金鱼藻组织中的自由基，经计算机拟合分析，g因子为2.0035±0.0004，峰宽0.9074±0.0441mT，可认为这些自由基的先驱可能包括电子转移途径中的醌、简单酚类或复杂多酚的代谢产物（Atherton et al.，1993）。从图12-7可以看出，菲诱导金鱼藻产生的自由基信号强度随着暴露浓度增加而增大，当菲暴露浓度为0.01mg/L时，与对照组相比具有显著性差异（P<0.05），且暴露浓度和产生的自由基强度之间呈明显对数剂量-效应关系：$y=2.48\times10^3\ln x+7.17\times10^3$，$R^2=0.877$。式中，$y$为自由基信号强度，$x$为菲暴露浓度（mg/L）。自由基产生的相对强度与菲在植物体内的富集以及菲的暴露浓度之间都存在正相关，表明在菲胁迫下，可诱导金鱼藻组织产生自由基，从而可能导致金鱼藻组织产生氧化损伤。

菲能显著诱导金鱼藻中超氧阴离子含量升高（图12-8），当菲暴露浓度超过0.05mg/L，超氧阴离子含量达到最高值，并保持相对平稳，当暴露浓度达到0.1mg/L时，超氧阴离子含量有下降趋势。

菲暴露对金鱼藻抗氧化酶活性的影响如图12-9所示，低浓度菲暴露并没有显著抑制

SOD 酶活性，当菲的暴露浓度达到 0.07mg/L 时，SOD 酶活性出现极显著抑制（P<0.01），0.1mg/L 暴露组可使 SOD 酶活性抑制率达到对照组的 61%；当菲暴露浓度为 0.05mg/L 时，CAT 酶活性被显著诱导，比对照组增加了 51%，随着菲暴露浓度的增加 CAT 酶活性开始下降；POD 酶活性与对照组相比显著增强（P<0.01），随着菲暴露浓度的增高加 POD 的酶活性逐渐增强，0.1mg/L 暴露组可使 POD 酶活性达到对照组的 4.5 倍；当菲浓度为 0.02mg/L 时，可显著诱导 GST 酶活性并随着暴露浓度的增加逐渐增强，0.1mg/L 菲暴露组可使 GST 酶活性达到对照组的 4.9 倍。

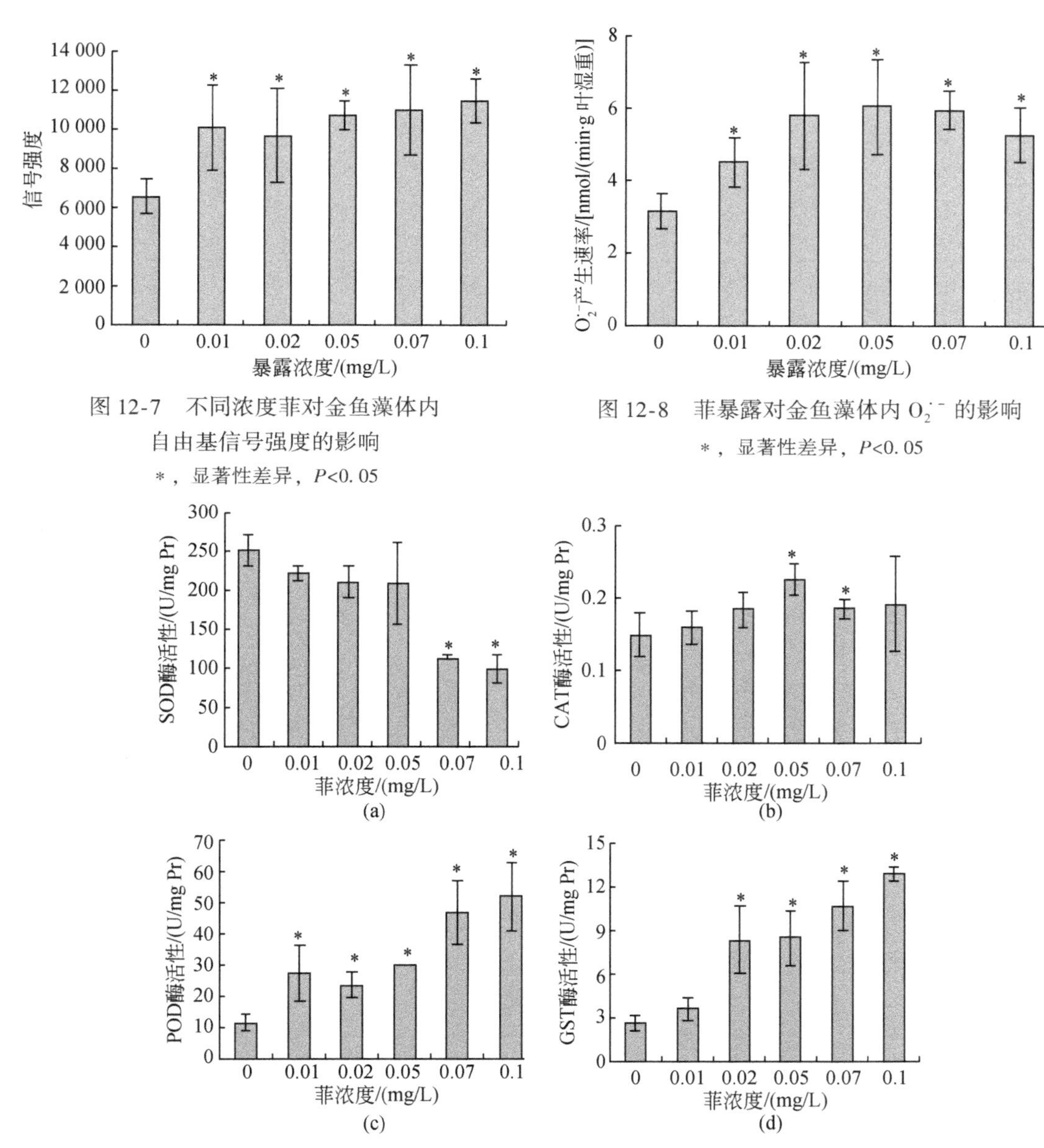

图 12-7　不同浓度菲对金鱼藻体内自由基信号强度的影响

*，显著性差异，P<0.05

图 12-8　菲暴露对金鱼藻体内 $O_2^{\cdot-}$ 的影响

*，显著性差异，P<0.05

图 12-9　菲暴露对金鱼藻抗氧化酶活性的影响

*，显著性差异，P<0.05

表 12-6 显示菲对金鱼藻 GSH 含量的影响。从表 12-6 可以看出，菲胁迫下 GSH 的含量总体都受到显著抑制（$P<0.05$），GSSG 含量极显著上升（$P<0.01$）；随着菲暴露浓度的增加，GSH 含量线性下降，GSSG 含量在低浓度即显著诱导增加，在高浓度菲的三组样品中，GSSG 含量变化不大；TGSH 含量先上升后下降，0.05mg/L 时达到最大，与对照组相比，菲诱导了 TGSH；GSH/GSSG 值在 0.01mg/L 菲时即被极显著抑制，随着菲暴露浓度的增加，比值逐渐降低，GSH/GSSG 值与菲暴露浓度呈线性负相关，$R^2=0.988$。

表 12-6　菲对金鱼藻 GSH 含量的影响　　（单位：μg/g 植物）

抗氧化酶	GSH 含量/(mg/L)					
	对照	0.01	0.02	0.05	0.07	0.10
GSH	35.9±5.5	28.0±6.53a	25.0±2.20a	24.5±3.45a	21.3±4.77a	16.8±1.01a
GSSG	5.5±2.1	29.2±2.42a	32.6±5.92a	37.1±2.23a	37.4±4.78a	37.9±4.04a
GSH+GSSG	41.4±9.1	57.2±8.41	57.6±7.48	61.5±3.33a	58.7±9.7a	54.7±4.02
GSH/GSSG	6.5±0.9	0.96±0.18	0.85±0.17a	0.71±0.13a	0.60±0.05a	0.46±0.15a

注：数据以均值±标准方差表示，$n=4$；a 表示与对照组相比有显著性差异，$P<0.05$

研究同样观察到菲各浓度暴露组均诱导 MDA 含量升高，MDA 含量随着菲浓度增加而增大，高浓度时趋于平缓，暴露浓度≥0.02mg/L 时与对照组相比具有显著性差异（$P<0.05$），暴露浓度为 0.07mg/L 时，MDA 含量最高，与对照组存在极显著差异（$P<0.01$）。菲胁迫下金鱼藻叶片叶绿素 a、叶绿素 b 及叶绿素 a+叶绿素 b 总量均呈相似的变化趋势。0.01mg/L 菲暴露下，叶绿素 a 和叶绿素 b 总量的含量显著升高，随着暴露浓度的增加叶绿素含量开始下降；0.1mg/L 菲暴露导致叶绿素 a+叶绿素 b 总量下降 31%。说明菲胁迫对金鱼藻叶绿素的合成影响很大。当菲暴露浓度≥0.02mg/L 时，金鱼藻茎叶中可溶性糖含量随暴露浓度增加呈极显著增加（$P<0.01$）。菲暴露浓度达到 0.07mg/L 时可溶性糖含量不再增加。

综上所述，植物体内 ROS 的清除是多种活性成分共同作用的结果。当金鱼藻暴露于菲中，将诱导产生大量自由基，一些抗氧化系统酶活性相继被激活，清除部分自由基，GSH、SOD 受胁迫导致其合成或结构受破坏而引起含量与活力下降。自由基不断生成，导致 ROS 积累，引起膜脂质过氧化，细胞膜被破坏，进而使蛋白质、核酸及叶绿素等一系列生物分子受到破坏，导致植物的生理生化功能紊乱，生长受到影响。实验检测到叶绿素的含量显著降低和可溶性糖的显著上升也充分证实此观点。结果表明，在这些生化指标中，自由基、POD、GST 及 GSH/GSSG 值的变化要比生物的其他指标更为灵敏，适合作为污染早期诊断的生物标志物。

12.2.2.4　牡蛎对菲胁迫的响应

采用牡蛎（*Saccostrea cucullata*）作为实验生物，在实验室驯养 12d 后，分为 7 组，每组 14 个，置于玻璃鱼缸内，身体完全没入人工海水中。每组实验牡蛎暴露于不同浓度的菲（0mg/L、0.001mg/L、0.0025mg/L、0.005mg/L、0.01mg/L、0.05mg/L 和 0.1mg/L）中 14d。海水每天置换半缸，同时保持缸内菲浓度不变。养殖条件控制如下：硬度约为

100mg/L $CaCO_3$，盐度0.32%，连续曝气保持溶解氧的浓度不低于7mg/L，温度保持在(20.0±0.5)℃，氨氮含量（NH_3/NH_4^+）与亚硝酸盐水平低于0.1mg/L，pH为7.0±0.1。实验前进行菲挥发率测定的预实验，菲的挥发率在24h内不超过10%。

表12-7列出牡蛎在菲胁迫下，消化腺上ROS、抗氧化防御系统、脂质过氧化等生化指标随菲浓度的变化。由表12-7可以看出，菲可诱导牡蛎体内消化腺产生ROS，当菲浓度为0.001mg/L时，就可诱导牡蛎消化腺上ROS显著增加。采用WINEPR SimFonia软件进行计算机模拟来鉴定本次实验中捕获到的ROS种类。PBN加成物测得的EPR图谱可以较好地通过两个模拟的EPR信号加合得到，这两个信号的超精细分裂常数分别为：$g=2.0059$，$a^N=14.03G$，$a^H=2.64G$；$g=2.0059$，$a^N=15.12G$，$a^H=3.06G$。根据本实验室此前的研究成果（Luo et al.，2006；Shi et al.，2005），这两个模拟信号分别被认为是PBN/˙OCH_3和PBN/˙CH_3（Takeshita et al.，2004）。因此，可以合理地推断本实验中被PBN捕获的˙CH_3和˙OCH_3是由DMSO和牡蛎消化腺中˙OH反应产生的。为了进一步证明这个推论，在DMSO溶剂里面加入了一种˙OH自由基猝灭剂甘露醇后再重复上面的实验，结果表明自由基信号被完全抑止。因此，在本次实验中消化腺中由菲诱导产生的ROS可以被确定为˙OH。

表12-7　在菲胁迫下，牡蛎消化腺ROS、抗氧化防御系统和MDA含量随菲浓度的变化（占对照的比例/%）

生化指标	暴露浓度/(mg/L)						
	0	0.001	0.0025	0.05	0.01	0.05	0.1
SOD	100	128	223*	152*	136*	161*	97.6
CAT	100	174*	199*	159*	166*	151*	108
GST	100	91.7	106	92.9	98.3	85.5*	70.5*
GSH	100	132	152*	139*	154*	113	113
GSSG	100	140*	126*	195*	168*	170*	158*
MDA	100	149*	218*	206*	184*	167*	156*
ROS	100	160*	222*	249*	238*	217*	125*
富集量/(μg/g 肝湿重)	0	0.500	0.636	0.991	1.63	1.70	9.89

*代表与对照组相比有显著性差异（$P<0.05$）

从表12-7还可以看出，抗氧化防御系统（SOD、CAT、GST、GSH和GSSG）随菲浓度增加发生变化。其中CAT酶活性和GSSG含量在菲浓度为0.001mg/L时就被显著诱导，消化腺中的GST酶活性不仅没有随着菲暴露浓度的增加而增大，而且在暴露浓度为0.05mg/L和0.1mg/L时相对空白组被显著抑制，分别为空白的85%和71%。相同的结果也曾出现在对双壳类生物翡翠贻贝（*Perna viridis*）（Cheung et al.，2001）和紫贻贝（*Mytilus galloprovincialis*）（Michel et al.，1993；Akcha et al.，2000）暴露于PAHs的研究中。本研究成功地证明了在菲胁迫下，诱导牡蛎消化腺产生的ROS为˙OH，并且获得的˙OH信号强度与脂质过氧化水平（MDA）有着显著的正相关。表明菲诱导牡蛎消化腺产生的˙OH是导致牡蛎氧化损伤的致毒机制之一。

研究还观察到牡蛎暴露于不同浓度菲后，其消化腺的 GSH 含量基本维持在同一水平，而 GSSG 含量的水平则显著增加，表明 GSH 有可能在被诱导产生后又很快转化为 GSSG。某些菲暴露浓度组与空白组相比，GSH/GSSG 值显著下降，表示这些暴露组的牡蛎可能受到一定的氧化胁迫。GSH/GSSG 值与 ROS 的负相关表明这种氧化胁迫很有可能与在这些菲暴露浓度时 ROS 的产量有关。

根据脂质过氧化水平与 ROS 呈显著正相关（$R=0.87$，$P<0.05$），GSH/GSSG 比值与 ROS 呈显著负相关（$R=-0.89$，$P<0.01$），揭示 ROS 可能是导致氧化胁迫的主要原因。综合比较实验测定的 ROS、CAT、MDA、GST、GSH、GSSG 等多种生化指标，其中 ROS、CAT、MDA 和 GSH/GSSG 值最为敏感，在菲浓度为 0.001mg/L 时就有显著的响应，可考虑作为敏感的生物标志物。

综上所述，通过对水生生态系统斜生栅类藻、鲫鱼、沉水植物金鱼藻和海洋生物牡蛎对有机污染物菲胁迫响应的系统研究，发现不同生物对菲胁迫的响应存在差异，其中海洋生物牡蛎最敏感，其次是斜生栅类，并且对每个生物都筛选出了敏感的生物标志物。

12.2.3 生物对不同化合物胁迫响应的差异性

以鲫鱼作为实验生物，研究其对菲、芘胁迫的响应。表 12-8 列出了鲫鱼肝脏 ROS、抗氧化防御系统和 MDA 等生理生化指标对菲、芘胁迫的响应。从表 12-8 可以看出，鲫鱼肝脏对不同环数的多环芳烃的响应存在差异，当菲在 0.02mg /L 时能诱导产生˙OH 且 MDA 含量升高，而芘在小于或为 0.001mg/L 时就能诱导产生˙OH 且 MDA 含量升高，抗氧化防御系统的指标，如 SOD、CAT、GSH 和 GST 等在芘胁迫下响应的浓度明显低于菲，从多种指标综合评估来看，菲对鲫鱼肝脏可能产生伤害的关键阈值为 0.01 ~ 0.02mg/L，而芘则应低于 0.001mg/L，表明生物对不同化合物响应存在差异，同时也可以看出，芘的毒性明显高于菲。

表 12-8 鲫鱼肝脏 ROS、抗氧化防御系统和 MDA 含量随菲和芘浓度的变化（占对照的比例/%）

生化指标	暴露浓度/(mg/L)					
	0	0.01	0.02	0.05	0.07	0.1
PHE-SOD	100	87.8*	133*	168*	137*	177*
PHE-CAT	100	83.9	109	195*	154*	69.0*
PHE-GST	100	82.7	128	160*	142*	155*
PHE-GSH	100	76.6*	78.8*	90.0	91.7	68.0
PHE-MDA	100	126	163*	175*	187*	179*
PHE-˙OH	100	103	104	122*	133*	168*
PYR-SOD	100	161*	102	91.8	91.3	105

续表

生化指标	暴露浓度/（mg/L）					
	0	0.001	0.005	0.01	0.05	0.1
PYR-CAT	100	159 *	96.1	78.7 *	88.4	58.2 *
PYR-GST	100	202 *	117	116	113	110
PYR-GSH	100	86.0	85.6 *	76.5 *	80.1 *	83.7 *
PYR-GSSG	100	109	113 *	116 *	113 *	110 *
PYR-MDA	100	127 *	129 *	125	127 *	145 *
PYR-˙OH	100	139 *	140 *	149 *	175 *	186 *

12.2.4 腐殖酸对生物受污染物胁迫响应的影响

以金鱼藻对 TBBPA 胁迫的响应为例，研究腐殖酸（HA）存在对金鱼藻对 TBBPA 胁迫响应的影响。

12.2.4.1 金鱼藻对 TBBPA 胁迫的响应

采集暴露在不同浓度 TBBPA 的溶液中 14d 后的金鱼藻，应用 EPR 直接检测 TBBPA 诱导金鱼藻组织中自由基的图谱（图 12-10）。

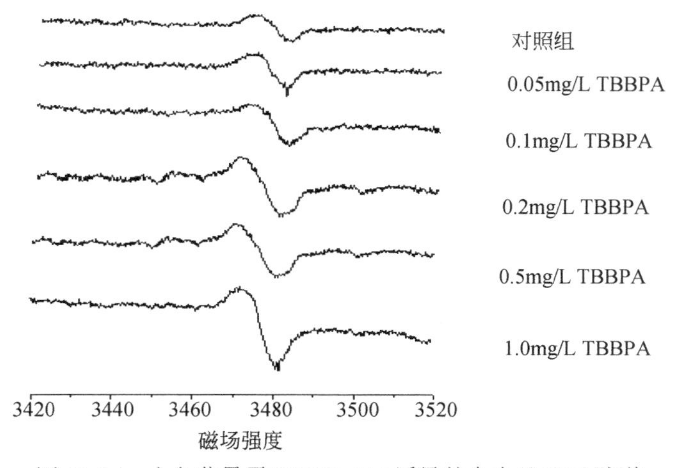

图 12-10 金鱼藻暴露 TBBPA 14d 诱导的自由基 EPR 波谱

从图 12-10 中可以看出，TBBPA 诱导金鱼藻产生的自由基信号强度随着暴露浓度的增加而增强。TBBPA 暴露浓度为 0.1mg/L 时，与对照组相比就具有显著性差异（$P<0.05$）。经回归分析，TBBPA 暴露浓度和产生的自由基强度之间呈明显的 S 形剂量-效应关系：$y=2.58\times10^4x^3-3.81\times10^4x^2+1.56\times10^4x+2.60\times10^3$，$R^2=0.992$。式中，$y$ 代表自由基信号强度，x 代表 TBBPA 暴露浓度(mg/L)。研究表明，TBBPA 胁迫可诱导金鱼藻组织中产生自

由基，可能导致金鱼藻组织的氧化损伤。

实验发现金鱼藻能吸收 TBBPA，其 logBCF 为 3.1。动态实验表明，金鱼藻组织中 TBBPA 浓度随暴露时间增加而增大，4d 达到平衡。静态实验表明，金鱼藻组织对 TBBPA 的富集量与暴露浓度呈明显的线性剂量-效应关系，暴露 14d 后，没有检测到代谢产物。

将自由基信号强度和金鱼藻组织中 TBBPA 的富集量进行线性回归分析，发现二者之间呈显著正相关（$R^2=0.996$，$P<0.05$）（图 12-11）。回归方程为：$y=1.09\times10^4x^3-1.86\times10^4x^2+9.33\times10^3x+2.94\times10^3$。式中，$y$ 为自由基信号强度，x 为 TBBPA 在金鱼藻中的富集量（mg/g 干重）。

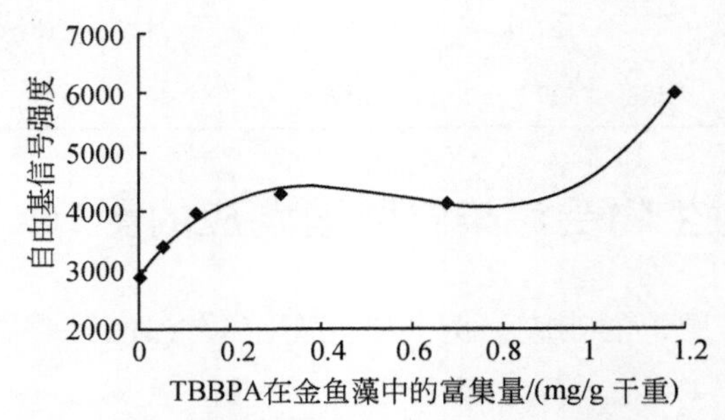

图 12-11　TBBPA 在金鱼藻中的富集量与产生自由基强度之间的关系

$R^2=0.857$，$P<0.05$

TBBPA 诱导金鱼藻产生脂质过氧化。从图 12-12 可以看出，MDA 含量随 TBBPA 浓度升高而增大，与对照组相比均具有显著性差异（$P<0.05$），其中，1.0mg/L 剂量组具有显著性差异（$P<0.01$）。MDA 含量升高证实 TBBPA 诱导金鱼藻组织产生膜脂质过氧化损伤。

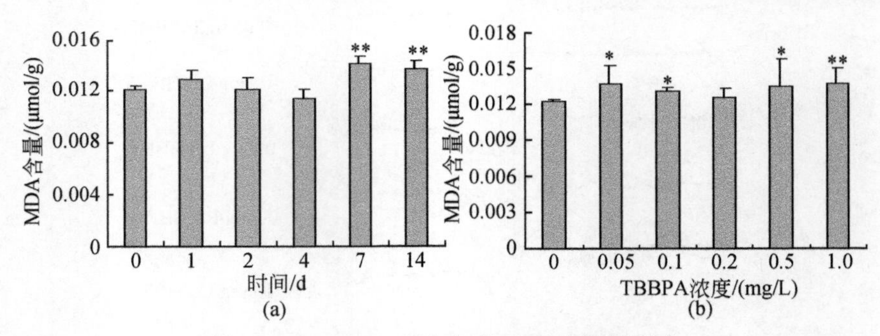

图 12-12　TBBPA 对金鱼藻 MDA 含量的影响

*，显著性差异，$P<0.05$；**，极显著性差异，$P<0.01$

GSH 对 TBBPA 非常敏感。从图 12-13 可以看出，TBBPA 胁迫下 GSH 含量总体都受到抑制（$P<0.05$）。静态暴露结果表明，0.05mg/L TBBPA 即使 GSH 含量受到显著抑制（$P<0.05$），GSH 含量随着 TBBPA 暴露浓度的增大而减少，与对照组相比具有显著性差异（$P<0.05$）。经回归分析，TBBPA 暴露浓度与 GSH 含量呈明显的对数剂量-效应关系：$y=-15.0\ln x+43.3$，$R^2=0.9349$。式中，y 为 GSH 含量，x 为 TBBPA 暴露浓度（mg/L）。GSSG 含量与对照组均无显著差异，只在高浓度组中 GSSG 含量轻微上升。静态和动态暴

露均表明 GSH/GSSG 值随 TBBPA 暴露浓度增加和暴露时间延长而降低（表 12-9），表明金鱼藻在氧化应激过程中 GSH 向 GSSG 的转变趋势。

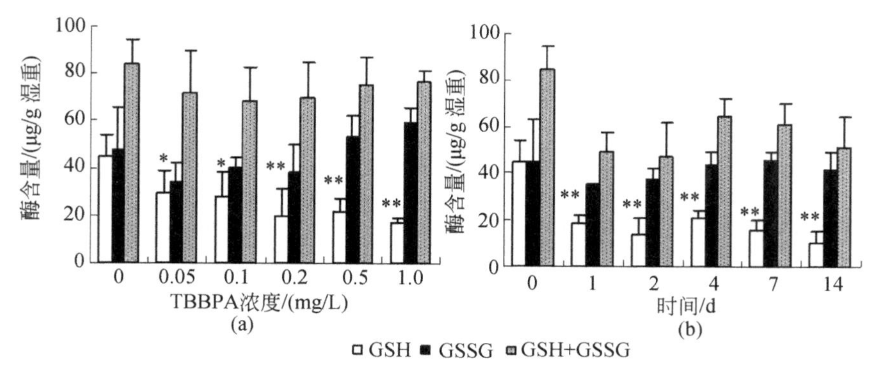

图 12-13　TBBPA 暴露浓度对金鱼藻 GSH 含量的影响 .

＊，显著性差异，$P<0.05$；＊＊，极显著性差异，$P<0.01$

表 12-9　TBBPA 暴露浓度对金鱼藻 GSH/GSSG 值的影响

浓度/(mg/L)	对照组	0.05	0.1	0.2	0.5	1.0
GSH/GSSG	0.94	0.86	0.69	0.51	0.41	0.28
时间/d	对照组	1	2	4	7	14
GSH/GSSG	1.0	0.53	0.37	0.47	0.35	0.25

金鱼藻体内 SOD 和 POD 对 TBBPA 很敏感。从图 12-14 可以看出，SOD 酶活性随着 TBBPA 暴露浓度的增加而增大，0.05mg/L 暴露组即对 SOD 酶活性表现出显著的诱导作用（$P<0.05$）。回归分析表明，TBBPA 暴露浓度和 SOD 酶活性呈明显的指数剂量-效应关系：$y = 11.9e^{0.29x}$，$R^2=0.977$。式中，y 为 SOD 活性，x 为 TBBPA 暴露浓度（mg/L）。POD 酶活性总体呈先上升后抑制的趋势，在 TBBPA 低浓度时被极显著诱导（$P<0.01$），高浓度时被极显著抑制（$P<0.01$）。

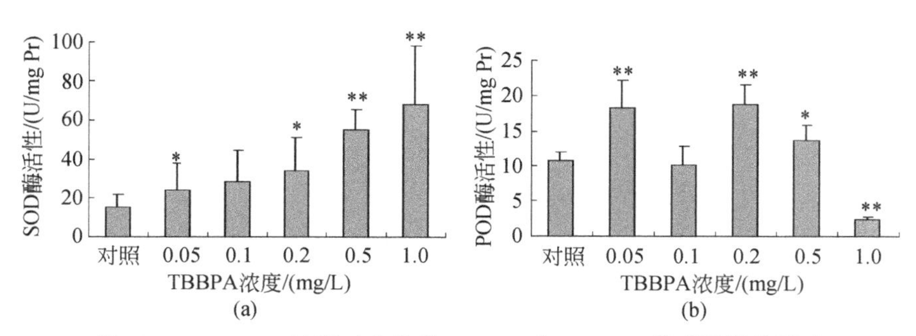

图 12-14　TBBPA 浓度对金鱼藻 SOD(a) 和 POD(b) 的酶活性的影响

＊，显著性差异，$P<0.05$；＊＊，极显著性差异，$P<0.01$

研究还表明，TBBPA 胁迫下金鱼藻叶片叶绿素 a、叶绿素 b 及叶绿素 a+叶绿素 b 总量均呈不同程度下降，说明 TBBPA 胁迫对金鱼藻叶绿素的合成影响很大，对其生长发育产生影响。

综上所述，TBBPA 诱导金鱼藻组织中产生自由基，导致 MDA 含量上升，叶绿素含量下降，机体受到氧化损伤。作为 ROS 清除系统，SOD、POD 的酶活性和 GSH 含量受到显著影响，揭示 TBBPA 可诱导生物体 ROS 生成导致的氧化胁迫可能是重要致毒机制之一。

12.2.4.2 HA 对 TBBPA 在金鱼藻体内的富集及氧化胁迫的影响

HA 对 TBBPA 在金鱼藻中富集量及自由基信号的影响见图 12-15。当 HA 的浓度为 0.04mg/L(TOC)时，TBBPA 在金鱼藻中的富集量显著降低，HA 的浓度为 0.20mg/L（TOC）时，富集量回升，之后随 HA 浓度增加，金鱼藻中 TBBPA 的富集量降低。而自由基信号强度随 HA 浓度变化没有明显规律。仅在 HA 浓度为 0.04mg/L（TOC）时，自由基信号强度显著降低。可能是由于低浓度 HA 降低 TBBPA 在金鱼藻中的富集，因而诱导产生的自由基也随之降低；但 HA 浓度继续增加，虽然 TBBPA 生物富集量也随之降低，但高浓度 HA 也可能诱导金鱼藻自由基，因而总的自由基信号强度没有明显变化。

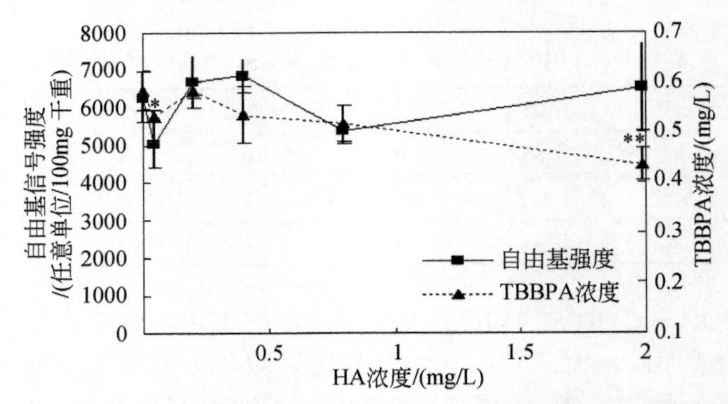

图 12-15　HA 对自由基信号与金鱼藻中 TBBPA 富集量的影响

*，显著性差异，$P<0.05$；**，极显著性差异，$P<0.01$

研究表明，HA 基本能缓解 TBBPA 对金鱼藻造成的膜脂质过氧化影响。从图 12-16 中可以看出，加入 HA 的实验组，MDA 含量与对照均无显著性差异，没加 HA 的实验组，MDA 含量显著增加（$P<0.05$）。加入低浓度的 HA 后，可以减缓 GSH 的耗竭。没加 HA 的实验组，GSH 含量与对照相比显著抑制（$P<0.05$），加入 0.04mg/L HA（TOC），GSH 含量与对照相比无显著性差异，而加入更高浓度的 HA，GSH 含量继续受到抑制（$P<0.05$）(图 12-17)。

HA 对金鱼藻 SOD 和 POD 的影响见图 12-18。与对照相比，0.5mg/L TBBPA 显著诱导金鱼藻 SOD 酶活性（$P<0.05$）；加入低浓度 HA，SOD 酶活性降低，与对照相比无显著差异；加入高浓度 HA，SOD 酶活性继续受到显著诱导（$P<0.05$）。加入 HA 后，对 POD 酶活性的影响没有明显变化规律。

本研究综合自由基信号强度、SOD 酶活性、GSH 含量及 MDA 含量结果发现，低浓度的 HA 缓解 TBBPA 对金鱼藻的氧化胁迫。当 HA 的浓度为 0.04mg/L（TOC），自由基的信号强度下降，SOD 酶活性和 GSH 含量水平得以恢复，MDA 含量与对照没有显著差异，而未加入 HA 的实验组 MDA 含量则与对照具有显著性差异，表明产生了氧化胁迫，这是因为加入 0.04

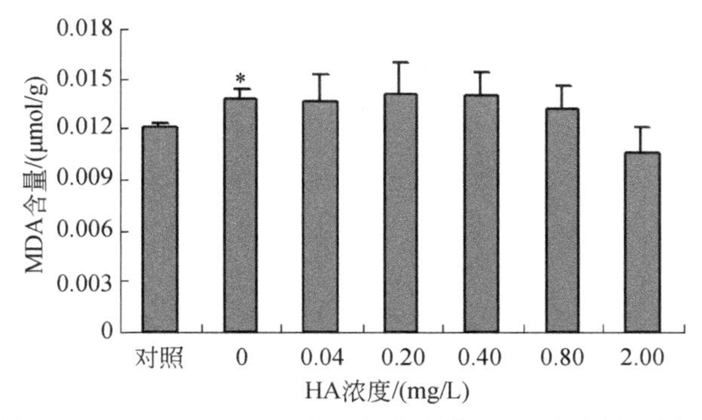

图 12-16　HA 对 TBBPA 在金鱼藻中的 MDA 产生量的影响

*，显著性差异，$P<0.05$；**，极显著性差异，$P<0.01$

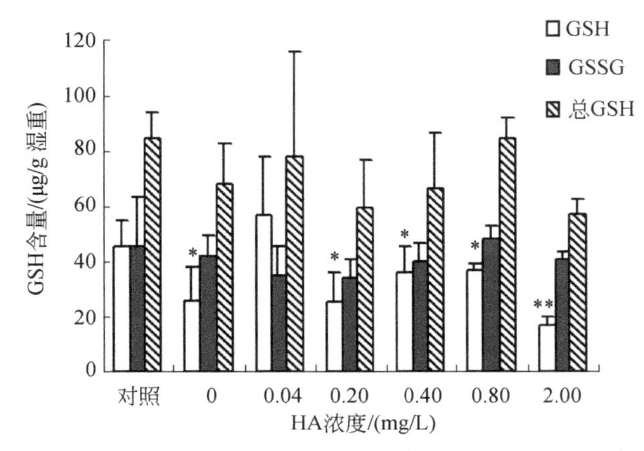

图 12-17　HA 对 TBBPA 在金鱼藻中的 GSH 含量的影响

*，显著性差异，$P<0.05$；**，极显著性差异，$P<0.01$

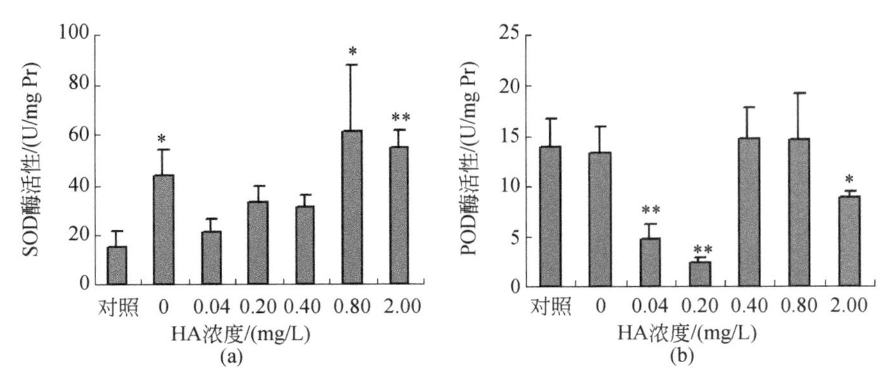

图 12-18　HA 对 TBBPA 在金鱼藻中的 SOD 和 POD 的酶活性的影响

*，显著性差异，$P<0.05$；**，极显著性差异，$P<0.01$

mg/L HA（TOC）后，降低了 TBBPA 对金鱼藻的生物有效性，因而减缓其氧化胁迫。随 HA 浓度增加，TBBPA 的生物有效性虽继续降低，但可能高浓度的 HA 和 TBBPA 联合作用加重了对金鱼藻的氧化胁迫。当然这种作用机制目前还不是非常清楚，需进一步的研究。

综上所述，HA 影响金鱼藻组织中 TBBPA 的富集量和氧化胁迫，因此，在考虑 TBBPA 的生物有效性和生态毒性时，不能忽视环境因子（如 HA）的影响。

12.2.5 太湖蓝藻水华对鲤鱼生态毒理效应的原位研究及其早期预警初探

太湖是中国东部近海区域最大的湖泊，也是中国的第二大淡水湖（洞庭湖多年来随着湖面缩减已退为第三大湖）和著名的风景名胜区。太湖面积 2425km^2，平均水深 2.12m，蓄水量 $51.4 \times 10^8 m^3$，集水面积 36 500km，湖水主要由西苕溪、长兴港、直湖港、梁溪河、宜溧河等地表径流和湖面降水补给，湖水滞流期为 309d（杨华，2006）。以洞庭东山的东胶嘴为界，太湖分为东太湖和西太湖。西太湖为太湖的主体，浮游植物占优势；东太湖实际上是太湖的大湖湾，维管束水生植物特别是沉水植物生长茂盛，水质较好。近 20 年来，随着工农业的发展，太湖周边大量农业、工矿业废水和居民生活污水直接排放入湖，使湖泊氮、磷等营养物质以及重金属等污染物负荷量急剧增加，水质恶化，湖泊富营养化日益严重，水华频繁暴发。大规模蓝藻水华暴发后，堆积的藻类细胞衰亡后会释放出大量蓝藻毒素、异味物质及其他有毒有害物质，由此引发的各种衍生物污染已经成为一个重大环境问题。例如，2007 年 5 月月底曾发生因蓝藻水华暴发导致无锡市主要自来水厂停产，严重干扰居民的生产和生活，引起国内外的极大关注。目前中国已投入大量资金开展太湖富营养化过程与蓝藻水华成灾机理方面的研究，其中，有关蓝藻衍生污染物的联合作用机理研究和蓝藻水华早期预警体系的建立是其中重要的一方面。近年来 EPR 技术的出现为检测生物体内的自由基在方法学上提供了质的飞跃，成为了检测自由基最直接、最有效的方法（王晓蓉等，2006），也为 ROS 作为早期预警指标提供了可能。而抗氧化防御系统作为 ROS 的清道夫，对污染物胁迫也相当敏感，在低浓度污染物暴露下或短时间内，由于酶合成增加，其活性往往出现诱导以此清除体内多余的 ROS（Halliwell and Gutteridge，1999），其活性变化可为污染物胁迫下的机体氧化应激提供敏感信息，因此抗氧化防御系统也经常被用来作为指示环境污染的早期预警，成为分子生态毒理学生物标志物研究热点之一（Leao et al.，2008；Prieto et al.，2007；Almeidaa et al.，2002；Cheung et al.，2004；Pascual et al.，2003）。

在前期实验室研究基础上，王晓蓉课题组在蓝藻水华暴发高峰期到太湖现场，选取太湖苏州区域胥口湾（草型湖区，水质相对较好）与梅梁湾（藻型湖区，富营养化严重）蓝藻集聚区域为实验场所，以室内实验为对照，开展野外实际条件下蓝藻水华暴露对常见淡水湖泊养殖鱼类——鲤鱼的生态毒理效应研究。在同时分析目标湖区各种水质指标和污染物浓度的研究基础上，研究氧化应激指标与污染水平的相关关系，探讨野外原位氧化应激指标作为诊断生物早期伤害的生物标志物的可行性。

12.2.5.1 太湖蓝藻水华对鲤鱼氧化应激的原位研究及其用做分子标志物的潜力

(1) 实验鲤鱼及原位实验

幼龄鲤鱼（约 6 个月）购自中国水产科学研究院淡水渔业研究中心某渔场，平均体长和重量分别为 13.5 ~ 16.8cm 和 40.7 ~ 52.1g。实验前先将鲤鱼在实验室驯养 4d。驯养期间无鲤鱼死亡。驯养结束后，随机分成6组，每组分配15～20尾鱼，除了对照组设置在实验室室内鱼缸养殖外（每日喂一次商业鱼饲料），其余5组皆置于网箱（Φ 80cm × 高110cm），吊挂于太湖各原位实验点位水体中进行暴露实验，网箱上表面距水面约0.5m，原位实验点位设置见图12-19，各位点GPS信息见表12-10，原位实验共进行14d（2009年7月11～24日）。14d后，将网箱中的鱼回收，和实验室对照鲤鱼一起，活体解剖，按不同指标测定要求进行处理。实验室养鱼用水和各原位点水质信息见表12-10，14d暴露结束后除了S2点位丢失外，其余各点位的鲤鱼回收率 > 80%。

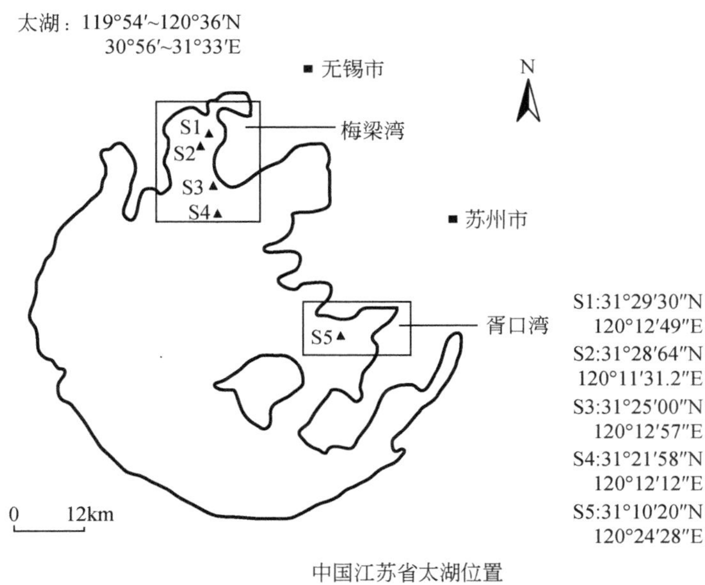

图12-19 原位实验点位设置

我们在对鲤鱼幼鱼进行原位暴露的同时，还采集了梅梁湾水域和东太湖水域的部分鱼种进行体内藻毒素含量分析以及一些生理生化指标测定；S3点位还增加一组鲫鱼进行原位暴露实验［20尾；体长：(17.25±1.96)cm；体重：(49.60±5.89)g］；原位暴露结束后放置于S2点位的网箱由于破损导致其内鲤鱼丢失。

表12-10 原位实验区太湖水体水质监测结果

	原位实验点位					实验室
	S1	S2	S3	S4	S5	
GPS位点	31°29′30″N, 120°12′49″E	31°28′64″N, 120°11′31.2″E	31°25′00″N, 120°12′57″E	31°21′58″N, 120°12′12″E	31°10′20″N, 120°24′28E	中国科学院太湖站实验室
水温/℃（n = 4）	33.21	33.10	33.89	32.70	31.11	23.92
原位点水深/m	2.38	2.50	1.75	2.55	1.71	n. a.
pH（n=4）	9.47	9.12	8.76	8.93	8.49	8.00
溶解氧/（mg/L）	15.03	12.32	8.62	11.06	7.90	8.29

续表

	原位实验点位					实验室
	S1	S2	S3	S4	S5	
电导率/(ms/cm)（n=4）	0.508	0.544	0.564	0.509	0.580	0.728
浊度（n = 4）	44.7 NTU$^+$	42.1 NTU$^+$	73.5 NTU$^+$	50.8 NTU$^+$	31.9 NTU$^+$	6.95 NTU$^+$
Chla/(μg/L)（n = 3）	10.2	9.0	13.1	22.7	4.3	1.9
水体氮（总氮/氨氮/硝氮/亚硝氮）/（mg/L）（n=4）	0.95/0.23/0.232/0.016	1.31/0.266/0.207/0.017	3.78/0.432/0.302/0.007	0.37/0.200/0.926/0.004	1.72/0.135/0.771/n.d.	n.a.
水体磷（TP/DTP/DP）/（μg/L）（n = 4）	192/159/12.0	165/129/21.7	233/60/7.70	95/30/2.49	75/32/4.52	38.9/n.d./20.8
微囊藻细胞数/（×10^{5}个/mL）	2.13±0.85	1.47±0.53	2.35±0.22	1.05±0.36	0.34±0.12	n.d.
水体藻毒素含量/（μg/L）（n = 4）	MC-LR：0.402 MC-RR：0.307	MC-LR：0.534 MC-RR：0.490	MC-LR：0.362 MC-RR：0.268	MC-LR：0.334 MC-RR：0.184	MC-LR：0.016 MC-RR：—	n.d.
水体重金属（Cu/Cd/Cr/Pb/Zn）/（μg/L）	10.6/0.020/2.36/0.76/6.66	6.35/0.016/2.19/0.92/6.61	9.96/0.018/2.21/0.51/8.02	6.29/0.025/2.21/0.69/6.27	6.93/0.022/1.83/0.110/23.5	n.a.
原位实验鱼种及个体信息（n = 20）	鲤鱼	网箱损坏，鱼丢失	鲤鱼，鲫鱼	鲤鱼	鲤鱼	鲤鱼

注：n.a.，未检测；n.d.，未检出；野外水样采取离表层0.8m处

本研究在梅梁湾及其喇叭形出口处设置了S1、S2、S3、S4等点位位于藻型湖泊区，实验期间这些位点均发现大量藻类聚集，其中S3点位已经靠近中国科学院太湖站栈桥，由于靠近岸边，加上风向的关系，藻类聚集尤为严重。S4点位水面宽阔，水体流动性较好，藻密度和叶绿素指标变动性较大，在实验后期由于风向关系，曾发现过较严重的水华现象。原位点S5位于东太湖区胥口湾，该处为典型的草型湖泊区，沉水植物生长茂盛，水质较好，水质监测结果也证明了这一点。相关分析发现微囊藻密度与水体温度和MC-LR浓度分别呈显著正相关（$P < 0.05$），与TP和MC-RR浓度呈极显著正相关（$P < 0.01$）。

（2）MC在鱼体不同器官/组织中的累积

图12-20显示野外暴露14d后的鲤鱼、鲫鱼以及太湖不同湖区捕捞的鲫鱼、黄颡鱼和翘嘴红鲌等鱼类不同组织/器官中MC的含量。对照组鲤鱼中也检出微量的MC含量，这可能与鲤鱼来源养殖场里的用水有关（鳃中未检出）。对同一来源的鲤鱼不同组织/器官中MC累积量大小的顺序为肝脏>肠道>鳃>肌肉，梅梁湾原位点（S1、S3和S4）样品各组织中MC含量远远高于胥口湾原位点（S5）样品和室内对照组，其中以S1处鲤鱼的MC累积量最大。

经相关性比较，发现肝脏中MC累积量与水体温度、pH、电导率、浊度、藻密度、

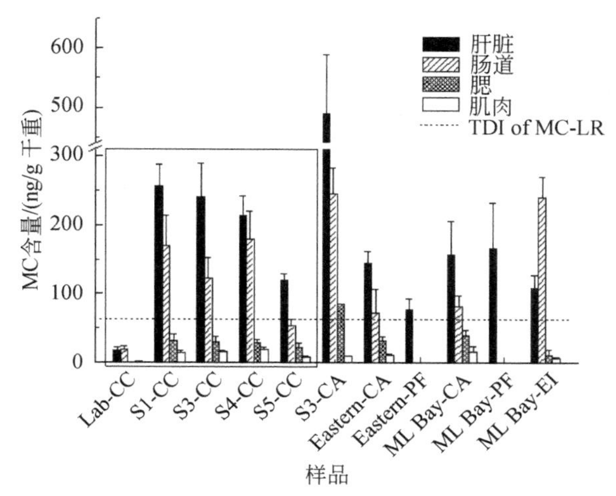

图 12-20 鱼体不同组织/器官（肌肉、鳃、肠道和肝脏）中 MC 含量（n = 4）

Lab-CC，实验室对照鲤鱼；S1-CC，原位点 S1 处网箱养殖鲤鱼（S3-CC、S4-CC、S5-CC 类同）；S3-CA，原位点 S1 处网箱养殖鲫鱼；Eastern-CA，东太湖区捕获鲫鱼（体重 49.16±10.89g；体长 15.69±1.28cm）；Eastern-PF，东太湖区捕获黄颡鱼（体重 24.44±5.90g；体长 13.80±1.15cm）；ML Bay-CA，梅梁湾湖区捕获鲫鱼（体重 33.4±4.24g；体长 12.75±0.35cm）；ML Bay-PF，梅梁湾湖区捕获黄颡鱼（体重 69.50±40.10g；体长 18.9±3.54cm）；ML Bay-EI，梅梁湾湖区捕获翘嘴红鲌（体重 19.95±2.90g；体长 15.50±0.71cm）

MC-LR、MC-RR 浓度及铬浓度显著正相关（$P<0.05$）；肠道累积量与水体 pH、电导率、MC-LR 浓度、铅浓度显著正相关（$P<0.05$）；鳃累积量与水体温度、电导率、铬浓度显著正相关（$P<0.05$，$P<0.01$）；肌肉累积量与水体温度、电导率、叶绿素 a 显著正相关（$P<0.05$）。网箱放养鲫鱼组织中，尤其是肝脏中累积了大量的 MC，达到了 490.1ng/g 干重，其累积大量 MC 的能力可能与放养处蓝藻密度大以及鲫鱼的杂食食性有关，导致摄入大量的蓝藻细胞。解剖发现，梅梁湾水域放养鲤鱼和鲫鱼肠道内有大量的微囊藻。

野外捕获的不同种类的鱼体内都检出了 MC，总体上梅梁湾水域对应的鱼种体内 MC 含量要比东太湖水域对应鱼种的高，肠道数据变化较大，由于肠道内包含了未消化的内含物，因此数据与食物组成可能关系比较大。需要注意的是，黄颡鱼和翘嘴红鲌都是肉食性鱼类，其体内检出 MC 说明了 MC 沿食物链传递的潜在风险。目前 WTO 设定 MC-LR 的 TDI 为 0.04μg/(kg·d)，如果以 5 作为组织湿重和干重的转换系数，设 60kg 的成人每日消费 200g 鱼肉（不食用内脏），转换为鱼肉允许的安全限值为 60ng/g，可见各鱼种肌肉组织中 MC 含量均未超过此安全限值（注：ELISA 测定的是总 MC 含量）。

为避免 ELISA 方法可能具有的假阳性问题，我们选取部分阳性样品进行了 LC-ESI-MS 测定，995.4 和 520.2 分别为 MC-LR 和 MC-RR 的特征荷质比。结合 ELISA 测定结果，发现两种方法都检出了鲤鱼肌肉样品中的 MC，但 MC-RR 的检测信号强度低于 MC-LR。

（3）原位蓝藻水华暴露对鲤鱼肝脏 ROS 水平的影响

鲤鱼在野外不同原位点水体暴露 14d 后，采集样品测定鲤鱼肝脏羟自由基强度变化。由图 12-21 可知，暴露于 S1、S3 和 S4 点位的鲤鱼肝脏羟自由基强度显著高于实验室对照（$P<0.05$，$P<0.01$），也明显高于 S5 点位鲤鱼样品，其中 S1 点位鲤鱼肝脏羟自由基强度与 S5 点位相比也有显著性升高（$P<0.05$），这与水质好坏情况一致。经相关性比较（表

12-11、表 12-12），发现 ˙OH 强度与水体温度、pH、藻密度、MC-LR/RR 浓度和铬浓度显著性正相关（$P<0.05$，$P<0.01$），与 MC 在肝脏、肠和鳃累积量显著性正相关（$P<0.05$），其中与肝脏累积量极显著正相关（$P<0.01$）。

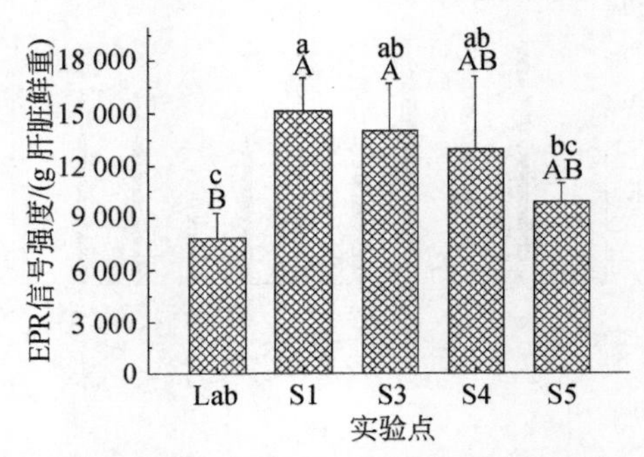

图 12-21　鲤鱼肝脏 EPR 信号强度随实验点的变化（$n = 3$）

运用 Duncan 法检验组间差异，字母相同表示差异不显著，小写字母全部不同表示有显著性差异（$P < 0.05$），大写字母全部不同则表示有极显著性差异（$P < 0.05$），下同

（4）原位蓝藻水华暴露对鲤鱼肝脏抗氧化酶活性的影响

鲤鱼在野外不同原位点水体暴露 14d 后，采集样品测定鲤鱼肝脏一些常见抗氧化酶活性。由图 12-22 可知，与室内对照相比，S3 和 S5 点位 SOD 酶活性均有所下降，其中 S5 点位出现显著性差异（$P<0.05$），S5 点位与 S1 和 S4 点位相对 S5 点位也有显著性下降；与室内对照和胥口湾鱼样（S5）相比，CAT 酶活性有所上升，但并没有出现显著性差异；与室内对照相比，野外暴露组 GST 酶活性均有上升，但没出现显著性差异，而 S1 和 S3 点位的 GST 酶活性与和胥口湾鱼样（S5）相比出现了显著性差异（$P<0.05$），相关性分析发现 GST 酶活性变化与藻密度和 MC-LR/RR 浓度呈显著性正相关（$P<0.05$）；与对照组相比，S1 点位的鲤鱼肝脏 GR 酶活性显著性下降（$P<0.05$），该点位 GR 酶活性与 S2、S4 和 S5 点位相比也显著性下降（$P<0.05$，$P<0.01$）。

（5）原位蓝藻水华暴露对鲤鱼 GSH 系统的影响

由图 12-23 可见，室内对照组鲤鱼总谷胱甘肽含量处在相对较高的水平，野外暴露后各组总谷胱甘肽含量均有所下降，梅梁湾水域鱼样下降更为明显，但未出现显著性差异。与其他指标相比，GSH 和 GSSG 变化最为敏感，与室内对照组相比，其含量均显著性下降（$P<0.05$，$P<0.01$），这应该与 GSH 参与蓝藻衍生污染物解毒有关；在水华较严重的梅梁湾水域（S1 和 S3 点位），鲤鱼 GSH/GSSG 值明显低于室内对照和 S5 点位，其中以 S1 点位最为明显。相关性分析（表 12-12）表明，总谷胱甘肽含量与水体温度、pH、MC-LR 浓度、MC 累积量（肝脏、鳃和肌肉）和水体铅浓度呈显著性负相关（$P<0.05$，$P<0.01$），而与电导率呈显著性正相关（$P<0.05$）；GSH 含量与水体温度、pH、MC-LR 浓度、MC 累积量（肝脏、肠道、鳃和肌肉）、水体铬和铅浓度呈显著性负相关（$P<0.05$，$P<0.01$），而与电导率呈显著性正相关（$P<0.05$）。

表 12-11　生化指标与常规水质指标和营养盐指标之间的相关性分析

生化指标	常规水质指标															
	温度	pH	溶解氧	电导率	浊度	叶绿素 a	微囊藻藻密度	MC-LR	MC-RR	总氮	硝态氮	氨氮	亚硝态氮	总磷	总溶解磷	溶解性磷
ROS	0.89*	0.94*	0.71	−0.87	0.83	0.65	0.94*	0.97**	0.97**	0.043	−0.71	0.57	0.90	0.87	0.800	−0.447
CAT	0.50	0.78	0.83	−0.69	0.42	0.79	0.53	0.82	0.74	−0.58	−0.057	0.019	0.61	0.36	0.542	−0.261
SOD	0.041	0.52	0.79	−0.27	0.009	0.46	0.30	0.57	0.54	−0.58	−0.19	0.012	0.72	0.14	0.445	0.246
GST	0.55	0.58	0.46	−0.46	0.76	0.60	0.89*	0.90*	0.91*	0.33	−0.60	0.83	0.64	0.84	0.496	−0.075
GR	−0.073	−0.30	−0.37	−0.041	−0.043	0.51	−0.47	−0.19	−0.37	−0.37	0.93	−0.33	−0.72	−0.55	−0.699	−0.486
GSH	−0.95*	−0.93*	−0.65	0.99**	−0.81	−0.77	−0.78	−0.88*	−0.83	0.37	0.31	−0.25	−0.75	−0.69	−0.674	0.699
GSSG	−0.96*	−0.85	−0.53	0.99**	−0.76	−0.72	−0.64	−0.74	−0.67	0.74	−0.12	0.19	−0.48	−0.57	−0.571	0.833
TGSH	−0.97**	−0.88*	−0.57	1.0**	−0.79	−0.72	−0.70	−0.79	−0.73	0.57	0.14	−0.033	−0.68	−0.63	−0.619	0.793
GSH/GSSG	−0.33	−0.63	−0.71	0.35	−0.44	−0.44	−0.76	−0.83	−0.86	−0.010	0.65	−0.56	−0.87	−0.67	−0.642	−0.219
MDA	0.89*	0.86	0.58	−0.79	0.85	0.45	0.96**	0.87	0.91*	0.87	−0.95	0.72	0.86	0.95	0.814	−0.411
PCO	0.71	0.83	0.71	−0.78	0.72	0.85	0.79	0.97**	0.91*	0.97**	−0.28	0.41	0.65	0.67	0.587	−0.376

注：采用 SPSS 16.0 的双变量 Bivariate 相关分析，图中数字代表 Pearson 系数。

*，显著性差异，$P < 0.05$；**，极显著性性差异，$P < 0.01$

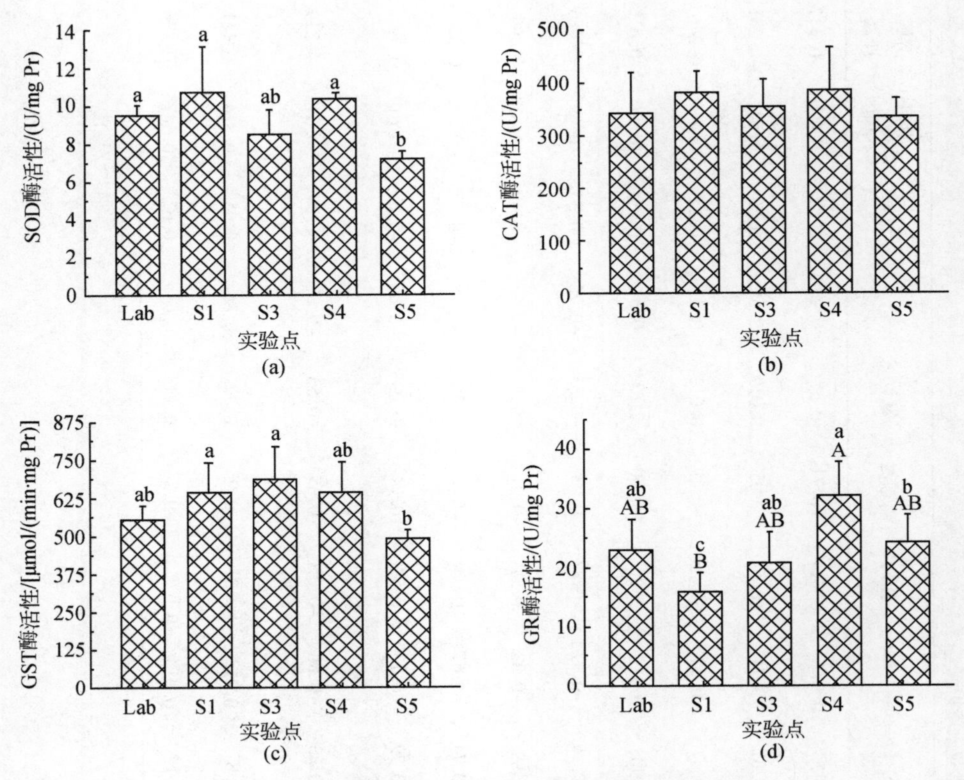

图 12-22　鲤鱼肝脏抗氧化酶活性随实验点的变化

(a) SOD; (b) CAT; (c) GST; (d) GR。$n = 4$

表 12-12　生化指标与 MC 累积和水体重金属浓度之间的相关性分析

生化指标	藻毒素在鱼体各器官/组织中的累积				水中重金属浓度				
	肝脏	肠道	鳃	肌肉	铬	铜	镉	锌	铅
ROS	0.987**	0.906*	0.910*	0.833	0.979*	0.755	−0.419	−0.904	0.893
CAT	0.692	0.921*	0.554	0.758	0.848	0.129	0.323	−0.864	0.956*
SOD	0.324	0.617	0.112	0.339	0.883	0.254	0.222	−0.848	0.963*
GST	0.752	0.704	0.541	0.638	0.869	0.639	−0.459	−0.907	0.773
GR	−0.190	0.061	−0.117	0.275	−0.324	−0.915	0.839	0.065	−0.104
GSH	−0.968**	−0.940*	−0.968**	−0.933*	−0.959*	−0.373	−0.061	0.947	−0.999**
GSSG	−0.898*	−0.852	−0.969**	−0.903*	−0.719	0.051	−0.505	0.741	−0.871
TGSH	−0.929*	−0.876	−0.981**	−0.909*	−0.879	−0.212	−0.253	0.867	−0.968*
GSH/GSSG	−0.613	−0.670	−0.364	−0.447	−0.990**	−0.698	0.356	0.938	−0.921
MDA	0.945*	0.743	0.902*	0.701	0.772	0.965*	−0.791	−0.638	0.581
PCO	0.877	0.967**	0.733	0.881*	0.947	0.348	0.017	−0.992**	0.978*

注：采用 SPSS 16.0 的双变量 Bivariate 相关分析，图中数字代表 Pearson 系数。

*，显著性差异，$P<0.05$；**，极显著性差异，$P<0.01$

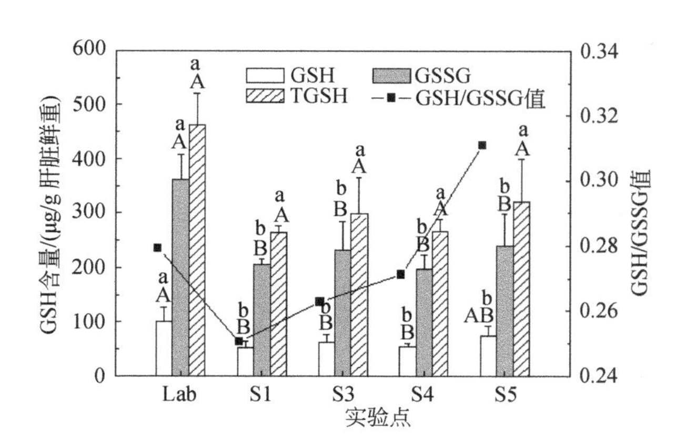

图 12-23 鲤鱼肝脏 GSH 系统随实验点的变化

(6) 原位蓝藻水华暴露对鲤鱼肝脏脂质过氧化和蛋白质过氧化的影响

测定了暴露 14d 后鲤鱼肝脏 MDA 含量，结果见图 12-24。与室内对照相比，野外暴露后鲤鱼肝脏 MDA 含量均升高，其中 S1、S3 和 S4 点位均产生了显著性差异（$P<0.05$，$P<0.01$），表明鲤鱼肝脏受到氧化损伤。相关分析表明，鲤鱼肝脏 MDA 含量与水体温度、微囊藻密度、MC-RR 浓度、MC 累积量（肝脏和鳃）和水中铜浓度呈显著性正相关（$P<0.05$，$P<0.01$）。

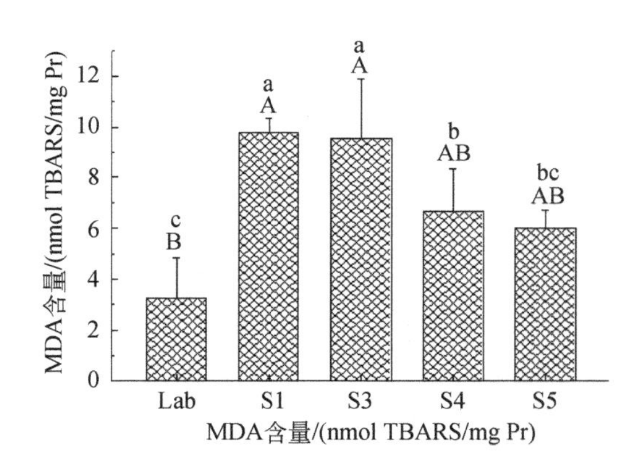

图 12-24 鲤鱼肝脏抗 MDA 含量随实验点的变化（$n=4$）

PCO 的变化如图 12-25 所示，与对照组和胥口湾鱼样（S5）相比，其余处理组鲤鱼肝脏 PCO 含量均显著升高（$P<0.05$，$P<0.01$），表明鲤鱼肝脏生物大分子（蛋白质）受到伤害。相关分析表明，鲤鱼肝脏 PCO 含量与 MC-LR/RR 浓度、MC 累积量（肠道和肌肉）和水体铅浓度呈显著性正相关（$P<0.05$，$P<0.01$），与水体锌浓度呈极显著性负相关（$P<0.01$）。

从本研究结果看，生活在蓝藻水华较严重的梅梁湾水域鲤鱼体内的 ROS 强度明显高于胥口湾和室内对照，表现了鲤鱼体内的 ROS 含量与生活水域富营养化污染水平的一致

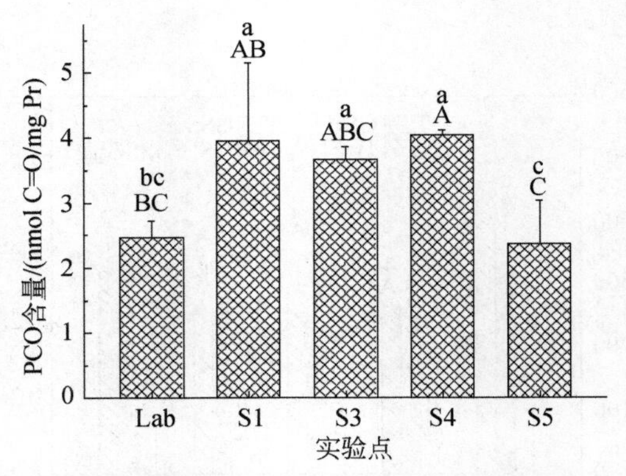

图 12-25 鲤鱼肝脏 PCO 含量随实验点的变化（n = 4）

性（ROS 强度与代表蓝藻暴发水平的众多因子显著相关），显示其作为生物标志物的潜力。但考虑到 ROS 的生成与很多因素相关，该指标的实际应用还需要综合考虑其他指标的变化。肝脏 MC 浓度作为一个内暴露浓度，在本研究也发现其与生物体内的 ROS 强度紧密相关。

ROS 的累积无疑会激发抗氧化系统的响应，本次实验中除了 CAT 外，其他酶，如 SOD、GR 和 GST 酶活性均出现了显著性的变化，并观察到 GSH 和 GSSG 对暴露水体的响应最为敏感，与室内对照相比，含量均显著性下降，两者同时下降是因为 GSH 在污染物胁迫下含量的变化是其参与解毒消耗、因氧化损失和诱导产生的共同结果。ROS 的过量积累和抗氧化物质的消耗诱导鲤鱼肝脏 MDA 含量和 PCO 含量的显著上升，导致生物大分子产生氧化损伤，其氧化损伤程度与蓝藻衍生产物的污染水平有着很好的相关关系，显示其可作为指示蓝藻水华污染水平的生物标志物的潜力。

12.2.5.2 太湖蓝藻衍生物的生态风险初探

（1）室内模拟研究苦草对 MC-LR 胁迫的响应

室内模拟研究表明，MC-LR 可以通过苦草幼苗的吸收进入叶片，在环境浓度下苦草叶片对其最大吸收值约为 13.9ng/g 干重；MC-LR 能诱导苦草叶片 $O_2^{\cdot -}$强度显著性上升并引发氧化应激，具体表现在抗氧化系统关键酶和 GSH 的一系列响应以及发生脂质过氧化，MDA 含量与 ROS 强度显著性正相关（R= 0.817，P<0.05）；CAT 酶活性和 GSH/GSSG 值对低剂量 MC-LR（0.1μg /L）最为敏感，有望成为潜在的生物标志物；动力学变化显示 GST 和 GSH 对 MC-LR 暴露时间最为敏感，说明通过 GST 催化下与 GSH 的结合是苦草对 MC-LR 的重要生物解毒过程；10.0 ~25.0μg/ L MC-LR 能导致叶绿素 a 显著下降；而 MC-LR 在饮用水安全推荐值（1.0μg /L）作用下即可导致叶片过氧化损伤、可溶性蛋白质含量显著下降，并对叶片产生超显微结构的损伤，因而推测 MC-LR 在亚细胞和分子水平上的毒性阈值为 0.5 ~1.0μg /L。

（2）室内模拟研究鲤鱼对 MC-LR 胁迫的响应

运用电子顺磁共振自旋捕集技术，获得了 MC-LR 诱导鲤鱼肝脏$^{\cdot}$OH 产生的直接证据，其超精细结构常数为 g=2.0057，a^{N}=13.88G，a^{H}=2.35G。腹腔注射亚致死剂量 MC-

LR 研究结果表明，120μg/kg MC-LR 作用 1h，肝脏˙OH 强度即有显著增强。50μg/kg MC-LR 浓度组鲤鱼肝脏 MDA 含量与˙OH 强度存在显著的线性正相关（$R=0.970$，$P<0.01$）。ROS 介导下，肝脏抗氧化防御系统关键酶活性、GSH 和 HSP70 含量等发生变化，总体响应以 5～12h 最为显著，可以调控机体 ROS 含量。MC-LR 和 ROS 影响下直接或间接导致细胞骨架结构重组和肝脏组织病理学损伤；在 ROS 介导下，与细胞凋亡密切相关的基因（*p38* 和 *JNKa*）被活化，从而促使机体在 12～48h 产生细胞凋亡，凋亡率在后期有所下降，可能与 *Bcl-2* 基因在暴露后期的显著表达有关。鲤鱼暴露在 MC-LR 浓度为0.1～10μg/L 下的研究表明，MC-LR 可以被鲤鱼肠道或鳃上皮细胞吸收，通过血液循环系统运送并累积到各个组织、器官中。总体而言，肝脏具有 MC-LR 最大的累积量，但观察到 0.1μg/L MC-LR 浓度组在鲤鱼鳃组织毒素含量超过了同浓度组的肝脏和肠道，这可能与鳃上皮细胞直接吸收或 MC-LR 作用下鳃组织的病理学变化导致其对 MC-LR 的通透性发生改变有关。研究观察到 MC-LR 为环境浓度时能轻度诱导鲤鱼肝脏产生氧化应激，过量 ROS 可以通过肝脏抗氧化系统和 HSP70 的诱导而得到调节、消除，动态暴露和静态暴露实验发现，鲤鱼肝脏˙OH 和 GSH/GSSG 值对暴露时间（0.5d）最为敏感，暴露剂量为 0.1μg /L 时鲤鱼肝脏˙OH、GSSG 和 PP 较为敏感，具有成为指示蓝藻毒素胁迫的潜在分子标志物的潜力。环境浓度的 MC-LR 对肝脏细胞没有凋亡效应，但能使肝脏 PP 活性显著下降，肝细胞骨架发生重组，骨架蛋白 β-tubulin 表达下降，进而造成剂量依赖性的肝脏组织病理学上的变化，如肝实质结构部分溶解、脂质空泡变性和部分细胞坏死。此外，直接接触水体中 MC-LR 的鳃组织也出现剂量依赖性的变化，如鳃丝和鳃小片排列变得松散，且味蕾结构出现病变，表明 MC-LR 能影响鱼类的呼吸效率。

（3）原位实验

王晓蓉课题组于 2009 年 7 月 11～24 日在太湖开展野外原位研究。结果表明，太湖蓝藻水华暴发与水体温度、TP 和 MC-LR/RR 浓度显著性相关。实验期间，太湖水中微囊藻毒素的含量为 0.016～1.02μg/ L，通过 ELISA 和 LC-ESI-MS 分析，均发现野外实验组鲤鱼不同器官/组织内累积了一定量的 MC，累积量大小顺序：肝脏>肠道>鳃>肌肉。野外捕获样品分析也发现太湖肉食性鱼类各组织均检出一定量的 MC，不过肌肉 MC 含量（包括野外捕获鱼）并没有超过 WTO 的 TDI 限定值，但是肉食性鱼类各组织均检出一定量的 MC，显示了 MC 沿食物链传递的潜在威胁。

野外暴露实验观察到梅梁湾的鲤鱼肝脏产生氧化应激，其强度与环境因子（水体温度和 pH）和蓝藻水华衍生产物污染水平（如藻密度、MC-LR/RR 浓度等），以及 MC 组织内暴露浓度有着密切联系。氧化应激导致的生物大分子过氧化水平与内源性 ROS 强度显著正相关（$P<0.05$）。首次发现低至 0.1μg /L 的 MC-LR 暴露下鲤鱼鳃组织中也累积了相对肝、肠道较高的 MC-LR 含量，一定程度上为 MC-LR 可以通过鱼类鳃上皮细胞吸收的假说提供了直接的实验证据；发现鱼体肝脏˙OH 和生物大分子过氧化水平与蓝藻水华相关参数具有显著正相关，而 GSH 含量与 MC 组织累积量呈显著负相关，不同原位点鲤鱼肝脏的 GSH 和 GSSG 变化最为敏感，且梅梁湾水域样品 GSH/GSSG 值显著低于室内对照和胥口湾的鲤鱼。研究表明，ROS、GSH 和 GSH/GSSG 值对蓝藻水华暴露最为敏感，显示其具有成为指示蓝藻水华污染生物标志物的潜力。

应用比较蛋白质组学技术对太湖不同水域蓝藻水华暴露后的鲤鱼肝脏差异表达蛋白质进行了分析，观察到鲤鱼肝脏共产生具有显著差异表达蛋白质148个，通过MALDI TOF/TOF质谱成功鉴定了其中的57个蛋白质，在差异表达蛋白质中，氧化应激相关蛋白质的上调蛋白质和下调蛋白质分别占了12.9%和19.23%，足可见氧化应激在蓝藻水华衍生产物对水生生物致毒机制中的重要作用。分析还发现，不同的生物学通路参与到蓝藻水华暴露对鲤鱼肝脏的毒性作用中，对比研究发现蓝藻水华暴露下的重要肝脏毒性机制与微囊藻毒素致毒机制类似，蓝藻水华暴露对鲤鱼肝脏产生氧化应激、线粒体应激和内质网应激，干扰鲤鱼肝脏相关代谢通路，促进氨基酸代谢和三羧酸（TCA）循环，并抑制肝脏糖代谢，而这些效应可能与微囊藻毒素和氨氮胁迫相关。

通过对野外实验和野外捕获的鱼样分析，发现肝脏MDA含量和内源性ROS强度有着极显著正相关（图12-26），PCO含量分析结果也显示其与ROS强度显著性正相关，这种关系与生物种类和处理方式并没有太多联系，结合室内实验结果，表明生物大分子的过氧化直接来源于内源性ROS。

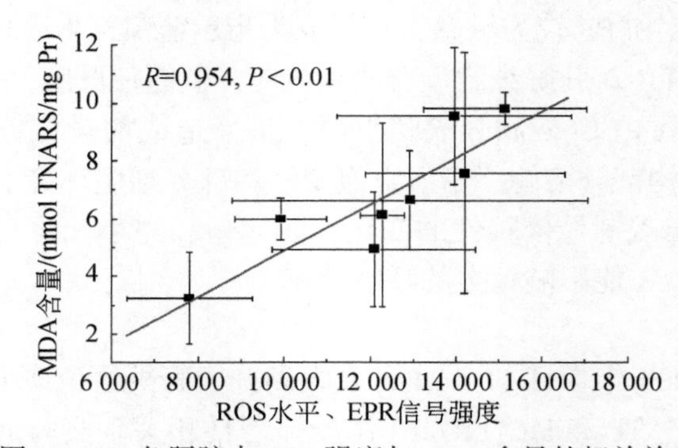

图12-26 鱼肝脏中ROS强度与MDA含量的相关关系

上述研究表明，太湖水环境水质已对水生生物造成生态风险，藻毒素存在沿食物链传递的潜在风险；获得了太湖藻毒素对水生生物的毒性阈值。藻型湖泊梅梁湾水域水体蓝藻水华衍生物胁迫会导致鲤鱼肝脏产生氧化损伤，导致参与多个生物学通道上的蛋白质表达发生变化；获得了与草型湖泊胥口湾水域截然不同的毒性效应，表明梅梁湾水域是太湖生态安全的高风险区，应给予足够的重视。本研究有利于揭示蓝藻水华对水生生物的真实作用机制，为建立湖泊生态安全早期诊断指标体系和相关安全阈值提供科学依据。

12.3 应用多种生物标志物对土壤环境生态风险的早期诊断

已有研究报道，我国重金属污染土壤超过3亿亩，约占耕地总面积的1/6（叶常明等，2004）。而且随着工农业的发展，土壤重金属污染面积和污染程度呈现增长趋势。土壤中重金属积累达到一定程度就会对土壤-植物系统产生毒害，不仅导致土地质量退化、影响农产品安全，并通过食物链对人类和动物健康构成严重威胁，而且还可通过地表径流和淋洗作用污染地表水和地下水。值得关注的是，某些重金属元素化合物亦已列入“环境激素”的名单。其中，由美国 EPA 所属实验室筛选确认有 7 种（As、Cd、Cu、Pb、Mn、Hg、Sn），由美国国家环境健康中心和世界野生动物基金会实验室确认的有 3 种（Pb、Cd、Hg 及其配位化合物）（孙胜龙，2003；邓南圣和吴峰，2004；王琳玲等，2003）。土壤污染具有广泛性、隐蔽性、残毒性、不可逆性、生物不可降解性和稳定性等特点，一旦发生严重污染，往往导致不可逆转的严重后果。因此，监测污染土壤的存在、来源和污染程度对有效防治土壤重金属污染具有极为重要的指导意义（Gupta et al.，1996）。

12.3.1 Cd 污染土壤对作物胁迫的生态风险早期诊断研究

Cd 是环境中危害性最大的重金属元素之一，可通过工业排放、化肥施用、污水灌溉和污泥农用等途径进入土壤，对作物生长、发育产生不良影响，进而可通过食物链对人和动物健康造成威胁。Cd 可通过多种途径诱导植物体内产生大量的 ROS 自由基，当超出机体抗氧化防御能力时，将使机体处于氧化应激状态，进而对生物体造成不同程度（个体、细胞、分子水平上）的氧化损伤，Cd 污染已成为威胁土壤生态安全和制约农业可持续发展的重要因素（McLaughlin et al.，1999；Adams et al.，2004；Ranieri et al.，2005；王晓蓉等，2006）。因此，研究土壤 Cd 胁迫下植物 ROS 的代谢情况对进一步阐明污染物的致毒机制、预测土壤污染生物体早期伤害、评价 Cd 污染土壤的生态安全具有重要意义。

另外，已有许多低浓度 Cd 能刺激植物生长的报道，尽管报道的浓度范围不尽相同，但是存在刺激植物生长的现象已成共识（Aina，2007；Liu et al，2003；Sobkowiak and Deckert，2003）。然而，对这一过程中植物体内的自由基代谢、氧化胁迫水平、抗氧化系统响应等情况则少有研究，使得对不同浓度 Cd 毒性作用机理的阐明受到限制。目前对于真实土壤环境中对陆生植物的生态毒性效应缺乏了解，对于保障植物正常生长和维持土壤正常生态功能的环境可接受终点尚不能确定，因此限制了 Cd 污染土壤生态安全评价工作的开展。

Lin 等（2007）采用盆栽实验结合自旋捕获-电子自旋技术，以小麦（*Triticum aestivum* L.）为实验对象，研究小麦在不同浓度外源 Cd 污染土壤胁迫下对小麦幼苗生长、自由基代谢及抗氧化系统的影响，揭示这些指标对不同浓度 Cd 污染土壤胁迫的响应模式，探讨土壤 Cd 对植物的毒性作用机制，以期进一步明确土壤 Cd 污染的生态毒性效应，在此基础上提出土壤外源 Cd 的临界毒性阈值（critical toxic threshold），为 Cd 污染土壤的生态毒理诊断和早期预警提供依据。

12.3.1.1 Cd 在小麦幼苗体内的累积及对生长的影响

应用小麦（南农 9918）作为供试植物，在室内温室进行盆栽实验。供试土壤采自南京八卦洲蔬菜基地，基本理化性质为：pH 5.06，有机质 1.75%，CEC 21.38cmol/kg，总 Cd 浓度 0.35mg/kg。外源 Cd 的添加浓度分别为 0mg Cd^{2+}/kg 土、0.3mg Cd^{2+}/kg 土、1.0mg Cd^{2+}/kg 土、3.3mg Cd^{2+}/kg 土、10mg Cd^{2+}/kg 土、33mg Cd^{2+}/kg 土（0.3mg Cd^{2+}/kg 土和 1.0mg/kg 土分别相当于中国土壤环境质量标准二级和三级标准限量值）。待幼苗生长 14d 后，测量株高，收获幼苗（两叶一心期）和根系，先用自来水充分冲洗根表，再用 20mmol/L EDTA 溶液浸泡根系 10min，以去除根表吸附的重金属，最后用去离子水冲洗干净，并用吸水纸吸干。测量地上部和根系鲜重后，称取部分叶片和根系样品用于自由基捕获，剩余样品分装后用液氮冷冻，-80℃下保存用于其他指标测定。实验结果用平均值±标准偏差表示，采用 SPSS 统计分析软件包 LSD 方法（最小显著差数法）进行显著性检验。

表 12-13 显示不同浓度土壤 Cd 对小麦体内 Cd 累积及生长指标的影响。从表 12-13 可以看出，随着土壤外源 Cd 浓度的增加，小麦根系和叶片 Cd 含量显著提高，且根系含量明显高于叶片。Cd 胁迫下小麦幼苗生物量和株高与对照相比都有不同程度的增加，以 3.3mg/kg 处理增加幅度最大，根系鲜重提高 44.5%、地上部鲜重提高 67.9%、株高提高 17.7%，表明在实验浓度范围内，小麦幼苗未出现毒害症状，同时观察到低浓度 Cd 会刺激植物生长，有学者认为这种低浓度毒物刺激生长的现象是由“过度补偿”引起的（Aina et al.，2007）。宏观上观察到的生长刺激现象可归因于低浓度 Cd 对细胞分裂与增殖的促进效应，这种促进效应在动物和植物细胞培养实验中都曾被观察到（Beyersmann and Hechenberg，1997；Von Zglinicki et al.，1992）。

表 12-13　不同浓度土壤 Cd 对小麦体内 Cd 累积及生长指标的影响

土壤 Cd 浓度/（mg/kg）	植株鲜重/（mg/植株）		株高/cm	植株 Cd 浓度/（mg/kg 鲜重）	
	根系	地上部		根系	叶片
0	34.6 ± 4.5	230 ± 26	20.3 ± 2.1	0.90 ± 0.05	0.07 ± 0.01
0.3	41.0 ± 2.7	289 ± 21	21.8 ± 2.4	1.75 ± 0.13	0.09 ± 0.01
1.0	44.9 ± 4.4*	316 ± 24*	22.6 ± 1.0	3.69 ± 0.02*	0.19 ± 0.03*
3.3	50.0 ± 3.2*	387 ± 21**	23.9 ± 1.4*	6.80 ± 0.03**	0.69 ± 0.12**
10	45.6 ± 2.6*	339 ± 30*	23.8 ± 0.4*	18.9 ± 1.2**	1.91 ± 0.08**
33	45.6 ± 2.9*	254 ± 18	20.7 ± 0.9	29.4 ± 0.2**	2.52 ± 0.27**

*，与对照比有显著差异（$P < 0.05$）；**，与对照比有极显著差异（$P < 0.01$）

上述结果表明，生长指标对 Cd 污染胁迫的响应不敏感，因此，基于生长指标变化的生态毒性评价方法不能对 Cd 污染土壤进行早期诊断。

12.3.1.2　土壤 Cd 胁迫对小麦幼苗自由基代谢及氧化胁迫水平的影响

（1）土壤 Cd 暴露对小麦幼苗自由基代谢平衡的影响

应用 4-POBN 捕获-EPR 技术研究不同浓度 Cd 胁迫对小麦叶片和根系以碳为中心的自由基强度的影响。由图 12-27 可以看出，叶片自由基水平明显高于根系，叶片和根系自由基水平随着土壤 Cd 污染程度增加呈先降低后升高趋势，在 3.3mg/kg 处理组，叶片自由基水平下降到对照组的 60% 左右，更高浓度的 Cd 处理使自由基水平又提高，在 33mg/kg 处理组，自由基水平是对照的 1.7 倍。

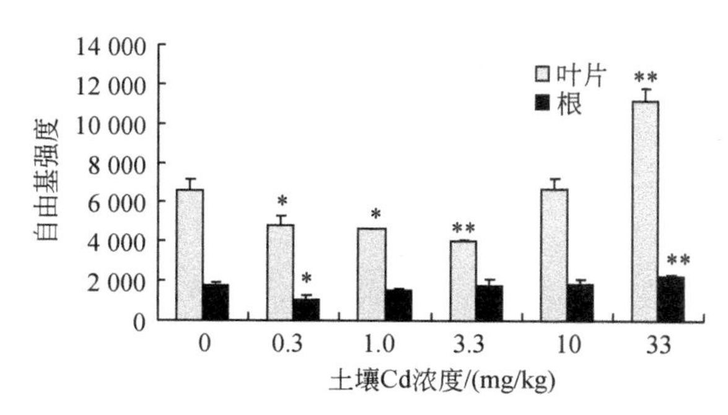

图 12-27 不同浓度土壤 Cd 对幼苗根和叶片自由基水平的影响

*, $P<0.05$; **, $P<0.01$

生物体内的自由基水平是其产生和清除的动态平衡的结果。低浓度 Cd 处理使小麦体内自由基水平降低，一种可能的原因是前期诱导的 ROS 作为第二信使启动了细胞的抗氧化防御反应（徐勤松等，2003），而这种对污染胁迫响应的“过度补偿”（over-compensate），可能使自由基清除速率大大地提高，从而降低了机体内自由基的水平，不致引起氧化损伤。另一种可能的原因与低浓度 Cd 胁迫下 ROS 产生路径的调整有关（Aina et al.，2007）。而在较高浓度的 Cd 胁迫下，由于超出了机体抗氧化系统的防御能力，自由基出现累积，将导致机体的氧化应激。

目前，对于 Cd 胁迫诱导植物产生自由基的机制仍存在争议。Cd 是非变价元素，因此不能像 Cu 和 Fe 那样通过 Fenton 或 Haber-Weiss 反应产生自由基。有些学者（Rometro-Puertas et al.，2004；Sandalio et al.，2001）认为，破坏酶的活性中心、抑制酶活性、降低机体抗氧化防御能力是 Cd 胁迫诱导自由基累积的原因。然而，在 Cd 胁迫下植物抗氧化酶活性的诱导或抑制都曾被报道过（Ranieri et al.，2005；Wu et al.，2003；McLaughlin et al.，1999）。因此，抗氧化酶活性变化是植物对氧化胁迫响应的结果而非引起自由基累积的直接原因，但反过来也会影响自由基的代谢平衡。越来越多的研究认为，Cd 诱导 ROS 自由基代谢失衡，可能与干扰或阻断植物叶绿体和线粒体中的电子传递链，从而诱发一系列氧代谢的链反应有关，这种干扰作用对自由基产生的影响可以是正向的也可能是负向的（Wang et al.，2004；Qadir et al.，2004；Watanabe and Suzuki，2002）。在低浓度下，叶片自由基随土壤 Cd 浓度的变化与小麦生长指标的变化趋势相反，可能意味着低浓度 Cd 刺激小麦生长与降低氧化胁迫水平存在内在联系，而较高浓度的 Cd 处理下，小麦叶片自由基显著升高，生物量比 3.3mg/kg 处理组已有所降低，但仍然高于对照组，可能是由于早期的暂时性刺激的结果，随着胁迫时间的延长，幼苗生长可能会受阻，Arduini 等（2004）对细叶芒的研究结果进一步佐证了这一推测。

（2）土壤 Cd 暴露下小麦叶片 MDA 的累积

由图 12-28 可以看出，叶片 MDA 含量随着土壤外源 Cd 添加浓度的增加呈上升趋势，但只有 10mg/kg 的处理组与对照组相比有显著性差异，MDA 含量增加了 31%。表明只有较高浓度的 Cd 污染胁迫才可能导致小麦叶片的氧化损伤。

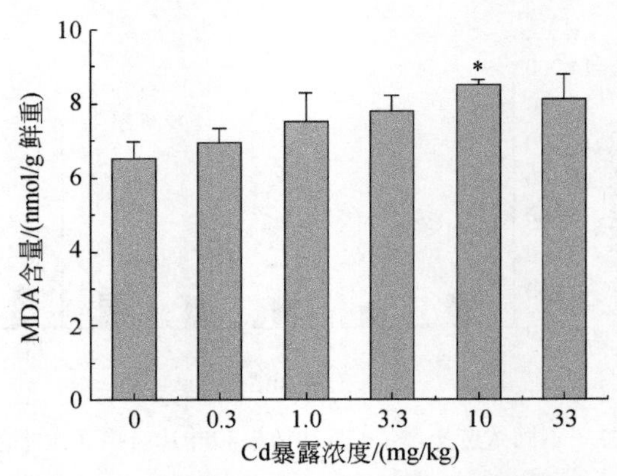

图 12-28　土壤 Cd 暴露下小麦叶片 MDA 的累积

*，$P< 0.05$

(3) 小麦叶片抗氧化酶活性对 Cd 胁迫的响应

图 12-29(a)～(e)显示了小麦叶片几种抗氧化酶对土壤不同外源 Cd 浓度胁迫的响应。结果表明，在低剂量 Cd 胁迫下（≤3.3mg/kg），这些抗氧化酶的活性变化不明显，但高剂量 Cd 胁迫可诱导酶活性的增加。对于 SOD，只有 33mg/kg 的处理组显著诱导了酶活性，比对照比提高了 20%。CAT、POD、APx 三种酶活性的变化规律一致，都是在 10mg/kg 处理组时酶的活性最高，分别比对照提高了 35%、56%、64%。同样，谷胱甘肽还原酶（GR）活性随着 Cd 处理浓度的增加而增加，但只有在 10mg/kg 处理组才有显著差异。

本研究中 SOD 酶活性在高浓度处理组可被显著诱导，可能是由体内超氧阴离子的累积引起的。CAT、GPx、APx 三种酶活性的变化规律一致［图 12-29(b)～(d)］，可能是由于它们具有相同的调控机制（Mishra et al.，2006）。低浓度 Cd 处理下，酶活性无明显变化，表明组织中没有 H_2O_2 的积累。相反，10mg/kg Cd 处理使这三种酶活性显著增加，表明有多余的 H_2O_2 积累。而最高浓度处理组中酶活性的降低可能是由于过多的 H_2O_2 或 Cd 的积累导致酶蛋白的破坏引起的。GR 通过消耗 NADPH 催化 GSSG 还原成 GSH，在保持机体内 GSH/GSSG 的合理比值及保证抗坏血酸–谷胱甘肽循环功能的正常发挥中起着关键性作用（Mishra et al.，2006；Qadir et al.，2004）。本研究还观察到 10mg/kg Cd 污染土壤可显著诱导 GR 酶活性升高［图 12-29(e)］，可能是由于 GR 的底物 GSSG 的增加引起的。有研究表明，机体内 GSH、GSSG 及 GSH/GSSG 值的变化可作为信号激活胁迫响应基因的表达，从而诱导新的酶蛋白的合成，提高机体抗氧化能力（Foyer et al.，1997）。

(4) GSH 库的变化

土壤 Cd 胁迫对小麦叶片 GSH 库的影响如图 12-30(a)～(d) 所示。由图可知，随着土壤外源 Cd 浓度的增加，叶片 GSH 含量持续下降，在 3.3mg/kg 处理时达到最低值，比对照降低了 43%，但最高浓度处理组（33mg/kg）的 GSH 含量又急剧上升，比对照高出 44%；Cd 胁迫可使叶片 GSSG 含量增加，但只有当土壤 Cd 超过 10mg/kg 时才有显著差异；总谷胱甘肽（GSH+GSSG）在较低浓度 Cd 处理时没有明显变化，更高浓度的 Cd 处理使总谷胱甘肽显著增加；GSH/GSSG 值的变化规律同 GSH 类似，随 Cd 处理浓度增加表现出先

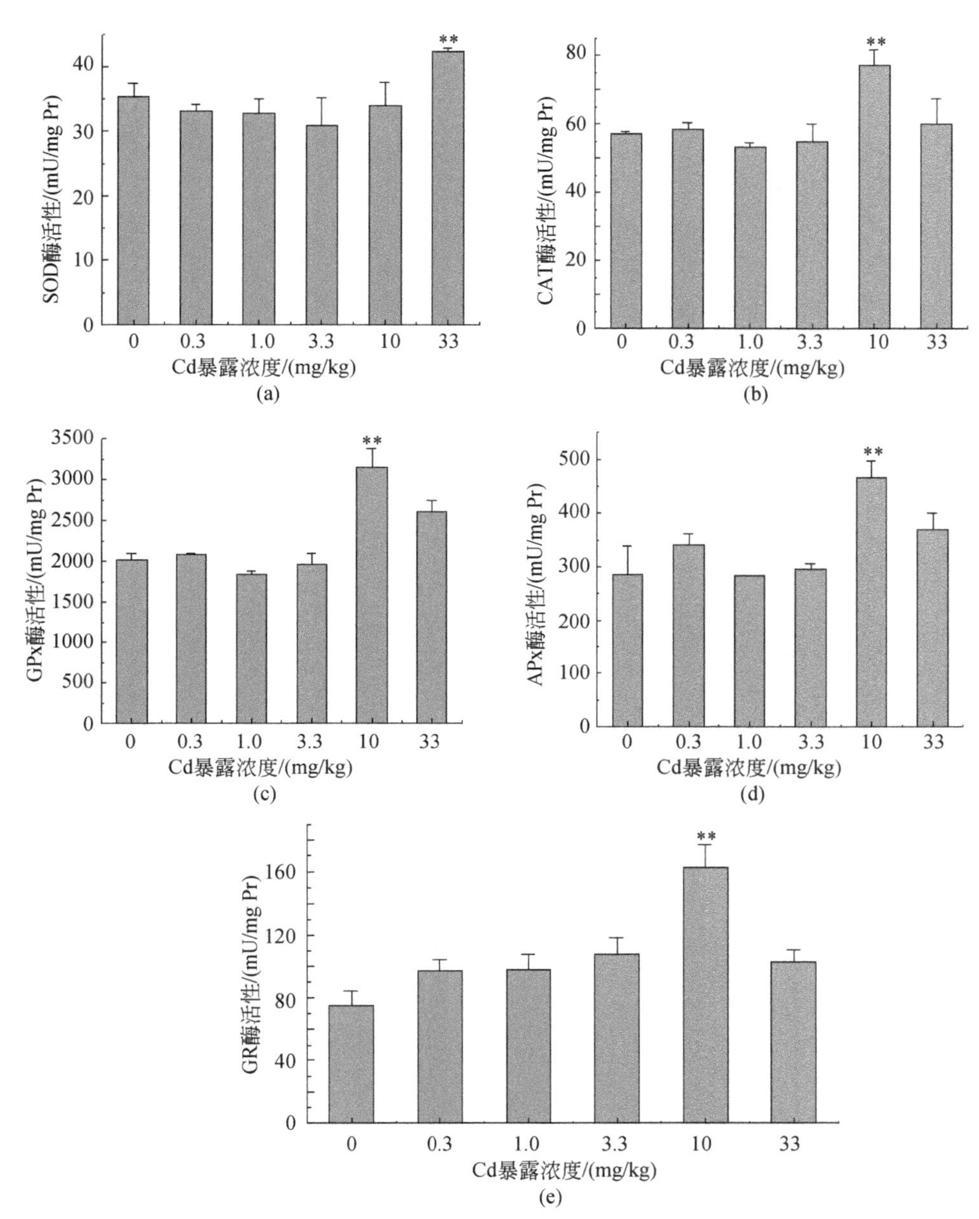

图 12-29 不同浓度土壤 Cd 处理小麦叶片抗氧化酶活性变化

，$P<0.05$； *，$P<0.01$

下降后上升的趋势。

本研究观察到在土壤 Cd 浓度低于 3.3mg/kg 时叶片 GSH 含量下降，说明此时 GSH 的消耗超过了补充作用。当土壤 Cd 浓度超过 10mg/kg 时，GSSG 含量显著提高，说明有较多的 GSH 在参与 ROS 清除过程中被氧化成 GSSG，但此时叶片 GSH 含量水平并没有继续下降，相反在 33mg/kg 处理时反而急剧上升，表明有新的 GSH 被合成补充。高剂量组中总谷胱甘肽水平［图 12-30(c)］的显著提高进一步证实了这一点。

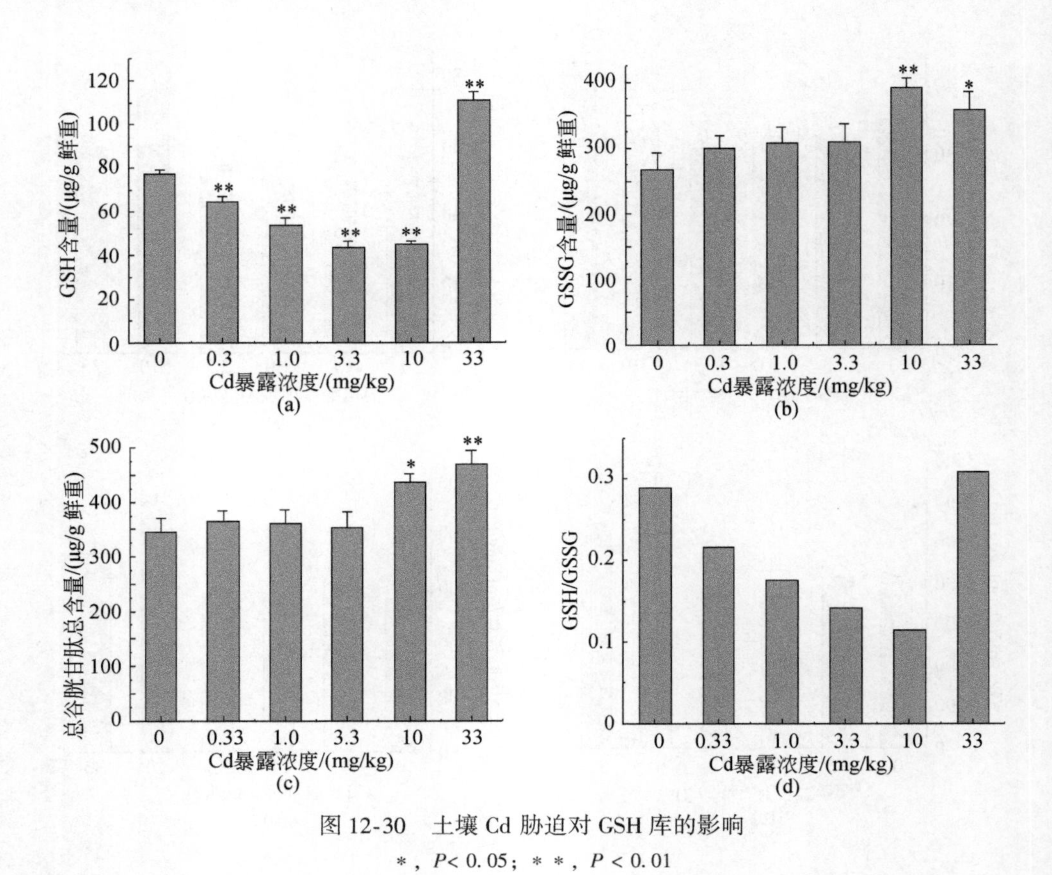

图 12-30　土壤 Cd 胁迫对 GSH 库的影响

*，$P < 0.05$；**，$P < 0.01$

GSH/GSSG 值由 GSH 和 GSSG 的平衡浓度共同决定，比值越低，机体的氧化胁迫程度越严重（Smeets et al.，2005）。本研究中 GSH/GSSG 值随土壤 Cd 污染浓度的增加表现出先降后升的趋势［图 12-30(d)］，与 Świergosz-Kowalewska 等（2006）和 Drażkiewicz 等(2007）报道的结果一致，由于它们受多种因素的影响，因此将其作为指示机体氧化胁迫状态的标志物的合理性有待进一步考证。在本研究的各种抗氧化系统成分中，低浓度 Cd 处理时只有 GSH 含量有明显的变化，可能说明植物中 GSH 介导的防御系统比其他抗氧化酶更敏感，在 Cd 的解毒机制中发挥关键性作用。另外，GSH 介导的 ROS 清除机制也可能被激活，因此导致 GSH 的快速消耗和 GSH/GSSG 值的降低（Schützendübel et al.，2002）。

综上所述，小麦幼苗叶片对 Cd 胁迫的响应大体可归纳出两种模式：在 3.3mg/kg 以下的土壤 Cd 胁迫下，SOD、CAT、GPx、APx、GR 等抗氧化酶没有明显变化，相反 GSH 被大量消耗，GSH 介导的解毒机制构成了抵御 Cd 毒害的第一道防线，从而减轻小麦体内的自由基累积，使机体避免遭受氧化胁迫；随着土壤 Cd 暴露浓度的进一步升高，则诱导小麦自由基的累积，使机体处于氧化应激状态，GSH 的合成机制被显著诱导，大量 GSH 得到补充，此时 SOD、CAT、GPx、APx、GR 等抗氧化酶也被显著诱导以补偿机体的抗氧化防御能力，表明小麦此时遭受了严重的氧化胁迫，进而诱导小麦叶片 MAD 的累积，产生氧化损伤。综合小麦叶片自由基及抗氧化防御系统相关指标的变化，从引起机体产生氧化应激的角度出发，可以初步确定土壤外源 Cd 对小麦幼苗的毒性临界点为 3.3～10mg/kg。小麦幼苗叶片自由基水平和 GSH 含量这两个指标可望作为一种敏感的分子生物标志物应用于 Cd 污染土壤早期预警和生态风险评价。

12.3.2 应用蚯蚓生物标志物对 Cd 污染土壤的生态风险早期诊断

蚯蚓是土壤中生物量最大的动物类群之一，是土壤系统中重要的组成部分，其挖掘和饮食活动有助于显著增加水分渗入、土壤通气性、土壤团粒结构的稳定。此外，蚯蚓通过形成有机质有助于增加表层土壤肥力。蚯蚓的生理代谢及生命活动在一定程度上反映了土壤的生态功能，从而使蚯蚓成为很好表征土壤污染的指示生物（Cortet et al.，1999；Lanno et al.，2004），被广泛应用于评价土壤生态功能、判定土壤污染状况和土壤环境质量评估。

国内外学者在重金属对蚯蚓的个体毒性（包括急性毒性、亚慢性毒性）、生长、生殖以及生理、生态等方面进行了大量的研究，然而目前在蚯蚓的细胞和分子水平上的研究还无法准确系统地阐释重金属对蚯蚓的致毒机理。为了寻找诊断污染土壤对生物早期伤害的敏感、有效的方法，我们以 Cd 为对象，全面研究蚯蚓体内各种生理、生化指标在 Cd 污染土壤胁迫下的响应，探讨致毒机制及寻找诊断早期伤害敏感的生物标志物，建立早期诊断方法，同时和植物对 Cd 胁迫响应进行比较，探讨蚯蚓和植物对 Cd 胁迫响应的差异性。因此，研究 Cd 污染土壤胁迫下土壤动物蚯蚓体内活性氧的代谢情况对进一步阐明污染物的致毒机理、预测土壤污染生物体早期伤害、评价 Cd 污染土壤的生态安全有重要意义。

12.3.2.1 Cd 对赤子爱胜蚓的急性和亚慢性毒性

（1）Cd 对赤子爱胜蚓的急性毒性

应用滤纸接触法和人工土壤法研究了重金属 Cd 对赤子爱胜蚓的急性毒性效应，表 12-14 列出通过两种方法所获得的半致死浓度，由表 12-14 可知 Cd 对蚯蚓具有毒性。

表 12-14 两种方法获得 Cd 对蚯蚓的半致死浓度置信区间和回归方程

实验方法	半致死浓度 LC_{50}	95% 置信区间	回归方程
滤纸接触法	1084mg/L（48h）	935～1254	$y=0.14x+0.073$
人工土壤法	834mg/kg（14d）	729～947	$y=0.12x-0.025$

（2）Cd 对赤子爱胜蚓的亚慢性毒性

重点研究不同浓度 Cd 对蚯蚓生长率、产茧和产茧平均重量的影响。表 12-15 列出不同浓度 Cd 对蚯蚓生长率的影响，从表 12-15 可以看出，蚯蚓生长率随着暴露时间的延长而降低，Cd 处理浓度越高，对生长的影响越大。当 Cd 浓度为 0.05～0.1mg/kg 时，蚯蚓生物量有所增加；Cd 浓度超过 0.5mg/kg 时，则明显抑制了蚯蚓的生长。暴露 35d 后，Cd 浓度为 5.0～50mg/kg 时其生长率出现负值，表明 Cd 暴露浓度和暴露时间明显影响蚯蚓的生长。

表 12-15　不同浓度 Cd 对蚯蚓生长率的影响

浓度/(mg/kg)	时间/d				
	7	14	21	28	35
0	2.35±0.26	2.43±0.69	2.86±1.40	3.22±1.31	2.98±0.21
0.05	2.30±1.02	2.09±0.86	2.64±0.63	2.93±0.66	2.67±0.42
0.1	1.96±0.12	1.82±0.72	2.17±0.22	2.53±0.24	2.05±0.51
0.5	2.57±0.50	2.15±0.27	1.77±0.63	1.75±0.82 *	1.42±0.84 **
1.0	1.98±0.74	1.73±1.32	1.45±1.91	1.64±0.52 *	1.01±0.53 **
5.0	2.14±1.09	0.37±0.13	-3.13±0.16	-5.2±0.38	-7.81±0.2 **
10.0	1.95±0.48	1.76±0.63	0.97±0.28 *	0.80±0.41 **	-2.69±2.12
50.0	2.04±0.82	1.65±0.74	0.50±0.04 *	0.44±0.25 **	-3.14±1.16

* 表示差异显著，$P<0.05$；** 表示差异极显著，$P<0.01$

研究还表明，蚯蚓产茧数随着 Cd 暴露浓度的升高而降低。当 Cd 浓度为 5～50mg/kg 时，蚯蚓平均产茧数与对照组相比均显著降低。蚯蚓产茧平均重量整体上随着 Cd 暴露浓度的升高呈现逐渐降低的趋势，当 Cd 浓度为 1mg/kg 时起显著降低，在 Cd 浓度为 5～50mg/kg 时，蚯蚓平均产茧重量与对照组相比极显著降低。

研究表明，蚯蚓的生长率比蚯蚓产茧数以及平均产茧重量对 Cd 都要敏感，更能反映蚯蚓对 Cd 污染胁迫的响应。

12.3.2.2　Cd 对赤子爱胜蚓的生态毒性效应

(1) Cd 暴露对蚯蚓活性氧的诱导

采用自然土壤法研究不同浓度 Cd 暴露 14d 对蚯蚓体内 EPR 信号强度的影响（图 12-31）。与对照组相比，自由基的信号强度随 Cd 暴露浓度升高而增加，当 Cd 浓度为 0.5～100mg/kg 时，˙OH 被显著诱导，暴露浓度为 10mg/kg 时，˙OH 信号强度达到最大值，且呈极显著诱导。之后，随着暴露浓度的增加˙OH 信号强度开始降低，但仍然高于对照组，可能的原因是高浓度的 Cd 使蚯蚓体内合成自由基的细胞器受到了损伤，从而影响了自由基的产生。线性拟合表明，自由基信号强度与 Cd 暴露浓度之间有较好的剂量-效应关系，回归方程为 $y=624x+2.69\times10^3$（$R^2=0.916$），式中，y 为˙OH 信号强度，x 为土壤中 Cd 的浓度。

(2) Cd 对蚯蚓脂质过氧化和蛋白质氧化损伤的影响

由图 12-32 可以看出，Cd 的暴露能引起蚯蚓体内 MDA 和蛋白质氧化损伤产物（PCO）含量的升高，当暴露浓度为 1～10mg/kg 时，MDA 含量与对照组相比均出现显著升高（$P<0.05$），暴露浓度为 50～100mg/kg 时，MDA 含量出现极显著升高（$P<0.01$）；PCO 含量在暴露浓度为 0.5mg/kg 时就显著升高（$P<0.05$），暴露浓度为 1～100mg/kg 时，PCO 含量与对照组相比均出现极显著升高（$P<0.01$）。表明在 Cd 胁迫下引起了蚯蚓脂质过氧化并产生了蛋白质损伤，使机体处于氧化应激状态。相关分析表明，MDA 含量与 Cd 的暴露浓度之间同样存在显著的相关性（$R=0.993$，$P<0.001$），PCO 含量与 Cd 的暴露浓度之间

同样存在显著的相关性（R=0.989，P<0.001）

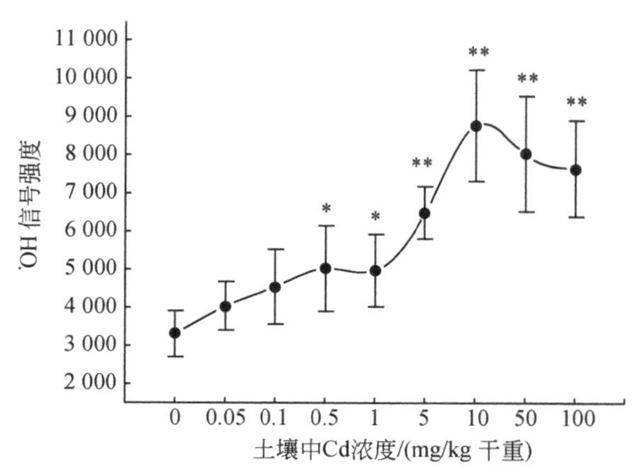

图 12-31　蚯蚓体内自由基信号强度与 Cd 剂量的剂量-效应关系

数据以“均值±标准方差”表示，n=3；*，显著性差异，P<0.05；**，极显著性差异，P<0.01

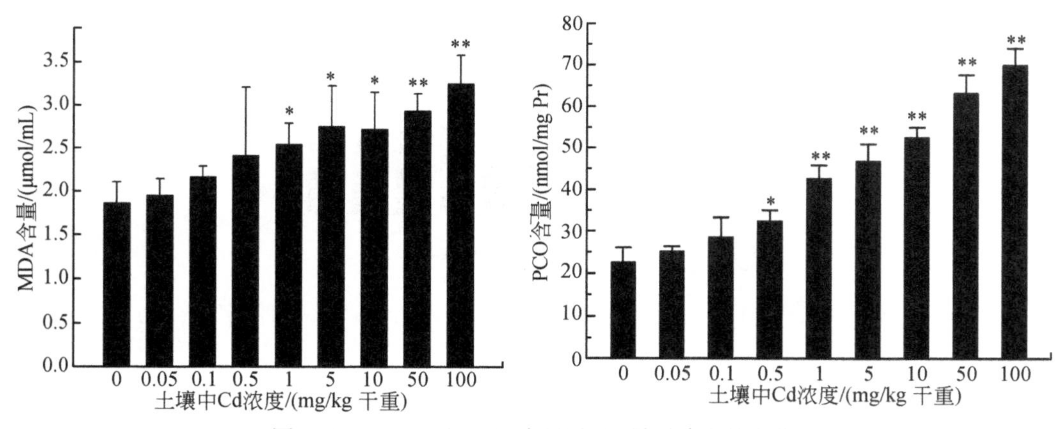

图 12-32　MDA 和 PCO 含量随 Cd 暴露浓度的变化

数据以均值±标准方差表示，n=3；*，显著性差异，P<0.05；**，极显著性差异，P<0.01

(3) 抗氧化系统酶活性随暴露浓度的变化

不同浓度 Cd 暴露后蚯蚓的抗氧化系统酶活性变化见图 12-33（a）~（c）。与对照组相比，Cd 低浓度组在 0.05 ~0.5mg/kg 时，SOD、CAT 和 GST 均变化较小，当 Cd 的浓度超过 1mg/kg 时，SOD、CAT 酶活性已被显著诱导。随着暴露浓度的升高，自由基产生强度升高，此时作为第二阶段解毒酶的 GST 也被激活，其酶活性在暴露浓度为 10mg/kg 时出现显著升高。在 Cd 胁迫下，抗氧化酶中的 SOD 和 CAT 较为敏感。

研究表明，与对照组相比 GSH 含量在所有 Cd 暴露组都升高，当 Cd 浓度为 0.1 ~ 1mg/kg时出现显著升高，说明 GSH 对于 Cd 暴露较为敏感，在 Cd 浓度 0.1mg/kg 时就对机体产生保护机制，之后随着暴露浓度的增加而略有降低。GSSG 在 Cd 浓度 0.05 ~1mg/kg 时变化不大，但当暴露浓度在 5 ~100mg/kg 时，GSSG 含量显著升高。GSH/GSSG 值随 Cd 暴露浓度的增加先升高后降低，在 1.0mg/kg 时显著升高且达到最大值，之后逐渐降低。

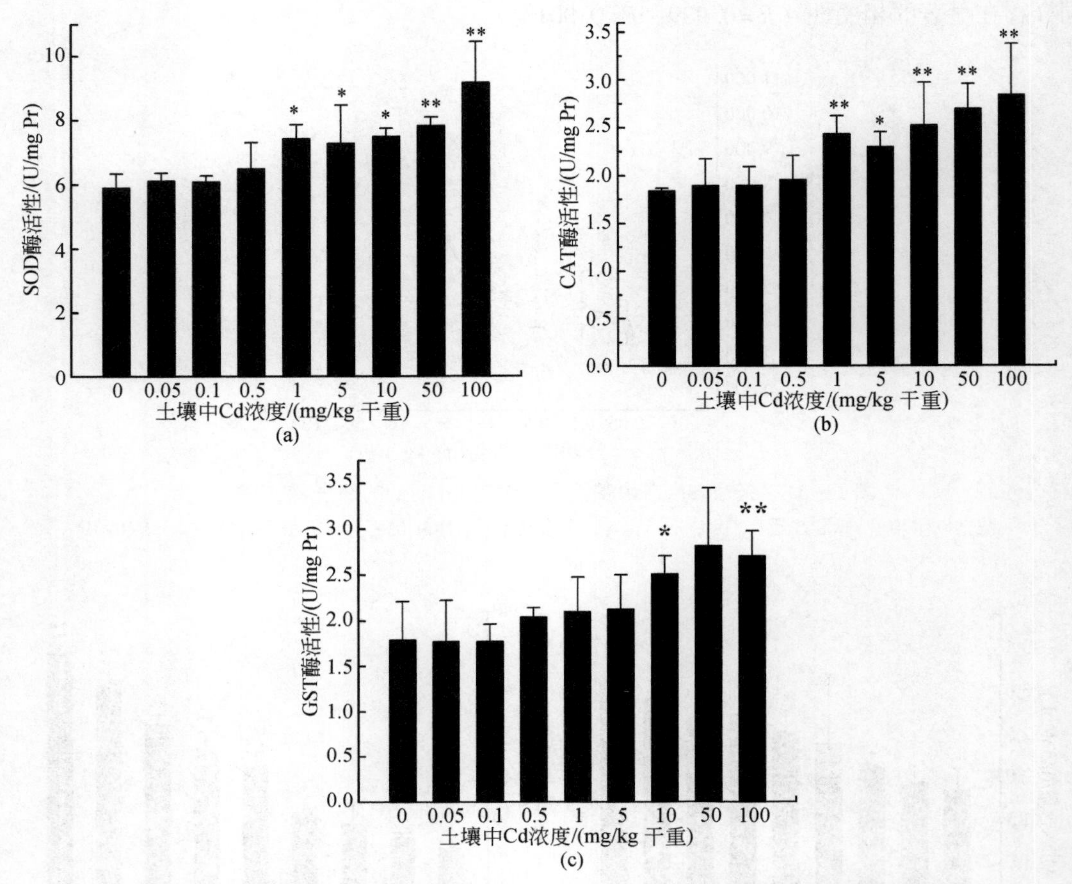

图 12-33　蚯蚓体内抗氧化酶 SOD、CAT、GST 酶活性随 Cd 暴露浓度的变化

数据以"均值±标准方差"表示，n=6；*，显著性差异，P<0.05；**，极显著性差异，P<0.01

总谷胱甘肽在 Cd 浓度为 0.1～100mg/kg 时均显著升高［图 12-34(d)～(g)］。

（4）Cd 暴露对蚯蚓纤维素酶的影响

分别在 7d 和 14d 测定了不同 Cd 暴露浓度对蚯蚓体内纤维素酶活力的影响，结果见图 12-35。

从图 12-35 可以看出，Cd 对蚯蚓体内纤维素酶活力有抑制作用。当 Cd 浓度为 5～100mg/kg 暴露 7d 后，蚯蚓体内的纤维素酶活力显著性降低（P<0.05）；暴露 14d 后，在 Cd 浓度为 1～5mg/kg 时，蚯蚓体内的纤维素酶活力显著性降低（P<0.05），Cd 的暴露浓度为 10～100mg/kg 时，蚯蚓体内的纤维素酶活力呈极显著性降低（P<0.01）。

（5）Cd 对赤子爱胜蚓体腔细胞溶酶体毒性效应的影响

不同浓度 Cd 处理赤子爱胜蚓 7d 和 15d 后，中性红保留时间（NRRT）均随 Cd 暴露浓度增加而逐渐缩短，当处理浓度为 0.5mg/kg 时，中性红保留时间（NRRT）与对照相比有明显差异（图 12-36）。表明随着 Cd 暴露剂量和暴露时间的增加，Cd 对溶酶体膜的毒性作用逐渐增强。在 Cd 浓度≥0.5mg/kg 时溶酶体膜的稳定性受到了破坏，且与 MDA 含量的变化具有较好的一致性，说明 NRRT 能很好地反映 Cd 对蚯蚓的毒害。对于土壤 Cd 污染，

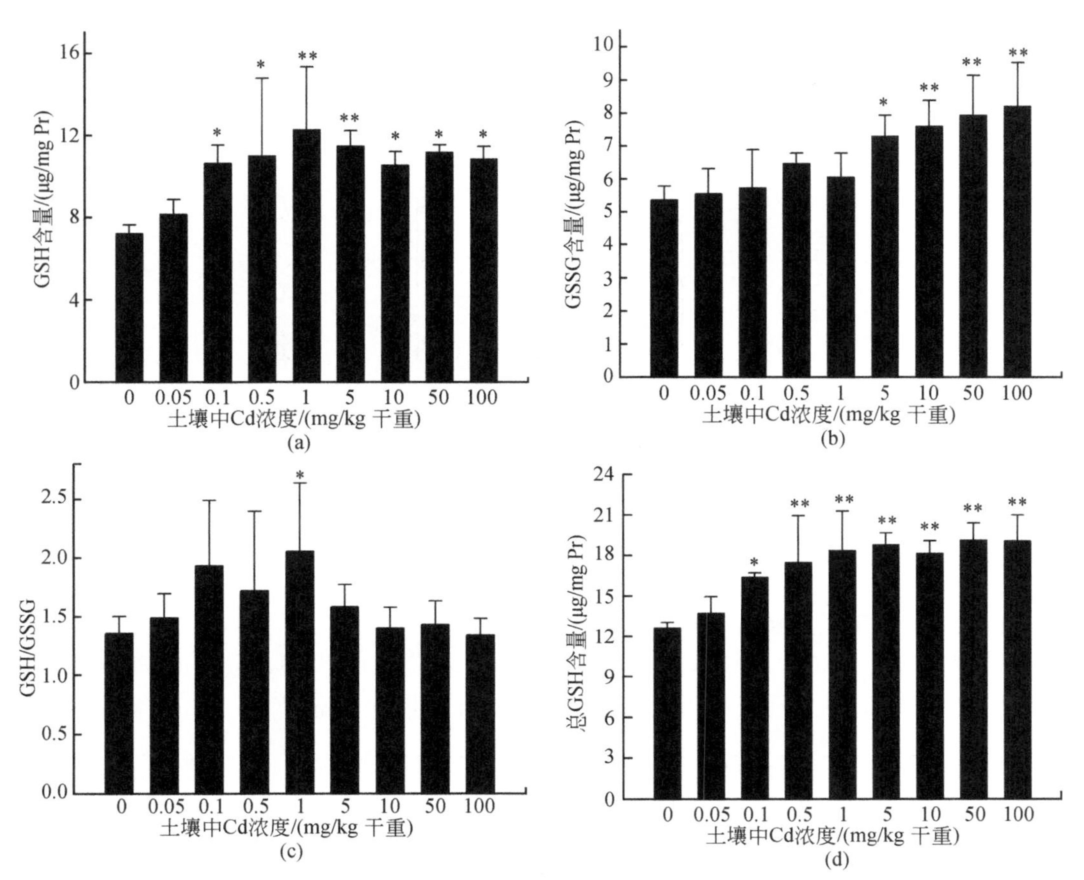

图 12-34 蚯蚓体内 GSH、GSSG、GSH/GSSG 和总 GSH 含量随 Cd 暴露浓度的变化

数据以“均值±标准方差”表示，$n=6$；*，显著性差异，$P<0.05$；**，极显著性差异，$P<0.01$

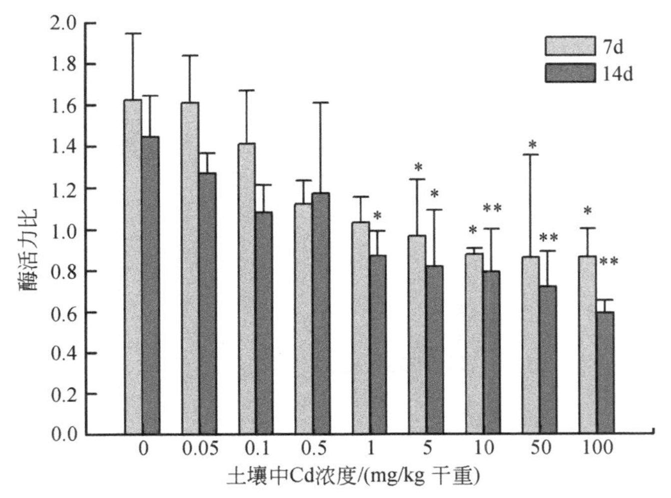

图 12-35 Cd 暴露对蚯蚓纤维素酶活力的影响

数据以“均值±标准方差”表示，$n=3$；*，显著性差异，$P<0.05$；**，极显著性差异，$P<0.01$

蚯蚓溶酶体 NRRT 可以在土壤污染中作为亚细胞水平的生物标志物。

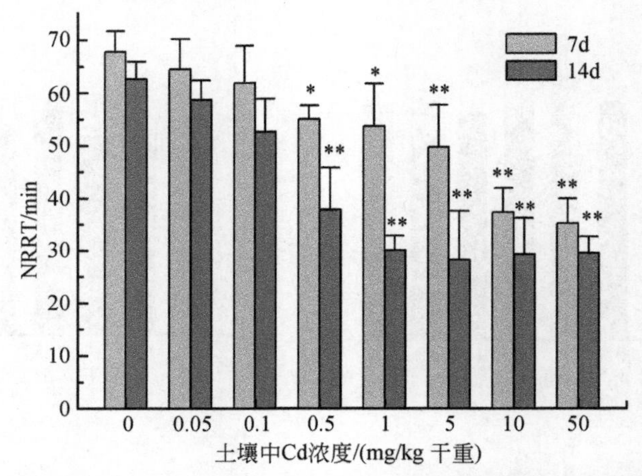

图 12-36　不同浓度 Cd 处理 7d 和 14d 后对蚯蚓体腔细胞中性红保持时间的影响

*，显著性差异，$P<0.05$；**，极显著性差异，$P<0.01$

（6）Cd 对赤子爱胜蚓体腔细胞凋亡的影响

应用流式细胞仪检测蚯蚓体腔细胞 DNA 含量和细胞凋亡率，如图 12-37 和图 12-38 所示。当重金属 Cd 浓度高于 5mg/kg 时，细胞凋亡非常明显，5mg/kg、10mg/kg、50mg/kg

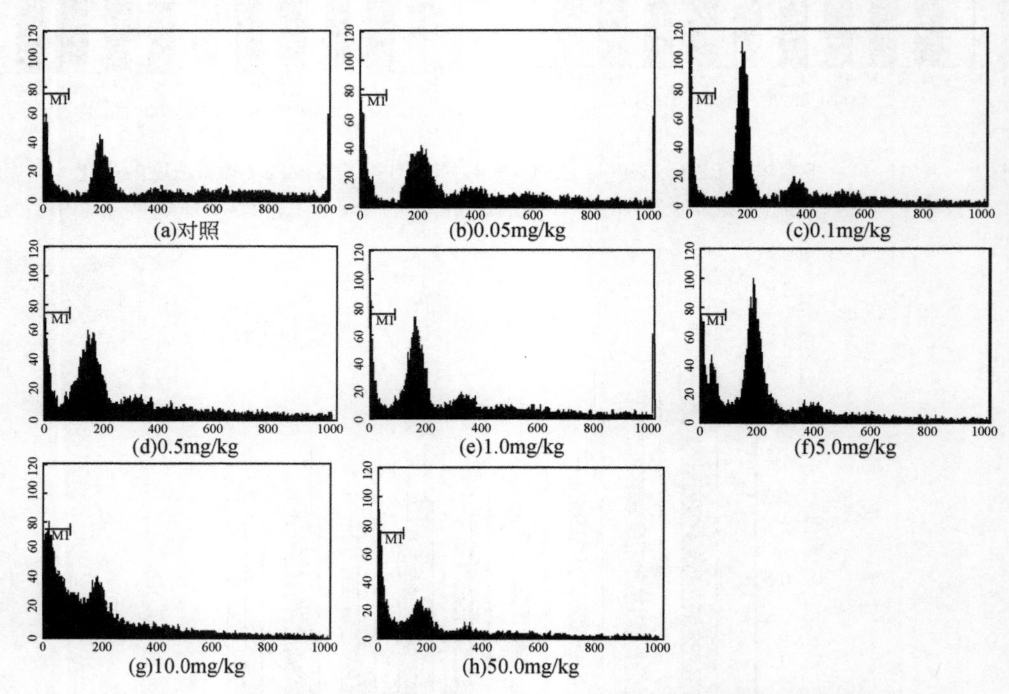

图 12-37　流式细胞仪分析 Cd 对赤子爱胜蚓体腔细胞 DNA 含量的影响

横坐标为荧光道数（Channel number），在 200 附近代表 G_1 峰，在 400 附近代表 G_2 峰；纵坐标为相对细胞数

Cd 所对应的凋亡率分别达到 24.6%、40.33%和 46.4%。并且凋亡率和 Cd 暴露浓度具有较好的线性关系，$y=-0.041x^2+2.66x+15.9$（$R^2=0.982$）。

研究显示，Cd 的暴露可导致蚯蚓体腔细胞凋亡，表明 Cd 对蚯蚓腔细胞产生一定的毒性。

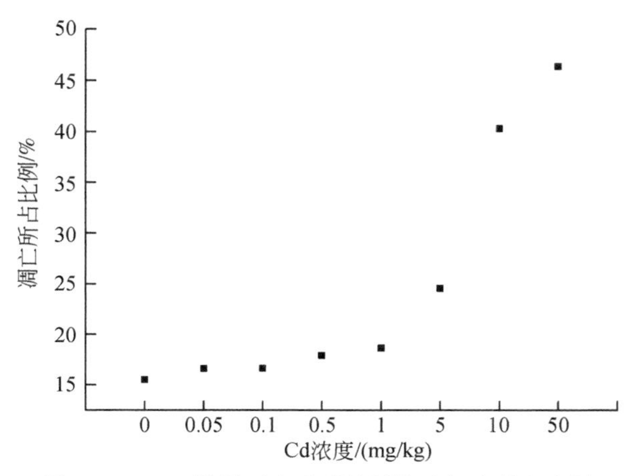

图 12-38　Cd 暴露下赤子爱胜蚓体腔细胞凋亡比例

（7）Cd 对蚯蚓 *SOD*、*CAT*、*HSP 70*、*MT*、*p 53* 基因表达的影响

通过实验条件优化，Cd 处理组的所有目的基因均没有产生非特异性产物，具有较好的特异性，然后使用 Real-time PCR 最常用的 DNA 结合染料 SYBR Green 法，以 *β-Actin* 为内参基因，在 mRNA 表达水平上研究重金属 Cd 对赤子爱胜蚓体内 *SOD*、*CAT*、*HSP 70*、*MT*、*p 53* 基因表达的影响情况。目的基因表达 Real-time PCR 扩增情况如图 12-39(a)～(e)所示。图 12-39(a)显示了与对照组相比 *SOD* 基因的相对表达量变化情况，*SOD* 基因随着 Cd 暴露浓度的升高呈先降后升，在 Cd 浓度为 0.05mg/kg 和 0.5mg/kg 时，*SOD* 基因的表达量均显著降低（$P<0.01$，$P<0.05$），之后开始逐渐升高，在 Cd 浓度为 5mg/kg 时，*SOD* 基因的表达量达到最大值，与对照组相比显著性升高（$P<0.01$）。图 12-39(b)显示 *CAT* 基因的相对表达量变化情况，*CAT* 基因表达量随着 Cd 暴露浓度的升高呈先升后降，在 Cd 浓度为 1mg/kg、5mg/kg、50mg/kg 时均出现显著性诱导（$P<0.01$），在 Cd 浓度为 5mg/kg 时，*CAT* 基因的表达量达到最大值。*SOD* 和 *CAT* 基因与抗氧化酶 SOD 及 CAT 酶活性的变化趋势基本一致。

图 12-39(c)显示 *HSP 70* 基因的表达量与对照组相比整体升高，在 Cd 浓度为 0.1mg/kg 时就显著诱导（$P<0.01$），在 Cd 浓度为 1.0mg/kg 时，*HSP 70* 基因的表达量达到最大值，说明 *HSP 70* 对 Cd 的胁迫非常敏感，是机体内清除自由基的又一道重要防线。图 12-39(d) 显示了 *MT* 基因的相对表达量随着 Cd 暴露浓度的增加而逐渐升高，在 Cd 浓度为 0.5～50mg/kg 时极显著升高（$P<0.01$），说明 Cd 暴露可诱导蚯蚓体内 *MT* 基因的表达，显示蚯蚓体内的金属硫蛋白在 Cd 胁迫时具有较好的防御作用，且较为敏感，该结果与他人的研究报道具有很好的一致性（Spurgeon et al.，2005；Demuynck et al.，2006）。

图 12-39(e)显示了 *p 53* 基因的相对表达量变化情况，*p 53* 基因随着 Cd 暴露浓度的升

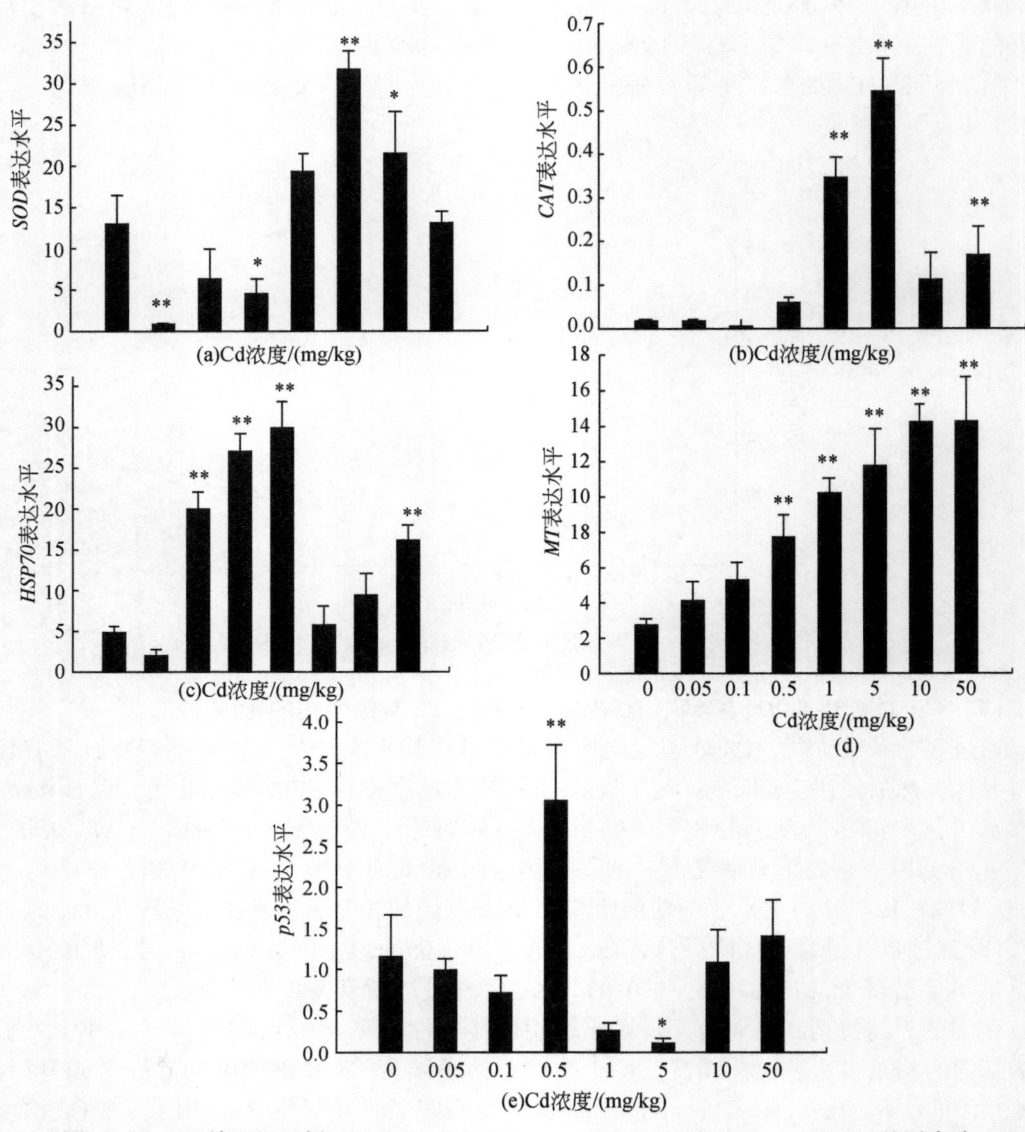

图 12-39　Cd 处理组蚯蚓 *SOD*(a)、*CAT*(b)、*HSP 70*(c)、*MT*(d)、*p53*(e) 基因表达

高而先升后降，在 Cd 浓度为 0.5mg/kg 时显著升高（$P<0.01$），之后开始降低，在 Cd 浓度为 5mg/kg 时显著降低（$P<0.05$），说明 Cd 暴露抑制了 *p 53* 基因的表达。本研究中 *p 53* 基因的变化很难解释 Cd 胁迫引起蚯蚓体腔细胞产生细胞凋亡这一现象，由于细胞凋亡的诱导机制较为复杂，必须结合形态学、生物化学、分子生物学和免疫学等多种技术采取多种研究指标进行分析，如利用电泳技术证明核体断片的“DNA 梯状图谱”作为检测群体细胞发生凋亡的一个指标或应用原位末端转移酶标记技术（TDT assay or TUNEL reaction）来检测细胞凋亡。从上述结果可以看出，*SOD*、*HSP 70*、*MT* 和 *p 53* 基因在 mRNA 表达水平上均较为敏感，可考虑作为 Cd 胁迫下的蚯蚓分子生物标志物。

表 12-16 列出 Cd 胁迫下引起蚯蚓体内有关细胞、分子水平上的生理生化指标变化的研究结果。从表 12-16 不难看出，GSH 和总 GSH 对 Cd 的响应比抗氧化酶更为敏感，在 0.1mg/kg Cd 时就出现显著变化，说明在 Cd 胁迫下蚯蚓体内 GSH 是清除产生自由基的第一道防线。随着 ROS 的不断产生，在 0.5mg/kg Cd 时 PCO 的含量显著性升高表明蚯蚓体内的蛋白质已经受到了氧化损伤，MDA 在 1.0mg/kg Cd 时显著性升高，说明 Cd 暴露引起蚯蚓脂质过氧化，产生了氧化损伤，且 Cd 暴露浓度与 MDA 含量具有较好的剂量-效应关系。SOD 和 CAT 抗氧化酶在 1.0mg/kg Cd 时被显著诱导，随着 ROS 的大量生成，蚯蚓机体的生理功能也产生了明显的变化，纤维素酶的活力从 1.0mg/kg 就出现显著性降低，而第二阶段解毒酶 GST 在 10mg/kg Cd 时被显著诱导。当 Cd 浓度大于 5.0mg/kg 时，暴露 7d 和 14d 的蚯蚓体内的纤维素酶均显著性降低，NRRT 在 0.5mg/kg Cd 胁迫下显著降低，而 *SOD* 基因在 0.05mg/kg Cd 时就显著性降低。综合比较各生理生化指标，外源性 Cd 对蚯蚓产生早期伤害的关键浓度阈值为 0.1 ~ 1.0mg/kg，*SOD* 基因、*HSP 70*、GSH、ROS、PCO、NRRT 对 Cd 最为敏感，MDA、CAT、纤维素酶也较为敏感，可考虑作为 Cd 胁迫下潜在的蚯蚓生物标志物。

表 12-16　Cd 暴露 14d 对蚯蚓体内生理生化指标的影响

研究指标	Cd 浓度/(mg/kg)								
	0	0.05	0.1	0.5	1.0	5.0	10	50	100
ROS	—	—	—	*	*	* *	* *	* *	* *
MDA/(μmol/mg Pr)	—	—	—	—	*	*	*	* *	* *
PCO/(μmol/mg Pr)	—	—	—	*	* *	* *	* *	* *	* *
SOD/(U/mg Pr)	—	—	—	*	*	*	*	* *	* *
CAT/(U/mg Pr)	—	—	—	—	* *	*	* *	* *	* *
GST/(U/mg Pr)	—	—	—	—	—	—	*	* *	* *
GSH/(μg/mg Pr)	—	—	*	*	* *	* *	*	*	*
GSSG/(μg/mg Pr)	—	—	—	—	—	*	* *	* *	* *
GSH/GSSG	—	—	—	—	*	* *	* *	* *	* *
总 GSH/(μg/mg Pr)	—	—	*	* *	* *	* *	* *	* *	* *
纤维素酶	—	—	—	—	*	*	* *	* *	* *
NRRT/min	—	—	—	* *	* *	* *	* *	* *	* *
SOD 基因	—	* *	—	*	—	* *	*	—	
CAT 基因	—	—	—	—	* *	* *	—	* *	
HSP 70 基因	—	—	* *	* *	* *	—	—	* *	
MT 基因	—	—	—	* *	* *	* *	* *	* *	
p 53 基因	—	—	—	* *	—	*	—	—	

注：“—”表示无显著性差异（$P>0.05$）；*，表示显著差异（$P<0.05$）；* *，表示极显著差异（$P<0.01$）

12.3.3 Pb 污染土壤对蔬菜胁迫的生态风险早期诊断及微观致毒机制

Pb 是人类最早使用的金属元素之一，主要来自 Pb 冶炼厂、采矿场、汽油燃烧后的尾气、Pb 字印刷厂等。Pb 是一种非氧化还原态重金属，能够诱导生物体 ROS 的积累（Dietz et al.，1999；Qian et al.，2005），积累的 ROS 可迅速氧化蛋白质多肽链、不饱和脂肪酸和 DNA 等大分子物质，导致脂质过氧化、酶活性降低或失活、DNA 损伤，甚至细胞死亡（Schützendübel and Polle，2002；Hsu and Guo，2002；Singh et al.，1997；Hartley-Whitaker，2001），但其致毒机制尚不完全清楚（Kovalchuk et al.，2005）。Pb 进入土壤后易与有机物结合，不易溶解和难向下迁移。Pb 能够在土壤中滞留 150~5000 年（Gisbert et al.，2003），土壤中的 Pb 可通过作物根系吸收和运输进入食物链及人体，从而对动植物和人类的生命安全构成潜在威胁。因此，加强土壤 Pb 污染对生物伤害的早期预警和诊断，具有重要的理论意义和潜在的应用价值。

12.3.3.1 Pb 污染土壤对蚕豆叶片的致毒机制和早期伤害诊断

（1）土壤 Pb 对蚕豆幼苗叶片的微观致毒机制

1）Pb 胁迫诱导蚕豆幼苗叶片自由基产生及氧化损伤。我们的研究表明（图 12-40、图 12-41），随着土壤 Pb 浓度的增加，$O_2^{\cdot -}$、MDA 和 PCO 均呈现上升趋势。当外源 Pb 分别增加到 25mg/kg 和 125mg/kg 时，$O_2^{\cdot -}$ 和 H_2O_2 的积累水平显著性增加，叶片 Pb 含量与 $O_2^{\cdot -}$ 之间（$R=0.978$，$P<0.01$）、$O_2^{\cdot -}$ 与 MDA（$R=0.987$，$P<0.01$）或 PCO 之间（$R=0.977$，$P<0.01$）均存在显著相关。在 0~500mg/kg，H_2O_2 与 MDA 之间（$R=0.947$，$P<0.05$）、H_2O_2 与 PCO 之间（$R=0.903$，$P<0.05$）也存在良好的相关性。由于 Pb 是非氧化还原态重金属，推测 Pb 可能通过介导作用诱导了 $O_2^{\cdot -}$ 的产生和积累。同时，SOD 酶通过歧化作用将 $O_2^{\cdot -}$ 转化为 H_2O_2，$O_2^{\cdot -}$ 的积累进一步引起了 H_2O_2 的积累和增加。

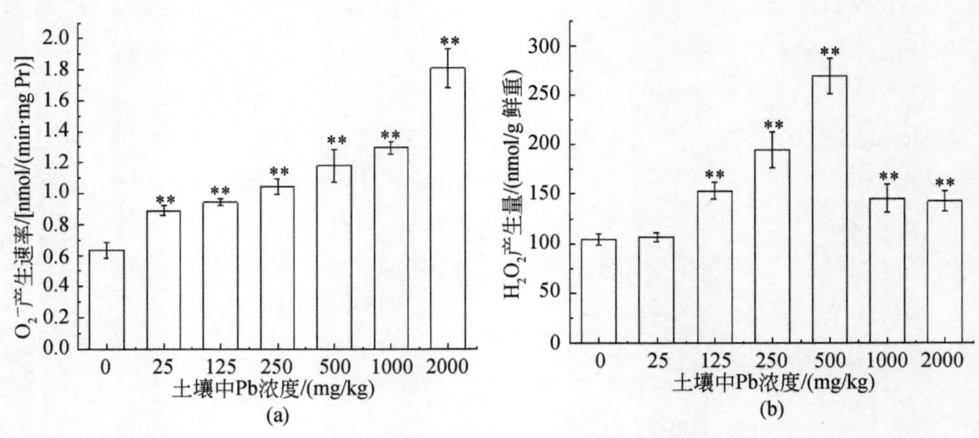

图 12-40 Pb 对蚕豆叶片超氧自由基(a)和 H_2O_2(b)产生的影响

$n=4$；*，$P<0.05$；**，$P<0.01$

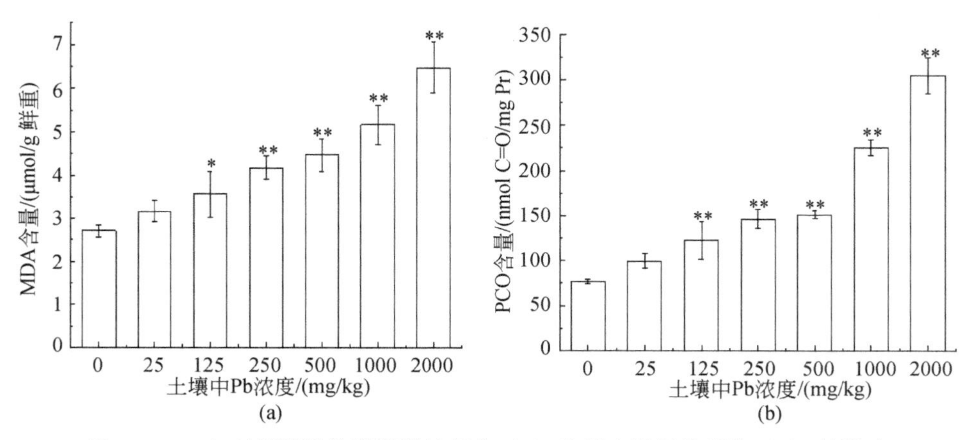

图 12-41　Pb 对蚕豆叶片膜脂质过氧化（a）和蛋白质氧化损伤（b）的影响

n=4；*，P<0.05；**，P<0.01.

2）Pb 对蚕豆幼苗叶片细胞核的 DNA 断裂和 DNA-蛋白质交联的诱导作用。单细胞凝胶电泳实验结果表明，Pb 对蚕豆幼苗叶片细胞核 DNA 具有一定的损伤作用，随着 Pb 浓度的增加，彗星细胞核尾矩值呈下降趋势。运用蛋白质酶 K 处理后，细胞核尾矩值显著性增加。因此，Pb 不仅诱导了叶片细胞核 DNA 断裂，还进一步诱导了 DNA-蛋白质交联作用。

3）Pb 对蚕豆幼苗株高和顶叶细胞分裂周期的影响。由图 12-42、图 12-43 可见，当外源 Pb 浓度高于 125mg/kg 时，蚕豆株高和顶叶细胞分裂周期的增殖指数均随着外源 Pb 浓度的增加而呈现下降趋势，两者之间具有相似的变化趋势，而且显著性相关（R=0.822，P<0.05）。说明蚕豆幼苗叶片的细胞分裂与蚕豆株高的变化之间存在一定的内在联系。

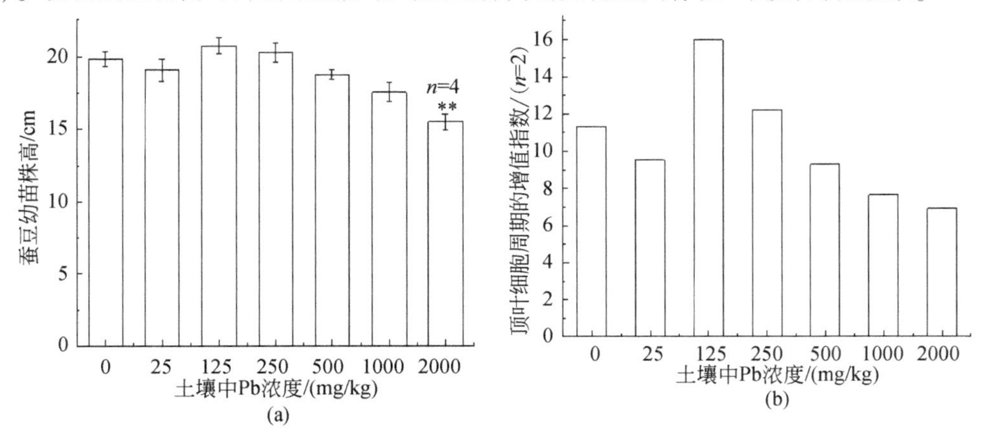

图 12-42　Pb 对蚕豆幼苗株高（a）和顶叶细胞周期的增殖指数（b）的影响

综上所述，Pb 可能通过介导 $O_2^{\cdot-}$ 和 H_2O_2 的积累诱导了 DNA 链断裂和 DNA-蛋白质交联，从而干扰了叶片分生细胞的分裂周期和蚕豆幼苗的生长高度，这可能是高剂量 Pb 干扰和抑制蚕豆幼苗生长的机制之一。而且后面研究中 HSP70 的增强表达进一步证明了 Pb 对蚕豆幼苗蛋白质的毒性。研究表明，随着土壤外源 Pb 浓度增加，POD 和 APx 是清除过剩 H_2O_2 的主要抗氧化酶，多种抗氧化酶同工酶的协同表达以及 HSP70 合成水平的增加是

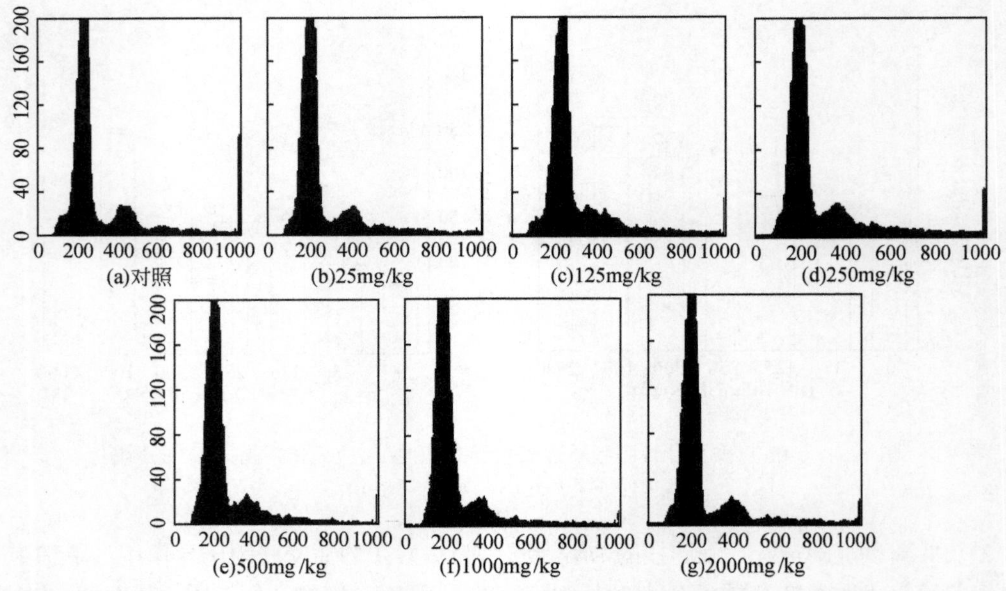

图 12-43　流式细胞仪分析 Pb 对蚕豆幼苗顶叶细胞分裂周期的影响

横坐标为荧光道数，200 附近代表 G_1 峰，400 附近代表 G_2 峰；纵坐标为相对细胞数

蚕豆幼苗缓解 Pb 氧化胁迫的主要防御机制。

（2）Pb 污染土壤对蚕豆叶片早期伤害的诊断

1）土壤中有效态 Pb 对蚕豆叶片 Pb 富集量和还原型谷胱甘肽含量的影响。由表 12-17 可见，随着外源 Pb 浓度的增加，土壤中有效态 Pb、叶片 Pb 富集量和 GSH 含量呈现上升趋势，当外源 Pb 增至 125mg/kg 时，三者均显著性增加（$P<0.01$）。相关性分析结果表明，在 0～2000mg/kg，土壤 Pb 的有效态与叶片 Pb 富集量之间存在显著的相关性（$R=0.971$，$P<0.01$）。在 0～1000mg/kg，叶片 Pb 富集量与 GSH 之间也存在显著的相关性（$R=0.970$，$P<0.01$）。

表 12-17　土壤中有效态 Pb、蚕豆叶片 Pb 富集量和 GSH 含量的测定

外源 Pb/(mg/kg 干重)	有效态 Pb/(mg/kg 干重)	叶片总 Pb/(mg/kg 干重)	GSH 含量/(μg/g 鲜重)
0	1.1±0.1	4.2±0.3	50.5±13.4
25	6.0±0.1	4.7±0.4	45.3±13.1
125	36±1**	6.5±0.6**	99.5±4.8**
250	71±1**	15.0±0.4**	113±11.8**
500	146±5**	16.3±0.7**	121±6.3**
1000	281±3**	22.3±1.0**	195±23.3**
2000	564±18**	34.4±3**	92.0±12.3**

注：$n=4$；*，$P<0.05$；**，$P<0.01$

2）Pb 对蚕豆幼苗抗氧化酶活性及其同工酶图谱变化的影响。图 12-44 结果表明，随着外源 Pb 的增加，SOD、POD、CAT 和 APx 酶活性均表现出不同程度的增长趋势。相关性分析表明，SOD 酶活性与 $O_2^{\cdot -}$之间（R =0.905，P<0.05）以及 SOD 酶活性与 H_2O_2之间（R=0.924，P<0.01）均存在显著的相关性，可见 SOD 酶是清除蚕豆叶片 $O_2^{\cdot -}$的主要抗氧化酶；H_2O_2是 SOD 酶歧化作用的产物，其变化趋势可以运用 SOD 酶活性变化加以解释，当外源 Pb 超过 125mg/kg 时，CAT 酶活性显著性下降，而 H_2O_2产物却在显著性积累。POD 和 APx 酶活性的提高可能是积累的 H_2O_2对抗氧化酶基因增强表达的结果。POD 酶可直接清除 H_2O_2，而 APx 酶通过抗坏血酸-谷胱甘肽循环清除过剩的 H_2O_2。在 CAT 酶活性下降的情况下，POD 和 APx 酶是清除 H_2O_2的主要酶。因此，这 4 种抗氧化酶活性的增加在一定程度上减少了 $O_2^{\cdot -}$ 和 H_2O_2的积累，缓解了 Pb 对蚕豆幼苗的氧化胁迫。

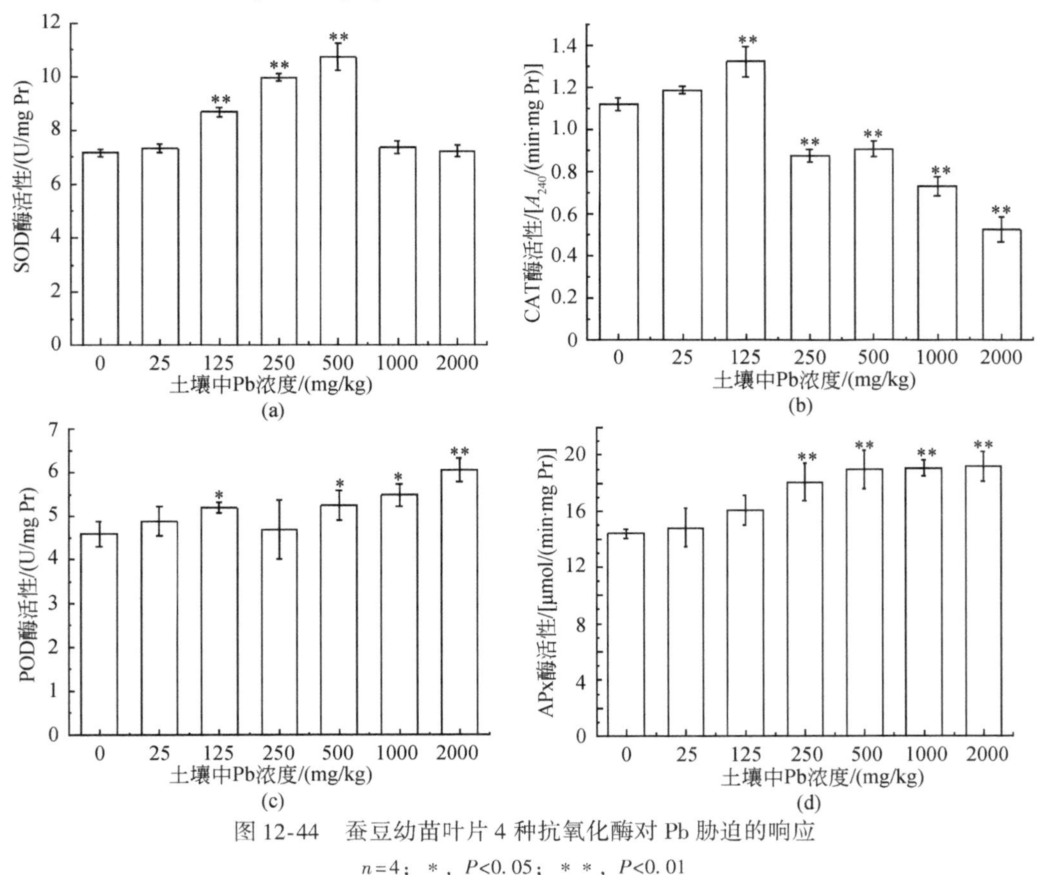

图 12-44　蚕豆幼苗叶片 4 种抗氧化酶对 Pb 胁迫的响应

n=4；＊，P<0.05；＊＊，P<0.01

从图 12-45 可以看到，4 种同工酶的表达强度与其相应的酶活性大小基本一致。实验还观察到，SOD、CAT 和 APx 同工酶带型数量没有变化，唯有 POD 在 25mg/kg 时，第三条带的强度明显减弱，高于此剂量，带型数减至两条［图 12-45(b)］。因此，蚕豆幼苗叶片 POD 带型数量的变化可作为监测 Pb 污染土壤的敏感的生物标志物。

3）Pb 对蚕豆幼苗叶片组织 HSP70 合成的影响。本实验结果表明，随着外源 Pb 和叶片 Pb 含量的增加，蛋白质氧化损伤程度上升，HSP70 的表达水平也相应增加。相关性分

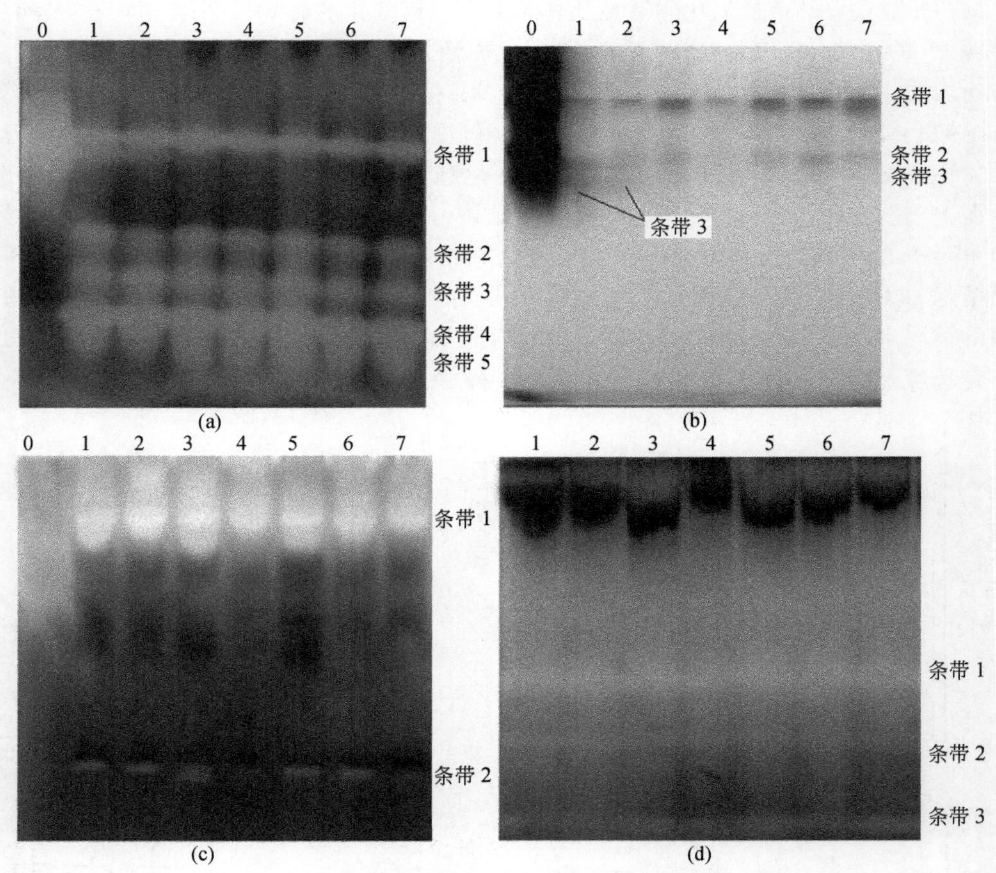

图 12-45 蚕豆幼苗叶片 4 种抗氧化酶同工酶对 Pb 胁迫的响应

(a)、(b)、(c)、(d) 分别代表 SOD、CAT、POD 和 APx 同工酶；0 ~ 7 分别代表相应的标准酶、对照组、25mg Pb/kg 干土、125mg Pb/kg 干土、250mg Pb/kg 干土、500mg Pb/kg 干土、1000mg Pb/kg 干土和 2000mg Pb/kg 干土

析表明，在 0 ~ 250mg/kg 时，HSP70 与 $O_2^{\cdot -}$之间（$R=0.985$，$P<0.01$）、HSP70 与蛋白质氧化损伤之间（$R=0.976$，$P<0.01$）以及 HSP70 与叶片总 Pb 之间（$R=0.913$，$P<0.05$）均存在显著性相关。据此推测，Pb 通过介导自由基的产生，诱导了蛋白质氧化损伤，后者的积累进一步诱导细胞应激蛋白基因的响应和增强表达。这可能是 Pb 诱导蚕豆幼苗叶片 HSP70 合成增加的一种途径。而且当外源 Pb 在 25mg/kg 时即可诱导 HSP70 显著性增加。因此，HSP70 是蚕豆幼苗对土壤 Pb 胁迫响应的敏感的生物标志物。

表 12-18 归纳了 Pb 污染土壤对蚕豆幼苗叶片组织生理生化指标的影响，从表 12-18 中可以看出，蚕豆叶片 $O_2^{\cdot -}$的积累、HSP70 的应激表达以及 POD 同工酶图谱和活性的变化可作为 Pb 污染胁迫的敏感的生物标志物。综合比较各生理生化指标，老化 60d Pb 污染土壤对蚕豆叶片组织早期伤害的最小外源 Pb 浓度初步界定为 25mg/kg。

表 12-18　Pb 污染土壤对蚕豆幼苗叶片组织生理生化指标的影响

测定指标	Pb 浓度/(mg/kg)						
	0	25	125	250	500	1000	2000
$O_2^{\cdot -}$	—	* *	* *	* *	* *	* *	* *
MDA/(μmol/mg Pr)	—	—	*	* *	* *	* *	* *
PCO/(μmol/mg Pr)	—	—	* *	* *	* *	* *	* *
SOD/(U/mg Pr)	—	—	* *	* *	* *		
CAT/(U/mg Pr)	—	—	* *	* *	* *	* *	* *
APx/(U/mg Pr)	—	—	—	* *	* *	* *	* *
GSH/(μg/mg Pr)	—	—	* *	* *	* *	* *	* *
HSP70	—	* *	* *	* *	* *	* *	* *
H_2O_2/(nmol/g 鲜重)	—	—	* *	* *	* *	* *	* *
POD/(μg/mg Pr)	—	—	*		*	*	* *
POD 同工酶条带	—	第 3 条带强度明显减弱	2 条	2 条	2 条	2 条	条
叶片总 Pb 含量/(mg/kg 干重)	—	—	* *	* *	* *	* *	* *

注："—" 表示无显著性差异（P>0.05）；*，表示差异显著（P<0.05）；* *，表示差异极显著（P<0.01）

12.3.3.2　Pb 污染土壤对蚕豆根部组织的致毒机制和早期伤害的诊断

（1）Pb 污染土壤对蚕豆根部组织的致毒机制

1）Pb 胁迫诱导蚕豆幼苗根部自由基产生及氧化损伤和遗传损伤。由图 12-46 可见，Pb 污染土壤可诱导蚕豆根部组织 $O_2^{\cdot -}$的积累，当外源 Pb 增至 1000mg/kg 时，$O_2^{\cdot -}$的产生速率显著性增加［图 12-46(a)］。同时，MDA 含量也随着根部 Pb 浓度的增加而增加（R=0.942，P<0.01），当外源 Pb 增至 125mg/kg 时，MDA 含量呈现显著性增长趋势（P<0.01）。研究还发现，外源 Pb 浓度为 0～250mg/kg，H_2O_2增幅较小，超过此剂量范围则呈现显著性下降趋势。

图 12-46(d) 和(e) 表明，Pb 诱导了根尖分生组织细胞染色体畸变和微核增加。外源 Pb 浓度为 0～125mg/kg 时，染色体畸变率随 Pb 的增加而上升，超过此剂量则呈现下降趋势。而微核率为 0～125mg/kg 呈现上升趋势，随后开始下降并逐渐低于对照组。从图 12-46(a)～(e) 可以看出，MDA 和染色体畸变率对 Pb 污染的响应比 $O_2^{\cdot -}$、H_2O_2和根尖细胞微核率敏感。由图 12-47 可见，Pb 诱导了根尖细胞染色体发生染色体断裂、丢失、多极化、染色体桥、非同步化（或滞后）等一系列畸变现象。

2）Pb 对蚕豆根尖细胞分裂指数和幼苗株高的影响。由图 12-48(a) 可见，当 Pb 增加到 1000mg/kg 时，蚕豆株高呈现显著性下降趋势。由图 12-48(b) 可见，根尖细胞分裂指数低于对照组，随着 Pb 胁迫程度的增加，细胞分裂指数呈现先升高后下降的趋势，与蚕豆幼苗株高之间存在显著的相关性（R=0.940，P<0.01）。因此，根尖分生组织细胞分裂

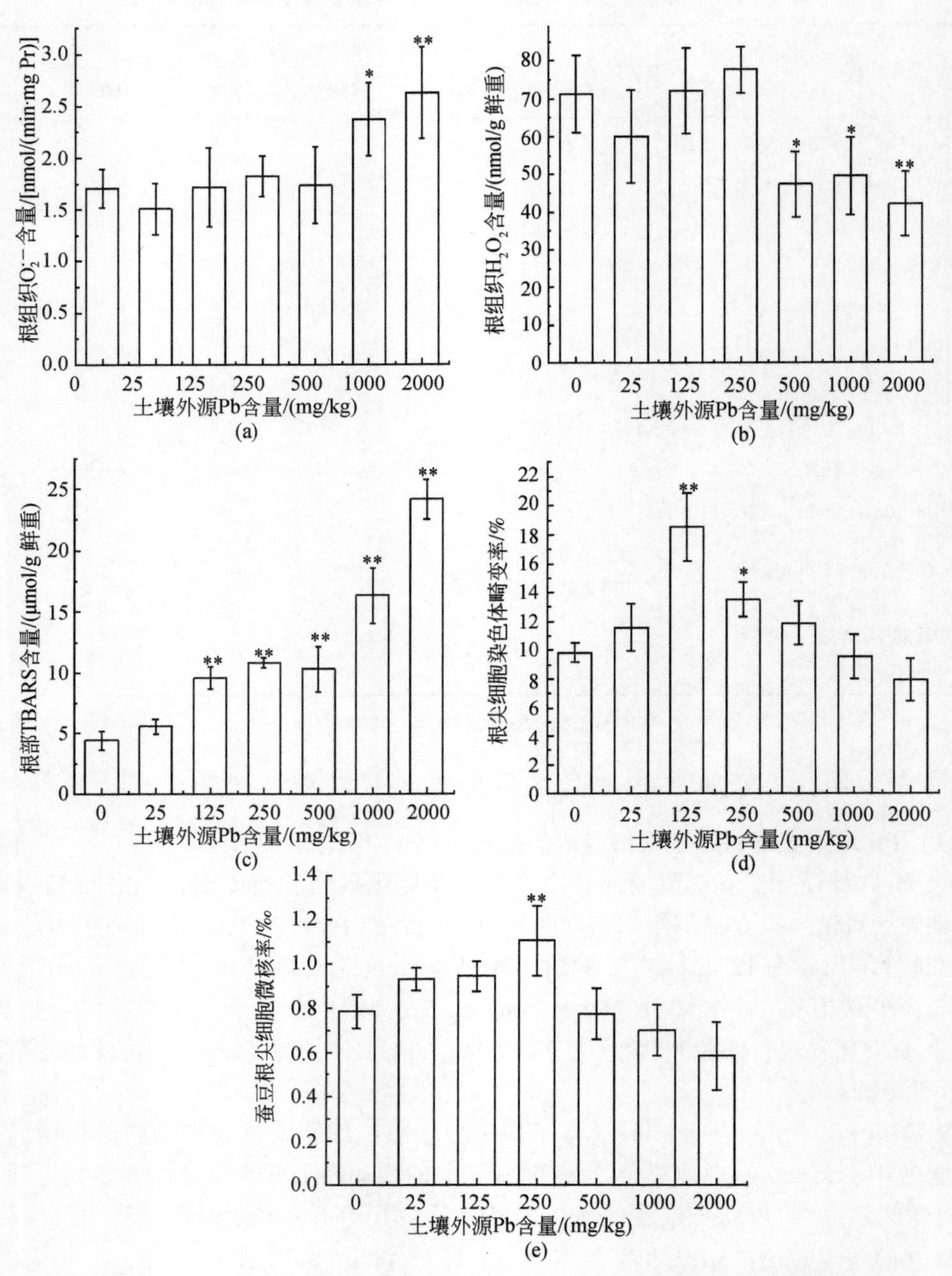

图 12-46　Pb 胁迫对蚕豆根部自由基、膜脂质过氧化和遗传损伤的影响

n=4；*，P<0.05；**，P<0.01

指数能够反映出土壤 Pb 胁迫对蚕豆幼苗生长的影响程度。

结果表明，一定剂量的 Pb 诱导了根尖分生组织细胞分裂指数下降和多种染色体畸变现象［染色体断裂、丢失（非整倍体）、多极化、染色体桥、非同步化（或滞后）和微核

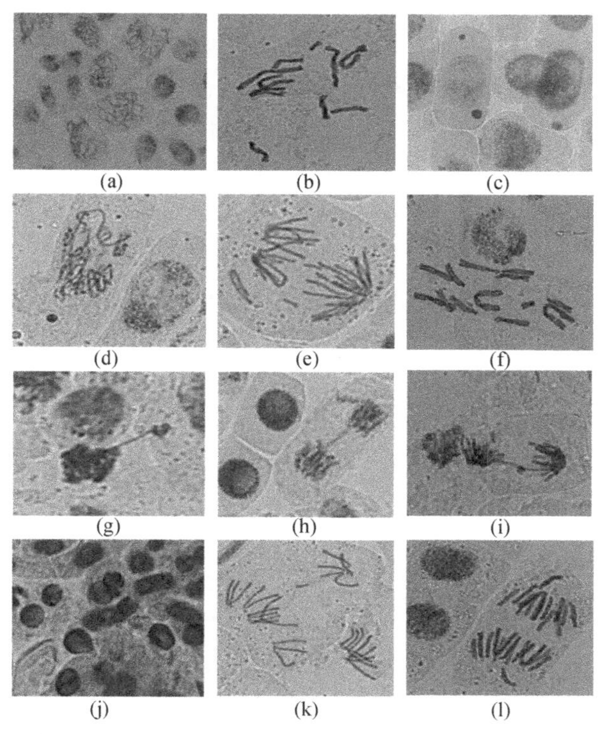

图 12-47　Pb 对蚕豆根尖细胞有丝分裂过程的影响

(a) 前期分裂相；(b) 中期染色体缺失（少 2 条）；(c) 多微核现象；(d) 前期微核；(e) 后期断片和多极化；(f) 中期染色体（12 条）和间期细胞核（对照组）；(g) 末期染色体桥和染色体分配异常；(h) 末期染色体桥；(i) 后期断片和桥；(j) 细胞核异常和组织纤维化（2000mg/kg 剂量组）；(k) 后期断片和多极化分布；(l) 后期染色体非同步化

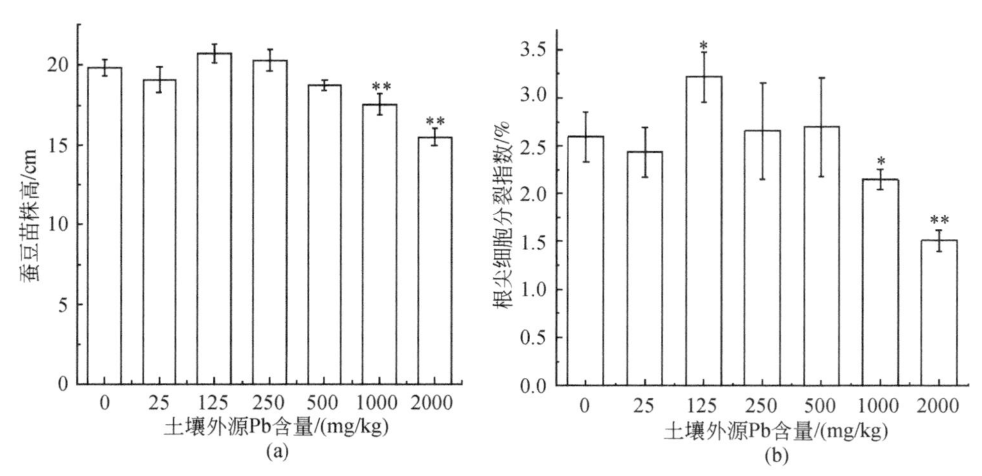

图 12-48　Pb 对蚕豆幼苗株高和根尖细胞分裂指数的影响

$n=4$；*，$P<0.05$；**，$P<0.01$

等畸变现象]，这可能是 Pb 干扰和抑制蚕豆幼苗细胞分裂和生长的机制之一。Pb 既是染色体的断裂剂又是纺锤丝毒剂。

(2) Pb 污染土壤对蚕豆根部早期伤害的诊断

1）蚕豆根部组织对土壤不同外源 Pb 浓度的富集。由表 12-19 可见，蚕豆根部组织对 Pb 的富集量随着外源 Pb 浓度的增加而增大，当外源 Pb 增加到 500mg/kg 时，根部 Pb 富集量显著性增加（$P<0.01$）。同时发现 $O_2^{\cdot -}$ 与根组织 Pb 富集量之间存在显著性相关（$R=0.918$，$P<0.01$）。

表 12-19 土壤外源 Pb 对蚕豆根部组织 Pb 含量的影响

外源 Pb 含量/(mg/kg 干土)	根部组织 Pb 含量/(mg/kg 干重)
0	8.1±0.2
25	12.9±0.6
125	27.5±2.4
250	78.3±7.3
500	172±15.6**
1000	544±35.9**
2000	1536±100**

注：$n=4$；**，$P<0.01$

2）Pb 对蚕豆根部组织抗氧化酶及其同工酶活性的影响。根部 SOD 活性随着外源 Pb 浓度的增加而升高，当外源 Pb 超过 1000mg/kg 时，SOD 酶活性呈现下降趋势（图 12-49）。与叶片比较，根部 SOD 酶活性低于叶片 SOD，而根部 POD 酶活性却明显高于叶片。根部 CAT 酶活性较低，而且低于同剂量组叶片的 CAT 酶活性。值得注意的是，当外源 Pb 为 250mg/kg 时，根部 CAT 酶活性显著低于对照组［图 12-49(b)］，而 H_2O_2产物尚在缓慢增加。高剂量组蚕豆幼苗根部 CAT 已不可能清除过剩的 H_2O_2产物。H_2O_2产物的积累可能通过信号传导等途径诱导 POD 和 APx 酶活性的增强表达。活性逐步增强的 POD 和 APx［图 12-49(c)、(d)］可直接或通过抗坏血酸-谷胱甘肽循环清除 H_2O_2，在一定程度上缓解了 Pb 对蚕豆幼苗根部组织细胞的氧化胁迫。

蚕豆根部 SOD、CAT、POD 和 APx 4 种同工酶带型变化如图 12-50(a)～(d)所示。SOD、POD 和 APx 3 种同工酶的带型光密度同其酶活性变化基本一致。当外源 Pb 不高于 25mg/kg 时，POD 同工酶出现 4 条带，超过 25mg/kg 时带型则减少至 3 条。同叶片 POD 同工酶比较，根 POD 酶活性明显增强，带型数量也相应增加了 1 条［图 12-50(b)］。因此，蚕豆根 POD 同工酶带型变化也可作为 Pb 污染土壤早期诊断的生物标志物。

3）Pb 对蚕豆根组织 GSH 和 HSP70 合成的影响。由图 12-51(a)可见，在 25～1000mg/kg 外源 Pb 剂量，根组织 GSH 的合成呈现增长趋势，与根组织 Pb 富集量之间显著性相关（$R=0.763$），高于此剂量范围，GSH 开始下降。从图 12-51(b)可以看出，在 0～250mg/kg 外源 Pb 作用下，HSP70 的表达水平随着外源 Pb 浓度增加而逐步升高，大于此剂量范围则

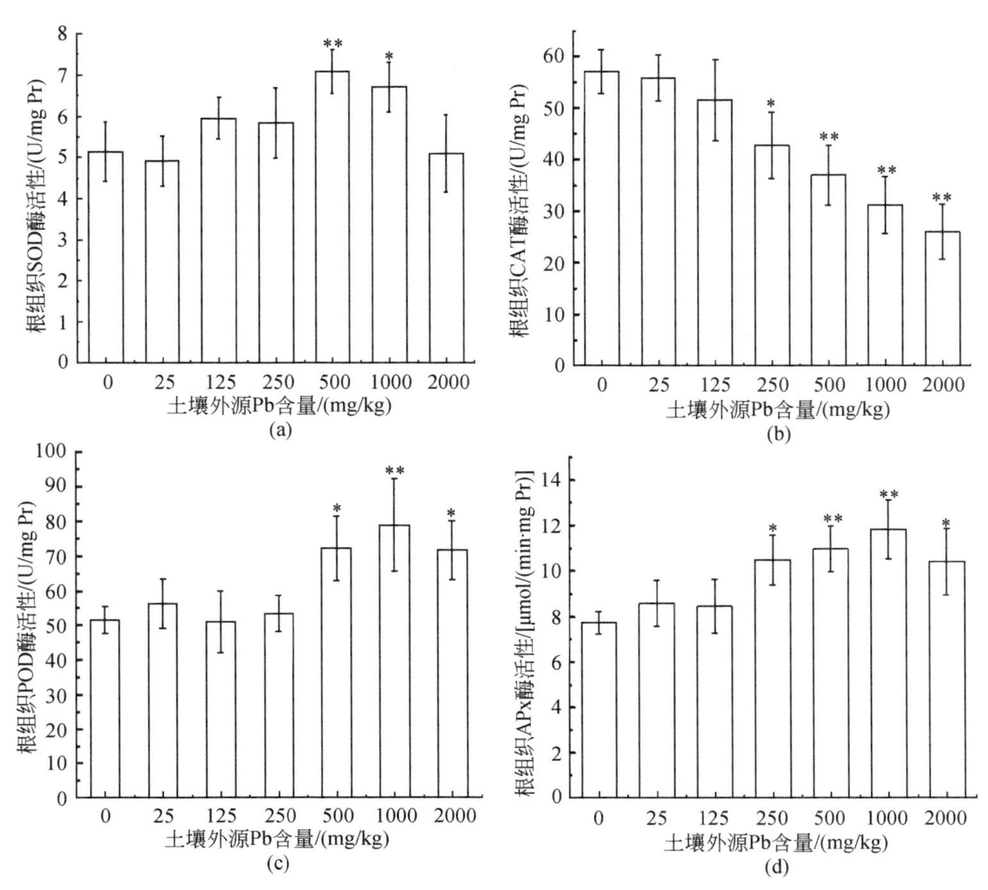

图 12-49 Pb 对蚕豆幼苗根部组织细胞 4 种抗氧化酶活性的影响

$n=4$；*，$P<0.05$；**，$P<0.01$

呈现下降趋势，当外源 Pb 增至 2000mg/kg 时，HSP70 表达水平已下降至对照组水平以下。

综上所述，Pb 既是染色体的断裂剂又是纺锤丝毒剂，这可能是 Pb 干扰和抑制蚕豆幼苗细胞分裂和生长的机制之一。Pb 可能通过介导根部 $O_2^{\cdot-}$ 和 H_2O_2 的积累，进一步诱导膜脂质过氧化和蛋白质氧化损伤，HSP70 的增强表达进一步证明了 Pb 对蚕豆幼苗根部组织具有一定的蛋白毒性，因此，抗氧化酶活性和 HSP70 的增强表达是蚕豆幼苗缓解 Pb 的氧化胁迫的主要应激机制之一。蚕豆根部组织 POD 和 CAT 同工酶图谱及其活性变化可指示 Pb 污染土壤的程度，可考虑作为 Pb 污染土壤对蚕豆幼苗根部伤害早期诊断的生物标志物。综合比较多种生理生化指标表明（表 12-20），老化 60d 的 Pb 污染土壤对蚕豆根部早期致毒的最小外源 Pb 浓度可初步界定为 125mg/kg。

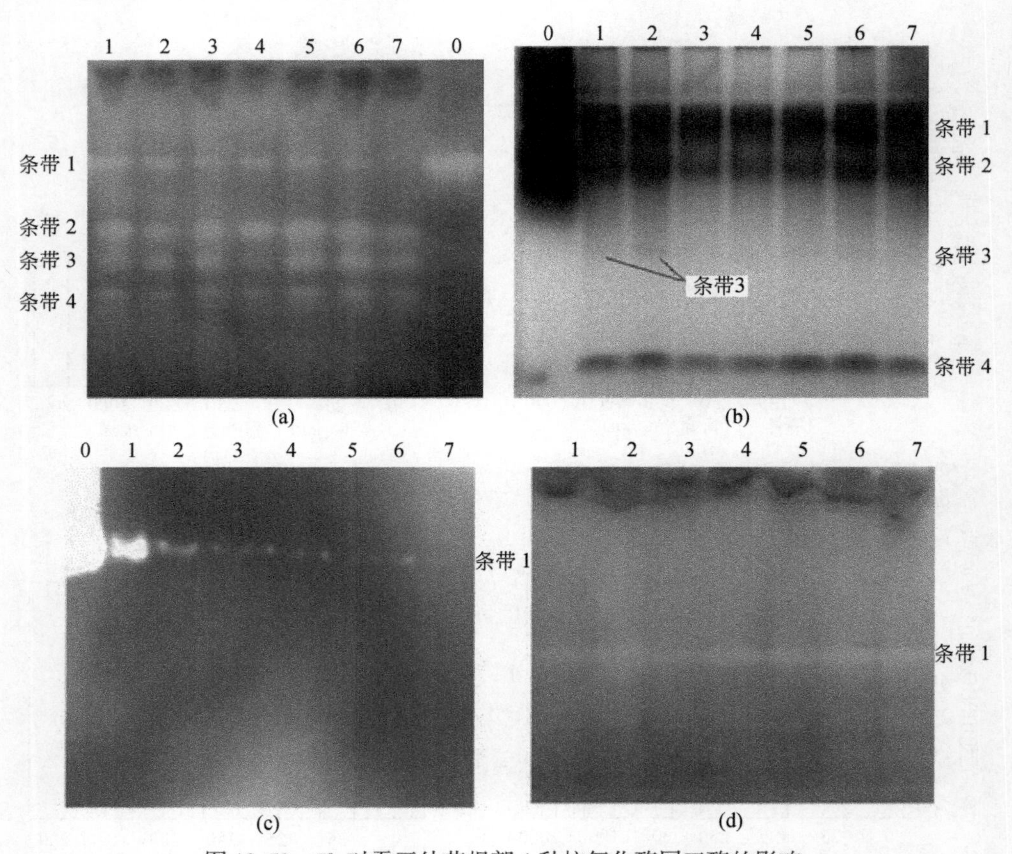

图 12-50　Pb 对蚕豆幼苗根部 4 种抗氧化酶同工酶的影响

(a)~(d) 分别代表 SOD、POD、CAT 和 APx 同工酶；0~7 分别代表相应的标准酶、对照组、25mg Pb/kg 干土、125mg Pb/kg 干土、250mg Pb/kg 干土、500mg Pb/kg 干土、1000mg Pb/kg 干土和 2000mg Pb/kg 干土

表 12-20　Pb 污染土壤对蚕豆根部生理生化指标的影响

研究指标	Pb 浓度/(mg/kg)						
	0	25	125	250	500	1000	2000
$O_2^{\cdot -}$	—	—	—	—	—	* *	* *
MDA/(μmol/mg Pr)	—	—	* *	* *	* *	* *	* *
H_2O_2/(nmol/g 鲜重)	—	—	—	—	*	*	* *
SOD/(U/mg Pr)	—	—	—	—	* *	*	—
CAT/(U/mg Pr)	—	—	—	*	* *	* *	* *
APx/(U/mg Pr)	—	—	—	*	* *	* *	*
GSH/(μg/mg Pr)	—	—	—	*	* *	* *	*
HSP70	—	—	*	* *	* *	* *	—
染色体畸变率/%	—	—	* *	*	—	—	—
POD/(μg/mg Pr)	—	—	—	—	*	* *	*
POD 同工酶条带	—	4 条	3 条	3 条	3 条	3 条	3 条
叶片总 Pb 含量/(mg/kg 干重)	—	—	—	—	* *	* *	* *

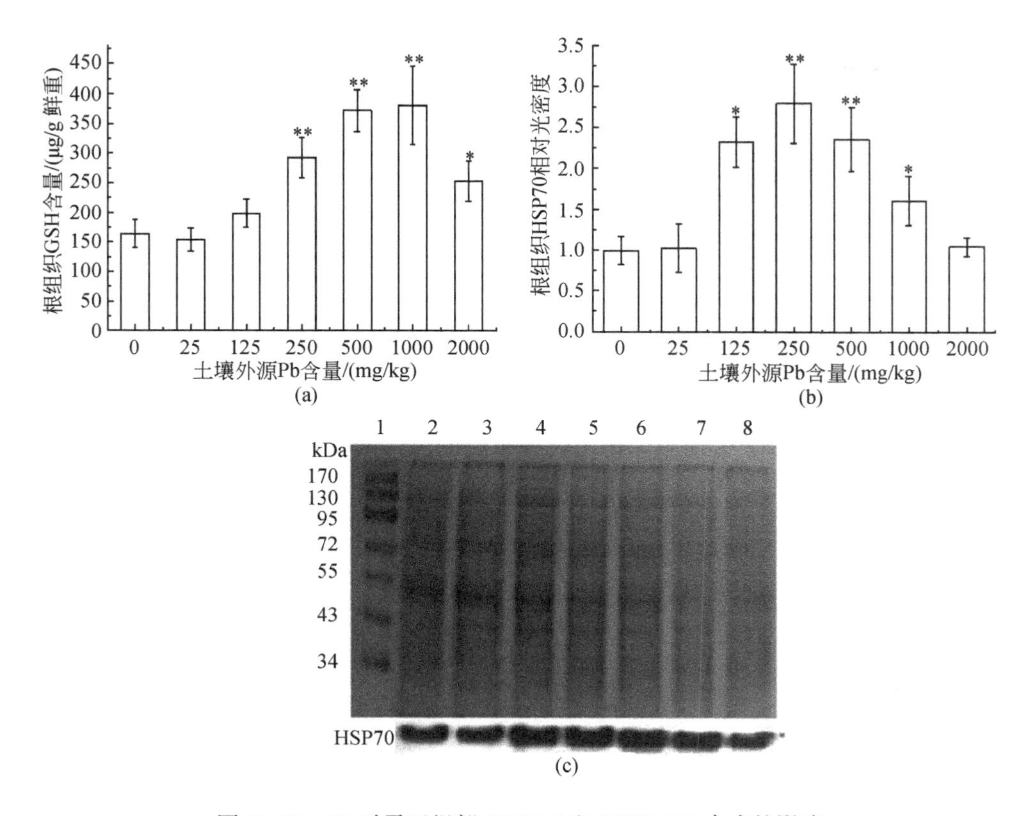

图 12-51 Pb 对蚕豆根部 GSH(a)和 HSP70(b)合成的影响

(c) HSP70 的 SDS-PAGE 和 Western blotting；1～8 分别代表蛋白质标准相对分子质量（Marker）、对照组、25mg Pb/kg 干土 、125mg Pb/kg 干土、250mg Pb/kg 干土、500mg Pb/kg 干土、1000mg Pb/kg 干土和 2000mg Pb/kg 干土污染土壤。$n=4$；*，$P<0.05$；**，$P<0.01$

12.4 污染物的兴奋效应与致毒关键阈值研究方法的探讨

长期以来，毒理学界一直沿用经典的“线性阈值模型”和“线性非阈值模型”评价环境污染物的毒性（图 12-52）。前者用于评估非致癌物的危险性，后者则用于外推极低浓度下致癌物的危险性。近年来，Hormesis 效应的研究不仅引起了毒理学、环境科学以及相关管理部门的兴趣和关注，而且还将引起人们对经典的剂量-效应关系模型的重新审视以及对化学品生态风险评价的重大变革（Calabrese and Baldwin，2003）。

大量研究表明，许多化学物质和物理因子，在低浓度时能够对有机体的生长发育、体重、寿命、防御力及损伤修复等方面产生刺激和促进作用，而高浓度下则产生抑制作用，即称为 Hormesis 效应。早在 19 世纪，微生物学家 Hugo Schulz 就已经在酵母菌实验中发现了这种现象，此后 100 多年又先后发现 5000 多例类似的例子。受试生物主要包括人体、动物、植物、细菌、真菌及原虫等。测试的化合物主要包括重金属、烃类化合物、抗生素类、杀虫剂、植物激素、杀菌剂、除草剂、稀土元素等，其中最多的是金属元素。因此，

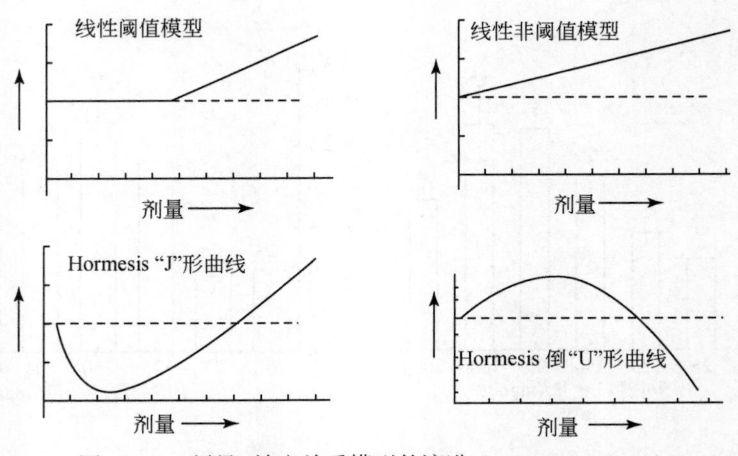

图 12-52 剂量-效应关系模型的演进（Calabrese，2004）

这种兴奋效应被认为广泛存在于不同种属、不同结构的化学物质以及各个检测终点（Calabrese，2005）。2003 年，Calabrese 和 Baldwin 在 *Nature* 上撰文，指出传统的剂量-效应关系模型的建立是毒理学界在 19 世纪二三十年代犯的一个历史性错误，并提出了一个更具预测性的曲线性剂量-关系模型，认为化合物的剂量-效应关系既非阈值模型，也非线性模型，而是"U"形或"J"形曲线（Calabrese and Baldwin，2003）。至今，揭示污染物的剂量-效应关系模型，即"J"形和倒"U"形曲线已基本成熟（图 12-52），前者表现为污染物或其他因子在低剂量时对生命体所受损伤的抑制效应（如肿瘤发病率），而在高剂量时则相反；后者主要表现在低剂量时对生命体正常生理指标轻微的刺激效应，而在高剂量下则表现为抑制作用。

目前已提出几种理论来解释 Hormesis 效应。第一个理论是由 Stebbing（1982）提出的矫正过度控制理论，即指出 Hormesis 效应可能是生物体对于低剂量抑制的一种反应，是由生长抑制所导致的生长刺激作用，是生物体对抑制作用的中和或矫正。第二个理论是由 Calabrese 和 Baldwin（1999）提出的过度补偿效应，即指当生物体受到毒物刺激后，最初的抑制反应过后会出现一个补偿过程，使有益反应轻微地过度表达，从而产生一个净刺激效应。这就解释了为什么低剂量作用因子预处理后可增强有机体对后来高剂量胁迫的抗性。他们还提出了一个判断 Hormesis 效应的优先接受准则，包括实验方案的设计、数据的统计分析及其可重复性操作。并进一步对"U"形曲线进行分析，得出不同的 Hormesis 效应类型具有不同的生物学机制，而相同类型的 Hormesis 效应其生物学机制又未必有相同的结论（Calabrese and Baldwin，1998）。第三种理论是基因的表达与调控作用。低剂量毒物的兴奋效应与多种基因的表达和调控密切相关，如 DNA 修复基因、应激蛋白基因、细胞凋亡相关基因、启动子或转录因子的激活等。目前这些理论还缺乏足够的分子生物学证据。

如果实验设计时能够提供足够的剂量范围和合理的剂量区间，确保最低剂量低于无观察毒性效应水平（NOAEL），并选择适当的统计工具和检测终点，Hormesis 效应就可能预测和重复。目前，国内外相关研究主要集中于对单一污染物的 Hormesis 效应的研究，而混合物联合毒性的 Hormesis 效应的研究应该是毒理学研究的一个重要方向（Calabrese，2008）。虽然有大量的实验结果证明 Hormesis 效应的存在，但至今尚不能确定 Hormesis 的分子机制。因此，将 Hormesis 剂量-效应模型应用于有毒化学品的生态风险评价和政策管理的制定尚有待时日（Mushak，2007）。

Hormesis 效应的定量分析标准大多是基于 NOAEL 之下的低剂量刺激效应相对于对照组的增加量。但是，NOAEL 法易受实验设计的影响。美国 EPA 建立了一种“基准剂量法”，克服了 NOAEL 的不足并避免了低剂量外推时的一些不肯定因素（Yang and Dennison，2007）。为此，本实验室也开展了相关的实验研究，并结合污染物的“J”形或“U”形剂量-效应曲线对污染物致毒关键阈值进行了初步探讨，首次提出把污染物在低剂量诱导的“有益效应”（beneficial effect）峰值作为基准，采用点划线法界定污染物致毒关键阈值的方法（Wang et al.，2010）。

12.4.1 Pb 污染土壤诱导蚕豆幼苗的 Hormesis 效应及其风险性评价方法

12.4.1.1 Pb 污染土壤的制备和蚕豆幼苗的培养

实验土壤的有机质含量约为 1.027%，Pb 的本底值约为 21.1mg/kg，pH 为 7.4 左右。运用相同稀硝酸溶液梯度稀释硝酸铅母液，喷洒土壤，制备外源 Pb 浓度分别为 0mg/kg、6.25mg/kg、12.5mg/kg、25mg/kg、125mg/kg、250mg/kg、500mg/kg、1000mg/kg 和 2000mg/kg 的 Pb 污染土壤，室内老化 7d，测定 pH 为 7.1 ~ 7.4（ISO 10390）。每剂量组准备 3 个花盆。蚕豆种子的消毒和催芽同上，选择根尖长度基本一致的蚕豆种子播种于 Pb 污染土壤，每盆保留 6 棵大小基本一致的幼苗用于实验。室内培养条件为：24 ~ 25℃，70% 相对湿度，15h/9h（光照/黑暗），光照强度 200μmol/(m^2·s)。每周补充等量 Hoagland 营养液，种子发芽 20d 后检测幼苗根部组织相关生物指标的变化。本实验重复两次。

12.4.1.2 根部 Pb 含量的测定

应用 ICP-OES 检测了蚕豆根部组织 Pb 的含量，结果如表 12-21 所示。随着土壤外源 Pb 含量的增加，根部 Pb 含量呈现上升趋势。当外源 Pb 增至 500mg/kg 时，根部 Pb 含量显著性升高（$P<0.01$）。

表 12-21 蚕豆幼苗根部组织 Pb 含量的测定结果

土壤外源 Pb 含量/(mg/kg 干重)	根部 Pb 含量/(μg/g 干重)
0	7.9±0.4
6.25	8.1±0.8
12.5	14.0±2.0
25	17.8±2.6
125	31.0±5.0
250	93.6±11.0
500	195±22**
1000	596±72**
2000	1777±195**

注：$n=3$；**，$P<0.01$

12.4.1.3 蚕豆幼苗株高变化的 Hormesis 效应

由图 12-53 可见，随着 Pb 剂量的增加，幼苗株高先呈现“J”形，再呈现倒“U”形的变化趋势。与对照组比较，各处理组均未出现显著性差异。有趣的是，在 12.5mg/kg 剂量组，幼苗的平均高度低于所有实验组，其生理机制有待进一步研究。

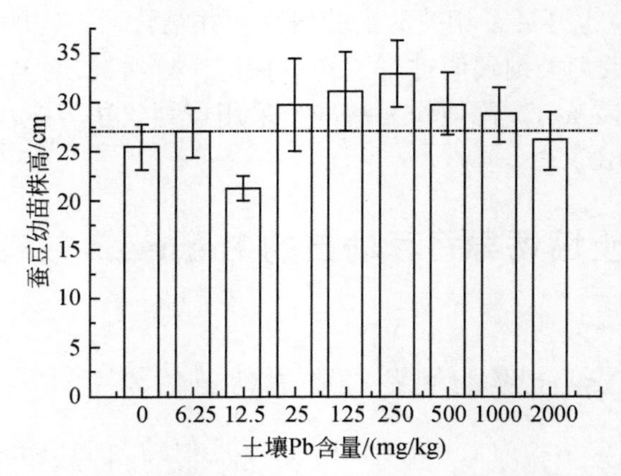

图 12-53 Pb 污染土壤对蚕豆幼苗生长高度的影响

$n=3$，点划线用于界定 Pb 污染土壤致毒的关键阈值，该线之上的效应指示土壤 Pb 诱导了蚕豆幼苗的氧化胁迫（Wang et al.，2010），后续图中的点划线意义可以依此类推

12.4.1.4 根部组织 $O_2^{\cdot-}$ 变化的 Hormesis 效应

应用 Wang 等（2008）报道的方法检测了根部组织 $O_2^{\cdot-}$ 产物。结果表明，在 0～12.5mg/kg 剂量，$O_2^{\cdot-}$ 产物呈现下降趋势；随着外源 Pb 含量的增加，$O_2^{\cdot-}$ 又呈现上升趋势。在整个实验剂量范围内，$O_2^{\cdot-}$ 呈现“J”或“U”形剂量-效应曲线。在 500～1000mg/kg 剂量，$O_2^{\cdot-}$ 显著性增加（$P<0.05$）（图 12-54）。

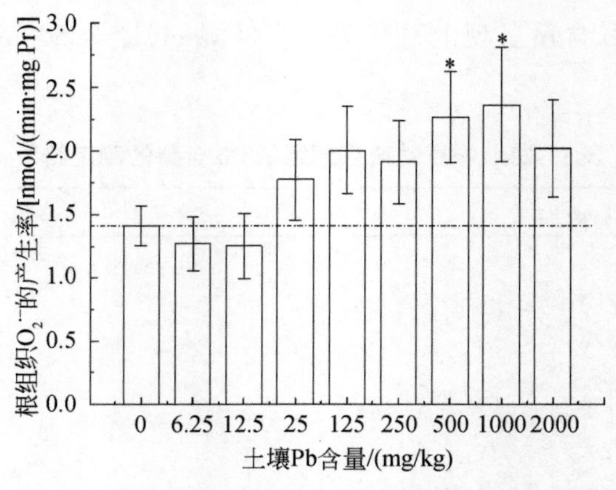

图 12-54 Pb 污染土壤对蚕豆幼苗根部组织 $O_2^{\cdot-}$ 的诱导

$n=3$；*，$P<0.05$

12.4.1.5 根部组织抗氧化酶活性变化的 Hormesis 效应

应用比色法测定了蚕豆幼苗根部组织 4 种抗氧化酶活性。结果表明，SOD 酶活性基本随着土壤 Pb 浓度的增加而趋于升高，在 250mg/kg 以上则显著性升高［图 12-55(a)］。在 0～125mg/kg，POD 活性呈现倒“U”形剂量-效应曲线；随着土壤 Pb 剂量的增加，POD 酶性又趋于升高［图 12-55(b)］。在 6.25～2000mg/kg 剂量，APx 酶活性呈现“J”形剂量-效应关系，其中在 250mg/kg 以上显著性升高［图 12-55(c)］。而 CAT 酶活性随着土壤 Pb 剂量的增加而趋于下降，高于 125mg/kg 则显著性降低［图 12-55(d)］。

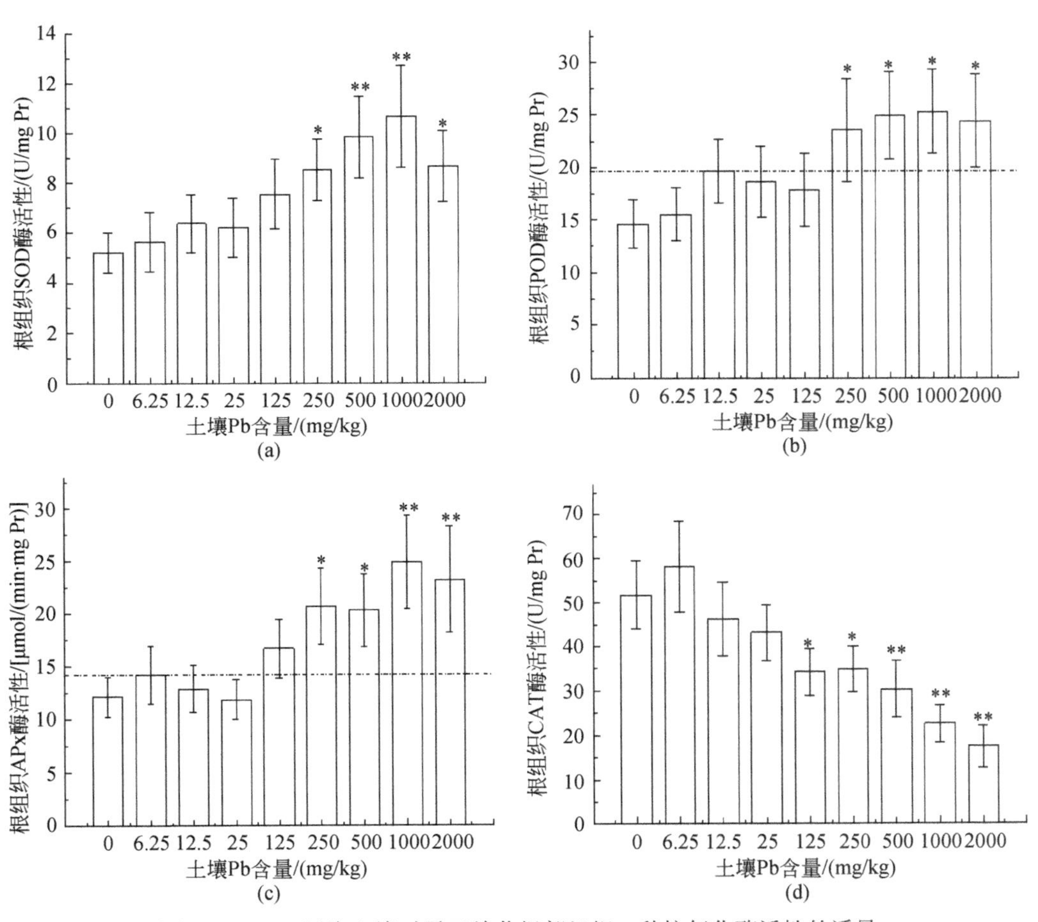

图 12-55 Pb 污染土壤对蚕豆幼苗根部组织 4 种抗氧化酶活性的诱导

$n=3$；*，$P<0.05$；**，$P<0.01$

12.4.1.6 根部组织脂质过氧化和蛋白羰基化产物变化的 Hormesis 效应

膜脂质过氧化和蛋白质分子的羰基化产物在一定水平上均能够指示受试生物的氧化损伤程度。检测结果表明，在 0～1000mg/kg 剂量，MDA 呈现“J”形剂量-效应曲线［图 12-56(a)］。类似地，在 0～500mg/kg 剂量，羰基化产物也呈现“J”形剂量-效应曲线

[图 12-56(b)]。相关性分析结果表明，在上述实验剂量范围内，MDA 含量与蛋白羰基化产物之间高度相关（R = 0.748，P<0.05）。

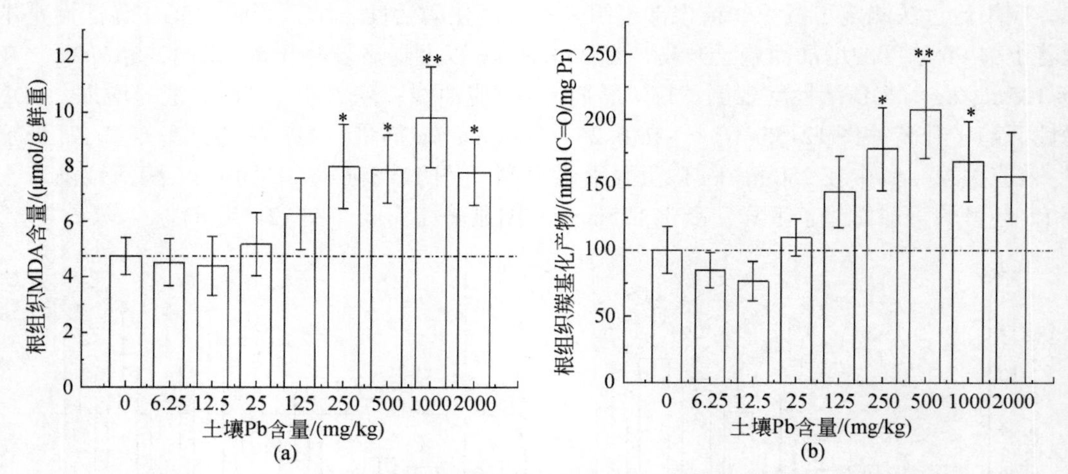

图 12-56　Pb 污染土壤对蚕豆幼苗根部组织 MDA(a)和羰基化产物(b)的诱导

n=3；＊，P<0.05；＊＊，P<0.01

12.4.1.7　根部组织内肽酶同工酶及其酶活性变化的 Hormesis 效应

内肽酶（EP）图谱分析未见带型数量的明显变化，而其整体光密度则基本随着外源 Pb 浓度的增加而趋于升高，表明高剂量的 Pb 诱导了根部组织细胞内蛋白质分子降解活性的升高，也佐证了上述根部组织损伤蛋白质分子的诱导和积累（图 12-57）。

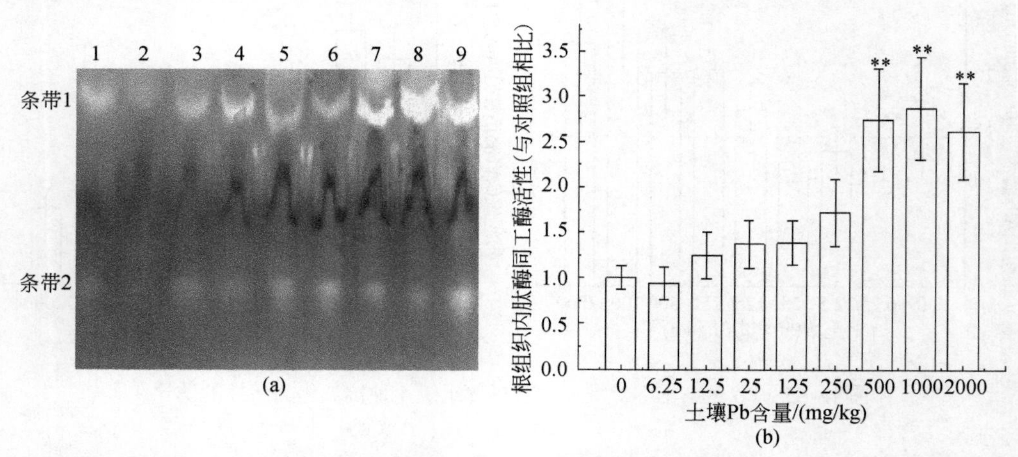

图 12-57　Pb 污染土壤对蚕豆幼苗根部组织内肽酶同工酶（a）及其酶活性（b）的诱导

n=3；＊＊，P<0.01

12.4.1.8　根部组织 HSP70 表达变化的 Hormesis 效应

HSP70 包括组成型 HSC70（73kDa）和诱导型 HSP70（72kDa），其中后者对污染胁迫的响应比较敏感。应用SDS-PAGE电泳和Western blotting检测结果表明，Pb污染土壤诱导了HSP70的显著性变化。在Pb含量为6.5～250mg/kg，诱导型HSP70呈现“J”形剂量-效应关系；并随着外源Pb含量的增加而趋于下降。在Pb含量为125～500mg/kg，诱导型HSP70表达显著性升高（图12-58）。

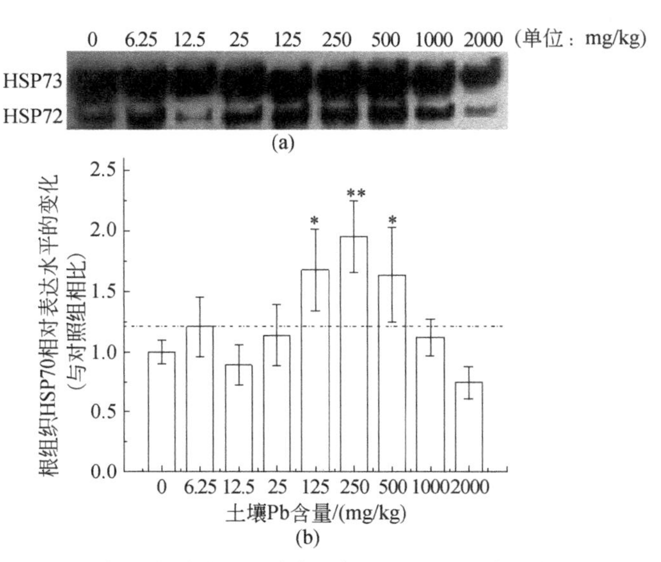

图12-58　Pb污染土壤诱导蚕豆幼苗根部组织HSP70表达的Western blotting（a）及其相对表达水平的变化（b）

n=3；*，P<0.05；**，P<0.01

由上述结果可以看出，在低剂量范围内，Pb污染土壤诱导了蚕豆幼苗根部组织$O_2^{\cdot -}$、MDA、羰基化产物、愈创木酚过氧化物酶、抗坏血酸过氧化物酶等生理指标的“J”形剂量-效应曲线。随着土壤Pb剂量的增加，幼苗株高、HSP70、SOD及EP活性出现倒“U”形剂量-效应曲线。由此可见，较低剂量的土壤Pb诱导了根部组织的抗氧化能力，从而降低了氧化胁迫程度，而高剂量Pb则加剧了根部组织的氧化损伤，并促进了损伤蛋白质的酶促降解活性。另外还发现，诱导型HSP70的变化与幼苗生长高度之间高度同步，进一步证明了HSP70参与幼苗生长过程的调控。

在上述图表中，我们首次把污染物在低剂量诱导的“有益效应”峰值作为基准，采用点划线方式界定Pb污染土壤致毒的关键阈值（图12-58）。上述结果还表明，$O_2^{\cdot -}$、脂质过氧化水平、蛋白羰基化水平及HSP70可以作为诊断Pb污染土壤的敏感生物标志物。综合上述研究结果，该实验土壤的毒性阈值可初步界定为25～125mg/kg（Wang et al.，2010）。

12.4.2　La^{3+}诱导蚕豆幼苗的Hormesis效应及其风险性评价方法

蚕豆种子的消毒和催芽方法同前，待根尖延伸至2cm左右时开始悬浮培养。每个处理组准备3个1.2L水槽，每个水槽培养8棵幼苗。幼苗用自来水预培养2d后，分别转移至应用营养液稀释的La^{3+}梯度溶液（0mg/L、0.25mg/L、0.5mg/L、1mg/L、2mg/L、4mg/

L、8mg/L 和 12mg/L，pH 6.1~6.3）。营养液的配制参见 Lucretti 等（1999）的方法，并略加改进。为防止 La 与磷酸二氢铵形成磷酸盐沉淀，配制 La^{3+} 母液时不添加磷酸二氢铵，而是直接向幼苗叶片喷洒 1mmol/L 磷酸二氢铵溶液。水槽置于光照培养箱内，培养条件为：白天 15h，23℃，光照强度 220μmol/(m² · s)；夜晚 9h，20℃，相对湿度 80%。连续曝气，每天更换一次染毒溶液，15d 后取根部组织开展相关实验研究（Wang et al.，2011）。

12.4.2.1 蚕豆幼苗根部组织和营养液中 La 含量的测定

蚕豆幼苗暴露于 0 ~ 12mg/L 外源 La，15d 后收集根部组织，首先应用 1mol/L HCl 溶液清洗，再用去离子水洗净，60℃烘干后参照相关研究报道的方法（Wang et al.，2008）进行消解处理。为了确保实验操作的准确性，我们应用标准植物样品（GBW07429）检验回收率。应用 ICP-OES 进行检测，所有结果均高于检测线（0.02μg/L）。培养液中 La 的含量应用 ICP-OES 直接进行检测。结果表明，根部组织 La 的含量随着外源 La 浓度的增加而升高；当外源 La 含量增至 1mg/L 时，根部 La 的含量显著性升高（表 12-22）。

表 12-22　蚕豆幼苗培养于 La^{3+} 溶液 15d 根部组织 La 含量的变化*

外源 La 含量/(mg/L)	营养液中可溶性 La 含量（平均值）/(mg/L)	根部 La 含量 /(μg/g 干重)
0	0.01	10.2±1.1
0.25	0.24	50.3±1.2
0.5	0.41	74.9±5.1
1	0.90	108±11*
2	1.62	151±10**
4	3.12	195±12**
8	6.53	232±34**
12	9.85	433±41**

注：$n=3$；*，$P<0.05$；**，$P<0.01$

12.4.2.2 La^{3+}抑制了根尖的生长并诱导了根尖细胞坏死

与对照组相比，La^{3+}的所有处理组均抑制了根的伸长。值得关注的是，除最高剂量组外，在外源 La 的最低剂量组 0.25mg/L（根部 La 含量为 50.3μg/g 干重），根长最短［图 12-59(a)］。研究还观察到，低剂量外源 La 在一定程度上减少了细胞坏死水平(50.3 ~ 108μg La/g 干重)。当根部组织 La 的含量超过 232μg La/g 干重时，坏死程度显著性升高［图 12-59(b)］。根尖横切片显色结果表明，坏死细胞主要集中于韧皮部［图 12-59(c)］。

12.4.2.3 La^{3+}诱导了抗氧化酶同工酶图谱及其酶活性变化的 Hormesis 效应

同工酶图谱分析结果表明，外源 La 未能诱导 SOD、CAT 和 APx 同工酶带型数量上的变化，但诱导了各自整合光密度值的异常变化［图 12-60(a)、(b)、(d)］。然而，愈创

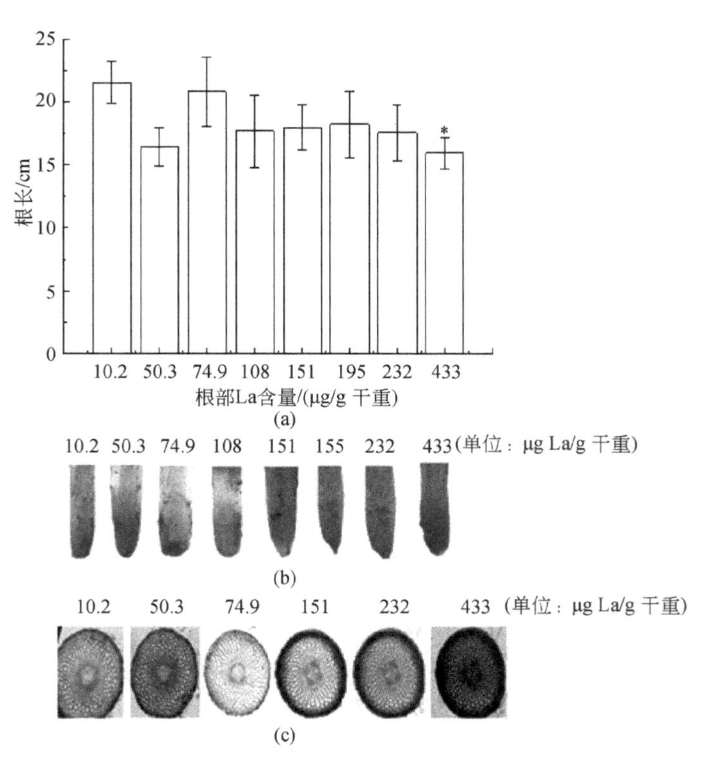

图 12-59 不同浓度 La^{3+}对蚕豆幼苗根尖长度（a）、细胞坏死程度（b）以及坏死细胞的分布（c）的影响

根尖蓝色深浅指示细胞坏死的程度［（b）放大 50 倍］，根尖横切片的蓝色部分指示坏死细胞的分布［（c）放大 100 倍］。$n=3$；＊，$P<0.05$

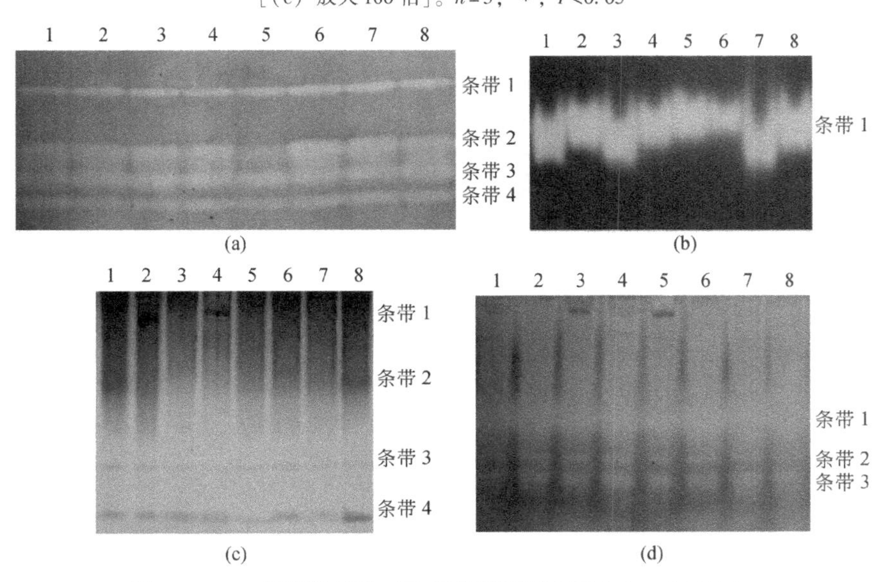

图 12-60 La^{3+}诱导了蚕豆幼苗根部组织 SOD(a)、CAT(b)、GPx(c)和 APx(d)抗氧化酶同工酶图谱的变化

1～8 分别代表 0mg/L、0.25mg/L、0.5mg/L、1mg/L、2mg/L、4mg/L、8mg/L 和 12mg/L 外源 La。下同

木酚 GPx 图谱的带型数量变化明显［图 12-60(c)］。SOD 同工酶的相对活性呈现出连续的倒“U”形和“J”形剂量-效应曲线。类似的剂量-效应关系曲线还出现于 CAT 和 APx 的相对酶活性［图 12-61(a)、(b)、(d)］，而 GPx 呈现“U”形剂量-效应曲线，而且未见显著性差异［图 12-61(c)］。

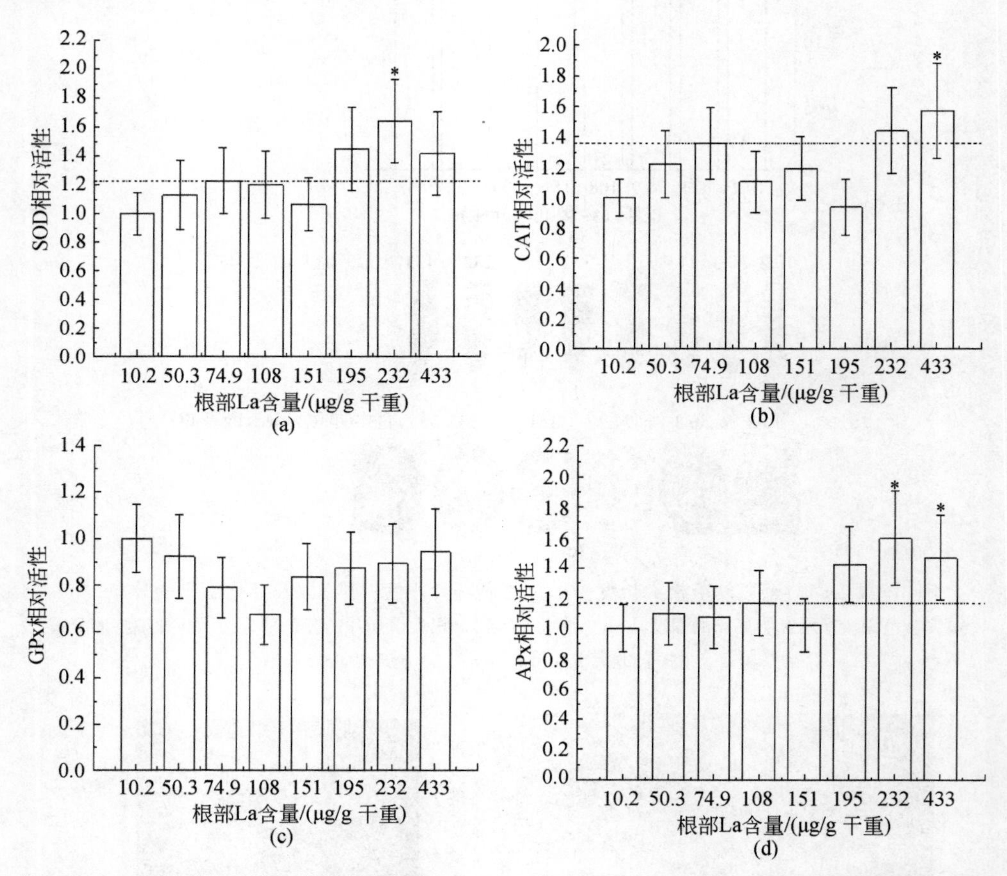

图 12-61　La^{3+}诱导了蚕豆幼苗根部组织 SOD(a)、CAT(b)、GPx(c)和 APx(d)4 种抗氧化酶相对活性的变化（Wang et al.，2010b）

点划线用于界定 La 污染土壤致毒的关键阈值，该线之上的效应指示土壤 La 诱导了蚕豆幼苗的氧化胁迫。后续图中的点划线意义可依此类推。$n=3$；*，$P<0.05$

12.4.2.4　La^{3+}诱导了根部组织 HSP70 产物合成的 Hormesis 效应

Western blotting 检测结果表明，当根部组织 La 含量为 10.2～74.9μg La/g 干重时，HSP70 产物呈现上升趋势；超过此剂量范围，HSP70 则趋于下降。当根部组织 La 含量达到 195μg La/g 干重时，HSP70 的合成被显著性抑制。在本实验剂量范围内，HSP70 蛋白合成水平呈现倒“U”形剂量-效应曲线（图 12-62）。

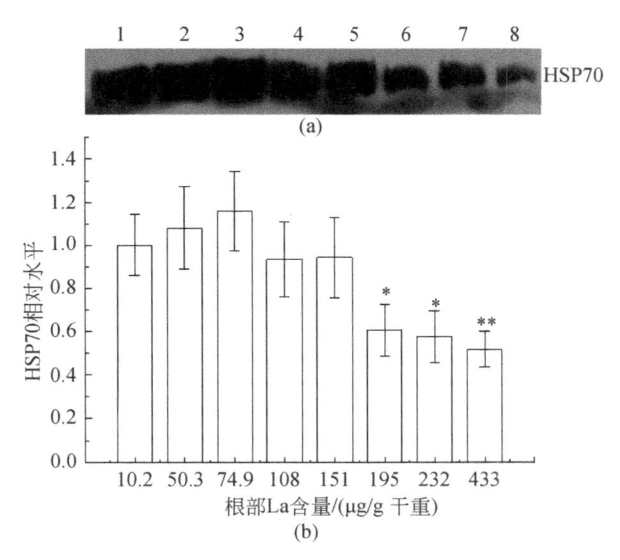

图 12-62 La^{3+}诱导了根部组织 HSP70 产物合成的 Hormesis 效应

1～8 分别代表 0～12mg/L 外源 La。$n=3$；＊，$P<0.05$；＊＊，$P<0.01$

12.4.2.5 La^{3+}诱导了根部组织蛋白质分子的氧化损伤

羰基化蛋白又称为氧化修饰蛋白，可应用免疫印迹技术进行检测。在本实验中，羰基化蛋白的免疫印迹参照 Romero-Puertas 等（2004）方法进行。取 50μL 粗酶液，与 50μL 10% SDS(m/V)和 100μL 20mmol/L DNPH［用 20%(m/V)三氟乙酸（TFA）配制］，轻轻混匀。空白组中应用 100μL TFA 代替 20mmol/L DNPH。室温静置 20min 后，添加 100μL 2mol/L Tris-HCl（pH 8.0）［用含有 30% 甘油(V/V)和 6% β-巯基乙醇(V/V)的混合溶液配制］和 50μL 1%(m/V)溴酚蓝，轻轻混匀。每孔上样 11.00μg 可溶性蛋白，应用 10% SDS-PAGE 电泳进行蛋白质分离，后续方法同上。一抗为小鼠抗-DNPH 单克隆 IgE 抗体（1∶2000）（Sigma-Aldrich，USA），二抗为山羊抗小鼠 IgE 抗体（1∶40 000）（Sigma-Aldrich，USA）。

应用 SDS-PAGE 电泳和 Western blotting 技术，结合特异性抗体，检测了梯度稀土 La^{3+}诱导蚕豆根部组织细胞中氧化损伤蛋白（羰基化蛋白）的产生和积累水平。抗体的 La 特异性应用未用 DNPH 预处理的样品得以证实［如图 12-63(b)中 0 道所示］。实验结果表明，一定范围的低剂量 La^{3+}减少了蛋白质分子的氧化损伤水平。同时也观察到，剂量最低的处理组（根部 La 含量为 50.3μg La/g 干重）中，蛋白质分子的羰基化水平最高，而高剂量处理组反而降低，这可能与内肽酶活性的诱导水平有关（图 12-64）

12.4.2.6 La^{3+}诱导了根部组织蛋白降解酶活性变化的 Hormesis 效应

当细胞内损伤或变性蛋白积累时，内肽酶的活性往往被诱导而升高。内肽酶同工酶的检测参照 Distefano 等（1997）方法进行。应用高通量凝胶电泳系统（high-throughput mini-PROTEIN 3 electrophoresis system）和 SDS-PAGE 凝胶电泳［9%～20% 梯度胶，内含 0.2%

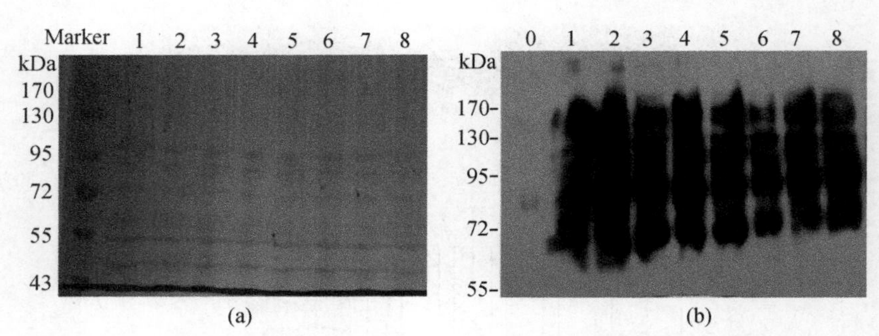

图 12-63 应用 SDS-PAGE 电泳（a）和 Western blotting 技术（b）证明 La^{3+} 诱导了根部组织蛋白质分子的氧化损伤

(*m/V*) 明胶] 进行分离。电泳结束后，胶块转移至 2.5%（*V/V*）Triton X-100 溶液在室温下孵育 1h，用 250mmol/L Tris-HCl（pH 7.5）于 37℃下孵育 3h，结束后再用 0.1%（*m/V*）考马斯亮蓝 R-250/50% 甲醇(*V/V*)/10%(*V/V*)冰醋酸于室温下染色 1h，最后用 40% 甲醇(*V/V*)/10% 冰醋酸(*V/V*)进行脱色。内肽酶为蓝色背景下的白色条带。

内肽酶同工酶图谱分析结果表明，所有处理组均显示出两个条带［图 12-64(a)］，而且其带型整合光密度值随着根部组织 La 含量的递增而呈现“J”形剂量-效应曲线［图 12-64(b)］。

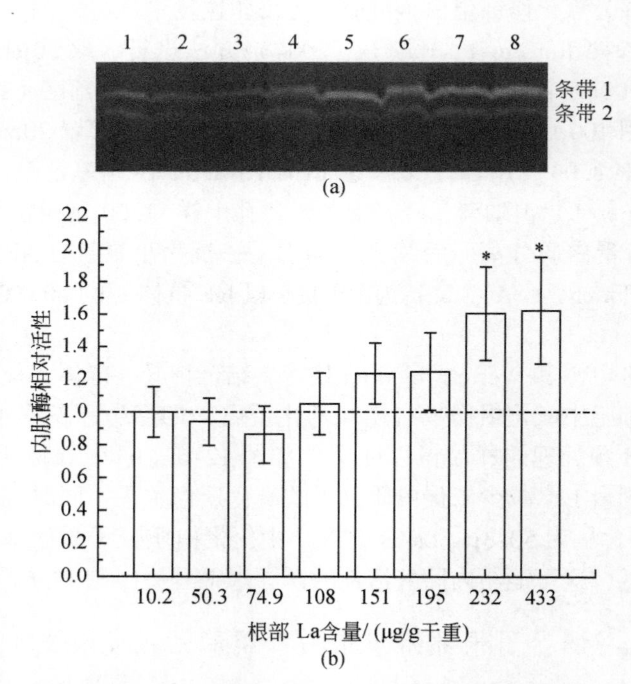

图 12-64 La^{3+} 诱导了根部组织内肽酶同工酶(a)及其活性的变化(b)（Wang et al.，2011a）

1～8 分别表示 10.2μg La/g 干重、50.3μg La/g 干重、74.9μg La/g 干重、108μg La/g 干重、151μg La/g 干重、195μg La/g 干重、232μg La/g 干重和 433μg La/g 干重

上述研究结果表明：不同浓度 La^{3+} 可诱导蚕豆幼苗根部组织 SOD、CAT、POD、APx 和 EP 同工酶活性以及 HSP70 蛋白表达水平的 Hormesis 效应。这些生理指标可反映幼苗抗氧化防御、修复损伤蛋白及清除氧化修饰蛋白质的重要机制，可作为诊断 La^{3+} 生态毒性的敏感生物标志物；高剂量 La^{3+} 诱导蚕豆幼苗根部组织细胞坏死和抑制幼苗生长是蛋白质分子氧化损伤重要机制，并可获得根部组织外源 La 致毒的阈值范围。研究结果有助于进一步认识稀土元素对农作物的致毒效应和作用机制，提示长期施用稀土元素可能导致潜在的生态风险。

12.5 应用与展望

12.5.1 继续应用多种分子生物标志物综合诊断水环境早期生态风险

生物标志物已被作为指示和评估污染物对水生生物早期损伤的重要手段，国际毒理界对引起生物系统损伤的估算，包括污染物暴露、敏感性等生物标记物研究极为重视。近年来，细胞或分子水平上的生物标志物作为污染物暴露和毒性效应的早期预警指标受到广泛关注，并成为国内外生态毒理学研究的热点之一（Kille et al.，1999；Behnisch et al.，2001；van der Oost et al.，2003）。已有资料表明，生物体遭受污染物胁迫时，体内产生的活性氧大大增加，当超出机体抗氧化防御能力时，会在机体内积累并导致细胞的解毒机制受到损伤，从而造成生物的氧化损伤，使机体处于氧化应激状态（oxidative stress）（Abele，2004）。生物体的抗氧化防御系统对污染物胁迫相当敏感，可为机体氧化应激提供敏感信息。长期以来，国际上推测污染物通过诱导生物体自由基产生，然后作用于生物大分子导致氧化损伤，但却没有发现在污染物胁迫下水生生物、陆生植物体内活性氧会明显积累的直接证据，更不清楚生物体内活性氧与氧化损伤之间是否存在剂量-效应关系。我们建立了活性氧捕获-电子顺磁共振技术，实现了测定生物体（水生生物和陆生生物）内活性氧定量分析，系统研究了氯酚类（2-CP、2,4-DCP、2,4,6-TCP、PCP）、多环芳烃（萘、菲、芘）、溴代阻燃剂（TBBPA、HBCD）、染料中间体及微囊藻毒素等污染物作用下，鱼类、沉水植物和藻等生物体内活性氧的产生及其代谢过程，以及重金属作用下农作物体内活性氧的产生，发现 20 余种污染物诱导不同生物体产生活性氧的直接证据，揭示了污染物-生物体内的活性氧-氧化损伤耦合剂量-效应关系，发现生物氧化损伤的程度取决于生物体内活性氧积累水平，生物体内活性氧积累是化学污染物导致氧化损伤致毒的关键，提出在鱼体内活性氧可能的生成路径是通过线粒体 NADH 首先诱导超氧阴离子（$O_2^{\cdot -}$）的生成，再通过 Harber-Weiss 反应生成羟基自由基（$^{\cdot}OH$）。基于氧化损伤毒性机制，筛选出敏感的生物标志物，建立生态风险的早期诊断方法。针对水生生态系统，筛选出活性氧、还原型谷胱甘肽和氧化型谷胱甘肽比值（GSH/GSSG 值）、热应激蛋白（HSP70）等指示水体污染的早期诊断分子标志物，创建了生态风险多种分子生物标志物综合早期诊断技术，应用该技术获得部分污染物对水生生物早期伤害的关键阈值和无效应浓度。该技术在富营养化湖泊太湖得到实际应用，结果表明，太湖水环境水质已对水生生物造成生态风险，藻毒素存在沿食物链传递的潜在风险，发现了梅梁湾水域是太湖生态安全的高风险区，获得了太湖藻毒素对水生生物的毒性阈值。

该技术同样可以用来对于污水处理后的废水排放是否会对生态环境带来危害进行诊断，也可用于突发性事故发生后，对其进行各种处理效果的诊断，并评估是否还会产生风险等。

水质基准（water quality criteria）是指环境中污染物对特定对象（人或生物）不产生不良或有害影响的最大剂量（无作用剂量）或浓度。常作为制定水质标准、评价水质和进行水质管理的科学依据。目前，我国尚未建立适合我国水生态系统保护的水质基准体系，迫切需要根据我国水生生物区系的特点，开展相应的原创性的生态毒理学基础研究（孟伟等，2006）。我们在污染物导致生物体氧化损伤机制的基础上提出的确定污染物关键阈值的技术，可以用来确定污染物对生物体不产生有害影响的关键阈值，为我国环境质量基准的研究提供技术支撑和科学依据。

我国在水环境生态风险评价，尤其是在分子生物标志物的应用研究上还处于起步阶段，从理论到应用还有很多工作要做。在现阶段的研究中，国内工作多集中在单一化合物和单一暴露途径的风险问题上，这显然与实际的生态系统状况不同。作为受体的生物种或生态系统，往往暴露于来自多重途径的多种化合物的综合影响。同时，目前的研究多注重室内暴露和效应关系的研究，宏观上未能与野外实际相结合，微观上未能研究污染物的致毒机制。因此，在今后的工作中，应继续加强生态风险多种分子生物标志物综合早期诊断技术在野外真实环境的应用；加强复合污染条件下生物体对复合污染物胁迫的响应研究，特别是在野外条件下生物体对复合污染物胁迫的响应；加强生态系统中各指标的变化和相互关系研究；加强复合污染条件下的微观致毒机制研究。

12.5.2 继续开展基于重金属形态生物有效性的多种分子生物标志物综合诊断方法的应用

目前土壤环境质量与污染生态风险评价标准主要依靠土壤中污染物总量，而土壤污染物对生物的毒性主要取决于其赋存形态而非总量（Tusseau-Vuillemin et al.，2004；Sonmez and Pierzynski，2005；Cornu and Denaix，2006）。我们的调查研究同样表明，经常出现土壤中污染物总量达标但作物中污染物含量超标，或土壤中污染物总量明显超标但作物中污染物含量是安全的情况。说明目前依赖于污染物总量的土壤环境质量标准无法对污染物所产生的有效毒性进行准确评估，从而不能科学表征土壤的整体质量。

尽管对污染物在土壤中的形态分析和生物可利用性的研究已进行了多年，也发展了多种形态研究方法，如连续提取法、单一或分级萃取方法以及同位素稀释交换法，但传统的污染物形态提取方法不仅费时费力，而且不能准确反映污染物在土壤中的真实存在形态，各种形态严重依赖于提取方法和提取剂的选择。而目前常用的应用各种提取剂，如稀酸类、$CaCl_2$溶液、EDTA 和水来预测土壤中污染物生物可利用性的方法，由于复杂的土壤成分和环境条件，老化效应可改变土壤重金属的形态，降低了污染物的生物可利用性，减缓了对生物体伤害程度，提高了植物对重金属伤害的阈值。目前尚未发现哪一种提取剂可以应用于各种类型的土壤，因此预测效果并不具有普适性。

近年来一种新兴的 DGT 扩散膜（diffusive gradient in thin film）技术有望可以解决预测

土壤中重金属的生物可利用性的问题（Davison et al.，1994；Zhang et al.，1998）。它可以准确的反映重金属的生物有效形态，其主要原因是它的膜结构可以较好的模拟根系从根际土壤环境中摄取重金属的动力学和热力学过程，其中模拟动力学过程是传统化学提取手段所无法比拟的。利用DGT技术提取的土壤中有效态金属浓度不受土壤中金属总量和土壤理化性质的影响，相比于传统的化学提取方法，不仅速度快，而且能够更科学的反映出土壤中重金属的有效毒性及土壤的环境质量（Zhang et al.，1998；Hooda et al.，1999；Tusseau-Vuillemin et al.，2004；Sonmez and Pierzynski，2005；Cornu and Denaix，2006）。因此其在预测重金属生物有效性上相对于传统化学提取方法更具优势。

王晓蓉课题组近年来开展了应用DGT技术预测江苏沿江地区水稻田中污染重金属生物可利用性的研究，比较了DGT技术与其他三种传统土壤有效态金属提取方法（$CaCl_2$溶液、乙酸和水）预测重金属在水稻根和仔粒中富集量的效果，结果发现，DGT技术所获得的模型，在预测Cu、Cd、Pb、Zn四种重金属对于水稻的生物有效性上均优于其他三种传统的化学提取方法，尤其相对于传统化学提取方法，DGT技术几乎不受土壤基本性质的影响，因此具有大范围推广的潜力。

对于土壤生态系统，筛选出农作物幼苗的自由基、PCs和GSH、GSH/GSSG、HSP70及抗氧化同工酶图谱变化作为诊断重金属污染土壤的潜在生物标志物，我们提出基于重金属形态生物有效性的多种分子生物标志物综合诊断污染物对陆生生物早期伤害的技术，诊断了江苏土坡Cd风险水平和产生原因，获得土壤外源Cd对小麦幼苗早期危害的毒性临界值可以初步确定为3.3～10.0mg/kg、对蚯蚓早期危害的关键阈值为0.1～1.0mg/kg。这种技术的发展将改善目前单纯依赖污染物在土壤中总量作为土壤环境质量标准的情况，为科学评价土壤环境质量及污染物生态安全风险提供一种快速准确的诊断技术。为了加强土壤污染的防控，需要加强对重金属及有机污染土壤的化学和生态修复技术的研究，同样可以应用基于形态生物有效性的多种分子生物标志物综合诊断技术，来诊断其对污染土壤的修复效果。

12.5.3 应用多种分子生物标志物对生态风险综合早期诊断技术应关注的问题

12.5.3.1 应关注低浓度污染物长期暴露对生物的影响

目前大部分研究特别是生态毒理研究大都集中在高浓度条件下进行，很难反映环境实际污染对生物体的影响，因此，低浓度污染物长期暴露的研究就显得特别重要。但是如何确定低剂量研究的浓度十分重要，特别是如果在实验设计时能够提供足够的剂量范围和合理的剂量区间，确保最低剂量低于NOAEL水平，那么就可以获得多种生物标志物对污染物胁迫的响应，从而可以获得对生物产生早期伤害的关键阈值。同时，结合在所研究的浓度范围内生理指标对污染物胁迫的响应，探讨是否出现Hormesis效应。

12.5.3.2 关注新的敏感分子生物标志物的筛选和致毒机制研究

随着分子生物学理论和技术的发展，一些细胞生物学、分子生物学特别是基因组学和蛋白质组学等先进技术和手段不断引入分子生态毒理学研究中，不仅为深入揭示污染物的微观致毒机制的研究提供研究条件，同时也为新的敏感分子生物标志物的筛选提供新的研究方法，从而可不断的筛选出新的敏感分子生物标志物，探讨污染物特别是复合污染物对生物体产生危害可能的微观致毒机制。

参 考 文 献

邓南圣，吴峰．2004 环境中的内分泌干扰物．北京：化学工业出版社．

方学智，朱祝军，孙光闻．2004. 不同浓度镉对小白菜生长及抗氧化系统的影响．农业环境科学学报，23（5）：877-880.

刘慧，王晓蓉，王为木，等．2005. 低浓度锌及其 EDTA 配合物长期暴露对鲫鱼肝脏锌富集及抗氧化系统的影响．环境科学，26（1）：185-189.

刘慧，王晓蓉．2004. 铜及其 EDTA 配合物对彭泽鲫鱼肝脏抗氧化系统的影响．环境化学，23（3）：263-267.

罗义，施华宏，王晓蓉，等．2005. 2,4-二氯苯酚诱导鲫鱼肝脏自由基的产生和脂质过氧化．环境科学，26（3）：29-32.

孟伟，张远，郑丙辉．2006. 水环境质量基准、标准与流域水污染物总量控制策略．环境科学研究，19（3）：1-6

宋玉芳，宋雪英，张薇，等．2004. 污染土壤生物修复中存在问题探讨．环境科学，25（2）：129-133.

孙光闻，朱祝军，方学智．2004. Cd 对白菜活性氧代谢及 H_2O_2 清除系统的影响．中国农业科学，37（12）：2012-2015.

孙胜龙．2003. 环境污染与生物变异．北京：化学工业出版社．

孙铁珩，宋玉芳．2002. 土壤污染的生态毒理诊断．环境科学学报，22（6）：689-695.

王琳玲，黄卫红，邵秀梅，等．2003. 环境内分泌干扰素分析方法进展．分析科学学报，19（2）：179-184.

王晓蓉，罗义，施华宏，等．2006. 分子生物标志物在污染环境早期诊断和生态风险评价中的应用．环境化学，25（3）：320-325.

徐勤松，施国新，周红卫，等．2003. Cd、Zn 复合污染对水车前叶绿素含量和活性氧清除系统的影响．生态学杂志，22（1）：5-8.

杨华．2006. 巢湖和太湖微囊藻毒素的生态学研究．武汉：中国科学院水生生物研究所博士学位论文．

叶常明，王春霞，金龙珠．2004. 21 世纪的环境化学．北京：科学出版社：90-106.

张金彪，黄维南．2000. Cd 对植物的生理生态效应的研究进展．生态学报，20（3）：514-523.

赵保路．1999. 氧自由基和天然抗氧化剂．北京：科学出版社．

周启星．2003. 污染生态化学研究和展望．中国科学院院刊，5：338-342

Abele D，Burlando B，Viarengo A，et al. 1998. Exposure to elevated temperatures and hydrogen peroxide elicits oxidative stress and antioxidant response in the Antarctic intertidal limpet *Nacella concinna*. Comp Biochem Phys B，120（2）：425-435.

Abele D，Puntarulo S. 2004. Formation of reactive species and induction of antioxidant defence systems in polar and temperate marine invertebrates and fish. Comp Biochem Phys A，138：405-415.

Adams M L，Zhao F J，McGrath S P，et al. 2004. Predicting concentrations in wheat and barley grain using soil properties. J Environ Qual，33：532-541.

Aina R，Labra M，Fumagalli P，et al. 2007. Thiol-peptide level and proteomic changes in response to cadmium toxicity in *Oryza sativa* L. roots. Environ Exp Bot，59：381-392.

Akcha F, Izuel C, Venier P, et al. 2000. Enzymatic biomarker measurement and study of DNA adduct formation in benzo[a]pyrene-contaminated mussels, *Mytilus galloprovincialis*. Aquat Toxicol, 49: 269-287.

Almeidaa J A, Dinizb Y S, Marquesa S F G, et al. 2002. The use of the oxidative stress responses as biomarkers in Nile tilapia (*Oreochromis niloticus*) exposed to *in vivo* cadmium contamination. Environ Int, 27: 673-679.

Anke L, Olivier A, Helmut S. 2002. Alterations of tissue glutathione levels and metallothionein mRNA in rainbow trout during single and combined exposure to cadmium and zinc. Comp Biochem Phys C, 131: 231-243.

Arduini I, Masoni A, Mariotti M, et al. 2004. Low cadmium application increase miscanthus growth and cadmium translocation. Environ Exp Bot, 52: 89-100.

Asada K. 1984. Chloroplasts: Formation of active oxygen and its scavenging. Method. Enzymol, 105: 422-429.

Atherton N M, Hendry G A F, Möbius K, et al. 1993. A free radical ubiquitously associated with senescence in plants: Evidence for a quinone. Free Radical Res, 19 (5): 297-301.

Behnisch P A, Hosoe K, Sakai S. 2001. Combinatorial bio/chemical analysis of dioxin and dioxin and dioxin-like compounds in waste recycling, feed/food, humans/wildwife and the environment. Environ Inter, 27: 441-442.

Beyersmann D, Hechtenberg S. 1997. Cadmium, gene regulation, and cellular signaling in mammalian cells. Toxicol Appl Pharm, 144: 247-261.

Bradford M M. 1976. A rapid and sensitive method for the quantitation of microgram quantities of protein utilizing the principle of protein-dye binding. Anal Biochem, 72: 248-254.

Buettner G R. 1987. Spin trapping: ESR parameters of spin adducts. Free Radic Biol Med, 3: 259-303.

Cakmak I, Strboe D, Marschner H. 1993. Activities of hydrogen peroxide scavenging enzymes in germinating wheat seeds. J Exp Bot, 44: 127-132.

Calabrese E J, Baldwin L A. 1998. A general classification of U-shaped does-response relationships in toxicology and their mechanistic foundations. Hum Exp Toxicol, 17: 353-364.

Calabrese E J, Baldwin L A. 1999. Evidence that hormesis represents an 'overcompensation' response to a disruption in homeostasis. Ecotox Environ Safe, 42: 135-137.

Calabrese E J, Baldwin L A. 2003. Toxicology rethinks its central belief. Nature, 421: 691-692.

Calabrese E J. 2005. Factors affecting the historical rejection of hormesis as a fundamental dose response model in toxicology and the broader biomedical sciences. Toxicol Appl Pharmacol, 206: 365-366.

Calabrese E J. 2008. Hormesis and mixtures. Toxicol Appl Pharmacol, 229: 262-263.

Cheung C C C, Siu W H L, Richardson B J, et al. 2004. Antioxidant responses to benzo[a] pyrene and Aroclor 1254 exposure in the green-lipped mussel, *Perna viridis*. Environ Pollut, 128: 393-403.

Cheung C C C, Zheng G J, Li A M Y, et al. 2001. Relationships between tissue concentrations of polycyclic aromatic hydrocarbons and antioxidative responses of marine mussels, *Perna viridis*. Aquat Toxicol, 52: 189-203.

Cho U H, Seo N H. 2005. Oxidative stress in Arabidopsis thaliana exposed to cadmium is due to hydrogen peroxide accumulation. Plant Sci, 168: 113-120.

Cornu J Y, Denaix L. 2006. Prediction of zinc and cadmium phytoavailability within a contaminated agricultural site using DGT. Environ Chem, 3 (1): 61-64.

Cortet J, Gomot-De Vauflery A, Poinsot-Balaguer N, et al. 1999. The use of invertebrate soil fauna in monitoring pollutant effects. Eur J Soil Biol, 35: 115-134.

Cossu C, Doyotte A, Babut M, et al. 2000, Antioxidant biomarkers in freshwater bivalves, *Unio tumidus*, in response to different contamination profiles of aquatic sediments. Ecotox Environ Safe, 45: 106-121.

Davison W, Zhang H. 1994. In situspeciation measurements of trace components in matural waters using thin-film gels. Nature, 367 (6463): 546-548.

Demuynck S, Grumiaux F, Mottier V, et al. 2006. Metallothionein response following cadmium exposure in the oligochaete *Eisenia fetida*. Com Biochem Phys Part C, 144: 34-46.

Di Giulio R T, Benson W H, Sanders B M, et al. 1995. Biochemical Mechanisms: Metabolism, Ba daptation, and Toxicity. *In*: Rand G. 1995. Fundamentals of Aquatic Toxicity: Effects, Environmental Fate, and Risk Assessment. London: Taylor and Francis.

Di Giulio R T, Washburn P C, Aenning R J, et al. 1989. Biochemical responses in aquatic animal: a review of oxidative stress. Environ Toxicol Chem, 8: 1103-1123.

Dietz K J, Baier M, Kramer U. 1999. Free Radicals and Reactive Oxygen Species as Mediators of Heavy Metal Toxicity in Plants. *In*: Prasad M N V, Hagemeyer J. 1999. Heavy Metal Stress in Plants: From Molecules to Ecosystems. Berlin: Springer-Verlag: 73-97.

Drażkiewicz M, Skórzyńska-Polit E, Krupa Z. 2007. The redox state and activity of superoxide dismutase classes in *Arabidopsis thaliana* under cadmium and copper stress. Chemosphere, 67: 188-193.

Foyer C H, Lopez-Delgado H, Dat J F, et al. 1997. Hydron peroxide and glutathione associated mechanism of acclamatory stress tolerance and signaling. Physiol Plant, 100: 241-254.

Gisbert C, Ros R, De Haro A, et al. 2003. A plant genetically modified that accumulates Pb is especially promising for phytoremediation. Biochem Biophys Res Commun, 303 (2): 440-445.

Gowland B T G, McIntosh A D, Davies I M, et al. 2002. Implications from a field study regarding the relationship between polycyclic aromatic hydrocarbons and glutathione S-transferase activity in mussels. Mar Environ Res, 54, 231-235.

Gupta S K, Vollmer M K, Krebs R. 1996. The importance of mobile, mobilisable and pseudo total heavy metal fractions in soil for three level risk assessment and risk management. Sci Total Environ, 178: 11-20.

Halliwell B, Gutteridge J M C. 1999. Free Radicals in Biology and Medicine. 3rd. Oxford: Oxford University Press.

Hartley-Whitaker J, Ainsworth G, Meharg A A. 2001. Copper- and arsenate-induced oxidative stress in *Holcus lanatus* L. clones with differential sensitivity. Plant Cell Environ, 24: 713-722.

Hooda P S, Zhang H, Davison W, et al. 1999. Measuring bioavailable trace metals by diffusive gradients in thin films (DGT): Soil moisture effects on its performance in soils. Eur J Soil Sci, 50 (2): 285-294.

Hsu P C, Guo Y L. 2002. Antioxidant nutrients and lead toxicity. Toxicology, 180: 33-44.

Kille P, Sturzenbaum S R, Galay M. 1999. Molecular diagnosis of pollution impact in earthworms: Toward integrated biomonitoring. Pedobiologia, 43 (6): 602-607.

Kovalchuk I, Titov V, Hohn B, et al. 2005. Transcriptome profiling reveals similarities and differences in plant responses to cadmium and lead. Mutat Res, 570: 149-161.

Lanno R, Wells J, Conder J, et al. 2004. The bioavailability of chemicals in soil for earthworms. Ecotox Environ Safe, 57: 39-47.

Leao J C, Geracitano L A, Monserrat J M, et al. 2008. Microcystin-induced oxidative stress in *Laeonereis acuta* (*Polychaeta*, *Nereididae*). Mar Environ Res, 66: 92-94.

Lin R Z, Wang X R, Luo Y, et al. 2007. Effects of soil cadmium on growth, oxidative stress and antioxidant system in wheat seedlings (*Triticum aestivum* L.). Chemosphere, 69 (1): 89-98.

Liu J G, Li K Q, Xu J K, et al. 2003. Interaction of Cd and five mineral nutrients for uptake and accumulation in different rice cultivars and genotypes. Field Crop Res, 83: 271-281.

Livingston D R, Förlin L, George S G. 1994. Molecular Biomarkers and Toxic Consequences of Impact by Organic Pollution in Aquatic organisms. *In*: Sutcliffe D W. 1994. Water Quality & Stress Indicators in Marine and Freshwater Systems: Linking Levels of Organisation. Freshwater Biological Association: Ambleside, UK: 154-171.

Livingstone D R, Garcia M P, Michel X, et al. 1990. Oxyradical generation as a pollution-mediated mechnism of toxicity in the common mussel, *Mytilus edulis* L., and other mollusks. Fountional Ecology, 4: 415-424.

Livingstone D R. 2001. Contaminant-stimulated reactive oxygen species production and oxidative damage in aquatic organisms. Mar Pollut Bull, 42: 656-666.

Luo Y, Su Y, Lin R Z, et al. 2006. 2-Chlorophenol induced ROS generation in fish *Carassius auratus* based on the EPR method. Chemosphere, 65 (6): 1064-1073.

Luo Y, Wang X R, Shi H H, et al. 2005. EPR investigation of *in vivo* free radical formation and oxidative stress induced by 2,4-dichlorophenol in the freshwater fish *Carassius auratus*. Environ Toxicol Chem, 24: 2145-2153.

Machala M, Vondráček J, Bláha L, et al. 2001. Aryl hydrocarbon receptor-mediated activity of mutagenic polycyclic aromatic hydrocarbons determined using *in vitro* reporter gene assay. Mutat Res, 497: 49-62.

McLaughlin M J, Parker D R, Clarke J M. 1999. Metals and micronutrients-food safety issues. Field Crop Res, 60: 143-163.

Michel X R, Suteau P, Robertson L W, et al. 1993. Effects of benzo(a)pyrene, 3,3′,4,4′-tetrachlorobiphenyl and 2,2′,4,4′,5,5′-hexachlorobiphenyl on the xenobiotic-metabolizing enzymes in the mussel (*Mytilus gallo-provincialis*). Aquat Toxicol, 27: 335-344.

Mishra S, Srivastava S, Tripathi R D, et al. 2006. Phytochelatin synthesis and response of antioxidants during cadmium stress in *Bacopa monnieri* L. Plant Physiol Biochem, 44: 25-37.

Mushak P. 2007. Hormesis and its place in nonmonotonic dose-response relationships: Some scientific reality checks. Environ Health Persp, 115: 500-506.

Nolan A L, Zhang H, McLaughlin M J. 2005. Prediction of zinc, cadmium, lead, and copper availability to wheat in contaminated soils using chemical speciation, diffusive gradients in thin films, extraction, and isotopic dilution techniques. J Environ Qual, 34 (2): 496-507.

Pascual P, Pedrajas J R, Toribio F, et al. 2003. Effect of food deprivation on oxidative stress biomarkers in fish (*Sparus aurata*). Chem Biol Interact, 145: 191-199.

Piqueras A, Olmas E, Martinez-Solano J R, et al. 1999. Cadmium-induced oxidative burst in tobacco BY cells, time course, subcellular location and antioxidant response. Free Radic Res, 31S: 333-338.

Prieto A I, Pichardo S, Jos Á, et al. 2007. Time-dependent oxidative stress responses after acute exposure to toxic cyanobacterial cells containing microcystins in tilapiafish (*Oreochromis niloticus*) under laboratory conditions. Aquat Toxicol, 84: 337-345.

Qadir S, Qureshi M I, Javed S, et al. 2004. Genotypic variation in phytoremediation potential of *Brassica juncea* cultivars exposed to Cd stress. Plant Sci, 167.

Qian Y C, Zheng Y, Ramos K S, et al. 2005. The involvement of copper transporter in lead-induced oxidative stress in Astroglia. Neurochem Res, 30 (4): 429-438.

Radetski C M, Ferrari B, Cotelle S, et al. 2004. Evaluation of the genotoxic, mutagenic and oxidant stress potentials of municipal solid waste in cinerator bottom ash leachates. Sci Total Environ, 333: 209-216.

Ranieri A, Castagna A, Scebba F, et al. 2005. Oxidative stress and phytochelatin characterization in bread wheat exposed to cadmium excess. Plant Physiol Biochem, 43: 45-54.

Ringwood A H, Conners D E, Keppler C J, et al. 1999. Biomarker studies with juvenile oysters (*Crassostrea vir-*

ginica) deployed *in situ*. Biomarkers, 4: 400-414.

Rometro-Puertas M C, Rodriguez-Serrano M, Corpas F J, et al. 2004. Cadmium induced subcellular accumulation of $O_2^{\cdot -}$ and H_2O_2 in pea leaves. Plant Cell Environ, 27: 1122-1134.

Roméo M, Bennani N, Gnassia- Barelli M, et al. Cadmium and copper display different responses towards oxidative stress in the kidney of the sea bass *Dicentrarchus labrax*. Aquat Toxicol, 2000, 48: 185-194 .

Sandalio L M, Dalurzo H C, Gómez M, et al. 2001. Cadmium induces changes in the growth and oxidative metabolism of pea plants. J Exp Bot, 52: 2115-2126.

Schützendübel A, Nikolova P, Rdolf C, et al. 2002. Cadmium and H_2O_2-induced oxidative stress in *Populus*× *canescens* roots. Plant Physiol Biochem, 40: 577-584.

Schützendübel A, Polle A. 2002. Plant responses to abiotic stresses: Heavy metal- induced oxidative stress and protection by mycorrhization. J Exp Bot, 53: 1351-1365.

Selote D S, Bharti S, Khanna- Chopra R. 2004. Drought acclimation reduces $O_2^{\cdot -}$ accumulation and lipid peroxidation in wheat seedlings. Biochem Bioph Res Co, 314: 724-729.

Shi H H, Wang X R, Luo Y, et al. 2005. Electron paramagnetic resonance evidence of hydroxyl radical generation and oxidative damage induced by tetrabromobisphenol A in *Carassius auratus*. Aquat Toxicol, 74. 365-371.

Singh R P, Tripathi R D, Sinha S K, et al. 1997. Response of higher plants to lead contaminated environment. Chemosphere, 34: 2467-2493.

Smeets K, Cuypers A, Lambrechts A, et al. 2005. Induction of oxidative stress and antioxidative mechanisms in *Phaseolus vulgaris* after Cd application. Plant Physiol Biochem, 43: 437-444.

Sobkowiak R, Deckert J. 2003. Cadmium-induced changes in growth and cell cycle gene expression in suspension-culture cells of soybean. Plant Physiol Biochem, 41: 767-772.

Sonmez O, Pierzynski G M. 2005. Assessment of zinc phytoavailability by diffusive gradients in thin films. Environ Toxicol Chem, 24 (4): 934-941.

Spurgeon D J, Svendsen C, Lister L J, et al. 2005. Earthworm responses to Cd and Cu under fluctuating environmental conditions: a comparison with results from laboratory exposures. Environ Pollut, 136: 443-452.

Stebbing A R D. 1982. Hormesis—the stimulation of growth by low level of inhibitors. Sci Total Environ, 22: 213-234.

Stegeman J J, Brouwer M, Di Giulio R T, et al. 1992. Molecular Responses to Environmental Contamination: Enzyme and Protein Systems as Indicators of Chemical Exposure and Effect. *In*: Huggett R J, Kimerly R A, Mehrle P M, et al. 1992. Biomarkers: Biochemical, Physiological and Histological Markers of Anthropogenic Stress. Chelsea, MI, USA: Lewis Publishers: 235-335.

Sun Y Y, Yu H X, Zhang J F, et al. 2006. Bioaccumulation, depuration and oxidative stress in fish *Carassius auratus* under phenanthrene exposure. Chemosphere, 63 (8): 1319-1327.

Świergosz-Kowalewska R, Bednarska A, Kafel A. 2006. Glutathione levels and enzyme activity in the tissues of bank vole *Clethrionomys glareolus* chronically exposed to a mixture of metal contaminants. Chemosphere, 65: 963-974.

Takeshita K, Fujii K, Anzai K, et al. 2004. *In vivo* monitoring of hydroxyl radical generation caused by X-ray irradiation of rats using the spin trapping/EPR technique. Free Radical Bio Med, 36 (9): 1134-1143.

Tussea-Vuillemin M H, Gilbin R, Bakkaus E, et al. 2004. Performance of diffusion gradient in thin films to evaluate the toxic fraction of copper to *Daphnia magna*. Environ Toxicol Chem, 23 (9): 2154-2161.

van der Oost R, Beyer J, Vermeulen N P E. 2003. Fish bioaccumulation and biomarkers in environmental risk assessment: a review. Environ Toxicol Phar, 13: 57-149.

van der Oost R, Goksoyr, Celander M, et al. 1996. Biomonitoring aquatic pollution with feral eel (*Anguilla anguilla*): II. Biomarkers: pollution-induced biochemical responses. Aquat Toxicol, 36: 189-222.

von Zglinicki T, Edwall C, Ostlund E, et al. 1992. Very low cadmium concentration stimulates DNA synthesis and cell growth. J Cell Sci, 103: 1073-1081.

Wang C R, He M, Shi W, et al. 2011. Toxicological effects involved in risk assessment of rare earth lanthanum on roots of *Vicia faba* L. seedlings. J Environ Sci, 23 (10): 1721-1728.

Wang C R, Wang X R, Tian Y, et al. 2008. Oxidative stress, defense response, and early biomarkers for lead-contaminated soil in *Vicia faba* seedlings. Environ Toxicol Chem, 27: 970-977.

Wang C R, Tian Y, Wang X R, et al. 2010. Hormesis effects and implicative application in assessment of lead-contaminated soils in roots of *Vicia faba* seedlings. Chemosphere, 80: 965-971.

Wang Y D, Fang J, Leonard S S, et al. 2004. Cadmium inhibits the electron transfer chain and induces reactive oxygen species. Free Radic Biol Med, 36: 1434-1443.

Watanabe M, Suzuki T. 2002. Involvement of reactive oxygen stress in cadmium-induced cellular damage in *Euglena gracilis*. Comp Biochem Physiol, Part C, 131: 491-500.

Wu F, Zhang G P, Dominy P. 2003. Four barley genotyoes respond differently to cadmium: Lipid peroxidation and activities of antioxidant capacity. Environ Exp Bot, 50: 67-68.

Yang R S H, Dennison J E. 2007. Initial analyses of the relationship between "Thresholds" of toxicity for individual chemicals and "Interaction Thresholds" for chemical mixtures. Toxicol Appl Toxicol, 223: 133-138.

Zhang H, Davison W, Knight B, et al. 1998. *In situ* measurements of solution concentrations and fluxes of trace metals in soils using DGT. Environ Sci Technol, 32 (5): 704-710.

Zhang J F, Shen H, Wang X R, et al. 2004. Effects of chronic exposure of 2,4-dichlorophenol on the antioxidant system in liver of freshwater fish *Carassius auratus*. Chemosphere, 55: 167-174.

13 生态毒理组学技术研究及其应用

早期的生态毒理学研究主要关注污染物在环境中的行为，包括污染物在环境中的物理、化学变化，如污染物的组成、浓度、分布、迁移、降解和归趋等，由于生物体对污染物具有吸收、累积、转运、代谢转化的能力，因此对污染物在生物体中的富集及代谢也进行了相当的研究。近20年来，细胞与分子生物学理论与技术，特别是基因组学的飞速发展赋予毒理学工作者新的启迪和工具，从而改变了传统毒理学研究的基本格局，真正实现了从整体和器官水平向细胞和分子水平的飞跃，从组织细胞中个别或少数内容物的检测到全面审视机体所有基因、蛋白质和代谢物水平的各种“组学”(-omics）技术的发展，并与生物信息学及传统毒理学渗透整合，形成了全新的系统毒理学（systems toxicology)，在阐明毒物对机体损伤作用和致癌过程的分子机制方面取得重要的突破，产生了一些新的研究热点；建立和发展了许多新的分子生物标志物，成为沟通毒理学实验研究与人群流行病学调查的“共同语言”，使宏观与微观研究有机地结合起来，改变了化学物质危险度评价的模式，大大促进了环境医学和其他生物科学的发展。所谓组学技术，是对细胞内RNA、DNA、蛋白质和代谢中间产物等的整体分析手段，根据研究对象不同，可分为基因组学，转录组学，蛋白质组学及代谢组学等，具有大规模、高通量、自动化和计算机辅助模拟分析等特点。生态毒理学是生态学和毒理学相互渗透的交叉学科，主要研究环境污染物的作用方式和机制，随着生态学和环境科学的深入发展，生态毒理学已成为生态学和环境科学前沿研究领域。本章重点介绍生态毒理基因组学、生态毒理蛋白质组学和代谢组学的研究进展及其在研究有毒有害物质的致毒机制和寻找分子标志物方面的应用情况，以期进一步提升我国生态毒理学研究水平。

13.1 生态毒理基因组学

组学是对细胞内RNA、DNA、蛋白质和代谢中间产物等的整体分析手段，根据研究对象不同分为基因组学、转录组学、蛋白质组学及代谢组学等。Snape等（2004）将组学知识整合到生态毒理学中，提出了“生态毒理基因组学”的概念，从多基因和全基因组角度研究环境污染物作用与基因表达的相互关系，并结合传统毒理学的重点指标，利用生物信息学和计算毒理学进行数据分析和挖掘，深入理解污染物的作用机制，并在基因和蛋白质水平寻找更敏感、有效的生物标记物，为建立强有力的生态风险评价技术提供基础。基因组学（genomics）指对所有基因进行基因组作图（遗传连锁图谱、物理图谱、转录本图谱）、核苷酸序列分析、基因定位和功能分析的一门学科。其研究技术既包括传统的基因表达方法，如反转录PCR（RT-PCR）、RNA印迹方法等，也包括高通量分析方法，如基因表达序列分析（serial analysis of gene expression，SAGE）、基因芯片等。

其中，应用较为广泛的高通量分析技术是基因芯片技术，可同时检测成千上万个基因的表达变化，寻找毒物作用下机体内各种基因表达水平的变化，并研究机体的响应机制和毒物作用的毒理机制。同时，可以结合传统的毒理学原理，通过收集获得的基因数据，分析不同污染物暴露的基因表达谱特征，获得高敏感性、可监测的基因水平的毒性标志，确定不同污染物暴露的生物标志物，寻找设计基因组水平化学毒物的安全性评估方法，实现对污染物毒性的早期预警。另外，通过研究不同有毒污染物暴露所致特征性基因表达谱的改变（应答"指纹"），可快速确定环境污染物的性质并对其分类（Snape et al.，2004）（图13-1）。

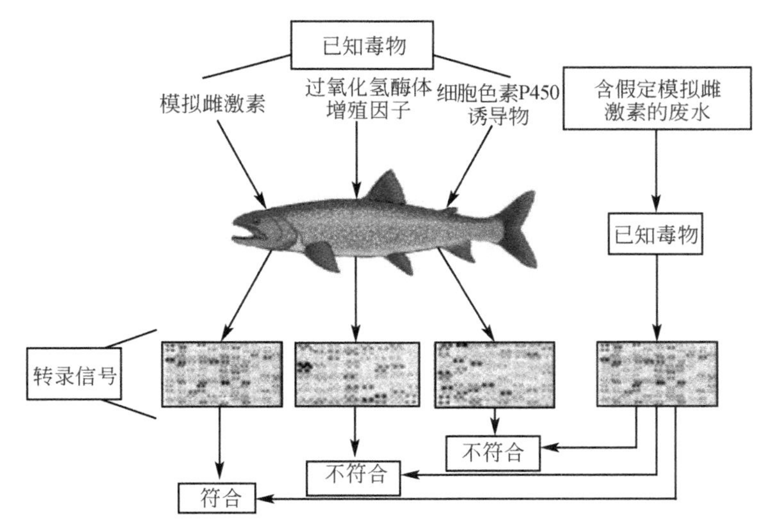

图13-1　应用基因表达谱分析未知污染物原理示意图（Snape et al.，2004）

生态毒理基因组学是毒理学研究和分析的巨大进步，相对传统毒理学方法它的优点有：①能更详尽地推导毒理的分子机制，快速扫描物质的毒性；②全面了解在DNA修复、毒物代谢和信号传导等途径中相关基因的表达改变，从而避免了对大样本的易感基因的盲目筛选和对单个基因的易感机制的研究；③能将风险评价中实验动物更可靠地向人类外推（戴家银和王建设，2006）。

13.1.1　基因芯片

13.1.1.1　基因芯片原理

基因芯片（gene chip），又称DNA微阵列（microarray），是将每个DNA拷贝（cDNA，长600~2400bp，每个拷贝代表一个表达基因的全部或部分mRNA）高密度点样于玻片或尼龙膜上，主要用于化合物暴露前后机体组织mRNA含量变化的检测。为了实现该目的，需要从处理组和对照组的组织中分离 mRNA，然后使用带有荧光或放射标记的核苷酸反转录为 cDNA，再将标记的 cDNA 在芯片或微阵列上进行杂交，随后使用特殊的荧光扫描或放射性照射芯片分析各基因表达强度，如果基因表达正常，各基因在处理组和对照组中的表达强度相同。初步研究表明，表达强度相同的基因常常执行相类似的功能（William et al.，2000）。

13.1.1.2 毒理基因芯片种类

毒理基因芯片，也即基因微阵列主要分为两种：诱导型微阵列和演绎型微阵列。前者包含大量核苷酸探针，适于寻找新的毒性基因，尤其是毒性作用位点不明确的相关基因或者表达序列标签（expressed sequence tag，EST），并且可以分析多个基因之间的相互联系，目前应用较广泛（Spencer and Robert，1999），如英国阿利斯康公司（AstraZeneca）中央毒理药理实验室构建了名为“Toxblot”的毒理基因微阵列，每一微阵列包括约 2400 种人和鼠的 cDNA 序列，其收集的相关基因序列包括癌症、免疫、毒理机制研究、发育毒理学、安全评价、神经生理学六大类，并广泛应用于环境类雌激素、肝毒素毒性及新药评价等方面的研究。但由于 EST 功能未知，所以必须收集大量的基因表达谱和毒性终点资料进行相关分析。演绎型微阵列仅仅包含数量有限的核苷酸探针，在数据处理及结果分析时较诱导型微阵列容易，且可以根据研究目的灵活设计矩阵。但由于核苷酸探针数量有限，不能发现新基因，进行结果解释时依赖于探针的功能，所以解释范围有限。

13.1.1.3 基因芯片应用

利用 DNA 微阵列技术，一个单一的毒理基因组分析就可能产生成千上万个数据。通过检测哪些基因受到特殊化学污染物的影响，寻找同污染物密切相关的基因，用于研究污染物的毒作用机制。通过分析不同污染物暴露的基因表达谱特征，确定不同污染物暴露的生物标志物，可实现对污染物毒性的早期预警。通过比较新化学物和已知污染物暴露基因表达谱的变化，可在新化合物研发阶段比传统方法更早地了解该化合物的毒理以及潜在的副作用。通过研究不同有毒污染物暴露所致特征性基因表达谱的改变（应答“指纹”），可快速确定环境污染物的性质并对其分类。结合生物信息学可开发具有同各类污染物相关基因的新一代小型检测芯片，如“环境激素”芯片，用于检测专一性环境激素对生物的影响；“有毒污染物”芯片，专一检测水体中持久性有机污染物以及饮用水加氯消毒产生的痕量有毒物质。

13.1.2 差异显示反转录技术

13.1.2.1 差异显示反转录技术原理

差异显示反转录（differential display RT-PCR，DDRT-PCR）是一种新的显示差异表达的技术，1992 年由 Liang 和 Pardee 建立。它是以 PCR 技术和聚丙烯酰胺凝胶电泳技术为基础，经过 5′端和 3′端引物的合理设计和组合，通过对不同细胞或组织的总 RNA 反转录生成进行扩增，将不同细胞或组织中表达的基因片段在测序胶上电泳分离，从而筛选出不同细胞或组织中表达有差异的片段。该方法灵敏度高，且简单易行，主要用于分析突变及多态性，检测同一组织细胞在不同状态下或在同一状态下多种组织细胞基因表达水平的差异，发现新的致病基因、疾病相关基因、抗性基因和污染物降解性基因。

13.1.2.2 DDRT-PCR 应用

由于 DDRT-PCR 技术不断完善，其在环境科学研究各个领域中都得到了广泛的应用。1992 年，Liang 和 Pardee 就利用 DDRT-PCR 技术对正常乳腺上皮细胞与乳腺癌细胞进行了比较，通过电泳检测，发现 *S1* 和 *S2* 基因仅在正常乳腺上皮细胞中才表达，而 *M* 基因只在乳腺癌细胞中表达。van Beneden 等（1998）将 DDRT-PCR 技术应用于对环境内分泌干扰物四氯二苯并-*p*-二噁英（TCDD）诱导缅因州软壳蛤性腺细胞的病理学研究。通过分析比较染毒前后基因表达的改变，共筛选出 14 个差异显示的 cDNA 片段，进一步分析了其中 3 条 cDNA 片段，并在基因库里找到了其同源基因，分别为编码人硫酸乙酰肝素蛋白聚糖、人 E6 结合蛋白及人 P68 蛋白的基因。2000 年，David 和 Chen（2001）运用 DDRT-PCR 技术筛选桉树小颈膜（eucalyptus microcory）在适应高盐胁迫环境下的抑制高盐刺激反应的调控基因。发现 690bp 和 900bp 的 cDNA 片段与编码拟南芥（*Arabidopsis thaliana*）微管蛋白的基因有 84% 的同源性，而 690bp 的 cDNA 片段在基因库中没有相关的同源基因，可能是一种新型的抑盐胁迫调控基因。因此，DDRT-PCR 是一种检测不同环境胁迫下基因表达水平差异、分离筛选差异基因的有效方法。

13.1.3 基因表达系列分析技术在毒理基因组学的应用

基因表达序列分析（serial analysis of gene expression，SAGE）是一个非常有效的分析基因表达的方法，通过比较分析来自 cDNA 3′端特定位置的一段 9~11 bp 长的基因表达序列标签来区分基因组中差异表达的基因（Velculeau and Zhang，1995）。该方法能够同时在两个或多个细胞或组织间对所有的差异表达的基因进行分析，通过制备标签并给这些标记序列做上一定的标记将其随机连接、扩增、克隆，选择一定数量的克隆产物进行测序分析，不仅可以显示各标签所代表的特定基因在不同细胞或组织中是否表达，而且还可以根据各标签的出现频率来衡量该基因的表达强度。

SAGE 方法在环境科学的应用主要集中在各种环境污染作用下机体的毒理学研究以及生物对逆境胁迫抗性的功能基因组研究。通过对不同环境和不同生理病理状态下表达图谱的构建，对不同状态下基因表达水平进行定性或定量比较，探究基因表达与机体各种癌变、免疫及抗逆性之间的关系。

13.2 生态毒理蛋白质组学

13.2.1 蛋白质组学技术

随着基因组研究的深入，人们开始认识到单纯从基因组信息中并不能完全揭示生命的奥秘。基因是遗传信息的携带者，蛋白质才是生理功能的执行者和生命活动的直接体现者，几乎所有的生理和病理过程以及药物和环境因子的作用都依赖于蛋白质，并引起蛋白质的相应变化。但在多数情况下，mRNA 与蛋白质的关系在结构上和动力学上是高度非线性的，mRNA 表达分析不能有效地预测环境污染物与蛋白质的作用，此外蛋白质复杂的翻译后修饰、蛋白质的亚细胞定位或迁移、蛋白质-蛋白质相互作用等则几乎无法从 mRNA 水平来判断，由此产生了蛋白质组学（proteomics）。生态毒理蛋白质组学即是从整体的蛋白质水平上，探讨生物在同有毒污染物接触或环境胁迫下细胞蛋白质的表达及其活动方式的变化，进一步阐明污染物的毒作用机制。

使蛋白质分离的双向电泳（two-dimensional electrophoresis，2-DE）技术、计算机图像分析与大规模数据处理技术和蛋白质性质鉴定的质谱技术（MS）是蛋白质组学研究的三大基本支撑技术。其中，荧光双向差异凝胶电泳（two-dimensional difference gel electrophoresis，2D-DIGE）技术是 2-DE 的一大进步，其可将不同的蛋白质样品用不同荧光染料 Cydye（Cy2、Cy3、Cy5）标记，等量混合后进行双向电泳。蛋白质量差异可以通过蛋白质点不同荧光信号间的比率来决定。2D-DIGE 较传统 2-DE 方法灵敏度高、通量大，所需样品量极少，且重复性显著提高。在对大样本量进行统计分析时，在每张胶中加入由所有等量样品混合而成的内标，结合 DeCyder 统计软件（GE Healthcare Life Sciences），使数据分析更加简单、准确，并有效地减少实验误差和系统误差，能够最大程度地反映生物学差异。

将蛋白质组学的相关技术应用到生态毒理学中，可在蛋白质水平上认知外源性化学物质的毒作用及其基质。同时，与基因表达谱相类似，有毒污染物及其浓度变化所致细胞蛋白质谱改变的“指纹特征”，可作为有效表征污染物暴露的生物学标志物（图 13-2）。

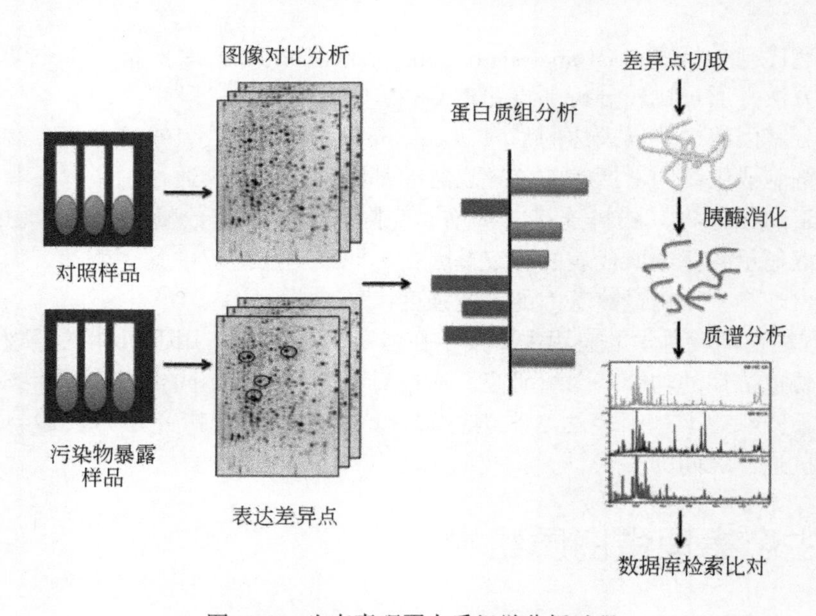

图 13-2　生态毒理蛋白质组学分析过程

13.2.2 磷酸化蛋白质组学技术

蛋白质的磷酸化修饰是生物体内最重要的共价修饰方式之一。在哺乳动物细胞生命周期中，约有1/3的蛋白质发生过磷酸化修饰；在脊椎动物基因组中，有5%的基因编码的蛋白质是参与磷酸化和去磷酸化过程的蛋白激酶和磷酸（酯）酶。磷酸化修饰本身所具有的简单、灵活、可逆的特性以及磷酸基团的供体ATP的易得性，使得磷酸化修饰被真核细胞所选择接受成为一种最普遍的调控手段。蛋白质的磷酸化和去磷酸化这一可逆过程几乎调节着包括细胞的增殖、发育、分化、信号传导、细胞凋亡、神经活动、肌肉收缩及肿瘤发生等过程在内的所有生命活动，目前已经知道有许多人类疾病是由于异常的磷酸化修饰所引起，而有些磷酸化修饰却是某种疾病所导致的后果（Cohen，2002）。鉴于磷酸化修饰在生命活动中所具有的重要意义，探索磷酸化修饰过程的奥秘及其对功能的影响已成为众多生物化学家及蛋白质组学家所关心的内容。用蛋白质组学的理念和分析方法研究蛋白质磷酸化修饰，可以从整体上观察细胞或组织中磷酸化修饰的状态及其变化，对以某一种或几种激酶及其产物为研究对象的经典分析方法是一个重要的补充，并提供了一个全新的研究视角，由此派生出磷酸化蛋白质组学（phosphoproteomics）这一新概念。规模化的识别和鉴定生物体内磷酸化蛋白质的表达及其变化，在技术方法上还存在很大问题，其中磷酸化修饰蛋白质的识别与检测是影响磷酸化蛋白质组学研究的关键技术之一。细胞内仅有少部分蛋白质被磷酸化，即使蛋白质的表达量处于相对较高的水平，对该蛋白质的磷酸化部分的分析也很困难，一般一个发生磷酸化的蛋白质其磷酸化的部分仅占蛋白质总量的10%（Wu and Maccoss，2002）。而通常情况下磷酸化作用调节蛋白质活性时，蛋白质丰度并不发生变化，因此蛋白质磷酸化的定量研究在进一步探讨磷酸化蛋白质的功能时尤为重要。目前，磷酸化蛋白质定量定性研究主要基于磷酸化蛋白质富集、标记、二维电泳及质谱等技术。

13.2.2.1 磷酸化蛋白质的分离富集

由于磷酸化蛋白质在生物体内含量很少，且磷酸肽本身所具有的负电性又使其在质谱分析时信号受抑制，磷酸肽信号丰度会比其相应未磷酸化肽段的丰度要低得多，因此往往需要对磷酸肽进行选择性分离或富集，目前对磷酸化肽段富集方法主要有以下几种。

免疫亲相色谱：富集磷酸化蛋白质最简单常用的方法是用识别磷酸化氨基酸残基的特异抗体进行免疫共沉淀，从复杂混合物中免疫沉淀出目标蛋白质。目前，仅有酪氨酸磷酸化蛋白质的单克隆抗体可以用来进行有效的免疫共沉淀。这是由于该抗体具有较强的亲和力和特异性，可以有效地免疫共沉淀酪氨酸磷酸化的蛋白质，而抗磷酸化丝氨酸和苏氨酸抗体的抗原决定簇较小，故抗原、抗体的结合位点存在空间障碍，特异性较差。因此，目前采用磷酸化丝氨酸/苏氨酸的抗体来富集磷酸化蛋白质的研究相对较少。

固相金属亲和色谱技术（immobilized metal affinity chromatography，IMAC）是一项较为成熟的磷酸化多肽分离富集技术。它是利用磷酸基团与固相化的Fe^{3+}、Ca^{3+}、Cu^{2+}等金属离子的高亲和力富集磷酸肽，经脱盐后可直接用于质谱分析（Porath et al.，1975；Neville et al. , 1997)。该方法的优点是对不同长度的可溶性磷酸肽都有富集作用，缺点是会丢失一些低丰度未结合的肽段和具多磷酸化位点亲和力强的肽段，另外，某些富含酸性氨基酸侧链（如天冬氨酸和谷氨酸）的非磷酸肽也会与 IMAC 柱结合被富集而造成污染。

离子交换色谱：离子交换色谱是利用物质的带电部分与具有相反电荷的离子交换剂的相互作用不同来达到分离纯化的目的。Beausoleil 等（2004）发现大部分磷酸化肽在 pH 为 2.7 的溶液中所带净电荷是+1，而非磷酸化肽所带净电荷大部分为+2，因此，利用强阳离子交换技术就可以将磷酸化肽与非磷酸化肽分离开来，使先洗脱下来的磷酸化肽实现相对富集。该方法的局限性在于会丢失一些带有碱性残基（还有漏切位点、His 等）的磷酸化肽段，只适于 Trypsin 酶切肽段，且样品需求量大、分析复杂。

近期金属氧化物亲和富集技术得到了人们的广大关注，如二氧化钛（TiO_2）和二氧化锆（ZrO_2）等。Pinkse 等（2004）将 TiO_2技术引进磷酸化蛋白质组学领域，利用 TiO_2与磷酸肽上的磷酸基团的亲和能力实现富集并建立了 TiO_2为预分离的二维纳升液相色谱电喷雾串联质谱（2D-NanoLC-ESI-MS/MS）技术平台。虽然该技术在磷酸化肽段富集时的选择性和灵敏度方面都优于固相金属亲和色谱技术，但仍然存在非特异性吸附等问题。

13.2.2.2 磷酸化蛋白质定量研究

^{32}P 放射性标记法：这是最经典的磷酸化蛋白质检测方法。细胞培养用^{32}P 标记磷酸盐作为磷酸基团供体，被^{32}P 标记的蛋白质进行一维或二维凝胶电泳分离，用放射自显影或磷储屏检测磷酸化蛋白质（Arrigo and Michel，1991）。该技术灵敏、直观，与双向电泳技术结合可以从蛋白质组的角度整体观察细胞内蛋白质磷酸化程度的变化，它的缺点是^{32}P 的高放射性对细胞有损害，能破坏细胞的磷酸化状态，且不能标记组织样本，存在放射性污染的问题。

稳定同位素标记技术：Weckwerth 等（2000）首次将稳定同位素标记与 LC/MS 结合进行蛋白质定量，开辟了定量蛋白质组学的一个新技术平台。与传统的定量方法如 2-DE 相比，稳定同位素标记技术在定量准确度和规模化定量分析方面都有很大的应用前景。该技术主要是采用化学或代谢的方法引进轻链或重链同位素标签，产生化学结构相同但标有不同同位素的肽段，通过比较二者的质谱峰强度或峰面积来达到相对定量的目的。在磷酸化蛋白质差异定量研究中，目前常用的同位素标记方法主要有 14N/15N 标记法（Oda et al. , 1999）、磷酸肽同位素亲和标签法（Goshe et al. , 2001）和亲和色谱结合同位素标记法（He et al. , 2004）。

荧光染料标记技术：Pro-Q Diamond 是 Molecular Probes 公司前几年推出的一种磷酸化蛋白质的荧光染料（Steinberg et al. , 2003），可以直接对 2-DE 分离后的磷酸化蛋白质进行选择性染色，对非磷酸化蛋白质的反应性很低，且荧光强度会随着蛋白质磷酸化程度不同而呈现出一定的量的变化。该染料可以与其他检测总蛋白的荧光染料配合使用，同时展示出胶上的总蛋白质谱和磷酸化蛋白质谱，而且与质谱兼容，不影响对蛋白质性质的鉴定。

此外，还有各种各样的化学标记技术，其原理主要有针对肽段上磷酸集团的 β 消除-马氏加成反应、在羧基端的酯化反应及氨基酸的酰化反应。各种各样的化学修饰技术为磷酸化蛋白质的定量带来了可喜的前景，但这些化学修饰方法本身固有的反应效率、副产物等问题以及在大规模磷酸化蛋白质定量研究中的应用还有待进一步研究。

13.2.2.3 磷酸化蛋白质的质谱分析技术

质谱是用于磷酸化蛋白质分析和鉴定的有利工具，现在用于磷酸化蛋白质组学分析的质谱技术主要包括电喷雾质谱（electrospray ionization mass spectrometry，ESI-MS）技术、基质辅助激光解吸附质谱（matrix assisted laser desorption/ionization，MALDI）技术、快原子轰击质谱（fast atom bombardment mass spectrometry，FABMS）技术及同位素质谱等。

13.2.3 从生态毒理基因组学到蛋白质组学

功能基因组中所采用的策略，如基因芯片、基因表达序列分析等，一般来说都是从mRNA的角度来考虑的，其前提是认为mRNA的水平反映了蛋白质表达的水平，但事实并不完全如此。DNA、mRNA和蛋白质存在三个层次的调控，分别为转录水平调控、翻译水平调控和翻译后水平调控。从mRNA角度考虑，实际上仅包括了转录水平调控，并不能全面代表蛋白质表达水平。mRNA与蛋白质的关系在结构上和动力学上是高度非线性的，mRNA表达分析不能正确地预测有毒污染物与蛋白质的作用，尤其对于低丰度蛋白质来说相关性更差。更重要的是，蛋白质复杂的翻译后修饰、蛋白质的亚细胞定位或迁移、蛋白质-蛋白质相互作用等则几乎无法从mRNA水平来判断。蛋白质是生理功能的执行者，是生命现象的直接体现者，对蛋白质结构和功能的研究将直接阐明生命在生理或病理条件下的变化机制。蛋白质本身的存在形式和活动规律，如翻译后修饰、蛋白质间相互作用及蛋白质构象等问题，仍依赖于直接对蛋白质的研究来解决。虽然蛋白质的可变性和多样性等特殊性质导致蛋白质研究技术远远比核酸技术要复杂和困难得多，但正是这些特性参与影响着整个生命过程。同时，传统的对单个蛋白质进行研究的方式已无法满足后基因组时代的要求，这是因为：①生命现象的发生往往受到多因素影响，因此必然涉及多个蛋白质；②多个蛋白质的参与是交织成网络的，或平行发生，或呈级联因果；③在执行生理功能时蛋白质的表现是多样的、动态的，并不像基因组那样基本固定不变。因此要对生命的复杂活动有全面和深入的认识，必然要在整体、动态、网络的水平上对蛋白质进行研究。

13.3 代谢组学技术

代谢组学（metabolomics或metabonomics）是继基因组学、转录组学和蛋白质组学之后兴起的系统生物学的一个新的分支，它是考察生物体系受刺激或扰动前后（如将某个特定的基因变异或环境变化后）代谢产物图谱及其动态变化研究生物体系的代谢网络的一种技术，研究对象主要是相对分子质量1000以下的内源性小分子（许国旺等，2007）。代谢组被定义为一个细胞、组织或器官中的所有小分子代谢组分的集合（周启星等，2004）。

代谢组学研究一般包括代谢组数据的采集、数据预处理、多变量数据分析、标记物识别和途径分析等步骤。生物样品（如尿液、血液、组织、细胞和培养液等）采集后进行生物反应灭活、预处理。运用核磁共振、质谱或色谱等检测其中代谢物的种类、含量、状态及其变化，得到代谢谱或代谢指纹，而后使用多变量数据分析方法对获得的多维复杂数据进行降维和信息挖掘，并研究相关代谢物变化涉及的代谢途径和变化规律，以阐述生物体对相应刺激的响应机制，发现生物标记物。

与基因组学和蛋白质组学技术相比，代谢组学技术有以下优点：①代谢物上基因和蛋白质表达的微小变化会得到放大，从而使检测更容易；②不需建立全基因组测序及大量表达序列标签（EST）的数据库；③代谢物的种类远少于基因和蛋白质的数目；④生物体液的代谢物分析可反映机体体系的生理和病理状态。通过代谢组学既可以发现生物体在受到各种内外环境扰动后的应答不同，也可以区分同种不同个体之间的表型差异（许国旺等，2007）。

代谢组学从1999年左右兴起至今并没有如蛋白质组学那样出现迅速趋热情况，迄今为止，仍属于一种技术潜力尚待开发的新兴学科领域，在我国该领域的研究起步较晚，还有待进一步与国际接轨和同步。代谢组学技术到目前应用于污染物生态毒理学研究鲜见报道，在未来有待进一步挖掘该技术的潜力。

13.4 生态毒理组学技术研究内容

13.4.1 生态毒理组学研究常用生物平台

在生态毒理基因组学和生态蛋白质组学的研究中，由于资金、技术或时间上的限制，通常难以对研究区内所有物种或类群的生态学特性进行研究，典型模式种的使用则解决了这个难题。目前生态毒理基因组学和生态毒理蛋白质组学上常用的典型模式种如表13-1所示。

表13-1 生态毒理组学研究常用模式生物钟

常用的模式种		拉丁学名	序列
无脊椎动物	大型蚤	*Daphnia magna*	EST测序
	线虫	*Caenorhabditis elegans*	测序完成
	蚯蚓	*Eisenia fetida*	EST测序
	果蝇	*Drosophila melanogaster*	几乎完全测序
脊椎动物	斑马鱼	*Danio rerio*	测序完成
	青鳉	*Oryzias latipes*	测序完成
	黑头软口鲦鱼	*Pimephales promelas*	EST测序
	虹鳟鱼	*Oncorhynchus mykiss*	EST测序
	小鼠	*Mus musculus*	测序完成
植物	拟南芥	*Arabidopsis thaliana*	测序完成

无脊椎动物在生态毒理基因组学中应用较多。其中果蝇是经典遗传学家最常用的实验材料，饲养容易、繁殖快，而且是典型的“雌雄异体”生物，可以得到各种性状的重组体。大型蚤也是常用的指示种，Poynton等（2004）成功利用大型蚤cDNA微阵列技术监

测了水生环境污染效应。小鼠是遗传背景最为清楚的哺乳动物，经测序，小鼠基因组和人类具有90%以上的同源性，通过基因组改造建立的遗传工程小鼠模型成为科学研究中最常用的动物模型，这些都为人类基因组的研究，特别是人类疾病的克隆提供了较为理想的材料。野生物种中污染物对生物的作用证据一般来源于水生生物，而鱼类是生态毒理学研究中最常用的生物种，斑马鱼被誉为脊椎动物发育学和遗传学研究中的“果蝇”，几乎所有的分子生物学技术都运用到这个模式生物。除斑马鱼之外，青鳉、黑头软口鲦鱼和虹鳟鱼等也是常用的水生脊椎动物模式种。近年来，稀有鮈鲫（*Gobiocypris rarus*）被认为是一种很有潜力的新型模式实验鱼种，它为我国特有种，生存于四川省汉源县大渡河支流的流沙河以及成都附近的一些小河流中。作为新的实验鱼类，其具有以下优点：①成体全长38～85mm，饲养方便；②在饲养条件下，孵出后3个月部分个体性腺成熟，4个月左右即可产卵繁殖；③稀有鮈鲫在14～30℃可自然产卵，在实验室控温条件下可以实现周年繁殖，一年任何时候均可得到卵和苗，不受季节限制；④属于连续产卵类型的鱼类，同一尾鱼每隔4d左右产卵一次，每次数百粒卵，短期内可获得同一亲本的大量后代；⑤卵黏性，卵膜径1.25～1.70mm，较斑马鱼、青鳉卵大，卵膜透明，可清楚地观察胚胎发育，也便于核移植等实验操作；⑥胚胎发育温度适应范围广，在13～30℃胚胎发育正常，可通过控制温度控制发育速度；⑦对温度、二氧化碳、溶氧的耐受能力强。其缺点是遗传背景尚不清晰，还有待大力研究。

13.4.2 生态毒理基因组和生态毒理蛋白质组学研究内容

生态毒理组学技术具有高通量、速率快等优点，在生命科学领域中已经呈现出广阔的应用前景。随着研究的深入，基因组学和蛋白质组学中的基因芯片和2-DE凝胶电泳技术将对环境保护和监测、环境污染控制等研究领域起着巨大的推动作用，使人类对化学污染物暴露和环境健康之间的关系产生全新的认识。下面主要以应用最为广泛的生态毒理基因组学和生态毒理蛋白组学为代表，阐述生态毒理组学技术的主要研究内容。

13.4.2.1 通过基因表达谱和差异表达蛋白质揭示化学污染物致毒机制

在基因转录和蛋白质水平上的表达谱改变反映了化学污染物暴露和环境胁迫导致生物体生理、生化代谢的变化，构成了污染物暴露和环境胁迫所致毒作用的分子基础。基因芯片技术和2-DE凝胶电泳技术所表征的特定时空点表达谱网络改变为研究污染物发挥毒作用的整个动态过程提供重要参照信息。

13.4.2.2 在分子水平寻找人类及动物暴露的敏感生物标志物

生物对污染物暴露或环境胁迫具有独特的反应，不同化学物诱导的基因和蛋白质表达方式的细微差别体现了化学物专一暴露的特征。采用基因芯片技术和2-DE凝胶电泳技术研究污染物暴露所致特征性基因表达谱及蛋白质谱的改变，以这些特征性的改变为生物标志物，可判断生物体生存环境的变化。由于不了解大多数污染物作用的早期响应及真正靶位，故难以对污染物的环境影响作出准确的预测或早期预警，而以特定污染物所致生物体表达谱的改变作为其专一暴露的生物标记物，能更敏感、更准确的实现对污染物的早期预警（戴家银和王建设，2006）。应用生态毒理基因组学和生态毒理蛋白质组学，研究特定生物对不同类型污染物、不同生物对相同或相似污染物的表达谱的专一性以及生物毒性随时间变化的差异性等，最终可实现根据应答“指纹”快速、准确确定污染物性质的目标。应用生态毒理基因组学和生态毒理蛋白质组学比较对照样本和有毒物质暴露所致模式生物基因表达谱和蛋白质谱改变，可推测有毒有机物及其他各种新型污染物的毒性，确定其毒性特点，更好地评价污染物风险水平。

13.4.2.3 研究复合污染暴露对生物的毒性效应

在现实环境中往往不是一种污染物单独存在，而是多种污染物共同或协同发挥作用。应用生态毒理基因组学和生态毒理蛋白质组学的技术，发挥基因芯片和2-DE等高通量、高覆盖率等特点，在研究特定污染物单一暴露导致表达谱变化及毒性效应充分认识的基础上，开展复合污染的联合毒性效应及分子致毒机制方面的研究，实现对复合污染的联合毒性效应评价（戴家银和王建设，2006）。虹鳟鱼暴露于壬基酚、地亚农（diazinon）和烯虫磷（propetamphos）三种污染物以及污水厂排放口和排放口上游参考点，21d后取样分析腮的蛋白质谱变化。结果显示虹鳟鱼暴露三种污染物后腮蛋白质谱中10%～30%的蛋白质出现在污水厂排放口暴露的蛋白质谱中。结果为混合污染物暴露监测提供可能（Snape et al.，2004）。在利用蛋白质表达谱研究雌二醇与壬基酚作用机制比较的过程中发现，1.0mg/L条件下，28%的表达蛋白质是相同的；而在0.1mg/L条件下，只有7%的表达蛋白质是相同的，说明两种化合物的反应途径是不同的（Shrader et al.，2003）。

13.5 应用生态毒理组学技术研究蓝藻水华衍生物毒性效应

13.5.1 水环境富营养化污染现状

随着经济发展和人口的迅速增加，世界范围内的富营养化进程正不断加剧。所谓水体富营养化（eutrophication），是指在人类活动的影响下，生物所需的氮、磷等营养物质大量进入湖泊、河口、海湾等缓流水体，引起藻类及其他浮游生物迅速繁殖，水体溶解氧下降，水质恶化，鱼类及其他生物大量死亡的现象。天然水体富营养化已成为目前世界各国所面临的重大环境问题之一。相关调查显示，欧洲、非洲、北美洲和南美洲分别有53%、28%、48%和41%的湖泊存在着不同程度的富营养化现象，而亚太地区更是有54%的湖泊处于富营养化状态（Chorus and Bartram，1999）。蓝藻水华的暴发是水体富营养化的一个突出表现：在富营养化和超富营养化状态的水体中，藻类特别是蓝藻往往会异常增殖，当蓝藻生长达到一定生物量时，在水面上便会出现肉眼可见的蓝藻聚集体，即水华（water bloom）。大规模的蓝藻水华不仅会降低水资源的利用效能，还会引起严重的生态破坏和巨大的经济损失。其中，微囊藻水华是淡水水体中危害最严重的一类，由于这类水华发生普遍，持续时间长，不仅造成水体感官形状的恶化，而且微囊藻产生的毒素能引起水生和一些陆生动物中毒，并通过饮用水和食用受污染的水产品等途径直接威胁人类健康，因而备受人们的关注（Codd et al.，2005）。

我国是一个水资源严重短缺的国家，占世界水资源总量的8%，却维持着占世界21.5%人口的生存。当前，水环境污染问题特别是水体富营养化已成为我国水环境重大问题之一，严重影响了我国经济和社会的可持续发展。我国是世界上蓝藻水华暴发最严重、分布最广泛且水华蓝藻种类最多的国家之一，近30年来，频繁暴发的蓝藻水华导致局部水域水质严重恶化，生态灾害事件频发，危及供水安全。三湖（太湖、滇池和巢湖）更是时有大面积蓝藻水华发生，俨然已发展成为一种"生态灾害"（吴庆龙等，2008）。大规模蓝藻水华暴发后，堆积的藻类细胞衰亡后会释放出大量蓝藻毒素、异味物质及其他有毒有害物质，由此引发的各种衍生物污染已经成为一个重大环境问题；在有毒蓝藻水华产生的藻毒素中，微囊藻毒素（microcystins，MCs）是分布最广、毒性最大的种类之一，能导致水生和陆生动物中毒，并可通过其他途径直接威胁人类健康（Codd et al.，2005）。这些衍生污染物的产生和归趋，主要污染物（如微囊藻毒素）的毒理效应及其如何影响并驱动湖泊生态系统以致产生生态灾害，都是亟待解决的课题。在这样的大背景下，我国需大力加强对湖泊蓝藻水华生态灾害形成机制的研究及其衍生产物对水生生态系统各营养级水平上的毒理学研究，相关课题也已经成为国内外关注的热点。

13.5.2 MCs 的分子致毒机制

MCs 对真核生物最为重要的分子致毒机制是其能强烈并特异性地抑制丝氨酸和苏氨酸蛋白磷脂酸合成酶1和2A（PP1和PP2A）的活性，而PP1和PP2A参与许多重要的胞内过程，如细胞生长、分化、蛋白质合成、细胞信号传导等，研究证实，MCs和PP1和PP2A之间是一种不可逆的共价结合（Craig et al.，1996；Holmes et al.，2002）。磷酸酶活性受抑制的结果直接影响了细胞内蛋白磷酸化和去磷酸化的平衡，相应地增加了蛋白激酶的活性，或导致细胞内多种蛋白质的过磷酸化，由于细胞骨架蛋白的过磷酸化，诱导了细胞中间纤丝网络的重排，引起了细胞骨架系统结构的破坏，造成细胞空泡性样变、膜完整性丧失、凋亡以及细胞坏死等效应（Dietrich and Hoeger，2005）。

MCs 除了通过抑制磷酸酶致毒外，其诱导的氧化应激以及线粒体通透性转换也起着非常重要的作用。MCs 可以诱导细胞内 ROS 产生，导致细胞损伤和脂质过氧化，并有可能通过某些通路诱导细胞凋亡，MCs 的肝脏毒性部分也是由于诱导 ROS 的产生所致（Ding et al.，2000a，2000b；Žegura et al.，2004，2006；Jiang et al.，2011a，2011b，2012；姜锦林等，2011）。

此外，ATP 合成酶 β-亚基（ATP-synthase beta subunit）已被证明是细胞内能够进一步结合 MC-LR 的受体，而此加合物很有可能在高 MC-LR 浓度胁迫下通过扰乱线粒体功能（如释放细胞色素 c）引发细胞凋亡信号（Mikhailov et al.，2003），虽然 ATP 合成酶 β-亚基能和 MCs 形成加合物，但毫无疑问蛋白磷酸酶仍是真核生物细胞内与 MCs 最重要的结合物。另外，MCs-LR 诱导细胞色素释放，并可以激活钙蛋白酶（Ding et al.，2000b），但对于钙蛋白酶是否参与 MCs 诱导的凋亡过程并不清楚（Ding et al.，2002；Botha et al.，2004），MCs 胁迫与钙通路的确切关系至今还未研究透彻。因此，到目前为止，MCs 在分子水平上的确切毒理学机制还存在诸多不明确的地方，如 MCs 抑制蛋白磷酸酶活性和诱导 ROS 产生之间的联系、MCs 引起细胞凋亡的途径、MCs 与钙信号通路的关系等方面都有待继续深入研究。近年来，各种生态组学技术的兴起，无疑成为研究 MCs 多生物毒性致毒机制的利器。

13.5.3 与微囊藻毒素致毒机制密切相关的蛋白质

在细胞和分子水平上，蓝藻毒素对生物的致毒机制和毒性效应方面的研究已经开展得非常广泛，通过多种手段和技术，到目前为止，研究人员发现有多种蛋白质与微囊藻毒素毒性及其吸收和在生物体内的生物转化密切相关，表 13-2 列出了在此过程中密切相关的部分蛋白质（Campos and Vasconcelos，2010）。以往在探寻 MCs 毒性作用机制中都侧重于研究单个分子与 MCs 诱导的毒性机制的关系，如 ATP 合成酶的 β 亚基、P53 和 Bcl-2 等都是毒素作用的响应蛋白，但作为一种外来污染物，它进入细胞后对细胞内功能的影响必然是十分广泛的。随着蛋白质组学技术越来越多地应用在 MCs 的生物毒性和效应研究中，必将能更好地阐明 MCs 诱导后参与细胞应答反应机制的蛋白质。用蛋白质组学技术不仅可以在整体、网络水平上对毒素作用的蛋白质进行高通量的筛选，而且还可以从发生变化的蛋白质来推测毒素作用的靶点及可能产生的毒性影响。

表 13-2　微囊藻毒素在动物细胞中吸收、毒性和生物转化过程中密切相关的蛋白质

蛋白质名称	MCs 毒性			
	生物活性	生物学功能	MCs 作用后变化	暴露方法
PP1、PP2A	丝氨酸-苏氨酸蛋白磷酸酶	调控蛋白质活性	活性降低	MC-PP 相互作用
DNA-PK	DNA 依赖蛋白激酶	DNA 修复	活性降低	藻细胞提取物和 DNA-PK 相互作用
CaMK Ⅱ	钙调素依赖蛋白激酶Ⅱ	细胞信号传递	活性增加	原代肝细胞暴露于 MCs
NeK2	中心体蛋白质激酶	细胞信号传递	活性增加	纯 NeK2：PP1 复合体活性
P53	转录因子	细胞周期，抑癌因子	增加基因表达/蛋白质含量	HepG2，FL 细胞株，原代肝细胞和在体肝细胞分别暴露于 MCs
Bcl-2	调控线粒体凋亡-诱导通道（MAC）	线粒体外膜通透性，凋亡	降低基因表达/蛋白质含量	原代肝细胞，在体肝细胞和 FL 细胞分别暴露于 MCs
MAPK	丝裂原活化蛋白激酶	信号传导，细胞增殖和分化	增加基因表达	HEK293-OATP1B3 细胞株暴露于 MCs
NADPH oxidase	电子传递给超氧化物	产生 ROS	增加基因表达	HepG2 细胞株暴露于 MCs
Bax，Bid	调控线粒体凋亡-诱导通道（MAC）	线粒体外膜通透性，凋亡	增加蛋白质表达	活体肝组织暴露于 MCs

续表

蛋白质名称	MCs 毒性			
	生物活性	生物学功能	MCs 作用后变化	暴露方法
JNK	MAPK	信号传导，细胞增殖和分化	增加蛋白质表达	活体肝组织暴露于 MCs
IL-8、CINC-2αβ、L-selectin、β2-integrin	超化因子	超化性，炎症反应	增加基因表达/蛋白质含量	离体嗜中性白细胞暴露于 MCs

13.5.4 太湖蓝藻水华对鲤鱼肝脏毒性效应的蛋白质组学研究

目前，关于水华衍生污染物的研究主要集中在传统毒理学终点指标、生化指标及基因组学方面，而关于其蛋白质组学研究较少，此类研究中关于原位蓝藻水华可能引起的鱼类差异蛋白表达则未见报道。肝脏是 MCs 主要的累积器官，同时肝脏又是 MCs 的主要致毒器官，其应该也能反映水华暴发后多种污染物复合作用的效应。

王晓蓉课题组围绕蓝藻水华暴发阶段，在设立室内实验对照的同时，以太湖苏州区域胥口湾（草型湖区，水质相对较好）与梅梁湾（藻型湖区，富营养化严重）蓝藻集聚区域作为对比，开展实际野外条件下蓝藻水华暴露对常见淡水湖泊养殖鱼类——鲤鱼的生态毒理效应研究。运用差异荧光双向电泳（2D-DIGE）方法结合高效的质谱分析手段，对野外暴露后鲤鱼肝脏进行比较蛋白质组学分析，研究蓝藻水华胁迫下鲤鱼肝脏差异表达蛋白质，以期从蛋白质水平上筛选可能的敏感差异点，为未来的蓝藻衍生物污染分子标志物的选取提供必要的理论依据，并为阐明水华衍生产物复合污染导致水生鱼类肝脏损伤的分子生物学机制提供基础数据。

梅梁湾是太湖西北端的一个较大水湾，湖水较浅，水体交换能力弱，不易带走污染物，由于风力等原因，特别容易聚集藻类，是太湖富营养化最严重的水域，自 1990 年来几乎每年 5~10 月都有蓝藻水华暴发。本研究在梅梁湾及其喇叭形出口处设置了 S1、S2、S3、S4 等点位，实验点均位于藻型湖泊区，实验期间这些点位均发现大量藻类聚集。原点位 S5 位于东太湖区胥口湾，该处为典型的草型湖泊区，沉水植物生长茂盛，水质较好。实验鲤鱼、太湖原位实验位置及原位实验水环境状况查看第 12 章相关部分。比较蛋白质组学分析样品取自其中 S1、S5 点位和实验室对照。

13.5.4.1 DIGE 蛋白表达谱差异分析

DIGE 蛋白表达谱差异分析如图 13-3 所示。通过对 3 组不同处理 10 个样品（鲤鱼肝脏蛋白）的蛋白质成分进行 2D-DIGE 分离，并用 Typhoon 可变模式图像仪对凝胶进行扫描。图 13-3 显示了其中一张胶图，可见蛋白质点得到了较好的分离。用 DeCyder 2D 软件分析 5 块 DIGE 胶图，各胶蛋白质点数为 1551 ~ 1859。通过两两差异分析，共找到显著差异蛋白质点 148 个，T1/C 差异蛋白质点 47 个（上调 25 个），T2/C 差异蛋白质点 93 个（上调 50 个），见图 13-4（a）。另外，T2/T1 差异蛋白质点共有 43 个（上调 27 个）。其中，C 代表室内对照，T1 代表胥口湾处理组，T2 代表梅梁湾处理组。可见野外处理后上调蛋白质比下调蛋白质数目略多。经 MALDI TOF/TOF 质谱分析手动挖取的蛋白质点，共鉴定其中 106 个蛋白质，鉴定成功 57 个蛋白质，另外还有 49 个蛋白质由于无法得到令人满意的肽指纹图谱或搜索数据库不能得到认定可信度的结果而未能鉴定。图 13-4(b) 为鉴定出的差异蛋白的分布情况。

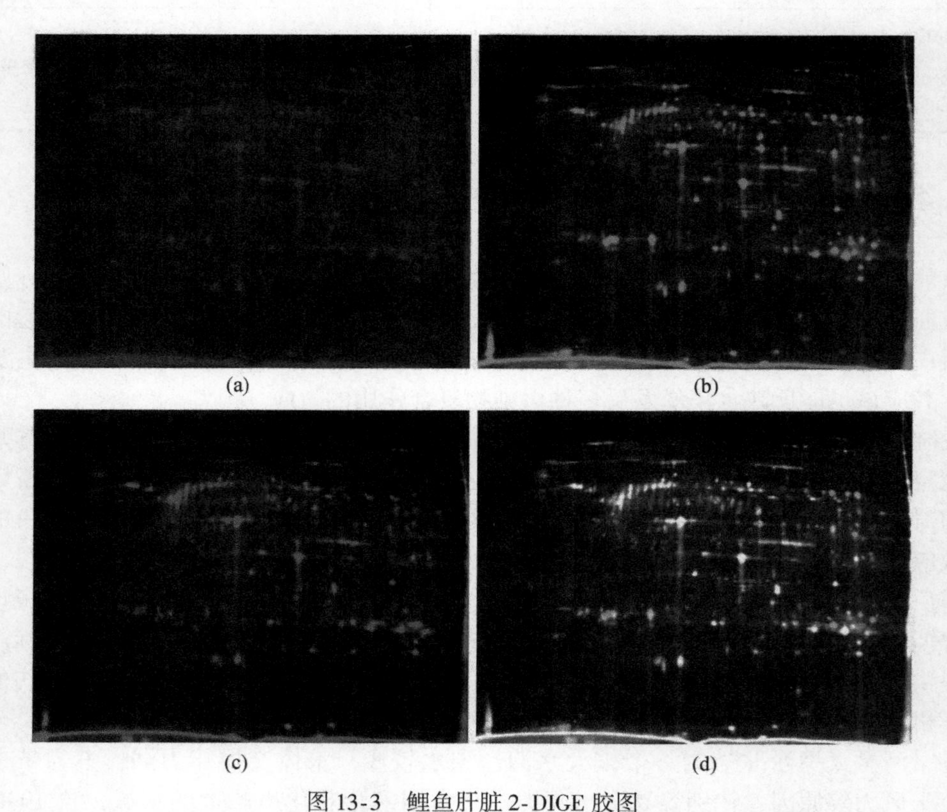

图 13-3　鲤鱼肝脏 2-DIGE 胶图

（a）Cy2 标记内标样品；（b）Cy3 标记胥口湾处理组（T1）；（c）Cy5 标记梅梁湾处理组（T2）；（d）3 个通道重合图。24cm 胶条，pH 为 4 ~ 7

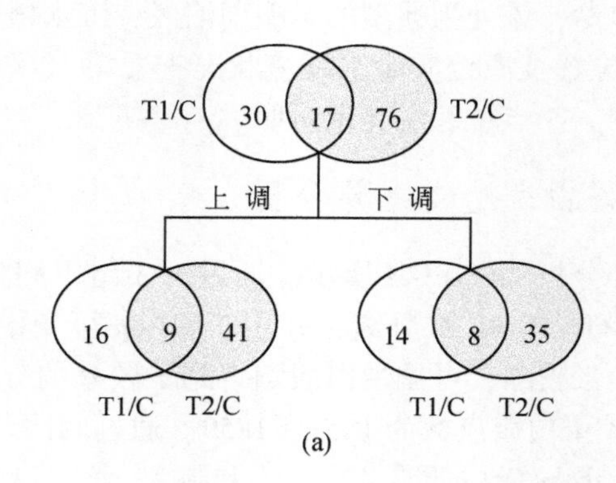

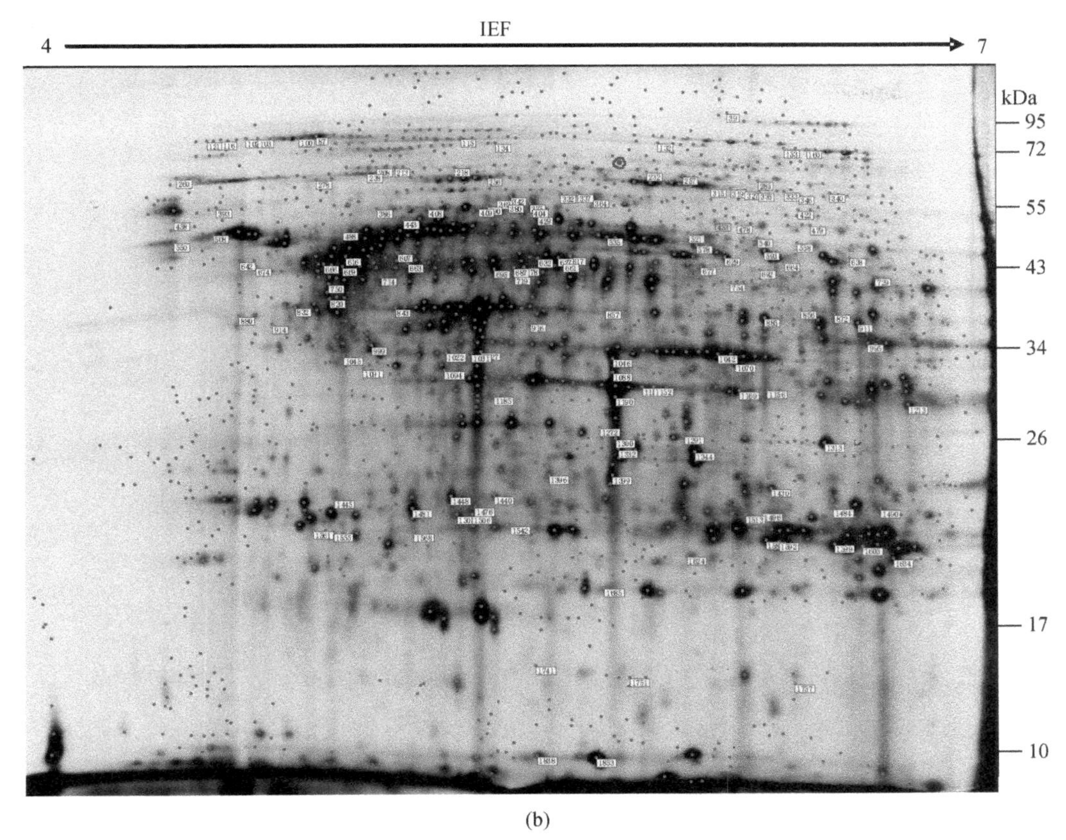

(b)

图 13-4 鲤鱼肝脏差异表达蛋白质图谱

（a）差异表达蛋白质数量显示；（b）差异表达蛋白质分布情况。

T1 表示胥口湾水域原位暴露；T2 表示梅梁湾水域原位暴露。下同

13.5.4.2 差异蛋白质的生物学功能

为了进一步明确太湖原位蓝藻水华暴露对鲤鱼肝脏可能的作用机制（重点关注梅梁湾水域暴露的鲤鱼，即 T2 处理组），我们通过搜索 NCBI 网站上的 GenBank 数据库给差异蛋白质找到相应注释，同时根据 GO terms 和 KEGG 进行了功能分类和生物学通路分析（表 13-3）。由于许多蛋白质经常具有多种生物学功能，表 13-3 中的分类根据其主要参与的生物学过程进行。图 13-5 列出了太湖不同原位点暴露后相对于室内对照出现差异表达蛋白质总体上的分类和上调、下调情况，由图 13-5 可见，参与代谢过程（氨基酸代谢、糖异生和糖酵解以及脂质代谢等）的蛋白质共有 26 个，占了鉴定成功蛋白质数量的 43.9%，其中参与氨基酸代谢的蛋白质有 10 个，参与糖异生和糖酵解过程与脂质代谢的蛋白质分别有 6 个和 4 个。此外，与细胞骨架相关的蛋白质和与应激防御相关的蛋白质也分别占了很大比例（各 9 个，分别各占 15.8%）。可见暴露在野外的鲤鱼由于多种因素作用下，代谢过程和细胞骨架重组受到了干扰，并引起相关应激反应。在 57 个蛋白质中，不同原位点处理后表达量均上调的有 23 个，均下调的有 19 个。绝大多数（45 个）蛋白质表达变化倍数绝对值> 1.5。

表 13-3　原位蓝藻水华暴露 14d 鲤鱼肝脏差异表达蛋白质鉴定列表（共 57 个蛋白质）

功能	胶上蛋白质点标号[a]	蛋白质名称	登记号	肽段数目[b]	蛋白质得分[c]	总离子得分[d]	理论分子质量/等电点，kDa/pI	差异倍数[e] T1/C	T2/C	T2/T1	功能分类[f]
氨基酸代谢（10）	885	fumarylacetoacetase	GI：41054569	5	132	98	38 729. 4/6. 21	-3. 61*	-1. 22	2. 96	芳香族氨基酸家族代谢过程/代谢过程
	754	homogentisate 1,2-dioxygenase	GI：10441585	5	105	61	44 396. 3/6. 37	-4. 64	-2. 41*	1. 93	L-苯丙氨酸催化过程/氧化还原/酪氨酸代谢过程
	1430	histidine ammonia-lyase	GI:148234062	5	106	75	72 081. 1/6. 15	1. 03	2. 09*	2. 03*	KEGG 途径：组氨酸代谢；代谢途径；氨代谢
	677	hypothetical protein LOC556744	GI：205830395	3	67	45	74 579/6. 19	1. 29	2. 79*	2. 17	组氨酸催化过程
	1046	methionine adenosyltransferase I, alpha	GI：41054081	10	250	164	43 261. 9/6. 32	1. 11	2. 13*	1. 92	单碳代谢过程
	627	phenylalanine hydroxylase	GI：41054599	7	122	62	51 321. 8/5. 6	-1. 17	1. 24	1. 46*	L-苯丙氨酸催化过程/芳香族氨基酸家族代谢过程/代谢过程/氧化还原/化学应激响应
	661	phenylalanine hydroxylase	GI：41054599	8	142	75	51 321. 8/5. 6	-1. 25	-1. 56*	-1. 24	L-苯丙氨酸催化过程/芳香族氨基酸家族代谢过程/代谢过程/氧化还原/化学应激响应
	632	phenylalanine hydroxylase	GI：41054599	7	189	144	51 321. 8/5. 6	1. 06	-1. 82*	-1. 92	L-苯丙氨酸催化过程/芳香族氨基酸家族代谢过程/代谢过程/氧化还原/化学应激响应
	678	phenylalanine hydroxylase	GI：41054599	6	85	36	51 321. 8/5. 6	-2. 38*	-1. 82*	1. 31	L-苯丙氨酸催化过程/芳香族氨基酸家族代谢过程/代谢过程/氧化还原/化学应激响应
	1344	3-hydroxyanthranilate 3,4-dioxygenase	GI：55925251	3	78	65	33 217. 5/5. 54	1. 21	1. 48*	1. 22	代谢过程/氧化还原/吡啶核苷酸生物合成过程

续表

功能	胶上蛋白质点标号[a]	蛋白质名称	登记号	肽段数目[b]	蛋白质得分[c]	总离子得分[d]	理论分子质量/等电点，kDa/pI	差异倍数[e]			功能分类[f]
								T1/C	T2/C	T2/T1	
糖异生和糖酵解（6）	521	amylase, alpha 2A; pancreatic	GI：38571651	6	89	49	56 911.7/6.43	-1.21	-1.73*	-1.43	糖类代谢过程/代谢过程
	540	amylase, alpha 2A; pancreatic	GI：38571651	8	149	88	56 911.7/6.43	2.14	-1.01	-2.16*	糖类代谢过程/代谢过程
	558	Amylase, alpha 2A; pancreatic	GI：38571651	8	207	137	56 911.7/6.43	1.07	-2.29*	-2.46	糖类代谢过程/代谢过程
	593	aldehyde dehydrogenase 8 family, member A1	GI：52218932	13	214	98	53 319.9/6.61	1.89*	2.41*	1.27	代谢过程/氧化还原
	638	aldehyde dehydrogenase 8 family, member A1	GI：52218932	8	129	71	53 319.9/6.61	-2.09*	-2.48*	-1.19	代谢过程/氧化还原
	1213	Ldhb protein	GI：28277619	8	131	69	36 224/6.4	-1.57	1.03	1.61*	糖类代谢过程/细胞糖类代谢过程/糖酵解/代谢过程/氧化还原
脂类代谢（4）	1751	prostaglandin D2 synthase, brain	GI：47174758	3	106	81	20 891.2/5.24	-2.92	-4.06*	-1.39	脂类代谢过程/传递
	1169	sulfotransferase family 1, cytosolic sulfotransferase 3	GI：56118730	6	128	73	35 341.4/6.55	2.25	-1.13	-2.53*	儿茶酚胺代谢过程/脂类代谢过程/类固醇代谢过程
	1592	apolipoprotein A-I	GI：13445027	10	199	99	20 797/8.63	1.19	1.49*	1.25	脂类流动
	1599	apolipoprotein A-I	GI：13445027	14	329	206	20 797/8.63	1.05	1.46*	1.39*	脂类流动
TCA循环和丙酮酸代谢（1）	999	PREDICTED: succinate-CoA ligase, GDP-forming, beta subunit	GI：189525094	5	112	69	46 409.1/5.71	1.01	1.52	1.51*	代谢过程

续表

功能	胶上蛋白质点标号[a]	蛋白质名称	登记号	肽段数目[b]	蛋白质得分[c]	总离子得分[d]	理论分子质量/等电点，kDa/pI	差异倍数[e]			功能分类[f]
								T1/C	T2/C	T2/T1	
其他代谢（4）	1332	agmatine ureohydrolase	GI：117606228	4	86	59	39387. 9/7. 51	2. 18 *	1. 73	-1. 26	聚胺生物合成过程/
	1042	alcohol dehydrogenase 8a	GI：41223380	4	92	63	40545. 4/8. 3	-1. 57	-1. 57 *	-1	酒精代谢过程/乙醇代谢过程/代谢过程/氧化还原/化学应激响应
	578	aldh9a1a protein	GI：44890712	4	118	95	55267. 9/6. 18	-2. 53 * *	-2. 33 *	1. 09	代谢过程/氧化还原
	1513	hypoxanthine phosphoribosyl-transferase 1	GI：47085697	4	121	87	24682. 7/6. 21	1. 81 *	1. 83 *	1. 01	核苷代谢过程/嘌呤核苷酸补充
电子传递（1）	666	ATP synthase H+ transporting mitochondrial F1complex beta	GI：198285477	14	317	188	52910. 6/4. 87	1. 8 *	2. 3 *	1. 27	ATP 生物合成过程/ATP 代谢过程/ATP 合成结合蛋白质转运/离子转运/质子转运/转运
信号传导（3）	1313	annexin A4	GI：213688814	10	213	141	35560. 3/5. 98	2. 23	2. 28 *	1. 02	功能：钙离子结合/钙依赖性磷脂结合
	1190	PREDICTED：similar to regucalcin		4	134	109	32816. 3/5. 39	2. 17	2. 85 *	1. 31	
	115	valosin containing protein	GI： 41393119	23	236	80	56911. 7/ 5. 14	-1. 83	-2. 33 *	-1. 27	功能：ATP 结合/结合/水解酶活性/脂类结合/三磷酸腺苷（活性/核苷结合过程：细胞周期/转运
应激反应（9，包括氧化应激）	278	HSC70 protein	GI：1865782	9	151	80	71 131. 3/5. 18	-1. 26	-1. 8 *	-1. 43	应激反应
	256	constitutive heat shock protein HSC70-2	GI：33598990	7	120	71	70 550. 9/5. 14	1. 14	-2. 31 *	-2. 64 * *	应激反应
	1685	glutathion peroxidase	GI：115521902	3	96	62	16 334. 5/5. 92	1. 6	1. 72 *	1. 07	氧化还原/氧化应激反应
	1589	peroxiredoxin 6	GI：41387146	7	86	30	24 993/6. 13	1. 17	1. 41 *	1. 2	细胞氧化还原稳态
	535	Sb：cb825 protein	GI：27881963	14	171	100	54 713. 7/6. 32	1. 29	-1. 3	-1. 67 *	细胞氧化还原稳态

续表

功能	胶上蛋白质点标号[a]	蛋白质名称	登记号	肽段数目[b]	蛋白质得分[c]	总离子得分[d]	理论分子质量/等电点，kDa/pI	差异倍数[e] T1/C	T2/C	T2/T1	功能分类[f]
应激反应（9，包括氧化应激）	87	heat shock protein 90kDa beta, member 1	GI：38016165	14	224	141	91 224. 9/4. 77	-1. 59	-2. 11**	-1. 33	蛋白质折叠/应激反应
	238	heat shock protein 5	GI：39645428	21	410	197	72 946. 2/5. 04	1. 13	-1. 35	-1. 52*	应激反应
	1045	mitochondrial ATP synthase beta subunit	GI：147905995	8	115	46	55 779. 4/5. 19	-1. 42	1. 27	1. 8*	ATP 生物合成过程/ATP 代谢过程/ATP 代谢过程/ATP 合成结合蛋白质转运/离子转运/质子转运/转运
	669	RecName：Full = ATP synthase subunit beta, mitochondrial; Flags：Precursor	GI：47605558	15	329	188	55 212. 9/5. 05	1. 33	1. 88*	1. 41*	ATP 生物合成过程/ATP 代谢过程/ATP 代谢过程/ATP 合成结合蛋白质转运/离子转运/质子转运/转运
细胞骨架（9）	488	tubulin beta-2C chain	GI：223647034	11	256	153	49 747. 9/4. 76	-2. 53*	-2. 26*	1. 12	微管运动/微管运动过程/蛋白质聚合
	607	alpha tubulin	GI：10242166	6	114	60	45 599. 5/5. 65	-1. 66	-1. 67*	1. 01	KEGG 分类：细胞骨架；细胞骨架蛋白
	443	PREDICTED：similar to Tubulin beta-6 chain（Beta-tubulin class-VI）	GI：125819301	11	168	69	52 544. 5/4. 9	1. 46*	1. 42*	-1. 03	KEGG 途径：缝隙连接
	843	beta actin	GI：27805142	10	263	148	41 707. 6/5. 29	-1. 13	2. 17	2. 46**	KEGG 分类：细胞骨架；细胞骨架蛋白
	820	keratin 8	GI：41056085	11	259	158	57 723. 4/5. 15	1. 64	2. 22	1. 35	细胞骨架；细胞骨架蛋白
	332	plastin 3	GI：50539712	3	96	74	70 105. 2/5. 95	-1. 13	1. 93	2. 18*	功能：肌动蛋白结合/钙离子结合
	750	keratin-like protein	GI：226510657	17	319	173	42 477. 4/4. 85	2. 85	3. 41*	1. 19	
	714	spna2 protein	GI：62132941	9	214	141	55 447. 4/5. 04	2. 05	2. 97*	1. 45	电压阀钠通道集群
	663	type I cytokeratin, enveloping layer	GI：41388915	6	88	45	46 524. 6/5. 13	1. 95	2. 14*	1. 09	原肠胚期形成相关的细胞迁移
蛋白质翻译和成熟（3）	213	protein disulfide isomerase A4	GI：41054259	8	100	31		-1. 31	-2. 52*	-1. 93*	细胞氧化还原稳态

续表

功能	胶上蛋白质点标号[a]	蛋白质名称	登记号	肽段数目[b]	蛋白质得分[c]	总离子得分[d]	理论分子质量/等电点，kDa/pI	差异倍数[e]			功能分类[f]
								T1/C	T2/C	T2/T1	
蛋白质翻译和成熟(3)	832	40S ribosomal protein SA	GI：41054259	3	127	92	21590. 9/8. 2	-1. 31	-1. 85 *	-1. 41	
	1445	ubiquitin carboxyl-terminal esterase L3 (ubiquitin thiolesterase)	GI：66773134	5	76	27	25910. 1/4. 88	1. 68 *	-1. 2	-2. 01 *	
其他功能(7)	550	calreticulin precursor	GI：224613524	6	97	44	44 632. 2/4. 42	2. 29 *	1. 82 *	-1. 26	
	393	procollagen-proline，2-oxoglutarate 4-dioxygenase (proline 4-hydroxylase)，beta polypeptide	GI：193788703	6	155	112	56 598. 2/4. 55	1. 24	1. 67 *	1. 35	基因信息过程；折叠、分类和降解；伴侣和折叠催化(KEGG)
	315	transferrin variant F	GI：189473163	11	199	139	73 040. 6/5. 91	-2. 43	-11. 6 *	-4. 78	
	327	transferrin variant D	GI：189473159	11	205	144	73 137. 5/5. 77	-4. 13	-14. 54 *	-3. 52 *	
	1399	Zgc：56585 protein	GI：42744582	3	124	101	29 058/5. 2	-1. 15	2. 27 *	2. 62 * *	
	1396	Zgc：56585 protein	GI：42744582	4	80	43	29 058/5. 2	-1. 48 *	1. 39	2. 05 * *	
	616	unnamed protein product	GI：47218629	13	328	213	55 109/5. 09	-1. 26	1. 03	1. 3 *	

a，蛋白质点标号参见图 13-4(b)。

b，匹配上的肽段数目。

c，蛋白质得分大于 64 为鉴定成功的蛋白质(表中所列均为鉴定成功蛋白质)。

d，从肽质量指纹图谱(PMF)选择 4 个肽进行串联分析，如果有得分就积累在一起，得到总离子得分。

e，与对照或者对应处理比较的差异表达倍数的均值。*，表示变异系数，$P< 0.05$；* *，$P<0.01$；正值表示上调，负值表示下调。其中 T1 表示胥口湾(原位点 S1)处暴露的鲤鱼，T2 表示梅梁湾(原位点 S5)处暴露的鲤鱼。

f，GO terms 或 KEGG 中依据参与的生物学过程分类

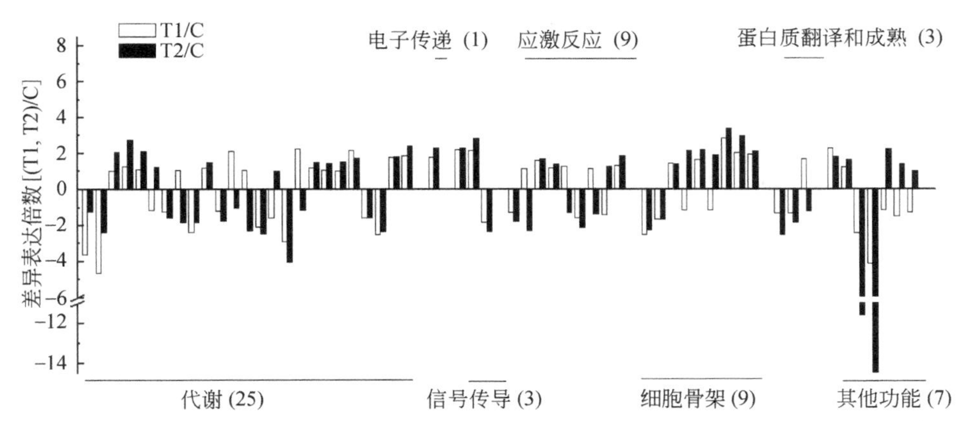

图 13-5 不同原位处理引起的鲤鱼肝脏差异蛋白质表达水平变化及其生物学功能分类

T1 表示胥口湾水域原位暴露；T2 表示梅梁湾水域原位暴露，下同

图 13-6 列出了蓝藻水华较严重处（T2）暴露后，鲤鱼肝脏显著差异表达蛋白质（$P<0.05$，$P<0.01$）中的上调蛋白质和下调蛋白质分别参与的不同生物学过程所占的比重。由图 13-6 可见，在上调蛋白质中（31 个），参与代谢过程的蛋白质占最大比例，其次便是细胞骨架相关蛋白质，再次是应激防御相关蛋白质（不计其他功能蛋白）。而在下调蛋白质中（26 个），参与各种代谢过程的蛋白质仍占最大比例，其次是应激防御相关蛋白质，再次是参与蛋白质翻译和加工的蛋白质。

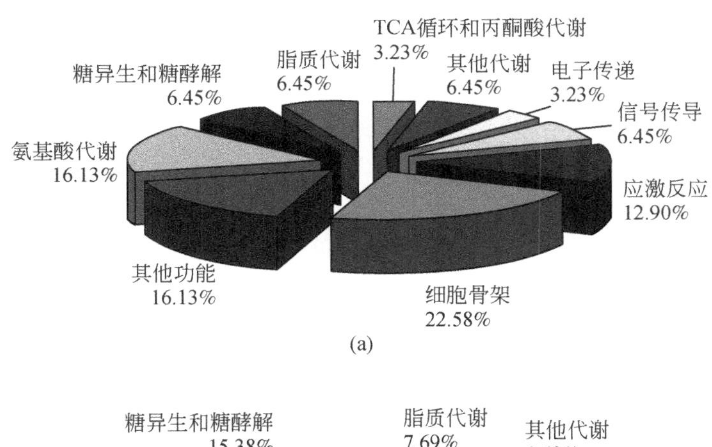

(a)

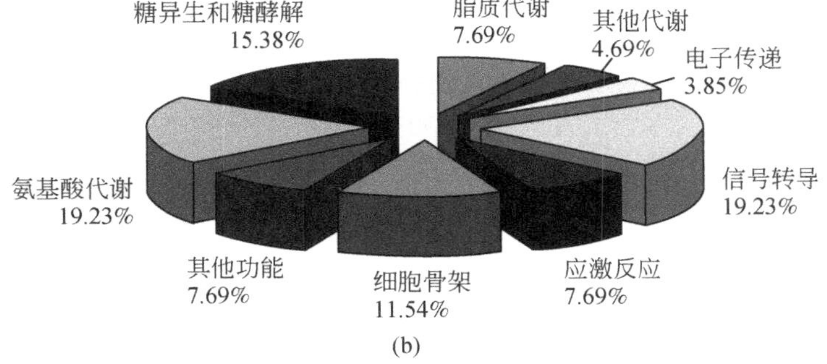

(b)

图 13-6 T2 处理后鲤鱼肝脏差异表达蛋白质中上调蛋白质(a)和下调蛋白质(b)的功能分类

13.5.4.3 蓝藻水华衍生物对鲤鱼肝脏致毒机制初探

通过2D-DIGE技术，分析了太湖胥口湾水域和梅梁湾水域两个原位研究点暴露下相对室内对照鲤鱼肝脏蛋白质表达谱的变化，共鉴定出57个发生显著性变化的蛋白质（T1/C、T2/C或T2/T1），42个蛋白质是在T2组发生显著性差异（上调22个）；在57个蛋白质中，不同原位点处理后表达量均上调的有23个，均下调的有19个。绝大多数（45个）蛋白质表达变化倍数绝对值> 1.5，可见太湖原位处理对鲤鱼肝脏具有一定的生态毒理学影响，由于网箱养殖鲤鱼的食物来源只能是透过网箱较密网眼的浮游动植物，而水华暴发后蓝藻为单一优势种，鲤鱼摄入大量蓝藻，且发现氧化应激与蓝藻水华因素有着很好的正相关，因此本研究认为蓝藻及其衍生产物可能是造成鲤鱼肝脏一系列差异蛋白质表达的重要因素。

为了验证2D-DIGE结果的可信度，本研究还采用Western blotting技术分析了其中两个蛋白质的表达水平变化（图13-7），结果与DIGE定量结果之间有很好的一致性，说明本研究数据比较可信的反映了原位处理下鲤鱼肝脏蛋白质组变化，从而在组学层次对蓝藻水华暴发对水生鱼类的肝脏毒性作用提供了更全面的阐释。此外，研究还采用实时荧光定量PCR技术对三个不同生物学功能的蛋白质上游基因作了表达水平的变化（图13-8），发现蛋白质表达的变化从一定程度上可以由其转录水平的变化引起（如本研究中的MASb和VCP），但也有蛋白质差异表达是在翻译水平上受到影响，与转录水平并无相关（如本研究中的GR）。

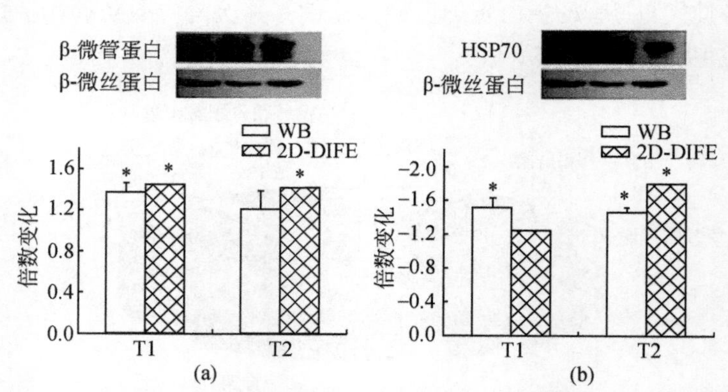

图13-7 不同原位处理对鲤鱼肝脏β-微管蛋白(a)和HSP70蛋白(b)表达的影响

图中包含了Western blotting原始照片和灰度扫描结果，用β-微丝蛋白的灰度扫描结果为内标进行上样量的校正，负号表示蛋白质表达下调

迄今为止，对实际环境中蓝藻水华暴发后对水生生物的毒理学影响原位研究开展得还远远不够，现有研究也多数停留在原位暴露下鱼类的一些抗氧系统指标、血清指标的变化和组织病理学变化等层次上（Li et al.，2003，2005，2008；Bláha et al.，2004；Kopp et al.，2009），而对富营养化导致的蓝藻水华驱动下，在蛋白质组层次上的鱼类肝脏毒理学变化研究还未见报道。虽然相关研究的影响因素极其复杂，除蓝藻水华衍生产物外，还涉及环境因子、营养盐浓度、有机物浓度和重金属浓度等众多复合因素影响，因此，我们的研究只能从一个侧面反映蓝藻水华暴发下这个大背景下的污染物的综合影响。

本研究鉴定成功的蛋白质参与多个生物学过程（图13-6），如代谢过程、应激防御、细胞骨架相关蛋白、蛋白质翻译和加工等。大部分蛋白质分布在与代谢相关的生物学过

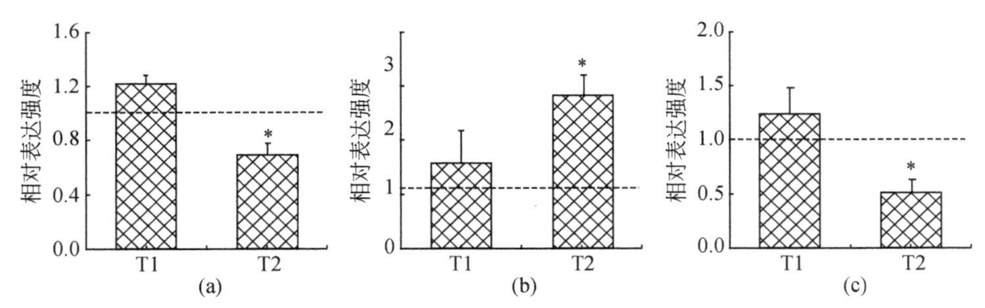

图 13-8 实时荧光定量 PCR 分析原位实验处理后鲤鱼肝脏差异表达蛋白（GP、MASb 和 VCP）的编码基因的 mRNA 水平

（a）GP；（b）MASb；（c）VCP

程，如氨基酸代谢、糖异生和糖酵解以及脂类代谢等。鉴于肝脏是最重要的物质代谢器官，这样的结果并不奇怪，代谢的干扰与食物组成和污染物胁迫都有关系。T2 组参与氨基酸代谢的显著表达差异蛋白质上调的有：催化组氨酸脱氨生成尿刊酸的组氨酸解氨酶（HAL），参与组氨酸代谢过程的 LOC556744，催化合成在转甲基作用中扮演重要角色的 S-腺苷甲硫氨酸中的甲硫氨酸腺苷基转移酶（MAT），还有催化烟酸生成色氨酸分解代谢中的 3-羟氨苯甲酸 3,4-双加氧酶（AAO）；下调的有：催化芳香环裂解的尿黑酸 1,2-加双氧酶（HGD），催化苯丙氨酸变成酪氨酸，进而参与糖异生过程的苯丙氨酸羟化酶（PaH）。可见原位蓝藻水华暴露对鲤鱼肝脏氨基酸的代谢有显著的干扰作用，更主要的作用为促进氨基酸代谢。相对于梅梁湾，胥口湾(T1)暴露组参与氨基酸代谢的蛋白质只有两个，分别为上调的参与芳香族氨基酸代谢的延胡索二酰乙酰乙酸酶（fumarylacetoacetase）和 PaH，可见蓝藻及水华衍生污染物（如较高浓度的氨氮胁迫）可能是造成鲤鱼肝脏氨基酸代谢干扰的重要因素。

T1 和 T2 组参与糖异生和糖酵解过程的显著表达差异蛋白质变化趋势相同，且有着一定的剂量-效应关系。其中下调蛋白质占了多数，表明原位处理对鲤鱼肝脏正常的糖类代谢造成了干扰。α 淀粉酶 2A（amylase，alpha 2A）是一种催化水解寡糖和多糖的 1,4-α-糖苷键（1,4-alpha-glucoside bond）的酶，因此是催化食物中淀粉和糖原水解最初阶段的关键酶（Kaczmarek and Rosenmund，1977），而 α 淀粉酶 2A 的表达量可以被 MC-LR 显著抑制，特别是糖酵解过程中其关键作用的丙酮酸激酶（pyruvate kinase）能被 MC-LR 完全抑制，因此，微囊藻毒素暴露可以对水生生物的糖类代谢造成明显干扰（Wang et al.，2010）。Mezhoud 等（2008）曾报道 MC-LR 可以造成肝细胞内糖原含量损耗，从而增加了生物对能源和代谢消耗的需求。本研究中的 α 淀粉酶 2A 在 T2 组造成显著抑制，可能与蓝藻水华衍生的微囊藻毒素有关。除 α 淀粉酶 2A 外，T2 处理还能对乙醛脱氢酶表达有显著促进作用，该酶除了参与代谢外，还与氧化应激有着密切的关系。

T2 处理对鲤鱼肝脏参与三羧酸（TCA）循环的琥珀酰 CoA 连接酶（suclg）表达有显著促进作用，说明 T2 处理能促进肝脏 TCA 循环。TCA 循环中，琥珀酰 CoA 与二磷酸鸟苷（GDP）及磷酸作用迅速分解成琥珀酸，在此反应中产生一个 ATP 分子，而催化这一反应的酶便是 suclg。我们认为原位处理下氨基酸代谢的增强是促进丙酮酸代谢和 TCA 循环的重要原因，因为氨基酸的代谢产物很多可以直接进入 TCA 循环，促使 suclg 表达量上升。

这与 MC-LR 对斑马鱼的毒理效应是一致的（Wang et al.，2010）。TCA 循环的中间产物和氨基酸代谢产物可以对糖异生过程产生刺激，我们认为鲤鱼通过饮水或摄食有毒微囊藻促进了这个过程，同时糖异生过程的受阻使得鲤鱼肝脏对能量的需求增加，反过来促进了 TCA 循环加快。另外，与此相关的，我们还发现了 T2 处理组有一个差异表达蛋白质参与电子传递生物学通路，说明蓝藻水华暴露后对鲤鱼的能量代谢有明显的促进作用，以满足机体能量的需求。

大量研究表明，原位蓝藻水华暴露能诱导鲤鱼产生过量 ROS，从而对脂质产生过氧化，从而对脂质代谢也产生干扰。本研究还发现参与脂类代谢的多个蛋白质表达量受到原位暴露的影响，包括前列腺素 D2（PTGDS）、细胞溶质磺基转移酶 3（SULT3）、载脂蛋白 AI（ApoAI）等。实际上，微囊藻毒素干扰水生生物脂质代谢的功能早已为人所知，但前两个蛋白质表达未见可以受 MCs 影响的报道，而 Malécot 等（2009）曾报道经 MCs-LR 处理后的日本青鳉（medaka）肝脏中的 ApoAI 蛋白表达显著上调，与本研究结果一致。载脂蛋白在脂蛋白代谢中具有重要的生理功能，ApoAI 构成并稳定脂蛋白的结构，修饰并影响与脂蛋白代谢有关的酶的活性，作为脂蛋白受体的配体，参与脂蛋白与细胞表面脂蛋白受体的结合及其代谢过程。

由蛋白质鉴定结果可知，除了代谢相关蛋白质外，与细胞骨架相关的蛋白质也分别占了很大比例，T2 处理后引起差异表达的细胞骨架相关蛋白质主要有 tubulin beta-2D、alpha tubulin、keratin-like protein、spna2 protein 和 type I cytokeratin 等蛋白质。细胞骨架蛋白是维持肝细胞结构和功能完整性所必需的，其中微管蛋白（tubulin）和微丝蛋白（actin）家族都是最常见的细胞骨架组成蛋白质。已有研究证实，MCs-LR 最初引起的显著性细胞毒性便是对细胞骨架的破坏（Ding et al.，2000b），鱼类肝脏的多个细胞骨架蛋白质可以在 MCs 的影响下发生表达量的变化（Malécot et al.，2009；Wang et al.，2010）。本课题组的前期研究结果也表明 MCs-LR 能对鲤鱼肝脏细胞骨架蛋白质产生明显的重组效应。因此，我们推测原位处理的鲤鱼肝脏细胞骨架蛋白质表达量的变化在很大程度上可能由水华衍生毒素所引起。MCs 进入肝细胞后，通过对 PP1 和 PP2A 活性的影响，可以显著改变骨架蛋白的磷酸化状态引起细胞骨架重组，也可以与微管蛋白等蛋白质结合，破坏聚合/解聚合的平衡（Ding et al.，2000b）。需要注意的是，这种破坏可以改变肝细胞对铁传递蛋白（transferrin）的内吞和载脂蛋白 AI（ApoAI）的分泌（Runnegar et al.，1997；Wang et al.，2010），transferrin 和 ApoAI 分别与铁离子和胆固醇转运相关。这与本研究的变化也是一致的，T2 处理后鲤鱼肝脏的传递蛋白和 ApoAI 蛋白表达分布显著下调和上调。

原位处理后与应激防御相关的差异表达蛋白质也占了很大比例，包括热应激蛋白家族和氧化应激相关蛋白。细胞骨架相关的蛋白质也分别占了很大比例，而 T1 组没有出现显著性变化的应激防御相关蛋白，可见此类蛋白质与蓝藻水华处理的紧密联系。T2 处理后，出现显著性上调变化的应激防御相关蛋白有谷胱甘肽过氧化物酶（GP）、过氧化物还原酶 6（Prdx 6）和线粒体 ATP 合成酶 beta 亚基（MASb）；出现显著性下调变化的是 HSC70 蛋白、HSC70-2 和 HSP 90kDa beta member1。GP 在氧化应激过程中具有重要的作用，在前期研究已有阐述。过氧化物还原酶家族（Prdxs）蛋白是新近发现的一类过氧化物酶，已知的有 6 个亚型（Prdx 1 ~6），既能清除细胞内的 H_2O_2 又能维持 H_2O_2 的浓度使其行使信使功能（Rhee et al.，2000）。Chen 等（2006）发现 MCs-LR 处理后小鼠 Prdx 2 蛋白表达发生了显著上调，而 Prdx 1 和 Prdx 6 蛋白表达则发生了显著下调。MCs 作用后 Prdxs 的表达变化尚未见报道。许多研究发现，Prdxs 家族蛋白可能具有抗细胞凋亡的作用（Park et al.，2000），同时也能通过抑制 H_2O_2 的浓度抑制肿瘤的形成（Kang et al.，2005）。因此，Prdx 6 的上调可能促进机体的抗氧化和抗凋亡作用。而 HSPs 家族的蛋白质能调整处于应激状态的细胞，保护细胞免受损伤。在本研究中表达均下调，显示其受到了水华衍生污染物的抑制，不利机体增强对各种应激的抵御能力。前言已提及，MCs 的致毒机制之一被认为是其能进一步结合 MASb，对线粒体 ATP 合成酶亚基的调控可以被认为是干扰线粒体膜电势和通透性转换引起的氧化应激反应（Ding and Ong，2003），因此，我们也认为 MASb 表达量的变化主要是由于蓝藻衍生毒素对鲤鱼的作用所引起。此外，Malécot 等（2009）认为 ALDH 表达的变化同样与氧化应激密切相关。结合我们在原位处理鲤鱼肝脏体内 ROS 的产生与氧化应激相关参数的研究，我们认为氧化应激对在蓝藻水华暴露后鲤鱼的毒作用机制中具有重要的作用。

另外，我们还发现了 T2 处理组有三个差异表达蛋白质参与信号传导生物学通路，并关注其中 annexin A4 和 VCP 两个蛋白质。Annexin A4 可以与钙离子结合或钙依赖磷脂结合，具有抗细胞凋亡、信号传导和负调控凝聚等作用，它被认为是钙信号通路上的关键蛋白质，一些研究显示，特定动物 annexin A4 在细胞应对氧化应激中起着关键作用；它可能参与到 ROS 途径，其上调可能与热应激和氧化应激有着重要的联系（Rhee et al.，2000；Wang et al.，2010）。而 VCP 是一种广泛存在的膜结合糖蛋白，在细胞活性中有着广泛的功能，其总的特点是作为类似分子伴侣的作用在内质网相关的蛋白质降解及细胞周期调控中起重要作用。本研究还发现有三个蛋白质参与蛋白质翻译与加工生物学过程，其中 40S ribosomal protein SA 曾被报道过与 MCs-LR 处理相关。

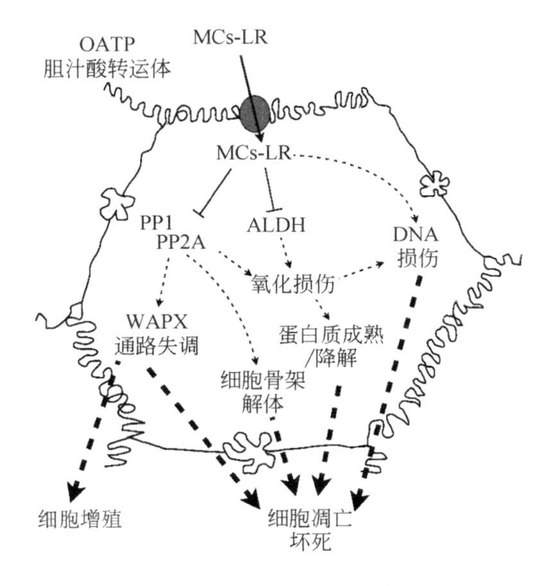

图 13-9　MCs-LR 对日本青鳉肝脏细胞的主要效应（Malécot et al.，2009）

总之，本研究表明，蓝藻水华暴露后引起的蛋白质表达变化显示微囊藻毒素致毒机制可能在其中扮演一个重要角色。Malécot 等（2009）通过分析 MCs-LR 作用后日本青鳉肝脏差异表达蛋白质图谱，认为 MCs-LR 的毒性机制可以用图 13-9 表示，MCs-LR 通过 OATP（一个有机阴离子转运多肽）转运进入肝细胞，抑制 PP1 和 PP2A，同时抑制 ALDH 2，引起 MAPK 通路下调、细胞骨架蛋白重组、氧化应激等，进而引起 DNA 损伤和凋亡或细胞增殖。我们可以从中找到很多与蓝藻水华暴露后效应相似的地方。从鉴定的蛋白质中还发现除了细胞质外，很多蛋白质位于线粒体和内质网上（如 ALDH、MASb、40S ribosomal protein SA 等），因此，除了氧化应激，线粒体应激和内质网应激在蓝藻衍生物致毒机制上也具有重要的作用。从研究结果推断，梅梁湾水体在一定程度上已经具有生态风险。

13.6　生态毒理基因组学和生态毒理蛋白质组学研究展望

13.6.1　生态毒理基因组学和生态毒理蛋白质组学研究存在的问题

生态毒理基因组学和生态毒理蛋白质学研究普遍存在特异性、重复性、标准化等问题。污染物暴露下，其诱导的基因表达直接映射了暴露组生物生理、生化路径的变化。但基因表达是一个动态、复杂的过程，表型的可塑性、基因型的多样性及环境因子都直接影响基因的表达。另外，受试生物的生理因素如年龄、性别和营养状况对基因表达也具有调节作用。在毒理基因组学实验中虽然能采用标准模式生物来减少遗传差异性的影响，但并不能控制表型和污染物暴露的环境条件对基因表达的影响。由于非暴露组个体基因的表达受上述因素的影响，因此难以界定非暴露组的“正常”反应。在研究中，可以通过加大对照组样品数量来减少个体差异，通过芯片分析软件的改进，以及寻找对照组基因表达趋势作为“正常”反应等方法可望对这类实验偏差实现有效控制（Neumann and Galvez，2002；戴家银和王建设，2006）。

13.6.2　生态毒理基因组学和生态毒理蛋白质组学研究的发展趋势

（1）大量新技术和新方法的应用将使生态毒理学研究水平进一步深入

应用常规的生态毒理学方法研究外源性化学物的毒性费用高、耗时长，难以获得足够的毒理学信息。要想对众多的外源性化学物的毒性有一个合理评价，就应该建立新的毒理学研究方法。这些新方法应该符合以下标准：缩短实验周期；减少动物用量；研究化学物在环境中的实际暴露浓度；充分利用各种统计或数学模型等。

DNA 微阵列可同时测定数以千计的基因表达，通过基因表达谱的变化，为环境污染物的毒性研究提供全新的线索。寻找污染物的靶基因及受靶基因调控的基因，通过基因功能分析，深入理解污染物的作用机制。研究不同层次的多基因协同作用的生命过程，发现新的基因功能，研究生物体在环境胁迫下遗传、发育过程中的规律。DNA 微阵列还可用来检测单核苷酸多态性（SNP），深入研究遗传因素对环境污染物的影响和不同的基因型个体对污染物的反应差异。基于 NMR 技术的代谢组学可以研究环境污染物的生物降解、转化过程及中间产物的形成，特定污染物的代谢图谱可以作为毒物代谢的生物标记物。另外，随机扩增多态 DNA（RAPD）、可变数串联重复（VNTR）、示差反转录（DDRT）等技术在检测定位突变方面具有广阔的发展前途（戴家银和王建设，2006）。

（2）微观与宏观方法相结合来评价有毒污染物的毒性

分子、细胞、个体、种群、群落直至整个生态系统是一个有机联系的整体。在不同结构和功能层次上阐述污染效应对生态毒理学的环境解释能力是不同的。从细胞到分子水平是生态毒理学微观技术发展的必然趋势。但仅从基因和蛋白质水平上研究外源性化学物的毒性及其机制是不够的。只有通过将细胞、分子水平的研究与整体、种群等各不同层次的研究结合起来才能正确评价污染物的毒性效应，更好地揭示污染物生态风险。

参考文献

戴家银，王建设. 2006. 生态毒理基因组学和生态毒理蛋白质组学研究进展. 生态学报，26：930-934.

姜锦林，宋睿，任静华，等. 2011. 蓝藻水华衍生的微囊藻毒素污染现状及其对水生生物的生态毒理学研究进展. 化学进展，23：245-253.

王京兰，钱小红. 2005. 磷酸化蛋白质分析技术在蛋白质组研究中的应用. 分析化学评述与进展，33：1029-1035.

吴庆龙，谢平，杨柳燕，等. 2008. 湖泊蓝藻水华生态灾害形成机理及防治的基础研究. 地球科学进展，23：1115-1123.

许国旺，路鑫，杨胜利. 2007. 代谢组学研究进展. 中国医学科学学报，29：701-711.

周启星，孔繁翔，朱琳. 2004. 生态毒理学. 北京：科学出版社.

Arrigo A P, Michel M R. 1991. Decreased heat- and tumor necrosis factor-mediated hsp28 phosphorylation in thermotolerant HeLa cells. FEBS Lett, 282 (1): 152-156.

Beausoleil S A, Jedrychowski M, Schwartz D, et al. 2004. Large-scale characterization of HeLa cell nuclear phosphoproteins. Proc Natl Aead Sci USA, 101: 12130-12135.

Bláha L, Kopp R, Šimková K, et al. 2004. Oxidative stress biomarkers are modulated in silver carp (*Hypophthalmichthys molitrix* Val.) exposed to microcystin-producing cyanobacterial water bloom. Acta Vet Brno, 73: 477-482.

Botha N, Gehringer M M, Downing T G, et al. 2004. The role of microcystin-LR in the induction of apoptosis and oxidative stress in CaCo2 cells. Toxicon, 43: 85-92.

Campos A, Vasconcelos V. 2010. Molecular Mechanisms of microcystin toxicity in animal cells. International Journal of Molecular Sciences, 11: 268-287.

Chen Y M, Lee T H, Lee S J, et al. 2006. Comparison of protein phosphatase inhibition activities and mouse toxicities of microcystins. Toxicon, 47: 742-746.

Chorus I, Bartram J. 1999. Toxic cyanobacteria in water. A guide to public health consequences, monitoring and management. London: E & FN spon on behalf of WHO, 211-256.

Codd G A, Morrison L F, Metcalf J S. 2005. Cyanobacterial toxins: Risk management for health protection. Toxicol Appl Pharm, 203: 264-272.

Cohen P. 2002. The origins of protein phosphorylation. Nat Cell Biol, 4 (5): 127-130.

Craig M, Luu H A, McCready T L, et al. 1996. Molecular mechanisms underlying the interaction of motuporin and microcystins with type-1 and type-2A protein phosphatases. Biochem Cell Biol, 74: 569-578.

David M, Chen Lou F. 2001. Differentially expressed genes identified during salt adaptation in *Eucalyptus* microcorys: Down-regulation of a cDNA sequence coding for a-tubulin. Plant Physiol, 158: 1195-1202.

Dietrich D R, Hoeger S J. 2005. Guidance values for microcystin in water and cyanobacterial supplement products (blue-green algae supplements): a reasonable or misguided approach. Toxicol Appl Pharmacol, 203: 273-289.

Ding W X, Ong C N. 2003. Role of oxidative stress and mitochondrial changes in cyanobacteria-induced apoptosis and hepatotoxicity. FEMS Microbiol Lett, 220: 1-7.

Ding W X, Shen H M, Ong C N. 2000a. Critical role of reactive oxygen species and mitochondrial permeability transition in microcystin-induced rapid apoptosis in rat hepatocytes. Hepatology, 32: 547-555.

Ding W X, Shen H M, Ong C N. 2000b. Microcystic cyanobacteria extract induces cytoskeletal disruption and intracellular glutathione alteration in hepatocytes. Environ Health Perspect, 108: 605-609.

Ding W X, Shen H M, Ong C N. 2002. Calpain activation after mitochondrial permeability transition in microcystin-induced cell death in rat hepatocytes. Biochem Biophys Res Commun, 291: 321-331.

Goshe M B, Conrads T P, Panisko E A, et al. 2001. Phosphoprotein isotope-coded affinity tag approach for isolating and quantitating phosphopeptides in proteome-wide analyses. Anal Chem, 73: 2578-2586.

He T, Alving K, Field B, et al. 2004. Quantitation of phosphopeptides using affinity chromatography and stable isotope labeling. Am Soc Mass Spectrom, 15: 363-373.

Holmes C F, Maynes J, Perreault K R, et al. 2002. Molecular enzymology underlying regulation of protein phosphatase-1 by natural toxins. Curr Med Chem, 9: 1981-1989.

Jiang J L, Gu X Y, Song R, et al. 2011a. Microcystin-LR induced oxidative stress and ultrastructural damage of mesophyll cells of submerged macrophyte *Vallisneria natans* (Lour.) Hara. J Hazard Mater, 190: 188-196.

Jiang J L, Gu X Y, Song R, et al. 2011b. Time-dependent oxidative stress and histopathological alterations in *Cyprinus carpio* L. exposed to microcystin-LR. Ecotoxicology, 20: 1000-1009.

Jiang J L, Shi Y, Song R, et al. 2012. Bioaccumulation, oxidative stress and HSP70 expression in *Cyprinus carpio* L. exposed to microcystin-LR under laboratory conditions. Comp Biochem Physiol C Toxicol Pharmacol, 155: 483-490.

Kaczmarek M J, Rosenmund H. 1977. The action of human pancreatic and salivary isoamylases on starch and glycogen. Clin Chim Acta, 79: 69-73.

Kang S W, Rhee S G, Chang T S. et al. 2005. 2-Cys peroxiredoxin function in intracellular signal transduction: Therapeutic implications. Trends Mol Med, 11: 571-578.

Kopp R, Mares J, Palikova M, et al. 2009. Biochemical parameters of blood plasma and content of microcystins in tissues of common carp (*Cyprinus carpio*. L.) from a hypertrophic pond with cyanobacterial water bloom. Aquat Res, 40: 1683-1693.

Li L, Xie P, Guo L, et al. 2008. Field and laboratory studies on pathological and biochemical characterization of microcystin-induced liver and kidney kamage in the phytoplanktivorous bighead carp. Sci World J, 8: 121-137.

Li X Y, Chung I K, Kim J I, et al. 2005. Oral exposure to Microcystis increases activity-augmented antioxidant enzymes in the liver of loach (*Misgurnus mizolepis*) and has no effect on lipid peroxidation. Comp Biochem Physiol C, 141: 292-296.

Li X, Liu Y, Song L, et al. 2003. Responses of antioxidant systems in the hepatocytes of common carp (*Cyprinus carpio* L.) to the toxicity of microcystin-LR. Toxicon, 42: 85-89.

Liang P, Pardee A B. 1992. Differential display of eukaryotic messenger RNA by means of the polymerase chain reaction. Science, 257: 967.

Malécot M, Mezhoud K, Marie A, et al. 2009. Proteomic study of the effects of microcystin-LR on organelle and membrane proteins in medaka fish liver. Aquat Toxicol, 94: 153-161.

Mezhoud K, Bauchet A L, Château-Joubert S, et al. 2008. Proteomic and phosphoproteomic analysis of cellular responses in medaka fish (*Oryzias latipes*) following oral gavage with microcystin-LR. Toxicon, 51: 1431-1439.

Mikhailov A, Harmala-Brasken A S, Hellman J, et al. 2003. Identification of ATP-synthase as a novel intracellular target for microcystin-LR. Chem Biol Interact, 142: 223-237.

Neumann N F, Galvez F. 2002. DNA microarrays and toxicogenomics: Applications for ecotoxicology. Biotechnology Advances, 20: 391-419.

Neville D C, Rozanas C R, price E M, et al. 1997. Evidence for phosphorylation of serine 753 in CFTR using a novel metal-ion affinity resin and matrix-assisted laser desorption mass spectrometry. Protein Sci, 6: 2436.

Oda Y, Huang K, Cross F R, et al. 1999. Accurate quantitation of protein expression and site-specific phosphorylation. Proc Natl Acad Sci USA, 96: 6591-6596.

Park S H, Chung Y M, Lee Y S, et al. 2000. Antisense of human peroxiredoxin II enhances radiation-induced cell death. Clin Cancer Res, 6: 4915-4920.

Pinkse M W H, Uitto P M, Hilhorst M J, et al. 2004. Selective isolation at the femtomole level of phosphopeptides from proteolytic digests using 2D-NanoLC-ESI-MS/MS and titanium oxide precolumns. Anal Chem, 76: 3935-3943.

Porath J, Carlsson J, Olssonl, et al. 1975. Metal chelate affinity chromatography, a new approach to protein fractionation. Nature, 258-598.

Poynton H, Komachi K, Chang B, et al. 2004. The eve of ecotoxicogenomics: Gene expression profiling in *Daphnia magna*. The 15th Annual Meeting of the Society of Environmental Toxicology and Chemistry, France.

Rhee H J, Kim G Y, Huh J W, et al. 2000. Annexin I is a stress protein induced by heat, oxidative stress and a sulfhydryl-reactive agent. Eur J Biochem, 267: 3220-3225.

Runnegar M, Wei X, Berndt N, et al. 1997. Transferrin receptor recycling in rat hepatocytes is regulated by protein phosphatase 2a, possibly through effects on microtubule-dependent transport. Hepatology, 26: 176-185.

Shrader E A, Henry T R, Greeley M S, et al. 2003. Proteomics in zebrafish exposed to endocrine disrupting chemicals. Ecotoxicology 12: 485-488.

Snape J R, Maund S J, Pickford D B, et al. 2004. Ecotoxicogenomics: the challenge of integrating genomics into aquatic and terrestrial ecotoxicology. Aquat Toxicol; 67: 143-154.

Spencer F , Robert T D. 1999. Concise review: Gene expression applied to toxicology. Toxicol Sci, 50: 1-9.

Steinberg T H, Agnew B J, Gee K R, et al. 2003. Global quantitative phosphoprotein analysis using multiplexed proteomics technology. Proteomics, 3: 1128-1144.

van Beneden R J, Rhodes L D, Gardner G R. 1998. Studies of the molecular basis of gonadal tumor in the marine bivalve *Mya arenaria*. Marine Envionmental Research, 46: 209-213.

Velculeau V E, Zhang L. 1995. Serial analysis of gene expression. Science, 270: 484.

Wang M, Chan L L, Si M, et al. 2010. Proteomic analysis of hepatic tissue of zebrafish (*Danio rerio*) experimentally exposed to chronic microcystin-LR. Toxicol Sci, 113: 60-69.

Weckwerth W, Willmitzer L, Fiehn O. 2000. Comparative quantifieation and identifieation of phosphoproteins using stable isotope labeling and liquid chromatography/mass speetrometry. Rapid Comp Mass Spectrom, 14: 1677-1681.

William D P, Jonathan D T, Cerry J A, et al. 2000. The principles and practice of toxicogenomics: Applications and opportunities. Toxicol Sci, 54: 277-283.

Wu C C, Maccoss M J. 2002. Shotgun proteomics: Tools for the analysis of complex biological systems. Curr Opin Mol Therapeut, 4: 242-250.

Žegura B, Lah T T, Filipič M. 2004. The role of reactive oxygen species in microcystin-LR-induced DNA damage. Toxicology, 200: 59-68.

Žegura B, Lah T T, Filipič M, 2006. Alteration of intracellular GSH levels and its role in microcystin- LR-induced DNA damage in human hepatoma HepG2 cells. Muta Res, 611: 25-33.